सब्जी अनुसंधान एवं उत्पादन प्रौद्योगिकी

भाग–1

सब्जी अनुसंधान एवं उत्पादन प्रौद्योगिकी

भाग–1

डी. आर. भारद्वाज
सब्जी फसल सुधार विभाग
भारतीय सब्जी अनुसंधान संस्थान, वाराणसी (उ०प्र०)

SSPH

SATISH SERIAL PUBLISHING HOUSE
403, Express Tower, Commercial Complex, Azadpur, Delhi-110033 (India)
Phone : 011-27672852, Fax : 91-11-27672046
E-mail : info@satishserial.com, hkjain1975@yahoo.com
Website : www.satishserial.com

Published by :

SATISH SERIAL PUBLISHING HOUSE
403, Express Tower, Commercial Complex, Azadpur, Delhi-110033 (INDIA)
Phone : 011-27672852 Fax : 91-11-27672046
E-mail : info@satishserial.com, hkjain1975@yahoo.com

ISBN 978-93-81226-68-1

Typing at : Nandlal, Abaleshpur, Varanasi (U.P.)
Typeset at: Harminder Kharb *for* Laxmi Art Creation # 9971212252
Printed at: Salasar Imaging Systems, Delhi-110035

प्रस्तावना

मानव पोषण की दृष्टि से सम्पूर्ण वनस्पति जगत से चुनकर उपभोग की जाने वाली अनकों सब्जी फसलें महत्वपूर्ण हैं चाहे वे पत्तीदार हों, जड. कन्द हों, तना हों, फलियाँ हों या कलियाँ हों। सब्जियों से प्रचुर मात्रा में ऊर्जा, विभिन्न प्रकार के विटामिन्स (ए0, सी0 फोलिक अम्ल, राइबोफ्लेविन) प्रोटीन तथा खनिज पदार्थों जैसे आयरन मैग्नीशियम, पोटैशियम एंव कैल्सियम प्राप्त होती है। वर्तमान समय में खान–पान के स्तर में व्यापक परिवर्तन आया है और विश्व का प्रत्येक व्यक्ति अपने स्वास्थ्य को कम मूल्य अदा कर अच्छा बनाये रखना चाहता है। भाग दौड़ एंव तनावपूर्ण जीवन शैली में लोगों में अनेक प्रकार के मानसिक एवं शारीरिक विकार (सिर दर्द, रतौंधी, स्क्ताल्पता, अस्थिरोग, कैंन्सर आदि) उत्पन्न हो रहे हैं। बच्चों एवं महिलाओं में स्वास्थ्य सम्बन्धी समस्यायें सबसे ज्यादा हैं। अतः आवश्यकता है कि सभी लोगों को सस्ते आहार एवं उच्च्य पोषकीय गुणों से भरपूर सब्जियाँ प्रचुर मात्रा में उपलब्ध हों। पत्तीदार सब्जियों में विद्यमान कैल्सियम अस्थियों एवं दाँत को स्वस्थ्य रखती हैं और यह तत्व रक्त के थक्का बनने, हृदय के धड़कन तन्त्रिका संप्रेषण के साथ इन्सूलिन के स्राव से भी सम्वन्धित हैं। इसी प्रकार सब्जियों से प्राप्त खाद्य रेशा आँत से स्रवित इन्जाइम्स के प्रति निष्क्रिय होने के कारण पाचन न होने से यह पेट को साफ रखने में मदद करता है, जल को संचित करता है एवं आयनों के विनिमय एवं अणुओं के संयोजन में सहायक होता है। सब्जियाँ विभिन्न प्रकार के एण्टीआक्सीडेन्ट्स से परिपूर्ण होती हैं जो शरीर में बनने वाले स्टेरायड को कम करती हैं और सफाई का काम करती हैं।

सब्जियाँ आर्थिक स्थिति को सुधारने तथा विदेशी मुद्रा अर्जित करने में भी सहायक हैं। सब्जियाँ कम समय में तैयार होने तथा तुरन्त उपभोग में आने के कारण उत्पादकों को हमेशा नकदी मिलती रहती है। इसके अलावा अन्य

फसलों की तुलना में सब्जियाँ 5–10 गुणा ज्यादा उत्पादकता रखती है। भारत वर्ष से उत्पादित सब्जियों की विदेशों में माँग बढ़ी है। सन् 2008–2009 में मात्र भारत वर्ष 680.2 करोण रूपये का सब्जियों का निर्यात करता था और आज सन् 2010–2011 में यह बढ़कर 1221.0 करोण रूपये की हो गयी, जो स्पष्ट करता है कि हमारे देश में सब्जी फसलों का केवल उत्पादन ही नही उत्पादकता में भी वृद्धि हुई हैं। सब्जियों के व्यापक पोषण, औषधीय महत्व एवं निर्यात को ध्यान में रखकर प्रस्तुत पुस्तक "सब्जी अनुसंधान एवं उत्पादन प्रौद्योगिकी" लिखी गयी है। पुस्तक के प्रथम अध्याय में भारतवर्ष में सब्जी उत्पादन व निर्यात का परिदृश्य विश्व के मुकाबले भारत की स्थिति, नवीनतम अनुसंधान की प्राथमिकतायें एवं उपलब्धियों पर प्रकाश डाला गया हैं। अगले अध्यायों में अनेकों कुल की सब्जियों के उद्भव एवं वितरण, वानस्पतिक विवरण जननद्रव्य एवं जंगली प्रभेदों का विवरण, उन्नतिशील प्रजातियों / किस्मों वैज्ञानिक उत्पादन तकनीकें, फसल संरक्षण आदि का विस्तृत उल्लेख किया गया है। इसके अलावा जलीय सब्जियाँ, वृक्षीय सब्जियाँ, निर्यात योग्य सब्जियाँ, अल्प प्रचलित बहुपयोगी सब्जियों का भी विवरण दिया गया है। यह सूचनायें काफी व्यावहारिक तथा वैज्ञानिक आधार पर संकल्पित हैं। इस पुस्तक में तकनीकी प्रबन्धन, मशीनीकरण, समन्वित रोग एवं कीट प्रबन्धन, पादप वृद्धि नियामकों आदि के प्रयोग की अनुशंसा की गयी है।

डी. आर. भारद्वाज
वाराणसी

स्वीकृति

इस पुस्तक की विषय–वस्तु तैयार करने के लिये विभिन्न पुस्तकों, शोध पत्रों व पत्रिकाओं, तकनीकी, आँकड़ों का प्रत्यक्ष एवं परोक्ष रूप से सहयोग लिया गया है। लेखक इन सभी महत्वपूर्ण प्रकाशनों के लेखकों के प्रति आभार व्यक्त करना अपना पुनीत कर्तव्य समझता है। मैं अपने गुरूजनों तथा भारतीय सब्जी अनुसंधान संस्थान के निदेशक डा. पी. एस. नायक, वैज्ञानिकों एवं तकनीकी अधिकारियों के प्रति आभारी हूँ जिन्होंने मेरा उत्साहवर्धन किया तथा पुस्तक रचना में अमूल्य एवं उपयोगी सुझाव दिये।

अन्त में मैं श्री हेमन्त कुमार जैन, सतीश सीरियल पब्लिशिंग हाऊस, नई दिल्ली के प्रति आभार व्यक्त करता हूँ जिन्होंने इस पुस्तक को प्रकाशित करने के लिये अपनी सहज स्वीकृति प्रदान की तथा विषय वस्तु की पाण्डुलिपि को इस पुस्तक के रूप में लाने का कार्य किया।

डी. आर. भारद्वाज

वाराणसी

विषय सूची

भाग–2

अध्याय 1

सब्जी अनुसंधान एवं विकास

Vegetable Research

भारत एक कृषि प्रधान देश है यहाँ की लगभग 65.0 प्रतिशत जनसंख्या कृषि पर निर्भर है। सकल घरेलू उत्पाद में कृषि का अंशदान लगभग 22.0 प्रतिशत तथा कुल निर्यात में 15.2 प्रतिशत है। जहाँ विश्व में औसतन 11.0 प्रतिशत भूमि कृषि योग्य है, वहीं भारत में कुल भूमि का 52.0 प्रतिशत हिस्सा कृषि योग्य है। विविधता की दृष्टि से भारत अद्वितीय है तथा विश्व में प्राप्य सभी 15 जलवायु यहाँ विद्यमान हैं। विश्व में पाई जाने वाली 60 प्रकार की मृदाओं में से लगभग 46 प्रकार की मृदा देश में मौजूद है। विज्ञान का क्षेत्र बहुआयामी है और आज के संदर्भ में विज्ञान की उपदेयता से कोई भी इनकार नहीं कर सकता। हमारी पृथ्वी का 2/3 भाग जलप्लावित है तथा शेष भाग अधिकांशतः किसी न किसी प्रकार की वनस्पतियों से परिपूर्ण हैं, चाहे वह वन आच्छादित क्षेत्र हों, फसलें हों या बाग–बगीचे हों। बाग–बगीचे में विद्यमान वनस्पतियों में सब्जी फसलें ज्यादा महत्वपूर्ण हैं। सब्जी विज्ञान भी विज्ञान के अनेकानेक आयामों में से एक है और सम्भवतः यह कहना उचित न होगा कि सब्जी विज्ञान अनिवार्यतः महत्वपूर्ण है। वनस्पति विज्ञान के अनुसार सब्जी सामान्यतः उन पौधों को कहते हैं, जो अपने जड़ों, तनों, पत्तियों तथा फलों में भोज्य पदार्थ संचयित करते हैं तथा जिन्हें पकाकर अथवा सलाद के रुप में कच्चा ही खाया जाता है। भारतवर्ष में लगभग 3.0 प्रतिशत कृषि भूमि पर सब्जियों की खेती की जाती है। यदि जनसंख्या को आधार मानकर आँकलन किया जाये तो प्रति व्यक्ति प्रतिदिन उपलब्धता 202.0 ग्राम है। वर्तमान समय में 8.4 प्रतिशत सब्जी उत्पादन की वृद्धि दर है। विश्व में भारतवर्ष की सब्जी उत्पादन की कुल हिस्सेदारी 14.0 प्रतिशत है। इस प्रकार भारतवर्ष विश्व में चीन के बाद दूसरा प्रमुख सब्जी उत्पादक देश हैं।

सन् 1947 में सब्जियों का उत्पादन मात्र 20.0 मिलियन टन ही था जो बढ़कर सन् 1961–65 में 23.45 मिलियन टन हो गया। इसी प्रकार 1967–71 में 28.36 मिलियन टन व 1986 में 39.95 मिलियन टन हो गया। सन् 1991–92 में 5.593 मिलियन हेक्टेयर में 58.543 मिलियन टन सब्जियाँ प्राप्त हुई और उत्पादकता 10.5 टन प्रति हेक्टेयर हो गयी। वर्ष 2010–11 में 8.5 मिलियन हेक्टेयर क्षेत्रफल से कुल 146.55 मिलियन टन सब्जियाँ उत्पन्न की गयी जिसकी उत्पादकता 17.3 टन प्रति हेक्टेयर रही।

अगर विश्व के अग्रणी सब्जी उत्पादक देशों को देखा जाये तो भारतवर्ष सब्जी उत्पादन में चीन के बाद दूसरे स्थान पर आता है और विश्व के सब्जी उत्पादन के क्षेत्रफल में 15 प्रतिशत एवं कुल उत्पादन में 14 प्रतिशत की भागीदारी रखता है। हमारे देश की सब्जी उत्पादकता 17.3 टन प्रति हेक्टेयर है।

सारिणी (1.1) विश्व के अग्रणी सब्जी उत्पादक देश, उत्पादकता एवं क्षेत्रफल

देश	उत्पादकता (टन प्रति हेक्टेयर)	उत्पादन (मिलियन टन)	क्षेत्रफल (मिलियन हेक्टेयर)
विश्व	18.8	1012.52	53.98
मेक्सिको	18.5	12.13	0.66
स्पेन	37.2	12.68	0.34
इजिप्ट	25.7	19.52	0.76
टर्की	23.7	25.83	1.11
संयुक्त राज्य अमेरिका	31.4	35.29	1.12
भारत	17.3	146.55	8.5
चीन	22.5	473.06	24.05

विश्व पटल पर अगर अग्रणी फसल के उत्पादन को देखा जाये तो भारत वर्ष भिण्डी एवं प्याज उत्पादन में प्रथम है।

सारिणी (1.2) भारत एवं विश्व में सब्जियों की ज्यादा उत्पादकता दर्शाने वाले प्रान्त एवं देश

फसल	भारतवर्ष		विश्व	
	औसत उत्पादकता (टन/हेक्टेयर)	अधिक उत्पादकता वाला राज्य (टन/हेक्टेयर)	औसत उत्पादकता (टन/हेक्टेयर)	अधिक उत्पादकता वाला देश (टन/हेक्टेयर)
टमाटर	19.5	कर्नाटक (34.3)	32.8	यू0एस0ए0 (81.0)
बैंगन	17.5	कर्नाटक (25.8)	25.0	इजिप्ट (49.2)
पत्ता गोभी	21.6	ओड़िशा (28.0)	27.7	जापान (66.1)
फूल गोभी	18.3	पश्चिम बंगाल (25.4)	16.9	पाकिस्तान (24.8)

भिण्डी	11.6	आन्ध्र प्रदेश (15.0)	6.9	सउदी अरब (13.3)
प्याज	14.2	गुजरात (24.4)	19.1	टर्की (30.3)
आलू	22.7	पश्चिम बंगाल (33.0)	17.7	यू0एस0ए0 (44.3)
कुल सब्जी	**17.3**	**लक्ष्यद्वीप (35.3)**	**18.8**	**स्पेन (37.2)**

संतुलित आहार में सब्जियों का योगदान

वर्तमान समय में विश्व में 840 मिलियन लोगों को गुणवत्तायुक्त भोजन नहीं मिल रहा है। वही पूरे विश्व में 3–5 मिलियन लोग अतिसार से पीड़ित है और प्रतिवर्ष 1.8 मिलियन लोगों की मृत्यु (प्रमुख्तः बच्चे) दूषित भोजन व पानी से हो रहा है।

विश्व में लगभग 46.0 करोड़ लोग कुपोषण की समस्या से जूझ रहे हैं और विशेषकर भारतवर्ष की जनसंख्या का काफी बड़ा हिस्सा (महिलाएँ तथा बच्चे) कुपोषण की बीमारियों से ग्रस्त हैं। यहाँ कुपोषण के कारण 3 वर्ष से कम आयु के 47.0 प्रतिशत बच्चे ठिंगने (dwarf) और कम वजन (less weight) के तथा 16.0 प्रतिशत बच्चे दुर्बल है। लगभग 49 साल आयु समूह की 36 प्रतिशत महिलाएँ ऊर्जा की अत्यधिक कमी की शिकार हैं, जबकि 70.0–75.0 प्रतिशत महिलाओं को पर्याप्त लौह तत्व (आयरन) नहीं मिल पाता। गर्भावस्था के दौरन केवल 58.0 प्रतिशत महिलाओं को ही समुचित खुराक मिल पाती है।

सारिणी (1.3) विश्व में अनुमानित भूखे लोगों (मिलियन में) का क्षेत्रवार विवरण (वर्ष 2008 की तुलना में 2009 की स्थिति)

क्षेत्र	भूखे की संख्या (मिलियन)	प्रतिशत वृद्धि
एशिया एण्ड द पैशिफिक	642	+10.5
सब सहारन अफ्रीका	265	+11.8
लैटिन अमेरिका एण्ड द कैरीबियन	53	+12.8
नियर ईस्ट एण्ड नार्थ अमेरिका	42	+13.5
विकसित देश	15	+15.4
विश्व (कुल)	**1017**	–

स्रोतः कृषि खाद्य संघटन, 2009

इतना ही नहीं अनेकों प्रकार के प्राकृतिक रसायन जैसे – जीव विष, माइकोटाक्सिन (उदाहरण के लिये एफ्लाटाक्सिन), फाइटोहिमाग्लूटीनीन, एल्कलायड्स, एलरजेन्स (उदाहरण खरपतवार) का उपयोग उत्पादन, तुड़ाई उपरान्त प्रबन्धन एवं अन्य क्रियाओं के लिये किया जाता है। इसके अलावा सीसा (lead), पारा (murcury), कैडमियम (cadmium), ताँबा (copper), राँगा (tin) शहरों का गन्दा मल, कीचड़, दूषित मिट्टी, कार्बनिक खाद, दूषित जल आदि से खाद्य पदार्थ एवं सब्जियाँ उपयोग योग्य नहीं रह पा रही हैं। यह सभी लोग जानते है कि वर्तमान समय में कीटनाशी, कवकनाशी,

खरपतवारनाशी, पादप वृद्धिनियामक आदि का प्रयोग भी सब्जियों की गुणवत्ता खराब कर रही है। अतः आवश्यकता है मानव समाज को स्वस्थ्य सब्जी, उत्तम स्वास्थ्य के लिए सुलभ करायें।

मानव जीवन में सन्तुलित आहार के रूप में सब्जियों का स्थान अत्यन्त महत्वपूर्ण है। सामान्यतः सब्जियों में 14 अन्य आवश्यक तत्व मिलते हैं, जिनमें लौह, आयोडिन, कैल्शियम, फास्फोरस, सोडियम, पोटैशियम, क्लोरिन, सल्फर, मैगनीज, ब्रोमिन, कापर, कोबाल्ट तथा जिंक आते हैं। सब्जियों से प्रचुर मात्रा में कार्बोहाइड्रेट, प्रोटीन (4.0 प्रतिशत) एवं ऊर्जा (10.0 प्रतिशत) मिलता है। इसके अलावा विटामिन 'ए', विटामिन 'सी' (90.0 प्रतिशत), विटामिन बी–6 व विटामिन 'ई' प्राप्त होते हैं। हमें खाद्य रेशा, विटामिन, कार्बोहाइड्रेट, वसा, प्रोटीन, विटामिन व खनिज पदार्थ जैसे आवश्यक पौष्टिक तत्व सब्जियों से मिलते हैं। सब्जियाँ हमारे भोजन को सरस, स्वादिष्ट व पौष्टिक बनाने में मदद करती हैं। सब्जियों में पाये जाने वाले कुछ विशेष प्रकार के यौगिक जैसे–बीटा कैरोटीन, विटामिन 'सी', विटामिन 'ई' (टोकोफेराल) तथा ग्लूकोसिनोलेट इत्यादि हमें बीमारियों से लड़ने में सहायता करते हैं। अतः सब्जियों को "रक्षात्मक भोजन" (protective food) भी कहा जाता है। इनसे पौष्टिक आहार के उन तत्वों की पूर्ति होती है, जो दैनिक क्रियाओं के लिए अनिवार्य हैं। इनकी कमी से लोग मानसिक विकार के साथ–साथ कई प्रकार के भयंकर रोगों के शिकार हो जाते हैं। भोजन शास्त्रियों व वैज्ञानिकों के अनुसार हमें अपने भोजन को पौष्टिक व संतुलित बनाने हेतु लगभग 300.0 ग्राम सब्जियाँ प्रतिदिन खानी चाहिए, जिसमें लगभग 100.0–125.0 ग्राम हरी पत्तीदार सब्जियाँ, 85.0–100.0 ग्राम जड़ वाली सब्जियाँ तथा 80.0–120.0 ग्राम अन्य सब्जियों का समावेश आवश्यक है। सब्जियों का प्रयोग पकाकर, कच्चा, सलाद, जूस या चटनी बनाकर किया जाता है। संतुलित आहार में कच्ची शाक–सब्जियों को सलाद के रूप में (गाजर, टमाटर, धनिया, पुदीना, प्याज, खीरा, ककड़ी, हरी मिर्च, चुकन्दर, मूली, पत्ता गोभी) ज्यादा प्रयोग करना चाहिए। सलाद, शरीर को ताजगी प्रदान करता है, भूख को बढ़ाता है तथा पेट की पाचन शक्ति को ठीक रखने में सहायता प्रदान करता है। इससे शरीर का मोटापापन भी कम होता है।

सारिणी (1.4) सन्तुलित आहार में सब्जियों की मात्रा (ग्राम प्रति दिन)

मनुष्य	पत्तीवाली सब्जियाँ (ग्राम)	जड़वाली सब्जियाँ (ग्राम)	अन्य सब्जियाँ (ग्राम)
युवा आदमी के लिये	125.0	100.0	75.0
युवा औरत के लिये	125.0	75.0	75.0
नौ वर्ष से कम आयु के बच्चों के लिये	75.0	50.0	50.0
नौ से बारह वर्ष की आयु के बच्चों के लिए	100.0	75.0	75.0

सब्जियों की सहभागिता

भारतवर्ष में यदि कुल सब्जी उत्पादन में फसलवार सहभागिता का आँकलन करें तो सबसे अधिक आलू (प्रतिशत 28.8) का है। इसके बाद टमाटर (11.3 प्रतिशत), प्याज (10.3 प्रतिशत), बैंगन

(8.1 प्रतिशत), टैपियोका (5.5 प्रतिशत), पत्ता गोभी (5.4 प्रतिशत), फूल गोभी (4.6 प्रतिशत), भिण्डी (3.9 प्रतिशत), मटर (2.4 प्रतिशत) एवं शकरकन्द (0.7 प्रतिशत) का स्थान आता है (नेशनल हार्टीकल्चर डाटा बेस, 2010–2011)।

वर्तमान समय में भारतवर्ष विश्व का अग्रणी भिण्डी उत्पादक देश है। जिसकी सहभागिता विश्व भिण्डी उत्पादन में 73 प्रतिशत है। चार सब्जियाँ टमाटर, आलू, प्याज व बैंगन कुल 58 प्रतिशत का योगदान देती हैं। उत्पादकता का विश्लेषण करने पर स्पष्ट होता है कि तमिलनाडु की उत्पादकता 29.9 टन प्रति हेक्टेयर (प्रथम) है और इसके बाद केरल की उत्पादकता 22.7 टन प्रति हेक्टेयर (द्वितीय) है। वर्तमान में राष्ट्रीय स्तर पर सब्जियों की कुल उत्पादकता सन् 2020 तक 25.0 टन प्रति हेक्टेयर बढाने की है जो वर्तमान में 17.3 टन प्रति हेक्टेयर है।

सारिणी (1.5) भारत वर्ष में सब्जियों का क्षेत्रफल, उत्पादन एवं उत्पादकता

सब्जी फसल	क्षेत्रफल (हेक्टेयर)	उत्पादन (टन)	उत्पादकता (टन)
पेठा	2,497	15,326	6.12
चुकन्दर	2,164	36,260	16.75
करेला	26,004	1,62,196	6.23
लौकी	11,6,939	14,28,296	12.21
बैंगन	2,99,770	31,24,487	10.46
पत्ता गोभी	1,13,450	16,31,690	14.38
गाजर	20,124	28,70,007	14.26
फूल गोभी	2,38,632	33,94,897	14.22
मिर्च	4,41,050	9,19,339	12.02
लोबिया	23,012	13,33,587	5.80
खीरा	16,288	1,05,690	6.48
सेम	600	9,000	15.00
फराश बीन	4,268	24,778	5.80
लहसुन	41,842	2,18,985	5.23
ककड़ी	500	7,500	15.00
लूफा	72,273	6,85,224	9.35
मेथी	13,510	83,600	6.19
खरबूजा	28,484	6,25,414	21.29
भिण्डी	3,69,684	23,26,616	6.28
प्याज	2,80,915	31,81,067	11.32
अन्य बीन्स	1,68,645	3,49,490	2.52

अन्य फूल गोभी फसलें	16,007	1,95,424	12.20
मटर	1,64,991	21,05,686	12.35
कद्दू	43,137	5,32,779	11.91
मूली	67,345	8,02,529	12.77
नसदार तोरी	10,040	1,28,310	15.85
टमाटर	2,90,279	46,03,446	15.85
तरबूज	16,194	2,05,884	12.71
पत्तीदार सब्जियाँ	1,11,840	7,31,158	6.53
शिमला मिर्च	4,783	42,230	8.83

स्रोतः नेशनल हार्टीकल्चर डाटा बेस, (2010–2011)

राज्यवार सब्जी उत्पादन का आँकलन करने से यह प्रतीत होता है कि विभिन्न राज्यों की उत्पादकता में काफी विषमता है। एक तरफ पश्चिम बंगाल 15.9 प्रतिशत सब्जी उत्पादन करता है तो दूसरी तरफ छत्तीसगढ़ मात्र 4.1 प्रतिशत ही उत्पन्न करता है। कुल सब्जी उत्पादन का 47 प्रतिशत सब्जी केवल 4 राज्य, पश्चिम बंगाल, उत्तर प्रदेश, बिहार एवं ओड़िशा उत्पन्न करता है।

सारिणी (1.6) भारतवर्ष के अग्रणी सब्जी उत्पादक राज्य (क्षेत्रफल के अनुसार)

राज्य	क्षेत्रफल (प्रतिशत)
पश्चिम बंगाल	16.2
उत्तर प्रदेश	14.7
बिहार	10.0
आन्ध प्रदेश	7.7
महाराष्ट्र	7.2
ओडिशा	6.3
गुजरात	6.1
कर्नाटक	5.1
हरियाणा	4.1
छत्तीसगढ़	4.1
अन्य	52.8

स्रोतः नेशनल हार्टीकल्चर डाटा बेस, (2010–2011)

भारतवर्ष के घरेलू बाजार में फसल वार सब्जियों की पहुँच का विवरण नीचे की सारिणी में दिया गया है।

सारिणी (1.7) फसलवार घरेलू बाजार में उपलब्धता एवं मूल्य

फसल	विपणन हेतु प्रमुख शहरों की संख्या	उपलब्धता (0008 टन)	औसत मूल्य (रूपया प्रति कुंतल)
बैंगन	31	218.90	588.00–1663.00
पत्ता गोभी	30	738.24	2951.00–1307.00
फूल गोभी	33	365.50	493.00–2512.00
भिण्डी	34	166.22	630.00–2341.00
मटर	28	220.26	810.00–4183.00
टमाटर	34	895.00	804.00–1781.00

स्रोतः नेशनल हार्टीकल्चर डाटा बेस, 2011

सब्जियों का निर्यात

भारत एक प्रमुख सब्जी उत्पादक देश है। यहाँ सब्जियों की खेती मैदानी एवं पर्वतीय क्षेत्रों से लेकर समुद्र के तटवर्ती भागों तक सफलतापूर्वक की जाती है। हमारे देश की जलवायु में विविधता के कारण देश के विभिन्न भागों में 60 से अधिक प्रकार की सब्जियाँ व्यावसायिक स्तर पर उगाई जाती है। कुछ प्रमुख सब्जियों का उत्पादन देश के किसी न किसी भू–भाग में हमेशा किया जाता है, जिससे सब्जियों की उपलब्धता पूरे वर्ष बनी रहती है। भारत वर्ष से बड़े पैमाने पर प्याज, भिण्डी, करेला, हरी मिर्च, मशरूम तथा आलू का निर्यात किया जाता है। भारत वर्ष से प्रति वर्ष 10.0 प्रतिशत प्याज एवं 36.0 प्रतिशत हरी मटर का व्यापार होता है, फिर भी अगर औद्यानिक उत्पाद के भागीदारी को देखा जाये तो विश्व निर्यात में एक प्रतिशत से भी कम है। भारत वर्ष से सब्जियों का निर्यात सन् 2008–2009 में मात्र 680.2 करोड़ रूपये का था लेकिन सन् 2010–10 में यह बढ़कर 1221 करोड़ रुपये का हो गया। यह कहना अतिशयोक्ति नहीं होगा कि फल और सब्जियों में भारत बहुत छोटे–छोटे देशों जैसे चिली (Chile), थाईलैण्ड एवं मलेशिया से निर्यात में काफी पीछे है। इसका मुख्य कारण यह है यूरोप, संयुक्त राज्य अमेरिका व जापान पूरी तरह से सुरक्षित उपभोग हेतु भारतीय उत्पाद की गुणवत्ता पर विश्वास नहीं करते हैं। इसके लिए प्रमुख कारणों में पहला कारण उत्पादन किये जाने वाले प्रक्षेत्र का स्वास्थ्य बहुत अच्छा नहीं है तथा दूसरा कारण संश्लेषित कृषि रसायनों (synthetic agricultural chemicals) जैसे कीटनाशी व उर्वरकों का अनियंत्रित उपयोग का होना है, जिससे उपज पर घातक रसायन प्रचुर मात्रा में चिपके रहते हैं। फलतः उपभोक्ता को संदूषित फल एवं सब्जियाँ प्राप्त होती हैं। इसके अलावा घटिया कृषि पद्धति को अपनाना भी है।

सारिणी (1.8) भारत वर्ष से सब्जी खरीदने वाले प्रमुख देश निर्यात की मात्रा व मूल्य

देश	मात्रा (मैट्रिक टन)	मूल्य (लाख रूपये)
यूनाइटेड अरब अमीरात	1,05,630.00	23,826.00
नेपाल	1,37,812.00	7,751.00
श्रीलंका	54,499.00	6,947.00
साउदी अरब	20,206.00	6,478.00
यूनाइटेड किंगडम	16,469.00	6,571.00
बांग्ला देश	31,598.00	6,111.00
कतर	12,384.00	3,687.00
कुवैत	9,952.00	3,310.00
संयुक्त राज्य अमेरिका	5,616.00	3,163.00
रूस	16,156.00	3,050.00

अगर भारत वर्ष से फसलवार सब्जियों का आँकड़ा देखे तो स्पष्ट होता हैं कि यहाँ से सब्जियों के निर्यात की ज्यादा सम्भावना है।

सारिणी (1.9) भारत वर्ष से फसलवार सब्जियों एवं उनके उत्पाद का निर्यात व लेने वाले देश

फसल/उत्पाद	मात्रा (मैट्रिक टन)	मूल्य (लाख रूपये)	खरीददारी करने वाले देश
पत्ता गोभी	404.9 (0.03 प्रतिशत)	45.6 (0.02 प्रतिशत)	यूनाइटेड अरब एमिरात, मालद्वीप, नेपाल, सिंगापुर
फूल गोभी	829.8 (0.06 प्रतिशत)	33.2 (0.013 प्रतिशत)	यूनाइटेड अरब एमिरात, मालद्वीप, सऊदी अरब, नेपाल, ओमान
प्याज	1163472.6 (85.85 प्रतिशत)	174155.4 (68.24 प्रतिशत)	बांग्ला देश, मलेशिया, श्रीलंका, यूनाइटेड अरब एमिरात
मटर	1004.6 (0.074 प्रतिशत)	263.7 (0.10 प्रतिशत)	सऊदी अरब, यूनाइटेड अरब एमिरात नेपाल, कतर, यूनाइटेड स्टेट, ओमन, यूनाइटेड किंगडम
टमाटर	68183.7 (5.03 प्रतिशत)	11480.6 (4.50 प्रतिशत)	यूनाइटेड अरब एमिरात बांग्ला देश, सउदी अरब ओमन, पाकिस्तान
फल एवं सब्जी बीज	11182.5 (0.83 प्रतिशत)	17519.6 (6.87 प्रतिशत)	पाकिस्तान, बांग्ला देश, यूनाइटेड स्टेट, निदरलैण्ड नेपाल, जापान
शुष्क एवं परिरक्षित सब्जियाँ	110173.9 (8.13 प्रतिशत)	51697.1 (20.26 प्रतिशत)	रूस, जर्मनी, मलेशिया, यूनाइटेड स्टेट, फ्रान्स, स्पेन, यूनाइटेड किंगडम, बेल्जियम, पोलैण्ड, ब्राजील
कुल	1355252.00 (100 प्रतिशत)	255195.2 (100 प्रतिशत)	

अनुसंधान की प्राथमिकताएं

सब्जियों पर जलवायु परिवर्तन का प्रभाव

जलवायु परिवर्तन का वातावरण व मानव समाज पर प्रबल प्रभाव पड़ता है। विश्व में जलवायु परिवर्तन से 100.0 मिलियन लोग विषम स्थिति का सामना कर रहे हैं (ग्लोबल ह्यूमनीटैरियन फोरम, 2009)। ऐसे लोग जलवायु परिवर्तन से ज्यादा प्रभावित होंगे जो प्राकृतिक संसाधनों पर सीधे आश्रित हैं (ब्रियान एवं सहयोगी, 2009, शर्मा एवं चौहान, 2011)। भारत वर्ष में जलवायु परिवर्तन का सीधा प्रभाव सामाजिक–आर्थिक दशा, जनसंख्या वृद्धि, शहरीकरण, जैव संपदा उपभोग एवं क्षरण पर पड़ता है (गर्ग एवं सहयोगी, 2007, नेशनल एक्शन प्लान आन क्लाईमेट चेंज, 2008)। भारत वर्ष में कृषि या खेती योग्य जमीन (विश्व की 2.4 प्रतिशत जमीन) एवं जल (विश्व की 4.5 प्रतिशत जल) विश्व की 17.0 प्रतिशत जनसंख्या एवं 11.0 प्रतिशत पशुधन को सहारा देता है (मोरे एवं जगताप, 2011)। मौसम में आये तेजी से बदलाव के कारण सभी फसलों में ऐसी किस्मों की मांग बढ़ने लगी है, जो वातावरण के प्रति अनुकूलन की क्षमता रखती हैं। भौगोलिक विभिन्नता के कारण स्वयं ऐसी प्रजातियों को विकसित करने के लिए इंगित (indicate) करता है। अतः ऐसी प्रजातियों का विकास आवश्यक हो गया है, जो अधिक लवणता, अधिक अम्लता, अधिक जल मग्न, सूखा ग्रस्त आदि क्षेत्रों के लिए उपयुक्त हों। उदाहरण के लिए भारतीय वातावरण में फूल गोभी की अर्ध सीधी पत्तियों वाली प्रजातियाँ उपलब्ध है, जबकि इसके लिए मध्यम प्रकार की पत्ती धारण करने वाली प्रजातियों का चुनाव करना चाहिए (चटर्जी एवं स्वरूप, 1972)। इसके लिए चुने हुए जननद्रव्य का दोहन व अन्तः प्रजात का विकास तेजी से किया जा रहा है, जिससे भविष्य में विषालुता अवशेष से पुर्णतया छूटकारा मिल सकेगा। बेमौसम में उगने वाली सब्जियों का विकास किया जाना चाहिए, जिससे सब्जियों के सकल उत्पादन को बढ़ाया जा सके। नदियों, पहाणों, जंगलों आदि के निकट खेती करने के लिए उन्नतिशील प्रजातियों का विकास किया जाना चाहिए। सब्जियों की असामान्य वृद्धि, तुड़ाई तथा विपणन के समय बीमारियों/व्याधियों तथा सूक्ष्म जीवों के कारण न होकर विपरीत मौसम की दशा व असंतुलित पोषक तत्वों के कारण जो विकृतियाँ होती हैं, उसे दैहिक व्याधियाँ/विकृतियाँ कहते हैं। टमाटर, बीन्स, मिर्च, खरबूजा अधिक तापमान (27.0–30.0 डिग्री सेन्टीग्रेड) में विटामिन 'बी' अधिक बनाते हैं, जबकि ब्रोकली, बंद गोभी, मटर, पालक आदि कम तापमान में विटामिन बी अधिक बनाते हैं। सब्जियों में उपलब्ध पोषक तत्वो में विटामिन बी तापमान के प्रति अतिसंवेदनशील है। प्रकाश प्रबलता का विटामिन बी के निर्माण पर कम प्रभाव पड़ता है, जबकि अधिक तापमान पर विटामिन 'सी' एवं विटामिन 'ए' का निर्माण अधिक होता है (ग्रास, 1991)। अधिक प्रकाश प्रबलता पर अधिक शर्करा का निर्माण होता है जिससे विटामिन 'सी' में भी वृद्धि होती है। परिणामतः पौधों के तापमान में वृद्धि के कारण बीटा कैरोटीन (विटामिन 'ए') में कमी होती है। मिट्टी के प्रकार, पलवार, सिंचाई, खाद, एवं कृषि पद्धति का भी प्रभाव जल व पोषक तत्व अवशोषण पर पड़ता है। परिणामतः फल घटक (fruit composition) एवं गुण (दिखावट, बनावट, संरचना, स्वाद एवं सुगन्ध) में परिवर्तन होता है (गोल्डमैन एवं सहयोगी, 1999)। तापमान, सापेक्षिक आर्द्रता व कार्बन डाई आक्साइड सान्द्रता का प्रभाव तुड़ाई उपरान्त फसल प्रौद्योगिकी पर पड़ता है (ली एवं काडेर, 2000)। वातावरणीय परिवर्तन का अध्ययन करने के लिए सब्जी में सर्वप्रथम जापान व कोरिया ने

सन् 1920 में तरबूज का कलम ''गोर्ड रुटस्टाक'' (gourd root stock) पर तैयार किया था (ली, 1994)। इसके बाद बैंगन का कलम, स्कारलेट बैंगन की प्रजाति सोलेनम इन्टेग्रीफोलियम (*Solanum integrifolium*) पर सन् 1950 में किया गया। वर्ष 1960 एवं 1970 में कलम (grafting) पौध प्रसारण तकनीकी को खीरा एवं टमाटर में अपनाया गया (इडल्स्टैन, 2004)। इसके बाद सब्जियों में कलम बाँध द्वारा पौध विकसित करने की प्रथा चल पड़ी। अभी हाल के वर्षों में जापान, कोरिया और अमेरिका में कद्दू वर्गीय सब्जियाँ, टमाटर, बैंगन और शिमला मिर्च के प्रसारण में यह विधि काफी प्रचलित हुई है। वर्तमान समय में कलम बाँधने की तकनीक का उपयोग संब्जियों में ज्यादा जापान (750.0 मिलियन नवोद्भिद) और कोरिया (540.0 मिलियन नवोद्भिद वार्षिक) ज्यादा कर रहा है।

गुणवत्तायुक्त किस्मों के विकास की पहल

सब्जियों की उपलब्धता बढ़ाने के लिए उत्तम सस्य तकनीकों के साथ–साथ अधिक उपज एवं वाँछित गुण वाले उन्नतिशील प्रजातियों का समावेश अत्यन्त आवश्यक है, क्योंकि एक सीमा तक ही उन्नत सस्य तकनीकी और अनुकूल वातावरण मात्र से अधिक उपज प्राप्त की जा सकती है। यह सत्य है कि अधिक एवं गुणवत्तायुक्त उपज निम्न कोटि की किस्मों से नहीं प्राप्त की जा सकती है। मौजूदा समय में सब्जियों में प्रति इकाई उत्पादन बढ़ाना प्रमुख उद्देश्य है परन्तु बदलते परिवेश में उपलब्ध सब्जियों के रंग, आकार–प्रकार, मिठास, सुगन्ध आदि के प्रति उपभोक्ताओं में भी काफी जागरूकता आयी है। अतः उत्पादक बाजार में उपभोक्ता को मानक के अनुसार सब्जियाँ तभी उपलब्ध करा पायेंगे, जब गुण आधारित किस्में उपलब्ध हों। मानक को पूर्ण करने वाली प्रजातियों का न होना स्वयं में ही उत्पादकता को कम करने वाला एक घटक बन जाता है। गुणवत्तायुक्त किस्मों की मांग राष्ट्रीय व अन्तराष्ट्रीय बाजार में ज्यादा महत्व रखती है। उदाहरण के लिये फूल गोभी में शीर्ष का रंग (दुधिया सफेद), शीर्ष का आकार (गोलाकार एवं चिकना), शीर्ष का रीसीनेश से मुक्त होना, कुल विलेय ठोस (8 प्रतिशत से अधिक), ग्लूकोसिनोलेट की मात्रा (मध्यम), एस0 मिथाइल सिस्टेइन सल्फाइड (उच्च), ग्वाइट्रोजेनिक ग्लूकोसिनोलेट (निम्न मात्रा), नाईट्रेट (निम्न मात्रा), आक्सलेट (निम्न मात्रा) तथा शीर्ष में सुगन्ध (अधिक) जैसे गुण विकसित करने की प्राथमिकता निर्धारित की गयी है। इसी प्रकार बंद गोभी में शीर्ष रंग (हरा), शीर्ष कोर (छोटा, मुलायम एवं सकरा), शीर्ष आकार (पूर्णतया गोलाकार), शीर्ष संरचना (कसावट युक्त, मुलायम तथा कम रेशेदार), एस0 मिथाइल सिस्टेइन सल्फाइड (उच्च), ग्वाइट्रोजेनिक ग्लूकोसिनोलेट (निम्न मात्रा), नाईट्रेट (निम्न मात्रा), आक्सलेट (निम्न मात्रा), प्रो विटामिन ए (उच्च) तथा पकाते समय अच्छी सुगन्ध उत्पन्न करें, ऐसे गुण को विकसित करने के लिए प्राथमिकता निर्धारित की गयी है। फूल गोभी एवं बंद गोभी की शीर्ष किसी भी दशा में 750 ग्राम से अधिक नहीं होना चाहिए और शीर्ष में पूर्ण कसावट आवश्यक है। कभी–कभी बाजार में हल्के सुगन्ध युक्त शीर्ष की मांग होती है। इसके अलावा पौध दैहिक विकृतियों से मुक्त होनी चाहिए और पत्तियाँ सीधी होनी चाहिए। फूल गोभी का पौध जल्द पुष्प शीर्ष न करने की प्रवृत्ति से मुक्त होनी चाहिए। बंद गोभी में शीर्ष में अधिक कसावट एवं सख्त संरचना एक आवश्यक गुण माना जाता है। बंद गोभी में सुगन्ध बाजार मूल्य को ज्यादा प्रभावित करता है। चूँकि बंद गोभी को उत्पादन स्थल से दुरस्थ बाजार में भेजा जाता है, अतः उसमें लम्बे

अवधि तक रखने का गुण विद्यमान होना चाहिए। अन्तर्राष्ट्रीय बाजार में बंद गोभी के बाह्य संरचना एवं शीर्ष की एकरूपता पर ज्यादा ध्यान दिया जाता है। वर्तमान समय में बंद गोभी के ऐसी प्रजातियों की मांग बढ़ी है जिसमें एस्कार्बिक एसिड की मात्रा अधिक हो (सिंह एवं सहयोगी, 2012)।

जैविक विविधता एवं अनुवांशिक संसाधन

जैविक विविधता के बिना आधुनिक फसल सुधार एवं स्थायित्व सम्भव नही हैं। अतः फसल सुधार के लिए अनुवांशिक संसाधन एक अत्यन्त महत्वपूर्ण बुनियादी आधार है। इस प्रकार जैव विविधता का असीमित महत्व मानव के प्रतिदिन पोषण आहार के साथ जुड़ा हुआ है, जो पौधों के छाल, नवीन तने का अग्र भाग या प्ररोह, कलिकाएँ, पुष्प, फल, पत्तियाँ, जड़कन्द एवं खुम्भ पर आधारित है। इनका महत्व अकाल के समय ज्यादा देखने को मिलता है, जब प्रमुख खाद्य फसलों को उगाना मुश्किल होता है। पुराने जननद्रव्यों में वाँछित एवं लाभदायक गुण होते हैं, जैसे कीट रोग एवं अन्य अवरोधक गुण आदि। अनुवांशिक संसाधनों का संरक्षण कर वर्तमान एवं भविष्य के लिए खाद्य, पोषण एवं स्वास्थ्य सुरक्षा की कुँजी प्राप्त की जा सकती है। इस प्रकार उत्पन्न विविधता से नई फसलें विकसित की जाती हैं। वर्तमान में लगभग 2,50,000 पादप प्रजातियों की विस्तृत व्याख्या की जा चुकी है, जबकि बहुत ज्यादा संख्या की व्याख्या करना शेष है। प्रकृति में 10,000 से ज्यादा पौधे सब्जी के रुप में पूरे विश्व में उगाये जाते हैं। इनमें से केवल 50 फसलें ऐसी हैं, जो व्यावसायिक रुप से महत्व रखती हैं, लेकिन उत्पादकों के बीच देखा जाये तो मात्र 20–25 सब्जियाँ ही ज्यादा महत्वपूर्ण हैं। सब्जी वैज्ञानिकों द्वारा किये गये गहन अनुसंधान कार्य के परिणाम स्वरुप सब्जियों की अनेकों उन्नतिशील एवं प्रभावी संकर किस्में, उत्पादकों के खेतों पर ज्यादा उत्पादन दे रही हैं। अन्तर्राष्ट्रीय स्तर पर सब्जियों के जननद्रव्यों का पुरूःस्थापन वर्तमान समय में बड़े व्यापक पैमाने पर किया जा रहा है। उदाहरण के लिए आलू के जननद्रव्य का पुरूःस्थापन अन्तर्राष्ट्रीय आलू केन्द्र, लिमा, पेरू द्वारा किया जाता है। जैव सम्पदा संरक्षण हेतु कानून के अनुसार एक राष्ट्रीय जैविक ऑथारिटी बनाई जायेगी जो नियमों को अमल कर निगरानी रखेगी। राज्य स्तर पर भी ऐसे माडल बनाये जाने का प्रस्ताव इसमें है और स्थानीय स्तर पर जैव विविधता व्यवस्थापन समिति का प्रावधान है। इनके माध्यम से हमारे देश में जो जैविक संसाधन उपलब्ध हैं उसका रक्षण, नियमन और व्यवस्थापन इस हेतु किया जायेगा कि उसका उपयोग हो। पेटेंटस के प्रावधान से कृषि अनुसंधान क्षेत्र पर बहुत असर पड़ने की संभावना है। नई प्रजातियों के संरक्षण की व्यवस्था होने से कृषि क्षेत्र में काम करने वाले वैज्ञानिक उन क्षेत्रों में संशोधन और शोध का प्रयास करेंगे जिसका वाणिज्यिक मूल्य हो। केवल उपज सम्बन्धी अनुसंधान के लिए कृषि क्षेत्र में शोध नहीं किया जायेगा बल्कि विशेष गुण प्रमुख घटक होगें। अपने देश में नई प्रजातियाँ विकसित करने का एक पद्धति बना हुआ है। इस व्यवस्था में अब तक वाणिज्यिक मूल्य मिलने की बात, कृषि वैज्ञानिकों के दिमाग में कभी नहीं था। परन्तु अब इन प्रावधानों के बदौलत देश के कृषि वैज्ञानिक और भी प्रेरित हो जायंगें और उन प्रजातियों का विकास तेजी से सम्भव होगा जिसकी वाणिज्यिक महत्ता है। कोई भी अनुसंधान योजना शुरु करने से पहले ध्यान में रखी जाएगी की बाद में उसका उचित मूल्य प्राप्त हो। दूसरी बात यह भी होगी कि जो हमारे जननद्रव्य (**germplasm**) हैं, उन प्रजातियों का ठीक से व्यवस्थापन व उपयोग किया जायेगा और भविष्य में उसका लाभ सुनिश्चित होगा। इससे हमारे राष्ट्रीय कृषि अनुसंधान व्यवस्था में शोध की योग्यता भी बढ़ जायेगी। चूँकि नई प्रजातियाँ और कृषि

अनुसंधान को संरक्षण मिलने से यह भी सम्भावना है कि कृषि में निवेश भी बढ़े। कृषि अनुसंधान को संरक्षण मिलने से इन प्रजातियों का व्यावसायिक उत्पादन करने के लिए लोग आगे आयेगे। इससे बीज उद्योग को फायदा मिलेगा और प्रजातियों का प्रचलन हो जायेगा। जननद्रव्य का दोहन व अन्तः प्रजात का विकास तेजी से किया जा रहा है, जिससे भविष्य में विषालुता अवशेष से पुर्णतया छुटकारा मिल सके। इसके अलावा ऐसे उपयोगी जननद्रव्य की आवश्यकता है जिनमें रोग एवं कीटों के प्रति रोधिता, वातावरण के प्रति अनुकूलन, कठोरपन, अगेतीपन, सुखा एवं अधिक तापमान के प्रति सहनशीलता के प्रति गुण विद्यमान हों। बेमौसम में उगने वाले जननद्रव्यों की पहचान एवं अन्तः प्रजात का विकास किया जाना चाहिए, जिससे सकल उत्पादन को बढ़ाया जा सके। फूल गोभी व बंद गोभी में संकर बीज उत्पादन हेतु स्व–अनिषेच्य लाइन जैसे अनुवांशिक संसाधन की उपलब्धता आवश्यक है (क्रिस्प एवं टैपसेल, 1993)। बंद गोभी की प्रजाति पूसा मुक्ता, ब्लैक राट के लिये व पूसा ड्रमहेड ब्लैक लेग के लिये रोग प्रतिरोधी है। इसी प्रकार फूल गोभी की प्रजाति पूसा सुभ्रा ब्लैक राट व पूसा स्नोबाल के.–1 कर्ड ब्लाइट के लिये रोग प्रतिरोधी है। फूल गोभी की ई.सी. 348166 प्रजाति अगेती एवं अधिक तापमान सहनशील, प्रजाति ई.सी. 164414–16 तथा ई.सी.175800–06 बहु रोग प्रतिरोधी, संयुक्त राज्य अमेरिका से भारतीय परिदृश्य में मुल्यांकन कर उपयोग की जा रही है। इसी प्रकार बंद गोभी की कोशिकाद्रव्यी नर बंध्यता व अनुरक्षण वंशक्रम (ई0सी0 304718–25), अधिक तापमान सहनशील प्रभेद (ई0सी0 350918–28) तथा अधिक तापमान सहनशील, क्लब राट व ब्लैक राट संयुक्त रूप से रोधी प्रजाति (ई0सी0 168041–42) को संयुक्त राज्य अमेरिका से मंगाकर भारतवर्ष में मुल्यांकन किया गया। बंद गोभी की नर बन्धय वंशक्रम (ई0सी0 187228–30) कनाडा से हमारे देश में उपस्थापित की गयी।

उन्नतिशील प्रजातियों का पुरूःस्थापन, वरण एवं प्रजनन

सब्जियों की अनेक किस्में जैसे मटर की बोनविल और अर्कल, टमाटर की शू तथा तरबूज की सुगर बेबी आदि पुरूःस्थापित करके हमारे देश में सीधे उगायी जा रही है। इस प्रक्रिया के अलावा सब्जियों की पूरूःस्थापित प्रविष्टियों में चयन प्रक्रिया को अपनाकर अनेकों उन्नतिशील प्रजातियों का विकास किया गया है। उदाहरण के लिए शकरकन्द की पूसा लाल एवं पूसा सुनहरी, सब्जी के लिए लोबिया की पूसा बरसाती तथा मूली की जापानी श्वेत तथा 40–डेज आदि को पुरूः स्थापित किया गया है।

सारिणी (1.10) फूल गोभी एवं बंद गोभी की वरण विधि से विकसित किस्में

सब्जी फसल	प्रजाति	स्रोत
फूल गोभी	पूसा हिमज्योति	आयातित
	पूसा स्नोबाल के.–1	आयातित
	स्नोबाल–16	आयातित
	पंजाब जाइन्ट–26	आयातित
	पंजाब जाइन्ट–35	आयातित
	हिसार–1	आयातित
बंद गोभी	प्राइड आफ इण्डिया	आयातित

सब्जियों की उन्नतिशील किस्मों के विकास में पुरुःस्थपित विभेदों या किस्मों का पितृ रूप में बहुत महत्वपूर्ण योगदान है। पुरूःस्थापित तथा स्थानीय विभेदों के मध्य संकरण करके अनेकों उपयोगी प्रजातियों को विकसित किया गया है। उदाहरण के लिए टमाटर की प्रजाति पूसा मेरठी का विकास मेरठी (स्थानीय प्रभेद) × सियोक्स (पुरूःस्थापित प्रभेद) के संकरण से विकसित किया गया है। इसी प्रकार टमाटर की ही पूसा अर्ली ड्वार्फ का विकास मेरठी (स्थानीय प्रभेद) रेड क्लाउड (पुरूःस्थापित प्रभेद) के संकरण से किया गया है। सब्जी जननद्रव्य का दत्तक पितृ के रूप में भी अनेकों गुणों के लिए काफी उपयोगी पाया गया है। उदाहरण के लिए लोबिया की "असीम" प्रजाति का विकास पूसा फाल्गुनी × ई0सी0 021622 (फिलीपीन्स से आयातित) से किया गया, जिसमें मैक्रोफोमिना विल्ट (wilt) और सूत्रकृमि (nematode) के लिए प्रतिरोधी है। इसी प्रकार लोबिया की रितुराज प्रजाति का विकास पूसा दो फसली × ई0 सी0 026410 के संकरण से हुआ, जिसमें प्रकाश असंवेदी गुण के साथ–साथ अधिक हरी फल की उपज क्षमता है। भिण्डी की सेलक्शन–2, सेलेक्शन–6–2 एवं जी0–2 का विकास पूसा सावनी × घाना रेड से किया गया जिसमें पीला पित्तशीरा विषाणु का प्रकोप नहीं होता है। टमाटर की प्रजाति पूसा रूबी का विकास सियौक्स × इम्प्रूव्ड मेरठी के संकरण से हुआ, जिनमें अधिक उपज क्षमता है एवं विषाणु रोग से मुक्त है। बैंगन की प्रजाति पूसा क्रांति का विकास तीन पितृों पूसा पर्पल लांग × हैदरपुर × विनाड जाइण्ट के संकरण से किया गया है।

सारिणी (1.11) संकरण द्वारा विकसित बंद गोभी व फूल गोभी की प्रमुख किस्में

सब्जी फसल	प्रजाति	स्रोत (पितृ)
बंद गोभी	पूसा मुक्ता	ई.सी.–24855 × ई.सी.–10109
	एच.–113	सेलेक्शन–18 × 83–6
फूल गोभी	पूसा स्नोबाल	ई.सी.–12013×ई0सी012012

संकर किस्मों का प्रजनन

संकर किस्मों का महत्व उनकी एक समान तैयार होने का गुण, अगेतीपन, अधिक उपज, उत्तम गुणवत्ता, कसावट, रंग, कीड़े व बीमारियों तथा विषम वातावरणीय परिस्थितियों के कारण ज्यादा है। हमारे देश में संकर किस्मों का विकास का कार्य काफी प्रगति पर है। सब्जियों में संकर किस्मों के प्रजनन, हेतू उपलब्ध तकनीक/विधि/प्रक्रिया जैसे स्व अनिषेच्यता, नर बंध्यता, स्त्रीजन्यता आदि का उपयोग किया जा सकता है। उदाहरण के लिये फूल गोभी एवं बंद गोभी में संकर किस्मों का विकास सुगमता से स्व अनिषेच्यता तथा नर बंध्यता के उपयोग से किया जा सकता है।

- स्व अनिषेच्यता
- नर बंध्यता
- पराजीनी नर बंध्यता

1. स्व अनिषेच्यता

स्व अनिषेच्यता का तात्पर्य यह है कि एक पौधे का परागकण उसी पौधे के अण्ड को निषेचित नहीं करता है, लेकिन दूसरे प्रकार के जीन प्रारूप वाले पौधे के अण्ड को सफलतापूर्वक निषेचित कर सकता है। क्रुसीफेरी कुल की फसलों में 70 स्व–अनिषेच्य एलील की खोज की जा चूकी है (हागकीन एवं सहयोगी, 1988)। इस प्रकार के प्रणाली का उपयोग फूल गोभी व बंद गोभी में संकर बीज उत्पादन हेतु अधिक करते हैं (वतानबे एवं हिनाता, 1999)। उत्पादन हेतु दो स्व–अनिषेच्य परन्तु युग्म में निषेच्य अन्तः प्रजाति को एकान्तर कतारों में लगाया जाता है। इन दोनों अन्तः उत्पादों में बने बीज संकर होंगे। दो अन्तः प्रजाति में से एक अन्तः प्रजाति स्व–अनिषेच्य भी हो सकता है। इस दशा में केवल स्व–अनिषेच्य अन्तः प्रजाति पर बने बीज संकर होंगे। इनमें अन्तः प्रजनन कलिका परागण के द्वरा सम्भव होता है। फूल गोभी एवं बंद गोभी की अधिकांश प्रजातियों का विकास स्व अनिषेच्य परागण पद्धति से ही हुआ है (वतानबे एवं हिनाता, 1999)। इस पद्धति का सबसे बड़ा लाभ यह है कि संकर बीज उत्पादन के लिए 2 स्व अनिषेच्य समयुग्म जो 'एस' एलील के लिए भिन्न हो, पित्र् के रूप में प्रयोग होता है। यह तथ्य भी सही है कि इस पद्धति से स्व अनिषेच्य समयुग्म कम जिम्मेदार होते हैं जिससे संकर बीज उत्पादन में अवाँछित सिब्स सदस्य उत्पन्न होते है (फांग एवं सहयोगी, 2005)। इसके अलावा दूसरी परेशानी स्व अनिषेच्य लाइन उत्पन्न करने के लिए कार्बन डाई आक्साइड की उच्च सान्द्रता का प्रयोग (जिरिक, 1985) अथवा सोडियम क्लोराइड (कुसेरा, 1990) के उपयोग से उत्पन्न होती है। फूल गोभी प्रभावी रूप से स्व अनिषेच्य है जिसकी उपलब्धता यूरोपियन मुक्त परागित किस्मों में पूर्णतया नहीं है। इसलिए 'एस एलिल' के लिए सम्भव अनुवांशिक संसाधन सबसे पहले शीत कालीन फसलों में देखा गया इसके बाद उष्ण प्रभेदों में खोज की गयी। इसके बाद यूरोपियन संकर किस्में प्रचलन में आयी (कुसेरा, 1985)। अनुवांशिक संसाधन के रूप में स्व अनिषेच्य लाईन मोन्टानो संकर से अलग की गयी और पहली संकर फूल गोभी चेक रिपब्लिक द्वारा पंजीकृत की गयी (कुसेरा एवं सर्नी, 1992)। कलिका परागण तकनीक में परिवर्तन करते हुए हिनाता (1975) ने स्पष्ट किया कि ग्रीन हाउस में उगाये जा रहे फूल गोभी के पौधों को अगर कार्बन डाई आक्साइड की 3–5 प्रतिशत सान्द्रता व 100 प्रतिशत सापेक्ष आर्द्रता पर 8–24 घण्टे तक हवा अवरोधी घर में रखा जाये तो कलिका परागण की तकनीक के बराबर परिणाम देता है। इस तकनीक में ज्यादा पूंजी की आवश्यकता पड़ती है लेकिन इसको कम लागत पर चलाया जा सकता है। इस तकनीकी में अगर कार्बन डाई आक्साइड की सान्द्रता ज्यादा हो जाती है तो परागण करने वाली मधुमक्खियों को नुकसान पहुँचता है और कभी–कभी मानव स्वास्थ्य के लिए भी खतरा बन जाता हैं। इन समस्याओं को देखते हुए बिजली आधारित परागण (रोगेन एवं वान्डिक, 1976), तार ब्रुश परागण, ताप आधारित परागण (रोगेन एवं वान्डिक, 1976), कार्बनडाई आक्साइड की सान्द्रता वृद्धि (निकानीशी एंव सहयोगी, 1975) जैसी तकनीक उपयोग में लाना चाहिए। अगर 5 प्रतिशत सोडियम क्लोराइड घोल को पूर्ण पुष्पन के समय भारतीय फूल गोभी की प्रजातियों पर छिड़काव किया जाये तो स्व अनिषेच्यता दूर की जा सकती है (शर्मा एवं गिल, 1999)। बंद गोभी में स्व अनिषेच्य वंश क्रम 83–1, 83–2, 83–5, सेलेक्शन–5 तथा सेलेक्शन–8 का विकास भारतीय कृषि अनुसंधान संस्थान के क्षेत्रीय शोध केन्द्र, कटराईं (हिमाचल प्रदेश) द्वारा किया गया

है, जिनमें सामान्य संयोजन क्षमता उत्तम है (प्रकाश एवं सहयोगी, 2003)। इस शोध केन्द्र द्वारा बंद गोभी में पहली बार संकर किस्म 'के.जी.एम.आर.1' का विकास का स्व अनिषेच्य वंशक्रम का प्रयोग कर किया गया है।

सारिणी (1.12) विभिन्न जलवायु क्षेत्रों के लिए फूल गोभी एवं बंद गोभी की संकर प्रजातियाँ

सब्जी	संकर किस्म	स्रोत	संस्तुति वर्ष	जलवायु क्षेत्र
फूल गोभी	पूसा हाईब्रिड–1	भारतीय कृषि अनुसंधान संस्थान, नई दिल्ली	1992	II, IV
	डी.सी.एच.–541	भारतीय कृषि अनुसंधान संस्थान, नई दिल्ली	1992	II, IV
	एस.वाई.सी.एफ.एच.–2003	सिंजेन्टा सीड कम्पनी, पुणे	2005	IV,V,VII
बंद गोभी	श्री गणेश गोल	महिको सीड कम्पनी, जालना	1992	V
	नाथ–401	नाथ सीड कम्पनी, औरंगाबाद	1993	I, IV,V, VI, VII
	बजरंग (बी.एस.एस.–32)	बीजो शीतल सीड कम्पनी, जालना	1995	VII
	क्विस्टो	नोवार्टिस सीड कम्पनी, पुणे	1998	IV
	एस.वाई.सी.एफ.एफ.–202	सिंजेन्टा सीड कम्पनी, पुणे	2004	IV, VIII
	समर किंग	संग्रो, सीड कम्पनी, नई दिल्ली	2005	I, IV
	के.जी.एम.आर.–1	भारतीय कृषि अनसंधान संस्थान, नई दिल्ली	2005	I, IV
	ग्रीन इम्पेरर–74	टोकिटा सीड कम्पनी	2007	I

2. नर बंध्यता के उपयोग द्वारा

फूल गोभी एवं बंद गोभी में हाथ द्वारा विपुंसीकरण और परागण करने की क्रिया जटिल है। इस दशा में नर बंध्यता का उपयोग दोनों फसलों में ज्यादा सफल पाया गया है (नियुहाफ, 1961, रून्डफेल्ड्ट, 1960)। व्यावसायिक स्तर पर संकर बीज उत्पादन के लिए नर बंध्यता का उपयोग व्यापक पैमाने पर किया जाता है। नर बंध्यता वातावरणीय घटक से ज्यादा प्रभावित नही होता है। नर बंध्यता से अन्तः प्रजात का संकरण संदूषण से बचाव होता है (डिक्सन एवं वैलेस 1986)।

(i) अनुवांशिक नर बंध्यता के उपयोग द्वारा

अनुवांशिक नर बंध्यता में नर बन्ध्य (*ms ms*) अन्तः प्रजात नर उर्वर (*Ms Ms*) अन्तः प्रजाति से संकरित नर बन्ध्य, अन्तः प्रजाति पर बने सभी बीज संकर तथा उर्वर (*Ms ms*) होते हैं। अनुवांशिक नर बंध्यता केन्द्रक जीन से नियन्त्रित होती है। कई बार एक अवरोधक जीन एम.एस. (recessive gene *ms*) गुण निर्धारण के लिये जिम्मेदार होते हैं और मेण्डेलियन विधि से वंशागतित्व का प्रदर्शन करते हैं। ये कोशिकाद्रव्य से प्रभावित नही होते हैं।

(ii) कोशिकाद्रव्यी नर बंध्य के उपयोग द्वारा

ऐसी नर बन्ध्यता जो कोशिका द्रव्य से (S-cytoplasm) निर्धारित होती है, उसे कोशिकाद्रव्यी नर बन्ध्यता कहते हैं। कोशिकाद्रव्यी नर बन्ध्यता उत्पन्न करने वाले जीन माइटोकान्ड्रिया, क्लोरोप्लास्ट, या अतिरिक्त गुणसूत्र पर होते हैं। कोशिकाद्रव्यी नर बन्ध्यता का उपयोग सीमित है। कोशिकाद्रव्यी नर बन्ध्यता का उपयोग आलू, शकर कंद जैसे फसलों में होती है। इस विधि में पुनः स्थापक जीन नहीं उपलब्ध होता है। अतः सभी संकर नर बन्ध्य होते हैं। बंद गोभी में कोशिकाद्रव्यी नर बंध्यता, अनुवांशिक नर बंध्यता तथा जंगली प्रजातियों के जननद्रव्य को एकत्रीत कर भारतीय प्रजातियों से समागम आवश्यक है (सिंह, 2000)। कोशिकाद्रव्यी नर बंध्यता का उपयोग कर बंद गोभी में संकर ओज के वृद्धि की पुष्टि हुई है (प्रकाश एवं वर्मा, 2004)। ब्रेसिका रापा से प्रोटोप्लास्ट संलयन द्वारा कोशिकाद्रव्य 'आनन्द' का ब्रेसिका ओलेरेसिया में कोशिकाद्रव्य नर बंध्यता का विकास किया गया है (कार्डी एवं अर्ले, 1997)।

(iii) पराजीनी नर बंध्यता

बारनेज–बारस्टार पराजीनी नर बंध्यता पद्धति का विकास पहली बार मरियानी एवं सहयोगी (1990) ने अलसी एवं तम्बाकु में किया था। इस पद्धति का व्यक्तिगत बीज कम्पनियों द्वारा बंद गोभी में संकर बीज उत्पादन के लिए प्रयोग प्रारम्भ हुआ, लेकिन बड़े कम स्तर पर। परिवर्तित पौध में काईमेरिक आर.एन.ऐज. जीन (बारनेज) जिसमें टैपेटम स्पेसिफिक प्रमोटर (टी0ए0 29) का प्रयोग किया गया। चूँकि बारनेज साइटोटाक्सीक प्रभाव परीवर्तित पौध के टैपेटम कोशिका में उत्पन्न करता है, जिसके कारण टैपेटम कोशिका एवं परागकण का विकास रूक जाता है। परिणामतः नरबंध्य पराजीनी पौधें प्राप्त होते हैं (मरियानी एवं सहयोगी, 1990)। इस पद्धति में समयुग्मजी बारनेज जीन नरबंध्य पौधे में प्राप्त करना मुश्किल होता है और उसको अक्षुण करना भी मुश्किल होता है। अगर नर बंध्य पराजीनी पौधें (हेमिजाइगस : बारनेज) का संकरण सामान्य पौधे से करने पर 50 प्रतिशत हेमीजाइगस (बारनेज) नरबंध्य संकर प्राप्त होते है। ऐसे नरबंध्य पौधों का उपयोग आर्थिक महत्व वाले फल एवं बीज उत्पन्न करने वाले पौधों में सम्भव नहीं है। इस समस्या (नर बंध्य पौधों का बीज बहुगुणन एवं संकर में उर्वरता अनुरक्षण) की तकनीक विकसित कर ली गयी है (मरियानी एवं सहयोगी, 1992)। पराजीनी नरबंध्य (प्रभावी) से विकसित संकरों में बारस्टार जीन के साथ टी.ए. 29 प्रमोटर प्रयोग किया जा सकता है। बारस्टार जीन संकरों में प्रभावी होने के कारण साइकोटाक्सिक उत्पाद जो आर0एन0ऐज0 काइमेरिक से बनता है, को दबाता है। अनुरक्षण समस्या के समाधान हेतु बारनेज आधारित पराजीनीःखरपतवार प्रतिरोधी जीन (जोड़कर) का विकास किया गया है। चूँकि नर बंध्यता जीन (बारनेज) खरपतवार प्रतिरोधी जीन से जुड़ा हुआ है, ऐसी स्थिति में हेमीजाइगस नरबंध्य पौध का संकरण सामान्य सहोदर पौध से किया जा सकता है और संततियों पर खरपतवारनाशी का छिड़काव करने पर 50 प्रतिशत बंध्य अग्रसारित पौधें तथा 50 प्रतिशत उर्वर अग्रसारित पौधें अलग हो जाते है।

संश्लिष्ट प्रजातियों का विकास

संश्लिष्ट प्रभेद बनाने के लिए ऐसे पितृ जिनकी उच्च सामान्य संयोजन क्षमता पूर्व में परीक्षण करके निर्धारित की गयी हो, अंतः प्रजातों या विभेदों का आपस में सभी सम्भव संयोजन में संकरण करते हैं। इन सभी संकरणों से समान मात्रा में बीज लेकर उन्हें एक साथ मिला दिया जाता है। यही संश्लिष्ट किस्म होती है। पित्र कोई अन्तःप्रजाती वंशक्रमों, कुन्तन, बाह्य परागित प्रजाति या अन्य समूह के हो सकते हैं, जिनकी सामान्य संयोजन क्षमता का अवलोकन किया गया हो। समय–समय पर संश्लिष्टों को पुनः संयोजित किया जाता है। बंद गोभी व फूल गोभी में ऐसे संश्लिष्ट बनाये जा सकते हैं, क्योंकि इन फसलों में संकर किस्मों की अपेक्षा संश्लिष्ट किस्मों को विकसित करना तथा उनके बीजों को बनाना आसान होता है और इस प्रकार एक बृहद् जननद्रव्य भी तैयार होता है, जिसका प्रजनन के कार्यों में उपयोग किया जा सकता है। सिन–1 पीढ़ी में मुक्त परागण से सिन–2, सिन–2 में मुक्त परागण से सिन–3 पीढ़ियाँ प्राप्त होती हैं।

फूल गोभी एवं बंद गोभी की प्रमुख संश्लिष्ट किस्मों को सारिणी ( ) में दिया गया है–

सारिणी (1.13) फूल गोभी एवं बंद गोभी की संश्लिष्ट प्रजातियाँ

सब्जी	संष्लिष्ट प्रजाति	स्रोत	वर्ष	क्षेत्र के लिए संस्तुति
फूल गोभी	पूसा सिंथेटिक–1	भारतीय कृषि अनुसंधान संस्थान, नई दिल्ली	1975	IV
	पूसा अर्ली सिंथेटिक	भारतीय कृषि अनुसंधान संस्थान, नई दिल्ली	1990	IV, VIII
	पूसा सिंथेटिक	भारतीय कृषि अनुसंधान संस्थान, नई दिल्ली	1992	I, II, IV
बंद गोभी	पूसा सिंथेटिक	भारतीय कृषि अनुसंधान संस्थान, क्षेत्रीय शोध केन्द्र, कटराई	1992	IV, I, I

रोग अवरोधी किस्मों का विकास

रोग अवरोधी किस्मों का विकास एवं क्षेत्रीय जीन प्रारूपों का मूल्यांकन आवश्यक है। उदाहरण के लिये फूल गोभी में ब्लैक राट रोग के प्रति 200 जीन प्रारूपों का मूल्यांकन किया गया जिसमें एम.जी.एस. 2–3 प्यूकिया एवं एस.एन.–445 ने उच्च स्तर की प्रक्रिया प्रदर्शित किया है। परीक्षण में देखा गया कि स्नोबाल एवं इससे सम्बन्धित अरर्फट एवं अल्फा में कोई प्रतिरोधिता नहीं थी (शर्मा एवं सहयोगी, 2005, शेषाद्री, 2001)। बंद गोभी एवं फूल गोभी सब्जियों में रोग रोधिता के लिये प्रजाति स्रोत का विवरण नीचे की सारिणी ( ) में दिया गया है।

सारिणी (1.14) बंद गोभी एवं फूल गोभी में रोग रोधिता के लिये स्रोत

सब्जी फसल	जैविक प्रतिबल	प्रतिरोधी स्रोत	संदर्भ
फूल गोभी	डाउनी मिल्ड्यू	बी.आर.–2, सी.सी., ई.सी. 177283, कीबीजीएन्ट, मेरोजीएन्ट	शर्मा एवं सहयोगी, 1991
		के.टी.–9, अर्ली विन्टर एडमस ह्वाइट हेड, पूसा हाईब्रिड–2	शर्मा एवं सहयोगी, 1995
		कुवारी–7, कुवारी–8, कुवारी–4, फर्स्ट अर्ली, लक्ष्मी	पाण्डेय एवं सहयोगी, 2001
	स्केरोटिनिया राट	जनवान, अर्ली विन्टर एडमस वह्राइट हेड, पूसा स्नोबाल,के.–25	शर्मा एवं सहयोगी, 1995
	ब्लैक राट	पूसा सुभ्रा, एस.एन. 445, लवयाना	शर्मा एवं सहयोगी, 1995
	अल्टरनेरिया ब्लैक राट	एम.जी.एस.–2, पुआ किआ	चटर्जी, 1993
	कर्ड ब्लाइट	पूसा स्नोबाल के.–1	–
बंद गोभी	ब्लैक लेग	पूसा ड्रमहेड	–
	क्लब रूट	बडजर सिपर, शेटलैण्ड कैबेज, ग्लोबेले, ब्रेसिका नैपस, ब्रेसिका कम्प्रेस्ट्रिस	क्रुट एवं सहयोगी, 1983
	कैबेज येलो	बडजर ब्लू ब्वाय, बडजर बेल्ले	शर्मा एवं सहयोगी, 1991
	स्केरोटिनिया राट	ब्रेसिका नैपस, ब्रेसिका चाइनेन्सिस	शर्मा एवं सहयोगी, 1995
	पाउडरी मिल्ड्यू	ब्रेसिका नैपस, ब्रेसिका चाइनेन्सिस	शर्मा एवं सहयोगी, 1995
	व्हाइट रस्ट	ब्रेसिका कारीनाटा	शर्मा एवं सहयोगी, 1995
	फ्यूजेरियम विल्ट	सानीबेल	–
	राइजोक्टोनिया राट	सानीबेल	–
	बन्द गोभी मोजैक	सानीबेल	–
	ब्लैक राट	पूसा मुक्ता	–

कीट प्रतिरोधी किस्मों का विकास

कीट अवरोधी किस्मों का विकास एवं क्षेत्रीय जीन प्रारूपों का मूल्यांकन आवश्यक है। उदाहरण के लिये फूल गोभी एवं बंद गोभी की फसल कीटों के आक्रमण के प्रति काफी संवेदनशील है। भारतवर्ष में बंद गोभी की फसल में डायमण्ड बैंक माथ (प्लूटेला जाइलोस्टेला) कीट का 90.0 प्रतिशत प्रकोप होता है और इस कीट के द्वारा हमारे देश में की गयी क्षति का आँकलन लगभग 168.0 मिलियन अमेरिकी डालर के बराबर है (सन्दूर, 2004)। डिक्सन एवं सहयोगी ने पाया कि आस्ट्रेलिया की ग्लोसी पत्तियों वाली फूल गोभी की प्रभेद पी0आई0 234599 डायमण्ड बैक माथ के प्रति अवरोधी थी, लेकिन इस गुण को अलग करना मुश्किल था क्योंकि अवरोधीता का गुण एक दूसरे से नजदीकी रूप में जुड़े थे। ग्लासिनेस गुण सामान्य रूप से अप्रबल था। फूल गोभी में पत्तियों

की सतह पर पाये जाने वाला मोमिया परत, 'कैबेज फ्ली बीटल' के प्रति कीट रोधी गुण प्रदर्शित करता है (कल्लू, 1988)।

सारिणी (1.15) फूल गोभी में कीट रोधिता के लिये स्रोत

फूल गोभी	जैविक प्रतिबल	प्रतिरोधी स्रोत	संदर्भ
	डाइमंड बैंक माथ	पी.आई. 234599	लीन एवं सहयोगी, 1984
	कैबेज लूपर	पी.आई. 234599	लीन एवं सहयोगी, 1984

जैव प्रौद्योगिकी

भारतवर्ष में शिक्षा, शोध एवं उत्पादन बढ़ाने के उद्देश्य से सन् 1986 में बायोटेक्नोलॉजी की स्थापना की गई। इसके बाद अनेकों बायोटेक्नोलॉजी आधारित कम्पनियों का प्रादुर्भाव हुआ। परिणामतः इस तकनीक पर आधारित उद्योग घन्धे स्थापित होने लगे। वर्तमान समय में मानव जीवन के लिए उपयोगी औषधि, चिकित्सा, कृषि, पर्यावरण सुरक्षा आदि में सराहनीय योगदान देखने को मिलता है। इतना ही नहीं, जैव प्रौद्योगिकी के माध्यम से विकसित प्रजातियों का डी0एन0ए0 फिंगर प्रिन्टिग (DNA finger printing) से उसकी वास्तविक पहचान बनाये रख सकते हैं। इस तकनीक के हस्तक्षेप से प्राथमिक (primary), द्वितीयक (secondary) एवं तृतीयक (tertiary) जीन पूल (gene pool) की अवधारणा बदल गयी है और पूरे जीन पूल में उपलब्ध अनुवांशिक विविधता का विश्लेषण एवं उपयोग सुगमता से किया जा सकता है। वर्तमान समय में पात्रे तकनीक के माध्यम से पौध रूपान्तरण, पौध विकास एवं पौध संरक्षण की सम्भावनाओं ने वैज्ञानिकों एवं उद्योग जगत के लिए विकास के नये द्वार खोल दिये। इसके अलावा ऊतक संवर्धन विधियों के बिना ट्रासजीनिक (जीनों का रूपान्तरण) पौधों के विकास की कल्पना नही की जा सकती है। इस तकनीक ने स्पष्ट किया कि पादप कोशिका (plant cell) एक पूर्ण पौध के रूप में विकसित की जा सकती है, जिसे हम टोटीपोटेन्सी (totipotency) के नाम से जानते हैं। जीन इंजीनियरींग (gene engineering) के माध्यम से यह सम्भव हो पाया है कि विशिष्ट खरपतवारनाशी (selective weedicide) केवल चयनित खरपतवार को ही समाप्त करता है। कुछ प्रजातियों में इस प्रकार के जीन का स्थानान्तरण किया जाना चाहिए जिससे पौधे स्वतः कुछ इन्जाइम तैयार करें या संष्लेषण करें जिससे उन पर खरपतवार नाशी के दुष्परिणाम से प्रभावित न हो। इसमें पहला चरण है जीवाणु (bacteria) से जीन का स्थानान्तरण तथा पौधे में उच्च इन्जाइम क्षमता को बढ़ाना है, जिससे पौध स्वतः ग्लाइफोसेट (glyphosate) सल्फोनिलयूरिएस (sulphonnylureas) व इमिडाजोलीनोन्स (imidazolinones) के प्रति प्रतिरोधी हो जायें (स्टाकर, 1990)। दूसरी चाह यह है कि पराजीन पौधे (transgene plant) विकसित किये जायें तो फास्फीनोथ्रीसीन को अविषालु करने के लिए बार जीन (bar gene) स्ट्रेप्टोमाइसिस हाइग्रोस्कोपिकस (*Streptomyces hygroscopicus*) से अलग करके तथा पौधों में

स्थानान्तरित किया जाये। वर्तमान समय में कीट रोधिता पराजीनों, चाहे पौध बैक्टेरिया या किसी अन्य स्रोत से उतपन्न हो, सगुमतापूर्वक पौधों में कीट रोधिता के स्तर में वृद्धि के लिए किया जा सकता है। अतः पौध प्रजनकों को आधुनिक तकनीक एक आशा की किरण प्रदान की है। प्रथम बार पराजीन कीट प्रतिरोधी पौध का परिणाम सन् 1987 में (फिस्कोचाफ एवं सहयोगी, 1987, हिल्डर एवं सहयोगी, 1987 तथा वेक एवं सहयोगी, 1987) प्रकाशित किया गया था, लेकिन वर्तमान समय में अनेक परिवर्तन युक्त तकनीकी उपलब्ध हैं। आज कीट से होने वाले नुकसान को कम करने के लिए कीट रोधिता तकनीक ज्यादा लाभकारी सिद्ध हो रही है। इसके अलावा किसी विशेष कीट को निर्धारित कर के अन्दर बचाव, वातावरण के प्रति अनुकूलन, तीव्र जैव–नश्वरता (biodegradability) विष के प्रभाव को कम करना व आर्थिक लागत की बचत करना भी शामिल है। यह सही है कि कीट में पाचन तंत्र (digestive system) को निर्धारित कर कीट रोधिता उत्पन्न की जा रही है, जो सामान्यतः बैक्टेरियम (bacterium) के एकल स्पीशीज या औसतन उच्च पौधे या कुछ जानवरों या सूक्ष्मजीवों से उत्पन्न हुए हैं, पौधौ में उपयोग किया जा रहा है (रन्जकेर, 2003)। लेक्टिन सामान्यतः कार्बोहाइड्रेट वाइण्डींग (carbohydrate binding) प्रोटीन है, जो कुछ कीट के लिए नुकसान दायक है। स्नोड्राप (*Galanthus nivalis*) से प्राप्त लेक्टिन पोटैटो पीच एफीड्स, पोटैटो एफीडस व टोमैटो माथ के प्रति ज्यादा प्रभावी है। कीट रोधिता के लिए उपयोगी प्रमुख जीन में cry 1A class-डायमण्ड बैक माथ, कैबेज बटर फ्लाई, स्टेम बोरर, हेयरी कैटर पिलर व कटवर्म, स्नोड्राप लेक्टिन–एफीड, cry 2A थ्रिप्स के लिए उपयोगी पाये गये हैं। आलू के पराजीन, जिसमें 3Aa जीन समाहित है, का पहली बार व्यावसायीकरण सन् 1996 में मानसैन्टो द्वारा " न्यूलीफ (New Leaf) नाम से किया गया था। बी0टी0 जीन्स (Bt. genes) युक्त पराजीन टमाटर पहली बार विकसित किया गया और सन् 1989 में मानसैन्टो द्वारा परीक्षण किया गया। टोमैटो फ्रूटवर्म (*Helicoverpa zea*) व टौमेटो पिनवर्म (*Caferia lycipersicella*) के प्रति लाभप्रद बचाव किया गया। बी–मीठा भुटटा का विकास सिन्जेन्टा सीड्स कं0 (Syngenta Seeds Co.) द्वारा किया गया है। इसकी विशेषता यह है कि फल भेदी कीड़े फसल खाने पर मर जाते हैं। मोन्सेन्टो (Monsento) द्वारा न्यूक्लीक कीड़े से सुरक्षित आलू का विकास किया है। कवक रोग प्रतिरोधिता में कवक/जीवाणु उत्पन्न चीटीनेस जीन (chitinase gene) का उपयोग मुख्य रूप से पराजीन पौध हेतु किया जाता है। चिटीनेस इन्जाइम सामान्य चिटीन (chitin) बाहुल्य कवक कोशिकाओं को तोड़ता (degrades) है, जिससे लक्षण उत्पन्न होने में काफी समय लग जाता हे (ब्रागीलै एवं सहयोगी, 1991 व ब्रागीलै एवं सहयोगी, 1993)। अन्य प्रतिकवक प्रोटीन जीन में आस्मोटीन (osmotin), ग्लूकोनेस (gluconase), पेराक्सीडेस (peroxidase) इत्यादि हैं। लोबिया ट्रिप्सीन इन्हीबीटर (cpti) सबसे सक्रिय इन्हीबीटर (inhibitor) है, जो लगभग 10 फसलों में प्रवेशित किया गया है।

सब्जियों की कार्बनिक/जैविक खेती एवं प्रमाणीकरण

यह कड़ुवा सत्य है कि अन्य कृषि फसलों की तुलना में सब्जियों में कृषि रसायनों का प्रयोग सबसे अधिक मात्रा (कुल कृषि रसायन का 13–14 प्रतिशत) में किया जा रहा है। इसका सबसे बड़ा

कारण सब्जियों की ज्यादा मांग एवं प्राकृतिक संसाधनों के उपयोग से क्रय क्षमता में वृद्धि है। पूरे वर्ष सब्जियों की उपलब्धता बनाये रखने के लिए उत्पादकों द्वारा बे–मौसमी सब्जियों की खेती में भी ज्यादा कृषि रसायनों का प्रयोग किया जा रहा है, क्योंकि अगेती व पिछेती सब्जियों की खेती में रोग एवं कीड़ों का प्रकोप ज्यादा रहता है। भारत वर्ष में सब्जियों में औसत पेस्टीसाइड का उपयोग 0.678 (सक्रिय तत्व) किलोग्राम प्रति हेक्टेयर है। सबसे ज्यादा उपयोग मिर्च (5.13), बैंगन (4.60) गोभी वर्गीय सब्जी (3.73) तथा भिण्डी में (2.3) होता है। इतना ही नहीं ज्यादा समय तक सब्जियों को ताजा एवं उनमें चमक (परवल व करेला का रंगना, फूल गोभी को भिगोना आदि) बनाये रखने के लिए भी हानिकारक रसायनों का प्रयोग प्रचलन में है। अतः आज की आवश्यकता है कि सब्जी उत्पादकों को वैज्ञानिकों द्वारा विकसित कृषि पद्धतियों एवं यांत्रिकी की समावेश इस प्रकार करें कि सब्जी की गुणवत्ता एवं उपज दोनों ज्यादा मिले, लेकिन वातावरण के साथ–साथ मानव, जानवरों, पक्षियों, जल में विचरण करने वाले जीवों तथा धरती पर मुक्त विचरण करने वाले अन्य जीवों को कम से कम नुकसान हो। कार्बनिक ढंग से उत्पादित सब्जियाँ ज्यादा पोषकीय गुणों से भरपूर होती हैं और उपभोग के लिए ज्यादा सुरक्षित भी होती हैं (भट्टाचार्य एवं चक्रवर्ती, 2004, महापात्रा एवं सहयोगी, 2009)। इतिहास, संस्कृति और समाज, सभी कृषि में सन्निहित हैं। वर्तमान समय में विश्व स्तर पर कार्बनिक विधि से उगायी गयी सब्जियों का बाजार 20.0 प्रतिशत से ज्यादा बढ़ी है। कार्बनिक विधि से सब्जी उत्पादन उद्योग के रुप में भी पनप रहा है। परिणामतः अनेकों देश प्रचुर मात्रा में ऐसी सब्जियों का निर्यात कर रहे हैं। विकसित देशों में कार्बनिक विधि से उत्पादित सब्जियों का बाजार दिन–प्रतिदिन विस्तृत हो रहा है। अगर कार्बनिक सब्जियों के क्रमिक विकास को देखा जाये तो सन् 2005 में कुल 31.0 बिलियन यू0एस0 डालर का ही व्यापार था, जो अनुमानतः सन् 2020 तक 102.0 बिलियन यू0एस0 डालर का हो जायेगा। इस समय कुल 932 कार्बनिक उत्पाद विश्व व्यापार में सम्मिलित हैं। नवीनतम सर्वेक्षण से स्पष्ट हुआ है कि विश्व में कुल 141 देश कार्बनिक कृषि में सम्मिलित हैं, जिससे 1.2 मिलियन उत्पादकों द्वारा लगभग 32.2 मिलियन हेक्टेयर में खेती की जा रही है। विलर एवं क्लिचर (2009) ने स्पष्ट किया कि कार्बनिक आन्दोलन का प्रभाव उत्पादक एवं उपभोक्ता दोनों पर समान रुप से विकसित एवं विकासशील देशों में स्पष्ट दिखाई पड़ने लगा है। कार्बनिक पद्धतियों को अपनाने वाले देशों में ओसीनिया, यूरोप व लैटिन अमेरिका का नाम सबसे उपर है। इसके बाद आस्ट्रेलिया, अर्जेन्टिना व ब्राजील का स्थान आता है, जो वृहद् स्तर पर अपनी जमीन का उपयोग कार्बनिक पद्धति से खेती करने के लिए कर रहा है। अगर कार्बनिक खेती की अधिकतम सहभागिता को देखें तो यूरोप लैचेन्सटीन, आष्ट्रिया एवं स्वीटजरलैण्ड का है। कार्बनिक विधि से उत्पादित उत्पाद की दृष्टि से यूगाण्डा, भारत तथा इथियोपिया अग्रणी हैं। विकासशील देशों में विश्व के 1/3 भाग यानी 11.0 मिलियन हेक्टेयर में कार्बनिक खेती होती है। उत्तरी अमेरिका एवं यूरोप कुल कार्बनिक उत्पाद का 97.0 प्रतिशत उत्पादित करता है। लघु उत्पादक मात्र 0.4 मिलियन हेक्टेयर में प्रमाणित कार्बनिक खेती कर रहे हैं।

सारिणी (1.16) विश्व बाजार में कार्बनिक उत्पादों की माँग

देश	कार्बनिक खाद्य सामग्री की माँग (करोड़ रूपये में)	प्रतिवर्ष माँग में वृद्धि (प्रतिशत)	बाजार मूल्य माँग में वृद्धि (प्रतिशत)
संयुक्त राज्य अमेरिका	30000	20	10–20 प्रतिशत ज्यादा मूल्य
जापान	15000	–	10–30 प्रतिशत ज्यादा मूल्य
जर्मनी	9000	10	30 प्रतिशत ज्यादा मूल्य
इटली	5400	20	20–200 प्रतिशत ज्यादा मूल्य
ब्रिटेन	3250	75	24–100 प्रतिशत ज्यादा मूल्य
फ्राँस	3050	25	25–50 प्रतिशत ज्यादा मूल्य
कनाडा	2830	25	10–15 प्रतिशत ज्यादा मूल्य
अन्य देश	3240	–	–
कुल	**70900**	–	–

प्राकृतिक ऊर्जा का उपयोग एवं संरक्षण

प्राकृतिक ऊर्जा का सबसे ज्यादा उपयोग बीज सुखाने तथा पौधों की नर्सरी तैयार करने में किया जाता है। गर्मी के महीने में (मई–जून) जब सूर्य की ताप बढ़ती है और वायुमण्डलीय तापमान 42.0 डिग्री सेल्सियस से ज्यादा हो जाता है। इसी समय बनी क्यारियों की सिंचाई कर देते हैं और इसके पश्चात् 200–300 गेज मोटी पारदर्शी पालीथीन की चादर से ढक देते हैं। पालीथीन की चादर तेज हवा से न उड़ सके इसके लिए चादर के किनारों पर मिट्टी रखकर दबा देना चाहिए। चारों तरफ से ढका होने के कारण मिट्टी द्वारा उत्सर्जित गर्मी व भाप बाहर नहीं निकल पाती और चादर के अन्दर सामान्य वायुमण्डलीय ताप से 4.0–5.0 डिग्री सेल्सियस तापमान ज्यादा (48.0–52.0 डिग्री सेल्सियस) हो जाता है, जिससे मिट्टी में मौजूद फफूँद, जीवाणु, कीड़ों के अण्डे, सूडियॉ आदि नष्ट हो जाते हैं और खरपतवार के बीज भी सड़कर नष्ट हो जाते हैं। जब बीज बुआई करनी हो (5–6 सप्ताह के बाद) पालीथीन की चादर हटाकर मिट्टी की गुड़ाई कर भुरभुरी कर लेतें हैं। ध्यान रहें कि बीज बुआई से 2–3 दिन पूर्व ही चादर को हटा लेना चाहिए। तुरन्त हटाने के बाद बीज की बुआई करने से क्यारियों में ज्यादा गर्मी के करण कभी–कभी बीज का जमाव प्रभावित होता है। सौरीकरण से मूलग्रन्थि सूत्रकृमि की संख्या में कमी होती है। इसके अलावा द्विबीजपत्रीय खरपतवार 15 दिन तक नहीं उगते हैं। मृदा सौरीकरण उसी दशा में पूर्णतया प्रभावकारी होता है जब दिन का तापमान 35.0 डिग्री सेल्सियस से अधिक हो एवं मौसम शुष्क एवं धूप उपलब्ध रहे। मृदा सौरीकरण (solarization) से टमाटर में कार्की जड़ सड़न बीमारी कम हुई व कुल उपज में 100–350 प्रतिशत की वृद्धि पाई गई। पौधों पर जीवाणु धब्बा बीमारी, सौरीकरण से बिल्कुल समाप्त हो जाती है। इसके अलावा आवश्यक मृदा पोषक तत्व (नत्रजन, फास्फोरस, पौटाश व सूक्ष्म तत्व) पौधशाला में उग रहे पौधों को मिल जाते हैं। प्राकृतिक ऊर्जा का उपयोग बीज शोधन, प्रसंस्करण, आदि के लिए भी सुगमता से किया जा सकता है।

गुणवत्तायुक्त पौध प्रसारण सामग्री

आज भी हमारे देश में गुणवत्तायुक्त पौध प्रसारण सामग्री की कमी है। पहले हमारे देश में सब्जियों की बीज एवं नर्सरी उत्पादन का व्यवसाय धीमी गति से चल रहा था, लेकिन वर्तमान समय में सरकारी संस्थानों एवं व्यक्तिगत बीज कम्पनियों की रुचि इसे व्यवसाय के रुप में विकसित करना है। भारतवर्ष में सब्जियों की उत्पादित पौधों को लगाने का आँकड़ा अभी तक ज्ञात नहीं है। एक सर्वेक्षण के मुताबिक ताइवान (Taiwan) में लगभग 85,000 हेक्टेयर से ज्यादा क्षेत्रफल में पत्ता गोभी, फूल गोभी, गांठ गोभी, लाइपत्ता, टमाटर, बैंगन, मिर्च, शिमला मिर्च, लौकी, खीरा, करेला, कुम्हण व स्क्वाश की 1.5 बिलियन नर्सरी उत्पादित पौधों की आवश्यकता प्रति वर्ष पड़ती है। जापान में ग्रेफ्टिंग (grafting) से तैयार तरबूज की पौध 95.0 प्रतिशत क्षेत्रफल में उगाया जाता है। इस प्रकार विभिन्न सब्जियों में 600.0 मिलियन पौध कोरिया व 950.0 मिलियन पौध जापान को प्रति वर्ष ग्रेफ्टिग से तैयार नर्सरी पौधों की आवश्यकता पड़ती है। साधारणतया बीज उपचार के लिए कैप्टान या थिरम नामक दवा की 3.0–4.0 ग्राम मात्रा प्रति किलो ग्राम बीज में मिलाकर करते हैं। मिर्च तथा बैंगन के बीज का शोधन कार्बेण्डाजिम (बवास्टिन 2.5 ग्राम/किलो ग्राम बीज) बहुत लाभकारी है। बीजोपचार के लिए मिट्टी के ढक्कनदार पात्र का प्रयोग उपयुक्त पाया गया है। दवा व बीज को अच्छी प्रकार मिलाकर बन्द पात्र में रखते हैं व हिलाकर मिश्रित करते हैं, जिससे बीज कवच (seed coat) पर दवा की एक परत बन जाये। जैव नियन्त्रक पदार्थ से भी बीज उपचार किया जाता है। इसके लिए बाजार में उपलब्ध 6.0–10.0 ग्राम मिश्रित जैव पदार्थ प्रति किलो ग्राम बीज दर से इस तरह बीज में मिलाते हैं कि बीज पर दवा पूरी तरह चिपक जाये। उपचार के बाद बीज को ठण्डे व छायादार जगह पर सुखाकर बीज की बुआई करनी चाहिए। बीज शोधन हेतू ट्राइकोडर्मा विरडी एम प्रबल जैव घटक हैं।

सीड बिल कानून का अनुपालन

सन् 2004 में भारतीय संविधा (Indian Parliament) के समक्ष नवीन सीड बिल कानून (Seed Bill Act-2004) को इस उद्‌देश्य से रखा गया कि अकेले सरकार सीधे बीज के उत्पादन व विपणन में शामिल नही होगी बल्कि व्यक्तिगत बीज कम्पनी को भी उत्पादन, विपणन व नई प्रजाति के विकास में सहयोग देगी। सीड बिल कानून–1966 (Seed Bill Act-1966) में परिवर्तन भरतीय बीज उद्योग को देखते हुये किया गया। कुछ कमियाँ जो सीड बिल कानून–1966 (Seed Bill Act-1966) में देखा गया, इस प्रकार हैं–

1. बीज प्रजाति का पंजीकरण आवश्यक नहीं था।
2. अपंजीकृत प्रजाति की सुरक्षा नहीं थी।
3. वाणिज्यिक (commercial) व रोपण पौध (plantation crops) इस कानून में नहीं था।
4. पराजीनी प्रजाति (transgenic varieties) के संरक्षण की व्यवस्था नहीं थी।
5. केवल प्रांतीय बीज प्रमाणन संस्था (State Seed Certification Agencies) के संरक्षण में थी।

नवीन सीड बिल कानून–2004 के उद्देश्य (**Objective of the Seed Bill Act-2004**) इस प्रकार हैं–

1. सीड बिल कानून–1966 की कमियों को दूर करना।
2. बीज परिवर्तन दर (**seed replacement rate**) को बढ़ाना।
3. भारतीय बीज उधोग को बढ़ावा देना।
4. बीज निर्यात व उपयोगी जननद्रव्य को आयात करना।
5. शोध व निवेश को बढ़ावा देना।

नवीन सीड बिल कानून–2004 की प्रमुख विशेशतायें (**Highlights of Seed Bill Act-2004**) इस प्रकार हैं–

1. नवीन सीड बिल कानून–2004 के तहत् बीज गुणवत्ता को बढ़ावा देना।
2. कृषकों के अधिकारों को दूर नहीं करता। कृषकों को बीज बेचने एवं बीज रखने का अधिकार देता है।
3. कृषकों द्वारा पंजीकृत प्रजाति की खेती करने तथा गुणवत्ता व उपज न मिलने पर दण्ड का प्राविधान।
4. भारतीय कृषि अनुसंधान परिषद की संस्थाएं और राज्य कृषि विश्वविद्यालयों द्वारा सस्य परीक्षण आवश्यक।
5. बीज उत्पादक व व्यापारी तथा औद्यानिक नर्सरी का पंजीकरण आवश्यक
6. प्रजाति का राष्ट्रीय रजिस्टर रखना आवश्यक।
7. बीज निर्यात व आयात का नियन्त्रण आवश्यक।
8. धोखा करने पर दण्ड का प्राविधान।
9. पराजीनी प्रजाति (**transgenic varieties**) के संरक्षण की व्यवस्था।

सिंचाई के लिए आधुनिक तकनीक का उपयोग

सामान्यतः कुल भूमि की 65.0 प्रतिशत क्षेत्रफल पर खेती पूर्णतः मानसून की वर्षा पर निर्भर है। वार्षिक वर्षा के आधार पर भारतीय कृषि क्षेत्र को तीन भागों (750.0 मिली मीटर से कम, 750. 0–1150.0 मिली मीटर तक और 1150.0 मिली मीटर से अधिक) मे बाँटा गया है। भारतवर्ष में तीनों ही क्षेत्रों का क्षेत्रफल लगभग बराबर बैठता है। इससे स्पष्ट होता है कि पर्याप्त वर्षा के अन्तर्गत केवल एक तिहाई क्षेत्रफल ही आता है, और वह भी वर्षा आधारित होती है। इसका अधिकांश भाग जुलाई से सितम्बर तक ही सीमित है। इस प्रकार मानसून आधारित वर्षा की सामायिकता, अनियमितता और अनिश्चितता ने हमारी अर्थ व्यवस्था विशेषतः सब्जी की उत्पादन और उत्पादकता पर प्रतिकूल प्रभाव डाला है। हमारे देश में पायी जाने वाली बहुवर्षीय सब्जियों के लिए नियंत्रित एवं सुनिश्चित सिंचाई

अत्यन्त आवश्यक है। सिंचाई जल की गुणवत्ता जिसमें अवाँछनीय रसायन एवं तत्वों की अधिकता न हो, क्योंकि सब्जियों में प्रदूषकों अथवा रसायनों का सबसे अधिक हानिकारक व भारी धातुओं की मात्रा, सिंचाई जल द्वारा सब्जियों में एकत्रित हो जाती हैं। सब्जियों की खेती करने के लिए जल में किसी प्रकार का विलेय लवण की मात्रा 400 पी0पी0एम0 (ppm) से ज्यादा नहीं होना चाहिए। वर्तमान समय में कृषकों द्वारा स्पिंकलर, ड्रिप आदि के साथ उठी फ्यारियों पर खेती करने से जल की बचत व गुणवत्तायुक्त उपज ज्यादा प्राप्त हो रही है।

समन्वित खरपतवार प्रबन्धन

वर्तमान समय में अनेकों उन्नत तकनीकों के विकास के बावजूद प्रयोगिक क्षेत्र व कृषक क्षेत्र के उपज में काफी अन्तर है। इस अन्तर के लिए अनेकों घटक जिम्मेदार हैं, उनमें खरपतवार का महत्वपूर्ण स्थान है। खरपतवार के प्रकोप से उपज में कमी सर्वत्र व्यापी (ubiquitous) है यानी फसलों में वृहद् स्तर पर नुकसान होता है। खरीफ ऋतु की सब्जी फसलों में खरपतवार एक गम्भीर समस्या है, जिनसे उपज में 15.0–85.0 प्रतिशत तक कमी आ जाती है। अतः एक प्राथमिक घटक यानी खरपतवार (चौड़ी तथा सकरी पत्ती वाले) को सब्जी प्रक्षेत्र से मुक्त रखना अतिआवश्यक है। सब्जियों में खरपतवार का प्रकोप खरीफ/वर्षा, रबी व जायद तीनों ऋतुओं में होता है। सामान्यतया विश्व में लगभग 30,000 पौध प्रजाति को खरपतवार के अन्तर्गत रखा गया है, जो जमीन की फसलों, तालाबों/नदियों, जंगलों, बाग–बगीचों, उद्यानों, खुली जगहों आदि में व्यापक रूप से मिलते हैं। खरपतवार के प्रकोप का स्तर एक मौसम से दूसरे मौसम व एक क्षेत्र से दूसरे क्षेत्र में अलग–अलग होते हैं, क्योंकि वातावरणीय परिवर्तन सस्य पद्धति, मृदा उर्वरता, खेत का खुलापन, जल प्रबन्धन आदि अलग–अलग होते हैं। खरपतवार प्रबन्धन के अन्तर्गत ऐसी फसलें उगाने की संस्तुति की गयी है। जिससे खरपतवारों की व्यापकता को कम किया जा सके जैसे –तिल की खेती 2–3 वर्ष में एक बार मात्र। जैव नाशकों व ट्रान्सजैविक का प्रयोग भी बढ़ रहा है।

पादप वृद्धि नियामकों व सूक्ष्म पोषक तत्वों का प्रयोग

सब्जी उत्पादन कम होने के कई कारण है जैसे–उन्नतिशील किस्मों का प्रयोग न करना, उचित सस्य क्रियाओं का अभाव, समन्वित कीट एवं रोग प्रबन्धन न करना इत्यादि। पिछले कुछ वर्षो में कृषि वैज्ञानिकों ने परम्परागत सब्जियों के किस्मों में सुधार कर विभिन्न उन्नतिशील किस्में विकसित की हैं, जिससे अधिक पैदावार मिलने लगी है, लेकिन साथ ही साथ कुछ समस्यायें ऐसी हैं, जिनसे उत्पादन प्रभावित हो रहा है। उदाहरण के लिए फूलों एवं पत्तियों का गिरना, फल कम लगना, अंकुरण कम होना तथा भण्डारण के दौरान नुकसान होना आदि। इन सभी कारणों को दूर करने के लिये पादप वृद्धि नियामकों (plant growth regulators) व रसायनों का प्रयोग करना लाभदायक है। पादप वृद्धि नियामकों के प्रयोग से बीज जमाव, पौधों की बढ़वार, अधिक शाखायें निकलने, फूल व फल लगने, बेल वाली सब्जियों में लिंग परिवर्तन, पैदावार बढ़ाने, अगेती फसल लेने, फल जल्दी पकाने, फलों की गुणवत्ता में सुधार करने, राइजोबियम की गांठ बनने, कन्द वृद्धि करने तथा कीट एवं बीमारियों के प्रति प्रतिरोधिता उत्पन्न करने में किया जा सकता है। पादप वृद्धि नियामकों द्वारा

बहुगुणिता (polyploidy) व नर बन्धयता (male sterility) द्वारा उत्पन्न कर अन्तः प्रजातीय असंयोज्य की प्रक्रिया को समाप्त करने तथा संकर बीज उत्पादन के लिए भी किया जा सकता है।

सब्जियों की संरक्षित खेती

खेती करने की नवीन तकनीकी को अपनाकर तथा प्रमुख समस्याओं का समाधान करते हुए सब्जी उत्पादकों एवं सब्जी व्यवसाय से जुड़े लोगों को लाभ प्रदान करना भी आवश्यक है। ऐसा तभी सम्भव है जब हम अनुकूल वातावरण के साथ–साथ प्रतिकूल वातावरण में भी सब्जी उत्पादन करें। प्रतिकूल वातावरण में सब्जी उत्पादन करने के लिए अनुकूल व नियंत्रित दशा देने वाली संरचनात्मक विकास करना पड़ेगा। इसे संरक्षित खेती (protected cultivation) कहते हैं। संरक्षित खेती को निम्न प्रकार परिभाषित किया जा सकता है, ''संरक्षित खेती का तात्पर्य खेती की ऐसी पद्धति से है जिनमें मौसम व बेमौसम पौधों के संतुलित विकास के लिए उपयोगी सूक्ष्म वातावरण (संरचनात्मक ढ़ाँचा) व आवश्यक पोषक तत्व पौधे के आस–पास आंशिक या पूर्ण रूप से नियंत्रित दशा से उपलब्ध हो तथा उन्हें जीवीय व अजीवीय सुरक्षा प्रदान करते हुए गुणवत्तायुक्त उत्पाद को अधिक मूल्य पर बाजार में विक्रय करना है। ''वर्तमान समय में लगभग 90.0 प्रतिशत नवीन ग्रीन हाउस का विकास अल्ट्रा–वायलेट स्थिरता प्रदान करने वाले पालीथीन चादर से किया जा रहा है। भारतवर्ष में इस तकनीकी का प्रयोग तथा प्रचार–प्रसार अभी शैश्वावस्था में है। भारतवर्ष में संरक्षित खेती का प्रचलन सन् 1981 में कृषि मंत्रालय, भारत सरकार द्वारा ''कृषि में प्लास्टिक के उपयोग'' पर बनी राष्ट्रीय समिति जिनका पुनर्गठन सन् 1996 में किया गया एवं पेट्रो–केमिकल कार्पोरेशन द्वारा प्लास्टिक फिल्मों/चादरों के उत्पादन व बिक्रय से हुआ। भारतीय कृषि अनुसंधान परिषद द्वारा 9वीं पंचवर्षीय योजना में चलाये गए ए0टी0पी0 एवं पी0डी0सी0 परियोजना के अन्तर्गत ''इण्डो–इजराइल प्रोजेक्ट'' (10.0–15.0 करोड़ रूपये लागत वाली) पूरी तरह से संरक्षित खेती के लिए समर्पित था तथा वर्ष 2000–04 में एन0ए0टी0पी0 मिशन मोड प्रोजेक्ट के माध्यम से बेंगलुरू, पूणे, सोलन व कोयम्बटूर में ''प्रोटेक्टेड नेट परियोजना'' का शुभारम्भ किया गया। संरक्षित खेती के महत्व को स्वीकार करते हुए देश में कुल 22 संरक्षित खेती विकास केन्द्रों एवं 18 सहयोगी केन्द्रों की स्थापना औद्यानिक फसलों के सुधार व दिशा प्रदान करने के लिए किया गया है। आँकड़ों के मुताबिक 20वीं शताब्दी के अन्तः तक भारत में संरक्षित खेती (ग्रीन हाउस, पाली हाउस खेती) के अन्तर्गत लगभग 525.0 हेक्टेयर क्षेत्रफल आता है। इतना भी क्षेत्रफल काफी सुखद स्थिति को दर्शाता है क्योंकि पूरे विश्व में ग्रीन हाउस खेती सन् 1999–2000 मात्र 2,75,000.0 हेक्टेयर थी। वर्तमान समय में इजराइल, चीन, हालैण्ड, यूरोप, इंग्लैण्ड, अमेरिका, जापान, कोरिया आदि देशों में संरक्षित खेती 30.0–40.0 प्रतिशत क्षेत्रफल में होती है जबकि भारतवर्ष में इसकी स्थिति मात्र 1.0 प्रतिशत हैं। इससे स्पष्ट है कि हमारे देश में संरक्षित खेती को बढ़ावा देने के व्यापक सम्भावनाएं हैं।

समन्वित कीट एवं सूत्रकृमि प्रबन्धन

उत्पादकता कम होने के कई कारण है तथापि इनमें से एक प्रमुख कारण हानिकारक कीड़ों का प्रकोप भी है, जो निश्चित रूप से उत्पादकता व उपभोग को प्रभावित करता है। सब्जियों में लगने

वाले कीट बीज बुआई से लेकर फलों की तुड़ाई तक नुकसान पहुँचाते हैं। यदि कीड़ों द्वारा होने वाली इस हानि को एक सीमान्त स्तर तक रोक दिया जाये तो देश में सब्जियों की आवश्यकता को काफी हद तक पूरा किया जा सकता है। सब्जियों को कीड़ों से बचाने के रासायनिक दवाओं का प्रयोग अत्यधिक मात्रा में उत्पादकों द्वारा की जाती है, जिससे हमारे वातावरण में असमानता एवं प्रदूषण (pollution) के साथ–साथ हमारे स्वास्थ्य पर कुप्रभाव पड़ रहा है और घातक बीमारियाँ उत्पन्न हो रही हैं। आँकड़ें बताते हैं विश्व में केवल कीड़ों की वजह से 75.0 मिलियन टन सब्जी उत्पादन की हानि होती है, जो कुल उत्पादन का 12.0 प्रतिशत है। भारतवर्ष में कुल कीटनाशियों का लगभग 14.0 प्रतिशत सब्जियों में प्रयोग किया जाता है, जो कुल फसली क्षेत्र के 2.6 प्रतिशत में लगाया जाता है। सब्जियों की खेती में इस समय 940.0 ग्राम कीटनाशी की प्रति हेक्टेयर खपत है एवं इसके प्रयोग की वृद्धि दर 2.5 प्रतिशत है। सब्जियों को ताजा व ज्यादा देर तक रखना बाजार व उपभोक्ता की दृष्टि से उत्तम माना जाता है। अतः भारतवर्ष में सब्जी उत्पादक उपभोक्ता की इच्छापूर्ति के लिए उपज में अनेक प्रकार के घातक कृषि रसायनों का उपयोग कर कुचरित्र करते हैं। उदाहरण के लिए–फूल गोभी में ज्यादा सफेदी लाने के लिए मिथाइल पैराथियान (methyl parathion) के उपयोग के बारे में जानकारी रखते हैं। इसी प्रकार भिण्डी को हरा बनाये रखने के लिए कापर सल्फेट (copper sulphate) का उपयोग करते हैं। इतना ही नही बैंगन व टमाटर को कार्बेरिल घुलनशील पाउडर के जहरीले घोल में डुबो देते हैं, जिससे फलों में अच्छी चमक बनी रहे। कुछ भी हो सब्जी उत्पादन में कम से कम कीटनाशी का प्रयोग हो इसके लिए उचित मात्रा, उचित पौध अवस्था, उचित उपज के उपभोग की स्थिति तथा कम अवशेष वाली कीटनाशी की पूर्ण जानकारी सब्जी उत्पादकों को दी जानी चाहिए। असंतुलित मात्रा में कीटनाशकों के प्रयोग से जैविक अनुपात प्रभावित हो रहा है, जिसके परिणामस्वरूप सब्जियों में विभिन्न समस्यायें दिखाई दे रही हैं, जैसे कीड़ों में प्रतिरोधी क्षमता का विकसित होना, चूसने वाले कीड़ों का फिर से ज्यादा संख्या में दिखाई देना, नये कीट प्रजातियों की उत्पत्ति तथा भयंकर प्रकोप के कारण प्राकृतिक मित्र कीड़ों, परजीवी तथा परभक्षी का धीरे–धीरे समाप्त होना, पादप–विषाक्तता, परागकण अनुर्वरता, प्रदूषण और विकास अवरूद्धता जैसे प्रभाव देखने को मिल रहे हैं। यही नही कीटनाशी के अवशेष मानव एवं वातावरण को भयंकर रूप से प्रभावित कर रहे हैं। प्रयोग की जाने वाली 60 प्रतिशत कीटनाशी का प्रभाव किसी न किसी रूप में मानव, जानवरों व पक्षियों पर पड़ रहा है। कीटनाशी अवशेषमुक्त सब्जियों का निर्यात करना मुश्किल हो रहा है।

समन्वित रोग प्रबन्धन

सब्जी उत्पादन में सबसे बड़ा सीमान्तक घटक उसमें लगने वाले विभिन्न प्रकार की बीमारियाँ हैं। इतना ही नहीं, तुड़ाई उपरान्त भी कई प्रकार की बीमारियों का संक्रमण सब्जियों पर देखा जा सकता है। यह सत्य है कि देश में सब्जी का उत्पादन एवं उत्पादकता दोनों में काफी वृद्धि हुई है, लेकिन उसी गति से रोग सम्बन्धी समस्याओं में भी वृद्धि हुई है। केवल रोगों द्वारा विश्व में तुड़ाई पूर्व लगभग 65.0 मिलियन टन सब्जियाँ नष्ट हो जाती हैं, जो कुल उपज की 10.5 प्रतिशत है। इसमें या तो पौध शरीर क्रिया विज्ञान में परिवर्तन के कारण उपज नही दिये या फसल तुड़ाई के पूर्व किसी

प्रकार के प्रकोप से उपज नही प्राप्त हुई, सम्मिलित है। अन्य विकासशील देशों में क्षति का स्तर 44.0 मिलियन टन है। इसी प्रकार तुड़ाई उपरान्त भी रोगकारकों (**pathogens**) द्वारा अनेक सब्जियों में नुकसान होता है। सब्जियों में संकर बीजों के ज्यादा उपयोग से समस्या और जटिल होती जा रही है। लगभग सभी फसलों में संकर बीजों का मुक्त व्यापार राष्ट्रीय व अन्तर्राष्ट्रीय स्तर पर हो रहा है। बीज जनित रोगों का प्रसार इन्हीं संकर बीजों के माध्यम से तेजी से फैल रहा है। सामान्य रोगकारकों से नुकसान कई प्रकार के हो सकते हैं, जैसे भूमि में बीज का सड़ना, बीज के जमाव तथा उसके ओज में कमी, बीज के रंग एवं आकार में परिवर्तन, पौधों के वृद्धि एवं विकास पूर्व मर जाना, पत्तियों का मुड़ना, पत्तियों में छेद होना, पत्तियों पर धब्बे पड़ जाना, पौधों के बढ़वार में रूकावट, पौधों का पीला पड़ना, पौधों के कई भागों में विकृति होना, फलों का सड़ना एवं झड़ना, तनों व जड़ों का सड़ना, फलों का अविकसित रह जाना इत्यादि। सब्जियों पर धब्बे बन जाने से बाजार में इनका मूल्य कम हो जाता है और ये सब्जियाँ उपभोग के योग्य नही रह जाती हैं तथा इनका भण्डारण भी नहीं किया जा सकता है। भारतवर्ष में प्रति ईकाइ विनाशक (**pesticide**) प्रयोग मात्र 0.7 किलो ग्राम/हेक्टेयर है, जबकी यूरोपीय देशों में प्रति इकाई विनाशक प्रयोग की मात्रा 3.7 किलो ग्राम/हेक्टेयर है। आँकड़ें कुछ भी हो लेकिन प्रयोग होने वाले रोगनाशी का 90 प्रतिशत भाग मानव, जानवर, कीट पतंगे आदि पर पड़ रहा है।

यथार्थ कृषि एवं संचार तकनीकी का उपयोग

भारतीय परिदृश्य में यथार्थ कृषि का तात्पर्य ऐसी कृषि व्यवस्था व पद्धति से है, जो व्यावसायिक खेती को खुले वातावरण में कम लागत पर सही कृषि तकनीक का सही समय पर प्रयोग करने से लगातार गुणवत्तायुक्त उपज से कृषक को वाँछित आय मिलती रहे तथा मृदा स्वास्थ्य के साथ–साथ मानव स्वास्थ्य भी बना रहे। इसके अन्तर्गत मृदा व फसल के गुणधर्म का मापन–उपज का आँकलन व खेत के अनुसार संसाधनों का प्रयोग व प्रबन्धन आदि शामिल है। अगर शोध के सभी विशिष्ट तकनीकों को किसी सब्जी फसल की खेती में (सही अवस्था व समय पर) सामूहिक रूप में अपनाया जाये तो ज्यादा लाभकारी सिद्ध होगी। अतः आवश्यकता है एक उत्तम कृषि पद्धति का विचार, प्रबन्धन, तकनीक तथा उपयोग दर्शन शास्त्र के रास्ते की। दूसरे देशों में यथार्थ कृषि एक प्रबन्धन तंत्र के रूप में उभड़ा है, जिससे उपज क्षमता में बेतहाशा वृद्धि हुई है, कृषि लागत कम हुई है और कृषकों को लाभ भी प्राप्त हुआ है, क्योंकि यथार्थ कृषकों को सही सूचना, सही समय पर योग्य वैज्ञानिकों एवं तकनीकी सहयोगियों से प्रमाणित स्रोत से प्राप्त होता रहता है। इसका तात्पर्य यह है कि खेती में लगने वाले विभिन्न घटकों जैसे–प्रयोग दर, प्रजाति चयन, सस्य पद्धति, सिंचाई की आवश्यकता व बारम्बारता आदि की बिल्कुल सही जानकारी उत्पादकों को देना है। दूरवर्ती सूक्ष्म ग्राही पद्धति में विज्ञान व कला दोनों का उपयोग किसी वस्तु, क्षेत्र व प्रक्रिया द्वारा सूचना एकत्रित करना है, जिससे सम्बन्धित साधारण सूचना लेना मुश्किल होता है। इससे मृदा के जनक पदार्थ व मृदा उर्वरता की पूरी जानकारी प्राप्त की जा सकती है। सूक्ष्मग्राही यंत्रों से भौतिक उत्तेजना (**stimulus**) जैसे–गर्मी, प्रकाश, आवाज की प्रवृत्ति आदि को अंकित की जाती है। इस पद्धति से एकत्रित आँकड़ा का विश्लेषण कर सब्जी उत्पादन में उपयोग किया जाता है। मृदा में पोषक तत्वों

की स्थिति जानने तथा सही समय पर पोषक तत्व प्रदान करने की जानकारी उपलब्ध होती है, जिससे उपज वृद्धि हो व वातावरण का गुणवत्ता पर प्रभाव हो, जाना जा सकता है।

सब्जी फसलों में अनुबंधित कृषि

विश्व व्यापार संगठन के नये नियमानुसार निर्यातकों को बताना पड़ेगा कि उसके उत्पाद किस स्थान से हैं, फसल की कौन सी प्रजाति है, बीज कैसा प्रयोग हुआ है और किस प्रकार के खाद या अन्य तत्वों का उपयोग हुआ है? निर्यातकों को यह सब जानकारी कोई अनुभवी एवं पंजीकृत एजेंसी ही दे सकेगी। इसके अलावा कृषि आधारित उत्पाद तैयार करने वाले कई बड़े कार्पोरेट समूह ने कच्चे माल की निर्वाध आपूर्ति सुनिश्चित करने के लिए कम लागत और अच्छी गुणवत्ता के बाजार आधारित ऐसे माडल तैयार करने को प्रयास प्रारम्भ कर दिया है, जिससे कृषकों को लाभ होगा। अनुबंधित खेती–करवाने का उद्देश्य फसलों में विविधता लाना है। यह इसलिये जरूरी है कि विभिन्न फसलों की सिंचाई, जल, खाद, उर्वरक और कीटनाशक की आवश्यकता होती है। ऐसी फसलों को अनुबंधित किया जायेगा जिसमें कम पानी और कीटनाशक की आवश्यकता होती है। उत्पादकों और खाद संवर्धन से जुड़ी कंपनियों को एक–दूसरे के साथ जोड़ना होगा, क्योंकि ऐसे उत्पादाकों के लिए कॉरपोरेट क्षेत्र में तैयार बाजार उपलब्ध है। अनुबंधित खेती से ऐसा लगता है कि देश में सन् 1960 के दशक की कृषि हरित क्रांति जैसा बदलाव आएगा, परन्तु यह बदलाव संपन्न किसानों को ही मिलेगा, क्योंकि उनके पास संसाधन है।

सब्जी फसलों की तुड़ाई पूर्व एवं उपरान्त प्रबन्धन

सब्जियों की उपज, पोषक मूल्य और गुणवत्ता उनके आनुवांशिक (genetic), जलवायु (climatic), जैविक, भूसम्बन्धी (edaphic), रासायनिक (chemical) तथा अन्य कारकों के परस्पर संयोग पर निर्भर करता है। आनुवांशिक कारक सब्जियों के किस्म सम्बन्धित गुण होते हैं, जो उसके वंशानुगतित्व से नियंत्रित होते हैं। जलवायु के अन्तर्गत, वर्षा, तापक्रम तथा सूर्य के प्रकाश की गहनता तथा किस्म, जैविक कारक के अन्तर्गत फसल पर वातावरणीय कारकों का प्रभाव भूसम्बन्धी कारकों में मृदा की भौतिक, रासायनिक तथा जैविक गुण आते हैं, जिससे पौधों को आवश्यक पोषक तत्व और जल की आपूर्ति होती है। रासायनिक उपचार के अन्तर्गत प्रयोग किये गये उर्वरक, खरपतवारनाशी, कीटनाशी तथा कवकनाशी एवं पादप वृद्धि नियामक आदि कारक आते हैं। सब्जियों के उत्पादन और उसके गुणवत्ता पर उपयुक्त कारकों के अकेले या परस्पर संयोग पर निर्भर करता है। ये सभी कारक पौधे में क्लोरोफिल, कैरोटिनायड और जैन्थोफिल तथा अन्य रसायनों के निर्माण में सहयोग करते हैं। सब्जियों में अधिक नमी की मात्रा, अधिक इकाई आकार, अधिक श्वसन दर, मुलायम बनावट, खरोंच के प्रति संवेदनशील, सड़ने व जल्दी नुकसान होने वाली प्रवृत्ति के कारण तुड़ाई उपरान्त नुकसान अन्य खाद्य फसलों की तुलना में ज्यादा है। ऐसी स्थिति में उत्पादन बिना बढ़ाये, तुड़ाई उपरान्त नुकसान कम करके सब्जियों की उपलब्धता को बढ़ाया जा सकता है। दूसरा सबसे बड़ा लाभ यह है कि सब्जी उत्पादन बढ़ाकर पूर्ति करने में जो लागत आया है, उससे कम लागत में ही गुणवत्तायुक्त सब्जियाँ उपलब्ध कराई जा सकती हैं। जल्दी नष्ट होने वाली सब्जियों में तुड़ाई उपरान्त प्रबन्धन भारत जैसे विकासशील देश में हुआ है क्योंकि इस पर तुड़ाई,

खुदाई, कटाई के लिए उपयुक्त यन्त्रों का अभाव है। उपज की सही अवस्था में उनका एकत्रीकरण उत्पादक क्षेत्रों से नही होता है। इसके अलावा उत्पादकों के प्रति उदासीन रवैया, बिचौलियों का होना, बाजार विशेषज्ञों का अभाव और उपभोक्ताओं का सही हस्तानान्तण पद्धति से सब्जी प्राप्त करने की स्थिति की अनभिज्ञता आदि शामिल है (सिद्दीकी एवं मंगल, 1996)। तुड़ाई उपरान्त प्रबन्धन तकनीकी, कृषि के विभिन्न आयामों का एक महत्वपूर्ण घटक माना जाना चाहिए। उसमें सब्जियों के लिए विशेष रुप से जोड़ना चाहिए। आँकलन से पता चलता है कि विभिन्न सब्जियों में 40.0–80.0 प्रतिशत तक एक फसल से दूसरी फसल, प्रजाति पैकिंग, बुनियादी ढाँचा और एक मौसम से दूसरे मौसम में तुड़ाई उपरान्त नुकसान होता है। औसतन भारतवर्ष में प्रतिवर्ष 25 प्रतिशत तक उपज का नुकसान होता है, जिसे अगर रुपये में बदलकर देखा जाये तो प्रतिवर्ष 8,000 करोड़ रुपये का नुकसान होता है (एनन, 1998)। अतः तुड़ाई उपरान्त सब्जी उपज को प्रभावित करने वाले घटकों का विश्लेषण उचित कदम सही समय पर उठाना आवश्यक है। अधिकतर सब्जियों में 80.0 प्रतिशत तक पानी होता है और कुछ सब्जियाँ जैसे–टमाटर, पत्ता गोभी व खीरा में 90.0–95.0 प्रतिशत तक पानी पाया जाता है (मयनाई व हाकमुथ, 1997)। अगर सब्जियों से केवल 5.0 प्रतिशत तक पानी बाहर निकाल दिया जाये तो वे मुरझा जाती हैं तथा सिकुड़ने के कारण बाजार योग्य नही रह पाती हैं। इसके अलावा इनमें खरोंच आ जाती है और सड़ने लगती हैं। ऐसी स्थिति में सब्जियों को देर तक भण्डारण करना मुश्किल होता है। कभी–कभी सब्जियों में असामान्य नुकसान देखने को मिलता है जैसे–कन्दीय (आलू) एवं शल्क कन्दीय (प्याज) फसलों में अंकुरण/जमाव होकर कल्ले का निकलना है, जिससे बाजार में बिक्रय योग्य मांग नही रहती है। अतः बाजार की दृष्टि से ज्यादा नुकसान देखने को मिलता है।

अखिल भारतीय समन्वित अनुसंधान परियोजना (सब्जी फसल) All India Co-ordinated Research Project (Vegetable Crops)

भारतवर्ष में सब्जी अनुसंधान एवं विकास के दृष्टिकोण का विश्लेषण करने पर स्पष्ट होता है कि सब्जी अनुसंधान कार्य सर्वप्रथम भारतीय कृषि अनुसंधान संस्थान, नई दिल्ली (Indian Agricultural Research Institute, New Delhi) के पौध प्रवेशन/उपस्थापन विभाग (Plant Introduction Division), से सन् 1947–48 में शुरु हुई, जो भारतीय कृषि अनुसंधान परिषद, नई दिल्ली (Indian Council of Agricultural Research, New Delhi) के अन्तर्गत आता है। भारत सरकार द्वारा सन् 1949 में हिमाचल प्रदेश के कुल्लू घाटी में स्थिति कटराईं में शीतोष्ण (temperate) सब्जियों के प्रजनन लिए प्रजनन केन्द्र की स्थापना की गयी। सन् 1956–57 में भारतीय कृषि अनुसंधान संस्थान नई दिल्ली में उद्यान विज्ञान की स्थापना की गयी, जिसके अन्तर्गत सब्जियों के अनुसंधान कार्य को बल मिला। सन् 1968 में भारतीय बागवानी अनुसंधान संस्थान, बेंग्लुरु (कर्नाटक) के अन्तर्गत सब्जी अनुभाग की स्थापना की गयी, जिससे विभिन्न सब्जियों के पर गहन शोध का कार्य शुरु किया गया। चौथी पंचवर्षीय योजना के दौरान सन् 1971 में अखिल भारतीय समन्वित अनुसंधान परियोजना (सब्जी फसल) को आरम्भ किया गया। इस योजना का मूल उद्देश्य देश के विभिन्न कृषि जलवायु के क्षेत्रों के लिए सब्जियों की उन्नतिशील किस्मों का विकास तथा परीक्षण करना तथा क्षेत्र विशेष की परिस्थितियों के अनुसार सब्जी उत्पादन की सस्य और पौध संरक्षण

सम्बन्धी तकनीकी को विकसित करना है। इस महत्वाकांक्षी परियोजना के कार्य प्रणाली और शोध की गुणवत्ता को देखते हुए सन् 1986 में प्रोजेक्ट डाइरेक्टोरेट ऑफ वेजीटेबल रिसर्च (Project Directorate Vegetable Research) बनाया गया और सन् 1992 में इसे वाराणसी (उत्तर प्रदेश) में हस्तानान्तरित किया गया। इसे पुनः डाइरेक्टोरेट ऑफ वेजीटेबल रिसर्च (Directorate of Vegetable Research) तथा सन् 1999 में भारतीय सब्जी अनुसंधान संस्थान (Indian Institute of Vegetable Research) का दर्जा दिया गया। अखिल भारतीय समन्वित अनुसंधान परियोजना (सब्जी फसल) का फरवरी, 2010 से परियोजना निदेशक के देख–रेख में कार्य चल रहा है। अखिल भारतीय समन्वित अनुसंधान परियोजना (सब्जी फसल) से 442 उन्नतिशील किस्मों का विकास हुआ है। इसके अलावा इस परियोजना से 507 उत्पादन प्रौद्योगिकी का विकास हुआ है।

सब्जी तकनीक परीक्षण हेतु निर्धारित कृषि जलवायु क्षेत्र (Agro-climatic zones for vegetable technology evaluation)

अखिल भारतीय समन्वित अनुसंधान परियोजना (सब्जी फसल) के अन्तर्गत सब्जियों की किस्मों, सस्य और पौध संरक्षण सम्बन्धी तकनीकों का परीक्षण पूरे देश में निर्धारित कृषि जलवायु में किया जाता है। सब्जी तकनीकी परीक्षण हेतु 8 कृषि जलवायु क्षेत्र (Agro-climatic Zones) बनाये गये हैं। इन कृषि जलवायु क्षेत्रों के बारे में संक्षिप्त विवरण तथा क्षेत्र विशेष के लिये विकसित किस्मों को नीचे दिया गया है–

सारिणी (1.17) सब्जी किस्म मूल्यांकन के लिये जलवायु क्षेत्र एवं प्रत्येक क्षेत्र के अन्तर्गत आने वाले राज्य

क्षेत्र	कृषि जलवायु क्षेत्र का नाम	आने वाले राज्यों का नाम
क्षेत्र–I	पश्चिम हिमालय आर्द्र क्षेत्र	जम्मू–कश्मीर, हिमाचल प्रदेश एवं उत्तर प्रदेश का पर्वतीय अंचल
क्षेत्र–II	बंगाल–असम का तटवर्ती आर्द्र क्षेत्र	पश्चिम बंगाल एवं आसाम
क्षेत्र–III	पूर्वी हिमालय आर्द्र क्षेत्र एवं खाड़ी द्वीप	सिक्किम मेघालय, मणिपुर, नागालैण्ड, मिजोरम, त्रिपुरा एवं अरुणाचल प्रदेश
क्षेत्र–IV	सतलज–गंगा का जलोढ़ मैदानी उपार्द्र क्षेत्र	पंजाब, उत्तर प्रदेश का मैदानी व तराई क्षेत्र और बिहार
क्षेत्र–V	पूर्वोत्तर का उप आर्द्र से आर्द्र क्षेत्र तथा दक्षिण पूर्वी उपरी भाग	छत्तीसगढ़, ओड़िशा एवं आन्ध्र प्रदेश
क्षेत्र–VI	पश्चिमी शुष्क मैदानी भाग	राजस्थान, गुजरात, हरियाणा एवं नई दिल्ली
क्षेत्र–VII	अर्द्ध शुष्क पठारी क्षेत्र और मध्य ऊँचाई वाले क्षेत्र	मध्य प्रदेश (छत्तीसगढ़ का पूर्वी क्षेत्र को छोड़कर एवं महाराष्ट्र)
क्षेत्र–VIII	पश्चिम घाट के उपार्द्र से आर्द्र क्षेत्र तथा कर्नाटक के पठारी क्षेत्र	कर्नाटक, तमिलनाडु एवं केरल

❑❑❑

अध्याय 2

सोलेनेसी कुल की सब्जियाँ

Solanaceous Vegetables

सोलेनेसी कुल की सब्जियाँ आर्थिक दृष्टिकोण से काफी महत्वपूर्ण हैं। इस कुल की प्रमुख सब्जियों में टमाटर, बैंगन, मिर्च व शिमला मिर्च की खेती व्यापक पैमाने पर की जाती है। इसके अलावा ट्री टोमैटो (tree tomato), बहुवर्षीय वृक्षरूपी फलदार सब्जी है, जबकि हस्क टोमैटो (husk tomato) बहुत छोटा एकवर्षीय पौधा है। इन दोनों फसलों की खेती हमारे यहाँ नहीं की जाती बल्कि प्रकृति में स्वयं उगते और बढ़ते हैं। वैज्ञानिकों ने स्पष्ट किया है कि इस कुल के अन्तर्गत 75 वंश और 2000 प्रजातियाँ पाई जाती है, जो शाकीय, झाड़ीनुमा तथा छोटे वृक्ष के रूप में उगती हैं। इस कुल की प्रमुख सब्जियों का सामान्य नाम व वानस्पतिक नाम नीचे की सारिणी में दिया गया है–

सारिणी (2.1) सोलेनेसी कुल की सब्जियाँ

सब्जी फसल	वानस्पतिक नाम	गुणसूत्र संख्या
टमाटर	सोलेनम इस्कुलेण्टम (*Solanum esculentum* Mill.)	24
बैंगन	सोलेनम मेलान्जेना (*Solanum melongena* Mill.)	24
अफ्रीकन बैंगन	सोलेनम मैक्रोकारपन (*Solanum macrocarpon*)	24
पेपीनो या मेलन पीयर	सोलेनम मुरीकैटम (*Solanum muricatum*)	24
जिलो	सोलेनम जिलो (*Solanum gilo*)	24
नरा जिलो	सोलेनम क्वाइटोन्स (*Solanum quitoense*)	24
मकोय	सोलेनम निग्रम (*Solanum nigrum*)	24

मिर्च	कैप्सिकम एनम (*Capsicum* annuum L.)	24
शिमला मिर्च	कैप्सिकम एनम वार० ग्रोसम (*Capsicum annuum* var. *grossum*)	24
बर्ड पेपर	कैप्सिकम फ्रुटीसेन्स (*Capsicum frutescens*)	
हस्क टोमैटो	फइसेलिस प्रुईनोसा (*Physalis pruinosa*)	
टोमाटील्लो	फइसेलिस पेरूवियना (*Physalis peruviana*)	
ट्री टोमैटो	साइफोमान्ड्रा बीटैसिया (*Cyphomandra betacea*)	24

टमाटर (Tomato)

वैज्ञानिक नाम : सोलेनम एस्कुलेन्टम (*Solanum esculentum* Mill.)
कुल : सोलेनेसी (Solanaceae)
गुणसूत्र संख्या : 2 एन = 24

टमाटर एक महत्वपूर्ण सब्जी है, जिसका सब्जी जगत में आलू तथा शकरकन्द के बाद तीसरा स्थान आता है। डिब्बों में भरने वाली सब्जियों में टमाटर का स्थान प्रथम है। भारत में इसकी खेती लगभग 4.86 लाख हेक्टेयर भूमि मे की जाती है, जिससे लगभग 74.2 लाख टन टमाटर का वार्षिक उत्पादन होता है। टमाटर की खेती भारत के लगभग सभी भागों में की जाती है। इसकी खेती आय का एक अच्छा स्रोत है। मुख्यतया गर्मियों के मौसम में या अभाव के समय टमाटर ऊँचे दाम पर बिकता है। इसकी अगेती व देर से फसल लेने में अधिक लाभ होता है।

उद्भव एवं वितरण

टमाटर की उत्पत्ति उष्ण कटिबंधीय अमेरिका में और मैक्सीको क्षेत्र से भी मानी जाती है। मैक्सिको में इसे जीटा टोमैटो कहा जाता था, जो सन् 1665 के आसपास टोमेटो (tomato) कहा जाने लगा। लगभग 16वीं शताब्दी में स्पेनवासियों द्वारा इसे यूरोप लाया गया, फिर यूरोप वासियों द्वारा इसे अमेरिका तथा कनाडा में लाया गया। वर्तमान समय में टमाटर की खेती संयुक्त राज्य अमेरिका, चीन, टर्की, इटली व भारत में व्यापक पैमाने पर की जाती है। भारत में टमाटर पुर्तगालियों द्वारा उपस्थापित किया गया और पिछले 10 दशकों में ही यह प्रमुख सब्जी के रुप में स्थान बना लिया। विश्व के पाँच अधिक टमाटर उत्पादक देशों में चीन प्रथम स्थान पर व भारत दूसरे स्थान पर है। इसके बाद इजिप्ट, रूस, टर्की व संयुक्त राज्य अमेरिका का स्थान है।

सारिणी (2.2) विश्व के प्रमुख टमाटर उत्पादक देश

देश	क्षेत्रफल (हेक्टेयर)	उत्पादन (टन)	उत्पादकता (टन/हेक्टेयर)
चीन	871235	41879684	48.1
भारत	865000	16826000	19.5
संयुक्त राज्य अमेरिका	159200	12902000	81.0
टर्की	304000	10052000	33.1
ईजिप्ट	216385	8544990	39.5
ईटली	118822	6024800	50.7
ईरान	146985	5256110	35.8
स्पेन	58300	4312700	74.0
ब्राजील	60772	3691320	60.7
मेक्सिको	98189	2997640	30.5
अन्य	**1683550**	**38026569**	**22.6**
विश्व + सम्पूर्ण	**4582438**	**150513813**	**32.8**

स्रोतः इण्डियन हार्टीकल्चर डाटाबेस, 2011

देश के सभी राज्यों में टमाटर की खेती सफलतापूर्वक की जाती है, जिनमें मुख्यतः उत्तर प्रदेश, महाराष्ट्र, कर्नाटक, आन्ध्र प्रदेश, हरियाणा, पंजाब, बिहार और गुजरात सबसे अग्रणी हैं। हरियाणा में टमाटर की खेती लगभग 9000.0 हेक्टेयर भूमि पर की जाती है तथा वार्षिक उत्पादन लगभग 20,000.0 टन है।

सारिणी (2.3) भारतवर्ष में टमाटर का क्षेत्रफल, उत्पादन एवं उत्पादकता

वर्ष	क्षेत्रफल (000, हेक्टेयर)	कुल क्षेत्रफल का प्रतिशत	उत्पादन (000, मैट्रिक टन)	कुल उत्पादन का प्रतिशत	उत्पादकता (000, मैट्रिक टन/हे0)
1991–92	289.1	5.2	4243.4	7.2	14.7
2001–02	458.1	7.4	7462.3	8.0	16.3
2002–03	478.8	7.9	7616.7	9.0	15.9
2003–04	502.8	8.0	8125.6	8.7	16.2
2004–05	505.4	7.5	8825.4	8.7	17.5
2005–06	546.1	7.6	9820.4	8.9	18.0
2006–07	596.0	7.9	10055.0	8.7	16.9
2007–08	566.0	7.2	10303.0	8.0	18.2
2008–09	599.0	7.5	11149.0	8.6	18.6
2009–10	634.4	7.9	12433.2	9.3	19.6
2010–11	865.0	10.2	16826.0	11.5	19.5

स्रोतः नेशनल हार्टीकल्चर डाटा बेस, (2010–2011)

सारिणी (2.4) भारतवर्ष में प्रमुख टमाटर उत्पादक राज्य

क्षेत्रफल (000, हेक्टेयर), उत्पादन (000, मैट्रिक टन), उत्पादकता (मैट्रिक टन/हेक्टेयर)

राज्य	2008–2009		2009–2010		2010–2011				
	क्षेत्र–फल	उत्पादन	उत्पा–दकता	क्षेत्र–फल	उत्पा–दन	उत्पा–दकता	क्षेत्र–फल	उत्पा–दन	उत्पा–दकता
आन्ध्र प्रदेश	74.1	**1408.1**	19.0	87.0	1652.1	19.0	296.3	5926.2	20.0
कर्नाटक	53.4	1573.8	29.5	48.3	1580.0	32.7	51.2	1756.7	34.3
ओडिशा	101.1	1360.5	13.5	102.9	1394.7	13.6	96.6	1367.2	14.1
महाराष्ट्र	33.0	**732.3**	22.2	50.0	1112.5	22.3	52.0	738.0	14.2
पश्चिम बंगाल	52.3	999.7	19.1	53.5	1050.0	19.6	54.1	1063.7	19.6
बिहार	46.4	1037.2	22.4	46.5	1043.7	22.4	46.8	1056.2	22.6
गुजरात	30.5	746.2	24.4	33.8	841.3	24.9	38.8	978.4	25.2
छत्तीसगढ़	39.2	420.4	10.7	41.3	600.6	14.5	42.9	627.9	14.6
तमिलनाडु	–	–	–	26.1	519.1	19.9	27.2	580.6	21.4
झारखण्ड	21.8	436.1	20.0	21.8	436.2	20.0	22.3	401.6	18.0
अन्य	**147.2**	**2434.7**	**16.5**	**123.2**	**2203.0**	**17.9**	**136.6**	**2330.0**	**17.1**
सम्पूर्ण	**599.1**	**11148.8**	**18.6**	**634.4**	**12433.2**	**19.6**	**864.9**	**16826.4**	**19.5**

स्रोतः नेशनल हार्टीकल्चर डाटा बेस, (2010–2011)

भारत वर्ष से टमाटर के निर्यात का विवरण नीचे की सारिणी में दिया गया है–

सारिणी (2.5) टमाटर के निर्यात का विवरण

देश	2008–2009		2009–2010		2010–2011	
	मात्रा (मैट्रिक टन)	मूल्य (लाख ₹)	मात्रा (मैट्रिक टन)	मूल्य (लाख ₹)	मात्रा (मैट्रिक टन)	मूल्य (लाख ₹)
यूनाइटेड अरब अमिरात	11617.3	1425.2	10153.4	1145.6	33902.9	7468.6
बांग्ला देश	9166.4	848.6	17020.5	1674.8	19711.9	2048.2
सउदी अरब	250.0	35.9	0.0	0.0	2261.5	539.4
ओमान	205.8	36.8	283.2	35.3	2203.6	532.0
पाकिस्तान	100764.7	10172.0	74716.1	7284.2	3708.9	340.6
नेपाल	1434.3	111.4	2570.2	121.9	3266.6	227.3
मालद्विव	483.3	53.1	942.3	55.5	2447.7	169.8
बहरीन	112.5	15.0	1.0	0.2	442.3	102.2
कुबैत	155.8	23.1	0.0	0.0	125.9	29.9
कतर	45.7	6.6	0.0	0.0	19.6	8.0
अन्य	**381.5**	**38.5**	**174.9**	**7.3**	**92.8**	**14.6**
कुल योग	**124617.2**	**12766.2**	**105861.6**	**10325.0**	**68183.7**	**11480.6**

स्रोत: अपेडा वेबसाइट, फरवरी 2012

वानस्पतिक विवरण

टमाटर सोलेनेसी (Solanaceae) परिवार का पौधा है, जिसका वानस्पतिक नाम सोलेनम एस्कूलन्टेम (*Solanum esculentum*) है। विश्व में इसकी कुल 63 प्रजातियाँ उपलब्ध हैं, जिनमें केवल सोलेनम एस्कुलेन्टम (*Solanum esculentum*) तथा सोलेनम पिम्पनेलीफोलियम (*Solanum pimpinellifoilium* Mill.) ही खाने वाली प्रजातियाँ हैं। सोलेनम पेरुवियेनम (*Solanum peruvianum* L.) एक जंगली प्रजाति है, जो विषाणु रोग प्रतिरोधी होने के कारण पौध प्रजनन में उपयोगी है। टमाटर का पौधा एकवर्षीय, लम्बी जड़ों वाला, तना सीधा उपर को बढ़ने वाला या फैलने वाला होता है। इसके पुष्प द्विलिंगी होते हैं। टमाटर में सामान्यतः स्वपरागण होता है, लेकिन 30 प्रतिशत तक परपरागण भी पाया गया है। इसके फल को बेरी (berry) कहते हैं। पके टमाटर में लाल रंग लाइकोपिन (lycopene) नामक वर्णक के कारण होता है। फलों में पीला रंग कैरोटीन वर्णक तथा नारंगी रंग प्रोलाइकोपिन वर्णक के कारण होती है। टमाटर की अनेकों जंगली प्रजातियाँ पायी जाती हैं, जिनमें कुछ प्रमुख प्रजातियों का वर्णन नीचे दिया गया है–

सारिणी (2.6) टमाटर की प्रमुख प्रजातियाँ

जंगली प्रजातियाँ		वर्णन
सोलेनम पिम्पीनेलिफोलियम	*Solanum pimpinellifoilium* Mill.	इसके पौधे एकवर्षीय होते हैं, जिसमें बहुत छोटे (1.0 सेन्टी मीटर व्यास के) लाल या पीले रंग के फल लगते हैं। इस प्रजाति के फलों में एस्कार्बिक अम्ल अधिक मात्रा में पाया जाता है। इस प्रजाति का संकरण बड़े आसानी से सोलेनम एस्कुलेण्टम (*Solanum esculentum*) से होता है। यह प्रजाति फ्यूजेरियम मुर्झान, अगेती अंगमारी, पर्ण कुंचन तथा कम तापक्रम के प्रति अवरोधी है।
सोलेनम पेरुवियेनम	*Solanum peruvianum* L. Mill.	इस प्रजाति के पौधे बहुवर्षीय तथा चमकीले फूलों वाले होते हैं। इसमें छोटे हरे रंग के फल लगते हैं, जो पकने के बाद भी हरे बने रहते हैं। यह प्रजाति तम्बाकू मोजेक विषाणु, पर्ण कुंचन, सेप्टोरिया, क्लैडोस्पोरियम, लीफ मोल्ड और पिछेती अंगमारी के प्रति अवरोधी है।
सोलेनम ग्लैण्डुलोसम	*Solanum glandulosum* Mill.	इसके अकारकीय लक्षण सोलेनम पेरुवियेनम के भाँति ही होते हैं। फल हरे, छोटे तथा बीज रोयेंदार होते हैं। यह प्रजाति कर्ली टाप रोग प्रतिरोधी है।
सोलेनम हिर्सुटम	*Solanum hirsutum* Humb. & Bonpl.	इसके पौधे बहुवर्षीय होते हैं, जिस पर हरे रंग के कड़ुवे फल लगते हैं। यह प्रजाति फल वेधक कीट के प्रति अवरोधी है।
सोलेनम हिर्सुटम एफ ग्लैबरेटम	*Solanum hirsutum* f. *glabratum*	इसके पौधे सोलेनम हर्सुटम के समान ही होते हैं। यह प्रजाति पर्ण कुंचन विषाणु, अगेती अंगमारी के प्रति अवरोधी तथा कम तापक्रम के प्रति सहिष्णु है।
सोलेनम चाइलेन्स	*Solanum chilense* Dun.	इस प्रजाति को पहले सोलेनम पेरुवियेनम डेण्टेटम के नाम से जाना जाता था। इसके पौधे सीधे बढ़वार वाले होते हैं। पत्तियाँ और डण्ठल सोलेनम एस्कुलेण्टम के समान होते हैं। इस प्रभेद में गैमीटोफाइट तरह की स्व–असंगता पाई जाती है।
सोलेनम चीजमानी	*Solanum cheesmanii* Riley.	इस प्रजाति के पौधे बहुवर्षीय होते हैं, जिसमें छोटे–छोटे फल आते हैं। यह प्रजाति भूमि में लवण की विषाक्तता के प्रति सहिष्णु हैं तथा सोलेनम एस्कुलेण्टम के साथ संकरण योग्य है।
सोलेनम पिसाइसी	*Solanum pissisi* Phil.	इसके पौधे बहुवर्षीय स्वभाव वाले होते हैं, जिनका तना बैंगनी से गहरे हरे रंग का होता है। फल हरे रंग के तथा कड़ुवाहट रहित होते हैं।

सोलेनम एस्कुलेण्टम वार0 सिरैसीफार्मी	*Solanum esculentum* var. *cerasiforme*	इस प्रभेद की पत्तियों पर फल छांटे होते हैं। सामान्यतः फूल लम्बे गुच्छों में आते हैं। फल छोटे, पीले या लाल रंग के होते हैं। इस प्रभेद को टमाटर का जंगली रुप माना जाता है।
सोलेनम एस्कुलेण्टम वार0 पाइरीफार्मी	*Solanum esculentum* var. *pyriforme*	इस प्रभेद को नासपाती टोमैटो (pear tomato) के नाम से भी जानते हैं। इनके फल सामान्यतः 3.7–4.0 सेन्टी मीटर लम्बे होते हैं।
सोलेनम एस्कुलेण्टम वार0 कम्यून	*Solanum esculentum* var. *commune*	इस प्रभेद के पौध सीमित से असीमित बढ़वार वाले होते हैं। पर्ण फलक छोटे होते हैं।
सोलेनम एस्कुलेण्टम वार0 ग्रैंडिफ्लोरम	*Solanum esculentum* var. *grandiflorum*	इस प्रजाति के पौधे सीमित तथा असीमित बढ़वार वाले होते हैं तथा पर्ण फलक कटे नहीं होते हैं। पत्तियाँ आकार में बड़ी होती हैं।
सोलेनम एस्कुलेण्टम वार0 वैलीडम	*Solanum esculentum* var. *validum*	इस प्रभेद के पौधे सख्त और सीधी बढ़वार वाले तथा पत्तियाँ मुड़ी होती हैं।
सोलेनम एस्कुलेण्टम प्रजाति मिनुटम	*Solanum esculentum* ssp. *minutum*	इस प्रजाति के फल हरे रंग वाले होते हैं, जो प्रभेद सोलेनम पेरुवियेनम के समान होते हैं। इसके पुष्प क्रम में ब्रैक्ट (bract) निकलते हैं।
सोलेनम पेनेली	*Solanum pennellii*	यह प्रजाति सूखे मौसम में भी अच्छी प्रकार वृद्धि एवं विकास करती है। इसमें गैमीटोफिटिक स्व–असंगता पायी जाती है।
सोलेनम हम्बोल्डटी	*Solanum humboldtii*	इस प्रजाति में सोलेनम एस्कुलेण्टम प्रजाति सिरेसीफार्मी की तुलना में बड़े फल लगते हैं। यह प्रजाति विषाणु रोगों के प्रति अवरोधी है।
सोलेनम पार्वीफ्लोरम	*Solanum parviflorum*	इस प्रभेद के अकारकीय गुण सोलेनम पिम्पीनेलीफोलियम से काफी मिलते हैं। सामान्यतः फल छोटे (1.0–1.4 सेन्टी मीटर व्यास) व हरे रंग के होते हैं।
सोलेनम चमलवस्की	*Solanum chmielewskii*	सोलेनम पार्वीफ्लोरम (*Solanum parviflorum*) के समान ही होते हैं। पुष्प बड़े आकार के तथा पीले रंग के होते हैं।

पोषकीय महत्व

टमाटर के पके फलों को सलाद या सब्जी रूप में प्रयोग किया जाता है। इसके अतिरिक्त फलों से चटनी, सूप, केचप, अचार, जूस इत्यादि बनाया जाता है। इसके फलों को सलाद के रूप में काटकर मूली के साथ प्रयोग में लाया जाता है। टमाटर के फल स्वास्थ्य की दृष्टि से बहुत लाभदायक है, क्योंकि इसमें पर्याप्त मात्रा में विटामिन "ए", "बी", "बी–2" तथा "सी" (एस्कार्बिक अम्ल) पाया जाता है (सिंह एवं सहयोगी, 2001)। खनिज लवण, शर्करा तथा प्रोटीन भी प्रचुर मात्रा में पाया जाता है। यह सत्य है कि टमाटर में बीटा कैरोटिन कम होता है, जबकि लाइकोपीन

(lycopene) जो एक प्रमुख एन्टीआक्सीडेन्ट (antioxidant) व एन्टी कैंसर गुण रखता है, अधिक होता है। टमाटर में लाइकोपीन 8.8–42.0 मिली ग्राम प्रति 100 ग्राम फल भार में होता है (राव एवं राव, 2007)। अध्ययन में यह पाया गया कि लाइकोपीन वर्णक कर्डियोवैस्कुलर रोगों को दूर करने में सहायक होता है। टमाटर के पोषकीय गुण को नीचे की सारिणी में दिया गया है–

सारिणी (2.7) टमाटर में पाये जाने वाले पोषक तत्व (प्रति 100 ग्राम खाने योग्य भाग में)

पोषक तत्व	मात्रा
नमी	93.1 ग्राम
प्रोटीन	0.9 ग्राम
वसा	0.1 ग्राम
खनिज	0.5 ग्राम
रेशा	0.7 ग्राम
कोर्बोहाइड्रेट्स	3.6 ग्राम
ऊर्जा	23.0 किलो कैलोरी
कैल्सियम	48.0 मिली ग्राम
मैगनिशयम	14.0 मिली ग्राम
आक्जैलिक एसीड	2.0 मिली ग्राम
फास्फोरस	20.0 मिली ग्राम
आयरन	64.0 मिली ग्राम
सोडियम	12.9 मिली ग्राम
पोटैशियम	146.0 मिली ग्राम
कापर	0.19 मिली ग्राम
सल्फर	24.0 मिली ग्राम
क्लोराईड	38.0 मिली ग्राम
कैरोटिन	351 मिली ग्राम
थायमिन	0.12 मिली ग्राम
निकोटिनिक एसीड	0.4 मिली ग्राम
रिबोफ्लेविन	0.06 मिली ग्राम
नियासिन	0.4 मिली ग्राम
फोलिक अम्ल	30 मिली ग्राम
विटामिन 'ए'	900 आई0ई0
विटामिन 'सी'	27.0 मिली ग्राम
क्रोमियम	0.015 मिली ग्राम
जिंक	0.41 मिली ग्राम
मैग्नीज	0.26 मिली ग्राम
क्लोरिन	6.0 मिली ग्राम

स्रोत: रूबाज्की एवं यामागुची, 1997

टमाटर में एस्कार्बिक अम्ल प्रचुर मात्रा (15.0–65.0 मिली ग्राम प्रति 100 ग्राम फल भार) में पाया जाता है। जल्दी पकने वाली प्रजातियों में इसकी मात्रा धीरे–धीरे पकने वाली प्रजातियों से ज्यादा होती है। पत्तियों, तनों व कच्चे फलों में अल्प मात्रा में स्टरोयडल ग्लूकोएल्कलाइड्स (steroidal glucoalkaloid) "टोमेटाइन" (tomatine) पायी जाती है, जो टमाटर में तीखापन के लिये जिम्मेदार है (रोडीक एवं बुचर, 1972)। वैज्ञानिक शोधों से यह स्पष्ट होता है कि सप्ताह में सात या अधिक बार टमाटर का उपयोग करने पर आँत, आहारनॉल एवं पेट के कैंसर होने की सम्भावना लगभग 60 प्रतिशत तक कम हो जाती है। टमाटर औषधीय जगत में अन्य सब्जियों से कम नही है। इसके जूस का प्रयोग जापान, ग्रीक, पेरू तथा ग्वाटेमाला में परम्परागत औषधि के रूप में होता है। यह खून की सफाई करता है एवं गूर्दे तथा आँत की बीमारियों में लाभदायक होता है। सूखे फल का गर्म पानी में निकाला गया सत् (extracts) अल्सर, धाव, जलन आदि में उपयोगी होता है। टमाटर का ताजा फल पाचन तंत्र को ठीक करता है तथा वृक्क (kidney) एवं यकृत (liver) से सम्बन्धित रोगों को दूर करता है। टमाटर में उपलब्ध लाभकारी तत्व जैसे एन्टीआक्सीडेन्ट व विटामिन 'सी' प्रोस्टेट कैन्सर को दूर करने में सहायक है।

उन्नतिशील किस्में

आनुवंशिकता के आधार पर प्रजातियों को शुद्ध वंशक्रमों तथा संकर और पौध बढ़वार के अनुसार सीमित, मध्यम और असीमित समूहों में बाँटा जा सकता है–

टमाटर की किस्मों का वर्गीकरण (Classification of tomato)

(क) पौधों के बढ़वार के आधार पर (Classification on the basis of growth)

पौध वृद्धि के अनुसार टमाटर की किस्मों को 3 वर्गो में बाँटा जा सकता है–

(1) असीमित बढ़वार (Indeterminate type)

इन किस्मों के पौधों की बढ़वार रूकती नहीं तथा पौधे बड़े होते हैं। दो गाँठों के बीच (फूलों के बीच) गुच्छे कम निकलते हैं, लेकिन फूल व फल अधिक समय तक आते रहते हैं। इन किस्मों के फल बड़े होते हैं तथा इनमें फल सड़न की बीमारी कम लगती है। ये देर से पकने वाली किस्में होती हैं तथा फलत लम्बे दिनों तक चलता है। उदाहरण के लिए बेस्ट आफ आल, पंजाब ट्रापिक, सोलन गोला, यशवन्त–2 (ए–2), मारग्लोब, स्यू (स्यूक्स), नवीन आदि।

(2) अर्द्ध सीमित बढ़वार (Semi-deteminate type)

इन किस्मों के पौधों की बढ़वार कम होती है, लेकिन बौनी किस्मों के पौधों से अधिक होती है। फल छोटे होते हैं। उदाहरण के लिए एस0–12, सोलन शगुन आदि।

(3) सीमित बढ़वार (Determinate type)

सीमित बढ़वार वाली किस्मों में पौधे की वृद्धि फूल की कली के रूप में समाप्त होती है। सीमित किस्मों में कटाई–छँटाई की आवश्यकता नहीं पड़ती है। अतः इसे स्व–कृन्तन किस्म भी कहते हैं। इन किस्मों के पौधे बौने होते हैं। इनके पौधों में शाखाएँ अधिक होती हैं। सीमित वृद्धि वाली किस्मों में फल के बचाव के लिए पर्याप्त पत्तियाँ नही होती एवं फल भी जल्दी आता है। उदाहरण के लिए एच0एस0–101, एच0एस0–102, पूसा अर्ली, रोमा, ड्वार्फ इत्यादि।

(ख) फलों के आकार के आधार पर (Classification on the basis of fruit size)

1. बड़े फलों वाली किस्में

इस समूह की किस्मों में बड़े फल लगते हैं। उदाहरण के लिए पान्डरोजा, पंजाब ट्रापिक, स्यू, एच0एस0–110 तथा मारग्लोब, काशी विशेष, काशी अनुपम, काशी अमृत।

2. मध्यम आकार के फलों वाली किस्में

इस समूह के किस्मों के फल मध्यम आकार के होते हैं। उदाहरण के लिए पूसा रूबी, बेस्ट आफ आल, एस0–120, केकस्थ अगेती तथा एच0एस0–101।

3. छोटे फलों वाली किस्में

इस समूह की किस्मों में फल बहुत छोटे आकार के होते हैं। उदाहरण के लिए एस0–12, एच0एस0–102, पूसा रेड प्लम इत्यादि।

4. नाशपाती के आकार के फलों वाली किस्में

इस समूह की किस्मों में नासपाती के आकार के फल लगते हैं। उदाहरण के लिए गेम्ड टाइप, सेलक्शन–152, इटेलियन रेड, रोमा, कल्यानपुर अंगुरलता इत्यादि। ये किस्में पहाड़ी इलाकों के लिए अधिक उपयुक्त होती हैं। इनके फलों का छिलका मोटा होता है। इस लिए इनके फलों को एक जगह से दूसरी जगह ले जाने में सुविधा होती है।

उगाये जाने क्षेत्रों के आधार पर वर्गीकरण (Classification on the basis of growing area)

(क) मैदानी क्षेत्रों के लिए

इस समूह की किस्में मैदानी क्षेत्रों में अनुकूलन की क्षमता रखती हैं और ज्यादा उपज देती हैं। उदाहरण के लिए पूसा रूबी, पूसा अर्ली ड्वार्फ, एस0–120, एच0एस0–101, एच0एस0–102 तथा एस0–12 इत्यादि।

(ख) पहाड़ी क्षेत्रों के लिए

इस समूह की किस्में पहाड़ी क्षेत्रों के लिए सबसे ज्यादा अनुकूलन रखती हैं। उदाहरण के लिए स्यू, बेस्ट आफ आल, रोमा इत्यादि।

इसके अलावा टमाटर का वर्गीकरण अन्य आधार पर भी किया जाता है।

(क) अधिक तापक्रम पर फल धारण करने वाली किस्में

इस समूह की किस्मों में अधिक तापक्रम पर भी फल बनते हैं। उदाहरण के लिए एच0एस0–102, मनी मेकर, लाकुलस।

(ख) परिवहन के लिए उपयुक्त किस्में

इस समूह की किस्मों के फलों को एक जगह से दूसरी जगह ले जाने में सुविधा होती है। उदाहरण के लिए रेड टाप तथा मेरठी।

(ग) प्रसंस्करण के लिए उपयुक्त किस्में

इस समूह की किस्मों के फलों से पेस्ट तथा केचप बनाए जाते हैं। उदाहरण के लिए स्यू, पूसा प्लम इत्यादि।

भारत में टमाटर की बहुत सी किस्में उगाई जाती है, जिनको विकसित करने में अनुसंधान केन्द्रों तथा कृषि विश्वविद्यालयों का महत्वपूर्ण योगदान रहा है। प्रमुख किस्में जिनको उगाने के लिए विभिन्न अनुसंधान संस्थानों एवं विश्वविद्यालयों से सिफारिशें की गई हैं, निम्न हैं–

भारतीय सब्जी अनुसंधान संस्थान, वाराणसी, द्वारा विकसित किस्में

काशी अनुपम (Kashi Anupam-DVRT-2)

काशी अनुपम किस्म का विकास पश्च संकरण पीढ़ी चयन (back cross pedgree selection) विधि से किया गया जिसका अनुमोदन सन् 2001 में राजस्थान, गुजरात, हरियाणा, दिल्ली में व्यावसायिक खेती के लिये किया गया। यह सीमित बढ़वार वाली किस्म है तथा फल गोलाकार लाल रंग व बड़ा होता है। प्रत्येक पौधे पर 21 फल लगते हैं फल में कुल विलेय ठोस 4.4 प्रतिशत तथा विटामिन सी की मात्रा 24 मिली ग्राम प्रति 100 ग्राम ताजे खाने योग्य भाग में मिलती है। इसकी औसत उपज 59.0 टन प्रति हेक्टेयर है।

काशी अमृत (Kashi Amrit-DVRT-1)

काशी अमृत किस्म का विकास पश्च संकरण चयन (सेलेक्शन–7 **X** बी–6013) से किया गया है। यह एक सीमित बढ़वार वाली प्रजाति है। इस प्रजाति में फलों की प्रथम तुड़ाई बीज लगाने के 75–80 दिन की जा सकती है। फल गोलाकार लाल रंग, मध्यम से बड़ा आकार तथा प्रत्येक पौधे पर 40–50 फल लगते हैं। प्रत्येक फल का वजन 90–100 ग्राम होता है। फल के गूदे में कुल विलेय ठोस की मात्रा 4.2 प्रतिशत व विटामिन 'सी' की मात्रा 24 मिली ग्राम प्रति 100 ग्राम खाने योग्य भाग में पाया जाता है। इसकी औसत उपज 60.0 टन प्रति हेक्टेयर है। इस प्रजाति का अनुमोदन वर्ष 2006 में उत्तर प्रदेश, बिहार एवं झारखण्ड में व्यावसायिक खेती के लिए किया गया। इसकी औसत उपज 80.0 टन प्रति हेक्टेयर है।

काशी हेमन्त (Kashi Hemant-IIVR Sel-1)

काशी हेमन्त किस्म का विकास पीढ़ी चयन (सेलेक्शन–7 **X** फ्लोराडेड) से किया गया एवं वर्ष 2006 में छत्तीसगढ़, ओड़िशा, आन्ध्र प्रदेश, मध्य प्रदेश एवं महाराष्ट्र में खेती के लिए अनुमोदित की गयी। पौधे सीमित बढ़वार वाले तथा चपटे गोलाकार होते हैं। फल लाल रंग के एवं मध्यम आकार के होते हैं। पौधे पर फल बीज डालने से 75–85 दिन बाद प्रथम तुड़ाई की जा सकती है। फलों में कुल विलेय ठोस की मात्रा 4.1–4.2 प्रतिशत एवं विटामिन 'सी' की मात्रा 22 मिली ग्राम प्रति 100 ग्राम खाने योग्य भाग में मिलती है। इसकी औसत उपज 60.0 टन प्रति हेक्टेयर है।

काशी शरद (Kashi Sharad-IIVR Sel-1)

काशी शरद किस्म का विकास पीढ़ी चयन विधि से किया गया है और इसे वर्ष 2006 में जम्मू एवं कश्मीर, हिमाचल प्रदेश तथा उत्तराखण्ड में व्यावसायिक खेती के लिए अनुमोदित किया गया है। पौधे असीमित बढ़वार वाले होते हैं। फल हल्का अण्डाकार, लाल रंग तथा मध्यम आकार के होते हैं। प्रत्येक पौधे पर औसतन 35–40 फल लगते हैं। प्रत्येक फल का वजन 80–90 ग्राम होता है। फल में कुल विलेय ठोस की मात्रा 5.0–5.2 प्रतिशत तथा विटामिन 'सी' की मात्रा 20 मिलीग्राम प्रति 100 ग्राम खाने योग्य भाग में मिलता है। इसकी औसत उपज 60.0 टन प्रति हेक्टेयर है।

काशी विशेष (Kashi Vishesh-H-86)

काशी विशेष किस्म का विकास पीढ़ी वरण विधि द्वारा किया गया है। इस प्रजाति को वर्ष 2006 में उत्तराखण्ड, जम्मू एवं कश्मीर, हिमाचल प्रदेश, उत्तर प्रदेश, बिहार, झारखण्ड, छत्तीसगढ़, ओड़िशा, आन्ध्र प्रदेश, कर्नाटक, तमिलनाडु एवं केरल राज्य में व्यावसायिक खेती के लिए अनुमोदित किया गया है। पौधे सीमित पढ़वार वाले होते हैं। फल गोलाकार लाल रंग व मध्यम से बड़ा होता है। प्रत्येक पौधे पर 30–40 फल लगते है। प्रत्येक फल का औसत वजन 90–100 ग्राम होता है। इसमें टमाटर का पर्ण मरोड़ बीमारी नही लगती है। इसके फलों में कुल विलेय ठोस का प्रतिशत 4.4 तथ विटामिन 'सी' की मात्रा 25 मिली ग्राम प्रति 100 ग्राम खाने योग्य भाग में होता है। इसकी औसत उपज 42.5 टन प्रति हेक्टेयर है।

भारतीय कृषि अनुसंधान संस्थान, नई दिल्ली, द्वारा विकसित किस्में

स्यूक्स (Sioux)

इसके पौधे लम्बे आकार व फैलावदार होते हैं। फल मध्यम आकार के गोल, रसदार व पतले छिलके वाले होते हैं। इसके फल पौध रोपण के लगभग 100–110 दिन बाद पकने लगते हैं। कच्चा फल हरा (दूधिया) परन्तु पकने पर एक समान लाल होता है। इस किस्म की औसत उपज 32.5–35.0 टन प्रति हेक्टेयर होती है। इस किस्म को गर्मी तथा सर्दी दोनों मौसमों में सफलतापूर्वक उगाया जा सकता है।

पूसा रूबी (Pusa Ruby)

यह एक असीमित वृद्धि वाली अगेती किस्म है, जो भारतीय कृषि अनुसंधाान संस्थान, नई दिल्ली से स्यू तथा इम्प्रुव्ड मेरठी किस्मों के संयोग से विकसित की गयी है। इसके पौधे लम्बे होते हैं। फल चपटे गोल, मध्यम आकार के होते हैं तथा फलों पर गहरी धारियाँ होती है। फलों में 4–5 कोष्ठक (locules) बनते हैं तथा पकने पर एक समान गहरे लाल रंग के हो जाते हैं। पौध रोपण के 60–65 दिन बाद फल पकने शुरू हो जाते हैं। फल अधिक रसदार तथा पतले छिलके वाले होते है, जिससे जूस व केचप अच्छा बनता है। इसकी औसल उपज 36.0 टन प्रति हेक्टेयर होती है। इस किस्म को दोनों मौसमों (शरद व वसंत) में उगाया जा सकता है। इस प्रजाति की खेती वसंत काल **(autuman season)** में भी किया जा सकता है क्योंकि इस पर पाला **(frost)** का प्रभाव कम पड़ता है (भारद्वाज एवं शर्मा, 1993)।

पूसा अर्ली ड्वार्फ (Pusa Early Dwarf)

यह सीमित बढ़वार वाली अगेती किस्म है। यह किस्म भी भारतीय कृषि अनुसंधान, नई दिल्ली से मेरठी तथा क्लाउड किस्मों के संयोग से विकसित की गयी है। इसके पौधे लम्बे होते हैं। फल चपटे, मध्यम आकार के गोल, रसदार तथा पतले छिलके वाले होते हैं। फलों के उपर गहरी धारी होती है तथा पकने पर पूर्णतया लाल रंग के हो जाते हैं। पौध रोपण के 55–60 दिनों बाद फल पकने लगते हैं। इसकी औसत उपज 35.0–37.5 टन प्रति हेक्टेयर तक हो जाती है। इसको दोनों मौसमों (शरद एवं वसंत) में उगाया जा सकता है।

पूसा रेड प्लम (Pusa Red Plum)

यह एक अगेती किस्म हैं। इसके पौधे लम्बे होते हैं, जिसमें फल छोटे और गुच्छे में लगते हैं। फलों का रंग लाल होता है तथा इनमें विटामिन 'सी' तथा शर्करा प्रचुर मात्रा में पाया जाता है। यह एक अच्छी उपज देने वाली किस्म है। इसको दोनों मौसमों (शरद एवं वसंत) में उगाया जा सकता है। इसकी औसत उपज 20.0–25.0 टन प्रति हेक्टेयर होती है।

पूसा सेलेक्शन–120 (Pusa Sel. 120)

यह एक सूत्रकृमि प्रतिरोधी **(nematode resistant)** किस्म है, जिसका विकास भारतीय कृषि अनुसंधान संस्थान, नई दिल्ली द्वारा किया गया हैं और अखिल भारतीय समन्वित अनुसंधान परियोजना (सब्जी फसल) के तहत् वर्ष 1975 में भारत के भौगोलिक क्षेत्र I, IV, VI और VIII में उगाने के लिए अनुमोदित किया गया है। मध्यम सीमित बढ़वार वाली व मध्यम समय में तैयार होने वाली किस्म है। इसके फल आकर्षक गोल, मध्यम आकार के पूर्ण लाल होते हैं। इसमें खट्टापन एवं बीज कम होते हैं। यह अच्छी उपज देने वाली किस्म है। इसको दोनों मौसम (शरद एवं वसंत) में उगाया जाता हैं। इसकी औसत उपज 28.0–30.0 टन प्रति हेक्टेयर होती है।

एस0एल0–152 (S. L.-152)

यह किस्म भी भारतीय कृषि अनुसन्धान संस्थान, नई दिल्ली द्वारा विकसित की गई है। इसके पौधे बौने होते हैं। फल छोटे तथा मध्यम नाशपाती के आकार के गूदेदार होते हैं। यह मोटे छिलके वाली किस्म है, जिससे फलों को एक स्थान से दूसरे स्थान पर सुगमता पूर्वक ले जाया जा सकता है। पौध रोपण के 90–95 दिन बाद फल पकने लगते हैं। इसकी औसत उपज 27.5–30.0 टन प्रति हेक्टेयर है।

बेस्ट आफ आल (Best of All)

यह एक असीमित बढ़वार वाली व मध्यम समय में तैयार होने वाली किस्म है, जिसका विकास भारतीय कृषि अनुसंधान संस्थान, नई दिल्ली द्वारा आयातित किस्म से चयन करके विकसित किया गया है। इसके पौधे बौने एवं ओजयुक्त होते हैं। इसके फल गोल, चिकने, लाल रंग तथा कन्धे पर हरे रंग के होते है। फल गुच्छों में लगते हैं। फलों में बीज की मात्रा कम होती है। फलों में जूस (juice) ज्यादा होता है। फलों में 3 कोष्ठक (locules) होते हैं। यह अधिक उपज देने वाली किस्म (30.0 टन प्रति हेक्टेयर) है। इस प्रजाति को पर्वतीय क्षेत्रों में उगाने के लिए अनुमोदित किया गया है।

मार्गलोब (Marglobe)

इस किस्म (EC 6870) को संयुक्त राज्य अमेरिका से आयातित जननद्रव्य से चयन करके भारतीय कृषि अनुसंधान संस्थान, नई दिल्ली द्वारा विकसित किया गया है। यह असीमित बढ़वार वाली तथा देर से तैयार होने वाली किस्म है। फल गोल तथा बड़े आकार के होते हैं तथा इसके फल का छिलका चिकना होता है। फलों में काफी जूस होता है। इसकी औसत उपज 40.0 टन/हेक्टेयर है। इसे भारत के भौगोलिक क्षेत्र I में उगाने की संस्तुति की गयी है।

रोमा (Roma)

भारतीय कृषि अनुसन्धान संस्थान, नई दिल्ली द्वारा विकसित यह किस्म पहाड़ी इलाकों के लिए अधिक उपयुक्त है। इसके पौधे बौने व अधिक पत्ते युक्त होते हैं। फल छोटे नाशपाती के आकार के, गूदेदार व गहरे लाल रंग के होते हैं। फल गुच्छों (4–5 फल) में लगते हैं तथा प्रत्येक फल में 2 कोष्ठक (locules) होते हैं। फलों का छिलका मोटा होने के कारण अधिक परिवहनीय गुण रखते हैं। इसके फल पौध रोपण के 90–95 दिन बाद पकना आरम्भ हो जाते हैं। फलों का औसत उपज 25.0–30.0 टन प्रति हेक्टेयर हो जाती है। इस किस्म के फलों से बनाये केचप, उच्च गुणवत्ता वाले होते हैं।

ला–बोनिता (La-Bonita)

राष्ट्रीय पादप अनुवांशिक संसाधन ब्यूरो, नई दिल्ली द्वारा चयन विधि से इस किस्म को विकसित किया गया है तथा अखिल भारतीय समन्वित अनुसंधान परियोजना (सब्जी फसल) के अन्तर्गत वर्ष 1987 में भारत के भौगोलिक क्षेत्र I और V में उगाने के लिए अनुमोदित किया गया है।

इस किस्म के पौधे झाड़ीनुमा होते हैं तथा फल तने की तरफ पीलापन लिये होते हैं। फलों का आकार लम्बोत्तर तथा छिलका मोटा होता है। यह दूर स्थान पर भेजने के लिए काफी उपयुक्त किस्म है। इसकी औसत उपज 35.3 टन/हेक्टेयर है।

फ्लोराडेड (Floradade)

फ्लोराडेड से लायी गयी इस किस्म के पौधे सीमित बढ़वार वाले, घने व ओजस्वी होते हैं। प्रति पौध 15–20 फल प्राप्त हो जाते हैं और प्रत्येक फल का वजन औसतन 150.0–170.0 ग्राम होता है। यह अगेती झुलसा रोग के प्रति अवरोधी किस्म है। औसतन 40.0–50.0 टन प्रति हेक्टेयर तक पैदावार मिलती है।

पूसा गौरव (Pusa Gaurav)

यह सीमित बढ़वार वाली किस्म है, जिसके फल अण्डाकार पीलापन लिए हुए लाल रंग के, चिकने तथा लम्बोतर के होते हैं। पौध रोपण के 80–85 दिन बाद फल तैयार हो जाते हैं और फल एक समान रूप से पकते हैं। इसके फल दूर के बाजारों में भेजने तथा उच्च परिरक्षित पदार्थ बनाने के लिए काफी उपयोगी है। इसकी उपज देश के विभिन्न भागों में 36.5–40.0 टन/हेक्टेयर है।

पूसा शीतल (Pusa Sheetal)

यह बालकन और जेम्बो रोशनीज के संकरण द्वारा विकसित सीमित बढ़वार वाली किस्म है। पौधे घने, मध्यम फैलाव लिए हुए और हरे रंग के तथा लगातार फल देने वाली होती हैं। फल चपटे, गोले, हल्के पीले तथा तने से जुड़े होते हैं। मैदानी भागों में अगेती फसल के रूप में उगाने के लिए यह उत्तम किस्म है क्योंकि इस किस्म में कम तापमान (8.0 डिग्री सेन्टी ग्रेड या कम) पर फल धारण करने की शक्ति होती है। इसकी औसत पैदावार 36.3 टन/हेक्टेयर होती है।

पूसा उपहार (Pusa Uphar)

इस किस्म के पौधे असीमित बढ़वार, अधिक फल धारण करने वाले, सीधे तथा बाहरी पत्तियों वाले होते हैं, जिन पर फल गुच्छे (4–6 फल) में लगते हैं। फल बहुत ही आकर्षक, गोले, मध्यम आकार के, मोटे छिलके वाले तथा एक समान पकने वाले होते हैं। इसकी उपज क्षमता 37.0 टन प्रति हेक्टेयर है।

पूसा सदाबहार (Pusa Sadabahar)

इस किस्म के पौधे सीमित बढ़वार वाले होते हैं। इसकी खेती विभिन्न जलवायु वाले क्षेत्रों में सफलतापूर्वक की जा सकती है। पौधे छोटे होने के कारण प्रति इकाई क्षेत्र में अधिक पौधों को लगाया जा सकता है। पौधों पर ज्यादा फल लगते हैं, जो अण्डाकार से गोलाकार होते हैं। फल छोटे, चिकने तथा आकर्षक होते हैं। इसकी औसत उपज क्षमता 25.0–35.0 टन प्रति हेक्टेयर होती हैं।

पूसा संकर–1 (Pusa Hybrid-1)

इस संकर किस्म के पौधे सीमित बढ़वार वाले होते हैं। फल गोलाकार, कुछ चपटे मध्यम, चिकने तथा मोटे छिलके वाले होते हैं। फल के पकने की प्रवृत्ति 28.0–30.0 डिग्री सेन्टीग्रेड तापमान पर पाया गया है। इस प्रजाति में उच्च रात्रि तापमान पर भी फल लगते रहते हैं। इसकी औसत उपज 38.0–42.0 टन प्रति हेक्टेयर है।

पूसा संकर–2 (Pusa Hybrid-2)

इस संकर किस्म के पौधे सीमित बढ़वार वाले होते हैं, जिन पर गोलाकार एवं मध्यम आकार के फल लगते हैं। इस किस्म के फल में परिवहन गुण के कारण दूर के बाजारों में भेजने के लिए उत्तम है। फल मैदानी क्षेत्रों में मार्च के अन्त से मई के अन्त तक उपलब्ध रहते हैं। यह एक सूत्रकृमि प्रतिरोधी किस्म है। उपज क्षमता 55.0–60.0 टन प्रति हेक्टेयर है (तिवारी एवं सहयोगी, 1996)।

पूसा संकर–4 (Pusa Hybrid-4)

इस संकर किस्म के पौधे सीमित बढ़वार वाले होते हैं। फल मध्यम आकार के, गोलाकार एवं परिवहन गुण से युक्त होते हैं। पौध रोपण मध्य अक्टूबर से मध्य दिसम्बर तक मैदानी क्षेत्रों में सफलतापूर्वक किया जा सकता है। इसकी औसत उपज 40.5–49.8 टन प्रति हेक्टेयर होती है।

पूसा दिव्या (Pusa Divya)

इस प्रजाति का विकास भारतीय कृषि अनुसंधान संस्थान, नई दिल्ली के क्षेत्रीय शोध केन्द्र कटराई (हिमाचल प्रदेश) से एन्थरम्यूटेन्ट के साथ आलू जैसी पत्तियों वाली चिन्हक (सक्रिय नर बन्ध्यता) मादा पितृ में समाहित कर किया गया है। पूसा दिव्या के पौधे असीमित बढ़वार वाले होते हैं, जिन पर अधिक संख्या में शाखाएँ बनती हैं। फल अण्डाकार से गोलाकार एवं मोटे छिलके वाले होते हैं। इस प्रजाति की पहली तुड़ाई पौध रोपण के 80 दिन में की जाती है। फल को दूर की मण्डियों में सुगमतापूर्वक भेजा सकता है। इसकी औसत उपज 35.0–40.0 टन प्रति हेक्टेयर है (वर्मा एवं सहयोगी, 2001)।

चौ0 चरण सिंह हरियाणा कृषि विश्वविद्यालय, हिंसार द्वारा विकसित किस्में

एच0 एस0–101 (H.S.-101)

इस किस्म को चौ0 चरण सिंह हरियाणा कृषि विश्वविद्यालय, हिसार (हरियाणा) से सेलेक्शन–2 और विदेशी जननद्रव्य के आपसी संकरण से चयन करके किया गया है। यह एक अगेती किस्म है। इसके पौधे बौनी बढ़वार (50.0 सेन्टी मीटर) एवं फैलने वाले होते हैं। फल पध्यम आकार के गोल, लाल रंग के, रसदार, सिरे पर कुछ उभरे हुए तथा मोटे छिलके वाले होते हैं। प्रत्येक पौधे पर 40–50 फल लगते हैं। इसकी औसत उपज लगभग 25.0–30.0 टन प्रति हेक्टेयर हो जाती है। इस किस्म में कीड़ों तथा बीमारियों का प्रकोप कम होता है। इसे अखिल भारतीय समन्वित अनुसंधान परियोजना (सब्जी फसल) के अन्तर्गत सन् 1975 में उत्तर भारत में जाड़े के मौसम में उगाने के लिए अनुमोदित किया गया है (कल्लू एवं सिंह, 1976)।

एच0एस0 102 (H.S.-102)

इस किस्म को चौ0 चरण सिंह हरियाणा कृषि विश्वविद्यालय, हिसार (हरियाणा) से प्रजाति सेलेक्शन–12 और पूसा अर्ली ड्वार्फ के आपसी संकरण से चयन करके किया गया है। यह अत्यन्त अगेती एवं सीमित बढ़वार वाली किस्म है। इसके पौधे बौने होते हैं और पौध रोपण के 85–90 दिनों बाद फल पकने लगते हैं। फल छोटे आकार के, गोल, लाल रंग के व रसदार होते है। इसकी औसत पैदावार 27.5 टन प्रति हेक्टेयर हो जाती है। यह किस्म गर्मी में भी सफलतापूर्वक उगाई जा सकती है, क्योंकि इसमें गर्मी सहन करेने की शक्ति होती है (कल्लू एवं सिंह, 1976)।

एच0 एस0 110 (H.S.-110)

इस किस्म को चौ0 चरण सिंह हरियाणा कृषि विश्वविद्यालय, हिसार (हरियाणा) से विदेश से आयातित जननद्रव्य से चयन करके किया गया है, इसके पौधे मध्यम ऊँचाई के होते हैं। पत्तियाँ आलू की पत्ती के समान होते हैं। फल बड़े, गूदेदार, गोल तथा लाल रंग होते हैं। सलाद के लिये यह अति उत्तम किस्म है। इसकी औसत उपज 30.0 टन हेक्टेयर है (कल्लू एवं सिंह, 1982)।

हिसार अरूण–7 (Sel.-7)

इस किस्म को चौ0 चरण सिंह हरियाणा कृषि विश्वविद्यालय, हिसार (हरियाणा) से पूसा अर्ली ड्वार्फ तथा के–1 किस्म के संकरण से विकसित की गयी है। इस प्रजाति को अखिल भारतीय समन्वित अनुसंधान परियोजना (सब्जी फसल) के अन्तर्गत वर्ष 1990 में भारत के भौगोलिक क्षेत्र I, IV, V, VII में उगाने के लिए अनुमोदित किया गया है। इसके पौधे सघन, मध्यम ऊँचाई वाले, सीमित बढ़वार, बौने एवं अधिक फल देने वाले होते हैं। फल आकार में मध्यम से बड़ा, गोल व लाल रंगयुक्त होता है। फल गूदेदार होते हैं एवं प्रत्येक फल में 4–6 प्रकोष्ठ पाये जाते हैं। इस किस्म को उत्तर भारत के मैदानी क्षेत्रों में अगेती तथा मुख्य फसल के रुप में बहुतायत से उगाया जाता है। इस किस्म से औसत उपज 35.0 टन/हेक्टेअर प्राप्त होती है।

हिसार ललित (N.T.-8)

इस किस्म को चौ0 चरण सिंह हरियाणा कृषि विश्वविद्यालय, हिसार (हरियाणा) से बेंग्लुरू प्रतिरोधी एच0एस0–101× रेसिसटैन्ट बेंग्लुरू (आर0–2) के संकरण से विकसित की गई है। इसके पौधे सीमित बढ़वार वाले, बौने व शीघ्र फल देने वाले होते हैं। फल मध्यम से बड़े आकार के गोल व लाल रंग लिये होते हैं। यह किस्म जड़ गाँठ सूत्रकृमि (root knot nematode) के प्रति सहिष्णु है। इसके फल मध्यम आकार के गोल व लाल होते हैं। इसकी औसत उपज 30.0 टन प्रति हेक्टेयर है।

हिसार लालिमा (Hisar Lalima or Selection-18)

यह किस्म चौ0 चरण सिंह हरियाणा कृषि विश्वविद्यालय, हिसार (हरियाणा) से पूसा अर्ली ड्वार्फ तथा एच0एस0–101 के बीच संकरण कराकर चयन पद्धति से विकसित की गयी है। यह एक उपयोगी व अगेती किस्म है, जिसके पौधों की बढ़वार कम होती है और कोने से पत्ते कटे होते

हैं। इसके फल गोल, आकार में बड़े, लाल व गूदेदार होते हैं। फलों का रंग काफी आकर्षक होता है। फल का औसत भार 75.0 ग्राम होता है तथा प्रत्येक फल में 4–6 प्रकोष्ठ होते हैं। फल का बाहरी छिलका मोटा होने की वजह से फलों के फटने की समस्या कम होती है। सामान्यतया पौध रोपण के 65–70 दिन बाद फलों की पहली तुड़ाई की जाती है। औसत उपज 28.0–32.0 टन प्रति हेक्टेयर होती है। इस किस्म को उत्तर भारत में शरद तथा वसन्त दोनों मौसमों में उगाने के लिए अनुमोदित किया गया है। फल छेदक कीट का प्रकोप भी इस किस्म पर अपेक्षाकृत कम होता है।

हिसार अनमोल (Hisar Anmol)

इस किस्म को हिसार अरूणा × सोलेनम हिर्सुटम एफ0 ग्लैबरेटम के बीच संकरण द्वारा चौ0 चरण सिंह हरियाणा कृषि विश्वविद्यालय हिसार (हरियाणा) से विकसित किया गया है। यह किस्म टमाटर पत्ती मरोण विषाणु (**tomatio leaf curl virus**) के प्रति अवरोधी है। पौधे सीमित बढ़वार वाले तथा फल मध्यम आकार के गोल व लाल रंग के होते हैं। इस किस्म को उन क्षेत्रों में उगाने के लिए संस्तुति की गयी है जहाँ टमाटर पत्ती मरोड़ विषाणु की काफी समस्या है। इसकी औसत उपज 30.0–32.0 टन प्रति हेक्टेयर है।

सेलेक्शन–32 (Sel. 32)

टमाटर की इस किस्म को चौ0 चरण सिंह हरियाणा कृषि विश्वविद्यालय, हिसार (हरियाणा) से विकसित किया गया है तथा अखिल भारतीय समन्वित अनुसंधान परियोजना (सब्जी फसल) के तहत् वर्ष 1996 में उगाने के लिए अनुमोदित किया गया है। इसके पौधे सीमित बढ़वार वाले होते हैं तथा फल मध्यम से बड़े आकार के, गोल व लाल रंग के होते हैं, इनका उपरी तथा नीचे का भाग दबा होता है। यह किस्म टमाटर पत्ती मरोड़ विषाणु के प्रति सहिष्णु है। इसकी औसत उपज 30.0–35.0 टन प्रति हेक्टेयर है।

हिसार कलिंगा (Hisar Kalinga)

चौ0 चरण सिंह हरियाणा कृषि विश्वविद्यालय, हिसार (हरियाणा) द्वारा विकसित किया गया है। यह एक अगेती किस्म है। फल आकर्षक लाल रंग के होते हैं। फल का औसत भार 75.0 ग्राम होता है। इसकी औसत उपज 14.4 टन प्रति हेक्टेयर है। इस किस्म को उत्तर भारत में शरद तथा वसंत दोनो मौसमों में उगाने के लिए अनुमोदित किया गया है।

पंजाब कृषि विश्वविद्यालय, लुधियाना द्वारा विकसित किस्में

पंजाब छुहारा (Punjab Chhuhara)

इस किस्म का विकास ई0सी0 55055 तथा पंजाब ट्रॉपिक के आपसी संकरण से पंजाब कृषि विश्वविद्यालय, लुधियाना (पंजाब) द्वारा विकसित की गयी है। इस किस्म के पौधे छोटे और फैलने वाले होते हैं। इसके फल मध्यम आकार वाले नासपाती जैसे होते हैं तथा प्रति पौधा फल अधिक लगते हैं। फलों का छिलका मोटा होता है, इसलिए इसे सुदूर बाजार में भेजा जा सकता है। यह पिछेती पकने वाली किस्म है। इसकी औसत उपज 25.0–28.0 टन प्रति हेक्टेयर होती है।

पंजाब केशरी (Punjab Kesari)

टमाटर की इस किस्म को पंजाब कृषि विश्वविद्यालय, लुधियाना (पंजाब) से ई0सी0 55055 × पंजाब ट्रापिक के आपसी संकरण से वंशावली वरण विधि से किया गया है। इसे वर्ष 1987 में उत्तर भारत के मैदानी तथा पहाड़ी क्षेत्रों में उगाने के लिए संस्तुति की गयी है। यह एक अगेती किस्म है, जिस पर पिछेती अंगमारी तथा फल छेदक कीट का प्रकोप कम होता है। पौधे 60.0 सेन्टी मीटर लम्बे तथा झाड़ीनुमा होते हैं। इनमें फलों के फटने की समस्या कम होती है, लेकिन जड़गाँठ सूत्रकृमि के प्रति संवेदनशील किस्म है। इसकी औसत उपज 28.6 टन प्रति हेक्टेयर होती है।

एस0 12 (S-12)

यह किस्म 'सू' में विकरण द्वारा परिवर्तित रुप है, जिसे पंजाब कृषि विश्वविद्यालय, लुधियाना (पंजाब) द्वारा उत्परिवर्तन प्रजनन (mutation breeding) से तैयार किया गया है। इस प्रजाति को अखिल भारतीय समन्वित अनुसंधान परियोजना (सब्जी फसल) के अन्तर्गत भारत के भौगोलिक क्षेत्र I, II, IV, VII व VIII में उगाने के लिए अनुमोदित किया गया है। इस किस्म के पौधे बौने बढ़वार के होते हैं। फल गोल, हल्की धारी वाले, मध्यम आकार के व रसदार होते हैं। फलों का छिलका मोटा होता है। इसके फल पौध रोपण के 70–75 दिन बाद पकने लगते हैं। इसका औसतम उपज 25. 0–27.5 टन प्रति हेक्टेयर हो जाती है।

पंजाब उपमा (Punjab Upma)

इस किस्म का विकास पंजाब कृषि विश्वविद्यालय, लुधियाना (पंजाब) से किया गया है। इसकी पत्तियाँ काफी चौड़ी और पौधे पर ज्यादा संख्या में बनती हैं। फल अण्डाकार, मध्यम आकार के, कसा हुआ व गहरे लाल रंग का होता है। टमाटर की इस किस्म का उपयोग प्रसंस्करण उद्योग के लिए भी उपयोगी है। फलों का औसत वजन 70.0 ग्राम होता है और प्रति हेक्टेयर उपज 55.0 टन होता है।

टी0 एच0 3212 (TH-2312)

इस संकर किस्म का विकास पंजाब कृषि विश्वविद्यालय, लुधियाना (पंजाब) से वी0एफ0एन0–8 × पंजाब छुहारा के संकरण से किया गया है। इसके पौधे काफी फैलने वाले तथा ज्यादा पत्तियों वाले होते हैं। फलों का आकार मध्यम, अण्डाकार तथा गहरे लाल रंग का होता है। फलों में कुल विलेय ठोस की मात्रा 4.7 प्रतिशत होता है। इस प्रजाति में जड़ ग्रंथि सूत्रकृमि का प्रकोप नहीं होता है। फलों का औसत वजन 70 ग्राम होता है तथा प्रति हेक्टेयर 65.0 टन उपज प्राप्त होती है।

टी0 एच0 802 (TH-802)

इस संकर किस्म का विकास पंजाब कृषि विश्वविद्यालय, लुधियाना (पंजाब) से हीलानी × कैसेल राक के संकरण से किया गया है। पौधे फैलने वाले व ओजस्वी होते हैं। फल कसा हुआ, चिकना, गोलाकार और एक समान लाल रंग का होता है। फलों में कुल विलेय ठोस (TSS) की मात्रा

4.7 प्रतिशत होता है। यह प्रसंस्करण के लिए बहुत उपयोगी किस्म है। फलों का औसत वजन 70.0 ग्राम होता है तथा प्रति हेक्टेयर 64.0 टन उपज प्राप्त होती है।

टी0 एच0 1 (TH-1)

इस संकर किस्म का विकास पंजाब कृषि विश्वविद्यालय, लुधियाना (पंजाब) से डब्ल्यू0–321 × आई0–181 के संकरण से किया गया है। यह प्रजाति प्रसंस्करण एवं सब्जी बनाने के लिए उपयोगी है। फल गोलाकार, गहरा लाल रंग व कसावट लिये हुए होता है। फल में कुल विलेय ठोस की मात्रा 5.0 प्रतिशत होता है। फलों का औसत वजन 85.0 ग्राम होता है तथा प्रति हेक्टेयर 54.5 टन उपज प्राप्त होती है।

गोविन्द बल्लभ पंत कृषि एवं प्रौद्योगिकी विश्वविद्यालय, पंत नगर द्वारा विकसित किस्में

पंत बहार (Pant Bahar)

इस किस्म को ए0सी0–238 से चयन द्वारा गोविन्द बल्लभ पंत कृषि एवं प्रौद्योगिकी विश्वविद्यालय पंत नगर (उत्तराखण्ड) द्वारा विकसित किया गया है, जिसे अखिल भारतीय समन्वित अनुसंधान परियोजना (सब्जी फसल) के अन्तर्गत भारतवर्ष के भौगोलिक क्षेत्र I, II, IV व V में उगाने के लिए अनुमोदित किया गया है। इसके पौधे 93.0 सेन्टी मीटर ऊँचे झाड़ीनुमा तथा शाखाओं वाले होतें हैं। तना पतला तथा पत्तियाँ हल्के हरे रंग की होती हैं। फल चपटे गोल, मध्यम आकार के तथा 5–6 प्रकोष्ठ वाले होते हैं, जिनके उपर हल्की सी धारियाँ पायी जाती हैं। यह किस्म भण्डारण तथा संसाधित पदार्थो के बनने के लिए काफी उपयुक्त है तथा इसमें वर्टिसिलियम (*Verticillium*) तथा फ्यूजेरियम (*Fusarium*) मुर्झान रोग का प्रकोप कम होता है। इसकी औसत उपज 32.8 टन / हेक्टेयर है।

पंत टमाटर–1 (Pant Tamatar-1)

यह अधिक पैदावर देने वाली किस्म गर्मी तथा सर्दी मौसम में उगाने के लिए उपयुक्त है। इसे अखिल भारतीय समन्वित अनुसंधान परियोजना (सब्जी फसल) के अन्तर्गत भारतवर्ष के भौगोलिक क्षेत्र I, II, IV, VII व VIII में उगाने के लिए अनुमोदित किया गया है। इसके पौधे मध्यम, सीधे बढ़वार वाले व 100.0–120.0 सेन्टी मीटर ऊँचे होते हैं। फल 5–5 के गुच्छे में लगते हैं। फल बड़े, चिकने तथा गूदेदार होते हैं। यह किस्म टमाटर मोजैक विषाणु के प्रति संवेदनशील है। इसकी औसत उपज 28.0–32.0 टन प्रति हेक्टेयर होता है।

पंत टमाटर–2 (Pant Tamatar-2)

इस प्रजाति का विकास गोविन्द बल्लभ पंत कृषि एवं प्रौद्योगिकी विश्वविद्यालय पंत नगर (उत्तराखण्ड) द्वारा विकसित किया गया है। यह कम फैलने वाली किस्म है। इसके फल छोटे, नाशपाती के आकार के, गूदेदार व मोटे छिलके वाले होते हैं। फल प्रायः गुच्छों में लगते हैं। पहाड़ी क्षेत्रों में उगाने के लिए यह सबसे अच्छी किस्म सिद्ध हुई है व औसतन पैदावार लगभग 30.0–35.0 टन प्रति हेक्टेयर होती है।

पंत टी–3 (Pant Tamatar-3)

इस किस्म को विशुद्ध वंशक्रम वरण द्वारा गोविन्द बल्लभ पंत कृषि एवं प्रौद्योगिकी विश्वविद्यालय, पंत नगर (उत्तराखण्ड) से विकसित की गयी है। इस किस्म को अखिल भारतीय समन्वित अनुसंधान परियोजना (सब्जी फसल) के तहत् भारत के भौगोलिक क्षेत्र IV, V, VI तथा VII में उगाने के लिए अनुमोदित किया गया है। इसके पौधे मध्यम ऊँचाई वाले होते हैं, जिनका तना मोटा, गोल व रोयेंदार होता है। पत्तियाँ मध्यम आकार व गहरे हरे रंग की होती हैं। यह किस्म शीत ऋतु के लिए उपयुक्त है। फल गोल, लाल, चिकने होते हैं तथा प्रत्येक फल का औसत वजन 65.0–78.0 ग्राम होता है। इसके फल संसाधित पदार्थों को बनाने के लिए काफी अच्छे होते हैं। इसकी औसत उपज 22.0–26.0 टन प्रति हेक्टेयर होती है। यह किस्म रबी में उगाने के लिए काफी उपयुक्त है।

चन्द्रशेखर आजाद कृषि एवं प्रौद्योगिकी विश्वविद्यालय, कानपुर (उत्तर प्रदेश) से विकसित किस्में

कल्याणपुर अंगूरलता (Kalyanpur Angoorlata)

इसके पौधे बेल की तरह बढ़तें हैं। इसके फल छोटे, अण्डाकार, लम्बे, लाल रंग व चिकने होते हैं। फल गुच्छों में लगतें है तथा फलों का छिलका मोटा होता है। इसके फल पौध रोपण के 60–70 दिन बाद पकने लगतें हैं। यह एक अच्छी उपज (28.0–30.0 टन/हेक्टेयर) देने वाली किस्म है।

के0 एस0 2 (K.S.-2)

इस किस्म को चन्द्रशेखर आजाद कृषि एवं प्रौद्योगिकी विश्वविद्यालय, शाक–भॉजी अनुसंधान केन्द्र, कल्याणपुर, कानपुर (उत्तर प्रदेश) से विकसित किया गया है। इसकी पत्तियाँ हल्के हरें रंग की होती हैं तथा फल चपटे गोल आकार के होते हैं। इसकी औसत उपज 29.0 टन प्रति हेक्टेयर है।

भारतीय बागवानी अनुसंधान संस्थान, बैंगलुरू (कर्नाटक) द्वारा विकसित किस्में

अर्का विकास (Arka Vikas)

यह किस्म अमेरीकन किस्म "टिप टॉप" (Tip Top) से चयनित कर भारतीय बागवानी अनुसंधान संस्थान, बैंग्लुरू (कर्नाटक) द्वारा विकसित की गयी है। इसे वर्ष 1987 में भारत के मैदानी तथा पहाड़ी क्षेत्रों में उगाने के लिए अनुमोदित किया गया है। इसके पौधे मध्यम बढ़ने वाले होते हैं। फल मध्यम, बड़े (80.0–90.0 ग्राम), सुडौल, थोड़ा चोंच लिए गहरे लाल रंग के पतले छिलके वाले एवं अधिक गूदेदार होते हैं। यह किस्म नजदीक के बाजार के लिए उत्तम है। यह प्रजाति दूसरे की अपेक्षाकृत सूखे को सहन करने की क्षमता रखती है। इसकी औसत उपज 40.0 टन/हेक्टेयर होती है, जो पूसा रूबी से 30–35 प्रतिशत ज्यादा है। लद्दाख क्षेत्र में इस प्रजाति की अधिकतम उपज 53.25 टन प्रति हेक्टेयर उपज प्राप्त हुई है (सिंह एवं नारायण, 2004)।

अर्का सौरभ (Arka Saurabh)

भारतीय बागवानी अनुसंधान संस्थान, बैंग्लुरू (कर्नाटक) द्वारा इस प्रजाति का विकास किस्म "वी0–685" लाइन से चयन करके की गई है। इसे अखिल भारतीय समन्वित अनुसंधान परियोजना (सब्जी फसल) के अन्तर्गत भारत के भौगोलिक क्षेत्र I, IV, V, VI तथा VII में उगाने के लिए अनुमोदित किया गया है। इसके पौधे मध्यम ऊँचाई के होते हैं। फल अपेक्षाकृत गोल, मध्यम से बड़े आकार के (प्रति फल 70.0 ग्राम) लाल व गूदेदार होते हैं। फलों के सिरे पर नुकीला उभार इसकी पहचान है। इसमें शर्करा (टी0एस0एस–3.9 प्रतिशत) तथा अम्ल (0.39 प्रतिशत) का सुन्दर सम्मिश्रण होता है। फल को साधारण तापक्रम पर 8–10 दिनों तक सुरक्षित रख सकते है। इससे चटनी, केचप, रस तथा अन्य परिरक्षित पदार्थ अच्छे बनते हैं। औसत पैदावार 30.0 टन/हेक्टेयर तक हो जाती है।

अर्का आभा (Arka Abha)

यह एक बौनी किस्म है। फल गोल, चिकने, तथा आकर्षक लाल रंग के होते हैं। यह किस्म जीवाणु झुलसा रोग के प्रति रोधक क्षमता रखती है। अतः रोगयुक्त क्षेत्रों के लिये उपयुक्त है। इसकी पैदावार 30.0–32.5 टन/हेक्टेयर तक होता है।

अर्का आलोक (Arka Alok)

यह बौनी किस्म है। फल अण्डाकार व बड़े होते हैं। जीवाणु मुरझा रोग प्रतिरोधी होने के कारण अधिक वर्षायुक्त क्षेत्रों में खरीफ की फसल के लिये उपयुक्त है। रबी में 30.0–35.0 टन/हेक्टेयर तथा खरीफ में 17.5–20.0 टन/हेक्टेयर पैदावार होती है।

अर्का मेघाली (Arka Megahli)

इसको अर्का विकास और आई0एच0आर0–584 के संकरण के पश्चात् वंशावली वरण द्वारा विकसित की गयी है। इसमें मिठास 3.3 प्रतिशत है। फल 60–65 दिनों में तुड़ाई योग्य हो जाते हैं। इसकी औसत पैदावार 17.2–18.2 टन/हेक्टेयर है।

अर्का विशाल (Arka Vishal - FMH-1)

भारतीय बागवानी अनुसंधान संस्थान, बैंगलुरू (कर्नाटक) द्वारा इस संकर प्रजाति का विकास आई0एच0आर0–837 × आई0एच0आर0–932 के आपसी संकरण से किया गया है। फल गोलाकार, कसा हुआ, गहरे लाल रंग का व उपरी भाग हल्का हरा रंग लिये होता है। इस प्रजाति को बहुत दिनों तक समान्य तापक्रम पर रखा जा सकता है। फलों का औसत वजन 140.0 ग्राम व कुल उपज 75.0 टन प्रति हेक्टेयर होता है। इस प्रजाति में फलों के फटने की समस्या नहीं होती हैं।

अर्का वरदान (Arka Vardan - FMH-2)

भारतीय बागवानी अनुसंधान संस्थान, बैंगलुरू (कर्नाटक) द्वारा इस संकर प्रजाति का विकास आई0एच0 आर0–550–3 × आई0एच0आर0–932 के आपसी संकरण से किया गया है। फल नीचे

की तरफ दबे हुए, लाल रंग के तथा उपरी भाग हरा रंग लिये हुए होता है। इस प्रजाति को बहुत दिनों तक समान्य तापक्रम पर रखा जा सकता है। फलों का औसत वजन 140.0 ग्राम व कुल उपज 75.0 टन प्रति हेक्टेयर होता है। इस प्रजाति में जड़ ग्रंथि सूत्रकृमि का प्रकोप नहीं होता है।

अर्का आहुती (Arka Ahuti - Sel-2)

भारतीय बागवानी अनुसंधान संस्थान, बैंगलुरू (कर्नाटक) द्वारा ओटावा 60 से विशुद्ध लाइन वरण विधि से विकसित की गयी है। पौधे अर्द्ध सीमित बढ़वार वाले तथा 135 दिनों तक जीवित रहते हैं। फल गुच्छे में, मोटे, गूदेदार, द्विकोष्ठीय (**bilocular**) एवं एक समान पकने वाले होते हैं। फलों में कुल विलेय ठोस 5.25 तथा खटाश 0.35 प्रतिशत होता है। इसकी उपज क्षमता 45.0 टन प्रति हेक्टेयर होती है (सदाशिवा एवं सहयोगी, 1996)।

अर्का अभिजित (Arka Abhijit - BRH-1)

यह अर्द्ध सीमित बढ़वार वाली संकर किस्म है जिसका विकास भारतीय बागवानी अनुसंधान संस्थान, बेंग्लुरू (कर्नाटक) से किया गया है। फल गोलाकार तथा ग्रीवा के पास कुछ हरा होता है। फल कसावटयुक्त तथा इनमें कुल विलेय ठोस का प्रतिशत 4.3 होता है। फसल अवधि 140 दिनों का होता है। यह प्रजाति ताजे व प्ररांकरण दोनों के लिये उपयुक्त है। इसमें जीवाणु उकठा रोग का प्रकोप नहीं होता है। फलों का औसत वजन 70.0 ग्राम होता है। इसकी औसत उपज क्षमता 63.7 टन प्रति हेक्टेयर है।

अर्का श्रेष्ठ (Arka Shreshtra - BRH-2)

भारतीय बागवानी अनुसंधान संस्थान, बैंगलुरू (कर्नाटक) द्वारा इस संकर किस्म का विकास एस0बी0एस0 बी0–15 × आई0आई0एच0आर0–1614 के आपसी संकरण से किया गया है। पौधे अर्द्ध सीमित बढ़वार वाले होते हैं जिन पर हल्के हरे रंग की पत्तियाँ विकसित होती हैं। फल कसे हुए मध्यम आकार के, गोलाकार और फल के उपरी भाग पर हल्का हरा रंग विकसित होता है। यह किस्म दूर के बाजारों में बेचने के लिए उपयुक्त है। फलों में कुल विलेय ठोस की मात्रा 4.7 प्रतिशत होती है। यह प्रसंस्करण के लिए भी उपयोगी किस्म है। इस किस्म में जीवाणु उकठा रोग नहीं लगता है। फलों का औसत वजन 70 ग्राम तथा कुल उपज 76.0 टन प्रति हेक्टेयर होता है।

नरेन्द्रदेव कृषि एवं प्रौद्योगिकी विश्वविद्यालय, फैजाबाद (उत्तर प्रदेश) से विकसित किस्में

एन0 डी0 टी0–120 (NDT-120)

फल पौध रोपण के लगभग 75–80 दिन में निकलने लगते है। यह बौनी किस्म है। इसकी उपज लगभग 30.0–35.0 टन/हेक्टेयर है।

एन0डी0 टी0–108 (NDT-108)

यह एक बौनी किस्म है, जिसके फल प्रजाब छुहारा के आकार के होते है। इसके फल प्रसंस्करण के लिए अच्छे माने जाते हैं। इसकी औसत उपज 25.0–30.0 टन/हेक्टेयर है।

तमिलनाडु कृषि विश्वविद्यालय, कोयम्बटूर (तमिलनाडु) द्वारा विकसित किस्में

कोयम्बटूर–1 (Coimbatore-1)

यह प्रजाति तमिलनाडु कृषि विभाग, तमिलनाडु द्वारा अपने राज्य के लिए अनुशंसित है। पौधे मध्यम फैलने वाले तथा आकार में छोटे होते हैं। पत्तियाँ गहरे हरे रंग की होती हैं। फल गुच्छे में (6–8 तक) लगते हैं एवं प्रत्येक फल का औसत वजन 125.0 ग्राम होता है। फल गोल, कच्चे में हल्के हरे रंग के होते हैं जो पकने पर लाल मिर्च के रंग के हो जाते हैं। इसकी औसत उपज लगभग 38.0 टन प्रति हेक्टेयर है (कमलनाथन, 1969)।

मारूथाम या सी0ओ0–3 (CO-3)

तमिलनाडु कृषि विश्वविद्यालय, कोयम्बटूर (तमिलनाडु) से विकसित यह किस्म सी0ओ0–1 किस्म का उत्परिवर्तित रुप है, जिसे अखिल भारतीय समन्वित अनुसंधान परियोजना (सब्जी फसल) के अन्तर्गत 23 अनुसंधान केन्द्रों पर परीक्षण करके भारत के भौगोलिक क्षेत्र IV, V तथा VII में उगाने के लिए वर्ष 1987 में अनुमोदित किया गया है। पौधे लगभ 40.0 सेन्टी मीटर ऊँचाई के व सीधे बढ़ने वाले होते हैं, जिस पर सघन शाखाएँ विकसित होती हैं। पत्तियाँ सामान्य आकार व गहरे हरे रंग की होती हैं। फल चमकीले, लाल रंग, गोल तथा मध्यम आकार के होते हैं। पौधों पर फल 4–5 के गुच्छों में लगते हैं। पत्येक पौधे पर 30–40 फल लगते हैं तथा औसत उपज 38.1 टन प्रति हेक्टेयर होती है। फल में प्रचुर मात्रा में विटामिन ''सी'' (25.0 मिली ग्राम / 100.0 ग्राम) तथा खटास (3.8 प्रतिशत) होता है। फसल की अवधि 110–115 दिन की होती है।

अन्य संस्थानों से विकसित किस्में

वी0सी0 48–1 (VC-48-1)

इस किस्म को एशियाई सब्जी अनुसंधान एवं विकास केन्द्र, ताईवान (AVRDC or World Vegetabl Centre, Taiwan) से मंगाकार आसाम कृषि विश्वविद्यालय, जोरहट (आसाम) पर परीक्षण करके आसाम के उन क्षेत्रों के लिए अनुमोदित किया गया है, जहाँ जीवाणु उकठा (bacterial wilt) रोग की समस्या है। यह एक सीमित बढ़वार वाली किस्म है, जिसके पौधों की ऊँचाई 80.0–90.0 सेन्टी मीटर होती है। शाखाएँ तने पर कम अन्तराल से निकलती हैं, जिससे फल पत्तियों से अच्छी तरह से ढके रहते हैं तथा तेज धूप से खराब नहीं होते हैं। फल मध्यम, गोल आकार तथा चमकीले लाल रंग के होते हैं। फलों में कुल ठोस विलेय 5.5 प्रतिशत होता है तथा एस्कार्बिक अम्ल की मात्रा 20.0–22.0 मिली ग्राम प्रति 100.0 ग्राम जूस में होती है। औसत उपज 93.5 टन प्रति हेक्टेयर होता है।

स्वीट–72 (Sweet-72)

यह एक अधिक उपज देने वाली किस्म है, जिसे क्षेत्रीय कृषि अनुसंधान संस्थान, ग्वालियर (मध्य प्रदेश) से 'पूसा रेड प्लम' व 'स्यू' के संकरण से विकसित किया गया है तथा अखिल भारतीय समन्वित अनुसंधान परियोजना (सब्जी फसल) के तहत् वर्ष 1975 में भारत के भौगोलिक क्षेत्र I, IV तथा VII उगाने के लिए अनुमोदित किया गया है। इसके फल गोल तथा चपटे आकार के होते हैं।

फल एक समान रुप से पकते हैं तथा फलों पर हल्की सी धारियाँ होती हैं। इसकी उपज 30.0 टन प्रति हेक्टेयर है।

यशवन्त सिंह परमार उद्यान एवं वानिकी विश्वविद्यालय, सोलन (हिमाचल प्रदेश) से विकसित किस्में

सोलन गोला (Solan Gola)

इस किस्म को यशवंत सिंह परमार उद्यान एवं वानिकी विश्वविद्यालय, सोलन (हिमाचल प्रदेश) से विकसित किया गया है। इसके पौधे असीमित बढ़वार वाले होते हैं। पौध रोपण के 75 दिन बाद फल तुड़ाई योग्य हो जोते हैं। फल मध्यम अकार के, चिकने, गोल, मोटे छिलके वाले तथा लाल रंग के होते हैं। फल का छिलका मोटा होने के कारण इसे दूर–दराज के क्षेत्रों में भेजने के लिए काफी उपयुक्त है। इस किस्म को मध्य पर्वतीय क्षेत्रों में उगाने की संस्तुति की गयी है। इसकी औसत उपज 37.5 टन/हेक्टेयर है।

सोलन बज्र या यशवन्त–2 (UHF-II)

इस किरग को गशवंत सिंह परमार उद्यान एवं वानिकी विश्वविद्यालय, सोलन (हिमाचल प्रदेश) से विकसित किया गया है। इसके पौधे असीमित बढ़वार वाले होते हैं तथा रोपण के 70 दिनों में फल पकने लगते हैं। इसके फल मोटे छिलके वाले तथा एक समान लाल रंग के होते हैं, जिनका अन्तिम भाग थोड़ा सा दबा होता है। इसकी औसत उपज 50.0 टन प्रति हेक्टेयर है। यह किस्म वकआई राट (buck eye rot) के प्रति अवरोधी है। इसे भारत के भौगोलिक क्षेत्र II में उगाने की संस्तुति की गयी है।

यशवन्त (ए–2) – (Yashwant A-2)

ऊँची बढ़वार वाली, फल गोल, चपटा तथा मोटा छिलका तथा बकाई फल सड़न प्रतिरोधी किस्म है। औसत उपज 50.0 टन प्रति हेक्टेयर है।

सोलन शगुन (Solan Shagun)

यह मध्यम ऊँचाई वाली संकर किस्म है जिसकी पत्तियाँ गहरे हरे, फल लाल होते है। पौध रोपण के 70–75 दिनों बाद फल पकने लगते हैं। औसत पैदावार 50.0 टन प्रति हेक्टेयर है। इस किस्म में झुलसा व फल सड़न रोग का कम प्रकोप होता है।

पालम पिंक (Palam Pink B.L. 342-1)

यह एक जीवाणु मुर्झान रोग प्रतिरोधक क्षमता वाली किस्म है जिसका अनुमोदन प्रदेश के अत्यधिक प्रभावित क्षेत्रों निचले एवं मध्यवर्ती पहाड़ी क्षेत्रों के लिये किया गया है। पौधे बौने तथा फल लाल होते है। औसत उपज 40.00–45.00 टन प्रति हेक्टेयर है।

पालम प्राईड (EC-191536)

यह किस्म ज्यादा बढ़वार व जीवाणु मुर्झान प्रतिरोधी है। उपज 23.7 टन प्रति हेक्टेयर है।

व्यक्तिगत बीज कम्पनियों द्वारा विकसित किस्में

अविनाश–2 (Avinash-2)

इस किस्म का विकास सिंजेण्टा इण्डिया लिमिटेड द्वारा किया गया है। यह एक अगेती संकर किस्म है, जिसमें फलों की प्रथम तुड़ाई मात्र पौध रोपण के 55 दिनों बाद की जाती है। फल गोलाकार, मध्यम आकार के, लाल तथा कसावट लिये हुए होते हैं। फलों का औसत वजन 85 ग्राम तथा उपज 50.0 टन प्रति हेक्टेयर होता है।

रुपाली (Rupali)

इस संकर किस्म का विकास इण्डो अमेरिकन हाइब्रिड सीड कम्पनी, बैंगलुरू (कर्नाटक) द्वारा किया गया है। इसके पौधे सीधे, लगभग 60.0 सेन्टी मीटर लम्बे तथा पत्तियों से ढके रहते हैं। फल सामान्यतः गोलाकार, कसावट लिये हुए व लाल रंग का होता है। इस प्रजाति में परिवहन एवं प्रसंस्करण के गुण विद्यमान है। फलों का औसत वजन 100 ग्राम तथा उपज 50.0 टन प्रति हेक्टेयर होता है। इसमें फ्यूजेरियम एवं वर्टीसिलियम उकठा रोग का प्रकोप नहीं होता है।

नवीन (Naveen)

इस संकर किस्म का विकास इण्डो अमेरिकन हाइब्रिड सीड कम्पनी, बैंग्लुरू (कर्नाटक) द्वारा किया गया है। पौधों की ऊँचाई 75.0–125.0 सेन्टीमीटर तक होता है। फल गहरे लाल रंग, गोलाकार तथा कसावट लिये होता है। इसमें फ्यूजेरियम एवं वर्टीसिलियम उकठा रोग का प्रकोप नहीं होता है।

रश्मि (Rashmi)

इस समिति बढ़वार वाली संकर किस्म का विकास इण्डो–अमेरिकन हाइब्रिड्स सीड्स कम्पनी, बेंग्लुरू (कर्नाटक) द्वारा किया गया है। फल हल्का चपटा, अण्डाकार, गहरा व लाल रंग का होता है। औसत फलभार 55–60 ग्राम होता है। प्रत्येक पौधे पर 2.5 किलोग्राम फल लगते हैं।

वैशाली (Vaishali)

यह समिति बढ़वार वाली संकर किस्म है जिसका विकास इण्डो–अमेरिकन हाइब्रिड्स सीड्स कम्पनी बेंग्लुरू (कर्नाटक) द्वारा किया गया है। यह प्रजाति प्रसंस्करण के लिए सबसे उपयुक्त है। पौध–रोपण के 70 दिनों के बाद उपज मिलने लगती है। फल गहरे लाल, सख्त व गोलाकार होते है। इसकी औसत उपज 80.0–88.0 टन प्रति हेक्टेयर है (यावल्कर, 1985)।

अन्य शोध संस्थानों से विकसित किस्में

जवाहर टमाटर–99 (Jawahar Tamatar-99, AC-99)

यह किस्म अगेती एवं सीमित बढ़वार वाली है जिसका विकास जवाहर लाल नेहरू कृषि विश्वविद्यालय, जलबपुर (मध्य प्रदेश) द्वारा जननद्रव्य से चयन कर किया गया है। फल गोलाकार, सख्त, मध्यम आकार एवं पकने पर लाल रंग के हो जाते हैं। फलों में कुल विलेय ठोस का प्रतिशत 5.3 होता है।

स्वर्ण नवीन (Swarn Naveen)

इस किस्म का विकास हार्टीकल्चर एण्ड एग्रोफारेस्ट्री रिसर्च प्रोग्राम (आई0सी0ए0आर0 रिसर्च कम्लेक्स फार इस्टर्न रिजन) राँची से किया गया है। इस किस्म के फल मध्यम आकार व लाल रंग के होते हैं। प्रत्येक फल का औसत वजन 60 ग्राम होता हैं। फलों में कुल विलेय ठोस 5.0 प्रतिशत होता है। यह प्रजाति 120–140 दिन की होती है। इसमें जीवाणु उकठा रोग का प्रकोप नहीं होता है। इस प्रजाति की औसत उपज 60.0 टन/हेक्टेयर हैं।

स्वर्ण लालीमा (Swarn Lalima)

इस किस्म का विकास हार्टीकल्चर एण्ड एग्रोफारेस्ट्री रिसर्च प्रोग्राम (आईसी0ए0आर0 रिसर्च कम्लेक्स फार इस्टर्न रिजन) राँची से किया गया है। इस किस्म के फल लाल रंग, मध्यम आकार व 125.0 ग्राम वजन के होते हैं। फल के गूदे में कुल विलेय ठोस 4.0 प्रतिशत होता है। इस प्रजाति में जीवाणु उकठा रोग का प्रकोप नहीं होता है। इसकी औसत उपज 58.0 टन प्रति हेक्टेयर है।

राज श्री (Raj Shree)

इस संकर किस्म का विकास महात्मा फूले कृषि विद्यापीठ, राहुरी (महाराष्ट्र) द्वारा सन् 1994 में किया गया। फल सख्त व मध्यम आकार के होते हैं जिनके प्रत्येक फल का वजन 90–100 ग्राम होता है। गूदे में एस्कार्बिक एसीड की मात्रा 42–50 मिली ग्राम प्रति 100 ग्राम होती है। इस किस्म को दूरस्थ बाजार के लिए उपयुक्त पाया गया है। इस किस्म में विषाणु रोग का प्रकोप नहीं होता है इसकी औसत उपज 38.0–40.0 टन प्रति हेक्टेयर होता है (वाध एवं सहयोगी, 1995)।

ए0आर0टी0एच0–3 (ARTH-3)

इस किस्म का विकास अंकुर सीड प्राइवेट लिमिटेड द्वारा किया गया है। फल चपटे, गोलाकार, गहरा लाल तथा गूदा भी लाल रंग का होता है। फलों का औसत वजन 80.0 ग्राम तथा कुल उपज 88.0–95.0 टन प्रति हेक्टेयर है।

जलवायु

टमाटर उष्ण कटिबन्धीय जलवायु की फसल है जो सामान्यतः 10.0–30.0 डिग्री सेल्सियस तापक्रम पर उगता है। गर्मी और पाला रहित क्षेत्र में इसकी खेती अच्छी प्रकार की जा सकती है। यह फसल पाले (frost) के साथ–साथ निम्न तापक्रम को सहन नहीं कर सकती है। टमाटर के बीज 10.0–35.0 डिग्री सेल्सियस पर जमाव करते हैं। जब रात्रि का तापमान 15.0 डिग्री सेल्सियस से कम तथा दिन का तापमान 39.0 डिग्री सेल्सियस से उच्च होने पर बीज जमाव तथा फल धारण प्रभावित होता है। अगर उच्च तापक्रम, निम्न आर्द्रता एवं सूखी हवा बनी रहे तो अपरिवक्व फूल तेजी से गिरने लगते हैं, जिससे कम फल मिलते हैं। अधिक और निम्न तापक्रम दोनों का फलत पर प्रतिकूल प्रभाव पड़ता है। तापमान के साथ–साथ प्रकाश की सघनता फलों के रंग तथा एस्कार्बिक अम्ल की मात्रा को प्रभावित करती है। सामान्यतः अच्छी धूप वाली स्थानों में टमाटर की फसल ज्यादा उपज देती है। परीक्षण में पाया गया है कि 15.0–16.0 डिग्री सेल्सियस पर अधिक उपज मिलती है। रात्रि

का तापमान, दिन के तापमान की तुलना में अधिक अनिवार्य है। स्मिथ (1932) ने पाया कि टमाटर के परागकण का सबसे ज्यादा अंकुरण 29.4 डिग्री सेल्सियस पर, मध्यम अंकुरण 21.1 डिग्री सेल्सियस पर, कम अंकुरण 10.0 डिग्री सेल्सियस पर तथा सबसे कम अंकुरण 37.3 डिग्री सेल्सियस पर पाया गया है। वातावरण का तापक्रम 10.0 डिग्री सेल्सियस से नीचे होने पर लाल या पीला रंग विकसित नहीं होता है। इसी प्रकार जब तापक्रम 30.0 डिग्री सेल्सियस से अधिक हो जाता है तो लाल रंग स्वतः कम होने लगता है और जब तापक्रम 40.0 डिग्री सेल्सियस से अधिक हो जाता है तो वर्णक पूरी तरह से नष्ट हो जाता है। फलों में अच्छी प्रकार लाल रंग विकसित होने के लिए 10. 0–25.0 डिग्री सेल्सियस तापक्रम उत्तम होता है। टमाटर के पौधों में जब निषेचन के 5–10 दिन पहले वातावरण का तापक्रम 38.0 डिग्री सेल्सियस से अधिक होता है, तो फल कम लगते हैं। ऐसा परागकणों और अण्डज कोशिकाओं की क्षति के कारण होता है। कम फलत उसमें भी होती है, जब निषेचन के 1–3 दिन बाद तक वातावरण का तापक्रम 38.0 डिग्री सेल्सियस से अधिक बना रहता है। ऐसा परागकणों की क्षति के कारण होता है। रात्रि का तापक्रम 25.0–27.0 डिग्री सेल्सियस निषेचन से कुछ दिन पूर्व या बाद तक रहता है, तो फल कम लगते हैं। इसी प्रकार बहुत कम तापक्रम (10.0 डिग्री सेल्सियस से नीचे) पर भी फलत बहुत कम होती है।

बीज की मात्रा

एक हेक्टेयर टमाटर की पौध लगाने के लिए लगभग 350.0–450.0 ग्राम बीज की आवश्यकता होती है, लेकिन वैज्ञानिक तरीके से खेती करने के लिए मात्र 200.0–250.0 ग्राम बीज ही पर्याप्त होता है। टमाटर के 1.0 ग्राम बीज में लगभग 300 बीज होते हैं। बीज शुद्ध, अच्छा तथा अच्छी किस्म का होना चाहिए। टमाटर के अच्छे बीज में 85–90 प्रतिशत अंकुरण क्षमता होती है तथा 4 वर्ष तक अंकुरण क्षमता बनी रहती है।

पौध तैयार करना

मैदानी भागों में टमाटर वर्ष में दो बार उगाया जाता है, इसलिए इसके पौधे दो मौसमों–वर्षा एवं शरद ऋतु में तैयार किये जाते हैं। पहाड़ी भागों में इसे मार्च–अप्रैल में तैयार किया जाता हैं। एक हेक्टेयर पौध रोपण के लिए लगभग 100.0–125.0 वर्ग मीटर क्षेत्रफल में पौधशाला लगाने की आवश्यकता पड़ती है।

वर्षा ऋतु में पौध तैयार करना

इस मौसम में पौधशाला में बीज की बुआई जून–जुलाई में की जाती है तथा जिस भूमि में पौधशाला बनानी हो उसकी कई बार अच्छी प्रकार जुताई करके खरपतवार निकाल दिया जाता है। चयनित जगह को गर्मी में सौरीकरण (solarization) आवश्यक है। खेत तैयार करने के लिए गोबर की अच्छी प्रकार सड़ी खाद मिलाकर सिंचाई कर दी जाती है। जब मिट्टी गुड़ाई के योग्य हो जाये तब गुड़ाई करके भुरभुरी बना ली जाती है। इस प्रकार तैयार भूमि में 15.0–20.0 सेन्टी मीटर ऊँची क्यारियाँ बना ली जाती हैं। इन क्यारियों की लम्बाई 5.0 मीटर तथा चौड़ाई 1.0 मीटर रखी जाती है जिससे आसानी से सिंचाई व निकाई की जा सके। इस प्रकार तैयार क्यारियों में बीज

5.0 सेन्टी मीटर दूरी पर बनाये गयें कतार में 1.5 सेन्टी मीटर की दूरी पर बीज लगाया जाता है। इसके बाद गोबर की अच्छी सड़ी खाद या वर्मी कम्पोस्ट को भुरभुरी करके उसकी एक पतली तह से बीज को ढक कर हजारे से सिंचाई कर दी जाती है। जून–जुलाई में पौधों को अधिक तापक्रम एवं धूप से बचाने के लिए पौधशाला पर सिरकी द्वारा दिन में छाया की जाती है तथा रात में हटा दिया जाता है। वर्षा के प्रभाव से बचाने के लिए पालीथीन की चादर से ढकना चाहिए, लेकिन ध्यान रहे कि पौधों को ज्यादा गर्मी न लगे। नर्सरी में आवश्यकतानुसार फब्बारे से पानी देते रहते हैं। पौधे उगते समय सिंचाई पर अधिक ध्यान देना चाहिए, क्योंकि नमी की कमी होने तथा अधिक गर्मी पड़ने पर पौधे सूखने लगते हैं। पौधों की जड़ों के पास पानी नही लगाना चाहिए अन्यथा पौधे पीले पड़कर सड़ने लगते हैं या रोग ग्रसित हो जाते हैं। इस मौसम में नर्सरी में आर्द्रगलन रोग (damping off) का अधिक प्रकोप होता है। यह रोग फफूँद (fungus) द्वारा होता है। इस रोग में पौधों के तने का हिस्सा जो जमीन से लगा हुआ होता है, गल जाता है, जिससे पौधे जमीन पर गिर कर सुख जाते हैं। इस रोग से बचाव के लिए निम्न उपचार किया जाता है।

1. नर्सरी हेतु मिट्टी का उपचार

इस रोग से बचाने के लिए 0.2 प्रतिशत ब्रेसिकाल या कैप्टान या कैप्टाफ दवा का मिट्टी में भुरकाव किया जाता है।

2. बीज का उपचार

बीज बोने से पहले उसका उपचार सेरेसान या एग्रोसन जी0एन0 दवा से 2.0 ग्राम प्रति किलोग्राम बीज में मिलाकर किया जाता है। मृदा सौरीकरण तथा कार्बेण्डाजीम या थीरम की 2.5 प्रतिशत मात्रा से बीज शोधन करने से नवोद्भिद (seedling) में 40.22 प्रतिशत की वृद्धि हुई (मिश्रा एवं सहयोगी, 2004)।

3. नर्सरी मे पौधों का उपचार

जब पौधे 2–3 पत्तियों के हो जायें तब नर्सरी में 0.1 प्रतिशत ब्रासिकाल या 0.2 प्रतिशत डाइफोलटान या कैप्टान दवा के घोल का छिड़काव किया जाता हैं। इन दवाओं के घोल का छिड़काव आवश्यकतानुसार कई बार किया जा सकता है। पदगलन बीमारी (damping off) से बचाव के लिये कापर आक्सीक्लोराइड (2.5 ग्राम/लीटर पानी) या बक्स्टोल (15–20 ग्राम प्रात 10 लीटर पानी) का छिड़काव करना चाहिए। इस बीमारी से बचाव के लिए ध्यान देने योग्य आवश्यक बातें निम्न हैं–

1. बीजों को कतारों में बोया जाये तो अति उत्तम होता है, क्योकि इस विधि में पौधों के बीच वायु संचार अच्छी तरह होता है।
2. बीज की बुआई अधिक घनी नहीं की जानी चाहिये।
3. नर्सरी में अधिक नमी या सिंचाई इस रोग के फैलने में सहायक होती है। इसलिए हल्की सिंचाई की जानी चाहिये।

4. बीज बुआई के 20 दिन बाद नवोदभिद् (seedlings) पर 1.5 मिली लीटर मोनोक्रोटोफास और 2 ग्राम जिनेब प्रति लीटर पानी में घोलकर छिड़काव करने पर रस चूसक कीट एवं नवोद्भिद् रोग से मुक्ति मिलती है।

शरद ऋतु में पौध तैयार करना

इस मौसम में पौध तैयार करने के लिए बीज की नर्सरी में बुआई नवम्बर–दिसम्बर में की जाती है। नर्सरी की तैयारी वर्षा ऋतु की तरह ही की जाती है तथा क्यारियाँ ऊँची बनाना उत्तम होता है। बीज की बुआई भी उसी प्रकार की जाती है। इस ऋतु में तापक्रम कम होने के कारण जमाव कम तथा धीरे–धीरे होता है। बीज के अच्छे जमाव के लिए नर्सरी को पालीथीन की चादर से ढक दिया जाता है सिंचाई करते समय पालीथीन को हटा कर फुहारे से पानी दिया जाता है तथा पुनः ढक दिया जाता है। इससे मिट्टी की गर्मी बनी रहती है और बीज का जमाव जल्दी एवं अच्छी प्रकार से होता है। पौध अच्छी तरह उग जाने पर पालीथीन हटा दिया जाता है। रात में सर्दी या पाले से पौधों को बचाने के लिए नर्सरी को सिरकी या छप्पर या पालीथीन के चादर से ढक दिया जाता है। इस मौसम में आर्द्रगलन रोग का प्रकोप होने की सम्भावना नहीं होती है। सामान्यतः नर्सरी में पौधे, बीज बुआई के लगभग 4–5 सप्ताह बाद रोपण के योग्य हो जाते हैं। पौधों में 5–6 पत्तियाँ निकल आती है, तब इनकी रोपण की जा सकती है।

पौध की रोपण का समय एवं विधि

टमाटर के पौधों की रोपण निम्न तालिका में दिए गए समय के अनुसार की जाती है–

सारिणी (2.8) टमाटर के पौध रोपण व फल मिलने का समय

पौध तैयार करने का समय	रोपण का समय	फल मिलने का समय
जून–जुलाई	जुलाई–अगस्त	सितम्बर–अक्टूबर
नवम्बर–दिसम्बर	ज्नवरी–फरवरी	मार्च–अप्रैल

अच्छी प्रकार तैयार खेत में बनी हुई क्यारियों में पौध रोपण दो प्रकार से की जाती हैं।

1. समतल क्यारियों में

इस विधि में क्यारियाँ तथा सिंचाई की नालियाँ खेत में बना ली जाती हैं। इन क्यारियों में बौनी बढ़वार वाली पौधों की आपसी दूरी 45.0–50.0 सेन्टी मीटर व कतार से कतार की दूरी 60.0–75.0 सेन्टी मीटर रखी जाती है, लेकिन ऊँची बढ़वार वाली किस्मों की पौध दूरी 90.0 × 30.0 सेन्टी मीटर रखनी चाहिए व कतार से कतार की दूरी भी बढ़ा देना चाहिए। पौध रोपण के तुरन्त बाद सिंचाई कर दी जाती है। इस विधि से पौध लगाने पर निम्न कठिनाईयों का सामना करना पड़ता है–

(क) इस विधि में पानी अधिक लगता है।

(ख) फल पकने पर मिट्टी के सम्पर्क में आकर सड़ने लगते हैं।

(ग) फलों को सड़ने से बचाने के लिए सहारा (staking) देने की आवश्यकता होती है।

2. मेड़ों पर

इस विधि में रोपण करने के लिए 60.0–70.0 सेन्टी मीटर चौड़ी मेड़ें बना ली जाती हैं तथा मेड़ों पर एक ओर या दोनों तरफ 45.0–60.0 सेन्टी मीटर की दूरी पर पौधे लगा दिये जाते हैं। इस विधि में पानी देने में सुविधा होती है तथा पानी की बचत होती है। पौधे मेड़ों पर फैलते हैं, जिससे फल पानी के सम्पर्क में नहीं आते हैं तथा सड़ते नहीं हैं। इस विधि से पौध लगाने से उपज एवं फलों की गुणवत्ता में वृद्धि होती है। पौधों में बीमारियाँ एवं कीड़े कम लगते हैं, क्योंकि दवा का छिड़काव आसानी से हो जाता है। पौधों का रोपण सायंकाल की जाये तो अधिक उत्तम होता है क्योंकि रात में गर्मी कम होती है। अतः पौधे मरते नहीं तथा शीघ्र स्थापित हो जाते हैं।

पौध रोपण से पूर्व कुछ उपयोगी सुझाव

- जब पौधे लगाने के योग्य हो जायें तब रोपण के कुछ दिन पहले नर्सरी में सिंचाई बन्द कर दिया जाता है। ऐसा करने से रोपण के बाद पौधों के मरने की सम्भावना कम होती है।
- गर्मी के मौसम में रोपण के समय पौधों की जड़ों को 50.0 पी0पी0एम0 नेफ्थलीन एसिटीक एसीड (NAA) या इण्डोल एसिटिक एसीड (IAA) के घोल में डूबोने पर पौधों के मरने की दर कम हो जाती है।

पोषक तत्व प्रबंधन

टमाटर की फसल में पोषक तत्वों की उचित मात्रा देने से अधिक पैदावार मिलती है। इन पोषक तत्वों में नाइट्रोजन, फास्फोरस तथा पोटाश अधिक महत्वपूर्ण है। इनकी प्रयोग मात्रा, स्थान तथा भूमि में इन तत्वों की उपलब्ध मात्रा के उपर निर्भर करती हैं। इसके बारे में वैज्ञानिकों के अलग–अलग मत हैं। यावलकर तथा सहयोगियों (1962) ने अनुमोदित किया है कि टमाटर की फसल में पौध लगाने के मौसम के आधार पर इन पोषक तत्वों को निम्न मात्रा में देने की आवश्यकता पड़ती है –

सारिणी (2.9) अनुमोदित पोषक तत्वों की मात्रा

मौसम	प्रयुक्त पोषक तत्वों की मात्रा
वर्षा ऋतु के फसल के लिए	(1) 30.0–35.0 टन गोबर की सड़ी खाद प्रति हेक्टेयर।
	(2) 113.50 किलो ग्राम नाइट्रोजन खाद प्रति हेक्टेयर।
	(3) 56.75 किलो ग्राम फास्फोरस प्रति हेक्टेयर।
	(4) 56.75 किलो ग्राम पोटाश प्रति हेक्टेयर।
जाड़े वाली फसल के लिए	(1) 30.0–35.0 टन गोबर की सड़ी खाद प्रति हेक्टेयर।
	(2) 90.75 किलो ग्राम नाइट्रोजन खाद प्रति हेक्टेयर।
	(3) 45.37 किलो ग्राम फास्फोरस प्रति हेक्टेयर।
	(4) 45.37 किलो ग्राम पोटाश प्रति हेक्टेयर।

वसन्त ऋतु की फसल के लिए	(1) 30.0–35.0 टन गोबर की सड़ी खाद प्रति हेक्टेयर।
	(2) 68.00 किलो ग्राम नाइट्रोजन खाद प्रति हेक्टेयर।
	(3) 34.00 किलो ग्राम फास्फोरस प्रति हेक्टेयर।
	(4) 34.00 किलो ग्राम पोटाश प्रति हेक्टेयर।

यावल्कर एवं सहयोगियों (1962) ने स्पष्ट किया कि 37.0 टन प्रति हेक्टेयर टमाटर के पके फल देने वाली फसल मिट्टी से 80.0 किलो ग्राम नत्रजन, 20.0 किलो ग्राम फास्फोरस एवं 23.0 किलो ग्राम पोटाश उपयोग में लेती है। यह सही है कि विभिन्न प्रदेशों के लिए अलग–अलग खाद एवं उर्वरक की मात्रा अनुशंसित की गयी है। सामान्यतया एक हेक्टेयर क्षेत्रफल के लिए 66.0–110.0 किलो ग्राम अमोनियम सल्फेट, 35.0–60.0 किलो ग्राम सुपर फास्फेट तथा 35.0–60.0 किलो ग्राम पोटाश देना चाहिए। अच्छा होगा कि खेत में 20.0–30.0 टन अच्छी प्रकार सड़ी हुई गोबर की खाद का प्रयोग किया जाये। गोबर की खाद को भूमि तैयार करते समय अच्छी तरह से मिट्टी में मिला दिया जाता है। फास्फोरस व पोटाश की पूरी मात्रा तथा नत्रजन की आधी मात्रा पौध रोपण के पहले पंक्तियों में 8.0–10.0 सेन्टी मीटर की गहराई में मिला दी जाती है। नत्रजन की शेष आधी मात्रा पौध रोपण के 40 दिन बाद खड़ी फसल में देना चाहिए। भारतीय कृषि अनुसंधान परिषद्, नई दिल्ली द्वारा टमाटर की अच्छी फसल लेने के लिए 40.0–60.0 किलो ग्राम नाइट्रोजन, 60.0–80.0 किलो ग्राम फास्फोरस व 100.0–120.0 किलो ग्राम पोटाश प्रति हेक्टेयर खेत में देने के लिए अनुमोदित की गयी है। चौ0 चरण सिंह हरियाणा कृषि विश्वविद्यालय, हिसार (हरियाणा) द्वारा सिफारिश की गयी है कि टमाटर की अधिक उपज लेने के लिए 25.0 टन गोबर की खाद, 100.0 किलो ग्राम नाइट्रोजन, 50.0 किलो ग्राम फास्फोरस व 50.0 किलो ग्राम पोटाश प्रति हेक्टेयर खेत में देने के लिए अनुमोदित की है। चौधरी (1967) के अनुसार टमाटर की अच्छी फसल लेने के लिए खेत में 20.0–25.0 टन गोबर की खाद प्रति हेक्टेयर डालना चाहिए। इसके अलावा पौध लगाते समय 275.0 किलो ग्राम अमोनियम सल्फेट, 550.0 किलो ग्राम सिंगल सुपर फास्फेट तथा 175.0 किलो ग्राम पोटैशियम सल्फेट मिट्टी में मिला देना चाहिए तथा 275.0 किलो ग्राम अमोनियम सल्फेट का छिड़काव खड़ी फसल में किया जाना चाहिए। तिवारी एवं छोंकर (1967) के अनुसार टमाटर की फसल पर 1.0 प्रतिशत यूरिया के घोल का 6 बार छिड़काव एक सप्ताह के अन्तर पर करना लाभप्रद होता है। टमाटर के अच्छे, स्वस्थ एवं पूर्ण रुप से तैयार फल लेने के लिए बोरान का प्रयोग अत्यन्त आवश्यक है। छिलके का कट जाना, फलों की आकृति बिगड़ना, उनका समान रुप से न पकना बोरान की कमी के लक्षण हैं। इसकी पूर्ति करने के लिए दत्ता (1961) के अनुसार 8.0–12.0 किलो ग्राम प्रति हेक्टेयर बोरेक्स खेत में डालकर मिट्टी में मिलाना चाहिए। कभी–कभी ऐसा भी देखा गया है कि बोरान की कमी होने पर टमाटर के फल फटने लगते हैं। इससे बचाव के लिए डिंगर (1962) ने भारतीय कृषि अनुसंधान संस्थान, नई दिल्ली में किये गये शोधकार्यों के अनुसार, 0.3–0.4 प्रतिशत बोरिक एसीड या बोरेक्स का छिड़काव बचाव हेतु किया जा सकता है।

सारिणी (2.10) विभिन्न प्रांतों के लिए संस्तुत खाद एवं उर्वरकों की मात्रा

प्रांत	संस्तुत उर्वरकों की मात्रा (किलो ग्राम/हेक्टेयर)		संस्तुत खाद की मात्रा (टन/हेक्टेयर)	
	नत्रजन	फास्फोरस	पोटाश	
आंध्र प्रदेश	100.0	50.0	50.0	15.0–20.0
आसाम	45.0	50.0	50.0	10.0
गुजरात	75.0	37.5	37.5	10.0–15.0
हरियाणा	100.0	50.0	50.0	25.0
हिमाचल प्रदेश	100.0	60.0	60.0	–
जम्मू एवं कश्मीर	100.0	60.0	40.0	20.0
कर्नाटक (सिंचित)	250.0	250.0	250.0	38.0
कर्नाटक (असिंचित)	60.0	50.0	30.0	25.0
केरल	75.0	40.0	25.0	20.0–25.0
मध्य प्रदेश	100.0	50.0	50.0	20.0
महाराष्ट्र	75.0	40.0	40.0	20.0–25.0
ओडिशा	125.0	80.0	110.0	–
पंजाब	138.0	62.0	62.0	25.0
तमिलनाडु	150.0	100.0	50.0	25.0
उत्तर प्रदेश	60.0	50.0	50.0	15.0–20.0

स्रोतः टण्डन, 1991

पादप वृद्धि नियामकों का प्रयोग

अनुसंधानों के आधार पर कृषि शास्त्री इस निष्कर्ष तक पहुँचे हैं कि अगर टमाटर की फसल पर कुछ पादप वृद्धि नियामकों एवं रासायनिक दवाओं का छिड़काव किया जाये, तो पौधों की वृद्धि, फल के आकार एवं फल अधिक संख्या में बनते हैं तथा पैदावार में बढ़ोत्तरी होती है। पादप वृद्धि नियामकों का प्रयोग फूल गिरना रोकने के लिए तथा बिना निषेचन के फलों के विकास में विशेष प्रभावी सिद्ध हुआ है। ऐसे कुछ वृद्धि नियामकों व दवाएँ नीचे दी गयी हैं–

1. पैराक्लोरोफिनाक्सी एसिटिक एसिड (PCPA) : पी0सी0पी0ए0 (50–100 पी0पी0एम0) के घोल का छिड़काव विषम परिस्थितियों में अच्छे फलन तथा शीघ्र पैदावर हेतु उत्तम पाया गया है। ऐसा देखा गया है कि सम्पूर्ण पौधे पर इसके छिड़काव से वृद्धि में कमी आती है। अतः सीमित बढ़वार वाली किस्मों पर इसका प्रयोग पौधों के पूर्णतः पुष्पन की दशा में करना उत्तम होगा। काँच घर (glass house) खेती में ''अनिश्चित बढ़वार'' समूह की किस्मों पर पी0सी0पी0ए0 का प्रयोग पौधों के बजाय फूल के गुच्छों पर करना उत्तम पाया गया है। सामान्य तापमान (20.0–28.0 डिग्री सेल्सियस) पर पी0सी0पी0ए0 उत्तम परिणाम नहीं देता है (कल्लू 1986)।
2. इन्डोल एसिटिक एसीड अथवा नैथैलिन एसिटिक एसिड के 50 पी0पी0एम0 के छिड़काव से फलों के आकार में वृद्धि होती है।

3. जिब्रैलीक एसीड या मारफेक्टिन के 50 पी0पी0एम0 की सान्द्रता का छिड़काव फल लगते समय करने से फलों में विटामिन "सी" की मात्रा बढ़ जाती है (मुखर्जी, 1980 तथा ओझा एवं रंजनेकर, 1969)।
4. बोरिक एसिड के 10 पी0पी0एम0 का छिड़काव फल बनते समय करने से ज्यादा उपज एवं गुणवत्तायुक्त फल प्राप्त होते हैं।
5. टमाटर की फसल में अधिक और अच्छे पके फल साइकोसिल (बाजार में लिहोसिन नाम से 50.0 प्रतिशत में उपलब्ध) नामक रसायन के उपचार से पाया गया है। इस उपचार को टमाटर की पौधशाला में जब पौधे 4 सत्य पत्ती (**true leaf**) की अवस्था में हो, तब करना चाहिए। सामान्यतः 5.0 मिली लीटर साइकोसिल को 10.0 लीटर पानी में मिलाकर कोई चिपचिपापन लाने वाला पदार्थ जैसे "टी पाल" के साथ प्रयोग करना चाहिए। एक हेक्टेयर पौधशाला के लिए 10.0–15.0 लीटर घोल की आवश्यकता होगी। इस उपचार से विषाणु रोग में भी कमी पायी गयी है।
6. यूरिया के घोल में 2, 4–डी की 1.0 पी0पी0एम0 सान्द्रता का घोल बनाकर टमाटर पर छिड़काव करने से ज्यादा लाभ मिलता है और कृषकों के लिए सस्ता भी है। यह छिड़काव फूलों के गुच्छे आते ही सम्पूर्ण पौधों पर किया जाता है।

सारिणी (2.11) टमाटर में पादप वृद्धि नियामक का प्रयोग, प्रयोग विधि व प्रभावित गुणधर्म

पादप वृद्धि नियामक	सान्द्रता मिली ग्राम / लीटर	प्रयोग विधि	प्रभावित गुणधर्म
जिब्रैलीक एसीड	10.0–20.0	पर्णीय छिड़काव	कम तापमान पर अधिक उपज
जिब्रैलीक एसीड	40.0–100.0	बीज शोधन	बीज जमाव
ईथिफान	100.0–500.0	पर्णीय छिड़काव	फूल, फल व उपज
ईथिफान	1000.0	तुड़ाई पूर्व छिड़काव	फल पकाव
पी0सी0पी0ए0	50.0–100.0	फूल आते समय	अधिक तापमान फल धारण

सिंचाई जल प्रबंधन

टमाटर में सिंचाई की मात्रा मौसम, भूमि तथा पौधों की अवस्था के उपर निर्भर करती है। वैसे टमाटर को अपेक्षाकृत कम पानी की आवश्यकता होती है। पहली सिंचाई पौध लगाने के तुरन्त बाद की जाती है। सर्दियों में 10–15 दिन और गर्मियों में 5–6 दिन के अन्तराल पर सिंचाई करनी चाहिए। जब पौधों में फूल अधिक मात्रा में आने लगे तब सिंचाई की मात्रा कम कर दी जाती है क्योंकि इस अवस्था में अधिक मात्रा में पानी देने पर फूल गिरने लगते हैं। फल लगने व बढ़ते समय पुनः पानी की मात्रा की अधिक आवश्यकता होती है। सर्दियों में फल पकते समय सिंचाई कम कर दी जाती है, क्योंकि अधिक पानी देने से फल पकने में देरी होती है व कभी–कभी फल सड़ने लगते हैं लेकिन गर्मियों में फल पकते समय पानी की अधिक मात्रा अत्यन्त उपयोगी होती है। इससे फलों का रंग अधिक लाल हो जाता है। कभी–कभी अधिक पानी देने से या सिंचाई का अधिक अन्तर होने पर

फल फटने लगते हैं। अतः उचित मात्रा में पानी देना आवश्यक है। पौधों की प्रारम्भिक अवस्था में पानी की अधिक जरुरत होती है, लेकिन पौधे के बढ़ जाने पर पानी की अपेक्षाकृत कम मात्रा की आवश्यकता होती है। पुआल, पोलिथिन आदि द्वारा पलवार (**mulch**) लगाना लाभप्रद रहता है। इससे मिट्टी में ज्यादा नमी बनी रहती है। फल की उपज और गुण में भी वृद्धि होती है।

खरपतवार प्रबंधन

टमाटर के खेत से खरपतवार निकालना आवश्यक होता है क्योंकि इनके रहने से अनेक कीड़ों तथा बीमारियों का प्रकोप फसल पर होने की सम्भावना होती हैं, जिससे पैदावार में कमी हो जाती है। आम तौर पर टमाटर की फसल से खरपतवार हाथ से हल्की निकाई करके निकालते हैं। सामान्यतः 4.0–5.0 सेन्टी मीटर से ज्यादा गहरी निकाई होने से पौधों की जड़ों को हानि पहुँचती है। प्रथम और द्वितीय सिंचाई के बाद उपयुक्त समय पर खरपतवार नियंत्रण फायदेमंद होता है, लेकिन अब अनुसंधानों से यह पता चला है कि रासायनिक दवाओं के प्रयोग से सफलतापूर्वक खरपतवार नियंत्रण किया जा सकता है, जैसे–लासों ईसी 50 की 2.5 किलो ग्राम प्रति 1000 लीटर पानी में घोलकर रोपण के दो दिन पूर्व करना चाहिए। इसी प्रकार वासालीन की 1.25 किलो ग्राम या एलाक्लोर 2.0 किलो ग्राम या टोक–ई–25 की प्रति हेक्टेयर के प्रयोग से खरपतवारों का सफलतापूर्वक नियंत्रण किया जा सकता है। ध्यान रहे कि वासालिन खरपतवारनाशी को मिट्टी में छिटककर हल से मिश्रित कर देना चाहिए। इसका प्रभाव केवल 45 दिन तक रहता है।

सारिणी (2.12) टमाटर में खरपतवार नियंत्रण

प्रयोग अवस्था	खरपतवारनाशी	मात्रा
रोपण पूर्व मृदा में मिश्रित करना	डाईफेनामीड	4.0–6.0 किलो ग्राम प्रति हेक्टेयर
रोपण (रोपण की गयी फसल)	पेबुलेट	0.75–1.0 किलो ग्राम प्रति हेक्टेयर
	नाईट्राली / ट्रीफ्लुरीन	0.75–1.0 किलो ग्राम प्रति हेक्टेयर
रोपण पूर्व सतह प्रयोग	एलाक्लोर	1.0–1.25 किलो ग्राम प्रति हेक्टेयर
	फ्लुक्लोरैलिन	1.25 किलो ग्राम प्रति हेक्टेयर
	मेट्रीब्युजीन	0.35 किलो ग्राम प्रति हेक्टेयर
	नाईट्रोफेन	1.0 किलो ग्राम प्रति हेक्टेयर
	ओक्जाडियाजोन	1.0 किलो ग्राम प्रति हेक्टेयर
जमाव पूर्व (सीधे बीज फसल)	एलाक्लोर	1.0–2.0 किलो ग्राम प्रति हेक्टेयर
	मेट्रीब्युजीन	0.2–0.35 किलो ग्राम प्रति हेक्टेयर
	बेनुसुलाईड	4.0–6.0 किलो ग्राम प्रति हेक्टेयर
	डाईफेनामीड	4.0–6.0 किलो ग्राम प्रति हेक्टेयर
रोपण बाद	मेट्रीब्युजीन	0.35–0.5 किलो ग्राम प्रति हेक्टेयर
	फ्लओजीफाप	0.12–0.56 किलो ग्राम प्रति हेक्टेयर
	बेथाक्सीडन	0.22–0.45 किलो ग्राम प्रति हेक्टेयर
जमाव उपरांत	मेट्रीब्युजीन	0.28–0.5 किलो ग्राम प्रति हेक्टेयर

टमाटर की खेत में पलवार लगाने से फलों की गुणवत्ता एवं कुल उपज में वृद्धि होती है क्योंकि फलों का सम्पर्क मिट्टी से नहीं हो पाता है। इतना ही नहीं पलवार के प्रयोग से मृदा में नमी संचयन, खरपतवार का कम प्रकोप, बीमारियों से सुरक्षा तथा जमीन के अन्दर पोषक तत्वों का नुकसान भी कम होता है। पलवार का प्रयोग करने से जाड़े के मौसम में जड़ों को उपयुक्त तापमान मिलता है तथा ग्रीष्मकाल में जड़ों को ठण्डक मिलती है। पलवार के लिए गन्ने की पत्तियाँ, धान का पुआल एवं पालीथिन की चादरें (पारदर्शी एवं रंगीन) प्रयोग में लायी जा सकती हैं। अगर तापमान 28.0 डिग्री सेल्सियस से ज्यादा हो, तो पालिथिन के चादरों का प्रयोग नहीं करना चाहिए। ऐसी दशा में धान के पुआल का प्रयोग करना चाहिए।

गुड़ाई एवं मिट्टी चढ़ाना

टमाटर की फसल की प्रारम्भिक अवस्था में घास निकालने के साथ–साथ गुड़ाई कर दी जाती है। गुड़ाई कम से कम 2–3 बार की जाती है। प्रारम्भ की 2 गुड़ाई करने के बाद पौधों के तनों पर हल्की मिट्टी चढ़ा दी जाती है, जिससे पौधे मजबूती के साथ खड़े हो सके।

पौधों को सहारा देना

पौधों को सहारा देने से फल, मिट्टी व पानी के सम्पर्क में नहीं आते, जिससे पौध सड़न रोग से बचे रहते हैं। यही नहीं पौधों को सहारा देने से उत्पादन में भी वृद्धि होती है और खेत में 50.0 प्रतिशत ज्यादा पौध रोपण की जा सकती है। सहारा देने के लिए 1.0 मीटर लम्बी व 2.5 सेन्टी मीटर मोटी लकड़ियों या बाँस के टुकड़ों को टमाटर के पौधों के साथ गाड़कर उन्हें 3–4 जगह बाँध देते हैं। असीमित बढ़वार वाली किस्मों को एंगिल आयरन के सहारे तार की मदद से ट्रेलिस (trellis) बनाकर उपर चढ़ाना चाहिए।

फलों की तुड़ाई

फलों को किस अवस्था में तोड़ा जाये, यह बाजार की दूरी एवं उपयोग पर निर्भर करता है। जब फल दूर बाजार में भेजने हों, तब अधपके अर्थात कुछ हरे या पीले फल तोड़ लिए जाते हैं। इस अवस्था के फल आसानी से दूर के बाजार में भेजे जा सकते हैं तथा सड़ते नहीं। जब फल अच्छी तरह पक कर लाल हो जाते हैं, तब फलों की तुड़ाई नजदीक बाजार या घर के प्रयोग के लिए करते हैं। सामान्यतः टमाटर के फल परागण के 50–60 दिन बाद पक जाते हैं लेकिन तापमान कम होने पर ज्यादा समय लग सकता है।

फलों का श्रेणीकरण

भारतीय मानक संस्थान (आई0एस0आई0) ने टमाटर के विपणन एवं निर्यात के आधार पर कुल 4 श्रेणियाँ बनाई है।

(1) सुपर ए (Super A) (2) सुपर (Super)

(3) फैंसी (Fancy) (4) व्यावसायिक (Commercial)

उपज

टमाटर की पैदावार मौसम, किस्म तथा भूमि के उपर निर्भर करती है। इसकी औसत उपज 25.0–30.0 टन प्रति हेक्टेयर होती है। कुछ संकर किस्में 50–80 टन प्रति हेक्टेयर उपज देती हैं।

भण्डारण

हरे परन्तु पूर्ण विकसित टमाटर को 10.0–15.0 डिग्री सेल्सियस पर 30 दिनों तक भण्डारित किया जा सकता है। पके फलों को 4.0–5.0 डिग्री सेल्सियस तथा 85–90 प्रतिशत आर्द्रता पर 10 दिनों तक सुरक्षित रखा जा सकता है। हिमिकरण तापक्रम (0 डिग्री सेल्सियस) पर भण्डारण करने से फल खराब हो जाते हैं।

पौध संरक्षण

प्रमुख कीट एवं उनका प्रबंधन

टमाटर की फसल को हानि पहुँचाने वाले प्रमुख कीट इस प्रकार हैं–

1. हरा तेला (Jassid or *Empoasca* species)

ये हरे रंग के छोटे–छोटे हल्के फुदकने वाले कीड़े होते हैं। इनकी संख्या पत्तियों के निचले सतह पर अधिक पाई जाती है। ये कीट पत्तियों से रस चुसते हैं, जिससे पत्तियाँ ऊपर की ओर कप (cup) की तरह मुड़ कर पीली पड़ जाती हैं। पौधों की बढ़वार रूक जाती है तथा फल कम लगते हैं। अतः पैदावार कम होती है।

प्रबंधन

इस कीट से बचाव के लिए 0.04 प्रतिशत मैलाथियान या रोगर या मैटासिस्टाक्स दवा के घोल का छिड़काव किया जाता है। साधारणतया 0.2 प्रतिशत सेविन दवा के घोल के छिड़काव से इनकी रोकथाम की जा सकती है। इसके अलावा इस कीट का नियंत्रण 0.02 प्रतिशत मोनोक्रोटोफॉस कीटनाशी से सप्ताह में 2 बार छिड़काव करने से किया जा सकता है। इन दवाओं का छिड़काव फसल की प्रारम्भिक अवस्था में ही प्रारम्भ कर देना चाहिए तथा 15 दिन के अन्तराल पर छिड़काव करते रहना चाहिए।

एफीड (Aphid)

एफीड छोटे आकार के काले रंग कीट होते हैं। ये भी पत्तियों से रस चुसते हैं, जिससे पौधों को अधिक हानि पहुँचती है।

प्रबंधन

इस कीट की रोकथाम के लिए 0.02 प्रतिशत मोनोक्रोटोफॉस का छिड़काव 2 सप्ताह के अन्तर पर करना चाहिए।

भृंग (Beetle)

भृंग (*Epilachna* species) कीड़े के प्रौढ़ तथा लारवा दोनों ही फसल की पत्तियों को खाकर हानि पहुँचाते हैं। ये पत्तियों को खाकर उनमें छेद कर देते हैं

प्रबंधन

- इसकी रोकथाम के लिए अण्डे एवं प्रौढ़ कीड़ों को एकत्र कर नष्ट कर देना चाहिए।
- इस कीट को 0.1 प्रतिशत मैलाथियान का छिड़काव करके नष्ट किया जा सकता है।

फल छेदक कीट (Fruit borer)

टमाटर के लिए यह बहुत ही हानिकारक कीट है, जिसका प्रकोप भारत के प्रत्येक राज्य में देखने को मिलता है। इसके हरे रंग के लारवा पत्तियों एवं फलों में छेद कर देते हैं जिससे फल सड़ने लगते हैं।

प्रबंधन

इनकी रोकथाम के लिए सेविन (Sevin) के 0.15 प्रतिशत घोल का छिड़काव 15 दिनों के अन्तर पर किया जाता है। इसके अतिरिक्त मैलाथियान दवा का भी छिड़काव करने से इसकी रोाकथाम की जा सकती है। फैमीट्राथियान की 0.1 प्रतिशत का घोल लगातार छिड़कते रहने से कीट के प्रकोप को बहुत कम करता है। कोई भी कीटनाशक दवा छिड़काव के लगभग 10–15 दिन बाद ही फलों की तुड़ाई करें या दवा छिड़काव के पहले ही फलों को तोड़ लें।

प्रमुख बीमारियाँ एवं उनका प्रबंधन

आर्द्रगलन रोग (Damping off)

यह रोग पिथियम, राइजोक्टोनिया तथा फाइटोफ्थोरा (*Rhizoctonia* spp. or *Phythium* spp. or *Phytophthora* spp.) नामक फफूँद द्वारा होता है। रोग नर्सरी की नई पौधों को नष्ट कर देता है। पौधे भूमि की सतह पर अचानक गिरकर सड़ने लगते हैं। जमीन से लगे हुए तने जलीय एवं नर्म हो जाते हैं और पौधे के भार को सहन करने में असमर्थ होते हैं। कभी–2 पत्तियों के मुरझाने और सूखने के लक्षण दिखाई पड़ते हैं। इसके प्रमुख कारणें में नर्सरी में पौधों की अधिक संख्या, अत्यधिक आर्द्रता, जल निकास का अच्छा प्रबन्ध न होना एवं अचानक उच्च तापमान का होना प्रमुख है।

प्रबन्धन

- नर्सरी, हल्की बलुई मिट्‌टी में उगाएँ एवं क्यारियों में जल निकास का उचित प्रबन्ध रखें।
- बीज को कतारों में बिरला बोयें।
- पौधशाला की मिट्‌टी को बीज बोने के 25 दिन पहले 2 प्रतिशत फार्मलिन से उपचारित कर लें।

- बीज को 50.0 डिग्री सेल्सियस तापक्रम पर गर्म पानी में 30 मिनट तक डूबोकर सतह को रोगमुक्त किया जा सकता है।
- कैप्टान, एग्रोसान जी0एन0 या सेरेसन की 2.5 ग्राम दवा प्रति किलो ग्राम बीज में मिलाकर उपचारित करें।
- ब्लाइटाक्स–50, 1.0 किलो ग्राम प्रति 300 लीटर पानी में मिलाकर या 0.2 प्रतिशत कैप्टान का छिड़काव करें एवं मिट्टी को दवा से भिगों दें।
- बैसिलस सबटिलिस "आर0बी0–14–सी0" द्वारा उगते हुए नवोद्भिद (seedlings) का उपचार करने से राइजोक्टोनिया सोलानी से होने वाले नुकसान से बचा जा सकता है।

अगेती अंगमारी (Early blight)

यह रोग एक फफूँद "आल्टरनेरिया सोलेनी" (*Alternaria solani*) द्वारा होता है। इस रोग के प्रकोप से प्रत्तियों पर गोल और त्रिकोणाकार गहरे भूरे रंग के सकेन्द्रित छल्ले या काले रंग के धब्बे पड़ जाते हैं। अन्त में प्रभावित पत्तियाँ पीली पड़कर बिल्कुल खराब हो जाती है या सूख कर गिर जाती हैं। कच्चे एवं पक्के फल भी ग्रसित हो जाते हैं, जिन पर काले रंग के गहरे धब्बेदार संरचनाएं बनाती हैं और फल सड़ने लगते हैं।

प्रबन्धन

- बीज बोने के पूर्व ट्राइकोडर्मा पावडर (trichoderma powder) से बीज शोधन करें।
- इस रोग से बचाव के लिए फसल पर जेनेब या डाईथेन जेड–78 या डाइथेन एम0–45 का 2.0 किलो ग्राम/हेक्टेयर के हिसाब से 10–15 दिन के अन्तर पर छिड़काव किया जाता है।
- रोग–रोधी किस्म से पौधे तैयार कर रोपण करें।
- अधिक नत्रजन तथा पानी देने से बीमारी कम हो जाती है।

पिछेता झुलसा (Late blight)

यह "फाइटोपथोरा" किस्म (*Phytophthora* spp.) नामक फफूँद द्वारा फैलता है। इसमें पत्तियाँ पीली पड़कर गिर जाती हैं और वे फल जो जमीन के सम्पर्क में होते हैं, सड़ने लगते है। फलों पर भूरें रंग के धब्बे बनते है जो सड़ने लगते है। इस रोग का प्रकोप पहाड़ी इलाकों में अधिक होता हैं। ग्रसित फल खाने योग्य नही रहता है।

प्रबन्धन

- प्रत्येक पौधे को सहारा देकर जमीन से उपर रखना चाहिए।
- खेत में जल निकास का उचित प्रबन्ध करना चाहिए।
- इसकी रोकथाम 0.2 प्रतिशत डाइथेन जेड–78 दवा के छिड़काव से की जा सकती है।
- डाईफोल्टान (0.3 प्रतिशत) अथवा बोर्डोमिश्रण (5:5:50) अथवा केप्टान (0.2 प्रतिशत) के समय–समय पर छिड़काव करने से रोग को कम किया जा सकता है।

फल गलन (Fruit rot)

फफूँद फाइथोपथोरा लाइकोपरसिकी (*Phytophthoro lycopersici*) द्वारा होता है जिससे फल पूरी तरह बदरंग हो जाता है। इसमें पहले फलों के उन भागों में संक्रमण होता है, जो भूमि से लगे होते हैं। फलों पर पीले भूरे रंग के संकेन्द्र बलययुक्त (concentric ring) धब्बे पड़ जाते हैं। धीरे–धीरे धब्बे बढ़कर फल का अधिकांश भाग धेर लेते हैं। बाद में फल का छिलका नहीं सड़ता, बल्कि अन्दर का गूदा पूरी तरह बदरंग होकर सड़ जाता है।

प्रबंधन

इस रोग से बचाव के लिए निम्न बातों पर ध्यान देना आवश्यक है।

- फसल में अधिक पानी न दें।
- टमाटर हमेशा मेड़ों पर लगावें।
- पौधों को खड़े होने के लिए सहारा देवें, जिससे फल जमीन से स्पर्श न करें।
- फलों को तोड़ते समय सावधानी रखें, जिससे दूसरे फलों को चोट ने पहुँचे।
- डाइफोलटान की 0.3 प्रतिशत का छिड़काव से फल सड़न कम किया जा सकता है।
- फसल व फलों पर रोग के लक्षण दिखते ही 0.2 प्रतिशत मैन्कोजेब या 0.3 प्रतिशत ब्लूकापर का छिड़काव करें।

पत्ती मरोण विषाणु रोग (Tomato mosaic virus)

यह टमाटर की बहुत ही विनाशकारी बीमारी है, जिसका प्रकोप विषाणु (virus) द्वारा होता है। यह विषाणु कीड़ों (insect vectors) द्वारा फैलता है जैसे–सफेद मक्खी। यह विषाणु रस संचरणशील है और रोगी तथा स्वस्थ पौधों के आपसी रगड़ से भी संचारित हो जाता है। इस रोग से ग्रसित पौधों की बढ़वार रूक जाती है तथा पत्तियाँ मोटी, पीली व भद्दी होकर मुड़ जाती हैं। पत्तियों के किनारे कड़े हो जाते हैं। बाद में उभरे हुए भाग पीले पड़ जाते हैं। तनों पर भी धारियाँ पड़ जाती हैं। फल बहुत छोटे एवं कम बनते हैं, लेकिन उन पर कोई विशिष्ट लक्षण नही प्रकट होते हैं। रोग का फैलाव एफीड एवं सफेद मक्खी द्वारा होता है।

प्रबन्धन

- रोग ग्रसित पौधों को निकाल कर जला देना चाहिए।
- कीड़ों की रोक थाम के लिए फसल की प्रारम्भिक अवस्था में प्रकोप होने के पहले कीटनाशक दवाओं मिथाइल डिमेटिन नामक दवा की 1.5 मिली लीटर मात्रा को प्रति लीटर पानी में घोल बनाकर छिड़काव साप्ताहिक या 10–15 दिन के अन्तर पर करना चाहिए।
- उन किस्मों के स्वस्थ बीज लगावें जिसमे इस रोग का प्रकोप कम हो जैसे–एच0एस0–101, एच0एस0–102, तथा एस0एल0–120।
- रोग ग्रसित पौध उखाडने के बाद उसी हाथ से स्वस्थ पौधों को स्पर्श नहीं करना चाहिए।

पर्णकुंचन रोग (Tomato leaf curl)

टमाटर में पर्ण कुंचन विषाणु में लक्षण के तौर पर पत्तियाँ छोटी, उपर की ओर मुड़ी हुई तथा एक जगह एकत्रित दिखलाई पड़ती हैं व पत्ते विकृत हो जाते हैं। पत्तियाँ खुरदरी एवं मोटी हो जाती हैं। पौधों का आकार झाड़ीनुमा हो जाता है और उन पर फूल–फल नहीं बनते हैं। यह रोग सफेद मक्खी द्वारा एक पौधे से दूसरे पौधे या एक पत्ती से दूसरी पत्ती पर संचारित होते हैं। इस बीमारी का प्रकोप ज्यादातर वर्षा ऋतु तथा जाड़े में अधिक होता है।

प्रबन्धन

रोग ग्रसित पौधों को उखाड़ कर जला देना चाहिए।

- रोग संवाहक कीट ''सफेद मक्खी'' को नष्ट करने के लिए इकाटेफस् 0.02 प्रतिशत का 10 दिनों के अन्तराल पर तब तक छिड़काव करना चाहिए जब तक पौधों पर फल न लग जायें। इसके बाद 0.5 प्रतिशत मैलाथियान को 10 दिनों के अन्तराल पर छिड़काव करना चाहिए।
- खेत में कम नत्रजन वाला उर्वरक व कम पानी लगाकर पर्णकुंचन (leaf curl) बीमारी को कम किया जा सकता है।

मूल ग्रन्थि सूत्रकृमि (Root-knot Nematode)

वंश मेलायडोगाईन (*Meloidogyne*) की अनेक जातियों एवं उपजातियों के सूत्रकृमि द्वारा पौधों की जड़ों में गाँठें बनाने से होती हैं। इसके प्रकोप से पौधों की बढ़वार रूक जाती है एवं पत्तियाँ पीली पड़ जाती हैं। सूत्रकृमि मूलाग्र को नष्ट कर देती है, जिससे पौधे की पोषक तत्वों को प्राप्त करने की क्षमता घट जाती है। पौधे प्रारम्भिक अवस्था में ही सुख जाते हैं। पौधों को उखाड़ने पर मुख्य एवं पार्श्व जड़ों पर लम्बा या गोलाकार ग्रन्थियाँ दिखाई पड़ती हैं, जिनकों जड़ों से आसानी से अलग नहीं किया जा सकता है। कभी–2 इन ग्रन्थियों पर अनेक रोगजनक (pathogens) और मृतजीवी (saprophyte) कवकों के आक्रमण से सम्पूर्ण जड़ का विगलन हो जाता है। पौधे में म्लानि के लक्षण उत्पन्न होते हैं और पौधे सूख जाते हैं।

प्रबंधन

- ग्रसित पौधों को खेत से बाहर निकालकर जला देना चाहिए।
- सामान्यतः 3–4 वर्षीय फसल चक्र अपनाना चाहिए। प्याज व गेंदा फूल को फसल चक्र में अवश्य अपनायें।
- ऐसी किस्में लगावें जिनमें यह रोग न लगता हो, जैसे सेलेक्शन–120, पेलिकन, एन0टी0–3, एन0टी–8 तथा एन0टी0–12 (कल्लू–1988)।
- फसल में 20–25 लीटर प्रति हेक्टेयर की दर से नीमेगान दवा का प्रयोग करें या मृदा धूमकों जैसे–डी0डी0 300 लीटर प्रति हेक्टेयर या ई0डी0बी0 180.0–250.0 लीटर प्रति हेक्टेयर का प्रयोग करें। यह उपचार फसल लगाने के 3 सप्ताह पूर्व खेत की तैयारी समय करना चाहिए।

- नीम या अरण्ड (caster) की खली 25.0 कुन्तल/हेक्टेयर की दर से पौधे रोपण के 3 सप्ताह पूर्व खेत में भली–भाँति मिलाने से सूत्रकृमि द्वारा होने वाले मूल ग्रन्थियों के विकास में कमी होती है (हमीद–1970)।
- नर्सरी पौध को लगाने से पूर्व जड़ों को 0.3 प्रतिशत रोगार की 30 ई0सी0 (Dimethoate) 6 घण्टे तक डूबोयें रखना चाहिए। इस प्रकार प्रारम्भिक संक्रमण को रोका जा सकता है।

जीवाणु मुरझान रोग (Bacrerial wilt)

यह विनाशकारी रोग भूमि जनित जीवाणु स्यूडोमोनास सोलेनेसियरम (*Pseudomonas solanacierum*) के द्वारा फैलता है तथा अधिक वर्षा वाले क्षेत्रों में एक गम्भीर समस्या है। इस रोग से ग्रसित पौधे बौने एवं तांबे रंग के हो जाते हैं, जो बाद में मुरझा कर सुखने लगते हैं। रोग की तीव्रता में पूरी फसल समाप्त हो जाती है।

प्रबन्धन

- इससे बचाव हेतु प्रतिरोधी किस्मों को लगावें।
- चूँकि भूमि से जीवाणु को पूर्ण रूप में नष्ट करना सम्भव नहीं। अतः जीवाणु क्षेत्र को सोलेनेसी फसलों की खेती से 2–3 वर्ष मुक्त रखना चाहिए।
- उचित फसल चक्र अपनायें।
- गंधक, चूना या ब्लीचिंग पावडर (2.0 किलोग्राम/हेक्टेयर की दर) से मिट्टी का शोधन कराना चाहिए।

बैंगन (Brinjal or Egg plant)

वैज्ञानिक नाम : सोलेनम मेलान्जेना (*Solanum melongena* L.)
कुल : सोलेनेसी (Solanaceae)
गुणसूत्र संख्या : 2एन =24

बैंगन एक गुणकारी एवं लोकप्रिय सब्जी है, जिसे अंग्रेजी भाषा में एग प्लांट (egg plant), ब्रींजल (brinjal), गार्डेन एग, गुनिया स्क्वाश, क्यूबेरजीन या अबोर्जिन के नाम से जाना जाता है। एग प्लांट (egg plant) का तात्पर्य पौधे से प्राप्त होने वाले सफेद गोल फलों से होता है, जो मूर्गी के अण्डे के समान होते हैं। भारत, दक्षिण अफ्रीका, मलेशिया व सिंगापुर में बैंगन (brinjal) कहा जाता है जो सीधे तौर पर पुर्तगीज शब्द 'बेरीनजेला' (berinjela) से लिया गया है।

उद्भव एवं वितरण

बैंगन का जन्म स्थान भारत का उष्ण कटिबन्धीय प्रदेश है, जो 4000 वर्षों पूर्व से ही माना जाता है (थाम्सन एवं केली, 1957)। पुरेवाल (1957) के अनुसार भारत में बैंगन जंगली रूप में 16 प्रजातियाँ अभी भी उगती हुई पायी जाती हैं तथा चीनी देशवासी इससे 1500 वर्षों से परिचित हैं। सम्भवतः बैंगन का प्रथम उपस्थापन यूरोप में हुआ। बैंगन का द्वितीयक केन्द्र चीन का उष्ण कटिबन्धीय प्रदेश है। देश के सभी भागों में इसकी खेती की जाती है। इस समय बैंगन की खेती व्यावसायिक रुप से भारत, चीन, पाकिस्तान, बांग्लादेश, अफगानिस्तान एवं फिलीपींस में की जाती है। भारत के पहाड़ी भागों में बैंगन की खेती नहीं होती है, लेकिन मैदानी भागों में पूरे वर्ष तक इसकी खेती होती है। देश के मुख्य बैंगन उत्पादक राज्य पश्चिम बंगाल, ओड़िशा, आंध्र प्रदेश, बिहार, कर्नाटक, महाराष्ट्र, तमिलनाडु एवं उत्तर प्रदेश हैं। भारत में बैंगन का क्षेत्रफल 5.13 लाख हेक्टेयर है, जिससे 84.50 लाख मैट्रिक टन उत्पादन होता है।

सारिणी (2.13) बैंगन का क्षेत्रफल, उत्पादन एवं उत्पादकता

वर्ष	क्षेत्रफल (000, हेक्टेयर)	कुल क्षेत्रफल का प्रतिशत मैट्रिक टन)	उत्पादन (000, टन/ हेक्टेयर)	कुल उत्पादन का प्रतिशत	उत्पादकता (000, मैट्रिक टन)
2001–02	502.4	8.2	8347.7	9.4	16.6
2002–03	507.3	8.3	8001.2	9.4	15.8
2003–04	516.4	8.2	8477.3	9.1	16.4
2004–05	526.5	7.8	8600.8	8.5	16.3
2005–06	559.7	8.3	9364.6	9.2	16.7
2006–07	568.0	7.5	9453.0	8.2	16.6
2007–08	561.0	7.1	9678.0	7.5	17.3
2008–09	600.0	7.5	10378.0	8.0	17.3
2009–10	612.0	7.7	10563.0	7.9	17.3
2010–11	680.0	8.0	11896.0	8.1	17.5

स्रोतः नेशनल हार्टीकल्चर डाटा बेस, (2010–2011)

सारिणी (2.14) भारतवर्ष में प्रमुख बैंगन उत्पादक राज्य

राज्य	2008–2009			2009–2010			2010–2011		
	क्षेत्रफल	उत्पादन	उत्पादकता	क्षेत्रफल	उत्पादन	उत्पादकता	क्षेत्रफल	उत्पादन	उत्पादकता
पश्चिम बंगाल	155.3	2758.6	17.8	156.8	2797.3	17.8	158.4	2870.6	18.1
ओड़िशा	130.0	1965.2	15.1	132.4	2135.2	16.1	133.2	2204.8	16.6
आन्ध्र प्रदेश	26.6	531.3	20.0	24.3	485.0	20.0	75.1	1502.4	20.0
गुजरात	62.6	1046.3	16.7	65.8	1143.6	17.4	72.0	1236.3	17.2
बिहार	55.1	1186.1	21.5	55.3	1198.6	21.7	55.7	1215.6	21.8
महाराष्ट्र	28.9	471.1	16.3	30.0	495.0	16.5	35.0	490.0	14.0
छत्तीसगढ़	24.2	355.5	14.7	25.2	374.5	14.9	26.7	439.5	16.5
कर्नाटक	15.3	372.9	24.3	15.7	372.7	23.7	14.2	354.5	25.0
मध्य प्रदेश	21.4	321.3	15.0	20.5	246.0	12.0	23.4	281.0	12.0
हरियाणा	–	–	–	–	–	–	14.6	255.2	17.4
झारखण्ड	22.7	453.9	20.0	22.7	3983.0	17.5	–	–	–
आसाम	15.5	275.9	17.8	15.9	253.0	16.0	–	–	–
अन्य	**42.7**	**639.7**	**15.0**	**47.9**	**663.7**	**13.9**	**71.7**	**1046.0**	**14.6**
सम्पूर्ण	**600.3**	**10377.6**	**17.3**	**612.4**	**10563.0**	**17.2**	**680.0**	**11895.8**	**17.5**

स्रोतः नेशनल हार्टीकल्चर डाटा बेस, (2010–2011)

सारिणी (2.15) विश्व के प्रमुख बैंगन उत्पादक देश

देश	क्षेत्रफल (हेक्टेयर)	उत्पादन (टन)	उत्पादकता (टन/हेक्टेयर)
चीन	731547	24501936	33.5
भारत	680000	11896000	17.5
इजिप्ट	25017	1229790	49.2
ईरान	29300	888500	30.3
टर्की	28000	846998	30.2
इण्डोनेशिया	52000	482305	9.3
ईराक	16858	387435	23.0
जापान	10300	330100	32.0
इटली	10741	302551	28.2
फिलीपिन्स	21426	208252	9.7
अन्य	**123082**	**2100122**	**17.1**
विश्व + सम्पूर्ण	**1728271**	**43173989**	**25.0**

स्रोतः इण्डियन हार्टीकल्चर डाटाबेस, 2011 (FAO)

वानस्पतिक विवरण

बैंगन एकवर्षीय, सीधा (60.0–120.0 सेन्टी मीटर लम्बा) तथा थोड़ा फैलने वाला शाकीय पौधा है। इसके फल को बेरी (berry) कहते हैं, जो अकेला (singly) या गुच्छों (clusters) में फलता है। यह स्वपरागित फसल (self pollinated) है, परन्तु 30–40 प्रतिशत तक परपरागण (cross pollination) होता है (डास्कोलोव, 1957)। बैंगन के पुष्प सफेद, हरे व बैगनी रंग के पेन्टापेटालस होते हैं। पुष्प पूर्ण (complete) एक्टिनोमार्फिक (actinomorphic) व हर्माफोडाइट (hermaphrodite) होते हैं। बाहय दलपुंज 5 भागों में बँटा होता है जो गैमोसेपलस व रारीस्टेन्ट होता है। दलपुँज 5 भागों में बँटा होता है। पुष्पकेसर संख्या में 5 होते हैं और मुक्त होते हैं। अण्डाशय हाइपोगाइनस, द्विगर्भकेशरी व सिनकार्पस होते हैं। पुष्पन सुबह 5.0–6.0 (अगस्त–सितम्बर) व सुबह 9.30–11.15 (जाड़े) में होता है। पिजप एवं सहयोगी, 1977 ने स्पष्ट किया कि बैंगन में पुष्पन सुबह 6.00–11.30 तक होता है।

कृष्णामूर्ति एवं सुब्रमण्यम (1954) के अनुसार बैंगन में चार तरह के फूल आते हैं–

1. छोटी वर्तिका वाले (true short-styled)।
2. आभासी छोटी वर्तिका वाले (pseudo short-styled)।
3. मध्यम वर्तिका वाले (medium-styled)।
4. लम्बी वर्तिका वाले (long-styled)।

बैंगन की अधिकांश फलन मध्यम वर्तिका एवं लम्बी वर्तिका वाले पुष्पों से प्राप्त होती है। प्रसाद एवं प्रकाश (1968) के अनुसार लगभग 70.0–86.0 प्रतिशत फल लम्बी वर्तिका वाले पुष्पों में लगते हैं, जबकि आभासी छोटी वर्तिका वाले व छोटी वर्तिका वाले पुष्पों में फल नहीं लगते हैं। फल सामान्यतया एकल या गुच्छे में बनते हैं। गुच्छे में बनने वाली प्रजातियों में छोटे फल विकसित होते हैं, जो कलौंजी के लिए उपयुक्त हैं। बड़े गोलाकार बैंगन भर्ता बनाने के लिए उपयुक्त हैं, जबकि लम्बे बैंगन का प्रयोग मिश्रित सब्जी बनाने के लिए उपयोग में लाया जाता है। बैंगन के फलों का रंग शुद्ध श्वेत से बैगनी, काला, हरा एवं चीतकबरा होता है। बैंगन में बनने वाला बैगनी रंग एंथोसाइनिन (anthocynanin) वर्णक के द्वारा होता है, लेकिन सफेद फलों में वर्णक नहीं होता है। आकार की दृष्टि से बैंगन लम्बा, अण्डाकार, लम्बोतर तथा गोला होता है। लम्बा हरा बैंगन बिहार, कर्नाटक एवं महाराष्ट्र में ज्यादा प्रचलित है, जबकि गोलाकार बैंगन उत्तर प्रदेश एवं ओडिशा में ज्यादा प्रचलित है। उत्तर भारत में बैगनी, गहरा बैगनी एवं काले प्रभेदों की ज्यादा प्रचलन है। प्रजाति सोलेनम मेलांजना (*Solanum melongena*) के अन्तर्गत तीन वानस्पतिक प्रजातियाँ पायी जाती हैं। इसके गोल या अण्डे के आकार की किस्मों को वानस्पतिक सोलेनम वार0 एस्कुलेण्टम (*Solanum* var. *esculentum*) लम्बे और पतले फलों वाली किस्मों को सोलेनम वार0 सर्पेन्टिनम (*Solanum* var. *serpentinum*) और छोटे पौधों वाली अगेती किस्मों को सोलेनम वार0 डिप्रेसम (*Solanum* var. *depressum*) के अन्तर्गत रखा गया है। हमारे देश में बैंगन की बहुत सी जंगली प्रजातियाँ पायी जाती

हैं। भारत में बैंगन की कुल 22 प्रजातियाँ पायी जाती हैं जिनमें 5 प्रजातियाँ सोलेनम मेलांजना (*Solanum melongena*), सोलेनम कागुलैन्स (*Solanum coagulans*), सोलेनम जैन्थोकापर्म (*Solanum xanthocarpum*), सोलेनम इन्डीकम (*Solanum indicum*) और सोलेनम मैकानी (*Solanum maccanii*) एक समान हैं (2n=24)। वेलायुधन एवं सहयोगी (1996) के अनुसार केवल दक्षिण भारत में ही इसकी 27 प्रजातियाँ पायी जाती हैं, जिसे नीचे की सारिणी में दिया गया है–

सारिणी (2.16) बैंगन की प्रजातियाँ

क्र0 सं0	प्रजातियाँ (वानस्पतिक नाम)	
1.	सोलेनम मेलान्जेना वार0 मेलान्जेना	*Solanum melongena* var. *melongena*
2.	सोलेनम मेलान्जेना वार0 इंसेनम	*Solanum melongena* var. *insanum*
3.	सोलेनम मेलान्जेना वार0 इंन्कैनम	*Solanum melongena* var. *incanum*
4.	सोलेनम प्यूबीसेन्स	*Solanum pubescens*
5.	सोलेनम सुरैटेन्स	*Solanum surratense*
6.	सोलेनम ट्रिलोबैटम	*Solanum trilobatum*
7.	सोलेनम टोरवम	*Solanum torvum*
8.	सोलेनम नाइग्रम	*Solanum nigrum*
9.	सोलेनम एन्गिवि वार0 एन्गिवि	*Solanum anguivi var. anguivi*
10.	सोलेनम एन्गिवि वार0 मल्टीफ्लोरा	*Solanum anguivi var. multiflora*
11.	सोलेनम मैरिएकैन्थम	*Solanum myriacanthum*
12.	सोलेनम सीर्फोथियेनम	*Solanum seaforthianum*
13.	सोलेनम एक्युलिटिसिमम	*Solanum aculeatissimum*
14.	सोलेनम एरियन्थियम	*Solanum erianthium*
15.	सोलेनम मैमोसम	*Solanum mammosum*
16.	सोलेनम सिसिम्ब्रीफोलियम	*Solanum sisymbriflium*
17.	सोलेनम कैप्सिकक्वायड्ड	*Solanum capsicoides*
18.	सोलेनम एलिगिनफोलियम	*Solanum eleagnifolium*
19.	सोलेनम मौरिसियेनम	*Solanum mauritianum*
20.	सोलेनम जिगैंटियम	*Solanum giganteum*
21.	सोलेनम जैस्मितन्वाइड्स	*Solanum jasminoides*
22.	सोलेनम स्ट्रैमोनिफोलियम	*Solanum stramoniifolium*
23.	सोलेनम कानवालवुलस	*Solanum convolvulus*
24.	सोलेनम बारबिसेटम	*Solanum barbisetum*
25.	सोलेनम हिस्पिडम	*Solanum hispidum*
26.	सोलेनम मैक्रोकारपम	*Solanum macrocarpum*
27.	सोलेनम वैगम	*Solanum vagum*

स्रोतः वेलापुधन एवं सहयोगी, 1996

पोषकीय महत्व

देश के विभिन्न भागों में बैंगन का अनेक प्रकार से इसका उपयोग होता है, जैसे–सब्जी, भुर्ता, कलौजीं आदि। किवंदतियों के अनुसार बैंगन में पोषक तत्व अधिक मात्रा में नहीं होता है। यह पूर्णतया तर्कहीन है। सत्य तो यह है कि इसमें पर्याप्त मात्रा में खनिज लवण तथा विटामिन्स पायी जाती है। अचार बनाने तथा सुखाने में भी बैंगन का उपयोग होता है।

इसमें खनिज लवण, प्रोटीन, विटामिन,"ए" तथा "सी" आदि प्रचुर मात्रा में पाए जाते हैं, जो स्वास्थ्य के लिए अधिक लाभप्रद होते हैं। बैंगन में लौह तत्व की मात्रा अधिक होती है। बैंगन में पाये जाने वाले पोषक तत्वों को नीचे सारिणी में दिया गया है–

सारिणी (2.17) बैंगन में पाये जाने वाले पोषक तत्व (प्रति 100 ग्राम खाने योग्य भाग में)

पोषक तत्व	मात्रा
नमी	92.7 ग्राम
प्रोटीन	1.4 ग्राम
वसा	0.3 ग्राम
खनिज	0.3 ग्राम
रेशा	1.3 ग्राम
कार्बोहाइड्रेट्स	4.0 ग्राम
ऊर्जा	24 कैलोरी
कैल्सियम	18.0 ग्राम
फास्फोरस	47.0 मिली ग्राम
आयरन	0.38 मिली ग्राम
कैरोटीन	74.0 माइक्रोग्राम
थायमिन	0.04 मिली ग्राम
रिबोफ्लेविन	0.11 मिली ग्राम
नियासिन	0.9 मिली ग्राम
फोलिक ॲम्ल	5.0 माइकोग्राम
विटामिन "सी"	12.0 मिली ग्राम

स्रोतः अक्रोयड, 1963।

आयुर्वेदिक जगत में भी इसका महत्वपूर्ण स्थान है। इसके फल दाँतों के दर्द को ठीक करने के लिए प्रयोग किये जाते हैं। सफेद बैंगन मधुमेह की बीमारी के लिए अति लाभप्रद होता है। सफेद बैंगन में, बैगनी रंग के फल की तुलना में दो गुना खाद्य रेशा होता है, जो हृदय रोगों को दूर करने में सहायक होता है। बैगनी रंग के फल वाली किस्मों में एमिनो अम्ल अधिक पाया जाता है, जबकि सफेद बैंगन में कम होता है। पोटैशियम और क्लोरीन की मात्रा हरे बैंगन में अधिक पाया जाता है,

जब कि बैगनी रंग में कम होती है। यकृत की तकलीफ दूर करने में भी बैंगन बहुत गुणकारी है। उपरोक्त पोषक तत्वों के अतिरिक्त बैंगन में अन्य सूक्ष्म पोषक तत्व भी प्रचुर मात्रा में पाये जाते हैं, जिन्हें सारिणी में दिया गया है–

सारिणी (2.18) बैंगन में पाये जाने वाले सूक्ष्म पोषक तत्व (प्रति 100 ग्राम खाने योग्य माग में)

सूक्ष्म तत्व	मात्रा
मैग्नीशियम	15.0 मिली ग्राम
सोडियम	3.0 मिली ग्राम
पोटैशियम	200.0 मिली ग्राम
कापर	0.12 मिली ग्राम
मैग्नीज	0.13 मिली ग्राम
मालीब्डेनम	–
जिंक	0.22 मिली ग्राम
क्रोमियम	0.046 मिली ग्राम
सल्फर	10.0 मिली ग्राम
क्लोरिन	5.0 मिली ग्राम

उन्नतिशील किस्में

बैंगन की बहुत सी किस्में हैं, जो विभिन्न अनुसंधान संस्थानों एवं कृषि विश्वविद्यालयों द्वारा विकसित की गई हैं। गोल एवं अण्डाकार आकार वाली प्रजाजियों को वार0 एस्कुलेन्टस (*Solanum* var. *esculentum*) लम्बे आकार वाली प्रजातियों को वार0 सरपेन्टियम (*Solanum* var. *serpentium*) तथा बौनी अगेती (dwarf early) प्रजातियों को वार0 डिप्रेसम (*Solanum* var. *depressum*) समूह में रखा गया है।

भारतीय कृषि अनुसन्धान संस्थान, नई दिल्ली द्वारा विकसित किस्में

पूसा परपल लांग (Pusa Purple Long)

इस किस्म का चयन भारतीय कृषि अनुसन्धान संस्थान, नई दिल्ली द्वारा, उत्तर प्रदेश व पंजाब की प्रचलित किस्म ''बटिया'' से किया गया है। यह बैंगन की बहुत ही अगेती किस्म है, जिसमें फल पौध रोपण के लगभग 75 दिन में आने प्रारम्भ हो जाते हैं। इसके पौधे हरे, फैले हुए सीधे तथा 40.0–50.0 सेन्टी मीटर ऊँचे होते हैं। इसके हरे पत्तों के मध्यशिरा विन्यास पर काँटें होते हैं। फल चिकने, मुलायम, लम्बे चमकदार बैंगनी हल्के रंग के 20.0–25.0 सेन्टी मीटर लम्बे तथा जमीन की तरफ लटके हुए होते हैं। औसत उपज 25.0–30.0 टन प्रति हेक्टेयर हो जाती है। इस किस्म को गर्मी तथा सर्दी दोनों मौसमों में सफलतापूर्वक उगाया जा सकता है।

पूसा परपल राउण्ड (Pusa Purple Round)

इसके पौधे सीधे व लम्बे होते हैं। फल पौध रोपण के लगभग 80–90 दिन बाद तैयार हो जाता है। इसके फल बड़े, गोल और चमकदार बैगनी रंग के व 250–300 ग्राम वजन के होते हैं। फलों में बीज कम तथा गूदा ज्यादा होता है। इस किस्म में "लिटिल लीफ" रोग (little leaf disease) का प्रकोप नहीं होता है। इस किस्म को भी दोनों मौसमों (गर्मी एवं सर्दी) में उगाया जा सकता है। इस किस्म की औसत उपज 27.5 टन प्रति हेक्टेयर होती है।

पूसा परपल क्लस्टर (Pusa Purple Cluster)

इस किस्म के पौधे मध्यम, लम्बे व सीधे होते हैं। फल गुच्छों (clusters) में लगते हैं। फल गहरे बैगनी रंग के, पतले व लम्बे (10.0–12.0 सेन्टी मीटर) होते हैं। पौध रोपण के 60–75 दिन बाद फल तैयार हो जाते हैं। यह अधिक उपज देने वाली किस्म (20.0–25.0 टन प्रति हेक्टेयर) है।

पूसा क्रान्ति (Pusa Kranti)

यह मध्य समय में तैयार होने वाली किस्म (पूसा परपल लॉंग × हैदरपुर) × वायनायड जाइन्ट के आपसी संकरण से विकसित की गयी है। इसके पौधे मध्यम आकार के होते हैं। पौधों पर काँटें नहीं होते हैं। इसके फल मध्यम आकार के मोटे, लम्बे (14.0–16.0 सेन्टी मीटर) चमकीले व गहरे बैगनी रंग के होते हैं। इस किस्म में विटामिन "सी" की मात्रा अधिक पाई जाती है। फल मुलायम तथा स्वादिष्ट होते हैं। इसके फल पौध रोपण के 55–60 दिन में तैयार हो जोते हैं। यह एक अधिक पैदावार देने वाली किस्म है, जिसकी औसत उपज 30.0 टन प्रति हेक्टेयर होती है। उत्तर भारत के लिए यह उत्तम किस्म है, जिसकी खेती शरद एवं वसन्त दोनों मौसमों में कर सकते हैं (चौहान, 1981)।

पूसा अनमोल (Pusa Anmol)

यह एक संकर किस्म है। इसके फल मध्यम आकार के लम्बे एवं आकर्षक गहरे रंग के होते हैं। पहली तुड़ाई पौध रोपण के 55–60 दिनों ब्राद कर सकते हैं। यह किस्म पूसा परपल लॉंग से 80 प्रतिशत ज्यादा पैदावार देती है। इसकी खेती शरद एवं वसंत दोनों मौसमों में किया जा सकता है।

पूसा अनुपम (KT-4)

यह लम्बे फल वाली किस्म है। इस किस्म को भारतीय कृषि अनुसंधान संस्थान, नई दिल्ली के क्षेत्रीय केन्द्र, कटराईं द्वारा (हिमाचल प्रदेश) "पूसा क्रांति और पूसा पर्पल क्लस्टर" के बीच संकरण के द्वारा विकसित किया गया है, जिसका अनुमोदन अखिल भारतीय समन्वित अनुसंधान परियोजना (सब्जी फसल) के अन्तर्गत सन् 1987 में भारतवर्ष के भौगोलिक क्षेत्र I, IV व VII में खेती के लिए किया गया है। इसकी पत्तियाँ व तने बैगनी रंग लिए हुए होते हैं। पत्तियों का मध्य शिरा भी बैगनी रंग का होता है। फल लम्बे, 3–5 के गुच्छों में समान मोटाई के, मुलायम तथा बैगनी रंग लिए हुए होते

हैं। इनको 3–5 दिनों तक सामान्य तापमान पर रखा जा सकता है। यह किस्म जीवाणु उकठा रोग के प्रति सहिष्णु है। इसकी औसत पैदावार 37.1 टन प्रति हेक्टेयर होती है।

डी0बी0एस0आर0–44 (DBSR-44)

इस किस्म को अखिल भारतीय समन्वित अनुसंधान परियोजना (सब्जी फसल) द्वारा वर्ष 1995 में भारतवर्ष के भौगोलिक क्षेत्र VI में उगाने के लिए संस्तुत की गयी है। इसके पौधे 60.0–70.0 सेन्टी मीटर ऊँचे व हरी पत्तियों युक्त होते हैं। फल गहरे बैगनी रंग के 4–5 के गुच्छों में लगते हैं। फल गोल, 9.8 सेन्टी मीटर लम्बे व 8.2 सेन्टी मीटर व्यास के होते हैं। प्रति पौध 13–15 फल प्राप्त होते हैं एवं प्रति 10 फलों का औसत वजन 1.25 किलो ग्राम होता है। औसत पैदावार 25.0–30.0 टन प्रति हेक्टेयर होती है।

डी0बी0एस0आर0–31 (DBSR-31)

इस किस्म को अखिल भारतीय समन्वित अनुसंधान परियोजना (सब्जी फसल) के अन्तर्गत सन् 1995 में भारतवर्ष के भौगोलिक क्षेत्र VI में उगाने की संस्तुति की गयी है। यह गोल बैंगन वाली किस्म है। इसके पौधे 80.0–100.0 सेन्टी मीटर ऊँचे एवं कटावदार हरी पत्तियों से युक्त होते हैं। फल गोलाकार, बैगनी रंग के, 9.5 सेन्टी मीटर लम्बाई व 7.6 सेन्टी मीटर व्यास के चमकीले व आकर्षक होते हैं। प्रति पौध 10–15 फल प्राप्त होते हैं तथा 10 फलों का औसत वजन 1.5 किलो ग्राम होता है। औसतन प्रति हेक्टेयर 36.0–40.0 टन तक पैदावार होती है।

पूसा संकर–5 (Pusa Sankar-5)

इस किस्म के पौधे अच्छे बढ़वार वाले, काँटेरहित, अर्द्ध खड़े, शाखायुक्त तथा हरे पत्ते वाले होते हैं। फल गहरे बैगनी रंग के, लम्बे, चमकदार, आकर्षक तथा औसतन 100 ग्राम वजन वाले होते हैं। औसत उपज 50.0 टन प्रति हेक्टेयर है।

पूसा संकर–6 (Pusa Sankar-6)

इस संकर किस्म के पौधे सीधे बढ़ने वाले तथा काँटें विहिन होते हैं। फल गोलाकार तथा बैगनी, चमकदार, मध्यम आकार एवं लगभग 200.0 ग्राम वजन वाले होते हैं। फलों की प्रथम तुड़ाई पौध रोपण के 55–60 दिनों बाद किया जा सकता है। इसकी उपज क्षमता 45.0 टन प्रति हेक्टेयर है।

पूसा संकर–9 (Pusa Sankar-9)

इसके पौधे हरे, काँटें रहित, मजबूत, सीधे खड़े रहने वाले, शाखायुक्त तथा नवविकसित पत्तियाँ बैगनी रंग लिए हुए होती हैं। फल गोल परन्तु कुछ लम्बाई लिए हुए (लम्बोतर) होते हैं। फल बैगनी रंग के चमकदार, आकर्षक व 250.0 ग्राम वजन के होते हैं। इसकी औसत पैदावार 50.0–60.0 टन प्रति हेक्टेयर है।

डी0बी0एल0–02 (DBL-02)

इस किस्म का विकास भारतीय कृषि अनुसंधान संस्थान, नई दिल्ली से सन् 2010 में किया गया तथा व्यावसायिक खेती के लिये पंजाब, दिल्ली व हरियाणा के लिये अनुमोदित किया गया है। पौधे काँटें रहित, सीधे तथा कोमल पत्तियाँ व नसें हल्के बैगनी रंग की होती है। इसके फल बैगनी व लम्बे होते हैं। प्रत्येक फल का भार 80–90 ग्राम का होता है। इसकी उपज 40.0 टन प्रति हेक्टेयर होती है जो पंजाब सदाबहार किस्म की तुलना में 27 प्रतिशत ज्यादा है। पौध रोपण के मात्र 55 दिनों बाद फल मिलने लगता है।

डी0बी0एच0एल0–20 (DBHL-20)

इस किस्म का विकास भारतीय कृषि अनुसंधान संस्थान नई दिल्ली द्वारा सन् 2011 में किया गया और व्यावसायिक खेती के लिये पंजाब, दिल्ली, उत्तर प्रदेश तथा बिहार के लिये अनुमोदित किया गया है। इस किस्म के फल लम्बे, गहरे बैगनी रंग के तथा लगभग 90–100 ग्राम वजन के होते है। इसकी औसत उपज 52.4 टन प्रति हेक्टेयर है।

भारतीय सब्जी अनुसंधान संस्थान, वाराणसी (उत्तर प्रदेश) द्वारा विकसित किस्में

काशी कोमल (Kashi Komal - IBBHL-54)

यह एक संकर किस्म हैं। इसके पौधे 90.0–100.0 सेन्टी मीटर लम्बे होते हैं। तना और पत्तियों का रंग हरा होता है। फल की लम्बाई 13.00 सेन्टी मीटर तथा व्यास 3.0 सेन्टी मीटर, हल्की बैगनी रंग लिए हुए होता है। प्रत्येक फल का औसत वजन 60–75 ग्राम होता है। औसत उपज 69.0 टन प्रति हेक्टेयर होता है।

काशी संदेश (Kashi Sandesh - I/RBHR-1)

इस संकर किस्म के पौधे 70.00–75.00 सेन्टी मीटर लम्बे, अर्द्धसीधे, तना हरा तथा पत्तियाँ बैगनी हरा रंग लिये हुए होती हैं। बीज बुआई से फल की प्रथम तुड़ाई तक 80–85 दिन लगते है। फल की लम्बाई 12.0–14.0 सेन्टी मीटर, व्यास 9.0–11.0 सेन्टी मीटर, रंग बैगनी तथा एक फल का वजन 325–400 ग्राम होता है। इसकी औसत उपज 70.0–80.0 टन प्रति हेक्टेयर है। इस किस्म को उगाने के लिए सन् 2006 में पूरे देश में उगाने की संस्तुति की गयी।

काशी तरु (Kashi Taru - IVBL-9)

इस किस्म के पौधे 120.0–130.0 सेन्टी मीटर लम्बे, ज्यादा पत्तियों वाले एवं गहरे हरे रंग के तना वाले होते हैं। फलों की लम्बाई 31.00 सेन्टी मीटर तथा मोटाई 5.00 सेन्टी मीटर एवं रंग बैगनी होता है। सामान्यतः पहली बार फल की तुड़ाई पौध रोपण के 75–80 दिन बाद की जा सकती है। इस किस्म की औसत पैदावार 70.0–75.0 टन प्रति हेक्टेयर है।

काशी प्रकाश (Kashi Prakash - IVBR-1)

इस किस्म का विकास समूह चयन से किया गया है। इस किस्म के पौधे औसत बढ़वार वाले होते हैं। तना तथा पत्ती हरे रंग के होते हैं। फल चमकदार, हरे धब्बों वाले व बैगनी रंग के होते हैं। प्रत्येक फल का औसत वजन 190 ग्राम होता है। पौध रोपण के 80–82 दिन बाद प्रथम तुड़ाई की जा सकती है। औसत उपज 65.0–67.5 टन प्रति हेक्टेयर होता है।

चौ0 चरण सिंह हरियाणा कृषि विश्वविद्यालय, हिसार (हरियाणा) द्वारा विकसित किस्में

एच0–4 (H-4)

इस किस्म का विकास पूसा पर्पल लाँग × हैदरपुर के आपसी संकरण से चयन पद्धति द्वारा किया गया है। इसका अनुमोदन अखिल भारतीय समन्वित अनुसंधान परियोजना (सब्जी फसल) द्वारा सन् 1975 में भारत के भौगोलिक IV व VI क्षेत्र में खेती के लिए किया गया है। इसके पौधे बौने, घने, झाड़ीनुमा तथा बैगनी रंग लिये हुए होते हैं। फल मध्यम से लम्बे कुछ अण्डाकार लिये हुए काँटेंदार होते हैं। फल मोटे, गूदेदार तथा चमकीलें बैगनी रंग के होते हैं। पौध रोपण के 50 दिन बाद पहली तुड़ाई की जा सकती है। यह अधिक उपज देने वाली किस्म है, जिसकी औसत उपज 25.0–30.0 टन प्रति हेक्टेयर तक हो जाती है। इस प्रजाति में हानिकारक कीड़ों एवं बीमारियों के प्रति प्रतिरोधक क्षमता ज्यादा है।

बी0आर0–112 (BR-112)

गोल किस्मों में यह एक अत्यन्त अगेती किस्म है। इसके पौधे बौने एवं फैले हुए होते हैं। फल गोल हल्के बैगनी रंग के एवं नीचे की तरफ लटके हुए होते हैं। यह भी अधिक उपज देने वाली किस्म है, जिसकी औसत उपज 30.0–40.0 टन प्रति हेक्टेयर होती है।

हिसार प्रगति (Hisar Pragati)

यह एक अगेती किस्म है। इसके पत्ते हरे, फूल सफेद बैगनी, फल 15.0–20.0 सेन्टी मीटर लम्बे चमकदार व गहरे बैगनी रंग के होते हैं। फल का रंग पुरे आकार तक बना रहता है। इसकी उपज लगभग 26.0–30.0 टन प्रति हेक्टेयर है।

हिसार जामुनी (Hisar Jamuni)

यह लम्बे फल वाली किस्म है, जिसको "ओरो"×"आर–34" के संकरण द्वारा सन् 1993 में विकसित किया गया है। इसके पौधे मध्यम ऊँचाई के, कम फैलने वाले, काँटें रहित व बैगनी रंग लिए हुए होते हैं। फूल हल्के बैगनी रंग के तथा फल लम्बोतर 10.0–15.0 सेन्टी मीटर लम्बे, गहरे बैगनी से काले रंग के व हरे दलपुंज व डंठल वाले होते हैं। इसमें सबसे विशेष गुण यह है कि फल तैयार हो जाने के बाद भी गहरा बैगनी रंग विद्यमान रहता है। इस किस्म को खरीफ व रबी ऋतुओं में खेती के लिए उगाया जा सकता है। इसकी औसत पैदावार 32.0 टन प्रति हेक्टेयर है।

हिंसार श्यामल (Hisar Shyamal)

यह गोल फल वाली व अधिक उपज देने वाले किस्म है, जिसे अखिल भारतीय समन्वित अनुसंधान परियोजना (सब्जी फसल) द्वारा भारतवर्ष के भौगोलिक क्षेत्र II, IV, V व VI खेती के लिए अनुमोदित व संस्तुति की गयी है। पौधों की ऊँचाई 50.0 सेन्टी मीटर होती है। तना व पत्तियाँ बैगनी रंग लिए होती हैं। पौध रोपण के 70 दिनों बाद फल तुड़ाई योग्य हो जाते हैं। सामान्यतः फल 10.0–15.0 सेन्टी मीटर व्यास के होते हैं। फल की तुड़ाई रोपण के 70 दिन बाद और औसत पैदावार 25.0 टन प्रति हेक्टेयर है।

पी0एच0–4 (PH-4)

इस किस्म का विकास पंजाब कृषि विश्वविद्यालय, लुधियाना एवं हरियाणा कृषि विश्वविद्यालय हिसार के संयुक्त प्रयास से हैदरपुर × पूसा परपल लाँग के संकरण द्वारा किया गया है। इसका अनुमोदन अखिल भारतीय समन्वित अनुसंधान परियोजना (सब्जी फसल) द्वारा सन् 1975 में भारतवर्ष के दो भौगोलिक क्षेत्रों IV व VI में खेती के लिए अनुमोदित किया गया है। इसके पौधे घने झाड़ीनुमा तथा बैगनी रंग के होते हैं। इसके फलों का गूदा हल्के हरे रंग का होता है। इसकी औसत उपज 28.0 टन प्रति हेक्टेयर है।

भारतीय बागवानी अनुसंधान संस्थान, बैंगलुरू (कर्नाटक) से विकसित किस्में

अर्का कुसुमाकर (Arka Kusumakar)

इस किस्म का विकास स्थानीय जननद्रव्य संकलन "आई0आई0एच0आर0 193" से चयन करके किया गया है, जिसे वर्ष 1981 में अखिल भारतीय समन्वित अनुसंधान परियोजना (सब्जी फसल) के तहत अनुमोदित तथा भारतवर्ष के भौगोलिक क्षेत्र IV, VI व VII में खेती के लिए संस्तुत किया गया है। इस बौनी किस्म के पौधे झाड़ीदार होते हैं। इसके फल 5–7 के गुच्छों में लगते हैं। फल छोटे अँगुली के आकार के आकर्षक व हल्के हरे रंग के होते हैं। फलों में बीज कम तथा गूदा अधिक होता हैं। फल अच्छे गुणों वाला होने के कारण खाने में इसका स्वाद अच्छा होता है। यह अधिक उपज देने वाली किस्म है, जिसकी औसत उपज लगभग 39.7 टन प्रति हेक्टेयर होती है। दक्षिण भारत में छोटा व हरे फलों वाले बैंगन की काफी मांग है। अतः यह किस्म दक्षिण भारत में खेती के लिए काफी उपयुक्त है।

अर्काशील (Arka Sheel)

इस किस्म का विकास भारतीय बागवानी अनुसंधान संस्थान, बैंग्लुरु (कर्नाटक) द्वारा कुर्ग से लाये गये जननद्रव्य से किया गया है। इस अगेती किस्म के पौधे अधिक शाखाओं वाले तथा जमीन के समानान्तर बढ़ने वाले होते हैं। पौध रोपण के 110 दिन बाद फल लगने लगते हैं। इसके पौधे लम्बे व सीधे बढ़ते हैं। इसके फल मध्यम आकार के लम्बे, मोटे, गहरे बैगनी रंग के व आकर्षक होते हैं। फलों में बीज कम तथा गूदा अधिक होता है। यह भी अधिक उपज 39.4 टन प्रति हेक्टेयर देने वाली किस्म है।

अर्का शिरिश (Arka Shirish)

यह एक अगेती किस्म है, जिसके पौधे लम्बें व सीधे होते हैं। इसके फल आकार में बहुत लम्बे, मोटे, आकर्षक, हल्के हरे रंग के होते हैं। फलों में बीज भी कम मात्रा में पाया जाता है। इसकी औसत उपज लगभग 38.4 टन प्रति हेक्टेयर है। प्रत्येक पौधे पर 25–30 फल लगते हैं।

अर्का नवनीत (Arka Navneet)

यह एक संकर (एफ–1) किस्म है, जिसका विकास आई0आई0एच0आर0 22–1 × सुप्रीम के संकरण द्वारा किया गाया है। इस प्रजाति को अखिल भारतीय समन्वित अनुसंधान परियोजना (सब्जी फसल) के द्वारा सन् 1981 में अनुमोदित तथा भारतवर्ष के भौगोलिक क्षेत्र IV, VI, VII व VIII में उगाने की संस्तुति की गयी है। इस किस्म के फल अण्डाकार, कड्डुवाहट रहित व स्वादिष्ट होते हैं। फलों का रंग आकर्षक, गहरा बैगनी रंग, गूदा कम बीजयुक्त व मुलायम होता है। इस किस्म से 65.0–70.0 टन प्रति हेक्टेयर तक पैदावार प्राप्त होती है।

अर्का नीधि (Arka Nidhi)

यह लम्बे फल वाली किस्म है। इसके पौधे 70.0–80.0 सेन्टी मीटर लम्बे तथा घने होते हैं। गहरे हरे रंग की पत्तियाँ 4.0 सेन्टी मीटर की दूरी पर लगी रहती हैं। इसमें फल गुच्छों में लगते हैं। फल 20.0–25.0 सेन्टी मीटर लम्बे, पतले (3.0–4.0 सेन्टी मीटर व्यास के), आकर्षक बैगनी रंग के व चमकदार होते हैं। प्रत्येक 10 फलों का औसत वजन 1.74 किलो ग्राम एवं पैदावार 30.0–35.0 टन प्रति हेक्टेयर होता है।

अर्का केशव (Arka Keshav)

इस किस्म के पौधे 80.0–100.0 सेन्टी मीटर ऊँचे तथा हरे रंग की पत्तियों वाले होते हैं। फल 18.0–20.0 सेन्टी मीटर लम्बे, 5.0–6.0 सेन्टी मीटर व्यास के व गहरे बैगनी रंग लिए होते हैं। प्रति पौधा 15–18 फल प्राप्त होता है। फल चमकदार, मुलायम व मध्यम बीज युक्त होते हैं। इसकी औसत पैदावार 30.0–40.0 टन प्रति हेक्टेयर है।

पंजाब कृषि विश्वविद्यालय, लुधियाना (पंजाब) द्वारा विकसित किस्में

पंजाब बरसाती (Punjab Barsati)

इस किस्म को अखिल भारतीय समन्वित अनुसंधान परियोजना (सब्जी फसल) द्वारा सन् 1993 में भारतवर्ष के भौगोलिक क्षेत्र V में खेती के लिए अनुमोदित किया गया है। पौधे मध्यम ऊँचाई के 80.0–90.0 सेन्टी मीटर, तना हरा तथा पत्तियाँ हल्की हरी होती है। इसके फल मध्यम आकार के 18.0–20.0 सेन्टी मीटर लम्बे तथा 4.0–6.0 सेन्टी मीटर व्यास के होते हैं। फल आकर्षक व मुलायम होते हैं जो देखने में काले रंग के प्रतीत होते हैं। प्रत्येक फल का औसत वजन 145 ग्राम होता है। प्रत्येक पौधे पर 10–22 फल लगते हैं। इसकी आसत पैदावार 30.0–35.0 टन प्रति हेक्टेयर होता हैं।

पंजाब जामुनी गोल (Punjab Jamuni Goal)

इसका किस्म विकास एस0–16 नामक किस्म के चयन से हुई है, जिसे सन् 1975 में अखिल भारतीय समन्वित अनुसंधान परियोजना (सब्जी फसल) द्वारा भारतवर्ष के भौगोलिक क्षेत्र V व VI में खेती के लिए अनुमोदित व संस्तुत की गयी हैं। इसके पौधे मध्यम ऊँचाई के, फैलाव लिए हुए व काँटें रहित होते हैं। इसके फल गोल व बैगनी रंग के चमकदार होते हैं। इसकी पहली तुड़ाई पौध रोपण के 65–70 दिन बाद प्राप्त होती है। औसत उपज 31.5 टन प्रति हेक्टेयर होता है।

पंजाब सदाबहार (Punjab Sadabahar)

इस किस्म का विकास जापानीज लाँग व आर0–34 के आपसी संकरण एवं चयन पद्धति से किया गया है। यह वसन्त कालीन फसल के लिए काफी महत्वपूर्ण है। इस किस्म के पौधे सीधे 50.0–60.0 सेन्टी मीटर ऊँचें तथा शाखावत होते हैं। पत्तियों का रंग हरा होता है। इसके फल लम्बे चमकदार तथा गहरे रंग के होते हैं। फलों की लम्बाई 18.0–22.0 सेन्टी मीटर तथा मोटाई 3.5–4.5 सेन्टी मीटर होती हैं। इस किस्म की औसत पैदावार 30.0–40.0 टन प्रति हेक्टेयर है। समय से तुड़ाई करने पर फल छेदक व रोग का प्रकोप कम होता है। इसकी खेती किसी भी मौसम में की जा सकती है।

एस0–1 (S.1)

इस किस्म के फल गोल, मध्यम आकार के तथा आकर्षक बैगनी रंग लिए होते हैं। पौधे मध्यम ऊँचाई के परन्तु अधिक फैलाव लिए होते हैं। यह किस्म उकठा (wilt) नाम रोग के प्रति अवरोधी है।

दुधिया (Dudhia)

इस किस्म के फल अण्डाकार तथा फल दूध के समान सफेद, चमकदार व आकर्षक होते हैं। यह किस्म शरद ऋतु में खेती के लिए काफी उपयुक्त है। इसको भर्ता बनाने के लिए विशेष रुप से उपयोग किया जाता है।

पंजाब नीलम (Punjab Neelam)

यह शीघ्र तैयार होने वाली किस्म है, जिसका विकास एस0–16×पी0बी0आर0 91–2 के संकरण से चयन करके किया गया है। इस किस्म के पौधे मध्यम ऊँचाई के काँटें रहित एवं हरी पत्तियों वाले होते हैं। पत्तियों पर बैगनी रंग का किनारा बनता है। इसके फल गोलाकार, बैगनी रंग के व काफी आकर्षक होते हैं। पौध रोपण के 65 दिनों बाद फलों की तुड़ाई की जा सकती है। औसत उपज 35.0 टन प्रति हेक्टेयर होता है। इस किस्म में तना एवं फल छेदक कीट का प्रभाव कम होता है।

पी0–8 (P-8)

यह एक अगेती किस्म है, जिसमें फल अधिक लगते हैं। इसके फल गोल या अण्डाकार मध्यम आकार के बैगनी रंग के होते हैं यह एक अधिक उपज देने वाली किस्म है।

पी0–34 (P-34)

यह सरहिन्दी जननद्रव्य से चयनित किस्म है। इसके फल लम्बे होते हैं। यह किस्म गर्मी के मौसम में उगाने के लिए अधिक अपयोगी होती है।

आर0–34 (R-34)

यह एक अगेती किस्म है। इसके पौधे बड़े होते हैं। इसके पत्तों पर काँटें होते हैं। इसके फल लम्बे पतले काले रंग के होते हैं। फलों का अन्तिम भाग हरे रंग का होता है। यह किस्म पंजाब प्रांत में अधिक उगाई जाती हैं।

पंजाब नगीना (Punjab Nagina)

इस किस्म का विकास अरुणा व पटियाला सेलेक्शन के संकरण द्वारा चयन करके किया गया है। पौधे झाड़ीनुमा, सीधे व हरी पत्तियों वाले होते हैं। पत्तियों पर काँटें नहीं होते हैं। फल छोटे व 40.0–50.0 ग्राम वजन के होते हैं। फल आकार में गोला, बैगनी–काले रंग का व गुच्छे में लगते हैं। इस प्रजाति में फलों की तुड़ाई पौध रोपण के 55 दिनों बाद की जा सकती है। औसत उपज 36.0 टन प्रति हेक्टेयर है।

बी0एच0–1 (BH-1)

यह एक संकर किस्म है, जिसका विकास पंजाब जामुनी × पंजाब बरसाती के संकरण से किया गया है। इसकी खेती वसन्त एवं खरीफ दोनों मौसम में की जा सकती हैं। पौधे मध्यम ऊँचाई के सीधे बढ़ने वाले काँटें रहित व हरी पत्तियों वाले होते हैं। पौध रोपण के 52 दिनों बाद फलों की पहली तुड़ाई की जा सकती है। फल लम्बोतर, बैगनी रंग के व हरे बाह्य दलपुंज वाले होते हैं। प्रत्येक फल का औसत वजन 300 ग्राम होता हैं तथा प्रति हेक्टेयर 62.5 टन उपज प्राप्त होती है।

बी0एच0–2 (BH-2)

यह एक संकर किस्म है, जिसका विकास पंजाब नीलम × पंजाब बरसाती के संकरण से किया गया है। पौधे मध्यम ऊँचाई के, फैलने वाले, काँटें रहित और हल्के बैगनी रंग के पत्तियों वाले होते हैं। फल लम्बोतर, गहरे बैगनी रंग के तथा बाह्य दलपुंज पर हल्का बैगनी रंग विकसित होता है। यह भर्ता बनाने के लिए उपयुक्त किस्म है। प्रत्येक फल का औसत वजन 300.0 ग्राम तथा प्रति हेक्टेयर उपज 59.0 टन होता है।

चन्द्र शेखर आजाद कृषि एवं प्रौद्योगिकी विश्वविद्यालय, कानपुर (उत्तर प्रदेश), द्वारा विकसित किस्में

के 202–9 (K. 202-9)

इस किस्म को भारत के भौगोलिक क्षेत्र VI व VII के लिए संस्तुत की गयी है। इसके पौधे 60.0–70.0 सेन्टी मीटर ऊँचे, बढ़ने वाले, खड़े, घने, ओजस्वी तथा झाड़ीनुमा होते हैं, जो तेज

हवा व सिंचाई के प्रभाव से भी नहीं गिरते। इसकी पत्तियाँ हरे रंग की, बड़ी, मोटी तथा चौड़ी होती हैं। फल लम्बा व चमकीले बैगनी रंग का होता है, जो पौध रोपण के 70–75 दिनों में फल देने लगता है। यह ओला के प्रति सहनशील है। इसमें एक बार फूल खिल जाने के बाद झड़ते नहीं तथा फल पौधे के निचले भाग से ही निकलना प्रारम्भ हो जाते हैं। इसकी औसत पैदावार 38.3 टन प्रति हेक्टेयर है। फलों को कमरे के सामान्य तापक्रम पर कई दिनों तक सुरक्षित रखा जा सकता है। यह किस्म फल सड़न बीमारी, उकठा व झुलसा रोग के प्रति सहिष्णु है।

आजाद क्रांति (Azad Kranti)

इस किस्म को अखिल भारतीय समन्वित अनुसंधान परियोजना (सब्जी फसल) के तहत सन् 1983 में भारतवर्ष के भौगोलिक क्षेत्र I व III में खेती के लिए संस्तुत किया गया है। इसकी पत्तियाँ प्रारम्भ में गहरे हरे तथा काँटें रहित होती हैं। फल एक समान 15.0–20.0 सेन्टी मीटर लम्बे तथा बैगनी रंग के लम्बोतर व चमकदार होते हैं। फलों में बीज की मात्रा कम होती है। यह एक अच्छी पैदावार (30.0 टन प्रति हेक्टेयर) देने वाली किस्म है।

के0एस0–331 (K. S. 331)

यह लम्बे फल वाली किस्म है। इसके पौधे 60.0–70.0 सेन्टी मीटर लम्बे, सीधे खड़े, हरे रंग के तथा काँटें रहित होते हैं। फल लम्बे कुछ मोटाई लिए हुए, आकर्षक व चमकदार, बैगनी रंग के तथा हरे डण्ठल लिए होते हैं। इस किस्म में सामान्यतः कम बीज होते हैं। इसकी औसत पैदावार 35.0–40.0 टन प्रति हेक्टेयर है।

के0एस0–224 (K. S. 224)

यह गोल फल वाली किस्म है, जिसे अखिल भारतीय समन्वित अनुसंधान परियोजना (सब्जी फसल) द्वारा सन् 1995 में भारतवर्ष के भौगोलिक क्षेत्र IV में उगाने के लिए संस्तुत की गयी है। इसके पौधे 60.0–70.0 सेन्टी मीटर लम्बे होते हैं, जिनकी पत्तियाँ हरी व फल गोलाकार (6.3–7.8 सेन्टी मीटर व्यास के) चमकदार तथा बैगनी रंग के आकर्षक होते हैं। इसके 10 फलों का औसत वजन 2.5 किलोग्राम होता है। इसकी औसत पैदावार 35.0–40.0 टन प्रति हेक्टेयर है।

टी0–1 (T-1)

यह एक अगेती किस्म है। इसके फल बैगनी रंग के होते हैं।

टी0–2 (T-2)

यह देर से तैयार होने वाली किस्म है। इसके फल मोटे लम्बे, हल्के बैगनी रंग के होते हैं।

टी0–3 (T-3)

यह भी अगेती किस्म है, जिसे अखिल भारतीय समन्वित अनुसंधान परियोजना (सब्जी फसल) के द्वारा सन् 1975 में भारत के भौगोलिक क्षेत्र V, VI व VII में उगाने के लिए अनुमोदित की गयी

है। इसके पौधे बौने (65.0–70.0 सेन्टी मीटर ऊँचाई वाले), कम फैलने वाले तथा हरे तने वाले होते हैं। इसकी पत्तियाँ छोटी व पतली होती हैं। फल हल्के बैगनी रंग के व नीचे की तरफ सफेद हरा रंग लिये हुए होता है। फल गोल व गूदेदार होते हैं। यह किस्म छोटी पत्ती (little leaf) व बैक्टीरियल ब्लाइट (bacterial blight) रोग के प्रति मध्यम रुप से सहिष्णु हैं।

टी–4 (T-4)

यह एक देर से तैयार होने वाली किस्म है। इसके फल गोल व बैगनी रंग के होते हैं।

संकर विजय (Hybrid Vijay)

इसके फल गोल व अण्डाकार होते हैं। इसके फल मोटे व गहरे बैगनी रंग के होते हैं। इसकी उपज क्षमता 15.0–25.0 टन प्रति हेक्टेयर होती है।

पंजाब राव कृषि विद्यापीठ, अकोला (महाराष्ट्र) से विकसित किस्में

डी0बी0आर0–8 (DB R-8)

इस किस्म को अखिल भारतीय समन्वित अनुसंधान परियोजना (सब्जी फसल) द्वारा सन् 1995 में भारतवर्ष के भौगोलिक क्षेत्र VI में उगाने के लिए संस्तुत की गयी है। इसके पौधे 80.0–100.0 सेन्टी मीटर ऊँचाई के तथा हरे बैगनी रंग की पत्तियाँ लिए हुए होती हैं। फल 11.2 सेन्टी मीटर लम्बे व 5.5 सेन्टी मीटर व्यास के, गोल व बैगनी रंग के लिए होते हैं। प्रति पौधा 18–20 फल मिल जाता है। इसकी औसत उपज 35.0–40.0 टन प्रति हेक्टेयर है।

अरूणा (Aruna)

इस किस्म को अखिल भारतीय समन्वित अनुसंधान परियोजना (सब्जी फसल) द्वारा सन् 1988 में भारतवर्ष के भौगोलिक क्षेत्र VI में उगाने के लिए अनुमोदित किया गया है। इसके पौधे 60.0–70.0 सेन्टी मीटर ऊँचे व हरी पत्तियों वाले होते हैं, तथा उन पर फल तीसरे व चौथे गाँठ से लगना प्रारम्भ हो जाते हैं। यह गोल (5.6 सेन्टी मीटर लम्बे व 3.6 सेन्टी मीटर व्यास के) फल वाली किस्म है, जिसका रंग बैगनी व चमकदार होता है। परन्तु फल का आकार काफी छोटा होता है। प्रति हेक्टेयर पैदावार वर्षा ऋतु में 40.0 टन व ग्रीष्म में 22.5 टन होती है। पौध रोपण के 90–95 दिन बाद फलों की पहली तुड़ाई करते हैं।

आचार्य एन0जी0 रंगा कृषि विश्वविद्यालय, हैदराबाद (आन्ध्र प्रदेश) द्वारा विकसित किस्में

सेलेक्शन–4 (Selection-4)

इस किस्म को अखिल भारतीय समन्वित अनुसंधान परियोजना (सब्जी फसल) के द्वारा सन् 1995 में भारतवर्ष के भौगोलिक क्षेत्र IV में खेती के लिए अनुमोदित व संस्तुत की गयी है। इसके फल लम्बे, चमकदार व आकर्षक होते हैं। इसकी पैदावार 30.0–32.5 टन प्रति हेक्टेयर है।

आचार्य नरेन्द्र देव कृषि एवं प्रौद्योगिक विश्वविद्यालय, फैजाबाद (उत्तर प्रदेश) द्वारा विकसित किस्में

एन0डी0बी0–25 (NDB-25)

यह लम्बे फलों वाली किस्म है, जिसे अखिल भारतीय समन्वित अनुसंधान परियोजना (सब्जी फसल) के द्वारा सन् 1990 में भारतवर्ष के भौगोलिक क्षेत्र II, IV व VIII में खेती के लिए अनुमोदित व संस्तुत की गयी है। इसकी औसत उपज 25.00–30.00 टन प्रति हेक्टेयर है।

महाराष्ट्र प्रान्त के कृषि विभाग द्वारा विकसित किस्में

मन्जरी गोटा (Manjari Gota)

इस किस्म के फल मध्यम आकार के गोल व गुलाबी रंग के होते हैं। फलों पर सफेद धारी होती है। इस किस्म में सूखा रोग नहीं लगता है। इसकी उपज लगभग 22.5 टन प्रति हेक्टेयर होती है।

सुर्ती गोटा (Surti Gota)

इस किस्म के फल मध्यम आकार के बड़े, गोल बैंगनी रंग के व मुलायम होते हैं। फलों को अधिक दिन तक भण्डारित नहीं किया जा सकता है। इसकी औसत उपज 20.5 टन प्रति हेक्टेयर होती है।

गोविन्द बल्लभ पंत कृषि एवं प्रौद्योगिकीय विश्वविद्यालय, पंत नगर (उत्तराखण्ड) द्वारा विकसित किस्में

पन्त सम्राट (Pant Samrat)

इस किस्म को गोविन्द बल्लभ पन्त कृषि एवं प्रौद्योगिकी विश्वविद्यालय, पंत नगर (उत्तराखण्ड) द्वारा विशुद्ध वंशकरण वरण (pure line selection) द्वारा हलद्वानी के आसपास से एकत्रित जननद्रव्य से चयन करके विकसित किया गया है। इसको केन्द्रीय किस्म अनुमोदन समिति द्वारा सन् 1984 में खेती के लिए अनुमोदित किया गया है। अखिल भारतीय समन्वित अनुसंधान परियोजना (सब्जी फसल) के तहत इसे भारत के भौगोलिक क्षेत्र IV, V व VI में उगाने के लिए संस्तुति की गयी है। यह लम्बे फलों वाली किस्म हैं, जिसके फल आकर्षक, मध्यम आकार के व गहरे बैंगनी रंग के होते हैं। फल गुच्छों में लगते हैं। पौधे 80.0–100.0 सेन्टी मीटर ऊँचाई के सघन होते हैं। इनकी नई पत्तियाँ बैगनी व हरे रंग की होती हैं। फलों की पहली तुड़ाई पौध रोपण के लगभग 70 दिनों बाद होती है। वर्षा ऋतु में अच्छी पैदावार देती है। इसकी औसत उपज 30.0 टन प्रति हेक्टेयर है। इसमें फोमोप्सिस ब्लाइट (Phomopsis blight) तथा जीवाणु मुरझा (bacterial blight) रोग के प्रति प्रतिरोधक क्षमता है।

पंत ऋतुराज (Pant Rituraj)

इस किस्म को टी–3 × पूसा पर्पल कलस्टर के संकरण से विकसित किया गया है, जिसे अखिल भारतीय समन्वित अनुसंधान परियोजना (सब्जी फसल) के द्वारा सन् 1985 में भारतवर्ष के भौगोलिक

क्षेत्र IV, VI, VII व VIII में खेती के लिए अनुमोदित व संस्तुत की गयी है। पौधे की ऊँचाई 60.0–70.0 सेन्टी मीटर होती है। फल मुलायम आकर्षक, कम बीज वाले, स्वादिस्ट तथा गोलाकार होता है। पौध रोपण के 60 दिन बाद फल तुड़ाई के लिए तैयार हो जाते हैं। इसकी औसत पैदावार 40.3 टन प्रति हेक्टेयर है। यह किस्म उकठा रोग के प्रति सहिष्णु है। वर्षा एवं ग्रीष्म में खेती करने हेतु उपयुक्त है।

पन्त बी0आर0–129–5 (Pant BR- 129-5)

इस किस्म के पौधे सीधे व उपर की तरफ बढ़ने वाले होते हैं। फल आकार में लम्बे व गुच्छों में लगते हैं। इस किस्म के फल गोल होते हैं। यह जीवणु उकठा के प्रति अवरोधी है। इस किस्म को अखिल भारतीय समन्वित अनुसंधान परियोजना (सब्जी फसल) के तहत् भारतवर्ष के भौगोलिक क्षेत्र IV में उगाने हेतु संस्तुत की गयी है।

पन्त बैगन–4 (Pant Brinjal- 4)

इस किस्म के पौधे छोटे गहरे हरे रंग के तथा फलो का रंग गहरा बैगनी होता है। इस किस्म के फल पौध रोपण के 60–65 दिन बाद तुड़ाई के लिए तैयार होते हैं। इसकी औसत उपज क्षमता 40.00 टन प्रति हेक्टेयर है।

पंत बैगन 91–1 (Pant Baigan-91-1)

इस किस्म के फल गोल, मध्यम आकार के व बैगनी रंग लिए होते हैं। इस किस्म का विशेष गुण है कि इसके पौधे जमीन के समानान्तर फैलते हैं। यह उकठा (wilt) रोग के प्रति प्रतिरोधी है।

ए0–61 (A-61)

इस किस्म के फल लम्बे, हल्के बैगनी रंग के होते हैं व फलों में बीजों की मात्रा बहुत कम होती है। इस किस्म के पौध रोपण के 50–60 दिन बाद फल देने लगते हैं। इसकी औसत पैदावार 36.0–40.0 टन प्रति हेक्टेयर है।

पंत संकर बैगन–1 (Pant Hybrid-1)

फल लम्बे, मुलायम, गहरे बैगनी रंग के होते हैं तथा फल गुच्छों में लगते हैं। पौध रोपण के 70–75 दिनों बाद फलों की पहली बार तुड़ाई की जा सकती है। यह फोमोप्सिस ब्लाइट तथा जीवाणु उकठा रोग के प्रति अवरोधी है। इसकी औसत पैदावार 60.0 टन प्रति हैक्टेयर है। अन्य किस्में जो अत्यन्त प्रचलित है।

ब्लैक ब्यूटी (Black Beauty)

इस किस्म के पौधे बड़े होते हैं। इसके फल गोल, काले रंग के व कोमल होते हैं। फल पौध रोपण के लगभग 80 दिन में तैयार होते हैं। यह एक अच्छी उपज देने वाली किस्म है।

वीनाड जाइण्ट (Viynad Giant)

यह किस्म मद्रास में अधिक प्रचलित है। इसमें सूखा (wilt) रोग नही लगता है। इसके फल मध्यम आकार के गोल व बैगनी रंग के होते हैं।

रामनगर जाइण्ट (Ramnagar Giant) या बनारस जाइण्ट (Banaras Giant)

यह किस्म उत्तर प्रदेश के वाराणसी व रामनगर आसपास के क्षेत्रों में काफी प्रचलित है। यह किस्म मुख्य रूप से कोलकाता (पश्चिम बंगाल) भेजी जाती है। इस किस्म के पौधे सीधे व बड़े फलों को धारण करने की क्षमता वाले 100.0–150.0 सेन्टी मीटर ऊँचे व काफी सख्त होते हैं। सामान्यतः हल्के हरे रंग के शाखायुक्त तथा बड़ी पत्तियों वाले होते हैं। इसमें हरे रंग के गोल फल लगते हैं। प्रत्येक पौधे पर 4–5 फल लगतें हैं। फल की लम्बाई 15.0–20.0 सेन्टी मीटर व व्यास लगभग 12. 0–15.0 सेन्टी मीटर होता है। प्रत्येक फल का औसत वजन 700–1200 ग्राम होता है। हरे, मुलायम व कम बीज वाला होने के कारण इस किस्म का प्रयोग भर्ता बनाने के लिए किया जाता है।

न्यूयार्क इम्पूब्ड (New York Improved)

इस किस्म के पौधे की बढ़वार उपर की ओर होती है। यह अधिक फैलने वाली किस्म है। इसके फल लम्बे पतले, गहरे बैगनी रंग के कोमल व स्वादिष्ट होते हैं । फल गुच्छों में लगते हैं। पौध लगाने के लगभग 78 दिन बाद फल तुड़ाई के योग्य हो जाते हैं। इसकी औसत उपज 32.0 टन प्रति हेक्टेयर है।

राजेन्द्र कृषि विश्वविद्यालय, साबौर (बिहार) द्वारा विकसित किस्में

राजेन्द्र बैंगन (Rajendra Baigan)

इस किस्म के पौधे 100.0–125.0 सेन्टी मीटर ऊँचे, सीधे, मजबूत, हल्के हरे, रंग के शाखाओं के व हल्की हरी पत्तियों वाली होते हैं। फल हल्के हरे रंग के लम्बे तथा कुछ टेढ़े, अच्छी फलत देने वाले, मुलायम, कम बीज वाले व चिकने होते हैं। यह किस्म वर्षा व शीत ऋतु यानी दोनों मौसमों में अच्छी पैदावार (30.0–35.0 टन प्रति हेक्टेयर) देती है। इस किस्म में उकठा रोग व फोमोप्सिस ब्लाइट का प्रभाव कम पड़ता है।

मुक्ताकेशी (Mukta Keshi)

इस किस्म के पौधे मध्यम आकार के होते हैं। फलों का रंग आकर्षक, गहरा बैगनी तथा आकार अण्डाकार होता है। यह किस्म जीवाणु मुरझा रोग को सहन करने की क्षमता रखती है, अतः अधिक वर्षायुक्त क्षेत्रों के लिए अच्छी पायी गयी है। इसकी उपज 34.0 टन प्रति हेक्टेयर है।

ग्रीन लॉग (Green Long)

इस किस्म के पौधे 100.0–125.0 सेन्टी मीटर ऊँचाई के, हल्के पीले शाखाओं वाले व हल्के हरे पत्तियों वाले तथा सीधे खड़े होते हैं। फल लम्बे, राजेन्द्र बैंगन की अपेक्षा चिकने व सीधे आकार

में, कुछ छोटे व हरे रंग के होते हैं। फल का गूदा हल्के हरे रंग का तथा कम बीजों वाला होता है। इस किस्म पर भी उकठा रोग तथा फोमोप्सिस ब्लाइट रोग का कम प्रभाव पड़ता हैं। इसकी प्रति हेक्टेयर उपज 30.0–35.0 टन है।

तमिलनाडु कृषि विश्वविद्यालय, कोयम्बटूर (तमिलानाडु) द्वारा विकसित किस्में

पी0एल0आर0 1 (P. L. R. 1)

इस किस्म को अखिल भारतीय समन्वित अनुसंधान परियोजना (सब्जी फसल) के तहत् वर्ष 1996 में भारतवर्ष के भौगोलिक क्षेत्र IV, VI व VII में उगाने के लिए अनुमोदित व संस्तुत की गयी है। इसके पौधे 50.0–60.0 सेन्टी मीटर ऊँचे, पत्तियाँ कटावदार व हरे रंग की होती हैं। फल आकार में छोटे, गोल, बैगनी रंग के चमकदार व आकर्षक होते हैं। प्रत्येक गुच्छों में 2–3 फल लगते हैं। इस किस्म की पैदावार 25.0–30.0 टन प्रति हेक्टेयर है।

गुजरात कृषि विश्वविद्यालय (गुजरात) द्वारा विकसित किस्में

ए0बी0–1 (AB-1)

इस किस्म को अखिल भारतीय समन्वित अनुसंधान परियोजना (सब्जी फसल), द्वारा सन् 1996 में भारतवर्ष के भौगोलिक क्षेत्र I, I, VI व VII उगाने के लिए अनुमोदित किया गया है। इसके पौधे 60.0–80.0 सेन्टी मीटर ऊँचे, हरे रंग की पत्तियों से लदे, जो उपर की तरफ हल्के बैगनी रंग लिए हुए व समानान्तर बढ़ने वाले होते हैं। फल गोलाकार (11.3 सेन्टी मीटर लम्बे व 8.5 सेन्टी मीटर व्यास के), गहरे बैगनी रंग के आकर्षक व मुलायम होते हैं। इसके 10 फलों का औसत वजन 1.2 किलो ग्राम होता है। इसकी औसत पैदावार 25.0–30.0 टन प्रति हेक्टेयर है।

ओड़िशा कृषि विश्वविद्यालय, भुवनेश्वर (ओड़िशा) द्वारा विकसित किस्में

बी0बी0–26 (BB-26)

इस किस्म को सन् 1995 में अखिल भारतीय समन्वित अनुसंधान परियोजना (सब्जी फसल) के द्वारा भारतवर्ष के भौगोलिक क्षेत्र I व VII में खेती के लिए अनुमोदित किया गया है। इसके पौधे 70.0–90.0 सेन्टी मीटर लम्बे होते हैं। फल आकार में 14.0–16.0 सेन्टी मीटर लम्बे, 5.0–6. 5 सेन्टी मीटर मोटाई के तथा बैगनी रंग के होते हैं। इसकी औसत उपज 30.0–35.0 टन प्रति हेक्टेयर होता है।

ए0आर0यू0, अल्मोड़ा (उत्तराखण्ड) द्वारा विकसित किस्में

ए0आर0यू0–2 सी0 (ARU-2C)

यह किस्म ए0आर0यू0 अल्मोड़ा (उत्तराखण्ड) से विकसित की गयी है। अखिल भारतीय समन्वित अनुसंधान परियोजना (सब्जी फसल) द्वारा सन् 1987 में अनुमोदित कर भौगोलिक क्षेत्र I, II, IV व VIII में उगाने की संस्तुत की गयी है। इसके पौधे गहरे हरे रंग के होते हैं तथा फल बेलनाकार, लम्बे चमकदार व बैगनी रंग के होते हैं। एक गुच्छे में 4–6 फल लगते हैं। इसके फलों

को बाजार में लोग काफी पसन्द करते हैं। यह किस्म जीवाणु उकठा रोग के प्रति सहिष्णु है तथा इसकी औसत पैदावार 32.1 टन प्रति हेक्टेयर है।

पश्चिमी बंगाल से विकसित किस्में

कृष्णानगर परपल राउण्ड (Krisha Nagar Purple Round)

यह एक प्रचलित किस्म है, जो पौध रोपण के लगभग 75–80 दिन में तैयार हो जाती है। इसके फल बड़े आकार के गोल, गहरे बैगनी रंग के, गूदेदार व कम बीजों वाले होते है। यह जाड़े के मौसम के लिए उत्तम किस्म है। इसकी औसत उपज 25.0–30.0 टन प्रति हेक्टेयर होती है।

कृष्णानगर ग्रीन लॉग (Krisha Nagar Green Long)

यह भी अन्यन्त प्रचलित किस्म है। यह किस्म रोपण के लगभग 75–80 दिनों में फल देने लगती है। इसके फल लम्बे, हरे, गूदेदार व कम बीज वाले होते हैं। इस प्रजाति को जाड़े के मौसम में सफलतापूर्वक उगाया जा सकता है। इसकी औसत उपज 25.0–37.5 टन प्रति हेक्टेयर होती है।

व्यक्तिगत बीज कम्पनियों द्वारा विकसित किस्में

श्यामल संकर (Shyamal Hybrid)

इस किस्म का विकास अंकुर सीड्स कम्पनी नागपुर द्वारा किया गया है। यह किस्म मध्यम फैलने वाली तथा ओजस्वी वृद्धि करती है। इसमें फलों की तुड़ाई पौध रोपण के 100–110 दिनों बाद की जा सकती है। फल लम्बोतर, बैगनी तथा गूदे दुधिया सफेद रंग के होते हैं। औसत उपज 70.0–75.0 टन प्रति हेक्टेयर है।

जलवायु

बैंगन गर्म मौसम की फसल है। इसके पौधों की बढ़वार तथा फल के लिए दिन और रात का औसत तापक्रम 13.0–21.0 डिग्री सेल्सियस होना चाहिए। बैंगन दिनमान के प्रति उदासीन व लम्बे मौसम का पौधा है। इसके बीज को उगने के लिए लगभग 21.0–32.0 डिग्री सेल्सियस तापमान उपयुक्त होता है तथा मृदा का तापमान 20.0 डिग्री सेल्सियस होना चाहिए। अगर दिन का तापमान 22.0–27.0 डिग्री सेल्सियस तथा रात्रि का तापमान 18.0–24.0 डिग्री सेल्सियस हो तो पौधों की वृद्धि एवं विकास अच्छा होता है। जब तापामन 17.0 डिग्री सेल्सियस के नीचे आ जाता है, तो पौधों की वृद्धि प्रभावित होती है। अगर कम तापमान है, तो फलों का विकास टेढ़ा मेढ़ा होता है तथा फल जल्द ही कठोर हो जाते हैं व फल में रंग विकसित नहीं होते हैं। बैंगन के पौधों में पाला सहन करने की शक्ति नहीं होती है। इसलिए इसकी फसल को पाले से अधिक हानि होती है। गोल फलों वाली किस्में, लम्बे फलों वाली किस्मों की अपेक्षा उच्च तापक्रम के प्रति अधिक सहनशील होती है।

भूमि तथा खेत की तैयारी

बैंगन के पौधों की अधिक प्राकृतिक विभिन्नता के कारण किसी भी किस्म की उपजाऊ भूमि में उगाया जा सकता है, जिसमें पानी के निकास का उत्तम प्रबन्ध हो। वैसे मटियार, दोमट या चिकनी दोमट भूमि में उसकी उपज अच्छी होती है। इसकी अगेती फसल के लिए जीवांश युक्त बलुई

दोमट भूमि अति उत्तम होती है। भूमि का पी0एच0 5.5–6.0 से ज्यादा नहीं होना चाहिए। जिस खेत में बैंगन लगाना हो उसकी पहली जुताई मिट्टी पलटने वाले हल से तथा बाद में 3–4 जुताई कल्टीवेटर या हैरो से करनी चाहिए। जुताई के समय खेत में 20.0–25.0 टन गोबर की सड़ी खाद व कम्पोस्ट प्रति हेक्टेयर के हिसाब से खेत में डालकर समान रूप से छिटककर मिट्टी में मिला देना चाहिए। खेत से खरपतवार निकाल देना चाहिए। प्रत्येक जुताई के साथ पाटा लगाना आवश्यक होता हैं, जिससे ढेलें टूट जायें एवं मिट्टी भुरभुरी हो जाये। इस प्रकार तैयार खेत में सुविधानुसार क्यारियॉ तथा सिंचाई की नालियॉ बना ली जाती है।

बुआई का समय एवं बीज की मात्रा

बैंगन की बुआई का समय, स्थान एवं वहाँ की जलवायु के उपर निर्भर करता है। पहाड़ी इलाकों में इसकी बुआई अप्रैल–मई में की जाती है तथा मैदानी इलाकों में बैंगन की फसल तीन बार ली जाती है, जैसा कि नीचे की सारिणी में दिया गया है।

सारिणी (2.19) बैंगन बुआई का समय

फसल	बुआई का समय	रोपाई का समय
शरद कालीन फसल	जून–जुलाई	जुलाई–अगस्त
वसन्त कालीन फसल	नवम्बर–दिसम्बर	जनवरी–फरवरी
वर्षाकालीन फसल	फरवरी–मार्च	मार्च–अप्रैल

एक हेक्टेयर खेत की रोपाई के लिए पौध तैयार करने हेतु लगभग 300–400 ग्राम बीज की आवश्यकता होती है। बीज अच्छी किस्म का शुद्ध व स्वस्थ होना चाहिए। ध्यान रहे कि बीज का जमाव शत प्रतिशत हो।

पौध तैयार करना

एक हेक्टेयर क्षेत्रफल की रोपण के लिए लगभग 100 वर्ग मीटर क्षेत्रफल में पौधशाला तैयार करने की आवश्यता पड़ती है। पौधशाला के लिए भूमि का चुनाव करते समय इस बात का ध्यान रखना चाहिए कि जगह छायादार व पानी के स्रोत के नजदीक हो तथा वहाँ उत्तम जल निकास का प्रबन्ध हो। इसकी पौध, पौधशाला में ऊँची क्यारियों में तैयार की जाती है। पहले पौधशाला में गोबर की अच्छी प्रकार सड़ी खाद मिलाकर सिंचाई कर दी जाती है। जब गुड़ाई के योग्य हो जाये तब नर्सरी की अच्छी प्रकार गुड़ाई करके तैयार कर ली जाती है। पौधशाला से खरपतवार तथा कंकड़ निकाल देने चाहिए तथा मिट्टी भुरभुरी करके, निकाई एवं सिंचाई की सुविधानुसार, क्यारियों की लम्बाई–चौड़ाई (सामान्यतः 1.0 मीटर चौड़ा व 5.0 मीटर लम्बा) रख कर ऊँची क्यारियाँ 15.0 सेन्टी मीटर ऊँची एवं सिंचाई की 40.0 सेन्टी मीटर चौड़ी नालियाँ बना लेते हैं। पौधशाला में बरसात के पानी से बचाव व पौधों को इससे होने वाली सम्भावित हानि से बचाने के लिए ऊँची क्यारियाँ बनाते

हैं। इन क्यारियों की मिट्टी को भुरभुरी करके समतल कर लेते हैं तथा उनमें 80 प्रतिशत व अंकुरण क्षमता वाले बीज को कतार (सामान्यतः 5.0–7.0 सेन्टी मीटर) में एक–एक बीज की बुआई 2.0–3.0 सेन्टी मीटर गहराई पर करते हैं। बीज के ऊपर एक हल्की सी गोबर की अच्छी सड़ी हुई भुरभुरी खाद या वर्मी कम्पोस्ट की परत डालकर बीज को ढक देते हैं। इसके बाद हजारे की सहायता से सिंचाई कर देते हैं। बुआई के बाद क्यारियों के चारों तरफ मेड़ों पर मैलाथियान पाउडर छिड़क देना चाहिए, जिससे कि चीटियाँ बीज को उठा न ले जायें। आवश्यकतानुसार समय–समय पर हजारे से पानी देते रहना चाहिए। लगभग 5–6 सप्ताह में 15.0 सेन्टी मीटर ऊँची व 4–6 पत्ती की अवस्था के पौध रोपण के योग्य हो जाते हैं।

सावधानियाँ

- पौधशाला को गर्मी से बचाने के लिए दिन मे सिरकी या छप्पर से ढक देना चाहिए तथा रात में हटा लेना चाहिए।
- शरद ऋतु में नर्सरी को पालीथीन की चादर से या पुआल से ढक दिया जाता है, जिससे पौधशाला में गर्मी बनी रहे और बीज अच्छी तरह उग आयें। जब पानी देना हो तब पालिथिन को हटा दिया जाता है और फिर ढक दिया जाता है। जब पौधे बढ़ने लगते हैं, तब पालिथिन को बाँस के टुकड़ों की सहायता से उपर कर दिया जाता है। ऐसा करने से पौधों पर पाले का असर नहीं होता हैं।
- पौधशाला में ज्यादा पानी नहीं देना चाहिए, अन्यथा पौध गलन (Damping off) रोग का प्रकोप हो जाता है। पौध गलन रोग (Damping off) बहुत ही गम्भीर बीमारी है। बैंगन के पौधशाला में इसका प्रकोप अपेक्षाकृत कम होता है। इससे बचाव के लिए कैप्टान या थिरम की 2.0 ग्राम मात्रा प्रति किलो ग्राम बीज में मिलाकर बीज शोधन करना चाहिए। प्रकोप के समय पौधशाला में कैप्टान या थिरम के 0.2 प्रतिशत घोल बनाकर जमाव के 5–7 दिन बाद छिड़काव करना चाहिए। यही मात्रा 7–10 दिन बाद पुनः दुहराया जा सकता है।
- कभी–कभी नर्सरी में पौधों पर जैसिड या पत्तियों को खाने वाले कीड़ों का आक्रमण हो जाता है। इनसे बचना के लिए 0.1 प्रतिशत मैलाथियान 50 ई0सी0 का छिड़काव कर देना चाहिए।
- अगर पौधों की बढ़वार कम हो या धीमी गति से हो रही हो तो यूरिया (20 ग्राम प्रति लीटर पानी में) का छिड़काव कर देना चाहिए, लेकिन ध्यान देना चाहिए कि यूरिया का छिड़काव कहीं ज्यादा न हो जाये, अन्यथा पौधे जल जायेंगे।

पौध लगाने की विधि

पौध रोपण के पहले उचित फासले को जानना आवश्यक है। बैंगन के पौधे कतार में लगाये जाते है। अतः कतार से कतार एवं पौध से पौध की दूरी किस्म एवं भूमि की उर्वरा शक्ति के उपर निर्भर करती है।

सारिणी (2.20) पौध से पौध एवं कतार से कतार की आपसी दूरी

प्रजाति के प्रकार	आपसी दूरी	
बौनी किस्में	कतार से कतार	50.0–60.0 सेन्टी मीटर
	पौध से पौध	40.0–50.0 सेन्टी मीटर
लम्बी किस्में	कतार से कतार	75.0–90.0 सेन्टी मीटर
	पौध से पौध	60.0–70.0 सेन्टी मीटर
गोल बैंगन	कतार से कतार	75.0 सेन्टी मीटर
	पौध से पौध	60.0 सेन्टी मीटर

पौध रोपण

बैंगन के पौधों का रोपण दो विधियों से की जाती है।

समतल क्यारियों में रोपण

क्यारियों में किस्मों के आधार पर पौधों को उचित दूरी (45.0 x 45.0 सेन्टी मीटर) रख कर कतारें (45.0 x 45.0 सेन्टी मीटर) बना ली जाती हैं। कभी–कभी पौधों की दूरी (60.0 x 60.0 सेन्टी मीटर) रख कर कतारें (60.0 x 60.0 सेन्टी मीटर) रखतें है। इन कतारों में पौधों को लगा दिया जाता है। लम्बी किस्म (60.0 x 45.0 सेन्टी मीटर), गोल किस्म (75.0 x 60.0 सेन्टी मीटर) तथा अधिक उत्पादक संकर किस्म (90.0 x 90.0 सेन्टी मीटर) की आपसी दूरी रखते हैं।

मेड़ों पर रोपण

इस विधि में कतारों (45.0 x 45.0 सेन्टी मीटर) एवं पौधों से पौधों की दूरी (45.0 x 45.0 सेन्टी मीटर) या कभी–कभी पौधों से पौधों की दूरी (60.0 x 60.0 सेन्टी मीटर) रख कर कतारें (60.0 x 60.0 सेन्टी मीटर) बनाई जाती हैं। रोपण प्रथम विधि जैसी ही होती है, अन्तर केवल इतना होता है कि कतारों की जगह मेड़ें बना ली जाती हैं। इन मेड़ों पर एक तरफ पौधों को उचित दूरी रखते हुए लगा दिया जाता है। यह विधि बहुत ही उपयोगी होती है। इस विधि में पौधे कम मरते हैं तथा अन्य कृषि क्रियाओं में आसानी होती है। पौध रोपण के तुरन्त बाद सिंचाई कर दी जाती है। पौध रोपण सायंकाल के समय ही करें क्योंकि सुबह के समय रोपण करने पर धूप के कारण पौधे सूख जाते हैं।

पोषक तत्व प्रबंधन

बैंगन अधिक उपज देने वाली किस्म है तथा खेत में अधिक दिनों तक रहती है। इसलिए खेत में पर्याप्त खाद तथा उर्वरकों की मात्रा प्रयोग की जानी चाहिए। बैंगन में खाद व उर्वरक की मात्रा किस्म, स्थानीय जलवायु व मिट्टी की किस्मानुसार शोध कार्यों के आधार पर अलग–अलग सिफारिशें की गयी हैं। पौध लगाते समय 40.0–50.0 किलो ग्राम नत्रजन, 60.0–80.0 किलो ग्राम फास्फोरस तथा 100.0–120.0 किलो ग्राम पोटाश प्रति हेक्टेयर का मिश्रण खेत में मिलाना चाहिए।

यावल्कर एवं सहयोगी (1962) ने 20.0 टन प्रति हेक्टेयर गोबर की अच्छी सड़ी खाद, नत्रजन 45.0–110.0 किलो ग्राम अमोनियम सल्फेट के रुप में, फास्फोरस 66.0–110.0 किलोग्राम, सुपर फास्फेट के रुप में तथा पोटाश 56.0–135.0 किलो ग्राम म्यूरेट आफ पोटाश के रुप में देने की आवश्यकता पड़ती है। फास्फोरस तथा पोटाश की पूरी मात्रा पौध रोपण के ठीक पहले मिट्टी में मिला देते हैं। नाइट्रोजन को तीन बराबर भागों में बाँट दिया जाता है। पहली मात्रा पौध रोपण के समय, दूसरी रोपण के एक माह बाद और तीसरी पौध रोपण के 3 माह बाद देनी चाहिए। सामान्यतः 50.0 किलो ग्राम फास्फोरस तथा 20.0 किलो ग्राम पोटाश प्रति हेक्टेयर क्रमशः सिंगल सुपर फास्फेट तथा म्यूरेट ऑफ पोटाश के रूप में देने के लिए सिफारिश की है। सामान्यतया 20.0–25.0 टन गोबर की खाद प्रति हेक्टेयर की दर से खेत की तैयारी के समय तथा 100.0 किलो ग्राम नत्रजन, 50.0 किलो ग्राम फास्फोरस और 50.0 किलो ग्राम पोटाश प्रति हेक्टेयर के हिसाब से पौध रोपण के एक दिन पूर्व डालें। धेशी एवं नन्दपुरी (1968) के अनुसार, भरपूर उपज प्राप्त करने के लिए 20.0 टन प्रति हेक्टेयर गोबर की खाद तथा 113.62 किलो ग्राम नत्रजन, 56.81 किलो ग्राम फास्फोरस और 28.40 किलो ग्राम पोटाश प्रति हेक्टेयर खेत में डालना चाहिए। शोध कार्यों के आधार पर हरियाणा कृषि विश्वविद्यालय, हिसार द्वारा हरियाणा हेतु 20.0 टन गोबर की खाद, 100.0 किलो ग्राम नाइट्रोजन, 50.0 किलो ग्राम फास्फोरस तथा 20 किलो ग्राम पोटाश प्रति हेक्टेयर के हिसाब से देने की सिफारिश की गई है। पंजाब कृषि विश्वविद्यालय, लुधियाना द्वारा 125.0 किलो ग्राम नत्रजन, 50.0 किलो ग्राम फास्फोरस व 30.0 किलो ग्राम पोटाश की संस्तुति पंजाब क्षेत्र हेतु की गयी है। ओडिशा कृषि एवं प्रौद्योगिक विश्वविद्यालय, भुवनेश्वर द्वारा बैंगन की अच्छी उपज प्राप्त करने के लिए 125.0 किलो ग्राम नत्रजन, 75.0 किलो ग्राम फास्फोरस व 125.0 किलो ग्राम पोटाश प्रति हेक्टेयर प्रयोग करना चाहिए। पश्चिम बंगाल के लिए 125.0 किलो ग्राम नत्रजन, 50.0 किलोग्राम फास्फोरस व 50.0 किलो ग्राम पोटाश तथा बिहार के लिए 165.0 किलो ग्राम नत्रजन व 90.0 किलो ग्राम फास्फोरस 90.0 किलो ग्राम पोटाश की आवश्यकता पड़ती है। गोविन्द बल्लभ पंत कृषि एवं प्रौद्योगिकी विश्वविद्यालय, पन्तनगर (उत्तराखण्ड) द्वारा 100.0 किलो ग्राम नाइट्रोजन, 60.0 किलो ग्राम फास्फोरस एवं 40.0 किलो ग्राम पोटाश प्रति हेक्टर देने के लिए सिफारिश की गई है। सामान्यतः फास्फोरस व पोटाश की पूरी मात्रा तथा नत्रजन की 1/3 मात्रा आधारीय रुप से खेत की तैयारी के समय देना चाहिए। शेष नत्रजन को दो भागों में बाँटकर पहली बार पौध रोपण के एक माह बाद तथा दूसरी बार पौध रोपण के दो माह बाद देना चाहिए। चौधरी (1976) के अनुसार बैंगन की अच्छी फसल के लिए प्रति हेक्टेयर लगभग 100.0 किलो ग्राम नत्रजन, 50.0 किलो ग्राम फास्फोरस तथा 50.0 किलो ग्राम पोटाश की आवश्यकता पड़ती है। खेत की तैयारी के समय लगभग 40.0–50.0 टन प्रति हेक्टेयर गोबर की खाद तथा फास्फोरस एवं पोटाश की पूरी पात्रा एवं नत्रजन की आधी मात्रा को खेत की तैयारी के समय मिट्टी में मिला देते हैं। नत्रजन की शेष आधी मात्रा को दो भागों में बाँटकर पौध रोपण के बाद देते हैं।

सिंचाई जल प्रबंधन

बैंगन की फसल को अधिक पानी की आवश्यकता नही होती है, लेकिन पौधों की प्रारम्भिक अवस्था में जल्दी–जल्दी सिंचाई करना आावश्यक होता है। चौधरी (1979) ने बैंगन की अच्छी फसल

लेने के लिए 100.0–110.0 सेन्टी मीटर प्रति हेक्टेयर सिंचाई करने की सिफारिश की है। इसकी पहली सिंचाई पौध रोपण के तुरन्त बाद की जाती है तथा इसके बाद एक सप्ताह के अन्दर ही दूसरी सिंचाई कर देनी चाहिए, जिससे पौधे आसानी से लग जायें। तीसरी सिंचाई मरे हुए पौधों के स्थान पर दूसरे पौधे लगाकर तुरन्त करनी चाहिए। इसके पश्चात् गर्मी के मौसम में एक सप्ताह के अन्तर पर तथा शरद काल में लगभग 15 दिन के अन्तर पर सिंचाई करनी चाहिए। सर्दियों के दिनों में जब पाला पड़ने की सम्भावना हो तब भूमि में नमी बनाए रखने के लिए सायंकाल जल्दी–2 सिंचाई करनी चाहिए क्योंकि इससे फसल पर पाले का असर जल्दी नही होता है। खेत में नमी बनाये रखने के लिए पलवार (mulch) का प्रयोग करना चाहिए। पलवार लगाने से खेत में बार–बार पानी लगाने में कमी आती है।

खरपतवार नियन्त्रण

बैंगन की खेत से समय–समय पर खरपतवार निकालना आवश्यक होता है, क्योंकि खरपतवार जमीन से पोषक तत्व का शोषण करते हैं। इसके अलावा खरपतवार रहने से बीमारियों तथा कीड़ों का प्रकोप होने की सम्भावना बढ़ जाती है। फसल की प्रारम्भिक अवस्था में खेत की गुड़ाई के साथ–साथ खरपतवारों को भी निकाल देना चाहिए। अगर खरपतवार को खरपतवारनाशी से समाप्त करना हो तो पौध रोपण के 7 दिन बाद वासालिन 1.0 किलो ग्राम सक्रिय प्रति हेक्टेयर को 625 लीटर पानी में घोलकर छिड़काव करने से बैंगन में खरपतवारों की रोक थाम करने में मदद मिलती है। बैंगन में फ्लूक्लोरिन की 1.5 लीटर मात्रा या पेण्डिमेथिलिन (Pendimethalin) की 1.0 लीटर मात्रा प्रयोग करने के 45 दिन बाद हाथ द्वारा खरपतवार निकाल देने से खरपतवार का पूर्ण नियंत्रण होता है।

गुड़ाई

पौध लगाने के 40–50 दिन की अवस्था तक खरपतवार फसल पर प्रतिकूल प्रभाव डालते हैं। अतः पौधों की प्रारम्भिक अवस्था में 2–3 बार खरपतवार निकालकर गुड़ाई करना अति आवश्यक होता है, क्योंकि इनकी बढ़वार के लिए मिट्टी में हवा का प्रवेश होना जरूरी है तथा जड़ों को बढ़ने में भुरभुरी मिट्टी की आवश्कता होती है। गुड़ाई कुदाली या कस्सी से की जाती है। गुड़ाई करते समय ध्यान देना चाहिए कि पौधों की जड़ों को हानि न पहुचें। बैंगन के जड़ों पर मिट्टी चढ़ा देने से फलत के समय पौधे गिरते नहीं और शाखाएँ ज्यादा बनती हैं।

पादप वृद्धि नियामकों का प्रयोग

शोध कार्यों से यह सिद्ध हुआ है कि कुछ रासायनिक दवाओं जैसे पैराक्लोरोफीनाक्सी एसीटिक एसीड (पी0सी0पी0ए0), 2, 4–डाइक्लोरोफीनाक्सी एसिटिक एसीड (2, 4–डी) तथा नैफ्थलीन एसीटिक एसीड (एन0ए0ए0) के प्रयोग से फल अधिक बनते हैं। इन पादप नियामकों का प्रयोग निम्न प्रकार से कर सकते हैं–

1. बीज उपचार (Seed treatments)

इस विधि में बैंगन के बीज को 2, 4–डाइक्लोरोफीनाक्सी एसिटिक एसीड (2, 4–डी) के 5 पी0पी0एम0 घोल में बीजाई के 24 घन्टे पहले भिगो देते हैं। इसके बाद बुआई करते हैं। इससे उपचार करने पर 50 प्रतिशत अधिक फल की प्राप्ति होती हैं।

2. पर्णीय छिड़काव (Foliar spray)

इस विधि में पौधों पर जब फूल आने लगते हैं, 2, 4–डाइक्लोरो फिनाक्सी एसिटिक एसीड (2, 4–डी) के 2 पी0पी0एम0 घोल का छिड़काव किया जाता है।

फसल चक्र

बैंगन को निम्नलिखित फसल चक्रों में सफलतापूर्वक उगाया जा सकता है–

- बैंगन–प्याज–हरी धनिया
- ग्वार–मटर (अगेती)–बैंगन
- बैंगन–आलू–प्याज
- लोबिया–बैंगन–भिण्डी
- लोबिया–फूल गोभी (मध्यकालीन)–बैंगन
- बैंगन–वसन्तकालीन राजमा–खीरा

फलों की तुड़ाई

बैंगन के फल बड़े हो जायें एवं उनमें रंग अच्छी तरह विकसित हो जायें तथा खाने योग्य मुलायम हों, तब फलों की तुड़ाई करनी चाहिए। ज्यादा दिन के कठोर तथा अधिक बड़े फलों की तुड़ाई नहीं करनी चाहिए, क्योंकि वे कठोर (सख्त) हो जाते हैं तथा फलों में बीज बन जाता है, जो सब्जी बनाने में स्वादिष्ट नहीं होते हैं। फल को तोड़ते समय ध्यान देना चाहिए कि फल में पुटचक (calyx) तथा डंठल जुड़ा रहें। अतः फलों को तेज चाकू से काटना चाहिए। सामान्यतः पौध रोपण के 75–80 दिन बाद प्रथम तुड़ाई की जाती है। तुड़ाई के बाद फलों को अच्छी प्रकार से पानी में डूबोकर धुलाई, सफाई व आकार, रंग आदि के आधार पर श्रेणीकरण करना चाहिए। बैंगन में सामान्यतः 8–10 बार तुड़ाई की जाती है, लेकिन छोड़ी गयी फसल (पेड़ी) की कटाई करने के बाद विकसित पौधों पर फल बनने से यह संख्या 15 तक पहुँच सकती है।

उपज

फलों की तुड़ाई सही समय पर करनी चाहिए ताकि बाजार में अच्छा भाव मिल सके। बैंगन के फलों की उपज किस्म, स्थान, मौसम, भूमि में मौजूद उर्वराशक्ति तथा अन्य कृषि कियाओं पर निर्भर करती है। बैंगन की औसत उपज लगभग 25.0–30.0 टन प्रति हेक्टेयर होती है, लेकिन संकर किस्मों से 40.0–60.0 टन उपज प्रति हेक्टेयर प्राप्त हो सकती है।

तुड़ाई उपरान्त प्रबंधन (Post Harvest Management)

बैंगन के फलों को तुड़ाई के उपरान्त धुलाई कर छायादार स्थान में रखना चाहिए, जिससे फलों में कसावट व चमक बनी रहे। इसके बाद स्थानीय बाजार के लिए बैंगन के फलों को टोकरी में भरकर भेजना चाहिए, लेकिन दूर के बाजारों के लिए प्लास्टिक या गत्ते के सन्दूकों (कार्टन) में भरकर विपणन के लिए भेजना चाहिए। भण्डारण हेतु हरे बैंगन के फलों को चार सप्ताह तक 8–10 डिग्री सेल्सियस तापमान व 5 प्रतिशत कार्बन डाई आक्साइड की सान्द्रता पर रखा जा सकता है। इसी प्रकार बैंगनी रंग के फलों का भण्डारण 7–10 दिनों तक 8–10 डिग्री सेल्सियस तापमान व 85–95 प्रतिशत सापेक्ष आर्द्रता पर रखा जा सकता है। सामान्य दशा में बैंगन को ग्रीष्मकाल में केवल 1–2 दिनों तक तथा शरद काल में 3–4 दिनों तक रखा जा सकता है।

पौध संरक्षण हानिकारक कीड़े एवं उनका प्रबन्धन

हानिकारक कीड़े एवं उनका प्रबन्धन बैंगन की फसल को हानि पहुचाने वाले प्रमुख कीड़े निम्नलिखित हैं–

तना एवं फल वेधक (*Leucinodes orbonalis* Guen)

बैंगन को यह ज्यादा हानि पहुँचाने वाला कीट है। इस कीट का आक्रमण पौध लगाने के एक सप्ताह बाद ही प्रारम्भ हो जाता है। तना और फल छेदक कीट की सूडी गुलाबी रंग की 15.0–18.0 मिली मीटर लम्बी हाती है तथा इसके उपर बाल नही होते हैं एवं पीठ पर बैंगनी रंग की धारियाँ होती हैं। वर्षा कालीन मौसम में कीट अधिक सक्रिय रहते हैं। वयस्क कीट मध्यम आकार की तितली होती है, जिसकी लम्बाई 10.0 मिली मीटर तथा पंख सफेद होते हैं, जिन पर भूरे धब्बे होते हैं। इसकी सूण्डियाँ नवीन व कोमल बढ़ती शाखाओं में छेद करती हैं एवं अन्दर घूसकर आन्तरिक भागों को खा जाती हैं। इनके आक्रमण से शाखाएँ नीचे मुड़कर सूखने लगती हैं और पौध ों की बढ़वार रूक जाती है। इन सूण्डियों का आक्रमण फल लगने पर फलों पर भी हो जाता है, जिससे फल में छेद बनने के कारण खराब हो जाता है एवं सब्जी योग्य नहीं रह जाते है। कभी–कभी फल सड़ने लगते हैं।

प्रबन्धन

- ग्रसित शाखाओं एवं फलों को तोड़ कर जला देना चाहिए। यह प्रक्रिया प्रति सप्ताह करना चाहिए।
- उपयुक्त फसल चक्र अपनाना चाहिए।
- कीटनाशक दवाओं के प्रयोग से भी इसकी रोकथाम की जाती है। पौधों की प्रारम्भिक अवस्था से ही मैलाथियान 50 ई0सी0 (1.0 लीटर दवा 625 लीटर पानी में घोलकर प्रति हेक्टेयर) या 0.3 प्रतिशत सेविन 50 घुलनशील पाउडर (1875 ग्राम दवा 625 लीटर पानी में घोलकर प्रति हेक्टेयर) दवा के घोल का छिड़काव लगभग 10–15 दिन के अन्तर पर करना चाहिए।

- थायोडान (0.1 प्रतिशत) के घोल का छिड़काव करना चाहिए।
- कार्बोसल्फान 25 ई0सी0 का 2.0 मिली लीटर मात्रा या पदान 50 डब्ल्यूपी0 घुलनशील पाउडर की 1.0 ग्राम दवा प्रति लीटर पानी में घोलकर 15 दिन के अन्तराल पर छिड़काव करना चाहिए।
- प्रत्येक 10.0 मीटर के अन्तराल पर प्रति हेक्टेयर क्षेत्रफल में 100 फेरोमोन फन्दा लगाकर वयस्क नर कीटों को सामूहिक रुप से आकर्षित (trap) कर नष्ट करने से खेतों में मादा द्वारा दिये जाने वाले अण्डों में काफी कमी हो जाती है।
- नीमगीरी (neem extracts) के 4 प्रतिशत घोल बनाकर खेत में 10 दिन के अन्तराल पर छिड़कना लाभदायक होता है।
- ऐसी किस्में जिसमें यह कीट कम लगता हो, जैसे पन्त सम्राट को खेत में उगाना चाहिए।

तना छेदक (Stem borer-*Euzophera perticella* Rag.)

इस कीड़े की सूण्डी तनों में छेद कर अन्दर खाती रहती है, जिसके फलस्वरूप पौधे के अग्र भाग सूख जाते हैं।

प्रबंधन

- तना छेदक कीट की रोकथाम के लिए कीट ग्रसित तना को तोड़कर जला देना चाहिए।
- फसल में फल लगने से पहले 300.0–400.0 मिली लीटर मैलाथियान 50 ई0सी0 को 200–250 लीटर पानी में मिलाकर प्रति एकड़ 15 दिन के अन्तराल पर छिड़काव करना चाहिए, ताकि रस चुसने वाले कीड़ों के साथ सूण्डी का भी नियंत्रण हो जाये।
- फल लगने पर सिन्थेटिक पाइरेथ्राएड (80.0 मिली लीटर 20 ई0सी0 या 70 मिली लीटर साइप्रमेथ्रिन 25 ई0सी0 या 200.0 मिली लीटर डैल्टामैथ्रीन 2.8 ई0सी0) और दूसरी कीटनाशियों (500 ग्राम कार्बेरिल 50 डब्ल्यू0पी0 या 500.0 मिली लीटर इण्डोसल्फान 35 ई0सी0) शाखा एवं फल छेदक कीड़े की तरह से छिड़काव करना चाहिए।
- पन्त सम्राट किस्म में यह कीट कम लगता है।

जैसिड या हरा फुदका (*Amrasca biguttula biguttula*)

जैसिड या हरा फुदका छोटे हरे रंग के कीड़े होते हैं, जिनकी संख्या पत्तों के निचले हिस्से पर अधिक पाई जाती है। ये कीड़े प्रारम्भिक अवस्था में पत्तियों से रस चूस लेते हैं, जिससे पत्तियाँ मुड़ने लगती है तथा पौधों की बढ़वार रूक जाती है। वयस्क फुदका 2.0 मिली मीटर लम्बा, हरे रंग का तथा पच्चर के आकार का होता है, जबकि बच्चे (तरूण) हरे श्वेत रंग के दिखाई देते हैं। इनके दोनों अगले पँखों पर दो काले धब्बे पाये जाते हैं। तरूण तथा वयस्क दोनों नुकसान पहुँचाते हैं। इन कीटों के प्रकोप से प्रभावित भाग पीले रंग के हो जाते है तथा पत्ती किनारें से अन्दर की ओर मुड़ने लगती हैं, जिससे पत्ती प्याले के आकार की हो जाती है।

प्रबन्धन

- बैंगन के पौध रोपण के पहले कानफिडोर नामक दवा के घोल (1.0 मिली लीटर दवा प्रति लीटर पानी में) में 1 घंटे तक डुबाने के पश्चात् रोपण करना चाहिए। इससे फसल को 30 दिन तक रोग ग्रसित होने से बचाया जा सकता है।
- इससे बचाव के लिए 0.1 प्रतिशत मैलाथियान या मैटासिस्टाक्स दवा के घोल (100 मिली लीटर दवा 100 लीटर पानी में) का छिड़काव लगभग 10–15 दिन के अन्तर पर करना चाहिए।
- नीमगीरी के 4 प्रतिशत घोल को 10 दिन के अन्तराल पर पौधों पर छिड़काव करना चाहिए।

एफीड (*Aphis gossypii*)

एफीड छोटे आकार के काले–हरे रंग के कीट होते हैं। इनकी संख्या पत्तियों की निचली सतह पर अधिक पाई जाती है। ये पत्तियों से रस चूसते हैं, जिससे पौधे कमजोर हो जाते हैं तथा पौधों की बढ़वार रूक जाती है। उपज भी कम हो जाती है।

प्रबंधन

इस कीट की रोकथाम के लिए 300.0–400.0 मिली लीटर मैलाथियान 50 ई0सी0 को 200.0–250.0 लीटर पानी में मिलाकर प्रति एकड़ फसल पर 15 दिन के अन्तराल पर छिड़काव करना चाहिए।

पत्ती मरोड़ कीड़ा (*Epilachna olivacea* Wlk.)

ये कीड़े ओलीव–हरे रंग के होते हैं। इनकी सूण्डी (caterpillar) भूरे रंग की होती है। उसके शरीर पर पीले धब्बे व बाल होते हैं। ये सूण्डियाँ पत्तियाँ को मोड़ देती है और पत्तियों को अन्दर–अन्दर खाती रहती है। इससे पत्तियाँ सूख जाती है।

प्रबंधन

- मुड़ी हुई पत्तियों को तोड़ कर जला देनी चाहिये।
- सूण्डियों को चुन–चुन कर मार देना चाहिये।
- इस कीट की रोकथाम के लिए 300–400 मिली लीटर मैलाथियान 50 ई0सी0 को 200–250 लीटर पानी में मिलाकर प्रति एकड़ फसल पर 15 दिन के अन्तराल पर छिड़काव करना चाहिए।

इपीलैकना भृंग (*Epilachna punctata*)

यह कीट पौधशाला में नवोद्भिद (seedlings) अवस्था में ही नुकसान पहुचाना प्रारम्भ कर देता है। ये भूरे रंग के गोल कीड़े होते हैं, जिनकी पीठ पर काले रंग के धब्बे होते हैं। इनके ग्रब (grub) पीले रंग के होते हैं तथा पत्तियों की निचली सतह पर अधिक पाये जाते हैं दोनों, बीटील (beetle)

एवं ग्रब (grub) पत्तियों को खाकर जाली की तरह बना देते हैं जिससे पत्तियों में भोजन निर्माण की क्रिया प्रभावित होती है।

प्रबंधन

- भृंग (beetle) एवं ग्रब (grub) को पकड़कर मार डालें।
- कीटनाशक दवाओं जैसे 0.2 प्रतिशत सेविन (200.0 ग्राम दवा 100.0 लीटर पानी में) का छिड़काव 15 दिन के अन्तर पर करना चाहिए।
- कीट अवरोधी किस्मों का प्रयोग करें।

लेस वींग बग (Lace wing bug-*Urentius hystricelluss*)

लेस वींग बग भूरे गहरे रंग के चपटे कीड़े होते हैं। इस कीड़ें के प्रौढ़ तथा बच्चे दोनों ही पत्तियों के निचले भाग से रस चूसकर नुकसान करते हैं।

प्रबंधन

इसकी रोकथाम कीटनाशक दवाओं जैसे 0.1 प्रतिशत मैलाथियान या 0.1 प्रतिशत मैटासिस्टाक्स या 0.3 प्रतिशत सेविन (Sevin) के घोल के छिड़काव से की जा सकती है।

मूल ग्रन्थिरोग (Root knot nematode)

ये बहुत ही सूक्ष्म सूत्रकृमि "मेलिडोगायन प्रजाति" (*Meloidogyne incognita* and *Meloidogyne javanica*) से होता हैं, जो पौधों की जड़ों में गाँठें बना देते हैं। इनके प्रकोप से पौधों की बढ़वार रुक जाती है तथा पत्तियाँ पीली पड़ जाती हैं। रोग का विशिष्ट लक्षण जड़ों पर ग्रन्थियों का बनना है। ग्रन्थियाँ गोलाकार, व लम्बी होती हैं तथा पार्श्व जड़ों पर फैली होती हैं। पौधों पर फल नहीं लगते हैं, जिससे उपज मारी जाती है।

प्रबंधन

- जिस खेत में इनका प्रकोप हो उसमें बैंगन नहीं लगाना चाहिए व कुछ साल के लिए दूसरी फसलें जैसे गेहूँ जौ, मक्का, तिल इत्यादि लगावें।
- बैंगन की ऐसी किस्में जिनमें इनका प्रकोप न हो जैसे मुक्ता केशी, एस–97, व्हाइट लॉग, बैंग्लौर गोल आदि का लगाना चाहिए।
- पौधशाला में पौध तैयार करते समय 10.0–12.0 ग्राम कार्बोफ्यूरान 3 जी0 प्रति वर्ग मीटर की दर से तथा मिट्‌टी में निमैगान 240.0 लीटर/हेक्टेयर के हिसाब से मिलाना चाहिए।
- नीम या अरण्डी की खली 2.5 टन/हेक्टेयर पौध रोपण के 3 सप्ताह पहले खेत में अच्छी प्रकार मिला देवें (सिंह, 1975)।

प्रमुख बीमारियाँ एवं उनका प्रबन्धन

बैंगन की फसल को हानि पहुचाने वाली प्रमुख बीमारियाँ निम्न है–

आर्द्रगलन रोग (Damping off)

यह रोग पिथियम, राइजोक्टोनिया, फाइटोफ्थोरा, कोलेटोट्राइकम व फोमा (*Pythium* spp., *Rhizoctonia* spp., *Phytophthora* spp., *Colletotrichum* spp. and *Phoma* spp.) द्वारा होता है। इस रोग के कारण पौधाशाला में पौधे सड़ने लगते हैं और गिर जाते हैं। पौधशाला में पौधों का मुरझाना तथा बाद में सूख जाना ही इस रोग का प्रमुख लक्षण है।

प्रबंधन

इस रोग से बचाव के लिए बीज सदैव पक्तियों में बुआई करें तथा पौधाशाला में बुआई से पूर्व बीजों को थाइरम या सेरेसान नामक फफूँदनाशी दवा से 2.0–3.0 ग्राम प्रति किलो ग्राम बीज की दर से उपचारित करें।

लिटिल लीफ (Little leaf)

यह रोग माइकोप्लाज्मा (mycoplasma) के कारण होता हैं जिसका प्रसार लीफ हाफर (leaf hopper-*Cestius* (*Hishimonus*) *phycitis* and *Amrasca biguttula biguttula*) द्वारा होता है। इस रोग से पौधा बौना रह जाता है तथा पत्तियाँ आकार में छोटी रह जाती हैं। पत्तियों का डण्ठल छोटा होने के कारण ये तने से सटी हुई लगती हैं। प्रायः रोग ग्रस्त पौधे पर फूल नहीं आते हैं और अगर पुष्प आता है, तो गुच्छों में लगता है। फूल तथा फल भी छोटे होते हैं। यह रोग बैंगन की फसल को अधिक नुकसान पहुचाता है।

प्रबंधन

- रोग ग्रसित पौधों को खेत से उखाड़ कर जला देना चाहिए।
- चूँकि प्रसार लीफ हापर कीट से होता है। अतः रोग वाहक कीड़े से बचाव के लिए कीटनाशक दवाओं जैसे–इकालैक्स या फालीडाल के घोल (6.0 मिली लीटर दवा 9 लीटर पानी में) का छिड़काव करना चाहिए।
- डाइमेक्रान 100 ई0सी0 या मेटासिस्टाक्स 25 ई0सी0 अथवा इकाटाक्स के छिड़काव से भी रोग संवाहक कीट नियंत्रित हो जाते हैं।
- पौध लगाते समय पौधों की जड़ों को 1000 पी0पी0एम0 टेट्रासाइक्लिन के घोल में डूबोना चाहिए तथा टेट्रासाइक्लिन का तीन छिड़काव साप्ताहिक (लगभग पौध लगाने के चार या पॉच सप्ताह बाद से) करना चाहिए।
- रोग रोधी किस्म ''पूसा परपल क्लस्टर'' को उगाना चाहिए, जिससे रोग का प्रकोप न हो।

जीवाणु ऊकठा या सूखा रोग (Wilt)

यह रोग फ्यूजेरियम, ओजोनियम व वर्टिसिलियम प्रजाति (*Fusarium* spp., *Ozonium* spp.or *Verticillium* spp.) द्वारा होता है। इस रोग से ग्रसित पौधे पीले पड़ जाते हैं तथा निचली पत्तियाँ पीली होकर शिराओं के बीच में भूरी हो जाती हैं। पौधों की बढ़वार रुक जाती है और अन्त में पौधे मुरझा कर सूख जाते हैं। तना को काटकर देखने से भूरे रंग का जमा हुआ पदार्थ दिखाई पड़ता है। इसमें सफेद लस–लसेदार छोटी–छोटी बूँद उस पर आ जाती हैं।

प्रबंधन

- अम्लीय खेत में बैंगन की खेती नहीं करनी चाहिए।
- ग्रसित पौधों को निकाल देना चाहिए।
- रोगरोधी किस्मों की खेती करनी चाहिए।
- प्रकोप कम करने के लिए खेत में फसल चक्र अपनाना चाहिए।
- फफूँदनाशक दवाओं जैसे–डाइथेन एम0–45 या डाइथेन जेड0–78 (2.0 किलो ग्राम दवा/हेक्टेयर) के घोल का छिड़काव करें।
- पौधों की जड़ों को रोपण से पूर्व स्ट्रेप्टोसाइक्लिन नामक दवा के 150 पी0पी0एम0 (1.0 ग्राम दवा 6.0 लीटर पानी में) के घोल में 30 मिनट तक डूबोने के पश्चात् रोपण करें।

फोमोप्सिस ब्लाइट एवं फल गलन रोग (*Phomopsis* blight and fruit rot)

यह बैंगन की गम्भीर बीमारी है, जो फोमोप्सि वैक्जॉन्स (*Phomopsis vexans*) नामक फफूँद द्वारा होती है। इस रोग का प्रभाव पौधे के प्रत्येक भाग पर पड़ता है। ग्रसित पौधों के पत्तियों की निचली सतह पर गोलाकार व हल्के भूरे धब्बे बन जाते हैं जो बाद में पुराने धब्बे के उपर छोटे–छोटे काले धब्बे दिखाई देते हैं। निचले तनों की गाँठों के पास भूरी धसी हुई सूखी सड़न होने लगती है। पुराने फलों के उपर भूरे धसे हुए धब्बे बनते हैं। प्रभावित फल सड़ जाता है तथा सम्पूर्ण फसल नष्ट हो जाती है।

प्रबन्धन

- उचित फसल चक्र (2–3 वर्षों तक) अपनाना चाहिए और खेत में रोगक्रांत पौधों के अवशेष को जला देना चाहिए।
- ग्रसित पौधों का बीज न लेवें और न बुआई करें।
- बीज को गरम पानी में लगभग 50.0 डिग्री सेटीग्रेड तापमान पर 30 मिनट के लिए उपचारित करें।
- बीज को एग्रोसन जी0एन0 या कार्बेण्डाजीम (2.00 ग्राम दवा/किलोग्राम) से उपचारित करें।
- ऐसी किस्मों को लगावें, जिसमें यह रोग नहीं लगता हो जैसे–फ्लोरिडा व्हाइट एवं पंत सम्राट।

- पौधों पर 0.2 प्रतिशत कैप्टान के घोल (200.0 ग्राम दवा 100.0 लीटर पानी में) का छिड़काव 7 दिन के अन्तराल पर करना चाहिए। डाइथेन जेड–78 (2.00 किलोग्राम/हेक्टेयर) के घोल का छिड़काव किया जा सकता है।
- खड़ी फसल में ब्लाइटाक्स के 0.25 प्रतिशत अथवा मैनेब या जिनेब की उपयुक्त मात्रा में छिड़काव लाभदायक पाया गया है। यह छिड़काव 7–10 दिन के अन्तर पर किया जाना चाहिए।

जीवाणु मूर्झान रोग या बैक्टीरियल विल्ट (Bacterial wilt)

जीवाणु मूर्झान रोग भू–जनित जीवाणु (soil born) स्युडोमोनास सोलेनेसिएरम (*Pseudomonas solanacearum*) द्वारा फैलता है। ग्रसित पौधों में अचानक नीचे की पत्तियाँ मुरझाकर सूख जाती हैं। संवाहक उत्तक भूरे हो जाते हैं। चूँकि इसके जीवाणु भूमि में ही रहते हैं। अतः इन्हें नष्ट करना एक दुष्कर कार्य है।

प्रबन्धन

- रोग ग्रसित पौधों को खेत से उखाड़कर जला देना चाहिए।
- मक्का व सोयाबीन के साथ फसल चक्र अपनाना चाहिए।
- गंधक या चुना से मिट्टी का शोधन लाभप्रद पाया गया है।
- इससे बचने के लिए प्रतिरोधी किस्में जैसे–पंत सम्राट व मुक्ता केशी उगायें।
- रोग ग्रसित खेत में सोलेनेसियस फसलें 2–3 वर्ष तक नहीं लेनी चाहिए अन्यथा जीवाणु की संख्या में वृद्धि होती है।

मिर्च (Chilli)

वानस्पतिक नाम : कैप्सिकम एनम, (*Capsicum annuum* L.)
कैप्सिकम फ्रुटीसेन्स (*Capsicum frutescens* L.)

कुल : सोलेनेसी (Solanaceae)

गुणसूत्र संख्या : 2एन = 24

भारतीय खाद्य पदार्थो में हरी या लाल मिर्च का उपयोग होना आम बात है तथा व्यावसायिक फसलों में मिर्च के महत्व को अलग नहीं किया जा सकता है। मिर्च को हाट पेपर (hot pepper) के नाम से भी जाना जाता है।

उद्भव एवं वितरण

मिर्च का उत्पत्ति स्थल दक्षिणी अमेरिका (मेक्सिको) माना जाता है (थाम्पसन एवं केली, 1957)। उष्ण कटिबन्धीय अमेरिका खासकर पेरु व ब्राजील में यह जंगली रुप में पायी जाती है। स्पैनिस एवं पुर्तगालियों द्वारा 15वीं शताब्दी में दक्षिणी अमेरिका की खोज की गयी और इससे पूर्व यूरोपीय लोगों द्वारा मिर्च की खेती व्यापक पैमाने पर की जाती थी। पश्चिमी देशों में मिर्च के बारे में जानकारी क्रिस्टोफर कोलम्बस के 1493 ई0 में अमेरिका की खोज के बाद हुई। कोलम्बस अमेरिका से वापस आने के समय मिर्च को स्पेन लाये, जहाँ से यह पूरे यूरोपीय देशों में फैल गया। ऐसा अनुमान लगाया जाता है कि मिर्च की खेती प्रथम बार 7000–6000 ईसा पूर्व प्रारम्भ हुई। यूरोप के द्वारा मिर्च का उपस्थापन संयुक्त राज्य अमेरिका में की गयी तथा 17वीं शताब्दी में पुर्तगालियों (वास्कोडिगामा) द्वारा ब्राजील से मिर्च को भारत में सन् 1584 में लाया गया। उत्तर–पूर्वी राज्यों में मिर्च की अनेकों प्रभेद अपने गुणों एवं आकार–प्रकार में भिन्न थे, जो स्पष्ट करते हैं कि ईसाईयों द्वारा मिर्च का उपस्थापन भारतवर्ष में सीधे अमेरिका द्वारा किया गया है।

भारतवर्ष विश्व में मिर्च का सबसे बड़ा उत्पादक देश है। क्षेत्रफल की दृष्टि से देखा जाये तो मिर्च की खेती 0.816–0.982 मिलियन हेक्टेयर में की जाती है, जिससे लगभग प्रति वर्ष 1.1 मिलियन टन सूखी मिर्च प्राप्त होती है। अन्य मिर्च उत्पादक देशों में चीन, पाकिस्तान, मोरक्को, मेक्सिको एवं टर्की का महत्वपूर्ण स्थान है। भारतवर्ष में मिर्च की खेती लगभग सभी राज्यों में की जाती है। भारतवर्ष में प्रमुख मिर्च उत्पादक राज्य आन्ध्र प्रदेश, कर्नाटक, महाराष्ट्र, ओडिशा, तमिलनाडु, मध्य प्रदेश, छत्तीसगढ़, पश्चिम बंगाल व राजस्थान हैं। इन राज्यों से लगभग 80 प्रतिशत उपज प्राप्त होती है। आन्ध्र प्रदेश अकेले कुल क्षेत्रफल का 25 प्रतिशत व कुल उपज का 40–50 प्रतिशत भागीदारी सुनिश्चित करता है। सूखा मिर्च व पाउडर विदेशों को निर्यात की जाती है, जिससे विदेशी मुद्रा की प्राप्ति होती है। श्रीलंका, भारतीय मिर्च का सबसे बड़ा खरीददार है।

वानस्पतिक विवरण

यह सोलेनेसी कुल का एकवर्षीय शाकीय पौधा है। सामान्यतः यह स्वपरागित पौध (self pollinated) है, परन्तु इसमें पर परागण भी काफी (6–10 प्रतिशत) होता है। इसका फल बेरी (berry) कहलाता है। कैप्सिकम के अन्तर्गत 30 प्रजातियाँ हैं, लेकिन उगायी जाने वाली कुल 6 प्रजातियाँ महत्वपूर्ण हैं–

1. कैप्सिकम एनम (*Capsicum annuum* L.)
2. कैप्सिकम फ्रुटीसेन्स (*Capsicum frutescens* L.)
3. कैप्सिकम पेण्डुलम (*Capsicum pendulum* L.)
4. कैप्सिकम प्यूबीसेन्स (*Capsicum pubescens* L.)
5. कैप्सिकम चाइनेन्स (*Capsicum chinense*)
6. कैप्सिकम बकैटम (*Capsicum bacatum*)

कैप्सिकम पेण्डुलम (*Capsicum pendulum* L.) एवं कैप्सिकम प्यूबीसेन्स (*Capsicum pubescens* L.) की खेती सिर्फ दक्षिण एवं मध्य अमेरिका में की जाती है। कैप्सिकम एनम (*Capsicum annuum* L.) तथा कैप्सिकम फ्रुटीसेन्स (*Capsicum frutescens* L.) की खेती पूरे विश्व में होती है। इस प्रजाति में तीखे तथा तीखा रहित प्रजातियाँ मिलती हैं। कैप्सिकम फ्रुटीसेन्स के फल छोटे तथा बहुत तीखे होते हैं। इस समूह के पौधे सामान्यतः बहुवर्षीय प्रकृति की होते हैं। इन सभी उपजातियों में कैप्सिकम एनम ही सबसे ज्यादा उगायी जाती है। इनके फल प्रायः 1.0–20.0 सेन्टी मीटर लम्बे, पतले तथा मोटे गूदे वाले होते हैं। कैप्सिकम एनम (*Capsicum annuum* L.) की किस्मों को अनुवांशिक विभिन्नताओं के आधार पर दो उपजातियों में बाँट सकते हैं।

1. प्रथम समूह में लम्बी, पतली, तीखी मसाला एवं अचार वाली कैप्सिकम एनम वार० लोंगम (*Capsicum annuum* var. *longum*) तथा कैप्सिकम एनम वार० एक्यूमिनेटम (*Capsicum annuum* var. *accuminatum*) है।
2. दूसरे वर्ग में घंटीनुमा आयताकार, बहुत कम तीखी या तीखापन रहित या मीठी, मोटे गूदे वाली, सब्जी के काम आने वाली कैप्सिकम एनम वार० ग्रोसम (*Capsicum annuum* var. *grossum*) है जिसे कैप्सिकम, बेल पीपर, स्वीट पीपर या शिमला मिर्च कहते हैं। इसके फल गूदेदार तथा विभिन्न आकार एवं रंग के होते हैं।

पोषकीय महत्व

सब्जी, अचार, चटनी, माँस तथा अन्य व्यंजनों को स्वादयुक्त व चटपटा बनाने के लिए मिर्च का प्रयोग किया जाता है। मिर्च में पाये जाने वाला कैप्सेसिन ($C_{18}H_{27}NO_3$) नामक एल्कलायड के कारण तीखापन होता है, लेकिन कैप्सेसिन अकेला घटक नहीं है। यह बहुत से एमाइड्स का मिश्रण होता है, जिनको सामान्य तौर पर कैप्सेसिनाइड्स (capsaicinoids) कहते हैं। कैप्सेसिन इसमें मुख्य घटक होता है, लेकिन इसके अलावा डाइहाइड्रो कैप्सेसिन (dihydro capsaicin) नान डाइहाइड्रो कैप्सेसिन (non-dihydro capsaicin), होमो कैप्सेसिन (homo capsaicin) तथा नेविल एसिड

(navil acid) आदि पाये जाते हैं। इसमें पाये जाने वाला तीखापन ही इसकी लोकप्रियता का प्रमुख आधार है, जिसके कारण विश्व भर में इसका उपयोग संपूर्ण चूर्ण के रूप में किया जाता है। इसमें विटामिन ''ए'' 'सी'' एवं ''ई'' की मात्रा अधिक पाई जाती है।

सारिणी (2.21) मिर्च में पाये जाने वाले पोषक तत्व (प्रति 100 ग्राम खाने योग्य भाग में)

पोषक तत्व	मात्रा
नमी	85.7 ग्राम
प्रोटीन	2.9 ग्राम
वसा	0.6 ग्राम
खनिज लवण	1.0 ग्राम
रेशा	6.89 ग्राम
कार्बोहाइड्रेट्स	3.0 ग्राम
ऊर्जा	29 किलो कैलोरी
कैल्सियम	30 मिली ग्राम
फास्फोरस	80 मिली ग्राम
आयरन	4.4 मिली ग्राम
कैरोटिन	175 माइक्रो ग्राम
थाइमिन	0.19 मिली ग्राम
रिबोफ्लेबिन	0.39 मिली ग्राम
नियासिन	0.9 मिली ग्राम
फोलिक अम्ल	6.0 माइक्रो ग्राम
विटामिन 'सी'	111 मिली ग्राम

मिर्च में उद्दीपन की प्रबलता ज्यादा होती है लेकिन शरीर में कोई विकार नहीं उत्पन्न करता है। इसके सेवन से फेफड़े की जकड़न समाप्त होती है, रक्त का प्रवाह तेज होता है तथा गठियाँ जैसे रोगों से होने वाले दर्द से छुटकारा मिलता है। मिर्च में तीखापन कैप्सेसिन नामक तत्व के कारण होता है, जो मिर्च के प्लेसेण्टा में पाया जाता है। मिर्च में लाल रंग कैप्सेन्थिन के कारण होता है। मिर्च में तीखापन एक प्रमुख अवयव है तथा इसकी तीव्रता एक ही किस्म में अलग–अलग वातावरण में अलग–अलग हो सकती है। नागाजोलकिया (भूत जोलोकिया, घोस्ट चिली, नागामोरिच) मिर्च की प्रभेद भारत के उत्तर पूर्वी भाग (आसाम, नागालैण्ड तथा मणिपुर) में उगायी जाती है। इस प्रजाति को गीनिज वर्ल्ड रिकार्ड में में दुनिया की सबसे अधिक तीखी मिर्च में रखा गया है। शुद्ध कैप्सेसिन की सीमा सामान्य मिर्च में 15,000,000–16,000,000 स्कोविल हीट यूनिट (एस0एच0यू0) होती है, जबकि इस मिर्च में 1041427 एस0एच0यू0 तक कैप्सेसिन पाया जाता है। मिर्च के कुछ प्रमुख प्रजातियों से प्राप्त कैप्सेसिन की मात्रा और शुद्ध कैप्सेसिन की तुलनात्मक अध्ययन सारिणी में दिया गया है–

सारिणी (2.22) मिर्च की प्रजातियों में कैप्सेसिन की मात्रा

मिर्च की प्रजातियाँ	किस्म	कैप्सेसिन (एस0एच0यू0)
कैप्सिकम फ्रुटीसेन्स	भूत जोलोकिया (नागा जोलोकिया)	1041427
कैप्सिकम चाइनेंस	रेड सविना	580,000
कैप्सिकम फ्रुटीसेन्स	टाबस्को	120,000
कैप्सिकम चाइनेंस	आरेंज हैवनेरों	200,000
कैप्सिकम फ्रुटीसेन्स	बी0एस0–35	200,000
कैप्सिकम एन्नम	थाईहाट	60000
कैप्सिकम एन्नम	सयेने	8500
कैप्सिकम एन्नम	बेल पेपर	0

मानकः शुद्ध कैप्सेसिन 16,000,000

भारतवर्ष में मिर्च से लाल रंग उत्पादन हेतु अधिक ओलियोरेजिन युक्त प्रजातियों (पैप्रिका मिर्च) की खेती की जाती है। वयादगी कादी, वयादगी दाबी, अर्का अबीर, टोमैटो चिली, के0टी0पी0एल0–19, एल0सी0ए0–424, पी0बी0सी0–535 इत्यादि प्रजातियाँ ओलियोरेजिन उत्पादन हेतु भारत के विभिन्न भागों में उगायी जा रही हैं। कुछ प्रचलित प्रजातियाँ जो भारतवर्ष के विभिन्न क्षेत्रों में लाल फल (ओलियोरेजिन) उत्पादन में प्रयुक्त होते हैं, उनके कैप्सेसिन एवं ओलियोरेजिन का प्रतिशत मान (शुष्क भार) को सारिणी में दिया गया है–

सारिणी (2.23) मिर्च के प्रमुख किस्मों में कैप्सेसिन एवं ओलियोरेजिन की प्रतिशत मात्रा

प्रजातियाँ	कैप्सेसिन	ओलियोरेजिन
काशी अनमोल (के0ए0–2)	0.38 प्रतिशत	10.20 प्रतिशत
पेरेनियल	0.83 प्रतिशत	11.60 प्रतिशत
एल0सी0ए0–334	0.32 प्रतिशत	15.00 प्रतिशत
एल0सी0ए0–357	0.59 प्रतिशत	14.90 प्रतिशत
बी0एस0–35	1.74 प्रतिशत	14.50 प्रतिशत
ए0के0सी0–89/38	0.68 प्रतिशत	13.30 प्रतिशत
एल0सी0ए0–206	0.44 प्रतिशत	13.20 प्रतिशत
आई0आर0–8	1.10 प्रतिशत	14.40 प्रतिशत
पी0बी0सी0–535 (पैप्रिका)	0.20 प्रतिशत	15.00 प्रतिशत
के0टी0पी0एल0–19 (पैप्रिका)	0.95 प्रतिशत	16.40 प्रतिशत
वयादगी कादी (पैप्रिका)	0.09 प्रतिशत	13.20 प्रतिशत
वयादगी दाबी (पैप्रिका)	0.07 प्रतिशत	18.00 प्रतिशत

विश्व में मसालों के रुप में, सब्जी व सलाद के रुप में प्राकृतिक रंग उत्पादन के रुप में, अचार, चटनी, औषधि तथा अन्य रुपों में मिर्च का उपयोग किया जाता है।

उन्नतिशील किस्में

भारतवर्ष में मिर्च की उन्नतिशील किस्मों के विकास का कार्य सर्वप्रथम सन् 1928 में आन्ध्र प्रदेश के कृषि अनुसंधान केन्द्र, लाम (गुन्टूर) में आरम्भ किया गया और सन् 1935 में जी–1 किस्म को व्यावसायिक स्तर पर खेती करने के लिए अनुमोदित किया गया। इसके उपरान्त इस केन्द्र द्वारा जी–2, जी–3 व जी–4 किस्में विकसित की गयी। सन् 1970–71 में अखिल भारतीय समन्वित अनुसंधान परियोजना (सब्जी फसल) के प्रारम्भ होने से इसकी नवीन किस्मों को विकसित करने के कार्य को काफी बल मिला।

मिर्च की किस्मों को दो समूहों में विभक्त किया जाता है–

1. कैप्सिकम एनम (*Capsicum annuum*) तथा
2. कैप्सिकम फ्रुटीसेन्स (*Capsicum frutescens*)

मिर्च की किस्मों को मुख्य रूप से तीखेपन के आधार पर तीन प्रमुख वर्गों में विभाजित किया गया है–

1. अधिक तीखी किस्में (High pungent varieties)

इस समूह के अन्तर्गत पटना रेड, एन0पी0–46 ए, सरहिन्दी एवं पूसा ज्वाला किस्में आती हैं। ये किस्में अत्यन्त तीखी व पतली होती है तथा मसाले के लिए प्रयोग की जाती है।

2. कम तीखी किस्में (Low pungent varieties)

इस समूह के अन्तर्गत हंगेरियन वैक्स, पूरी रेड एवं पूरी आरेंज किस्में आती हैं।

3. मीठी किस्में (Sweet varieties)

इस समूह के अन्तर्गत आने वाली किस्मों में तीखापन नहीं होता है। जैसे– कैलीफोर्निया वन्डर, चाइनीज जैन्ट, बुलनोज, स्वीट स्पेनींस।

तीखी व मसाले वाली किस्में (Pungent and spice type varieties)

भारतीय कृषि अनुसंधान संस्थान, नई दिल्ली द्वारा विकसित किस्में

एन0पी0 46– (NP-46A)

भारतीय कृषि अनुसंधान संस्थान, नई दिल्ली से किस्म ''पुरी रेड'' और दिल्ली से एकत्रित स्थानीय जननद्रव्य के संकरण से तैयार की गई एक अगेती एवं तीखी किस्म है। इसके पौधे बौने, झाड़ीदार होते हैं। फल लम्बे (8.0–10.0 सेन्टी मीटर) मुड़े हुए तथा आगे से पतले होते हैं। इसमें तीखापन सामान्य होता है। फल कच्ची अवस्था में हरे एवं पकने पर लाल होते हैं। यह किस्म मसाले

के लिए उत्तम होती है। इस पर थ्रिप्स (thrips) कीड़े का आक्रमण अपेक्षाकृत कम होता है, लेकिन विषाणु रोगों के प्रति यह काफी संवेदनशील है। इसकी औसत पैदावार 9.0 टन प्रति हेक्टेयर तक हो जाती है।

पूसा ज्वाला (Pusa Jwala)

इस किस्म का विकास भारतीय कृषि अनुसंधान संस्थान, नई दिल्ली से एन0पी0 46–ए और पुरी रेड के संकरण से हुआ है। पौधे बौने होते हैं, लेकिन फल एन0पी0–46ए से थोड़े लम्बे (9.0–11.0 सेन्टी मीटर) एवं पतले व मुड़े हुये होते हैं। कच्ची अवस्था में फल हरे और पकने पर लाल हो जाते हैं। इसमें पौधे फल से लदे होते हैं। विषाणु रोग एन0पी0–46 ए की अपेक्षा कम लगता है। यह किस्म लाही, जैसिड तथा सूत्रकृमि के प्रति प्रतिरोधक क्षमता रखती है। इस प्रजाति में विषाणु एवं पत्ती मरोड़ रोगरोधी गुण पाये जाते हैं। इसमें कैप्सेसिन की मात्रा 0.7 प्रतिशत तक पाई जाती है। इस किस्म की हरी मिर्च उत्पादन क्षमता 10.0–11.0 टन/हेक्टेयर व सूखी मिर्च की पैदावार लगभग 1.5–2.0 टन प्रति हेक्टेयर होती है।

पूसा सदाबहार (Pusa Sadabahar)

इस किस्म का विकास भारतीय कृषि अनुसंधान सस्थान, नई दिल्ली द्वारा किया गया है। इस किस्म के पौधे कम फैलने वाले होते हैं तथा फल उपर की तरफ लगते हैं। यह किस्म बारहमासी है, जिसके कारण 2–3 वर्षो तक खेत में खड़े रहते हैं तथा इसमें कई बीमारियों जैसे मोजैक व पत्ती मरोड़ के प्रति प्रतिरोधक क्षमता पायी जाती है। पके फलों का रंग गहरा व चमकीला लाल होता है। इसमें कैप्सेसिन की मात्रा 1.0–5.0 प्रतिशत तक होती है। ओलियोरेजिन तत्व की अधिकता के कारण यह निर्यात योग्य मानी जाती है। इसमें पूसा ज्वाला की अपेक्षा 50 प्रतिशत अधिक कैप्सेसिन की मात्रा होती हैं। सामान्यतः 6–14 तक फलियाँ गुच्छों में लगती हैं। हरी मिर्च की उपज 12.0 टन प्रति हेक्टेयर है तथा सूखी मिर्च की उपज 1.5–2.0 टन प्रति हेक्टेयर है।

भारतीय सब्जी अनुसंधान संस्थान, वाराणसी (उत्तर प्रदेश) द्वारा विकसित किस्में

काशी अनमोल (Kashi Anmol or KA-2)

इस किस्म के पौधे सीमित बढ़वार वाले एवं छातानुमा होते हैं। प्रत्येक पौधे पर ज्यादा फलियाँ लगती हैं, जो ठोस, सीधे एवं काफी तीखे होते हैं। फल की लम्बाई 5.5–7.5 सेन्टीमीटर व व्यास 0.7–1.0 सेन्टीमीटर तक होता है। पौध रोपण के मात्र 45–50 दिन में प्रथम तुड़ाई की जा सकती है। हरी फल प्राप्त करने के लिए यह उपयुक्त किस्म है। प्रति हेक्टेयर औसत उपज 20.0–25.0 टन होती है लेकिन अधिक प्रबन्धन तकनीक अपनाने से उपज 30.0 टन प्रति हेक्टेयर तक हो सकती है। इसकी खेती पंजाब, उत्तर प्रदेश, बिहार, मध्य प्रदेश, महाराष्ट्र, कर्नाटक, तमिलनाडु व केरल में की जा सकती है।

काशी सुर्ख (Kashi Surkh or CCH-2)

यह नर बन्ध्य आधारित संकर किस्म है, जिसके सूखे फल बाजार के लिए काफी उपयुक्त होते हैं। सामान्यतः पौधे 100.0–110.0 सेन्टी मीटर ऊँचे, ओजस्वी व ज्यादा पत्तियों से घिरे होते हैं। फलों की औसत लम्बाई 10.0–11.0 सेन्टी मीटर व फल व्यास 1.0–1.2 सेन्टी मीटर होती है। फल हल्के हरे रंग के तथा पकने पर लाल रंग के हो जाते हैं। पौध रोपण के 50–55 दिनों बाद फलों की तुड़ाई की जा सकती है। प्रति हेक्टेयर 30.0 टन हरी फलियाँ व 8–10 टन सूखी फलियाँ प्राप्त होती हैं। इस प्रजाति की खेती पश्चिम बंगाल, आसाम, छत्तीसगढ़, पंजाब, उत्तर प्रदेश, बिहार, ओडिशा, आन्ध्र प्रदेश, राजस्थान, गुजरात, हरियाणा व दिल्ली में सुगमता से की जा सकती है।

काशी अर्ली (Kashi Early or CCH-3)

यह अधिक उपज देने वाली संकर किस्म है, जिसके पौधे लम्बे व ओजस्वी होते हैं। फल सीधे, लम्बे (9.0–10.0 सेन्टी मीटर), फल व्यास 4.0–1.1 सेन्टीमीटर तथा हरे रंग के होते हैं। प्रथम तुड़ाई पौध रोपण के 40–45 दिनों बाद की जा सकती है। यह भण्डारण करने के लिए उत्तम किस्म है। औसतन हरे फलों की उपज 26.0–35.0 टन प्रति हेक्टेयर होती है।

वी0आर–338 (VR-338)

इस किस्म का विकास समूह चयन द्वारा किया गया तथा खेती के लिए वर्ष 2011 में पश्चिम बंगाल एवं आसाम के लिए संस्तुत की गयी। पौधे असीमित बढ़वार वाले तथा ओजस्वी होते हैं। फल गहरे हरे रंग के, लम्बे (9.0–12.0 सेन्टी मीटर) व 1.2–1.3 सेन्टीमीटर व्यास के होते हैं। प्रत्येक फल का वजन 10.0–11.0 ग्राम होती है। इस किस्म में विटामिन 'सी' की मात्रा 40.0 मिली ग्राम प्रति 100 ग्राम खाने योग्य भाग में होता है। इसकी औसत उपज 25.0–27.5 टन प्रति हेक्टेयर होता है। इसे वर्ष 2011 में पश्चिम बंगाल एवं आसाम खेती के लिए संस्तुति की गयी है।

भारतीय बागवानी अनुसंधान संस्थान, बैंगलुरू (कर्नाटक) द्वारा विकसित किस्में

अर्का मेघना (Arka Meghana or M.S.H.172)

यह नर बंध्य आधारित संकर किस्म है, जिसके पौधे लम्बे, ओजस्वी एवं हरे रंग के होते हैं। फल 8.0–10.0 सेन्टी मीटर लम्बे, मोटे तथा वजनीय होते हैं। पौध रोपण के 50–55 दिन बाद हरे फलों की प्रथम तुड़ाई की जा सकती है। इस किस्म से हरे एवं लाल दोनों प्रकार के फल गुणवत्तायुक्त होते हैं। हरे फलों की उपज 26.0–30.0 टन व सूखे मिर्च की उपज 7.0–8.0 टन प्रति हेक्टेयर होती है।

अर्का हरिता (Arka Harita or MSH-96)

यह नर बंध्य आधारित संकर किस्म है, जो हरे एवं लाल फल उत्पादन हेतु उपयुक्त है। फल पतले लम्बे (6.0–8.0 सेन्टी मीटर), हरे रंग के तथा चरपराहट युक्त होते हैं। पौध रोपण के 55 दिन

बाद हरे फलों की प्रथम तुड़ाई की जा सकती है। यह किस्म ग्रीष्म ऋतु में खेती करने के लिए उपयुक्त है। सामान्यतः हरी फल उपज 26.0–30.0 टन तथा लाल फली उपज 8.0 टन प्रति हेक्टेयर होती है।

अर्का लोहित (Arka Lohit or Sel-1)

फल चमकीले, गहरे लाल, सीधे, मध्यम आकार तथा चरपराहट युक्त होते हैं। इसमें कैप्सिसिन की मात्रा 0.71 प्रतिशत तक होती है। सामान्यतः हरी फल उपज 26.0 टन प्रति हेक्टेयर होती है। इस किस्म पर चूर्णिल आसिता (powdery mildew) रोग नही लगता है। सूखे फलियो का वजन 4. 0–5.0 टन प्रति हेक्टेयर होता है।

गोविन्द बल्लभ पन्त कृषि एवं प्रौद्योगिकी विश्वविद्यालय, पन्तनगर (उत्तराखण्ड) द्वारा विकसित किस्में

पंत सी–1 (Pant C-1)

यह संकर किस्म एन0पी0–46 ए तथा कंधारी (स्थानीय) के संयोग से गोविन्द बल्लभ पन्त कृषि एवं प्रौद्योगिकी विश्वविद्यालय, पन्तनगर (उत्तराखण्ड) द्वारा विकसित की गयी है। पौध रोपण के 60–65 दिन बाद फल लगना प्रारम्भ हो जाता है, जो 90–100 दिन बाद तुड़ाई के योग्य हो जाते हैं। इसके पौधों में फल ऊपर की ओर लगते हैं। इसके फल 5.0–8.0 सेन्टी मीटर लम्बे, अधिक मोटे व बीजों से भरे होने के कारण वजनीय होते हैं तथा प्रति पौध 80–90 फल लगते हैं। यह बहुत ही तीखी किस्म है तथा अन्य किस्मों की अपेक्षा अधिक उपज देती है। औसतन प्रति हेक्टेयर हरे फलों की उपज 28.0–29.0 टन तथा सूखे फलों का वजन 2.5 टन प्रति हेक्टेयर होता है। इस किस्म पर पत्ती मरोड़ विषाणु रोग का प्रकोप कम होता है।

पंत–सी– 2 (Pant C -2)

यह किस्म भी एन0पी0–46 ए तथा कंधारी किस्मों के संकरण से गोविन्द बल्लभ पंत कृषि एवं प्रौद्योगिकी विश्वविद्यालय, पंतनगर (उत्तराखण्ड) द्वारा तैयार की गई हैं। इसके फल पंत सी–1 की तरह छोटे, 6.0–7.0 सेन्टी मीटर लम्बे, तीखे और सीधे होते हैं। फल नीचे की ओर गुच्छों में लगते हैं। अन्य किस्मों की अपेक्षा इस किस्म में विषाणु रोग बहुत ही कम लगता है। इसके सूखे मिर्च की उपज 2.4 टन प्रति हेक्टेयर होती है।

चन्द्रशेखर आजाद कृषि एवं प्रौद्योगिकी विश्वविद्यालय, कानपुर (उत्तर प्रदेश) द्वारा विकसित किस्में

चंचल (Chanchal)

यह एक अगेती किस्म है, जिसका विकास चन्द्रशेखर आजाद कृषि एवं प्रौद्योगिकी विश्वविद्यालय, कानपुर (उत्तर प्रदेश) द्वारा किया गया है, जो गृह वाटिका के लिए अधिक उपयुक्त है। यह

अधिक तीखी किस्म है। इसके तीखेपन पर तापक्रम का कोई असर नहीं पड़ता है। इसमें पत्ती मरोड़ रोग कम लगता है। पौध रोपण के लगभग 40 दिन बाद फूल आने लगते है। इसकी औसत उपज 23.0–25.3 टन प्रति हेक्टेयर है।

कल्यानपुर सेलेक्शन (Kalyanpur Selection)

यह मसाले वाली अगेती किस्म है, जिसका विकास चन्द्रशेखर आजाद कृषि एवं प्रौद्योगिकी विश्वविद्यालय, कानपुर (उत्तर प्रदेश) द्वारा किया गया है, जो अधिक उपज देती है। इसके फल लाल, लम्बे तथा तीखे होते हैं। इसमें एन्थेक्नोज रोग कम लगता है। इस किस्म में पौध रोपण के लगभग 30–35 दिन बाद फूल आने प्रारम्भ होते हैं। फल लगने की 45–50 दिन बाद पकना शुरू करते हैं। इससे लगभग 20.0 टन प्रति हेक्टेयर हरी मिर्च व 2.0–2.5 टन सूखी मिर्च प्राप्त होती है।

के–5452 (K-5452)

इस किस्म को चयन द्वारा चन्द्रशेखर आजाद कृषि एवं प्रौद्योगिकी विश्वविद्यालय, कानपुर (उत्तर प्रदेश) द्वारा विकसित किया गया है। फल तोड़ते समय डण्ठल पौधों में ही रह जाते हैं। इसके फल लगभग 6.0 सेन्टी मीटर लम्बे और 1.5 सेन्टी मीटर मोटे होते हैं। सामान्यतः फल पकने पर लाल एवं अधिक बीजों से युक्त होता है। पौधों पर फल सीघा उपर की ओर होता है। बिना डण्ठल की सूखी मिर्च 2.0–2.2 टन प्रति हेक्टेयर तक प्राप्त होती है। हरी मिर्च की उपज 13.6 टन प्रति हेक्टेयर है।

कल्याणपुर मोहिनी (Kalyanpur Mohini)

इस किस्म का विकास चन्द्रशेखर आजाद कृषि एवं प्रौद्योगिकी विश्वविद्यालय शाक–भाजी अनुसंधान केन्द्र कल्याणपुर, कानपुर (उत्तर प्रदेश) द्वारा की गयी है। मिर्च की इस किस्म के फल ऊपर की तरफ लगते है तथा फल सफेदी लिए होते हैं। हरे फलों की औसत उपज 17.3 टन प्रति हेक्टेयर तथा सूखे फलों की उपज 1.2 टन प्रति हेक्टेयर है।

कल्याणपुर टाइप–1 (Kalyanpur Type-1)

इस किस्म का विकास चन्द्रशेखर आजाद कृषि एवं प्रौद्योगिकी विश्वविद्यालय शाक–भाजी अनुसंधान केन्द्र कल्याणपुर, कानपुर (उत्तर प्रदेश) द्वारा की गयी है। इसके फल नारंगी या पीले रंग के होते हैं। फल लम्बे और तीखे होते है। इसकी सूखी मिर्च की पैदावार 1.2–1.5 टन प्रति हेक्टेयर होती है।

कल्याणपुर–2 (Kalyanpur Type-2)

इस किस्म का विकास चन्द्रशेखर आजाद कृषि एवं प्रौद्योगिकी विश्वविद्यालय शाक–भाजी अनुसंधान केन्द्र, कल्याणपुर, कानपुर (उत्तर प्रदेश) द्वारा की गयी है। इस के फल लम्बे और तीखे होते हैं, जो पकने पर लाल रंग के हो जाते हैं। इसके सूखे फलों की औसत उपज 1.2–1.5 टन प्रति हेक्टेयर होती है।

आचार्य एन0जी0 रंगा कृषि एवं प्रौद्योगिकी विश्वविद्यालय, हैदराबाद (आन्ध्र प्रदेश) द्वारा विकसित किस्में

एन0 जी0 रंगाराव कृषि एवं प्रौद्योगिकी विश्वविद्यालय, हैदराबाद (आन्ध्र प्रदेश) द्वारा सर्वप्रथम जी–1 सन् 1933 में किसानों के लिए अनुमोदित की गयी थी और बाद में इसी केन्द्र से जी–2, जी–3 और जी–4 किस्में विकसित की गयी थी। कुछ प्रचलित किस्में इस प्रकार हैं–

आन्ध्र ज्योति (Andhra Jyoti or G-5)

इस किस्म को "जी–2 और बिहार" 1331 के संकरण से विकसित किया गया है। इसके फल छोटे, गुण्डू टाइप, 3.0–4.0 सेन्टी मीटर लम्बे और लगभग 4.0 सेन्टी मीटर मोटे होते हैं। फलभित्ति काफी मोटी होती है तथा फल में काफी मात्रा में बीज होते हैं। यह किस्म फल विगलन व डाइबैक रोगरोधी है, जो देश के सभी भागों में उगाने हेतु केन्द्रीय किस्म अनुमोदन समिति द्वारा सन् 1971 में संस्तुत की गयी थी। यह थ्रिप्स सहनशील प्रजाति है। इसकी हरी मिर्च उपज 18.6 टन तथा सूखी मिर्च 2.5 टन प्रति हेक्टेयर है।

भाग्य लक्ष्मी (Bhagya Lakshmi or G-4)

इस किस्म को "तोहियन मिर्च" से वरण द्वारा विकसित किया गया है। इसके पौधे 52.9 सेन्टी मीटर ऊँचे होते हैं। फल 8.2 सेन्टी मीटर लम्बे होते हैं। फलों में बीज की मात्रा 38–40 प्रतिशत होती है। फसल 180 दिनों में पककर तैयारा होती है। असिंचित क्षेत्रों में 1.18 टन/हेक्टेयर और सिंचित क्षेत्र में 5.0 टन प्रति हेक्टेयर सूखे मिर्च प्राप्त होते हैं। हरी फलियों का वजन 10.0–13.0 टन प्रति हेक्टेयर होता हैं। इस किस्म पर रोग तथा कीड़ों का प्रकोप बहुत कम होता है।

कृषि अनुसंधान केन्द्र लाम, गुन्टूर (आन्ध्र प्रदेश) द्वारा विकसित किस्में

भास्कर या एक्स –235 (Bhaskar or X-235)

इस किस्म को "जी 4" और एलो एन्थर म्यूटेन्ट के संकरण द्वारा कृषि अनुसंधान केन्द्र, लाम, गुन्टूर (आन्ध्र प्रदेश) से विकसित किया गया है। इसे अखिल भारतीय समन्वित अनुसंधान परियोजना (सब्जी फसल) के अन्तर्गत भारत के भौगोलिक क्षेत्र VI और VII में उगाने के लिए अनुमोदित किया गया है। इसके पौधे सघन, छोटी–छोटी गाँठ वाले तथा छातानुमा आकार के होते हैं। पत्तियाँ छोटी, पतली तथा गहरे हरे रंग की होती हैं। इसके पुंकेसर हरे रंग के होते हैं, जो चिन्हक (marker) के रुप में प्रयुक्त होते हैं। फल 5.0–6.0 सेन्टी मीटर लम्बे होते हैं। फल में काफी चरपराहट होती है और यह अचार तथा निर्यात के लिए काफी उपयोगी किस्म है। इससे 7.5 टन/हेक्टेयर सूखा मिर्च प्राप्त होता है। यह किस्म थ्रिप्स तथा माइट के प्रति सहिष्णु है।

सिंधुर या सी0ए0–960 (Sindhur or CA- 960)

इस किस्म का विकास "हाट पुर्तगाल" किस्म से चयन कर कृषि अनुसंधान केन्द्र, लाम, गुन्टूर (आन्ध्र प्रदेश) से विकसित किया गया है। इसके फल 7.0–8.0 सेन्टी मीटर लम्बे तथा 4.0–

4.5 सेन्टी मीटर मोटे, हल्के हरे रंग के होते हैं, जो पकने पर गहरे लाल रंग में बदल जाते हैं। इनका सिरा मोटा होता है। बीज की मात्रा फल में 38 प्रतिशत होती है तथा चरपराहट मध्यम होता है। सूखे मिर्च की उपज सिंचित अवस्था में 6.0 टन/हेक्टेयर और असिंचित अवस्था में 1.2 टन/हेक्टेयर होती है।

अपर्णा या सी0ए0 –1068 (Aparna or CA-1068)

इस किस्म का विकास कृषि अनुसंधान केन्द्र, लाम, गुन्टूर (आन्ध्र प्रदेश) द्वारा स्थानीय जननद्रव्यों से चयन द्वारा विकसित किया गया है। इसके पौधे काफी लम्बे होते हैं तथा तनों पर गाँठें काफी दूर–दूर होती हैं। पत्तियाँ चौड़ी तथा हरे रंग की होती हैं। फल 8.3 सेन्टी मीटर लम्बे, बेलनाकार होते हैं, जिनका सिरा मोटा होता है। पकने पर फल पीले रंग के होते हैं तथा भण्डारण में भी रंग बना रहता है। फल में चरपराहट अधिक होता है। पकने पर सूखे मिर्च की उपज 2.1 टन प्रति हेक्टेयर होती है। हरी मिर्च की उपज 16.00 टन प्रति हेक्टेयर है।

जी–3 (G-3)

इस किस्म को कृषि अनुसंधान केन्द्र, लाम, गुण्टूर (आन्ध्र प्रदेश) द्वारा 'एन0पी0 46 ए' किस्म के चयन से विकसित किया गया है। इसके पौधे मध्यम आकार के होते हैं तथा पत्तियाँ गहरे हरे रंग की होती हैं। फल 6.0–7.0 सेन्टी मीटर लम्बे तथा 3.0 सेन्टी मीटर मोटे होते हैं। पके फल गहरे लाल रंग के होते हैं तथा सूखने के बाद भी चिकने बने रहते हैं। फल में बीज की मात्रा 44 प्रतिशत होती है तथा फल काफी चरपराहट युक्त होता है। इसके सूखे मिर्च की औसत उपज 1.6 टन प्रति हेक्टेयर है। यह किस्म सिंचित तथा असिंचित दोनों अवस्था में उगाने के लिए उपयुक्त है। इसकी खेती ओडिशा, महाराष्ट्र तथा मध्य प्रदेश में की जाती है। हरी मिर्च की औसत उपज 18.2 टन प्रति हेक्टेयर है।

प्रकाश या एल0सी0ए0–206

इस किस्म को कृषि अनुसंधान केन्द्र, लाम, गुण्टूर (आन्ध्र प्रदेश) द्वारा विकसित किया गया है। इस किस्म के पौधे लम्बे तथा हरे रंग के होते हैं। सामान्यतः फल पतले, 6.7 सेन्टी मीटर लम्बे व चरपरे होते हैं। चूसक कीटों से लगभग सहनशील किस्म है। पौध रोपण के 65–70 दिनों बाद प्रथम तुड़ाई की जा सकती है। हरे फल उत्पादन हेतु अति उत्तम है। हरी फलियों की औसत 15.0–20.0 टन प्रति हेक्टेयर है।

पंजाब कृषि विश्वविद्यालय, लुधियाना (पंजाब) द्वारा विकसित किस्में

पंजाब लाल (Punjab Lal)

इस किस्म को पंजाब कृषि विश्वविद्यालय, लुधियाना (पंजाब) द्वारा प्राप्त ''बहुवर्षीय किस्म''×''लॉग रेड'' के बीच संकरण द्वारा विकसित किया गया है। इसके पौधे छोटे, झाड़ीनुमा तथा गहरे हरे रंग के पत्तियों वाले होते हैं। फल सीधे, मध्यम आकार के (4.25×0.79 सेन्टी मीटर) गहरे हरे रंग के होते हैं, जो पकने पर गहरे लाल रंग में परिवर्तित हो जाते हैं। इसमें कैप्सेसिन (0.7 प्रतिशत),

ओलियोरेजिन, सूखे पदार्थ तथा वर्णक की मात्रा अधिक होती है। यह किस्म मोजैक विषाणु और लीफ कर्ल विषाणु के प्रति अवरोधी है। इसमें फल सड़न तथा डाइबैक रोगों के प्रति मध्यम रुप से अवरोधिता पायी जाती है। इसके ताजे फलों की औसत उपज 10.0–12.0 टन प्रति हेक्टेयर है। सूखे मिर्च की उपज 0.9–1.0 टन प्रति हेक्टेयर होती है।

पंजाब सूर्ख (Punjab Surkh)

यह एक अगेती किस्म है, जिसका विकास उत्तर प्रदेश द्वारा एकत्रित जननद्रव्यों से चयन कर पंजाब कृषि विश्वविद्यालय, लुधियाना ने की है। पौधे मध्यम ऊँचाई के फैलने वाले तथा हरी पत्तियों से लदे होते हैं। पौधों से फलों की प्रथम तुड़ाई पौध रोपण के 60 दिन बाद की जा सकती है। फल सामान्यतः 6.0 सेन्टी मीटर लम्बे व गहरे लाल रंग के होते हैं, जिसमें कैप्सेसिन की मात्रा 0.8 प्रतिशत होती है। औसत उपज 20.0 टन प्रति हेक्टेयर है। इस प्रजाति में फल सड़न की समस्या कम होती है और पत्ती मरोड़ बीमारी का प्रकोप भी कम होता है।

पंजाब गुच्छेदार (Punjab Guchhedar)

इस किस्म का विकास इण्डोनेशिया से आयातित जननद्रव्य से चयन करके पंजाब कृषि विश्वविद्यालय, लुधियाना ने किया है। पौधे 65.0 सेन्टी मीटर ऊँचे तथा सीधे होते हैं। फलों की प्रथम तुड़ाई पौध रोपण के 80 दिन बाद की जा सकती है। सामान्यतः फल 5.0 सेन्टी मीटर लम्बे व उपर की तरफ नुकीले होते हैं। फल 8–12 के गुच्छे में लगते हैं। फलों में कैप्सेसिन की मात्रा 0.98 प्रतिशत होता है। हरी फलियो की औसत उपज 15.0 टन प्रति हेक्टेयर होती है। इस किस्म में फल सड़न व पत्ती मरोड़ बीमारी कम लगती है तथा यह प्रजाति विषाणु मुक्त है।

सी0एच0–1 (CH-1)

यह एक संकर किस्म है, जिसका विकास एम0एस0–12 (नर बंध्य) × लुधियाना लोकल के आपसी संकरण द्वारा पंजाब कृषि विश्वविद्यालय, लुधियाना ने की है। पौधे लम्बे (95.0–100.0 सेन्टी मीटर) व हरी पत्तियों वाले ज्यादा ओजस्वी होते हैं। फलों की लम्बाई 6.62 सेन्टी मीटर होती है, जो पकने पर पूर्णतया लाल रंग की हो जाती हैं। फलों में कैप्सेसिन की मात्रा 0.8 प्रतिशत होती है। हरे फलों की औसत उपज 25 टन प्रति हेक्टेयर होती है। इस किस्म में विषाणु एवं फफूँद रोग कम लगते हैं।

सी0एच0–3 (CH-3)

यह एक संकर किस्म है, जिसका विकास एम0एस0–12 × एस0–2530 के संकरण द्वारा पंजाब कृषि विश्वविद्यालय, लुधियाना ने की है। पौधे मध्यम ऊँचाई के (70.0 सेन्टी मीटर) व ओजस्वी होते हैं। फल की लम्बाई 8.2 सेन्टी मीटर, गहरा लाल व मध्यम तीखापन होता है। फलों में कैप्सेसिन की मात्रा 0.51 प्रतिशत होता है। प्रति हेक्टेयर हरी मिर्च की औसत उपज 27.5 टन प्रति हेक्टेयर होता है। यह चटनी बनाने के लिए उपयुक्त किस्म है।

तमिलनाडु कृषि विश्वविद्यालय, कोयम्बटूर (तमिलनाडु) से विकसित किस्में

सी0ओ0–1 (CO-1)

इस किस्म का विकास तमिलनाडु कृषि विश्वविद्यालय, कोयम्बटूर (तमिलनाडु) द्वारा 'सतूर सम्बा' प्रकार की मिर्च से चयन कर किया गया है। इसके पौधे मध्यम ऊँचाई के होते हैं और उनमें बहुत सी शाखाएँ निकलती हैं। इसके फलों की लम्बाई 7.3 सेन्टी मीटर होती है तथा फल में कैप्सेसिन की मात्रा 0.72 मिली ग्राम/ग्राम होती है। पके फल गहरे लाल रंग के होते हैं। फसल की अवधि लगभग 210 दिन की होती है। सूखे मिर्च की औसत उपज 2.1 टन प्रति हेक्टेयर होती है। हरी मिर्च की उपज 14.5 टन प्रति हेक्टेयर हैं।

सी0ओ0–2 (CO-2)

इस किस्म का विकास भी तमिलनाडु कृषि विश्वविद्यालय, कोयम्बटूर (तमिलनाडु) द्वारा 'गूण्डू' प्रकार के मिर्च की किस्म 'सी0ए0 (पी0)–63 से चयन कर किया गया है। इसके फल छोटे लगभग 2.4 सेन्टी मीटर लम्बे तथा गहरे लाल रंग के होते हैं। प्रत्येक फल में 7–8 बीज होते हैं। फसल की अवधि 200 दिन की होती है। सूखे मिर्च की उपज लगभग 2.25 टन प्रति हेक्टेयर है। इस प्रजाति के फल हरे तथा सूखे दोनों अवस्था में बाजार के लिये उपयुक्त होते हैं।

एम0डी0यू0–1 (M.D.U.1)

मिर्च की इस किस्म को को0–1 किस्म से विकिरण (irradiation) द्वारा कृषि महाविद्यालय एवं कृषि अनुसंधान संस्थान, मदुराई (तमिलनाडु) द्वारा विकसित किया गया है। इसके पौधे छोटे तथा घने होते हैं तथा कम दूरी पर रोपण के लिए काफी उपयुक्त होते हैं। फलत 4–9 फल के गुच्छे में आती है। फल 8.0 सेन्टी मीटर लम्बे तथा गहरे लाल रंग के होते हैं। प्रत्येक फल में 50–60 बीज होते हैं तथा फल में कैप्सेसिन की मात्रा अधिक (0.7 मिली ग्राम/ग्राम) होती है। फसल की अवधि 210 दिन की होती है और प्रति हेक्टेयर सूखे मिर्च की उपज 1.9 टन प्रति हेक्टेयर होती है। हरी मिर्च की औसत उपज 13.5 टन प्रति हेक्टेयर है।

महात्मा फुले कृषि विद्यापीठ, राहुरी (महाराष्ट्र) द्वारा विकसित किस्में

मूसलवादी (Musalwadi)

इस किस्म को महात्मा फुले कृषि विद्यापीठ, राहुरी (महाराष्ट्र) द्वारा स्थानीय चयन विधि से विकसित किया गया है। इसे वर्ष 1987 में उत्तर पर्वतीय क्षेत्रों में उगाने की संस्तुति की गयी है। इसके पौधे 52.93 सेन्टी मीटर ऊँचे, सीधी बढ़वार वाले तथा झाड़ीनुमा होते हैं। फल 6.35 सेन्टी मीटर लम्बे तथा 0.95 सेन्टी मीटर व्यास के होते हैं। कच्चे फल गहरे हरे रंग के होते हैं, जिन पर कहीं–कहीं काले धब्बे पाये जाते हैं। पके फल गहरे लाल रंग के होते हैं। कच्चे फलों की औसत उपज 7.8 टन प्रति हेक्टेयर होती है, जबकि सूखें मिर्च की उपज 1.93 टन प्रति हेक्टेयर होती है। यह किस्म पत्ती मरोड़ विषाणु के प्रति अवरोधी है।

संकेश्वर –32 (Sankeshwar-32)

इस किस्म का विकास महात्मा फूले कृषि विद्यापिठ, राहुरी (महाराष्ट्र) में ''संकेश्वर'' प्रभेद से चयन कर किया गया है। इसके पौधे 90.0–120.0 सेन्टी मीटर ऊँचे होते हैं। फल काफी लम्बे, पतले व सिकुड़े होते हैं। कच्चे फल हल्के हरे रंग के होते हैं, जो पकने पर लाल रंग में बदल जाते हैं। भण्डारण में लाल रंग बना रहता है अतः यह किस्म सूखें मिर्च के लिए काफी उपयुक्त होता है।

न्युमेक्स (Numex)

यह बाहर से आयातित किस्म है, जिसके पौधे 60.0–80.0 सेन्टी मीटर ऊँचें होते हैं। पत्तियाँ हल्के हरे रंग की होती हैं। साधारणतया 2–3 शाखाएँ निकलती हैं, फल छोटे कैप्सुल के आकार के 4.0 सेन्टी मीटर लम्बे व 0.83 सेन्टी मीटर मोटे होते हैं। प्रत्येक पौधे पर 80–100 फल लगते हैं। फल पकने पर गहरे लाल रंग में बदल जाते हैं। इसके 10 फलों का औसत वजन 15.0–18.0 ग्राम होता है। इस किस्म से हरे फलों का औसत उपज 8.3 टन व सूखे मिर्च की उपज 2.1 टन प्रति हेक्टेयर होती है।

यशवन्त राव परमार उद्यान एवं वानिकी विश्वविद्यालय, सोलन (हिमाचल प्रदेश) द्वारा विकसित किस्में

सोलन येलो (Solan Yellow)

इस किस्म का विकास यशवन्त सिंह परमार उद्यान एवं वानिकी विश्वविद्यालय, सोलन (हिमाचल प्रदेश) द्वारा स्थानीय संकलन से चयनित कर विकसित की गयी है। इसके फल 4.0–5.0 सेन्टी मीटर लम्बे, आकार में लम्बोतर तथा उपर की तरफ लगते हैं। फल में काफी चरपाहट होती है। फल पकने पर लाल रंग में परिवर्तित हो जाते हैं। इस किस्म की औसत उपज 7.5–10.0 टन प्रति हेक्टेयर होती है। अखिल भारतीय समन्वित अनुसंधान परियोजना (सब्जी फसल) के तहत भारत के भौगोलिक क्षेत्र I, II, III व IV उगाने की संस्तुति की गयी है।

स्वीट बनाना (Sweet Banana)

इसके फल मोटे, गूदेदार व हल्के पीले रंग के होते हैं। फलों में चरपराहट कम होती है। फल 12.0–20.0 सेन्टी मीटर लम्बे, मोटे व डण्ठल की ओर गोल आकार के होते हैं। फल पकने पर लाल रंग में बदल जाते हैं। यह किस्म सलाद व अचार दोनों के लिए उपयुक्त है। इसकी औसत उपज 7.5–8.5 टन प्रति हेक्टेयर होती है। खेती के लिए इस किस्म को भारत के भौगोलिक क्षेत्र II, III व IV में उगाने की संस्तुति की गयी है।

जवाहर लाल नेहरू कृषि विश्वविद्यालय, जबलपुर (मध्य प्रदेश) से विकसित किस्में

जे0सी0ए0–154 (JCA-154)

इस किस्म का विकास जवाहर लाल नेहरु कृषि विश्वविद्यालय, जबलपुर (मध्य प्रदेश) से किया गया है। यह अचार बनाने के लिए उपयुक्त किस्म है। इसके फल गहरे व हरे रंग के होते हैं, जो

पकने पर चमकीले लाल रंग में परिवर्तित हो जाते हैं। फलों की तुड़ाई पौध रोपण के 115–120 दिन बाद की जाती है। इसकी औसत उपज 6.0–8.0 टन प्रति हेक्टेयर है।

जवाहर मिर्च –283 (Jawahar Mirch-283)

इस किस्म का विकास जवाहर लाल नेहरु कृषि विश्वविद्यालय, जबलपुर (मध्य प्रदेश) से स्थानीय जननद्रव्यों से चयन कर विकसित किया गया है। यह एक अगेती किस्म है और गर्मी के दिनों में भी इसमें अच्छी फल आती है। इसके पौधे छोटे (40.0–50.0 सेन्टी मीटर) और फैलने वाले होते हैं। एक पौधे से 8–9 प्राथमिक शाखाएँ निकलती हैं और इसकी पत्तियाँ हल्के हरे रंग की होती हैं। पके फल आकर्षक, गहरे लाल रंग के और काफी तीखे होते हैं। फलों की लम्बाई औसतन 5. 0–6.0 सेन्टी मीटर तथा मोटाई 2.0–3.0 सेन्टी मीटर होती है। इसके लाल पके मिर्च की उपज 5. 0–5.5 टन प्रति हेक्टेयर तथा सूखे मिर्च की 1.2–1.4 टन प्रति हेक्टेयर होती है। यह किस्म, फल सड़न रोग के प्रति सहिष्णु है तथा मध्य प्रदेश के केमोर के पठारी और सतपूड़ा के पहाड़ी क्षेत्रों में उगाने की संस्तुति की गयी है (पाण्डेय एवं सहयोगी, 1996)।

जवाहर मिर्च जे0–218 (Jawahar Mirch-218)

इस किस्म का विकास जवाहर लाल नेहरु कृषि विश्वविद्यालय, जबलपुर से ''कालीपीठ''×''पूसा ज्वाला'' के संकरण के पश्चात् विकसित किया गया है। इस किस्म को केन्द्रीय किस्म अनुमोदन समिति द्वारा सन् 1989 में उगाने की संस्तुति की गयी है। यह एक अगेती किस्म हैं। इसके फलों में काफी चरपराहट होती है। पौधे छोटे (50.0–55.0 सेन्टी मीटर), ओजस्वी तथा फैलने वाले होते हैं, जिसमें 8–12 प्राथमिक शाखाएँ निकलती हैं। पत्तियाँ मोटी तथा हल्के हरे रंग की होती हैं। पौधे में काफी संख्या में फल लगते हैं। फल 8.0–10.0 सेन्टी मीटर लम्बे तथा 3.0–4.0 सेन्टी मीटर मोटाई के होते हैं। प्रति पौध 132–154 फल लगते हैं। कच्चे फल हल्के हरे रंग के होते हैं, जिस पर बैगनी रंग के धब्बे होते हैं। पके फल गहरे लाल रंग के तथा मुलायम होते हैं। इसमें तुड़ाई बीज बुआई के 100–105 दिन बाद मिलती है और पके फल तुड़ाई के लिए 120–125 दिन बाद तैयार हो जाते हैं। इस किस्म के हरे मिर्च की औसत उपज 6.5–9.5 टन प्रति हेक्टेयर तथा सूखे मिर्च की औसत उपज 1.8–2.2 टन प्रति हेक्टेयर होती है। इस किस्म पर पत्ती मरोड़ रोग का प्रभाव कम होता है। इस किस्म को पूरे मध्य प्रदेश व छत्तीसगढ़ में उगाने के लिए संस्तुति की गयी है। इसके अतिरिक्त हमारे देश के शुष्क पश्चिमी मैदानी क्षेत्रों तथा मध्य शुष्क पठारी क्षेत्रों में उगाने की सिफारिश की गयी है (पाण्डेय एवं सहयोगी, 1996)।

चौ0 चरण सिंह हरियाणा कृषि विश्वविद्यालय, हिसार (हरियाणा) द्वारा विकसित किस्में

हिसार शक्ति (Hisar Shakti or HC-44)

इस किस्म को चौ0 चरण सिंह हरियाणा कृषि विश्वविद्यालय, हिसार (हरियाणा) द्वारा उत्तरी हरियाणा क्षेत्र से एकत्रित जननद्रव्यों से चयन करके विकसित किया गया है। इसके पौधे मध्यम ऊँचाई के और सीधे उपर की ओर बढ़ने वाले होते हैं। पौधे से अधिक शाखाएँ निकलती हैं। पत्तियाँ

हल्के हरे रंग की होती हैं। फल 8.9 सेन्टी मीटर लम्बे हल्के हरे रंग के होते हैं, जो पकने पर चमकदार लाल रंग में बदल जाते हैं। फलों में काफी चरपराहट होती है तथा उसमें अधिक बीज पाये जाते हैं। इसमें कैप्सेसिन तथा सूखा पदार्थ की मात्रा अधिक होने के कारण यह किस्म पाउडर बनाने के लिए काफी उपयुक्त है। मिर्च की यह किस्म पत्ती विषाणु रोग के प्रति सहिष्णु है तथा फल सड़न, चुर्णिल आसिता व उकठा रोगों के प्रति मध्यम रुप से सहिष्णु है। इस किस्म के पौधों पर मकड़ी कीट, लाल मक्खी, फली छेदक, सफेद मक्खी व जैसिड कीट का प्रकोप कम होता है। इसके हरे फलों की औसत उपज 13.27 टन प्रति हेक्टेयर तथा सूखे मिर्च की उपज 1.86 टन प्रति हेक्टेयर होती है। इस किस्म के पौधे में अधिक तथा कम तापक्रम पर फल धारण की क्षमता होती है (पंडिता एवं सहयोगी, 1995)।

हिसार विजय (Hisar Vijay or HC-28)

इस किस्म का विकास चौ0 चरण सिंह हरियाणा कृषि विश्वविद्यालय, हिसार (हरियाणा) द्वारा किया गया है। इसके पौधे भी एच0सी0–44 के समान होते हैं परन्तु पत्तियाँ हरी और चौड़ी आलू की पत्तियों की तरह होती हैं। फल चिकने, गुच्छे में उपर की तरफ लगते हैं। फल मध्यम आकार के 2.0–9.0 सेन्टी मीटर लम्बे व गहरे हरे रंग के होते हैं, जिनका उपरी सिरा नुकीला होता है। फलों पर काले रंग के धब्बे पाये जाते हैं, जो इस किस्म का मुख्य लक्षण है। बुआई के 63 दिन बाद हरे फल तुड़ाई के लिए तैयार हो जाते हैं। इस किस्म के फल पाउडर बनाने के लिए काफी उपयुक्त हैं। इसके पौधे विषाणु रोग के प्रति सहिष्णु हैं तथा फसल पर फल सड़न, चुर्णिल आसिता व शीर्ष मरण रोग का प्रकोप कम होता है। हरे फल की औसत उपज 12.09 टन प्रति हेक्टेयर तथा सूखे फलों की उपज 1.7 टन प्रति हेक्टेयर है (पंडिता एवं सहयोगी, 1995)।

मिर्च की अन्य किस्में

पुरी रेड

यह किस्म ओडिशा द्वारा विकसित की गई है। इसमें पत्ती मरोड़ रोग कम लगता है।

सनोरी

इसके फल लम्बे व मोटे होते हैं। पकने पर पीले या लाल हो जाते हैं

सरहिन्दी

यह एक तीखी किस्म है। इसके फल लम्बे व अधिक संख्या में लगते हैं फल बड़े होने पर हरे से लाल हो जाती है।

जालन्धरी

इसके पौधें की ऊँचाई मध्यम होती है। फल अधिक लगते हैं। फल छोटे तथा तीखे होते है।

सूरजमुखी

इस किस्म के पौधे छोटे, पत्तियाँ चौड़ी, फल गहरे हरे रंग के पकने पर लाल तथा तीखे होते हैं। सामान्यतः फल गुच्छे में लगते हैं तथा ऊपर की ओर उठे हुए होते हैं।

डी0के0सी–8 (D.K.C.-8)

यह किस्म मुर्झान रोग के प्रति प्रतिरोधी है। इस किस्म को काँच घर (glass house) में उगाने के लिये उपयुक्त पाया गया है। पौधे मध्य ऊँचाई के हरे तथा सीधे ऊपर की तरफ बढ़ते है। फल नीचे की तरफ लटके हुए, पकने पर लाल अधिक तीखे तथा 10–12 फल गुच्छे में लगते हैं। फसल 110 दिन में तैयार हो जाती है। औसत हरी फली उपज 18 टन प्रति हेक्टेयर है।

भरनी (Bharni)

यह मध्य प्रदेश के विलासपुर की प्रसिद्ध स्थानीय किस्म है। इसके पौधें की लम्बाई लगभग 63.0 सेन्टी मीटर होती है और प्रति पौध शाखाओं की संख्या 19 होती है। फल हरे परन्तु 10.0 सेन्टी मीटर लम्बे होते हैं और उनका उपरी सिरा मोटा होता है और पकने पर लाल चमकीले रंग के हो जाते हैं। हरे फलों की औसत उपज 2.68 टन प्रति हेक्टेयर होती है।

जपानी लौंगी (Japani Laungi)

यह देर से तैयार होने वाली मध्य प्रदेश की किस्म है। इसको पूरे वर्ष उगाया जा सकता है। इसके पौधे 67.0 सेन्टी मीटर ऊँचे होते हैं और प्रति पौध लगभग 25 शाखाएँ निकलती हैं। पौध रोपण के 60–65 दिन बाद फल आना प्रारम्भ हो जाता है और फल 10–20 फलों के गुच्छों में होती है। फल गहरे हरे रंग के, सीधे, सख्त लगभग 7.0 सेन्टी मीटर लम्बे और 3.5 सेन्टी मीटर मोटे होते हैं तथा उपर की तरफ लगते हैं। फलों में कड़ुवाहट अधिक होती है। औसतन 100 फलों का भार 300.0 ग्राम होता है। इसके हरे फलों की औसत उपज 10.6 टन प्रति हेक्टेयर होती है। इस किस्म पर कीट तथा रोगों का प्रकोप कम होता है।

सूर्य रेखा (Surya Rekha)

इस किस्म के पौधे 50.0 सेन्टी मीटर ऊँचे होते हैं, जिस पर 15–20 शाखाएँ आती हैं। फल लगभग 6.0 सेन्टी मीटर लम्बे और 3.0 सेन्टी मीटर मोटे होते हैं। फल ऊपर की तरफ लगते हैं। औसतन 100 हरे फलों का भार 300 ग्राम होता है। पौध रोपण के 45–50 दिन बाद फल आ जाती है। यह किस्म खरीफ एवं रबी दोनों मौसमों में उगाने के लिए उपयुक्त हैं। इस किस्म के फल काफी तीखे होते हैं। खरीफ में इसकी फसल 14.3 टन प्रति हेक्टेयर और रबी में 23.2 टन प्रति हेक्टेयर प्राप्त होती है।

के0–2 (K-2)

यह एक संकर किस्म है, जिसके पौधे लम्बे होते हैं। सामान्यतः फल 7.3 सेन्टी मीटर लम्बे तथा चमकीले लाल रंग के होते हैं। फसल 210 दिन में पककर तैयार होती है। सूखी लाल मिर्च की उपज 1.8 टन प्रति हेक्टेयर है। इस संकर किस्म में थ्रिप्स कीट व फल गलन रोग नहीं लगता है।

एन0एस0–1101 (NS-1101)

इस संकर प्रजाति का विकास नामधारी प्राइवेट सीड कम्पनी, बैंग्लुरु (कर्नाटक) द्वारा की गयी है। इसके पौधे लम्बे, ओजस्वी तथा फैलाव वाले होते हैं। फल लम्बे (10.0–11.0 सेन्टी मीटर), हल्के पीले एवं सीधे होते हैं। पौध रोपण के 65 दिनों बाद प्रथम तुड़ाई की जाती है। हरे फल उत्पादन हेतु उत्तम है। औसतन हरे फलियों की उपज 20.0–25.0 टन प्रति हेक्टेयर है।

ए0आर0सी0एच0–228

इस संकर किस्म का विकास अंकुर सीड कम्पनी द्वारा किया गया है। इसके पौधे लम्बे, ओजस्वी एवं सीधी बढ़वार वाले होते हैं। फल गहरे हरे, 6.0–8.0 सेन्टी मीटर लम्बे तथा चरपराहट युक्त होते हैं। पौध रोपण के 50–55 दिनों बाद हरी फलियों की तुड़ाई की जाती है। हरे फल उत्पादन हेतु उत्तम है। औसतन हरे फलियों की उपज 25.0 टन प्रति हेक्टेयर है।

जलवायु

मिर्च की फसल समुद्र तल से लगभग 2000 मीटर ऊँचाई तक उगायी जा सकती है। इसे उष्ण तथा उपोष्ण भागों में सफलता पूर्वक उगाया जा सकता है। इसकी खेती के लिए लगभग 625.0–750.0 मिली लीटर वार्षिक वर्षा अधिक उपयुक्त होती है। इसके लिए गर्म तथा नम जलवायु की आवश्यकता पड़ती है। अत्यधिक कम या अधिक तापमान, कम आर्द्रता, अधिक वर्षा तथा लू से अधिक नुकसान पहुँचता है। उपयुक्त तापमान (20.0–30.0 डिग्री सेंटीग्रेड) न होने की स्थिति में इसकी कलियाँ, फूल व फल गिर जाते हैं। इसके पौधों की बढ़वार के लिए 20.0–25.0 डिग्री सेंटीग्रेड तापक्रम की आवश्यकता होती है। इसके बीज का जमाव 18.3–26.7 डिग्री सेंटीग्रेड मृदा तापक्रम पर अच्छा होता है। पुष्पन काल में 50.0–60.0 डिग्री फारेनहाइट तापक्रम पर 99 प्रतिशत फल बनते हैं। अचार वाली मिर्च में 60.0 डिग्री फारेनहाइट से कम तथा 90.0 डिग्री फारेनहाइट से ऊपर तापक्रम हो जाने पर फल नहीं लगते हैं। पाला इस फसल को बहुत नुकसान पहुँचाता है। तिखी किस्में अधिक तापक्रम सहन कर लेती हैं। फूल लगने के समय वर्षा हो जाने पर फल नहीं लगते एवं फूल गिरने लगते हैं। परागण के 10 दिनो तक तापक्रम अधिक हो जाने पर असामान्य बीज (abnormal seeds) बनते हैं (पगमास एवं नवाटा, 2008)।

भूमि तथा खेत की तैयारी

मिर्च प्रायः सभी प्रकार की भूमियों में सफलता पूर्वक उत्पादित की जा सकती है, लेकिन भूमि से जल के निकास का उचित प्रबन्ध होना आवश्यक है। दोमट या बलुई दोमट भूमि जिसमें जीवांश्म

की पर्याप्त मात्रा व पी0एच0 मान 6.8–7.5 हो, सर्वोत्तम मानी जाती है। अम्लीय भूमि इसकी खेती के लिए उपयुक्त नहीं होती है। अम्लीय भूमि में चूना मिलाकर इसे खेती के योग्य बनाया जा सकता है। लवण तथा क्षारयुक्त भूमि इसके लिए उपयुक्त नहीं है। लवणीय मिट्टी, बीज अंकुरण और प्रारम्भिक ओज को प्रभावित करती है (कलियाप्पान तथा राजगोपाल, 1970)। जिस खेत में मिर्च लगानी हो उस खेत की पहली जुताई मिट्टी पलटने वाले से की जाती है, जिससे घास मिट्टी में दब जायें, उपर की मिट्टी नीचे चली जाये तथा नीचे की मिट्टी उपर हो जाये, इससे भूमि काफी उपजाऊ हो जाती है। इसके बाद 5–6 जुताईयाँ देशी हल से की जाती है। प्रत्येक जुताई के बाद पाटा लगाना चाहिए, जिससे मिट्टी भूरभूरी हो जाये एवं भूमि समतल हो जाये। खेत की तैयारी के साथ ही गोबर की अच्छी प्रकार सड़ी खाद मिट्टी में मिला देनी चाहिए।

पोषक तत्व प्रबंधन

मिर्च की फसल के लिए खाद तथा उर्वरक की मात्रा भूमि में उपलब्ध पोषक तत्वों की उपलब्धता एवं अवशोषण की मात्रा पर निर्भर करती है। साथ ही यह उत्पादित फलों एवं शुष्क पदार्थ पर निर्भर करती है, जो विभिन्न प्रकार के अनुवांशिक एवं वातावरणीय कारकों द्वारा प्रभावित होती है। चौधरी, 1967 ने सिफारिश की है कि बारानी खेती में 25.0 टन तथा सिंचित खेती में 50.0 टन/हेक्टेयर की दर से गोबर की अच्छी प्रकार सड़ी खाद खेत की तैयारी करते समय डालना चाहिए। इसके अलावा 350.0 किलो ग्राम अमोनियम सल्फेट, 175.0 किलो ग्राम सिंगल सुपरफास्फेट तथा 100.0 किलो ग्राम पोटैशियम सल्फेट प्रति हेक्टेयर की दर से खेत में डालना चाहिए। चौ0 चरण सिंह हरियाणा कृषि विश्वविद्यालय हिसार (हरियाणा) ने सिफारिश की है कि इसकी फसल में 25.0 टन अच्छी सड़ी गोबर की खाद, 60.0 किलो ग्राम नाइट्रोजन, 30.0 किलो ग्राम फास्फोरस तथा 30.0 किलो ग्राम पोटाश प्रति हेक्टेयर के हिसाब से दें। गोबर की खाद खेत की तैयारी करते समय तथा फास्फोरस तथा पोटाश की सम्पूर्ण मात्रा पौध लगाने के पहले खेत में डालें। नाइट्रोजन को तीन बार, बराबर भागों में बाँटकर प्रयोग करना चाहिए। पहला भाग, पौध लगाने के पहले, दूसरा भाग लगभग एक माह बाद तथा तीसरा भाग फूल आने पर खेत में डालकर मिट्टी में मिलाना चाहिए। मिर्च की अधिक उत्पादन देने वाली किस्मों में इनकी क्षमता अनुसार उत्पादन लेने के लिए अपेक्षाकृत अधिक नत्रजन की आवश्यकता पड़ती है। जवाहरलाल नेहरु कृषि विश्वविद्यालय, जबलपुर (मध्य प्रदेश) में किये गये अनुसंधानों में नत्रजन खाद का पर्णीय छिड़काव (foliar application) मृदा में खाद देने की (125.0 किलो ग्राम नाइट्रोजन भमि में और 25.0 किलो ग्राम नाइट्रोजन का पर्णीय छिड़काव) अपेक्षा अधिक प्रभावशाली पाया गया है। साथ ही 150.0 किलो ग्राम नाइट्रोजन प्रति हेक्टेयर देने से सर्वाधिक फल उत्पादन पाया गया है। तमिलनाडु कृषि विश्वविद्यालय, कोयमबटूर (तमिलनाडु) में किया गया अनुसंधान यह दर्शाता है कि रासायनिक उर्वरकों की अनुशंसा के साथ जीवाणु खादों (एजोस्पाइरिलम) का उपयोग करने से पौधों की उर्वरक अवशोषण क्षमता में वृद्धि होती है। मिर्च से अच्छा उत्पादन लेने के लिए 20.0–25.0 टन गोबर खाद, 150.0 किलो ग्राम नाइट्रोजन, 60.0 किलो ग्राम फास्फोरस व 40.0 किलो ग्राम पोटाश देना चाहिए। गोबर खाद की पूरी मात्रा खेत की तैयारी के समय मिला देना चाहिए एवं नाइट्रोजन खाद को 3–4

बराबर भागों में बाँट कर पौधा लगाने के बाद 20 दिन के अन्तर से देना चाहिए। अम्लीय मृदा में चूना के प्रयोग से सूर्ख मिर्च की उपज 1.08 टन प्रति हेक्टेयर (चूना न डालने पर) तथा 1.67 टन प्रति हेक्टेयर (45 प्रतिशत संतृप्ति चूना डालने पर) पाया गया (सेट्टी एवं सहयोगी, 2003)।

पौध तैयार करने का समय तथा बीज की मात्रा

मिर्च की फसल उन भागों में पूरे वर्ष उगाई जा सकती है जहाँ जाड़ा कम पड़ता हो तथा वर्षा ज्यादा न होती हो। मुख्य रुप से मैदानी इलाकों में इसकी बुआई नर्सरी में दो बार जून–जुलाई तथा अक्टूबर–नवम्बर में की जाती है। पहाड़ी भागों में इसकी नर्सरी में बुआई मार्च–अप्रैल माह में की जाती है। एक हेक्टेयर के लिए लगभग 600–700 ग्राम बीज पर्याप्त होता है। ट्राईकोडर्मा विरडी (4.0 ग्राम/किलोग्राम) + स्यूडोमोनास फ्लूरोसेन्स (5.0 ग्राम/किलोग्राम) से बीजशोधन लाभदायक है।

पौध तैयार करना

एक हेक्टयर भमि में पौध लगाने के लिए लगभग 230.0 वर्गमीटर नर्सरी की आवश्यकता होती है। पौध तैयार करने हेतु उचित आकार की क्यारियों (3.0 मीटर लम्बी व 1.0 मीटर चौड़ी) में सड़ी हुई गोबर की खाद या वर्मी कम्पोस्ट मिला दें। भूमि उपचार के लिए पालीथिन चादर का उपयोग करना चाहिए। उपचारित क्यारियों में अच्छी प्रकार सड़ी गोबर की खाद मिलाकर भूमि को भुरभुरा व समतल बना लें। इन क्यारियों में फफूँदनाशक दवा थायरम या सेरेसान या एग्रोसान जी0एन0 (2.5 ग्राम/किलो ग्राम बीज) से उपचारित बीज को 10.0 सेन्टी मीटर दूरी पर बनायी गयी लाइनों में 1.5–2.0 सेन्टी मीटर दूरी पर बुआई करनी चाहिए एवं बीज को महीन गोबर की सड़ी खाद या वर्मी कम्पोस्ट व मिट्टी के मिश्रण से ढक देना चाहिए। धान का पुआल व घास आदि से भी बीज को ढका जा सकता है। तदोपरान्त् फुहारे से हल्की सिंचाई कर दें। समय–समय पर क्यारियों की देखभाल करें एवं आवश्यकता अनुसार कीट व्याधियों एवं खरपतवारों के नियंत्रण के उपाय करें ताकि स्वस्थ्य पौध तैयार हो सके। सामान्यतया 28–30 दिनों में पौध रोपण योग्य हो जाती है। अधिक तापक्रम की स्थिति में पौधे तैयार करने के लिए एग्रोनेट का उपयोग ज्यादा लाभदायक पाया गया है, क्योंकि इसमें 5.0–10.0 डिग्री सेंटीग्रेट तापक्रम स्वतः कम हो जाता है, तथा पौधे सीधी तेज धूप के कारण जलने से बच जाते हैं। साथ ही पौधे कीटों के प्रकोप व रोग फैलाव तथा संचरण से बचते हैं।

पौध लगाने की विधि

मिर्च की पौध खेत में दो तरह से लगायी जाती है।

(क) समतल क्यारियों में

इस विधि में समतल क्यारियाँ बना ली जाती है। तथा इन क्यारियों में पौध से पौध 45.0 सेन्टी मीटर तथा कतार से कतार 60.0 सेन्टी मीटर की दूरी पर पौध लगा दी जाती है। पौध लगाने के तुरन्त बाद सिंचाई कर दी जाती है।

(ख) मेड़ों पर

इस विधि में 60.0 सेन्टी मीटर की दूरी पर मेड़ें बना ली जाती है। इन मेड़ों पर 45.0 सेन्टी मीटर दूरी पर पौध लगाकर सिंचाई कर दी जाती है। यह विधि उस भूमि में ज्यादा उपयोगी सिद्ध होती है, जहाँ पानी निकलने का उचित प्रबन्ध न हो। यह अति उत्तम विधि है, जिसमें पानी की मात्रा कम लगती है।

पुण्डीर एवं पोरवल (1999) ने 55 X 55 सेन्टी मीटर की दूरी पर रोपण करने पर अधिक पौध ऊँचाई, फलभार, सूखा भार फल संख्या व उपज प्रति पौध अधिक पायी गयी। उन्होंने यह भी पाया कि 25 X 25 सेन्टीमीटर की दूरी पर रोपण से प्रति हेक्टेयर अधिक उपज मिली।

सिंचाई

पौध की रोपण के तुरन्त बाद सिंचाई की जाती है तथा 3–4 सिंचाई जल्दी–2 की जाती है, जिससे पौधे खेत में भलि–भाँति स्थापित हो सकें तथा सूखने न पायें। इसके बाद 10–15 दिन के अन्तर पर आवश्यकतानुसार सिंचाई की जाती है। फूलों तथा फलों को गिरने से बचाने के लिए सर्वदा खेत में नमी बनाये रखना आावश्यक होता है। इसमें टपक विधि (drip system) द्वारा सिंचाई के आश्चर्यजनक परिणाम प्राप्त हुए हैं। एक प्रयोग के अनुसार मिर्च फसल में टपक सिंचाई देने से 41.7 सेन्टी मीटर जल की मात्रा का उपयोग हुआ जबकि सतही विधि (flood system) से सिंचाई करने पर 108.0 सेन्टी मीटर उपयोग की गयी अर्थात टपक विधि में 61.7 प्रतिशत जल की बचाव के साथ–साथ 20.0–25.0 प्रतिशत उपज भी बढ़ गयी। निजामुद्दीन एवं धर्मसेना (2002) ने स्पष्ट किया कि ड्रिप सिंचाई से 33–38 प्रतिशत उपज वृद्धि हुई तथा 34–50 प्रतिशत जल की बचत हुई।

निकाई–गुड़ाई

मिर्च फसल के पौधे प्रारम्भिक अवस्था में धीमी गति से वृद्धि करते हैं। अतः उन्हें पोषक तत्वों, नमी, स्थान, प्रकाश आदि के लिए खरपतवारों से अधिक प्रतियोगिता करना पड़ता है। मिर्च फसल में खरपतवार के कारण 60–80 प्रतिशत तक उपज व 30–40 प्रतिशत आर्थिक क्षति पाई गई है (खोखर एवं सहयोगी, 2006)। मिर्च के खेत को खरपतवार से मुक्त रखना जरूरी होता है। फसल की प्रारम्भिक अवस्था में खरपतवार को खुरपी की सहायता से 2–3 बार निकाल देना चाहिए। मिर्च के लिए 3 बार गुड़ाई काफी होती है। अन्तिम गुड़ाई के साथ पौधों की जड़ों पर मिट्टी चढ़ा देना चाहिए। इससे पौधों की उचित वानस्पतिक वृद्धि होती है। रासायनिक विधि से खरपतवार नियन्त्रण के लिए पौध रोपण पूर्व आक्सी फ्लोरफेन (0.3 किलोग्राम/हेक्टेयर) का छिड़काव करने से प्रभावी खरपतवार के नियन्त्रण के साथ–साथ अधिकतम सूखी मिर्च का उत्पादन (2.21 टन/हेक्टेयर) पाया गया। इसके अलावा पौध रोपण के पूर्व पेड़ीमिथिलीन (1.0 किलो ग्राम प्रति हेक्टेयर) का छिड़काव करने के 30–40 दिन बाद एक बार निकाई कर खरपतवार निकालनें की भी अनुशंसा की गयी है।

फूलों एवं फलों का गिरना

मिर्च में फूल तथा कच्चे फलों का अधिक मात्रा में गिरना भी एक गम्भीर समस्या है, जिससे पैदावार में भारी कमी हो जाती है। सामान्यतः पौधे की प्रारम्भिक अवस्था अर्थात् अगस्त–सितम्बर

के महीने में पौधे से फूल व फल गिरने लगते हैं। इससे बचाव के लिए फूल तथा फल लगते समय खेत में पानी की कमी नही होनी चाहिए। पानी की कमी से फूल तथा फल ज्यादा गिरते हैं। इस अवस्था में बराबर सिंचाई करते रहना चाहिए। फूलों तथा फलों का गिरना प्लेनोफिक्स दवा के छिड़काव से भी कम किया जा सकता है। इसके लिए 1.00 मिली लीटर एन0ए0ए0 (NAA) दवा प्रति 4.5 लीटर पानी में घोल बनाकर (10 पी0पी0एम0) लगभग 4 बार फसल पर छिड़काव करना चाहिए। पहला व दूसरा छिड़काव फूल आने के पहले तथा तीसरा छिड़काव फूल आने के बाद लगभग तीन सप्ताह के अन्तर पर करने से फूलों तथा फलों का गिरना रूक जाता है। फूल व फल लगते समय तापमान की अधिकता के कारण यह समस्या ग्रीष्मकालीन फसल में अधिक होती है। अतः अन्तः फसल के रूप में मक्का या भिण्डी आदि फसल लगाना चाहिए।

फलों की तुड़ाई

मिर्च में पौध रोपण के लगभग 75–80 दिन बाद हरे फलों की तुड़ाई प्रारम्भ हो जाती है। मसाले के लिए फलों को पौधों पर लाल होने दिया जाता है। इस प्रकार लाल फलों की तुड़ाई 100–120 दिन बाद शुरु हो जाता है और लगभग 6–8 तुड़ाई करते हैं।

फलों को सुखाना

मिर्च के फलों को दो प्रकार से सुखाया जा सकता है।

(1) प्राकृतिक विधि

इस विधि में फलों को फर्श के उपर एक पतली सतह में धूप में सुखाते हैं। फल लगभग 8–10 दिन में सूख जाता है।

(2) ड्रायर विधि

इस विधि में ड्रायर के अन्दर फलों को रखकर 130.0 डिग्री फारेनहाइट तापक्रम पर सुखाते हैं। इसमें फल लगभग 2–3 दिन में सुख जाते हैं।

उपज

हरी मिर्च की पैदावार लगभग 8.0–10.0 टन प्रति हेक्टेयर होती है, जबकि सुखी मिर्च की पैदावार लगभग 0.8–2.0 टन प्रति हेक्टेयर तक होती है।

पौध संरक्षण

हानिकारक कीट एवं उनका प्रबन्धन

मिर्च एक नकदी फसल है। इसमें कीट के प्रकोप से उत्पादन पर अधिक प्रतिकूल प्रभाव पड़ता है। इस फसल में अपेक्षाकृत अधिक कीटों का प्रकोप पाया जाता है। मिर्च की फसल को निम्नलिखित कीटों से अधिक हानि होती है–

थ्रिप्स (Thrips sp.)

ये छोटे कीड़े होते हैं, जो पत्तियों तथा छोटे फलों से रस चूसते हैं। इसमें अधिक नुकसान फूल आते समय होता है। चूसे हुए कोमल पत्ते मुड़ जाते हैं और बाद में पीले पड़ जाते हैं। इसके प्रकोप की अधिकता में पौधे सुखने लगते हैं। इसके अलावा यह कीट विषाणु रोगों के फैलाव मे महत्वपूर्ण भूमिका निभाते हैं। थ्रिप्स द्वारा ग्रसित पौधों को देखने से मोजैक रोग का भ्रम होता है।

प्रबंधन

- प्रभावी नियन्त्रण के लिए परजीवी कीट क्राईसोपा (50 हजार अण्डे या शिशु प्रति हेक्टेयर) को पौधों पर 10–12 दिन के अन्तर से तीन बार छोड़ना चाहिए।
- रासायनिक विधि से इसकी रोकथाम के लिए 0.2 प्रतिशत मैलाथियान दवा 50 ई0सी0 के घोल का छिड़काव 10–15 दिन के अन्तर पर किया जाता है।
- सिरटोथ्रिप्स डारसैलिस व थ्रिप्स पामी से ग्रसित फसल को बचाने के लिए थ्रिप्स पर लगने वाले प्रिडेटर जैसे एस0 इण्डिकस व फ्रांकिलोथ्रिप्स मेगालोप्स का उपयोग करना चाहिए।

मैगट (Maggot)

यह कीड़ा अपनी छोटी अवस्था में पहले कोमल पत्तियों तथा बाद में मिर्च के छोटे फलों में छेद करके घुस जाती है और बीज व गूदा खाकर नुकसान पहुँचाती है, अतः फल बड़े होने पर सड़कर खराब हो जाते हैं।

प्रबंधन

- इससे बचाव के लिए मैलाथियान 50 ई0सी0 का 1.0 लीटर दवा 625 लीटर पानी में घोल बनाकर प्रति हेक्टेयर के हिसाब से लगभग 10–15 दिन के अन्तर पर छिड़काव करें।
- इण्डोसल्फान (1.0–1.25 मिली लीटर) या एसीफेट 75 एस0पी0 (0.5 ग्राम/लीटर) का छिड़काव कीट प्रकोप दिखाई देते ही करें।
- अधिक प्रकोप की अवस्था में फेनवरलेट 20 ई0सी0 (1.0 मिली लीटर दवा प्रति लीटर पानी में) का छिड़काव करें।

एफीड (Aphid)

एफिड जैसे माइजस परसिकी (*Myzus persicae*) तथा एफिस गासिपी (*Aphis gossypii*) पत्तियों से रस चूस लेते हैं, जिसके फल स्वरूप पत्तियाँ पीली पड़ जाती है। यह कीट विषाणु के लिए वाहक का कार्य करते हैं। अतः फसल में वायरस का प्रकोप हो जाता है। कीट के प्रकोप से पत्तियों पर धब्बे पड़ जाते हैं और उन पर ब्लैक सुटी मोल्ड (black shooty mould) विकसित हो जाता है।

प्रबंधन

इसकी रोकथाम के लिए मैलाथियान 1.25 मिली लीटर दवा के घोल का छिड़काव करना चाहिए। नूवाक्रान दवा (1.0 मिली लीटर प्रति लीटर) पानी में घोल बनाकर फसल पर छिड़काव से अच्छे परिणाम मिले हैं।

दीमक (White ant)

दीमक मिर्च का मुख्य दुश्मन कीट है। ये नरम शरीर वाले, चिटीं के आकार के, हल्के भूरे व पीले रंग के कीट (वर्कर) जमीन में रहकर पौधों की जड़ों व तनों को काट देते हैं। प्रभावित पौधे मुरझाकर सूख जाते हैं तथा इन्हें आसानी से खींचकर उखाड़ा जा सकता है। दीमक रेतीले व शुष्क क्षेत्रों में जहाँ भूमि का तापमान ज्यादा बना रहता है, ऐसे इलाकों में अधिक प्रकोप सितम्बर से नवम्बर तथा फरवरी से मार्च में होता है।

प्रबंधन

- दीमक की रोकथाम के लिए इससे प्रभावित होने वाले क्षेत्रों में पिछली फसल के अवशेषों को अच्छी तरह से नष्ट कर देना चाहिए।
- गोबर की कच्ची खाद का प्रयोग कभी नहीं करना चाहिए।
- फसल काल के दौरान दीमक का प्रकोप होने की अवस्था में 15 लीटर क्लोरोपाइरीफास, 20 ई0सी0 या 15.0 लीटर इण्डोसल्फान 35 ई0सी0 को 20.0 किलो ग्राम रेत में मिला कर अगस्त के अन्त या सितम्बर के आरम्भ में एक एकड़ भूमि पर ठीक प्रकार से छिड़ककर मिट्‌टी में मिला दें व इसके बाद सिंचाई करें।

मकड़ी या अष्टपदी (Mite)

माइट (Mite) के बच्चे व प्रौढ़ पत्तों से रस चुसते हैं, जिसके कारण पत्ते पीले पड़ जाते हैं। सामान्यतः ये कीट पत्ती मरोड़ बीमारी फैलाते हैं। प्रकोप की उग्रता के कारण फसल कमजोर हो जाती है व पैदावार कम हो जाती है।

प्रबंधन

इस कीट का प्रकोप होने पर 400.0 मिली लीटर मैलाथियान 50 ई0सी0 का छिड़काव 250.0 लीटर पानी में मिलाकर प्रति एकड़ फसल पर 15–20 दिन के अन्तर पर आवश्यकतानुसार करते हैं।

सफेद मक्खी (White fly)

सफेद मक्खी के बच्चे व प्रौढ़ पत्तों का रस चुसकर पौधों को कमजोर करते हैं। सफेद मक्खी छोटे पत्तियों में विषाणु रोग भी फैलाती हैं तथा इन कीड़ों से प्रभावित पत्तियाँ पीली पड़कर अन्त में कभी–कभी सूख जाती हैं तथा पौधों की बढ़वार रुक जाती है, जिससे पैदावार पर कुप्रभाव पड़ता है।

प्रबंधन

- सफेद मक्खी से ग्रसित पौधों को उखाड़कर नष्ट कर देना चाहिए।
- पौधशाला में साइकोसिल नामक रसायन का प्रयोग पौध रोपण के 15 दिन पूर्व एक छिड़काव करने से फल मक्खी के प्रकोप को कम किया जा सकता है।

मूलग्रन्थि सूत्रकृमि (Root Knot Nematode)

इसके प्रकोप से पौधों की जड़ों में गाँठें बन जाती हैं तथा पौधा पीला पड़ जाता है एवं उसकी बढ़वार रूक जाती है। फलस्वरूप पौधा मुरझाकर गिर जाता है।

प्रबंधन

- इसके नियन्त्रण के लिए उचित फसल चक्र (2–3 वर्षों का) अपनाना चाहिए।
- पौध रोपण के समय 25.0 किलो ग्राम कार्बोफ्यूरान 3 जी0/हेक्टेयर को भूमि में मिला देना चाहिए।
- नीम की खली 1.5–2.0 टन प्रति हेक्टेयर उपयोग से सूत्रकृमि के साथ अन्य कीटों का भी नियन्त्रण होता है। साथ ही पौधों को आवश्यक पोषक तत्व भी उपलब्ध हो जाते हैं।
- अन्तर फसल के रूम में गेंदा फसल लगाने से सूत्रकृमि नियंत्रण के साथ–साथ गेंदा के फूलों से अतिरिक्त आय होती है।

प्रमुख रोग एवं उनका प्रबंधन

पौध गलन (Damping off)

यह बीमारी बरसात की फसल में प्रायः लगती है। मिर्च में इस बीमारी का प्रकोप पौधों की छोटी अवस्था में पौधशाला में लगता है। बीमारी पौधों की दो अवस्थाओं में ज्यादा लगता है। पहली अवस्था में बीज अंकुरित होता है तो अंकुर मृदा के भीतर ही मर जाता हैं और अंकुर मृदा के बाहर नहीं निकलता है। साथ ही साथ बीज भी सड़ जाता है। दूसरी अवस्था में बीज अंकुरण के पश्चात् जब अंकुर मृदा के बाहर निकलता है, उस अवस्था में मृदा की सतह से पौधा गल जाता है। यह बीमारी पौध को खेत में रोपण के 15–20 दिन पश्चात भी लगती है, जिससे पौधा गलकर मर जाता है। यह बीमारी उचित जल निकास के अभाव में तथा घना (नजदीक–नजदीक) बीज गिराने की दशा में अधिक लगती है। इस प्रकार इस बीमारी से भारी क्षति होती है।

प्रबंधन

यह बीमारी मृदा जनित है, इस कारण एक बार जिस खेत में बीमारी लग जाती है, तो उसमें बीमारी का नियंत्रण कठिन हो जाता है। अतः निम्नलिखित सावधानियाँ रखनी चाहिए।

- पौधशाला की जगह गहरी जुताई करके छोड़ दें ताकि बीमारी को संरक्षण देने वाले खरपतवार नष्ट हो जायें तथा बीमारी के कारक नष्ट हो जायें। इसके 10–15 दिन पश्चात् बीज स्थली में 30.0 सेन्टी मीटर ऊँचा खरपतवारों का ढेर इकट्ठा करके जला देना चाहिए।

- बीज स्थली ऊँचे स्थानों पर होनी चाहिए, जिससे जल का उचित निकास हो जायें।
- बीज शैया (seed bed) को 0.5 प्रतिशत फार्मलिन दवा से शोधित करना चाहिए।
- बीज उपचार कैप्टान या थाइरम की 2.5 ग्राम मात्रा प्रति किलो ग्राम बीज के हिसाब से करना चाहिए।
- पौध को घना नहीं होना चाहिए।
- यूरिया की संतुलित मात्रा ही प्रयोग करनी चाहिए।
- पौधशाला में जब पौधे में दो पत्ती निकल आये तो मैंकोजेब का 0.3 प्रतिशत, यूरिया 0.5 प्रतिशत, मल्टीप्लेक्स 0.5 प्रतिशत तथा क्लोरोपाइरीफास 0.2 प्रतिशत को मिलाकर इस प्रकार छिड़काव करना चाहिए कि पौध के अलावा जमीन भी पूरी तरह भींग जाये। दूसरा छिड़काव पौध रोपण करने से 5 दिन पूर्व करना चाहिए।

एन्थ्रेक्नोज (Anthracnose)

कोलेट्रोट्राइकम प्रजाति (*Collectotrichum acutaum* and *Collectotrichum gloeosporioides*) नामक फफूँद द्वारा फैलने वाली एक गंभीर रोग है। कोलेट्रोट्राइकम ग्लोइस्पोरीओडस् (*Collectotrichum gloeosporioides*) केवल कच्चे व कोलेट्रोट्राइकम एकूटैम (*Collectotrichum acutaum*) दोनों कच्चे तथा पके फल को प्रभावित करते हैं। यह बीमारी पौध रोपण के 20–25 दिन बाद पत्तियों पर छोटे–2 धब्बे के रूप में प्रकट होते हैं। इसमें फलों के उपर भूरे रंग के धब्बे पड़ जाते हैं और फल सड़कर सिकुड़ने लगते हैं तथा सूख कर गिरने लगते हैं। कभी–2 इसे डाईबैक या फ्रूट राट भी कहते हैं। इस रोग से पौधों पर फूल फल कम लगते हैं और जो लगते हैं, वे विकृत एवं खुरदरे होते है।

प्रबंधन

- इस बीमारी से प्रभावित पौधों को अविलम्ब उखाड़कर नष्ट कर देना चाहिए।
- प्रमाणित स्वस्थ बीज की बुआई करनी चाहिए।
- ग्रसित फलों को तोड़ देना चाहिए।
- डाइथेन–जैड–78 या ब्लाइटाक्स या इण्डोफिल एम0–45 के 0.2 प्रतिशत घोल का छिड़काव 10 दिन के अन्तर पर करना चाहिए।
- प्रभावी नियंत्रण के लिए कार्बण्डाजिम (1.0 ग्राम प्रति लीटर पानी में) का 2–3 छिड़काव 15–15 दिन के अन्तर से करना चाहिए।
- प्रायः यह देखा जाता है कि छायादार स्थानों पर लगे पौधो में बीमारी कम लगती है।
- उचित फसल चक्र अपनाना चाहिए और रोग प्रतिरोधी प्रजातियों की बुआई करनी चाहिए।

पर्ण धब्बा (Leaf spot)

यह रोग सरकोस्पोरा कैप्सीसी (*Cercospora capsici*) फफूँद द्वारा फैलता है। बीमारी का प्रभाव संक्रमित बीज द्वारा होता है। इस बीमारी में पत्तियों के उपर बड़े गोल या अण्डाकार भूरे धब्बे

(grey centres) पड़ जाते हैं। बाद में धब्बे अनियमित आकार के होकर गहरे हरे रंग से बैगनी रंग में बदल जाते हैं, जिनका केन्द्र काले रंग का होता है। इस प्रकार पत्तियाँ मर जाती है। बीमारी का अधिक प्रकोप 15.0–35.0 डिग्री सेल्सियस तापमान तथा उचित नमी पर होता है।

प्रबंधन

- बीमारी बीज द्वारा (seed borne) फैलती है अतः प्रमाणित बीज का प्रयोग थीरम से शोधित करके करना चाहिए।
- खेत में धान्य फसलों से 3 वर्षों का उचित फसल चक्र अपनाना चाहिए, जिस खेत में एक बार मिर्च लगी हो, उसमें पनः मिर्च नहीं उगानी चाहिए।
- डाइथेन जेड0–78 या डाइथेन एम0–45 का छिड़काव 10 दिन के अन्तर पर करें।
- ग्रसित फल तथा पत्तियों को इकट्ठा करके जला देना चाहिए।
- कापर युक्त कवकनाशी जैसे ब्लाइटाक्स एवं स्ट्रेप्टोसाइक्लिन नामक दवा का छिड़काव करें।

फल–गलन रोग (Fruit Rot)

इस बीमारी के प्रकोप से फलों के ऊपर धब्बे पड़ जाते हैं और ये धब्बे तेजी से बढ़ते हैं। इस रोग का प्रकोप वर्षा ऋतु में अधिक होता है।

प्रबंधन

- इसकी रोकथम के लिए ग्रसित फलों को निकाल देना चाहिए।
- डाइफोल्टान या ब्लाईटॉक्स दवा के 0.2 प्रतिशत घोल का छिड़काव 10–15 दिन के अन्तर पर करना चाहिए।

विषाणु रोग (Mosaic)

यह वायरस जनित विनाशकारी रोग मिर्च की सबसे खतरनाक मानी जाती है। यह रोग टोबैको मोजैक वाइरस (Tobacco mosaic virus) या कुकम्बर मोजैक वाइरस (Cucumber mosaic virus) द्वारा होता है, जो कीटों के माध्यम से फैलता है। इसमें ग्रसित पौधों की पत्तियों पर गहरे हरे या पीले रंग के धब्बे बनते हैं, जो बाद में सिकुड़ जाती है तथा कभी–2 पूरी पत्ती पीली पड़ जाती है। यह रोग पौधों की वृद्धि को प्रभावित करती है। उपज भी कम हो जाती है। पौधे की छोटी अवस्था में रोग का प्रकोप होने पर पौधे में शाखाएँ तक नहीं निकलती तथा पौधा पूर्ण रूप से फल रहित रह जाता है। कभी–2 फूल आने के बाद रोग लक्षण पौधों पर दिखाई देते है जिससे फलों का आकार छोटा रह जाता है एवं फल विपणन योग्य नहीं रह जाते हैं।

प्रबंधन

- प्रमाणित स्वस्थ बीज की बुआई करनी चाहिए।
- ग्रसित पौधों को खेत से निकाल कर जला देना चाहिए।

- रोग रोधी किस्मों की बुआई करनी चाहिए।
- इस रोग को फैलाने वाले कीड़ों जैसे–सफेद मक्खी (white fly) और एफीड की रोकथाम 0.2 प्रतिशत मेटासिस्टाक्स कीटनाशी दवा के धोल का छिड़काव करके करना चाहिए।

चूर्णिल आसिता (Powdery mildew)

रोगी पौधों की पत्तियों पर सफेद चूर्णी धब्बे दिखाई देते हैं तथा रोग की अधिकता के कारण पत्तियाँ पीली पड़कर झड़ जाती है।

प्रबंधन

- इस रोग के नियन्त्रण के लिए डायनाकेप 48 ई0 सी0 अथवा ट्राइडेमार्क–80 (1.0 मिली लीटर प्रति लीटर पानी) के हिसाब से घोल बनाकर छिड़काव उत्तम रहता है।
- गंधक, कैराथेन (0.05 प्रतिशत) या कैलेक्सिन 0.2 प्रतिशत का प्रत्येक सप्ताह छिड़काव करना चाहिए।

पर्ण कुंचन (Leaf Curl)

यह बीमारी भी तम्बाकू पर्ण कुंचन वाइरस (tobacco virus 16 or Nicotiana virus 10) द्वारा उत्पन्न होती है। पौधे बौने आकार के हो जाते हैं। पत्तियाँ अत्यन्त छोटी तथा मोटी टेढ़ी–मेढ़ी हो जाती हैं एवं पौधे झाड़ीनुमा हो जाते हैं। मुड़े हुए पत्ते भंगुर, रूक्ष, मोटे एवं चर्म जैसे हो जाते हैं। फूल–फल नहीं बनते हैं। यदि बनते हैं, तो छोटे–छोट विकृत रूप के हो जाते हैं। यह रोग सफेद मक्खी द्वारा फैलता है।

प्रबंधन

- ग्रसित पौधों को उखाड़कर नष्ट कर देना चाहिए।
- रोगरोधी किस्मों की ही खेती करनी चाहिए।
- वाइरस वाहक कीट–सफेद मक्खी के नियन्त्रण के लिए मिथाइल पैराथियान (0.02 प्रतिशत) या डाइमिथोएट (0.05 प्रतिशत) का पौध रोपण से 12–15 दिन के अन्तराल पर छिड़काव शुरू कर देना चाहिए।
- नर्सरी में पौध को 40 मैश की जाली से ढककर रखना चाहिए।
- दाने दार कीटनाशक कार्बोफ्यूरान (Carbofuran) 1.5–3.0 किलो ग्राम प्रति हेक्टेयर पौध रोपण के पहले मिट्टी में मिलाना चाहिए।

उकठा (Wilt)

यह बीमारी फ्यूजेरियम प्रजाति (*Fusarium* species) नामक कवक से होती है, जो मिर्च की फसल में प्रायः सभी क्षेत्रों में पायी जाती है। इस बीमारी में पौधा शीर्ष भाग से सूखना शुरू करता

है तथा धीरे–धीरे नीचे की ओर बढ़ता है। अन्त में पूरा पौधा सूख जाता है। पौधे सुखने के क्रम में पत्तियाँ झड़ जाती है। तना भी सिकुड़ जाता है। यदि प्रभावित पौधे के तने को बीच से फाड़कर देखा जाये तो बीच में भूरे रंग की धारी दिखाई देती है।

प्रबंधन

- रोग कारक मृदा जनक (**soil borne**) है, अतः 3 वर्ष का फसल चक्र अपनाना चाहिए।
- फसल अवशेषों को जलाकर नष्ट कर देना चाहिए।
- गर्मी में खेत की गहरी जुताई करके खेत खुला छोड़ देना चाहिए।
- रोग रोधी किस्मों की खेती करनी चाहिए।
- बीज शोधन कैप्टान या थाइरम की 2.5 ग्राम मात्रा प्रति 1.0 किलोग्राम बीज के हिसाब से किया जाना चाहिए।

शिमला मिर्च (Capsicum or Bell Pepper or Sweet Pepper)

वानस्पतिक नाम : कैप्सिकम फ्रुटीसेन्स (*Capsicum annuum* var. *grossum*)
कुल : सोलेनेसी (Solanaceae)
गुणसूत्र संख्या : 2एन = 24

सब्जियों में व्यावसायिक खेती की दृष्टिकोण से शिमला मिर्च का काफी महत्व है। इस फसल को बेल पेपर (bell pepper), कैप्सिकम (capsicum), स्वीट पेपर (sweet pepper), बुल नोज (bull nose), बड़ी मिर्च, मीठी मिर्च, घण्टीनुमा मिर्च, ग्रीन पेपर एवं शिमला मिर्च (Simla Mirch) के नाम से जाना जाता है, लेकिन उत्तरी भारत में यह केवल शिमला मिर्च के नाम से लोकप्रिय है। इस फसल को स्पेन में पीमीइन्टोस (pimientos) के नाम से जाना जाता है, जिसका तात्पर्य लाल रंग एवं मीठे स्वाद से होता है। सामान्यतः शिमला मिर्च में तीखापन नहीं होता या बहुत कम होता है और इसे सब्जी के रुप में भी प्रयोग किया जाता है।

उद्‌भव एवं वितरण

शिमला मिर्च का उद्‌भव स्थल केन्द्रीय तथा दक्षिण अमेरिका है। ऐसा विश्वास किया जाता है कि कोतलम्बस ने सर्वप्रथम तीखे मिर्च को नयी दुनिया की खोज कर वापस आने पर यूरोप में किया। यूरोप में मसाले व ताजे फलों के रूप में ज्यादा प्रचलित हुआ तथा इसे काली मिर्च के स्थान पर उपयोग होने लगा। पुर्तगाली इसे ब्राजील से सन् 1584 में भारतवर्ष लाये। शिमला मिर्च का सबसे पहले ग्राम्यन (domestication) मेक्सिको में हुआ। उष्ण क्षेत्रों में यह बहुवर्षीय (perennial) एवं उपोष्ण तथा ठण्डे तापमान में एकवर्षीय (annual) है। शिमला मिर्च की खेती प्रायः ठण्डे तापमान वाले देशों में ज्यादा होता है। इसकी सबसे ज्यादा खेती चीन में होती है तथा संयुक्त राज्य अमेरिका दूसरे स्थान पर आता है। भारतवर्ष में इस फसल की व्यापक पैमाने पर खेती हिमाचल प्रदेश, कर्नाटक, तमिलनाडु, उत्तराखण्ड तथा उत्तर प्रदेश के कुछ भागों में की जाती है। विशेष तौर पर कर्नाटक के बैंग्लुरू, बेलगांव एवं मैसूर जैसे क्षेत्र में ज्यादा उत्पादन करते हैं। इसी प्रकार तमिलनाडु में नीलगिरी, महाराष्ट्र में पुणे एवं थाना, झारखण्ड में राँची, पश्चिम बंगाल में दार्जलिंग तथा हिमाचल प्रदेश में मध्यम ऊँचाई की पहाड़ियाँ इसके उत्पादन में ज्यादा महत्व रखती हैं। इसके अलावा जम्मू, कश्मीर एवं उत्तराखण्ड में इसकी खेती बड़े पैमाने पर की जाती है। वर्तमान में इसकी खेती मैदानी भागों में सफलतापूर्वक की जाने लगी है। शिमला मिर्च को भारत में लगभग 1.74 लाख हेक्टेयर भूमि में उगाया जाता है तथा वर्तमान में इसका उत्पादन 48980.0 टन है। हिमचल प्रदेश में शिमला मिर्च की खेती लगभग 1014 हेक्टेयर में की जाती है जिससे लगभग 9563 टन उपज प्राप्त होती है।

वानस्पतिक विवरण

शिमला मिर्च सोलेनेसी कुल के कैप्सिकम जीनस के अन्तर्गत आता है। ग्राम्यन की गयी पाँच कैप्सिकम की प्रजातियों में कैप्सिकम एनम (capsicum annuum), कैप्सिकम फ्रुटीसेन्स (capsicum brutescens), कैप्सिकम बकैटम (capsicum baccatum), कैप्सिकम चाइनेन्स (capsicum chiense) तथा कैप्सिकम प्यूबीसेन्स (capsicum pupescens) स्पष्ट कार्यिकीय विभिन्नता मिलती है। सामान्य रुप से खेती योग्य शिमला मिर्च को कैप्सिकम एनम वार0 ग्रोसम (*Capsicum annuum* var. *grossum*) के नाम से जाना जाता है। उगायी जाने वाली शिमला मिर्च द्विगुणित होता है और इसके गुणसूत्रों की संख्या 2एन=24 है। शिमला मिर्च को औद्यानिक एवं फल के आकार प्रकार के अनुसार 5 समूहों में बाँटा जा सकता है–

- बेल समूह (Bell group)–फल बड़े आकार (large, blocky and blunt) के होते हैं। कच्चे फल हरे व पकने पर लाल रंग के होते है।
- एनाहेम समूह (Anaheim group)–फल चिकने, मध्यम बड़े आकार (smooth, tapering to a point with medoium thick flesh) के होते हैं। कच्चे फल हरे व पकने पर लाल रंग के हो जाते हैं। फल में मध्यम तीखापन होता है।
- जालापेनो समूह (Jalapeno group) फल छोटे, गोलाकार, चिकने (small with a round, cylindrical, smooth and with or without a corky network on the skin) होते हैं। फल कच्चे होने पर हरे एवं पकने पर लाल रंग के हो जाते है।
- चेरी समूह (Cherry group)–फल छोटे, गोलाकार, पीले रंग (small, round and yellow in colour when immature) के होते हैं। इसकी तीखी व तीखा रहित फलों को ताजा या अचार बनाकर बेचा जाता है।
- टबॉस्को समूह (Tabasco group)–फल बहुत छोटे, हरे लेकिन पकने पर लाल (quite small, slender green when immature and turn red at maturity) होते हैं। फल तीखे होते हैं। कच्चे फलों से अचार बनाया जाता है जबकि पके लाल फलों से 'हाट पेपर सास' बनाया जाता है।

शिमला मिर्च की जड़ें मूसला (tap root) होती हैं। इसकी पत्तियाँ साधारण व एकल होती हैं। तना द्विशाखी (dichotomous branching) होती हैं। पुष्प द्विलिंगी (bisexual) होते हैं। फल फुला हुआ बेरी (inflated berry) कहलाता है। फल धसा हुआ, वर्गाकार, चौकोर, मोटे गूदेवाला, व फल में 3–4 पिण्ड (lobed) होता है। फल तीखा रहित (non-pungeni) होता है।

पोषकीय महत्व

शिमला मिर्च का ज्यादा उपयोग व्यंजनों तथा फास्ट फूड (fast food), नोड्यूल, चाउमिन आदि बनाने में उपयोग होता है। पौष्टिकता की दृष्टि से भी शिमला मिर्च खनिज तत्वों तथा विटामिन 'ए' व 'बी' का अच्छा स्रोत है। कम चरपराहट होने के कारण इसके द्वारा तैयार व्यंजनों को बच्चे भी बड़े चाव से खाते हैं। विदेशों में इसके पके पीले या लाल रंग के फलों को सलाद के रुप में खाने का बहुत अधिक प्रचलन है। ताजे फलों में विटामिन 'सी' प्रचुर मात्रा में पायी जाती है। शिमला मिर्च लाल, पीला, हल्का नीला या सन्तरे के रंग का होता है। शिमला मिर्च में पाये जाने वाले पोषक तत्वों को सारिणी में दिया गया है–

सारिणी (2.24) शिमला मिर्च में पाये जाने वाले पोषक तत्व (प्रति 100 ग्राम खाने योग्य भाग में)

पोषक तत्व	मात्रा
नमी	92.4 ग्राम
प्रोटीन	1.3 ग्राम
वसा	0.3 ग्राम
खनिज लवण	0.7 ग्राम
रेशा	1.0 ग्राम
कार्बोहाइड्रेट्स	4.3 ग्राम
ऊर्जा	24 किलोकैलोरी
कैल्सियम	10.0 मिली ग्राम
फास्फोरस	30.0 मिली ग्राम
आयरन	0.567 मिली ग्राम
कैरोटीन	427.0 माइक्रोग्राम
थाइमिन	0.55 मिली ग्राम
रिबोफ्लेविन	0.05 मिली ग्राम
नियासिन	0.1 मिली ग्राम
फोलिक अम्ल	–
विटामिन 'सी'	137.0 मिली ग्राम

उन्नतिशील किस्में

हमारे देश में उगायी जाने वाली शिमला मिर्च की किस्में मुख्य रुप से बाहर से आयातित (introduced) हैं। चूँकि इसकी खेती बहुत सीमित क्षेत्र में की जाती थी, इस वजह से इसकी नई किस्मों के विकास पर कम अनुसंधान कार्य किया गया लेकिन वर्तमान समय में मुक्त परागित (सामान्य किस्में) और संकर दोनों ही किस्मों का व्यापक पैमाने पर खेती की जा रही है। सामान्यतः संकर किस्मों के फल, मुक्त परागित किस्मों की तुलना में बड़े आकार के एवं गहरे हरे रंग के होते हैं। इसलिए उत्पादकों के बीच संकर किस्म अधिक प्रचलित है। इसकी कुछ प्रमुख मुक्त एवं संकर किस्मों का वर्णन निम्न प्रकार है–

कैलिफोर्निया वण्डर (California Wonder)

यह बहुत ही प्रचलित किस्म है, जिसका उपस्थापन संयुक्त राज्य अमेरिका द्वारा किया गया है। इसके पौधे मध्यम ऊँचाई के, ओजस्वी, सीधी बढ़वार तथा अधिक फल देने वाले होते हैं। फलों की प्रथम तुड़ाई पौध रोपण के 90–100 दिन में की जाती है। फल चिकने और गहरे हरे रंग के होते हैं। फलों का छिलका मोटा होता है और प्रत्येक फल में 3–4 पिण्ड होते हैं। फलों का औसत उपज 15.0 टन प्रति हेक्टेयर होता है।

चाइनीज जाइण्ट (Chinese Giant)

शिमला मिर्च की यह प्रचलित किस्म है। इसके पौधे गहरे हरे रंग के होते हैं। फलों का छिलका मोटा होता है और प्रत्येक फल में 3–4 पिण्ड होते हैं। फसल रोपण के 125–140 दिन बाद प्रथम बार फलों की तुड़ाई की जाती है। यह तम्बाकू विषाणु के प्रति सहनशील है। इसकी उपज 12.0–14.0 टन प्रति हेक्टेयर होती है।

वर्ल्ड विटर (World Beater)

इस किस्म के पौधे उपर की तरफ बढ़ने वाले होते हैं। फल में चार पिण्ड होते हैं। फलों का छिलका मध्यम मोटाई का होता है। इसकी उपज क्षमता 10.0–12.5 टन प्रति हेक्टेयर होती है।

येलो वण्डर (Yolo Wonder)

यह एक प्रचलित किस्म है, जिसके पौधे बौने तथा अधिक फल देने वाली होती है। फल देर से पकते हैं। इसके फल नीचे की तरफ लगते हैं। फल का छिलका मध्यम मोटाई का होता है और फल में 3–4 पिण्ड होते हैं। इसकी औसत उपज 10.0–12.0 टन प्रति हेक्टेयर है।

अर्का मोहनी (Arka Mohani)

यह एक उन्नतिशील किस्म है, जिसका विकास भारतीय बागवानी अनुसंधान संस्थान, बैंग्लुरु (कर्नाटक) द्वारा अमेरिका की उपस्थापित किस्म टिटैन (Titan) से चयन करके विकसित किया गया है। पौधे सीमित बढ़वार वाले होते है। इसमें फूल तथा फल एक ही बार लगते हैं। फल नीचे की ओर झूके होते हैं। फल का औसत वजन 80.0–100.0 ग्राम होता है। फल गहरे हरे रंग का, मोटे गूदे वाला एवं 3–4 प्रकोष्ठयुक्त होता है। यह किस्म ग्रीष्म एवं शीतऋतु की फसल हेतु उपयुक्त है। इस किस्म की उपज 20.0–25.0 टन प्रति हेक्टेयर तक होती है।

अर्का गौरव (Arka Gaurav)

इस प्रजाति का विकास भारतीय बागवानी अनुसंधान संस्थान, बैंग्लुरु (कर्नाटक) द्वारा किया गया है, जिसमें बार–बार फूल एवं फल लगते हैं। फल गहरा हरा, 3–4 प्रकोष्ठयुक्त व मध्यम आकार का होता है और फल का औसत वजन 78.0–89.0 ग्राम होता है। पत्तियाँ फल को अच्छी तरह ढक लेती हैं, जिससे धूप में झूलसने की सम्भावना नहीं होती है। इनमें जीवाणु मुर्झान रोग को सहन करने की क्षमता होती है। यह किस्म जीवाणु झुलसा रोग के प्रति सहिष्णु है। यह खरीफ व रबी दोनों मौसमों के लिए उपयुक्त है। इसकी औसत उपज 18.0–25.0 टन/हेक्टेयर तक होती है।

अर्का बसंत (Arka Basant)

इस किस्म का विकास भारतीय बागवानी अनुसंधान संस्थान, बैंग्लुरु (कर्नाटक) द्वारा हंगरी से आयातित जननद्रव्य से चयनित कर किया गया है। यह लगातार और ज्यादा फलने वाली किस्म है। फल मलाई जैसे सफेदी लिए हुए, आकार में शंकुनुमा, मोटे गूदे वाले, सुगन्धयुक्त व कठोर संरचना

वाले होते हैं। इस किस्म के फलों को अधिक समय तक भण्डारित किया जा सकता है। निर्यात की दृष्टि से बहुत अच्छी किस्म है। इसकी औसत उपज 15.0–20.0 टन प्रति हेक्टेयर है।

पूसा दीप्ति (Pusa Deepti)

इस किस्म का विकास भारतीय कृषि अनुसंधान संस्थान, क्षेत्रीय अनुसंधान केन्द्र, कटराई (IARI Regional Station, Katrain) द्वारा किया गया है। यह जलवायु क्षेत्र–1 के लिए अनुमोदित है। पौधे ओजस्वी झाड़ीनुमा व सीधे होते हैं। फल चिकना, 9.0 सेमी0 लम्बा व हल्का हरा होता है। यह अधिक उपज (35–40 टन प्रति हेक्टेयर) देने वाली किस्म है।

के0टी0सी0पी0एच0–3 (KTCPH-3)

इस संकर किस्म का विकास येलो वण्डर x एच0सी0–201 के संकरण से भारतीय कृषि अनुसंधान संस्थान, क्षेत्रीय अनुसंधान केन्द्र, कटराई (IARI Regional Station, Katrain) द्वारा किया गया है। फल चिकने, हरे, मोटे गूदे वाला एवं 3–4 प्रकोष्ठयुक्त होता है। इसकी औसत उपज 27.50 टन प्रति हेक्टेयर है।

के0टी0–1 (KT-1)

इस संकर किस्म का विकास येलो वण्डर x एच0सी0–201 के संकरण से भारतीय कृषि अनुसंधान संस्थान, क्षेत्रीय अनुसंधान केन्द्र, कटराई (IARI Regional Station, Katrain) द्वारा किया गया है, जिसका सन् 1990 में अनुमोदन, क्षेत्र–I के लिये किया गया है।

निशात–1 (Nishat-1)

इस संकर किस्म का विकास शेरे–ई–कश्मीर कृषि एवं प्रौद्योगिकी विश्वविद्यालय, (कश्मीर) द्वारा किया गया है। पौधे असीमित विकास वाले होते हैं जिसकी पत्तियाँ गहरी हरी होती हैं। फल गहरे हरे एवं 3–4 प्रकोष्ठयुक्त होता है। औसत उपज 22.0 टन प्रति हेक्टेयर है।

हाइब्रिड भारत (Hybrid Bharat)

यह एक संकर किस्म है, जिसे इंडो–अमेरिकन हाइब्रिड सीड कम्पनी, बैंग्लुरु (कर्नाटक) सन् 1973 द्वारा विकसित किया गया है। इसके फल चार प्रकोष्ठीय व मोटे गूदेयुक्त होते हैं। फल 8. 0–10.0 सेन्टी मीटर लम्बा तथा 150.0 ग्राम वजन का होता है। यह तम्बाकू विषाणु के प्रति सहनशील हैं। इसकी उपज 25.0–30.0 टन प्रति हेक्टेयर तक होती है।

इन्दिरा (Indira)

इस संकर किस्म का विकास भारतीय बागवानी अनुसंधान संस्थान, बैंग्लुरु (कर्नाटक) द्वारा किया गया है। पौधे मध्यम ऊँचाई के और गहरी हरी पत्तियों से ढके रहते हैं। फल में 3–4 प्रकोष्ठ

होते हैं तथा गूदा गहरा हरा व मोटा होता है। सामान्यतः पौध रोपण के 60–65 दिनों बाद पहली तुड़ाई की जाती है। प्रत्येक फल का औसत वजन 150.0–170.0 ग्राम तक होता है। इसकी औसत उपज 33.0 टन प्रति हेक्टेयर है।

ग्रीन गोल्ड (Green Gold)

इस संकर किस्म को महिको हाइब्रिड सीड कम्पनी द्वारा विकसित किया गया है। इसके फल की लम्बाई 11.0 सेन्टी मीटर और मोटाई 9.0 सेन्टी मीटर होती है। फल का रंग गहरा हरा होता है और प्रत्येक फल का औसत वजन 100.0–120.0 ग्राम होता है। इसकी उपज क्षमता 30.0 टन प्रति हेक्टेयर है।

प्राइज टेकर (Prize Taker)

इसके पौधे बौने होते हैं। फल लम्बे, मोटे छिलके वाले, मीठे गूदेदार व हरे रंग के होते हैं। यह लगभग 80–85 दिन बाद तैयार होती है। इसकी औसत उपज 23.00 टन प्रति हेक्टेयर है।

लैरियो (Lario)

इस संकर किस्म को सीन्जेंटा सीड कम्पनी द्वारा विकसित किया गया है, जिसका सन् 2002 में अनुमोदन, क्षेत्र–I के लिये किया गया है।

सारिणी (2.25) ग्रीनहउस के लिए उयुक्त किस्में

प्रकार	रंग	किस्म
यूरोपीयन (European)	लाल	मजुरका, टोरकेल, पारकर
	पीला	फिएस्टा
इजराईली (Israeli)	लाल	एच0ए0–1195
	हरा–पीला	एच0ए0–1038, एच0ए0–998, एच0ए0–1589
भारतीय (Indian)	पीला	नुन–320,गोल्डेन समर, ओरोबेली, टान्वी
	लाल	नुन–3019, भारत, महाभरत, बाम्बे, इन्दिरा, हीरा

सोलन हाइब्रिड–1 (Solan hybrid-1)

यह अगेती तथा अगेती उपज देने वाली संकर किस्म है जो पहाडों के मध्य क्षेत्रों के लिये उपयुक्त है। यह फल सड़न रोग के लिये प्रति रोधी किस्म है।

सोलन हाइब्रिड–2 (Solan hybrid-2)

यह अगेती तथा अधिक उपज देने वाली संकर किस्म है। जिसे हिमाचल प्रदेश के क्षेत्र–II व क्षेत्र–III के लिये अनुमोदित किया गया है। इसके पौधे ऊँचे व फल आयताकार तथा 3–4 उभार

वाले होते हैं। पौध रोपण के 60–65 दिनो बाद फलों की प्रथम तुड़ाई की जा सकती है। यह फल सड़न तथा जीवाणु रोगों के लिये प्रतिरोधी है। इसकी औसत उपज 32.50–37.50 टन प्रति हेक्टेयर है।

जलवायु – शिमला मिर्च की खेती गर्म व ठण्डे वातावरण में समुद्र की सतह से 2000 मीटर की ऊँचाई तक की जा सकती है। शिमला मिर्च की खेती के लिए सामान्यतः 4–5 महीने तक मध्यम, ठण्ड जलवायु की आवश्यकता होती है। इसकी खेती उन सभी क्षेत्रों में सफलतापूर्वक की जा सकती है जहाँ का तापमान 6.5–38.4 डिग्री सेल्सियस तथा सापेक्ष आर्द्रता 31–65 प्रतिशत होती है। शिमला मिर्च के बीजों का जमाव 25.0–28.0 तथा पौध विकास 24–26 डिग्री सेल्सियस पर उत्तम होता है। पुष्पन के लिए दिन का तापमान अगर 28.0–30.0 डिग्री सेल्सियस तथा रात्रि का तापमान 24.0 डिग्री सेल्सियस होना चाहिए। यह दिनमान तथा आर्द्रता के लिए असंवेदनशील है। पौधे की बढ़वार के लिए 20.0–25.0 डिग्री सेल्सियस तापमान उत्तम है, जबकि फल लगने के लिए महीने का औसत तापमान 10.0–15.0 डिग्री सेल्सियस अच्छा पाया गया है। परीक्षण में पाया गया है कि 24 डिग्री सेल्सियस से ज्यादा तापमान पर फल धारण नही करते हैं तथा लगतार तेज वर्षा से पुष्पन व फल लगने की प्रक्रिया प्रभावित होती है।

भूमि एवं भूमि की तैयारी

शिमला मिर्च की खेती क्षारीय मृदा को छोड़कर सभी प्रकार की मिट्टियों में सफलतापूर्वक की जा सकती है। अच्छी उपज के लिए उचित जल निकास तथा जीवांशयुक्त मिट्टी उत्तम होती है। अतः भूमि की प्रकृति बलुई दोमट या टोमट होनी चाहिए। ऐसी मिट्टी जिसका पी0एच0 मान 6.0–7.5 के बीच हो खेती के लिए उपयुक्त है। यदि भूमि रेतीली या भारी हो तो उसमें पर्याप्त मात्रा में जैविक खाद का प्रयोग करना चाहिए। इस प्रकार चुनी हुई जमीन की पहली जुताई ट्रैक्टर या मिट्टी पलटने वाली हल से करनी चाहिए। इसके बाद 3–4 जुताई हैरो या कल्टीवेटर से करके पाटा चला देना चाहिए, जिससे भूमि समतल और भूरभुरी हो जाये। जुताई के समय अगर खेत में खरपतवार या फसल के अवशेष हों तो निकाल देना चाहिए। शिमला मिर्च की जड़ें 92.00–122 सेन्टी मीटर तक जाती है लेकिन पोषक तत्व शोषण के लिए प्रभावी जड़ें 31.00 सेन्टी मीटर तक रहती हैं।

पौध लगाने का समय

उत्तर भारत के मैदानी क्षेत्रों में शिमला मिर्च की फसल को जाड़े की फसल के रुप में उगाया जाता है, जिसके लिए पौध जुलाई–अगस्त के महीने में तैयार करते हैं। पर्वतीय क्षेत्रों में कम ऊँचाई वाले स्थानों पर नवम्बर तथा फरवरी–मार्च में पौधशाला में बीज की बुआई करते हैं, लेकिन मध्यम ऊँचाई वाले क्षेत्रों में मार्च–मई तक बुआई करते रहते हैं। शिमला मिर्च के बीज के अंकुरण के लिए आवश्यक है कि समय से बुआई की जाये, क्योंकि देर से बुआई करने पर जब तापक्रम कम होने लगता है, तो अंकुरण प्रतिशत घट जाता है। इतना ही नहीं अंकुरण में काफी समय भी लगता है। पौधशाला में बीज बुआई के समय 30.0–35.0 डिग्री सेल्सियस तापमान उपयुक्त होता है। दक्षिण

भारत में शिमला मिर्च के बीजों की बुआई रबी मौसम (अक्टूबर–नवम्बर) में तथा खरीफ मौसम में (जुलाई–अगस्त) में की जाती है। महाराष्ट्र में बीजों की बुआई फरवरी–मार्च व कर्नाटक में जून में की जाती है।

बीज दर

शिमला मिर्च की एक हेक्टेयर क्षेत्रफल हेतु मुक्त परागित किस्म की 600.00–700.00 ग्राम व संकर किस्म की 500.00–600.00 ग्राम बीज की आवश्यकता पड़ती है। इससे 50,000–60,000 नवोद्‌भिद (seedlings) प्राप्त होते हैं जो एक हेक्टेयर क्षेत्रफल के रोपण के लिए उपयुक्त है। मृदा जनित बीमारियों से बचाव के लिए बीज को 50.0 डिग्री सेल्सियस गर्म पानी पर 30 मिनट तक रखना चाहिए। इसके बाद ठण्डे पानी से बीज की धुलाई करते हैं तथा छायादार स्थान पर रखकर सूखा लेते हैं। इसके बाद बीज का शोधन एग्रोसान जी0एन0, बाविस्टीन, फोल्टाफ, कैप्टाफाल या थिरम (Thiram) या कैप्टान (Captan) की 2.0–3.0 ग्राम मात्रा प्रति किलो ग्राम बीज में मिलाकर करते हैं। बीज को स्ट्रेप्टोसाइक्लीन के 0.02 प्रतिशत घोल में 30–60 मिनट तक शोधन करने से जीवाणु रोग में कमी होती है।

पौध तैयार करना

शिमला मिर्च की पौध तैयार करने के लिए क्यारी में अच्छी प्रकार सड़ी हुई गोबर की खाद मिला देनी चाहिए। पौधशाला की क्यारी जमीन की सतह से 15.0–20.0 सेन्टी मीटर ऊँची होनी चाहिए, जिससे बरसात के पानी से क्यारी डूबे नहीं तथा पौध पानी में खराब न हो सके। बीज को पंक्तियों में 5.0 सेन्टी मीटर की दूरी पर एवं 2.5 सेन्टी मीटर की गहराई पर बुआई करते हैं। इसके लिए क्यारी को 90.0 सेन्टी मीटर ऊँचा रखना चाहिए। बीज बुआई के उपरान्त क्यारी के उपर गोबर की सड़ी हुई खाद या वर्मी कम्पोस्ट से ढक देना चाहिए। क्यारी के चारों तरफ फ्यूराडान पाउडर से उपचारित मिट्‌टी को फैला देना चाहिए, जिससे चीटीं आदि का प्रकोप न हो। इसके उपर खास–फूस की पर्त रख देते हैं और समय–समय पर क्यारी को हजारे से सिंचाई करते रहते हैं। प्रारम्भ में उत्तम जमाव के लिए दिन में दो बार हल्की सिंचाई करते हैं, लेकिन 2–3 दिनों के बाद केवल एक बार सिंचाई करने की आवश्यकता पड़ती है। जमाव होने के बाद पूरे क्यारी को 0.4 प्रतिशत कैप्टान/कैप्टाफ/कापर आक्सीक्लोराइड का प्रयोग करना चाहिए, जिससे पद गलन (damping off) की समस्या से मुक्ति पायी जा सके। शिमला मिर्च के पौधे को मिट्‌टी के गमले या कार्टन बाक्स या प्लास्टिक ट्रे में उगाया जा सकता है। इन पात्रों में अच्छी तरह से सड़ी हुई गोबर की खाद भरकर उनमें बीज की बुआई कर दी जाती है। बुआई के समय इस बात का ध्यान देना चाहिए कि पात्र से नीचे की तरफ से पानी निकलने की सुविधा हो। पात्रों में भरा जाने वाला मिश्रण 70.0 प्रतिशत पीटमास (peat moss) व 30.0 प्रतिशत वर्मीकुलाइट (vermiculite) से तैयार होता है। पात्रों में मिश्रण भरने के पूर्व 150.0 डिग्री सेल्सियस तापमान पर 2 घण्टे तक आटोक्लेव (autoclave) करना चाहिए। इसके बाद 1.0 सेन्टी मीटर की गहराई पर एक–एक बीज का प्रयोग बने हुए साँचे में करते हैं।

पौध रोपण

बीज बुआई के 4 सप्ताह बाद पौधे रोपण के योग्य हो जाते हैं तथा उन पर 4–5 सत्य पत्ती (true leaf) विकसित हो जाती हैं। शिमला मिर्च के पौधों के रोपण हेतु पंक्ति से पंक्ति की दूरी 60.0 सेन्टी मीटर तथा पौध से पौध की दूरी 40.0 सेन्टी मीटर रखते हैं। पौधों का रोपण सायंकाल करते हैं, लेकिन बदली के मौसम में दिन में किसी भी समय की जा सकती है। पौध रोपण के बाद तुरन्त हल्की सिंचाई कर देनी चाहिए। हल्की सिंचाई करने से पौधे स्थापित हो जाते हैं। पौध लगाने से मिट्टी में फ्यूराडान 3–जी (Furadan-3G) नामक दवा का 1.0 ग्राम प्रति पौध की दर से पौध लगाने वाले स्थान पर डाल देनी चाहिए।

पोषक तत्व प्रबंधन

शिमला मिर्च से अधिक उपज लेने के लिए पोषक तत्वों की ज्यादा से ज्यादा उपयोग करनी चाहिए, लेकिन यह सत्य है कि मृदा जाँच के उपरान्त ही खाद एव उर्वरकों का उपयोग करें। सामान्यतः खेत की तैयारी के समय 20.0–25.0 टन गोबर की सड़ी खाद या कम्पोस्ट खाद प्रति हेक्टेयर खेत में अच्छी तरह मिला देनी चाहिए। इसके अलावा तत्व के रुप में 100.0 किलो ग्राम नत्रजन, 50.0 किलो ग्राम फास्फोरस और 50.0 किलो ग्राम पोटाश, मुक्त परागित किस्म के लिए जबकि 150.0 किलो ग्राम नत्रजन, 75.0 किलो ग्राम फास्फोरस एवं 75.0 किलो ग्राम पोटाश संकर किस्मों को देना चाहिए। ध्यान रहे कि फास्फोरस एवं पोटाश की पूरी मात्रा तथा नत्रजन की तिहाई मात्रा पौध रोपण के समय तथा शेष नत्रजन की मात्रा तीन बराबर भागों में बाँटकर पौध रोपण के बाद क्रमशः 25, 45 व 60 दिनों बाद देना चाहिए। कर्नाटक राज्य में शिमला मिर्च की मुक्त परागित किस्म के लिए 125.0 किलो ग्राम नत्रजन, 75.0 किलो ग्राम फास्फोरस एवं 50.0 किलो ग्राम पोटाश तथा संकर किस्म के लिए 150.0 किलो ग्राम नत्रजन, 100.0 किलो ग्राम फास्फोरस तथा 65.0 किलो ग्राम पोटाश प्रति हेक्टेयर देते हैं।

सिंचाई

शिमला मिर्च की प्रभावी जड़ें कम गहराई तक विकसित होती हैं। अतः न तो ये सतही सिंचाई (flood irrigation) सहन कर सकती है और न ही सूखे को। अतः इसकी सफल खेती के लिए बार–बार हल्की सिंचाई करने की आवश्यकता पड़ती है। प्रथम सिंचाई पौध रोपण के तुरन्त बाद की जाती है। इसके बाद सिंचाई आवश्यकतानुसार देते हैं लेकिन पुष्पन एवं फलन के समय ज्यादा ध्यान देकर सिंचाई करना चाहिए। क्योंकि पानी की कमी से पुष्प झड़ने लगते हैं। इसके बाद की सिंचाई 4–5 दिन के अन्तराल के बाद ग्रीष्म काल में तथा 7–8 दिन के अन्तराल पर शरद काल में देते हैं। सतही सिंचाई करने से फाइटोफ्थोरा कैप्सीसि (*Phytophthora capsici*) नामक फफूँद का प्रकोप ज्यादा हो जाता है। इस प्रकार इस बीमारी तथा पानी के अपव्यय के बचाव हेतु नाली विधि द्वारा सिंचाई या ड्रीप सिंचाई (drip irrigation) की संस्तुति की जाती है।

मिट्टी चढ़ाना

जब पौधे बढ़ने लगे तब एक बार निकाई करके जड़ों के पास मिट्टी चढ़ा देनी चाहिए, जिससे पौधे न गिरने पायें।

खरपतवार नियंत्रण

शिमला मिर्च में खरपतवार प्रबंधन हेतु पलवार का प्रयोग उत्तम पाया गया है। शिमला मिर्च में निकाई–गुड़ाई काफी खर्चीला है, अतः रासायनिक विधि से भी खरपतवार का नियंत्रण सस्ता पड़ता है। रासायनिक विधि से खरपतवार नियंत्रण हेतु पौध रोपण के पूर्व पेण्डीमेथेलिन (Pendimethalin) 30 ई0सी0 के 3.3 लीटर मात्रा 1000 लीटर पानी में घोलकर छिड़काव करना चाहिए। पौध रोपण के 2–3 दिन बाद लासो (Lasso) नामक खरपतवारनाशी की 5 लीटर मात्रा प्रति हेक्टेयर प्रयोग कर खरपतवार को नष्ट किया जा सकता है। अगर पौधे बड़े हो गये हैं तो 2 कतारों के बीच में रिक्त स्थान पर ग्रैमेक्सजोन की 0.75–1.0 लीटर मात्रा प्रति हेक्टेयर की दर से का छिड़काव करके बचाव की जा सकती है, लेकिन ध्यान रहे कि खरपतवारनाशी की बूँदें पौधे पर न पड़ने पाये।

पौधों को सहारा देना

शिमला मिर्च में जब फलन प्रारम्भ होता है तो पौधों पर वजन बढ़ जाता है, जिससे पौधे गिर जाते हैं अतः लकड़ी के टुकड़ों से सहारा देकर बचाया जा सकता है।

शीर्ष कर्तन

शिमला मिर्च की अच्छी उपज प्राप्त करने के लिए शीर्ष कर्तन करना चाहिए। प्रथम फूल आने के समय शीर्ष पर आने वाले फूलों को तोड़ देना चाहिए। ऐसा करने से पौधों की अच्छी वृद्धि हो जाती है एवं अधिक शाखाएँ निकलती हैं।

फलों की तुड़ाई

शिमला मिर्च के फलों की तुड़ाई तभी करनी चाहिए जब उनका पूर्ण विकास हो गया हो और फल चमकदार हो गये हों। सामान्यतया पौध रोपण के 80–90 दिन बाद पहली तुड़ाई की जाती है। पूर्ण रुप से विकसित फलों को उपर की ओर मोड़कर तोड़ना चाहिए। अधिकांश प्रजातियों में 8–10 बार तुड़ाई की जाती है। इस प्रकार तुड़ाई का काम 6–8 सप्ताह तक चलता रहता है।

उपज

एक पौधे में 20–25 फल लगते हैं। इस प्रकार शिमला मिर्च की औसत उपज 20.0 टन प्रति हेक्टेयर मुक्त परागित किस्म से प्राप्त होती है, लेकिन संकर किस्मों से 50.0 टन प्रति हेक्टेयर तक उपज मिल जाती है।

तुड़ाई उपरान्त प्रबंधन

शिमला मिर्च की तुड़ाई के बाद फलों को विभिन्न श्रेणियों में बाँटकर बाजार में बिक्रय हेतु भेजना चाहिए। सामान्यतः छोटे, विकृत, बदरंग, कीट ग्रसित, रोग ग्रसित तथा टेढ़े–मेढ़े फलों को छाँटकर अलग कर देना चाहिए। बाजार में भेजने के लिए फलों को जूट के बोरों, लकड़ी के संदूकों

या प्लास्टिक क्रेट का प्रयोग करना चाहिए। शिमला मिर्च का भण्डारण शून्य डिग्री सेल्सियस तापमान, 90.0–95.0 प्रतिशत सापेक्ष आर्द्रता पर 40 दिनों तक रखा जा सकता है।

पौध संरक्षण

प्रमुख कीट एवं उनका प्रबन्धन

थ्रिप्स (Thrips)

यह पत्तियों एवं अन्य मुलायम भागों से रस चूसने वाला कीट है। इस कीट का प्रकोप पौधों की रोपाई के 2–3 सप्ताह बाद प्रारम्भ होता है। फूल आने के समय इसका प्रकोप बहुत अधिक होता है। इसके अधिक प्रकोप से पत्तियाँ सिकुड़ जाती हैं तथा मुरझाकर गिर जाती हैं।

प्रबंधन

- इण्डोसल्फान कीट नाशी दवा की 2.0 मिली लीटर मात्रा को प्रति लीटर की दर से पानी में घोलकर 10–15 दिन के अन्तराल पर छिड़काव करना चाहिए।
- डाइक्लोरोवास या फास्फोमिडान दवा की एक लीटर मात्रा को प्रति 2.5 लीटर पानी की दर से घोलकर छिड़काव करना चाहिए।

मकड़ी या अष्टपदी (Mites)

मकड़ी छोटे आकार के पीले रंग के कीट होते हैं। इनके पृष्ठ भाग पर सफेद धारियाँ होती हैं। इसके प्रकोप से पत्तियों का आकार छोटा हो जाता है और वे गुच्छे जैसी दिखती हैं।

प्रबंधन

- डाइकोफाल (18.5 ई0सी0) की 2.5 मिली लीटर मात्रा को प्रति लीटर की दर से पानी में घोलकर छिड़काव करना चाहिए।
- घुलनशील गंधक की 2.5–3.0 ग्राम मात्रा प्रति लीटर की दर से पानी में घोलकर 15 दिन के अन्तराल पर छिड़काव करना चाहिए।

माहूँ (Aphid)

माहूँ पौधे का रस चूसता है और विषाणु रोग फैलाता है।

प्रबंधन

नूवाक्रान या रोगार की एक लीटर मात्रा 650.0–700.0 लीटर पानी में घोल बनाकर छिड़काव करना चाहिए।

सूत्रकृमि (Nematode)

ये पौधों की जड़ों में छोटी–छोटी गाँठ या ग्रंथियाँ उत्पन्न करते हैं, जिनके कारण पौधों में पोषक तत्वों की आपूर्ति बन्द हो जाती है।

प्रबंधन

कार्बोफ्यूरान की 1.0–2.0 किलो ग्राम (सक्रिय तत्व) मात्रा को प्रति हेक्टेयर की दर से मिट्टी में मिलाना चाहिए। अच्छा होगा कि खेत में नीम की खली प्रयोग की जायें।

प्रमुख रोग एवं उनका प्रबंधन

1. आर्द्रगलन (Damping off)

आर्द्रगलन (**Pythium aphanidermatum and Rizoctonia solani**) मुख्यतः नर्सरी में लगने वाला रोग है। बीज या तो भूमि के अंदर ही फफूँद के प्रकोप से सड़ जाते हैं या जमने के बाद पौधों का भूमि की सतह से लगा तना पतला हो जाता है और बाद में विगलित होकर गिर जाता है। अधिक नम और गर्म भूमि में यह रोग तेजी से बढ़ता है।

प्रबंधन

बीज शोधन ट्राइकोडर्मा 4.0 ग्राम प्रति किलो ग्राम बीज अथवा कार्बेन्डाजिम या थाइरम 2.5 ग्राम प्रति किलो ग्राम बीज की दर से करना चाहिए। भूमि शोधन एवं जल निकास से रोग नियंत्रित रहता है। नर्सरी में थाइरम या कैप्टान 3.0 ग्राम प्रति लीटर पानी में घोलकर छिड़काव करने से भी रोग का प्रकोप कम होता है।

2. डाईबैक (Dieback)

इस रोग का प्रकोप फल एवं टहनियों पर होता है। रोग के लक्षण सर्वप्रथम पौधों के शीर्ष भाग के सूखने के रूप में प्रकट होते हैं। फफूँद के प्रकोप से पौधे के उत्तक नष्ट हो जाते हैं और पौधा ऊपर से नीचे की तरफ सूखने लगता है। रोग का आक्रमण पक रहे फलों पर भी होता है। फलों पर काले व पीले छोटे–छोटे गोल धब्बे बनते हैं। धब्बों का घेरा गहरे रंग का होता है। उग्र अवस्था में फल सिकुड़ जाते हैं।

प्रबंधन

बीज शोधित कर के बोयें। रोग लक्षण दिखाई देते ही मैंकोजेब 75 डब्लू0पी0 2.5 किलो ग्राम या कापर आक्सीक्लोराइड 3.0 किलो ग्राम/हेक्टेयर की दर से 800.0–1000.0 लीटर पानी में घोलकर छिड़कना चाहिए।

3. पर्ण कुंचन (Leaf curl)

यह रोग विषाणु द्वारा होता है तथा एक पौधे से दूसरे पौधे पर प्रसार कीट द्वारा होता है। इसके प्रकोप से पत्तियाँ छोटी, मोटी एवं विकृत हो जाती हैं। रोग ग्रस्त पौधा बौना हो जाता है जैसे लीफ कर्ल (पत्ती कुंचन), मौजेक तथा पत्ती में कोशिकाओं का मोटा होना एवं सिकुड़ जाना आदि। शिमला मिर्च की फसल भी मिर्च की ही भाँति प्रभावित होती है और उपज 50.0 प्रतिशत तक कम हो जाती है। मोजैक रोग का प्रसार माहूँ तथा लीफ कर्ल का सफेद मक्खी के द्वारा होता है।

3. प्रबंधन

रोगी पौधों को उखाड़कर नष्ट कर देना चाहिए। फल आने से पहले फसल पर हर 10–15 दिन के अंतर पर नीम का तेल 750.0 मिली लीटर से 1.0 लीटर प्रति हेक्टेयर की दर से छिड़कना चाहिए अथवा मैलाथियान 50 ई0सी0 2.0 लीटर प्रति हेक्टेयर या 35 ई0सी0 1.25 लीटर प्रति हैक्टेयर की दर से अदल–बदल कर छिड़कना चाहिए। सामान्यतः 2 प्रतिशत पावर आयॅल (power oil) का छिड़काव करने से सफेद मक्खी की संख्या को नियंत्रित किया जा सकता है। इसका छिड़काव फल लगने के बाद करना चाहिए। कीटनाशी रसायन एवं तेल को साथ मिलाकर छिड़कने से भी लाभ होता है। छिड़काव के 8–10 दिन बाद तक फल को खाने के प्रयोग में नहीं लाना चाहिए।

4. एन्थ्रेकनोज या फल विगलन (Anthracnose or Fruit rot)

यह कवक जन्य बीमारी है जो कोलेटोट्राइकम कैप्सिसी या कोलेटोट्राइकम एक्यूटौम (*Colletotrichum capsici* या *colletotrichum acutaum*) नामक कवक से होती है। रोग का प्रभाव पौधों की पत्तियों, तनों एवं फूलों पर भूरे धब्बे के रुप में प्रकट होता है।

प्रबंधन

बुआई से पूर्व बीज को बाविस्टीन की 2.0 ग्राम मात्रा प्रति किलोग्राम बीज में मिलाकर शोधित करना चाहिए। बाविस्टीन दवा की 1.0 ग्राम मात्रा को प्रति लीटर की दर से पानी में घोलकर छिड़काव करना चाहिए।

5. पत्तियों का जीवाणु धब्बा रोग (Bacterial leaf spot)

इस रोग से प्रभावित पौधों की नई पत्तियों पर पीले, हरे तथा पुरानी पत्तियों पर जल सिक्त (water soaked) काले धब्बे बनते हैं। रोग ग्रस्त फलों पर फफोले जैसे धब्बे बनते हैं।

प्रबंधन

कापर आक्सीक्लोराइड की 3.0 ग्राम मात्रा को प्रति लीटर की दर से घोलकर 8–10 दिन के अन्तराल पर 2–3 बार छिड़काव करना चाहिए।

आलू (Potato)

वैज्ञानिक नाम : सोलेनम ट्यूबेरोसम (*Solanum tuberosum* L.)
कुल : सोलेनेसी (Solanaceae)
गुणसूत्र संख्या : 2एन = 48

आलू को कभी–कभी ह्वाइट पोटैटो **(white potato)** या आइरिस पोटैटो **(Irish potato)** भी कहते हैं। हमारे खाद्य पदार्थों में आलू का एक महत्वपूर्ण स्थान है। खाद्यान्नों की कमी के कारण पिछले कई वर्षों से आलू सहायक खाद्य पदार्थ के स्थान में सबसे उपयोगी सिद्ध हुआ है। यह कम समय में तैयार होने वाली तथा अन्य खाद्यान्नों की अपेक्षा अधिक उपज देने वाली फसल है।

उद्भव एवं वितरण

आलू का जन्म स्थान दक्षिण अमेरिका है। दक्षिण अमेरिका में आलू का उपभोग एवं उत्पादन का इतिहास बहुत पुराना है। इतिहासकारों ने स्पष्ट किया है कि इसकी खेती अमेरिका के दक्षिण चीली से प्रारम्भ हुआ। इसके बाद इसका उपस्थापन यूरोप में हुआ और स्वतंत्र रुप से इसका उपस्थापन स्पेन में सन् 1570 में हुआ। इसी क्रम में इसका उपनिवेशन सन् 1590 में इंग्लैण्ड में हुआ। 18वीं तथा 19वीं शताब्दी में आलू की खेती का प्रचार–प्रसार सेन्ट्रल एवं पूर्वी यूरोप में हुआ। पीटर ने 17वीं शताब्दी के अन्त में हालैण्ड से आलू को सोवियत रूस में ले आये। व्यापक रुप से आलू का प्रचार–प्रसार 17वीं शताब्दी में अन्य देशों में होने लगा था। इसी क्रम में पूर्तगाल वासियों ने आलू को भारत में भी 17वीं शताब्दी में स्थापित किया। सम्भवतः भारत के उत्तर पहाड़ी क्षेत्रों में ब्रिटेन के लोगों द्वारा लाया गया। इसके बाद श्रीलंका में 18वीं और 19वीं शताब्दी में पहुँचा। जेम्स कुक ने आलू को न्यूजीलैण्ड में सन् 1773 में उपस्थापित किया। जर्मन एवं ब्रिटेन के लोगों ने आलू को पूर्वी अफ्रीका में सन् 1880 में लाये। चूँकि बर्मुदा में आलू की खेती सन् 1613 में ही प्रारम्भ हो गयी थी, अतः उत्तरी अमेरिका में यह सन् 1621 में इंग्लैण्ड से पहुँचा। वर्तमान समय में आलू की खेती यूरोप एवं लैटिन अमेरिका में व्यापक पैमाने पर की जाती है। इसके अलावा इसकी खेती चीन, रुस, पोलैण्ड एवं यूक्रेन में भी की जाती है। केरल को छोड़कर इसकी खेती सम्पूर्ण भारत में सफलतापूर्वक की जाती है। बिहार, उत्तर प्रदेश एवं पश्चिम बंगाल में भारत वर्ष के कुल क्षेत्रफल का 75 प्रतिशत खेती की जाती है।

सारिणी (2.26) विश्व के प्रमुख आलू उत्पादक देश

देश	क्षेत्रफल (हेक्टेयर)	उत्पादन (टन)	उत्पादकता (टन/ हेक्टेयर)
चीन	5077504.0	74799084.0	14.7
भारत	1863000.0	42339000.0	22.7

रूस	2109100.0	21140500.0	10.0
यूक्रेन	1408000.0	18705000.0	13.3
संयुक्त राज्य अमेरिका	406588.0	18016200.0	44.4
जर्मनी	255200.0	10201900.0	40.0
पोलैण्ड	490853.0	8765960.0	17.9
बांग्ला देश	435000.0	7930000.0	18.2
बेलारूस	366766.0	7831110.0	21.4
निदरलैण्ड	156969.0	6843530.0	43.6
अन्य	**6061218.0**	**113474825.0**	**18.7**
विश्व + सम्पूर्ण	**18630198.0**	**330047109.0**	**17.7**

स्रोतः इण्डियन हार्टीकल्चर डाटाबेस, 2011 (FAO)

क्षेत्रफल एवं उत्पादन

विश्व में भारतवर्ष का कुल आलू उत्पादन में पाँचवाँ स्थान है जो चीन, रुस, पोलैण्ड एवं यूक्रेन के बाद आता है। भारतवर्ष में आलू की खेती कुल 1.4 मिलियन हेक्टेयर में की जाती है। प्रति वर्ष भारत में आलू का उत्पादन कुल 28.0 मिलियन टन है, जिसकी उत्पादकता 19.0 टन प्रति हेक्टेयर है।

सारिणी (2.27) भारतवर्ष में आलू का क्षेत्रफल, उत्पादन एवं उत्पादकता

वर्ष	1991 –92	2001 –02	2002 –03	2003 –04	2004 –05	2005 –06	2006 –07	2007 –08	2008 –09	2009 –10	2010 –11
क्षेत्र फल (हेक्टेयर)	11.35	12.6	13.37	14.85	15.24	15.69	17.43	17.95	18.28	18.35	18.98
उत्पादन (मिलियन टन)	18.2	24.46	23.16	27.93	28.79	29.17	28.60	34.66	34.39	36.58	40.24
उत्पादकता (टन/ हेक्टेयर)	16.00	19.40	17.30	18.80	18.90	18.60	16.40	19.30	18.80	19.90	21.20

बिहार, उत्तर प्रदेश एवं पश्चिम बंगाल में सबसे ज्यादा क्षेत्रफल (75 प्रतिशत) है और कुल उत्पादन का 80 प्रतिशत उपज देता है।

सारिणी (2.28) भारतवर्ष में आलू का क्षेत्रफल, उत्पादन एवं उत्पादकता

वर्ष	क्षेत्रफल (000, हेक्टेयर)	कुल क्षेत्रफल का प्रतिभात	उत्पादन (000, मैट्रिक टन)	कुल उत्पादन का प्रतिभात	उत्पादकता (000, मैट्रिक टन/ हेक्टेयर)
1991–92	1135.1	20.3	18195.0	31.1	16.0
2001–02	1259.5	20.5	24456.1	26.1	19.4
2002–03	1337.2	22.0	23161.4	27.3	17.3
2003–04	1484.7	23.5	27925.8	30.0	18.8
2004–05	1523.9	22.6	28787.7	28.4	18.9
2005–06	1569.2	21.9	29174.6	26.4	18.6
2006–07	1743.0	23.0	28600.0	24.9	16.4
2007–08	1795.0	22.9	34658.0	27.0	19.3
2008–09	1828.0	22.9	34391.0	26.6	18.8
2009–10	1835.3	23.0	36577.3	27.3	19.9
2010–11	1863.0	21.9	42339.0	28.9	22.7

स्रोतः नेशनल हार्टीकल्चर डाटा बेस, (2010–2011)

भारतवर्ष के विभिन्न प्रान्तों में आलू का क्षेत्रफल, उत्पादन व उत्पादकता इस प्रकार है–

सारिणी (2.29) भारतवर्ष में प्रमुख आलू उत्पादक राज्य

राज्य	2008–2009			2009–2010			2010–2011		
	क्षेत्रफल	उत्पादन	उत्पादकता	क्षेत्रफल	उत्पादन	उत्पादकता	क्षेत्रफल	उत्पादन	उत्पादकता
उत्तर प्रदेश	527.3	10809.9	20.5	540.8	13447.3	24.9	556.5	13576.6	24.4
झारखण्ड	–	–	–	38.2	573.1	15.0	43.2	655.5	15.2
मध्य प्रदेश	66.2	882.9	13.3	60.8	608.4	10.0	62.0	743.0	12.0
पंजाब	81.1	2001.1	24.7	83.1	2116.5	25.5	83.6	2088.4	25.0
पश्चिम बंगाल	400.8	9900.8	24.7	370.0	8880.0	24.0	406.3	13391.2	33.0
छत्तीसगढ़	–	–	–	–	–	–	36.4	526.3	14.5
अन्य	**752.9**	**10796.2**	**91.7**	**742.3**	**10952.1**	**92.0**	**675.2**	**11358.4**	**16.8**
सम्पूर्ण	**1823.3**	**34390.9**	**18.8**	**1835.3**	**36577.3**	**19.9**	**1863.2**	**42339.4**	**22.7**

स्रोतः नेशनल हार्टीकल्चर डाटा बेस, (2010–2011)

सारिणी (2.30) प्रान्तीय स्तर पर आलू का उत्पादन एवं बीज माँग

प्रान्त	क्षेत्र फल 000 हेक्टेयर			उत्पादन 000 टन		प्रजनक बीज कुन्तल		प्रजनक गुणवत्ता	बीज माँग (000 कुन्तल)
	2003 –04	2004 –05	प्रतिशत	2003 –04	2004 –05	2003 –04	क्षेत्रफल	दर 6 गुना	दर 30 कुन्तल / हेक्टेयर
मैदानी क्षेत्रों में									
छत्तीसगढ़	10.2	10.2	0.77	49.2	54.7	30.0	2.9	236.1	306.0
हरियाणा	15.0	13.3	1.01	173.2	158.8	750.0	56.4	307.9	399.0
मध्य प्रदेश	46.6	45.6	3.46	667.7	752.6	920.0	20.2	1055.6	1368.0
पंजाब	66.5	65.1	4.94	1382.6	1338.1	3025.0	46.5	1506.9	1953.0
राजस्थान	3.8	3.1	0.24	27.0	48.2	30.0	9.7	71.8	93.0
उत्तर प्रदेश	422.1	440.0	33.37	8825.6	9821.7	10148.6	23.1	10185.2	13200.0
पश्चिम बंगाल	308.4	318.1	24.13	7621.6	7076.6	123.5	0.4	7363.4	9543.0
कुल योग	**872.6**	**895.4**	**67.9**	**18746.9**	**19250.7**	**15027.1**	**16.8**	**20726.9**	**26862.0**
आन्ध्र प्रदेश	2.0	4.0	0.30	24.0	27.0	0.0	0.0	92.6	120.0
बिहार	142.0	138.7	10.52	1351.8	1062.8	0.0	0.0	3210.6	4161.0
दिल्ली	0.1	0.1	0.01	0.4	0.3	0.0	0.0	2.3	3.0
गुजरात	30.9	39.3	2.98	738.8	1088.7	0.0	0.0	909.7	1179.0
कर्नाटक	53.1	52.0	3.94	342.8	361.0	0.0	0.0	1203.7	1560.0
महाराष्ट्र	17.0	16.3	1.24	74.0	74.7	0.0	0.0	377.3	489.0
ओडिशा	7.3	7.8	0.59	75.8	79.0	0.0	0.0	180.6	234.0
तमिलनाडु	4.3	5.0	0.38	70.1	79.1	0.0	0.0	115.7	150.0
कुल योग	**256.7**	**263.2**	**20.2**	**2677.7**	**2772.6**	**0.0**	**0.0**	**6092.6**	**7896.0**
पहाड़ी क्षेत्रों में									
अरूणाचल प्रदेश	4.0	4.2	0.32	29.6	27.5	50.0	11.9	97.2	126.0
हिमाचल प्रदेश	17.9	16.4	1.24	440.1	323.9	839.0	51.2	379.6	492.0
जम्मू एवं कश्मीर		1.7	1.3	0.10	18.4	14.2	333.0	256.2	30.1 39.1
मणिपुर	5.0	3.0	0.23	26.1	15.7	60.0	20.0	69.4	90.0
मेघालय	18.0	18.2	1.38	149.4	152.8	85.0	4.7	421.3	546.0
मिजोरम	0.4	0.5	0.04	0.9	2.5	30.0	60.0	11.6	15.0
नागालैण्ड	5.1	13.8	1.05	44.1	95.0	70.0	5.1	319.4	414.0

सिक्किम	7.5	7.5	0.57	33.1	32.6	74.0	9.9	173.6	225.0
उत्तराखण्ड	16.6	16.6	1.26	261.2	261.2	198.0	11.9	384.3	498.0
कुल योग	76.2	81.5	6.2	1002.9	925.4	1739.0	41.3	1886.6	2445.0
त्रिपुरा	5.7	5.3	0.40	89.6	93.5	0.0	0.0	122.7	159.0
आसाम	78.0	73.1	5.54	543.0	589.1	0.0	0.0	1692.1	2193.0
कुल योग	**83.7**	**78.4**	**5.9**	**632.6**	**682.6**	**0.0**	**0.0**	**1814.8**	**2352.0**
भारत	1289.2	1318.5	100.0	23060.1	23631.3	17430.6	13.2	30520.8	39555.0

स्रोत : अर्थ शास्त्र एवं सांख्यिकी निदेशालय, कृषि मंत्रालय, भारत सरकार

भारत वर्ष से आलू के निर्यात का विवरण नीचे की सारिणी में दिया गया है–

सारिणी (2.31) आलू के निर्यात का विवरण

देश	**2008–2009**		**2009–2010**		**2010–2011**	
	मात्रा (मैट्रिक टन)	**मूल्य (लाख)**	**मात्रा (मैट्रिक टन)**	**मूल्य (लाख)**	**मात्रा (मैट्रिक टन)**	**मूल्य (लाख)**
नेपाल	74329.4	2825.5	63986.2	4069.8	107838.1	4948.3
श्रीलंका	10328.4	1180.3	8324.6	1449.3	34744.8	4687.5
रूस	0.0	0.0	0.0	0.0	15325.3	2862.2
मलेशिया	773.4	68.5	1051.9	93.2	8144.4	892.3
मारीशस	2627.8	279.7	2638.8	441.6	4871.2	758.5
मालद्विव	2936.3	218.7	3358.5	237.2	6019.0	478.8
यूनाइटेड अरब अमिरात	5467.3	394.8	240.5	63.4	3389.7	416.4
सिंगापुर	1519.1	96.3	525.5	45.2	1716.5	134.0
वियतनाम	0.0	0.0	109.5	11.1	448.0	66.9
ब्रुनेई	0.0	0.0	151.1	22.7	254.7	40.2
अन्य	**86979.2**	**6440.0**	**13683.2**	**987.2**	**1524.6**	**139.0**
कुल योग	**184961.0**	**11503.7**	**94087.9**	**7420.5**	**184276.5**	**15424.1**

स्रोत: अपेडा वेबसाइट, फरवरी 2012

पोषकीय महत्व

आलू में प्रोटीन, विटामिन "डी" एवं "सी" तथा फास्फोरस की अधिकता होती है। इसमें कार्बोहाइड्रेट की मात्रा अन्य सब्जियों की अपेक्षा अधिक पाई जाती है। आलू में वसा का प्रतिशत मात्रा 0.1 होता है। इसमें प्रोटीन 2 प्रतिशत के आस–पास होती है। इसमें कुल महत्वपूर्ण एमिनो एसिड जैसे लाइसिन, मेथियोनिन, सिस्टीन, फिनाइल लैनाइन, ट्रीप्टोफेन आदि प्रचुर मात्रा में पायी जाती है। इसके अलावा इसमें प्रचुर मात्रा में कैल्सियम, पोटैशियम, फास्फोरस, मैग्निशयम, लौह तत्व एवं अनेकों विटामिन जैसे 'बी$_1$', 'बी$_2$', एवं 'बी$_6$' पाया जाता है।

सारिणी (2.32) आलू में पाये जाने वाले पोषक तत्वों की मात्रा (प्रति 100 ग्राम खाने योग्य भाग में)

पोषक तत्व	मात्रा
नमी	78.0 ग्राम
स्टार्च	18.0 ग्राम
प्रोटीन	1.6 ग्राम
वसा	0.1 ग्राम
खनिज तत्व	0.6 ग्राम
रेशा	0.4 ग्राम
कार्बोहाइड्रेट्स	22.6 ग्राम
ऊर्जा	97.0 किलो कैलोरी
कैल्सियम	10.0 मिली ग्राम
मैग्निशयम	20.0 मिली ग्राम
आक्जेलिक अम्ल	20.0 मिली ग्राम
फास्फोरस	40.0 मिली ग्राम
आइरन	0.7 मिली ग्राम
सोडियम	11.0 मिली ग्राम
पोटेशियम	247.0 मिली ग्राम
कापर	0.2 मिली ग्राम
सल्फर	37.0 मिली ग्राम
विटामिन ए	40.0 मिली ग्राम
थाईमिन	0.1 मिली ग्राम
रिबोप्लेविन	1.1 मिली ग्राम
निकोटिनिक अम्ल	1.2 मिली ग्राम
विटामिन	17.0 मिली ग्राम

स्रोत: ओपालन एवं सहयोगी, 1999

उन्नतिशील प्रजातियाँ

(क) आलू की किस्मों की फसल तैयार होने के समय के आधार पर निम्न वर्गों में बाँट सकते हैं–

1. अगेती किस्में (Early season varieties)

अप–टू डेट, हाइब्रिड–19, गोला, साठा, दार्जिलिंग रेड राउन्ड, हाइब्रिड–9, कुफरी चन्द्रमुखी, कुफरी कुबेर, कुफरी अलंकार, कुफरी शीतमान, कुफरी खासी, कुफरी गारो, कुफरी अशोका, कुफरी पुखराज किस्में आती हैं।

2. मध्यम किस्में (Mid season varieties)

इस समूह में कुफरी ज्योति, कुफरी सतलज, कुफरी लालिमा, कुफरी बहार, कुफरी गिरिराज किस्में आती हैं।

3. पिछेती किस्में (Late varieties)

इस समूह में फुलवा, कुफरी सिन्धुरी, कुफरी शक्ति, कुफरी चमत्कार, कुफरी सफेद, कुफरी कुमार, कुफरी नीलामनी, कुफरी जीवन, कुफरी बादशाह, कुफरी जवाहर, कुफरी चिप्सोना–1, कुफरी चिप्सोना–2, कुफरी चिप्सोना–3, कुफरी आनन्द आदि किस्में आती हैं।

(ख) आलू की किस्मों को देशी तथा विदेशी प्रभेदों के अनुसार निम्न समूहों में बाँटा जा सकता है।

1. देशी किस्में–फुलवा, दार्जिलिंग रेड राउन्ड, गोला।

2. विदेशी किस्में –अप–टू–डेट, क्रेग्ज, डीफीएन्स, प्रेसीडेन्ट, मैगनम, ब्रोनम, मैजेस्टिक, ग्रेड स्काट, इटेलियन व्हाइट राउन्ड।

(ग) उगने वाले स्थानों के आधार पर आलू की किस्मों को निम्न समूहों में बाँटा जा सकता है–

1. मैदानी भागों में पैदा होने वाली किस्में

साठा, गोला, फुलवा, अप–टू–डेट, कुफरी रेड, कुफरी चन्द्रमुखी, कुफरी सिन्दूरी, कुफरी चमत्कार।

2. पहाड़ी भागों में पैदा होने वाली किस्में

अप–टू–डेट, हाइब्रिड–9 एवं हाइब्रिड–12, कुफरी कुन्दन, ग्रेट स्कार्ट, प्रेसीडेन्ट, कुफरी नवीन, कुफरी नीलामनी, कुफरी खासी, कुफरी गारो।

3. मैदानी व पहाड़ी दोनों भागों में पैदा होने वाले किस्में

कुफरी कुबेर, कुफरी चन्द्रमुखी।

उगाई जाने वाली प्रमुख उन्नतिशील किस्मों का विवरण निम्न प्रकार है–

अगेती किस्में (Early varieties)

कुफरी चन्द्रमुखी (Kufri Chandramukhi)

यह किस्म सन् 1968 में व्यावसायिक खेती हेतु संस्तुत की गयी थी। यह जल्द तैयार (80–90 दिन) होने वाली उत्तम किस्म है। यह मैदानी व पहाड़ी भागों में सफलता पूर्वक उगाई जा सकती है। इसका कन्द बड़ा, सतह चिकनी, अण्डाकार चपटा, सफेद, आँखे अपेक्षाकृत कम गहरी तथा गूदा सफेद होता है। शीत संग्रहण शक्ति उत्तम होती है। इसकी उपज क्षमता 25.0–30.0 टन प्रति हेक्टेयर है।

कुफरी अलंकार (Kufri Alankar)

यह शीघ्र तैयार होने वाली किस्म है। यह किस्म कुफरी चन्द्रमुखी के समान गोलाकार कन्द वाली होती है। इसमें सबसे जल्दी कन्द बनने शुरू हो जाते हैं। इसके कन्द का रंग हल्का लाल होता है। इस पर झुलसा रोग का प्रकोप नही होता है। इसकी उपज क्षमता 30.0–32.0 टन प्रति हेक्टेयर है।

कुफरी कुबेर (Kufri Kuber)

यह किस्म पहाड़ी व मैदानी भागों में सफलतापूर्वक उगाई जा सकती है। इसके कन्द मध्यम आकार के, चिकने, अण्डाकार व चपटे सफेद होते हैं। आँखें छिछली होती हैं तथा गूदा सफेद होता हैं। इस पर वायरस–वाई व लीफरोल का प्रकोप कम होता है। इसकी उपज क्षमता 28.0–30.0 टन प्रति हेक्टेयर है।

कुफरी शीतमान (Kufri Sheetman)

यह किस्म पाले को अधिक सहन करती है। यह मध्यम से देर में तैयार होने वाली किस्म है। इसके कन्द अण्डाकार और सुन्दर होते हैं। इसकी औसत उपज 26.0–27.0 टन प्रति हेक्टेयर है।

कुफरी अशोका (Kufri Ashoka)

यह किस्म गंगा के मैदानी एवं पूर्वी उत्तर प्रदेश, बिहार एवं पश्चिमी बंगाल में व्यावसायिक स्तर पर खेती करने हेतु सन् 1996 में संस्तुत की गयी थी। इसके पौधे मध्यम ऊँचाई वाले (60.0–80.0 सेन्टी मीटर) होते है। यह 60 दिन में 25.0 टन तथा 75 दिन में 30.0–35.0 टन प्रति हेक्टेयर पैदावार देने की क्षमता रखती है। कुफरी चन्द्रमुखी की तुलना में इसकी पैदावार 25.0–30.0 प्रतिशत अधिक है। इस किस्म पर पिछेती झुलसा का प्रकोप नहीं होता है।

कुफरी पुखराज (Kufri Pukhraj)

यह किस्म अत्यधिक उपज क्षमता वाली है। यह किस्म 90–100 दिन में 35.0–40.0 टन प्रति हेक्टेयर पैदावार देने के साथ–साथ पिछेती झुलसा के प्रति प्रतिरोधी है। इसके कन्द आकर्षक, पीले एवं अण्डाकार होते हैं। इसको उत्तर–प्रदेश के मैदानी भाग, गुजरात तथा पठारी भागों के लिए संस्तुत किया गया है।

मध्यम किस्में (Mid varieties)

कुफरी जवाहर (Kufri Jawahar)

यह किस्म पंजाब, हरियाणा एवं पठारी क्षेत्रों में खेती करने के लिए सन् 1996 में संस्तुत की गयी थी। पौधे छोटे–सीधे एवं ओजस्वी होते हैं। सामान्यतः 80–90 दिन में तैयार होने वाली इस किस्म की उत्पादन क्षमता 35.0–40.0 टन प्रति हेक्टेयर है। इसका कन्द क्रीमि सफेद तथा कन्द का औसत वजन 30.0–50.0 ग्राम तक होता है। यह किस्म अगेती झुलसा के प्रति प्रतिरोधी है।

कुफरी ज्योति (Kufri Jyoti)

यह किस्म उत्तर, दक्षिण के पहाड़ी क्षेत्रों एवं बसन्त ऋतु में बुआई करने के लिए सन् 1968 में संस्तुत की गयी थी। पौधे बड़े, सीधे और ओजस्वी होते हैं, जिनमें चिकनी हरे रंग की पत्तियाँ लगती हैं। यह किस्म 100 दिनों में तैयार हो जाती है। कन्द बड़े, अण्डाकार व सफेद होते हैं। इसका गूदा भी सफेद रंग का होता है। इसमें वार्ट बीमारी का प्रकोप नहीं होता है। औसत उपज क्षमता 30.00 टन प्रति हेक्टेयर है।

कुफरी सतलज (Kufri Sutlej)

यह किस्म उत्तर भारत के मैदानी भागों में व्यावसायिक स्तर पर खेती करने के लिए सन् 1996 में संस्तुत की गयी थी। यह 90–95 दिनों में पककर तैयार हो जाती है। पौधे मध्यम आकार के ओजस्वी एवं भूरी, हरे पत्तियों वाली होती हैं। कंद बड़े अण्डाकार एवं चिकने होते हैं। इस किस्म के कन्दों में आँखें हल्की, धसी हुई एवं गूदा सफेद रंग का होता है। इसमें पिछेती झुलसा बीमारी नहीं लगती है। औसत उपज क्षमता 35.00 टन प्रति हेक्टेयर है।

कुफरी लालिमा (Kufri Lalima)

गंगा के मैदानी भागों में खेती करने के लिए यह किस्म सन् 1982 में संस्तुत की गयी थी। यह 90–100 दिनों में पककर तैयार हो जाती है। पौधे बड़े, सीधे, ओजस्वी एवं भूरे, हरे पत्ती वाले होते हैं। कन्द लाल, गोलाकार, चिकना और गूदा हल्का पीले रंग का होता है। औसत उपज क्षमता 22.00 टन प्रति हेक्टेयर है। यह भण्डारण के लिए उपयुक्त किस्म है।

कुफरी बहार (Kufri Bahar)

यह किस्म उत्तर भारत के मैदानी क्षेत्रों में खेती करने के लिए सन् 1980 में संस्तुत की गयी थी। यह मात्र 90–100 दिनों में पककर तैयार हो जाती है। पौधे मध्यम आकार के, ओजस्वी तथा भूरे, हरे रंग के पत्तियों वाले होते हैं। कन्द बड़े, गोलाकार या अण्डाकार, आँखें धसी हुई तथा गूदा सफेद रंग का होता है। औसत उपज क्षमता 31.5 टन प्रति हेक्टेयर है।

कुफरी गिरिराज (Kufri Giriraj)

यह किस्म हिमाचल प्रदेश के पहाड़ी क्षेत्रों में खेती करने के लिए सन् 1992 में संस्तुत की गयी थी। इसके पौधे मध्यम, अर्द्ध सीधे तथा ओजस्वी होते हैं। यह किस्म मात्र 100 दिन में पककर तैयार हो जाती है। इसके कन्द मध्यम से बड़े, सफेद व अण्डाकार होते हैं। इस प्रभेद में पिछेती झुलसा बीमारी नहीं लगती है। औसत उपज क्षमता 20.00–25.00 टन प्रति हेक्टेयर होती है।

पिछेती किस्में (Late Varieties)

कुफरी स्वर्णा (Kufri Swarna)

यह किस्म पहाड़ी क्षेत्रों में खेती करने के लिए सन् 1985 में संस्तुत की गयी थी। पौधे काफी लम्बे, सीधे एवं ओजस्वी होते हैं। यह प्रजाति 120 दिनों में पककर तैयार हो जाती है। कन्द मध्यम आकार के अण्डाकार या गोला और आँखें दबी होती हैं। यह किस्म पिछेती झुलसा एवं सिस्ट सूत्रकृमि (cyst nematode) के प्रति प्रतिरोधी है। उपज क्षमता 27.00–28.00 टन प्रति हेक्टेयर है।

कुफरी सिन्धुरी (Kufri Sindhuri)

यह किस्म व्यावसायिक स्तर पर खेती करने के लिए सन् 1967 में विकसित की गयी थी। यह मध्य–देर (110–120 दिन) समय में तैयार होने वाला किस्म है। इसमें कन्द औसत माप के, हल्के लाल तथा गोल होते हैं। इसकी आँखें मध्यम गहरी तथा गूदा पीला होता है। इस पर पाले का प्रकोप कम होता है। इसकी उपज 40.0 टन प्रति हेक्टेयर है।

कुफरी चमत्कार (Kufri Chamatkar)

इस किस्म में आलू जल्दी बनते हैं। इसके कन्द मध्यम आकार के गोल तथा सफेद रंग के होते हैं आँखें छिछली होती हैं। गूदा हल्का पीला होता है। यह अधिक उपज (41.0 टन प्रति हेक्टेयर) देने वाली किस्म है।

कुफरी शक्ति (Kufri Shakti)

यह देर से तैयार होने वाली किस्म है। इसके कन्द औसत वजन व सफेद चिकने होते हैं। आँखें छिछली होती हैं। गूदा सफेद होता है। यह एक अधिक उपज (38.0–40.0 टन प्रति हेक्टेयर) देने वाली किस्म है।

कुफरी किसान (Kufri Kisan)

यह देर से तैयार होने वाली किस्म है। इसके कन्द मध्यम आकार के, चिकनी सतह के, गोल व सफेद होते हैं। आँखें गहरी होती हैं। इसकी औसत उपज 34.0–36.0 टन प्रति हेक्टेयर हैं।

कुफरी कुन्दन (Kufri Kundan)

यह किस्म पहाड़ी भागों के लिए अधिक उपयोगी है। इसके कन्द मध्यम आकार के, चिकनी सतह वाले, गोल व सफेद रंग के होते है। आँखें छिछली होती हैं तथा गूदा पीला होता है। औसत उपज 35.0 टन प्रति हेक्टेयर है।

कुफरी रेड (Kufri Red)

यह अधिक उपज (40.0–42.0 टन प्रति हेक्टेयर) देने वाली किस्म है। इसके कन्द मध्यम आकार के, चिकने, लाल रंग व गोल होते हैं। आँखें मध्यम गहरी तथा गूदा पीला होता है।

कुफरी बादशाह (Kufri Badshah)

यह किस्म व्यावसायिक खेती करने के लिए सन् 1979 में उत्तर मैदानी भागों एवं पठारी क्षेत्रों हेतु संस्तुत की गयी थी। यह 100–120 दिन में पककर तैयार हो जाती है। पौधे बड़े तथा पत्तियाँ चिकनी होती हैं। कन्द बहुत बड़े, अण्डाकार, सफेद, चिकने और धुंधले रंग के होते हैं। अगर धूप में कन्दों को रख दिया जाये तो बैगनी रंग विकसित करते हैं। इस प्रभेद में पिछेती झुलसा बीमारी नहीं लगती है। लगभग 50.0 टन प्रति हेक्टेयर उपज देती है।

कुफरी आनन्द (Kufri Anand)

यह किस्म व्यावसायिक खेती के लिये सन् 1999 में अनुमोदित की गयी। यह किस्म पिछेती झुलसा के प्रति प्रतिरोधी होने के साथ–साथ कुछ हद तक पाला सहन कर सकती है। अत्यधिक आकर्षक, चपटे, लम्बोतर एवं सफेद गूदे वाली इस प्रजाति की उपज क्षमता 35.0–40.0 टन प्रति हेक्टेयर है। फसल 100–110 दिन में पककर तैयार हो जाती है।

प्रसंस्करण के लिए उपयोगी किस्में

कुफरी चिप्सोना–1 (Kufri Chipsona-1)

यह किस्म मैदानी भागों में व्यावसायिक स्तर पर उगाने के लिए सन् 1997 में संस्तुत की गयी थी। यह 90–110 दिन में पककर तैयार हो जाने वाली किस्म है। इसके कन्द बड़े, अण्डाकार एवं चिकने होते हैं। इसका उपयोग चिप्स बनाने के लिए उत्तम है। इस प्रभेद में शर्करा एवं फिनाल की मात्रा कम होती है, लेकिन शुष्क पदार्थ की मात्रा ज्यादा होती है। इसमें पिछेती झुलसा बीमारी नहीं लगती है। इसकी उपज 40.0 टन प्रति हेक्टेयर है।

कुफरी चिपसोना–2 (Kufri Chipsona-2)

यह किस्म गंगा के मैदानी भागों में व्यावसायिक स्तर पर खेती करने के लिए सन् 1997 में संस्तुत की गयी थी। यह फ्रेंच फ्राई हेतु अत्यन्त ही उपयोगी किस्म है। इसके कन्द सफेद, मध्यम आकार के गोल एवं अण्डाकार चिकने तथा पीले गूदा वाले होते हैं। सामान्यतः 90–100 दिन में पककर तैयार हो जाने वाली किस्म है। इस किस्म की उपज क्षमता 35.0 टन प्रति हेक्टेयर है। इस प्रभेद में शर्करा एवं फिनाल की मात्रा कम होती है, लेकिन शुष्क पदार्थ की मात्रा ज्यादा होती है। इसमें पिछेती झुलसा बीमारी नहीं लगती है।

जलवायु

हमारे देश के विभिन्न अँचलों की जलवायु भिन्न–भिन्न है और हर अंचल में आलू की फसल अलग–अलग मौसमों में पैदा की जाती है। सामान्यतः इसके लिए ठण्डी जलवायु की आवश्यकता होती है तथा इसमें पाला सहन करने की शक्ति होती है। इसकी पैदावार के लिए तापक्रम का अधिक महत्व है। पौधे के प्रारम्भिक बढ़वार के लिए 24 डिग्री सेल्सियस और बाद की बढ़वार के लिए 18 डिग्री सेल्सियस तापक्रम की आवश्यकता होती है, लेकिन तापक्रम इससे अधिक बढ़ने पर

पैदावार क्रमशः कम होने लगता है और लगभग 30.0 डिग्री सेल्सियस पर कन्द की बढ़वार बिल्कुल रुक जाती है। आलू के कन्दों का निर्माण 20.0 डिग्री सेल्सियस पर सबसे अधिक होता है। लम्बे और छोटे दिनों का भी कन्द की पैदावार पर काफी असर पड़ता है। छोटे दिनमान कन्द की पैदावार के लिए अधिक उपयोगी होता है। अधिक तापक्रम, लम्बे दिनमान और नाइट्रोजन की अधिक मात्रा पौधे के बढ़वार के लिए अधिक उपयोगी नही है। वही दूसरी ओर कम तापक्रम, छोटे दिनमान तथा नाइट्रोजन की कम मात्रा कन्द की बढ़वार के लिए अधिक उपयोगी है। यह पाया गया है कि कन्द की बढ़वार के लिए अगेती किस्मों में लम्बे दिन तथा पिछेती किस्मों में छोटे दिन अधिक उपयोगी है। आलू की खेती समुद्र तल से लगभग 2700.0 मीटर की ऊँचाई तक की जा सकती है। कम तापक्रम पर इनवर्टेज इन्जाइम (invertase enzymes) ज्यादा सक्रिय होते हैं, जो कन्दों में शर्करा की मात्रा एकत्रित करने के लिए जिम्मेदार है। इससे शुष्क पदार्थ कम मात्रा में बनते हैं।

भूमि और भूमि की तैयारी

आलू की खेती किसी भी प्रकार की भूमि में की जा सकती है लेकिन बलुई एवं दोमट भूमि अधिक उपयुक्त होती है। वह भूमि जिसमें पानी के निकास का उचित प्रबन्ध हो, हवादार गहरी, भुरभुरी, जल धारण करने में सक्षम हो तथा पी0एच0 मान 5.2–6.4 के मध्य हो, अति उत्तम होती है। अधिक पी0एच0 मान होने पर स्कैब (scab) नामक बीमारी उत्पन्न होती है। भूमि का भुरभुरापन और हवादार होना आलू के कन्द के बनने तथा बढ़ने में सहायक होता है। क्षारीय, लवणीय एवं अम्लीय मृदा आलू की खेती के लिए उपयुक्त नहीं है। जिस खेत में आलू लगाना हो उसकी 6–7 जुताईयाँ अच्छी तरह की जाती है तथा पाटा लगाया जाता है जिससे मिट्टी समतल एवं भुरभुरी हो जाये। जिस खेत में हरे खाद की फसल उगाई गई हो उसकी जुताई कम से कम 8–10 बार की जाती है। सामान्यत 30.0–35.0 टन गोबर की सड़ी खाद बुआई के 20–25 दिन पहले खेत के तैयारी के समय ही मिला दी जाती है।

बीज की मात्रा एवं बीज कन्द शोधन

आलू की पैदावार पर बीज का अधिक असर होता है। अतः बीज स्वस्थ तथा अच्छे किस्म का होना चाहिए।

सारिणी (2.33) आलू का प्रमाणित बीज वितरण

वर्ष	(लाख कुन्तल में)
1991–92	6.90
1992–93	7.10
1993–94	6.17
1994–95	6.62
1995–96	6.85
1996–97	6.69

1997–98	6.83
1998–99	6.86
1999–00	6.89
2000–01	7.23
2001–02	6.33
2002–03	7.16
2003–04	7.01
2004–05	5.05
2005–06	5.08

नोटः 1.0 लाख 0.1 मिलियन

ऐसा पाया गया है कि बीज के आकार व वजन का भी इसकी पैदावार पर असर होता है। चौधरी, (1967) के अनुसार बीज 40.0–50.0 ग्राम के और 40–50 मिली मीटर व्यास के होने चाहिए। सिंह (1952) तथा मिश्रा और गुप्ता (1952) का कहना है कि छोटे बीज देर से उगते हैं तथा बड़े बीज लगभग 5–8 दिन पहले उगते हैं। बीज की मात्रा किस्म तथा आलू के बीज के आकार पर निर्भर करती है। लगभग 3.0–3.5 टन आलू बीज एक हेक्टेयर भूमि के लिये पर्याप्त होता है।

बीज दो तरह से काम में लाया जाता है।

- **पहला कटा हुआ बीज**–जिसकी मात्रा प्रति हेक्टेयर कम लगता हैं। कटा हुआ प्रत्येक टुकड़ा कम से कम 2–3 आँख वाला तथा 25.0 ग्राम वजन का होना चाहिए।
- **दूसरा पूर्ण आलू**–जिसका बीज अधिक लगता है, का वजन 30.0 ग्राम होना चाहिए। बिना कटा आलू लगाना अच्छा होता है।

बीज कन्द को बोने से पहले 3 प्रतिशत बोरिक एसिड में 20 मिनट तक अवश्य डुबोयें। इससे ब्लैक स्कर्फ (black scurf) तथा सामान्य स्केब (common scab) रोग से बचाया जा सकता है। एजोटोबैक्टर (Azotobacter) कल्चर में बीज उपचारित करने से अच्छी पैदावार मिलती है।

बीजाई का समय

आलू के बोने का समय, स्थान व किस्मों के उपर निर्भर करता है। आलू की बुआई निम्न तालिका के अनुसार करते है–

सारिणी (2.34) विभिन्न क्षेत्रों में आलू की बुआई की समय सारिणी

क्र0 सं0	क्षेत्र	फसल	बोने का समय	स्थान
1.	मैदानी	खरीफ फसल	जुलाई–अगस्त	महाराष्ट्र और मैसूर
		अगेती फसल	मध्य सितम्बर– मध्य अक्टूबर	उत्तर प्रदेश और बिहार
		मुख्य फसल	मध्य अक्टूबर–मध्य नवम्बर	उत्तरी व दक्षिणी भारत
		बीज फसल	दिसम्बर– जनवरी	उत्तर प्रदेश, पंजाब
2.	पहाड़ी	अगेती फसल	जनवरी–फरवरी	
		मुख्य फसल	मार्च–अप्रैल	
		पिछेती फसल	जुजाई–अगस्त	

भारतवर्ष के कुछ भागों जैसे पंजाब, राजस्थान, दिल्ली व पश्चिमी उत्तर प्रदेश में एक खेत से दो फसलें भी ली जाती हैं। नीलगिरी की पहाडियों में आलू की तीन फसलें उगाई जाती हैं, जिनके बोने का समय क्रमशः अप्रैल, अगस्त और जनवरी है।

बुआई की विधि

आलू की बुआई सर्वथा मेड़ों पर ही की जाती है। मेड़ों की दूरी कतार से कतार 60.0 सेन्टी मीटर तथा आलू से आलू की दूरी 15.0–20.0 सेन्टी मीटर रखी जाती है। आलू का बीज मेड़ों पर लगभग 8.0 सेन्टी मीटर नीचे लगाया जाता है। शीत गृह में रखा गया बीज कन्द बुआई से 10 दिन पहले निकालकर छायादार ठण्डे स्थान में फैला देना चाहिए। आलू के बीज कन्द 35.0–40.0 ग्राम के होने चाहिए। आलू के कन्दों में सुप्तावस्था 8–10 सप्ताह का होता है।

बीज उपचार

आलू के बीज को थोड़े समय के लिए पारायुक्त रासायन के घोल में डुबो लेना चाहिए। इस घोल को बनाने के लिए 3.0 प्रतिशत एगलाल की 25.0 ग्राम या 6.0 प्रतिशत एरीटान की 12.5 ग्राम या 8.0 प्रतिशत टैफासान की 12.5 ग्राम या 25.0 प्रतिशत सेरासन वेट की 30.0 ग्राम मात्रा को 10.0 लीटर पानी में घोलना चाहिए। एक हेक्टेयर में बोने के लिए आवश्यक बीज को डुबोने के लिए इस प्रकार बना लगभग 125.0 लीटर घोल पर्याप्त होता है।

भूमि का उपचार

भूमि उपचार के लिए 5.0 प्रतिशत एल्ड्रिन या 5.0 प्रतिशत हेप्टाक्लोर चूर्ण **(heptachlor dust)** की 25.0 किलो ग्राम मात्रा को एक हेक्टेयर खेत में बिखेरकर मिट्टी में मिला देना चाहिए। इस उपचार से दीमक, गुजिया और कटुआ कीड़े मर जाते हैं।

पोषक तत्व प्रबंधन

आलू को अपेक्षाकृत अधिक पोषक तत्व की आवश्यकता होती है। अच्छी फसल के लिए अन्य पोषक तत्वों, जो कि प्रायः सभी भूमि में उपलब्ध रहते हैं, के अतिरिक्त नाइट्रोजन, फास्फोरस एवं पोटाश की विशेष आवश्यकता पड़ती है जिस की पूर्ति के लिए जीवांश खाद तथा रासायनिक खादों का प्रयोग करना पड़ता है। आलू कम समय में अधिक पैदावार प्रदान करता है। इस लिए भूमि के अन्दर नाइट्रोजन का अधिक मात्रा उपलब्ध होना बहुत आवश्यक है जिससे पौधे तेजी से बढ़ सके। आलू के सन्तुलित पोषण में फास्फोरस को सन्तुलित करने के लिए पोटाश की आवश्कता होती हैं। पोटाश आलू के कन्दों के आकार एवं गुणों को बढ़ाती है। भारतीय कृषि अनुसन्धान परिषद् नई दिल्ली की सिफारिश के अनुसार रासायनिक खाद का मिश्रण जिसमें 50.0–100.0 किलो ग्राम नाइट्रोजन, 50.0–70.0 किलो ग्राम फास्फोरस और 100.0–150.0 किलो ग्राम पोटाश हो, प्रति हेक्टेर के हिसाब से आलू लगाने के पहले खेत में डालना चाहिए। आलू लगाते समय अगर नाइट्रोजन की मात्रा कम दी गई हो तो उसमें 20.0–30.0 किलो ग्राम प्रति हेक्टेयर के हिसाब से नाइट्रोजन प्रत्येक बार मिट्टी चढाते देना चाहिए। चौधरी (1967) के अनुसार आलू लगाने के 3–4 सप्ताह पहले लगभग 30.0 टन प्रति हेक्टेयर गोबर की अच्छी सड़ी खाद देनी चाहिए। सामान्यतः 400.0 किलो ग्राम अमोनियम सल्फेट, 500.0 किलो ग्राम सिंगल सुपर फास्फेट और 140.0 किलो ग्राम पोटैशियम प्रति हेक्टेयर नालियों में आलू लगाने के पहले दिया जाता है। इसके अतिरिक्त 200.0 किलो ग्राम अमोनियम सल्फेट प्रति हेक्टेयर की दर से मिट्टी चढ़ाते समय देना चाहिए। चौ0 चरण सिंह हरियाणा कृषि विश्वविद्यालय हिसार (हरियाणा) द्वारा सिफारिश की गई है कि अच्छी फसल के लिए 50.0 टन प्रति हेक्टेयर गोबर की अच्छी सड़ी खाद, 125.0 किलो ग्राम नाइट्रोजन, 50.0 किलो ग्राम फास्फोरस और 100.0 किलो ग्राम पोटाश की आवश्यकता पड़ती है। गोबर की खाद आलू की बुआई करने से लगभग एक माह पहले खेत में बराबर फैला दिया जाता है तथा जुताई करके मिट्टी में मिला दिया जाता है। आलू की बुआई करने से पहले फास्फोरस व पोटाश वाले उर्वरकों की पूरी मात्रा तथा नाइट्रोजन उर्वरक की आधी मात्रा बुआई के लगभग 40 दिन बाद मिट्टी चढ़ाते समय दी जाती हैं। संस्तुत पोषक तत्वों की मात्रा को नीचे की सारिणी में दिया गया है–

सरिणी (2.35) आलू में दिये जाने वाले पोषक तत्व

पोषक तत्व	मात्रा प्रति हेक्टेयर (किलोग्राम)		प्रयोग समय एवं विधि
	मैदानी क्षेत्र	पहाड़ी क्षेत्र	
यूरिया	275.0–396.0 किलो ग्राम	176.0–220.0 किलो ग्राम	बुआई के समय डी0ए0पी0 एवं म्यूरेट ऑफ पोटाश की पूरी मात्रा तथा यूरिया की दो–तिहाई मात्रा प्रयोग करें एवं एक–तिहाई यूरिया मिट्टी चढ़ाते समय प्रयोग करें।
डी0ए0पी0	132.0–176.0 किलो ग्राम	132.0–176.0 किलो ग्राम	
म्यूरेट ऑफ पोटाश	128.0–192.0 किलो ग्राम	96.0–128.0 किलो ग्राम	

निकाई–गुड़ाई व मिट्टी चढ़ाना

रासायनिक विधि से खरपतवार की रोकथाम के लिए बीज कन्द बुआई के 3 दिन बाद प्रति हेक्टेयर टोक ई–25 का 3.0–4.0 किलो ग्राम सक्रिय तत्व प्रति हेक्टेयर की दर से खेत में छिड़काव कर देना चाहिए। प्रारम्भिक अवस्था में खुरपी की सहायता से खरपतवार निकाल देने चाहिए। रासायनिक विधि से खरपतवार नियंत्रण के लिए नीचे की सारिणी में संस्तुत खरपतवारनाशी का विवरण दिया गया है–

सारिणी (2.36) आलू में खरपतवार नियंत्रण के लिए संस्तुत खरपतवारनाशी

खरपतवारनाशी	प्रति हेक्टेयर मात्रा	प्रयोग करने का समय
पेण्डिमेथिलीन (स्टाम्प 30 ई0सी0)	2.5 लीटर	पहली सिंचाई के बाद लेकिन खरपतवार जमाव के पूर्व
आइसोप्रोटूरान (एरेलान 70 डब्ल्यू0पी0)	1.25 किलो ग्राम	पहली सिंचाई के बाद लेकिन खरपतवार जमाव के पूर्व
एट्राजिन (एट्राटाफ 50 डब्ल्यू0पी0)	0.5 किलो ग्राम	पहली सिंचाई के बाद लेकिन खरपतवार जमाव के पूर्व
मेट्रिब्यूजिन (सेंकोर 70 डब्ल्यू0पी0)	0.5 किलो ग्राम	पहली सिंचाई के बाद लेकिन खरपतवार जमाव के पूर्व
एलाक्लोर (लासो 50 ई0सी0)	5.0 लीटर	पहली सिंचाई के बाद लेकिन खरपतवार जमाव के पूर्व
लासो + एट्राटाफ	2.5 लीटर + 0.25 किलो ग्राम	पहली सिंचाई के बाद लेकिन खरपतवार जमाव के पूर्व
पैराक्वाट (ग्रैमेक्सोन)	1.25–1.9 लीटर	5–10 प्रतिशत फसल जमाव पर

स्रोतः पैकेज ऑफ प्रैक्टिसेस फॉर कल्टीवेशन ऑफ वेजिटेबल (पंजाब कृषि विश्वविद्यालय, लुधियाना)

आलू में मिट्टी चढ़ाना बहुत आवश्यक है, जिससे आस–पास की मिट्टी मुलायम हो जाती है, खरपतवार नष्ट हो जाते हैं तथा कन्द का विकास भी अच्छा होता है। पहली बार मिट्टी चढ़ाने का कार्य बुआई के 25 दिन बाद करना चाहिए और दूसरी बार जब कन्द बनने प्रारम्भ हो जाये तब करना चाहिए, जिससे विकसित कन्द हरे न होने पाये।

सिंचाई

आलू के सम्पूर्ण जीवनकाल में 350.0–550.0 मिली लीटर पानी की आवश्यकता होती है, लेकिन यह मृदा के प्रकार, जलवायु एवं फसल की अवधि पर निर्भर करता है। पहली बार सिंचाई बीज बुआई के एक सप्ताह बाद करनी चाहिए। प्रायः इसके बाद की सिचाई 8–10 दिन के अन्तर

पर की जाती है। आलू की पहली सिंचाई आधी मेड़ तक करनी चाहिए। आलू की फसल को जल्दी–जल्दी सिंचाई की जरूरत पड़ती है, क्योंकि इसकी जड़ें उपर होती हैं।

फसल की खुदाई

आलू की फसल उसकी किस्म के अनुसार 2–4 महीनें में तैयार हो जाती है। जब पौधे पीले पड़ जायें और उसकी पत्तियाँ व डंठल सुखने लगे, तो आलू की फसल की पत्तियों को डंठल सहित काटकर 12–15 दिन बाद उचित नमी पर खुदाई की जाती है। खुदाई करते समय मिट्टी सूखी होनी चाहिए ताकि कन्दों पर मिट्टी न चिपके। खुदाई करते समय यह ध्यान रखना चाहिए कि आलू कटने न पाये। खुदाई के बाद छायादार स्थान पर आलू का ढेर लगा दें तथा कटे, सड़े व गले आलू छाँटकर निकाल दें। आलू को हरा होने से बचाने के लिए चटाई या जूट की बोरियों से ढक दें। आलू की श्रेणीकरण अवश्य करनी चाहिए क्योंकि इस प्रक्रिया से बाजार भाव अच्छा मिलता है।

उपज

आलू की पैदावार किस्म, खुदाई के समय तथा पोषक तत्वों की उपलब्धता पर निर्भर करती है। इनकी औसत पैदावार लगभग 25.0–35.0 टन प्रति हेक्टेयर होती है। एक अच्छी फसल से 50.0–60.0 टन प्रति हेक्टेयर तक पैदावार मिल जाती है।

आलू का सत्य बीज या टी0पी0एस0 (True Potato Seed or TPS)

आलू की व्यापारिक तौर पर खेती करने के लिए बीज के रूप में आलू के कन्दों का उपयोग किया जाता है। अब कन्दों को न लगाकर नवीनतम तकनीक द्वारा विकसित आलू के सत्य बीज (टी0पी0एस0) लगाना काफी लाभदायक है। इस तकनीक के निम्नलिखित लाभ हैं –

- आलू की खेती में लगने वाले सम्पूर्ण लागत में 40–70 प्रतिशत खर्च कन्दों पर आता है। इस लागत को कन्दों की जगह आलू का सत्य बीज उपयोग कर काफी कम किया जा सकता है।
- कन्दों द्वारा कुछ कीट जैसे–ट्यूबर माथ (tuber moth) एवं रोग जैसे स्कैब, ब्लैक स्कर्फ एवं वायरस का फैलाव होने से फसल मारी जाती है। ऐसी समस्या से पूर्ण मुक्ति केवल सत्य बीज अपनाने से हो जाता है।
- आलू के कन्दों की मात्रा (20.0–40.0 क्विंटल प्रति हेक्टेयर) जो बीज के रूप में उपयोग करते हैं, उसे खाने के लिए बचाया जा सकता है।
- शीत गृह में रखने के लिए बीज कन्दों के भण्डारण पर जो खर्च किया जाता है। उसे भी सत्य बीज का उपयोग कर काफी कम किया जा सकता है।
- बीज कन्दों के परिवहन पर जो खर्च होता है, उसे भी सत्य बीज के उपयोग से या तो कम किया जा सकता है या पूर्ण रूपेण बचाया जो सकता है।

सत्य आलू बीज को दो तरीकों द्वारा ऊगाई जा सकती है–

1. आलू के सत्य बीज (टी0पी0एस0) की नर्सरी में बुआई एवं रोपण
2. पौधों से तैयार किये गये कन्द सीडलिंग ट्यूबर्स (seedling tubers) का उत्पादन एवं उनका बीज के रूप में उपयोग कर आलू का उत्पादन।

1. आलू के सत्य बीज (टी0पी0एस0) की नर्सरी में बीज बुआई एवं रोपण

नर्सरी तैयार करने के लिए 1.0 मीटर चौड़ी, 2.5 मीटर लम्बी एवं जमीन से 20.0 सेन्टी मीटर उठी हुई क्यारियाँ आवश्यकतानुसार बना लेते हैं। साधारणतः 1.00–2.00 ग्राम बीज बोने के लिए 1.0 वर्ग मीटर नर्सरी की आवश्यकता होती है। सामान्यतः 100 ग्राम आलू का सत्य बीज 1.00 हेक्टेयर में खेती करने के लिए पर्याप्त है। इन क्यारियों की गुड़ाई कर खूब अच्छी तरह मिट्टी भुरभुरी कर दें। क्यारी में 5.0–7.0 सेन्टी मीटर की परत पर अच्छी प्रकार सड़ी हुई एवं छनी हुई गोबर की खाद, मिट्टी व रेत को 1:1:1 के अनुपात में सतह पर फैला देते हैं। इसके बाद 15.0 ग्राम नत्रजन, 10.0 ग्राम फास्फोरस एवं 10.0 ग्राम पोटाश प्रति वर्ग मीटर की दर से सभी क्यारियों में डालकर उसे अच्छी तरह से मिला दें। आलू के सत्य बीज को 10 अक्टूबर–7 नवम्बर तक नर्सरी में बोया जा सकता है। बुआई के 1 दिन पहले क्यारियों में फौब्बारे की सहायता से हल्की सिंचाई कर दें एवं बुआई के दिन एक बार फिर हल्की गुड़ाई कर समतल कर दें। सत्य बीज की बुआई के पूर्व जीब्रेलिक एसीड–30 (1000 पी0पी0एम0) के घोल में 30 मिनट के लिए डुबोना चाहिए, जिससे बीजों का अंकुरण एक समान हो। आलू का सत्य बीज बहुत बारीक होने के कारण उसमें 10 गुना अच्छी प्रकार छनी हुई रेत मिला देनी चाहिए, जिससे बीजों को सुगमता पूर्वक उचित दूरी पर बोया जा सके। बीजोपचार हेतु 10.0 मिली ग्राम डाइथेम एम–45 प्रति ग्राम सत्य बीज की दर से बीज में मिला दें। बुआई हेतु कतार से कतार की दूरी 10.0–20.0 सेन्टी मीटर तक रखें। बुआई करने के बाद बीज को छनी हुई रेत या छनी हुई गोबर की खाद से ढक दें एवं क्यारी के उपर सुखी घास बिछा दें। फौब्बारें से दिन में 3–4 बार हल्का पानी दें। नर्सरी के क्यारियों के चारों तरफ क्लोरोपाइरीफास डाल दें, जिससे चीटियाँ, दीमक या दूसरे अन्य प्रकार के कीट बीज को नुकसान न पहुँचा सके। बीजों में अंकुरण दिखते ही घास–फूस की परत को हटा देवें एवं क्यारियों में पर्याप्त नमी रखने हेतु दिन में दो बार पानी देना चाहिए। आलू बीज के अंकुरण के लिए 15.0–20.0 डिग्री सेल्सियस तापमान सर्वोत्तम रहता है। इस लिए दिन का तापमाान 25.0 डिग्री सेल्सियस होने पर नर्सरी की क्यारियों पर दिन में छाया बनाने की व्यस्था करें। अंकुरण के एक सप्ताह पश्चात् या पौधों में दो पत्तियाँ आते ही पौधों पर 0.1 प्रतिशत यूरिया (एक लीटर पानी में 1 ग्राम यूरिया) का प्रत्येक सप्ताह में दो बार छिड़काव रोपण हेतु पौध तैयार होने तक (4–5 पत्तियों की अवस्था या 8.0–12.0 सेन्टी मीटर ऊँचाई) करें। बीज बुआई के 25 दिन बाद पौधे रोपण योग्य हो जाते हैं।

पौध रोपण

पौध तैयार होन पर उनके रोपण के लिए कतार से कतार के बीच की दूरी 60.00 सेन्टी मीटर तथा पौधे से पौधे के बीच की दूरी 15.0–20.0 सेन्टी मीटर रखना चाहिए।

सिंचाई

जब तक बीज नर्सरी में अच्छी तरह से जम न जाये 3–4 दिन के अतंराल पर सिंचाई करें। उसके पश्चात् आवश्यकतानुसार 8–10 दिनों के अतंराल में सिंचाई करते रहें।

मिट्टी चढ़ाना

पौध (seedling) की रोपण के 30–35 दिनों के बाद मिट्टी चढ़ानें के पूर्व नत्रजन की 20.0–25.0 किलोग्राम मात्रा मिट्टी में गुड़ाई करतें समय ध्यान रखें कि पौधों की पर्ण सन्धि का अधिकतम हिस्सा (केवल 4–5 पत्तियों को छोड़कर) पूरी तरह से ढक जायें।

(2) पौध कन्द (seedling tuber) का उत्पादन एवं उनका बीज रूप में प्रयोग

इस पद्धति में प्रथम वर्ष पौध कन्द (सीडलिंग ट्यूबर्स) का उत्पादन करने हेतु उपरोक्तानुसार ही नर्सरी तैयार करते हैं। नर्सरी में बीज को बोते समय इस पद्धति में दो कतारों के बीच का अन्तर 10.0–20.0 सेन्टी मीटर के बजाय 25.00 सेन्टी मीटर रखते हैं, क्योंकि इस पद्धति में नर्सरी में ही पौध कन्द (सीडलिंग ट्यूबर्स) का उत्पादन किया जाता है। कतारों में बीज रेत के साथ मिलाकर बोने की अपेक्षा इस पद्धति में हर कतार में 4.0 सेन्टी मीटर पर डीबलिंग (diblling) कर 2–3 बीज बोते हैं। उन बीजों को भी उपरोक्तानुसार छनी हुई गोबर की खाद से ढ़कते हैं। बाकी सभी क्रियायें वैसे ही अपनाते हैं जैसें की पहले पद्धति में 25 दिन की नर्सरी तैयार करने हेतु अपनाते हैं। पहली पद्धति में बीज डालने के 25 दिन बाद नर्सरी में तैयार किए हुए पौधों को अन्य खेत में रोपण करते हैं लेकिन इस पद्धति में पौधो को न उखाड़कर नर्सरी में ही बढ़ने दिया जाता है एवं कन्द से आलू उत्पादन की तकनीक के अनुसार सभी क्रियाएँ अपनाकर उत्पादन किया जाता है। खुदाई के 15 दिन पूर्व पौधों को जमीन की सतह से काट दिया जाता हैं एवं 15 दिन तक कन्दों को जमीन में ही रखनें दिया जाता हैं। इसके बाद खुदे हुए कन्दों को आगामी रबी मौसम तक (अक्टूबर) शीत गृह में रखते हैं। अगले वर्ष इन कन्दों को बीज के रूप में प्रयोग कर आलू की उन्नत कास्त के अनुसार खेती करते हैं। इन छोटे कन्दों का उपयोग कर फसल की उत्पादन 70.0–80.0 प्रतिशत तक वृद्धि की जा सकती है।

बीज आलू फसल की खुदाई एवं भण्डारण

बीज आलू फसल की खुदाई जनवरी के अंतिम सप्ताह से फरवरी माह में शुरु हो जाता है। खुदाई के समय का निर्धारण बोई गई किस्मों की अवधि के अनुसार किया जाता है। साथ ही वातावरण व तापक्रम को भी ध्यान में रखना चाहिए, क्योंकि गर्मी बढ़ने पर आलू में गलन रोग हो जाता है। बीज आलू फसल की खुदाई एवं उसके भण्डारण के दौरान निम्नलिखित सावधानियाँ रखी जानी चाहिए –

1. खुदाई के समय रखी जाने वाली सावधानियाँ

- बीज आलू फसल की पत्तियाँ काटने का कार्य अनिवार्य रुप से 10–15 जनवरी तक पूरा कर लिया जाना चाहिए।
- बीज आलू फसल काटने के पश्चात् कम से कम 20 दिनों तक पकने दें, जिससे खुदाई के दौरान आलू कन्दों का छिलका न उतरे।
- फसल की खुदाई का कार्य मिट्टी में उचित नमी की अवस्था में की जानी चाहिए, ताकि आलू कन्दों पर अनावश्यक मिट्टी नहीं चिपकेगी साथ ही ढेर में सड़न, गलन आदि का भय भी नहीं होगा।
- बीज आलू फसल की खुदाई छिलका मजबूत होने की अवस्था पर करें। कच्चे छिलके की अवस्था पर आलू खुदाई करने से ढेर एवं भण्डारण के दौरान गीला सड़न और सूखी सड़न रोगों के प्रकोप होने की सम्भावना बढ़ जाती है।
- खुदाई करते समय आलूओं को कटने–फटने आदि से बचाना चाहिए क्योंकि कटे–फटे आलू बीज की ढेर की गुणवत्ता में कमी लाते हैं। ऐसे आलूओं को खुदाई के समय खेत में ही अलग कर दें अन्यथा वे ढेर में जाकर दूसरे स्वस्थ कन्दों में सड़न रोग पैदा कर सकते हैं।
- खुदाई करते समय आलू के ढेर जिस स्थान पर बनाये जा रहे हों, वह स्थान छायादार एवं हवादार होना चाहिए। ये ढेर पेड़ के नीचे बनाये जा सकते हैं।

2. आलू के ढेर बनाते समय रखी जाने वाली सावधानियाँ

- आलू बीज के ढेर लगाते समय यह ध्यान रखें कि ऊँचाई 90.0–120.0 सेन्टी मीटर तथा नीचे की चौड़ाई 240.0–270.0 सेन्टी मीटर से अधिक न हो। ढेर दीवार या मकान के दक्षिण या पश्चिम दिशा में न बनाये जायें क्योंकि ऐसे स्थान पर दिन का तापमान अधिक होता है।
- आलू के ढेरों को फूॅस या दोहरी चटाई से ढकना चाहिए। ऐसा करने से ढके हुए ढेरों पर धूप की रोशनी से हरापन नहीं आता है। साथ ही कन्द धूप से बच जाते हैं। इसके अलावा वर्षा के पानी से रोकथाम भी हो जाती है। यह विशेष ध्यान रहे कि ढेरों को पालिथिन से ढका जायेगा तो ढेर के अन्दर का तापमान बढ़ने से गीली सड़न रोग का प्रकोप बढ़ जायेगा।
- ढेर लगाने के पश्चात् यदि वर्षा हो जाये तो ढेर के उपर की चटाई या फूॅस को हटा देना चाहिए। ऐसा करने से आलू शीघ्र सूख जाता है। ऐसा न करने पर ढेर में सड़न होने का भय अधिक हो जाता है।

3. छँटाई के समय रखी जाने वाली सावधानियाँ

- ढेर लगाने के 10–15 दिन पश्चात् बीज आलू की छँटाई का कार्य एक तरफ से करना चाहिए।
- छँटाई के समय बीज आलूओं को उनके आकार के अनुसार श्रेणीकरण (**grading**) करना चाहिए। अधिक बड़ा आकार 75.0 ग्राम से अधिक, बड़ा आकार 50.0–75.0 ग्राम, मध्यम

आकार 25.0–50.0 ग्राम एवं छोटा आकार 25.0 ग्राम से कम आकार में छाँटना चाहिए। बड़े पैमाने पर यह कार्य बिजली चालित मशीन से किया जा सकता है।

- छँटाई के दौरान गले, फटे एवं चपटे तथा सूखी एवं गीली गलन, पिछेती झुलसा, ब्लैक स्कर्फ एवं अन्य रोगी आलूओं को छाँटकर अलग कर देना चाहिए अन्यथा बीज की गुणवत्ता पर प्रतिकूल प्रभाव पड़ता है।
- ध्यान रहे कि बीज हेतु हरे आलू प्रयोग में लाये जा सकते हैं। अतः छँटाई के दौरान हरे आलूओं को बीज के ढेर में ही रखें।
- श्रेणीकरण का कार्य यदि ट्रैक्टर चालित ग्रेडर से किया जा रहा हो तो ध्यान रखें कि श्रेणीकरण के दौरान आलूओं का छिलका न उतरे।

4. बीज उपचार के दौरान रखी जाने वाली सावधानियाँ

- कटे आलूओं को बीज आलू के साथ उपचारित न करें, बल्कि उन्हें अलग से उपचारित करें।
- बीज आलूओं का उपचार भण्डारण से पूर्व करना अच्छा होता है। यदि बीज का उपचार भण्डारण से पूर्व न हो पाये तो भण्डारण से बोरे निकालने के तीन दिन के भीतर आवश्यक है।
- उपचार के दौरान पहले आलूओं को साफ पानी से धो लेना चाहिए, ताकि उन पर लगी मिट्टी साफ हो जाये। साथ ही धोने से उपचार में काम में आने वाले रसायन की गुणवत्ता में बढ़ोत्तरी होती है।
- धुले हुए आलूओं को 3.0 प्रतिशत बोरिक एसिड के घोल में 30 मिनट तक डूबोये रखें। एक बार तैयार किये घोल का 15–20 बार उपयोग किया जा सकता है। साथ ही उपचार उपरान्त बचे घोल को किसी गहरे गड्ढे में डालकर मिट्टी डाल दें।

5. पैकिंग एवं भण्डारण के समय सावधानियाँ

आलूओं को उपचारित करने के पश्चात् ठीक प्रकार सूखाकर ही बोरों में भरना चाहिए। बोरों में आलूओं को भरकर कसी हुई सिलाई करनी चाहिए।

सारिणी (2.37) आलू का श्रेणीकरण (Grading)

आलू का आकार	ग्रेड ए	ग्रेड बी
लम्बा व्यास	45.0–70.0 मिली मीटर	30.0–45.0 मिली मीटर
छोटा व्यास	50.0–80.0 मिली मीटर	30.0–50.0 मिली मीटर

पौध संरक्षण

आलू की अच्छी उपज लेने के लिए फसल को बीमारियों एवं हानिकारक कीड़ों से बचाना अतिआवश्यक है। इसकी फसल को बीमारियों तथा कीड़ों से बचाव हेतु बुआई से पहले किये जाने वाले उपायों को प्रयोग में लाना चाहिए। यदि आलू बोने से पहले बीज तथा भूमि को दवा से शोधित कर दिया जाये तो खड़ी फसल में बीमारी तथा कीड़ों का प्रकोप नहीं हो पाता है।

प्रमुख कीट एवं उनका प्रबन्धन

आलू की फसल को क्षति पहुचाने वाले कीड़ों का विवरण एवं नियंत्रण के उपाय निम्न प्रकार है–

जैसिड (Jassid)

जैसिड (*Amrasca devastans*) के आक्रमण से पत्तियाँ मुड़ कर पीली–ताम्बे के रंग की हो जाती है और किनारे की ओर से सूखनी आरम्भ हो जाती हैं। फसल बौनी रह जाती है तथा जली हुई सी दिखाई देती है।

प्रबन्धन

इस कीड़े की राकथाम के लिए 750.0 मिली लीटर रोगोर 30 ई0सी0 या 750.0 मिली लीटर मैटासिस्टाक्स या 190.0 मिली लीटर डाइमेकान–100 को 750.0 लीटर पानी में मिलाकर प्रति हेक्टेयर के हिसाब से चार छिड़काव 10 दिन के अन्तर पर करना चाहिए।

माहूँ चेपा या एफीड (Aphid)

माइजस परसिकी (*Myzus peusicae*) या एफिस गॉसिपी (*Aphis gossypii*) या एफिस फैवी (*Aphis fabae*) या रोपेलोसिफम रूफिएबडोमिनेलिस (*Rhopalsiphum rifoabdominalis*) के द्वारा विभिन्न क्षेत्रों में आलू की फसल को प्रभावित करता है। माहूँ पत्तियों से रस चुसता है। यह रोगमुक्त बीज उत्पादन पर रोक लगाने में अहम् भूमिका निभाते हैं, क्योंकि पत्ती मोड़कर (PRLV) व वाई वायरस (PVY) के मुख्य वाहकों के रूप में कार्य करतें हैं। इन वायरस रोगों से फसल को 40.0–85.0 प्रतिशत तक नुकसान होता है। भारत में आलू के प्रमुख माहूँ एम0 परसिकी का जीवन चक्र यूरोप के देशों से भिन्न है। भारत के गंगावर्ती मैदानी इलाकों में अलैंगिक मादा आलू की फसल तथा अन्य द्वितीय क्रम के परपोषी पौधों पर नवम्बर के मध्य से आना शुरू हो जाती हैं। पहले यह अलैंगिक जनन करते है अर्थात समरूपी नवजात को जन्म देते हैं। यह नवजात चार अर्भक (instar) अंतरानिर्मोकीय (nymphal) अवस्थाओं को पार करते हैं। प्रत्येक का आयु काल 1–5 दिनों तक होता है तथा एक पीढ़ी लगभग 15 दिनों में पूरी होती है। इस प्रकार की अलैंगिक जनन (asexual reproduction) क्रिया दूसरे क्रम के परपोषी पौधों पर कई पीढ़ियों तक चलती रहती है। उत्तरी भारत के मैदानी इलाकों में माइजस परसिकी (*Myzus peusicae*) माहूँ की संख्या फरवरी माह में शिखर पर

होती है। परन्तु मार्च के बाद उनकी संख्या घटने लगती हैं। गर्मी में तापमान बढ़ने के साथ–2 अप्रैल व मई के दौरान मैदानों में यह लगभग समाप्त हो जाते हैं। इस काल के दौरान यह पश्चिमोत्तर पहाड़ियों में द्वितीय क्रम के परपोषी पौधों पर जा पहुचते हैं तथा दसूरी बार अलैंगिक प्रजनन करते हैं। उत्तर मैदानी इलाकों में जनन क्रिया द्वारा संतान उत्पत्ति के अतिरिक्त कुछ लिंगधारी माहूँ दिसम्बर–जनवरी माह के दौरान प्रमुख परपोषी पौधे जैसे ऑडू पर आवास करते हैं। नर भी इन पेड़ों पर आ पहुचते हैं और अण्डज मादा से मार्च तक इनका मिलन होता है। मादा माहूँ पुरानी कक्षस्थ कलिकाओं में अण्डे देती है। इस प्रकार इस माहूँ में लैंगिक व अलैंगिक चक्र चलता रहता है।

प्रबन्धन

(अ) कृषिगत उपाय

- हमारे देश में गंगा के मैदानी इलाकों में ही लगभग 90.0 प्रतिशत बीज आलू की खेती की जाती है। यदि हम इन इलाकों में फसल बुआई की तिथि से फसल काल को माहूँ के आने से पहले पूरा होने के लिए समायोजित कर लें, तो फसल को इस पर आने वाले मुख्य वायरस वाहक माहूँ के प्रकोप से आसानी से बचाया जा सकता है। इसके लिए पश्चिमोत्तर मैदानी इलाकों में आलू की बुआई 25 अक्टूबर तक, मध्य भारत के मैदानों में 15 अक्टूबर तक तथा पूर्वोत्तर मैदानी इलाकों में 5 नवम्बर तक पूरी कर जी जानी चाहिए।
- खेतों में या आस पास उगे सुग्राही खरपतवार या परपोषी पौधों या वायरस वाहक माहूँ के परपोषी पौधों को उखाड़ देना चाहिए। विशेषकर पीले रंग के फूल वाले पौधों को तथा पिछली फसल से छूटे कन्दों द्वारा अपने आप उग आए आलू के पोधों को खेतों से जल्द निकाल कर नष्ट करना आवश्यक है। जैसे ही प्रति 100 यौगिक पत्तियों पर माहूँ की संख्या 20 से ऊपर होने लगे तो बीज आलू की फसल के डण्ठलों (haulms) की कटाई कर देना आवश्यक है।

(ब) कीटनाशकों का उपयोग

मैदानी क्षेत्रों में

- यदि भूमि में पर्याप्त नमी है तो उस स्थिति में बुआई के समय नालियों में फोरेट 10 जी0 की 15.0 किलो ग्राम मात्रा का प्रति हेक्टेयर की दर से उपचार करके माहूँ जैसे रोग वाहकों के 45 दिनों तक फसल पर आने से रोका जा सकता है।
- दैहिक कीटनाशक (systemic insecticide) जैसे मिथाइल डेमिट्रान 25 ई0सी0 या डाइमिथोएट का 0.03 प्रतिशत घोल 10–15 दिनों के अन्तराल पर छिड़काव करना चाहिए। इसकी रोकथाम के लिए 750.0 मिली लीटर मैटासिस्टाक्स, 25 ई0सी0 या 190.0 मिलीलीटर डाइमेक्रान–100 या 750.0 मिली लीटर रोगर 30 ई0सी0 दवा का 750.0 लीटर पानी में घोल बनाकर 10–15 दिन के अन्तर पर छिड़काव करें।

पहाड़ी क्षेत्रों में

पहाणी इलाकों में आलू की खेती वर्षा पर निर्भर करती है। अतः दानेदार कीटनाशक से उपचार नमी की कमी या ज्यादा वर्षा के कारण प्रभावशाली नही रहता। अतः फसल पर माहूँ के आगमन पर पैनी नजर रखें तथा डण्ठलों की कटाई तक मिथाइल डेमिट्रान 25 ई0सी0 या डाइमिथोएट का 0.03 प्रतिशत घोल 10–15 दिनों के अन्तराल पर छिड़काव करना चाहिए। इसकी रोकथाम के लिए 750.0 मिली लीटर मैटासिस्टाक्स, कीटनाशकों का 10–15 दिनों पर आवश्यकतानुसार 1–2 छिड़काव करें।

कन्द शलभ (Tuber moth)

कन्द शलभ (*Phthorimaea operculella*) आलू की फसल पर दो तरह से हमला करते हैं ।

(अ) नई पत्तियों में सुरंग बनाकर पत्तियों में घुस जाते है और पत्तियों की शिराओं या फिर पौधों की डण्ढलों को भीतर से खा जाते है।

(ब) कन्दों को खाकर–कन्दों में बहुत दूर तक सुरंग बनाते हैं।

खेतों में फसल तैयार होने पर कन्दों तथा भण्डारण गृहों में ढेर के उपरी कन्दों पर इनके प्रकोप को देखा जा सकता है। भण्डारगृह में यह कन्दों की आँखों के समीप अण्डे देते हैं। देश के विभिन्न इलाकों में आलू के कन्द शलभ कीटों का खेतों व भण्डार गृहों में प्रकोप क्रमशः 0–84 व 0–52 प्रतिशत तक आँका गया है। यदि 27–35 डिग्री सेल्सियस का उपयुक्त तापमान रहे तो उस स्थिति में आलू के कन्द शलभ का जीवन चक्र आमतौर पर 21–30 दिनों में पूरा हो जाता है। एक वर्ष में इसकी कई पीढियाँ तैयार होती देखी गई है।

प्रबन्धन

- नियमित रूप में खेतों व भण्डारगृहों में आलू के कन्द शलभ के वयस्क नरों की गणना करने के लिए यौन गन्ध आधारित ट्रैप (sex pheromone trap) लाभप्रद रहता है।
- कीटरहित बीज आलू का इस्तेमाल करें तथा गहरी बुआई करें।
- सामान्यतः 30 दिनों की आलू फसल पर 1.5 लीटर मोनोक्रोटोफास 40 ई0सी0 को 1000 लीटर पानी में घोलकर छिड़काव करें। यही छिड़काव फसल की खुदाई के दो सप्ताह पहले भी करें।
- भण्डार गृहों में कन्द शलभ के प्रकोप को रोकने के लिए आलू के ढेर के नीचे और उपर सुखी हुई लेन्टाना या नीम की सूखी पत्तियों की 2.0–2.5 सेन्टी मीटर मोटी तह बिछा दें।
- बैसीलस थूरीजियन्सिस (बी0टी0) व ग्रेनलोसिस वायरस (जी0वी0) जैसे जैव कारक के इस्तेमाल से भी भण्डार गृहों में आलू के कन्द शलभ के प्रकोप को रोका जा सकता है।

श्वेत सुण्डी (White grubs)

भारत में आलू पर लैक्नोस्टेर्ना लॉन्गीपेनिस (*Lachnosterna langipenis*) तथा लैक्नोस्टेर्ना कोरेसिया (*Lachnosterna coriaceae*) नामक दो प्रजातियाँ पाई गई है, जिनमें पहाड़ी इलाकों में आलू की फसल को नुकसान पहुँचाती हैं। पहली अवस्था में सुण्डियाँ मिट्टी में उपलब्ध कार्बनिक पदार्थ को खाती हैं किन्तु बाद में यह कन्दों को नुकसान पहुचाती हैं। आलू कन्दों को इन सुण्डियों की मुख्यतः द्वितीय व तृतीय निर्मोचन सुण्डियाँ ग्रसित करती हैं, जिनसे क़न्दों में बड़े, गहरे व गोल छेद हो जोते हैं और कन्द बिक्रय योग्य नहीं रहते हैं।

प्रबंधन

- भृंग (beetle) को मई के अन्त और जून के आरम्भ में पहली बौछार के बाद परपोषी वृक्षों व उसकी शाखाओं पर कीटनाशी का इस्तेमाल कर मारा जा सकता है।
- विधुत के बल्ब द्वारा या पेट्रोमैक्स का उजाला करके इन्हें काफी मात्रा में फैलाकर इकट्ठा करके समाप्त करना चाहिए।
- वयस्क सुण्डियों को मारने के लिए परपोषी पौधों पर क्लोरापाइरीफास 25 ई0सी0 या इन्डोसल्फान 35 ई0सी0 या क्विनेलफास 25 ई0सी0 या कार्बेरिल 50 डब्लू0पी0 0.1–0.2 प्रतिशत का छिड़काव करना चाहिए।
- जहाँ सम्भव हो वहाँ खेत को 7–10 दिनो के लिए पानी से भर दें।
- बुआई के समय नालियों में या मिट्टी चढाते समय पौधों के नजदीक दैहिक कीटनाशी जैसें–फोरेट 10 जी0 या कार्बोफ्यूरान 3 जी0 की 2.5–3.0 किलो ग्राम वास्तविक मात्रा का प्रति हेक्टेयर की दर से उपचार करें।

कर्तक कीट (Cut worms)

भारत में आलू पर लगने वाले कर्तक कीट की एग्रोटिस फलमेट्रा, एग्रोटिस स्पीनिफेरा, एग्रोटिस इन्टीरेक्टा, एग्रोटिस इप्सीलान व एग्रोटिस सिगेटम नामक पाँच प्रजातियाँ पायी जाती है किन्तु इनमें से एग्रोटिस इप्सीलान व एग्रोटिस सिगेटम बहुभक्षी कीट से 35.0–40.0 प्रतिशत तक नुकसान होता है। फसल को केवल इल्ली के कारण की नुकसान पहुँचता है। इल्ली रात के समय नई शाखाओं या जमीन के नीचे दबे कन्दों को ग्रास बनाते हैं। फसल की प्रारम्भिक अवस्था में इल्ली अपना भोजन नये पौधों की डण्ठलों, तनों और शाखाओं से ग्रहण करता है। बाद में यह कन्दों को छेदकर नुकसान पहुँचाता है, जिससे कुल उपज घटने के साथ बाजार में इनका दाम भी कम मिलता है।

प्रबंधन

- मैदानों में गर्मियों में जुताई व पहाड़ों में पतझड़ ऋतु में जुताई करके अवयस्क अवस्था में ही कर्तक कीट वृद्वि को कम किया जा सकता हैं। जुताई के कारण जमीन से बाहर आये हुए इन कीटों को कौआ, मैना आदि खाकर नष्ट करते हैं।

- कर्तक कीट के कुछ मुख्य परजीवी ब्रासकास पंकटेट्स, लाओग्रीलस बाइमेकूलेटस, ओपूलेपस हापसीपाइली, इकेन्यूमान आदि प्रजातियाँ हैं, जो कीट को कम करने में सहायक है।
- कर्तक कीट का प्रकोप देखते ही पत्तियों पर कीटनाशक क्लोरोपाइरीफास 20 ई0सी0 की 2.5 लीटर वास्तविक मात्रा का प्रति हेक्टेयर की दर से छिड़काव करें।

मकड़ी (Mites)

कटुकी कीट पालीफेगोटार्सोनीमस लेट्स (*Polyphagotarsonemus latus*) तथा हेमीटार्सोनेमस लेट्स (*Hemitarsonemus lates*) से आलू फसल को 20.0–100.0 प्रतिशत तक नुकसान हो सकता है। हिमाचल प्रदेश के कुछ इलाकों में शुष्क काल में इसके कारण उपज में 60.0 प्रतिशत तक कमी देखी गयी है। गंगावर्ती मैदानी इलाकों की अगेती रबी फसल व प्रायद्विपीय भारत में खरीफ की फसल पर इसका हमला काफी नुकसानदायक होता है। वयस्क व अर्भक (**nymph**) कटुकी दोनों ही फसल की पत्तियों को काटकर भारी नुकसान पहुँचाते हैं। इसके प्रकोप के प्रारम्भिक लक्षण आलू के पत्तियों का नीचे की ओर मुड़ जाना होता है तथा पत्तियों का निचला भाग तैलीय दिखाई पड़ता है। ग्रसित पत्तियाँ छोटी रह जाती हैं, जिनका निचला हिस्सा ताँबा के रंग जैसे तथा चमड़ेनुमा सूखा हो जाता है।

प्रबंधन

- कटुकी के नियन्त्रण हेतु फसल पर डीकोफाल 18.5 ई0सी0 या क्विंनालफास 25 ई0सी0 की 2.0 लीटर वास्तविक मात्रा का प्रति हेक्टेयर की दर से छिड़काव करना चाहिए।
- मैन्कोजेब (80 डब्लू0पी0) की 2.0 मिली ग्राम मात्रा का प्रति हेक्टेयर की दर से उपचार अथवा अति महीन घुलनशील गंधक (80 प्रतिशत) का 2.5 किलो ग्राम/हेक्टेयर की दर से उपचार भी प्रभावशाली है।
- कटुकी और कन्द शलभ की संयुक्त समस्या होने पर क्विनालफास का उपचार अधिक प्रभावशाली रहता है। कटुकी और फँफूद पर्ण धब्बों के साथ–साथ होने पर मैकोजेब 0.2 प्रतिशत का छिड़काव अच्छा रहता है।

जड़ ग्रन्थि सूत्रकृमि (Root knot nematode)

भारत में जड़ ग्रन्थि सुत्रकृमियॉ जैसे–मेलायडोगाइन एरेनेरिया ((*Meloidogynae arenaria*), मेलायडोगाइन हैप्ला (*Meloidogynae hapla*), मेलायडोगाइन इनकाग्नीटा (*Meloidogynae incognita*) मेलायडोगाइन जवानिका (*Meloidgynae javanica*), आलू की फसल को 40.0 प्रतिशत तक नुकसान पहुचातें हैं। रोगी कन्दों का दाम बाजार में कम मिलता हैं। आलू की जड़ों पर छोटी–छोटी गाँठें बन जाती हैं। भीषण रूप से ग्रसित जड़ वाले पौधे भी बाद में विकृत हो जाते हैं, और शीध्र ही परिपक्व हो जाते हैं। समय से पहले फसल के तैयार होने के कारण छोटे आकार के व कम आलू पैदा होते हैं। कन्दों पर मुहासे या दाने बन जाते हैं।

प्रबंधन

- सूत्रकृमि ग्रसित क्षेत्रों से प्राप्त बीज कन्दों का प्रयोग बीज के रूप में कभी न करें।
- गर्मियों में खेत की गहरी जुताई करें।
- यदि खेत में सूत्रकृमि का प्रभाव भीषण हो तो कार्बोफ्यूरान (फ्यूराडान 3 जी0) की 3.0 किलो ग्राम प्रति हेक्टेयर वास्तविक मात्रा का प्रयोग करें।
- खेत में सूत्रकृमि नाशक दवा 'नेमागान' की 2.0 किलो ग्राम मात्रा प्रति हेक्टेयर की दर से प्रयोग किया जा सकता है।

कवचधारी सूत्रकृमि (Cyst nematode)

आलू को कवचधारी सुत्रकृमि जैसे–ग्लोबोडेरा पैलिडा (*Globodera pallida*) एवं ग्लोबोडेरा रोस्टाकाएन्सिस (*Globodera rostociensis*) भारत वर्ष में नुकसान करती हैं। कवचधारी सूत्रकृमि से विश्व स्तर पर आलू की फसल को 9 प्रतिशत तक नुकसान होता है। इसे साधारणतः गोल्डन नेमाटोड (golden nematode) के नाम से भी जाना जाता है। हमारे देश में आन्तरिक संगरोध (Internal Quarantine) के कारण यह सूत्रकृमि नीलगिरी व कोडाइकनाल पहाड़ियों (तमिलनाडु) तक ही सीमित है। इनके आक्रमण से खेतों में कहीं–कहीं असहाय कमजोर पौधे दिखाई देते हैं, जो दोपहर में अस्थाई तौर पर मुरझा जा जाते हैं। ग्रसित पौधे ठिगने, समय से पूर्व पीलापन लिए तथा कमजोर जड़ संरचना वाले होते हैं, जिन पर कम और छोटे कन्द लगते हैं। पौधों की जड़ों के साथ चिपके सरसों के बीज के आकार के पीले (ग्लोबोडेरा रेस्टाकाएन्सिस) या सफेद (ग्लोबोडेरा पैलिडा) मादा सूत्रकृमि आसानी से देखे जा सकते हैं, जो बाद में भूरे कवच में परिवर्तित हो जाते हैं।

प्रबंधन

- खेत में कवचधारी सूत्रकृमि के स्थापित हो जाने पर मिट्टी से पूरी तरह निकालना मुश्किल होता है।
- मूली, लहसुन, चुकन्दर, शलजम व हरी खाद वाली फसल, ल्यूपिन आदि अपरपोषी फसलें लगाकर कवचधारी सूत्रकृमि की संख्या मे 50 प्रतिशत से अधिक की कमी लाई जा सकती है।
- खेतों में कन्द रोपण के समय कार्बोफ्यूरान 3 जी0 की 2.00 किलो ग्राम वास्तविक मात्रा प्रति हेक्टेयर से उपचार करके भी इनकी संख्या को कम किया जा सकता है।
- कुफरी स्वर्ण, कुफरी धनामलाई जैसी आलू की कवचधारी सूत्रकृमि के प्रति प्रतिराधी प्रजातियाँ है।

प्रमुख बीमारियाँ एवं उनका प्रबन्धन

(1) पिछेती झुलसा (Late blight)

पहाड़ी इलाकों में आलू पर पिछेती झूलसा बीमारी फाइटोप्थोरा इनफेस्टांस (*Phytophthora infestans*) के द्वारा होता है, जो हर साल भयानक रूप धारण करती है। पिछेती झूलसा बीमारी से पूर्वोतर पहाड़ी इलाकों में 19.0—65.0 प्रतिशत, पश्चिमोत्तर पहाड़ी इलाकों में 11.0—74.0 प्रतिशत एवं दक्षिणी पहाड़ी क्षेत्रों में 31.0—39.0 प्रतिशत तक फसल नुकसान हो जाती है। भारत के सिन्धु—गंगा के मैदानी इलकों में यह बीमारी हल्के से मध्यम रूप में होती है किन्तु 3—5 वर्षों के बीच एक बार यह भयंकर रूप धारण कर लेती है। पिछेती झूलसा बीमारी से कभी—कभी 60.0 प्रतिशत तक नुकसान हो जाता है। पूर्वी तथा पश्चिमोत्तर मैदानी इलाकों में नुकसान की दर क्रमशः 10.0—75.0 व 20.0—40.0 प्रतिशत तक होता है। यह रोग पौधे के पत्तियों, डण्ठल और कन्द सभी में लगता है। प्रारम्भिक लक्षण पत्तियों पर छोटे, हल्के, पीले हरे व अनियमित धब्बों के रूप में दिखाई देता है, जो शीघ्र ही बढ़कर बड़े गीले दिखने वाले धब्बे बनाते हैं। बाद में पत्तियों के निचले भाग पर इन धब्बों के चारो ओर अँगूठीनुमा सफेद फफूँद आ जाती है। डण्ठलों पर भी हल्के भूरे रंग के धब्बे बनते हैं, जो बाद में लम्बाई में बढ़कर डण्ठल के चारो ओर फैल जाते हैं। इस रोग के कारण कन्दों पर छिछला, लाल भूरे रंग का शुष्क गलन पाया जाता है। ग्रसित कन्द का गूदा बदरंग व जली हुई शर्करा की महक लिए होता है।

प्रबन्धन

(अ) मैदानी इलाकों में पिछेती झुलसा का प्रबन्धन

- रोगरोधी किस्मों जैसे—कुफरी ज्योति, कुफरी बादशाह, कुफरी चिप्सोना व कुफरी चिप्सोना—2, कुफरी सिन्दूरी, कुफरी जवाहर, कुफरी सतलुज की खेती करना चाहिए।
- मेड़ों की ऊँचाई ऐसी रखे कि कन्द मिट्टी से अच्छी तरह ढके रहें ताकि नए कन्दों के रोगी होने की संभावना कम हो जाये।
- जैसे ही मौसम बीमारी फैलाने के अनुकूल (तापमान 10.0—20.0 डिग्री सेन्टीग्रेड) व आपेक्षित आर्द्रता (80 प्रतिशत से ज्यादा) हो जाए वैसे ही सिचाई पूरी तरह बन्द कर दें। यदि सिंचाई की आवश्यकता पड़े तो केवल हल्की सिंचाई करें।
- फसल के सुरक्षात्मक छिड़काव के लिए मैकोजेब (10.2 प्रतिशत) जैसे फफूँदनाशक का प्रयोग करें। इसका पहला छिड़काव फसल पर बीमारी के लक्षण दिखने से पूर्व ही कर लेना चाहिए तथा आवश्यकता पड़ने पर यही छिड़काव 8—10 दिनों के अन्तराल पर दूसरी बार करना चाहिए।
- रोग के उग्र रूप धारण करने पर मेटालेक्सिल (0.25 प्रतिशत) घोल के 1—2 छिड़काव करें। भारी वर्षा की स्थिति में ट्राइटोन ए0ई0 (0.1 प्रतिशत) जैसे चिपकाने वाले पदार्थ को फफूँद नाशक घोल में मिला दें। ऐसा करने से छिड़काव के तुरन्त बाद वर्षा होने पर भी दवा का पानी के साथ घुलने की संभावना से बचा जा सकता है। यदि बीमारी के प्रकोप से 75.0

प्रतिशत तक पत्तियाँ नष्ट हो जाये तो उस स्थिति में पौधे की डण्ठलों को काटकर खेत से बाहर गड्ढे में ढक दें।

- भण्डारण से पूर्व बीज आलूओं को सावधानीपूर्वक परख लेना चाहिए। झुलसा रोग ग्रसित कन्दों को अलगकर गहरे गड्ढे में दबा देना चाहिए। बाद में जिन कन्दों पर बीमारी के लक्षण दिखाई दें, उन्हे भी फसल लगाने से पहले छाँटकर अलग करने से, रोग के फैलने की संभावना को कम किया जा सकता है।

(ब) पहाड़ी इलाकों में पिछेती झुलसा का प्रबन्धन

- हिमाचल प्रदेश के पहाड़ों में कुफरी ज्योति या कुफरी गिरिराज, खासी पहाड़ियों में कुफरी मेधा, दार्जलिंग की पहाड़ियों में कुफरी कंचन व कुफरी ज्योति तथा नीलगिरी में कुफरी स्वर्ण, कुफरी थनामलाई जैसी रोग प्रतिराधी किस्मों को ही लगाना चाहिए।
- जैसे ही मौसम पिछेती झुलसा बीमारी के आगमन के लिए अनुकूल दिखे वैसे ही फसल पर मैकोजेब (0.2 प्रतिशत) का छिड़काव कर देना चाहिए। ट्राइटोन ए0ई0 (0.1 प्रतिशत) जैसे चिपकने वाले पदार्थ को फफूँदनाशक घोल में मिलाकर ही छिड़काव करना चाहिए। मौसम अनुकूल होने पर फसल के तैयार होने तक 8 दिनों के अन्तराल पर छिड़काव दोहराते रहें।
- फसल लगाने से पहले या जितनी जल्दी हो सके खेत से पिछली फसल के बचे हुए कन्दों, पौधों आदि को निकाल दें।
- पिछेती झुलसा के प्रबन्धन में बोर्डो मिश्रण भी काफी प्रभावशाली रहता है। इस मिश्रण को तैयार करने के लिए कापर सल्फेट व चूने की क्रमशः 500.0–500.0 ग्राम मात्रा को अलग–अलग 50.0 लीटर पानी में मिलाकर घोल तैयार कर लेवें। छिड़काव करनें के तुरन्त पहले दोनों घोल का मिश्रण बनाए। घोल में तांबा पूरी तरह से निष्प्रभावी हो जाये, तभी छिड़काव करे अन्यथा फसल के जलने का खतरा हो सकता है।

(2) अगेती झुलसा व पर्ण धब्बे (Early blight and leaf spot)

फफूँद द्वारा होने वाला अगेती झुलसा आल्टरनेरिया सोलानी (*Alternaria solani*) तथा पर्ण धब्बा फोमा एक्सीगूआ (*Phoma exigua*), फोमा सोरधीना (*Phoma sorghina*), आल्टरनेरिया आल्टरनाटा (*Alternaria alternata*) तथा सर्कोस्पोरा सोलानी–ट्यूबरोसी (*Cercospora solani-tuberose*) के द्वारा होता है। वैसे अगेती झुलसा रोग का प्रकोप सभी आलू उत्पादन क्षेत्रों में होता है, किन्तु मध्य भारत तथा महाराष्ट्र व बिहार के पठारी भागों में यह रोग आमतौर पर अधिक पाया जाता है। राँची व उसके साथ लगे पठारी भागों में खरीफ की फसल पर इस रोग के कारण 20.0 प्रतिशत तक नुकसान होता है। अगेती झुलसा मुख्य रूप से आलू की पत्तियों और कन्दों को नुकसान पहुचाता है। प्रारम्भिक लक्षण निचली व पुरानी पत्तियों पर 1–2 मिली मीटर आकार के गोल–अण्डाकार छोटे भूरे धब्बों के रूप में दिखाई देते हैं। बाद में धब्बे बड़े होकर कोणीय तथा पत्तियों में परिपक्व अवस्था में यह धब्बे सूखकर कागजी हो जाते हैं। कन्दों पर इनके लक्षण भूरे गोल या अनियमित आकार वाले

धसे हुए धब्बे के रूप में दिखाई देते हैं। रोगी कन्द का गूदा सूखा, भूरा और कार्क जैसा हो जाता हैं। भण्डारण के दौरान धब्बे बड़े हो जाते हैं। ग्रसित कन्दों पर अन्ततः झुर्रियाँ पड़ जाती हैं।

- फोमा एक्सीगुआ (*Phoma exigua*) द्वारा ग्रसित पत्तियों पर बड़े हल्के अथवा गाढ़े रंग के 1.0–2.5 सेन्टी मीटर आकार के गोल धब्बे बन जाते हैं। ग्रसित कन्दों की सतह पर 3.0 सेन्टी मीटर तक चौड़े स्लेटी–गाढ़े हरे धब्बे उभरते हैं।
- फोमा सोरधीना (*Phoma sorghina*) द्वारा पत्तियों पर पिन की नोक के आकार के धब्बे बनते हैं। विकसित धब्बे गोल अथवा अनियमित आकार वाले 4 मिली मीटर तक होते हैं। ग्रसित कन्दों पर 1.7 सेन्टी मीटर तक चौड़े व गहरे स्लेटी धब्बे दिखते हैं।
- आल्टरनेरिया आल्टरनाटा (*Alternaria alternata*) से ग्रसित पत्तियों पर कभी–कभार बड़े व छोटे कोणीय धब्बे भी बनते हैं।
- सर्कोस्पोरा सोलानी ट्यूबरोसी (*Cercospora solani-tuberose*) से ग्रसित पत्तियों एवं डण्ठलों पर 2.0–5.0 मिली मीटर तक चौड़े भूरे धब्बे दिखाई देते है, जिनका केन्द्र सफेद होता है।

प्रबन्धन

- रोगरहित बीज कन्दों का ही इस्तेमाल करें।
- फसलों को विशेषकर नाइट्रोजन की सन्तुलित मात्रा का प्रयोग करें।
- बचाव के लिए 45 दिनों की फसल पर 1.0 प्रतिशत यूरिया का छिड़काव करने के बाद 8–10 दिनों के अन्तराल पर पुनः एक छिड़काव लाभदायक रहता है।
- आक्सीक्लोराइड (0.3 प्रतिशत) का उपचार अगेती झुलसा व पर्ण धब्बों के लिए प्रभावशाली होता है।
- आलू के खेतों के नजदीक तम्बाकू–टमाटर कुल (Solanaceae) की फसलों को कदाचित न लगाए क्योंकि ये फसलें इन रोग कारकों की परपोषी हैं।

(3) काली रूसी (Black scurf) एवं तना व्रण (Stem canker)

फफूँद की रोगकारी अपूर्ण अवस्था राइजोक्टोनिया सोलानी (*Rhizoctonia solani*) जबकि पूर्ण अवस्था थेनाटेफोरस कुकुमेरिस (*Thanatephorus cucumeris*) द्वारा होता है। आलू पर काली रूसी रोग का प्रकोप मैदानी तथा पहाणी दोनों इलाकों में होता है। इस रोग से ग्रसित कन्दों पर काले रंग की पपड़ी उपरी सतह पर जगह–जगह चिपक जाती है। प्रकोप के कारण आलू का बाजार मूल्य गिर जाता है। पहाड़ी क्षेत्रों में इस रोग से कभी–कभी 25.0 प्रतिशत तक का नुकसान हो जाता है। ग्रसित कन्दों की बुआई करने से लगभग 10.0 प्रतिशत तक उपज में कमी आ सकती हैं। यह बीमारी राइजोक्टोनिया नामक जीवाणु से होता है, जो कन्दों (tuber), तनों (stems) तथा भूस्तारी (stolon) को ग्रसित करते हैं। काली रूसी से ग्रसित कन्दों की सतह पर गहरे भूरे से काले रंग वाले असमान

व चेपदार पिण्ड बीजाणु होते हैं, जो धोने पर आसानी से नही छूटते है। दृढ़ बीजाणुओं (Sclerotia) के अलावा रोग कारक फफूँद द्वारा कन्दों के छिलकों पर गेरू रंग की पतली पपड़ी पड़ जाती है। छिलका या तो कड़ा हो जाता है या फिर गड्ढे युक्त हो जाता है। ग्रसित कन्दों के अंकुर नष्ट होने के कारण अँखुएं नहीं निकलते हैं जिससे पौधों की संख्या कम हो जाती है। रोग कारक की पूर्ण अवस्था हरे तनों पर चटाई के समान दिखने वाली सफेद व भूरी फफूँद (थेनोटोफोरस कुकुमेरिस) केवल विशिष्ट मौसम में ही विकसित होती है। बाद में तना सफेद चूर्ण जैसी फफूँद से ढके दिखाई देते हैं, जिसे आसानी से झाड़कर दूर किया जा सकता है।

प्रबन्धन

- रोग रहित बीज कन्दों का ही प्रयोग करें।
- पहाड़ी इलाकों में कन्दों को आर्गेनो मर्करी (organo mercury) के साथ उपचारित करने के अतिरिक्त पी0सी0एन0बी0 30.0 किलो ग्राम प्रति/हक्टेयर का प्रयोग करें।
- उत्तर भारत के मैदानी इलाकों में कन्दों को एम0ई0सी0 (आर्गेनोमर्करी) थिआबेन्डाजोल, टी0बी0जेड0, हाइड्रोआक्सी क्यूनोलाइन, एसीटीक एसिड, जिंक सल्फेट, कार्बेन्डाजिम अथवा एसीड से उपचारित करना अधिक उपयोगी होता है।
- गर्मियों में खेत की गहरी जुताई एवं आलू के बाद मक्का या ढैंचा का फसल चक्र अपनाने से काफी हद तक रोग का नियन्त्रण हो जाता है।

(4) किणक या मस्से (Wart)

किणक रोग सिंनकीट्रीयम इन्डोवायोटिकम (*Cinchitrium indobioticum*) द्वारा होता है। ग्रसित कन्दों, स्टोलन व डण्ठलों के निचले भाग पर फूलगोभीनुमा किणक बनते हैं। नमी युक्त वातावरण में हरे, पीले किणक या मस्से भूमि के पास की डण्ठलों व पत्तियों पर बनते देखे जा सकते हैं। जैसे–जैसे ये किणक या मस्से पुराने होते जाते हैं वैसे– वैसे यह हरे से काले रंग में बदल जाते हैं।

प्रबन्धन

किणक कन्द व मिट्टी जनित रोग है। रोग को फैलने से रोकने के लिए केवल रोग मुक्त किस्म कुफरी ज्योति, कुफरी सेपा, कुफरी कंचन आदि उगानी चाहिए। लम्बे फसल चक्र (5 वर्ष से अधिक) ही अपनायें। किणक ग्रसित कन्दों को गड्ढे में न डालें बल्कि जला देवें। ग्रसित कन्दों का रोपण न करें।

(5) शुष्क गलन (Dry rot)

शुष्क गलन रोग फ्यूजेरियम आक्सीस्पोरम (*Fusarium oxysporun*), फ्यूजेरियम सोलानी (*Fusarium solani*) तथा फ्यूजेरियम युमारटी (*Fusorium eumartii*) से होता है। आलू कन्दों का शुष्क गलन रोग भारत के मैदानी तथा पहाड़ी क्षेत्रों में पाया जाता है। इस रोग से मैदानी इलाकों में 5–23 प्रतिशत

तथा पहाड़ी इलाकों में 5 प्रतिशत तक नुकसान होता है। भण्डारण के दौरान इस रोग के कारण मध्य भारत, बिहार, आसाम तथा उत्तर प्रदेश में सबसे अधिक नुकसान आँका गया है। शुष्क गलन रोग से प्रभावित कन्दों का छिलका पहले भूरा, उसके पश्चात् काला पड़कर छल्लेदार व सिकुड़नदार हो जाता है। इस छल्लेदार सिकुड़न में एक छेद बनता है, जिसमें सफेद या गुलाबी रंग की फफूँद उग आती है। कन्दों का प्रभावित क्षेत्र सख्त (सूख) हो जाता है। अतः इसे सूखा गलन रोग भी कहते हैं। कभी–कभी कन्दों पर ये सूखे धब्बे 2.0–3.0 सेन्टी मीटर चौड़े आकार के हो जाते हैं। आलू की त्वचा नीचे दब जाने के कारण कन्दों की बाजार में किसानों को कोई कीमत नही मिलती है।

प्रबन्धन

- सदैव रोग मुक्त बीज का प्रयोग करें।
- फसल की खुदाई तथा भण्डारण के समय कन्दों को चोट एवं संदुषित मिट्टी से बचायें।
- कन्दों को आर्गेनोमरक्यूरियल कम्पाउण्ड (organomercurial compound) जैसे एमीसान–6 के 0.25 प्रतिशत घोल में 30 मिनट तक डुबोकर उपचारित करें।
- जहाँ तक सम्भव हो कन्द बीजों को काटकर न लगायें। यदि किन्ही कारणवश कन्द बीज काटकर लगाना ही पड़े तो लगाने से पूर्व इन्हें 1.0 किलो ग्राम मैंकोजेब दवा को 450 लीटर पानी में घोल बनाकर 10 मिनट तक डुबोकर उपचारित करने के बाद 24–48 घण्टे तक छायादार स्थान पर सुखायें।

(6) जीवाणु मुरझान (Bacterial wilt) व भूरा गलन (Brown rot)

जीवाणु मुरझान या भूरा गलन रोग रालस्टोनिया सोलानेसीएरम (*Ralstonia solanacearum*) द्वारा होता है, जिसमें फसल तेज धूप में तैयार होने से पूर्व मुरझान (wilting) जैसे लक्षण प्रकट करता है तथा बाद में पूरी पत्तियाँ मुरझा कर नष्ट हो जाती हैं। इससे कन्द की उपज बिल्कुल घट जाती है। कन्दों को खेतों से ले जाने तथा भण्डारण के दौरान संक्रमण होने पर 30–70 प्रतिशत तक कन्दों को भूरा गलन रोग से नुकसान होता है। कन्दों में इस रोग के कारण दो प्रकार के लक्षण दिखते हैं।

- वाहिगलन (vascular rot) तथा
- धसी हुई आँखें व वातरन्ध्र (pitted lesions, infected eyes & lenticels)

वाहिगलन में वाह्य ऊतक भीगे धब्बों जैसे दिखते हैं, जो बाद में भूरे रंग के हो जाते हैं। यदि कन्दों को काटकर उसे 5 मिनट तक रख दिया जाये, तो इन भीगें धब्बों में से शाकाणु पुंज, गंदे सफेद, गाढ़ा चिपकने वाले स्राव के रूप में निकलता है। वातरन्ध्रों के ग्रसित होने से कन्दों पर चोट के निशान दिखते हैं। शुरू–शुरु में कन्दों पर भीगें धब्बे बनते हैं, जो बाद में बढ़कर हल्के गड्ढों का रूप धारण कर लेते हैं।

प्रबन्धन

- रोग मुक्त बीज का प्रयोग करें।
- जहाँ तक सम्भव हो साबूत कन्द बीज का प्रयोग करें।
- कन्द रोपण के समय उर्वरकों के साथ प्रति हेक्टेयर 12.00 किलो ग्राम की दर से ब्लीचिंग पाउडर का प्रयोग नालियों में करें। ऐसा करने पर मुरझान रोग में 80 प्रतिशत तक नियन्त्रण किया जा सकता है।
- आलू के साथ मक्का, मडुआ, अनाज, लहसुन, ल्यूपिन, प्याज, बन्द गोभी तथा सनई फसलों का 2–3 वर्षीय फसल चक्र अपनायें।

मृदु गलन (Soft rot)

आलू का मृदु गलन बीमारी इरवीनिया केरोटोवोरा उपप्रजाति एट्रोसेप्टिका (*Erwinia carotvora* sp. *atroseptica*), इरवीनिया केरोटोवोरा उप प्रजाति केरोटोवोरा (*Erwinia carotavaora* sp. *carotovora*), इरवीनिया क्राइसेन्थीमी (*Erwinia chrysanthemi*), बैसिलस पोलीमिक्सा (*Bacillus polymyxa*), बैसिलस मेगाथेरियम (*Bacillus megatherium*), बैसिलस सब्टिलिस (*Bacillus subtilis*), के द्वारा होता है। भारत के उत्तर पश्चिम के मैदानों में इस बीमारी के कारण 5 प्रतिशत, पूर्वी तथा प्रायद्वीपीय भारत में 10 प्रतिशत, जबकि पहाड़ी क्षेत्रों में 4–8 प्रतिशत नुकसान हो जाता है। रोग की शुरूआत में कन्दों के वातरन्ध्रों के आसपास या भूस्तारी (stolon) को कन्द से जोड़ने वाले ऊतक जल से तर होकर नरम पड़ जाते हैं। कम आर्द्रता की स्थिति में कन्द का गला हुआ भाग सुखकर धंस जाता हैं, जबकि उच्च आर्द्रता में क्षतिग्रस्त भाग भीगे हुए धब्बे की तरह फैल जाता है। मृदुगलन रोग का मुख्य कारण रोगी बीज कन्द होते हैं। रोगी कन्दों से निकलने वाले पौधों के तनों के निचले स्कंध जमीन की सतह के पास काले हो जाते हैं तथा ऐसे पौधे शीध्र ही पीले पड़कर मुरझा जाते हैं और कन्द पैदा नहीं करते।

प्रबन्धन

- खेत में आवश्यकता से अधिक सिंचाई न करें और जल निकासी का उचित प्रबन्ध करें। नत्रजन उर्वरक की मात्रा प्रति हेक्टेयर 150.0 किलो ग्राम तक ही सिमित रखें।
- कन्द रोपण का समय इस प्रकार समायोजित करें कि पौधों के निकलने के समय मौसम गर्म न हो। इसी तरह फसल की खुदाई के समय तापमान 28.0 डिग्री सैल्सियस से कम हो अर्थात मौसम के गर्म होने से पहले ही खुदाई कर लेवें।
- कन्दों का छिलका पूरी तरह पकने या कड़ा होने के बाद ही फसल की खुदाई करें तथा कन्दों के कटने व चोट से बचाने के लिए पूरी सावधानी रखें।
- कन्दों को भण्डाण से पहले 3 प्रतिशत बोरिक एसीड के धोल में 30 मिनट तक डुबोकर उपचारित कर छाया में सुखायें।

(7) साधारण खुरण्ड (Common scab)

आलू में साधारण खुरण्ड बीमारी स्ट्रेप्टोमाइसिस प्रजातियों (*Streptomyces* spp.) के द्वारा होता है, जो आलू के कन्दों को प्रभावित करते हैं, जो निम्न रुप से प्रकट होते हैं–

- केवल त्वचा छीली हुई दिखाई देती है।
- वातरन्ध्रों के आसपास कार्क जैसे धब्बे दिखाई देते हैं।
- वातरन्ध्रों के आसपास कार्क जैसे बेडौल या छल्लेदार खुरण्ड बनते हैं।
- कन्दों पर खुरदरी कार्क वाली फुंसियॉ तथा कन्दों पर कार्क उतकों द्वारा घिरे 3.0–4.0 मिली मीटर तक गहरे गड्ढे पड़ जाते हैं।

प्रबन्धन

रोग मुक्त बीज का प्रयोग करें।

- बीज कन्दों को शीत भण्डार में रखने से पहले अथवा भण्डार से निकालने के तुरन्त बाद 3 प्रतिशत आर्गेनोमर्क्यूरियल यौगिक को 0.5 प्रतिशत या 3 प्रतिशत बोरिक एसीड के घोल में 30 मिनट तक उपचारित करें तथा उपचारित कन्दों को छाया में सुखायें।
- कन्द बनने की प्रारम्भिक अवस्था से लेकर जब तक कन्दों का व्यास 1.0 सेन्टी मीटर नहीं हो जाता, खेत में नमी बनाये रखने के लिए हल्की किन्तु बराबर सिंचाई करते रहना चाहिए।
- गर्मियों में खेत की गहरी जुताई करें।

8. पत्ती मुड़न (Leaf roll)

पत्ती मुड़न रोग, आलू पत्ती मोड़क अथवा बल्कल क्षय (phloem necrosis) नामक वायरस द्वारा होता है। आलू की पतझड़ कालीन फसल में इसका प्रभाव कम (7–16 प्रतिशत) जबकि वसन्तकालीन फसल में ज्यादा (39–60 प्रतिशत) नुकसान होता है। शुरु में आलू की कुछ किस्मों के पौधों की उपरी पत्तियाँ धीरे–धीरे मुड़नी शुरु हो जाती हैं, जो बाद में हल्की पीली पड़ जाती हैं। आलू की कुछ किस्मों में उपरी पत्तियों के किनारे भी लाल या गुलाबी हो जाती हैं। द्वितीय वसन्त के वायरस लक्षण केवल पिछले फसल काल में वायरस ग्रसित पौधों के कन्दों से उगाई गयी फसल में दिखाई पड़ते हैं और पुरानी (निचली) पत्तियों पर अधिक स्पष्ट होते हैं। नयी पत्तियों पर लक्षण स्पष्ट नहीं होते है। ग्रसित पौधों की पत्तियाँ चमड़े की तरह कड़ी हो जाती हैं तथा पौधे बौने रह जाते हैं। निचली पत्तियाँ उपर की ओर मुड़नी शुरु हो जाती हैं और बाद में पीली पड़कर भुरभुरी हो जाती हैं।

प्रबन्धन

- रोग मुक्त स्वस्थ बीज आलू का ही प्रयोग करें।
- वायरस रहित बीज का गुणन माहूँ मुक्त क्षेत्रों अथवा माहूँ मुक्त अवधि के दौरान करें।

- खेतों में जल निकासी का उचित प्रबन्ध रखें।
- रोगग्रस्त पौधों को जड़ कन्दों सहित निकालकर नष्ट कर दें। ज्यों ही माहूँ संख्या प्रति 100 यौगिक पत्तियों पर 20 के क्रांतिक स्तर पर पहुँच जाये, तो पौधों के डण्ठलों को काट देना चाहिए।
- फसल पर माहूँ वाहकों की बढ़वार रोकने के लिए दैहिक कीटनाशी का प्रयोग करें।
- भण्डार गृह में माहूँ की बढ़वार न हो पाये, इसलिए बीज कन्दों तथा भण्डारगृहों को कीटनाशकों द्वारा उच्चारित करें।
- सामान्य देशी/कच्चे भण्डारगृहों में गर्मियों में 29.0–35.0 डिग्री सेल्सियस तापमान तक आलू का लम्बे समय तक भण्डारण करने पर कन्द पत्ती मोड़क वायरस से मुक्त हो जाता है। सामान्यतः 40.0 डिग्री सेल्सियस तापमान पर 6 सप्ताह तक प्रतिदिन कन्दों को 2.0 घण्टे का ऊष्मा उपचार देने से भी पत्तीमोड़क वायरस नष्ट हो जाता है।
- रोगी कन्द टुकड़ों को 50.0–55.0 डिग्री सेल्सियस तापमान वाले गर्म पानी में 15–20 मिनट तक उपचारित करना भी प्रभावकारी पाया गया है।

मोजैक (Mosaic)

ग्रसित पौधों की पत्तियों पर हरे–पीले धब्बे या चित्ती पड़ जाती हैं। पत्तियों पर चित्ती रोग अनेक प्रकार के अन्य रोग पैदा करते हैं। जैसे–हल्की या अदृश्य चित्ती (faint mosaic), मृदु चित्ती (mild mosaic), अति मृदु चित्ती (super mild), मृदु व उग्र झुर्रीदार पर्णचित्ती (rugose and crinkle mosaic) के लक्षण नये पत्तियों पर दिखाई पड़ते हैं। इस रोग से उपज कम हो जाती हैं तथा रोगी पौधों के कन्द भी विषाणु युक्त हो जाते हैं।

प्रबंधन

- रोग रोधी किस्मों का प्रयोग करें।
- विषाणु रोगरहित प्रमाणित बीज का प्रयोग करना चाहिए।
- विषाणु रोगरहित बीज सीड प्लाट तकनीक (seed plot tecnique) द्वारा स्वयं भी तैयार किया जा सकता है।
- जैसिड या एफीड के आक्रमण से पहले ही कीटनाशक दवा का छिड़काव कर नियंत्रण करना चाहिए।

भोज्य आलू के खेतों में प्रयोग के बाद खेती के औजारों को 3.0 प्रतिशत ट्राईसोडियम फास्फेट या 1.0 प्रतिशत कैल्सियम हाइपोक्लोराड के घोल में 10 मिनट तक भिंगों कर खेत में लगावें।

□□□

अध्याय 3

गोभी वर्गीय सब्जियाँ

Cole Crops

गोभी वर्गीय सब्जियों में फूल गोभी, पत्ता गोभी, गांठ गोभी, चीनी पत्ता गोभी, लाल पत्ता गोभी, ब्रूसेल्स स्प्राउट, स्प्राउटिंग ब्रोकोली आदि आती हैं। इस समूह की अन्य फसलों में सेवाय कैबेज, केल, कोलार्ड्स, आदि भी महत्वपूर्ण हैं, जो वंश ब्रेसिका (genus *Brassica*) एवं कुल ब्रेसिकेसी (Brassicaceae) के अंर्न्तगत आती हैं। कुल ब्रेसिकेसी के अंर्न्तगत 375 वंश एवं 3200 स्पीशीज हैं (विलिस, 1973)। भारतवर्ष में गोभी वर्गीय शरदकालीन सब्जियों में सबसे महत्वपूर्ण एवं लोकप्रिय सब्जियाँ हैं। इस समूह की सब्जियों में उत्पादन की दृष्टि से फूल गोभी एवं पत्ता गोभी का स्थान क्रमशः प्रथम व द्वितीय है, जबकि गांठ गोभी का स्थान तृतीय है। इन सब्जियों का भारतीय अर्थव्यवस्था में बहुत बड़ा योगदान है। हमारे देश से फूल गोभी व बन्द् गोभी प्रचुर मात्रा में अनेकों मध्य–पूर्वी देशों को निर्यात की जा रही है। इसके अलावा सर्दी के मौसम में पश्चिमी यूरोप के देशों में इन्हें भेजा जाता है। इस समूह के समस्त फसलों की उत्पत्ति केल (Kale) नामक एक ही पैतृक पौधे (जंगली पौधे) से उत्परिवर्तन के द्वारा हुई है। भुमध्य सागर के तटीय क्षेत्र में ग्रीस से इंग्लैण्ड में प्राकृतिक अवस्था में मिलने वाला यह जंगली प्रभेद ब्रेसिका ओलेरेसिया वार0 सिलवैस्ट्रिस (*Brassica oleracea* var. *sylvestris*) से उत्परिवर्तन के द्वारा हुई है (थाम्सन एण्ड टेलर, 1966)। समय के साथ इस प्रभेद में उत्परिवर्तन होता गया और नये प्रभेद बनते गये। धीरे–धीरे मानवीय चयन तथा पर्यावरण अनुकूलन द्वारा नवीन प्रजातियों/प्रभेदों का विकास हुआ। प्राकृतिक रुप से गोभी वर्गीय सब्जियों का स्वाद ग्लूकोसिनोलेट्स (glucosinolates) तत्व के कारण कड़ुवा होता है। यह माइरोसिनेस इन्जाइम (myrosinase enzyme) के कारण तीखा स्वाद होता है। मानव समाज ने अपने उपयोग के लिये बिना तीखापन वाली किस्मों का चयन प्रारम्भ किया होगा, ऐसा प्रतीत होता है। गोभी वर्गीय सब्जियाँ मुख्यतः

19वीं शताब्दी के अन्त या 20वीं शताब्दी के आरम्भ में यूरोप के विभिन्न देशों से लाकर भारतवर्ष में उगायी गयी। अतः यह कहा जा सकता है कि ये सब्जियाँ भारतवर्ष में 100 वर्ष से कम समय से ही उपस्थापित हैं। सबसे पहले फ्रांसिसियों या पुर्तगालियों द्वारा फूल गोभी का उपस्थापन किया गया और बाद में बन्द गोभी, गांठ गोभी, बटन गोभी, गुच्छा गोभी (broccoli) आदि का समावेश हो पाया। वर्तमान समय में फूल गोभी तथा ब्रोकली (983,000 हेक्टेयर) एवं बंद गोभी (3.1 मिलीयन हेक्टेयर) की खेती विश्व के सभी देशों में व्यापक स्तर पर की जा रही है। फूल गोभी एवं बंद गोभी का अधिकतम उत्पादन क्रमश 43 और 53 प्रतिशत चीन द्वारा किया जाता है, जबकि भारतवर्ष क्रमश 33 व 10 प्रतिशत उत्पादन कर द्वितीय स्थान पर है (खाद्य एवं कृषि संगठन सांख्यिकीय, 2007)। भारतवर्ष में कम जोत वाले कृषकों के लिए फूल गोभी एवं बंद गोभी से पर्याप्त पोषण एवं आय होती है। अतः इसकी खेती सीमान्त कास्तकारों के बीच ज्यादा महत्वपूर्ण है। गोभी वर्गीय सब्जियों का वानस्पतिक नाम तथा प्रजाति को सारिणी में दिया गया है–

सारिणी (3.1) गोभी वर्गीय सब्जियों का वानस्पतिक नाम तथा प्रजाति

सामान्य नाम	प्रमुख वंश/प्रजाति	गुणसूत्र संख्या
काली सरसों (Black mustard)	ब्रैसिका नाइग्रा (*Brassica nigra*)	एन=8
पत्ता गोभी (Cabbage)	ब्रैसिका ओलेरिसिया ग्रुप कैपिटाटा (*Brassica oleracea* group *capitata*)	एन=9
सफेद पत्ता गोभी (White cabbage)	ब्रैसिका ओलेरिसिया सब ग्रुप अल्बा (*Brassica oleracea* sub group *alba*)	एन=9
लाल पत्ता गोभी (Red cabbage)	ब्रैसिका ओलेरेसिया सब ग्रुप रुब्रा (*Brassica oleracea* sub group *rubra*)	एन=9
सेवाय पत्ता गोभी (Savoy cabbage)	ब्रैसिका ओलेरेसिया सब ग्रुप सबौडा (*Brassica oleracea* sub group *sabauda*)	एन=9
फूल गोभी (Cauliflower)	ब्रैसिका ओलेरेसिया ग्रुप बोट्राइटिस (*Brassica oleracea* group *botrytis*)	एन=9
ब्रोकोली (Broccoli)	ब्रैसिका ओलेरेसिया ग्रुप इटैलिका (*Brassica oleracea* group *italica*)	एन=9
ब्रुसेल्स स्प्राउट्स (Brussels sprouts)	ब्रैसिका ओलेरेसिया ग्रुप गेमीफेरा (*Brassica oleracea* group gemmifera)	एन=9
केल (Kale)	ब्रैसिका ओलेरेसिया ग्रुप एसीफेला (*Brassica oleracea* group *acephala*)	एन=10

गांठ गोभी (Knol Khol)	ब्रैसिका ओलेरेसिया ग्रुप गांगीलोड्स (*Brassica oleracea* group *gongylodes*)	एन=9
चाइनीज सरसों या पाक–चोई (Chinese mustard or pak-choi)	ब्रैसिका कम्पेस्ट्रिस ग्रुप चाइनेन्सिस (*Brassica campestris* group *chinensis*)	एन=10
चीनी पत्ता गोभी (Chinese cabbage)	ब्रैसिका कम्पेस्ट्रिस ग्रुप पेकिनेंसिस (*Brassica campestris* group *pekinensis*)	एन=10
भारतीय सरसों (Indian mustard)	ब्रैसिका जुंसिया (*Brassica juncea*)	एन=18
सफेद या पीले फूल वाली सरसों (White and yellow flowered mustard)	ब्रैसिका हिर्टा (*Brassica hirta*)	एन=18
चाइनीज ब्रोकोली / चाइनीज केल (Chinese broccoli/Chinese Kale)	ब्रैसिका एल्बोग्लैब्रा (*Brassica alboglabra*)	एन=9
रुटा बैगा (Rutabaga)	ब्रैसिका नैपस ग्रुप नैपोब्रैसिका (*Brassica napus* group *napobrassica*)	एन=19

फूल गोभी (Cauliflower)

वानस्पतिक नाम : ब्रैसिका ओलेरेसिया वार0 बोट्राइटिस (*Brassica oleracea* var. *botrytis*)
कुल : ब्रैसिकेसी (Brassicaceae)
गुणसूत्र संख्या : 2 एन = 18

शरदकालीन सब्जियों में फूल गोभी एक महत्वपूर्ण सब्जी है। इसकी खेती लगभग सम्पूर्ण देश में मुख्य रूप से श्वेत अविकसित व गठे हुए पुष्प पुंज (शीर्ष या फूल) के लिए की जाती है। इसकी सब्जी अकेले या अन्य सब्जियों जैसे आलू या मटर के साथ मिलाकर बनायी जाती है।

उद्भव एवं वितरण

फूल गोभी को अंग्रेजी में 'काली फ्लावर' (Cauliflower) कहते हैं, जो लैटिन शब्द काउलिस (Caulis) यानी कैबेज (Cabbage) और फ्लोरिस (Floris) यानी फ्लावर (flower) से मिलकर बना है। इसका तात्पर्य फूलने वाले ''पात गोभी'' से है। फूल गोभी की उत्पत्ति जंगली पात गोभी (wild cabbage), चट्टानी पात गोभी (cliff cabbage) या कोलवर्ट्स (colewarts) से हुई, जिसकी वानस्पतिक पहचान पहले ब्रेसिका ओलेरेसिया एल0 वार0 सिल्वेस्ट्रिस (*Brassica oleracea* L. var. *sylvestris*) के रुप में थी। वर्तमान समय में भी कोलवर्ट्स के पौधे इंग्लैण्ड, डेनमार्क एवं उत्तर–पश्चिम फ्रांस के समुद्री तटवर्ती चट्टानों पर उगते हुए मिलते हैं। इतिहासकारों एवं वैज्ञानिकों का मत है कि फूल गोभी आभ्यन्तरिक एवं मध्यपूर्वी क्षेत्र का वंशज है। जहाँ पर इसकी खेती 600 ईसा पूर्व में की जाती थी। सिरिया (Syria) में फूल गोभी की खेती हजारों साल से चली आ रही है और यहीं के प्रभेदों को उपस्थापित एवं चयन कर स्पेन ने 12वीं शताब्दी में तीन उन्नतिशील किस्मों को विकसित किया था, ऐसा विवरण मिलता है। इस फसल का उपस्थापन इटली में सन् 1490 एवं फ्रांस तथा अन्य यूरोपीय देशों में 16वीं शताब्दी में हुआ। इसी प्रकार टर्की (Turkey) एवं इजिप्ट (Egypt) में भी 16वीं शताब्दी में होने का प्रमाण मिलता हैं। इंग्लैण्ड ने सन् 1586 में फूल गोभी को साइप्रस कोलवर्ट (Cyprus cole wart) के नाम से पुष्टी की है, जो साइप्रस से उपस्थापन का संकेत देता है। उत्तरी अमेरिका में देर से 17वीं शताब्दी में फूल गोभी की खेती पहली बार की गयी। भारतवर्ष में फूल गोभी का प्रवेशन लंदन के कीव गार्डेन्स (Kew gardens) से वर्ष 1882 में जेम्सन द्वारा सहारनपुर में हुआ था। भारत में पहले कार्निस टाइप की गोभी का प्रवेशन तथा बाद में यूरोपीयन टाइप का प्रवेशन (introduction) हुआ। वर्तमान समय में भारतवर्ष विश्व का प्रमुख फूल गोभी उत्पादक देश है। अन्य महत्वपूर्ण एवं अग्रणी उत्पादक देशों में चीन, फ्रांस, इटली, यूनाइटेड किंगडम, संयुक्त राज्य अमेरिका, स्पेन, जर्मनी, पोलैण्ड पाकिस्तान एवं ओसीनिया का नाम है। अमेरिका, फ्रांस और जर्मनी ने फूल गोभी के विकास में महत्वपूर्ण योगदान दिया है। यह बात सत्य है कि भारतीय फूल गोभी के विकसित प्रभेद जिनमें अगेतीपन, उच्च तापमान एवं वर्षा सहन करने की अद्भूत क्षमता रखते हैं, जिसके कारण विश्व के अन्य उष्ण (tropical) एवं उपउपोष्ण (sub-tropical) क्षेत्रों में भी खेती करने के लिए अपनायी जाती है। फूल गोभी हिमाचल प्रदेश के ऊँचे व मध्य पर्वतीय क्षेत्रों की एक नकदी फसल है। ऊँचे पर्वतीय क्षेत्रों में फूल गोभी बेमौसमी फसल के रूप में गर्मियों में उगाई जाती है।

सारिणी (3.2) विश्व के प्रमुख फूल गोभी उत्पादक देश

देश	क्षेत्रफल (हेक्टेयर)	उत्पादन (टन)	उत्पादकता (टन/हेक्टेयर)
चीन	391002	7555242	19.3
भारत	369000	6745000	18.3
स्पेन	29000	511100	17.6
ईटली	17867	427407	23.9
फ्रांस	26056	370968	14.2
पाकिस्तान	12637	313414	24.8
संयुक्त राज्य अमेरिका	14710	284900	19.4
पोलैण्ड	15650	252325	16.1
यूनाइटेड किंगडम	16496	188300	11.4
बांग्ला देश	16677	160040	9.6
अन्य	**209498**	**2122804**	**10.1**
विश्व + सम्पूर्ण	**1118593**	**18931500**	**16.9**

स्रोतः इण्डियन हार्टीकल्चर डाटाबेस, 2011 (FAO), एफ0ए0ओ0, 2011

भारतवर्ष में फूल गोभी की पारिस्थितिकी, अनुकूलन तथा लगातार चयन के परिणामस्वरुप शीतोष्ण कटिबन्धीय फूल गोभी अन्य फूल गोभियों से कुछ भिन्नता रखती हैं। भारतवर्ष में क्षेत्रफल की दृष्टि से बिहार, ओडिशा एवं पश्चिम बंगाल क्रमशः प्रथम, द्वितीय एवं तृतीय स्थान रखते हैं, जबकि उत्पादन के दृष्टि से बिहार, पश्चिम बंगाल एवं उत्तर प्रदेश का स्थान क्रमशः प्रथम, द्वितीय एवं तृतीय हैं। इसके अलावा अन्य प्रमुख उत्पादक राज्य आसाम, मध्य प्रदेश, गुजरात, हरियाणा, पंजाब, महाराष्ट्र, कर्नाटक, उत्तराखण्ड, हिमाचल प्रदेश आदि प्रमुख हैं।

सारिणी (3.3) भारतवर्ष में फूल गोभी का क्षेत्रफल, उत्पादन एवं उत्पादकता

वर्ष	क्षेत्रफल (000, हेक्टेयर)	कुल क्षेत्रफल का प्रतिशत	उत्पादन (000, मैट्रिक टन)	कुल उत्पादन का प्रतिशत	उत्पादकता (000, मैट्रिक टन/हेक्टेयर)
1991–92	202.8	3.6	2998.1	5.1	14.8
2001–02	269.9	4.4	4890.5	5.2	18.1
2002–03	254.6	4.2	4444.1	5.2	17.5
2003–04	267.9	4.2	4940.2	5.3	18.4
2004–05	238.5	3.5	4514.8	4.5	18.9
2005–06	288.6	4.0	5323.1	4.8	18.4
2006–07	302.0	4.0	5538.0	4.8	18.3

2007–08	312.0	4.0	5777.0	4.5	18.5
2008–09	349.0	4.4	6532.0	5.1	18.7
2009–10	347.9	4.4	6569.0	4.9	18.9
2010–11	369.0	4.3	6745.0	4.6	18.3

स्रोतः नेशनल हार्टीकल्चर डाटा बेस, (2010–2011)

राज्यवार भारतवर्ष में फूलगोभी का क्षेत्रफल, उत्पादन एवं उत्पादकता नीचे दिया गया हैः

सारिणी (3.4) भारतवर्ष में प्रमुख फूल गोभी उत्पादक राज्य

राज्य	**2008–2009**			**2009–2010**			**2010–2011**		
	क्षेत्रफल	**उत्पादन**	**उत्पादकता**	**क्षेत्रफल**	**उत्पादन**	**उत्पादकता**	**क्षेत्रफल**	**उत्पादन**	**उत्पादकता**
पश्चिम बंगाल	68.8	1743.8	25.4	69.2	1754.1	25.4	70.0	1777.2	25.4
बिहार	61.0	1043.8	17.1	62.2	1080.1	17.4	62.6	1118.7	17.9
ओड़िशा	46.1	663.5	14.4	46.5	675.4	14.5	45.1	677.3	15.0
हरियाणा	25.9	500.3	19.3	25.7	487.7	19.0	30.3	531.9	17.6
गुजरात	18.5	321.1	17.4	19.8	356.7	18.0	21.1	387.4	18.4
झारखण्ड	27.3	436.9	16.0	20.6	329.8	16.0	22.2	355.4	16.0
आसाम	19.8	282.9	14.3	20.5	351.3	17.2	20.9	328.8	15.7
छत्तीसगढ़	16.1	241.4	15.0	16.1	268.9	16.7	18.4	306.0	16.6
महाराष्ट्र	13.0	328.9	25.3	10.1	158.6	15.7	–	–	–
मध्य प्रदेश	–	–	–	–	12.2	195.9	16.0	–	–
उत्तर प्रदेश	–	–	–	–	9.3	188.5	20.3	–	–
अन्य	**52.5**	**969.1**	**18.5**	**57.2**	**1106.5**	**19.3**	**56.6**	**877.8**	**15.5**
सम्पूर्ण	**348.9**	**6531.9**	**18.7**	**347.9**	**6569.0**	**18.9**	**368.7**	**6744.9**	**18.3**

स्रोतः नेशनल हार्टीकल्चर डाटा बेस, (2010–2011)

भारतवर्ष से फूल गोभी का निर्यात यूनाइटेड अरब अमिरात, मालद्वीप सउदी अरब, नेपाल, ओमान, माली, मैक्सिको, बहरीन, कनाडा, कतर आदि देशों को व्यापक पैमाने पर प्रतिवर्ष किया जाता हैं जिससे विदेशी मुद्रा प्राप्त होती है।

भारत वर्ष से फूल गोभी के निर्यात का विवरण नीचे की सारिणी में दिया गया है–

सारिणी (3.5) फूल गोभी के निर्यात का विवरण

देश	2008–2009		2009–2010		2010–2011	
	मात्रा (मैट्रिक टन)	मूल्य (लाख)	मात्रा (मैट्रिक टन)	मूल्य (लाख)	मात्रा (मैट्रिक टन)	मूल्य (लाख)
यूनाइटेड अरब अमिरात	24.2	0.4	1197.5	72.7	519.7	20.0
मालद्विव	26.2	2.1	362.7	12.9	208.0	7.9
सउदी अरब	103.9	4.7	33.0	2.1	78.1	3.5
नेपाल	113.7	4.1	78.5	3.1	22.8	1.7
ओमान	0.0	0.0	0.0	0.0	1.2	0.0
माली	0.0	0.0	0.1	0.0	0.1	0.0
मेक्सिको	0.0	0.0	0.0	0.0	0.0	0.0
बहरीन	0.0	0.0	0.1	0.0	0.0	0.0
कनाडा	16.0	4.3	0.0	0.0	0.0	0.0
कतर	0.7	0.3	2.1	0.0	0.0	0.0
कुल योग	**284.6**	**15.9**	**1674.1**	**90.8**	**829.8**	**33.2**

स्रोतः अपेडा वेबसाइट फरवरी 2012

वानस्पतिक विवरण

फूल गोभी में तना छोटा (<15.0 सेन्टीमीटर) मध्यम (16.0-20.0 सेन्टीमीटर) तथा लम्बा (> 21 सेन्टीमीटर) होता है। भारत में उगायी जाने वाली फूल गोभी उष्ण कटिबन्धीय प्रकार की है, जो कारनिश टाइप और यूरोपीयन टाइप के परस्पर संकरण से उत्पन्न हुई है। यह विशेषतः शाकीय पौधा है, जो सब्जी उत्पादन के लिए एकवर्षीय (annual) है और बीजोत्पादन के लिए द्विवर्षीय (biennial) होता है। इसके खाने योग्य भाग को शीर्ष (curd) कहते हैं जो पुष्पक्रमों (पुष्पपुंजों) का घना समूह है, जिसके पुष्पपुंज अविकसित एवं गांठें होती हैं। पुष्पक्रम के डंठल छोटे, मुलायम, गूदेदार और एक–दूसरे से सटे हुए होते हैं। प्रारम्भ में पुष्प तथा विभिन्न भाग अविकसित होते हैं, परन्तु बाद में फूल ढीले हो जाते हैं, इसके बाद डण्ठल लम्बे होने लगते हैं तथा फूलों मे विभिन्न भाग भी सुस्पष्ट हो जाते हैं। इसकी पत्तियाँ बन्द गोभी की अपेक्षा अधिक बड़ी और नुकीली होती है। यह एक परपरागित फसल (cross pollinated crop) है, जिसमें परागण मुख्यतः मधुमक्खियों के द्वारा होता है। पुष्प में 4 पंखुड़ी, 4 बाह्य दलपुंज, 6 पुंकेसर (2+4) होता है। पुष्प पीले रंग का होता है। एन्ड्रोसियम टेट्राडायानेमस (4 लम्बा व 2 छोटा) होता है। ग्रीष्म कालीन फूल गोभी (स्नोबाल व इरफर्ट टाइप) में 70 प्रतिशत तक स्वपरागण हो सकता है जबकि शरदकालीन व अगेती भारतीय प्रजातियों परपरागण स्वअनिषेच्यता के कारण ज्यादा होता है (म्यूहाफा 1963) हाइगनि एवं सहयोगी (1988) ने 70 प्रकार की अनिषेचयता एलिल को गोभी वर्गीय सब्जियों में अलग किया है।

1. ट्रापिकल टाइप (Tropical type)

इस समूह के फूल छोटे आकार के कम गंठें हुए तथा हल्का पीलापन लिए होते हैं।

2. यूरोपियन टाइप (European type)

फूल काफी बड़े, सख्त और बर्फ (snow) जैसे सफेद होता है। उपरोक्त दोनों किस्मों में विशेष अन्तर नीचे दिया जा रहा है–

सारिणी (3.6) उष्णकटिबंधीय एवं शीतोष्ण किस्मों के प्रमुख गुण

उष्णकटिबंधीय किस्में (Tropical type)	**शीतोष्ण किस्में** (European type)
इस प्रकार की किस्में अधिक तापक्रम की अवस्था में उँगाई जा सकती है। सामान्यतया इनमें फूल बनने के लिए 20.0 डिग्री सेन्टीग्रेड से अधिक तापमान की आवश्यकता होती है।	इस प्रकार की किस्में कम तापक्रम में ही उँगाई जा सकती है और इनमें फूल बनने के लिए सामान्यतया 10.0–16.0 डिग्री सेन्टीग्रेड तापमान की आवश्यकता होती है।
बीज उत्पादन की दृष्टि से ये किस्में एकवर्षीय फसल होती हैं।	ये किस्में द्विवर्षीय होती है।
इन किस्मों का वानस्पतिक काल छोटा होने के कारण कम समय में तैयार हो जाती हैं।	इन किस्मों का वानस्पतिक काल लम्बा होने के कारण यह देर से तैयार होती हैं।
इसमें फूल थोड़ा पीलापन लिए हुए कम गाढ़े और तेज गंध वाले होते हैं।	फूल बर्फ जैसे सफेद, सख्त और बहुत कम गंध वाले होते हैं।
इस वर्ग की किस्मों में कुवारी, कातिकी, पूसा दीपाली, पंत गोभी–2, पंत गोभी–3 आदि प्रमुख हैं।	यूरोपियन टाइप किस्में मुख्य रूप से स्नो बाल के नाम से जानी जाती हैं।
इन किस्मों में आनुवंशिक विभिन्नता अधिक पाई जाती है।	इनमें आनुवंशिक विभिन्नता कम होती है।
इन किस्मों में स्व असंगता अधिक पायी जाती है।	इन किस्मों में स्व असंगता कम होती है।
इन किस्मों में फूल आने लिए वसंतीकरण की आवश्यकता नहीं होती केवल पौधों को 10–13 डिग्री सेन्टीग्रेड का तापमान 6 सप्ताह तक मिलना आवश्यक होता हैं।	इनमें फूल आने के लिए वसंतीकरण आवश्यक होता है और इसमें पौधों के लिए 7 डिग्री सेन्टीग्रेड तापमान 8–10 सप्ताह तक आवश्यक होता है।

पोषकीय महत्व

फूल गोभी में खाने योग्य भाग शीर्ष यानी कर्ड (*curd-"a pre floral structure, which has the characteristics of both the vegetative and reproductive apices"*. Sadik, 1962; Margara and David, 1978) कहलाता है। फूल गोभी की सब्जी के अतिरिक्त कोफ्ते, पकौड़े, बिरयानी, सलाद, अचार आदि बनाने में प्रयोग किया जाता है। इससे करी, सूप व जूस बनाया जाता है। फूल गोभी में विटामिन 'बी' व 'प्रोटीन्स' भी प्रचुर मात्रा पाई जाती है। इसके अतिरिक्त इसमें विभिन्न खनिज तत्व जैसे पोटैशियम, कैल्सियम, आयरन, फास्फोरस तथा मैग्नीशियम आदि पर्याप्त मात्रा में पाये जाते हैं। इसमें प्रचुर मात्रा में विटामिन 'ए' तथा 'सी' भी मिलता है। इसे सूखाकर परिरक्षित करके भी उपयोग किया जाता है।

सारिणी (3.7) फूल गोभी का पोषक मूल्य (प्रति 100 ग्राम खाने योग्य भाग में)

पोषक तत्व	मात्रा
नमी	90.8 ग्राम
प्रोटीन	2.6 ग्राम
वसा	0.4 ग्राम
खनिज	1.0 ग्राम
रेशा	1.2 ग्राम
कार्बोहाइड्रेट्स	4.0 ग्राम
ऊर्जा	30 कैलोरी
कैल्सियम	33.0 मिली ग्राम
फास्फोरस	57.0 मिली ग्राम
आयरन	1.23 मिली ग्राम
कैरोटिन	30 माइक्रोग्राम
थाइमिन	0.04 मिली ग्राम
रिबोफ्लेविन	0.10 मिली ग्राम
नियासिन	1.0 मिली ग्राम
विटामित "सी"	56.0 मिली ग्राम

स्रोतः गोपालन एवं सहयोगी, 1999

फूल गोभी का औषधीय महत्व भी है। इसका उपयोग स्कर्वी रोग एवं रक्त को साफ करने में लाभप्रद पाया गया है।

उन्नतिशील किस्में

भारत में उगायी जाने वाली फूल गोभी की किस्मों को परिपक्वता के आधार पर मुख्यतः 4 भागों में बाँटा जा सकता है–

सारिणी (3.8) फूल गोभी के किस्मों की परिपक्वता

वर्ग	परिपक्वता	उन्नतिशील किस्में
वर्ग–क	सितम्बर	अर्ली कुवांरी, अर्ली सिन्थेटिक, लाइन 327, 78–1 और 2,3,4 एस, अर्ली पटना, अर्ली बनारस
वर्ग–ख	अक्टूबर	पूसा दीपाली, पूसा कातकी, लाइन 328, 75–1 सी, 75–2 सी तथा 75–4 सी
वर्ग–ग	दिसम्बर	सिन्थेटिक–111, 114 एस–1, पी0जी0 25, पी0जी0 26, हिसार–1, सेल–7, 236–5–1, डी0–96, स्नोबाल
वर्ग–घ	जनवरी	पूसा स्नोबाल, के–1, स्नोबाल–16, दनिया कालिम्पौंग

सारिणी (3.9) फूल गोभी की वरण विधि से विकसित किस्में

सब्जी फसल	किस्म	स्रोत
फूल गोभी	पूसा हिमज्योति	आयातित
	पूसा स्नोबाल के–1	आयातित
	स्नोबाल–16	आयातित
	पंजाब जाइन्ट–26	आयातित
	पंजाब जाइन्ट–35	आयातित
	हिसार–1	आयातित

सारिणी (3.10) विभिन्न जलवायु क्षेत्रों के लिए फूल गोभी की संकर किस्में

सब्जी	संकर किस्म	स्रोत	संस्तुति वर्ष	जलवायु क्षेत्र
फूल गोभी	पूसा हाईब्रिड–1	भारतीय कृषि अनुसंधान संस्थान, नई दिल्ली	1992	II, IV
	डी.सी.एच.–541	भारतय कृषि अनुसंधान संस्थान, नई दिल्ली	1992	II, IV
	एस.वाई.सी. एफ.एच.–2003	सिंजेन्टा सीड कम्पनी, पुणे	2005	IV,V,VII

सारिणी (3.11) फूल गोभी की संश्लिष्ट किस्में

सब्जी	संश्लिष्ट किस्म	स्रोत	वर्ष	क्षेत्र के लिए संस्तुति
फूल गोभी	पूसा सिंथेटिक–1	भारतीय कृषि अनुसंधान संस्थान, नई दिल्ली	1975	IV
	पूसा अर्ली सिंथेटिक	भारतीय कृषि अनुसंधान संस्थान नई दिल्ली	1990	IV, VIII
	पूसा सिंथेटिक	भारतीय कृषि अनुसंधान संस्थान, नई दिल्ली	1992	I, II, IV

1. अगेती किस्में (Early Varieties)

इस समूह की किस्मों का शीर्ष (curd) मध्य सितम्बर से मध्य नवम्बर तक प्राप्त होता है। इन किस्मों के छोटे तथा पीले होते हैं। इस वर्ग की प्रमुख किस्में इस प्रकार हैं–

पूसा कातिकी (Pusa Katiki)

इस किस्म को भारतीय कृषि अनुसंधान संस्थान, नई दिल्ली से विकसित किया गया है, जो पौध रोपण के लगभग 60–80 दिन बाद तैयार हो जाती है। इस प्रजाति के पौधे मध्यम बढ़वार वाले होते हैं तथा पत्तियाँ नीले रंग की और उनके किनारे लहरदार होते हैं। इसके शीर्ष (curd) छोटे, मध्यम आकार के दृढ़ सफेद तथा लगभग 500.0 ग्राम के होते हैं। इसकी पौध डालने का समय मई

के मध्य तक होता है। यदि इसका रोपण 15 अगस्त के बाद किया जाये तो शीर्ष अच्छी तरह विकसित नहीं होते हैं। इसकी औसत पैदांवार लगभग 12.5–20.0 टन प्रति हेक्टेयर होती है।

पूसा कातिकी संकर (Pusa Katiki Sankar)

इस किस्म का विकास भारतीय कृषि अनुसंधान संस्थान, नई दिल्ली से किया गया है। यह अगेती संकर किस्म है। शीर्ष सख्त तथा लगभग 457.0 ग्राम के होते हैं। शीर्ष का विकास 22.0–25.0 डिग्री सेन्टीग्रेड पर होता है। इसमें मृदुरोमिल आसिता (downy mildew) रोग नहीं लगता है। इसकी औसत पैदावार लगभग 14.0 टन प्रति हेक्टेयर होती है।

पूसा अर्ली सिंथेटिक (Pusa Early Synthetic)

यह एक संश्लेषित किस्म है, जिसे भारतीय कृषि अनुसंधान संस्थान, नई दिल्ली द्वारा सन् 1990 में विकसित किया गया। इस प्रजाति के पौधे सीधी बढ़वार वाले व नीली हरी पत्तियों वाले होते हैं। शीर्ष, पौध रोपण के 75–80 दिन बाद तैयार हो जाते हैं। शीर्ष छोटे से मध्यम आकार के चपटे, गँठें हुए और क्रीमी सफेद रंग के होते हैं। प्रत्येक शीर्ष का औसत वजन 800.0–900.0 ग्राम होता है। इसके बीजों की बुआई पौधशाला में जून के प्रारम्भ में की जाती है और रोपण का समय मध्य जुलाई से अगस्त का होता है। औसत उपज 20.0 टन प्रति हेक्टेयर होता है।

पूसा मेघना (Pusa Meghna)

यह अगेती (लगभग 95 दिन में तैयार होने वाली) किस्म है जिसे भारतीय कृषि अनुसंधान संस्थान, नई दिल्ली द्वारा विकसित किया गया है। खाने योग्य शीर्ष मध्यम आकार के चपटे, गँठे हुए और क्रीमी सफेद रंग के होते हैं। शीर्ष का विकास 22.0–27.0 डिग्री सेन्टीग्रेड पर होता है। प्रत्येक शीर्ष का औसत वजन 350.0–400.0 ग्राम होता है। औसत उपज 12.5 टन प्रति हेक्टेयर होता है।

पूसा दीपाली (Pusa Deepali)

यह किस्म स्थानीय जननद्रव्यों के संग्रहण से चयन विधि द्वारा भारतीय कृषि अनुसंधान संस्थान, नई दिल्ली से विकसित की गयी है। पत्तियों के सिरे गोल तथा वानस्पतिक भाग मध्यम आकार का होता है। इसमें शीर्ष का रंग सफेद तथा मध्यम आकार का होता है। इसकी पौध मई–जून में तैयार की जाती है और इसके शीर्ष (फूल) मध्य अक्टूबर में तैयार होते हैं। सीधी बढ़वार के कारण अधिक पौधे प्रति इकाई क्षेत्र में लगाये जा सकते हैं। पौधशाला में बीज की बुआई जुलाई माह में तथा रोपण अगस्त महीने में करते हैं। इससे प्रति हेक्टेयर 10.0–15.0 टन तक पैदावार प्राप्त होती है। अखिल भारतीय समन्वित अनुसंधान परियोजना (सब्जी फसल) के तहत इस किस्म को भारत के भौगोलिक क्षेत्र IV और VII उगाने के लिउ अनुमोदित किया गया है।

पूसा पौशजा (Pusa Paushja or DC-76)

इस किस्म का विकास भारतीय कृषि अनुसंधान संस्थान, नई दिल्ली द्वारा किया गया है जिसे खेती के लिये सन् 2008 में पहचान की गयी। इसके पौधे सीधे, पत्तियाँ हल्की नीले रंग की और

शीर्ष पत्तियों से स्वतः कुछ स्तर तक ढके रहते हैं। इसके शीर्ष दिसम्बर–जनवरी में तैयार होते हैं। शीर्ष कसावट वाला तथा सफेद होता है। यह पौध रोपण के मात्र 75 दि में तैयार होती है तथा इसकी उपज 40.0 टन प्रति हेक्टेयर है। इसकी खेती पंजाब, उत्तर प्रदेश, उत्तराखण्ड एवं बिहार में सफलतापूर्वक की जा सकती है।

पूसा शुक्ति (Pusa Shukti)

इस किस्म की पत्तियाँ मध्यम हरे, किनारे चौड़े तथा उपरी भाग गोला होता है। इसके शीर्ष क्रीमी सफेद होते हैं। अन्दर की पत्तियों से शीर्ष ढका रहता है। पौध रोपण के 80–85 दिन बाद शीर्ष तैयार होते है। इसकी कुल उपज 42–44 टन प्रति हेक्टेयर होती है। इसकी पहचान सन् 2011 में खेती के लिए किया गया। दिल्ली के आसपास खेती के लिये उत्तम है। इसमें मृदुरोमिल आसिता तथा ब्लैक राट नही लगता है।

अर्का क्रांति (Arka Kranti)

इस किस्म का विकास भारतीय बागवानी अनुसंधान संस्थान, बैंग्लुरु द्वारा बिहार से एकत्रित जननद्रव्यों से चयन कर विकसित किया गया है। इसके शीर्ष (curd) सफेद, कसे हुए एवं आकर्षक होते हैं। खाने योग्य शीर्ष मात्र 60 दिन में ही तैयार हो जाते हैं। प्रति हेक्टेयर औसत उपज 22.0–25.0 टन होता है।

अर्ली कुवाँरी (Early Kunwari)

यह अत्यन्त अगेती किस्म है, जिसे बहुत पहले पंजाब कृषि विश्वविद्यालय, लुधियाना (पंजाब) द्वारा विकसित किया गया था। इसकी पत्तियाँ नीले रंग की होती हैं और पत्तियों पर सफेद मोम जैसी पर्त दिखाई पड़ती है। इस प्रजाति के खाने योग्य शीर्ष सामान्यतः सफेद रंग का एवं ठोस होता है। इसमें रिसिनेस कार्यिकी विकृति ज्यादा होती है। इसकी पौध तैयार करने का उपयुक्त समय मई के दूसरे सप्ताह से लेकर मई के अन्त तक का है। रोपण के 40–50 दिन बाद शीर्ष (फूल) तैयार हो जाते हैं। सामान्यतः इसके शीर्ष (curd) सितम्बर से मध्य अक्टूबर तक बाजार में उपलब्ध रहते हैं। इसकी औसत उपज 10.0–15.0 टन प्रति हेक्टेयर होती है। इस किस्म को सन् 1975 में अखिल भारतीय समन्वित अनुसंधान परियोजना (सब्जी फसल) के अन्तर्गत उत्तरी भारत के गंगा के मैदानी क्षेत्रों में उगाने के लिए अनुमोदित किया गया है। वर्तमान में इस किस्म को बड़े पैमाने पर उत्तर प्रदेश, उत्तराखण्ड, बिहार, हरियाणा और पंजाब में उगाया जाता है।

काशी कुवाँरी (Early Kunwari)

भारतीय सब्जी अनुसंधान संस्थान, वाराणसी द्वारा विकसित अगेती किस्म है। इसके शीर्ष (curd) सख्त तथा लगभग 300.0–450-0 ग्राम के होते हैं। इसकी औसत पैदावार लगभग 30.0–35.0 टन प्रति हेक्टेयर होती है।

अर्ली पटना (Early Patana)

यह बहुत ही अच्छी एवं अगेती किस्म है। इसकी फसल 60–70 दिन में तैयार हो जाती है। इसके शीर्ष (curd) सफेद होते हैं। पौधे मध्यम आकार के होते हैं। उपज 10.0–12.0 टन प्रति हेक्टेयर होता है।

पंत गोभी–2 (Pant Gobhi-2)

फूल गोभी की इस अगेती संश्लेषित किस्म का विकास गोविन्द बल्लभ पंत कृषि एवं प्रौद्योगिकी विश्वविद्यालय, पंतनगर (उत्तराखण्ड) द्वारा किया गया है। इस किस्म को अनुमोदन समिति द्वारा उत्तर प्रदेश में सन् 1996 में व्यावसायिक खेती के लिए अनुमोदित किया गया। इसके शीर्ष (curd) अक्टूबर के महीने में उत्तरी भारत के मैदानी क्षेत्रों में उपलब्ध होते हैं, जिनके लिए पौध जून के मध्य में तैयार की जाती है। इसकी औसत उपज 10.0 टन प्रति हेक्टेयर होता है। इस किस्म को उत्तर भारत के मैदानी भागों में सफलतापूर्वक उगायी जा सकती है।

पंत गोभी–3 (Pant Gobhi-3)

फूल गोभी की इस अगेती संश्लेषित किस्म (synthetic variety) का विकास गोविन्द बल्लभ पंत कृषि एवं प्रौद्योगिकी विश्वविद्यालय, पंतनगर (उत्तराखण्ड) द्वारा 8 इनब्रेड लाइनों के संकरण से किया गया है। उत्तर भारत के मैदानी क्षेत्रों में इसके शीर्ष (curd) सितम्बर माह में उपलब्ध होते हैं, जिसके लिए पौधे मई के मध्य तक तैयार की जाती है। इसके पौधे लम्बे और कम पत्तियों वाले होते हैं। शीर्ष (curd) क्रीमी सफेद रंग के, मध्यम रुप से ठोस हुए होते हैं तथा इनमें रिसिनेस की समस्या नहीं आती है। इसकी औसत उपज 15.0 टन प्रति हेक्टेयर होता है।

समर किंग (Summer King)

समर किंग एक संकर किस्म है, जो पौध रोपण के 60–65 दिन बाद तैयार हो जाती है। पौधशाला में बीज की बुआई जून माह में और रोपण जुलाई में करते हैं। इसका शीर्ष (फूल) औसतन 500 ग्राम का होता है। इसकी पौध रोपण जनवरी में भी कर सकते हैं। खेतों में इसके शीर्ष (फूल) अप्रैल महीने तक बन सकते हैं। इसकी औसत उपज 12.5 टन प्रति हेक्टेयर है।

पावस (Pavas)

पावस एक संकर किस्म है, जो पौध रोपण के 60–65 दिन बाद तैयार हो जाती है। इसका शीर्ष औसतन 700–800 ग्राम का, ठोस दुधिया सफेद व गुम्बदाकार होता है। पौधशाला में बीज की बुआई जून माह में और पौध रोपण जुलाई में करते हैं। इस संकर किस्म की औसत उपज 12.5–15.0 टन प्रति हेक्टेयर पर होती है।

2. मध्य किस्में (Mid Varieties)

इस वर्ग की किस्मों का शीर्ष (curd) मध्य नवम्बर से मध्य जनवरी तक मिलता है। इन किस्मों के शीर्ष बड़े एवं सफेद रंग के होते हैं। इसमें उगाई जाने वाली प्रमुख किस्में निम्न हैं–

हिसार–1 (Hisar-1)

इस किस्म को चौ0 चरण सिंह हरियाणा कृषि विश्वविद्यालय, हिसार (हरियाणा) से विकसित किया गया है। इसके बीजों को पौधशाला में बुआई करने का उपयुक्त समय अगस्त का दूसरा सप्ताह है। इसके पौधे बड़े आकार के, शीर्ष (curd) मध्यम, ठोस, सुडौल तथा सफेद रंग के होते हैं। इसके शीर्ष (फूल) दिसम्बर–जनवरी तक तैयार हो जाते हैं। इसकी औसत उपज लगभग 25.0 टन प्रति हेक्टेयर होती है। इस किस्म की बढ़वार अधिक होती है। इस लिए इसके पौधों की रोपण 75.0 x 75.0 सेन्टी मीटर की दूरी पर करते हैं।

पंजाब जाइन्ट (Punjab Giant)

यह मध्यम किस्म है, जिसे पंजाब कृषि विश्वविद्यालय, लुधियाना (पंजाब) द्वारा विकसित किया गया है। इसकी औसत उपज 18.0–20.0 टन प्रति हेक्टेयर है।

पन्त शुभ्रा (Pant Shubhra)

इस किस्म को गोविन्द बल्लभ पंत कृषि एवं प्रौद्योगिकी विश्वविद्यालय, पंतनगर (उत्तराखण्ड) द्वारा विकसित किया गया है। इस किस्म को विकसित करने में सिम्पल रिकरेन्ट चयन पद्धति (simple recurrent selection method) को अपनाया गया है। इसके शीर्ष (curd) थोड़ा शंक्वाकार, ठोस व क्रीमी सफेद रंग के होते हैं। इसमें रिसिनेस की समस्या नहीं आती है। शीर्ष (फूल) रोपण के 120 दिन बाद तैयार हो जाते हैं। इसके पौधों की बाहरी पत्तियाँ सीधी बढ़वार वाली होती हैं, जबकि अन्दर की पत्तियाँ शीर्ष को ढके रहती हैं, जिससे देर से कटाई करने पर भी शीर्ष (curd) खराब नहीं होते। अखिल भारतीय समन्वित अनुसंधान परियोजना (सब्जी फसल) द्वारा इस किस्म को भारत के भौगोलिक क्षेत्र II और IV में उगाने के लिए अनुमोदित किया गया है। इसकी औसत उपज 20.0–25.0 टन प्रति हेक्टेयर है।

पंत गोभी–4 (Pant Gobhi-4)

इस किस्म को गोविन्द बल्लभ पंत कृषि एवं प्रौद्योगिकी विश्वविद्यालय, पंतनगर (उत्तराखण्ड) ने विकसित किया है। इस किस्म को विकसित करने में सिम्पल रिकरेन्ट चयन पद्धति को अपनाया गया है। इस किस्म को उत्तर प्रदेश किस्म अनुमोदन समिति तथा केन्द्रीय किस्म अनुमोदन समिति द्वारा सन् 1995 में अनुमोदित किया गया है। इस किस्म के पौधों की पत्तियाँ लगभग सीधी होती हैं। अन्दर की पत्तियाँ फूल को ढके रहती हैं। इसके पौधे मध्यम बढ़वार वाले होते हैं। शीर्ष (curd) दृढ़, हल्के क्रीमी सफेद रंग के तथा ठोस होते हैं। इसमें रिसिनेस की समस्या नहीं आती है। यह नवम्बर माह में तैयार होने वाली किस्म है, जिसमें बीज बुआई से शीर्ष (curd) बनने तक 115–120 दिन का समय लगता है। यह किस्म इम्प्रूव्ड जापानीज की तुलना में 20 प्रतिशत अधिक उपज देती है तथा इम्प्रूव्ड जापानीज की तुलना में एक पखवारा पहले ही तैयार हो जाती है। इस किस्म को उत्तर भारत के पहाड़ी तथा मैदानी दोनों क्षेत्रों में उगाने के लिए उपयुक्त पाया गया है (राम, 1996)।

पूसा सिन्थेटिक (Pusa Synthetic)

यह संश्लेषित किस्म (synthetic variety) है, जिसे भारतीय कृषि अनुसंधान संस्थान, नई दिल्ली द्वारा इनब्रेड लाइनों के संकरण से विकसित किया गया है। पौधे सीधे तथा बड़े आकार के होते हैं। हल्का नीलापन लिये हरे रंग युक्त 22–26 पत्तियाँ प्रति पौध विकसित होती हैं। शीर्ष (curd) मक्खन जैसे सफेद रंग के, सख्त तथा ठोस हुए होते हैं। इसको उत्तर भारत में मध्य सितम्बर के आखिरी सप्ताह तक रोपण की जाती है और शीर्ष मध्य दिसम्बर से लेकर मध्य जनवरी तक उपलब्ध होते है, जिस समय सामान्य तापक्रम 12.0–15.0 डिग्री सेल्सियस होता है। फूल गोभी की ''डी–96'' किस्म की विभिन्न लाइनों को मिलाकर प्राप्त पूसा सिन्थेटिक किस्म, ''ब्लैक रॉट रोग'' (black rot disease) के प्रति प्रतिरोधक क्षमता रखती है। शीर्ष (curd) अन्दर की पत्तियों से ढके रहते हैं। इसकी औसत उपज 22.5 टन प्रति हेक्टेयर है। इस किस्म को अखिल भारतीय समन्वित अनुसंधान परियोजना (सब्जी फसल) के अन्तर्गत सन् 1975 में उत्तर भारत, गंगा के मैदानी क्षेत्रों में उगाने के लिए अनुमोदित किया गया है।

जाइन्ट स्नोबाल (Giant Snowball)

यह किस्म भारतीय कृषि अनुसंधान संस्थान, नई दिल्ली द्वारा विकसित की गयी है और इसकी खेती उत्तर भारत के मैदानी क्षेत्रों में करने के लिए सिफारिश की गयी है। इसकी पत्तियाँ बड़ी होती हैं। शीर्ष (curd) दृढ, सफेद तथा बड़े आकार के होते हैं। इसकी औसत उपज 15.0 टन प्रति हेक्टेयर होती है।

इम्प्रूव्ड जापानीज (ए) (Improved Japanese-A)

यह किस्म अधिक तापमान सहन नहीं कर सकती है। इसके बीजों को पौधशाला में बोने का उचित समय अगस्त व रोपण का उचित समय सितम्बर है। यह किस्म 90–95 दिन में तैयार हो जाती है। इसके पौधे लम्बे तथा पत्तियाँ आसमानी रंग की होती हैं। शीर्ष (curd) मध्यम से बड़े आकार के ठोस व सफेद रंग के होते हैं। इसकी फसल नवम्बर के अन्त से दिसम्बर तक तैयार हो जाती है। इसकी औसत उपज 15.0 टन प्रति हेक्टेयर है।

पूसा हिमज्योति (Pusa Himjyoti)

भारतीय कृषि अनुसंधान संस्थान, नई दिल्ली के क्षेत्रीय केन्द्र, कटराई द्वारा विकसित यह किस्म नीले–हरे रंग की पत्तियों से युक्त होती है। पौधे उधोमुखी होते हैं। शीर्ष (curd) सफेद होते हैं तथा लम्बे समय तक अपना रंग बनायें रखते हैं। शीर्ष का औसत वजन 500.0–600.0 ग्राम तक होता है। यह एकमात्र फूल गोभी की किस्म है जो पर्वतीय क्षेत्रों में अप्रैल से जुलाई तक सफलतापूर्वक उगायी जा सकती है। साथ ही देश के उत्तरी मैदानी क्षेत्रों में दिसम्बर में परिपक्व होने के लिए भी सक्षम है।

पूसा अगहनी (Pusa Agahani)

यह एक मध्य मौसमी किस्म है, जिसे भारतीय कृषि अनुसंधान संस्थान, नई दिल्ली द्वारा विकसित किया गया है। इसके शीर्ष बड़े आकार के, ठोस तथा सफेद रंग के होते हैं। इसकी औसत उपज 15.0–16.0 टन प्रति हेक्टेयर होती है।

डी0–96 (ए) (D-96-A)

यह किस्म लगभग 100–110 दिन में तैयार होती है। इसके शीर्ष (फूल) बड़े दृढ़, अच्छे तथा सफेद रंग के होते हैं। इसकी औसत उपज 18.0–20.0 टन प्रति हेक्टेयर है।

पूसा शुभ्रा (Pusa Shubhra)

यह भारतीय कृषि अनुसंधान संस्थान, नई दिल्ली द्वारा त्रिप्रभेदीय संकरण ''एम0जी0 एस0–2–3'', ''15–1–1'' तथा ''डी0–96'' के परिणाम स्वरुप चयन द्वारा विकसित की गयी है। इसके पौधे सीधे एवं हल्के नीले–हरे रंग की पत्तियों से युक्त होते हैं। लगभग 50 प्रतिशत शीर्ष (curd) रोपण के 90–95 दिन में तैयार हो जाते हैं। शीर्ष (फूल) का औसत वजन 700–800 ग्राम होता है। यह किस्म ब्लैक राट एवं श्याम गलन बीमारी के प्रति प्रतिरोधक क्षमता रखती है। इसकी औसत उपज 20.0–21.0 टन प्रति हेक्टेयर है।

पूसा शरद (Pusa Sharad)

इस किस्म का विकास भारतीय कृषि अनुसंधान संस्थान, नई दिल्ली से विकसित की गयी है। इसकी पत्तियाँ हल्का नीलापन लिए, उपरी भाग नुकीला तथा मध्य शिराओं में उभार होती है। इसके शीर्ष सफेद व कसावटयुक्त होते हैं। औसत उपज 24.0 टन प्रति हेक्टेयर होती है।

पूसा संकर–2 (Pusa Hybrid-2)

इस संकर किस्म का विकास भारतीय कृषि अनुसंधान संस्थान, नई दिल्ली से किया गया है। पौधे, अर्द्ध सीमित तथा पत्तियाँ हल्की नीले रंग की होती है। यह किस्म मृदुरोमिल आसिता बीमारी (downy mildew) के प्रति प्रतिरोधी है। शीर्ष दूधिया सफेद व कसावट वाले होते है। औसत उपज 23.0 टन प्रति हेक्टेयर है।

'महिमा' (Mahima)

सब्जी फसलों के अद्वितीय बीज उपलब्ध कराने वाली लोकप्रिय कम्पनी नुनहैम्स सीड्स प्रा0 लि0 की संकर फूल गोभी प्रजाति महिमा (2801) को किसान काफी पसंद कर रहें हैं। यह प्रजाति 65–70 दिनों में पक कर तैयार हो जाती है। पौधे हल्के खुले हुए होते हैं। शीर्ष (curd) का रंग दूधिया होता है। शीर्ष का वजन लगभग 1.0 –1.5 किलो ग्राम होता है। शीर्ष पत्तों के आवरण से ढकी रहती है। शीर्ष गुम्बद के आकार की होती है।

हिमांगीनी (Himangini)

यह अधिक उत्पादक एवं अगेती संकर किस्म हैं। फूल गोभी के शीर्ष पौध रोपण के लगभग 50 दिन के अन्दर कटाई के योग्य हो जाते हैं। शीर्ष (curd) कसे हुए होते हैं।

महिको राजा (Mahyco Raja)

यह एक समान बढ़ने वाली अगेती संकर किस्म हैं। शीर्ष पूर्णतया सफेद तथा 900 ग्राम के वजन वाले होते हैं। इसकी औसत उपज 87.5–100.0 टन प्रति हेक्टेयर होता है।

महिको रानी (Mahyco Rani)

यह एक अगेती संकर किस्म है, जिसके पौधे तेजी से विकसित होते हैं। शीर्ष का रंग दूधिया सफेद होता है। शीर्ष का औसत वजन 700.0–900.0 ग्राम होता है। यह किस्म रोपण के मात्र 60 दिन में खाने के योग्य तैयार हो जाती है।

हिमानी (Himani)

यह संकर किस्म पौध रोपण के 45 दिन के अन्दर खाने योग्य शीर्ष उत्पन्न करती है। प्रत्येक शीर्ष का औसत वजन मात्र 400.0–600.0 ग्राम होता है। इस प्रजाति को उच्च तापमान पर ($20–28^0$ सेन्टीग्रेड) सफलतापूर्वक उगाया जा सकता है।

स्वाथी (Swathi)

यह संकर किस्म पौध रोपण के 51 दिन में खाने योग्य शीर्ष को उत्पन्न करती है। शीर्ष काफी कसे हुए और दूधिया सफेद रंग के होते हैं। शीर्ष का औसत वजन 500.0–600.0 ग्राम होता है। इस किस्म को उच्च तापमान पर (20.0–28.0 डिग्री सेन्टीग्रेड) सफलतापूर्वक उगाया जा सकता है।

सेलेक्शन–235 एस (Selection- 235-S)

इस उन्नतिशील किस्म का विकास गोविन्द बल्लभ पंत कृषि एवं प्रौद्योगिकी विश्वविद्यालय, पंतनगर (उत्तराखण्ड) द्वारा किया गया है। इसकी औसत उपज क्षमता 15.0–16.0 टन प्रति हेक्टेयर है।

सेरानो (Serono)

यह एक संकर किस्म है, जो पौध रोपण के 80–85 दिन में तैयार हो जाती है। पौधशाला में बीज बोने का समय अगस्त और पौध रोपण का समय सितम्बर है। इसके शीर्ष (curd) का औसत वजन 1.00 किलो ग्राम तक होता है। इसकी औसत उपज क्षमता 15.0–17.5 टन प्रति हेक्टयर है।

3. पिछेती किस्म (Late varieties)

पूसा हाइब्रिड–2 (Pusa hybrid-2)

इस किस्म के शीर्ष बड़े आकार के होते हैं और प्रत्येक शीर्ष का औसत वजन लगभग 907.0 ग्राम होता है। इसकी औसत उपज क्षमता 23.0 टन प्रति हेक्टेयर होती है। यह किस्म मृदुरोमिल आसिता (downy mildew) के प्रति अवरोधी है।

स्नोबाल–16 (Snowball-16)

भारतीय कृषि अनुसंधान संस्थान, नई दिल्ली के क्षेत्रीय केन्द्र, कटराईं (हिमाचल प्रदेश) द्वारा चयनित और विकसित यह एक अच्छी किस्म है, जो पिछेती खेती के लिए अत्यन्त सफल रही है। समस्त उत्तर भारत में उत्पादन के लिए इसकी सिफारिश की गयी है। भितरी पत्तियों द्वारा भली

भाँति स्वरक्षित इस किस्म के शीर्ष ठोस, मध्यम आकार के एवं बर्फ जैसे श्वेत रंग के होते हैं। इसकी फसल पौध रोपण के लगभग 100–120 दिन बाद तैयार होते हैं। इस किस्म के बीज की बुआई पौधशाला में अक्टूबर के प्रारम्भ में करते हैं तथा रोपण मध्य नवम्बर तक कर लेते हैं। इसकी फसल जनवरी से मध्य मार्च तक उपलब्ध रहती है। इसकी औसत उपज क्षमता 15.0–20.0 टन प्रति हेक्टेयर होती है।

पूसा स्नोबाल–1 (Pusa Snowball-1)

पूसा स्नोबाल–1 किस्म का विकास ई0सी0 12012× ई0सी0 12012 भारतीय कृषि अनुसंधान संस्थान, नई दिल्ली द्वारा किया गया है। साधारणतः शरद ऋतु में उगाने के लिए यह उपयुक्त किस्म है। शीर्ष बनने के लिए इसे 10.0–16.0 डिग्री सेल्सियस तापमान की आवश्यकता होती है। इसकी पत्तियाँ सीधी, अन्दर की पत्तियाँ भीतर की तरफ मुड़ी हुई तथा शीर्ष पर कसी होती हैं, जो सुरक्षा कवच का काम करती हैं। शीर्ष सफेद, ठोस मध्यम आकार के एवं आकर्षक होते हैं। उत्तर भारत में इसके बीज पौधशाला में अक्टूबर के महीने में डाला जाता है तथा पौध रोपण नवम्बर महीने में किया जाता है। शीर्ष तैयार होने का समय जनवरी से मार्च का महीना है। इसकी औसत उपज लगभग 15.0–20.0 टन प्रति हेक्टेयर होती है।

पूसा स्नोबाल के–1 (Pusa Snowball K-1)

इस किस्म का विकास भारतीय कृषि अनुसंधान संस्थान, नई दिल्ली के क्षेत्रीय अनुसंधान केन्द्र, कटराईं (हिमाचल प्रदेश) द्वारा किया गया है। इसकी पत्तियाँ फैलावदार तथा अन्दर की पत्तियाँ शीर्ष को ढककर सुरक्षा प्रदान करती हैं। पत्तियों पर मोम के समान सफेद पदार्थ पाया जाता है। शीर्ष के बीच का भाग उभार लिए होता है। शीर्ष का आकार बड़ा होता है। अच्छी गुणवत्ता के कारण यह किस्म किसानों के बीच ज्यादा महत्व रखती है। उत्तर भारत के मैदानी क्षेत्रों में इसके बीज को पौधशाला में बोने का उचित समय सितम्बर के अन्त से अक्टूबर तक है। पौध रोपण नवम्बर में करते हैं। पौध रोपण के 90–95 दिन बाद शीर्ष प्राप्त होते हैं। इस प्रजाति में ब्लैक रॉट नामक बीमारी नहीं लगती है। औसत उपज लगभग 20.0–25.0 टन प्रति हेक्टेयर है।

दनिया (Dania)

यह किस्म अच्छी उपज के लिए जानी जाती है। इसके शीर्ष जनवरी–फरवरी में उपलब्ध होते हैं। औसत उपज क्षमता 23.0–25.0 टन प्रति हेक्टेयर होती है।

जलवायु

फूल गोभी के लिए शुष्क और ठण्डी जलवायु अधिक लाभदायक होती है। इस फसल की वर्धीय वृद्धि, शीर्ष विकास एवं बीज विकास में तापमान तथा प्रकाश अवधि महत्वपूर्ण भूमिका निभाता है। अगर इसकी किस्मों को उचित समय पर न लगाया गया तो उनसे अच्छी पैदावार नहीं मिलेगी। अगर मध्य या पिछेती किस्मों को जल्दी लगा दिया जाये, तो उनमें शीर्ष के आकार एवं गुणों में कमी आ जाती है। अगेती किस्मों के लिए अधिक तापक्रम की आवश्यकता होती है। इस फसल को

औसतन 15–20 डिग्री सेन्टीग्रेड तापमान की आवश्यकता होती है। जहाँ एक ओर सितम्बर–अक्टूबर के 20.0–25.0 डिग्री सेन्टीग्रेड औसत न्यूनतम तापमान पर अगेती किस्में सफलता से उगने और पनपने में सक्षम है तथा वायुमण्डल की 85–100 प्रतिशत की अधिकतम आर्द्रता के अन्तर्गत भी सफलता से उगायी जा सकती है। वही दूसरी ओर वे किस्में हैं, जिनमें केवल दिसम्बर–जनवरी के 5.0–10.0 डिग्री सेन्टीग्रेड औसत न्यूनतम तापमान पर केवल 60.0–70.0 प्रतिशत वायुमण्डल की आर्द्रता में भलि भाँति पनपने की क्षमता रखती हैं, फिर भी यदि दिन की अवधि छोटी हो तथा अपेक्षाकृत तापमान कम हो तो गोभी के शीर्ष का विकास अच्छा होता है (सिंह एंव शर्मा, 2001)। स्नोबाल समूह की फूल गोभी को औसतन 10.0–15.0 डिग्री सेन्टीग्रेड तापमान की आवश्यकता पड़ती है।

स्वरूप (2006) ने फूल गोभी के विभिन्न समूहों को शीर्ष विकास हेतु तापमान की आवश्यकता के अनुसार निम्न प्रकार वर्गीकृत किया है–

(क) सितम्बर (20.0–27.0 / 30.0 डिग्री सेन्टीग्रेड)

(ख) अक्टूबर (20.0–25.0 डिग्री सेन्टीग्रेड)

(ग) नवम्बर (15.0–20.0 डिग्री सेन्टीग्रेड)

(घ) दिसम्बर (12.0–15.0 डिग्री सेन्टीग्रेड)

भूमि तथा उसकी तैयारी

फूल गोभी के लिए जीवांशयुक्त भूमि जिसमें जल निकास का उत्तम प्रबन्ध हो, अच्छी होती है। हल्की मृदा में अगेती एवं दोमट व भारी दोमट में मध्य व पिछेती किस्मों की खेती करनी चाहिए। उपजाऊ बलुई दोमट भूमि सबसे उत्तम होती है। फूल गोभी के पौधों पर अम्लीयता का अधिक असर पड़ता है क्योंकि मैग्निशीयम की कमी के लक्षण स्पष्ट होते है। फसल की अच्छी वृद्धि एवं विकास के लिए मृदा का पी0एच0 मान 5.5–6.6 होनी चाहिए। जिस मृदा में पी0एच0 मान 7.0 से अधिक होता है, पौधों को बोरान की उपलब्धता नही होती है। जिस खेत में अच्छी फसल उगानी हो उसकी तैयारी करने के लिए पहले मिट्टी पलटने वाले हल से 1–2 बार गहरी जुताई करके 2–3 जुताईयाँ कल्टीवेटर से हल्की करनी चाहिए। प्रत्येक जुताई के बाद पाटा चलाकर भूमि को समतल कर लेना चाहिए। जुताई के समय खेत में गोबर की अच्छी प्रकार सड़ी हुई खाद 40.0 टन प्रति हेक्टेयर की दर से देना चाहिए जिससे मिट्टी में सूक्ष्म पोषक तत्वों के साथ–साथ उचित वातायन जड़ों को मिल सके।

पोषक तत्व प्रबन्धन

फूल गोभी की अच्छी फसल के लिए संतुलित पोषक तत्वों की आवश्यकता होती है। चयनित खेत की मृदा उर्वरता के आधार पर वैज्ञानिकों ने अलग–अलग सिफारिशें की हैं। खेकर एवं सहयोगी (1962) के द्वारा किये गये शोध कार्यों से ज्ञात होता है कि फूल गोभी की अच्छी पैदावार के लिए 20.0–30.0 टन गोबर की अच्छी प्रकार सड़ी खाद, 136.0 किलो ग्राम नत्रजन, 75.0 किलो ग्राम

फास्फोरस तथा 40.0 किलो ग्राम पोटाश तत्व के रुप में प्रति हेक्टेयर देना चाहिए। एक अन्य संस्तुति के आधार पर सिफारिश की गयी है कि फूल गोभी की अच्छी पैदावार के लिए 15.0–20.0 टन सड़ी गोबर की खाद प्रति हेक्टेयर खेत में पौध रोपण के 4 सप्ताह पहले देना चाहिए। इसके बाद पौध लगाने के पहले 60.0 किलो ग्राम नत्रजन, 80.0 किलो ग्राम फास्फोरस तथा 40.0 किलो ग्राम पोटाश प्रति हेक्टेयर खेत में देना चाहिए। पौध रोपण के लगभग 6 सप्ताह बाद 50.0–60.0 किलो ग्राम प्रति हेक्टेयर नत्रजन को खड़ी फसल में देना चाहिए। कभी–कभी फसल पर बोरान और मालिब्डेनम की कमी भी देखी जाती है। इसकी पूर्ति के लिए 10.0–15.0 किलो ग्राम बोरेक्स प्रति हेक्टेयर मिट्टी में मिलाना चाहिए या 0.3 प्रतिशत बोरेक्स के घोल का छिड़काव फसल पर करना चाहिए। मालिब्डेनम की कमी को पूरा करने के लिए 1.0–1.5 किलो ग्राम सोडियम मालिब्डेड प्रति हेक्टेयर के हिसाब से खेत तैयार करते समय भूमि में मिलाना उपयुक्त पाया गया है। चौ0 चरण सिंह हरियाणा कृषि विश्वविद्यालय हिसार (हरियाणा) द्वारा सिफारिश की गयी है कि फूल गोभी की अच्छी फसल के लिए 50.0 टन गोबर की सड़ी खाद, 125.0 किलो ग्राम नत्रजन, 50.0 किलो ग्राम फास्फोरस एवं 50.0 किलो ग्राम पोटाश प्रति हेक्टेयर देना चाहिए, जिसमें गोबर की खाद, फास्फोरस एवं पोटाश की पूरी मात्रा एवं नत्रजन की आधी मात्रा पौध रोपण के पहले तथा शेष बची नत्रजन की आधी मात्रा खड़ी फसल में शीर्ष आने के पहले प्रयोग करना चाहिए।

बीज की मात्रा

फूल गोभी के बीज की मात्रा इसकी प्रयोग की जाने वाली किस्मों के उपर निर्भर करती है। अगेती किस्मों के लिए लगभग 600.0–750.0 ग्राम तथा मध्य एवं पिछेती किस्मों के लिए 375–400 ग्राम बीज प्रति हेक्टेयर क्षेत्रफल हेतु आवश्यकता पड़ती है।

बुआई का समय

सारिणी (3.12) फूल गोभी के बीज की बुआई

किस्में	बीजाई का समय
1. अगेती	मध्य मई से जून के अन्त तक
2. मध्यम	जुलाई से अगस्त तक
3. पिछेती	मध्य सितम्बर से अक्टूबर तक

पौधशाला की तैयारी एवं बीज की बुआई

फूल गोभी की जिस जगह पौध तैयार करनी हो, वहाँ से खरपतवार एवं कंकड़ बाहर निकाल देना चाहिए। इसके बाद उस स्थान में गोबर की अच्छी प्रकार सड़ी खाद मिलाकर सिंचाई कर दी जाती है। चयनित स्थान का जुताई के योग्य होने पर उसकी अच्छी तरह 3–4 बार गुड़ाई करके मिट्टी भुरभुरी बना ली जाती है। इसके बाद सिंचाई की नालियाँ एवं उभरी हुई क्यारियाँ बना ली जाती है। क्यारियों की लम्बाई (3.0 मीटर) तथा चौड़ाई सुविधानुसार 1.0 मीटर रखी जाती है। क्यारी की ऊँचाई 20–25 सेन्टी मीटर होनी चाहिए। इस प्रकार प्रति हेक्टेयर क्षेत्रफल हेतु 20–25 क्यारी

की आवश्यकता पड़ती है। प्रत्येक क्यारी के चारों ओर सिंचाई की नाली होती है। इस प्रकार क्यारी बनाने पर सिंचाई के अलावा इसमें बैठ कर क्यारी से खरपतवार निकाला जा सकता है। वर्षा होने पर अगर इन नालियों में पानी भर जाता है तो आसानी से बाहर निकाला जा सकता है। अधिक गर्मी होने पर इन नालियों में पानी भर दिया जाता है, जिससे पौधघर का वातावरण ठण्डा रहता है और पौधों को अधिक तापक्रम से बचाया जा सकता है। अधिक वर्षा होने पर पौधों को पानी के जमाव से बचाने हेतु उठी हुई क्यारियाँ बनाते हैं। इन क्यारियों की मिट्टी भुरभुरी करके इन्हें समतल कर लिया जाता है। प्रत्येक क्यारी में 40.0 ग्राम डाई अमोनियम फास्फेट, 25.0 ग्राम यूरिया, 30.0 ग्राम म्यूरेट आफ पोटाश एवं 10.0–15.0 ग्राम फ्यूराडान (**furadon**) डालकर अच्छी तरह मिट्टी में मिला देनी चाहिए। क्यारियाँ तैयार होने के बाद थिरम या कैप्टान 2.0 ग्राम प्रति वर्ग मीटर की दर से घोलकर क्यारी की सिंचाई कर दें। थीरम या कैप्टाफ या कैप्टान की 2.5 ग्राम मात्रा प्रति किलो ग्राम बीज की दर से उपचारित करना चाहिए। इन क्यारियों में लगभग 5.0 सेन्टी मीटर की दूरी पर पंक्तियाँ बना लें व इन पंक्तियों में 0.5 सेन्टी मीटर की गहराई तक बीज इस प्रकार बोयें कि एक जगह पर एक ही बीज पड़े। इसके बाद अच्छी सड़ी गोबर की खाद व बालू की पतली पर्त से बीज को ढक दिया जाता है। तत्पश्चात् फुहारे से हल्की सिंचाई कर दी जाती है। इस बात का ध्यान देना आवश्यक है कि बीज उगते समय क्यारियों में नमी की कमी न होने पाये, नहीं तो उगा हुआ बीज सूख जाएगा एवं अन्य बीजों को उगनें में देर होगी। अतः आवश्यकतानुसार समय–समय पर फुहारे से सिंचाई करते रहना चाहिए। इससे बीज अच्छी प्रकार उग आते हैं। अगेती किस्मों के पौधघर को अधिक गर्मी से बचाने के लिए नर्सरी को दिन में सिरकी से ढक देना चाहिए तथा सायंकाल खोल देना चाहिए। समय–समय पर पौधशाला से खरपतवार निकालते रहना चाहिए। पौधों की अच्छी बढ़वार के लिए नाइट्रोजन, फास्फोरस एवं पोटाश युक्त उर्वरकों के मिश्रण को लगभग 200.0 ग्राम प्रति 10.0 लीटर पानी में घोल बनाकर सायंकाल छिड़काव करना चाहिए। कभी–कभी यूरिया के घोल का छिड़काव भी किया जा सकता है, लेकिन इनका छिड़काव करते समय ध्यान रखना चाहिए कि यूरिया की मात्रा अधिक न हो अन्यथा पौधों का जला देगी। इसलिए बहुत ही सावधानी से इसके घोल का छिड़काव करना चाहिए। पौधे लगभग 3–4 सप्ताह में बढ़कर रोपण के योग्य हो जाते हैं। पौधों का खेत में रोपण करने से पूर्व 1.0 ग्राम स्ट्रेप्टोसाइक्लिन को 8.0 लीटर पानी में घोलकर 30 मिनट तक डुबोने के बाद मुख्य खेत में रोपण करना चाहिए।

पौधघर में पौध गलन (**damping off**) रोग का अधिक प्रकोप होता है। यह रोग कई फफूँदों के द्वारा फैलता है। इससे पौधों को दो अवस्थाओं में नुकसान पहुचता है। पहला जब पौधे उगते हैं, उस समय इन फफूँदों का प्रकोप होने पर उगा हुआ भ्रूण मर जाता है। दूसरा जब पौध उग कर कुछ बड़े होते हैं, इस अवस्था में पौधे के तने जो भूमि के साथ लगते हैं, सड़ जाते हैं और पौधे गिरकर सूख जाते हैं। इससे बचाव के लिए निम्न उपाय प्रयोग में लाने चाहिए।

1. बोने के पहले पौधघर की क्यारियों को फार्मलीन या फार्मलड़ीहाइड दवा के घोल से शोधित कर लेना चाहिए।
2. क्यारियों की तैयारी करते समय मिट्टी में ब्रासिकोल या कैप्टाफ दवा मिला देनी चाहिए।

3. बोने से पहले बीज को एग्रोसन जी0एन0 दवा से 2.0 ग्राम प्रति किलो ग्राम बीज के अनुसार उपचारित कर लेना चाहिए।

4. क्यारियों की अधिक सिंचाई नही करनी चाहिए। अधिक नमी रहने से इसका प्रकोप और अधिक होता है।

5. क्यारियों में 0.2 प्रतिशत (2.0 ग्राम दवा प्रति लीटर पानी) ब्रासिकोल या डाइफॉलिटान दवा के घोल का छिड़काव 3–4 दिन के अन्तर पर करते रहना चाहिए।

पौध रोपण

पौध लगभग 3–4 सप्ताह में रोपण योग्य हो जाती है। फूल गोभी की दो तरह से पौध रोपण की जाती है। पौध रोपण पूर्व नर्सरी पौध का कठोरीकरण (hardening) करने से शुष्क पदार्थ की मात्रा में वृद्धि के साथ–साथ तना में जमावयोग्य पानी (freezable water) तथा एन्थोसाइनिन कम मात्रा में वृद्धि होती है (चौरसिया एवं सहयोगी, 2003)।

मेड़ों पर

अगेती किस्मों की रोपण मुख्यतया मेड़ों पर की जाती है, क्योंकि अधिक बरसात के कारण पानी लगने का भय रहता है और पौधों की वृद्धि भी ज्यादा नही होती है। इनका रोपण कतार से कतार 40.0 सेन्टी मीटर व पौध से पौध की आपसी दूरी 30.0 सेन्टी मीटर रखते हैं।

क्यारियों में

सामान्यतः मध्यम एवं पिछेती किस्मों को समतल क्यारियों में लगाते हैं। इस विधि में सुविधानुसार क्यारियों की लम्बाई व चौड़ाई रखकर क्यारियाँ तथा सिंचाई की नालियाँ बना ली जाती हैं। क्यारियों को अच्छी प्रकार से समतल बना लिया जाता है। इन क्यारियों में कतार से कतार 40.0–60.0 सेन्टी मीटर व पौध से पौध की दूरी 45.0 सेन्टी मीटर रखते हैं। जहाँ तक हो, पौध रोपण सायंकाल करें और जब ठंड पड़ने लगे तो रोपण दिन में कर सकते हैं। पौध रोपण के तुरन्त बाद पौधों की हल्की सिंचाई कर देना चाहिए। पौधों तथा कतारों को दूरी किस्मों एवं लगाने के मौसम के उपर निर्भर करती है।

सारिणी (3.13) किस्मों के अनुसार फूल गोभी की रोपण दूरी

क्रमांक	किस्में	दूरी (सेन्टी मीटर)	
		कतारों के बीच	पौधो के बीच
1.	अगेती किस्में	45.0	30.0
2.	मध्यम किस्में	60.0	45.0
3.	पिछेती किस्में	60.0	60.0

सिंचाई

फूल गोभी में पहली सिंचाई पौध रोपण के तुरन्त बाद की जाती है। दूसरी व तीसरी सिंचाई भी जल्दी–जल्दी करते हैं, क्योंकि पौधे छोटे होते हैं तथा इसकी जड़ें भी जमीन में अच्छी प्रकार नहीं फैली होती हैं, इसलिए उनके सुखने का भय रहता है। जल्दी–जल्दी सिंचाई करने पर पौधे जल्दी ही अच्छी प्रकार स्थापित हो जाते हैं। पौधों की अच्छी वृद्धि एवं विकास के लिए खेत में पर्याप्त मात्रा में नमी का होना अत्यन्त आवश्यक है। वर्षा ऋतु में यदि खेत में पर्याप्त नमी न हो तो आवश्यकतानुसार सिंचाई करते रहना चाहिए। सितम्बर के बाद 10–15 दिन के अन्तराल पर सिंचाई करें एवं ग्रीष्म ऋतु में 5–7 दिन के अन्तर पर सिंचाई करें।

अन्तः सस्य क्रियाएँ

फूल गोभी में पौध रोपण से लेकर शीर्ष बनने तक खेत में अनेक प्रकार के खरपतवार उगते हैं। अतः खेत की तैयारी करते समय ही गहरी तथा जल्दी–जल्दी जुताई करने से खरपतवार सूख कर नष्ट हो जाते हैं। फूल गोभी की फसल को खरपतवार रहित रखा जाना आवश्यक है। इसके लिए फसल की प्रारम्भिक अवस्था में खुरपी से 2–3 बार खरपतवार निकाल देनी चाहिए तथा साथ ही साथ गुड़ाई कर देना चाहिए। पौध लगाने के 4–5 सप्ताह बाद पौधों की जड़ों के पास गुड़ाई करते समय मिट्टी चढ़ा देनी चाहिए। इससे पौधे गिरते नहीं तथा मजबूती के साथ खड़े रहते हैं। व्यावसायिक स्तर पर खेती करने पर यह सम्भव नहीं है, अतः खरपतवारनाशी का प्रयोग काफी लाभप्रद व आसान है। स्टाम्प नामक खरपतवारनाशी की 3.3 लीटर को 1000.0 लीटर पानी में घोलकर प्रति हेक्टेयर क्षेत्रफल में छिड़काव पौध रोपण से पूर्व करना चाहिए। वर्षा ऋतु में पौधों की जड़ों के पास से मिट्टी हट गयी है, तो चारों तरफ से हल्की मिट्टी चढ़ा देवें। इसके अलावा बासालिन (एलाक्लोट) की 2.0–2.5 लीटर मात्रा प्रति हेक्टेयर की दर से पौध रोपण पूर्व खरपतवार नियन्त्रण हेतु प्रयोग किया जा सकता है।

फसल चक्र

फूल गोभी को निम्नलिखित फसल चक्रों में उगाया जा सकता है–

1. तोरई–फूल गोभी–भिण्डी
2. तोरई– फूल गोभी–खीरा
3. लोबिया–मूली– फूल गोभी (पिछेती)
4. फूल गोभी (अगेती)–मूली–मिर्च
5. उर्द–फूल गोभी–लोबिया
6. मक्का–फूल गोभी (मध्य)–बैंगन

शीर्ष (फूलों) का ढकना या ब्लॉचिंग (Blanching)

फूल गोभी के अच्छे शीर्ष का रंग सफेद बर्फ जैसा होता है। शीर्ष के रंग को बनाये रखने के लिए शीर्ष को सूर्य की रोशनी से बचाया जाता है। इस क्रिया को ब्लाचिंग (blanching) कहते हैं।

कुछ किस्मों का यह स्वभाव होता है कि उनकी अन्दर की पत्तियाँ शीर्ष को अपने आप ढके रहती हैं, लेकिन जिन किस्मों में ऐसा स्वभाव नहीं पाया जाता है, उनके शीर्ष (curd) को सूर्य के प्रकाश से बचाने के लिए उनके अन्दर की पत्तियों या रबर या धागे की सहायता से बाँध दिया जाता है। शीर्ष काटते समय रबर या धागा हटा दिया जाता है। सूर्य का प्रकाश लगने से शीर्ष पीले पड़ जाते हैं तथा उनका बाजार मूल्य कम हो जाता है। साथ ही शीर्ष से सुगन्ध एवं आन्तरिक तत्वों में भी कमी आ जाती है।

फसल की कटाई

फूल गोभी के शीर्ष की कटाई करते समय यह ध्यान देना चाहिए कि शीर्ष पीले न पड़े। इसलिए जातीय गुण के अनुरूप अच्छे सफेद शीर्ष (curd) की कटाई की जाती है, जिसके आकार सही हैं। पूरी फसल के शीर्ष (curd) की कटाई एक साथ नहीं करनी चाहिए। पहले बड़े–बड़े शीर्ष को काटना चाहिए और जब छोटे शीर्ष तैयार हो जायें तब उनकी बाद में कटाई करनी चाहिए। कटाई के बाद निचली पत्तियों को तोड़ कर ही शीर्ष को बाजार में भेजा जाता है। कभी–कभी सभी पत्तियों समेत भी विक्रय हेतु भेजी जाती है। देर से कटाई करने पर रंग पीला पड़ जाता है और शीर्ष (फूल) की कसावट कम होकर ढीली हो जाती है। गोभी को उखाड़ने की अपेक्षा तेज धारदार चाकू से जमीन की सतह से थोड़ा उपर से काट लेना चाहिए। अच्छे आकार व आधार शीर्ष छाँट कर अलग कर लिये जाते हैं और बाजार में इन फूलों को टोकरी में भर कर भेजा जाता है।

उपज

फूल गोभी का उपज किस्मों के उपर निर्भर करती है। अगेती किस्मों की औसत उपज 10.0–12.5 टन, मध्यम किस्म 15.0–20.0 टन व पिछेती किस्म की 25.0–30.0 टन प्रति हेक्टेयर होती है।

फूल गोभी की विकृतियाँ

फूल गोभी में कई कारणों से विकृतियाँ देखी जा सकती है–

1. प्रतिकूल परिस्थितियों के कारण
2. कुपोषण के कारण
3. रोग के कारण
4. कीट/व्याधियों के कारण

1. प्रतिकूल परिस्थितियों के कारण

(क) राइसीनेस (Ricyness or Hairyness)

ऐसा फूलों में शीर्ष के डंठल (peduncle/ pedicels) के बढ़ने कारण होता है। फलस्वरूप शीर्ष सख्त नहीं रहतें हैं। लम्बे समय तक तापमान अधिक होने के कारण फूलों पर दाने बनने लगते हैं।

(ख) फजी (Fuzziness)

इसमें शीर्ष के डंठल (peduncle/ pedicels) बढ़ जाते हैं और फूल मखमली हो जाते हैं। यह अनुकूल वातावरण न होने से बन जाते हैं। शीर्ष को अधिक दिनों तक खेंत में छोड़ देने से भी ऐसा होता है।

(ग) पत्तापन अथवा पत्राच्छादन (Leafyness)

फूल गोभी में कभी–कभी खाने योग्य शीर्ष के अन्दर छोटी–छोटी पतली पत्तियाँ निकल आती है, इसमें शीर्ष देखने में अच्छा नहीं लगता एवं उसकी बाजार में कीमत कम हो जाती है। यह अनुकूल वातावरण न होने के कारण होता है। मुख्य रूप से फूल (शीर्ष) बनने के समय तापमान अधिक हो जाने के कारण होता है। इससे बचाव के लिए उचित किस्मों का चुनाव तथा उचित समय पर रोपण करना चाहिए। कुछ किस्में पात्राच्छादन से अधिक प्रभावित होती हैं तथा कुछ कम। इसलिए सहिष्णु किस्मों का उपयोग करना चाहिए।

(घ) फूलों में गुलाबी या बैंगनी रंग आना

फसल की वृद्वि एवं विकास के समय वातावरणीय विभिन्नता के कारण या किसी तत्व की कमी के कारण या जड़ों के क्षतिग्रस्त होने या कृषि क्रियाओं के समय असावधानी या तेज धूप के कारण फूलों में एन्थोसाइनिन बनने लगता है, जिसकी वजह से फूलों का रंग हल्का बैंगनी या गुलाबी हो जाता है। इससे बचने के लिए कृषि क्रियाओं तथा खाद आदि को यथोचित बनाये रखें तथा ध्यान देना चाहिए कि रोपण के समय पौध की जड़ क्षतिग्रस्त न हों। इसके अलावा फूलों को धूप से बचाने के लिए या तो ऐसी किस्मों का चुनाव करें जिसमें पत्तियाँ स्वयं फूल के उपर सुरक्षा कवच बना देती है या पत्तियों के गुच्छों को फूल के उपर धागे या रबर के छल्ले की सहायता से बाँध दें।

कलात्मकता

इस विकृति में बिना तैयार हुए हरी गोभी (खाने वाले भाग–शीर्ष) पर पुष्प निकलने लगते हैं, जिससे बाजार भाव घट जाता है। फूल गोभी में फूल निकलना प्रारम्भ होना (गोभी का फूटना) ज्यादातर बदली का मौसम या फुहार पड़ने के कारण हो जाता है। बचाव के लिए बदली का मौसम देखते ही यदि गोभी तैयार होने में थोड़ा भी कसर हो, तो भी उन्हें काटकर बाजार में बेच देना चाहिए।

कुपोषण के कारण या पोषक तत्वों की कमी से पैदा होने वाली व्याधियाँ

ब्राउनिंग (Browning)

फूल गोभी में ब्राउनिंग (browning) बोरान की कमी से होती है। इसमें फूल छोटा एवं उस का रंग भूरा हो जाता है तथा तने के बीच में खाली जगह बन जाती है। पत्तियाँ मोटी हो जाती हैं तथा पुरानी पत्तियाँ नीचे की तरफ मुड़ जाती है। शीर्ष पर छोटे–छोटे भूरे धब्बे दिखाई देते हैं तथा बाद में शीर्ष हल्का या भूरे रंग की हो जाती है। शीर्ष खराब हो जाते हैं तथा खाने में कड़ुवी लगती हैं।

उपज व माँग घट जाती है एवं बाजार में मूल्य कम हो जाता है। इसके बचाव के लिए ज्यों ही लक्षण दिखाई दे, बोरिक एसीड के 0.3 प्रतिशत घोल का छिड़काव कर देना चाहिए या बोरेक्स की 20 किलो ग्राम मात्रा प्रति हेक्टेयर के हिसाब से अन्य उर्वरकों के साथ मिट्टी में मिला देना चाहिए। यदि फसल पर बोरेक्स के 2.0–4.0 ग्राम प्रति लीटर पानी में घोलकर छिड़काव करें तो अधिक उपज एवं अच्छे शीर्ष (फूल) प्राप्त होते हैं।

ह्विपटेल (Whiptail)

फूल गोभी में ह्विपटेल की विकृति मालिब्डिनम (Mo) तत्व की कमी से होता है। इसमें पत्तियों में हरित लवक (chlorophyll) की कमी हो जाती है एवं बढ़वार रूक जाती है, तथा पत्तियों के बीच की शिरा बढ़ जाती है। पत्तियों के दोनों किनारे सफेद हो जाते हैं। बाद में पूरा पौधा मुरझाकर गिर जाता है। इसकी कमी अम्लीय भूमि में अधिक होती है और नवीन पत्तियाँ विकृत हो जाती है। इसके बचाव के लिए 1.5 ग्राम मालिब्डिक एसीड प्रति हेक्टेयर के दर से मिट्टी में मिलाने चाहिए या चूना मिलाने से इस बीमारी से बचा जा सकता है। मालिब्डेनम मिलाने से आकार, गुणवत्ता व विटामिन में भी वृद्वि होती है।

बटनाकार या बटनिंग (Buttoning)

इसमें फूल अपेक्षा कृत जल्दी एवं छोटे बनते हैं तथा शीर्ष पूर्ण रूप से बढ़ने नहीं पाते हैं। पत्तियाँ भी छोटी रह जाती हैं एवं पौधे की बढ़वार रूक जाती है। बटनाकार गोभी के बनने का मुख्य कारण नाइट्रोजन की कमी, अगेती किस्मों की देर से या देर से रोपण करने वाली किस्मों को जल्दी लगाने तथा अन्य कारण में कभी–कभी कीड़ों द्वारा जड़ों पर आक्रमण करना व पौधों की वृद्वि में किसी प्रकार का रूकावट आना है। बचाव के लिए सही किस्म को सही समय पर लगावें तथा पौधों को बीमारी व कीड़ों से बचावें।

ब्लाइन्डनेस (Blindness)

इसमें फूल गोभी के पौधों की उपरी आँखें (terminal buds) नहीं होती हैं। ये आँखें या तो पौधों की रोपण के समय टूट जाती हैं या ऐसा पौधों की छोटी अवस्था में तापक्रम कम होने अथवा कीड़ों का प्रकोप होने से होता है। ऐसी स्थिति में पौधों की पत्तियाँ मोटी, बड़ी तथा गहरे हरे रंग की तथा फैली हुई होती हैं।

तने का खोखलापन होना (Hallowness of stem)

खेत में नत्रजन की मात्रा अधिक देने के कारण पौधों की वृद्वि तो जल्दी होती है लेकिन इसके कारण तने में खोखलेपन की समास्या आ जाती है। इससे बचाव हेतु उर्वरकों एवं खाद की संतुलित मात्रा का ही प्रयोग करना चाहिए। ऐसी स्थिति में 20.0 किलो ग्राम/हेक्टेयर की दर से उर्वरकों के साथ खेत में डालें। यदि फसल पर बोरेक्स के 2.0–4.0 ग्राम प्रति लीटर पानी में घोलकर छिड़काव करें तो आशातीत उपज और अच्छे फूल प्राप्त होते हैं।

फसल की कटाई

जब गोभी का फूल जातीय गुण के अनुरूप पूर्ण आकृति व रंग ग्रहण कर ले तब पौधों की कटाई करें। देर से कटाई करने पर रंग पीला पड़ने लगता है और फूल ढीले पड़ने लगते हैं, जिससे बाजार भाव घट जाता है। गोभी को उखाड़ने की अपेक्षा तेज चाकू से जमीन की सतह से थोड़ा ऊपर से काट लेना अच्छा रहता है।

पौध संरक्षण

प्रमुख कीट एवं उनका प्रबन्धन

सरसों की आरा मक्खी (Mustard Sawfly)

सरसों की आरा मक्खी (*Athalia proxima* Klung.) के लारवा फूल गोभी की फसल को प्रारम्भिक अवस्था में अधिक हानि पहुँचाते हैं। इस कीट के सूड़ी पत्तियों की निचली सतह पर खाते हैं और छोटे–छोटे छिद्र बना देते हैं। जब इनका प्रकोप अधिक मात्रा में होता है, तो छोटे पौधों की पत्तियाँ बिल्कुल समाप्त हो जाती हैं, जिससे पौधे मर जाते हैं।

प्रबन्धन

- लारवा को पकड़कर मार डालना चाहिए।
- गोभी की क्यारी के चारो तरफ 25.0 वर्गमीटर में चीनी पत्ता गोभी को फसाने वाले फसल के रूप में गोभी के साथ–साथ रोपण करना चाहिए। चीनी पत्ता गोभी पर डाईक्लोरोवास 1.0 मिली लीटर प्रति लीटर पानी में घोलकर छिड़क देना चाहिए, जिससे कीट मर जायें।
- नीम गिरी का 4 प्रतिशत अर्क निचोड़ फसल पर छिड़कने से इस कीट का प्रकोप कम हो जाता है।
- अगर इस कीट की प्रकोप बहुत ज्यादा हो तो पदान (कारटाप हाईड्रोक्लोराइड) का 1.0 मिली लीटर प्रति लीटर पानी की दर से घोल बनाकर 1 बार छिड़काव करना चाहिए।

तम्बाकू की सुड़ी (Spodoptera)

वयस्क मादा कीट पत्तियों की निचली सतह पर झुण्ड में अण्डे देती है। अण्डों से 4–5 दिनों के बाद सूण्डी निकलती है और पत्तियों को खाती है। सितम्बर से नवम्बर तक इसका प्रकोप अधिक रहता है।

प्रबन्धन

- पत्तियों के निचले हिस्से पर गुच्छों में दिए गये अण्डों को पत्तियों से तोडकर नष्ट कर देना चाहिए।
- फेरोमोन ट्रेप लगाकर वयस्क नर को पकडकर खत्म कर देना चाहिए।

- एच0एन0पी0वी0 250–300 एल0ई0 एक किलोग्राम गुड़ व 0.01 प्रतिशत टीपोल का 800 लीटर पानी में घोलकर 10 दिनों के अन्तराल पर छिड़काव करें।
- इण्डोसल्फान (35 ई0सी0) 1.5 मिली लीटर प्रति लीटर पानी में घोलकर छिड़काव करें।

माँहू (Aphid)

सरसों की माँहू (*Lipaphis erysimi* Davis.) सफेद हरे रंग के छोटे आकार के होते हैं। इनका फसल पर आक्रमण आकाश में बादल छा जाने एवं वर्षा होने पर अधिक होता है। कीट सामान्यतः पौधों के रस चूसते हैं, जिससे पौधों की बढ़वार रूक जाती है। अधिक प्रकोप होने पर पौधों का सूखना प्रारम्भ हो जाता है।

बचाव हेतु नीम सत का प्रयोग करना सबसे अच्छा है। इसके लिए 40.0 ग्राम नीम के बीज का पावडर बनकर आधा लीटर पानी में धोलकर रात भर रखना चाहिए एवं सुबह पुनः आधा लीटर पानी में मसलकर धोल तैयार करके छिड़काव 10–15 दिन के अन्तराल पर करना चाहिए।

रोकथाम

इनकी रोकथाम के लिए 0.05 प्रतिशत मैलाथियान दवा के घोल का छिड़काव करते रहना चाहिए।

पेन्टेड बग (Painted bug)

पेन्टेड बग (*Bagrada cruciferarum* Kirk.) कीड़े के प्रौढ़ तथा निम्फ दोनों रस चूसते हैं, जिससे पौधों की बढ़वार रूक जाती है।

रोकथाम

इनकी रोकथाम इन्डोसल्फान की 1.0 मिली लीटर मात्रा प्रति लीटर पानी में करना चाहिए।

प्रमुख बीमारियाँ एवं उनका प्रबन्धन

1. पौध गलन रोग (Damping off)

यह पौधशाला का रोग है, जो मुख्यतः राइजोटोनिया, पिथियम व फ्यूजेरियम नामक रोगकारक द्वारा होता है। अधिक नमी तथा उच्च तापमान में यह रोग अधिक फैलता है। इस रोग से प्रभावित पौधे भूमि की सतह के पास से सड़ने लगते हैं और गिर जाते हैं। तने का आधार कसेरु रंग का होकर सिकुड़ जाता है।

प्रबंधन

1. पौध गलन रोग से छुटकारा पाने के लिए बीज को सैरैसन या बाविस्टिन या एग्रोसन जी0एन0 से 2.0 ग्राम प्रति किलो ग्राम बीज की दर से धूमिल करके फिर बोयें या 30 मिनट तक 50^0 सेल्सियस तापमान पर गर्म पानी से उपचारित करें।

2. सामान्यतः 0.1 प्रतिशत कैपटान के घोल या फारमल्डीहाइड के घोल से बीज बोने के लगभग दो सप्ताह पूर्व पौधशाला को भली–भाँति तर करके उपचारित कर लें।
3. पौधशाला में एक प्रतिशत बोर्डों मिश्रण का छिड़काव करके भी इस रोग का निदान किया जा सकता है।
4. बीजों को ज्यादा गहराई पर बुआई न करें।
5. पौधशाला में पंक्तियों एवं पौधों की दूरी ठीक रखें ताकि वातायन होता रहे।
6. पानी का अच्छी निकास तथा उचित फसल चक्र इस रोग को नियंत्रित रखने में सहायक है।

2. पत्तियों का धब्बा या ब्लाइट (Leaf spot or leaf blight)

पत्तियो का धब्बा रोग अल्टरनेरिया ब्रासिकोला (*Alternaria brassicola*) तथा अल्टरनेरिया ब्रासिकी (*Alternaria brassicae*) फफूँदों द्वारा फैलता है। इसमें पत्तियों पर काले–काले धब्बे पड़ जाते हैं तथा पत्तियाँ पीली पड़ कर सुखने लगती हैं।

रोकथाम

1. इसकी रोकथाम के लिए मैंक्कोजेब दवा के 0.2 प्रतिशत घोल का छिड़काव करें।
2. ग्रसित पत्तियों को तोड़ कर जला दें।

3. ब्लैक रॉट (Black rot)

यह बीमारी एक बैक्टीरिया जैन्थोमोनास कम्पेस्ट्रिस (*Xanthmonas campestris*) द्वारा फैलती है। इससे ग्रसित पौधों की पत्तियाँ पीली पड़ जाती है और बीच की शिराएं काली पड़ने लगती हैं। प्रारम्भिक अवस्था में पौधे सूख जाते हैं। गम्भीर प्रकोप होने पर पौधों मे फूल नहीं बनते हैं।

रोकथाम

यह रोग बीज से फैलता है, इसलिए बीज शोधन करना आवश्यक होता है। इसकी रोकथाम के लिए बीज को गर्म पानी में 50.0 डिग्री सेल्सियस तापक्रम पर 25–30 मिनट तक डूबोया जाता है। सूखे बीज में 10.0 ग्राम ट्राइकोडर्मा पावडर को प्रति किलो ग्राम बीज में डालकर शोधित करना चाहिए।

बंद गोभी/पत्ता गोभी (Cabbage)

वानस्पतिक नाम : ब्रैसिका ओलेरेसिया वार0 कैपिटाटा (*Brassica oleracea* L. var. *capitata*)

कुल : ब्रैसिकेसी (*Brassicaceae*)

गुणसूत्र संख्या : 2 एन = 18

गोभी कुल वाली सिब्जयों में फूल गोभी के बाद पत्ता गोभी (बंद गोभी, करम कल्ला) का दूसरा स्थान है। अंग्रेजी का कैबेज (cabbage) शब्द मूलतः फ्रांसीसी शब्द कैबोज से आया है, जिसका अर्थ है, हेड (head) या कल्ला। कुछ लोग कैबेज (cabbage) शब्द मूलतः फ्रेंच एबोचे (aboche) से आया है, ऐसा मानते हैं, जिसका अर्थ है हेड (head)। विगत कुछ वर्षों में हमारे देश में पत्ता गोभी का उत्पादन काफी बढ़ा है और इसके उपयोग के बारे में भी लोगों में जागरूकता बढ़ी है। अब तो पत्ता गोभी पूरे वर्ष बाजार में उपलब्ध रहती है। गृह वाटिका में भी यह प्रमुख सब्जी है। इसकी सब्जी अकेले या अन्य सब्जियों, जैसे–आलू, मटर, आदि के साथ बनाते हैं। इसे सब्जी, सलाद, अचार जैसे विभिन्न रूप में प्रयोग किया जाता है। इसका प्रयोग करी बनाने में भी किया जाता है।

उद्भव एवं वितरण

पत्ता गोभी का जन्म स्थान यूरोप तथा भूमध्य सागरीय क्षेत्र का उत्तरी तट बताया गया है (थोम्पसन एवं केली, 1957)। इसकी उत्पत्ति जंगली पात गोभी ब्रेसिका ओलेरेसिया वार0 सिल्वेस्ट्रिस (*Brassica oleracea* var. *sylvestris*) से हुआ है। इसका प्रयोग यूनानियों एवं रोमवासियों द्वारा प्राचीनकाल (2500–2000 ई0पू0) से किया जा रहा है। पत्ता गोभी एक प्राचीन सब्जी फसल है, अब से लगभग 3000 वर्ष पूर्व, ग्रीकवासी कई औषधीय गुणों के कारण इसकी खेती करते थे। यूरोप के निवासी मुख्यतः शीतकाल में पत्ता गोभी पर ज्यादा निर्भर रहते थे क्योंकि ज्यादा ठण्डक के कारण अन्य फसलों को उगाना काफी मुश्किल था। शीर्ष पत्ता गोभी जर्मनी में सन् 1150 से ही जाना जाता था और सम्भवतः 14वीं शताब्दी में इस फसल का उपनिवेशन इंग्लैण्ड में हुआ। चीन में इसकी खेती प्राचीन काल से की जा रही है। इंग्लैण्ड के वासिन्दे द्वारा पत्ता गोभी का सर्वप्रथम प्रवेशन वर्जिनिया, संयुक्त राज्य अमेरिका में हुआ। संयुक्त राज्य अमेरिका में सर्वप्रथम पत्ता गोभी के खेती का संदर्भ सन् 1612 में मिला। टर्की देश के भ्रमणकारी इस फसल का उपनिवेशन पोलैण्ड व हंगरी में क्रमशः 16वीं व 17वीं शताब्दी में किया। पुर्तगाल के लोगों ने भारतवर्ष में पत्ता गोभी का उपनिवेशन सबसे पहले किया और इसके बाद ही फूल गोभी का उपनिवेशन ब्रिटीश लोगों ने किया, ऐसे प्रमाण मिलते हैं। यह सही है कि इसकी व्यापकता ब्रिटिशकाल में हुआ। पत्ता गोभी की खेती व्यावसायिक स्तर पर यूरोप, भारत, इण्डोनेशिया, मलेशिया, फिलिपिन्स, पूर्व एवं पश्चिमी अफ्रीकी देशों में की जाती है। प्रमुख पत्ता गोभी उत्पादक देशों में चीन, रुस, जापान, कोरिया, पोलैण्ड, संयुक्त राज्य अमेरिका, इण्डोनेशिया तथा यूक्रेन है।

सारिणी (3.14) विश्व के प्रमुख पत्ता गोभी उत्पादक देश

देश	क्षेत्रफल (हेक्टेयर)	उत्पादन (टन)	उत्पादकता (टन/हेक्टेयर)
चीन	739194	25156578	34.0
भारत	369000	7949000	21.5
रूस	115600	2732510	23.6
जापान	34000	2247700	66.1
कोरिया	32794	2035700	62.1
यूक्रेन	70700	1497400	21.2
इण्डोनेशिया	67373	1384660	20.6
पोलैण्ड	33079	1141200	34.5
संयुक्त राज्य अमेरिका	26870	1034050	38.5
रोमानिया	47227	983648	20.8
अन्य	**616645**	**13392464**	**21.7**
विश्व + सम्पूर्ण	**2152482**	**59554910**	**27.7**

स्रोतः इण्डियन हार्टीकल्चर डाटाबेस, 2011, एफ0ए0ओ0, 2011

लगभग 200 वर्ष तक भारतवर्ष में पत्ता गोभी के बीज यूरोप से ही आयात किये जाते थे। केवल स्वतंत्रता के बाद ही देश में इसके बीजोत्पादन के प्रयास किये गये। वर्तमान समय में पत्ता गोभी उत्पादन में भारतवर्ष का स्थान विश्व में चीन के बाद दूसरे स्थान पर है और भारतवर्ष में भी सभी फसलों में इसका चौथा स्थान है। अगर पत्ता गोभी के अन्तर्गत कुल क्षेत्रफल को देखा जाये तो ओडिशा, बिहार व उत्तर प्रदेश क्रमशः प्रथम, द्वितीय व तृतीय है। अगर उत्पादन को देखा जाये तो उत्तर प्रदेश, ओडिशा व बिहार क्रमशः प्रथम, द्वितीय व तृतीय स्थान रखते हैं। इसके अलावा अन्य प्रमुख उत्पादक राज्य पश्चिम बंगाल, आसाम, महाराष्ट्र, कर्नाटक, गुजरात, राजस्थान, उत्तर प्रदेश एवं हरियाणा है।

सारिणी (3.15) पत्ता गोभी का क्षेत्रफल, उत्पादन एवं उत्पादकता

वर्ष	क्षेत्रफल (000, हेक्टेयर)	कुल क्षेत्रफल का प्रतिशत	उत्पादन (000, मैट्रिक टन)	कुल उत्पादन का प्रतिशत	उत्पादकता (000, मैट्रिक टन/हेक्टेयर)
1991–92	177.3	3.2	2771.2	4.7	15.6
2001–02	258.1	4.2	5678.2	6.1	22.0
2002–03	233.8	3.8	5392.0	6.4	23.1
2003–04	255.1	4.0	5594.6	6.0	21.9

2004–05	287.8	4.3	6113.5	6.0	21.2
2005–06	253.5	3.5	5637.3	5.1	22.2
2006–07	249.0	3.3	5584.0	4.9	22.4
2007–08	266.0	3.4	5910.0	4.6	22.2
2008–09	310.0	3.9	6870.0	5.3	22.2
2009–10	331.0	4.1	7281.4	5.4	22.0
2010–11	369.0	4.3	7949.0	5.4	21.5

स्रोत: नेशनल हार्टीकल्चर डाटा बेस, (2010–2011)

सारिणी (3.16) भारतवर्ष में प्रमुख पत्ता गोभी उत्पादक राज्य
क्षेत्रफल (000, हेक्टेयर), उत्पादन (000, मैट्रिक टन), उत्पादकता (हेक्टेयर/मैट्रिक टन)

राज्य	2008–2009			2009–2010			2010–2011		
	क्षेत्र फल	**उत्पा– दन**	**उत्पा– दकता**	**क्षेत्र फल**	**उत्पा– दन**	**उत्पा– दकता**	**उत्पा फल**	**उत्पा– दन**	**उत्पा– दकता**
पश्चिम बंगाल	74.1	2042.7	27.6	74.3	2059.0	27.7	75.3	2087.8	27.7
ओडिशा	34.8	966.2	27.8	35.8	999.9	27.9	41.2	1152.1	28.0
बिहार	38.3	677.0	17.7	38.7	689.9	17.8	39.2	711.1	18.2
आसाम	29.2	585.2	20.0	29.8	614.2	20.6	30.7	629.7	20.5
गुजरात	23.0	404.6	17.6	25.6	473.8	18.5	28.2	553.6	19.6
झारखण्ड	15.4	246.0	16.0	26.8	429.3	16.0	27.0	451.7	16.7
आन्ध्र प्रदेश	–	–	–	–	–	–	28.5	427.5	15.0
महाराष्ट्र	15.0	381.0	25.4	17.0	442.0	26.0	18.0	360.0	20.0
छत्तीसगढ़	13.6	213.7	15.7	13.7	227.8	16.7	14.7	257.7	17.5
हरियाणा	11.2	214.2	19.2	12.2	218.3	17.8	13.8	262.4	19.9
कर्नाटक	8.6	178.7	20.8	8.9	176.2	19.8	–	–	–
अन्य	**47.2**	**960.3**	**20.4**	**48.2**	**951.0**	**19.7**	**52.3**	**1055.1**	**20.2**
सम्पूर्ण	**310.2**	**6869.6**	**22.1**	**331.0**	**7281.4**	**22.0**	**368.8**	**7948.9**	**21.6**

स्रोत: नेशनल हार्टीकल्चर डाटा बेस, (2010–2011)

हिमाचल प्रदेश के कुल्लू, सिरमौर शिमला व मण्डी आदि के कुछ मध्य पर्वतीय क्षेत्रों में भी इसे बेमौसमी सब्जी के रूप में उगाया जाता है।

भारत वर्ष से पत्ता गोभी के निर्यात का विवरण नीचे की सारिणी में दिया गया है–

सारिणी (3.17) पत्ता गोभी के निर्यात का विवरण

देश	2008–2009		2009–2010		2010–2011	
	मात्रा (मैट्रिक टन)	मूल्य (लाख)	मात्रा (मैट्रिक	मूल्य (लाख)	मात्रा (मैट्रिक टन)	मूल्य (लाख)
यूनाइटेड अरब अमिरात	1420.9	86.4	724.7	63.9	168.1	25.2
मालद्विव	201.2	11.6	77.0	7.8	214.9	19.2
नेपाल	22.5	1.3	21.3	1.1	20.7	0.9
सिंगापुर	0.0	0.0	0.0	0.0	1.2	0.3
बांग्ला देश	0.0	0.0	13.0	0.6	0.0	0.0
मारीसस	144.5	34.6	0.0	0.0	0.0	0.0
ओमान	0.0	0.0	8.8	0.9	0.0	0.0
कतर	0.2	0.0	0.0	0.0	0.0	0.0
सउदी अरब	0.0	0.0	3.0	0.5	0.0	0.0
कुल योग	**1789.2**	**133.9**	**847.9**	**74.8**	**404.9**	**45.6**

स्रोतः अपेडा वेबसाइट, फरवरी 2012

वानस्पतिक विवरण

वानस्पतिक दृष्टि से पत्ता गोभी को तीन उप समूहों में बाँटा जा सकता है–

अ. सामान्य या सफेद पत्ता गोभी (White cabbage)

यह सामान्य रूप से उगाई जाने वाली पत्ता गोभी है। इसका वानस्पतिक नाम ब्रैसिका ओलेरेसिया वार0 कैपिटाटा एफ0, एल्बा (*Brassica oleracea* var. *capitata* (L.) f. *alba*)

ब. सेवाय पत्तागोभी (Savay cabbage)

इस समूह की पत्ता गोभी में बाहर की पत्तियाँ सधनता से मुड़ी होती हैं, जो दूर से दानेदार जैसी दिखती है। इसका वानस्पतिक नाम ब्रैसिका ओलेरेसियसा वार0 साबौडा (*Brassica oleracea* var. *sabauda* L.)

स. लाल पत्ता गोभी (Red cabbage)

इस समूह की पत्ता गोभी में पत्तियाँ लाल रंग की होती हैं। इसका वानस्पतिक नाम ब्रैसिका ओलेरेसिया वार0 कैपिटाटा एफ0 रूब्रा (*Brassica oleracea* L. var. *capitata* f. *rubra*)

बेली (Bailey, 1930) ने खेती की दृष्टि से पत्ता गोभी को सात उप समूहों में बाँटा है–

सारिणी (3.18) पत्ता गोभी का समूह एवं विवरण

समूह–I	पत्ता–प्रभेद जो मुक्त पत्तियों के लिये उगाया जाता है।	1. शाखा करने वाली झाड़ीदार केल ब्रैसिका ओलेरेसिया वार0 फ्रुटीकासा (*Brassica oleracea* L. var. *fruticasa*)
		2. द्विवर्षीय सामान्यतः अशाखायुक्त ब्रैसिका ओलेरेसिया वार0 एसेफ्ला (*Brassica oleracea* L. var. *acephala*)
		3. निम्न पत्ता गोभी या पुर्तगीज केल ब्रैसिका ओलेरेसिया वार0 ट्रोंकुडा (*Brassica oleracea* L. var. *tronchuda*)
समूह–II	शीर्ष–प्रभेद जो कसी पत्ती शीर्ष या कलिका के लिये उगाया जाता है।	4. खाने योग्य अग्र शीर्ष पत्ता गोभी ब्रैसिका ओलेरेसिया वार0 कैपिटेटी (*Brassica oleracea* L. var. *capitate*)
		5. खाने योग्य पार्श्व छोटे शीर्ष या कलिका ब्रुसेल्स स्प्राउट ब्रैसिका ओलेरेसिया वार0 गेमीफेरा (*Brassica oleracea* L. var. *gemmifera*)
समूह–III	पुष्पक्रम–प्रभेद जो परिवर्तित मोटे पुष्पाग्र के लिये उगाया जाता है।	6. पुष्प केवल आंशिक परिवर्तित ब्रैसिका ओलेरेसिया वार0 इटैलिका (*Brassica oleracea* L. var. *italica*)
		7. पुष्प मोटे व परिवर्तित एक शीर्ष या बहु शीर्ष ब्रैसिका ओलेरेसिया वार0 बटराइटिस (*Brassica oleracea* L. var. *botrytis*)

भारतवर्ष में उगायी जाने वाली पत्ता गोभी सामान्यतः सफेद पत्ता गोभी के नाम से जानी जाती है। यह सब्जी उगाने की दृष्टि से एकवर्षीय (annuals) और बीज उत्पादन की दृष्टि से द्विवर्षीय (biennials होता है। इसका खाये जाने वाला भाग मुख्यतः कोमल पत्तियाँ होती है, जिसे शीर्ष (head) कहते हैं। शीर्ष एक–दूसरे के उपर लिपटी अनेकों मुलायम पत्तियों से बनता है, जो कोमल कली को ढकती है। पत्ता गोभी में द्विलिंगी पुष्प आते हैं, लेकिन नर जननांगों के पहले मादा जननांग परिपक्व हो जाते हैं, जिससे पर–परागण द्वारा निषेचन सम्भव होता है। पत्ता गोभी में सामान्यतः स्व असंगता (self-incompatibility) की स्थिति पायी जाती है।

पोषकीय महत्व

पोषण की दृष्टि से भी पत्ता गोभी का अपना विशेष महत्व है इसकी पत्तियों में वसा, कार्बोहाइड्रेट्स तथा ऊर्जा मूल्य कम होता है, लेकिन यह प्रोटीन का अच्छा स्रोत है। इसमें खनिज तत्व तथा विटामिन (ए, बी–1, बी–2 और सी) भी अधिक मात्रा में पाई जाती है। इसमें लगभग सभी

एमिनो अम्ल विशेषकर गन्धक युक्त, एमिनो अम्ल प्रचुर मात्रा में पायें जाते हैं। इसके अतिरिक्त यह खनिज लवण जैसे—कैल्शियम, आयरन, मैग्नीशियम, सोडियम, पोटैशियम और फास्फोरस का अच्छा स्रोत है। पत्ता गोभी में पर्याप्त मात्रा में बीटा कैरोटीन (विटामिन 'ए' का पूर्वगामी पदार्थ) एस्कार्बिक अम्ल, रिबोफ्लेविन, नियासिन और थाइमिन पाया जाता है। पत्ता गोभी में सबसे महत्वपूर्ण है उसकी सुगंध जो कि किस्म उगाने के मौसम, सस्य क्रियायें, पकाने के ढंग आदि घटकों पर निर्भर करता है। यह सुगन्ध मख्य रूप से डाइमिथाईल ट्राइसल्फाइड के कारण होता है। पत्ता गोभी में पाये जाने वाले पोषक तत्व को सारिणी में दिया गया है।

सारिणी (3.19) पत्ता गोभी का पोषक मूल्य (प्रति 100 ग्राम खाने योग्य भाग में)

पोषक तत्व	मात्रा
नमी	91.9 ग्राम
प्रोटीन	1.8 ग्राम
वसा	0.1 ग्राम
खनिज लवण	0.6 ग्राम
रेशा	1.0 ग्राम
कार्बोहाइड्रेट्स	4.6 ग्राम
ऊर्जा	27 कैलोरी
कैल्सियम	39.0 मिली ग्राम
फास्फोरस	44.0 मिली ग्राम
आयरन	0.8 मिली ग्राम
कैरोटिन	120 माइक्रोग्राम
थाइमिन	0.06 मिली ग्राम
रिबोफ्लेविन	0.09 मिली ग्राम
नियासिन	0.4 मिली ग्राम
फोलिक अम्ल	13.3 मिली ग्राम
विटामिन 'सी'	124.0 मिली ग्राम

स्रोतः गोपालन एवं सहयोगी, 1999

पत्ता गोभी का औषधीय महत्व बहुत अधिक है। इसकी पत्तियों का सेवन कफ, बुखार, त्वचा के रोग, पेट के अल्सर और मूत्र रोगों को दूर करता हैं। पत्ता गोभी में कैंसर को दूर करने वाले तत्व भी पाये जाते हैं और इसके नियमित सेवन से बड़ी आंत (कोलन) कैंसर की समस्या भी दूर हो सकती है।

उन्नतिशील किस्में (Improved Varieties)

बन्द गोभी के शीर्ष (head) के आकार के आधार पर इसकी किस्मों का इस तरह वर्गीकृत किया गया है—

1. **गोल शीर्ष अथवा गेंद जैसा शीर्ष**–गोल्डन एकड़, प्राइड ऑफ इण्डिया, कोपेन हेगेन मार्केट।
2. **चपटा शीर्ष या ढोल जैसा शीर्ष**– पूसा ड्रमहेड।
3. **शंकुरूप शीर्ष**–जरसी वाकफील्ड।
4. **सेवॉय शीर्ष**– चीपटेन।

गोल और शंकुरूप शीर्ष वाली किस्में अगेती तथा ड्रमहेड और सेवॉय शीर्ष वाली किस्में पिछेती होती हैं।

(अ) कापेन हैगन मार्केट ग्रुप–इस समूह के पौध छोटे, शीर्ष गोल व मध्यम आकार तथा सख्त होते हैं तथा कुछ बाहर भी पत्तियों से ढके होते हैं।

(ब) फ्लैट डच ग्रुप–इस समूह के शीर्ष काफी बड़े होते हैं तथा कम सख्त होते हैं। शीर्ष के बाहर पत्तियाँ लगी होती है। इस समूह की किस्में देर से तैयार होती हैं।

(स) सेवाय ग्रुप–इस समूह के शीर्ष चपटे, गोलाकार व हल्के हरे रंग के होते हैं।

सारिणी (3.20) फसल अवधि के आधार पर बंद गोभी के समूह का विवरण

फसल अवधि	विवरण
अगेती	गोल्डेन एकर, प्राइड ऑफ इण्डिया, पूसा मुक्ता, पूसा सिंथेटिक, क्रान्ति, पूसा अगेती
मध्य मौसमी	सेप्टेम्बर अर्ली, ड्रमहेड
पिछेती	पूसा ड्रमहेड, सेप्टेम्बर अर्ली, लेट लार्ज ड्रम हेड, पिछेती के.–1, मीनाक्षी, ग्रीन गोल्ड, ग्रीन बॉय, ग्रीन एक्स्प्रेस, कोपेनहेगन मार्केट, श्री गणेश गोल, हरी रानी गोल, क्विस्टो

सारिणी (3.21) संकरण द्वारा विकसित बंद गोभी व फूल गोभी की प्रमुख किस्में

सब्जी फसल	किस्म	स्रोत (पितृ)
बंद गोभी	पूसा मुक्ता	ई.सी.–24855 × ई.सी.–10109
	एच.–113	सेलेक्शन–18 × 83–6

सारिणी (3.22) विभिन्न जलवायु क्षेत्रों के लिए बंद गोभी की संकर किस्में

सब्जी	संकर किस्म	स्रोत	संस्तुति वर्ष	जलवायु क्षेत्र
बंद गोभी	श्री गणेश गोल	महिको सीड कम्पनी, जालना	1992	V
	नाथ–401	नाथ सीड कम्पनी, औरंगाबाद	1993	I, IV,V, VI, VII
	बजरंग (बी.एस.एस.–32)	बीजो शीतल सीड कम्पनी, जालना	1995	VII

क्विस्टो	नोवार्टिस सीड कम्पनी, पुणे	1998	IV
एस.वाई.सी.एफ.एफ.–202	सिंजेन्टा सीड कम्पनी, पुणे	2004	IV, VIII
समर किंग	संग्रो, सीड कम्पनी, नई दिल्ली	2005	I, IV
के.जी.एम.आर.–1	भारतीय कृषि अनुसंधान संस्थान, नई दिल्ली	2005	I, IV
ग्रीन इम्पेरर–74	टोकिटा सीड कम्पनी	2007	I

सारिणी (3.23) बंद गोभी की संश्लिष्ट किस्में

सब्जी	संश्लिष्ट किस्में	स्रोत	वर्ष	क्षेत्र के लिए संस्तुति
बंद गोभी	पूसा सिंथेटिक	भारतीय कृषि अनुसंधान संस्थान, क्षेत्रीय शोध केन्द्र, कटराई (हिमाचल प्रदेश)	1992	IV, I, I

व्यक्तिगत बीज कम्पनियों द्वारा विकसित बंद गोभी की किस्में

व्यक्तिगत बीज कम्पनियाँ कुछ किस्में विकसित की हैं जिनका विवरण नीचे की सारिणी में दिया गया है–

सारिणी (3.24) व्यक्तिगत बीज कम्पनियों द्वारा विकसित बंद गोभी की किस्में

विकसित किस्में	व्यक्तिगत बीज कम्पनियाँ
बी.सी. 26, मरकेटेर, कम्बाइनर, बी.सी. 34 व बी.सी. 35	नोवार्टिस वर्तमान में सिनजेन्टा
ग्रीन एक्सप्रेस, रीगालिया, स्टोन	सकाटा सीड्स
ओ.एस. क्रास, के.के. क्रास, ग्रीन कोरनेट, टी.621, इमेराल्ड क्रास	टाकी सीड कम्पनी
जी.एस. 403, गोल्डी बाल	गोल्डेन सीड्स
बहार	प्रो–एग्रो सीड्स
क्रान्ती, हरी रानी गोल, नं. 23, नं.47, नं.120, नं.139	महिको
वरूण	च्वाइस सीड्स
सी.बी. 296, कृश्णा, आई.ए.एच.एस. 5, आई.ए. एक्सप्रेस	इण्डो–अमेरिकन सीड्स
नाथ इन्दू, एन.एल. 138	नाथ सीड्स
बी.एस.एस. 116, बी.एस.एस. 115, बी.एस.एस. 207,	बेजो शीतल
हाइब्रिड 123, मित्रा	संग्रो सीड्स

प्रमुख रूप से उगाई जाने वाली किस्मों का विवरण नीचे दिया गया है–

गोल्डेन एकर (Golden Acre)

यह एक अगेती किस्म है जिसका चयन कोपेनहैगन मार्केट (selection from Copenhagen Market) किस्म से किया गया है। इसके पौधे छोटे एवं बंधे होते हैं। इसमें बाहरी पत्तियाँ 10–12

की संख्या में गहरी हरी प्याले की शक्ल की छोटी होती हैं। पत्तियों पर शिरायें स्पष्ट रूप से दिखाई देती हैं। शीर्ष काफी ठोस तथा गोल होते हैं। एक शीर्ष का औसत वजन 1.0–1.5 किलो ग्राम तक होता है। शीर्ष के अन्दर का भाग सफेद तथा बाहर का रंग हल्का हरा होता है। यह किस्म पौध लगाने के 60–75 दिन बाद तैयार हो जाती है। प्रत्येक शीर्ष का औसत भार 700.0–1000.0 ग्राम होता हैं। इसकी औसत पैदावार 25.0–30.0 टन प्रति हेक्टेयर होती है। इसकी एक विशेष कमी यह है कि शीर्ष तैयार होने के उपरान्त 10–15 दिनों के अन्दर कटाई अवश्य करनी चाहिए, अन्यथा शीर्ष फटने लगते हैं। यह किस्म पर्वतीय क्षेत्रों में वसन्त और ग्रीष्म ऋतु में उगाने के लिए भी उपयोगी है।

प्राइड ऑफ इण्डिया (Pride of India)

इसका विकास वाई0 एस0 परमार कृषि एवं वानिकी विश्वविद्यालय सोलन ने किया गया है। यह भी अगेती किस्म है जिसका चयन कोपेनहैगन मार्कट (selection from Copenhagen Market) किस्म से किया गया है। यह किस्म पौध लगाने के 70–75 दिन बाद तैयार हो जाती है। इसके शीर्ष गोल, ठोस, सख्त तथा मध्यम आकार के होते हैं। शीर्ष का औसत वजन 1.0–2.0 किलो ग्राम तक होती है। इसकी औसत पैदावार 25.0–30.0 टन प्रति हेक्टेयर तक होती है।

पूसा मुक्ता (Pusa Mukta)

इस किस्म को भा0 कु0 अ0 सं0, नई दिल्ली के क्षेत्रीय शोध केन्द्र, कटराईं (हिमाचल प्रदेश) से ई0सी0 24855× ई0सी0 10109 के संकरण के उपरान्त चयन द्वारा विकसित किया गया है। रोपण के लगभग 75 दिन बाद फसल काटने योग्य तैयार हो जाती है। शीर्ष गोल, उपर से थोड़ा चपटा तथा वजन 1.5–2.0 किलो ग्राम तक होता हैं। इसकी औसत उपज 25.0–30.0 टन/हेक्टेयर है। यह किस्म उन क्षेत्रों में उगाने के लिए काफी उपयोगी है, जहाँ काला विगलन रोग की समस्या है।

कोपेनहेगन मार्केट (Copenhagen Market)

यह अगेती किस्म है। पौधों में बाहरी पत्तियाँ कम होती है। इसके शीर्ष, गोल, बड़े एवं ठोस होते हैं। शीर्ष के चारों ओर हल्के हरे रंग की पत्तियाँ लगी होती है। इसके शीर्ष का औसत वजन 2.5–3.0 किलोग्राम होता है। इसकी औसत पैदावार 20.0–25.0 टन प्रति हेक्टेयर होती है।

पूसा सिंथेटिक (Pusa Synthetic)

पूसा सिंथेटिक एक संश्लेशित किस्म है जिसे भा0 कु0 अ0 सं0, नई दिल्ली के क्षेत्रीय शोध केन्द्र, कटराईं (हिमाचल प्रदेश) से सन् 1992 में व्यावसायिक उत्पादन के लिए सिफारिश की गयी। गोभी का आकार एवं पौधे का फैलाव मध्यम है। इसकी अगेती फसल से लगभग 35.0–46.0 टन प्रति हेक्टेयर उपज मिलती हैं।

क्रान्ति (Kranti)

यह पौध रोपण के 60–65 दिन में तैयार होने वाली संकर किस्म है। इसके शीर्ष का वजन लगभग 1.00 किलो ग्राम होता है। इसकी औसत उपज लगभग 20.0 टन प्रति हेक्टेयर होती है।

पूसा अगेती (Pusa Ageti)

यह गर्मी के प्रति अवरोधी किस्म है, जिनकी खेती मैदानी भागों के तापक्रम पर सफलतापूर्वक की जा सकती है। पत्ता गोभी की किस्म पूसा अगेती का विकास, भारतीय कृषि अनुसंधान संस्थान, नई दिल्ली द्वारा आयातित संकर 'टी0के0 सी0बी0एच0–28 का द्वितीय एवं अगली अग्रसारित पीढ़ियों में चयन करके किया गया है। यह पौध रोपण के 70–90 दिन बाद कटाई के योग्य हो जाती है। इसके शीर्ष का औसत वजन 600.0–1200.0 ग्राम होता हैं। पौधे व तने मध्यम श्रेणी के, उपर बढ़ने वाले, पत्तियों पर मोम जैसा लेप व मध्य से पूर्णतया विकसित होती है। इसके शीर्ष पत्तियों से ढके व कसे होते हैं। इसकी औसत उपज 11.0–38.0 टन प्रति हेक्टेयर होती है।

सेप्टेम्बर (September)

यह जर्मनी से प्रवेशित (introduction from Germany) किस्म है, जिसे इण्डो–जर्मन प्रोजेक्ट के अन्तर्गत ऊटी (Ooty Nilgiri hills) द्वारा तमिलनाडु में उगाने हेतु अनुमोदित किया गया था। इस प्रजाति के पौधे सख्त व अधिक बढ़वार वाले होते हैं और इसकी जड़े अच्छी प्रकार विकसित एवं फैली होती हैं। डंठल अपेक्षाकृत बड़ा होता है। पत्तियाँ नीले हरे रंग की तथा किनारे कटे व मुड़े होते हैं। इस किस्म के शीर्ष काफी सख्त, चपटे व लम्बोतर होते हैं और प्रत्येक शीर्ष का भार 4.0–5. 0 किलो ग्राम तक होता है। रोपण के 105–110 दिन बाद इसके शीर्ष तैयार होते हैं। इस किस्म की औसत उपज 40.0–50.0 टन प्रति हेक्टेयर है। यह किस्म काला विगलन (black rot) रोग के प्रति संवेदनशील है। अतः ऐसे क्षेत्रों में इसकी खेती नही करनी चाहिए जहाँ बीमारी के प्रकोप होने की सम्भावना हो।

अर्ली ड्रम हेड (Early Drum Head)

यह अपेक्षा कृत जल्दी तैयार होने वाली किस्म है। शीर्ष चपटे और थोड़ा बड़े आकार के (2.0–3.0 किलोग्राम) होते हैं और औसत उपज 20.0–30.0 टन प्राप्त होती है। इस किस्म का विकास भारतीय कृषि अनुसंधान संस्थान, नई दिल्ली के क्षेत्रीय शोध केन्द्र, कटराईं (हिमाचल प्रदेश) से किया गया है। इसके शीर्ष बड़े आकार के व अन्दर का भाग बर्फ जैसा सफेद होता है।

पूसा ड्रम हेड (Pusa Drum Head)

इस किस्म का विकास भारतीय कृषि अनुसंधान संस्थान, नई दिल्ली के क्षेत्रीय शोध केन्द्र, कटराईं (हिमाचल प्रदेश) द्वारा जापान से लाई गयी किस्म ई0सी0 6774 से चयन करके किया गया है। यह एक पिछेती किस्म है। पौधा कम ऊँचा व फैलावदार होता है। पौधों की बाहरी पत्तियाँ 20–25 तक तथा हल्की हरी होती हैं, जिस पर शिरायें स्पष्ट रूप से उभरी होती है। इसके शीर्ष 3.0–5.0 किलोग्राम, ठोस, चपटा, व बड़े आकार का ड्रम जैसा होता है। शीर्ष के अन्दर का भाग सफेद होता है। यह किस्म पौध रोपण के लगभग 110–120 दिन में तैयार हो जाती है। इसकी औसत पैदावार 49.5–54.0 टन प्रति हेक्टेयर होती है। यह किस्म 'ब्लैक लेग' (black leg-*Phoma lingam*) नामक बीमारी से कम प्रभावित होती है। इस किस्म को उत्तर भारत के मैदानी एवं पहाड़ी क्षेत्रों में उगाने के लिए अनुमोदित की गई है।

लेट लार्ज ड्रम हेड (Late Large Drum Head)

यह पिछेती किस्म है। पौध रोपण के 110–120 दिन बाद तैयार होती है। शीर्ष बड़े, चपटे एवं ड्रम के आकार के ठोस होते हैं।

पिछेती के0–1 (Late K-1)

यह काला बिगलन रोग (black rot) के प्रति संवेदनशील है। अतः जहाँ इस बीमारी का प्रकोप होने की सम्भावना हो, इस किस्म का चयन नहीं करना चाहिए। इसकी प्रति हेक्टेयर उपज 30.0–31.5 टन प्रति हेक्टेयर है।

मीनाक्षी (Minakshi)

इस किस्म का वितरण सेंचुरी सीड्स कं0 के द्वारा किया जा रहा है। पौधे मध्यम आकार के होते हैं। शीर्ष (हेड) का आकार मध्यम व गोल होता है। इसको काफी समय तक खेत में रोका जा सकता है। इसकी उपज 40.0 टन प्रति हेक्टेयर है।

ग्रीन गोल्ड (Green Gold)

यह किस्म भी सेंचुरी सीड कं0 द्वारा बाजार में लाई गई है। इसके शीर्ष का औसत वजन 2.5 किलो ग्राम तक होता है। पौधों का रंग हल्का हरा होता है। इसे काफी समय तक खेत में रोका जा सकता है। इसकी औसत उपज 38.0–31.0 टन प्रति हेक्टेयर है।

ग्रीन बॉय (Green Boy)

राष्ट्रीय बीज निगम द्वारा बाजार में लाई गई यह किस्म जापान का एक प्रवेशन है। शीघ्र तैयार होने वाली इस किस्म के शीर्ष मध्यम व गोल आकार के होते हैं। औसत उपज 36.0–38.0 टन प्रति हेक्टेयर है।

ग्रीन एक्स्प्रेस (Green Express)

यह किस्म भी राष्ट्रीय बीज निगम (NSC) द्वारा वितरित की जा रही है। इसके पौधे मध्यम आकार के होते हैं, जिनमें बाहरी पत्तियाँ कम पाई जाती है। शीर्ष का वजन पौध रोपण के समयानुसार होता है। शीघ्र लगाने पर 2.5–3.0 किलो ग्राम वजन के शीर्ष मिल जाते हैं। औसत उपज 40.00 टन प्रति हेक्टेयर है।

श्री गणेश गोल (Sri Ganesh Gol)

यह किस्म महिको बीज कम्पनी द्वारा बाजार में लाई गई है। इसके पौधों की बनावट गोल्डेन एकर (Golden Acre) के समान होती है, लेकिन यह एक सप्ताह पूर्व ही तैयार हो जाती है। इसके शीर्ष आकार में काफी बड़े, गोलाकार ठोस व अधिक उपज देने वाले होते हैं। इसके शीर्ष तैयार होने के बाद बहुत दिनों तक नही फटते तथा प्रति हेक्टेयर उपज 35.0 टन तक होती है।

हरी रानी गोल (Hari Rani Gol)

इस किस्म का विकास महिको सीड कं0 द्वारा किया गया है। इस का प्रचलन दक्षिणी प्रान्तों में अधिक है। इसका आकार मध्यम तथा रंग हल्का हरा होता है। इसके शीर्ष की बनावट कुछ चपटापन लिये हुये गोल होती है। प्रत्येक शीर्ष का वजन 2.5–3.0 किलो ग्राम तक होता है। औसत उपज 35.0–40.0 टन प्रति हेक्टेयर होती है।

क्विस्टो (Quisto)

यह रोपण के 80–85 दिन बाद तैयार होने वाली संकर किस्म है। इसके शीर्ष का वजन लगभग 2.5–3.00 किलो ग्राम तक गोलाकार व बहुत सख्त होता है। इसकी महत्वपूर्ण विशेषता यह है कि शीर्ष खेत में तैयार होने के बाद 60–65 दिन तक बिना खिले या फटे (open or brust) हुए उत्तम अवस्था में रह सकती है। प्रति हेक्टेयर औसत उपज लगभग 35.0–40.0 टन है।

जलवायु

बन्द गोभी के लिए नम ठण्डी जलवायु की आवश्यकता होती है। हमारे यहाँ इसकी फसल शरद ऋतु में उगाई जाती है। इसमें पाला सहन करने की शक्ति अधिक होती है और इस पर पाले का कोई प्रभाव नहीं पड़ता है। निम्नतम तापमान लगभग 1 डिग्री सेल्सियस से भी कम पर यह वृद्धि कायम रखने में सक्षम है। यदि पाला प्रचण्ड हो और लम्बी अवधि तक बना रहता है अथवा एका एक तापमान 10.0 डिग्री सेल्सियस के नीचे पहुँच जाये तो गम्भीर क्षति पहुँचती है। बन्द गोभी की समुचित वानस्पतिक वृद्धि एवं विकास के लिए अनुकूलतम तापमान 15.0–20.0 डिग्री सेल्सियस के बीच होता है। गर्म एवं शुष्क मौसम (25.0 डिग्री सेल्सियस के उपर तापमान) होने पर शीर्ष के गुणों एवं स्वाद में कमी आ जाती है। बीजों का जमाव मिट्टी के 12.7–15.5 डिग्री सेल्सियस तापक्रम पर अच्छा होता है। उत्तरी भारत में इसकी प्रमुख फसल जाड़े में ली जाती है, जब तापक्रम कम होता है। पहाड़ी भागों में बन्द गोभी वसन्त ऋतु में उगाई जाती है, जबकि नासिक, उटक मण्ड एवं केरल में इसकी खेती खरीफ के मौसम में की जाती है। चूँकि इन क्षेत्रों में वर्षा ऋतु में तापमान काफी गिर जाता है। कम तापमान में पनपने वाली बन्द गोभी यदि उच्च तापमान पर उगायी जाती है, तो शीर्ष ठोस नहीं बनती है तथा ढीली रह जाती है या खुली रह जाती है। इसी कारण भारतवर्ष में बन्द गोभी का उत्पादन कम होता है।

भूमि एवं भूमि तैयारी

बन्द गोभी की फसल किसी भी प्रकार की भूमि, जिसमें जैविक पदार्थ की मात्रा अच्छी हो, उगाई जा सकती है, लेकिन अगेती किस्मों के लिए बलुई दोमट तथा पिछेती के लिए भारी भूमि अच्छी होती है। ज्यादा अम्लीय भूमि इस फसल के लिए उपयुक्त होती है। इसके लिए मृदा पी0एच0 मान 5.5–6.5 अनुकूल होता है। यदि मिट्टी का पी0एच0 मान 5.5 से कम हो, तो उसमें चूना मिलाना चाहिए। अधिकतर पत्ता गोभी की किस्में भूमिगत लवणों के प्रति सहिष्णु होती हैं। अच्छी प्रकार खेत की तैयारी के लिए पहले भूमि को मिट्टी पलटने वाले हल से जुताई की जाती है और इसके बाद

2–3 जुताई कल्टीवेटर द्वारा की जाती है। प्रत्येक जुताई के बाद पाटा अवश्य लगाना चाहिए, जिससे मिट्टी भुरभुरी एवं समतल हो जाये। इसके बाद खेत में सुविधानुसार लम्बाई व चौड़ाई की क्यारियाँ तथा सिंचाई की नालियाँ बना ली जाती है।

पोषक तत्व प्रबंधन

पत्ता गोभी अधिक पैदावार देने वाली फसल है, अतः इसको अधिक खाद तथा उर्वरकों की आवश्यकता पड़ती है। खाद तथा उर्वरक की मात्रा के बारे में अनेक सिफारिशें की गई हैं। चौ0 चरण सिंह हरियाणा कृषि विश्वविद्यालय, हिसार (हरियाणा) द्वारा 25.0–30.0 टन गोबर की अच्छी प्रकार सड़ी खाद, 125.0 किलो ग्राम नाइट्रोजन, 50.0 किलो ग्राम फास्फोरस और 50.0 किलो ग्राम पोटाश प्रति हेक्टेयर की दर से डालने की सिफारिस की गयी है। एक अन्य सिफारिस के अनुसार बन्द गोभी की अच्छी पैदावार लेने के लिए खेतों में 325.0. किलो ग्राम अमोनियम सल्फेट, 27.0 किलो ग्राम सुपर फास्फेट और 75.0 किलो ग्राम म्यूरेट पोटाश प्रति हेक्टेयर पौध लगाने के पहले डाल दें तथा 325.0 किलो ग्राम अमोनियम सल्फेट प्रति हेक्टर का छिड़काव खड़ी फसल में 6 सप्ताह बाद करने से अधिक उपज प्राप्त होती है। भारतीय कृषि अनुसंधान संस्थान परिषद, नई दिल्ली के अनुसार पौध लगाने के 1–2 दिन पहले 80.0–100.0 किलो ग्राम नाइट्रोजन तथा फास्फोरस तथा 100.0–150.0 किलो ग्राम पोटाश प्रति हेक्टेयर के हिसाब से डालें। लगभग एक माह बाद 40.0–50.0 किलो ग्राम नाइट्रोजन का छिड़काव करने के बाद मिट्टी चढ़ा देवें। छोंकर तथा झा (1963) ने पौध प्रतिरोपण (transplanting) के शीघ्र बाद यूरिया एक भाग, सिंगल सुपर फास्फेट के दो भाग तथा पोटैशियम सल्फेट एक भाग के घोल का रोपण के तुरन्त बाद 0.25 लीटर प्रति पौधा व्यवहार करना चाहिए। इनके अनुसार इसके 15 दिन बाद पुनः इसका उपयोग करने से अधिकतम उपज 60.0 टन प्रति हेक्टेयर प्राप्त हुई। प्रकाश एवं भारद्वाज (1965) के अनुसार मालिब्डेनम तथा कोबाल्ट के पर्ण उर्वरक के प्रयोग से उपज में आशातित वृद्धि हुई।

पादप वृद्धि नियामक का प्रयोग

छोंकर एवं सिंह (1964) के अनुसार पौधों पर जिब्रेलिक एसिड (5 पी0पी0एम0) घोल का 2 बार छिड़काव करने से उपज में वृद्धि पायी गयी है। सिंह एवं छोंकर (1965) के अनुसार पौध रोपण के तीन सप्ताह बाद नेप्थेलिक एसिटिक एसीड का 0.05 पी0पी0एम0 घोल का छिड़काव करने से सर्वाधिक उपज प्राप्त हुई।

बुआई का समय

बुवाई का समय क्षेत्र विशेष एवं फसल के प्रजाति के ऊपर निर्भर करता है। मैदानी भागों में अगेती फसल की बुआई अगस्त से सितम्बर तक व पिछेती हेतु सितम्बर के मध्य से अक्टूबर तक की जाती है। पहाड़ी भागों में बीज की बुआई मार्च से जून तक की जाती है। दक्षिण भारत की पहाड़ियों में तो पत्ता गोभी पूरे वर्ष उगायी जा सकती है। उत्तर पर्वती क्षेत्रों में साधारणतः सब्जी के फसल के लिए बीज मार्च से जून तक बोया जाता है, किन्तु बीजोत्पादन हेतु फसल उगाने के लिए बीज बोने का उचित समय जुलाई–अगस्त है।

सारिणी (3.25) क्षेत्र एवं बुआई का समय

क्षेत्र	समय
मैदानी भागों में	सितम्बर–अक्टूबर
पहाड़ी भागों में	मार्च–अप्रैल
उच्च पहाड़ी भागों में	अप्रैल–मई

बीज की मात्रा

एक हेक्टेयर क्षेत्रफल के रोपण के लिए अगेती किस्म की लगभग 500–600 ग्राम बीज की आवश्यकता पड़ती है। मध्यकालीन और पिछेती किस्मों की बीज दर लगभग 400 ग्राम प्रति हेक्टेयर है। बीज का स्वस्थ व शुद्ध होना आवश्यक है।

मौसम	बीज की मात्रा
मुख्य मौसम एवं पिछेती किस्मों	375.0–400.0 ग्राम
अगेती किस्मों	600.0–750.0 ग्राम

बीज बोने की विधि

पत्ता गोभी के बीजों की बुआई दो विधियों से की जाती है–

1. सीधे खेत में बीज बोना या स्वस्थानित बुआई

उत्तर भारत के कुछ क्षेत्रों में बीज सीधा खेत में बोने की प्रथा है। इस विधि में खेत तैयार करने के बाद, उसमें उचित नमी के रहते, उचित दूरी पर बीज की खेत में स्वस्थानित बुआई कर दी जाती है। बीज साधारणतः 60.0 × 30.0 सेन्टी मीटर की दूरी पर बोये जाते हैं। इसमें एक स्थान पर 2–3 बीज बोये जाते हैं तथा बाद में जब पौधों की वृद्धि लगभग 10.0 सेन्टी मीटर हो जाती है, तब कमजोर पौधों को निकालकर एक स्थान पर केवल एक ही पौधे को रखा जाता है। इस प्रकार उखाड़े गये पौधों को रिक्त पूर्ति के काम में लाया जाता है। इस विधि का सबसे बड़ा लाभ यह है कि पत्ता गोभी की फसल 2–3 सप्ताह अगेती तैयार हो जाती है, लेकिन बीज की मात्रा 3–4 गुणा अधिक लगता है। इस प्रकार प्रति हेक्टेयर 1.5–2.0 किलो ग्राम बीज की आवयकता पड़ती है। बुआई के बाद वर्षा हो जाने पर बीज दब जाते हैं या अपने स्थान से बह कर अन्यत्र चले जाते हैं।

2. पौध तैयार करके रोपण

बन्द गोभी की पौध ऊँची क्यारियों में फूल गोभी की तरह ही तैयार की जाती है और मुख्य खेत में रोपण की जाती है। इस विधि में पहले बीज को थोड़े से क्षेत्रफल में बोकर उसकी पौध तैयार कर ली जाती है। बीज बुआई के 4–5 सप्ताह बाद जब पौध 8.0–10.0 सेन्टी मीटर ऊँचाईं के तथा 3–4 पत्तियों वाले हो जायें तब उनको अच्छी प्रकार से तैयार खेत में रोपण कर देना चाहिए। पौधशाला से रोपण हेतु पौध उखाड़ते समय ध्यान रहे कि पौधे की जड़ों को क्षति न पहुँचे। उखाड़ने

के बाद तथा रोपण से पूर्व पौधों को गीले कपड़े या नम बोरे से ढककर रखना चाहिए। पौधों का रोपण करते समय खुरपी या किसी ऐसे ही यंत्र से मिट्टी में दरार बनाकर पौधों को इस प्रकार सावधानी से भूमि में रोपण करें कि पौधों की जड़ें बिना क्षतिग्रस्त हुए मिट्टी के अन्दर पूरे दब जायें। अच्छा होगा कि पौधशाला से पौधे उखाड़ने के लगभग 24 घण्टे पूर्व पौधशाला की हल्की सिंचाई कर दें। रोपण यदि दोपहर के बाद सायंकाल किया जाये तो पौधे अच्छे पनपते हैं। रोपण पश्चात् हल्की सी सिंचाई करना अनिवार्य है। अगेती किस्म का रोपण सितम्बर के अन्त से अक्टूबर के प्रथम सप्ताह तक तथा मध्यावधि व पिछेती फसल को मध्य अक्टूबर से नवम्बर के अन्त तक करते हैं। रोपण के लिए पौधशाला से पौध उखाड़ते समय यह ध्यान रखना चाहिए कि जड़ों को किसी प्रकार की क्षति न पहुँचें। जब पौधों की रोपण समतल भूमि में की जाती है, पक्तियों की दूरी 45.0x 60.0 सेन्टी मीटर तक व पौधों से पौधों की दूरी 30.0 x 45.0 सेन्टी मीटर रखते हैं। 75.0 × 50.0 सेन्टी मीटर की दूरी पर रोपण करने का अनुमोदन ओडिशा तथा मध्य प्रदेश के लिए किया गया है।

सारिणी (3.26) पत्ता गोभी के रोपण हेतु आपसी दूरी

किस्में	पंक्ति से पंक्ति की दूरी	पौध से पौध की दूरी
अगेती किस्में	30.0 सेन्टी मीटर	30.0 सेन्टी मीटर
	45.0 सेन्टी मीटर	45.0 सेन्टी मीटर
मध्यावधि किस्में	60.0 सेन्टी मीटर	45.0 सेन्टी मीटर
पिछेती किस्में	60.0 सेन्टी मीटर	45.0 सेन्टी मीटर
	60.0 सेन्टी मीटर	60.0 सेन्टी मीटर
	75.0 सेन्टी मीटर	50.0 सेन्टी मीटर

सिंचाई जल प्रबन्धन

पत्ता गोभी में सिंचाई, रोपण का समय, वर्षा एवं मिट्टी के गुणों पर निर्भर करती है। पौध रोपण के तुरन्त बाद व 2–3 दिनों तक फौब्बारे की सहायता से हल्की सिंचाई करें तथा बाद में खेत में सर्वदा नमी बनी रहने के लिए समय–समय पर सिंचाई की आवश्यकता होती है। सिंचाई लगभग 10 दिन के अन्तर पर करनी चाहिए। शीर्ष (head) बन जाने पर पानी की अधिक मात्रा नहीं देनी चाहिए। अधिक मात्रा में सिंचाई बहुत दिन बाद करने पर शीर्ष फटने लगते हैं। पत्ता गोभी के पूरे जीवनकाल में औसतन 4–6 सिंचाई की आवश्यकता पड़ती है।

निकाई–गुड़ाई

पत्ता गोभी की जड़ें काफी उथली होती हैं, अतः जड़ों के आस–पास खरपतवार उगने से उपज में कमी आ जाती है। पौध रोपण से लेकर शीर्ष तैयार होने तक के बीच कई प्रकार के खरपतवार उगते हैं, अतः हल्की निकाई–गुड़ाई 2–3 बार करके खरपतवार नष्ट कर देना चाहिए। व्यावसायिक स्तर पर खेती करने पर खरपतवारनाशी का प्रयोग काफी लाभप्रद होता है। स्टाम्प 3.3 लीटर को

1000 लीटर पानी में घोलकर प्रति हेक्टेयर की दर से छिड़काव पौध रोपण से एक दिन पूर्व काफी लाभप्रद होता है। इसके अलावा खरपतवानाशी फ्लूक्लोरोलिन के 1.0 किलो ग्राम सक्रिय अंश (a.i.) प्रति हेक्टेयर का प्रयोग पौध रोपण के एक दिन पूर्व सार्थक पाया गया है। वर्षा ऋतु में यदि पौधों के जड़ों के पास से मिट्टी हट गयी हो, तो चारों तरफ से हल्की मिट्टी चढ़ा देनी चाहिए। सामान्यतः गोभी की फसल में जड़ों के पास मिट्टी चढ़ाना हमेशा लाभदायक होता है। रोपण पूर्व खरपतवारनाशी बासालीन की 2.0 किलोग्राम सक्रिय अंश प्रति हेक्टेयर के साथ 2 बार हाथ द्वारा खरपतवार निकाल देने से बचाव होता है।

कटाई

पत्ता गोभी के शीर्ष जब पूरे आकार के और ठोस हो जायें, तो इसकी कटाई कर लेनी चाहिए। समय पर कटाई न करने से शीर्ष फटने लगते हैं। भारत के मैदानी भागों में इसकी कटाई मध्य दिसम्बर से अप्रैल तक होती है। अगेती किस्म पौध रोपण के 60–80 दिन में तैयार हो जाती है, जबकि पिछेती किस्म 100–120 दिन में तैयार होती है।

पत्ता गोभी की कटाई की निम्नलिखित दो विधियाँ है–

1. **पूरे पौधे को समूल उखाड़ना**–इस विधि में पूरे पौधे को ही खेत से जड़ समेत उखाड़ लिया जाता है तथा बाद में उसके तने व जड़ और अतिरिक्त पत्तियों को काँट–छाँटकर अलग कर दिया जाता है।
2. **केवल शीर्ष काटना**–इस विधि में पौधे की जड़ें, तना एवं बाहर की पत्तियाँ खेत में वैसे ही लगी छोड़कर पौधे से केवल उसका शीर्ष काँट लिया जाता है। शीर्ष को तेज चाकू से काटा जाता है।

कटाई के साथ ही शीर्ष के बाहर की वे पत्तियाँ जो फैली रहती हैं तथा शीर्ष को नहीं छुती, निकाल देना चाहिए। बाजार में भेजने से पहले ढीले और फटे हुए शीर्ष छाँटकर अलग कर देना चाहिए।

उपज

पत्ता गोभी की उपज प्रभेदीय वर्ण, जलवायु, उत्पादन व्यवस्था आदि पर निर्भर करती है। अगर शरदकाल का मौसम लम्बा हो तो उपज अधिक होती है। साधारणतः अगेती किस्म की उपज मध्यावधि व पिछेती किस्मों की अपेक्षा कम होती है। अगेती किस्म की औसत उपज 30.0–35.0 टन तथा मध्यावधि किस्मों की 35.0–40.0 टन तथा पिछेती किस्मों की उपज 40.0–50.0 टन प्रति हेक्टेयर तक प्राप्त हो जाती है।

कटाई उपरान्त संभलाव

पत्ता गोभी की कटाई के बाद सर्वश्रेष्ठ शीर्ष को बाजार में विक्रय हेतु भेजना चाहिए। अतः शीर्षों का श्रेणीकरण करना अनिवार्य है। घटियाँ श्रेणी के ढीले, क्षतिग्रस्त और फटे हुए शीर्ष विक्रय

के लिए बाजार में अलग से व्यवस्था करनी चाहिए। यदि शीर्ष पेटियों में ठीक प्रकार सजाये गये हों तथा उनको खुले वायु संचारित कक्षों में रखा जाये, तो 2–3 दिनों तक विक्रय की जा सकती है। यदि फसल की कटाई संध्याकाल में की जाये तो शीर्ष अधिक समय तक भण्डारित किये जा सकते हैं।

पौध संरक्षण

प्रमुख कीट एवं उनका प्रबन्धन

माँहू (Aphid)

इस कीट के निम्फ व वयस्क दोनों ही पौधों को नुकसान पहुँचाते हैं। यह पत्तों पर हजारों की संख्या में चिपके रहते हैं। इनका प्रकोप जनवरी व फरवरी में अधिक होता है, जिससे पत्तियाँ पीली पड़ जाती हैं और पौधा कमजोर दिखता है।

प्रबन्धन

- इस कीट के नियंत्रण के लिए मैलाथियान के 1.5 मिली लीटर प्रति लीटर पानी में मिलाकर या डाईक्लोरोवास 1.0 लीटर प्रति लीटर पानी या इण्डोसल्फान 2 मिली लीटर प्रति लीटर पानी का छिड़काव उपयोगी है।
- सामान्यतः 4 प्रतिशत नीम गिरी के घोल किसी चिपकने वाले पदार्थ के साथ मिलाकर छिड़काव करने से इस कीट का नियंत्रण होता है।

हीरक पृष्ठ कीट या डायमँड बैक माथ (Dimond back moth)

हीरक पृष्ठ कीट या डायमॅड बैक माथ (*Plutella xylostella* L.) हरे रंग का छोटा कीट है, जो जरा सा छूने पर एकदम से उछल पड़ता है। कीट पत्तियों के निचली सतह को खुरच–खुरच कर खाते रहते हैं और छोटे–छोटे छिद्र बना देते हैं। कभी–कभी अधिक आक्रमण होने पर पत्तियों की केवल सफेद झिल्ली ही बच पाती है। बड़े कीड़े (सूण्डिया) गोल सुराख बनाते हैं। इसका प्रकोप अगस्त से शुरु होता है व फसल की कटाई तक नुकसान पहुँचाते रहते हैं। पत्ता गोभी का यह सबसे भयंकर व हानिकारक कीट है।

प्रबन्धन

- सामान्यतः 25 वर्ग मीटर की क्यारी के चारों तरफ मेड़ पर फँसाने वाले फसल (trap crop) के रुप में चीनी पत्ता गोभी का रोपण करना चाहिए चीनी पत्ता गोभी पर डाईक्लोरोवास 1.0 मिली लीटर प्रति लीटर पानी में घोलकर छिड़काव करने से कीट मर जाते हैं।
- करीब 400 ग्राम बेसीलस थूयरिनजिएंसिस का प्रयोग प्रति हेक्टेयर करने से कीट का नियंत्रण होता है।
- सामान्यतः 4 प्रतिशत नीम गिरी के घोल (neem extract solution) किसी चिपकने वाले पदार्थ के साथ मिलाकर छिड़काव करने से इस कीट का नियंत्रण होता है।

गोभी की सूड़ी (Spodoptera)

पूर्ण विकसित सूड़ी (*Spodoptera sp.*) 3.0–4.0 सेन्टी मीटर लम्बी, मखमली नीले हरे रंग की तथा शरीर पर काले धब्बे, पीली धारियाँ और सफेद बाल लिये होती हैं। वयस्क मादा कीट पत्तियों की निचली सतह पर झुण्ड में अण्डे देती हैं। सामान्यतः 4–5 दिनों के बाद अण्डों से सूण्डी निकलती हैं। छोटे कीट झुंड में बहुत जल्दी ही पत्तों को खाकर समाप्त कर देते हैं। बड़ी सूण्डियॉ इधर–उधर फसल पर फैल जाती हैं और पत्तों को छलनी कर देती हैं। इस कीट का प्रकोप सितम्बर से अप्रैल तक बना रहता है।

प्रबन्धन

- पत्तियों के निचले हिस्से पर गुच्छों में दिये गये अण्डों को पत्तियों से तोड़कर नष्ट कर देना चाहिए।
- फेरोमोन ट्रेप (pheromone trap) लगाकर वयस्क नर को पकड़कर खत्म कर देना चाहिए।
- एच0एन0पी0वी0 250–300 एल0ई0, एक किलो ग्राम गुड़ व 0.01 प्रतिशत टीपोल को 800 लीटर पानी में घोलकर 10 दिनों के अन्तराल पर छिड़काव इस कीट के नियंत्रण में लाभकारी है।
- इण्डोसल्फॉन (35 ई0सी0) 1.5 मिली लीटर प्रति लीटर पानी में घोलकर प्रति हेक्टेयर की दर से 15 दिनों के अन्तराल पर छिड़काव इस कीट के नियंत्रण में लाभकारी है।

प्रमुख रोग एवं उनका प्रबन्धन

मृदुरोमिल आसिता (Downy Mildew)

मृदुरोमिल आसिता रोग (*Peronospora parasitica*) पौध से शीर्ष बनने तक कभी भी लग सकती है। पत्तियों की निचली सतह पर जहाँ कवक तन्तु दिखते हैं, उन्हीं पत्तियों के उपरी सतह पर भूरे धब्बे बनते हैं। रोग के तीब्र हो जाने पर पर आपस में धब्बे मिलकर विक्षत (lesion) बनाते हैं। ग्रसित भाग पीला, सफेद हो जाता है और अत्यधिक ग्रसित पत्तियाँ सूख जाती हैं। असामयिक वर्षा होने पर रोग की उग्रता बढ़ती है।

प्रबन्धन

मैन्कोजेब कवकनाशी के 0.25 प्रतिशत जलीय घोल (2.5 ग्राम दवा प्रति लीटर पानी में) को रोगों की प्रारम्भिक अवस्था में पर्णीय छिड़काव एवं 6–8 दिन के अन्दर पर्णीय छिड़काव दुहराना चाहिए। कवकनाशी के जलीय घोल में पत्तियों पर चिपकने के लिए 0.05–1.0 मिली लीटर मात्रा प्रति लीटर पानी की दर से ट्रीटान का प्रयोग करना चाहिए।

अल्टरनेरिया पर्णदाग (Alternaria Leaf Spot)

अल्टरनेरिया पर्णदाग (*Alternaria brassicae* and *Alternaria brasscicola*) रोग पौध बढ़वार की प्रारम्भिक अवस्था निचली पत्तियों में आता है। इस रोग में पत्तियों पर गोल भूरे धब्बे बनते हैं।

धब्बों में गोल छल्ले स्पष्ट दिखते हैं। बीज की फसल में पुष्पक्रम तथा कलियाँ भारी मात्रा में प्रभावित होती हैं।

प्रबन्धन

- संक्रमित निचली पत्तियों को सुबह के समय पौधों से तोड़कर इकट्ठा करके जला देने पर रोग का अधिक प्रभावी प्रबंधन होता है।
- सायंकाल क्लोरोथैलोनिल कवकनाशी के 0.2 प्रतिशत जलीय घोल को ट्रीटान (चिपकने वाला पदार्थ) के साथ मिलाकर एक बार छिड़काव करना चाहिए।

काला विगलन (Black rot)

काला विगलन रोग का प्रारम्भिक लक्षण वी के आकार के पीले धब्बे पत्तों के किनारों पर दिखाई देते हैं जो बाद में गहरे काले व भूरे हो जाते हैं।

प्रबन्धन

- जीवाणु रोग से मुक्त बीज का प्रयोग करना चाहिए।
- बीजों को स्ट्रेप्टोसाइक्लिन रसायन के 100.0 मिली ग्राम मात्रा प्रति लीटर पानी के घोल द्वारा 30 मिनट तक बीजोपचार करना चाहिए।
- खड़ी फसल पर स्ट्रेप्टोसाइक्निल 100.0 मिली ग्राम प्रति लीटर एवं 0.3 प्रतिशत कापर आक्सीक्लोराइड के 0.1 प्रतिशत चिपकने वाले पदार्थ के साथ मिलाकर 2–3 बार छिड़काव करने से रोग का नियंत्रण हो जाता है।
- संक्रमित निचली पत्तियों को शाम के समय जब जीवाणुयुक्त ओस की बूँदें सूखी रहती हैं, तो तोड़कर इकट्ठा करके जला देना चाहिए।

गांठ गोभी (Knol Khol)

वानपतिक नाम : ब्रेसिका ओलेरेसिया ग्रुप गांगीलोड्स (*Brassica oleracea* group *gongylodes*)

कुल : ब्रेसिकेसी (*Brassicaceae*)

गुणसूत्र : 2एन =18

फूल गोभी एवं पत्ता गोभी की तरह गांठ गोभी भी शरदकालीन सब्जी है। यद्यपि इसकी सब्जी स्वादिष्ट एवं लाभप्रद होती हैं, लेकिन यह फूल गोभी एवं पत्ता गोभी की अपेक्षा कम लोकप्रिय है।

उद्भव एवं वितरण

गांठ गोभी का प्रादुर्भाव अशाखित पतले तना वाली केल की प्रभेद कोस्टाटा (narrow stem non-heading type of Portugese kale var. *costata*) या मेडुलोसा (var. *medullosa*) से हुआ है (पीटर, 1998)। कुछ लोग इसका प्रादुर्भाव जंगली क्लिफ कैबेज (*Brassica oleracea* var. *sylvestris*) के उत्परिवर्तन या पत्ता गोभी एवं शलजम के आपसी संकरण से हुआ है (सिंह एवं सहयोगी, 2004)। इनसाइक्लोपीडिया ब्रिटानिका में गाँठ गोभी का वर्णन 18वीं शताब्दी में पश्चिम यूरोप का पत्ता गोभी के रूप में वर्णित है (राय एवं यादव, 2005)। विश्व के किसी भी देश में गांठ गोभी की खेती बड़े स्तर पर नहीं की जाती है। यह मुख्यतः आभ्यन्तरिक क्षेत्रों, पश्चिम यूरोप, उत्तरी अमेरिका, द नियर इस्ट, जापान व भारत में उगायी जाती है। स्पष्ट रूप से यह नहीं कहा जा सकता कि भारत में इस फसल का आगमन कब हुआ। भारत में गांठ गोभी के उत्पादन का इतिहास 60 वर्ष पुराना है। भारतवर्ष के पहाड़ी क्षेत्रों तथा कश्मीर व कर्नाटक में अधिक पसन्द किया जाता है। इसे छोटे पैमाने पर महाराष्ट्र, गुजरात, आसाम, उत्तर–प्रदेश, उत्तराखण्ड, मध्य प्रदेश, पश्चिम बंगाल व पंजाब में उगाया जाता है। दक्षिण भारत के कुछ क्षेत्रों में इस फसल की खेती की जाती है। यह सत्य है कि भारतवर्ष में गांठ गोभी की सभी किस्में अमेरिका तथा यूरोप से लायी गयी हैं। थाम्पसन (1976) का मानना है कि जब अगेती प्रभेद उत्तर पश्चिम यूरोप में प्रवेश किया तब द्विवर्षीय, शीत कठोर, कम रेशेदार, मोटा तनाव रसदार गांठ का चयन किया गया। इसी प्रकार बोसवेल (1949) तथा हेल्म (1963) ने स्पष्ट किया कि गांठ गोभी उत्तर पश्चिम यूरोप में 15वीं शताब्दी में वर्तमान रूप धारण की।

वानस्पतिक विवरण

गांठ गोभी कुल ब्रैसिकेसी (*Brassicaceae*) कुल का पौधा है। इसका वंश ब्रेसिका (*Brassica*) तथा स्पीशिज कालोरापा (Caulorapa) है। इसको ब्रैसिका ओलेरेसिया ग्रुप गांगीलोड्स (*Brassica oleracea* group *gongylodes*) भी कहते हैं। यह एक शाकीय पौधा है जो सब्जी उत्पादन के लिए एकवर्षीय (annual) है, परन्तु बीजोत्पादन के लिए द्विवर्षीय (biennial) है। इसका खाये जाने वाला भाग तने का ही परिवर्तित रुप होता है जिसे नाब (Knob) कहते हैं। इसमें जमीन के उपर (बीज पत्र के ऊपर) तने की कोशिकायें मोटी हो जाती हैं। यह खाद्य सामग्री के संचित होने से बनती है। इसकी सतह पर पत्तियों के निशान पाये जाते हैं। गांठ हरे या बैगनी रंग की होती है। यह

पर–परागित (cross pollinated) पौधा है। गांठ गोभी मं पंखुडी 4, दलपुंज 4, टेट्राडायनेमस (2 छोटे व 4 लम्बे) व द्विविभाजित अण्डज होता है। इसमें सैप्रोफाइरिक स्व अनिषेच्यता के कारण परापरागण होता है। परागण मधुमक्खी व फ्लाईज (flies) के द्वारा होता है।

पोषकीय महत्व

पोषकीय दृष्टि से गांठ गोभी में पर्याप्त मात्रा में खनिज तत्व जैसे– कैल्सियम, मैग्नीशियम, पोटैशियम, सोडियम, फास्फोरस और आयरन पाया जाता है। इस सब्जी में गन्धक प्रचुर मात्रा में विद्यमान होता है, जो मानव स्वास्थ्य के लिए उत्तम है। इसके अतिरिक्त यह विटामिन 'सी' व विटामिन 'ए' का भी अच्छा स्रोत है। इसमें पाये जानें वाले पोषक तत्वों को सारिणी में दिया गया है।

सारिणी (3.27) गांठ गोभी का पोषक मूल्य (प्रति 100 ग्राम खाने योग्य भाग में)

पोषक तत्व	मात्रा
नमी	92.7 ग्राम
प्रोटीन	1.1 ग्राम
वसा	0.2 ग्राम
खनिज	0.7 ग्राम
रेशा	1.5 ग्राम
कार्बोहाइड्रेट्स	3.8 ग्राम
ऊर्जा	21 कैलोरी
कैल्सियम	20 मिली ग्राम
फास्फोरस	35 मिली ग्राम
आयरन	1.54 मिली ग्राम
कैरोटिन	21 माइको ग्राम
थाइमिन	0.05 मली ग्राम
रिबोफ्लेविन	0.09 मिली ग्राम
नियासिन	0.5 मिली ग्राम
विटामिन 'सी'	85.0 मिली ग्राम

स्रोतः गोपालन एवं सहयोगी, 1999

आयुर्वेदिक चिकित्सा में भी इसका बहुत महत्व है। इसका सेवन पेट के रोग, गॅठिया, डायरिया, गूँगापन, सिरदर्द आदि में लाभप्रद होता है। गांठ गोभी में पर्याप्त मात्रा में एमीनो एसीड पाया जाता है जिसका विवरण सारिणी में दिया गया है।

सारिणी (3.28) गांठ गोभी में में पाये जाने वाले एमीनो एसीड

एमीनो एसीड	**मात्रा**
ट्रिप्टोफेन	540.0 मिली ग्राम प्रति ग्राम
फिनाइललैनाइन	370.0 मिली ग्राम प्रति ग्राम
मेथोनाइन	160.0 मिली ग्राम प्रति ग्राम
थियोनाइन	050.0 मिली ग्राम प्रति ग्राम
थ्रियोनाइन	130.0 मिली ग्राम प्रति ग्राम
ल्यूसीन	500.0 मिली ग्राम प्रति ग्राम
आइसोल्यूसीन	330.0 मिली ग्राम प्रति ग्राम
वैलाइन	310.0 मिली ग्राम प्रति ग्राम

स्रोतः गोपालन एवं सहयोगी, 1999

उन्नतिशील किस्में

गांठ गोभी की अधिकतर किस्में बाहर के देशों से आयातित हैं। गांठ गोभी के किस्मों के तैयार होने के समय के अनुसार निम्न वर्गों में बाँटा जा सकता है।

1. अगेती किस्में : अर्ली ह्वाइट वीयना
2. पिछेती किस्में : परपल वीयना

अर्ली ह्वाइट वियना (Early White Vienna)

यह एक अगेती प्रवेशित किस्म (introduced variety) है, जो वियना से आयात की गयी है। पौधे छोटे तथा पत्तियाँ हरापन लिये होती हैं। इसकी गांठें गोल तथा मध्यम आकार की हल्की हरी, ग्लोब के शक्ल की व चिकनी होती हैं। इसका गूदा मुलायम, सुगन्धित तथा मक्खन की तरह सफेद रंग का होता है। यह किस्म मध्य अगस्त से सितम्बर तक नर्सरी में बोयी जाती है। इसमें पौध रोपण के 50–60 दिन बाद गांठ बनना प्रारम्भ हो जाता है। इसकी औसत उपज 15.0–20.0 टन प्रति हेक्टेयर है।

परपल वियना (Purple Vienna)

यह पिछेती किस्म ह्वाइट वियना से लगभग एक सप्ताह देर से तैयार होती है। इस किस्म में पत्तियाँ ज्यादा बनती हैं तथा पत्तियाँ एवं तनों का रंग बैगनी होता है। इसकी गांठों का छिलका मोटा व बैगनी रंग का होता है। गांठों के अन्दर का गूदा हरापन लिये सफेद रंग का होता है। पौध रोपण से 55–60 दिन बाद गांठें बनना शुरु हो जाती हैं। इसकी औसत उपज 15.0–20.0 टन प्रति हेक्टेयर होती है।

किंग ऑफ नार्थ (King of North)

यह भी एक आयातीत किस्म (introduced variety) है। इस किस्म के पौधे 20.0–30.0 सेन्टी मीटर ऊँचे होते हैं। पौधों की पत्तियाँ गहरे हरे रंग की तथा थोड़ी चौड़ी होती हैं। यह किस्म 65–70 दिन में तैयार हो जाती हैं। शीर्ष चपटे, गोलाकार तथा हरे रंग की होती हैं। पत्तियों का निचला हिस्सा काफी लम्बा होता है, जो शीर्ष को ढके रहता है।

लार्ज ग्रीन (Large Green)

यह भी एक अगेती किस्म है। इसके पौधे बौने होते हैं। पत्तियाँ हरे रंग की तथा गांठें बड़े गोल आकार की हरी चिकनी होती हैं। गूदा मुलायम होता है। इसकी पत्तियाँ कोमल होती हैं, जिन्हें गांठों के साथ सब्जी में प्रयोग किया जा सकता है। यह किस्म हिमाचल प्रदेश में काफी प्रचलित है।

जी–40 (G-40)

यह ह्वाइट वीयना से चयनित किस्म है। यह किस्म 35–40 दिन में तैयार हो जाती हैं। इसकी औसत उपज 40.0–50.0 टन प्रति हेक्टेयर होती है।

पी–40 (G-40)

इस चयनित किस्म को शेर–ई–कश्मीर कृषि प्रोद्योगिकी विश्वविद्यालय, जम्मू (जे0 एण्ड के0) से विकसित किया गया है। यह किस्म 35–40 दिन में तैयार हो जाती हैं। गांठों का छिलका बैंगनी रंग का होता है। इसकी औसत उपज 30.0–40.0 टन प्रति हेक्टेयर होती है।

जलवायु

गांठ गोभी ठण्डे मौसम की फसल है। उत्तरी भारत के मैदानी भागों में इसकी खेती नवम्बर से जनवरी तक की जाती है। कुछ किस्में पुष्पवृन्तों के विकास के समय कम तापक्रम (10^0 सेल्सियस से नीचे) पर संवेदनशील होती हैं। ऐसी किस्मों में पौध रोपण के बाद 10^0 सेल्सियस कम तापक्रम एक सप्ताह तक रहने पर भी पुष्पवृन्त आ जाते हैं। पौध लगाने के बाद उच्च तापक्रम रहने से पुष्पवृन्त देर से आते हैं। इसमें पाला सहन करने की अद्भूत शक्ति होती है। गांठ गोभी के बीज 10.0–30.0 डिग्री सेल्सियस पर जमते हैं (दास, 1992)।

भूमि एवं भूमि की तैयारी

गांठ गोभी की खेती किसी भी प्रकार की मृदा में सफलतापूर्वक की जा सकती है, फिर भी भारी दोमट मिट्टी इसके लिए सर्वोत्तम होती है। मिट्टी का पी0एच0 मान 6.5–7.0 तक उत्तम होता है। खेत तैयार करने के लिए पहली जुताई मिट्टी पलटने वाले हल से गहरी करनी चाहिए और उसके बाद 2–3 जुताई कल्टीवेटर चलाकर खेत तैयार कर लेना चाहिए। प्रत्येक जुताई के बाद पाटा लगाकर खेत को समतल करना चाहिए। इसके बाद सिंचाई की सुविधा के अनुसार क्यारियाँ और नालियाँ बनानी चाहिए। यह सत्य है कि लवणता के उच्च स्तर का प्रभाव पौध वृद्धि एवं विकास पर पड़ता है लेकिन इसकी खेती 5.0 तथा 4.0 मिली म्होस (mmhos m^{-1}) पर सफलतापूर्वक किया जा सकता है (सिंह एवं सहयोगी, 1982)।

बोने का समय व बीज की मात्रा

गांठ गोभी के बीजों की बुआई नर्सरी में अगस्त के अन्त से अक्टूबर तक की जाती है। एक हेक्टेयर क्षेत्रफल के लिए 1.0–1.5 किलो ग्राम बीज की आवश्यकता पड़ती है। एक हेक्टेयर क्षेत्रफल के लिए 100 वर्गमीटर नर्सरी क्षेत्र की आवश्यकता पड़ती है। नर्सरी की भूमि को भलीभाँति तैयार करके उसमें गोबर की सड़ी खाद मिला देनी चाहिए। इसके बाद इसे समतल करके 5.0×1.0 मीटर के आकार की 20 क्यारियाँ बना लेते हैं। इन क्यारियों में 15.0 सेन्टी मीटर की दूरी पर कतारों में 1.5 सेन्टी मीटर की गहराई पर बीज बोये जाते हैं। इसके बाद गोबर की सड़ी हुई खाद और मिट्टी के मिश्रण से बीजों को ढककर क्यारियों पर सूखी घास बिछा देते हैं। जब तक जमाव न हो जाये, तब तक प्रतिदिन हजारे से पानी छिड़कते रहना चाहिए। जमाव के बाद घास हटाकर आवश्यकतानुसार फौब्बारे से सिंचाई करना चाहिए। गांठ गोभी की पौध 4–6 सप्ताह बाद रोपण युक्त हो जाते हैं। पौध की रोपण करने से पहले तैयार की गयी क्यारियों में 30.0 सेन्टी मीटर की दूरी पर बनी कतारों में पौधे से पौधे की 10.0–15.0 सेन्टी मीटर की दूरी पर सायंकाल के समय करते हैं और इसके बाद तुरन्त पानी लगा देते हैं।

पोषक तत्व प्रबंधन

गांठ गोभी की अच्छी फसल के लिए अधिक मात्रा में खाद और पोषक तत्वों की आवश्यकता होती है। चौ० चरण सिंह हरियाणा कृषि विश्वविद्यालय, हिसार (हरियाणा) के अनुसार इसकी अच्छी पैदावार के लिए 40.0–50.0 टन प्रति हेक्टेयर गोबर की अच्छी तरह सड़ी खाद खेत तैयार करते समय मिट्टी में मिला देना चाहिए। इसके अतिरिक्त 100.0 किलो ग्राम नाइट्रोजन, 50.0 किलो ग्राम फास्फोरस एवं 50.0 किलो ग्राम पोटाश प्रति हेक्टेयर की दर से फसल में देना चाहिए। फास्फोरस व पोटाश की पूर्ण व नत्रजन की एक तिहाई मात्रा खेत की अंतिम जुताई के समय मिला देना चाहिए। नत्रजन की शेष बची मात्रा को 2 बराबर भागों में बाँटकर रोपण के 25–40 दिन बाद खड़ी फसल में छिटक कर देते हैं। बेकर (1956) के अनुसार 20.0 टन उपज देने वाली गांठ गोभी की फसल खेत से 100.0 किलो ग्राम नाइट्रोजन, 80.0 किलो ग्राम फास्फोरस, 160.0 किलो ग्राम पोटाश तथा 60.0 किलो ग्राम कैल्सियम मिट्टी से शोषण करती है। अतः अच्छी फसल के 10.0–15.0 टन गोबर की खाद (शालिनी एवं सहयोगी, 2002), 100.0 किलो ग्राम नाइट्रोजन, 60.0 किलो ग्राम फास्फोरस तथा 100.0 किलो ग्राम पोटाश प्रति हेक्टेयर उपयोग करना चाहिए। चौधरी एवं सोम (1969) ने बलुई मिट्टी में गांठ गोभी की अर्ली वियना किस्म पर नाइट्रोजन तथा फास्फोरस की विभिन्न मात्रा के प्रभाव का अध्ययन किया तथा सर्वोत्तम उपज 100.7 किलो ग्राम नाइट्रोजन तथा 60.0 किलो ग्राम फास्फोरस के उपयोग से प्राप्त की। साइटोजाइम की 0.2 प्रतिशत का छिड़काव पौध रोपण के 15 दिन व 30 दिन पर करने पर सबसे अधिक उपज पायी गयी (अरोरा एवं सहयोगी, 1989)।

सिंचाई जल प्रबन्धन

फूल गोभी एवं पत्ता गोभी की तरह गांठ गोभी की नियमित रुप से सिंचाई होनी चाहिए। विकास अवरुद्ध या मन्द हो जाने पर गांठ गोभी में कडुवापन (**bitterness**) आ जाता है तथा

उनमें रेशा पैदा हो जाता है। अगर वृद्धि बहुत तेज हुई तो गांठें फट जाती हैं। प्रायः प्रथम सिंचाई पौध रोपण के तुरन्त बाद तथा बाद में 10–15 दिन के अन्तराल पर सिंचाई करते रहना चाहिए।

निकाई–गुड़ाई

फसल की प्रारम्भिक अवस्था में 2 बार निकाई खुरपी से कर देना चाहिए, जिससे खरपतवार समाप्त हो जायें। जब पौधे 25.0 सेन्टी मीटर ऊँचाई के हो जायें, तब निकाई–गुड़ाई करके जड़ों के पास मिट्टी चढ़ा देना चाहिए लेकिन गांठें बनते समय इस क्रिया को बन्द कर देना चाहिए, क्योंकि इससे गांठों को क्षति पहुँचती है। रासायनिक विधि से खरपतवार नियंत्रण करना हो तो स्टाम्प नामक खरपतवारनाशी की 3.3 लीटर मात्रा 1000 लीटर पानी में घोलकर प्रति हेक्टेयर की दर से रोपण के पहले छिड़काव से 30–40 दिन तक खरपतवार कम उगते हैं।

फसल की कटाई

फसल रोपण के लगभग 45–60 दिन बाद तैयार हो जाती हैं। बड़ी व मुलायम गांठें, जिसका व्यास किस्म के अनुसार लगभग 5.0–8.0 सेन्टी मीटर हों, कॉट ली जाती हैं। गांठों की कटॉई एक साथ नहीं करनी चाहिए। छोटी गांठों को छोड़ देना चाहिए, जब वे पूर्ण रुप से विकसित हो जाये तभी कॉटना चाहिए। कटाई में देर करने से गांठें सख्त हो जाती हैं और बाजार में उचित मूल्य नहीं मिलता। इतना ही नहीं देर से कॅटाई करने पर गांठों में रेशा विकसित हो जाते हैं और गांठों में सुगन्ध भी कम हो जाती है। कॅटाई के पश्चात् गांठों को आकार एवं रंग के अनुसार अलग–अलग छाँट लें तथा सड़ी–गली व पुरानी पत्तियों को तोड़ दें। कटाई के बाद गांठों को बाजार में जल्द से जल्द भेज देना चाहिए। गांठ का भार यदि 150 ग्राम या कुछ कम हो तो उसकी उपभोक्ता द्वारा ज्यादा पैसे मिलते हैं तथा 200 ग्राम से अधिक की गांठें उपभोक्ता को स्वीकृति नहीं होती।

उपज

गांठ गोभी की औसत पैदावार 22.5 टन प्रति हेक्टेयर होती है। फसल अच्छी होने पर 25.0–30.0 टन प्रति हेक्टेयर तक उपज प्राप्त की जा सकती है।

कॅटाई उपरान्त प्रबन्धन

कॅटाई के उपरान्त गांठों की सफाई करके उसका श्रेणीकरण करना चाहिए। घटियाँ गांठों को अलग कर देना चाहिए तथा फिर श्रेणीकरण व गट्ठर बनाकर उत्पाद को बाजार भेजना चाहिए। साधारण परिस्थिति में गांठ गोभी का 5–8 दिन तक भण्डारण किया जा सकता है। यदि बाजार में उत्पाद की अधिकता हो तो शीत गोदाम में गांठ गोभी को लम्बी अवधि के लिए किसी क्षति के बिना रखा जा सकता है।

पौध संरक्षण

प्रमुख कीट एवं उनका प्रबन्धन

गांठ गोभी की फसल को कभी–कभी सुण्डियों व चेपा से नुकसान पहुँचता है। सूंडी पत्तियों को खा जाती है और तने को भी हानि पहुँचाती है, जबकि चेपा पत्तों का रस चूसकर हानि करता है। इन्हें नियंत्रित करने के लिए 0.16 प्रतिशत मैलाथियान दवा के घोल का छिड़काव करना चाहिए।

प्रमुख रोग एवं उनका प्रबन्धन

आर्द्रगलन रोग

यह रोग एक फफूँद के द्वारा फैलता है। इसके कारण पौधे नर्सरी में गिरकर मर जाते हैं। इसकी रोकथाम के लिए बीज बोने से पूर्व उसे थायरम या कैप्टान दवा से (2.5 ग्राम दवा प्रति किलो ग्राम बीज) उपचारित करना चाहिए।

ब्रुसेल्स स्प्राउट्स या बटन गोभी
(Brussels sprouts)

वनस्पतिक नाम : ब्रैसिका ओलेरेसिया ग्रुप गेमीफेरा (*Brassica oleracea* var. *gemmifera* Zenk.)

कुल : ब्रैसिकेसी (Brassicaceae)

गुणसूत्र : 2एन=18

ब्रुसेल्स स्प्राउट ब्रैसिकेसी (Brassicaceae) परिवार का ऐसा पौधा है, जिसकी पत्तियाँ गोभी की तरह और पौधों के तनों पर जहाँ से पत्तियाँ निकलती है, उनके कक्ष से छोटे–2 पत्ता गोभी जैसे गांठ स्प्राउट (head) निकलते हैं जिनकी सब्जी उबाल कर बनाई जाती है। ब्रुसेल्स स्प्राउट पोषण की दृष्टि से बहुत ही अच्छी सब्जी है।

उद्‌भव एवं वितरण

ब्रुसेल्स स्प्राउट्स का नाम बेल्जियम की राजधानी ब्रुसेल्स शहर के नाम पर पड़ा है। इसकी उत्पत्ति आभ्यन्तरिक समुद्री तटवर्ती क्षेत्रों से हुई है, ऐसा माना जाता है। बेल्जियम में इसकी खेती 16वीं शताब्दी से होती चली आ रही है। यहीं से इसका प्रचार–प्रसार यूरोपीय देशों में हुआ। ब्रुसेल्स स्प्राउट्स का उपनिवेशन इंग्लैण्ड व फ्रांस में सन् 1810 में हुआ। प्रवासी फ्रांसवासियों ने सर्वप्रथम ब्रुसेल्स स्प्राउट्स की खेती संयुक्त राज्य अमेरिका के लौसियाना (Louisiana) में किया गया और वर्तमान में भी यहाँ हो रहा है। वर्तमान समय में ब्रुसेल्स स्प्राउट्स की खेती विस्तृत रुप से यूरोप, जापान एवं उत्तरी अमेरिका के शीतोष्ण क्षेत्रों में की जा रही है। भारत वर्ष में इसकी खेती बहुत सीमित क्षेत्र में हिमांचल व अन्य पर्वतीय क्षेत्रों में की जाती है। उत्तर भारत के मैदानी क्षेत्रों में इसे जाड़े के दिनों में उगाया जा सकता हैं। इसके अलावा तमिलनाडु व महाराष्ट्र के चुनिन्दा क्षेत्रों में इसकी खेती की जा रही है।

वानस्पतिक विवरण

ब्रुसेल्स स्प्राउट्स का खाने योग्य भाग इसकी फूली हुई कक्षीय कलिका है, जिसका व्यास 2.5–4.0 सेन्टी मीटर तथा वजन 20.0–30.0 ग्राम होता है। पौधे अशाखित, सीधे व प्रत्येक पत्ती के कक्ष से कलिका उत्पन्न होती है। इन कलिकाओं को (खाने वाले भाग को) स्प्राउट्स (sprouts) या बटन्स (buttons) या मिनी कैबेज (mini cabbage) या शीर्षिकाएँ कहते हैं। ये स्प्राउट छोटे, बड़े सख्त तथा पत्ता गोभी के शीर्ष जैसे होते हैं। शीर्षिकाओं का रंग हरा तथा आकृति गोल या शंकु के अनुरुप होती है। प्रजातीय नाम जेमीफेरा (*gemmifera*) का तात्पर्य है पौधे द्वारा पुनः पत्ती कलिका को जन्म देना है, जब इन्हें मातृ पौधे से अलग किया जाता है तो अनुकूल वातावरण में जंड़ विकसित करते हैं और एक नवीन पौधा को जन्म देतें हैं।

पोषकीय महत्व

ब्रुसेल्स स्प्राउट्स में प्रोटीन, विटामिन 'ए' व "सी" आयरन, कैल्सियम तथा अन्य खनिज लवण प्रचुर मात्रा में पाये जाते हैं। ब्रुसेल्स स्प्राउट्स का पोषकीय महत्व नीचे की सारिणी में दिया गया है–

सारिणी (3.29) ब्रुसेल्स स्प्राउट्स का पोषकीय मूल्य (प्रति 100 खाने योग्य भाग में)

पोषकीय महत्व	मात्रा
नमी	85.2 ग्राम
प्रोटीन	4.9 ग्राम
वसा	0.4 ग्राम
कार्बोहाइड्रेट्स	8.3 ग्राम
विटामिन 'ए'	550 अ0ई0
थाइमिन	0.10 मिली ग्राम
रिबोफ्लेविन	0.16 मिली ग्राम
नियासिन	0.9 मिली ग्राम
एस्कार्बिक एसिड	102 मिली ग्राम
कैल्सियम	36 मिली ग्राम
फास्फोरस	80 मिली ग्राम
लौह तत्व	1.5 मिली ग्राम

स्रोतः गोपालन एवं सहयोगी, 1999

उन्नतिशील किस्में

ब्रुसेल्स स्प्राउट्स या बटन गोभी की किस्मों को दो समूहों में बाँटा जा सकता है जिनका वर्गीकरण पौधों की ऊँचाई के आधार पर किया जाता है।

1. बौनी किस्में (Dwarf cultivars)

बटन गोभी की बौनी किस्मों की ऊँचाई 50.0 सेन्टी मीटर तक होती है। इनमें विकसित होने वाली कलिकाएँ (स्प्राउट्स) मध्यम आकार की होती हैं। इसकी अर्ली इम्प्रूव्ड, अर्ली ड्वार्फ, ड्वार्फ इम्प्रूव्ड तथा अर्ली मोर्न उन्नतिशील बौनी किस्में है।

2. मध्यम ऊँचाई वाली किस्में (Medium tall cultivars)

मध्यम ऊँचाई वाली किस्मों में लांग ए आइसलैण्ड, हाफ ड्वार्फ इत्यादि महत्वपूर्ण हैं।

3. ऊँची किस्में (Tall cultivars)

बटन गोभी की ऊँची किस्मों में ऐवासम तथा वेड फोर्ड शायर दो उन्नतिशील किस्में है जिनमें अच्छे शीर्ष बनते हैं। इसके अतिरिक्त कैम्बिज न0 1, 2, 3 व 5 प्रमुख हैं, जो हल्के रंग वाली तथा

आईरिश ऐलीमेन्स, शैरारडियन, डैनिशप्राइज और अजमेर मार्केट, रूबिन एक्सप्रेश हिल्ड्स आइडियल डियाब्लो, अर्ली हाफ टाल काफी लोकप्रिय किस्में हैं। फसलोत्पादन के लम्बे मौसम वाले क्षेत्रों में ऊँची या लम्बे तने वाली किस्में अधिक उपयुक्त होती हैं। परिपक्वता की अवधि एवं शीर्षकाओं के आकार के आधार पर इन किस्मों का वर्गीकरण किया जाता है।

ऐवासम (Avasum)

यह अपेक्षाकृत अगेती, हल्के हरे रंग की पत्तियों एवं शीर्षकाओं वाली किस्म हैं।

बैड फोर्डशायर (Bad Fordshire)

यह पिछेती तथा गहरे हरे रंग की किस्म है।

कुछ प्रचलित किस्मों का विवरण नीचे दिया जा रहा है–

हिल्ड्स आइडियल (Hilds Ideal)

इस किस्म का विकास भारतीय कृषि अनुसंधान संस्थान, नई दिल्ली के क्षेत्रीय शोध केन्द्र, कटराईं (हिमाचल प्रदेश) से किया गया है। इस किस्म की खेती सुगमतापूर्वक पर्वतीय एवं उत्तर भारत के मैदानी भागों में किया जा सकता है। पौधे 60.0–65.0 सेन्टी मीटर ऊँचे होते हैं। प्रत्येक पौधे पर औसतन 45–55 स्प्राउट्स लगते हैं, जिनके प्रत्येक कलिका का वजन 6.0–8.0 ग्राम तथा काटने पर दोनों किनारों की लम्बाई 7.0–8.0 सेन्टी मीटर होती है। स्प्राउट्स का रंग हल्का हरा, गोलाकार व ठोस होता है। पौध रोपण के लगभग 10–12 दिनों बाद कटाई की जा सकती हैं प्रत्येक पौधे से 4–5 बार तुड़ाई की जाती है। औसतन प्रत्येक पौधे से 250.0–450.0 ग्राम स्प्राउट्स प्राप्त हो जाता है।

स्प्राउट्स लॉग आइलैंड (Sprouts Long Island)

यह एक अत्यन्त लोकप्रिय तथा अगेती किस्म है। उन क्षेत्रों के लिए यह बहुत उपयुक्त है, जहाँ फसलोत्पादन का मौसम अल्पकालीन होता है।

जेड क्रास (Z-Cross)

यह एक जापानी संकर किस्म है, जो अपनी अगेती प्रकृति, उपज की अधिकता, फसल परिपक्वता की समरुपता तथा छोटा तना होने के कारण अत्यन्त लोकप्रिय है।

जलवायु

बटन गोभी मूलतः ठंडे जलवायु की सब्जी है। इसकी अच्छी वृद्धि एवं विकास के लिए औसतन 10.0–15.0 डिग्री सेन्टीग्रेड तापमान की आवश्यकता लम्बे समय तक पड़ती है। पर्वतीय क्षेत्रों में इसके बटन सुडौल व उच्च कोटि की बनती है। शरद मौसम में इसकी खेती उत्तर भारत के मैदानी

भागों में की जा कसती है। उच्च तापमान होने पर स्प्राउट्स ढीले तथा तीखे हो जाते हैं। ब्रुसेल्स स्प्राउट्स कुछ दिनों तक पाला भी सहन कर सकता है। शून्य डिग्री सेन्टीग्रेड तापमान होने पर भी इसकी वृद्धि लगातार होती रहती है।

भूमि एवं भूमि की तैयारी

बटन गोभी की खेती सफलतापूर्वक किसी भी प्रकार की जीवांशयुक्त भूमि में किया जा सकता है। भूमि जिसका पी0एच0 मान 6.5–7.5 के आस पास हो, बटन गोभी की खेती के लिए उपयुक्त मानी जाती है। खेत तैयार करने के लिए 2–3 बार गहरी जुताई कल्टीवेटर से करने के बाद पाटा चलाकर भुर–भुरी एवं समतल बना लेना चाहिए।

बीज दर एवं पौधशाला में बीज की बुआई

एक हेक्टेयर क्षेत्रफल में बटन गोभी की खेती करने के लिए मात्र 400.0–500.0 ग्राम बीज की नर्सरी में डालने की आवश्यकता पड़ती है। पौधशाला में बीज की बुआई का समय मैदानी भागों में सितम्बर के अन्तिम सप्ताह से अक्टूबर तक है। मध्य पहाड़ी क्षेत्रों में बीज की बुआई का उपयुक्त समय अगस्त से मध्य सितम्बर तक है। अप्रैल का महीना उच्च पहाड़ियों में बुआई करने के लिए उपयुक्त है। मृदा तापमान 10 डिग्री सेल्सियस होने पर बीजों का जमाव अच्छा होता है। देर से पौध रोपण करने पर शीर्ष से पुष्पवृन्त निकलने लगते हैं। जब बीज की बुआई सीधे खेत में की जाती है, तो प्रति हेक्टेयर 1.0 किलो ग्राम बीज की आवश्यकता पड़ती है। बीज की प्राइमिंग (seed priming) करने से सीधी बुआई विधि में जमाव अच्छा होता है। तैयार पौध का रोपण इन क्षेत्रों में अप्रैल के महीनों में करना चाहिए।

पौध तैयार करना

बटन गोभी की पौध तैयार करने के लिए 3.0 मीटर लम्बी, 1.0 मीटर चौड़ी व 20.0–30.0 सेन्टी मीटर ऊपर उठी हुई 20–30 क्यारियाँ बना लेते हैं। इतनी संख्या में तैयार क्यारियाँ एक हेक्टेयर क्षेत्रफल में रोपण हेतु उपयुक्त हैं। प्रत्येक क्यारी में अच्छी प्रकार सड़ी गोबर की खाद के अलावा 40.0 ग्राम डाई अमोनियम फास्फेट, 25.0 ग्राम यूरिया, 30.0 ग्राम म्यूरेट आफ पोटाश एवं 10.0–15.0 ग्राम फ्यूराडान डालकर अच्छी तरह मिट्टी में मिला देना चाहिए। क्यारियाँ तैयार करने के बाद थिरम या कैप्टान 2.0 ग्राम प्रति लीटर की दर से घोलकर क्यारी की सिंचाई कर दें। बीज शोधन के लिए थीरम या कैप्टान की 2.5 ग्राम मात्रा प्रति किलो ग्राम बीज की दर से उपचारित करना आवश्यक है। इन क्यारियों में लगभग 5.0 सेन्टी मीटर की दूरी पर पंक्तियाँ बना लेवें व इन पंक्तियों में 0.5 सेन्टी मीटर गहराई पर बीज इस प्रकार बोयें कि एक जगह पर एक ही बीज पड़े। बुआई उपरान्त सड़ी हुई गोबर की भुर–भुरी खाद एवं बालू की समान मात्रा मिलाकर बीज ढक दें। फुहारे से आवश्यकतानुसार सिंचाई करें। लगभग 4–5 सप्ताह की आयु वाले पौधे (10.0–15.0 सेन्टी मीटर ऊँची) की रोपाई की जा सकती है। पौध रोपण के पूर्व 1.0 ग्राम स्ट्रेप्टोसाइक्लिन को 8.0 लीटर पानी में घोलकर 30 मिनट डुबोने के बाद लगाना चाहिए।

पौध रोपण

बटन गोभी की बौनी किस्मों की 60.0 सेन्टी मीटर कतार से कतार और 45.0 सेन्टी मीटर पौध से पौध की दूरी पर, मध्य अवधि वाली किस्मों को 70.0 × 70.0 सेन्टी मीटर तथा ऊँची बढ़ने वाली किस्मों को 90.0 सेन्टी मीटर कतार से कतार और 60.0 सेन्टी मीटर पौध से पौध की दूरी पर रोपण करतें हैं। रोपण सदैव सायंकाल के समय करें तथा रोपण के तुरन्त बाद फुहारे से हल्की सिंचाई किरनी चाहिए।

पोषक तत्व प्रबन्धन

बटन गोभी की अच्छी उपज के लिए 20.0–25.0 टन सड़ी हुई गोबर की खाद प्रति हेक्टेयर की दर से रोपण के लगभग 3–4 सप्ताह पूर्व खेत में मिला देना चाहिए। इसके अलावा 125.0 किलो ग्राम नत्रजन, 50.0 किलो ग्राम फास्फोरस तथा 50.0 किलो ग्राम पोटाश की प्रति हेक्टेयर आवश्यकता पड़ती है। इन तत्वों की आपूर्ति 400.0 किलो ग्राम कैल्सियम अमोनियम नाइट्रेट, 750.0 किलो ग्राम सिंगल सुपर फास्फेट व 250.0 किलो ग्राम म्यूरेट आफ पोटाश के माध्यम से किया जा सकता है। सिंगल सुपर फास्फेट व म्यूरेट आफ पोटाश की पूरी मात्रा तथा कैल्सियम अमोनियम नाइट्रेट की एक तिहाई मात्रा खेत की तैयारी के समय खेत में डाल देना चाहिए तथा शेष दो तिहाई मात्रा फसल रोपण के 30 व 35 दिन बाद बराबर मात्रा में ट्राप ड्रेसिंग (top dressing) करनी चाहिए।

सिंचाई जल प्रबन्धन

बटन गोभी में सिंचाई, रोपण का समय, वर्षा की आवृत्ति एवं मृदा के गुणों पर निर्भर करती है। पौध रोपण के तुरन्त बाद व 2–3 दिनों तक फौब्बारे की सहायता से हल्की सिंचाई करते रहना चाहिए तथा बाद में उचित नमी बनायें रखने के लिए शरद ऋतु में सिंचाई 10–15 दिन के अन्तराल पर व गर्मी में एक सप्ताह पर करते रहना चाहिए। इस प्रकार परे जीवन काल में 4–6 सिंचाई की आवश्यकता पड़ती है। प्रत्येक सप्ताह 2.0–3.0 सेन्टी मीटर पानी देना पड़ता है।

खरपतवार प्रबन्धन व गुड़ाई

पौध रोपण से लेकर पौधों पर बटन गोभी तैयार होने तक के बीच खेत में कई प्रकार के हानिकारक खरपतवार उग जाते हैं। इसलिए खरपतवार को कम करने के लिए 2–3 निकाई व पौधों के आस–पास वातायन बनाये रखते के लिए गुड़ाई करना चाहिए। परन्तु व्यावसायिक स्तर पर खेती करने पर खरपतवारनाशी का प्रयोग भी काफी लाभप्रद है। स्टाम्प की 3.3 लीटर मात्रा को 1000.0 लीटर पानी में घोलकर प्रति हेक्टेयर का छिड़काव रोपण पूर्व लाभप्रद होता है। वर्षा ऋतु में यदि पौधों की जड़ों के पास से मिट्टी हट गयी हो तो चारों तरफ से हल्की मिट्टी चढ़ा देनी चाहिए।

फसल की कटाई

बटन गोभी के तुड़ाई के 3 सप्ताह पूर्व पौधों के उपरी सतह को काट देने से बढ़ती कलिकाएँ या स्प्राउट्स को प्रकाश संश्लेषण से निर्मित पोषक तत्व मिल जाते हैं। बटन गोभी के शीर्षकाओं

(sprouts) का आकार जब लगभग 3.0–4.0 सेन्टी मीटर गोलाई के हो जायें, तब बाजार में विक्रय योग्य हो जाते हैं। अगेती किस्में 90–100 दिनों में तथा पिछेती किस्में 120–130 दिनों में खाने योग्य हो जाती हैं। स्प्राउट्स को तेज धार वाले चाकू द्वारा तने से काटकर निकाल दिया जाता है। सामान्यतः इसकी कटाई 8 सप्ताह तक चलती है तथा 3–5 बार कटाई की जाती है। स्प्राउट्स तने के नीचे से उपर की ओर काटे जाते हैं। देर से काटने पर स्प्राउट्स की गुणवत्ता खराब हो जाती है। गाँठें कलिकाओं का रंग गहरा हरा व समान आकार का हो, यही बाजार में विक्रय का मानक है। साधारणतया उत्तर मैदानी क्षेत्रों में कटाई जनवरी–फरवरी में, मध्य पर्वतीय क्षेत्रों में नवम्बर–मार्च में तथा उच्च पर्वतीय क्षेत्रों में जुलाई–सितम्बर में की जाती है।

उपज

उपज किस्म, जलवायु तथा फसल की देखभाल पर निर्भर करती है। बटन गोभी की पैदावार 10.0–15.0 टन प्रति हेक्टेयर होती हैं। एक पौधे से 750.0–1000.0 ग्राम स्प्राउट्स मिल जाते हैं। पर्वतीय क्षेत्रों में सुडौल बटन बनने से उपज में बढ़ोत्तरी हो जाती है। वही मैदानी क्षेत्रों में ढीले बटन होने के कारण पैदावार घट जाती है। यदि सम्पूर्ण फसल की कटाई एक ही बार में की जाये तो उपज केवल 5.0–6.0 टन ही होती है।

कटाई उपरान्त सम्भलाव

बाजार में अच्छा मूल्य प्राप्त करने के लिए बटन गोभी की शीर्ष ठोस तथा एक समान होनी चाहिए एवं उसके उपर की पत्तियाँ पूरी तरह शीर्ष के उपर सटी रहनी चाहिए। बाजार में हरे रंग के शीर्ष का मूल्य पीले रंग की तुलना में ज्यादा मिलता है। आधार की ओर लगने वाली छोटी तथा ढिली पत्तियों वाली शीर्ष गुणों में घटियाँ मानी जाती है। इसी प्रकार फटे शिखर वाली शीर्ष भी बाजार में स्वीकार नहीं की जाती है। इसलिए बाजार में भेजने से पहले उत्पाद का श्रेणीकरण कर लेना अनिवार्य है। बाजार में भेजने से पूर्व सभी घटियाँ, कटी–फटी व क्षतिग्रस्त शीर्ष को छाँटकर अलग कर देना चाहिए। सामान्यतः 2.0–4.0 सेन्टी मीटर के उपर तक के व्यास के शीर्ष का उत्पादन होता है। आकार के आधार पर शीर्ष का श्रेणीकरण 2.0 सेन्टी मीटर, 2.0–3.0 सेन्टी मीटर, 3.0–4.0 सेन्टी मीटर तथा 4.0 सेन्टी मीटर से उपर व्यास के आधार पर अलग–अलग वर्गों में किया जाता है। बाजार में 2.5–3.0 सेन्टी मीटर व्यास वाली शीर्ष सबसे अच्छी मानी जाती हैं तथा मूल्य भी ज्यादा मिलता है। छँटाई के बाद अतिशीघ्र उत्पाद को विक्रय हेतु भेज देना चाहिए।

केल (Kale)

वनस्पतिक नाम : ब्रैसिका ओलेरेसिया वार0 एसेफ्ला (*Brassica oleracea* var. *acephala*)
कुल : ब्रैसिकेसी (Brassicaceae)
गुणसूत्र : 2एन =18

केल एक स्काटिश (Scotish) शब्द है जिसकी उत्पत्ति कोल्स (coles) या कौलिस (caulish) से हुई है, जिसे ग्रीक व रोमन भाषा में सामान्यतया पत्ता गोभी जैसे पौधों के लिए करते हैं। केल की पत्तियाँ काफी मुड़ी हुई होती हैं।

उद्भव एवं वितरण

केल की उत्पत्ति के बारे में विभिन्न मत हैं, लेकिन वर्तमान में इसकी उत्पत्ति स्थल पूर्वोत्तर मध्य रेखीय प्रदेश या एशिया माइनर (Asia minor) माना जाता है। कैटो ने इसका वर्णन ईसा से 200 वर्ष पूर्व की थी (डिकाट्यू, 2000)। ग्रीकवासियों को इस फसल की जानकारी बहुत पहले से थी जिसे वे सब्जी के रुप में उपयोग करते थे। विस्थापितों एवं नाविकों के द्वारा विश्व के अन्य भागों में यह सब्जी फसल तेजी से फैल गयी। सब्जी उत्पादन के इतिहास में देखा जाये तो केल की खेती अमेरिका में 17वीं शताब्दी एवं भारत में 19वीं शताब्दी में प्रारम्भ हुआ। भारतवर्ष में केल को जम्मू–कश्मीर, हिमाचल प्रदेश, पंजाब, हरियाणा और दक्षिण भारत के पहाड़ों जैसे नीलगिरी के इलाकों में उगाया जाता है। पहाड़ी क्षेत्रों में हर घर के बगीचे में केल की खेती देखी जा सकती है।

वानस्पतिक विवरण

केल गोभी परिवार (Brassicaceae) का प्राचीनतम सदस्य है, जिनका वानस्पतिक नाम ब्रेसिका ओलेरेसिया एल0 वार0 एसेफ्ला (*Brassica oleracea* var. *acephala*) है। केल की पत्तियाँ खुरदरी, अविभाजित व 30.0–100.0 सेन्टी मीटर तक लम्बी होती हैं, जो मुड़ी हुई हरे, बैगनी व भूरे रंग की होती है। एसीफेला (*acephala*) का तात्पर्य है बिना शीर्ष का। केल में ही एक प्रजाति ट्री केल (Tree kale) की होती है, जिसके पौधे 2.0 मीटर तक ऊँचे होते हैं। एक प्रजाति पुर्तगाली केल के नाम से प्रचलित है, जिसकी पत्तियों की मुख्य धारियाँ रसीली होती हैं। रसीली होने के कारण पुर्तगाल में यह एक विशिष्ट सब्जी मानी जाती है। इसी प्रकार 1000 शीर्ष केल (Thousand headed kale) में अनगिनत प्ररोह विकसित होते हैं और इन्हें चारे के रुप में प्रयोग किया जाता है। कुछ वानस्पतिक विशेषज्ञ केल (kale) और कोलार्ड (collard) दोनों के लिए एक ही वानस्पतिक नाम ब्रेसिका ओलेरेसिया वार0 एसेफ्ला (*Brassica oleracea* var. *acephala*) रखते हैं, लेकिन दोनों में थोड़ा अन्तर है। केल और कोलार्ड दोनों ही जंगली पत्ता गोभी के काफी नजदीकी सम्बन्धी हैं। कोलार्ड बिना शीर्ष एवं शीर्ष वाली पत्ता गोभी के मध्य का माना जाता है।

पोषकीय महत्व

इसकी कोमल पत्तियाँ तोड़कर सब्जी के काम में लायी जाती हैं। आज बड़े शहरों व रेस्तरॉ में इसकी सब्जी की माँग बढ़ी है। पोषण की दृष्टि से देखा जाये तो केल में प्रचुर मात्रा में कैल्सियम, आयरन, सोडियम, पोटैशियम आदि पाया जाता है। इस सब्जी में विटामिन 'सी', फोलिक अम्ल व कैरोटीन प्रचुर मात्रा में पाया जाता है। केल के पोषक मूल्य को सारिणी में दिया गया है।

सारिणी (3.30) केल में पाये जाने वाले पोषक मूल्य (प्रति 100 ग्राम खाने योग्य भाग में)

पोषक तत्व	मात्रा
नमी	83 ग्राम
प्रोटीन	6.0 ग्राम
वसा	0.8 ग्राम
कार्बोहाइड्रेट्स	9.0 ग्राम
ऊर्जा	53 किलो कैलोरी
कैल्सियम	249.0 मिली ग्राम
फास्फोरस	93.0 मिली ग्राम
सोडियम	75.0 मिली ग्राम
पोटैशियम	378.0 मिली ग्राम
विटामिन 'ए'	10,000 अ0ई0
थाइमिन	0.16 मिली ग्राम
रिबोफ्लेविन	0.26 मिली ग्राम
नियासिन	2.1 मिली ग्राम
एस्कार्बिक अम्ल	186.0 मिली ग्राम

स्रोत: गोपालन एवं सहयोगी, 1999

उन्नतिशील किस्में

केल की स्काटिश (Scotish) एवं साइबेरियन (Siberian) किस्में शीतोष्ण क्षेत्रों के लिए अधिक उपयोगी मानी जाती हैं। कश्मीर की वादियों में केल की विविधता सबसे ज्यादा देखने को मिलती है लेकिन प्रजाति रूप में स्पष्ट नही है (खान एवं सहयोगी, 2008)। वैसे केल की किस्मों को उनकी वृद्धि एवं विकास के आधार पर तीन श्रेणियों के विभक्त किया जा सकता है।

1. बौनी किस्में (Dwarf varieties)

बौनी किस्म के पौधों की अधिकतम ऊँचाई 40.0 सेन्टी मीटर तक होती है। इस समूह की किस्मों के ड्वार्फ ग्रीन स्काच (Dwarf Green Scotch) व ड्वार्फ ब्ल्यू स्काच (Dwarf Blue Scotch) सबसे महत्वपूर्ण है।

2. मध्यम बढ़वार वाली किस्में (Medium tall varieties)

इस समूह की किस्मों की लम्बाई 40.0–80.0 सेन्टी मीटर के बीच होती है। इस वर्ग की महत्वपूर्ण किस्म हैम्बर्ग मार्केट (Hamberg Market) है।

3. अधिक बढ़वार वाली किस्में

इस समूह की किस्म की लम्बाई सामान्यतः 80.0 सेन्टी मीटर से ज्यादा होती है। इस वर्ग की किस्मों में पत्तियों के जल्दी झड़ने की समस्या रहती है, जिससे उत्पादक को उपज कम मिलती है।

जलवायु

केल विशेषतः शीतोष्ण जलवायु का पौधा है, लेकिन ऐसा स्थान जहाँ पर 4–5 महीने सर्दी का मौसम बना रहता है, इसकी खेती सफलतापूर्वक की जा सकती है। सामान्यतः 10.0–15.0 डिग्री सेन्टीग्रेड तापक्रम पर फसल की वृद्धि एवं विकास तेजी से होती है। कम तापक्रम की अवस्था में पौधों में शर्करा एवं सुगन्ध दोनों में वृद्धि होती है।

भूमि एवं भूमि की तैयारी

अच्छी जल निकास वाली बलुई या बलुई दोमट मिट्टी जिसमें जिवांश्म की मात्रा अधिक हो, इसकी खेती के लिए उत्तम मानी जाती है। प्रयोगों में यह पाया गया है कि ऐसी मिट्टी जिसमें लवण का प्रतिशत ज्यादा हो, उसमें भी केल सफलतापूर्वक उगाया जा सकता है। इसके लिए उचित मृदा पी0एच0 मान 6.5 है, लेकिन 5.5–6.0 पी0एच0 मान वाली भूमियों में भी इसकी सफलतापूर्वक की जा सकती है।

बीज दर

कश्मीर के वातावरण में 2.0–2.5 किलोग्राम प्रति हेक्टेयर बीज की आवश्यकता पड़ती है। बौनी किस्मों के एक हेक्टेयर क्षेत्रफल के रोपण हेतु 500–700 ग्राम बीज की आवश्यकता पड़ती है। इसी प्रकार मध्यम किस्मों की 400–500 ग्राम तथा लम्बी किस्मों की 350–400 ग्राम प्रति हेक्टेयर बीज की आवश्यकता पड़ती है।

रोपण हेतु पौध तैयार करने का समय

हिमाचल प्रदेश–जम्मू–कश्मीर एवं नीलगिरी की पहाड़ियों पर प्रायः अगस्त, सितम्बर व उत्तर भारत के मैदानी क्षेत्रों में सितम्बर–अक्टूबर के महीनें में रोपण हेतु पौध तैयार की जाती है।

पौध रोपण

केल के पौधे जब 4–6 सप्ताह के हो जायें, तब मुख्य खेत में रोपण किया जाता है। रोपण के लिए कतार से कतार की दूरी 30.0 सेन्टी मीटर व पौध से पौध की दूरी 20.0 सेन्टी मीटर रखते हैं। अगेती फसल के लिए पौध से पौध की दूरी कम व देर से रोपण के लिए अधिक दूरी रखी जाती है।

पोषक तत्व प्रबंधन

केल की खेती के लिए उर्वर जमीन का होना आवश्यक है। उर्वरता बनाये रखने के लिए खेत की तैयारी के समय 20.0–25.0 टन अच्छी प्रकार सड़ी गोबर की खाद प्रति हेक्टेयर की दर से प्रयोग करना चाहिए। उर्वरक के रुप में 150.0 किलो ग्राम नत्रजन, 75.0 किलो ग्राम फास्फोरस तथा 75.0 किलो ग्राम पोटाश प्रति हेक्टेयर की दर से देने की आवश्यकता पड़ती है। एक प्रयोग के अनुसार अगर खेत में 100.0 किलो ग्राम नत्रजन, 50.0 किलो ग्राम फास्फोरस तथा 30.0 किलो ग्राम पोटाश को दिया जाये तो केल की भरपूर उपज होती है (रस्तोगी एवं सहयोगी, 1996)। नत्रजन उर्वरक की तीन बार पहली बार एक–तिहाई मात्रा रोपण समय, दूसरी बार रोपण के 30–40 दिन बाद और तीसरी तथा अंतिम बार पहली कटाई के 15–20 दिन पहले टाप ड्रेसिंग के रुप में देना चाहिए।

सिंचाई जल प्रबंधन

केल के पौधों की रोपाई के तुरन्त बाद हल्की सिंचाई करनी चाहिए, ताकि सभी पौधे लग जायें। जब तक सभी पौधे पूरी तरह वृद्धि न करने लगे, हल्की सिंचाई करते रहना चाहिए। रोपण के 20 दिन बाद पूरी क्यारी की सिंचाई करना चाहिए।

खरपतवार प्रबंधन व मिट्टी चढ़ाना

नालियों, मेड़ों तथा क्यारियों में पौधों के पास उगे खरपतवार को खुरपी की सहायता से निकाल देना चाहिए। क्यारी की 2–3 बार गुड़ाई करके पौधों के जड़ों के पास हल्की मिट्टी चढ़ा देना चाहिए, इससे पौधे सीधे खड़े रहते हैं और तेज हवा से गिरते नहीं।

तुड़ाई एवं उपज

केल के विकसित पत्तियों की तुड़ाई नवम्बर से जनवरी तक की जाती है। साधारणतया पत्तियों के सम्पूर्ण गुच्छे को तोड़ लिया जाता है। केल की अगेती फसल से कम उपज मिलती है, जबकि देर से तैयार मुख्य फसल की उपज अधिक मिलती है। औसतन 1.0 हेक्टेयर क्षेत्रफल से 20.0–25.0 टन हरी पत्तियों की उपज प्राप्त होती है।

विपणन

हरी पत्तियों का गट्ठर बनाकर बाजार में विक्रय के लिए भेजा जाता है। पत्तीदार सब्जी होने के कारण इसकी भण्डारण क्षमता बहुत कम होती है। अतः इसे अधिक दिनों तक सुरक्षित नहीं रखा जा सकता है। केल को 10–14 दिन तक 32.0 डिग्री फारेनहाइट तापक्रम और 90–95 प्रतिशत आपेक्षित आर्द्रता पर भण्डारण किया जा सकता है (डिकाट्यू, 2000)।

□□□

अध्याय 4

जड़ वाली सब्जियाँ

Root Vegetables

प्रकृति में अनेकों प्रकार की कन्दीय फसलें उपलब्ध है जिनका उपयोग सब्जी के रूप में उपयोग किया जाता है। भारतवर्ष में मूल वाली सब्जियों में मूली (Radish), गाजर (Carrot), शलजम (Turnip), चुकन्दर (Beet root) आदि ज्यादा महत्वपूर्ण है। इनके अलावा रुटाबैगा (Rutabaga), चेरविल (Chervil), पार्सनिप (Parsnip), स्किरेट (Skirret), सैल्सिफाई तथा सेलरिएक (Celriac) भी इन सब्जियों के समूह में शामिल हैं, लेकिन इनकी खेती बहुत सीमित स्तर पर की जाती है। इन सब्जियों के बीज सीधे खेत में बोये जाते हैं। इसका मुख्य कारण अल्प उपयोगी होने के कारण उपभोक्ताओं के बीच ज्यादा प्रचलित नहीं है। मूल वाली सब्जियाँ मुख्यतः विभिन्न वानस्पतिक कुलों जैसे ब्रेसिकेसी (Brassicaceae), अम्बेलीफेरी (Umbelliferae), चिनोपोडिएसी आदि के सदस्य हैं। मुख्य रुप से इन सब्जियों को शीतोष्ण जलवायु में उगाया जाता है, लेकिन उष्ण एवं उपोष्ण जलवायु भी इनके अनुकूल का केन्द्र है। इस प्रकार मूल वाली सब्जियाँ पहाड़ों से लेकर मैदानी भागों में सुगमतापूर्वक उगायी जा सकती हैं। कुछ प्रमुख मूल वाली सब्जियों का वानस्पतिक नाम गुणसूत्र व कुल सारिणी में दिया गया है–

सारिणी (4.1) जड़ वाली सब्जियों का वानस्पतिक नाम गुणसूत्र व कुल

सामान्य नाम	वानस्पतिक नाम	कुल	गुणसूत्र संख्या (2एन=)
मूली (Radish)	रैफेनस सटाइवस एल0 (*Raphanus sativus* L.)	ब्रेसिकेसी (Brassicaceae)	18
गाजर (Carrot)	डाकस कैरोटा एल0 (*Daucus carota L.*)	अम्बेलीफेरी (Umbelliferae)	18

शलजम (Turnip)	ब्रेसिका रापा एल0 (*Brassica rapa* L.)	ब्रेसिकेसी (Brassicaceae)	20
चुकन्दर (Beet root)	बीटा वुल्गरीज एल0 (*Beta vulgaris* L.)	चीनोपोडिएसी (Chenopodiaceae)	18
रुटावैगा (Rutabaga)	ब्रेसिका नेपस किस्म नेपोब्रेसिका (*Brassica napus var. napobrassica*)	ब्रेसिकेसी (Brassicaceae)	38
पार्सनिप (Parsnip)	पैस्टिनाका सटाइवा (*Pastinaca sativa*)	अम्बेलीफेरी (Umbelliferae)	2
हार्स रैडिस (Horse radish)	रेडिकोला अर्मोरासिया (*Radicola armoracia*)	ब्रेसिकेसी (Brassicaceae)	32
चेरविल (Chervil)	ऐन्थ्रिकम सेरीफोलियम (*Anthriscum cerefolium*)	अम्बेलीफेरी (Umbelliferae)	32
सेलरिएक (Celriac)	एपियम ग्रेविओलेन्स किस्म रैपेसियम (*Apium graveolens* L. var. *rapaceum* DC.)	अम्बेलीफेरी (Umbelliferae)	22
स्किरेट (Skirret)	सियम सिसेरम (*Sium sisarum L.*)	अम्बेलीफेरी (Umbelliferae)	12

गाजर (Carrot)

वानस्पतिक नाम : डौकस कैरोटा एल0 (*Daucus carota* L.)
कुल : अम्बेलीफेरी (Umbelliferae)
गुणसूत्र संख्या : 2एन=18

जड़ वाली सब्जियों में गाजर का मुख्य स्थान है, जिसे व्यापक स्तर पर भारत के प्रत्येक भाग में उगायी जाती है। यह मुख्यतः ठण्डे वातावरण की सब्जी है।

उद्‌भव एवं वितरण

वैज्ञानिकों ने स्पष्ट तौर पर गाजर को मध्य एशिया (Middle Asian Origin) का फसल माना है, जिसकी उत्पत्ति गाजर से मिलते–जुलते फसल क्वीन एन्नी लेस (wild Queen Anne's lace) से है। गाजर का उत्पत्ति स्थल यूरोप, उत्तरी अफ्रीका या उत्तरी–दक्षिणी अमेरिका है (थोम्पसन एवं केली, 1957)। कुछ वैज्ञानिकों ने स्पष्ट किया है कि पंजाब व कश्मीर गाजर का प्राथमिक उद्‌भव केन्द्र है, जबकि इथोपिया एवं उत्तरी अमेरिका द्वितीयक उद्‌भव केन्द्र है (चौधरी, 1977)। सामान्यतया गाजर की खेती भारत, मलेशिया, इण्डोनेशिया, फिलिपिन्स, पूर्वी एवं पश्चिमी अफ्रीका, दक्षिणी अमेरिका एवं करेबियन क्षेत्रों में व्यापक पैमानों पर की जाती है। इंग्लैण्ड में सब्जी फसलों में आलू के बाद गाजर का दूसरा स्थान माना जाता है। इसी प्रकार आस्ट्रेलिया में आलू एवं टमाटर के बाद तीसरे स्थान पर महत्व रखने वाली सब्जी है। भारतवर्ष में गाजर की खेती उत्तर–प्रदेश, आसाम, कर्नाटक, आन्ध्र प्रदेश, पंजाब एवं हरियाणा में व्यापक पैमाने पर की जाती है। ऐसा विश्वास किया जाता है कि गाजर का उपस्थापन भारतवर्ष में पार्शिया से हुआ। अफगानिस्तान में इसकी खेती 5000 वर्ष पूर्व से चली आ रही है। इजिप्ट में बैगनी रंग के गाजर की खेती करने का इतिहास 2000 ईसा पूर्व से है। इस प्रकार गाजर का प्रचार प्रसार मेडिटेरिनियन क्षेत्र (Mediterranean region), एशिया एवं अफ्रीका में हुआ। मूरीश आक्रमणकारियों ने गाजर को उत्तरी अफ्रीका से दक्षिणी यूरोप ले आये। इस प्रकार 13वीं शताब्दी में गाजर की खेती चीन, जर्मनी एवं फ्रांस में की गयी तथा 15वीं शताब्दी में इंग्लैण्ड में अपनाया गया। नारंगी रंग के गाजर का प्रथम विवरण 16वीं शताब्दी में निदरलैण्ड में देखा गया। संयुक्त राज्य अमेरिका में इसका उपस्थापन 250 वर्ष पूर्व हुआ और इसके 150 वर्ष बाद कनाडा में, तब से इसकी खेती उत्तरी अमेरिका में भी की जा रही है।

वानस्पतिक विवरण

गाजर का खाने वाला भाग समपरिवर्तित जड़ है, जिसे शंकु रुप मूल कहते हैं। गाजर मुख्यतः 2 समूहों में विभक्त की जा सकती है–

1. एशियायी समूह
2. यूरोपियन समूह

एशियायी किस्मों में जड़ और बीज दोनों ही मैदानी भागों में बनते हैं। यूरोपियन किस्मों में जड़ें मैदानी भागों में अच्छी तरह विकसित होती हैं लेकिन बीज पैदा नहीं होते हैं। यूरोपियन किस्मों में बीज उत्पादन के लिए पौधों को अभिशीतन की आवश्यकता (chilling requirement) होती है, ताकि कुछ समय तक पौधे सुप्तावस्था में रह सके। इस प्रकार एशियायी किस्में वार्षिक एवं यूरोपियन किस्में द्विवार्षिक होती हैं। एशियायी गाजर की जड़ें शंकुनुमा अर्थात् उपरी सिर पर चौड़ी तथा नीचे की तरफ क्रमशः पतली होती जाती हैं। यूरोपियन किस्में द्विवार्षिक छोटे आकार की सामान्य रुप से गोल, अच्छी चिकनी नारंगी रंग की होती हैं। एशियायी किस्मों में विशेष गुण यह है कि उष्ण और उपोष्ण जलवायु की वार्षिक तथा विभिन्न रंगों वाली जैसे काली, लाल व पीली होती हैं। उपोष्ण जलवायु की प्रजातियों में लाल रंग 'लाइकोपीन' वर्णक (lycopene pigment) के कारण होता है। यूरोपियन प्रजातियों में नारंगी रंग (orange colour) बीटा कैरोटिन (β-carotene) वर्णक के कारण होता है। यह रंग विटामिन 'ए' का पूर्वगामी है। गाजर में बैगनी एवं पीला रंग क्रमशः एंथोसाइनिन (anthocyanin) व जैन्थोफिल (xanthophyll) वर्णक के कारण होता है। अगर गाजर में किसी प्रकार के वर्णक उपस्थित न हों, तो गाजर का रंग सफेद हो जाता है जिसकी खेती पूर्वी एवं पश्चिमी यूरोप में पशुओं को खिलाने के लिए चारे के रुप में प्रयोग किया जाता है। पश्चिमी कैरोटीनयुक्त गाजर (यूरोपियन टाइप) का व्युत्पत्ति पूर्वी एन्थोसाइनिन गाजर (उपोष्ण या एशियाटिक टाइप) से हुआ है। बाद में विकसित एंथोसानिनयुक्त गाजर डौकस कैरोटा उपप्रजाति कैरोटा (*Daucus carota* ssp. *carota*) से हुआ है, जो वर्तमान में अफगानिस्तान में पाया जाता है। गाजर के पौधे शाकीय, फूल द्विलिंगी एवं पुष्प संयुक्त छत्रक होते हैं। यह एक पर–परागित सब्जी है। गाज़र के फल को सिजोकार्प (schizocarp) कहा जाता है जिससे पकने पर 2 मेरीकार्प बनते है एवं प्रत्येक में एक बीज होता है।

पोषकीय महत्व

गाजर की जड़ें बहुत पौष्टिक व स्वादिष्ट होती हैं, इसलिए इनको प्रायः कच्चा या सलाद के रुप में उपयोग किया जाता है। गाजर से सब्जी, अचार, सलाद, मिठाईयाँ, रायता, जूस, मुरब्बा एवं हलवा इत्यादि बनाया जाता है। इसमें विटामिन 'ए' तथा लौह प्रचुर मात्रा पायी जाती है, साथ ही विटामिन 'बी' तथा 'सी' भी अच्छी मात्रा में होते हैं। इनके अतिरिक्त वसा, कार्बोहाइड्रेट तथा खनिज पदार्थ भी प्रचुर मात्रा में मिलते हैं। इसकी मुलायम पत्तियों का साग बनाकर उपयोग किया जाता है। गाजर में विटामिन 'बी' (थियामिन) एव बी–2 (रिबोफ्लेविन) की मात्रा भी पायी जाती है। इसका औषधीय जगत में भी एक महत्वपूर्ण स्थान है। इसका असर ठण्डा होता है। इसका सेवन गुर्दे के लिए लाभप्रद है। यह दिल व दिमाग को मजबूत बनाती है तथा कब्ज को रोकती है। गाजर पित्ताशय की पथरी, जलोदर और दिल के रोगियों के लिए बहुत ही लाभप्रद है। भारतीय चिकित्सा अनुसंधान संस्थान द्वारा आँखों की रतौंधी जैसे गंभीर रोगों से बचाव के लिए प्रतिदिन गाजर का सेवन अनिवार्य बताया है। इसके बीज का उपयोग विभिन्न दवाओं के रुप में होता है। इसकी जड़ के साथ–साथ पत्ती भी हरे चारे के रुप में पशुओं को खिलाया जाता है, जो पशुओं को पोषक तत्व प्रदान करने में प्रमुख भूमिका निभाता है। पत्तियों में प्रोटीन, वसा, कार्बोहाइड्रेट, कैल्सियम व लोहा जैसे तत्व प्रचुर मात्रा में विद्यमान होते हैं। गाजर के पत्तियों एवं जड़ों का पोषकीय मूल्य नीचे की सारिणी में दिया गया है–

सारिणी (4.2) गाजर की पत्तियों एवं जड़ों का पोषकीय मूल्य (प्रति 100 ग्राम खाने योग्य भाग में)

पोषक तत्व	जड़	हरी पत्तियाँ
जल	86 ग्राम	76.6 ग्राम
प्रोटीन	0.9 ग्राम	5.1 ग्राम
वसा	0.2 ग्राम	0.5 ग्राम
खनिज लवण	1.1 ग्राम	2.8 ग्राम
रेशा	1.2 ग्राम	1.9 ग्राम
कार्बोहाइड्रेट्स	10.6 ग्राम	13.1 ग्राम
ऊर्जा	48 किलोकैलोरी	77 किलोकैलोरी
कैल्सियम	80.0 मिली ग्राम	340.0 मिली ग्राम
मैग्निशियम	14.0 मिली ग्राम	–
आग्जेलिक एसिड	5.0 मिली ग्राम	–
फास्फोरस	530.0 मिली ग्राम	110.0 मिली ग्राम
आयरन	1.03 मिली ग्राम	8.8 मिली ग्राम
सोडियन	35.6 मिली ग्राम	–
पोटैशियम	108.0 मिली ग्राम	–
गंधक	21.0 मिली ग्राम	–
कापर	0.13 मिली ग्राम	–
क्लोरिन	13.0 मिली ग्राम	–
विटामिन 'ए'	3150 अन्तर्राष्ट्रीय इकाई	–
विटामिन 'बी–1'	0.04 मिली ग्राम	–
विटामिन 'बी–2'	0.02 मिली ग्राम	–
विटामिन 'सी'	3.0 मिली ग्राम	–
निकोटीनिक एसिड	0.60 मिली ग्राम	–

स्रोतः गोपालन एवं सहयोगी, 1999

उन्नतिशील किस्में

गाजर को दो समूहों में बाँटा जा सकता है–

1. एशियाटिक या उपोष्ण समूह की किस्में
2. यूरोपियन या शीतोष्ण समूह की किस्में

1. एशियाटिक (Asiatic) या उपोष्ण समूह (Tropicalc type) की किस्में

इस समूह की किस्में सामान्यतया एकवर्षीय (annual) होती हैं, इनका उत्पादन बहुत ज्यादा होता है और उपोष्ण क्षेत्र में बीज भी अच्छी प्रकार विकसित होते हैं। यह सही है कि इस समूह का गाजर का उपरी भाग भारी, जड़ें लम्बी और गाजर के अन्दर बड़ी नसे (big core) विकसित होती हैं। मैदानी भागों में इसके बीजों की बुआई बहुत पहले कर दी जाती हैं। जड़ों में कैरोटीन (carotene)

की मात्रा कम, लेकिन एन्थोसाइनिन (anthocyanin) की मात्रा अधिक होती है। एन्थोसाइनिन के कारण ये काले रंग की होती हैं, लेकिन जड़ों में रस की मात्रा ज्यादा होती हैं।

इस समूह की उन्नतिशील किस्में निम्नलिखित हैं–

पूसा केसर (Pusa Kesar)

इस किस्म का विकास भारतीय कृषि अनुसंधान संस्थान, नई दिल्ली द्वारा लोकल रेड×नैन्टस (Local Red x Nantes) के बीच संकरण द्वारा किया गया है। पौधे का उपरी भाग काफी छोटा होता है। जड़ें मध्यम आकार की (18.0 सेन्टी मीटर) लाल रंग व नसें भी लाल रंग की होती हैं। इसमें कैरोटीन की मात्रा बहुत अधिक पायी जाती है। अगेती बुआई अगस्त से अक्टूबर तक की जाती है और खाने योग्य जड़ें बीज बुआई के 90–110 दिन बाद तैयार हो जाती हैं। मैदानी भागों में इस प्रजाति की खेती सितम्बर से नवम्बर तक किया जा सकता है। इस प्रजाति की विशेषता यह है कि यह स्थानीय लाल रंग से एक महीना ज्यादा दिन खेत में रह जाती है और पुष्प डण्ठल भी नहीं विकसित होते हैं। भारत के मैदानी भागों में इस किस्म का बीजोत्पादन सम्भव है, लेकिन बीज फसल 15 दिन देर से पकती है। इस किस्म में कैरोटिन (38.0 मिली ग्राम प्रति 100 ग्राम) की मात्रा, स्थानीय लाल (26.0 मिली ग्राम प्रति 100 ग्राम) की अपेक्षा अधिक होती है। इसकी औसत उपज 30.0 टन प्रति हेक्टेयर है।

पूसा मेघाली (Pusa Meghali)

इस किस्म का विकास भारतीय कृषि अनुसंधान संस्थान, नई दिल्ली द्वारा पूसा केसर ×नैन्टस के बीच संकरण द्वारा किया गया है। पौधे का उपरी भाग छोटा, जड़ें मध्यम लम्बी (17.0 सेन्टी मीटर), चिकनी, नारंगी रंग की और नीचे की तरफ हल्की पतली होती हैं। यह एक अगेती किस्म है तथा अगस्त से सितम्बर तक इसकी बुआई की जा सकती है। कहीं–कहीं पर इस किस्म की बुआई अक्टूबर तक करते हैं। मैदानी भागों में बीज बनने के कारण ज्यादा मात्रा में बीज फसल ली जाती है। फसल बुआई के 100–120 दिन बाद खाने योग्य जड़ों की खुदाई की जा सकती है। इसकी औसत उपज 25.0–30.0 टन प्रति हेक्टेयर है।

पूसा वसुदा (Pusa Vasuda)

इस किस्म का विकास भारतीय कृषि अनुसंधान संस्थान नई दिल्ली द्वारा सन् 2012 में किया गया। यह सरकारी क्षेत्र में पहली कोशिकाद्रव्यी नर बन्ध्यता आधारित गाजर की संकर किस्म है। इसमें गूदा के साथ–साथ बीच की नस भी लाल होती है। इसमें लाइकोपिन, कैरोटीन, कुल विलेय ठोस तथा खनिज लवण प्रचुर मात्रा में पाया जाता है।

हिसार गैरिक (Hisar Gairic)

इस किस्म का विकास चौ० चरण सिंह हरियाणा कृषि विश्वविद्यालय, हिसार (हरियाणा) द्वारा स्थानीय जननद्रव्यों से चयन कर किया गया है। पौधे का उपरी भाग मध्यम भारी एवं हल्की हरी पत्तियों से युक्त होती हैं। जड़ें बहुत ही आकर्षक, लम्बी, नीचे कर तरफ पतली, हल्के ईंट जैसे लाल

(उपरी एवं नीचे का गूदा एक समान) होती है। बीज बुआई के 120 दिन बाद जड़ें तैयार हो जाती हैं। इसकी औसत उपज 28.5 टन प्रति हेक्टेयर है।

पी0सी0–34 (PC-34)

इस किस्म का विकास पंजाब कृषि विश्वविद्यालय, लुधियाना (पंजाब) द्वारा स्थानीय जननद्रव्य से चयन कर किया गया है। बीज बुआई के 90 दिनों बाद जड़ें खाने योग्य हो जाती हैं। जड़ गहरा लाल (उपरी एवं नीचे का गूदा एक समान) कभी–कभी जड़ें 32.0 सेन्टी मीटर लम्बी व 3.15 सेन्टी मीटर व्यास की होती हैं। इसमें कुल विलेय ठोस पदार्थ 8.8 प्रतिशत होता है। इसकी औसत उपज 51.0 टन प्रति हेक्टेयर है।

सेलेक्शन–233 (Selection-233)

इस किस्म का विकास नैन्टेस×नं0–29 के बीज संकरण के द्वारा अग्रसारित पीढ़ियों से चयन कर पंजाब कृषि विश्वविद्यालय, लुधियाना (पंजाब) द्वारा किया गया है। इसमें जड़ों के फटने की समस्या नहीं होती है। अगर खेत में जड़ों के तैयार अवस्था में छोड़ दिया जाये, तो खाने योग्य जड़ें बनी रहती है। इसकी औसत उपज 18.0–20.0 टन प्रति हेक्टेयर है।

गाजर नं0 29 (Carrot No. 29)

इस किस्म का विकास पंजाब कृषि विश्वविद्यालय, लुधियाना (पंजाब) द्वारा किया गया है, यह एक चयनित देशी किस्म है। यह अगेती तथा जल्दी तैयार होने वाली किस्म है। इसकी जड़ें लम्बी, पतली कोर वाली तथा गहरे नारंगी रंग की होती हैं। इसकी औसत उपज 20.0–25.0 टन प्रति हेक्टेयर है।

सेलेक्शन–21 (Selection-21)

इस किस्म का विकास पंजाब कृषि विश्वविद्यालय, लुधियाना (पंजाब) द्वारा 'नैन्टेस×नं–29' के आपसी संकरण द्वारा किया गया है। पौधे का उपरी भाग मध्यम भारी, पत्तियाँ सीधी व गहरे हरे रंग की होती हैं। जड़ों की लम्बाई 20.0 सेन्टी मीटर, सीधी, गोलाकार कंधा वाली और अर्द्ध भूथरा तथा एक समान रंग की होती हैं। इसकी औसत उपज 40.0 टन प्रति हेक्टेयर है।

पूसा वृष्टि (Pusa Vrishti)

इस किस्म की पहचान सन् 2011 में की गयी तथा दिल्ली के आस पास खेती के लिये अनुमोदित की गयी है। यह किस्म गर्मी (heat) तथा आर्द्रता (humidity) दोनों सहन कर लेती है। जड़ का उपरी भाग बैगनी होता है। इसकी बुआई जुलाई महीने में की जा सकती है। खाने योग्य जड़ें 90–95 दिन में प्राप्त होती हैं। प्रत्येक जड़ का भार 150–200 ग्राम होता है। इसकी औसत उपज 25.0 टन प्रति हेक्टेयर है।

पूसा रूधिरा (Pusa Rudhira)

इस किस्म का विकास भारतीय कृषि अनुसंधान संस्थान नई दिल्ली से सन् 2008 में की गयी तथा दिल्ली के आस पास उगाने के लिये उपयुक्त है। इसकी जड़े रक्त जैसी लाल तथा आकर्षक है। पौधों की ऊँचाई लगभग 62 सेन्टीमीटर होती है और खाने योग्य जड़े बीज बुआई के 75–90 दिन बाद प्राप्त होती है। इसकी उपज 32.63 टन प्रति हेक्टेयर है। इसमें कैरोटीन (7.60 मिली ग्राम प्रति 100 ग्राम) बीटा कैरोटीन (4.92 मिली ग्राम प्रति 100 ग्राम), लाइकोपीन (6.70 मिली ग्राम प्रति 100 ग्राम) व लौह तत्व 230 माइक्रोग्राम प्रति ग्राम होता है।

पूसा आसिता (Pusa Asita)

इस किस्म का विकास सन् 2008 में किया गया तथा दिल्ली के आस–पास उगाने के लिए अनुमोदित किया गया। पौध की ऊँचाई 48 सेन्टीमीटर तथा जड़ की लम्बाई 21.54 सेन्टीमीटर है। खाने योग्य जड़े 90–110 दिन में तैयार होती है। इसकी औसत उपज 27.00 टन प्रति हेक्टेयर है। इसमें एन्थोसाइनिन 520.0 मिली ग्राम, कुल कैरोटिन् 0.57 मिलीग्राम तथा बीटा कैरोटीन 0.50 मिली ग्राम प्रति 100 ग्राम जड़ में होता है।

2. यूरोपियन (European) या शीतोष्ण (Temperate) समूह की किस्में

यूरोपियन या शीतोष्ण समूह की किस्में द्विवार्षिक (bieenial) होती हैं। इस समूह की गाजर में केवल बीज शीतोष्ण जलवायु में ही बनते हैं, क्योंकि इन्हें 5.0–8.0 डिग्री सेल्सियस का तापमान 40–60 दिनों तक पुष्पन के पूर्व सुप्तावस्था तोड़ने के लिए आवश्यक है। इस समूह की महत्वपूर्ण किस्में निम्नलिखित है–

चैन्टने (Chantenay)

यह प्रजाति फ्रांस से आयातित (introduction from France) जननद्रव्य का मूल्यांकन कर उपस्थापित किया गया है। इसकी जड़ें 12.0–15.0 सेन्टी मीटर लम्बी, 3.0–5.0 सेन्टी मीटर व्यास की, लाल नारंगी रंग की लुभावनी, चिकनी, मोटे शीर्ष वाली, जो क्रमशः नीचे की तरफ पतली होती जाती हैं तथा अंत में ठूँठ विकसित करती है। इसका गूदा नारंगी रंग का मुलायम, पतली संरचना, मीठा तथा कोर (core) से मिला रहता है। बीज बुआई के 120 दिन बाद खाने योग्य जड़ों की खुदाई की जा सकती है।

नैन्टेज हाफ लान्ग (Nantes Half Long)

इस किस्म का विकास भारतीय कृषि अनुसंधान संस्थान, नई दिल्ली के क्षेत्रीय शोध केन्द्र कटराई (हिमाचल प्रदेश) से किया गया है। भारतवर्ष के मैदानी भागों में इस किस्म की खेती केवल जड़ के लिए की जाती है। बीज केवल पर्वतीय क्षेत्रों में ही विकसित होती हैं। इसकी जड़ें 12.0–18.0 सेन्टी मीटर लम्बी, पतली, अच्छे आकार की ठूँठ वाली तथा छोटी पूँछ वाली होती हैं। बीज बुआई के 110–120 दिन बाद खाने योग्य जड़ों की खुदाई की जा सकती है। यह सुगन्ध युक्त नारंगी रंग की किस्म है। इसके कोर (self core) भी नारंगी रंग की होती हैं।

पूसा यमदग्नी (Pusa Yamdagini)

इस किस्म का विकास भारतीय कृषि अनुसंधान संस्थान, नई दिल्ली के क्षेत्रीय शोध केन्द्र कटराई (हिमांचल प्रदेश) द्वारा ई0सी0 9981×नैन्टेस हॉफ लांग के संकरण द्वारा किया गया है। पौधे का उपरी भाग मध्यम भारी होता है। जड़ों की लम्बाई लगभग 15.0–20.0 सेन्टी मीटर व रंग पीला नारंगी होता है। जाड़े के मौसम में उगायी जाने वाली किस्मों में यह किस्म सबसे अगेती (90–130 दिन) है। इसकी औसत उपज 25.0–30.0 टन प्रति हेक्टेयर है।

ऊँटी नं0–1 (Ooty No.1)

इस किस्म का विकास तमिलनाडु कृषि विश्वविद्यालय, कोयम्बटूर (तमिलनाडु) द्वारा सन् 1977 में ऊँटी (Ooty) से एकत्रित जननद्रव्य 'डी0सी0–3' से चयन द्वारा किया गया है। इसकी जड़ें लम्बी, गहरी नारंगी रंग की, नीचे की तरफ हल्का पतला और एक समान कोर सहित नारंगी रंग की होती हैं। जड़ों की खुदाई बीज बुआई 100–110 दिन बाद की जा सकती है। इस किस्म की औसत उपज 49.0 टन प्रति हेक्टेयर है। इस किस्म में चूर्णिल आसिता व पर्ण धब्बा बीमारी का प्रकोप नहीं होता है।

डैनवर्स (Danvers)

यह एक मध्य मौसमी किस्म है। इसकी जड़ें गहरे नारंगी रंग की होती हैं। यह किस्म ताजे खाने और प्रसंस्कृत पदार्थों को बनाने के लिए काफी उपयोगी है।

जेनो (Zeno)

इसकी जड़ें 15.0–17.0 सेन्टी मीटर लम्बी तथा नीचे की तरफ थोड़ी पतली होती जाती है। बीज बुआई के 110–120 दिन बाद खाने योग्य जड़ों की खुदाई की जाती है।

इम्पेरेटर (Imperator)

इस किस्म का विकास 'नैन्टस×चैण्टने' के आपसी संकरण द्वारा किया गया है। यह देर से तैयार होने वाली किस्म है। इसके जड़ के अन्दर का भाग गहरे नारंगी रंग का होता है।

अर्ली नैन्टस (Early Nantes)

इसकी जड़ें 12.0–15.0 सेन्टी मीटर लम्बी, अच्छे गूदे वाली और नारंगी रंग की होती हैं। बीज बुआई के 90–100 दिन बाद खाने योग्य जड़ों की खुदाई की जा सकती है।

जलवायु

गाजर मूलतः ठण्डे मौसम की सब्जी है, लेकिन एशियायी समूह की किस्में अधिक तापमान सहन करने की क्षमता रखती है। गाजर के बीज के अंकुरण के लिए 7.0–26.0 डिग्री सेल्सियस व अच्छी वृद्धि के लिए 8.0–24.0 डिग्री सेल्सियस तापमान उत्तम पाया गया है। सामान्यतया गाजर की खेती

प्रत्येक जलवायु व मौसम में की जा सकती है, लेकिन अधिक गर्मी इसके लिए उपयुक्त नही होती है, क्योंकि अधिक गर्मी के कारण जड़ें पतली तथा बहुत लम्बी हो जाती हैं। खुला वातावरण जहाँ प्रकाश उचित मात्रा में मिले, इसके पौधों में वृद्धि एवं विकास अच्छी होती है। सूखे मौसम के बाद तुरन्त आर्द्र मौसम हो जाने पर इसके जड़ों में दरार पड़ जाती है।

भूमि तथा भूमि की तैयारी

सामान्यतया गाजर की खेती किसी भी प्रकार की भूमि में सफलतापूर्वक की जा सकती है, किन्तु जड़ वाली फसल होने के कारण बलुई दोमट या दोमट भूमि जिसमें जीवांश पदार्थ की प्रचुरता हो तथा भूमि में कड़ी सतह न बनती हो, उपयुक्त समझी जाती है। भारी भूमि में गाजर की जड़ें गहराई तक नहीं पहुँच पाती व टेढ़ी–मेढ़ी तथा जड़ों में शाखाएँ विकसित हो जाती हैं। इसके लिए उत्तम जल निकास वाली भूमि जिसका पी0एच0 मान 6.5 के आसपास हो उपयुक्त है। गाजर के लिए अधिक अम्लीय भूमि में उत्तम गुणवत्ता वाली जड़ें विकसित नहीं होती है। खेत तैयार करने के लिए पहली जुताई मिट्टी पलटने वाले हल से तथा इसके बाद 4–5 जुताइयाँ देशी हल से की जाती हैं। आवश्यकतानुसार 1–2 बार पाटा चला देना चाहिए, जिससे खेत समतल व भुरभुरी हो जाये।

पोषक तत्व प्रबंधन

गाजर को बहुत अधिक पोषक तत्व की आवश्यकता पड़ती है। विशेष तौर से पोटाश जड़ों के विकास में ज्यादा भूमिका अदा करता है। सामान्य विश्लेषण में पाया गया है कि 1.0 हेक्टेयर क्षेत्रफल से अगर 27.5 टन जड़ें प्राप्त होती हैं, तो जमीन से 40.0 किलो ग्राम नत्रजन, 22.5 किलो ग्राम फास्फोरस व 125.0 किलो ग्राम पोटाश अवशोषित हो जाती है (चौधरी, 1975)। भारतीय कृषि अनुसंधान संस्थान, नई दिल्ली द्वारा संस्तुत की गयी है कि 1.0 हेक्टेयर क्षेत्रफल में गाजर की खेती के लिए 40.0–50.0 किलो ग्राम नत्रजन व फास्फोरस तथा 80.0–100.0 किलो ग्राम पोटाश देना चाहिए। जड़ों के अच्छी प्रकार विकास के लिए खेत की तैयारी के समय 30.0 टन प्रति हेक्टेयर सड़ी गोबर की खाद देना चाहिए। एक अध्ययन में पाया गया है कि बुआई के पहले अंतिम जुताई के समय 125.0 किलो ग्राम अमोनियम सल्फेट या यूरिया या 60.0 किलो ग्राम यूरिया, 250.0 किलो ग्राम सुपर फास्फेट और 100.0 किलो ग्राम म्यूरेट ऑफ पोटाश प्रति हेक्टेयर की दर से देना चाहिए। पुनः बुआई के लगभग 5–6 सप्ताह बाद 125.0 किलो ग्राम अमोनियम सल्फेट या यूरिया की टापड्रेसिंग (top dressing) करनी चाहिए और उसके बाद सिंचाई कर देनी चाहिए। अगर ज्यादा मात्रा में नत्रजन उर्वरकों का प्रयोग किया जाता है, तो जड़ों की गुणवत्ता व भण्डारण क्षमता प्रभावित होती है। गुणवत्ता व भण्डारण क्षमता को बनाये रखने के लिए प्रचुर मात्रा में पोटाश का प्रयोग करना चाहिए। पंजाब कृषि विश्वविद्यालय, लुधियाना (पंजाब) ने संस्तुत किया है कि 75.0 किलो ग्राम पोटाश के साथ–साथ 30.0 किलो ग्राम फास्फोरस व 60.0 किलो ग्राम प्रति हेक्टेयर नत्रजन उत्तम परिणाम देता है। फास्फोरस की सम्पूर्ण मात्रा व पोटाश व नत्रजन की आधी मात्रा खेत की तैयारी के समय तथा बचे हुए नत्रजन की मात्रा बीज बुआई के 30–40 दिन बाद प्रयोग करना चाहिए। अगर खेत में बिना सड़ी गोबर की खाद दी जाती है, तो जड़ों में शाखाएँ बनने लगती हैं।

बुआई का समय

गाजर की एशियाटिक किस्मों की बुआई तापक्रम कुछ अधिक रहने पर करते हैं। मैदानी भागों में इस वर्ग की किस्मों की बुआई मध्य अगस्त से मध्य अक्टूबर तक की जाती है, जबकि यूरोपियन समूह के किस्मों की बुआई नवम्बर–दिसम्बर में की जाती है। पर्वतीय क्षेत्रों में गाजर की बुआई मार्च से जून तक की जाती है। दक्षिण व मध्य भारत में गाजर की बुआई जनवरी–फरवरी, जून–जुलाई व उसके बाद अक्टूबर व नवम्बर में की जाती है। गाजर की बुआई 10–15 दिन के अन्तराल करने पर बहुत दिनों तक लगातार बाजार के लिए जड़े उपलब्ध रहती है। क्षेत्र व जलवायु के आधार पर गाजर की बुआई निम्न समय पर करते हैं।

सारिणी (4.3) क्षेत्र के आधार पर गाजर की बुआई

क्षेत्र	बुआई का समय
उत्तरी भारत में	मध्य अगस्त से अक्टूबर
महाराष्ट्र व दक्षिण भारत	अक्टूबर से मई
पहाड़ी भागों में	मार्च से मध्य जुलाई

सारिणी (4.4) किस्म के आधार पर बुआई का समय

किस्म	बुआई का समय
एशियाटिक समूह	अगस्त से अक्टूबर
यूरोपियन समूह	अक्टूबर से दिसम्बर के अन्त तक

बीज की मात्रा

एक हेक्टेयर क्षेत्रफल में गाजर की बुआई के लिए 5.0–6.0 किलो ग्राम बीज की आवश्यकता पड़ती है।

बुआई की विधि

गाजर की बुआई दो विधियों से की जाती है–

1. कतारों में
2. छिटकवाँ विधि

1. कतारों में

(क) मेड़ों पर

गाजर के बीज बहुत छोटे होते हैं, अतः इसकी बुआई घना करते हैं। बुआई सामान्यतः ऊँची मेड़ों पर करना उत्तम रहता है, जो एशियायी समूह के किस्मों में 45.0 सेन्टी मीटर की दूरी पर तथा

यूरोपियन समूह के किस्मों के लिए 30.0 सेन्टी मीटर की दूरी रखते हैं। पौधे जब 3–4 सप्ताह के हो जाते हैं, तो अवाँक्षित पौधों को छाँटकर उनका विरलीकरण (thining) करते हैं, जिससे उनकी आपसी दूरी 5.0–7.0 सेन्टी मीटर रहे। अगर बीज की बुआई 1.5 सेन्टी मीटर की गहराई पर करते हैं, तो बीजों का जमाव अच्छा होता है। मिट्टी में उचित नमी रहने की दशा में बीजों का जमाव 5–10 दिनों के अन्दर हो जाता है, लेकिन नमी की कमी होने पर 10–20 दिनों के अन्दर पर बीज जमते हैं।

(ख) समतल क्यारियों में

इस विधि से खेत में बनी हुई समतल क्यारियों में लगभग 45.0 सेन्टी मीटर की दूरी पर कतारों में बुआई की जाती है। उग जाने पर पौधे जब कुछ बड़े जो जायें तब 6.0–8.0 सेन्टी मीटर की दूरी पर वाँछित पौधों को छोड़कर शेष पौधों को निकाल देते हैं।

2. छिटकवाँ विधि

इस विधि में तैयार खेत में सुविधानुसार छोटी–छोटी क्यारियाँ बना ली जाती हैं, इन क्यारियों में बीज छिटककर मिट्टी में मिला देते हैं। यह विधि बलुई मिट्टी में ज्यादा उपयुक्त है।

सिंचाई जल प्रबन्धन

गाजर के बीज को उगने तक नमी की ज्यादा आवश्यकता होती है। इसलिए बीज जब तक उग न जाये, खेत में बराबर नमी बनायें रखना आवश्यक है। यदि भारी जमीन में खेती करना हो तो पहली सिंचाई हमेशा बीज जमने के बाद करना अच्छा रहता है, क्योंकि भारी भूमि में सिंचाई करने से जमीन के उपर सख्त परत बन जाती है, जिससे बीज का जमाव अच्छा नहीं होता है। हमेशा यह ध्यान रखना चाहिए कि खेत सूखने या सख्त होने पर या सिंचाई देर से करने पर गाजर की जड़ों में दरार पड़ जाती हैं। ज्यादा पानी खेत में लगा रहने पर पौधे पीले पड़ने लगते हैं और जड़ें पतली हो जाती हैं अतः हल्की सिंचाई उत्तम है। ज्यादा पानी लगने की अवस्था में कभी–कभी जड़ों का रंग घटियाँ किस्म व जड़ों पर पतले बाल विकसित हो जाते हैं। जाड़े के मौसम में सिंचाई की कम आवश्यकता पड़ती है, लेकिन गर्मी के मौसम में 8–10 दिन के अन्तराल पर सिंचाई आवश्यक है। जड़ों की खुदाई के 3–4 दिन पूर्व हल्की सिंचाई करने से जड़ें आसानी से निकाली जा सकती हैं। अगर खेत में पलवार लगायी जाये, तो नमी का संरक्षण, खरपतवार की वृद्धि में नियंत्रण तथा जड़ों के उपरी भाग को हरा होने से बचाव किया जा सकता है। जड़ों का उपरी भाग हरा होने का प्रमुख कारण प्रकाश में जड़ों का दिखना है। प्रभावित हरी जड़ें तीखापन विकसित करती हैं तथा बाद में चलकर फटने लगती हैं।

निकाई–गुड़ाई

गाजर की जड़ों की बढ़वार के लिए निकाई–गुड़ाई आवश्यक है। इस फसल में जड़ों का विकास तभी उत्तम होता है, जब मिट्टी भुरभुरी हो तथा जमीन के अन्दर हवा का प्रचुर मात्रा में संचार हो। अतः प्रारम्भिक अवस्था में निकाई–गुड़ाई कर खरपतवार निकालते रहना चाहिए। बढ़ती

हुई जड़ों को मिट्टी से ढकते रहना एक आवश्यक प्रक्रिया है। अतः नालियों की अच्छी गुड़ाई कर पौधों पर मिट्टी चढ़ाते रहना चाहिए। पूर्ण विकसित जड़ की अवस्था में निकाई–गुड़ाई बन्द कर देना चाहिए अन्यथा जड़ों को नुकसान पहुँच सकता है। रासायनिक विधि से खरपतवार नियंत्रण के लिए स्टाम्प (stomp) नामक खरपतवारनाशी की 2.5 लीटर मात्रा प्रति हेक्टेयर की दर से बीज जमने के पूर्व खेत में प्रयोग करना चाहिए। इसके अलावा मालोरान 50 डब्ल्यू0पी0 अथवा गेसा गार्ड 50 डब्ल्यू0पी0 का अंकुरण से पहले प्रयोग करने से खरपतवार का प्रभावी नियंत्रण होता है (शर्मा एवं भागचण्दानी, 1979)। खरपतवारनाशी का प्रयोग करते समय खेत में पर्याप्त नमीं होना चाहिए। अगर खेत में नमी की कमी हो तो हल्की सिंचाई कर दें।

सारिणी (4.5) गाजर में खरपतवारनाशी का प्रयोग

खरपतवारनाशी	सान्द्रता (किलोग्राम/हेक्टेयर)	प्रयोग का समय	सन्दर्भ
आक्सीफ्लुओर्टन	0.25	जमाव पूर्व	———
लिनूरान	0.5–1.0	जमाव पूव	रनधान एवं सैम्भी, 1976
फ्लूक्लोरैलिन	1.5	जमाव उपरान्त	———
प्रोपागीन	1.20	जमाव उपरान्त	———
टेनोरान	2.50	जमाव उपरान्त	अरोरा एवं सहयोगी, 1996
			गौतम एवं सहयोगी, 1966

खुदाई

गाजर की फसल बीज बुआई के लगभग 100–130 दिन बाद खुदाई की जाती है। गाजर की जड़ें जब पूर्ण रुप से विकसित हो जायें, तब फसल की खुदाई फावड़ें या खुरपी से की जाती है। मानक के अनुरुप 3.0 सेन्टी मीटर उपरी भाग तथा 10.0 सेन्टी मीटर लम्बा होने पर जड़ों की खुदाई करते हैं। अगर जड़ों की खुदाई देर से की जाती है, तो वह गुणवत्ता खोने लगती है। खुदाई करने के बाद सावधानीपूर्वक उपरी भाग काटकर अलग कर दिया जाता है और जड़ों को रगड़कर साफ पानी में धो लेते हैं।

उपज

एशियायी समूह की किस्में यूरोपियन समूह की किस्में से ज्यादा उपज देती हैं। एशियायी समूह की फसल से 30.0–40.0 टन प्रति हेक्टेयर उपज प्राप्त होती है, जबकि यूरोपियन समूह से 30.0–35. 0 टन प्रति हेक्टेयर होती है।

भण्डारण

गाजर की जड़ों को सामान्य दशा में 6–7 दिनों तक सुरक्षित रखा जा सकता है। शीतगृह में 0–4 डिग्री सेल्सियस तापमान व 93–96 प्रतिशत सापेक्ष आर्द्रता पर 3–4 महीने तक भण्डारित किया जा सकता है (राइट एवं सहयोगी, 1954)।

सारिणी (4.6) गाजर की दैहिक विकृति

विकृति	कारण	निवारण
जड़ों का विभाजित होना (splitting)	बोरान की कमी, नत्रजन का अधिक प्रयोग, जड़ विकास के समय असमान नमी बना रहना	बोरान का प्रयोग संस्तुत नत्रजन की मात्रा का ही प्रयोग, समान नमी जड़ विकास के समय बनाये रखें
जड़ों का खोखलापन (cavity spot)	कैल्शियम की कमी, अधिक नत्रजन का प्रयोग, जड़ विकास के समय असमान नमी	कैल्सियम की मात्रा ज्याद दें, नत्रजन कम प्रयोग करे जड़ विकास के समय समान नमी बनायें रखें
जड़ों का कड़ुवापन (bitterness of roots)	अधिक इथिलिन बनने के कारण आइसोकौमारिन यौगिक का विकास	–––
जड़ का काँटानुमा (forking)	मृदा सतह का कठोर होना	मुलायम बलुई मिट्टी में खेती करें। खेत को नम रखें
मज्जा विकास (pithiness)	पोषक तत्वों का असंतुलन वातावरणीय प्रतिबल	संतुलित खाद एवं उर्वरक प्रयोग
जड़ों का नाटापन (stocky root)	अधिक तापमान	–––

पौध संरक्षण

प्रमुख कीट एवं उनका प्रबंधन

गाजर का फड़का (Carrot rust fly)

कभी–कभी गाजर की फसल में इस कीट (*Psila rosae*) का प्रकोप होता है। नियंत्रण के लिए मैलाथियान 50 ई0सी0 (1.0 मिलीटर दवा प्रति लीटर पानी में) का घोल बनाकर फसल पर छिड़काव करना चाहिए।

जड़ सूत्रकृमि (Nematode)

गाजर की जड़ों को प्राटी लेन्कस (*Praty lenchus*), हेटेरोडेरा कैरोटी (*Heterodera carotae*) तथा मेलायडोगायन प्रजाति (melodiogyne spp.) का प्रकोप होता है। प्रबन्धन के लिए नेमागान या सान्नेमा का प्रयोग करे (याकू एवं सहयोगी, 1961)।

प्रमुख रोग एवं उनका प्रबंधन

पत्ती धब्बा (Cercospora leaf spot)

गाजर की फसल में पत्तियों पर धब्बा सरकोस्पोरा कैरोटी (*Cercospora carotae*) नामक रोगजनक के कारण होता है। पत्तियों के किनारे छोटे–छोटे धब्बे बनते हैं, जो बाद में पत्ती मरोड़ के लक्षण उत्पन्न करते हैं। संक्रमण के कारण ये छोटे धब्बे हरिमाहिनता और धसे हुए किनारे

विकसित करते हैं। शुष्क वातावरण में धब्बे हल्के लाल रंग के तथा आर्द्र मौसम में, ये धब्बे गहरे रंग के होते हैं। ज्यादा संक्रमण की अवस्था में पौध से निष्पत्रण हो जाता है।

प्रबंधन

धब्बा बीमारी से बचाव के लिए रोग प्रतिरोधी किस्मों का उपयोग करना चाहिए तथा बीज को गर्म पानी में डालकर शोधन करना चाहिए। इसके अलावा लम्बे समय का फसल चक्र, स्वच्छ कृषि प्रक्रिया और पौधों की आपसी दूरी बढ़ाकर इस बीमारी से बचाव किया जा सकता है। खेत में ज्यादा पानी नहीं होना चाहिए। नियंत्रण के लिए फसल पर डाइथेन जेड0–78 की 2.0 ग्राम मात्रा प्रति लीटर पानी में डालकर छिड़काव करना चाहिए।

झुलसा बीमारी (Alternaria blight)

गाजर में यह बीमारी अल्टरनेरिया डउकी (*Alternaria dauci*) नामक रोग जनक के कारण होता है। उग्र अवस्था में धब्बे आकार में बड़े हो जाते हैं और सूखने लगते हैं। अन्त में पौधे की पत्तियाँ सूख जाती हैं और झुलसा जैसे लक्षण स्पष्ट होता है। तने और पर्णवृन्त पर बनने वाले धब्बे गहरे भूरे होते हैं, जबकि तने पर झुलसा हुआ गोल संरचना बनती है। जड़ों पर अनियमित धब्बे बनते हैं, जो छिछले व गहरे भूरे से काले होते हैं।

प्रबंधन

बचाव के लिए रोग मुक्त किस्मों का चुनाव एवं गर्म पानी में बीज शोधन करना चाहिए। नियंत्रण के लिए डाइथेन जेड0–78 (2.0 ग्राम मात्रा प्रति लीटर पानी में) का छिड़काव करना चाहिए। कभी–कभी नत्रजन उर्वरकों का प्रयोग करने से नई पत्तियाँ विकसित होती हैं। अतः यूरिया का छिड़काव फफूँदनाशक के साथ करना चाहिए।

शीर्ष गलन

यह बीमारी राइजोटोनिया सोलानी (*Rhizoctonia solani*) नामक रोग जनक के कारण होता है। उकठापन व मंद अथवा एकाएक पौधे समाप्त होने जैसे लक्षण उत्पन्न करते हैं। गिरा हुआ उपरी भाग में झुलसापन से ग्रसित हो, ऐसा प्रतीत होता है। जड़ों पर गहरा भूरा व जलसिक्त धब्बे (water soaked spots) दिखते हैं। संक्रमण के कारण जड़ का उपरी शीर्ष में सड़न हो जाता है, जिससे गाजर को बाजार में बेचना मुश्किल होता है।

प्रबंधन

बचाव के लिए रोग प्रतिरोधी व गुणवत्तायुक्त ओजस्वी बीज का प्रयोग करना चाहिए। अच्छा होगा कि बचाव के लिये गाजर की बुआई मेड़ों पर, उचित दूरी बनाकर तथा लम्बे अन्तराल का फसल चक्र अपनायी जाये। बीज का शोधन कैप्टान या थिरम (Thiram) की 2.0–3.0 ग्राम मात्रा प्रति किलो ग्राम बीज में मिलाकर करना चाहिए।

मूली (Radish)

वानस्पतिक नाम : रैफनेस सटाइवस एल0 (*Raphanus sativus* L.)
कुल : ब्रेसिकेसी (*Brassicaceae*)
गुणसूत्र संख्या : 2एन=18

मूल वाली सब्जियों में मूली का एक महत्वपूर्ण स्थान है। यह सबसे जल्दी तैयार होती है तथा सिंचाई की सुविधा होने पर इसको पूरे वर्ष उगाया जा सकता है। इसकी खेती सम्पूर्ण भारत में की जाती है। गृह वाटिका में उगाई जाने वाली सब्जियों में मूली एक सर्वप्रिय सब्जी है। मूली की खेती इसके गूदेदार खाने योग्य जड़ों तथा कोमल पत्तियों के लिए किया जाता है। मूली शब्द की उत्पत्ति जल्द उगने वाली फसल पर रखी गयी है। बड़े कम दिनों (30–60 दिन) की फसल होने के कारण उत्पादकों के बीच अर्थोपार्जन की दृष्टि से ज्यादा महत्व रखती है। इतना ही नहीं यह अंतः फसल के रुप में, क्रमागत फसल के रुप में और एक साथ उगने के रुप में जानी जाती है।

उदभव एवं वितरण

मूली का जन्म स्थान सम्भवतः मेडीटेरेनियन भाग (यूरोप या एशिया में शायद चीन) है (थामसन एवं केली, 1957) हैं। कुछ लोग मूली का उत्पत्ति स्थल मध्य एवं पश्चिमी चीन और भारत को मानते हैं, क्योंकि प्राचीन काल से इसकी खेती इन क्षेत्रों में होती आ रही है (चौधरी, 1977)। भूमध्य सागरीय क्षेत्र में इसकी जंगली किस्में आज भी मिलती हैं। इतिहासविदों ने मूली का उपस्थापन चीन में 500 ईसा पूर्व मानते हैं। चीन से ही इसका उपस्थापन मध्य–पूर्व के देशों एवं जापान के आसपास 700 ई0 मानते हैं। ऐसा प्रतीत होता है कि मूली इंग्लैण्ड में सन् 1950 के आसपास पहुँची। लम्बी सफेद मूली सर्वप्रथम यूरोप में 16वीं शताब्दी में उगते हुए देखी गयी। 18वीं शताब्दी में शंक्वाकार मूली प्रचलन में आयी। पहले सफेद मूली की उत्पत्ति हुई तथा बाद में लाल मूली। मैक्सिको में मूली की खेती 1500 ई0 में की गयी। इजिप्ट में मूली की 2000 ई0पू0 में पहचान थी। सर्वप्रथम अमेरिका में अंग्रेज शासकों द्वारा मूली का उपस्थापन हुआ। वर्तमान समय में मूली की खेती उष्ण, उपोष्ण एवं शीतोष्ण जलवायु में विश्व के प्रत्येक क्षेत्र में की जाती है।

वानस्पतिक विवरण

वानस्पतिक दृष्टि से मूली की उत्पत्ति मिलते–जुलते प्रभेदों जैसे– रफैनस रफैनीस्ट्रम, रफैनस मारीटीमस, रफैनस लांड्रा व रफैनस रोस्ट्राटस से हुआ है, ऐसा माना जाता है। जापानी मूली की उत्पत्ति रफैनस सटाइवस एफ रैफानीस्ट्रोइड्स से हुआ है। यह जल्दी बढ़ने वाला एकवर्षीय शाक (annual herb) है। इसकी पत्तियाँ 10.0–45.0 सेन्टी मीटर लम्बी व लाईरेट पिनेट्टीफिड (lyrate-pinnatifid) होती हैं। मूली संपरिवर्तित तर्कु रुप जड़ है। जड़ बीच में फूली हुई गूदेदार होती है तथा उपर और नीचे की ओर पतली हो जाती है। इसके फूल द्विलिंगी व रेसीम (raceme) होते हैं। यह पर–परागित (cross pollinated) फसल है। फल सिलिकुआ (siliqua) व 3.0–20.0 सेन्टी मीटर लम्बा होता है, जिसमें 6–12 बीज होते हैं। बीज ग्लोबोज (globose) होते हैं, जिसे सामन्य तापक्रम पर 3–5 वर्ष तक रखा जा सकता है।

पोषकीय महत्व

मूल वाली सब्जियों में मूली एक ऐसी सब्जी है, जिसके सभी भाग कच्चे खाने, सलाद बनाने व सब्जी पकाने के उपयोग में लाते हैं। इसकी जड़ों को बारीक काटकर व भरकर स्वादिष्ट पराठे बनाकर खाये जाते हैं। इसकी मुलायम पत्तियों व जड़ की स्वादिष्ट, पौष्टिक व शक्तिवर्धक सब्जी बनती है। मूली से रायता, कैण्डी व अचार इत्यादि भी बनाया जाता है। इसकी कोमल पत्तियाँ भी सब्जी बनाने के लिए उपयोग में लायी जाती हैं। इसमें खनिज पदार्थों और प्रोटीन की अधिकता होती है। इसके अतिरिक्त विटामिन ''ए'', ''बी'' और ''सी'' का भी अच्छा स्रोत है। प्रति 100 खाने योग्य भाग मात्रा में 15.0–40.0 ग्राम एस्कार्बिक अम्ल पाया जाता है।

सारिणी (4.7) मूली की जड़, पत्ती व फल का पोषकीय मूल्य (प्रति 100 ग्राम खाने योग्य भाग में)

पोषक तत्व	मात्रा			
	जड़ (सफेद)	जड़ (पिंक)	पत्ती	हरे फल
नमी	94.9 ग्राम	90.8 ग्राम	85.1 ग्राम	90.5 ग्राम
प्रोटीन	0.5 ग्राम	0.6 ग्राम	3.9 ग्राम	2.3 ग्राम
वसा	0.01 ग्राम	0.3 ग्राम	0.6 ग्राम	0.3 ग्राम
खनिज लवण	0.7 ग्राम	0.9 ग्राम	1.6 ग्राम	0.8 ग्राम
रेशा	0.6 ग्राम	0.6 ग्राम	0.6 ग्राम	1.4 ग्राम
कार्बोहाइड्रेट	3.2 ग्राम	6.8 ग्राम	4.2 ग्राम	4.7 ग्राम
ऊर्जा	16 कैलोरी	–	38 कैलोरी	
कैल्सियम	20 मिली ग्राम	50.0	310 मिली ग्राम	80.0
फास्फोरस	20 मिली ग्राम	20.0	60 मिली ग्राम	100
लौह तत्व	1.0 मिली ग्राम		18.0 मिली ग्राम	2.8
कैरोटीन	4.0 माइक्रो ग्राम	–	5742 माइक्रो ग्राम	–
विटामिन 'ए'	51.0 आ०ई०	51.0 आ०ई०	18.66 आ०ई०	50.0 आ०ई०
थायमिन	0.02 मिली ग्राम		0.12 मिली ग्राम	0.07
राइबोफ्लेविन	0.03 मिली ग्राम		0.35 मिली ग्राम	0.05
नियासिन	1.4 मिली ग्राम		5.5 मिली ग्राम	–
निकोटिनिक एसीड	0.5 मिली ग्राम	0.4 मिली ग्राम	0.3 मिली ग्राम	0.2 मिली ग्राम
विटामिन 'सी'	21 मिली ग्राम	17.0 मिली ग्राम	106.01 मिली ग्राम	69.0 मिली ग्राम

स्रोतः गोपालन एवं बालासुब्रामनियम, 1966

औषधीय जगत में भी मूली का महत्वपूर्ण स्थान है। यह बढ़ी हुई तिल्ली, बबासीर, पीलिया और जिगर के रोगों में अधिक लाभदायक होती है। इसके अलावा मूली कब्ज को रोकती है और भूख बढ़ाती है। मूली की कुछ किस्मों की जड़ें लाल रंग की होती हैं। इन किस्मों को सलाद सजाने में विशेष भूमिका होती है और लाल रंग की जड़ वाली मूली में एस्कार्बिक अम्ल की मात्रा अधिक पाई

जाती है। मूली में चरपराहट एक उड़नशील पदार्थ आइसोथायोसाइनिन (isothiocyanates-trans-4-methyl thiobutenyl isothiocyanate) के कारण होती है और मूली में जड़ों का लाल रंग एन्थोसायानिन (anthocyanin) वर्णक के द्वारा विकसित होता है।

उन्नतिशील किस्में

मूली की भारत में उगाई जाने वाली अनेक किस्में हैं। बंगा (1976) ने मूली को 4 वर्गों में बाँटा है–

1. कम ठण्ड मौसमी (small cool season)
2. बड़ी व अधिक अनुकूलन (large with wider adaptation)
3. रैट टेल या मोगरी टाइप (rat tail or mougri type with longer pod-20.0-60.0 cm)
4. चारा टाइप व अधिक पत्ती वाली (fodder radish with no fleshy roots but more leaves)

इन किस्मों की जड़ों की बढ़वार, आकार, अलग–अलग रंग व अनुकूलन होते हैं। मूली की किस्मों को दो वर्गों में बाँटा जा सकता है–

1. एशियाटिक टाइप (Asiatic type)
2. यूरोपीयन टाइप (European type)

1. एशियाटिक (Asiatic type) या उपोष्ण (Tropical) प्रकार की किस्में

इस समूह में वे किस्में आती हैं, जो अधिक ठण्डक के साथ–साथ गर्मी को भी सहन कर लेती हैं। ये किस्में चिकनी, ठोस, मध्यम से बड़े आकार की जड़ वाली व औसत चरपरी (तीखी) होती हैं। इनकी जड़ें नीचे की ओर बहुत पतली व नुकीली हो जाती हैं। इनमें एक मौसम में जड़ बनती हैं तथा दूसरे मौसम में पुष्प व बीज बनते हैं। मैदानी भागों में इन किस्मों का बीज तैयार किया जा सकता है। उदाहरण–जौनपुर, जाइन्ट पूसा देशी, पूसा रेशमी इत्यादि।

इनकी कुछ किस्मों का विवरण नीचे दिया जा रह है–

काशी स्वेता (Kashi Sweta or IIVR-1)

इस किस्म का विकास पूसा चेतकी से चयन कर भारतीय सब्जी अनुसंधान संस्थान, वाराणसी (उत्तर प्रदेश) द्वारा किया गया है। इस प्रजाति को अखिल भारतीय समन्वित अनुसंधान परियोजना (सब्जी फसल) द्वार सन् 2001 में पहचान की गयी और सन् 2006 में उत्तर–प्रदेश, पंजाब, बिहार एवं झारखण्ड में खेती के लिए अनुमोदित की गयी। यह किस्म गर्मी, वसन्त व जाड़े के मौसम में उगाने के लिए उपयुक्त है। यह बहुत तेजी से वृद्धि एवं विकास करती है। जड़ें मात्र 30–35 दिन में ही तैयार हो जाती हैं। जड़ें 25.0–30.0 सेन्टी मीटर लम्बी, 3.5–4.0 सेन्टी मीटर ब्यास, सीधी, नीचे की तरफ पतली व अन्त में भुथरा होता है। औसत उपज 50 टन प्रति हेक्टेयर होता है।

काशी हंस (Kashi Hans or IIVR-2)

इस किस्म का विकास भारतीय सब्जी अनुसंधान संस्थान, वाराणसी (उत्तर प्रदेश) द्वारा किया गया है। यह किस्म अखिल भारतीय अनुसंधान परियोजना (सब्जी फसल) द्वारा सन् 2005 में पहचान कर सन् 2006 में उत्तर–प्रदेश, पंजाब, बिहार एवं झारखण्ड में खेती के लिये अनुमोदित की गयी। यह किस्म सितम्बर से फरवरी तक बुआई के लिए उपयुक्त है। इसकी पत्तियाँ पालक की तरह मुलायम व किनारा चिकना होता है। इसकी जड़ें 30.0–35.0 सेन्टी मीटर लम्बी व 3.5–4.2 सेन्टी मीटर व्यास की होती हैं। जड़ें बीज बुआई के 40–45 दिन बाद खुदाई योग्य हो जाती हैं। खुदाई में देर करने पर जड़ें रेशेदार हो जाती हैं और खाने योग्य नहीं रह जाती हैं। इस किस्म की औसत उपज 45.0 टन प्रति हेक्टेयर है।

मीनो अर्ली (Mino Early)

इस किस्म का विकास जापान द्वारा आयातित जननद्रव्य से चयन कर किया गया है। इसकी जड़ें तेजी से विकसित होती हैं व मात्र 45 दिनों में ही खुदाई के लिए तैयार हो जाती हैं। जड़ें पूर्णतया सफेद, 30.0–40.0 सेन्टी मीटर लम्बी, हल्के पतले तथा मध्यम तीखापन लिए होती हैं।

पालम ह्रदय (Palam Hriday)

मूली की 'पालम ह्रदय' किस्म का विकास सब्जी फसल प्रभाग, हिमाचल प्रदेश कृषि विश्वविद्यालय, पालमपुर द्वारा किया गया है। गूदे का रंग पिंक (pink) होता है। जड़ें आयताकार (oblong) होती हैं। इस की ग्रीवा स्कन्द हरा होता है, जिसका व्यास 6.0–7.0 सेन्टी मीटर होता है। यह कुरमुरा, रसदार, व देर से पुष्प धारण करने वाली प्रभेद है और इसमें मज्जा का विकास नहीं होता है। जड़ों की खुदाई, बीज बुआई के 50–60 दिन के अन्दर की जा सकती है। इस किस्म का औसत उपज 30.0 टन प्रति हेक्टेयर होता है। इसके जड़ों में 7.70 प्रतिशत मिठास, 9.47 प्रतिशत शुष्क पदार्थ व 19.53 मिली ग्राम विटामिन 'सी' प्रति 100 ग्राम खाने योग्य भाग में पाया जाता है।

पूसा देशी (Pusa Desi)

इस किस्म का विकास स्थानीय जननद्रव्य संग्रह से चयन कर भारतीय कृषि अनुसंधान संस्थान, नई दिल्ली से किया गया है। इस किस्म की मध्य अगस्त से अक्टूबर तक बुआई की जाती है। इसकी जड़ें सफेद 30.0–35.0 सेन्टी मीटर लम्बी, मोटी, तीखी व नीचे की ओर पतली होती है। इसकी जड़ें बुआई के लगभग 50–60 दिन बाद पककर तैयार हो जाती है। यह एक अधिक पैदावार देने वाली किस्म है। इस किस्म का औसत उपज 30.0 टन प्रति हेक्टेयर होता है।

पूसा जमुनी (Pusa Jamuni)

इस किस्म का विकास भारतीय कृषि अनुसंधान संस्थान, नई दिल्ली द्वारा सन् 2012 में किया गया और दिल्ली के आस पास उगाने के लिये अनुमोदित किया गया। इसके जड़े मध्यम लम्बाई की होती हैं। जड़ों में एन्थोसाइनिन तथा एस्कार्बिक एसीड की मात्रा अधिक होती है।

पूसा गुलाबी (Pusa Gulabi)

इस किस्म का विकास भारतीय कृषि अनुसंधान संस्थान, नई दिल्ली द्वारा सन् 2012 में किया गया और दिल्ली के आस पास व्यावसायिक खेती के लिये अनुमोदित किया गया। जड़ें मध्यम आकार की व गुलाबी रंग की होती है। जड़ों में कैरोटीन, एन्थोसाइनिन तथा एस्कार्बिक अम्ल ज्यादा होता है।

जापानीज व्हाइट (Japanese White)

इस किस्म को पहले 'शिरोआगुरी–क्यो' के नाम से जानते थे। इस किस्म को जापान से आयातित कर भारतीय कृषि अनुसंधान संस्थान, नई दिल्ली, क्षेत्रीय शोध केन्द्र, कटराईं (हिमाचल प्रदेश) द्वारा चयनकर विकसित की गयी। इसके पौधों की पत्तियाँ मध्यम आकार की और गहरी कटी हुई होती हैं। जड़ें 20.0–30.0 सेन्टी मीटर लम्बी, मोटी, चिकनी तथा आकार में बेलनाकार होती हैं। जड़ों के नीचे का भाग मोटा होता है। गूदा सफेद, कुरकुरा, सख्त और कम तीखा होता है। जड़ें बुआई के 60–65 दिन बाद तैयार हो जाती हैं। मैदानी क्षेत्रों में इसकी बुआई सितम्बर के महीने में सुगमतापूर्वक की जा सकती है। इसकी औसत उपज 35.0–40.0 टन प्रति हेक्टेयर है।

नदौनी (Nadauni)

इस किस्म को वृहद स्तर पर हिमाचल प्रदेश में उगाया जाता है। जड़ें लम्बी, चिकनी और हल्के गुलाबी रंग की होती हैं, जिनका निचला सिरा पतला होता है। जड़ का उपरी हिस्सा हरा होता है।

पंजाब अगेती (Punjab Ageti)

इस किस्म का विकास पंजाब कृषि विश्वविद्यालय, लुधियाना (पंजाब) द्वारा पंजाब सफेद × लोकल रेड के आपसी संकरण द्वारा विकसित किया गया है। पौधे का उपरी भाग मध्यम भारी तथा पत्तियाँ नीचे की तरफ फैली व कटी हुई होती हैं। जड़ें मध्यम, लम्बी (25.0 सेन्टी मीटर), कम व्यास (3.0 सेन्टी मीटर), नीचे की तरफ पतली व कम तीखापन वाली होती हैं। जड़ का उपरी आधा भाग लाल लेकिन नीचे का आधा भाग सफेद होता है। बीज बुआई के 50 दिनों बाद जड़ें खाने योग्य हो जाती हैं। औसत जड़ों की उपज 26.0 टन प्रति हेक्टेयर है।

पंजाब पसन्द (Punjab Pasand)

इस किस्म का विकास पंजाब कृषि विश्वविद्यालय, लुधियाना (पंजाब) द्वारा पूसा चेतकी से चयन कर किया गया है। इसकी खेती मुख्य एवं देर की फसल के रुप में की जा सकती है। यह बहुत तेजी से वृद्धि करती है और जड़ें 45 दिन बाद ही खाने योग्य हो जाती हैं। पौधे का उपरी भाग हल्का व कम पत्तियों वाला होता हैं। जड़ें मध्यम लम्बी (25.0–30.0 सेन्टी मीटर), मध्यम व्यास (3.0–4.0 सेन्टी मीटर), पूर्ण सफेद व चिकनी होती है। औसत उपज 54.0 टन प्रति हेक्टेयर है।

पूसा चेतकी (Pusa Chetki)

इस किस्म का विकास डेनमार्क से आयातित जननद्रव्य से चयनकर भारतीय कृषि अनुसंधान संस्थान, नई दिल्ली से किया गया है (चौधरी एवं सिरोही, 1975)। यह जल्दी तैयार होने वाली किस्म है। यह किस्म पूरे वर्ष सफलतापूर्वक उगायी जा सकती है। इसको गर्मी में भी सफलतापूर्वक उगाया जा सकता है। इसमें अधिक गर्मी एवं नमी सहन करने की शक्ति होती है। यह किस्म मैदानी भागों में मार्च से सितम्बर तक लगाई जा सकती है। हरे रंग की पत्तियाँ, मध्यम आकार की और कटावदार होती है। इसकी जड़ें बिल्कुल सफेद, चिकनी, मोटी, पौध लम्बे (15.0–20.0 सेन्टी मीटर) तथा जड़ के अन्त में ठूँठा होता है। इसमें तीखापन कम होता है। यह किस्म गर्मी में बीज बोने के 30–35 दिन बाद व सर्दी में 40–45 दिन बाद तैयार हो जाती है।

पूसा रेशमी (Pusa Reshmi)

इस किस्म का विकास स्थानीय जननद्रव्य से चयनकर भारतीय कृषि अनुसंधान संस्थान, नई दिल्ली से किया गया है। इस अगेती किस्म की बुआई सितम्बर से नवम्बर तक की जाती है। यह किस्म लगभग 50–60 दिन में तैयार हो जाती है। इसकी जड़ें सुडौल, सफेद, लम्बी (30.0–45.0 सेन्टी मीटर), हरापन लिए व नीचे की तरफ पतली तथा कम तीखी होती है। इसका तने वाला हिस्सा हरा होता है। बुआई के लगलग 55–60 दिन बाद खाने योग्य हो जाती है। औसतन मूली के जड़ों की उपज 35.0–40.0 टन प्रति हेक्टेयर तक होती है।

कल्याणी व्हाइट (Kalyani White)

इस किस्म का विकास विधान चन्द्र कृषि विश्वविद्यालय, कल्याणी (पश्चिम बंगाल) से किया गया है। इस किस्म की जड़ें लम्बी (25.0–30.0 सेन्टी मीटर), एक समान मोटाई की होती है। जड़ों का निचला हिस्सा काफी मोटा होता है। इस किस्म को ग्रीष्मकाल को छोड़कर पूरे वर्ष तक उगाया जा सकता है। बुआई के 45–50 दिन बाद इसकी जड़ें खाने योग्य हो जाती है।

को–1 (Co-1)

इस किस्म का विकास तमिलनाडु कृषि विश्वविद्यालय, कोयम्बटूर (तमिलनाडु) द्वारा आर0एस0 44–21 से चयन प्रक्रिया द्वारा किया गया है। इसके पौधे काफी ओजस्वी व गहरे हरे रंग की पत्तियों वाले होते हैं। पत्तियाँ काफी लहरदार तथा जड़ें बेलनाकार और सफेद होती हैं, जिनका सिरा पतला होता है। इसे पूरे वर्ष उगाया जा सकता है। इस किस्म पर रस्ट और माँहू कीट का प्रकोप अधिक होता है।

पंजाब सफेद (Punjab Safed)

इस किस्म का विकास पंजाब कृषि विश्वविद्यालय, लुधियाना (पंजाब) द्वारा ह्वाइट 5 × जापानीज ह्वाइट के आपसी संकरण द्वारा किया गया है। इसके पौधे का उपरी भाग मध्यम भारी, पत्तियाँ फैलने वाली व थोड़ी कटी भी होती हैं। इसकी जड़ें पूर्णतया सफेद, लम्बी (30.0–45.0 सेन्टी मीटर) उपरी भाग मोटा तथा निचला भाग पतला होता है। इसमें तीखापन कम होता है।

यह 60 दिन में तैयार होने वाली किस्म है। इसकी औसत पैदावार 40.0 टन प्रति हेक्टेयर है। इसकी जड़ों की विशेषता यह है कि तैयार होने के बाद 10 दिन तक मुलायम बनी रहती है। इसकी औसत पैदावार 40.0 टन प्रति हेक्टेयर है।

हिसार मूली नं0–1 (Hisar Mooli No.1)

इस किस्म का विकास हरियाणा कृषि विश्वविद्यालय, हिसार द्वारा किया गया है। यह मध्य समय में उगाई जाने वाली किस्म है। इसकी जड़ें चमकदार, लम्बी (30.0 सेन्टी मीटर) मुलायम, सीधे बढ़ने वाली होती हैं। जड़ें क्रमशः नीचे की तरफ पतली होती जाती हैं। ऊपरी तने वाला भाग कुछ हरा होता है। यह किस्म सितम्बर से अक्टूबर तक बोई जाती है। बीज बोने के 50–55 दिन बाद खुदाई के लिए तैयार हो जाती है। यह किस्म सफेद रतुआ रोग के प्रति अवरोधी है। इसकी औसत उपज 32.5 टन प्रति हेक्टेयर है।

कल्यानपुर नं0 1 (Kalyanpur No.1)

इस किस्म का विकास स्थानीय जननद्रव्य के संकलन से चयन कर सन् 1982 में चन्द्रशेखर आजाद कृषि एवं प्रौद्योगिकी विश्वविद्यालय, कानपुर (उत्तर प्रदेश) द्वारा किया गया है। यह किस्म अगेती है, जो बीज बोने के 40–45 दिन बाद खुदाई हेतु तैयार हो जाती है। इस किस्म के पौधों की पत्तियाँ चौड़ी तथा जड़ें 22.0–23.0 सेन्टी मीटर लम्बी, चिकनी सफेद रंग की तथा कम तीखी होती है। उपरी हिस्सा थोड़ा हरापन लिये होता है। इस किस्म पर सरसों की आरा मक्खी, माहूँ तथा ह्वाइट रस्ट (white rust) का कम प्रकोप होता है।

अर्का निशान्त (Arka Nishant)

इस किस्म का विकास सिंगापुर से आयातित जननद्रव्य 'आई0आई0एच0आर0–72' से समूह चयन पद्धति द्वारा भारतीय बागवानी अनुसंधान संस्थान, बैंग्लुरु (कर्नाटक) से किया गया है। इसकी जड़ें संगमरमर जैसा पूर्ण सफेद, कुरकुरी व अपेक्षाकृत कम तीखापन लिए होती हैं। इसकी जड़ें मध्यम लम्बाई (25.0 सेन्टी मीटर) की होती हैं। इस किस्म में जड़ों के फटने, सख्त ऊतक बनने तथा जल्दी से बीज के डण्ठल निकलने की समस्या नही आती है। जड़ लगभग 45–55 दिन में पककर तैयार हो जाते हैं। एक जड़ का औसत वजन 300–400 ग्राम तक होता है। जड़ एवं पत्ती का अनुपात 1:1 है। यह ठण्डे मौसम के लिए सबसे उपयुक्त किस्म है। इसकी औसत उपज 20.0–30.0 टन प्रति हेक्टेयर है। मैदानी क्षेत्रों में इसका बीज सुगमतापूर्वक बनाया जा सकता है।

चायनीज पिंक (Chinese Pink)

इस किस्म का विकास यशवंत सिंह परमार कृषि एवं वानिकी विश्वविद्यालय, सोलन (हिमाचल प्रदेश) से किया गया है। इसकी जड़ें उपर से लाल होती है, पर गूदा सफेद व चरपरा होता है। इसकी जड़ें 12.0–15.0 सेन्टी मीटर लम्बी होती हैं, जिनका निचला सिरा सफेद होता है। जड़ें सख्त व कुरकुरी होती हैं। यह बुआई के 50–55 दिन बाद खाने के लिए तैयार हो जाती है। कम तापमान व पहाणी क्षेत्रों के लिए उपयुक्त है।

जौनपुरी मूली (Jaunpuri Mooli)

यह किस्म उत्तर–प्रदेश के जौनपुर जिले की स्थानीय किस्म है। इसकी जड़ें काफी लम्बी (40.0–45.0 सेन्टी मीटर) तथा मोटी (7.0–10.0 सेन्टी मीटर) व सफेद रंग वाली होती हैं। गूदा मुलायम, कुरकुरा, कम चरपराहट तथा मीठास लिए होता है। इस किस्म की प्रति मूली का औसत भार 4.5–7.0 किलो ग्राम होता है।

चायनीज रोज (Chinese Rose)

इस किस्म की मूली की जड़ें आकार में छोटी होती है और उनका छिलका पतला व हल्के लाल रंग का होता है व खाने में स्वादिष्ट होती है। जड़ें शीघ्र कड़ी नहीं होती। यह मैदानी भागों में आसानी से उगाई जा सकती है। इस किस्म में फूलने (डंठल निकलने) तथा जड़ों में शाखाएँ बनने की समस्या नहीं है। एक हेक्टेयर से लगभग 35.0–40.0 टन तक पैदावार देती है।

अर्ली 40 डेज (Early 40 Days)

इस किस्म का विकास जापान द्वारा आयातित जननद्रव्य द्वारा किया गया है। इसकी जड़ें तेजी से वृद्धि करती हैं और मात्र 40 दिनों में ही खाने योग्य हो जाती हैं। जड़ें 30.0 सेन्टी मीटर लम्बी, सफेद, सीधी तथा अन्त में भोथरा होता है। इसमें तीखापन मध्यम होता है। गर्मी के दिनों में अगेती उपज प्राप्त करने के लिए देर बसन्त काल में बुआई की जाती हैं।

महाराज (Maharaj)

यह मूली की एक किस्म है, जिसे महिको सीड्स कम्पनी द्वारा विकसित किया गया है। इस किस्म में जड़ की लम्बाई 30.0–35.0 सेन्टी मीटर तथा मोटाई 5–6 सेन्टी मीटर (घेराव) होती है। जड़ दोनों सिरों पर कम मोटी होती है। इसकी जड़ें रेशे रहित, हल्की तीखी व मुलायम होती है। बुआई के लगभग 50 दिन बाद तैयार हो जाती है। एक हेक्टेयर से लगभग 20.0–25.0 टन तक पैदावार प्रदान करती है।

2. यूरोपीयन (European type) या शीतोष्ण प्रकार (Temperate type) की किस्में

इस समूह में अधिक ठण्ड सहन करने वाली किस्में आती हैं। इस समूह की मूली की जड़ें सामान्यतया छोटी लेकिन स्वाद में मीठी होती हैं। यूरोपीयन टाइप की मूली की किस्में मैदानी भागों में अच्छी जड़ें विकसित करती हैं, परन्तु बीज शीतोष्ण जलवायु (पर्वतीय क्षेत्रों) में ही बनते हैं क्योंकि बीजोत्पादन के लिए अभिशीतन (chilling) की आवश्यकता होती है। स्वाद व सुगन्ध के कारण ही ये किस्में सलाद के लिए ज्यादा उपयुक्त हैं। उदाहरण–ह्वाइट आइसकिल, स्कारलेट ग्लोब, स्कारलेट लांग, फ्रेंच ब्रेकफास्ट, रैपिड रेड और ह्वाइट टिप्स।

इनकी कुछ किस्मों का विवरण नीचे दिया जा रह है–

रैपिड रेड व्हाइटटिप (Rapid Red White Tipped)

यह एक अगेती किस्म है। इस किस्म की बुआई मध्य अक्टूबर से फरवरी तक की जा सकती है। मैदानी क्षेत्रों में इसे नवम्बर–दिसम्बर के महीनें में बोया जाता है। जड़ छोटी, छिलका का ऊपरी हिस्सा लाल रंग का, निचला हिस्सा सफेद, गूदा सफेद रंग का, व आकर्षक होता है, जिसके कारण बाजार में ज्यादा दाम मिलता है। इसकी जड़ें कम चरपरी होती है। जड़ें बुआई के 30 दिन बाद खुदाई के योग्य हो जाती हैं। एक हेक्टेयर से लगभग 10.0–12.0 टन तक पैदावार होती है।

स्कारलेट ग्लोब (Scarlet Globe)

यह एक अगेती किस्म है। बीज बुआई के लगभग 25–30 दिन बाद जड़ें खाने योग्य हो जाती हैं। जड़ें छोटी (2.0 सेन्टी मीटर व्यास), उपरी छिलका लाल लेकिन गूदा सफेद मुलायम और ग्लोब के आकार वाली होती है। जड़ें खाने में अत्यन्त स्वादिष्ट लगती हैं। इसे समय से खुदाई न करने पर जड़ों में सख्त ऊतक बनने लगते हैं। एक हेक्टेयर से लगभग 8.0–10.0 टन तक पैदावार प्रदान करती है।

स्कारलेट लाग (Scarlet Long)

इस किस्म के पौधों की पत्तियाँ 15.0–20.0 सेन्टी मीटर लम्बी तथा हल्के हरे रंग की होती हैं। जड़े, लम्बी, लाल रंग की तथा गूदा सफेद और मुलायम होता है। एक हेक्टेयर से लगभग 10.0–14.0 टन तक पैदावार होती है।

ह्वाइट आइसिकल (White Icicle)

यह विदेशों से आयातित जननद्रव्य को उपस्थापित कर विकसित की गयी है। यह कम तापमान में उगाने के लिए उपयुक्त है। इस किस्म की बुआई मध्य अक्टूबर से फरवरी तक की जा सकती है। यह किस्म बुआई के लगभग 30–40 दिन में ही खुदाई हेतु तैयार हो जाती है। इसकी जड़ें सफेद, कम लम्बी (12.0–15.0 सेन्टी मीटर) कम मोटी (2.0–3.0 सेन्टी मीटर व्यास के) नीचे की तरफ पतली, सीधे बढ़ने वाली, मुलायम व कम तीखी होती हैं। जड़ों के अन्दर का गूदा बर्फ (ice) की तरह सफेद तथा रसदार होती है। जड़ों में चरपराहट मध्यम होती है। इस किस्म को खेत में लम्बें समय तक रखने पर जड़ें खाने योग्य नहीं रहती है। एक हेक्टेयर से लगभग 6.0–8.0 टन तक पैदावार प्रदान करती है।

पूसा हिमानी (Pusa Himani)

इस किस्म का विकास भारतीय कृषि अनुसंधान संस्थान, नई दिल्ली के क्षेत्रीय शोध केन्द्र कटराईं (हिमाचल प्रदेश) द्वारा शीतोष्ण किस्म 'ब्लैक रैडिस×जापानीय ह्वाइट' के आपसी संकरण द्वारा किया गया है। बीज बुआई के लगभग 60–65 दिन में खाने योग्य जड़ें तैयार हो जाती हैं। इसकी जड़ें लम्बी (30.0–35.0 सेन्टी मीटर) व मध्यम मोटाई (10.0–12.0 सेन्टी मीटर मोटी) वाली होती हैं। जड़ का उपरी भाग जहाँ से पत्तियाँ निकलती हैं, हरा होता है। जड़ें आधे से नीचे थोड़ा मुड़ी हुई होती हैं। जड़ों का रंग सफेद, गूदा कुरकुरा, अच्छी स्वाद तथा मध्यम तीखापन लिए होता

है। यह ठण्डे प्रदेशों में उगाने के लिए उपयुक्त है। मैदानी क्षेत्रों में इसे मध्य दिसम्बर से लेकर जनवरी तक उगाया जा सकता है। एक हेक्टेयर से लगभग 30.0–32.5 टन तक पैदावार प्रदान करती है।

जलवायु

मूली ठण्डी जलवायु की फसल है, परन्तु इसे गर्मी के मौसम में भी उगाया जा सकता है। अधिक तापक्रम हो जाने पर जड़े खाने योग्य आकार धारण करने के पहले ही बहुत कड़ी और अधिक तीखी (चरपरी) हो जाती है तथा फूलने लगती है। इसलिए इसकी खेती मैदानी भागों में वसन्त और जाड़े के मौसम में और पहाड़ी इलाकों में वसन्त से बरसात के मौसम तक की जाती है। इसकी अच्छी मुलायम जड़ों के लिए फसल को 12.0–22.0 डिग्री सेल्सियस तापक्रम की आवश्यकता पड़ती है। शीतोष्ण प्रकार की मूली में जड़ों का अधिकतम विकास प्रारम्भ में 20.0–30.0 डिग्री सेल्सियस तथा बाद में 10.0–14.0 डिग्री सेल्सियस तापमान पर होता है। पत्तियों का सबसे ज्यादा विकास 25.0 डिग्री सेल्सियस तापमान पर पाया गया है। सुगन्ध, संरचना व आकार 10.0–15.0 डिग्री सेल्सियस तापमान पर होता है (नाथ एवं सहयोगी, 1987)।

लम्बा दिनमान व गर्म मौसम के कारण पुष्प डण्ठल शीघ्र विकसित होते हैं। कभी–कभी तो जड़ें विकसित होने के पूर्व ही पुष्प डण्ठल विकसित हो जाते हैं। सामान्यतया पुष्प डण्ठल 8–10 घण्टे दिनमान पर बनते हैं। कम तापमान होने पर मूली में चरपराहट कम हो जाती हैं। पाला का प्रभाव मूली की फसल पर बहुत कम होता है।

भूमि और भूमि की तैयारी

मूली की खेती किसी भी प्रकार की भूमि में सफलतापूर्वक की जा सकती है, लेकिन हल्की, भुरभुरी, उपजाऊ, नम और अधिक जीवांश वाली भूमि अच्छी होती है। इसके लिए बलुई–दोमट या दोमट भूमि अधिक उपयुक्त होती है। अम्लीय और भारी भूमि में भी इसकी खेती की जा सकती है, लेकिन जड़ें छोटी और अविकसित रह जाती हैं। जड़ों पर भारी संख्या में रेशे उग जाते हैं। मूली की खेती अम्लीय मृदा जिसका पी0एच0 मान 5.5–6.8 है, अच्छी प्रकार की जा सकती है। खेत तैयार हो जाए तो सुविधाजनक लम्बाई व चौड़ाई की क्यारियाँ एवं सिंचाई की नालियाँ बना ली जाती है। खेत से खरपतवार निकाल देना आवश्यक होता है।

पोषक तत्व प्रबंधन

मूली कम समय में तैयार होने वाली किस्म है, अतः खेत में पर्याप्त मात्रा में जीवांश्म की उपलब्धता आवश्यक है। मूली की अच्छी पैदावार के लिए 20.0–25.0 टन गोबर या कम्पोस्ट की अच्छी सड़ी खाद और 1.0–1.5 कुन्तल अमोनियम सल्फेट प्रति हेक्टेयर खेत में डालना चाहिए। भारतीय कृषि अनुसंधान परिषद, नई दिल्ली द्वारा सिफारिस की गई है कि 40.0–50.0 किलो ग्राम नत्रजन, 40.0–50.0 किलो ग्राम फास्फोरस और 90.0–100.0 किलो ग्राम पोटाश प्रति हेक्टेयर के हिसाब से खेत में डालें। मूली की 20.0 टन प्रति हेक्टेयर उपज के लिए 120.0 किलो ग्राम नत्रजन, 65.0 किलो ग्राम फास्फोरस और 100.0 किलो ग्राम पोटाश की मात्रा खर्च होती है (चौधरी, 1977)। चौ0 चरण सिंह हरियाणा कृषि विश्वविद्यालय हिसार (हरियाणा) के अनुसार मूली की अच्छी पैदावार

के लिए खेत में लगभग 50.0 टन प्रति हेक्टेयर गोबर की अच्छी सड़ी खाद खेत की तैयार करते समय मिला दें। इसके अतिरिक्त 60.0 किलो ग्राम नत्रजन और 30.0 किलो ग्राम फास्फोरस की मात्रा फसल में डालें। इसमें नत्रजन की आधी मात्रा बुआई के पहले खेत में डाल दें तथा बची हुई नत्रजन की आधी मात्रा खड़ी फसल में 2 बराबर भागों में बाँटकर छिटकाव कर दें। प्रथम बार 4–5 पत्ती की अवस्था में डालकर मिट्टी चढ़ा दें व दूसरी बार हल्की टाप ड्रेसिंग (top dressing) करें। पंजाब कृषि विश्वविद्यालय, लुधियाना (पंजाब) ने मूली की खेती के लिए 60.0 किलो ग्राम नत्रजन व 30.1 किलो ग्राम फास्फोरस देने की सिफारिश की है। फास्फोरस की पूर्ण मात्रा व नत्रजन की आधी मात्रा 20.0 टन सड़ी गोबर की खाद के साथ खेत में प्रयोग करना चाहिए। बची हुई नत्रजन की मात्रा खेत में बीज बोने के 15–20 दिन बाद (खरपतवार निकालने के बाद) देना चाहिए।

बुआई का समय

सिंचाई की सुविधा के अनुसार मूली की बुआई 15 दिन के अन्तराल पर पूरे वर्ष भर की जा सकती है। उत्तर भारत के मैदानी भागों में एशियाटिक मूली की बुआई का समय सितम्बर से फरवरी तक और पहाड़ी भागों में बुआई मार्च से अगस्त तक करते हैं। यूरोपियन मूली की बुआई अक्टूबर से जनवरी तक करते हैं। इन महीनों में बुआई करने पर जड़ें अच्छी, मुलायम और लम्बी बनती हैं। एशियाटिक किस्मों की बुआई मुख्य मौसम में देर से करने पर पूर्ण जड़ विकसित किये बिना ही पुष्पवृन्त बनने लगते हैं।

सारिणी (4.8) मूली की बुआई का समय व खाने योग्य जड़ों की उपलब्धता के अनुरुप किस्में

किस्में	बुआई का समय	जड़ों की उपलब्धता
पूसा हिमानी व ह्वाइट आइसिकील	जनवरी से फरवरी	फरवरी से मार्च
पंजाब सफेद	मार्च	अप्रैल
पूसा चेतकी व पंजाब अगेती	अप्रैल से अगस्त	मई से सितम्बर
पंजाब पसन्द, पंजाब सफेद व जापानीज ह्वाइट	मध्य सितम्बर से अक्टूबर	अक्टूबर से दिसम्बर
जापानीज ह्वाइट व ह्वाइट आइसिकील	नवम्बर से दिसम्बर	दिसम्बर से जनवरी

बीज दर

मुख्य मौसम में एक हेक्टयर मूली की बुआई करने के लिए एशियाटिक किस्मों की लगभग 6. 0–8.0 किलो ग्राम बीज की जरुरत होती है, जबकि यूरोपियन किस्मों की 10.0–12.0 किलो ग्राम बीज की आवश्यकता पड़ती है। बेमौसम में मूली की खेती करने के लिए 15.0–20.0 किलो ग्राम प्रति हेक्टेयर बीज की आवश्यकता पड़ती है।

बुआई की विधि

मूली की बुआई दो प्रकार से की जाती है–

1. छिटकवाँ
2. कतारों में

1. छिटकवाँ

इस विधि में प्रायः किसान बरसात के मौसम में बीज को खेत में छिटक देते हैं। बीज उग आने पर जब पौधे 3–4 पत्तियों की अवस्था के हो जाते हैं, तो पौधों को 8–10 सेन्टी मीटर की दूरी रखते हुए पौध विगलन कर दिया जाता है। यह विधि सरल होते हुए भी उत्तम नहीं है।

2. कतारों में

इस विधि में बीज को कतारों में दो प्रकार से बोया जाता है–

(क) समतल क्यारियों में

अच्छी प्रकार तैयार खेत में 4.50 × 3.0 मीटर के आकार वाली क्यारियों में लगभग 30.0–40.0 सेन्टी मीटर की दूरी पर कतारें बना ली जाती है और इन कतारों में बीज को लगभग 2.0–2.5 सेन्टी मीटर की गहराई पर बुआई कर देते हैं। बीज उग आने पर जब पौधों में 2 पत्तियाँ आ जाती है, तो पौधों के मध्य 8.0–10.0 सेन्टी मीटर की दूरी पर छोड़ कर अन्य पौधों को निकाल दिया जाता है। लगातार फसल लेने के लिए 8–15 दिन के अन्तराल पर बुआई करते रहना चाहिए। बुआई के बाद बीज को मिट्टी से अच्छी तरह से ढक देते हैं। चूँकि मूली के बीज छोटे होते हैं, अतः बालू या मिट्टी मिलाकर बुआई करना चाहिए।

(ख) मेड़ों पर

इस विधि में एशियाटिक किस्मों को लगभग 45.0–50.0 सेन्टी मीटर की दूरी पर 23.0 सेन्टी मीटर ऊँची मेड़ें बना ली जाती हैं और इन मेड़ों पर 7.5 सेन्टी मीटर की आपसी दूरी रखते हुए बीज को 2.0–2.5 सेन्टी मीटर की गहराई पर बुआई कर दिया जाता है। यूरोपियन किस्म की किस्मों की बुआई 30.0×7.5 सेन्टी मीटर की दूरी पर लगाते हैं। इस विधि में भी बीज उग आने पर जब पौधों में 2 पत्तियाँ आ जायें, तो पौधों के मध्य 8.0–10.0 सेन्टी मीटर की दूरी छोड़ कर बाकी पौधों को निकाल दिया जाता है। यह विधि सबसे उत्तम होती है। इस विधि में जड़ें अच्छी तरह से बढती हैं।

सिंचाई जल प्रबन्धन

मूली की खेती के लिए सिंचाई की बारम्बारता, मृदा के प्रकार व मौसम के उपर निर्भर करता है। अच्छे जमाव तथा वृद्धि के लिए पर्याप्त नमी का पर्याप्त मात्रा में होना आवश्यक है। यदि बुआई के समय खेत में नमी की कमी हो, तो सिंचाई तुरन्त करना चाहिए। बाद की सिंचाई 7–8 दिन के अन्तराल पर करें। मूली के लिए अधिकतम पानी की आवश्यकता बीज बुआई के 15–18 दिन बाद होती है। वर्षा ऋतु में लगायी गयी मूली की फसल को अधिक सिंचाई की जरुरत नहीं पड़ती है, लेकिन अन्य मौसमों में बोई गयी फसल की सिंचाई समय–समय पर, आवश्यकतानुसार करते रहना चाहिए। गर्मी की फसल को 4–5 दिन के अन्तराल पर व शरद कालीन फसल में 10–15 दिन के अन्तराल पर सिंचाई करनी पड़ती है। मेड़ों पर सिंचाई आधी मेंड़ तक करनी चाहिए ताकि पूरी मेंड़ नमीयुक्त व भुरभुरी बनी रहे। खेत में ज्यादा मात्रा में पानी लगा रहने पर जड़ों पर बाल जैसी संरचना

ज्यादा विकसित होती है। ग्रीष्मकाल में जड़ों की खुदाई करने के पूर्व हल्की सिंचाई करनी चाहिए, इससे जड़ें सुगमता से निकल आती हैं और जड़ों में तीखापन भी कम होता है।

अन्तःसस्य क्रियाएँ

मूली की फसल से खरपतवार निकालना अति आवश्यक होता है, क्योंकि खरपतवार लगे होने की स्थिति में कीड़ों एवं बीमारियों का फसल पर अधिक प्रकोप होता है। चूँकि मूली की फसल तेज गति से वृद्धि करती है, अतः बीज बुआई के 2–3 सप्ताह बाद खरपतवार निकालना अति आवश्यक है। फसल की प्रारम्भिक अवस्था में 2–3 बार निकाई–गुड़ाई करने व मिट्टी चढ़ाने से जड़ें अच्छे आकार में विकसित होती हैं। ज्यादा निकाई–गुड़ाई करने से जड़ों को हानि पहुँचने का खतरा बढ़ जाता है। कभी–कभी मूली की जड़ें विकसित होकर मेंड़ से उपर आ जाती हैं, तो उन्हे मिट्टी से ढक दें अन्यथा सूर्य के प्रकाश के सम्पर्क से हरी हो जाती है, जिससे बाजार भाव तो घटता ही है और खाने में भी उतनी अच्छी नहीं लगती है। रासायनिक विधि से खरपतवार नियंत्रण हेतु स्टाम्प (Pendimethalin) की 1.2 लीटर मात्रा या बासालिन की 1.0 लीटर मात्रा या लासो (Alachlor) की 1.5 लीटर मात्रा प्रति हेक्टेयर खेत में प्रयोग करने से खरपतवार समाप्त हो जाते हैं।

फसल चक्र

1. भिण्डी – मूली – सब्जी मटर – लोबिया
2. तोरई – मूली – पालक – बसन्त कालीन राजमा
3. मूली – फूल गोभी (मध्य) – भिण्डी
4. फूल गोभी (अगेती) – मूली – प्याज
5. लोबिया – पालक – मूली – लोबिया
6. अगेती टमाटर – धनिया – (पूसा चेतकी) मूली
7. करेला – मूली – प्याज
8. मक्का – टमाटर – मूली (चेतकी)
9. मिर्च – वसन्त कालीन राजमा – मूंग (मालवीय ज्योति) – मूली (पूसा चेतकी)

जड़ों की खुदाई

मूली के जड़ों की खुदाई कोमल अवस्था में की जाती है, जो बीज बुआई के 25–60 दिनों बाद सामान्यतः होती है। मूली की यूरोपियन किस्में 20–25 दिन बाद और एशियाटिक किस्में 45 दिन बाद खुदाई कर बाजार में बेची जा सकती हैं। अगर खुदाई में कुछ दिनों की देरी हो जाये, तो शितोष्ण किस्मों में मज्जा (pith) विकसित हो जाता है, जो बाजार के लिए उपयुक्त नहीं माना जाता है। जड़ों की खुदाई प्रातःकाल या सायंकाल करना चाहिए, जिससे जड़ों में ताजापन बना रहता है। खुदाई के लिए मूली को हल्की सिंचाई किये हुए खेत में सीधे हाथ से उपर की तरफ खींचकर निकालते हैं। खुदाई के तुरन्त बाद जड़ों को छायादार स्थान में रखना चाहिए।

उपज

मूली की उपज, किस्मों और उगाई जाने वाले मौसम पर निर्भर करती है। सबसे ज्यादा उपज शरदकाल के मौसम में मिलती है और ग्रीष्मकाल में सबसे कम उपज मिलती है। मूली के जड़ों की खुदाई तब किया जाना चाहिए, जब उपरी हिस्से का व्यास 2.5–3.0 सेन्टी मीटर के लगभग हो। एशियाटिक किस्मों से 15.0–25.0 टन तथा यूरोपियन किस्मों से 50.0–80.0 टन प्रति हेक्टेयर उपज प्राप्त होती है। टूटी–फूटी, कटी, खोखली, टेढ़ी और रोगी जड़ों को बाजार भेजने के पूर्व निकाल देना चाहिए। जड़ों को सामान्य दशा में 3–4 दिनों तक आसानी से रखा जा सकता है। परन्तु शीत के दिनों में 32 डिग्री फारेनहाइट एवं 90–95 प्रतिशत आपेक्षित आर्द्रता पर 2 माह तक भण्डारण कर सकते हैं।

चुकन्दर (Beetroot)

वानस्पतिक नाम : बीटा वुल्गेरीज एल0 (*Beta vulgaris* L.)
कुल : चीनोपोडिएसी (Chenopodiaceae)
गुणसूत्र संख्या : 2एन=18

चुकन्दर (beetroot), गार्डेन बीट (garden beet) या टेबल बीट (table beet) एक महत्वपूर्ण जड़ वाली सब्जी है, जिसकी खेती गृह वाटिका में मुख्य फसल के रुप में की जाती है। विदेशों में चुकन्दर की खेती प्रसंस्करण उद्योग के लिए ज्यादा किया जाता है। विगत् कुछ वर्षों में चुकन्दर के प्रयोग का प्रचलन काफी बढ़ा है।

उद्भव एवं वितरण

चुकन्दर की उत्पत्ति स्थल यूरोप माना जाता है (थामसन एवं केली, 1957), क्योंकि चुकन्दर अमेरिका तथा यूरोप की एक प्रमुख सब्जी है। कुछ लोगों का विचार है कि चुकन्दर का उत्पत्ति स्थल पश्चिमी एशिया, यूरोप तथा भूमध्य सागरीय क्षेत्र (Mediterranean region) है। ग्रीस एवं रोम में इसे अत्यन्त प्राचीनकाल से जाना जाता है, लेकिन उस समय लोग इसकी पत्तियों को खाते थे। आज भी यूरोप, उत्तरी अमेरिका तथा मध्य एशियाई देशों में कहीं–कहीं पर इसकी पत्तियों को खाने के लिए उपयोग किया जाता है। ऐसा माना जाता है कि तीसरी शताब्दी में रोमनवासी बीट रुट (beet root) की खेती सर्वप्रथम प्रारम्भ किये। इसके बाद फ्रांस, स्पेन व इटली में इसकी खेती प्रारम्भ की गयी। ऐसे प्रमाण मिलते हैं कि जर्मनी में इसकी खेती सन् 1558 में किया गया और इसे रोमन बिट (Roman beet) के नाम से पुकारते थे। इंग्लैण्ड में इसकी उपस्थिति का विवरण सन् 1576 में मिलता है। पूर्वी यूरोप तथा मध्य–पूर्व के देशों से होते हुए चुकन्दर पूर्वी एशियाई देशों में पहुँचा। भारत में इसकी उपस्थिति का विवरण स्पष्ट नहीं है, लेकिन चीन में उपस्थापन का समय 850 ईसा पूर्व हुआ ऐसा विवरण मिलता है। चुकन्दर संयुक्त राज्य अमेरिका में सन् 1800 में पहुँचा और इसे गार्डेन बीट (garden beet) के नाम से पुकारते थे। वर्तमान समय में व्यापक स्तर पर इसकी खेती यूरोप और अमेरिका में की जाती है। मुख्य चुकन्दर उत्पादक देशों में रुस, पोलैण्ड, फ्रांस, इटली व संयुक्त राज्य अमेरिका है। भारतवर्ष में इसकी खेती केवल गृह वाटिका या कम स्तर पर की जाती है।

वानस्पतिक विवरण

चुकन्दर द्विवर्षीय शाक (biennial herb) है। इसका खाने वाला भाग समपरिवर्तित जड़, कुम्भी रुपीय मूल है। इसके जड़ के उपर का भाग बीजाधार बहुत फूलकर गूदेदार तथा गोलाकृति का हो जाता है। इसके पुष्पवृन्त लगभग 1.2 मीटर ऊँचे होते हैं। पौधे पर द्विलिंगीय पुष्प बनते हैं तथा पर–परागण होता है। पुष्प में बाह्य दलपुंज पुष्पन के बाद भी बढ़ते रहते हैं, जो बाद में कड़े होकर बीज को ढक लेते हैं। प्रायः जिसे हम बीज कहते हैं, वह 'सत्य फल' है, जिसमें 2–8 छोटे–छोटे बीज गुर्दे के आकार के व भूरे रंग के होते हैं। इसके बीज साधारणतः 2–6 वर्ष तक अंकुरण करने

की क्षमता रखते हैं। जड़ों का रंग कई प्रकार का होता है। सामान्यतः लाल–बैगनी रंग बीटा साइनिन्स (β-cyanins) तथा पीला रंग बीटा जैन्थिन्स (β-xanthins) घटक के कारण होता है।

पोषकीय महत्व

चुकन्दर की सब्जी शलजम की तरह उबाल कर बनाई जाती है तथा इसे सलाद के रुप में मूली और गाजर के समान प्रयोग किया जाता है। इसका प्रयोग सब्जी सलाद, अचार एवं विभिन्न प्रकार के प्रसंस्कृत पदार्थ के तैयार करने और प्राकृतिक रंग देने के लिए प्रयोग किया जाता है। इसमें प्रोटीन, कार्बोहाइड्रेट, कैल्सियम और फास्फोरस की प्रचुर मात्रा पायी जाती है। इसके अतिरिक्त विटामिन "सी" की भी अच्छी मात्रा इसमें मौजूद होती है। चुकन्दर की पत्तियों में प्रचुर मात्रा में विटामिन 'ए' (2100 अन्तर्राष्ट्रीय इकाई) पाया जाता है तथा खनिज लवण व विटामिन्स जड़ की तुलना में अधिक होता है। चुकन्दर से निकाले गये रंग का प्रयोग प्राकृतिक रुप से विभिन्न भोज्य पदार्थ/उत्पाद को रंगने के लिए किया जाता है। द्वितीय विश्व युद्ध के समय चुकन्दर ही एक ऐसी सब्जी थी, जिसे सूखाकर सीमा पर युद्ध कर रहे सेनानियों के लिए दिया जाता था। चुकन्दर से प्रचुर मात्रा में चीनी तैयार की जाती है। इसमें शर्करा की मात्रा 6–10 प्रतिशत होती है। चुकन्दर के जड़ों एवं पत्तियों का पोषकीय महत्व नीचे की सारिणी में दिया गया है–

सारिणी (4.9) चुकन्दर में पाये जाने वाले पोषकीय महत्व (प्रति 100 ग्राम खाने योग्य भाग में)

पोषक तत्व	जड़	पत्तियाँ
नमी	87.7 ग्राम	86.4 ग्राम
प्रोटीन	1.7 ग्राम	3.4 ग्राम
वसा	0.1 ग्राम	0.8 ग्राम
खनिज लवण	0.8 ग्राम	2.2 ग्राम
रेशा	0.9 ग्राम	0.7 ग्राम
कार्बोहाइड्रेट्स	8.8 ग्राम	6.5 ग्राम
ऊर्जा	43 किलोकैलोरी	46 ग्राम
कैल्सियम	18.3 मिली ग्राम	380 ग्राम
फास्फोरस	55.0 मिली ग्राम	30 ग्राम
लौह तत्व	1.19 मिली ग्राम	16.2 ग्राम
कैरोटिन	0 मिली ग्राम	5862 माइक्रो ग्राम
थाइमिन	0.04 मिली ग्राम	0.26 मिली ग्राम
रिबोफ्लेविन	0.09 मिली ग्राम	0.56 मिली ग्राम
नियासिन	0.4 मिली ग्राम	3.3 मिली ग्राम
विटामिन 'सी'	10 मिली ग्राम	70 मिली ग्राम

स्रोतः गोपालन एवं सहयोगी, 1999

उन्नतिशील किस्में

चुकन्दर के जड़ों के आकार के अनुसार इसे पाँच भागों में बाँटा जाता है–

1. चपटा (Flat)
2. उपरी सिरा छोटा (Short top)
3. गोलाकार (Round or Globular)
4. अर्द्ध लम्बा (Half-long)
5. लम्बा (Long)

भारतवर्ष में उगायी जाने वाली किस्में ज्यादातर आयातित हैं। अतः खेती के लिए अनुशंसित किस्मों का विवरण नीचे दिया जा रहा है–

क्रिमसन ग्लोब (Crimson Globe)

इस किस्म की अनुशंसा भारतीय कृषि अनुसंधान संस्थान, नई दिल्ली द्वारा संयुक्त राज्य अमेरिका से आयातित जननद्रव्य से चयन कर किया गया है। यह अधिक उपज देने वाली प्रजाति है। इस किस्म की जड़ें गोलाकार (अण्डाकार), मध्यम, लाल रंग की तथा छोटे कन्धे और गूदा साधारण गहरे लाल रंग का होता है। इस किस्म की पत्तियाँ साधारण से लम्बी होती हैं। पत्तियाँ बड़ी, चमकीली, हरी तथा लालिमा लिए हुए होती हैं। इसकी औसत उपज 35.5 टन प्रति हेक्टेयर है।

डेट्रोइट डार्क रेड (Detroit Dark Red)

इस किस्म की अनुशंसा भारतीय कृषि अनुसंधान संस्थान, नई दिल्ली द्वारा संयुक्त राज्य अमेरिका से आयातित जननद्रव्य से चयन कर किया गया है। इसकी जड़ें गोल, गहरे लाल छिलके वाली तथा चिकनी होती है। इसका गूदा गहरे लाल रंग का मुलायम होता है। इसमें छोटी मुसला जड़ें विकसित होती हैं। छोटे शीर्ष पर चमकीली गहरी हरी पत्तियाँ होती हैं, जिस पर लाल रंग के धब्बे होते हैं। इसका उपरी भाग थोड़ा छोटा होता है। खाने योग्य जड़ों का विकास बीज बुआई के 80–100 दिनों बाद हो जाता है। इसकी औसत उपज 38.0 टन प्रति हेक्टेयर है।

क्रास बाई इजिप्सियन (Crosby's Egyptian)

इस किस्म की अनुशंसा भारतीय कृषि अनुसंधान संस्थान, नई दिल्ली द्वारा संयुक्त राज्य अमेरिका से आयातित जननद्रव्य से चयन कर किया गया है। इस किस्म की जड़ें चपटी, ग्लोब के शक्ल व मध्यम आकार की होती है। गूदे का रंग गहरा बैगनी लाल रंग का होता है, जिस पर गोला क्षेत्र विकसित होता है। पत्तियों का उपरी भाग मध्यम लम्बा और हरी के साथ लाल नसें विकसित होती हैं। बुआई के 55–60 दिन बाद जड़े खाने योग्य हो जाती है। इसकी औसत उपज 34.0 टन प्रति हेक्टेयर है।

अर्ली वण्डर (Early Wonder)

इस किस्म की अनुशंसा भारतीय कृषि अनुसंधान संस्थान, नई दिल्ली द्वारा संयुक्त राज्य अमेरिका से आयातित जननद्रव्य से चयन कर किया गया है। इस किस्म की जड़ें चपटी, ग्लोब के शक्ल की, चिकनी व गहरे लाल रंग की त्वचा वाली होती हैं। इसका गूदा गहरे लाल रंग का होता

है। पत्तियों पर लाल रंग की नसें विकसित होती हैं। बुआई के 55–60 दिन में जड़े खाने योग्य हो जाती हैं। इसकी औसत उपज 36.0 टन प्रति हेक्टेयर है।

उटी–1 (Ooty-1)

इस किस्म का विकास उधागमण्डलम से किया गया है। इसके जड़ों का छिलका बहुत ही पतला और गूदे का रंग रक्त जैसा लाल होता है। इसकी जड़ें 120–130 दिन बाद खाने योग्य हो जाती हैं। औसत उपज 31.0–45.0 टन प्रति हेक्टेयर है।

जलवायु

चुकन्दर ठण्डी जलवायु का पौधा है, लेकिन इसकी खेती सुगमतापूर्वक गर्म मौसम में भी किया जा सकता है। यही कारण है कि इसकी खेती भारत के मैदानी भागों में बड़े पैमाने पर की जाती है। यह सत्य है कि जब ठण्डा मौसम काफी लम्बे समय तक बना रहता है, तो जड़ों में शर्करा (**sugar**) की मात्रा बढ़ जाती है। जड़ों का अच्छी तरह से विकास, रंग का का गहरापन, जड़ों की गुणवत्ता व आकार 15.0–19.0 डिग्री सेल्सियस पर सबसे अच्छा होता है। बीजों का जमाव सामान्यतः 7.0 डिग्री सेल्सियस से कम तापमान पर बहुत कम होता है। अगर लगातार 4.0–10.0 डिग्री सेल्सियस तापक्रम 15 दिनों तक या ज्यादा समय तक बना रहता है, तो जड़ों की परिपक्वता के पूर्व ही पुष्पवृन्त निकलने लगते हैं। अगर 25.0 डिग्री सेल्सियस तापक्रम से ज्यादा तापमान होता है, तो जड़ों का रंग, संरचना एवं गुणवत्ता पर विपरीत प्रभाव पड़ता है। अधिक तापक्रम के कारण जड़ें कड़ी व कसैले स्वाद की हो जाती हैं। चुकन्दर के बीज केवल पर्वतीय क्षेत्रों में बनते हैं।

भूमि एवं भूमि की तैयारी

चुकन्दर की खेती सभी प्रकार की मृदा में की जा सकती है, लेकिन सबसे अच्छी गुणवत्ता व उपज, जल निकास वाली दोमट एवं बलुई–दोमट मिट्टी में होती है। भारी मिट्टी में जड़ों का आकार टेढ़ा–मेढ़ा हो जाता है। इसकी खेती के लिए सबसे उत्तम मृदा पी0एच0 मान 6.0–7.0 होना चाहिए। चुकन्दर की खेती लवणीय मृदा (9.0–10.0 पी0एच0 मान) में भी की जा सकती है। अम्लीय मिट्टी में जब पी0एच0 मान 5.8 से कम होता है, तो उपज बहुत कम होती है। खेत की तैयारी 4–5 बार गहरी जुताई कर करना चाहिए।

पोषक तत्व प्रबंधन

चुकन्दर की बुआई से तुरन्त पहले गोबर की बिना सड़ी खाद खेत में नहीं डालना चाहिए अन्यथा जड़ों पर बाल जैसी संरचना विकसित हो जाती है और उस पर सहायक मोटी जड़ें विकसित होने लगती हैं। अच्छा होगा, चुकन्दर बुआई से एक माह पूर्व कार्बनिक खाद को खेत में डालना चाहिए। सामान्यतः चुकन्दर को नत्रजन खाद की ज्यादा आवश्यकता पड़ती है, लेकिन ज्यादा मात्रा के प्रयोग करने से जड़ों में शर्करा की मात्रा प्रभावित होती है और जड़ों में लाल रंग भी अच्छी प्रकार विकसित नहीं होती हैं। प्रति हेक्टेयर क्षेत्रफल में 70.0 किलो ग्राम नत्रजन, 110.0 किलो ग्राम फास्फोरस और

70.0 किलो ग्राम पोटाश की आवश्यकता होती है। फास्फोरस और पोटाश की पूरी मात्रा तथा नत्रजन की आधी मात्रा बीज बुआई के समय प्रयोग करना चाहिए। शेष नत्रजन की मात्रा को 2 भागों में बाँटकर बीज बुआई के 4–6 सप्ताह बाद प्रयोग करना चाहिए। परीक्षण में पाया गया है कि 1.0 टन उपज प्राप्त करने के लिए 2.25 किलो ग्राम नत्रजन, 4.5 किलो ग्राम फास्फोरस तथा 4.5 किलो ग्राम पोटाश की मात्रा मिट्टी से अवशोषित होती है। इसकी पूर्ति के लिए 60.0–70.0 किलो ग्राम नत्रजन, 100.0–120.0 किलो ग्राम फास्फोरस तथा 60.0–70.0 किलो ग्राम पोटाश प्रति हेक्टेयर देनी चाहिए चौधरी (1967)। बलुई मिट्टी में नत्रजन का प्रयोग नाइट्रेट के रुप में देना चाहिए। चुकन्दर की खेती के लिए बोरान का प्रयोग अति आवश्यक है। बीज की बुआई के समय बोरेक्स की 20.0–30.0 किलो ग्राम मात्रा प्रति हेक्टेयर की दर से मिट्टी में मिलाना चाहिए। बोरेक्स का मिश्रण अमोनियम सल्फेट के साथ नहीं होना चाहिए अन्यथा बोरान की उपलब्धता पर बुरा प्रभाव पड़ता है।

बीज की मात्रा

चुकन्दर की खेती बीज लगाकर की जाती है। चूँकि बीज छोटा होता है अतः 5.0–6.0 किलो ग्राम बीज 1.0 हेक्टेयर भूमि के लिए पर्याप्त होता है। बीज बुआई के पूर्व अगर बीज को हल्का गर्म (लगभग 21.0 डिग्री सेल्सियस) पानी में एक रात तक रखकर शोधित कर लेना चाहिए। ऐसा करने से बीज के छिलके के आसपास एकत्रित जमाव रोकने वाले तत्व पानी के साथ बाहर निकल जाते हैं और बीज का जमाव अच्छी प्रकार होता है।

बुआई का समय

चुकन्दर की बुआई पहाड़ी क्षेत्रों में मार्च–जुलाई तक की जाती है और उत्तर भारत के मैदानी क्षेत्रों में सितम्बर–नवम्बर तक की जाती है। दक्षिण भारतीय मैदानी क्षेत्रों में चुकन्दर की बुआई जुलाई–नवम्बर तक की जाती है। महाराष्ट्र, गोवा व केरल के समुद्र तटीय क्षेत्रों में इसकी खेती पूरे वर्ष की जाती है। बैंगलुरू के आस–पास के क्षेत्रों में जून एवं जुलाई का महीना चुकन्दर की बुआई के लिए उपयुक्त है।

बुआई की विधि

चुकन्दर की फसल समतल क्यारियों एवं मेड़ों पर उगाई जाती है। पंक्ति से पंक्ति की दूरी 30.0–45.0 सेन्टी मीटर तथा पौधे से पौधे की दूरी 15.0–20.0 सेन्टी मीटर रखते हैं। ज्यादा फैलने वाली फसल की पंक्ति से पंक्ति दूरी 60.0 सेन्टी मीटर व कम फैलने फसल की पंक्ति से पंक्ति दूरी 25.0 सेन्टी मीटर रखते हैं। अच्छी जमाव के लिए बीज को 1.5–2.5 सेन्टी मीटर गहराई पर बुआई करते हैं। उचित नमी की अवस्था में बीजों का जमाव 10 दिन के अन्दर ही हो जाता है। बीज बुआई के बाद पौधे घने जमते हैं, क्योंकि बीज गेंद **(seed ball)** जो वानस्पतिक रुप से एक फल **(fruit)** है, में 2–6 सत्य बीज होते हैं और प्रत्येक सत्य बीज जमाव कर एक पौध को जन्म देते हैं। जमाव के बाद पौधों को उचित दूरी रखते हुए कमजोर पौधों को निकाल देना चाहिए।

सिंचाई जल प्रबन्धन

बुआई के तुरन्त बाद खेत में नमी की कमी होने पर पहली सिंचाई कर दी जाती है। बीज के अच्छी प्रकार उगने के लिए आवश्यकतानुसार दूसरी सिंचाई की जा सकती है। इसके बाद की सिंचाई लगभग 10–15 दिन के अन्तर पर की जाती है। चुकन्दर अन्य सब्जियों की तुलना में सूखा सहन करने की क्षमता रखता है, लेकिन निश्चित समय पर सिंचाई करते रहने से जड़ों की गुणवत्ता अच्छी होती है और उपज भी बढ़ जाता है। पौध वृद्धिकाल में पानी को आवश्यकता के अनुसार ही देना चाहिए। ज्यादा सिंचाई करने से पौधे का वर्धीय भाग ज्यादा बढ़ जाता है और जड़ें छोटी हो जाती हैं। अगर ज्यादा समय तक सूखा पड़ता है, तो उपज घट जाती है। जड़ों में अनियमित रेखाएँ बनती हैं और गूदा काफी कड़ा हो जाता है। सामान्यतः चुकन्दर के लिए 300 मिली मीटर पानी की आवश्यकता होता है, जो 5–6 सिंचाई देने पर पूरा हो जाता है। लम्बे समय तक सूखा पड़ने के बाद पानी देने या सिंचाई करने पर जड़ें विभाजित हो जाती हैं।

निकाई–गुड़ाई

चुकन्दर की अच्छी जड़ प्राप्त करने के लिए समय से निकाई–गुड़ाई करना अति आवश्यक है। फसल की प्रारम्भिक अवस्था में 2–3 निकाईयाँ की जाती है तथा एक हल्की गुड़ाई करके मिट्टी चढ़ा दी जाती है। चुकन्दर की जड़ें प्रायः 4.0–5.0 सेन्टी मीटर गहरी जाती हैं। अतः गहरी गुड़ाई की आवश्यकता नहीं होती हैं। अगर खेत में खरपतवार बना रहता है, तो चुकन्दर को उपलब्ध होने वाला पोषक तत्व व नमी नहीं मिल पाती है। खरपतवार नियन्त्रण के लिये खरपतवार नाशी जैसे–स्टाम्प 3.0 लीटर को 1000 लीटर पानी में घोलकर प्रति हेक्टेयर की दर से बीज बुआई के 1–2 दिन बाद छिड़काव करना चाहिए।

फसल की खुदाई

बीज बुआई के 60–90 दिन बाद खाने योग्य जड़ें तैयार हो जाती हैं। इस समय जड़ों का व्यास लगभग 3.0–5.0 सेन्टी मीटर होता है। कहीं–कहीं पर चुकन्दर की उपर की पत्तियाँ काट दी जाती हैं तथा जड़ों की खुदाई फावड़ें आदि से करते हैं। अगर खुदाई पूर्व हल्की सिंचाई कर दी जाये तो पूरे पौधे सहित जड़ों को हाथ से खींचकर बाहर निकाला जा सकता है। जब जड़ें ज्यादा परिपक्व हो जाती हैं, तो वह काफी कड़ी हो जाती हैं और उसके छिलके भी फटने लगते हैं। अतः जड़ों को सावधानीपूर्वक निकालकर अच्छी तरह साफ कर लिया जाता है। विदेशों में चुकन्दर की खुदाई मशीनों के द्वारा किया जाता है। बाजार में भेजने से पूर्व कहीं–कहीं पर जड़ के उपरी वर्धीय भाग को निकाल दिया जाता है और केवल जड़ों की श्रेणीकरण करने के बाद पालिथिन के थैले में भरकर बाजार में भेजते हैं। इससे चुकन्दर को ज्यादा समय तक रखा जा सकता है। अगर पत्तियों सहित चुकन्दर की विक्रय करनी हो तो पुरानी पत्तियों को निकाल देना चाहिए।

उपज

इसकी औसत उपज लगभग 25.0–30.0 टन प्रति हेक्टेयर होती है।

भण्डारण

चुकन्दर को 0.0–5.0 डिग्री सेल्सियत तापक्रम व 90.0–95.0 सापेक्ष आर्द्रता पर 5–6 महीने तक भण्डारित किया जा सकता है। पूर्णतया विकसित जड़ों (5.0–7.5 सेन्टी मीटर) व्यास को ज्यादा समय तक भण्डारित किया जा सकता है, जबकि अविकसित व अधपके जड़ों को लम्बे समय तक भण्डारित नहीं किया जा सकता है। भण्डारण करने के लिए जड़ों को क्रेट्स/बाक्स में रखना चाहिए, जिससे प्रत्येक जड़ों में वातायन होता रहे।

पौध संरक्षण

प्रमुख कीट एवं उनका प्रबंधन

1. सेमी लूपर (Semi loopers)

इसके हल्के लारवे पौधे के हरे भागों को खाकर नुकसान पहुँचाते हैं। इसकी रोकथाम 0.15 प्रतिशत मैलाथियान दवा के छिड़काव से की जा सकती है।

2. पर्ण सुरंगक (Leaf miner)

इसके लारवा पत्तियों में छेद करके घुस जाते हैं तथा पत्तियों की सतह पर सर्प रेंगने जैसी संरचना बनती हैं। प्रकाश संश्लेषण न होने के कारण पौधों की बढ़वार रुक जाती है। अगर नीमगिरि सत की 2.0 ग्राम मात्रा प्रति लीटर पानी में मिलाकर छिड़काव किया जाये तो पर्ण सुरंगक का प्रकोप कम होता है। इसकी रोकथाम के लिए रोगर 30 ई0सी0 (डाईमेथोएट) दवा की 500 मिली लीटर मात्रा प्रति हेक्टेयर छिड़काव करना चाहिए। इसके अलावा मैलाथियान घोल की 0.02 प्रतिशत का भी छिड़काव किया जा सकता है।

माँहू (Aphid)

एफीड नवजात शीर्ष एवं कोमल पत्तियों पर गहरा कालोनी बनाते हैं। ये सीधे पत्तियों एवं कोमल तनों से रस चुसते हैं व विषाणु रोग को फैलाते हैं। माँहू के नियंत्रण के लिए ग्रसित भागों को एकत्रित कर जला देना चाहिए। इसकी रोकथाम के लिए रोगर 30 ई0सी0 (डाईमेथोएट) दवा की 500 मिली लीटर मात्रा प्रति हेक्टेयर छिड़काव करना चाहिए।

प्रमुख बीमारियाँ एवं उनका प्रबंधन

1. सर्कोस्पोरापर्ण चित्ती (Cercospora Leaf spot)

चुकन्दर में यह बीमारी सरकोस्पोरा बेटीकोला (*Cercospora beticola*) रोगाणु से होता है। इस रोग के संक्रमण से पत्तियों पर भूरे रंग के छोटे, 2.0 मिली मीटर व्यास के गोलाकार धब्बे बनते हैं। गोलाकार धब्बे का किनारा लाल बैगनी रंग का होता है। जब धब्बे बहुत बड़े हो जाते हैं और संक्रमण ज्यादा होता है, तो पत्तियाँ पूरी आकार ग्रहण करने के पहले ही झड़ जाती हैं। परीक्षण में पाया गया है कि बीज बुआई के पूर्व अगर पोटाश की संतुलित मात्रा दी जाये, तो रोग का संक्रमण बहुत कम होता है। रोकथाम के लिए 0.2 प्रतिशत डाइथेन जेड0–78 या कापर आक्सीक्लोराइड की 0.3 प्रतिशत का छिड़काव करना चाहिए।

2. मृदुरोमिल आसिता (Downy mildew)

चुकन्दर में मृदुरोमिल आसिता बीमारी पेरनोस्पोरा फारीनोसा (*Peronospora farinosa*) नामक रोगाणु से होता है। पत्ती के उपरी सतह पर विभिन्न आकार के हल्के हरे धब्बे बनते हैं। सामान्यतः फफूँद का विकास पत्तियों के निचली सतह पर होता है। शुष्क वातावरण में पत्तियों के किनारे पीलापन लिए हुए लाल रंग विकसित होता है। आर्द्र मौसम में पौधे के सभी उपरी भागों पर फफूँद का संक्रमण होता है। बचाव के लिए ग्रसित भाग को नष्ट कर देना चाहिए। इसके अलावा नवीनतम रोग प्रतिरोधी किस्मों की बुआई करनी चाहिए। कैप्टान या थिरम नामक रसायन से 2.0–3.0 ग्राम प्रति किलो ग्राम बीज में अगर मिलाकर शोधित कर लिया जाये, तो फसल की बेहतर सुरक्षा होती है।

3. बीट मोजैक विषाणु (Beet mosaic virus)

चुकन्दर में यह विषाणु, एफीड के द्वारा फैलता है। संक्रमण से पत्तियों पर सकेन्द्रीय धब्बे बनते हैं और बाद में पत्तियाँ सिकुड़ जाती हैं। फलतः पौधा छोटा हो जाता है। पत्तियों में प्रकाश संश्लेषण की प्रक्रिया रुक जाती है और संक्रमित जड़ें छोटी, मिठास रहित और अन्य गुणों में घटियाँ होती हैं। प्रबन्धन के लिए कीटनाशी का प्रयोग उत्तम हैं।

शलजम (Turnip)

वानस्पतिक नाम : सब्जी वाली ब्रैसिका कम्पेस्ट्रीस एल0 वार0 रापीफेरा (Vegetable type- *Brassica compestris* L. var. *rapifera*)
चारा वाली ब्रैसिका कम्पेस्ट्रीस एल0 वार0 रापा (Fodder type- *Brassica compestris* var. *rapa* L.)

कुल : ब्रैसिकेसी (Brassicaceae)

गुणसूत्र : 2एन= 20

शलजम आकर्षक एवं पोषक तत्वों से भरपूर जड़ों के लिए उगायी जाती है। विशेषतः शीतोष्ण जलवायु वाले क्षेत्रों में शलजम की खेती ग्रीष्मकाल में की जाती है, लेकिन उष्ण व उपोष्ण जलवायु में शरदकालीन फसल है, जो कम समय में तैयार होती है। शलजम एक प्राचीन काल से उगायी जाने वाली सब्जी है। कहीं कहीं पर शलजम पशुओं के चारे के रूप में पत्तियों के लिये उगायी जाती है।

उद्भव एवं वितरण

शलजम के जन्म स्थान के बारे में स्पष्ट विवरण नहीं मिलता है। एशियाटिक समूह (Asiatic group) के शलजम का प्राथमिक उद्भव केन्द्र पूर्वी अफगानिस्तान व उससे जुड़ा हुआ क्षेत्र माना जाता है। एशिया माइनर, ट्रान्सकौकाकस व ईरान द्वितीयक उद्भव केन्द्र माना जाता है। यूरोपियन प्रकार (European group) के शलजम का उत्पत्ति स्थल पश्चिम मेडीटरेनियन भाग (Western Mediterranean Region) माना जाता है। यह भी अनुमान है कि इसका जन्म स्थान मध्य या पश्चिमी चीन या एशिया (पंजाब और कश्मीर) है। रूस और साइबेरिया के जंगलों में यह उगता हुआ पाया जाता है। भारत में शजलम से 2000–1500 ई0 पू0 (संस्कृत भाषा) तेल निकालने का विवरण मिलता है। यूरोप में इसकी खेती का प्रचलन 5000 वर्ष पूर्व से चला आ रहा है। कुछ क्षेत्रों में 600 वर्ष पूर्व से पशुओं को चारे के रुप में शलजम को खिलाने का प्रचलन था। इंग्लैण्ड में शलजम का उपस्थापन (introduction) फ्रांस से हुआ। 18वीं शताब्दी से पूर्व इंग्लैण्ड में इसकी खेती केवल अन्य उद्देश्यों (चारा, तेल आदि) के लिए की जाती थी। उत्तरी अमेरिका में शलजम का उपस्थापन सन् 1500 के आस–पास हुआ, ऐसा माना जाता है। संयुक्त राज्य अमेरिका में इसकी खेती का प्रचलन सन् 1622 में हुआ। उत्तर भारत में मुख्यतया पंजाब, हरियाणा, दिल्ली, हिमाचल प्रदेश, जम्मू–कश्मीर तथा उत्तर प्रदेश के पश्चिमी भागों में इसकी खेती व्यापक स्तर पर की जाती है। हिमाचल प्रदेश के शुष्क समशीतोष्ण तथा समशीतोष्ण पर्वतीय क्षेत्रों में शलजम को ग्रीष्म ऋतु में उगाया जाता है लेकिन उप–समशीतोष्ण तथा उप–उष्णकटिबन्धीय क्षेत्रों में शलजम शीत ऋतु में ही उगाई जाती है।

वानस्पतिक विवरण

सब्जी या सलाद के रुप में प्रचलित शलजम का वानस्पतिक नाम ब्रैसिका रापा एल0 वार0 रापीफेरा (*Brassica rapa* L. var. *rapifera*) तथा चारे वाली प्रभेद का वानस्पतिक नाम ब्रैसिका रापा एल0 वार0 रापा (*Brassica rapa* L. var. *rapa*) है। इसका पौधा जड़ उत्पादन के लिए एकवर्षीय तथा बीजोत्पादन के लिए द्विवर्षीय शाक है। इसकी जड़ संपरिवर्तित कुम्भी रुप मूल होती है। जड़ के

उपर के भाग आम तौर पर बीजाधर, जो बहुत अधिक फूला होता है और लगभग गोलाकृति का हो जाता है तथा नीचे का भाग एकदम पतला हो जाता है। खाने वाला भाग जड़ होता है। पौधे पर द्विलिंगी पुष्प तथा एक वर्ध्यक्ष (रेसीम) बनता है। यह स्वअसंगति (self incomptability) के कारण अत्यधिक पर–परागित फसल है। अच्छी तरह भण्डारण करने पर शलजम का बीज 4 वर्षों तक सुरक्षित रखा जा सकता है।

पोषकीय महत्व

शलजम का प्रयोग सलाद, सब्जी या अचार के रूप में किया जाता है। इसकी जड़ों में विटामिन "ए" और "सी", कैल्शियम, लोहा और फास्फोरस अधिक मात्रा में पाया जाता हैं। पत्तियों में कैल्शियम, आयरन विटामिन 'ए' एवं 'सी' की मात्रा जड़ों की अपेक्षा अधिक मात्रा में होती है। इसलिए अगर पत्तियों को हरे साग के रूप में प्रयोग में लाया जाये तो स्वास्थ्य के लिए बहुत उपयोगी होगा। यूरोपियन किस्में, एशियाई किस्मों की अपेक्षा अधिक मीठी, स्वादिष्ट एवं सुपाच्य होती हैं तथा इन्हें कच्चा भी खाया जा सकता है। शलजम का उपयोग प्राकृतिक रुप से फोड़ा–फुँसी, कैंसर एवं छोटी माता (small pox) को ठीक करने में किया जाता है। चुकन्दर में पाये जाने वाले पोषकीय महत्व को नीचे की सारिणी में दिया गया है–

सारिणी (4.10) शलजम की जड़ों में पाये जाने वाले पोषक तत्व (प्रति 100 ग्राम खाने योग्य भाग में)

पोषक तत्व	मात्रा
नमी	91.6 ग्राम
प्रोटीन	0.5 ग्राम
वसा	0.2 ग्राम
खनिज लवण	0.6 ग्राम
रेशा	0.9 ग्राम
कार्बोहाइड्रेट्स	6.2 ग्राम
ऊर्जा	29 किलो कैलोरी
कैल्सियम	30 मिली ग्राम
फास्फोरस	40 मिली ग्राम
लौह तत्व	0.4 मिली ग्राम
कैरोटिन	–
थाइमिन	0.04 मिली ग्राम
रिबोफ्लेविन	0.04 मिली ग्राम
नियासिन	0.5 मिली ग्राम
विटामिन 'सी'	43.0 मिली ग्राम

उन्नतिशील किस्में

शलजम की किस्मों को दो समूहों में बाँटा जा सकता है–

1. यूरोपियन वर्ग (European types)

यूरोपियन समूह की किस्में पूर्णतया ठण्डे मौसम में ही अच्छी प्रकार विकसित होती हैं। ये सामान्यतया मीठी, मुलायम और सुपाच्य होती हैं। अतः इनका बीज हमारे देश के पहाणी क्षेत्रों में बनता है।

2. एशियाटिक वर्ग (Asiatic types)

एशियायी वर्ग की किस्में तीखी, कड़ी संरचना वाली तथा अचार बनाने के लिए उपयुक्त हैं। इस समूह की किस्में ऊँचे तापमान को सहन करने की क्षमता रखती हैं और मैदानी भागों में इसके बीज भी बनते हैं।

शलजम की कुछ प्रमुख किस्मों का विवरण इस प्रकार है–

1. यूरोपियन वर्ग (European types)

1. परपल टाप ह्वाइट ग्लोब (Purple Top White Globe)

इस किस्म का उपस्थापन संयुक्त राज्य अमेरिका से हुआ है। यह एक अधिक उपज देने वाली यूरोपियन किस्म है। पौधे का उपरी भाग छोटा, पत्तियाँ सीधी, गहरे हरे रंग की खड़ी एवं कटी हुई होती हैं। जडें बड़ी, लगभग गोल, चिकनी, चमकीली व उपरी भाग बैगनी रंग लिए हुए नीचे की तरफ सफेद रंग की होती है। इसका गूदा सफेद, ठोस, हल्की मीठी सुगन्ध वाला व मीठा होता है। इसकी फसल लगभग 50–60 दिन में तैयार हो जाती है। इसकी औसत उपज 30.0–37.5 टन प्रति हेक्टेयर है।

2. गोल्डेन बाल (Golden Ball)

इस किस्म का उपस्थापन इंग्लैण्ड से हुआ है। यह भी एक यूरोपियन किस्म है, जो उत्तर भारत के मैदानी भागों में देर से बुआई करने के लिए उपयुक्त है। पौधे का उपरी भाग मध्यम, पत्तियाँ छोटी, खड़ी व कटी होती हैं। इसकी जड़ें गोल, मध्यम आकार की चिकनी व मक्खन के समान हल्के पीले रंग की होती हैं तथा जड़ का निचला हिस्सा सफेद होता है। गूदा हल्के पीले (अम्बर) रंग का, अच्छे गठन व सुगन्ध वाला होता है। इसकी फसल लगभग 60–70 दिन में तैयार हो जाती है। यह किस्म दैहिक विकृति के लिए सहिष्णु है और इसमें बीज भी कम बनता है। औसत उपज 27.5 टन प्रति हेक्टेयर है।

3. स्नोबाल (Snow Ball)

यह भी एक यूरोपियन अगेती किस्म है। इसकी जड़ें गोल, मध्यम आकार की चिकनी, सफेद रंग की तथा गूदा सफेद, मुलायम एवं मीठा होता है। इसके धड़ छोटे व पत्तियाँ हल्की हरी तथा कटी हुई होती हैं। इसकी फसल लगभग 60 दिन में तैयार हो जाती है। इसकी औसत उपज 20.0–25.0 टन प्रति हेक्टेयर है।

4. पूसा चन्द्रिमा (Pusa Chandrima)

यह एक यूरोपियन किस्म है, जिसका विकास भारतीय कृषि अनुसंधान संस्थान, नई दिल्ली द्वारा स्नोबाल तथा जापानीज ह्वाइट (एशियायी) किस्मों के संकरण द्वारा किया गया है। इसकी

पत्तियाँ छोटी तथा बिना कटावदार होती हैं। इसकी जड़ें मध्यम से बड़ी (8.0–9.0 सेन्टी मीटर लम्बी), 7.0–8.0 सेन्टी मीटर व्यास की, चिकनी व सफेद होती हैं। इसका गूदा सफेद, मीठा व मुलायम होता है तथा इस किस्म की जड़ें 55–60 दिन में तैयार हो जाती है। मैदानी क्षेत्रों में इसे अक्टूबर से दिसम्बर तक उगाया जाता है। इसकी औसत उपज 40.0 टन प्रति हेक्टेयर है।

5. पूसा स्वर्णिमा (Pusa Swarnima)

इस किस्म का विकास भारतीय कृषि अनुसंधान संस्थान, नई दिल्ली के क्षेत्रीय केन्द्र कटराईं (हिमाचल प्रदेश) द्वारा जापानीज ह्वाइट×गोल्डेन बाल के आपसी संकरण से चयन कर किया गया है। पौधे का ऊपरी भाग मध्यम आकार का, पत्तियों का किनारा कटा हुआ व सीधा होता है। इसकी जड़ें चपटापन लिये हुये गोल, 6.0–7.0 सेन्टी मीटर लम्बी तथा 7.0–8.0 सेन्टी मीटर व्यास की होती है। इस किस्म के जड़ का रंग हल्का पीला होता है। गूदा सुगंधयुक्त व हल्का पीला (अम्बर) रंग का होता है। इस किस्म को पहाड़ों पर जून से अक्टूबर तक बोया जाता है तथा मैदानी क्षेत्रों में इसकी बुआई अक्टूबर से दिसम्बर के मध्य तक की जाती है। यह बीज बुआई के 60–70 दिन बाद तैयार हो जाती है। इसकी औसत उपज 35.0–40.0 टन प्रति हेक्टेयर तक होता है।

2. एशियाटिक वर्ग (Asiatic types)

1. पूसा कंचन (Pusa Kanchan)

इस किस्म का विकास भारतीय कृषि अनुसंधान संस्थान, नई दिल्ली द्वारा 'लोकल रेड राउण्ड' (एशियाटिक वर्ग)×'गोल्डेन बाल' (यूरोपियन वर्ग) के संकरण से प्राप्त पीढ़ी से चयन द्वारा किया गया है। इसके पत्ते लोकल रेड राउण्ड (Local Red Round) से छोटे होते हैं। इसकी जड़ें गोल, मध्यम आकार की व गुलाबी रंग की होती हैं। गूदा क्रीम की तरह हल्का पीला तथा स्वादयुक्त होता है। यह किस्म लगभग 50–55 दिन में तैयार हो जाती है। जड़ें अधिक अवधि तक खेत में रहने पर भी रेशारहित बनी रहती हैं। मैदानी भागों में इसका बीज आसानी से बनता है, परन्तु लोकल रेड राउण्ड से 15 दिन बाद पकते हैं। इस प्रजाति का औसत उपज 25.0–40.0 टन प्रति हेक्टेयर है।

2. पूसा स्वेती (Pusa Sweti)

इस किस्म का विकास भारतीय कृषि अनुसंधान संस्थान, नई दिल्ली द्वारा किया गया है। यह एशियाटिक किस्म है, जो जल्द तैयार हो जाती है। पत्तियाँ मध्यम आकार वाली कई भागों में विभक्त होती हैं। इसकी जड़े सफेद, मध्यम आकार के गोल व मुलायम होती हैं। इसका गूदा सफेद मुलायम तथा मीठापन लिये होता है। फसल लगभग 45 दिन खुदाई हेतू तैयार हो जाती है। इसकी बुआईं का उपयुक्त समय अगस्त से अक्टूबर है। इसका बीज मैदानी भागों में बनता है (चौधरी एवं सहयोगी, 1976)।

3. एल0–1 (L-1)

इस किस्म का विकास पंजाब कृषि विश्व विद्यालय, लुधियाना (पंजाब) द्वारा पी0टी0डब्ल्यू0जी0 × 4–ह्वाइट के आपसी संकरण से चयन कर किया गया है। पौधे मध्यम आकार के पत्तियाँ पूर्ण

तथा किनारे की तरफ कटी हुई एवं गहरे हरे रंग की होती हैं। जड़ें गोल, पूर्णतया सफेद, चिकनी एवं कुरकुरापन लिए होता है। इसके जड़ों के गूदे में मध्यम सुगन्ध विकसित होता है। यह सामान्यतः बीज बुआई के 45–60 दिन बाद तैयार हो जाती हैं। औसत उपज 26.0 टन प्रति हेक्टेयर है।

4. 4–रेड (4-Red)

इस किस्म का विकास स्थानीय जननद्रव्य से चयन पद्धति द्वारा पंजाब कृषि विभाग (Department of Agriculture, Punjab) द्वारा किया गया है। पौधे का उपरी भाग छोटा, पत्तियाँ सीधी, हल्की कटी हुई सिरा वाली व हल्की हरे रंग की होती हैं। जड़ें चपटी गोल, लाल रंग की और मध्यम आकार की होती हैं। जड़ों में तेज सुगन्ध आती है। यह किस्म बीज बुआई के 45–50 दिनों बाद तैयार हो जाती है। इसकी औसत उपज 20.0–25.0 टन प्रति हेक्टेयर है।

5. अर्ली मिलन रेड टाप (Early Milan Red Top)

यह इटली से उपस्थापित (introduced from Italy) प्रभेद है। इस किस्म के पौधे का उपरी भाग छोटा तथा 4–6 पत्तियों वाले होते हैं। जड़ें चपटी बैगनी, लाल (उपरी भाग) तथा नीचे का भाग सफेद रंग का होता है। गूदा पूर्णतया सफेद, कुरकुरापन लिए हुए तथा मध्यम सुगन्धित होता है। यह सबसे अगेती किस्म है, जिसकी जड़ें मात्र बीज बुआई के 45 दिन बाद तैयार हो जाती हैं। इसकी औसत उपज 15.0–16.0 टन प्रति हेक्टेयर है।

जलवायु

यह ठण्डे मौसम की फसल है तथा ठण्डे नम मौसम में अधिक उपज देती है। इस पर पाले का असर नहीं पड़ता है। जड़ों का समुचित आकार, गूदा की संरचना तथा सुगन्ध 15.0–20.0 डिग्री सेल्सियस तापक्रम पर सबसे अच्छा होता है। छोटा दिनमान तथा निम्न तापक्रम तथा जड़ें चमकीली तथा कम रेशेदार होती हैं। अगर दिनमान लम्बा तथा तापक्रम अधिक हो, तो पूर्ण जड़ों के विकास के बिना ही पुष्पवृन्त विकसित हो जाते हैं। इसकी खेती गर्मी के मौसम में की जाती है, तो अधिक सिंचाई की आवश्यकता पड़ती है। अधिक गर्मी से जड़ें जल्दी कड़ी, रेशेदार और कड़ुवी हो जाती हैं। जब तापक्रम 10.0 डिग्री सेल्सियस से नीचे आ जाता है, तब पौधों पर पुष्प जल्दी आ जाते हैं, जिससे इसकी जड़ें खाने के योग्य नहीं रह जाती हैं। एशियाटिक समूह की किस्में उच्च तापमान को सहन कर लेती हैं, लेकिन जड़ों का विकास निम्न तापक्रम पर ही होता है। अधिक प्रकाश तीव्रता में एस्कार्बिक अम्ल की मात्रा अधिक बनती है।

भूमि तथा भूमि की तैयारी

शलजम को किसी भी प्रकार की भूमि में सफलतापूर्वक उगाई जा सकती है, लेकिन उपजाऊ बलुई, दोमट भूमि अति उत्तम होती है। जड़ों के बढ़ने के लिए मिट्टी भुरभुरी तथा जीवांश से भरपूर होनी चाहिए। शलजम की खेती हल्की बलुई मृदा या चिकनी मृदा में नहीं करनी चाहिए। ऐसी मृदा में पौधों का विकास रुक जाता है, जड़ें कई भागों में बँट जाती हैं और बाजार के योग्य नहीं रहती हैं। मृदा का पी0एच0 मान 5.5–6.8 होना चाहिए। सबसे पहले भूमि की 2 बार गहरी जुताई करनी

चाहिए तथा बाद में 4–5 जुताईयाँ कल्टीवेटर से करनी चाहिए। प्रत्येक जुताई के बाद पाटा लगाना उचित होगा, जिससे मिट्टी समतल हो जाये और ढेले भी टूट जायें। खेत तैयार हो जाने पर मेड़ें या क्यारियाँ बनाना चाहिए।

बीज की मात्रा

एक हेक्टेयर क्षेत्रफल के लिए यूरोपियन किस्मों की लगभग 5.0–6.0 किलो ग्राम बीज की आवश्यकता होती है। शलजम के बीज यदि ठीक ढंग से भण्डारित किये जायें, तो उनकी जनन क्षमता 4 वर्ष तक बनी रहती है।

बुआई का समय

उत्तर भारत के मैदानी भागों में एशियाटिक समूह की किस्मों की बुआई जुलाई–सितम्बर तथा यूरोपियन समूह के किस्मों की बुआई अक्टूबर से दिसम्बर तक की जाती है। पर्वतीय क्षेत्रों में बुआई मार्च–मई तक करते हैं। निचली पहाड़ियों में शलजम की बुआई जुलाई–अक्टूबर तक तथा उच्च पहाड़ी क्षेत्रों में जुलाई से सितम्बर तक की जाती है। शलजम की बुआई मैदानी तथा पहाड़ी भागों में निम्न तालिका के अनुसार की जाती है–

सारिणी (4.11) शलजम की मैदानी तथा पहाड़ी भागों में बुआई का समय

क्र0सं0	किस्म	बीजाई का समय	
		मैदानी भागों में	पहाड़ी भागों में
1.	एशियाटिक समूह	जुलाई–सितम्बर	मार्च से मई
2.	यूरोपियन समूह	सितम्बर–दिसम्बर	मार्च से मई

बुआई की विधि

बुआई के समय खेत में अच्छी नमी होनी चाहिए। खेत में नमी की कमी होने पर पलेवा करके खेत तैयार करते हैं। शलजम की बुआई छोटी–छोटी समतल क्यारियों में या 30.0–45.0 सेन्टी मीटर की दूरी पर बनी मेड़ों पर करते हैं। मेंड़ों पर बुआई करने से जड़ें अच्छी बनती हैं। इसकी बुआई 30.0 सेन्टी मीटर की दूरी पर बनी कतारों में 5.0–7.0 सेन्टी मीटर पौध की दूरी रखकर करते हैं। कहीं–कहीं शलजम की बुआई मेड़ों पर 45.0 सेन्टी मीटर की दूरी पर करते हैं। मेड़ों पर बीज 1.0–2.0 सेन्टी मीटर की गहराई पर करते हैं। पौधे उगने के 10–15 दिन बाद पौधों की दूरी 10.0–15.0 सेन्टी मीटर पर रखकर बाकी पौधों को निकाल दिया जाता है। यदि समतल क्यारियों में बुआई करनी हो तो बीज को क्यारियों में छिटक देते हैं या 30.0 सेन्टी मीटर के अन्तराल पर हाथों से हल्की कतारें बना लें और इन कतारों में बीज बोयें। अच्छी उपज के लिए बीजों का जमाव 90–95 प्रतिशत होना आवश्यक है। बीजों का जमाव एक सप्ताह के अन्दर हो जाता है। जब पौधों में पत्तियाँ विकसित होने लगे, तो समुचित दूरी रखते हुए पौध विगलन करना चाहिए।

पोषक तत्व प्रबन्धन

शलजम की अधिक उपज के लिए खेत की तैयारी के समय 30.0–40.0 टन गोबर की अच्छी सड़ी खाद या कम्पोस्ट डालनी चाहिए। इसके अलावा 60.0 किलो ग्राम नत्रजन, 40.0 किलो ग्राम फास्फोरस तथा 40.0 किलो ग्राम पोटाश की दर से प्रयोग करना चाहिए। थापर (1961) ने स्पष्ट किया है कि शलजम को फास्फोरस और नत्रजन की अधिक आवश्यकता पड़ती है। चौधरी (1967) के अनुसार 20.0–25.0 टन प्रति हेक्टेयर गोबर की खाद खेत की तैयारी के समय मिलानी चाहिए तथा 35.0 किलो ग्राम नत्रजन 50.0 किलो ग्राम फास्फोरस और 50.0 किलो ग्राम पोटाश बुआई के समय तथा 35.0 किलो ग्राम नत्रजन जड़ बनते समय पौध रोपण के 25–30 दिन बाद देना चाहिए। चौ0 चरण सिंह हरियाणा कृषि विश्वविद्यालय हिसार (हरियाणा) द्वारा सिफारिस की गई है कि शलजम की एक अच्छी फसल के लिए 50.0 टन प्रति हेक्टेयर गोबर की अच्छी सड़ी खाद तथा 60.0 किलो ग्राम नत्रजन और 30.0 किलो ग्राम फास्फोरस प्रति हेक्टेयर के हिसाब से देना चाहिए। गिल (1979) के अनुसार इसे 40.0–50.0 किलो ग्राम गोबर की सड़ी हुई खाद, 200.0 किलो ग्राम डी0ए0पी0 तथा 150.0 किलो ग्राम म्यूरेट ऑफ पोटाश बुआई के समय एवं 250.0 किलो ग्राम यूरिया 25–30 दिन बाद देना चाहिए।

सिंचाई जल प्रबन्धन

प्रथम बार हल्की सिंचाई बुआई के बाद बीज के आसानी से व अच्छी प्रकार उगने के लिए की जाती है तथा दूसरी सिंचाई भी जल्दी ही की जाती है। इसके बाद गर्मी के मौसम में 6–8 दिन के अन्तर पर और शरद कालीन फसल की 10–15 दिन के अन्तर पर सिंचाई की जाती है। शलजम की फसल का कुल जलमांग 30.0 सेन्टी मीटर है।

अन्तःसस्य क्रियाएँ

खेत से खरपतवार खुर्पी की सहायता से निकालते रहना चाहिए तथा कम से कम 2 बार गुड़ाई करके मेड़ों पर मिट्टी चढ़ा देनी चाहिए। इससे जड़ों की बढ़वार अच्छी तरह होती है। रासायनिक खरपतवारनाशी जैसे स्टाम्प (**Pendimethalin**) 3.3 लीटर/हेक्टेयर, 1000 लीटर पानी में घोल बनाकर बीज बुआई के 48 घण्टे के अन्दर छिड़काव करने से 30–40 दिन तक खरपतवार बहुत कम उगते हैं। इसके अलावा बासालिन (**Basalin**) की 1.0 लीटर लासो या एलाक्लोर (**Alachlor**) की 1.5 लीटर मात्रा प्रति हेक्टेयर छिड़काव करने से खरपतवार का प्रभावी नियंत्रण होता है। इस फसल में आवश्यकता से अधिक घने पौधे को निकालना अत्यन्त आवश्यक है अन्यथा जड़ें समुचित आकार नहीं ले पाती हैं।

फसल की खुदाई

शलजम की जड़ें लगभग 50–60 दिन में खुदाई के लिए तैयार हो जाती है। अच्छी प्रकार से विकसित जड़ें जिनका व्यास 5.0–6.0 सेन्टी मीटर का हो जायें तथा मुलायम हों खुदाई के लिये उपयुक्त होती हैं। अगेती किस्में बीज बुआई के 35–45 दिन बाद ही तैयार हो जाती हैं। खुदाई देर

से करने पर जड़ें कठोर व रेशेदार हो जाती हैं। खुदाई से पूर्व क्यारियों की हल्की सिंचाई कर देनी चाहिए, जिससे जडों को उखाड़ते समय कम क्षति हो। जड़ों की खुदाई कर उसकी सहायक जड़ें निकाल देनी चाहिए।

उपज

एशियाटिक समूह की किस्मों की उपज यूरोपियन वर्ग से ज्यादा होती है। प्रति हेक्टेयर औसत उपज 20.0–40.0 टन प्रति हेक्टेयर प्राप्त होती है।

भण्डारण

शलजम को सामान्य तापक्रम पर 2–3 दिनों तक भण्डारित किया जा सकता है। शीतगृहों में शून्य डिग्री सेल्सियस व 90–95 प्रतिशत सापेक्ष आर्द्रता पर जड़ों को 3–6 सप्ताह तक भण्डारित किया जा सकता है।

□□□

अध्याय 5

शल्क कन्दीय सब्जियाँ

Bulb Crops

भारतवर्ष में अनेकों शल्क कन्दीय फसलें जैसे–प्याज, लहसुन, लीक आदि की खेती की जाती है, जिनमें लहसुन एवं प्याज व्यापारिक दृष्टि से ज्यादा महत्वपूर्ण है। इन शल्क कन्दीय फसलों की खेती अनुमानतः 5000 वर्ष से अधिक पहले से होती आ रही है, ऐसी व्याख्या मिस्र में पुराने चित्रण से मिलता है। शल्क कन्दीय फसलें मुख्यतः सेन्ट्रल एशिया (Central Asia) के पहाड़ी क्षेत्रों में उगने वाली जंगली किस्मों से हुआ, ऐसा माना जाता है। शल्क कन्दीय फसलें वंश एलियम (Genus- *Allium*) के अन्तर्गत आती हैं। इस वंश के अन्तर्गत 500 से अधिक प्रजातियाँ पायी जाती हैं। कुछ प्रमुख शल्क कन्दीय फसलों को नीचे दिया गया है–

सारिणी (5.1) शल्क कन्दीय फसलें, उनका वानस्पतिक नाम, पुष्प की उपस्थिति एवं गुणसूत्र संख्या

सामान्य नाम	वैज्ञानिक नाम	पुष्पक्रम में बलबिल की उपस्थित / अनुपस्थित	गुणसूत्र संख्या (2एन)
प्याज (Onion)	एलियम सेपा (*Allium cepa* L.)	कुछ किस्मों में अनुपस्थित	16
सैलाट (Shallot)	एलियम सेपा वार0 एस्कैलोनिकम (*Allium cepa* var. *ascalonicum*)	कुछ किस्मों में अनुपस्थित	16

मल्टीप्लायर प्याज (Multiplier onion)	एलियम सेपा वार0 एग्रीगेटम (*Allium cepa* var. *aggregatum* G.)	कुछ किस्मों में अनुपस्थित	16
ट्री या इजिप्शियन प्याज (Tree or Egyption onion)	एलियम सेपा (*Allium cepa* L.) × एलियम फिस्चुलोसम (*Allium fistulosum*)	उपस्थित	16
लहसुन (garlic)	एलियम सटाइवम (*Allium sativum* L.)	उपस्थित	16
जापानी बंचिंग प्याज या वेल्श प्याज (Japanese onion or Welsh onion)	एलियम फिस्चुलोसम (*Allium fistulosum* L.)	कुछ किस्मों में अनुपस्थिति	16
लीक और कुर्राट (Leek and Kurrat)	एलियम एम्पीलोप्रैसम (*Allium ampeloprasum*)	कुछ समय उपस्थित	32
ग्रेट हेडेड गार्लिक (Great headed garlic)	एलियम एम्पीलोप्रैसम (*Allium ampeloprasum* L.)	सामान्यतया अनुपस्थित	42
चिव (Chive)	एलियम स्कीनोप्रैसम (*Allium scheonoprasum*)	कभी–कभी	16, 24 या 32
रैकियो (Rakkyo)	एलियम चाइनेन्स (*Allium chinense*)	अनुपस्थित	32
चाइनीज चिव (Chinese chive)	एलियम ट्यूबरोसम (*Allium tuberosum*)	अनुपस्थित	32

प्याज (Onion)

वानस्पतिक नाम : एलियम सेपा एल0 (*Allium cepa* L.)

कुल : एलिएसी / लिलिएसी (Alliaceae/Liliaceae)

गुणसूत्र संख्या : 2एन =16

शल्क कन्दीय सब्जियों में प्याज एक महत्वपूर्ण सब्जी है। इसकी फसल अन्य सब्जियों जैसे–आलू के बाद ली जाती है, इसलिए इसकी खेती किसानों की आय का एक उत्तम साधन है। इसके अतिरिक्त प्याज का प्रसंस्कृत उत्पाद का निर्यात भारत से विदेशों को होता है, जिससे विदेशी मुद्रा की ज्यादा प्राप्ति होती है। निर्जलीकरण (dehydration) किये हुए प्याज की यूरोपीय देशों में अधिक माँग है। अभी हाल ही में पश्चिम जर्मनी के तकनीकी और आर्थिक सहयोग से नासिक में एक प्याज निर्जलीकरण संयंत्र 80 लाख रुपये की लागत से बनाया गया है और इसकी क्षमता 10,000 टन प्याज निर्जलीकरण करने की है। इस प्रकार अब हमारे देश में प्याज के उत्पादन का लगभग 80 प्रतिशत हिस्सा पश्चिम यूरोपीय देशों में निर्यात होगा तथा इससे लगभग 60 लाख रुपये प्रतिवर्ष की विदेशी मुद्रा अर्जित होगी। भारतवर्ष में प्रतिवर्ष 3,000 टन प्याज के बीज की आवश्यकता होती है।

उद्भव एवं वितरण

प्याज का उद्भव स्थल सम्भवतः एशिया के देशों में भारत एवं फिलिस्तीन का क्षेत्र माना जाता है (थोम्पसन एवं केली, 1956)। रुस के प्रमुख वैज्ञानिक वैविलोव ने भी मध्य एशिया को इसका प्राथमिक केन्द्र माना है और इसके पूर्व (near east) को द्वितीयक केन्द्र माना है। इसके अलावा कुछ लोगों ने प्याज की उत्पत्ति के बारे में उत्तर पश्चिम भारत, अफगानिस्तान, सोवियत रिपब्लिक, ताजेक एवं उजैक और पश्चिमी तेनशान से होने की स्पष्ट व्याख्या की है। प्राचीन समय में इजिप्ट के दीवालों पर की गयी खुदाई से भी इसकी उत्पत्ति स्थल का विवरण मिलता है और बाइबिल में भी इसका उल्लेख है (चढ्ढा, 1990), जिसका विस्तृत विवरण प्राचीन आयुर्वेद के ग्रंथ चरक संहिता में देखने को मिलता है। वेल्श प्याज (welsh onion) की उत्पत्ति स्थल चीन माना जाता है। विश्व में प्याज के सर्वाधिक अन्य उत्पादक देश अमेरिका, चीन व टर्की है।

सारिणी (5.2) विश्व के प्रमुख प्याज उत्पादक देश

देश	क्षेत्रफल (हेक्टेयर)	उत्पादन (टन)	उत्पादकता (टन / हेक्टेयर)
चीन	930211	20507759	22.0
भारत	1064000	15118000	14.2
पाकिस्तान	124700	1701100	13.6
बांग्ला देश	117560	872081	7.4
इण्डोनेशिया	109468	1048230	9.6

वियतनाम	101700	355300	3.5
रूस	88000	153600	17.5
म्यांमर	78900	1137900	14.4
ब्राजील	67254	1556000	23.1
टर्की	62688	1900000	30.3
अन्य	**1227024**	**30244539**	**24.6**
विश्व + सम्पूर्ण	**3971505**	**75977209**	**19.1**

स्रोतः इण्डियन हार्टीकल्चर डाटाबेस, 2011

भारत प्रत्येक वर्ष जापान, मलाया, बर्मा, श्री लंका, हांग–कांग, इरान, पाकिस्तान तथा अफ्रीकी देशों को प्याज का निर्यात करता है। सन् 1996–97 में प्याज का निर्यात 4.27 लाख टन रहा, जिससे भारत को कुल 26521.18 लाख रुपये विदेशों से प्राप्त हुई।

सारिणी (5.3) प्याज का क्षेत्रफल, उत्पादन एवं उत्पादकता

वर्श	**क्षेत्रफल (000, हेक्टेयर)**	**कुल क्षेत्रफल का प्रतिशत**	**उत्पादन (000, मैट्रिक टन)**	**कुल उत्पादन का प्रतिशत**	**उत्पादकता (000, मैट्रिक टन / हे0)**
1991–92	331.8	5.9	4705.8	8.0	14.2
2001–02	495.8	8.1	5252.1	5.6	10.6
2002–03	424.7	7.0	4209.5	5.0	9.9
2003–04	553.8	8.8	6267.6	6.7	11.3
2004–05	613.8	9.1	7760.6	7.7	12.6
2005–06	703.6	9.8	9432.5	8.5	13.4
2006–07	768.0	10.1	10847.0	9.4	14.1
2007–08	821.0	10.5	13900.0	10.8	16.9
2008–09	834.0	10.4	13565.0	10.5	16.3
2009–10	756.2	9.5	12158.8	9.1	16.1
2010–11	1064.0	12.5	15118.0	10.3	14.2

स्रोतः नेशनल हार्टीकल्चर डाटा बेस, 2011

भारत में इसकी खेती प्राचीन काल से होती चली आ रही है। भारत विश्व में दूसरे नम्बर का प्याज उत्पादक देश है, जिसका क्षेत्रफल लगभग 90.551 हेक्टेयर है, जिससे 55.0 लाख टन प्याज प्रति वर्ष पैदा की जाती है। हरियाणा, उत्तर प्रदेश, राजस्थान, बिहार, आसाम, कर्नाटक, महाराष्ट्र, तमिलनाडु और आन्ध्र प्रदेश में ज्यादा उगायी जाती है।

सारिणी (5.4) भारतवर्ष के प्रमुख प्याज उत्पादक राज्य

राज्य	2008–2009			2009–2010			2010–2011		
	क्षेत्रफल	उत्पादन	उत्पादकता	क्षेत्रफल	उत्पादन	उत्पादकता	क्षेत्रफल	उत्पादन	उत्पादकता
महाराष्ट्र	250.0	3932.5	15.7	200.0	3146.0	15.7	415.0	4905.0	11.8
कर्नाटक	165.1	3031.8	18.4	141.3	2266.2	16.0	190.5	2592.2	13.6
गुजरात	57.6	1409.6	24.5	43.4	1078.6	24.9	62.0	1514.1	24.4
बिहार	51.6	946.6	18.3	53.0	972.0	18.3	53.3	1082.0	20.3
मध्य प्रदेश	53.0	881.8	16.6	57.3	952.3	16.6	58.3	1021.5	17.5
आन्ध्र प्रदेश	39.0	662.6	17.0	39.0	662.6	17.0	47.8	812.6	17.0
राजस्थान	41.0	369.1	9.0	45.0	742.5	16.5	49.0	494.2	10.1
हरियाणा	18.8	347.9	18.5	18.4	330.3	17.9	22.2	453.9	20.5
तमिलनाडु	35.0	305.5	8.7	35.3	339.7	9.6	–	–	–
ओडिशा	–	–	–	–	–	–	34.8	385.9	11.1
उत्तर प्रदेश	22.3	308.0	13.8	24.3	320.3	13.2	23.2	368.6	15.9
अन्य	**100.7**	**1369.1**	**13.6**	99.1	**1348.3**	**13.6**	**107.8**	**1487.7**	**13.8**
सम्पूर्ण	**834.2**	**13564.5**	**16.3**	**756.2**	**12158.8**	**16.1**	**1063.8**	**15117.7**	**14.2**

स्रोतः नेशनल हार्टीकल्चर डाटा बेस, (2010–2011)

भारतवर्ष से प्रचुर मात्रा में ताजा कंद, परिरक्षण प्याज, निर्जलीकृत प्याज, पपड़ी (flakes) तथा प्याज का पाउडर विश्व के 34 देशों को भेजा जाता है (प्रुथी, 2001)। भारतवर्ष से प्याज लेने वाले प्रमुख देश यूनाइटेट अरब अमिरात, सउदी अरबिया, सिंगापुर, मलेशिया, जापान, श्रीलंका, बांग्ला देश तथा यूनाइटेट स्टेट आफ सोवियत रूस है।

भारत वर्ष से प्याज के निर्यात का विवरण नीचे की सारिणी में दिया गया है–

सारिणी (5.5) प्याज के निर्यात का विवरण

देश	2008–2009		2009–2010		2010–2011	
	मात्रा (मैट्रिक टन)	मूल्य (लाख)	मात्रा (मैट्रिक टन)	मूल्य (लाख)	मात्रा (मैट्रिक टन)	मूल्य (लाख)
बांग्ला देश	685447.9	73571.5	764102.6	112620.4	391550.2	57233.4
मलेसिया	283892.8	31928.0	303137.8	14329.5	273232.7	46343.5
श्रीलंका	152197.6	15884.2	129328.0	19304.3	114450.4	17599.2
यूनाइटेड अरब अमिरात	189678.4	21535.4	147165.1	17904.4	126228.8	16627.7
इण्डोनेशिया	12726.0	1350.2	9607.4	1329.8	43061.3	9000.0
पाकिस्तान	128121.0	15761.3	101995.9	10771.5	45689.1	5417.6
सिंगापुर	24302.5	2642.7	24622.1	3435.1	20876.3	2920.6
नेपाल	40668.6	2638.0	38985.4	3181.6	29977.6	2530.4
ओमान	11977.4	1179.2	19834.9	2343.7	17988.6	2266.2
वियतनाम	24.5	2.5	3904.1	607.2	15281.5	2077.5
अन्य	**141149.3**	**16259.3**	**122239.2**	**46115.5**	**85135.9**	**12139.4**
कुल योग	**1670186.3**	**182752.2**	**1664922.4**	**231943.0**	**1163472.6**	**174155.4**

स्रोतः अपेडा वेबसाइट, फरवरी, 2012

वानस्पतिक विवरण

प्याज एक बीजपत्रीय शल्क कन्दीय फसल है, जिसका वानस्पतिक नाम एलियम सेपा एल० (*Allium cepa* L.) है, जो एलिएसी (**Alliaceae**) परिवार का सदस्य है, इसमें सुपीरियर ओवरी (**superior ovary**) पायी जाती है। बाद में इसे लिलिएसी (**Liliaceae**) कुल में रखा गया क्योंकि लगने वाले पुष्प स्केप (**scape**) के उपरी भाग में ब्रैक्ट अम्बेल बनता है। एलियम वंश में लगभग 300 स्पीशीज आती हैं। ये एकवर्षीय (**annual**), द्विवर्षीय (**biennial**) या बहुवर्षीय (**perennial**) प्रकृति के होते हैं, इनमें प्याज, लहसुन, लीक आदि प्रमुख हैं। प्याज की प्रजातियों को तीन समूहों में बाँटा गया है –

1. सामान्य प्याज–जो एलियम सेपा (*Allium cepa* L.) समूह में आता है।
2. बहुप्रबर्धक प्याज–जो मल्टीप्लायर प्याज (**multiplier onion**) भी कहलाता है, और एलियम सेपा वार० एग्रीगेटम (*Allium cepa* **var.** *aggregatum* G. Don.) समूह के अन्तर्गत आता है। इसे कभी–कभी पोटैटो ओनियन (**potato onion**) या शेलट्स (**shallots**) भी कहते हैं।
3. ट्री (**tree onion**) या इजिप्सियन प्याज, एलियम सेपा वार० प्रोलीफेरम (*Allium cepa* **var.** *proliferum syn. Allium cepa* **var.** *viviparum*) समूह में आता है। इस समूह में आने वाले चाईव, एवररेडी प्याज तथा शेलट्स को कम स्तर पर उगाया जाता है। इसकी पत्तियाँ शल्कीय, लम्बी, बेलनाकार तथा अन्दर से खोखली होती हैं। प्याज का शल्क कन्द परिवर्तित तना (**modified stem**) है, जो खाने के काम आता है। इसके फूल द्विलिंगी होते हैं तथा यह पर–परागित फसल (**cross pollinated crop**) है।

प्रूथी (2001) ने प्याज को 5 समूहों में बाँटा है।–

1. हरा प्याज सब्जी के लिए
2. कम तीखी, सब्जी व सलाद के लिए
3. तीखी, मसाले व सुगन्ध के लिए
4. छोटी प्याज (**pearl or small onions**) अचार के लिए
5. सफेद या पीली प्याज (**white or yellow**), पाउडर या सुखाने (**onion powder or dehydrated products**) के लिए

प्याज शल्क कंद उत्पादन (**bulb production**) के लिए एकवर्षीय तथा बीजोत्पादन (**seed production**) के लिए द्विवर्षीय होती है। प्याज में विशिष्ट तीखापन एक वाष्पशील तेल, एलाइन प्रोपाइल डाईसल्फाइड के कारण होता है। प्याज में लाल रंग एक वर्णक एन्थोसायनिन तथा पीला रंग क्वर्सेटिन नामक वर्णक के कारण होता है। वास्तविक तना छोटा होता है और जमीन के अन्दर होता हैं जिसके आधार पर झकड़ा जड़ (**fibrous root**) तथा उपरी सतह पर कंद होता है। वायवीय तना 'सीड स्टाक' (**seed stalk**) कहलाता है जो खोखला, फुला हुआ तथा 80.0–100.0 सेन्टीमीटर लम्बा होता हैं। इस तने पर पुष्प भाग अम्बेल (**umbel**) बनता है। अम्बेल में बनने वाले प्रत्येक साइम

(cyme) में 5–10 पुष्प बनते हैं। पुष्पन सुबह 6.00–7.00 बजे के आस–पास होता है और परागकणों का प्रस्फुटन सुबह 7.00 बजे से सायंकाल 5.00 बजे तक होता है। दूसरे दिन भी सबसे ज्यादा प्रस्फुटन 9.30 बजे से सायंकाल 5.00 बजे तक देखा गया है। जिस दिन पुष्पन होता है, उस दिन परागकणों की उर्वरता तथा मादा की ग्राह्यता सबसे ज्यादा होती है (जोंस, 1923)। खाने वाला कंद मांसल सकेन्द्रीय बढ़ा हुआ पत्ती आधार या स्केल (scale) होता है।

पोषकीय महत्व

प्याज का उपयोग कच्चा खाने, सब्जी बनाने, अचार और मसाले के रुप में पूरे वर्ष किया जाता है तथा ये सलाद के रुप में तलकर, उबालकर, भूनकर और अचार के रुप में खायी जाती है। इसमें कार्बोहाइड्रेट, प्रोटीन, विटामिन ''बी'' तथा ''सी'' प्रचुर मात्रा पाई जाती है। इसके अलावा कई लाभप्रद खनिज तत्वों जैसे–कैल्सियम, फास्फोरस, गन्धक और लौह की भी मात्रा पाई जाती है। सामान्यतः छोटी प्याज बड़ी प्याज की तुलना में अधिक पोषणमान युक्त होती है।

सारिणी (5.6) प्याज में पाये जाने वाले पोषक तत्वों की मात्रा (प्रति 100 ग्राम खाने योग्य भाग में)

पोषक तत्व	मात्रा
शुष्क पदार्थ	12.81–21.68 प्रतिशत
कार्बोहाइड्रेटस्	7.64–12.13 प्रतिशत
प्रोटीन	1.12–2.32 प्रतिशत
पायरुविक अम्ल	10–14.16 माइक्रोमोल / ग्राम
सल्फर	21.23–154.65 मिली ग्राम
पोटैशियम	101.10–229.93 मिली ग्राम
कैल्सियम	46.67–115.33 मिली ग्राम
मैग्नीशियम	12.65–33.60 मिली ग्राम
फास्फोरस	18.31–115.66 मिली ग्राम
क्लोरिन	29.35–52.59 मिली ग्राम
लौह	0.87–4.29 मिली ग्राम
कापर	0.33–2.03 मिली ग्राम
सोडियम	2.40–9.21 मिली ग्राम
एस्कॉरबिक अम्ल (विटामिन 'सी')	12.18–66.84 मिली ग्राम

स्रोतः गोपालन एवं सहयोगी, 1999

आयुर्वेदिक जगत में भी प्याज का औषधीय महत्व कम नहीं है। प्याज के सेवन से गर्मी व लू के प्रकोप से रक्षा होती है। यह बहुत ही स्वास्थ्य वर्धक, बल और स्फूर्तिदायक होती है। इसमें पाये जाने वाला ''एलाइन प्रोपाइल डाई सल्फाईड'' (allyl propyl disulphide) औषधीय कार्य करता है। इसके नियमित उपयोग से रक्त वृद्धि और रक्त शोधन में सहायता करता है। इसका रस गठिया, पीलिया, प्लीहा वृद्धि, ज्वर आदि बीमारियों में बहुत लाभप्रद है। इसका रस कान के दर्द को दूर करने

के लिए डाला जाता है। रतौंधी को दूर करने के लिए भी प्याज का रस नमक के साथ मिलाकर आँखों में डाला जाता है। इसके अतिरिक्त प्याज के रस को सरसों के तेल के साथ मिलाकर जोडों का दर्द दूर करने और चर्म रोगों से मुक्ति पाने हेतु प्रयोग करते हैं। इसकी गाँठें पीस कर हल्दी के साथ चोट और कीड़ों के काटे हुए अंगों पर लगाई जाती है। यही नहीं जले, कटे, मूत्र विसर्जन, हिस्टीरिया, पेचिस व कालरा के उपचार में भी प्याज का प्रयोग बहुत फायदेमंद पाया गया है। माँसाहारी व्यक्तियों के लिए भोजन में प्याज का प्रयोग करना अत्यन्त आवश्यक है, क्योंकि इसके प्रयोग से पाचन में काफी मदद मिलती है। प्याज का तेल एक उत्प्रेरक, मूत्रवर्धक एवं खाँसी रोधक होता है। टांसिल के रोग में प्याज सिरके के साथ लेने पर लाभ होता है। सिरके के साथ पकाकर इसे पीलिया, तिल्ली वृद्धि एवं अजीर्ण में दिया जाता है। मलेरिया में प्रति दिन दो बार प्याज खाने से बहुत लाभ होता है। भुना हुआ प्याज, जीरा, चीनी एवं मक्खन के साथ मिलाकर लेप के रूप में बवासीर में बहुत लाभदायक होता है। ताजे प्याज का रस मध्यम जीवाणु (बैक्टीरिया) नाशक होता है। प्याज आँत की चिकनी माँसपेशियों एवं गर्भाशय को भी उत्प्रेरित करता है। रक्त में सुगर को कम करता है। इसमें जीवाणुनाशक गुण होने के कारण टी0बी0 (tuberculosis) के उपचार हेतु संस्तुति की गयी है। नाक से खून आने पर प्याज का टुकड़ा रखने से रक्त स्राव बन्द हो जाता है। निमोनिया एवं दर्द तथा बुखार में जब सभी उपचार अप्रभावी हो जायें, भुना हुआ प्याज राई या आटे एवं सिरके के साथ मिलाकर देने से बहुत आराम मिलता है।

जलवायु

प्याज की फसल समुद्र तल से लगभग 1500.0–2100.0 मीटर की ऊँचाई तक उगाई जा सकती है। इसके लिए 75.0–100.0 सेन्टी मीटर वर्षा वाले क्षेत्र अधिक उपयुक्त होते हैं, लेकिन कम वर्षा वाले क्षेत्रों में भी प्याज उगाई जा सकती है। भारत में प्याज की खेती मुख्यतः दो मौसमों, रबी तथा खरीफ में की जाती है, अतः किस्मों का चयन प्रथम व महत्वपूर्ण वरीयता होती है। महाराष्ट्र एवं गुजरात में रबी तथा खरीफ मौसमों के बीच प्याज की एक फसल और ली जाती है, जिसे कांगड़ा या पिछेती खरीफ कहा जाता है। प्याज की फसल प्रकाश अवधि से बहुत प्रभावित होती है। भारत में प्रचलित किस्में छोटे प्रकाश अवधि (12–13 घण्टे) वाली होती हैं। वैसे प्याज नम–गर्म जलवायु (सम–शीतोष्ण) वाली फसल है। इसके लिए अधिक गर्मी व सर्दी हानिकारक होती है। इसलिए इसकी खेती जाड़े के अन्त व गर्मी के आरम्भ में की जाती है। उचित वानस्पतिक वृद्धि के लिए उचित तापक्रम की आवश्यकता पड़ती है। इसके पौधों की उचित बढ़वार के लिए ठण्डे मौसम (लगभग 13.00–23.00 डिग्री सेल्सियस तापक्रम) और 60.0–70.0 प्रतिशत आर्द्रता की आवश्यकता होती है, लेकिन इसकी गाँठों को पकने के लिए गर्म मौसम (20.0–25.0 डिग्री सेल्सियस तापक्रम) व 12 घण्टे का दिनमान की आवश्यकता होती है। भारत के पहाड़ी भागों को छोड़कर अधिकांश भागों में कम प्रकाश काल वाली किस्में उगायी जाती हैं। इस फसल पर पाले का कोई विशेष प्रभाव नहीं पड़ता है, लेकिन गर्मी के प्रति संवेदनशील है। शल्क कन्दों के विकास के समय वर्षा होने पर झुलसा रोग तथा बैगनी धब्बा रोग अधिक आता है। शल्क कन्दों के विकास के समय यदि तापमान बहुत कम हो जाता है, तो पुष्पदण्ड (bolter) निकल आते हैं। एकाएक तापमान ऊँचा हो जाने से गाँठें पूरी तरह विकसित हुए बिना ही परिपक्व हो जाती हैं, जिससे पैदावार कम हो जाती है।

उन्नतिशील किस्में

भारत वर्ष में प्याज की अनेकों किस्में उगायी जाती हैं। छिलके के रंग के आधार पर इनको निम्न प्रमुख श्रेणियों में बाँटा जा सकता है–

1. **गहरे लाल छिलके वाली किस्में**–इस समूह की प्रमुख किस्में रेड नासिक, पूना रेड, पटना रेड, पूसा रेड, इटैलियन रेड, एग्रीफाउण्ड डार्क रेड आदि हैं।
2. **सफेद छिलके वाली किस्में**–इस समूह की प्रमुख किस्में पटना ह्वाइट, ह्वाइट ग्लोब, पुर्तगाल ह्वाइट, ह्वाइट स्पैनिश, एग्री फाउण्ड ह्वाइट आदि हैं।
3. **पीले छिलके वाल किस्में**–इस समूह की प्रमुख किस्में अर्ली ग्रेनो, एलो ग्लोब आदि हैं।
4. **हल्के लाल छिलके वाली किस्में**–इस समूह की प्रमुख किस्म एग्री फाउण्ड लाइट रेड हैं।

हमारे देश में प्रमुख रुप से उगाई जाने वाली उन्नतिशील किस्मों का विवरण निम्न प्रकार हैं।–

पूसा रेड (Pusa Red)

यह किस्म भारतीय कृषि अनुसंधान संस्थान, नई दिल्ली द्वारा विकसित की गयी है। इस किस्म की गाँठें मध्यम आकार व लाल रंग की गोल होती हैं। इसमें तीखापन कम होता है। इसमें फूल निकलने की समस्या कम होती हैं। इसकी फसल पौध रोपण के लगभग 115 दिन बाद पक कर तैयार हो जाती है। इसकी औसत उपज 25.0–30.0 टन प्रति हेक्टेयर हो जाती है। कन्द में सम्पूर्ण विलेय ठोस 12.0–13.0 प्रतिशत होता है। इसकी गाँठें जल्दी खराब नहीं होती एवं घरों के भीतर सामान्य दशाओं में भी इसका भण्डारण किया जा सकता है। यह उत्तरी भारत एवं पहाड़ों पर काफी समय से उगाई जाती है, जिसको सभी भागों में उगाने हेतु संस्तुति की गयी है। यह वर्ष 1975 में कृषि जलवायु क्षेत्र IV, VII एवं VIII में उगाने के लिए भारत सरकार द्वारा अनुमोदित की गयी है।

पूसा रतनार (Pusa Ratnar)

यह किस्म भी भारतीय कृषि अनुसंधान संस्थान, नई दिल्ली द्वारा संयुक्त राज्य अमेरिका से प्राप्त रेड ग्रेनिक्स नामक संकर किस्म से चयनित करके विकसित की गई है। इसकी गाँठें बड़ी, थोड़ी चपटी व गोल होती हैं। गाँठों का रंग आकर्षक लाल होता है। इसकी पत्तियाँ गहरे हरे रंग की मोम की चमक वाली होती हैं। इसमें तीखापन कम होता है, इसलिए यह किस्म सलाद के लिए अधिक उपयुक्त होती है। इसकी फसल पौध्र रोपण के लगभग 120–130 दिन बाद तैयार हो जाती हैं। इसकी औसत उपज 35.0–40.0 टन प्रति हेक्टेयर होती है। सामान्य दशाओं में भी इसका भण्डारण लम्बे समय तक किया जा सकता है।

पूसा ह्वाइट फ्लैट (Pusa White Flat)

यह किस्म भारतीय कृषि अनुसंधान संस्थान, नई दिल्ली द्वारा स्थानीय जननद्रव्य से चयन विधि से विकसित की गई है। यह किस्म सुखाने के उद्देश्य से निकाली गयी है। इसके कन्द सफेद

रंग के आकर्षक होते हैं। कन्द बड़ा तथा मध्यम आकार का गोल, चपटा होता है। इसमें कुल विलेय ठोस 12–14 प्रतिशत तथा शुष्क अनुपात 9:1 होता है। इस किस्म के कंदों को अधिक दिनों तक भण्डारण में रखा जा सकता है। यह किस्म गंगा के किनारे तथा मैदानी व शुष्क क्षेत्रों में उगाने के लिए उपयुक्त हैं। फसल पौध रोपण के 110–115 दिनों के बाद तैयार हो जाती है। इसकी औसत उपज 35 टन प्रति हेक्टेयर होती है। इसे भारत सरकार ने वर्ष 1975 में कृषि जलवायु क्षेत्र IV, VI एवं VII में उगाने के लिए अनुमोदित की है।

पूसा सौम्या (Pusa Soumya)

इस गुच्छेदार प्याज (bunching onion) का विकास भारतीय कृषि अनुसंधान संस्थान, नई दिल्ली द्वारा सन् 2012 में किया गया तथा यह किस्म दिल्ली के आस पास उगाने के लिये अनुमोदित की गयी है। हरी प्याज उत्पादन के लिये पूरे वर्ष उगाया जा सकता है। इस किस्म में कीट तथा रोग का प्रकोप सबसे कम होता है। गुच्छेदार प्याज की यह पहली भारतीय किस्म है।

पूसा ह्वाइट राउण्ड (Pusa White Round)

यह किस्म भारतीय कृषि अनुसंधान संस्थान, नई दिल्ली द्वारा लाइन 106 से चयन करके विकसित हुई है। यह भी सुखाने के लिए उपयुक्त पाई गई है। इसके कन्द बड़े तथा मध्यम आकार के चपटे गोलाकार व सफेद होते हैं। पौध रोपण के 130–135 दिनों में फसल पककर तैयार हो जाती है। कुल विलेय ठोस की मात्रा 12–13 प्रतिशत होती है। शुष्क अनुपात 8:1 का होता है। इसकी भण्डारण क्षमता अच्छी है। औसत उपज 30.00–32.5 टन प्रति हेक्टेयर है। इस किस्म को वर्ष 1975 में कृषि जलवायु क्षेत्र IV, VI एवं VII के लिए भारत सरकार द्वारा उगाने हेतु अनुमोदित की गयी है।

पूसा माधवी (Pusa Madhvi)

भारतीय कृषि अनुसंधान संस्थान, नई दिल्ली द्वारा मुजफ्फर नगर (उ0प्र0) के स्थानीय जननद्रव्य संग्रह से चयन द्वारा विकसित की गयी है, जिसे नदियों के किनारे तथा मैदानी दोनों क्षेत्रों में सफलतापूर्वक उगाई जा सकती है। यह गंगा के मैदानी क्षेत्रों में उगाने के लिए भारत सरकार द्वारा वर्ष 1987 में अभिनिर्धारित हुई। इसके शल्क कन्द हल्के लाल रंग के, मध्यम से बड़े आकार के व चपटे होते हैं। पौध रोपण के बाद फसल 120–125 दिनों में तैयार हो जाती है। इसकी भण्डारण क्षमता काफी अच्छी है। इस किस्म की औसत उपज 30.0 टन प्रति हेक्टेयर है।

पूसा रिद्धि (Pusa Riddhi)

इस किस्म का विकास भारतीय कृषि अनुसंधान संस्थान, नई दिल्ली से सन् 2012 में विकसित की गयी और दिल्ली के आस पास व्यावसायिक खेती के लिये अनुमोदित की गयी। प्रत्येक शल्क कन्द का वजन 70.00–100.00 ग्राम होता है। यह तीखी तथा एन्टीआक्सीडेन्ट (क्वेरसेटिन 107.42 मिली ग्राम प्रति 100 ग्राम) में धनी है। इसकी खेती खरीफ एवं रबी दोनों मौसमों में सफलतापूर्वक की जा सकती है। यह निर्यात के लिये उत्तम किस्म है। इसकी औसत उपज 31.66 टन प्रति हेक्टेयर हैं।

ब्राउन स्पेनिश (Brown Spanish)

यह भारतीय कृषि अनुसंधान संस्थान, नई दिल्ली के क्षेत्रीय शोध केन्द्र, कटराईं (हिमाचल प्रदेश) द्वारा विकसित की गयी है। यह मध्यम लम्बे प्रकाश अवधि वाली किस्म है। शल्क कन्द ठोस, आकर्षक, रक्ताभ, भूरे रंग का कुरकुरा, मक्खनी रंग, स्वाद में कम तीखा व विलेय ठोस अधिक (13.0–14.0 प्रतिशत) पाया जाता है। फसल पौध रोपण से 130–135 दिन में तैयार होती है। यह बहुत ही उत्तम पैदावार देती है। यह किस्म अगस्त–सितम्बर में पककर तैयार हो जाती है, जबकि बाजार में प्याज का अभाव होता है। इसे मैदानी भागों में अधिक दिनों तक रखना सम्भव नहीं है तथा पहाड़ों पर छः महीने तक आसानी से भण्डारण किया जा सकता है। प्रत्येक शल्क कन्द की औसत भार 90 ग्राम तथा पैदावार 28.0 टन प्रति हेक्टेयर होती है।

अर्ली ग्रेनो (Early Grano)

यह किस्म भारतीय कृषि अनुसंधान संस्थान, नई दिल्ली द्वारा अमेरिका से आयातित कर खेती के लिए संस्तुत की गयी है। इसके शल्क कन्द ग्लोब के आकार के तथा पीले रंग के होते हैं। शल्क कन्द बड़े और कम तीखे होते हैं। शल्क कन्दों का व्यास 7.0–8.0 सेन्टी मीटर तथा कुल विलेय ठोस 6–7 प्रतिशत होता है।

सेलक्शन–16 (Sel-16)

इस किस्म का विकास भारतीय कृषि अनुसंधान संस्थान, नई दिल्ली द्वारा सन् 2012 में किया गया और व्यावसायिक खेती के लिये दिल्ली, उत्तर प्रदेश, हरियाणा, बिहार, पंजाब, राजस्थान, गुजरात, मध्य प्रदेश, छत्तीसगढ़ तथा ओड़िशा के लिये अनुमोदित किया गया है। शल्क कंद कसे, चपटे गोल तथा भूरे रंग के होते हैं। इसमें कुल विलेय ठोस 170 + 2 ब्रिक्स होता हैं। प्रत्येक शल्क कन्द का वजन 70–100 ग्राम होता है। यह भण्डारण सुखाने, प्रसंस्करण तथा निर्यात के लिये उत्तम किस्म हैं। इसकी औसत उपज 25.04 टन प्रति हेक्टेयर है।

पटना रेड या साबौर रेड (Patana Red or Sabour red)

यह किस्म बिहार कृषि कालेज, साबौर से विकसित की गयी है। इस किस्म की गाँठें लाल, कुछ चपटी गोल एवं अधिक तीखी होती हैं। तीखी होने के कारण यह किस्म मसाले के लिए उपयुक्त होती है। इसकी फसल पौध रोपण के लगभग 130–135 दिन बाद खुदाई हेतु तैयार हो जाती है। इसकी औसत उपज 20–25 टन प्रति हेक्टेयर होती है। इस किस्म के शल्क कन्दों में 12–14 प्रतिशत सम्पूर्ण विलेय ठोस पाया जाता है। यह किस्म उत्तर प्रदेश तथा बिहार राज्यों में उगाने के लिए अनुमोदित की गयी है।

निफाड–53 (Naphad-53 or N-53)

इस किस्म की गाँठें हल्की लाल रंग की, सुडौल एवं पतली ग्रीवा वाली होती है। इसकी भण्डारण क्षमता अच्छी होती है। उत्तर भारत के मैदानी भागों में इसको खरीफ के मौसम में उगाने के लिए अनुमोदित किया गया है। रबी में इसकी उपज 20.0–25.0 टन प्रति हेक्टेयर तथा खरीफ में 15.0–20.0 टन प्रति हेक्टेयर मिलती है।

एग्रीफाउण्ड डार्क रेड (Agrifound Dark Red)

इस किस्म का विकास समूह वरण विधि से राष्ट्रीय बागवानी अनुसंधान एवं विकास प्रतिष्ठान, नासिक द्वारा किया गया है। इसके शल्क कन्द गहरे लाल रंग के होते हैं। इसमें कुल विलेय ठोस 12–13 प्रतिशत पाया जाता है। फसल रोपण के 95–100 दिन बाद तैयार हो जाती है। यह किस्म खरीफ मौसम में पूरे भारतवर्ष में उगाई जा सकती है। औसत पैदावार 20.0–25.0 टन प्रति हेक्टेयर पर होती है।

एग्रीफाउण्ड लाइट रेड (Agrifound Light Red)

इस किस्म का विकास समूह वरण विधि द्वारा राष्ट्रीय बागवानी अनुसंधान एवं विकास प्रतिष्ठान, नासिक द्वारा किया गया है। इसके शल्क कन्द हल्के लाल रंग के तथा गोलाकार होते हैं। फसल रोपण के 100–110 दिन में तैयार हो जाती है। इस किस्म को रबी मौसम में पूरे भारत वर्ष में उगाने की संस्तुति की गई है। औसत पैदावार 30.0–32.5 टन प्रति हेक्टेयर होती है।

एग्रीफाउण्ड रोज (Agrifound Rose)

इस किस्म का विकास राष्ट्रीय बागवानी अनुसंधान एवं विकास प्रतिष्ठान, नासिक द्वारा किया गया है। यह अचार वाली छोटे आकार (2.5–3.5 सेन्टी मीटर) की चपटी गोलाकार किस्म है, जिसका विकास समूह वरण विधि द्वारा किया गया है। पौध रोपण के 95–110 दिनों बाद तैयार हो जाती है। इसे कर्नाटक के कोलार तथा बैंग्लुरु एवं आन्ध्र प्रदेश के कुडप्पा जिले में विशेष रुप से निर्यात हेतु उगाते हैं (पाण्डेय एवं सिंह, 1992)। इसकी औसत पैदावार 19.0–20.0 टन प्रति हेक्टेयर होती है। यह किस्म कुडप्पा (आन्ध्र प्रदेश) जिले में खरीफ मौसम तथा कर्नाटक में तीनों मौसमों–रबी, खरीफ तथा जायद के लिए उपयुक्त है। शल्क कन्दों का रंग हल्का गुलाबी होता है।

एग्रीफाउण्ड रेड (Agrifound Red)

यह मल्टीप्लायर प्याज की एग्रीगेटम किस्म है। उसके गुच्छे का औसत आकार 7.15 सेन्टी मीटर तथा भार 65.70 ग्राम होता है। प्रत्येक गुच्छे में शल्क कन्दिकाओं की औसत संख्या 5.75 एवं आकार 3.64 सेन्टी मीटर तथा प्रत्येक शल्क कन्दिकाओं का भार लगभग 8.85 ग्राम होता है। शल्क कन्दिकाओं का रंग हल्का लाल होता है तथा फसल 65.70 दिनों में तैयार हो जाती है। औसत पैदावार 18.0–20.0 टन प्रति हेक्टेयर होती है।

एग्रीफाउण्ड व्हाइट (Agrifound White)

मध्य प्रदेश के निमार क्षेत्र में रबी मौसम में उगाई जाने वाली स्थानीय जननद्रव्य से समूह वरण विधि द्वारा इस किस्म का विकास किया गया है। शल्क कन्दों का रंग आकर्षक सफेद तथा आकार गोलाकार होता है। फसल बुआई से 160–165 दिनों में तैयार हो जाती है। औसत पैदावार 20.0–25.0 टन प्रति हेक्टेयर होती है। भण्डारण क्षमता कम होने के कारण साधारण तापक्रम पर इसकी गाँठें शीघ्र सड़ने लगती है। यह खरीफ तथा रबी मौसम में सलाद के लिए मैदानी भागों में उगाने के लिए उपयुक्त है।

उदयपुर–102 (Udaypur-102)

यह किस्म राजस्थान कृषि विश्वविद्यालय, बीकानेर परिसर उदयपुर (राजस्थान) द्वारा विकसित की गयी है। इसके शल्क कन्द सफेद, कुछ–कुछ गोल, चपटे एवं मध्यम आकार के होते हैं। शल्क कन्द का व्यास 4.5–6.5 सेन्टी मीटर होती है। फसल 120 दिन में तैयार होती है। इसमें कुल घुलनशील ठोस पदार्थ का अंश लगभग 12 प्रतिशत होता है। इसकी औसत उपज 30.0–35.0 टन प्रति हेक्टेयर है। औसत आकार वाले लगभग 16 प्याज का वजन 1.00 किलो ग्राम होता है।

हिसार–2 (Hisar-2)

यह किस्म चौ0 चरण सिंह हरियाणा कृषि विश्वविद्यालय, हिसार (हरियाणा) द्वारा विकसित की गयी है। शल्क कन्द पूसा रेड जैसे लाल और कुछ चपटी–गोल व मीठापन लिए हुए तीखी होती है। इसकी फसल बुआई के लगभग 165–175 दिन बाद खुदाई के लिए तैयार हो जाती है। इसकी औसत उपज लगभग 30.0 टन प्रति हेक्टेयर होती है। शल्क कन्द में सम्पूर्ण विलेय ठोस की मात्रा 11.50–13.50 प्रतिशत होता है।

पंजाब रेड (Punjab Red)

यह किस्म पंजाब कृषि विश्वविद्यालय, लुधियाना (पंजाब) द्वारा विकसित की गयी है। इस किस्म के शल्क कन्द लाल रंग के गोल व मध्यम आकार (5.0–6.0 सेन्टी मीटर व्यास) के होते हैं। इसमें तीखापन कम होता है, इसमें फूल निकलने (bolting) की समस्या कम होती है। पौध रोपण के लगभग 120–135 दिन बाद खुदाई की जा सकती है। इसकी औसत उपज 30.00–35.00 टन प्रति हेक्टेयर होती है। शल्क कन्दों का औसत भार 50.0–70.0 ग्राम, ठोस, अधिक समय तक भण्डारण योग्य तथा सम्पूर्ण विलेय ठोस लगभग 14 प्रतिशत होता है। यह किस्म सन् 1975 में भारत सरकार द्वारा कृषि जलवायु क्षेत्र IV, VII, एवं VIII में उगाने के लिए अनुमोदित की गयी है।

पंजाब–48 (Punjab-48)

यह किस्म आकर्षक व सफेद रंग की होती है। इसकी गाँठें मध्यम आकार की चपटी एवं गोल होती हैं। यह सुखाने के लिए अधिक उपयुक्त है। इसमें कुल विलेय ठोस लगभग 12–13 प्रतिशत पायी जाती है। इसकी औसत उपज 25.0–30.0 टन प्रति हेक्टेयर होती है।

पंजाब रेड राउण्ड (Punjab Red Round)

इस किस्म का विकास पंजाब कृषि विश्वविद्यालय, लुधियाना (पंजाब) से किया गया है। शल्क कन्द चमकीले व लाल रंग के होते हैं। यह एक अगेती किस्म है। इसकी औसत उपज 30.0 टन प्रति हेक्टेयर है।

पी0आर0ओ0–6 (PRO-6)

इस किस्म का विकास आयातित जननद्रव्य ई0सी0 383494 से चयन कर पंजाब कृषि विश्वविद्यालय, लुधियाना (पंजाब) से किया गया है। इसके शल्क कन्द मध्यम, गहरे लाल रंग के,

गोलाकार तथा कसी ग्रीवा वाले होते हैं। पौध रोपण के 125 दिन बाद शल्क कन्द तैयार हो जाते हैं। इस किस्म की भण्डारण क्षमता बहुत ही अच्छी है। इसमें कुल विलेय ठोस लगभग 12 प्रतिशत पायी जाती है। इसकी औसत उपज 40.0 टन प्रति हेक्टेयर होती है।

पंजाब नरोया (Punjab Naroya)

इस किस्म का विकास स्थानीय जननद्रव्य से समूह वरण विधि से चयन कर पंजाब कृषि विश्वविद्यालय, लुधियाना (पंजाब) से किया गया है। इसके शल्क कन्द लाल रंग के, मध्यम से बड़े, गोलाकार तथा कसी ग्रीवा वाले होते हैं। पौध रोपण के 125 दिन बाद शल्क कन्द तैयार हो जाते हैं। इस किस्म की भण्डारण क्षमता बहुत ही अच्छी है। इसमें कुल विलेय ठोस लगभग 12 प्रतिशत पायी जाती है। इसकी औसत उपज 32.5 टन प्रति हेक्टेयर होती है। यह परपल ब्लाच (purple blotch) तथा थ्रीप्स (thrips) के प्रति सहनशील है।

पंजाब ह्वाइट (Punjab White)

इस किस्म का विकास विदेश से आयातित जननद्रव्य 'इंग्लिस ह्वाइट स्पैनिश' से समूह चयन कर पंजाब कृषि विश्वविद्यालय, लुधियाना (पंजाब) द्वारा किया गया है।

अर्का कल्याण (Arka Kalyan)

यह किस्म भारतीय बागवानी अनुसंधान संस्थान, बैंगलुरू (कर्नाटक) द्वारा विकसित की गयी है। यह वर्ष 1987 में कृषि जलवायु क्षेत्र IV, VI एवं VIII के लिए भारत सरकार द्वारा अभिनिर्धारित हुई है। यह किस्म बिहार, उत्तर प्रदेश, पंजाब, गुजरात, हरियाणा, महाराष्ट्र, कर्नाटक तथा तमिलनाडु में उगाई जा सकती है। यह फसल 100–110 दिन में तैयार हो जाती है। इसके शल्क कन्द गहरे लाल रंग के होते हैं तथा इनका आकार गोल होता है। शल्क कन्द के ऊपर का हिस्सा पतला व नुकीला होता है। शल्क कन्द का औसत वजन 100.0–190.0 ग्राम तक होता है। मध्यम तीखापन तथा कुल विलेय ठोस 11–13 प्रतिशत होती है। इसके शल्क कन्द लम्बाई में 4.9–7.9 सेन्टी मीटर तथा चौड़ाई में 4.8–6.5 सेन्टी मीटर तक होती है। परपल ब्लॉच (purple blotch) नामक रोग के प्रति सहनशील, इस किस्म की औसत उपज 33.5–47.0 टन प्रति हेक्टेयर होती है। इसे खरीफ के मौसम में भी आसानी से उगाया जा सकता है।

अर्का निकेतन (Arka Niketan)

महाराष्ट्र से प्राप्त जननद्रव्य संग्रह में से भारतीय बागवानी अनुसंधान संस्थान, बैंग्लुरू (कर्नाटक) द्वारा समूह विधि द्वारा विकसित किस्म है। इस किस्म को खरीफ व रबी दोनों मौसमों में उगाया जा सकता है। इसके शल्क कन्द लाल, गोलाकार उपर की ओर पतले नुकीले तथा 4.0–6.0 सेन्टी मीटर व्यास के होते हैं। शल्क कन्द का औसत वजन 100.0–180.0 ग्राम तक होता है। इस किस्म की भण्डारण क्षमता बहुत ही अच्छी है। इस किस्म की औसत उपज 38.00 टन प्रति हेक्टेयर है।

अर्का बिन्दू (Arka Bindu)

इस किस्म का विकास स्थानीय जननद्रव्यों से समूह वरण विधि द्वारा निर्यात के लिए किया गया है। शल्क कन्दों का रंग गहरा गुलाबी, आकार छोटा 12.5–13.5 सेन्टी मीटर व्यास एवं कन्द चपटा होता है। कन्द अधिक तीखे स्वाद वाले होते हैं, जिनमें कुल विलेय ठोस 14–16 प्रतिशत होता है। यह 100 दिन में तैयार हो जाती है। इसकी औसत उपज 25.0 टन प्रति हेक्टेयर होती है।

अर्का रोज (Arka Rose)

यह छोटे आकार वाली प्याज की किस्म है। इसके शल्क कन्द एक समान लाल रंग के तथा समान आकार के होते हैं। यह निर्यात के लिए काफी उपयुक्त है। इसकी औसत उपज 14.4 टन प्रति हेक्टेयर है। इसकी खेती मुख्य रुप से कर्नाटक और आन्ध्र प्रदेश में की जाती है।

अर्का एलो (Arka Yellow)

इस किस्म में कुल विलेय शर्करा 12.0–14.0 प्रतिशत तक होती है तथा तीखापन अधिक पाया जाता है। इस किस्म में सूखा पदार्थ भी अधिक होता है। इसकी भण्डारण क्षमता अच्छी है तथा सामान्य तापक्रम पर 5–6 महीने तक आसानी से रखा जा सकता है। इस किस्म की औसत उपज 42.0 टन प्रति हेक्टेयर होती है। पौध रोपण के 145 दिनों में फसल तैयार हो जाती है। इसे मुख्यतया रबी मौसम में उगाने की संस्तुति की गयी है, किन्तु यह महाराष्ट्र में पिछेती खरीफ में उगायी जा सकती है।

अर्का प्रगति (Arka Pragathi)

इसके शल्क कन्द गोलाकार तथा उपर की ओर पतले होते हैं। बाहरी छिलके का रंग गहरा गुलाबी होता है। अधिक तीखेपन युक्त इस किस्म को खरीफ तथा रबी दोनों मौसमों में आसानी से उगाया जा सकता है। यह एक जल्दी तैयार होने वाली (रोपण के 130 दिन बाद) किस्म है। इसकी भण्डारण क्षमता अच्छी है। औसत उपज 45.0 टन प्रति हेक्टेयर तक होती है।

अर्का कीर्तिमान (Arka Kirthiman)

इस संकर किस्म का विकास भारतीय बागवानी अनुसंधान संस्थान, बैंग्लुरू (कर्नाटक) द्वारा एम0एस0– 65×सेलेक्शन 13–1–1 के आपसी संकरण से किया गया है। शल्क कन्द मध्यम आकार के लाल एवं ग्रीवा थोड़ी फैली हुई होती है। इसकी भण्डारण क्षमता अच्छी है। इस संकर किस्म की खेती रबी एवं खरीफ दोनों मौसम में आसानी से की जा सकती है। यह किस्म 120–130 दिनों में तैयार हो जाती है तथा औसत उत्पादन 47.0 टन प्रति हेक्टेयर है। इसमें परपल ब्लाच, आधारीय सड़न तथा थ्रीप्स का प्रकोप कम होता है।

अर्का पिताम्बर (Arka Pitamber)

इस किस्म का चयन भारतीय बागवानी अनुसंधान संस्थान, बैंग्लुरू (कर्नाटक) द्वारा यू0डी0 102×आई0एच0आर0 396 के आपसी संकरण द्वारा की गयी है। इसके शल्क कन्द मध्यम आकार

के, थोड़े फैले हुए, मध्यम तीखापन तथा पीले रंग के आकर्षक होते हैं। इसकी ग्रीवा पतली होती है। इसकी भण्डारण क्षमता अच्छी है। शल्क कन्दों का औसत वजन 80.0 ग्राम तथा उसमें कुल ठोस विलेय की मात्रा 11 प्रतिशत होती है। इस किस्म की उपज क्षमता 35.0 टन प्रति हेक्टेयर है। इसमें परपल ब्लाच का प्रकोप कम होता है।

एन0 2—4—1 (N-2-4-1)

इस किस्म का विकास महात्मा फूले कृषि विद्यापीठ, राहुरी (महाराष्ट्र) द्वारा किया गया है। इसमें कुल विलेय ठोस 11.32 प्रतिशत होता है। यह किस्म पौध रोपण के 140—145 दिन बाद तैयार हो जाती है। इसकी भण्डारण क्षमता अच्छी है तथा औसत उपज 25.0—30.0 टन प्रति हेक्टेयर है। यह किस्म अल्टरनेरिया झुलसा रोग तथा थ्रिप्स कीट के प्रति सहिष्णु है।

एन—257—9—1 (N-257-91)

इस किस्म का विकास महात्मा फूले कृषि विद्यापीठ, राहुरी (महाराष्ट्र) द्वारा किया गया है। शल्क कन्द ग्लोब के आकार तथा हल्के हरे रंग के होते हैं। अधिक उपज (28.0 टन/हेक्टेयर) के साथ—साथ इसकी भण्डारण क्षमता अच्छी है।

कल्याणपुर रेड राउण्ड (Kalyanpur Red Round)

इस किस्म का विकास चन्द्रशेखर आजाद कृषि एवं प्रौद्योगिकी विश्वविद्यालय, कल्याणपुर, कानपुर (उत्तर प्रदेश) द्वारा किया गया है। यह उत्तर प्रदेश की एक प्रसिद्ध किस्म है। इसके शल्क कन्द ताँबे के रंग के ग्लोबाकार, मध्यम तथा तीखे स्वाद वाले होते हैं। कुल विलेय ठोस 13—15 प्रतिशत होता है। यह किस्म पौध रोपण के 120 दिन में तैयार हो जाती है। इसकी भण्डारण क्षमता अच्छी होती है। इस किस्म का औसत उपज 25.0—30.0 टन प्रति हेक्टेयर है।

वी0एल0—67 (V.L.-67)

यह संकर किस्म विवेकानन्द पर्वतीय कृषि प्रयोगशाला, अल्मोड़ा (उत्तराखण्ड) द्वारा विकसित की गयी है। इसकी गाँठें लाल रंग की तथा बड़े आकार की होती हैं। इसकी फसल पौध रोपण के लगभग 175—180 दिन बाद पक कर तैयार हो जाती है। इसकी औसत उपज 35.0—40.0 टन प्रति हेक्टेयर है।

बी0एल0—3 (V.L.-3)

इस किस्म को विवेकानन्द पर्वतीय कृषि अनुसंधान संस्थान, अल्मोड़ा (उत्तराखण्ड) से विकसित किया गया है। इस किस्म को पहाड़ी क्षेत्रों में उगाया जाता है। पत्तियों पर हरी मोम जैसी पर्त होती है। शल्क कन्द लाल रंग व तीखापन लिए होते हैं। यह किस्म पौध रोपण के 145 दिन बाद तैयार हो जाती है। इसकी औसत उपज 25.0 टन प्रति हेक्टेयर है।

बसंत–780 (Basant-780)

शल्क कन्दों का रंग आकर्षक लाल, ग्लोबाकार तथा स्वाद मध्यम तीखा होता है। फसल पौध रोपण के 100–110 दिन में तैयार हो जाती है। यह महाराष्ट्र में खरीफ में उगाने के लिए उपयुक्त है। इसकी औसत उपज 20.0–25.0 टन प्रति हेक्टेयर है। इस किस्म में अपरिपक्व डंठल कम निकलते हैं, जुड़वा गाँठें भी कम निकलती हैं।

राजस्थान कृषि विश्वविद्यालय, बीकानेर (उदयपुर) से विकसित किस्में

1. उदयपुर (Udaypur)

यह किस्म राजस्थान एवं आस–पास के क्षेत्रों में उगाने के लिए उपयुक्त पायी गयी है। इस किस्म के शल्क कन्दों का रंग गहरा लाल, ग्लोबाकार, चपटा तथा मीठापन लिए हुए कम तीखापन व स्वाद वाला होता है। यह किस्म सलाद के लिए उपयुक्त है। इसमें कुल विलेय ठोस 12.0–14. 0 प्रतिशत होता है। यह पौध रोपण के 150–160 दिन में तैयार हो जाती है। इसकी औसत उपज 20.0–30.0 टन प्रति हेक्टेयर है।

2. उदयपुर–103 (Udaypur-103)

यह किस्म राजस्थान कृषि विश्वविद्यालय, बीकानेर (उदयपुर) द्वारा विकसित की गयी है। इस किस्म में कुल विलेय ठोस 10.5–13.0 प्रतिशत होता है। इसका शल्क कन्द लाल रंग का होता है। फसल पौध रोपण के 150–165 दिन में तैयार हो जाती है। इसकी औसत उपज 25.0–30.0 टन प्रति हेक्टेयर है।

हरी प्याज की किस्में

हरी अवस्था में उपयोग हेतु प्याज के कन्द को बढ़ने से पूर्व ही उखाड़ लिया जाता है। इस आशय हेतु कन्द बनाने वाली तथा कन्द न बनाने वाली दोनों ही किस्में उगाई जाती हैं। पॉल (1989) के द्वारा किये गये परीक्षणों से यह ज्ञात हुआ है कि 'सलेक्शन–102–1' अर्ली ग्रेनो तथा पूसा सफेद चपटी (पूसा व्हाइट फ्लैट) किस्में हरी प्याज की अच्छी पैदावार (44.07–47.47 टन प्रति हेक्टेयर) देती है। इनकी फसल 75–80 दिन में तैयार हो जाती हैं।

जलवायु

प्याज के लिए समशीतोष्ण जलवायु अच्छी होती हैं। प्याज की वृद्धि पर प्रकाश काल एवं तापमान का बहुत अधिक प्रभाव पड़ता है। बीज जमाव के समय तापमान 15.0–25.0 डिग्री सेन्टीग्रेड होना चाहिए। शल्क कन्द के निर्माण से पूर्व 12.8–23.0 डिग्री सेल्सियस का तापमान वृद्धि के लिए उत्तम पाया गया है, जबकि शल्क कन्द निर्माण के समय 15.5–21.0 डिग्री सेल्सियस और 10 घण्टे की प्रकाश अवधि अनुकूल होती है। शल्क कंद का विकास 10 डिग्री सेन्टीग्रेड से नीचे होने पर कम होने लगता है। फरवरी में अचानक तापमान बढ़ने पर शल्क कन्द छोटे रह जाते हैं (बोस एवं सोम,

1986)। भारत में पहाड़ी भागों को छोड़कर अन्य भागों में अधिकांशतः कम प्रकाशकाल वाली किस्में उगायी जाती हैं। महाराष्ट्र में नेफाड–53 ऐसी किस्म है, जो अपेक्षाकृत गर्म मौसम में उगायी जाती है। इसके पौधे कठोर होते हैं एवं प्रारम्भिक अवस्था में पाला बर्दास्त कर सकते हैं। अगर तापमान सामान्य से कम हो जाता है तो फसल वृद्धि के समय ही बोल्टिंग (bolting) तथा अधिक तापक्रम होने पर समय से पहले फसल पक जाती है और शल्क कन्द का आकार छोटा हो जाता है। फलतः उपज कम हो जाती है। जब तापमान 6.0 डिग्री सेन्टीग्रेड के आस–पास होता है तो मोटी एवं लम्बी ग्रीवा वाले कन्द विकसित होते है। खरीफ प्याज के लिए 10–11 घन्टे व रबी फसल के लिये 12–13 घन्टे दिन काल (day length) की आवश्यकता होती है।

भूमि एवं भूमि की तैयारी

प्याज की फसल किसी भी प्रकार की भूमि में उगाई जा सकती है। साधारणतया हल्की बलुई, दोमट भूमि से लेकर चिकनी दोमट मिट्टी जिसमें नमी धारण करने की क्षमता हो एवं गहरी भुरभुरी व जैविक पदार्थों से युक्त हो, अधिक उपयुक्त होती है। भूमि में जल निकास का उत्तम प्रबन्ध होना अति आवश्यक है। भूमि की सर्वोत्तम पी0एच0 मान 5.8–6.5 तक होनी चाहिए। अधिक क्षारीय (ऊसर) भूमि प्याज के लिए उपयुक्त नहीं होती है। भूमि की लवणता 4 मिली म्हास प्रति वर्ग सेन्टी मीटर से अधिक होने पर वानस्पतिक वृद्धि रुक जाती है जिससे गाँठों का विकास नहीं हो पाता है। प्याज की अच्छी फसल लेने के लिए खेत को भली–भाँति तैयार करने की आवश्यकता होती है। प्रायः इसकी फसल आलू की फसल के बाद ली जाती है, इसलिए ज्यादा खेत की तैयारी व श्रम नहीं करना पड़ता है, क्योंकि खेत पहले से ही अच्छी प्रकार तैयार किया हुआ होता है। फिर भी खेत की 3–4 जुताइयाँ की जाती है और प्रत्येक जुताई के बाद पाटा चलाया जाता है, जिससे खेत समतल हो जाये और ढेलें टूट जायें। प्याज की जड़ें बहुत गहरी नहीं जाती हैं, अतः बहुत गहरी जुताई की आवश्यकता नहीं पड़ती है।

पोषक तत्व प्रबंधन

प्याज के लिए खाद तथा उर्वरक की मात्रा, कृषि वैज्ञानिकों द्वारा प्रत्येक राज्य के लिये अलग–अलग सिफारिशें की गयी हैं। पुरेवाल एवं डार्गन (1961) के अनुसार 56.70 किलोग्राम नाइट्रोजन + 56.70 किलोग्राम फास्फोरस + 13.40 किलोग्राम पोटाश प्रति हेक्टेयर खाद के मिश्रण को पौध लगाते समय तथा 56.70 किलोग्राम नाइट्रोजन प्रति हेक्टेयर पौध लगाने के एक माह बाद खेत में डालना चाहिए। यावल्कर एवं साथियों (1962) के अनुसार प्याज की अच्छी फसल लेने के लिए गोबर की अच्छी सड़ी खाद 50.0 टन प्रति हेक्टेयर देना चाहिए। इसके अतिरिक्त, नाइट्रोजन 45.36 किलोग्राम, फास्फोरस 22.68 किलोग्राम तथा पोटाश 43.36 किलोग्राम प्रति हेक्टेयर देना चाहिए। चौधरी (1967) के अनुसार पंजाब प्रान्त में उगाई गई प्याज की फसल को 125.0 किलोग्राम नाइट्रोजन, 60.0 किलोग्राम फास्फोरस एवं 100.0 किलोग्राम पोटाश प्रति हेक्टेयर की आवश्यकता पड़ती है। इसके अलावा 20.0 टन गोबर की सड़ी हुई खाद खेत की तैयारी के समय भूमि में मिलाने से उत्तम परिणाम प्राप्त होता है।

सारिणी (5.7) राज्यवार संस्तुत खाद एवं उर्वरकों की मात्रा

प्रांत	गोबर की सड़ी खाद	नाइट्रोजन (किलो ग्राम)	फास्फोरस (किलो ग्राम)	पोटाश (किलो ग्राम)
आंध्र प्रदेश	25.0	50.0	35.0–50.0	60.0
अरूणाचल प्रदेश	20.0	125.0	60.0	100.0
बिहार	25.0	105.0	55.0	75.0
गुजरात	10.0–15.0	75.0	25.0	75.0
हरियाणा	50.0	125.0	50.0	25.0
हिमाचल प्रदेश	20.0	75.0	50.0	50.0
जम्मू व कश्मीर	20.0–30.0	80.0–100.0	50.0–60.0	50.0–80.0
कर्नाटक	30.0	125.0	50.0	125.0
मध्य प्रदेश	20.0	100.0	50.0	100.0
महाराष्ट्र	30.0	90.0	60.0	60.0
ओडिशा	–	125.0	60.0	90.0
पंजाब	50.0	100.0	50.0	50.0
राजस्थन	40.0	100.0	50.0	100.0
तमिलनाडु (छोटा प्याज)	25.0	60.0	60.0	30.0
तमिलनाडु (बेल्लारी प्याज)	25.0	150.0	150.0	75.0
उत्तर प्रदेश	20.0	100.0	50.0	80.0
पश्चिम बंगाल	15.0	100.0	50.0	100.0

स्रोत: थम्बूराज एवं सिंह (2004)

भारतीय कृषि अनुसंधान परिषद नई दिल्ली द्वारा सिफारिश की गई है कि प्याज की अच्छी पैदावार लेने के लिए 50.0 किलो ग्राम नाइट्रोजन, 50.0 किलो ग्राम फास्फोरस एवं 100.0 किलोग्राम पोटाश प्रति हेक्टेयर के हिसाब से खेत में डालें। इसके अलावा पौध रोपण के एक माह बाद 50.0 किलो ग्राम नाइट्रोजन की मात्रा को फसल में छिड़काव करना चाहिए। चौ0 चरण सिंह हरियाणा कृषि विश्वविद्यालय हिसार (हरियाणा) द्वारा सिफारिश की गई है कि प्याज की अच्छी फसल लेने के लिए निम्न खाद एवं उर्वरकों की मात्रा खेत में डालें।

सारिणी (5.8) पोषक तत्वों का उपयोग

पोषक तत्व	मात्रा
गोबर की अच्छी सड़ी खाद	50.0 टन प्रति हेक्टेयर
नाइट्रोजन	150.0 किलोग्राम प्रति हेक्टेयर
फास्फोरस	50.0 किलोग्राम प्रति हेक्टेयर
पोटाश	25.0 किलोग्राम प्रति हेक्टेयर

स्रोत: थम्बुराज एवं सिंह, 2004

पॉल (1989) के अनुसार हरी प्याज के लिए 45.0–60.0 टन गोबर की खाद के अतिरिक्त 200.0 किलोग्राम अमोनियम सल्फेट (आधा–आधा भाग दो बार में), 200.0 किलोग्राम सिंगल सुपर फास्फेट तथा 50.0 किलो ग्राम म्यूरेट ऑफ पोटाश का प्रयोग करना उचित रहता है।

खाद तथा उर्वरक देते समय निम्न बातों का ध्यान रखना चाहिए–

1. गोबर की खाद अच्छी प्रकार सड़ी न होने के कारण खेत में दीमक के प्रकोप की सम्भावना बढ़ जाती है।

2. गोबर की खाद सर्वदा खेत की तैयारी करते समय ही बुआई से 15–20 दिन पूर्व खेत में डाल कर मिट्टी में मिला दें, जिससे मिट्टी एवं खाद में रासायनिक क्रियायें पूर्ण रुप से समाप्त हो जायें और पौधों को पोषक तत्व आसानी से प्राप्त हो सके। दूसरी बात यह है कि रासायनिक क्रिया के समय गर्मी पैदा होती है, जिससे पौधों को हानि पहुँचाती है। यहाँ तक कि कभी–कभी पौधे झुलस कर सूख जाते हैं।

3. फास्फोरस एवं पोटाश वाले उर्वरकों की पूर्ण मात्रा पौध रोपण के पहले खेत में डालकर मिट्टी में अच्छी तरह मिला दें।

4. नाइट्रोजन वाले उर्वरक को दो भागों में बाँट कर इसकी आधी मात्रा को पौध रोपण के पहले एवं आधी मात्रा को पौध रोपण के लगभग 30 दिन बाद प्रयोग करना लाभप्रद होता है।

5. रासायनिक खादों के अलावा सूक्ष्म पोषक तत्व भी प्याज की गुणवत्ता सुधारने के लिए उपयोगी है। जिंक 1, 2 एवं 3 पी0पी0एम0 की दर से छिड़काव करने पर कुल विलेय ठोस एवं एस्कार्बिक अम्ल बढ़ने से शल्क कन्द की गुणवत्ता में भी सुधार होता है। कॉपर एवं बोरान, क्रमशः 13.4 किलोग्राम तथा 1.8 किलोग्राम प्रति हेक्टेयर प्रयोग करने से पैदावार में वृद्धि होती है। नासिक में जिंक 3.0 पी0पी0एम0, कॉपर 1.0 पी0पी0एम0 व बोरान 0.5, पी0पी0एम0 क्रमशः 4, 5 व 6 दिनों के अन्तर पर देने से खरीफ प्याज से अधिक उपज पाया गया है।

बीज की मात्रा

प्याज के बीज की मात्रा इसके बोने की विभिन्न विधियों पर निर्भर करती है, जैसा कि नीचे सारिणी में दिया गया है।

सारिणी (5.9) विभिन्न विधियों द्वारा बुआई करने पर लगने वाले बीज की मात्रा

क्र0सं0	बुआई की विधि	बीज की मात्रा
1.	पौध की रोपाई	8.0–10.0 किलोग्राम / हेक्टेयर
2.	बीज छिटक कर बुआई	25.0 किलो ग्राम / हेक्टेयर
3.	गाँठें लगाकर	10.0–12.0 कुन्तल / हेक्टेयर

बुआई का समय

प्याज की बुआई का समय, स्थान और किस्म के ऊपर निर्भर करता है। इसका विवरण निम्न सारिणी में दिया गया है–

सारिणी (5.10) विभिन्न प्रान्तों में बीज की बुआई व रोपण का समय

क्षेत्र	बीज की बुआई का समय	पौध रोपण का समय
उत्तर प्रदेश	अक्टूबर से नवम्बर के मध्य	मध्य दिसम्बर से जनवरी
मध्य प्रदेश	दिसम्बर के मध्य में	जनवरी के अन्त में
पश्चिम बंगाल	सितम्बर से नवम्बर	अक्टूबर से दिसम्बर
महाराष्ट्र और पुणे	अक्टूबर	मध्य नवम्बर तक
आन्ध्र प्रदेश	अक्टूबर	नवम्बर
पहाड़ी क्षेत्रों में	फरवरी के अन्त से मई तक	मार्च से जून

प्याज लगाने की विधियाँ

प्याज की खेती निम्नलिखित प्रचलित विधियों द्वारा किया जाता है–

1. पौध तैयार कर रोपण करना।
2. छिटँकवा विधि से या पक्तियों में सीधे बीज की बुआई करके।
3. छोटी गांठियाँ बनाकर पुनः रोपण करना।
4. छोटी–छोटी शल्क कन्द द्वारा।

पौध तैयार कर रोपण द्वारा

इस विधि में पहले पौधशाला में पौध तैयार कर लिये जाते हैं, इसके बाद इनकी रोपण अच्छी प्रकार तैयार खेत में की जाती है।

पौध तैयार करना

एक हेक्टेयर भूमि में पौध लगाने के लिए लगभग 0.05 हेक्टेयर पौधशाला की जरुरत पड़ती है। पौधशाला के लिए चयनित खेत की 2–3 बार गहरी जुताई करके उसे समतल बना लेना चाहिए। पौधशाला में 1.5 मीटर चौड़ी, 3.0 मीटर लम्बी एवं 20–30 सेन्टी मीटर ऊँची उठी हुई क्यारियाँ बना ली जाती हैं। क्यारियों की लम्बाई–चौड़ाई सुविधानुसार घटाई या बढ़ाई जा सकती है। क्यारियों की मिट्टी को 5.0 ग्राम प्रति वर्ग मीटर की दर से थाइरम (Thiram) या कैप्टान (Captan) नामक रसायन द्वारा उपचारित कर लेना चाहिए। इन क्यारियों के चारों तरफ 30 सेन्टी मीटर चौड़ी सिंचाई की नालियाँ बना ली जाती हैं, जिससे सिंचाई और उनमें बैठकर क्यारियों की निकाई की जाती है। पौधशाला में बीज की बुआई से पूर्व सिंचाई करके 250 गेज मोटी पारदर्शी पोलीथीन से 10–15 दिन तक ढक देते हैं, इसे आतपन/सौरीकरण या सोलेराइजेशन (solarization) कहते हैं। ऐसा करने

से रोग के जीवाणु मर जाते हैं, तथा खरपतवार भी कम आते हैं। इन क्यारियों में प्रति क्यारी 10.0–15.0 किलो ग्राम गोबर की अच्छी तरह सड़ी खाद मिट्टी में मिला दी जाती है और क्यारियाँ अच्छी प्रकार तैयार कर ली जाती है। इसके अतिरिक्त ट्राइकोडर्मा विरिडी का 12.5 ग्राम/100 वर्ग मीटर की दर से 1.25 किलो ग्राम छनी हुई गोबर की खाद में मिलाकर बुआई से पूर्व भूमि में डालने पर रोग आने की संभावना कम हो जाती है। इसका प्रभाव भूमि उपचारित करने के बराबर ही होता है। खरीफ मौसम के लिए जून का अन्तिम पखवाड़ा तथा मैदानी क्षेत्रों में रबी मौसम के लिए अक्टूबर–नवम्बर सबसे उपयुक्त महीना है। बीजाई करने से पहले बीज को एक रात के लिए पानी में सोडियम फास्फेट के घोल में 2–6 घन्टे तक भिगों देना चाहिए। इसके हल्के बीज ऊपर तैरने लगते हैं, उनको छानकर अलग कर लिया जाता है। दूसरी बात यह है कि बीज का जमाव जल्दी और वृद्धि अच्छी प्रकार होता है (बसु एवं सहयोगी, 1975)। बीज भिगोने के बाद छानकर कपड़े या जूट के बोरे पर फैला दिया जाता है, जिससे थोड़ी हवा लगकर बीज अलग–अलग हो जाये। इसके बाद बीज में भुरभुरी मिट्टी मिलाकर क्यारियों में छिड़काव कर दिया जाता है। मिट्टी इसलिए मिलायी जाती है कि बीज क्यारी में समान रुप से पड़े। इसके बाद बारीक, गोबर की अच्छी तरह सड़ी खाद या कम्पोस्ट की एक पतली पर्त से बीज को ढक दिया जाता है। इसके बाद क्यारियों को धास–फूस या पुआल से ढककर फब्बारे से पानी देते हैं, जिससे अंकुरण हेतु आवश्यक तापमान एवं नमी बनी रहे। बीजाई के बाद एक हल्की सिंचाई फब्बारे से कर दी जाती है। बीज लगभग एक सप्ताह बाद (8–10 दिन बाद) उग जाता है और अंकुरण हो जाने पर घास–फूस या पुआल हटाकर सिंचाई नालियों द्वारा करते हैं। इसके बाद पौधशाला की उचित देख–रेख और समय–समय पर हल्की सिंचाई करते रहना चाहिए। नवोद्भिद पौधों (seedlings) को स्वस्थ्य एवं जल्दी बढ़ने के लिए 0.2 प्रतिशत यूरिया (2.0 ग्राम यूरिया 1.0 लीटर पानी में) के घोल का छिड़काव 2–3 बार कर देना चाहिए। खरीफ मौसम में प्याज की पौध लगभग 45–55 दिन तथा रबी मौसम की पौध 60–70 दिन में रोपण के योग्य हो जाती है।

1. पौध रोपण

अच्छी प्रकार तैयार खेत में क्यारियाँ बनाने के लिए 15.0–20.0 सेन्टी मीटर की दूरी पर कतारें बना ली जाती है और इन कतारों में 10.0–15.0 सेन्टी मीटर की दूरी पर पौधों की रोपण करते हैं। पौध रोपण के तुरन्त बाद हल्की सिंचाई कर देना चाहिए। पौध रोपण के तुरन्त बाद सिंचाई न करने पर पौधों की जड़ें सूख जाती हैं, जिससे पौधे जल्दी स्थापित नहीं हो पाते हैं। फलतः खेत में पौधे मरे हुए दिखाई पड़ते हैं। पौधों की रोपाई सायंकाल करना उपयुक्त है, क्योंकि दिन में अधिक धूप होती है, जिससे पौधे जल्द ही सूख जाते हैं। क्यारियों में कतारें बनाने के लिए रैक का प्रयोग करना चाहिए। इससे समय की बचत होती है और पौधे भी कतार में लगते हैं।

2. छिटँकवा विधि से या पक्तियों में सीधे बीज की बुआई करना

इस विधि में अच्छी प्रकार से तैयार खेत में बड़ी गाँठ वाली प्याज के बीज को कर्नाटक प्रदेश के बेल्लारी एवं धारवाड़ जिले में सीधे छिड़काव कर या पंक्तियों में लगाया जाता है। बाद में पौधे उगने पर 30 सेन्टी मीटर दूरी रखते हुए शेष पौधों को निकाल देते हैं। यह विधि उन स्थानों

में उपयोगी होता है जहाँ पर श्रमिक एवं अन्य साधनों की कमी होती है। छोटी प्याज में बीज को समतल क्यारियों में छिटकवा विधि द्वारा बोया जाता है। ऐसी क्यारियों में फौब्बारे या नालियों द्वारा हल्की सिंचाई करते रहते हैं। शल्क कन्दों के विकास के लिए गुड़ाई करके मिट्टी चढ़ाना चाहिए।

3. छोटी गाँठियाँ बनाकर पुनः रोपण करना

खरीफ की अगेती फसल लेने के लिए गर्मी के मौसम में उपयुक्त किस्मों के बीज की छोटी–छोटी गाँठियाँ बनाई जाती है और पुनः उन्हें मुख्य खेत में लगाया जाता है। गाँठियों के लिए 10.0–15.0 ग्राम बीज को प्रति वर्ग मीटर की दर से ऊँची उठी हुई या समतल क्यारियों में छिटँकवा विधि द्वारा बुआई करते हैं। छोटी गाँठियाँ बनाने के लिए मध्य जनवरी से मध्य फरवरी तक का समय सबसे उपयुक्त होता है। गाँठियाँ तैयार करते समय खेत में थ्रिप्स नामक कीट ज्यादा नुकसान करता है, अतः नियंत्रण के लिए कार्बोफयूरान नामक रसायन का 1.0 किलो ग्राम मात्रा (सक्रिय तत्व) प्रति हेक्टेयर की दर से मिट्टी में मिलाना चाहिए। बीज को गोबर की सड़ी एवं छनी हुई खाद तथा घास–फूस या पुआल से ढक देते हैं तथा फौब्बारे से सिंचाई करते हैं। अंकुरण हो जाने पर पुआल हटाकर नालियों द्वारा सिंचाई करना चाहिए। इस प्रकार अप्रैल–मई तक सिंचाई करते रहते हैं तथा खर–पतवार निकालते रहते हैं। जब गाँठों का आकार 1.5–2.0 सेन्टी मीटर हो जाये तो सिंचाई बन्द कर देते हैं, जिससे पत्तियाँ सूख जाती हैं। इसके बाद शल्क कन्दों को निकालकर छायादार तथा हवादार स्थान पर लटका कर भण्डारित कर लेते हैं। सामान्यतः 1.5 सेन्टी मीटर आकार से छोटी गाँठियाँ मुख्य खेत में स्थापित नहीं हो पाती तथा 2.0 सेन्टी मीटर से बड़ी गाँठियाँ लगाने से जुड़वा गाँठें तथा पुष्पदण्ड अधिक निकलते हैं, साथ ही साथ गाँठियों की मात्रा भी अधिक लगती है।

4. छोटी–छोटी शल्ककन्दों द्वारा संवर्धन

इस विधि में स्वस्थ्य गाँठों को 30.0–40.0 सेन्टी मीटर की दूरी पर लगाया जाता है। गाँठों को स्थापित करने के लिए कतारों की दूरी 30.0–45.0 सेन्टी मीटर रखी जाती है। सामान्यतः यह विधि मल्टीप्लायर प्याज (multiplier onion) तथा हरी प्याज उत्पादन करने या बीज बनाने के लिए प्रयोग में लाया जाता है।

सिंचाई जल प्रबन्धन

प्याज की फसल के लिए शुरु में पानी की आवश्यकता कम होती है, लेकिन बाद में पानी की आवश्यकता बढ़ जाती है। इसलिए सिंचाई जल्दी–जल्दी (लगभग 10 दिन के अन्तराल पर) करनी चाहिए। वैसे इस फसल की वृद्धि, मिट्टी के प्रकार एवं रोपण के मौसम पर पानी की मात्रा निर्धारित की जाती है। अच्छी होगा कि खेत में हमेशा नमी बनी रहे। वर्षा ऋतु या खरीफ मौसम में सिंचाई रोपण के तुरन्त बाद करते हैं। विशेषतः उत्तरी भारत जहाँ तापक्रम काफी ऊँचा रहता है, प्रायः यह देखा गया है कि यदि किसी कारणवश सिंचाई में देर होती है, तो 80–90 प्रतिशत पौधे मर जाते हैं। खरीफ फसल में 8–10 सिंचाई वर्षानुसार पर्याप्त होती है। पिछेती खरीफ फसल में 12–15 सिंचाई की आवश्यकता पड़ती है जबकि रबी में 15–20 सिंचाई की जरुरत होती है। गाँठें बनते समय

सिंचाई की अधिक आवश्यकता रहती है और इस समय अगर पानी की कमी है तो कुल उपज में कमी होती है। प्याज में टपक सिंचाई (drip irrigation) करने से सतही सिंचाई की तुलना में 38 प्रतिशत पानी की बचत होती है और बीज ओज में 32 प्रतिशत वृद्धि होती है (तोमर एवं सहयोगी, 2004)।

निकाई–गुड़ाई

प्याज में पौधों की आपसी दूरी कम होती है और जड़ें भी अपेक्षाकृत कम गहराई तक जाती हैं। अच्छी उपज के लिए प्याज के खेत को खरपतवारों से वंचित रखना आवश्यक होता है। फसल की प्रारम्भिक अवस्था में 2–3 बार खुरपी की सहायता से निकाई करना चाहिए। अच्छा होगा प्रत्येक निकाई के बाद हल्की मिट्टी चढ़ा दें। रासायनिक विधि से खरपतवारों को नष्ट करने के लिए क्लोरो आई0पी0सी0 की 5.0–6.0 किलो ग्राम मात्रा का प्रयोग किया जा सकता है। इसके अलावा डी0सी0पी0ए0 (डेकथाल) और नाइट्रोफेन (टोक) नामक रसायन का भी प्रयोग किया जा सकता है। रासायनिक दवाओं के घोल का छिड़काव जड़ों के पास करना उचित होता है। ये दवाएँ जहरीली हैं, अतः सावधानी से प्रयोग करना चाहिए। प्याज की फसल के लिए स्टाम्प 3.5 लीटर प्रति हेक्टेयर की दर से पौध रोपण के तीन दिन बाद या रोपण से ठीक पहले प्रयोग से अच्छे परिणाम मिलते हैं। यदि स्टाम्प उपलब्ध नहीं है तो वासालीन की 1.0 लीटर मात्रा प्रति हेक्टेयर की दर से प्रयोग किया जा सकता है। यदि आवश्यकता हो तो पौध रोपण के 45 दिन बाद एक बार पुनः खरपतवार हाथ से निकाल देना चाहिए। प्रयोग के तौर पर 2.5 लीटर टेनोराम प्रति हेक्टेयर पौध रोपण के 3–5 सप्ताह बाद लगाने से भी अच्छे परिणाम मिलते हैं। आक्सीफ्लुरोफेन 0.12–0.25 किलो ग्राम (सक्रिय तत्व) प्रति हेक्टेयर प्रयोग से खरपतवार नियंत्रण में मदद मिलती है।

खुदाई

सामान्यतः हरी प्याज की खुदाई 60–90 दिन बाद (जिस समय पत्तियाँ कोमल और शल्क कन्द छोटे–छोटे हों) की जाती है। यह देखा गया है कि शल्क कन्द 125–150 दिन बाद पककर तैयार हो जाते हैं। जब 70 प्रतिशत फसल का उपरी सिरा सूख जाये, तब शल्क कन्दों की खुदाई करनी चाहिए। इसके अलावा प्याज के गर्दन का नर्म पड़ना, पत्तियों का नीचे की तरफ मुड़ना या मुरझाना या बदरंग होना परिपक्वता का परिचायक है। खुदाई करते समय ध्यान रखें कि खेत में उचित नमी बनी रहे। खेत में बढ़ रहे शल्क कन्द का पुष्पन 100 दिन बाद प्रारम्भ होता है, लेकिन अच्छे शल्क कन्द प्राप्त करने के लिए इन पुष्प वृन्तों को तोड़ देना चाहिए। परिपक्व शल्क कन्दों की खुदाई के करीब 15 दिन पूर्व पौधे के उपरी भाग को पैर से दबाकर मोड़ना चाहिए। इससे गाँठें बड़ी हो जाती हैं। खेत में नमी की अवस्था में ही शल्क कन्दों की खुदाई करनी चाहिए। खुदाई के बाद शल्क कन्द से लगी हुई पत्तियों को तेज चाकू से काटकर अलग कर देना चाहिए और शल्क कन्दों को सूखने के लिए साफ स्थान पर रख देना चाहिए। अगर वातावरण में अधिक गर्मी हो तो शल्क कन्दों को छायादार स्थान में ही सूखाना चाहिए। सूखे हुए प्याज को रंग एवं आकार के अनुसार श्रेणीकरण (grading) करना चाहिए।

उपज

अच्छी किस्मों को अच्छे वातावरण व उन्नत तकनीक के माध्यम से उगाने पर औसतन 25.0–40.0 टन प्रति हेक्टेयर तक उपज प्राप्त हो सकती है।

भण्डारण

शल्क कन्दों को सामान्य तापक्रम पर कुछ सप्ताह तक ही रखा जा सकता है, लेकिन शीतगृहों में 32–35 डिग्री फारेनहाइट तापक्रम एवं 80 प्रतिशत आर्द्रता की अवस्था में कई महीनों तक या पूरे साल तक भण्डारित किया जा सकता है। प्याज की भण्डारण क्षमता बढ़ाने के लिए मैलिक हाइड्राजाइड (MH) नामक रसायन का 1500–2000 पी0पी0एम0 का घोल फसल खुदाई के 20–25 दिन पहले छिड़काव करना चाहिए। रबी मौसम के शल्क कन्दों का खरीफ शल्क कन्दों की तुलना में ज्यादा अच्छी तरह भण्डारित किया जा सकता है।

भण्डारण करते समय निम्न बातों पर ध्यान देना आवश्यक हैः

- शल्ककन्द अच्छी प्रकार पके और रोग मुक्त हों
- प्याज के भण्डारण से पहले खुदाई के बाद कन्दों को अच्छी तरह साफ कर लेना चाहिए तथा कन्दों में लगी हुई मिट्टी, पत्तियाँ आदि को हटा देना चाहिए। कटी और रोग ग्रसित गाँठें छाँटकर बाहर निकाल देना चाहिए। स्वस्थ गाँठों का ही भण्डारण करना चाहिए।
- हमेशा अच्छी तरह से पके हुए चमकदार ठोस व स्वथ्य कन्दों का ही भण्डारण करना चाहिए।
- भण्डारण में प्याज को फर्श पर फैलाकर 1–2 सतह में 15–20 सेन्टी मीटर से अधिक ऊँचाई नहीं होनी चाहिए। अतः इसके लिए भण्डार गृह में पट्टी या रेक लगा देनी चाहिए।
- कन्दों को भण्डारण से पूर्व श्रेणीकरण करना चाहिए।
- जिस कमरे में प्याज भण्डारित हो, उसमें पूर्ण वातायन हो
- कमरे का तापक्रम और सापेक्ष आर्द्रता कम हो
- खुदाई के पश्चात् शल्क कन्दों पर मैलिक हाइड्राजाइड के 5,000 पी0पी0एम0 के घोल का छिड़काव करने पर भण्डारित कन्दों से अंकुरण व जड़ें नहीं निकलती हैं, जिससे भण्डारण की अवधि बढ़ जाती है।
- प्याज की गाँठों को भण्डारित करने के बाद समय–समय पर निरीक्षण करते रहना चाहिए तथा सड़े–गले कन्दों को निकालते रहना चाहिए।
- सम्भव हो तो प्याज का भण्डारण शीतगृह में ही करना चाहिए। शीत भण्डार का तापमान शून्य डिग्री सेल्सियस तथा सापेक्ष आर्द्रता 60–65 प्रतिशत रखनी चाहिए। इसके लिए शल्क कन्द को 1.5–2.0 मीटर के मोटे पर्तो में रखना चाहिए। इस मोटाई के मध्य 0.75–1.0 मीटर की मोटाई में वायु परिभ्रमण का स्थान छोड़ देने से कन्दों का सड़ना कम हो जाता है। बोरों में भर कर रखे हुए शल्क कन्द, खुले हुए शल्क कन्द की तुलना में शीघ्र खराब होते हैं।

भारत में प्याज के उत्पादन एवं उत्पादकता को प्रभावित करने वाले कारक

अन्य सब्जियों की अपेक्षा इसकी पैदावार अधिक होती है। भारत में प्याज के उत्पादन एवं उत्पादकता को प्रभावित तथा सीमित करने वाले निम्नलिखित कारक हैं–

1. उन्नतिशील तथा रोग एवं कीट प्रतिरोधी किस्मों के बीज का पर्याप्त मात्रा में उपलब्ध न होना।
2. अधिक पैदावार देने वाली रोग एवं कीट रोधी संकर किस्मों का अभाव
3. निर्यात हेतु निर्जलीकरण के अनुकूल किस्मों का अभाव
4. अधिक सम्पूर्ण विलेय ठोस एवं अधिक शुष्क पदार्थ वाली भण्डारण योग्य किस्मों का अभाव।
5. असंतुलित खाद एवं उर्वरक प्रयोग।
6. अविवेकपूर्ण जल प्रबन्धन, असामयिक खरपतवार नियन्त्रण तथा फसल संरक्षण।
7. उन्नत कृषि–क्रियाओं एवं सस्योत्तर तकनीकी के विषय में उत्पादक की अनभिज्ञता।
8. अपर्याप्त भण्डारण, यातायात एवं विपणन व्यवस्था

बीजोत्पादन

प्याज सामान्यतः कीटों से पर–परागित होने वाली एक फसल है। बीजोत्पादन में सामान्यतः आधारीय बीज के लिए 1000.0 मीटर तथा प्रमाणित बीज के लिए 400.0 मीटर की आपसी विलगन दूरी (**isolation distance**) रखते हैं। वैसे तो प्याज एकवर्षीय फसल है, लेकिन जब बीजोत्पादन करते हैं, तो द्विवर्षीय फसल हो जाती हैं। बीजोत्पादन दो प्रकार से किया जाता है–

1. बीज से बीज विधि।
2. शल्क कन्द से बीज विधि।

1. बीज से बीज विधि

इस प्रक्रिया में पहले शल्क कन्द का उत्पादन करते हैं, जो सामान्य प्याज उत्पादन के समान है। कभी–कभी ऐसी किस्में जिनका अच्छी तरह से भण्डारण नहीं किया जा सकता अथवा उसी वर्ष बीज उत्पादन करना आवश्यक हो तो इस विधि को अपनाया जाता है। अगस्त के महीने में बीजों की बुआई कर सितम्बर के महीने में तैयार पौधों का रोपण करते हैं। शल्क कन्दों में पुष्पवृन्त फरवरी के महीने में आते हैं और बीज बनते हैं। चूँकि इस विधि से शल्क कन्दों का चुनाव नहीं किया जा सकता, अतः बीजों की शुद्धता पर प्रश्न चिन्ह लगता है। इस विधि से बीज ज्यादा बनते हैं।

2. शल्क कन्द से बीज विधि

सामान्यतः इस विधि में शल्क कन्दों को पहले उत्पादित करते हैं और पूरी तरह से परिपक्व स्वस्थ्य, चमकदार व मध्यम आकार वाले शल्क कन्दों को बीज उत्पादन के लिए चुनाव करते हैं।

परीक्षण में पाया गया है कि ऐसे शल्क कन्द जिनका व्यास 7–9 सेन्टी मीटर तथा उनका औसत वजन 50.0–60.0 ग्राम हो, बीज उत्पादन के लिए उपयुक्त होते हैं। शल्क कन्दों की आपसी दूरी 30.0 सेन्टी मीटर रखते हैं। किसानों में भ्रान्ति है कि बड़े शल्क कन्दों को लगाने से बीज पौधों में ज्यादा बनते हैं, लेकिन वे भूल जाते हैं कि बड़े शल्क कन्द से जो मूल्य प्राप्त होते हैं, उसकी भरपायी करना मुश्किल है। आराकेरी एवं पटेल (1956) ने अपने परीक्षण में पाया कि 81.0–100.0 ग्राम वजन वाले शल्क कन्दों से ज्यादा बीज उपज (730.0 किलोग्राम/हेक्टेयर) प्राप्त होती है। बीज वृन्त की संख्या, बीज उपज को ज्यादा प्रभावित करती है (मित्तल एवं श्रीवास्तव, 1964)। कुछ वैज्ञानिकों ने स्पष्ट किया कि प्रति पौधा बीज की उपज का बीज वृन्त तथा अम्बेल (umbel) के व्यास के साथ सह सम्बन्ध पाया (सन्धू एवं कालरा, 1976); ददलानी एवं भागचण्दानी, 1978 तथा सिंह 1979 आदि)। इस विधि में शल्क कन्दों को 45.0 सेन्टी मीटर चौड़ी मेड़ पर 30.0 सेन्टी मीटर की दूरी पर लगाते हैं। समतल क्यारियों में 4.5×30.0 सेन्टी मीटर रखते हैं।

हरी प्याज

हरी प्याज उस समय बाजार में उपलब्ध होती है, जब गाँठों वाली प्याज का अभाव होता है। किसान अगर हरी प्याज अक्टूबर–नवम्बर में उगाकर बाजार में आपूर्ति करता है, तो उसे ज्यादा आय प्राप्त होती है, क्योंकि हरी सब्जी के रुप में बाजार में ज्यादा माँग रहती है।

हरी प्याज उगाने का समय

हरी प्याज की बुआई अगस्त से सितम्बर तक की जाती है।

बुआई की विधि

हरी प्याज उगाने के लिए दो विधियाँ अपनाई जाती है–

1. गाँठों द्वारा

इस विधि में मध्यम वर्ग की गाँठों को छाँटकर अलग कर लिया जाता है। अच्छी प्रकार तैयार खेत में पहले क्यारियाँ बनायी जाती हैं। अगर आवश्यकता हुई तो मेड़ों पर भी बुआई कर सकते हैं। इस विधि में कतार से कतार की दूरी 20.0 सेन्टी मीटर तथा पौधे से पौधे की दूरी 15.0 सेन्टी मीटर रखकर गाँठों को लगा दिया जाता है। इस विधि में लगभग 10.0–11.0 कुन्तल गाँठें प्रति हेक्टेयर लगती हैं।

2. बीज द्वारा

इस विधि में बीज को अच्छी प्रकार तैयार क्यारियों में सीधे बुआई की जाती है, इसके लिए कतार से कतार की दूरी 20.0 सेन्टी मीटर तथा पौधे से पौधे की दूरी 10.0–15.0 सेन्टी मीटर रखते हैं। बीज लगभग 10 दिन में उग आते हैं। ज्यादा घने पौधों को खेत से निकाल देना चाहिए।

हरी प्याज उत्पादन में पोषक तत्व प्रबन्धन, सिंचाई, निकाई–गुड़ाई आदि सामान्यतः प्याज जैसी ही की जाती है। पाल (1989) द्वारा हरी प्याज में खरपतवार नियंत्रण हेतु वासालीन 1.0 लीटर प्रति हेक्टेयर का प्रयोग पौध रोपण के एक सप्ताह पश्चात् उत्तम पाया गया है।

पौध संरक्षण

प्रमुख कीट एवं उनका प्रबन्धन

थ्रिप्स (Thrips)

यह मटमैले रंग का छोटा कीड़ा होता है, जो पत्तियों के नीचे तने के साथ अधिक संख्या में पाया जाता है। मुख्यतः यह पत्तियों का रस चुसता है, जिससे पत्तियों पर सफेद धब्बे पड़ जाते हैं। ज्यादा प्रकोप होने पर पत्तियों का उपरी सिरा भूरा होकर सूखने लगता है। अन्त में पौधे कमजोर हो जाते हैं और गाँठें छोटी बनती हैं। सूखे मौसम में इसका प्रकोप अधिक होता है।

प्रबन्धन

इसकी रोकथाम के लिए यह ध्यान देना चाहिए कि खेत सूखने न पाये। नमी बनाये रखने के लिए निश्चित अन्तराल पर सिंचाई करते रहना चाहिए। इस कीट की नियंत्रण के लिए मैलाथियान (50 ई0सी0) दवा की 1.0 मिली लीटर मात्रा प्रति लीटर पानी में घोल बनाकर 10 दिन के अन्तराल पर छिड़काव करते रहना चाहिए। अधिक आक्रमण की स्थिति में 2 प्रतिशत पैराथियान चूर्ण का 15.0–25.0 किलो ग्राम प्रति हेक्टेयर की दर से भुरकाव करना चाहिए। सामान्य संक्रमण की अवस्था में मेटासिस्टाक्स–25 ई0सी0 का 900 मिली लीटर प्रति हेक्टेयर की दर से छिड़काव करना चाहिए।

प्याज मैगट (Onion Maggot)

प्याज मैगट (Hylemia antique) छोटे भूरे रंग का कीट है जिसका लारवा पौधों को अधिक नुकसान पहुँचाता है। इसके लारवा पत्तियों के आधार को खा जाते हैं और शल्क कन्द में प्रवेश कर छेद बनाते हैं, जिससे सड़न पैदा हो जाती है।

प्रबन्धन

संक्रमित शल्क कन्दों से प्रौढ़ कीट को एकत्रित कर जमीन के नीचे दबा देना चाहिए। इसके प्रकोप से बचाव के लिए मैलाथियान (50 ई0सी0) दवा की 1.0 मिली लीटर मात्रा प्रति लीटर पानी में घोल बनाकर 10 दिन के अन्तराल पर छिड़काव करते रहना चाहिए।

प्याज में लगने वाले रोग एवं उनका प्रबंधन

बैगनी धब्बा (Purple Blotch)

यह रोग एक प्रकार की फफूँद ''आल्टरनेरिया पोरी'' (*Alternaria porii*) से होता है। इससे ग्रसित भाग पर पीले रंग के धब्बे पड़ जाते हैं, जिसका मध्य भाग बैगनी रंग का हो जाता है। ये

धब्बे बड़े हो जाते हैं तथा अधिक प्रकोप की स्थिति में सूख जाते हैं। कभी–कभी पत्ती और तने जमीन पर गिर जाते हैं। परीक्षण में पाया गया है कि रोग ग्रसित पौधों में प्रायः बीज नहीं बनते, यदि बनते भी हैं तो सिकुड़े होते हैं।

प्रबन्धन

1. सूखी रोगग्रस्त पत्तियों को छाँटकर अलग कर देना चाहिए।
2. रोग से बचाव के लिए 0.2 प्रतिशत ब्लाईटाक्स (2.0 ग्राम दवा प्रति लीटर पानी में) का छिड़काव 10 दिन के अन्तराल पर करना चाहिए। घोल में थोड़ा सा गोंद या टीपाल मिला देना लाभकारी है। इससे मिश्रित घोल प्याज की पत्तियों पर ज्यादा चिपकता है और अधिक समय तक रुका रहता है, क्योंकि प्याज की पत्तियाँ चिकनी, गोल व लम्बी होतीं हैं।
3. डाईफोल्टान (0.3 प्रतिशत) अथवा डाइथेन–जेड–78 (0.2 प्रतिशत) का छिड़काव करना चाहिए।
4. शल्क कन्दों की सावधानी से खुदाई करनी चाहिए, जिससे सतह पर खरोंच न बन पाये, क्योंकि सतह पर खरोंच या कटे हुए ग्रीवा से ही फफूँद का प्रवेश अन्दर होता है, जिससे सड़न हो जाती है।
5. बुआई पूर्व बीज को थाइरम नामक फफूँदनाशक से उपचारित करना चाहिए।
6. प्रतिरोधी किस्में जैसे रेड क्रियोल एवं येलो ग्लोब की बुआई करना चाहिए (जोन्स एवं मान, 1963)।

फ्यूजेरियम विगलन (Fusarium rot)

यह रोग फ्यूजेरियम आक्सीस्पोरम (*Fusarium oxysporum*) नामक फफूँद के कारण होता है। यह फफूँद जमीन में रहती है और मिट्टी का तापक्रम बढ़ने पर ही पौधों पर संक्रमण करती है। जब वातावरण में अधिक नमी तथा तापक्रम 15–30 डिग्री सेल्सियस हो जाता है, तो उग्र रुप धारण करता है। संक्रमण विशेषतः शल्क कन्दों पर घावों द्वारा अथवा सीधे बाह्य त्वचा वेधन से भी हो सकता है। इसका संक्रमण खेत एवं भण्डारित प्याज पर देखने को मिलता है। खेत में पत्तियाँ संक्रमित होने पर पीली पड़ जाती हैं और सूख जाती हैं। जड़ों पर संक्रमण होने पर गुलाबी रंग लिए हुए सड़न होती है। शल्क कन्दों में अर्धजलीय सड़न नीचे से प्रारम्भ होकर उपर की ओर बढ़ती है। खेत में संक्रमित प्याज का जब भण्डारण किया जाता है तो वहाँ पर भी सड़न का प्रतिशत बढ़ जाता है।

प्रबन्धन

1. उचित फसल चक्र अपनाना चाहिए।
2. स्वस्थ बीज एवं शल्क कन्दों का प्रयोग करना चाहिए।
3. संचयन के तुरन्त बाद शल्क कन्दों का संसाधन करना चाहिए।
4. रोग प्रतिरोधी किस्मों का उपयोग करना चाहिए।
5. बीज शोधन कार्बेण्डाजीम 2.5 ग्राम प्रति किलोग्राम बीज में मिलाकर करना चाहिए।

झुलसा रोग (Blight)

प्याज में झुलसा रोग स्टेमफिलियम वेसिकेरियम (*Stemphyllium vesicarium*) नामक फफूँद के कारण होता है। संक्रमित पत्तियों का शीर्ष भाग झुलस जाता है, जो बाद में सूखने लगती हैं। कभी–कभी पत्तियों पर भूरी धारियाँ (brown spot) बनती हैं और पुष्पवृन्त पर भी धब्बे बनते हैं। अधिक संक्रमण की अवस्था में पूरी बीज फसल समाप्त हो सकती है।

प्रबन्धन

- झुलसा रोग के रोकथाम के लिए डाइथेन एम–45 (0.25 प्रतिशत) का छिड़काव करना चाहिए।
- सिंचाई का उत्तम प्रबन्ध करना चाहिए।
- रिडोमिल एम. जड की 0.25 प्रतिशत का छिड़काव करें।

प्याज कण्ड (Smut)

यह रोग यूरोसिस्टिस सेपूले (*Urosistis sepule*) नामक फफूँद के कारण होता है, संक्रमण होने पर पत्तियों पर गहरे रंग के फफोंले पड़ जाते हैं, जो बाद में काले होकर फट जाते हैं। पत्तियाँ असमान रुप से नीचे की तरफ मुड़ जाती हैं, लेकिन पुराने पौधों पर शल्क पत्तों के आधार पर असंख्य उठे हुए फफोले बनते हैं।

प्रबन्धन

1. ऐसी मिट्टी जिसका तापमान 80 डिग्री फारेनहाइट या अधिक हो, फफूँद निष्क्रिय हो जाते हैं।
2. फार्मेल्डीहाइड (40 प्रतिशत) 30 लीटर पानी में घोलकर प्रति हेक्टेयर 900 लीटर की दर से मिट्टी को उपचारित करना चाहिए।
3. बीज को बोने से पूर्व थाइरम (3.0 ग्राम प्रति किलो ग्राम बीज) दर से उपचारित करना चाहिए।

मृदुरोमिल आसिता (Downy mildew)

यह रोग पेरेनोस्पोरा डेस्ट्रक्टर (*Perenospora destructer*) नामक फफूँद के कारण आर्द्र मौसम में होता है। संक्रमण की अवस्था में पत्तियों की सतह तथा पुष्पवृन्त पर बैग़नी रंग के रोयेंदार उभार बनते हैं। संक्रमित भागों पर हरिमाहीनता (chlorosis) के लक्षण उत्पन्न होते हैं। कभी–कभी अधिक प्रकोप होने पर पहले पत्तियाँ मुरझा जाती हैं और बाद में सूख जाती हैं। बीज वृन्त पुष्पछत्र के भार से टूट जाते हैं। ग्रसित पौधे से शल्क कन्द छोटे बनते हैं तथा अधिक समय तक भण्डारण करने के योग्य नहीं होते हैं।

प्रबन्धन

1. बीज एवं शल्क कन्द स्वस्थ पौधों से प्राप्त कर उगाना चाहिए।
2. शल्क कन्द के अन्दर व्याप्त फफूँद को नष्ट करने के लिए 41 डिग्री सेल्सियस तापक्रम पर 4 घण्टे तक गर्म करना चाहिए (आरवुड, 1943)।
3. प्रभावी फफूँद नाशक जैसे जिनेब (2 प्रतिशत का 150 लीटर प्रति हेक्टेयर) अथवा डाइथेन एम0 45 (3.0 किलो ग्राम प्रति हेक्टेयर) के छिड़काव द्वारा रोग को रोका जा सकता है।

काली फफूँद (Black Fungus)

यह रोग ऐस्पर्जिलस नाईजर (*Aspergillus niger*) फफूँद के कारण भण्डारित शल्क कन्दों में होता है। सामान्यतः संक्रमण शल्क कन्दों में बने भागों द्वारा होता है। संक्रमित शल्क कन्द जल सिक्त (water soaked) हो जाते हैं एवं उनके बीच में फफूँद की सफेद वृद्धि पायी जाती है। संक्रमित उत्तक (tissues) बाद में सूख कर सिकुड़ जाते हैं। कभी–कभी शल्क कन्दों पर मृदु विगलन (soft rot) के लक्षण मिलते हैं।

प्रबन्धन

शल्क कन्दों का एकत्रीकरण, परिवहन एवं भण्डारण सावधानीपूर्वक करना चाहिए, जिससे उन पर किसी प्रकार के घाव या खरोंच न बनें। भण्डारण सामान्यतः कम नमी एवं कम तापक्रम (32 डिग्री फारेनहाइट) पर करना चाहिए।

जीवाणु मृदु विगलन (Bacterial soft rot)

यह बीमारी भण्डार गृहों में रखे गये शल्क कन्दों पर देखने को मिलता है, जो इर्विनिया कैरोटीवोरा (*Ervinia carrotivora*) नामक जीवाणु के कारण होता है। संक्रमित शल्क कन्दों के बाहरी 1–2 छिलके पूर्णतया सड़ जाते हैं। उपर से शल्क कन्द को दबाने पर बदबूदार पानी जैसा द्रव निकलता है। उष्ण एवं नम वातावरण में रोग का प्रकोप ज्यादा होता है।

प्रबन्धन

भण्डार गृह में सूखे एवं पूर्ण विकसित शल्क कन्दों को ही रखना चाहिए।

लहसुन (Garlic)

वानस्पतिक नाम : एलियम सटाइवम (*Allium sativum* L.)

कुल : एलिएसी (Alliaceae)

गुणसूत्र संख्या : 2एन =16

लहसुन विश्व की सबसे पुरानी औधानिक फसल हैं। इसे विश्व के लगभग उन सभी इलाकों में उगाया जाता है, जहाँ पर प्याज की खेती होती है। लहसुन की खेती भारत के लगभग सभी इलाकों में की जाती हैं। शल्क कन्दीय फसलों में इसका स्थान प्याज के बाद दूसरा है। लहसुन एक नकदी फसल है। निर्यात की दृष्टि से इसकी खेती काफी महत्वपूर्ण है।

उद्‌भव एवं वितरण

लहसुन का उत्पत्ति स्थल मध्य एशिया तथा दक्षिणी यूरोप, विशेषकर भूमध्य सागरीय क्षेत्र में हुई है (थोम्पसन एवं केली, 1957)। लहसुन की खेती का जिक्र पुरानी दुनिया, इजिप्ट एवं भारतवर्ष में 5000 वर्ष पूर्व किया गया है। स्पष्ट रुप से विवरण मिलता है कि बेबिलोनियन्स 4500 वर्ष पूर्व इसका उपयोग बड़े पैमाने पर अपने भोजन में करते थे, लेकिन चीन में इसके उपयोग का वर्णन 2000 वर्ष पूर्व मिलता है। कहीं–कहीं पर उल्लेख मिलता है कि चीन में लहसुन की खेती 4000 वर्ष पहले से की जा रही है। इग्लैण्ड में लहसुन की खेती 10वीं शताब्दी के प्रथम अर्द्ध में होती थी, ऐसा विवरण मौजूद है। 15वीं शताब्दी के प्रारम्भ में पहले स्पैनिस व पुर्तगालियों ने लहसुन को उत्तर एवं दक्षिण अमेरिका में ले आये। संयुक्त राज्य अमेरिका में लहसुन की खेती सर्वप्रथम न्यू आर्लिन्स (New Orleans) में किया गया है। एंग्लो–सैक्शान (Anglo-Saxon) ने इस फसल को आस्ट्रेलिया में उपस्थापित किया एवं 19वीं शताब्दी में मध्य एवं दक्षिण अफ्रीका में इसकी खेती प्रारम्भ हुई। इसका वितरण चीन से यूरोप की तरफ हुआ, जहाँ पर यह वातावरणीय अनुकूलन के कारण व्यापक पैमाने पर उगते हुए पाया गया। ज्यादा वृद्धि एवं विकास के कारण आज भी सिसिली में इसे जंगली अवस्था में उगते हुए देखा जा सकता है। वितरण की दृष्टि से चीन, भारत, कोरिया, स्पेन, थाईलैण्ड और संयुक्त राज्य अमेरिका लहसुन के सबसे अधिक उत्पादक राष्ट्र हैं। चीन अकेले कुल उपज का 3/4 भाग उत्पादित करता है। उत्पादकता की दृष्टि से इजिप्ट (21.43 टन/हेक्टेयर) संयुक्त राज्य अमेरिका (18.5 टन/ हेक्टेयर) चीन (13.78 टन/हेक्टेयर) और कोरिया (10.28 टन/हेक्टेयर) व भारतवर्ष (4.25 टन/हेक्टेयर) प्रमुख है। क्षेत्रफल व उपज की दृष्टि से भारतवर्ष (12000 हेक्टेयर और 495300 मैट्रिक टन) चीन के बाद (489200 हेक्टेयर व 6600000 मैट्रिक टन) दूसरे स्थान पर आता है (सिंह एवं सहयोंगी, 2002)। भारतवर्ष में सबसे ज्यादा लहसुन की खेती मध्य प्रदेश, गुजरात, ओड़िशा, राजस्थान और महाराष्ट्र में की जाती है। अगर उत्पादन को देखा जाये तो गुजरात का प्रथम स्थान है। इसके बाद मध्य प्रदेश द्वितीय एवं ओड़िशा तृतीय स्थान पर आता है। हिमाचल प्रदेश में भी लहसुन की खेती निचले मध्य एवं ऊँचे क्षेत्रों में उगाई जाती है।

सारिणी (5.11) लहसुन का क्षेत्रफल, उत्पादन, उत्पादकता एवं प्रति व्यक्ति उपलब्धता

वर्ष	1979–80	2006–07	प्रतिशत
क्षेत्रफल (मिलियन हेक्टेयर)	0.05	0.14	182.59
उत्पादन (मिलियन टन)	0.17	0.75	348.66
उत्पादकता (टन प्रति हेक्टेयर)	3.39	5.38	58.70
प्रति व्यक्ति उपलब्धता	0.24	0.65	169.77

देश में लहसुन की खेती लगभग एक लाख हेक्टेयर क्षेत्रफल में की जाती है जिससे औसत उपज 14.5–14.7 टन प्रति हेक्टेयर है।

सारिणी (5.12) भारतवर्ष में लहसुन का क्षेत्रफल, उत्पादन एवं उत्पादकता

प्रान्त	क्षेत्रफल (000 हेक्टेयर)	राष्ट्रीय स्तर पर क्षेत्रफल (प्रतिशत) का प्रतिशत	उत्पादन (000 टन)	राष्ट्रीय स्तर पर उत्पादन (प्रतिशत)	उत्पादकता (टन/हेक्टेयर)
मध्य प्रदेश	39.60	35.39	181.30	38.14	4.58
गुजरात	16.00	14.30	89.60	18.85	8.60
राजस्थान	14.10	12.60	46.10	9.70	3.27
महाराष्ट्र	6.70	5.99	45.30	9.53	6.76
ओडिशा	17.50	15.64	43.70	9.19	2.50
उत्तर प्रदेश	7.30	6.52	33.00	6.94	4.52
पंजाब	0.90	0.80	11.20	2.36	12.44
हरियाणा	0.70	0.63	8.40	1.77	12.00
तमिलनाडु	1.30	1.16	7.80	1.64	6.00
कर्नाटक	2.90	2.59	4.30	0.90	1.48
सम्पूर्ण भारत	**3.80**	**3.40**	**2.90**	**0.61**	**0.76**

स्रोत: डायरेक्ट्रेट आफ इकोनोमिक्स एण्ड स्टैटिस्टीक्स, कृषि मंत्रालय, नई दिल्ली, 2011

लहसुन को विदेशों में खासकर श्रीलंका, बांग्ला देश एवं अर्जेन्टीना में भेजकर विदेशी मुद्रा प्राप्त की जाती है।

सारिणी (5.13) भारत को लहसुन निर्यात से प्राप्त आय

वर्ष	मात्रा (मिलियन टन)	मूल्य (लाख रूपये)
1961–62	2036.00	19.03
1971–72	1967.00	23.11
1981–82	4263.00	168.68
1991–92	10282.00	828.42
1996–97	3649.00	386.81

वानस्पतिक विवरण

लहसुन बहुवर्षीय शाकीय व 2.0 फीट उँचा पौधा है। पौधे में 6–12 पत्तियाँ होती हैं। भूमिगत तना कन्द के रुप में विकसित होता है और कन्द कई छोटी–छोटी कलिकाओं (cloves) से मिलकर बनता है। लहसुन की उत्पत्ति जंगली प्रभेद एलियम लॉगीकसपीस (*Allium longicuspis* Rgl.) से हुआ है (ब्राबस्टर, 1994)। इस पौधे की पत्तियाँ कम चौड़ी, चपटी एवं हरे रंग की होती हैं। लहसुन के कन्दों में रंगहीन, गंधहीन तथा जल में विलेय एमिनो एसिड (water soluble amino acid) पाया जाता है, जिसे एलिन (alliin) कहते हैं। जब लहसुन के कन्दों को तोड़ा जाता है, तो उसमें उपस्थित एलिनेज नामक इन्जाइम (alliinase enzyme) एलिन (alliin) को एलिशिन (allicin) में परिवर्तित कर देता है। लहसुन को तोड़ने पर निकलने वाला तीव्र गंध सल्फर के यौगिक एलिल प्रोपाइल डाई सल्फाइड और डाई एलिल डाई सल्फाइड के कारण होती है।

पोषकीय महत्व

लहसुन की पत्तियों की चटनी, पकौड़ा, कोफ्ता, सलाद, केचप आदि बनाने में प्रयोग किया जाता है। इसके जवों (cloves) का प्रयोग विभिन्न शाकाहारी तथा माँसाहारी व्यंजनों के बनाने एवं सुवासित करने में होता है। लहसुन का प्रयोग अचार, सूप, सिरका आदि बनाने में भी किया जाता है। अमेरिका और यूरोप में इसकी कच्ची कलियों से चूर्ण बनाया जाता है, जिसका निर्यात कई देशों में किया जाता है। इसका प्रयोग मुख्य रूप से मसालों एवं दवाओं के लिए किया जाता है। पोषक त्तवों के अलावा इसमें प्रोटीन, फास्फोरस तथा कार्बोहाइड्रेट्स तथा एस्कार्बिक अम्ल (विटामिन "सी") बहुत अधिक मात्रा में पायी जाती है।

सारिणी (5.14) लहसुन में पाये जाने वाले पोषक तत्वों की मात्रा (प्रति 100 ग्राम खाने योग्य भाग में)

पोषक तत्व	ताजा	सूखा
नमी	62.8 ग्राम	5.2 ग्राम
प्रोटीन	6.3 ग्राम	17.5 ग्राम
वसा	0.1 ग्राम	0.6 ग्राम
खनिज लवण	1.0 ग्राम	–
रेशा	0.8 ग्राम	1.9 ग्राम
कार्बोहाइड्रेट्स	29.8 ग्राम	71.4 ग्राम
ऊर्जा	145 कैलोरी	390 कैलोरी
कैल्सियम	30.0 मिली ग्राम	100.0 मिली ग्राम
फास्फोरस	310.0 मिली ग्राम	420.0 मिली ग्राम
आयरन	1.3 मिली ग्राम	4.0 मिली ग्राम
कैरोटिन	–	–
थाइमिन	–	0.06 मिली ग्राम
रिबोफ्लेविन	0.23	–
नियासिन	–	0.7 मिली ग्राम

विटामिन 'सी'	13.0 मिली ग्राम	12.0 मिली ग्राम
सोडियम	32.0 मिली ग्राम	10.0 मिली ग्राम
पौटैशियम	515.0 मिली ग्राम	1100.0 मिली ग्राम
मैग्नेशियम	36.0 मिली ग्राम	–

स्रोतः गोपालन एवं सहयोगी, 1999

यूनानी एवं आयुर्वेदिक पद्धतियों में लहसुन का उपयोग भूख बढ़ाने, मोटापा कम करने एवं भोजन को पचाने में संस्तुत किया जाता है। एक अध्ययन के अनुसार लहसुन रक्त में कोलेस्ट्राल को कम करता है और इसके सेवन से रक्त में शर्करा की मात्रा कम होती है, लेकिन अधिक सेवन से रक्त अल्पता की समस्या आती है। इसलिए प्रतिदिन प्रति व्यक्ति 7.0–10.0 ग्राम लसहुन के खाने की संस्तुति की जाती है। लहुसन वायु दोष, रक्तचाप, अपच, फेफड़ों के रोगों, मूत्ररोग व दमें के रोगियों के लिए रामबाण है। सर्दी, खाँसी एवं गले के रोगों के उपचार में भी काफी लाभप्रद है। लहसुन से निकले तेल का उपयोग गठिया रोग में मालिश हेतु किया जाता है। हृदय एवं उच्च रक्तचाप वाले रोगियों के लिए इसका सेवन विशेष रुप से लाभकारी पाया गया है। पेट, मलाशय, ग्रास नलिका और त्वचा में विकसित होने वाले ट्यूमर (**tumer**) को बढ़ने से रोकता है। चीन में मेनिनजाइटिश रोग का उपचार भी लहसुन से किया जाता है। इसके अलावा कीटनाशी दवा के रुप में इसकी महत्ता बढ़ गयी है।

उन्नतिशील किस्में

यमुना सफेद (Yamuna Safed or G-1)

यह किस्म आजाद पुर मंडी (दिल्ली) से जननद्रव्य एकत्रित कर समूह वरण (mass selection) से विकसित की गयी है। इसके कन्द का बाह्य त्वचा चाँदी की तरह सफेद रंग का और गूदा क्रीम रंग का होता है। इसकी खेती उत्तर भारत के मैदानी क्षेत्रों में उगाने के लिए अनमोदित की गयी है। इसके शल्क कन्द का व्यास 4.0–4.5 सेन्टी मीटर होता है। कुल घुलनशील तत्व 37.89 प्रतिशत कन्द में पाया जाता है और एक कंद में लगभग 30.36 जवा पाये जाते हैं। औसतन 10 कन्दों का वजन 226.67 ग्राम होता है। फसल सामान्यतः 150–160 दिनों में पक कर तैयार हो जाती है। यह किस्म कई रोगों के प्रति सहनशील है। इसकी औसत उपज 15.0–17.5 टन प्रति हेक्टेयर होता है।

यमुना सफेद–2 (Yamuna Safed-2 or G-750)

इस किस्म का विकास हरियाणा के कर्नाल क्षेत्र से समूह वरण विधि द्वारा विकसित किया गया है। यह किस्म भारत के उत्तरी क्षेत्रों हेतु उपयुक्त पायी गयी है। इस किस्म के कन्दों का व्यास 3.5–4.0 सेन्टी मीटर होता है। शल्क कन्द ठोस, त्वचा सफेद, तथा गूदा क्रीमी रंग का होता है। यह किस्म 165–170 दिन बाद तैयार हो जाती है। इस किस्म में बैगनी धब्बा और झुलसा नामक रोग नहीं लगता है। यह मध्य प्रदेश के लिए सबसे उत्तम किस्म है। इसकी औसत उपज 13.5–15.0 टन/हेक्टेयर होती है।

एग्रीफाउण्ड व्हाइट (Agrifound White or G-41)

यह किस्म बिहार सरकार से एकत्रित जननद्रव्य द्वारा समूह वरण से विकसित किया गया है। इस किस्म को महाराष्ट्र में उगाने की संस्तुति की गई है। इसके शल्क कन्द सफेद, त्वचा चाँदी जैसा, गूदा क्रीमी रंग का बड़े और प्रत्येक कन्द में 20–25 कलियाँ होती हैं। इस किस्म के कन्द का व्यास 3.5–4.0 सेन्टी मीटर होता है। इसके जवों में 34.33 प्रतिशत कुल घुलनशील ठोस पाया जाता है। इसके प्रत्येक कन्द में लगभग 25 जवा होते हैं। लहसुन की इस किस्म के 10 कन्दों का वजन 141. 22 ग्राम होता है। यह किस्म 150–160 दिनों में पककर तैयार हो जाती है। यह किस्म भारत के दक्षिण एवं मध्य कृषि जलवायु क्षेत्र के लिए उपयुक्त है। इस किस्म में बैंगनी धब्बा और झुलसा नामक रोग नहीं लगता है। इसकी औसत उपज 13.0–14.0 टन प्रति हेक्टेयर होती है।

यमुना सफेद–3 (Agrifound White or G-282)

इस किस्म का विकास तमिलनाडु के डिन्डीगल क्षेत्र से एकत्रित जननद्रव्यों से समूह वरण द्वारा विकसित किया गया है। कन्द के जवा अपेक्षाकृत बड़े होते हैं, जिससे निर्यात में सुविधा होती है। इस किस्म की औसत उपज 17.5 –20.0 टन प्रति हेक्टेयर होती है। यह किस्म मैदानी क्षेत्रों में उगाने के लिए उपयुक्त हैं।

एग्रीफाउण्ड पार्वती (Agrifound Parvati or G-313)

इस किस्म का विकास हॉगकांग के बाजार से एकत्रित जननद्रव्यों से समूह वरण द्वारा विकसित की गयी है। यह किस्म भारत के उत्तरी राज्यों में मध्य एवं उच्च पहाड़ी क्षेत्रों में उगाने के लिए उपयुक्त है। यह किस्म निर्यात के लिए काफी अच्छी मानी जाती है। शल्क कन्द दूधिया क्रीम व कुछ नीलापन लिए होता है। इसकी औसत उपज 17.5–22.5 टन व 5–6 सेन्टी व्यास प्रति हेक्टेयर होता है। इसके कन्दों का व्यास 5.0–6.0 सेन्टी मीटर होता है।

जी–123 (G-123)

इस किस्म का विकास उत्तर प्रदेश के जौनपुर जनपद से एकत्रित जननद्रव्यों के समूह से वरणविधि द्वारा किया गया है। इस किस्म के कन्दों का व्यास 5–6 सेन्टी मीटर होता है व इसकी बुआई सितम्बर–अक्टूबर तक करते हैं। यह किस्म भारत के पहाड़ी व मैदानी क्षेत्र में उगाने के लिए सबसे उपयुक्त है। यह सामान्यतः 250–270 दिनों में तैयार होती है। इसके शल्क कन्द बड़े, हल्के सफेद, बैगनी रंग मिश्रित और 10–12 कलिका वाले होते हैं। इसकी औसत उपज 14.0–16.0 टन/हेक्टेयर होती है।

जी–4 (G-4)

इस किस्म का विकास भी समूहवरण विधि द्वारा पश्चिमी बंगाल के कोलकाता क्षेत्र से एकत्रित जननद्रव्य से किया गया है तथा यह किस्म हरियाणा के लिए सबसे उपयुक्त है। इसकी औसत उपज 16.0–18.0 टन/हेक्टेयर होती है (गुप्ता एवं सिंह, 1998)।

जी–323 (G-323)

इस किस्म का विकास उत्तर प्रदेश के जौनपुर जिले से एकत्रित जननद्रव्य से समूह वरण विधि से किया गया है। यह भारत के मैदानी क्षेत्रों में उगाने के लिए सबसे उपयुक्त किस्म है। इसकी औसत उपज 14.0–16.0 टन प्रति हेक्टेयर है।

आई0सी0–42891 (IC42891)

इस किस्म का विकास भारतीय कृषि अनुसंधान संस्थान, नई दिल्ली द्वारा किया गया है। यह औसतन 160–180 दिन में पककर तैयार हो जाती है। इसकी उपज क्षमता 16.0–18.0 टन/हेक्टेयर है।

आई0सी0–049381 (IC049381)

इस किस्म का विकास भारतीय कृषि अनुसंधान संस्थान, नई दिल्ली द्वारा किया गया हैं। यह सामान्यतः 160–180 दिन में पककर तैयार हो जाती है। इसकी उपज क्षमता 18.0 टन/हेक्टेयर होती है।

आई0सी0–46381

इस किस्म का विकास भारतीय कृषि अनुसंधान संस्थान, नई दिल्ली द्वारा किया गया है। इसकी औसत उपज 14.0–16.0 टन प्रति हेक्टेयर है।

सेलेक्शन–1 (Selection-1)

इस किस्म का विकास चौधरी चरण सिंह हरियाणा कृषि विश्वविद्यालय, हरियाणा द्वारा किया गया है। इसकी औसत उपज 16.0–18.0 टन/हेक्टेयर है।

सेलेक्शन–2 (Selection-2)

इस किस्म का विकास भी चौधरी चरण सिंह हरियाणा कृषि विश्वविद्यालय, हरियाणा द्वारा किया गया है। इसकी उपज क्षमता 18.0 टन/हेक्टेयर होती है।

वी0एल0जी0–7 (VLG-7)

यह किस्म जम्मू कश्मीर, हिमाचल प्रदेश, उत्तर प्रदेश तथा उत्तराखण्ड की पहाड़ियों के लिए उपयुक्त है। इसकी औसत उपज 15.5–17.5 टन/हेक्टेयर होती है।

को–2 (CO-2)

इस किस्म का विकास तमिलनाडु कृषि विश्वविद्यालय, कोयम्बटूर से किया गया है। इसके कन्द सफेद रंग के और आकर्षक होते हैं तथा इसकी औसत उपज क्षमता 13.3–18.0 टन/हेक्टेयर होती है।

पंत लोहित (Pant Lohit)

इस किस्म का विकास गोविन्द वल्लभ पंत कृषि एवं प्रोद्योगिकी विश्वविद्यालय, पंतनगर (उत्तराखण्ड) द्वारा किया गया है। इस किस्म के कन्द का रंग हल्का बैगनी होता है। एक कन्द में 15–18 जवा होते हैं। यह किस्म 175 दिन में तैयार हो जाती है। इसकी औसत पैदावार 12.5–13.0 टन प्रति हेक्टेयर होता है।

टाइप 56–4 (Type 56-4)

इस किस्म का विकास पंजाब कृषि विश्वविद्यालय, लुधियाना (पंजाब) द्वारा किया गया है। इसकी गाँठें आकार में छोटी तथा सफेद रंग की होती हैं। प्रत्येक कन्द में 25–34 कलिका होती है। इसकी उपज क्षमता लगभग 15.0–20.0 टन/हेक्टेयर होती है।

सोलन–1 (Solan)

इस किस्म का विकास हिमाचल प्रदेश कृषि विश्वविद्यालय, सोलन (हिमाचल प्रदेश) द्वारा किया गया है। इसकी गाँठें आकार में बड़ी और सफेद रंग की होती है। प्रत्येक कंद में 4–6 कलिका होते हैं। इसकी उपज क्षमता लगभग 16.0–19.0 टन/हेक्टेयर होती है।

जलवायु

लहसुन के लिए हल्की गर्मी व सर्दी अधिक लाभप्रद है। यह एक पाला सहनशील (frost hardy) फसल है। अधिक गर्म एवं लम्बे दिन, इसकी गाँठ बनते समय लाभकारी नहीं होता है। इसलिए इसको शरद ऋतु में ही लगाते हैं तथा ग्रीष्म ऋतु के प्रारम्भ में गाँठ की खुदाई की जाती है। अतः ऐसी जगह जहाँ न तो बहुत गर्मी हो और न ही बहुत ठण्ड हो लहसुन की खेती के लिए उपयुक्त है। गर्मी व सर्दी के मध्य फसल हेतु 30–35 डिग्री सेन्टीग्रेड व 10 घन्टे दिन का प्रकाश समय तथा (photoperiod) 70 प्रतिशत आर्द्रता आवश्यक है इसे समुद्रतल से 1000–1400 मीटर ऊँचाईयों तक सफलतापूर्वक उगाया जा सकता है। छोटे दिन मान इसके कन्द निर्माण के लिए उपयुक्त रहते हैं।

भूमि तथा भूमि की तैयारी

लहसुन का गहरी भुरभुरी दोमट भूमि जिसमें जीवॉश की अधिक मात्रा एवं जल निकास का उत्तम प्रबन्ध हो, उपयुक्त होती है। जिस भूमि में 100–107 सूक्ष्म जीवाणु प्रति ग्राम मृदा उपलब्ध हों उपयुक्त होता है। हल्की जीवाणु युक्त भूमि में रोग का प्रकोप कम होता है। भारी भूमि इसकी खेती के लिए उपयुक्त नहीं होती है। अतः मृदा में 4 प्रतिशत कार्बनिक पदार्थ उपलब्ध होना चाहिए, क्योंकि इसमें गाँठों का विकास एक समान आकार का नही होता एवं खुदाई के समय शीघ्र शुष्क तथा कड़ी हो जाती है। प्रति हेक्टेयर 20.0 टन गोबर की अच्छी सड़ी खाद, 30.0 किलोग्राम नीम/करंज की खली जुताई के पूर्व देना चाहिए। भूमि की तैयारी में खेत की 3–4 बार गहरी जुताई

करनी चाहिए तथा प्रत्येक जुताई के बाद पाटा लगाना चाहिए, जिससे ढेलें टूट जायें एवं मिट्टी समतल हो जायें। इसके बाद दो बार हैरो चलाना आवश्यक है जिससे खरपतवार ऊपर आ जायें और वे खेत से बाहर निकाले जा सकें। अन्तिम जुताई के समय हैरो चलाने के बाद पाटा चला देना चाहिए। खेत में सिंचाई की नालियाँ एवं क्यारियाँ बना ली जाती है। क्यारियों की लम्बाई–चौड़ाई, सिंचाई एवं अन्य कृषि क्रियाओं की सुविधानुसार रखी जाती हैं। सामान्य दूरी 15 x 18 सेन्टी मीटर होती है। कभी--कभी कम दूरी 10 x 7.5 सेन्टीमीटर पर भी जवा लगाते हैं।

पोषक तत्व प्रबंधन

लहसुन की फसल के लिए नत्रजन तथा पोटाश की अधिक मात्रा में आवश्यकता होती है। सामन्यतः 125.0–150.0 किलो ग्राम नत्रजन प्रति हेक्टेयर के हिसाब से दो बार खेत में डालने की सिफारिश की है। भारतीय कृषि अनुसंधान परिषद के अनुसार इसकी फसल के लिए 100.0 किलो ग्राम नत्रजन, 60.0 किलो ग्राम फास्फोरस एवं 100.0 किलाग्राम पोटाश प्रति हेक्टेयर की आवश्यकता होती है। पुरेवाल तथा डारगन (1961) के अनुसार 200.0 किलो ग्राम नत्रजन, 50.0 किलो ग्राम फास्फोरस एवं 50.0 किलो ग्राम पोटाश प्रति हेक्टेयर खेत में डालने से अधिक उपज ली जा सकती है। सिंह एवं तिवारी (1967) द्वारा किए गये प्रयोग द्वारा यह सिद्ध होता है कि 100.0 किलो ग्राम पोटाश प्रति हेक्टेयर लहसुन की फसल के लिए अति उपयोगी है, जिससे अधिक उपज मिलती है। चौ0 चरण सिंह हरियाणा कृषि विश्वविद्यालय, हिसार (हरियाणा) द्वारा सिफारिश की गई है कि लहसुन की अच्छी पैदावर लेने के लिए 50.0 टन प्रति हेक्टेयर गोबर की सड़ी खाद उवं 125.0 किलो ग्राम नत्रजन एवं 50.0 किलो ग्राम पोटाश की मात्रा खेत में डालें। हरियाणा क्षेत्र की भूमि में पोटाश की अधिक मात्रा पायी जाती है अतः पोटाश की मात्रा जमीन की जाँच कराने के बाद ही, आवश्यकतानुसार डालें। राष्ट्रीय बागवानी अनुसंधान एवं विकास प्रतिष्ठान नासिक (महाराष्ट्र) के क्षेत्रीय अनुसंधान केन्द्र करनाल, (हरियाणा) की परिस्थितियों में लहसुन की अधिक पैदावार 150.0 किलो ग्राम नत्रजन, 50.0 किलो ग्राम फास्फोरस तथा 50.0 किलो ग्राम पोटाश प्रति हेक्टेयर की दर से देने पर प्राप्त हुई है (पाण्डेय एवं सिंह, 1993)। पश्चिम बंगाल के लिए 60.0 किलोग्राम नत्रजन तथा 90.0 किलो ग्राम फास्फोरस प्रति हेक्टेयर की दर से देने पर अधिक पैदावार प्राप्त हुई। नत्रजन की आधी मात्रा तथा फास्फोरस एवं पोटाश की पूरी मात्रा लहसुन की बुआई से पूर्व ही क्यारियों में अच्छी प्रकार से मिला देते हैं, जबकि शेष बची हुई मात्रा को दो भागों में बाँटकर खड़ी फसल में दो बार, पहली बार 40–45 दिन के बाद तथा दूसरी बार 15 दिन के अन्तराल पर 60–65 दिन के बाद डालना चाहिए। नत्रजन की मात्रा पैदावार को प्रत्यक्ष रूप से प्रभावित करती है। नत्रजन की मात्रा कम होने से लहसुन की वानस्पतिक वृद्धि उचित नहीं हो पाती, जिससे जवा (कन्द) छोटे बनते हैं। साथ ही नत्रजन की मात्रा अधिक होने पर गर्दन मोटी हो जाती है। खुदाई पूर्व कन्द में फुटाव (splitting) तथा भण्डारण क्षमता कम हो जाती है। अतः संस्तुत नत्रजन की मात्रा का ही प्रयोग करना चाहिए, जिससे पैदावार भी अच्छी हो तथा भण्डारण क्षमता भी बनी रहे। प्रयोगों द्वारा यह पाया गया है कि सूक्ष्म पोषक तत्वों जैस–जिंक, कॉपर, मोलिब्डिनम, मैग्नीज एवं बोरान का सूक्ष्म मात्रा में घोल बनाकर 45 एवं 60 दिन बाद पत्तियों पर छिड़कने से कन्द के आकार, गुणवत्ता एवं पैदावार में वृद्धि होती है।

बीज की मात्रा

लहसुन का सत्य बीज हमारे देश के वातावंरण में नहीं बनता है। इसलिए इसके गाँठ का भाग यानी जवा (clove) ही लगाया जाता है। बीज की मात्रा अनेक घटकों जैसे– किस्म, जवा का आकार, औसत शल्क का भार, शल्क कन्द में जवा की संख्या व जवा का औसत भार आदि से प्रभावित होता है। एक कन्द में 6–35 जवा होते हैं। एक हेक्टेयर भूमि के लिए लगभग 8.0–10.0 मिली मीटर आकार वाले 700.0–1000.0 किलो ग्राम जवा या कलियों (cloves) की जरूरत होती हैं (सिंह एवं चौहान, 1995)।

जवा शोधन

लहसुन के जवा को फफूँदनाशक जैसे कैप्टान या थाइरम के घोल (25 ग्राम दवा प्रति लीटर पानी) से एक मिनट तक उपचारित करना चाहिए। लगाने के पूर्व उनको साइकोसिल की 1000 पी0पी0एम0 मात्रा से 24 घण्टे तक शोधित करने से उपज बढ़ती है और कन्दों को लम्बे समय तक भण्डारित किया जा सकता है। परीक्षणों में पाया गया है कि लहसुन की जवा को बोरोन, जिंक, ताँबा जैसे तत्वों के 0.01 प्रतिशत घोल में डूबोकर रोपण करने से अंकुरण क्षमता में आशातीत वृद्धि होती है और जड़ों का विकास तेजी से होता है।

बुआई का समय

लहसुन की खेती सामान्यतः रबी के मौसम में किया जाता है अर्थात् लहसुन की बुआई का उत्तम समय सितम्बर के अन्तिम सप्ताह से अक्टूबर तक का है। तमिलनाडु में लहसुन की बुआई देर से खरीफ मौसम में या खरीफ एवं रबी मौसम में किया जाता है (सिंह एवं सहयोगी, 2002)। आन्ध्र प्रदेश एवं कर्नाटक में अगस्त–सितम्बर में भी बुआई करते हैं। इन क्षेत्रों के पहाड़ों पर इनकी बुआई सितम्बर–अक्टूबर में बुआई की जाती है (सिंह एवं सहयोगी, 1993)। हरियाणा में लहसुन की बुआई सितम्बर–अक्टूबर तक तथा उत्तर प्रदेश के मैदानी तथा निचले पहाड़ी क्षेत्रों में इसे सितम्बर–नवम्बर तक लगाया जाता है। उत्तर प्रदेश एवं हिमाचल के पहाड़ी क्षेत्रों में लहसुन के बुआई का उपयुक्त समय मार्च–अप्रैल का महीना है। मध्य प्रदेश एवं महाराष्ट्र में इसे सितम्बर–अक्टूबर में लगाया जाता है। ओड़िशा और पश्चिम बंगाल में लहसुन लगाने का उत्तम समय अक्टूबर–नवम्बर माना गया है। पंजाब कृषि विश्वविद्यालय, लुधियाना (पंजाब) के परीक्षण से स्पष्ट हुआ है कि अगर एक अक्टूबर को बुआई किया जाये, तो सर्वाधिक उपज मिलती है, लेकिन 15 एवं 26 अक्टूबर और 12 नवम्बर को बुआई की गयी फसल से उपज में काफी कमी आती है।

बुआई की विधि

लहसुन लगाने से पहले अच्छी तरह से तैयार खेत में क्यारियाँ बना ली जाती हैं। इन क्यारियों की लम्बाई–चौड़ाई सुविधानुसार रखतें हैं, जिससे अन्तः कृषि कियायें करने में आसानी हो। इन क्यारियों में 15.0 सेन्टी मीटर दूरी पर कतारें बनाते हैं और इन पर कुदाल की सहायता से हल्की गहरी नालियाँ बना ली जाती है। इन नालियों में लगभग 8.0–10.0 सेन्टी मीटर दूरी पर एवं

5.0–6.0 सेन्टी मीटर की गहराई पर जवा सीधा लगाकर मिट्टी से ढक दिया जाता है। यहाँ इस बात का ध्यान रखना चाहिए कि उगने वाला सिरा उपर की तरफ हो। जवा जल्दी लगाने के लिए रैक का प्रयोग करते हैं। इससे यह सुविधा होती है कि कतारें तथा हल्की नालियाँ एक साथ ही बनती जाती है। अच्छे स्वस्थ जवा ही लगाने चाहिए। सड़े या सूखे जवा लगाने से उनमें जमाव नहीं होता है। जवा उग जाने के बाद हल्की सिंचाई कर दी जाती है। करनाल में यमुना सफेद किस्म की 8–10 मिली मीटर आकार की कलियाँ 10×7.5 सेन्टी मीटर की दूरी पर लगाने से अधिक से अधिक निर्यात योग्य पैदावार मिलती। पंजाब में जवा को 15.0×8.0 सेन्टी मीटर की दूरी पर लगाना पैदावार हेतु सबसे उपयुक्त पाई गई है (चौहान एवं सिंह, 1995)। भारत के अन्य क्षेत्रों में लहसुन वहाँ की स्थानीय परिस्थितियों के अनुसार 10.0×7.5 सेन्टी मीटर, 12.5×7.5 सेन्टी मीटर, 15.0 × 10.0 सेन्टी मीटर तथा 18.0×10.0 सेन्टी मीटर की दूरी पर लगाया जाता है। महाराष्ट्र के लिए 12.5×7.5 सेन्टी मीटर की दूरी सबसे उपयुक्त पाई गई है।

सिंचाई जल प्रबंधन

समय–समय पर सिंचाई जल प्रबन्धन बहुत आवश्यक होती है अन्यथा पैदावार के साथ–साथ गुणवत्ता भी प्रभावित होती है। लहसुन के फसल की सिंचाई निम्न चार कारणों पर निर्भर करता है–

1. पौध की संरचना जैसे–जड़ व पत्ती
2. पौधे की विभिन्न जैविक क्रियाएँ
3. मिट्टी की किस्म एवं
4. वातावरण

उपरोक्त बातों को ध्यान में रखकर अपेक्षाकृत स्थानीय आवश्यकतानुसार समय–समय पर सिंचाई करनी चाहिए। लहसुन की जड़ें गहराई तक नही जाती हैं। अधिक से अधिक 5.0 सेन्टी मीटर की गहराई तक ही जाती हैं। इसलिए सिंचाई हल्की करनी चाहिए। इसी प्रकार लहसुन की पत्तियाँ मोटी–चपटी एवं लम्बी होती है। अतः वाष्पोत्सर्जन की क्रिया भी बहुत तेज नहीं होती है। सामान्यतः वानस्पतिक वृद्वि के समय 8 दिन एवं फसल पकने के समय 15 दिन के अन्तराल पर सिंचाई करनी चाहिए। पहली सिंचाई लहसुन की बुआई के तुरन्त बाद करना बहुत आवश्यक होता है, जिससे की अंकुरण अच्छा होता है। वानस्पतिक वृद्वि के समय मिट्टी में नमी कम होने पर कन्द का विकास अच्छा नहीं होता है। लम्बे अन्तराल के बाद शुष्क भूमि की सिंचाई करने पर कन्द की कलियाँ फट जाती हैं तथा विपणन मूल्य कम हो जाता है। अधिक सिंचाई करने से कन्दों में फूटाव (splitting) अधिक होता है अतः लहसुन की सिंचाई समय–समय पर सावधानीपूर्वक करना चाहिए। राष्ट्रीय बागवानी अनुसंधान एवं विकास प्रतिष्ठान के क्षेत्रीय अनुसंधान केन्द्र करनाल (हरियाणा) द्वारा किए गये प्रयोग में पाया गया कि लहसुन की सिंचाई 1.5 (आई0डी0 / सी0पी0ई0) स्तर पर किया जाये, तो पैदावार सबसे अधिक होती है (पाण्डेय एवं सिंह, 1993)। साधारणतया जाड़ें के मौसम में लहसुन की फसल को लगभग 10–15 सिंचाईयों की आवश्यकता पड़ती है, परन्तु गर्मी के मौसम में प्रति सप्ताह सिंचाई की आवश्यकता पड़ती है। दूसरी सिंचाई पहली सिंचाई के लगभग 15 दिन बाद करते

हैं तथा अगली सिंचाई लगभग 10–15 दिन के अन्तर पर की जाती है। लहसुन के पूरे जीवनकाल में लगभग 10–12 बार सिंचाई की जाती है।

निकाई व गुड़ाई

लहसुन की जड़ें अपेक्षाकृत कम गहराई तक जाती है, अतः फसल के लिए पहली बार हल्की निकाई व गुड़ाई 20–25 दिन बाद तथा दूसरी 40–45 दिन बाद करना अति आवश्यक होती है। गुड़ाई करने से मिट्टी मुलायम होती है तथा मिट्टी में हवा का प्रवेश हो जाता है, जिससें लहसुन की गाँठों को बढ़ने में आसानी होती है। पहली निकाई–गुड़ाई जवा लगाने के लगभग एक माह बाद तथा दूसरी उसके एक माह बाद की जाती है। गाँठों के बढ़ जाने पर निकाई–गुड़ाई बन्द कर दिया जाता है, जिससे गाँठों को हानि न पहुँचे। गुड़ाई पतली धार वाली खुरपी से ही की जाती है, क्योंकि फसल में पौधों से पौधों की दूरी कम होती है। चौड़ी धार वाली कुदाली से गुड़ाई करने पर पौधा कटने का भय रहता है। खरपतवार न केवल पोषक तत्वों को भूमि से लेकर फसल एवं कन्द की वृद्धि को प्रभावित करता है बल्कि विभिन्न रोगों के जीवाणुओं एवं कीटों को प्रश्रय देता है, जो फसल के लिए हानिकारक है। खेत में खुरपी की सहायता से 2–3 बार खरपतवार निकाल दिया जाता है तथा साथ–साथ गुड़ाई भी कर दी जाती है।

खरपतवार प्रबंधन

हाथ से खरपतवार नियन्त्रण बहुत ही कठिन एवं महँगा पड़ता है तथा कभी–कभी मजदूरों के समय पर उपलब्ध न हो पाने के कारण पूरी फसल नष्ट हो जाती है। अतः रासायनिक विधि द्वारा खरपतवार नियन्त्रण करने की आवश्यकता पड़ती है। राष्ट्रीय बागवानी अनुसंधान एवं विकास प्रतिष्ठान, क्षेत्रीय अनुसंधान केन्द्र करनाल एवं नासिक द्वारा किए गये प्रयोगों में पाया गया कि हरियाणा में पेन्डिमैथालिन (स्टाम्प) 3.5 लीटर/हेक्टेयर तथा महाराष्ट्र में आक्सीफ्लूयूरोफेन (गोल) की 0.25 किलोग्राम/हेक्टेयर की दर से प्रयोग करने तथा एक निकाई–गुड़ाई 45 दिन बाद करने से खरपतवार नियंत्रण होता है तथा उपज भी बढ़ जाती है। पाण्डेय एवं सहयोगी (1993) ने स्पष्ट किया कि उपरोक्त दोनों ही खरपतवारनाशक अंकुरण पूर्व (**pre-emergence**) ही प्रयोग किये जाते हैं। फ्लूक्लोरोलिन 400 ग्राम (बासालिन 45 प्रतिशत 600.0 मिली लीटर) प्रति एकड़ का घोल 250 लीटर पानी में बनाकर अंकुरण के पूर्व करने से खरपतवारों का नियंत्रण हो जाता है। अन्य खरपतवारनाशी जैसे– ट्रीबूनील (2.0 किलोग्राम/हेक्टेयर) या लीनूरान (1.0 किलोग्राम/हेक्टेयर) जवा लगाने के एक सप्ताह के अन्दर छिड़काव करने से अनेकों प्रकार के खरपतवार नष्ट हो जाते हैं।

फसल चक्र

लहसुन में निम्नलिखित फसल चक्र अपनाने से उत्पादकों को लाभ मिलता है–

लहसुन (अक्टूबर–मई)–मिर्च/बीन्स (जून–सितम्बर)

लहसुन (अक्टूबर–मई)–बेबीकार्न (जून–सितम्बर)

लहसुन (अक्टूबर–मई)–हल्दी/शिमला मिर्च (जून–सितम्बर)

पलवार

लहसुन की जवा लगाने के बाद हरी पत्तियों की 8.0–9.0 टन/हेक्टेयर की दर से पलवार लगाने से उपज बढ़ जाता है।

पादप वृद्धि नियामक

लहसुन की पौध वृद्धि एवं कलियों के विकास के लिए वर्तमान समय में अनेकों वृद्धि नियामकों का उपयोग किया जा रहा है। लहसुन की खड़ी फसल में नैथ्थालीन एसीटीक एसीड (NAA) की 50 पी0पी0एम0 या साइकोसिल (Cycocel) की 50 पी0पी0एम0 या इथरेल (Ethrel) की 50 पी0पी0एम0 मात्रा का छिड़काव रोपण के 60–90 दिन बाद करने से कन्द की कुल उपज बढ़ जाती है। अनुसंधान द्वारा यह भी ज्ञात हुआ है कि जिब्रेलिक एसिड (GA_3) के 200–400 पी0पी0एम0 छिड़काव द्वारा या जिब्रेलिक एसिड के 50–100 पी0पी0एम0 घोल द्वारा जवा उपचारित करने पर पार्श्व कलिकाओं के विकास में वृद्धि होती है। यदि जिब्रेलिक एसिड का उपयोग जवा निकलते समय किया जाये तो कन्द के आकार में वृद्धि होती है और कलियों की संख्या बढ़ जाती है। ऐसा पाया गया है कि बेन्जाइल एडिनाइन (50 पी0पी0एम0) नामक वृद्धि नियामक के उपयोग से लहसुन की पार्श्व कलिकाओं का विकास तेजी से होती है। यदि कन्द खुदाई के 3 सप्ताह पूर्व मैलिक हाइड्राजाइड (MH) के 3000 पी0पी0एम0 (600 ग्राम को 200 लीटर पानी में घोल बनाकर) घोल का फसल पर छिड़काव किया जाये तो कन्दों की भण्डारण क्षमता में वृद्धि हो जाती है।

खुदाई

जब लहसुन की फसल पककर तैयार हो जाये, तो उसकी खुदाई करनी चाहिए। पकने की पहचान यह है कि जब पौधे का उपरी भाग पीला या भूरा होकर सूखने लगे तथा पत्तियाँ झुक जाती है, गर्दन के ऊतक ढीले हो जाते है तब यह समझना चाहिए कि फसल पक कर तैयार हो गयी है। यदि फसल पकने के पूर्व खुदाई की जाती है, तो कन्द की गुणवत्ता अच्छी नहीं होती है तथा भण्डारण भी अच्छा नहीं होता है। यदि फसल खुदाई में विलम्ब होता है तो कन्द फट जातें हैं तथा उनमें फूटाव हो जाता है। अतः सही समय पर खुदाई करने से अच्छी गुणवत्ता एवं भण्डारण क्षमता वाले कन्द प्राप्त होते हैं। लहसुन की फसल लगभग 160–180 दिन में खुदाई योग्य हो जाती हैं। पत्तियाँ जब सूखने लगे तो खेत में सिंचाई नहीं करनी चाहिए। इसके बाद गाँठों की खुदाई खुरपी द्वारा की जाती है। फसल की खुदाई के बाद गाँठों को 3–4 दिन तक छाया में सुखाते हैं। ऐसा करने से गाँठें कड़ी हो जाती हैं तथा इनको अधिक समय तक रखा जा सकता है। लहसुन का भण्डारण गुच्छों के रुप में या कन्दों को जूट की बोरियों में या लकड़ी की पेटियों में रखकर की जाती है। भण्डारण शुष्क हवादार या अंधेरे कमरे में करना अच्छा होता है। शीत गृह में लहसुन का भण्डारण 0–2 डिग्री सेल्सियस तापक्रम तथा 65–75 प्रतिशत आर्द्रता पर 3–4 महीने तक कर सकते हैं।

पैदावार

लहसुन की पैदावार निम्न बातों पर निर्भर करती है जैसे–खाद, मिट्टी इत्यादि लेकिन औसत उपज 10.0–12.0 टन प्रति हेक्टेयर तक हो जाती है।

पकाई या क्यूरिंग (Curing)

खुदाई के बाद कन्दों को 4–5 दिनों तक छाया में रखकर अच्छी प्रकार क्यूरिंग की जाती है।

पौध संरक्षण

प्रमुख कीट एवं उनका प्रबंधन

लहसुन एक ऐसी फसल है, जिसको कीड़ों से कम नुकसान पहुँचता है। इसके प्रमुख कीट निम्नलिखित है–

थ्रिप्स (Thrips)

थ्रिप्स (*Thrips tabaci*) एक छोटा, मटमैले व पीले रंग का कीट होता है, जो पत्तियों से रस चूसता है। कीट का प्रकोप पत्तियों की निचली सतह पर ज्यादा होता है। इस कीट के शीशु एवं प्रौढ़ दोनों ही फसल को प्रभावित करते हैं। प्रभावित पत्तियाँ पीली पड़ कर सफेद धब्बेदार व बाद में सुखने लगती हैं और पौधे की बढ़वार रूक जाती है। इसका प्रयोग फसल पर फरवरी से मई तक होता है। अधिक प्रकोप की अवस्था में शीर्ष की तरफ से चाँदीनुमा होकर नीचे की तरफ मुड़ती हुई दिखती हैं।

प्रबंधन

1. इस कीट का प्रकोप खेत में नमी की कमी से ज्यादा होती है, अतः खेत में नमी बनाए रखने के लिए आवश्यकतानुसार सिंचाई करने रहना चाहिए।
2. रासायनिक विधि से नियंत्रण के लिए 75 मिली लीटर फेनवैलरेट 20 सी0सी0, 175 मिली लीटर डेल्टा मेथ्रिन 2.8 ई0सी0 या 60 मिली लीटर साइपरमेथ्रिन 25 ई0सी0 / 150 मिली लीटर साइपरमेथ्रिन, 10 ई0सी0 का 250 लीटर पानी में घोल बनाकर 10–15 दिन के अन्तराल पर छिड़काव करना चाहिए।
3. इसके नियंत्रण के लिए 300 मिली लीटर मैलाथियान 50 ई0सी0 या 375 मिली लीटर इण्डोसल्फान 35 ई0सी0 का प्रयोग करना चाहिए।
4. लहसुन के खेत में एक ही कीटनाशी का बार–बार प्रयोग नहीं करना चाहिए। अतः उपर वर्णित दवाओं का क्रम बदलकर छिड़काव करना उचित है।
5. छिड़काव की आवश्यकता मार्च–अप्रैल में ज्यादा होती है। इसके पूर्व या बाद में छिड़काव लाभकारी नहीं होता है।

प्रमुख रोग एवं उनका प्रबंधन

1. बैगनी धब्बा (Purple blotch)

लहसुन में बैगनी धब्बा बीमारी आल्टरनेरिया पालेण्डुली (*Alternaria palenduli*) एवं आल्टरनेरिया पोरी (*Alternaria porri*) नामक फफूँद से होता है। रोगग्रस्त पौधे पर छोटे धसे हुए गहरे भूरे रंग के

धब्बे बनते हैं। ये धब्बे तीव्र गति से बढ़ते हैं। धब्बे की सीमाएँ लाल रंग की होती हैं, जो पीले रंग की सीमाओं से घिरे होती हैं। अधिक ग्रसित पौधों की पत्तियाँ झुलसने लगती हैं और बाद में पूरा पौधा ही झुलस जाता है।

प्रबंधन

बैगनी धब्बा रोग के प्रबंधन हेतु निम्नलिखित उपाय अपनाने चाहिए–

1. लहसुन की कलियों को बोने से पूर्व बेविस्टिन नामक दवा (1.0 ग्राम दवा/लीटर पानी) में एक मिनट तक डूबोकर उपचारित करना चाहिए।
2. खड़ी फसल में 400 ग्राम मैंकोजेब (इण्डोफिल एम0 45 या डाइथेन एम0 45) 500 ग्राम कॉपर आक्सीक्लोराइड–50 प्रति एकड़ की दर से 200 लीटर पानी में घोलकर क़िसी चिपकने वाले पदार्थ (टाइट्रान 50.0 मिली लीटर या सैलवेट–99, 10.0 ग्राम/100.0 लीटर पानी) के साथ मिलाकर प्रति एकड़ की दर से 10–15 दिन के अन्तराल पर करना चाहिए।
3. इस रोग की रोकथाम के फसल पर जिनेब (डाइथेन जेड–78) या ब्लाइटाक्स (blitox) दवा के 0.2 प्रतिशत का छिड़काव एक सप्ताह के अन्तर पर 3–4 बार करना चाहिए।

लहसुन का कण्डुवा (Garlic smut)

लहसुन में यह बीमारी यूरोसिस्टिस सेपूली (*Urocystis cepulae*) नामक फफूँद के कारण होता है। यह बीमारी कभी–कभी शीतोष्ण वातावरण में ज्यादा उग्र रुप धारण कर लेता है। इसके अलावा इस रोग का प्रकोप कभी–कभी रासायनिक फफूँदनाशकों के प्रयोग करने के प्रभाव से भी होता है। लक्षण के रुप में पत्तियों पर गहरे भूरे रंग की धारियाँ बनती हैं। परिणामतः पत्तियाँ सिकुड़कर गोली होती हैं तथा कन्द के आधार पर काले रंग का घाव दिखता है। कन्द में कभी–कभी प्रवेश करने से जवा भी काला पड़ जाता है।

प्रबंधन

1. रोग ग्रसित खेत में लहसुन की खेती नहीं करनी चाहिए। अच्छा होगा कि रोग ग्रसित खेत को 0.1 प्रतिशत फार्मलिन से शोधित कर लिया जाये।
2. लहसुन की जवा को कैप्टान या थिरम की 2.0–3.0 ग्राम मात्रा प्रति किलो ग्राम जवा में मिलाकर शोधित करना चाहिए। जहाँ पर लगाना है, उस मिट्‌टी को भी 0.2 प्रतिशत कैप्टान या थिरम घोल से शोधित कर लेना चाहिए।
3. इसके नियंत्रण के लिए 200.0–300.0 ग्राम बेलपत्र, नीबू का रस व तुलसी की पत्ती पीसकर आपस में मिलाकर छाँछ के साथ दो दिन गलने के बाद छानकर छिड़काव करना चाहिए।

□□□

जलवायु

लौकी की खेती के लिए गर्म एवं आर्द्र जलवायु की आवश्यकता होती है। अतः इसकी फसल जायद तथा खरीफ दोनों ऋतुओं में उगाई जाती है। पाले के प्रति लौकी की फसल अत्यन्त संवेदनशील है, फिर भी जाड़े को सहन कर लेने वाली किस्मयाँ उपलब्ध हैं (राम एवं सहयोगी, 2006)। अधिक वर्षा एवं बादल वाले मौसम में बीमारी एवं कीड़े का प्रकोप ज्यादा होता है। बीज फसल उगाने के लिए वर्षा का मौसम अधिक उपयुक्त रहता है। इस मौसम में अधिक फल लगते हैं और फलों में बीज विकास अच्छा होता है। शुष्क मौसम, प्रकाश की अधिकता एवं उच्च तापक्रम, पौधों में नर फूलों को बढ़ावा देते हैं। निम्न तापक्रम पर फलों का विकास प्रभावित होता है और बीज के परिपक्व होने में भी अधिक समय लगता है। बीज अंकुरण के लिए 25.0–28.0 डिग्री सेन्टीग्रेड और पौधों की बढ़वार के लिए क्रमशः रात व दिन का तापमान 18.0–22.0 डिग्री सेन्टीग्रेड व 32.0–38.0 डिग्री सेन्टीग्रेड सर्वोत्तम रहता है। मध्यम जलवायु वाले क्षेत्रों में इसकी खेती पूरे वर्ष की जा सकती है।

उन्नतिशील किस्में

लौकी की निम्नलिखित उन्नतिशील किस्में हैं—

पूसा समर प्रोलिफिक लाँग (Pusa Summer Prolific Long)

यह किस्म भारतीय कृषि अनुसंधान संस्थान, नई दिल्ली द्वारा विकसित की गयी है। इसके फल 40.0–50.0 सेन्टीमीटर लम्बे, हरे तथा अधिक उपज देने वाले होते हैं। इसके फलों की प्रथम तुड़ाई बीज बोने के 60 दिन बाद की जा सकती है। यह किस्म गर्मी तथा वर्षा ऋतु के लिए उपयुक्त है। इसकी औसत उपज गर्मी में 22.5 टन तथा बरसात में 45.0 टन प्रति हेक्टेयर होती है।

पूसा समर प्रोलिफिक राउण्ड (Pusa Summer Prolific Round)

लौकी की यह किस्म भारतीय कृषि अनुसंधान संस्थान, नई दिल्ली द्वारा विकसित की गयी है। [illegible] इसके फल गोलाकार (15.0–18.0 सेन्टीमीटर लम्बे) एवं हरे होते हैं। फलों की तुड़ाई बीज बोने के 60–65 दिनों बाद प्रारम्भ होती है। यह किस्म ग्रीष्म ऋतु के लिए काफी उपयुक्त है। इसकी औसत पैदावार 50.0 टन प्रति हेक्टेयर होती है।

पूसा नवीन (Pusa Naveen)

लौकी की यह किस्म भारतीय कृषि अनुसंधान संस्थान, नई दिल्ली द्वारा विकसित की गयी है। उत्तर भारत में गर्मी एवं वर्षा दोनों ऋतुओं में लगाये जाने के उपयुक्त है। बीज बुआई के 60 दिनों बाद प्रथम तुड़ाई की जाती है। इसके फल बेलनाकार, चिकने, हरे, सीधे 20.0–28.0 सेन्टीमीटर लम्बे एवं औसतन 800.0–850.0 ग्राम वजन वाले होते हैं। इसकी औसत उपज 40.0–50.0 टन प्रति हेक्टेयर होती है।

अर्का बहार (Arka Bahar)

इस किस्म को भारतीय बागवानी अनुसंधान संस्थान, बैंगलुरु (कर्नाटक) द्वारा स्थानीय चयन पद्धति द्वारा विकसित किया गया है। फल मध्यम आकार के सीधे, हल्के हरे, मुलायम एवं चमकीले होते हैं।

अध्याय 6

दलहनी सब्जियाँ

Legume Vegetables

दलहनी सब्जियों के अन्तर्गत अनेकों महत्वपूर्ण सब्जियाँ जैसे, सब्जी मटर, फराश बीन, लोबिया, सेम, ग्वार, कैटजंग काउपी, यार्ड लांगबीन, विंग्ड बीन, ब्राड बीन, स्वोर्ड बीन, जैक बीन, मोठ बीन, स्कार्लेट रनर बीन, लीमा बीन, सोया बीन, याम बीन, पोटैटो बीन आदि आती हैं। इस समूह में सब्जी मटर, फराश बीन, लोबिया और सेम की व्यावसायिक स्तर पर खेती की जाती है। कुछ महत्वपूर्ण दलहनी सब्जियों के सामान्य नाम, वानस्पतिक नाम एवं गुणसूत्र संख्या नीचे की सारिणी में दिया गया है।

सारिणी (6.1) दलहनी सब्जियों के सामान्य नाम, वानस्पतिक नाम एवं गुणसूत्र संख्या

सामान्य नाम	वानस्पतिक नाम	गुण सूत्र संख्या
मटर (Garden pea)	पाइसम सटाइवम (*Pisum sativum*)	22
फराश बीन (French bean)	फैसिओलस वल्गेरिस (*Phaseolus vulgaris* L.)	22
लोबिया (Cowpea)	विग्ना साइनेन्सिस (*Vigna sinensis*)	22
कैट जंग काउपी (Catjung cowpea)	विग्ना अंग्यूकुलेटा (*Vigna unguiculata*)	22
यार्ड लांगबीन (Yard long bean)	विग्ना सेसक्वीपेडेलिस (*Vigna sesquipedalis*)	18
विंग्ड बीन (Winged bean)	सोफोकारपस टेट्रागोनोलोबस (*Psophocarpus tetragonolobus* (L.) D.C.	22

सेम (Hyacinth bean)	डालिकस लबलब (*Dolichos lablab* L.)	14
ग्वार (Cluster bean)	साइमाप्सिस टेट्रागोनोलोबा (*Cyamopsis tetragonoloba*)	12
ब्राड बीन (Broad bean)	विसिया फेबा (*Vicia faba* L.)	22
स्वोर्ड बीन (Sword bean)	कैनावैलिया ग्लैडिएटा (*Canavalia gladiate*)	22
जैक बीन (Jack bean)	कैनावैलिया इंसिफार्मिस (*Canavalia ensiformis*)	22
मोठ बीन (Moth bean)	फैसिओलस एकान्टिफोलियस (*Phaselous acontifolius*)	22
स्कार्लेट रनर बीन (Scarlet runner bean)	फैसिओलस काक्सिीनअस (*Phaselous lunatus* L.)	22
लीमा बीन (Lima bean)	फैसिओलस लुनेटस (*Phaselous lunatus* L.)	22
सोया बीन (Soya bean)	ग्लाइसिन मैक्स (*Glycine max* L.)	22
याम बीन (Yam bean)	पैचिरहिजस इरोसस (*Pachyrrhizus erosus*)	22
पोटैटा बीन (Potato bean)	पैचिरहिजस ट्यूबरोसस (*Pachyrrhizus tuberosus*)	22

सब्जी मटर (Vegetable Pea)

वानस्पतिक नाम : पाइसम सैटाइवम एल0 (*Pisum sativum* L.)
कुल : फाबेसी (Fabaceae)
गुणसूत्र संख्या : 2एन =14

वर्तमान समय में सब्जी मटर एक महत्वपूर्ण एवं पोषक सब्जी के रूप में पहचान रखती है। यह सब्जी उत्पादको कें बीज नकदी फसल के रूप में जानी जाती है। मटर के हरे दाने का उपयोग सब्जी अचार फ्रोजन तथा कैनिंग में सुखाकर किया जाता है। प्रोटीन की अधिकता के कारण शाकाहारी व्यक्तियों के लिये मटर अत्यन्त महत्वपूर्ण है। मटर में वातावरण के तत्रजन को संरक्षित करने का गुण होने के कारण इसकी खेती से भूमि की उर्वरा शक्ति बनी रहती है।

उद्भव एवं वितरण

मटर का जन्म स्थान यूरोप और पश्चिम एशिया माना जाता है (थोम्पसन एवं केली, 1957)। विश्व में इसकी खेती पाषाण युग से होती आ रही है। कुछ वैज्ञानिक मटर की उत्पत्ति का मुख्य केन्द्र उत्तर–पश्चिम भारत, पाकिस्तान, रुस तथा इथियोपिया मानते हैं (चौधरी, 1977, मकाशेवा, 1983)। इसकी जंगली प्रभेद संभवतः इथियोपिया में ही विकसित हुआ ऐसा माना जाता है। सब्जी के रुप में मटर का उपयोग शायद सर्वप्रथम मिश्र के लोगों के द्वारा ही हुआ। यूनाइटेड किंगडम में नान–पिगमेंटेड (non-pigmented) मटर की खेती मध्य काल से की जा रही है (डेविस एवं सहयोगी, 1985)। विश्व में लगभग 10.94 लाख हेक्टेयर क्षेत्रफल में सब्जी मटर की खेती की जाती है, जिससे प्रतिवर्ष 77.99 लाख टन उपज प्राप्त होती है। अकेले भारत सब्जी मटर की 22.99 लाख टन उत्पादन कर विश्व में अग्रणी उत्पादक देश माना जाता है। इसके अलावा सब्जी मटर की खेती संयुक्त राज्य अमेरिका, फ्रांस, मिस्र, यूनाइटेड किंगडम, तुर्की, अल्जीरिया, हंग्री एवं नीदरलैण्ड में की जाती हैं।

सारिणी (6.2) विश्व के अग्रणी सब्जी मटर उत्पादक देश

देश	क्षेत्रफल (000 हेक्टेयर)	उत्पादन (000 मैट्रिक टन)	उत्पादकता (टन / हेक्टेयर)	सब्जी मटर के उत्पादन में योगदान (प्रतिशत)
भारत	314	2299	7.3	29.5
चीन	241	2210	9.2	28.3
संयुक्त राज्य अमेरिका	86	859	10.0	11.0
फ्रांस	31	360	11.7	4.6
मिस्र	28	290	10.4	3.7
यूनाइटेड किंग्डम	32	133	4.2	1.7
तुर्की	17	122	7.0	1.6

अल्जीरिया	24	110	4.5	1.4
हंग्री	15	85	6.2	1.1
नीदरलैण्ड	05	84	16.5	1.1
अन्य	303	1248	4.1	16.0
संपूर्ण	**1094**	**7799**		

स्रोतः खाद्य एवं कृषि संगठन, 2011

भारतवर्ष में सब्जी की खेती पूरे उत्तर भारत के मैदानी क्षेत्रों में सर्दियों में तथा पहाड़ी क्षेत्रों में गर्म मौसम में की जाती है। उत्तर प्रदेश, बिहार, मध्य प्रदेश, पंजाब, हरियाणा आदि राज्यों में इसकी खेती हरी फलियों के लिए की जाती है। हिमाचल प्रदेश, अब गर्म मौसम में हरी मटर की उत्पादन में सर्वांगीण राज्य बनता जा रहा है। भारतवर्ष के अंतर्गत प्रमुख सब्जी मटर उत्पादक राज्यों एवं क्षेत्र का विवरण नीचे की सारिणी में दिया गया है।

सारिणी (6.3) प्रमुख सब्जी मटर उत्पादक राज्य एवं क्षेत्र

राज्य	**सब्जी मटर उत्पादक के क्षेत्र**
कर्नाटक	बेलगाँव, बैंग्लुरु, धारवार, कोलार, चिकमगलूर
मध्य प्रदेश	उज्जैन, दुर्ग
राजस्थान	जयपुर, अलवर, जोधपुर, उदयपुर
पश्चिम बंगाल	नाडिया, हुगली, चौबीस परगना
पंजाब	जालंधर, अमृतसर, होशियारपुर, लुधियाना
हरियाणा	सोनीपत, झाझर, रोहतक, करनाल, पानीपत, हिसार, दारांग
आसाम	कामरूप, नागौन
उत्तर प्रदेश	इलाहाबाद, वाराणसी, मेरठ, मुरादाबाद, आगरा, गोरखपुर
हिमाचल प्रदेश	चम्बा, सोलन, उना

भारतवर्ष में सब्जी मटर के क्षेत्रफल, उत्पादन एवं उत्पादकता का राज्यवार विवरण नीचे की सारिणी में दिया गया है–

सारिणी (6.4) भारतवर्ष में मटर का क्षेत्रफल, उत्पादन एवं उत्पादकता

वर्ष	**क्षेत्रफल (000, हेक्टेयर)**	**कुल क्षेत्रफल का प्रतिशत**	**उत्पादन (000, मैट्रिक टन)**	**कुल उत्पादन का प्रतिशत**	**उत्पादकता (000, मैट्रिक टन/हेक्टेयर)**
1991–92	177.7	2.9	851.6	1.7	4.8
2001–02	303.3	4.9	2038.2	2.2	6.7
2002–03	305.2	5.0	2061.8	2.4	6.8

2003–04	285.2	4.5	1901.2	2.0	6.7
2004–05	276.3	4.1	1944.8	1.9	7.0
2005–06	286.1	4.0	2270.0	2.1	7.9
2006–07	297.0	3.9	2402.0	2.1	8.1
2007–08	313.0	4.0	2491.0	1.9	8.0
2008–09	348.0	4.4	2916.0	2.3	8.4
2009–10	364.9	4.6	3029.4	2.3	8.3
2010–11	370.0	4.4	3517.0	2.4	9.5

स्रोतः इण्डियन हार्टीकल्चर डाटाबेस, 2011

सारिणी (6.5) भारतवर्ष में प्रमुख मटर उत्पादक राज्य

राज्य	2008–2009			2009–2010			2010–2011		
	क्षेत्रफल	उत्पादन	उत्पादकता	क्षेत्रफल	उत्पादन	उत्पादकता	क्षेत्रफल	उत्पादन	उत्पादकता
उत्तर प्रदेश	159.4	1464.8	9.2	159.0	1465.8	9.2	159.2	1532.4	9.6
झारखण्ड	12.1	241.4	20.0	20.5	287.0	14.0	21.3	329.1	15.4
हिमाचल प्रदेश	18.9	202.5	10.7	21.7	237.3	10.9	22.8	254.2	11.1
मध्य प्रदेश	23.7	260.8	11.0	20.0	220.0	11.0	22.8	251.3	11.0
जम्मू एवं कश्मीर	4.4	73.5	16.7	7.6	69.9	9.2	6.8	212.5	31.3
पंजाब	18.5	112.0	6.1	19.1	115.5	6.1	19.7	200.6	10.2
पश्चिम बंगाल	21.1	124.7	5.9	21.1	125.6	6.0	21.4	129.4	6.0
छत्तीसगढ़	–	–	––	10.6	96.6	9.2	10.8	99.7	9.2
उत्तराखण्ड	10.6	71.1	6.7	10.8	71.0	6.6	11.2	86.9	7.8
आन्ध्र प्रदेश	–	–	–	–	–	–	2.3	81.2	35.0
हरियाणा	79.5	365.7	18.9	74.7	340.8	16.8	71.4	340.2	4.8
सम्पूर्ण	**348.1**	**2916.5**	**8.4**	**364.9**	**3029.4**	**8.3**	**369.8**	**3517.0**	**9.5**

स्रोतः नेशनल हार्टीकल्चर डाटा बेस, (2010–2011)

भारत वर्ष से मटर के निर्यात का विवरण नीचे की सारिणी में दिया गया है–

सारिणी (6.6) मटर के निर्यात का विवरण

देश	2008–2009		2009–2010		2010–2011	
	मात्रा (मैट्रिक टन)	मूल्य (लाख)	मात्रा (मैट्रिक टन)	मूल्य (लाख)	मात्रा (मैट्रिक टन)	मूल्य (लाख)
सउदी अरब	1479.9	549.1	441.0	214.1	498.1	206.4
अरब अमिरात	341.8	109.2	155.6	53.1	118.3	32.8
नेपाल	168.5	13.4	166.5	67.1	367.1	21.5
कतर	10.3	2.5	0.0	0.0	3.0	1.2
यूनाइटेड स्टेट	294.4	96.0	0.0	0.0	0.9	0.8
ओमान	49.9	4.0	4.7	0.3	16.2	0.7
यूनाइटेड किंगडम	0.0	0.0	0.0	0.0	1.0	0.3
इण्डोनेशिया	0.0	0.0	0.0	0.0	0.0	0.0
अन्य	**174.6**	**21.1**	**502.9**	**19.0**	**0.0**	**0.0**
कुल योग	**2519.4**	**795.4**	**1270.7**	**353.7**	**1004.6**	**263.7**

स्रोत: अपेडा वेबसाइट, फरवरी 2012

वानस्पतिक विवरण

मटर फाबेसी (Fabaceae) कुल का पौधा है, जो वंश पाइसम (*Pisum*) के अन्तर्गत आता है। वंश पाइसम के अन्तर्गत निम्नलिखित 8 प्रजातियाँ निर्धारित की गयी हैं (मकासेवा, 1983)। सब्जी मटर गार्डेन पी (garden pea) के अन्तर्गत आती है।

1. पाइसम फारमोसम (*Pisum formosum*) या अर्नामेन्टल पी (Ornamental Pea)
2. पाइसम औचेरी (*Pisum aucheri*) या औचेरी पी (Aucheri Pea)
3. पाइसम फुलवम (*Pisum fulvum*) या रेड येलो पी (Red Yellow Pea)
4. पाइसम एबिसिनिकम (*Pisum abyssinicum*) या एबिसिनियन पी (Abyssinian Pea)
5. पाइसम सिरियेकम (*Pisum syriacum*) या सिरियन पी (Syrian Pea)
6. पाइसम इलैटियस (*Pisum elatius*) या मेडिटेरैनियन पी (Meditarian Pea)
7. पाइसम आर्वेन्स (*Pisum arvense*) या फील्ड पी (Field Pea)
8. पाइसम सटाइवम (*Pisum sativum*) या गार्डेन पी (Garden Pea)

मटर का पौधा एकवर्षीय, हरा लतादार व लम्बा शाक (150.0 सेन्टी मीटर) है। मटर की बौनी प्रभेद 60.0–70.0 सेन्टी मीटर लम्बी होती है। इसका स्तम्भ आरोही होता है तथा इनमें प्रतान (tendril) होती हैं। पत्तियाँ संयुक्त व 1–3 खण्डों में बँट जाती है इनके ऊपर मोम जैसी परत होती

है। इस मोम की परत से वाष्पोत्सर्जन कम हो जाता है। और रोग का प्रकोप कम होता है। मटर एक स्वपरागित फसल (self pollinated crop) है। पुष्पक्रम रेसीम (racemes), पुष्प आगस्तिक, द्विलिंगी तथा फल वानस्पतिक दृष्टिकोण से फली (pod) कहलाते हैं। फल भिन्न–भिन्न समय पर विकसित होते है। इसका खाने वाला भाग हरा बीज होता है।

पोषकीय महत्व

उत्तरी भारत की दलहनी फसलों में मटर एक प्रमुख सब्जी के रूप में स्थान रखती है। इसके कच्चे हरे दानों से अकेले या आलू के साथ सब्जी बनाई जाती है। मटर में पाये जाने वाली प्रोटीन में गंधक युक्त अमीनो अम्ल जैसे मेथियोनीन और सिस्टीन कम होते हैं, लेकिन इसमें लाइसिन (lysin) की मात्रा अधिक होती है। यह एक पौष्टिक सब्जी है। इसमें प्रचुर मात्रा में प्रोटीन पाई जाती है। इसके अलावा कार्बोहाइड्रेट, विटामिन ए, बी और सी, पोटैशियम, आयरन, कैल्शियम और फास्फोरस पर्याप्त मात्रा में पाई जाती है। मटर की फलियों में सोडियम की मात्रा कम होती है अतः ऐसे व्यक्ति जिनको कम सोडियम लेने की सलाह दी जाती है, उनके लिए ताजी फलियों का सेवन लाभप्रद होता है। पके बीजों से दाल बनायी जाती है। वातावरण के नाइट्रोजन को संरक्षित करने के गुण होने के कारण यह खेत की उर्वरा शक्ति को बढ़ाती है, जिससे खेत में नाइट्रोजन कम देना पड़ता है। मटर में पाये जाने वाले पोषक तत्वों को सारिणी में दिया गया है–

सारिणी (6.7) मटर मे पाये जाने वाले पोषक तत्व (प्रति 100 ग्रा0 खाने योग्य भाग)

पोषक तत्व	मात्रा
नमी	72.9 ग्राम
प्रोटीन	7.2 ग्राम
वसा	0.1 ग्राम
खनिज लवण	0.8 ग्राम
रेशा	4.0 ग्राम
कोर्बोहाइड्रेट्स	15.9 ग्राम
ऊर्जा	93.0 कैलोरी
कैल्सियम	20.0 कैलोरी
फास्फोरस	139.0 मिली ग्राम
आयरन	1.5 मिली ग्राम
कैरोटिन	83.0 मिली ग्राम
थाइमिन	0.25 मिली ग्राम
रिबोफ्लेविन	0.01 मिली ग्राम
नियासिन	0.8 मिली ग्राम
विटामिन 'सी'	9.0 मिली ग्राम

स्रोतः गोपालन एवं सहयोगी, 1999

इसके हरे दानों का उपयोग सब्जी अचार तथा बीजों को परिरक्षण जैसे फ्रोजेन (frozon), कैनिंग (canning) तथा सुखाकर (dry) बेमौसम में उपयोग किया जाता है।

सारिणी (6.8) मटर मे पाये जाने वाले खनिज तत्व (प्रति 100 ग्रा0 खाने योग्य भाग)

पोषक तत्व	मात्रा
मैग्नीशियम	34.0 मिली ग्राम
सोडियम	7.8 मिली ग्राम
पोटैशियम	79.0 मिली ग्राम
कापर	0.23 मिली ग्राम
सल्फर	95.0 मिली ग्राम
क्लोरीन	20.0 मिली ग्राम
जिंक	1.2 मिली ग्राम

स्रोतः गोपालन एवं सहयोगी, 1999

उन्नतिशील किस्में

किस्मों के उपयोग के आधार पर सब्जी मटर का वर्गीकरण

सब्जी मटर की किस्मों को मुख्यतः दो समूहों में वर्गीकृत किया जाता है –

(अ) चिकनी व गोल दाने वाली (Smooth and round seeded type)

इस समूह की किस्मों में स्टार्च की मात्रा ज्यादा होती है। चिकनी गोल बीज वाली किस्मों में स्टार्च एमिलो पेक्टिन के रूप में होता है। उदाहरण के लिए असौजी, मीटियार, एलास्का, अर्ली सुपर्व, लखनऊ बोनिया, कनवारी, हरभजन आदि। सामान्यतः यह अगेती होती हैं।

(ब) सिकुड़े दाने वाली (Wrinkled seeded type)

सिकुड़े दाने वाली किस्मों में शर्करा की मात्रा ज्यादा पायी जाती है। अतः सिकुड़े बीजों वाली किस्में अधिक मीठी होती हैं। इसमें पाये जाने वाले स्टार्च का गुण इसमें बनने वाले घटक एमीलोस (amylose) तथा एमिलोपेक्टिन (amylopectin) के उपर निर्भर करता है (हिब्ल एवं सहयोगी, 1998)। सिकुड़े बीजों वाली किस्मों में एमीलोस की मात्रा अधिक होती है। उदाहरण के लिए अर्केल, अर्ली बैड्जर, लिटिल मार्वेल, अर्ली दिसम्बर, केल्वेडान वण्डर, बोनविले, लिंकन, डेलविच कमाण्डों, खापर खेड़ा, एन0पी0– 29, पर्फेक्सन न्यू लाइन, थामस लैक्सटन, एल्डर मैन, जी0सी0–14, जी0 सी0 195 (जवाहर मटर–4), हिसार हरित आदि।

(स) सम्पूर्ण खाने योग्य फलियाँ (Edible podded types)

इस समूह के मटर की फलियाँ छिलके सहित खाने के लिए प्रयोग की जाती हैं। जब फलियाँ काफी मुलायम होती हैं, उसमें मिठास एवं पोषक तत्व की अधिकता होती है। फलियाँ परागण के 4–5 दिनों के अन्दर तुड़ाई की जाती है।

सब्जी मटर को उगाने की अवधि के आधार पर वर्गीकरण वाली किस्में उगाने के अनुसार मटर को तीन समूहों मे बाँटा जाता है –

(अ) अगेती समय में पकने वाली किस्में (Early season varieties)
(ब) मध्यम समय में पकने वाली किस्में (Medium season varieties)
(स) पिछेती समय में पकने वाली किस्में (Late season varieties)

(अ) अगेती किस्में (Early varieties)

मटर की अनेकों अगेती किस्में हैं। इनका विवरण निम्न प्रकार हैः

काशी नन्दनी (Kashi Nandini or VRP-5)

इस अगेती किस्म का विकास भारतीय सब्जी अनुसंधान संस्थान, वाराणसी से सन् 2006 में किया गया है। इस किस्म के पुष्पन में 33–35 दिन लगते हैं। पुष्प आने से 25–30 दिन बाद फलियाँ बाजार में भेजने के लिए तैयार हो जाती हैं। फलियों की लम्बाई 8.0–9.0 सेन्टी मीटर, दानों की संख्या 7–8 एवं फली का रंग हरा होता है। इस किस्म की उपज 14.0 टन प्रति हेक्टेयर है। यह किस्म मटर–गेंहूँ फसल चक्र के लिए बहुत उपयुक्त है। यह किस्म उत्तराखण्ड, पंजाब, जम्मू एवं कश्मीर, हिमाचल प्रदेश, उत्तर प्रदेश, बिहार, झारखण्ड, कर्नाटक, तमिलनाडु एवं केरल के लिए अनुमोदित है।

काशी उदय (Kashi Uday or VRP-6)

इस अगेती किस्म का विकास अर्केल x एफ0सी0–1 के संकरण से भारतीय सब्जी अनुसंधान संस्थान, वाराणसी (उत्तर प्रदेश) द्वारा सन् 2006 में किया गया है। इस किस्म के पुष्पन में 35–40 दिन लगते हैं। पुष्पन के बाद 25–30 दिन बाद फलियाँ बाजार में भेजने योग्य हो जाती हैं। फलियों की लम्बाई 8.0–9.0 सेन्टी मीटर, फली में दानों की संख्या 8–9 तथा फली का रंग गहरा हरा होता है। इस किस्म की उपज प्रति हेक्टेयर 15.0 टन होती है। इस प्रजाति को उत्तर प्रदेश, पंजाब, बिहार एवं झारखण्ड प्रान्त में खेती के लिये अनुमोदित किया गया है।

काशी मुक्ति (Kashi Mukti or VRP-22)

इस अगेती किस्म का विकास भारतीय सब्जी अनुसंधान संस्थान, वाराणसी (उत्तर प्रदेश) द्वारा जं0 7 x पी0एम0 9 के संकरण से किया गया है। इस किस्म के पुष्पन में 35–38 दिन लगते हैं। पुष्प आने के 25–30 दिन बाद फलियाँ बाजार में विक्रय योग्य हो जाती हैं। फलियों की लम्बाई 8–9 सेन्टी मीटर, फली का रंग हल्का हरा एवं प्रत्येक फली में दानों की संख्या 9–10 होती है। यह किस्म चुर्णिल आसिता (powdery mildew) रोग से मुक्त है, जिसकी वजह से अगेती से लेकर देर में बुआई के लिए उपयुक्त होती है। इसकी औसत उपज 15.0 टन प्रति हेक्टेयर होती है। इस किस्म को उत्तर प्रदेश, पंजाब, बिहार एवं झारखण्ड प्रान्त में खेती के लिये अनुमोदित की गयी है।

काशी आरती (Kashi Arati or VRP-3)

इस किस्म का विकास चयन् पद्धति द्वारा भारतीय सब्जी अनुसंधान संस्थान, वराराणसी (उत्तर प्रदेश) से सन् 2001 में विकसित की गयी और उत्तर प्रदेश, पंजाब, बिहार एवं झारखण्ड में खेती के लिय अनुमोदित की गयी है। पौध सीमित बढ़वार वाला व ओजस्वी होता है। फलियाँ बीज बुआई के 56–58 दिन बाद तुड़ाई योग्य हो जाती है। फलियाँ हरी, सीधी व लम्बी (8.0–9.0 सेन्टीमीटर) होती हैं जिनमें 7–8 बीज बनते हैं इसकी औसत उपज 7.2–8.5 टन प्रति हेक्टेयर है।

अर्ली बेड्जर (Early Budger)

इस अगेती बबौनी किस्म का विकास अमेरिका के विस्कांसिन विश्वविद्यालय से आयातित जनद्रव्य किया गया है और भारत वर्ष में उगाई जा रही है। इसके पौधे बौने आकार के होते हैं। इस किस्म में बीज बुआई के 40–45 दिन बाद फूल आना प्रारम्भ हो जाता है। प्रथम पुष्प 10–11वें गाँठ पर लगता है और अक्ष पर अकेले फली लगती है। इसकी फलियाँ 7.5 सेन्टी मीटर लम्बी तथा अच्छी तरह दानों से भरी होती हैं। इसके बीज सिकुड़े हुए बड़े होते हैं। दानों में मिठास अधिक होता है। यह किस्म फ्यूजेरियम मुर्झान (*Fusarium* wilt) रोग के प्रति सहिष्णु है तथा कैनिंग के लिए उपयुक्त है।

अर्कैल (Arkel)

यह किस्म इंग्लैण्ड से आयातित जननद्रव्य से भारतीय कृषि अनुसंन्धान संस्थान, नई दिल्ली द्वारा चयनित की गई है। इस किस्म को अखिल भारतीय समन्वित अनुसंधान परियोजना (सब्जी फसल) के अन्तर्गत वर्ष 1975 में भारत के भौगोलिक क्षेत्र–IV व VII में उगाने हेतु अनुमोदित की गयी है। यह अत्यन्त अगेती और बौनी किस्म (35–40 सेन्टी मीटर ऊँचे पौधें) है। इसमें नीचे के कुछ गाँठों पर दो फूल तथा कुछ पर एक फूल आते हैं। यह भी बुआई के 50–55 दिन बाद प्रथम बार तुड़ाई के लिए तैयार हो जाती है। इसकी फलियाँ आकर्षक, गरहे हरे रंग की 8.5 सेन्टी मीटर लम्बी तथा नीचे की तरफ मुड़ी होती है। प्रत्येक फली में 7–8 बीज पाये जाते हैं। फलियाँ बीज से अच्छी तरह भरी होती हैं। इसकी हरी फलियों में दाने व छिलके का प्रतिशत (shelling percentage) 40 होता है। उत्तर भारत के मैदानी क्षेत्रों में इसकी बुआई का उपयुक्त समय अक्टूबर का महीना है। इसके दाने सिकुड़े हुए होते हैं। अतः सुखाने (dehydration) के लिए काफी उपयुक्त है। इसकी औसत उपज 7.8 टन प्रति हेक्टेयर है।

मेटीयर (Meteor)

यह किस्म भी इंग्लैण्ड से आयातित जननद्रव्य से भारतीय कृषि अनुसन्धान संस्थान नई दिल्ली द्वारा चयनित की गई है। यह अगेती तथा बौनी किस्म हैं, जिसके पौधे 35.0–40.0 सेन्टी मीटर ऊँचे तथा गहरे हरे रंग के होते हैं जिस पर प्रत्येक अक्ष से मात्र एक ही फूल निकलता है। इसकी फलियाँ गहरे हरे रंग की तथा दानों से भरी होती हैं। फलियों की लम्बाई 8.7 सेन्टी मीटर होती है। इसके दाने गोल, चमकीले गहरें हरे रंग के तथा चिकनी सतह वाले होते हैं। पहली तुड़ाई बीज बुआई के 58–60 दिन बाद की जाती है। इसमें दाने व छिलके का अनुपात 45 प्रतिशत होता है।

असौजी (Asauji)

यह अगेती किस्म भारतीय कृषि अनुसंन्धान, नई दिल्ली द्वारा चयनित की गई है। इसके पौधे बौने होते हैं। फलियाँ गहरी हरी और मुड़ी हुई, अच्छी प्रकार भरी हुई होती है। बीज चिकने होते हैं। यह किस्म अगेती बुआई के लिए उपयुक्त है। इस किस्म में बुआई के 30–35 दिन बाद फूल आना प्रारम्भ होता है।

हिसार हरित (P. H.-1)

इस किस्म का विकास चौ0 चरण सिंह हरियाणा कृषि विश्वविद्यालय हिसार (हरियाणा) द्वारा बोनविले×पी0 23 से समूह वंशावली विधि द्वारा किया गया है। यह किस्म मध्य–अगेती है तथा अधिक पैदावार देती है। पौधे मध्यम बौने तथा हरे होते हैं। पहली तुड़ाई 60 दिन में होती है। फलियाँ एक से दो प्रति गुच्छा पाई जाती हैं। बीज बड़े व हरे रंग के होते हैं। इस किस्म का फल तुड़ाई घातांक 30.7 प्रतिशत जो अर्केल से अपेक्षाकृत अधिक होता हैं। यह किस्म अर्केल की अपेक्षा अधिक पैदावार देती है।

अर्ली जाइन्ट (Early Giant)

इस किस्म के पौधे लम्बे तथा फलियाँ गहरी हरे रंग की होती है। इसके बीज़ सिकुड़े हुए होते हैं। यह एक अगेती किस्म है तथा इसको पहाड़ी इलाकों में सफलता पूर्वक उगाया जाता है।

पी0–23 (P-23)

यह अगेती किस्म है। इसके पौधे बौने होते हैं। फसल लगभग 40 दिन में तैयार होती है। इसकी फलियाँ हरी और अच्छी तरह भरी होती है। दाने चिकने गोल होते हैं।

मटर अगेता–6 (Matar Ageta-6)

इस किस्म का विकास पंजाब कृषि विश्वविद्यालय, लुधियाना (पंजाब) से किया गया है। इसके पौधे छोटे, सीधे ऊपर की तरफ बढ़ने वाले तथा गहरी हरी शाखाओं वाले होते हैं। इसकी पहली तुड़ाई, बीज बुआई के 50 दिन बाद की जाती है। इसकी फलियाँ 12.0–15.0 सेन्टी मीटर लम्बी तथा एक या दो फलियों के गुच्छे में होती हैं। प्रत्येक फली में 6 दाने पाये जाते हैं। इसमें दाने व छिलके का अनुपात 44.56 प्रतिशत होता है। इसकी औसत उपज 4.8 टन प्रति हेक्टेयर है।

अर्ली दिसम्बर या जवाहर मटर–3 (Early December or Jawahar Pea-3)

इस किस्म का विकास टी0–19 और अर्ली बेड्जर के संकरण के उपरान्त चयन द्वारा हुआ है। यह एक सिकुड़े दाने वाली किस्म है जिसमें बीज सुखने के बाद हरे बने रहते हैं। बुआई के 50 दिन बाद फलियाँ तुड़ाई योग्य हो जाती हैं। इसकी औसत उपज 4.0 टन प्रति हेक्टेयर है।

जवाहर मटर–4 (Jawahar Pea-4)

इस किस्म का विकास ''टी0–19'' और ''लिटिल मार्वेल'' के बीच संकरण के उपरान्त चयन के द्वारा किया गया है। इसके बीज सिकुड़े होते हैं।

हरभजन (ई0सी0–33866) (Harbhajan or EC 33866)

यह एक अगेती किस्म है। इसकी पहली तुड़ाई बुआई के लगभग 45 दिन बाद की जाती है। इसके पौधे काफी छोटे होते हैं। इसके 100 दानों का वजन 14.0 ग्राम होता है। इसके हरी फलियों की औसत उपज 3.0 टन प्रति हेक्टेयर है।

एलास्का (Alaska)

यह एक अगेती किस्म है, जिसके पौधे लगभग 45.0 सेन्टी मीटर ऊँचे होते हैं। इसमें बुआई के 38–40 दिन बाद पहला फूल 8–9 वें गाँठ से निकलता है। इसमें दाने और छिलके का अनुपान 40 प्रतिशत होता है। यह किस्म कैनिग (canning) के लिए उयुक्त है।

लखनऊ बोनिया (Lucknow Bonia)

यह मैदानी क्षेत्रों में उगाई जाने वाली अत्यन्त ही अगेती किस्म है। इसमें बुआई के 40 दिन बाद फूल आ जाता है।

अर्ली सुपर्व (Early Suparv)

यह एक अगेती किस्म है जिसके पौधे छोटे आकार के होते हैं। इसमें बुआई के लगभग 45 दिन बाद फूल आना प्रारम्भ हो जाता है। इसमें दाने तथा छिलका का प्रतिशत 40 होता है। यह गोल दाने वाली किस्म है।

केलवेडान (Kelwedan)

यह एक अगेती किस्म है, जिसके पौधे छोटे आकार के होते हैं। इसमें बुआई के 40 दिन बाद फूल आना प्रारम्भ होता है। इसमें दाने व छिलके का अनुपात 40 प्रतिशत होता है। इसके दाने पर सिकुड़न होती है।

बी0एल0 अगेती मटर–7 (V. L. Ageti matar-7)

इस किस्म का विकास ''पंत उपहार'' और ''अर्केल'' के संकरण से हुआ है। फलियाँ हलके हरे रंग की, चिकनी आकर्षक और अन्तिम सिरे पर थोड़ा मुड़ी हुई होती हैं। इसके दाने में काफी मिठास होती है। इसकी औसत उपज 10.0–12.5 टन प्रति हेक्टेयर होती है।

पी0एम0–2 (P.M.-2)

इस किस्म का विकास गोबिन्द बल्लभ पंत कृषि एवं प्रौद्योगिकी विश्वविद्यालय, पन्तनगर (उत्तराखण्ड) से ''अर्ली बेड्जर'' और आई0पी0–3 के संकरण के पश्चात् वंशावली विधि से किया गया है। यह एक अगेती किस्म है। इसकी पहली तुड़ाई बीज बुआई के 60 दिन बाद की जाती है तथा इसकी औसत उपज 12.8 टन प्रति हेक्टेयर है।

पन्त सब्जी मटर–3 (Pant Sabji Matar-3)

इस किस्म का विकास "अर्केल" और "जी0सी0–144" के बीच संकरण करके वंशावली विधि से किया गया है। इसकी पहली तुड़ाई 60–65 दिन बाद करते हैं। इसकी औसत उपज 9.0 टन प्रति हेक्टेयर है।

पन्त मटर–2 (Pant Matar-2)

इस किस्म का विकास "अर्ली बेड्जर" और "पंत उपहार" के बीच संकरण कराकर वंशावली विधि से विकसित किया गया है। इसकी पहली तुड़ाई बीज बुआई के 60 दिन बाद की जाती है। इसकी औसत उपज 10.0 टन प्रति हेक्टेयर है। यह किस्म पहाड़ी तथा मैदानी क्षेत्रों में उगाने के लिए उपयुक्त है।

(ब) मध्यम किस्में (Medium varieties)

काशी शक्ति (Kashi Shakti or VRP-7)

मध्यम समय में तैयार होने वाली इस किस्म का विकास भारतीय सब्जी अनुसंधान संस्थान, वाराणसी (उत्तर प्रदेश) द्वारा हरा बोना x एन0डी0वी0पी0–8 के संकरण से किया गया है। इस किस्म को पुष्पन में 50–52 दिन लगते हैं। पुष्प आने से 30–35 दिन बाद फलियाँ विक्रय के लिए तैयार हो जाती हैं। फलियों की लम्बाई 8.0–9.0 सेन्टी मीटर, प्रत्येक फली में दानों की संख्या 10–11 तथा फली का रंग हरा होता है। इस किस्म से प्रति हेक्टेयर 16.0 टन उपज प्राप्त होती है। यह प्रजाति उत्तर प्रदेश, पंजाब, बिहार एवं झारखण्ड में खेती के लिए अनुमोदित की गयी है।

बोनविले (Bonneville)

यह मध्य मौसमी किस्म है, जो भारतीय कृषि अनुसन्धान, संस्थान, नई दिल्ली द्वारा बोनविले, संयुक्त राज्य अमेरिका से आयातित कर विकसित की गई है। इसके पौधे बड़े (75.0 सेन्टी मीटर) ऊँचे होते हैं। फलियाँ दोहरी लगती हैं तथा दानों से अच्छी प्रकार भरी हुई होती हैं। फलियाँ 8.0 सेन्टी मीटर तक लम्बी होती हैं। एक फल में दानों की संख्या 8–9 तक पाई जाती है। बीज हरे, बड़े आकार के व सिकुड़े हुये होते हैं। इसकी औसत पैदावार 10.0 टन प्रति हेक्टेयर तक होती है।

परफेक्शन न्यू लाइन (Perfection New Line)

इस किस्म का विकास अमेरिका से आयातित जननद्रव्य से किया गया है। इसके पौधे मध्यम ऊँचाई के होते हैं। यह अधिक उपज देने वाली मध्यम किस्म है, जो लगभग 80–85 दिन में तैयार हो जाती है। इस किस्म का पौधा मध्यम लम्बा व फलियाँ औसतन 8.0 सेन्टी मीटर लम्बी, गहरी हरी, पूरी तरह 7–8 दानों से भरी हुई होती हैं। इसके दाने मीठे तथा झुर्रीदार होते हैं।

पी–8 (P-8)

यह किस्म लगभग 60 दिन में तैयार होती है। फलियाँ हरी तथा पूरी तरह भरी हुई होती हैं। दाने मीठे व सिकुड़े हुये होते हैं।

हरी छाल (Hari Chhal)

यह बौनी किस्म मध्यम समय में तैयार होने वाली किस्म है। फलियाँ गहरी हरी व मुड़ी हुई होती हैं। दाने बड़े, हरे, मीठे व सिकुड़े हुये होते हैं।

(स) पिछेती किस्में (Late varieties)

काशी समरथ (Kashi Samrath, VRP-9)

देर से तैयार होने वाली किस्म का विकास भारतीय सब्जी अनुसंधान संस्थान, वाराणसी (उत्तर प्रदेश) से किया गया है। इस किस्म में पुष्पन में 65–70 दिन में होता है। फूल आने से 35–40 दिन बाद फलियाँ बाजार में विक्रय के लिए तैयार हो जाती हैं। फलियों की लम्बाई 7.0–8.0 सेन्टी मीटर, प्रत्येक फली में दानों की संख्या 7–8 तथा फलियों का रंग हरा होता है। इस किस्म की प्रति हेक्टेयर उपज 14.0 टन है। यह किस्म चुर्णित आसिता (powdery mildew) रोग के प्रति प्रतिरोधी है।

काशी समृद्धि (Kashi Samridhi or VRPMR-11)

काशी समृद्धि किस्म का विकास एफ0सी0–1 x पी0एम0–5 (F.C.-1 x PM-5) के संकरण एवं वंशावली चयन पद्धति द्वारा भारतीय सब्जी अनुसंधान संस्थान, वाराणसी (उत्तर प्रदेश) से सन् 2009 में अनुमोदित की गयी है। इस किस्म की खेती उत्तर प्रदेश, पंजाब, बिहार एवं झारखण्ड में सफलता पूर्वक की जा सकती है। पौधे अर्द्ध सीमित बढ़वार वाले होते हैं। पहली बार फलियों की तुड़ाई बीज के 90–95 दिन बाद की जाती है। फलियाँ 7.5–8.0 सेन्टीमीटर लम्बी तथा प्रत्येक फली में 7–8 बीज होते है। इस किस्म में चूर्णिल आसिता (Powdery mildew) रोग का प्रकोप नही होता है। हरी फलियों की औसत उपज 12.5–13.5 टन प्रति हेक्टेयर होती है।

पी0–35 (P-35)

यह एक पिछेती किस्म है। जो लगभग 100 दिन में तैयार होती है। यह किस्म अच्छी उपज देती है। दाने सिकुड़े होते हैं।

पी0–88 (P-88)

यह पंजाब कृषि विश्वविद्यालय, लुधियाना (पंजाब) द्वारा पूसा–2 तथा मोरासिस–55 के एकल संकरण (single cross) से प्राप्त की गई है। पौधों की ऊँचाई 75.0–85.0 सेन्टी मीटर होती है। फलियों में 7–8 बीज पाये जाते हैं जो पकने पर सिकुड़ जाते हैं।

मल्टी फ्रीजर (Multi Freezer)

यह पिछेती किस्म है। इसमें पाला सहन करने की शक्ति होती है। इसकी फलियाँ लम्बी गुच्छों में आती है।

एन0पी0–29 (N. P.-29)

भारतीय कृषि अनुसंन्धान संस्थान, नई दिल्ली द्वारा विकसित यह पिछेती किस्म है, जिनकी फलियाँ 100 दिन में तैयार हो जाती है। इसकी बुआई 15 दिसम्बर तक भी की जा सकती है।

कनवारी (Kunwari)

यह मुख्य मौसम की चढ़ने वाली पिछेती किस्म है। इसकी फलियाँ लम्बी होती है। दाने गोल व बड़े होते हैं। यह पहाड़ी भागों में उगाई जाती है।

जवाहर मटर–1 (Jawahar Pea-1)

यह किस्म टी0–19 × ग्रेटर प्रोग्रेस से विकसित की गई है। फली में दानों की संख्या 10 तक पाई जाती है। यह मध्य मौसम के लिये उपयुक्त है। प्रति हेक्टेयर 12.0–13.0 टन तक पैदावार देती है।

पन्त उपहार (Pant Uphar)

इस किस्म का विकास आई0पी0–3 के चयन से किया गया है। यह सफेद फूलों वाली किस्म है। फलियाँ 7–8 सेन्टी मीटर लम्बी होती है। इसमें दाने तथा छिलके का अनुपात 52 प्रतिशत होता है। यह 75–80 दिन में तैयार होती है। इसकी औसत उपज 10.0 टन प्रति हेक्टेयर है।

खपर खेड़ा (Khaparkheda)

यह एक लम्बी बढ़वार वाली किस्म है। इसमें फूल 65–70 दिन बाद आता है। इसमें दाने और छिलके का अनुपात 50 प्रतिशत होता है। यह मध्य प्रदेश की प्रसिद्ध किस्म है।

लिंकन (Lincon)

यह किस्म अन्य किस्मों की अपेक्षा 50 प्रतिशत अधिक उपज देती है। दाने स्वाद में मीठे होते हैं। इसमें बुआई के 85–90 दिन बाद पहली तुड़ाई मिलती है। दाने और छिलके का अनुपात 46.0 प्रतिशत होता है। इसकी भण्डारण क्षमता अच्छी होती है और कैनिंग के लिए भी उपयुक्त है।

डेलविच कमाण्डो (Delwitch Kamando)

इस किस्म में फूल बुआई के 55–60 दिन बाद आता है। इसमें दाने और छिलका अनुपात 46.0 प्रतिशत होता है। यह किस्म मुर्झान रोग के प्रति अवरोधी है। इसके सूखे बीज सिकुड़े होते हैं।

थामस लेक्सटन (Thomas Lexton)

यह एक विदेशी किस्म है जो फ्रिजिंग (freezing) के लिए काफी उपयुक्त है।

एल्डर मैन (Elderman)

यह किस्म गृह वाटिका के लिए काफी उपयुक्त है। इस किस्म को पहाड़ों पर भी काफी उगाया जाता है।

एन0पी0–29 (N. P.-29)

इस किस्म का विकास चयन द्वारा भारतीय कृषि अनुसंधान संस्थान, नई दिल्ली से किया गया है। यह पिछेती किस्म है, जिसकी बुआई 15 दिसम्बर तक भी की जा सकती है। इसमें फूल बुआई के 75–80 दिन बाद आना प्रारम्भ होता है, जिनकी फलियाँ 100 दिन में तैयार हो जाती है। इसमें दाने तथा छिलके का अनुपात 50 प्रतिशत होता है। यह किस्म डिहाड्रेशन (dehydration) के लिए उपयुक्त है।

वी0एल0–3 (V. L. 3)

यह किस्म संकरण ओल्ड सुगर × अर्ली रिंकिल्ड ड्वार्फ–2–2–9 द्वारा विकसित की गयी है। इसके पौधे सीमित बढ़वार वाले होते हैं और फलियाँ गहरे रंग की होती है। इसमें फूल बुआई के 55–60 दिन बाद आता है। इसमें दाने और छिलके का अनुपात 46 प्रतिशत होता है। यह किस्म मुर्झान (wilt) रोग के प्रति अवरोधी है।

टी0–19 (T.-19)

यह मध्यम बढ़वार वाली किस्म है। इसमें प्रत्येक अक्ष से दो फलियाँ निकलती है। इसमें फूल बुआई के 55–60 दिन बाद आता है। इसमें दाने और छिलके का अनुपात 45 प्रतिशत है।

जवाहर मटर–2 (Jawahar Matar-2)

इस किस्म का विकास जवाहर लाल नेहरू कृषि विश्वविद्यालय, जबलपुर (मध्य प्रदेश) से रसियन–2 टी0 और ग्रेटर प्रोग्रेस के संकरण द्वारा विकसित किया गया है। दानों में अच्छी मिठास होती है। इसकी हरी फलियों की उपज 10.0 टन प्रति हेक्टेयर है। इनके 100 बीज का भार 17.0 ग्राम होता है।

जवाहर मटर–83 (Jawahar Matar -83)

इस किस्म का विकास दोहरे संकरण के द्वारा किया गया है। यह किस्म चूर्णील फफूँद (powdery mildew) रोग के प्रति अवरोधी है। इसकी औसत उपज 12.0–13.0 टन प्रति हेक्टेयर है।

जवाहर मटर–71 (Jawahar Matar -71)

इस किस्म का विकास दोहरे संकरण के द्वारा किया गया है। हरी फलियों की औसत उपज 12.0 टन प्रति हेक्टेयर है। यह किस्म चूर्णी फफूँद (powdery mildew) रोग के प्रति अवराधी है।

विवेक मटर (Vivek Matar)

विवेक मटर का विकास, विवेकानन्द पर्वतीय कृषि अनुसंधानशाला संस्थान अल्मोड (उत्तराखण्ड) द्वारा परफेक्शन×बोनविले के संकरण से किया गया है। यह फसल मध्यम समय में पकने वाली है। इसके दाने बड़े, भार वाले (36.0 ग्राम प्रति 100 दाने), मिठासयुक्त (टी0एस0एस0 16.8 प्रतिशत) बीज हरे व सिकुड़े हुए होते हैं। औसत उपज 11.47 टन प्रति हेक्टेयर है (श्रीधर एवं सहयोगी, 2004)।

अर्का अजीत (Arka Ajit)

इस किस्म का विकास बहुसंकरण पद्धति द्वारा बोनविले x आई0आई0एच0आर0–209 और फ्रिजर–656 के जननद्रव्य को समाहित करके किया गया है। इसकी फलियाँ 8–9 सेन्टी मीटर लम्बी होती हैं। बीज बड़े व मीठे होते हैं। इसमें दाना व छिलका अनुपात 55 प्रतिशत होता है। इस किस्म से 90 दिनों में पहली तुड़ाई मिल जाती है। औसत उपज 10.0 टन प्रति हेक्टेयर है। इस किस्म में रस्ट (rust) एवं चुर्णिल आसिता (powdery mldew) बीमारी नहीं लगती है।

अर्का कार्थिक (Arka Karthik)

इस किस्म का विकास अर्का अजीत ×आई0आईएच0आर0–554 के संकरण से चयन पद्धति द्वारा की गयी है। इसकी फलियाँ 10.0–12.0 सेन्टी मीटर लम्बी होती हैं जिनमें दानों की संख्या 8–10 होती है। फलियों की प्रथम तुड़ाई 90 दिनों में की जाती है। औसत उपज 8.0 टन प्रति हेक्टेयर है। इस किस्म में रस्ट (rust) एवं चुर्णिल आसिता (powdery mldew) बीमारी नहीं लगती है।

अर्का सम्पूर्णा (Arka Sampoorna)

इस किस्म का विकास बहुसंकरण पद्धति द्वारा बोनविले x आई0आईएच0आर0–209 एवं फ्रिजर–656 x मनाव सुगर जननद्रव्य को समाहित कर किया गया है। पौधे बौने तथा सीधे होते हैं। फलियाँ चौड़ी, मीठी एवं कुरकुरी होती हैं। इसमें 80 दिनों के बाद फलियाँ तोड़ी जा सकती है। औसत उपज 8.0 टन प्रति हेक्टेयर होती हैं।

सारिणी (6.9) सब्जी मटर की प्रमुख किस्मों का तुलनात्मक गुण धर्म

किस्म	बुआई उपरान्त प्रथम तुड़ाई (दिन)	उपज (कु0/ हेक्टेयर)	विशिष्ट गुण
काशी नन्दनी	60	60–65	अगेती, अधिकांश उपज केवल 60 दिन में, फलियाँ बड़ी व मीठी मोटी
अर्केल	60–65	40–60	अगेती पौधे छोटे, फलियाँ 8.0–10.0 सेन्टी मीटर लम्बी तथा 7–8 दाने वाली
आजाद मटर–3	70	70–80	अगेती पौधे मध्यम ऊँचाई के, फलियाँ बड़ी, सुडौल तथा 8–9 दाने वाली
पी0एल0–7	65	50–55	अगेती, फलियाँ मध्यम आकार की
मटर अगेता	55–60	50–55	अगेती, पौधे छोटे, फलियाँ मध्यम आकार की तथा 6 दाने वाली
आजाद मटर–1	75	80–90	मध्यम अवधि वाली, पौधो में फलियाँ जाड़ों में लगती है
काशी शक्ति	75	90–100	मध्यम अवधि वाली बड़ी, मोटी व मिठी फलियाँ

जलवायु

मटर की अच्छी पैदावार के लिए ठण्डे (cool) वातावरण की आवश्यकता पड़ती हैं। गर्मी के मौसम में इसे सफलतापूर्वक नहीं उगाया जा सकता है। इसकी बुआई के लिए औसत तापक्रम 22.0–25.0 डिग्री सेल्सियस उचित रहता है। सामान्यतः 25.0 डिग्री सेल्सियस के उपर तापक्रम रहने पर बुआई नहीं करनी चाहिए। इसके पौधों में पाला सहन (frost-2^{0}C) करने की शक्ति होती है, लेकिन इसकी फलियों और फूलों को पाले से हानि पहुँचती है। पौधे की उपरी वृद्धि–6 डिग्री सेन्टीग्रेड तापमान पर प्रभावित होती है। मटर के बीजों का उपयुक्त जमाव 18.0 डिग्री सेन्टीग्रेड तापमान पर होता है। इसके लिए कम तापमान 4.5 डिग्री सेन्टीग्रेड तथा अधिकतम तापमान 25.0 डिग्री सेन्टीग्रेड तापमान की आवश्यकता पड़ती है। वर्तमान में विकसित प्रजातियाँ 15.0–30.0 डिग्री सेन्टीग्रेड तापमान पर अच्छी उपज दे रही है। जब दिन–रात के तापमान में 20.0 डिग्री सेन्टीग्रेड की कमी होती है तो दाना बनने (grain filling) व फली विकास (pod development) की गति रूक जाती है। सामान्यतः 25.0–30.0 डिग्री सेल्सियस के उपर तापक्रम रहने पर फलियों की कैनिंग गुणवत्ता (canning properties) व स्वाद प्रभावित होती है। सब्जी मटर की बुवाई दानों के लिए बोई जाने वाली मटर से पूर्व की जाती है। उस समय भूमिगत वायुमण्डल का तापक्रम थोड़ा अधिक रहता है।

भूमि और भूमि तैयारी

वैसे तो सब्जी मटर, किसी भी भूमि में उगाई जा सकती है, लेकिन कार्बनिक पदार्थ युक्त भुरभुरी दोमट या चिकनी दोमट भूमि, जिसमें जल निकास का अच्छा प्रबन्ध हो, उत्तम होती है। भूमि का पी0एच0 मान 6.0–7.5 तक होना चाहिए। भूमि की लगभग 3–4 बार गहरी जुताई की जानी चाहिये तथा प्रत्येक जुताई के बाद पाटा लगायें, जिससे भूमि समतल तथा मिट्टी भुरभुरी हो जाये। गहरी जुताई करने से जड़ें गहराई तक आसानी से चली जाती हैं और वायु का संचार ठीक प्रकार से होता है। इसके बाद सुविधानुसार क्यारियाँ तथा सिंचाई की नालियाँ बनाई जानी चाहिए।

पोषक तत्व प्रबंधन

सब्जी मटर के लिए बहुत अधिक पोषक तत्वों की आवश्यकता नहीं पड़ती है, परन्तु अच्छी पैदावार के लिए संतुलित मात्रा में पोषक तत्वों को प्रदान किया जाना आवश्यक है। अधिक उत्पादन हेतु 15.0–20 टन गोबर की सड़ी खाद प्रति हेक्टेयर आवश्यक है। मटर एक दाल वाली फसल है, इसलिए इसको नाइट्रोजन की अपेक्षाकृत अधिक मात्रा की आवश्यकता नहीं होती है। फास्फोरस और पोटाशयुक्त उर्वरक इसकी पैदावार बढ़ाते हैं। यवाल्कर (1962) के अनुसार 22.70 किलो ग्राम नाइट्रोजन, 45.40 किलो ग्राम फास्फोरस और 45.40 किलो ग्राम पोटाश प्रति हेक्टेयर की आवश्यकता पड़ती है। चौधरी (1967) के अनुसार इसे 25.0 किलो ग्राम नाइट्रोजन, 70.0 किलो ग्राम फास्फोरस तथा 50.0 किलो ग्राम पोटाश प्रति हेक्टेयर की आवश्यकता होती है। सिंह एवं नायक (1990) के अनुसार छोटा नागपुर क्षेत्र में अगेती किस्मों के लिए 75.0 किलो ग्राम नत्रजन, 100.0 किलो ग्राम फास्फोरस तथा 15.0 किलो ग्राम पोटाश और मध्य मौसमी मटर के लिए 75.0 किलो ग्राम नत्रजन, 100.0 किलो ग्राम फास्फोरस तथा 50.0 किलो ग्राम पोटाश देना पर्याप्त होगा। चौ0 चरण सिंह

हरियाणा कृषि विश्वविद्यालय, हिसार (हरियाणा) द्वारा सिफारिश की गयी है कि मटर की अच्छी पैदावार के लिए लगभग 20.0 टन प्रति हेक्टेयर गोबर की खाद खेत की तैयारी के समय मिट्टी में मिलायें, इसके अतिरिक्त 50.0 किलो ग्राम नाइट्रोजन और 62.5 किलो ग्राम फास्फोरस प्रति हेक्टर के हिसाब से डाल दें। गन्धक तथा जिंक की कमी वाले क्षेत्रों में 20.0 किलो ग्राम गन्धक तथा 25.0 किलो ग्राम जिंक सल्फेट प्रति हेक्टेयर प्रयोग करना चाहिए। नत्रजन को छोड़कर सभी उर्वरक बुआई के समय बीज से 2.0–2.5 सेन्टी मीटर नीचे देना चाहिए। बची हुई नत्रजन की मात्रा बुआई के लगभग 25–30 दिन बाद टाप ड्रेसिंग (**top dressing**) के रुप में देनी चाहिए। बीज उपज एवं बीज घटकों का अध्ययन करने से आर्या एवं सहयोगियों (1998) ने स्पष्ट किया कि नाइट्रोजन 45.0 किलोग्राम, फास्फोरस 45.0 किलोग्राम व पोटाश 60.0 किलोग्राम उपयुक्त है। शर्मा एवं सिंह ने सबसे अधिक उपज 45:90:60 के अनुपात में नाइट्रोजन, फास्फोरस व पोटाश का प्रयोग कर प्राप्त किया। प्रयोग में पाया गया कि राइजोबियम + वैम + पी0एस0बी0 का 75 प्रतिशत नाइट्रोजन, फास्फोरस व पोटाश के साथ देने से अधिक उपज पायी गयी (सिंह एवं सहयोगी, 2006)।

बुआई का समय

सब्जी मटर की बुआई का समय किस्म और स्थानीय जलवायु के उपर निर्भर करता है। मैदानी भागों में अक्टूबर के प्रथम सप्ताह से नवम्बर के अन्त तक तथा पहाड़ी भागों में मध्य मार्च से मई के अन्त तक बुआई की जा सकती है। नकदी फसल होने के कारण शीघ्र बुआई करने पर बाजार मूल्य अधिक प्राप्त होता है। इसलिए यदि मध्य सितम्बर के आस–पास जब दिन का अधिकतम तापमान 30.0 डिग्री सेल्सियस या इसके नीचे तथा रात्रि का तापक्रम 20.0 डिग्री सेल्सियस से थोड़ा नीचे हो तो बुआई की जा सकती है। अधिक तापक्रम पर बुआई करने से अंकुरण तथा वृद्धि पर विपरित प्रभाव पड़ता है, जिससे उपज घट जाती है।

बीज की मात्रा एवं बीज शोधन

मटर के बीज की मात्रा, किस्म एवं बुआई के समयानुसार भिन्न होती है। अगेती फसल के लिए 150.0 किलो ग्राम तथा मध्य और पिछेती किस्मों के लिए 100.0–120.0 किलो ग्राम/हेक्टेयर बीज की आवश्यकता होती है। अंकुरित पौधों को बिमारियों से बचाव हेतु बुआई से पूर्व बीज को 2.0 ग्राम थिरम से प्रति किलो ग्राम बीज की दर से शोधित करना चाहिए। पौधों की अच्छी बढ़वार के लिए बीज शोधन के पश्चात् बीज में 20.0 ग्राम राइजोबियम कल्चर प्रति किलो ग्राम बीज की दर से मिलाने के बाद तुरन्तु बुआई करनी चाहिए। यदि दोनों उपचार करने हों तो पहले बीज को फफूँदनाशक दवा से उपचारित करें और इसके बाद राइजोबियम कल्चर (***Rhizobium* culture**) से उपचारित करें। जिब्रेलिक एसीड के 100 पी0पी0एम0 द्वारा छः घन्टे तक बीज शोधन तथा 60.0 किलोग्राम फास्फोरस एवं 40.0 किलोग्राम पोटाश प्रति हेक्टेयर प्रयोग करने से अधिक उपज मिलती है (गुप्ता एवं सहयोगी, 1997)।

बुआई की विधि

मध्यम तथा पिछेती सब्जी मटर की बुआई कतारों में 45.0 सेन्टी मीटर दूरी व 7.0–10.0 सेन्टी मीटर पौधों के बीच दूरी रखकर फर्टी–सिड्रील से की जा सकती है। बुआई पलेवा देने के बाद की जाये तो अंकुरण अधिक होता है। सिंह एवं नायक (1990) द्वारा किये गये परिक्षणों में अगेती मटर के लिए 30.0 सेन्टी मीटर×5.0 सेन्टी मीटर दूरी उचित पाई गयी है। हल्की भूमि में देशी हल से उर्वरक तथा पीछे से बुआई करके पाटा लगाना चाहिए जबकि भारी मिट्टी में चोंगा अथवा सिड्रिल से बुवाई करके पाटा नही लगाना चाहिए। बीज की गहराई हल्की मिट्टी में 3.0–5.0 सेन्टी मीटर तथा भारी मिट्टी में 3.0–4.0 सेन्टी मीटर होनी चाहिए। फलियों को सबसे अधिक उपज (1367 ग्राम प्रति वर्ग मीटर) बीज की आपसी दूरी 8.0 सेन्टीमीटर रखने पर पायी गयी (वर्मा एवं दोहरू, 2005)।

सिंचाई जल प्रबन्धन

बीज बुआई से पहले खेत की पलेवा अवश्य करें और बुआई के बाद पहली सिंचाई फूल आते समय करनी चाहिए। मटर की फसल को अधिक सिंचाई की आवश्यकता नहीं पड़ती है। अगर फौब्बारा विधि (sprinkler method) उपलब्ध हो तो दूसरी सिंचाई फलियाँ बनते समय करनी चाहिए। यदि फौब्बारा सिंचाई की सुविधा उपलब्ध न हो, तो दूसरी विधि (जैसे पलेवर) सिंचाई करें। अधिक मात्रा में पानी लगाने से मटर के पौधों में श्वसन क्रिया अधिक होने के कारण म्लानी (wilt) रोग का प्रकोप हो जाता है। फुहारा (sprinkler) विधि से सिंचाई अधिक लाभप्रद होता है और पानी की बचत होती है।

निकाई–गुड़ाई

मटर की वृद्धि 4–6 सप्ताह तक बहुत अधिक नहीं होती है, इसलिए इस अवधि तक खेत को खरपतवार मुक्त रखना चाहिए। इसके बाद मटर की तीब्र वृद्धि के कारण खरपतवार प्रभावी नहीं हो पाते। अतः सब्जी मटर की फसल में खरपतवार नियन्त्रण हेतु 25–30 दिन पर पहली तथा 45–50 दिन पर दूसरी निकाई तथा गुड़ाई करनी चाहिए। इससे मिट्टी भुरभुरी हो जाती है और मिट्टी में हवा का प्रवेश (संचार) हो जायेगा। इस प्रकार जड़ों को बढ़ने तथा हवा से नाइट्रोजन इकट्ठा करने में सुविधा होती है। साथ ही खरपतवार नियंत्रण भी किया जा सकता है। सब्जी मटर में खरपतवार की क्रॉतिक अवस्था बीज बुआई के 40–60 दिन का होता है। बीज बुआई के 60 दिन तक खेत का खरपतवार मुक्त रखने से बीज उपज ज्यादा होती है (भ्यान एवं सहयोगी, 2004)। खरपतवार की रोकथाम हेतु रासयनिक दवाओं जैसे–वासालिन 2.0–2.5 लीटर को 1000.0 लीटर पानी में घोलकर प्रति हेक्टेयर के हिसाब से बीज बुआई के 2–3 दिन पूर्व छिड़काव करके मिट्टी में मिला दें। बीज बुआई के एक या दो दिन बाद 3.5 लीटर स्टाम्प (पेन्डीमेथिलिन) 1000.0 लीटर पानी में घोलकर छिड़काव करें। इससे 208.9 प्रतिशत उपज में वृद्धि होती है और लाभ लागत अनुपात (3.65) होता है (राना एवं सहयोगी, 2007)। खरपतवारनाशी छिड़कते समय मिट्टी में पर्याप्त नही होनी चाहिए।

सारिणी (6.10) सब्जी मटर के लिए उपयुक्त खरपतवारनशी

खरपतवारनाशी	मात्रा	प्रयोग विधि	संदर्भ
फ्लूक्लोरेलिन	0.9 लीटर/हेक्टेयर	–	भल्ला एंव चौरसिया (1982)
टरब्युट्रीन	0.9–1.5 किलो ग्राम/हेक्टेयर	–	–
एलाक्लोर	1.0 लीटर/हेक्टेयर	–	–
बेन्टाजोन	0.96–1.92 किलो ग्राम/हेक्टेयर	–	–
डाइयुरान	0.74 किलो ग्राम/हेक्टेयर	–	–
प्रोमेट्रिन	1.0–2.0 लीटर/हेक्टेयर	–	–
लिन्यूरोन 0.25–0.5	0.25–0.5 किलो ग्राम/हेक्टेयर	–	–
मिथेबेन्जथियाजुरान	1.2 किलो ग्राम/हेक्टेयर	–	–
नाइट्रोफेन	1.25 लीटर/हेक्टेयर	–	–
प्रोमेट्रिन	1.5 किलो ग्राम/हेक्टेयर (सक्रिय तत्व)	प्री इमरजेन्स	इवानोव एवं सहयोगी, 1979
बेन्टाजोन	1.0–1.5 किलो ग्राम/हेक्टेयर	पोस्ट इमरजेन्स	
टरब्युट्रीन	1.5 किलो ग्राम/हेक्टेयर	प्री इमरजेन्स	
प्रोफ्लुरेलिन	1.0 किलो ग्राम/हेक्टेयर	–	–
नैप्रोपेमाइड	2.5/हेक्टेयर (सक्रिय तत्व)	–	–
एमसीपीए	1.00 किलो ग्राम/हेक्टेयर (सक्रिय तत्व)	पोस्ट इमरजेन्स	
फ्लुरेलिन	1.0–1.5 किलो ग्राम/हेक्टेयर	प्री इमरजेन्स	प्रकाश एवं सहयोगी, 2000
एलाक्लोर	1.5–2.0 किलो ग्राम/हेक्टेयर	–	–
पेन्डीमेथिलिन	0.5–1.00 किलो ग्राम/हेक्टेयर (सक्रिय तत्व)	–	–
पाइवाट 100	1.0 लीटर/हेक्टेयर	प्री इमरजेन्स	मिरान एवं सहयोगी, 1995
डाइनाइट्रो	3.0 किलो ग्राम/हेक्टेयर	पोस्ट इमरजेन्स	प्रेम नाथ एवं सहयोगी, 1995

फसल चक्र

मैदानी भाग में मटर को निम्नलिखित फसल चक्रों में सफलतापूर्वक उगाया जा सकता है –

1. भिण्डी–मटर–मिर्च
2. खीरा–मटर–लोबिया
3. फूल गोभी (अगेती)–मटर–बैंगन
4. बैंगन–मटर–लौकी
5. टमाटर–मटर–करेला

पहाड़ी क्षेत्रों में निम्नलिखित फसल चक्रों को अपनाया जाता है।

एक वर्षीय फसल चक्र

मक्का–मटर (अगेती) अगस्त–अक्टूबर, गेंहूँ (नवम्बर–मई), अदरक (जून–नवम्बर), मटर (दिसम्बर–मई)

द्विवर्षीय फसल चक्र

अदरक (जून–नवम्बर), गेंहूँ (दिसम्बर–मई, मक्का (जून–सितम्बर), मटर (अक्टूबर–मार्च)

अदरक (जून–नवम्बर), मूली (दिसम्बर–मई), मिर्च (जून–सितम्बर), मटर (अक्टूबर–मार्च)

फलियों की तुड़ाई

मटर की फसल से अधिक तथा पर्याप्त आय प्राप्त करने के लिए फलियों की तुड़ाई समय से करना आवश्यक है। वैसे मटर की फलियों की तुड़ाई किस्म के उपर निर्भर करती है। अगेती प्रजातियाँ 55–60 दिनों बाद, मध्यम 70–75 दिनों बाद तथा पिछेती 75–100 दिन बाद तुड़ाई योग्य हो जाती है। सामान्यतः तुड़ाई 7–10 दिन के अन्तर पर हाथों द्वारा की जाती है। एक फसल में लगभग 3–4 बार फलियों की तुड़ाई की जाती है। मटर की तुड़ाई के समय पौधों को हानि नहीं पहुँचनी चाहिए। फलियाँ दानों से अच्छी तरह भरी तथा हरी अवस्था में हों, तभी तुड़ाई करनी चाहिए। फलियों की तुड़ाई सुबह या शाम के समय की जानी चाहिए। चपटी फलियों की तुड़ाई से उपज कम प्राप्त होती है तथा बाजार भाव कम मिलने से आर्थिक नुकसान उठाना पड़ता है।

उपज

हरी फलियों की पैदावार किस्मों के उपर निर्भर करती है। औसतन अगेती किस्मों से 5.0–6.0 टन प्रति हेक्टेयर तक पैदावार हो जाती है।

पौध संरक्षण

प्रमुख कीट एवं उनका प्रबन्धन

फसल को मुख्य रूप से निम्नलिखित कीटों से अधिक हानि होती है।

एफिड या माँहू या चेपा (Aphid)

एफिड या माँहू या चेपा (*Acyrthosiphon pisi*) बहुत ही छोटे हरे रंग के कीट होते हैं, जो जनवरी के महीने में आक्रमण करते हैं। यह कीट पत्तियों तथा कोमल टहनियों से रस चूसते हैं, जिससे पौधे कमजोर हो जाते हैं व पैदावार कम हो जाता है।

प्रबंधन

इसकी रोकथाम के लिए मैलाथियान या मैटासिस्टाक्स का 50 ई0सी0 दवा का 0.2 प्रतिशत (2.0 मिली लीटर दवा एक लीटर पानी में) या डाइक्लोरोवास (DDVP) का 0.05 प्रतिशत का घोल बनाकर 10 दिन के अन्तराल पर करना चाहिए।

फल छेदक कीट (Pod borer)

फल छेदक कीट (*Heliothis* spp.) की सूण्डियाँ फलियों में छेद कर देती हैं तथा दाने को खा जाती है।

प्रबंधन

- खड़ी फसल पर निबौली सत् (neem extract) अथवा नीम आयल (neem oil) 0.5 प्रतिशत का छिड़काव करना चाहिए।
- एन0पी0वी0 250–300 लार्वा तुल्यांक को 800 लीटर पानी में घोलकर सायंकाल छिड़काव करना चाहिए।
- बचाव के लिए 10.0 प्रतिशत मैलाथियान पाउडर का 25.0 किलो ग्राम प्रति हेक्टेयर के हिसाब से भुरकाव करना चाहिए। थायोडान नामक कीटनाशी दवा का 2.0 मिली लीटर प्रति लीटर पानी में घोलकर छिड़काव करने से कीट का प्रभावी नियन्त्रण होता है।

तना भेदक कीट (Pea stem fly)

तना भेदक कीट (*Ophionyai phaseoli*) के प्रौढ़ पौधे के अन्दर अण्डे देते हैं, जिसकी गिडारे (maggets) तनें के आन्तरिक भाग को खा जाती हैं। परिणाम स्वरूप पौध सूख जाता है।

प्रबंधन

- बुआई के पूर्व फोरेट (Carbofuran) 10 जी का 10.0 किलो ग्राम मात्रा प्रति हेक्टर की दर से भूमि में मिलाना चाहिए।
- खड़ी फसल पर क्लोरपाइरीफास 1.5 लीटर अथवा डायमिथोएट 30 ई0सी0 1.0 लीटर की 600.0–800.0 लीटर पानी में घोलकर प्रति हेक्टेयर की दर से छिड़काव करना चाहिए।

पत्ती सुरंग कीट (Leaf minor)

पत्ती सुरंग कीट (*Liriomyza huidobrensis* or *Phytomyza atricornis*) कीट पौधो की पत्तियों में हरे भाग को खा कर सफेद धागे की तरह बारीक सुरंग (serpentine mines) बनाता है। अधिक प्रकोप से पत्तियाँ सूख जाती हैं और उत्पादन काफी कम होता है।

प्रबन्धन

इस कीट से बचाव के लिए नीमगोल्ड 20.0 मिली लीटर प्रति हेक्टेयर पानी या नीम की गिरि का अर्क 4 प्रतिशत का छिड़काव करें तथा 15 दिन के अन्तराल पर दूसरा छिड़काव करना चाहिए। डाइक्लोरोवास (DDVP) का 0.05 प्रतिशत का घोल बनाकर 10 दिन के अन्तराल पर छिड़काव करना चाहिए।

प्रमुख बीमारियाँ एवं उनका प्रबन्धन

मटर की फसल को निम्न बीमारियों से हानि पहुचती है।

चूर्णिल आसिता (Powdery mildew)

यह बीमारी इरीसीफी पालीगोनी (*Erysiphe polygoni*) नामक फफूँद से होता है, जो जनवरी के महीने पर दिखाई पड़ती है। इसमें पत्तियों, फलियों और तनों पर पहले सफेद रंग के धब्बे बनते हैं, जो बाद में चूर्ण के रूप में पूरे पौधे पर दिखाई देते हैं। पौधे की वृद्धि रूक जाती है। पत्तियाँ पीली पड़ कर सुखने लगती है तथा फल छोटे व सफेद हो जाते हैं, जिससे उत्पादन घट जाता है।

प्रबन्धन

- देर से बुआई करने पर तथा पिछेती किस्मों में यह रोग अधिक लगता है। इसलिए समय पर तथा अगेती किस्मों की बुआई करनी चाहिए।
- प्रभावित फसल के अवशेष खेत से बाहर निकाल कर जला देना चाहिए।
- इस बीमारी की रोकथाम के लिए घुलनशील गन्धक का 2.0 किलो ग्राम 600.0–700.0 लीटर पानी में घोल बनाकर प्रति हेक्टेयर के हिसाब से 10–15 दिन के अन्तर पर छिड़काव करना चाहिए।
- इसके अलावा कैराथेन या मोरासाइट दवा का 0.2 सांद्रता (2.0 मिली लीटर दवा प्रति लीटर पानी में) का घोल बनाकर छिड़काव करना चाहिए।
- रोग रोधी प्रतिरोधी किस्मों की बुआई करें।
- रोग का अधिक प्रकोप होने पर पेन्कोनाजोल 0.05 प्रतिशत (1.0 मिली लीटर दवा प्रति 4.0 लीटर पानी में) या कैलिक्सीन 0.1 प्रतिशत (0.5 मिली लीटर दवा 1 लीटर पानी में) के घोल का 10 दिन के अन्तराल पर छिड़काव करें।

जड़–गलन व उकठा सूखा रोग (Root rot or Wilt)

यह फफूँद जनित रोग (*Fusarium oxysporum* f. *pisi*) है, जिसके प्रकोप से पत्तियाँ पीली पड़ जाती हैं एवं जड़ें सड़ जाती हैं। पौधे अन्त में मुरझा कर गिर जाते हैं एवं सूख जाते हैं। फलियाँ पूरी तरह भरी नही होती हैं। यदि रोग का प्रकोप अधिक हो जाये तो फलियों में बीज नहीं बनते और तने के नीचे का भाग का रंग बदल जाता है।

प्रबंधन

- रोग से प्रभावित पौधो के अवशेषों को नष्ट कर देना चाहिए।
- समय पर बुआई करें।
- इससे बचने के लिए संक्रमणयुक्त भूमि में 3 वर्ष तक मटर की फसल नहीं उगानी चाहिए। फसल चक्र में ज्वार, बाजरा एवं गेंहूँ को समाहित करना चाहिए।

- इस बीमारी से बचाव के लिए बीजोपचार करना लाभदायक रहता है। बोने के पहले सेरेसान या बैविस्टन (2.0 ग्राम प्रति किलो ग्राम) या ब्रासीकॉल (5.0 ग्राम प्रति किलो ग्राम बीज) से उपचारित करना चाहिए। बीज को 1.0 ग्राम थीरम + 4.0 ग्राम ट्राईकोडर्मा विरडी से प्रति किलो ग्राम बीज की दर से उपचारित करने पर ज्यादा फायदा होता है।
- खेत मे हरी खाद की जुताई के एक सप्ताह के अन्दर ट्राइकोडर्मा पावडर 5.0 किलो ग्राम प्रति हेक्टेयर की दर से प्रयोग करना चाहिए।

गेरूई (Rust)

गेरूई फफूँद (*Uromyces viciaefabae*) के प्रकोप से फैलता है पौधे जल्दी सूख जाते हैं, तथा उपज कम हो जाती है। प्रारम्भ में पत्तियों की निचली सतह पर छोटे–छोटे गेरूई या पीले रंग के उठे हुए धब्बे बनते हैं। धीरे–धीरे इन धब्बों का रंग भूरा लाल पड़ने लगता है। कई धब्बों के आपस में मिलने से पत्तियाँ सूख जाती है।

प्रबन्धन

- रोग से प्रभावित पौधों के अवशेषों को नष्ट कर देना चाहिए।
- रोग के नियन्त्रण के लिए हेक्साकोनाजोल 1.0 मिली लीटर प्रति 3.0 लीटर पानी या विटरेटीनाल 1.0 ग्राम प्रति 2.0 लीटर पानी की दर से घोल बनाकर 1–2 बार छिड़काव करें।

एन्थ्रेक्नोज (Anthracnose)

इस रोग में पत्तियों के ऊपर पीले से काले रंग के सिकुड़े हुए धब्बे बन जाते हैं, जो बाद में पूरी पत्ती को ढक लेते हैं। छोटे फलों पर काले रंग के धब्बे आने लगते हैं तथा रोगी फलियाँ सिकुड़ कर मर जाती हैं। यह रोग बीज के माध्यम से एक मौसम से दूसरे मौसम में जाती है।

प्रबन्धन

- बुआई से पहले बीज को कार्बेन्डाजिम 2.5 ग्राम दवा प्रति किलो ग्राम बीज की दर से उपचारित करना चाहिए।
- फूल आने के बाद कार्बेन्डाजिम 1.0 ग्राम प्रति लीटर पानी में घोलकर छिड़काव करें।
- रोग रोधी किस्मों का प्रयोग करें।
- अगर बाजार के लिए मध्यम अवधी वाली किस्म लगानी हो तो एन्थ्क्नोज रोग से फसल को बचाने के लिए जरूरी है कि बुआई अगेती किस्मों के समय ही करें।

फराश बीन (French bean)

वानस्पतिक नाम : फैसिओलस वल्गेरिस (*Phaseolus vulqaris* L.)
कुल : फाबेसी (Fabaceae)
गुणसूत्र संख्या : 2एन= 22

फराश बीन को कामन बीन (common bean), किडनी बीन (kidney bean) फराश बीन (Farash bean) आदि नामों से जाना जाता है (कटियाल एवं चड्ढा,1988)। फराश बीन की कोमल फलियाँ और सूखे बीज राजमा (rajmash) सब्जी बनाने के लिये वृहद् पैमाने पर प्रयोग मे लाये जाते हैं। सब्जी वाली फराश बीन, दाल बनाने वाले राजमा से भिन्न होती है। फराश बीन में पाचक प्रोटीन की मात्रा सबसे ज्यादा होती है। इसके प्रति 100.0 ग्राम में 187.0 मिली ग्राम बीटा कैरोटीन तथा 9.0 मिली ग्राम विटामिन सी पाई जाती है। इसके सूखे बीज में प्रोटीन की मात्रा अधिक (25 प्रतिशत) पायी जाती है। सब्जी वाली फराश बीन की फलियाँ मुलायम व गूदेदार होती है, जबकि दाल वाली किस्मों की फलियाँ कड़ी होती है और छिलके के अन्दर पार्चमेन्ट लेयर (parchment layer) बनने के कारण सख्त होती हैं। एग्रीकल्चरल एण्ड प्रासेस्ड फूड प्रोडक्टस एक्सपोर्ट डेवलपमेन्ट अथारीटी (APEDA) ने फराश बीन को कैन्ड (canned) एवं फ्रोजेन (frozen) रूप में निर्यात करने के लिए प्रमुख फसल मानी है (पीटर एवं सहयोगी, 2008)।

उद्भव एवं वितरण

फराश बीन का उत्पत्ति स्थान दक्षिण अमेरिका माना जाता है (थाम्पसन एवं केली, 1957)। निःसंदेह इसकी उत्पत्ति अति प्राचीन है। जब यूरोप के लोग अमेरिका पहुँचे तो उन्होंने देखा कि वहाँ के आदिवासी ''रेड इण्डियन'' (Red Indian) इसकी खेती मक्के के साथ करते हैं। पुरातत्व विश्लेषण से स्पष्ट हुआ है कि फराश बीन की दो स्वतंत्र उद्भव स्थल सेन्ट्रल अमेरिका या एन्डीयन अमेरिका या दक्षिण अमेरिका प्राथमिक उदभव स्थल है। प्राचीन अभिलेखों में स्पष्ट वर्णन मिलता है कि फराश बीन के कुछ विशिष्ट प्रभेद केवल सेन्ट्रल अमेरिका में ही पाये जाते हैं, जबकि कुछ एन्डीयन अमेरिका में पाये जाते है। सम्भवतः स्पेनिश लोग इसे यूरोप लाये तथा यूरोप से यह अफ्रीका, भारत एवं विश्व के अन्य क्षेत्रों में पहुँचा। भारत में यह 19वीं सदी में यूरोपवासियों द्वारा लाया गया था। आजकल फराश बीन भारत में देशी सेम की तरह लोकप्रिय है। इसे छोटे स्तर पर उत्तरी भारत के राज्यों के साथ–साथ कर्नाटक, तमिलनाडु, आन्ध्र प्रदेश व महाराष्ट्र में भी उगाते है। वर्तमान समय में इसकी खेती पहाड़ों एवं उत्तर प्रदेश के मैदानी भागों में सफलतापूर्वक की जा रही है।

वानस्पतिक विवरण

फराश बीन स्वपरागित फसल (self pollinated crop) है। फराश बीन के पौधे मुख्य रूप से शाकीय एवं झाड़ीदार, कमजोर तने वाले या चढ़ने वाले होते हैं। पत्तियाँ संयुक्त, तीन पर्ण फल वाली, बाह्य दलपुंज 5 पिण्ड का, वैक्सिलम गोल आकार के पुष्प में विंग पंखुड़ी कील के चारों तरफ, नर जननांग कील पंखुड़ी के द्वारा बनी नलिका के अन्दर पूर्ण रूप से बन्द होते हैं। यह आवरण एक

पूरे गोल चक्र में मुड़ी रहती है। पुंकेसर दो खण्डों 9 +1 में फलियाँ गोल, चपटी, बहुबीजीय, बीज अनेक रंगों के होते हैं। वंश फैजिओलस (*Phaseolus*) के अंतग्रत 50 प्रजातियाँ पाई जाती है, जो मुख्य रूप से अमेरिका में वितरित हैं। जीनस फैसिओलस के अन्तर्गत चार प्रजातियाँ खेती के लिए ज्यादा महत्व रखती हैं, जिनकी खेती व्यापक पैमाने पर की जाती है।

1. फैसिओलस वलगेरिस (*Phaseolus vulqaris* L.)

इसे कामन बीन (common bean) या फ्रेंच बीन (french bean) या हैरिकाट बीन (haricot bean) या नेवी बीन (navy bean) के नाम से जानते हैं।

2. फैसिओलस काक्सिनियस (*Phaseolus coccineus* L.)

इसे रनर या स्कारलेट बीन (runner or scarlet bean) कहते हैं।

3. फैसिओलस एक्यूटिफोलियस वार0 लैटिफोलियस (*Phaseolus acutefolius* var. *latifolius* L.)

इसे टेपैरी बीन के नाम से जानते हैं।

4. फैसिओलस लुनेटस (*Phaseolus lunatus*L.)

इसे लीमा बीन, चिव बीन या मेडागास्कर बीन के नाम से भी जाना जाता है, जिसके पौधे मुख्य रुप से तीन प्रकार के होते हैं–

1. बौनी किस्में (Dwarf varieties)
2. अर्ध लता वाले (Semi pole type varieties) तथा
3. पूर्ण लता वाले। (Pole type varieties)

चढ़ने वाली किस्में या झाड़ीदार किस्में, दोनों में ही फलियाँ पत्तियों के नीचे से निकलती है, लेकिन एक ऐसी किस्म अपवाद के रुप में है जिसे 'रिमस' कहते हैं, में फलियाँ पत्तियों के उपरी सिरे से निकलती है। इससे फलियों की तुड़ाई में काफी सुविधा होती है।

पोषकीय महत्व

फराश बीन एक स्वास्थ वर्धक हरी फली वाली सब्जी है। मुरे एवं व्हाइटफिल्ड (1975) ने स्पष्ट किया की ताजी फलियों में सुगन्ध 3–एल्काइल–2 मिथाक्सीपाइजीजिन्स के कारण होती है। गुणवत्ता के अध्ययन में हेम्पल एवं बोहम (1996) ने स्पष्ट किया कि फराश बीन में क्वेरसेटिन–3–0 ग्लाइकोसाइड की प्रति ग्राम 19.1–183.5 μg तथा किमफेराल–3–ओ0 ग्लाइकोसाड की 5.6–14.8 μg प्रति ग्राम मात्रा ज्ञात की है। इसकी फलियों मे प्रोटीन, कैल्सियम, लौह, कार्बोहाड्रेट्स, कैरोटीन, विटामिन 'सी' और फोलिक अम्ल की मात्रा अधिक पाई जाती है। इसकी खेती अब भारत में तेजी से प्रचलित हो रही है। इसका जन्म स्थान दक्षिणी अमेरिका माना जाता है। फराश बीन में पायें जाने वाले पोषक तत्वों को सारिणी में दिया गया है–

सारिणी (6.11) फराश बीन में पाये जाने वाले पोषक तत्व (प्रति 100 ग्राम खाने योग्य भाग में)

पोषक तत्व	मात्रा
नमी	91.4 ग्राम
प्रोटीन	1.7 ग्राम
वसा	0.1 ग्राम
खनिज लवण	0.5 ग्राम
रेशा	1.8 ग्राम
कार्बोहाइड्रेट्स	4.5 ग्राम
ऊर्जा	26.0 किलो कैलारी
कैल्सियम	50.0 मिली ग्राम
फास्फोरस	28.0 मिली ग्राम
आयरन	0.6 मिली ग्राम
कैरोटीन	132.0 माइक्रोग्राम
थाइमिन	0.08 मिली ग्राम
रिबोफ्लेविन	0.06 मिली ग्राम
नियासिन	0.3 मिली ग्राम
फोलिक अम्ल	15.5 माइक्रोग्राम
विटामिन	24 मि0ग्राम

स्रोतः गोपालन एवं सहयोगी, 1999

सारिणी (6.12) फराश बीन में पाये जाने वाले सूक्ष्म पोषक तत्व (प्रति 100 ग्राम खाने योग्य भाग में)

पोषक तत्व	मात्रा
मैग्नीशियम	17.0 मिली ग्राम
सोडियम	55.4 मिली ग्राम
पोटैशियम	74.0 मिली ग्राम
कापर	0.10 मिली ग्राम
मैग्नीज	0.12 मिली ग्राम
मालीब्डीनम	—
जिंक	0.40 मिली ग्राम
क्रोमियम	0.004 मिली ग्राम
सल्फर	40.0 मिली ग्राम
क्लोरीन	31.0 मिली ग्राम

स्रोतः गोपालन एवं सहयोगी, 1999

फराश बीन में अनेकों प्रकार के एमीनों अम्ल अल्प मात्रा में पाये जाते हैं, जो गंधक युक्त होते है लेकिन ग्लूटामिक अम्ल एवं एस्पार्टिक अम्ल अधिक मात्रा में पाया जाता है।

सारिणी (6.13) फराश बीन में पाये जाने वाले एमीनो

एमीनों अम्ल	मात्रा (मिली ग्राम / 100 ग्राम)
आर्जीनिन	200.0 मिली ग्राम
हिस्टीडिन	150.0 मिली ग्राम
लाइसिन	360.0 मिली ग्राम
ट्रिप्टोफान	090.0 मिली ग्राम
फिनाइलएलेनिन	360.0 मिली ग्राम
टाइरोसिन	210.0 मिली ग्राम
मेथिआनिन	080.0 मिली ग्राम
सिस्टीन	060.0 मिली ग्राम
थिओनिन	250.0 मिली ग्राम
ल्यूसिन	430.0 मिली ग्राम
आइसोल्यूसिन	280.0 मिली ग्राम
वैलीन	340.0 मिली ग्राम

स्रोत– गोपालन एवं सहयोगी, 1999

उन्नतिशील किस्में

फराश बीन की किस्मों को मुख्य रुप से दो वर्गों में बाँटा जाता है।

1. रेशे वाली किस्में (Stringless type)
2. बिना रेशे वाली किस्में (Non-stringless type)

स्थानीय किस्में आमतौर पर रेशे वाली हैं, जबकि सुधरी किस्मों में रेशा नहीं पाया जाता है। फराश बीन के पौधे के बढ़ने की प्रकृति के आधार पर दो भागों में बाँटा जाता है।

1. चढ़ने वाली किस्में (Pole type)

चढ़ने वाली किस्मों को सहारा देने की जरुरत पड़ती है।

2. झाड़ीदार किस्में (Bush type)

झाड़ीदार किस्मों के पौधे छोटे और झाड़ीनुमा होते हैं।

(अ) झाड़ी नुमा किस्में (Bush type varieties)

जाइण्ट स्ट्रिंजलेस (Giant stringless)

यह एक अगेती झाड़ीदार किस्म है, जिसका उपनिवेशन (introduction) विदेश से हुआ है। फलियाँ हरी, मध्यम आकार की लम्बी, थोड़ी मुड़ी हुई, मोटी, कोमल और मीठी होती है। यह अधिक उपज देने वाली किस्म है। इसके फल चमकीले पीले–भूरें रंग के होते हैं।

कन्टेण्डर (Contender)

यह लगभग 50–55 दिन में तैयार होने वाली अगेती किस्म है। इसका भी प्रवेशन (introduction) भी विदेशों से हुआ है। इसके पौधे झाड़ीदार एवं 60.0 सेन्टी मीटर ऊँचे होते हैं। इसकी फलियाँ गोल, मोटी, गहरी, हरी, बड़ी और कुछ मुड़ी हुई व बिना रेशें वाली होती हैं। इसकी फलियाँ 15.0 सेन्टी मीटर लम्बी होती हैं। इसमें बीमारियों को सहन करने की शक्ति होती है। यह अधिक उपज (7.5–10.0 टन/हेक्टेयर) देने वाली तथा मैदानी भागों में सफलता पूर्वक उगाई जाने वाली किस्म है। उत्तम सस्य प्रबन्धन से 15–20 टन प्रति हेक्टेयर उपज मिल सकती है।

जम्पा (Jampa)

इस किस्म का प्रवेशन (introduction) मैक्सिको से हुआ है। इस किस्म के पौधे कम फैलते हैं। इसके पौधे हल्के लतादार होते हैं। पौधों पर 47 दिनों में फूल आती है तथा 60 दिनों में पहली बार तुड़ाई के लिए फलियाँ तैयार हो जाती हैं। इस प्रकार पूरे जीवनकाल में लगभग 8 तुड़ाई मिल जाती है। इसकी फलियाँ चौड़ी, चिकनी, हल्की गहरी, मीठी व लम्बी होती हैं। इसके बीज काले रंग के चमकीले, छोटे एवं चौड़े होते हैं (कोल्हे, 1971)।

पूसा पार्वती (Pusa Parbati)

इस अगेती किस्म का विकास भारतीय कृषि अनुसंधान संस्थान, नई दिल्ली द्वारा अमेरिका की वैक्सपॉड (wax pod) जाति का एक्स रे विकिरण द्वारा उत्परिवर्तित करके किया गया है। यह अगेती, अधिक उपज देने वाली झाड़ीदार किस्म है। इसकी फलियाँ गहरी हरी, लम्बी, मोटी और मीठी होती है। फलियों की तुड़ाई बीज बुआई के 45–50 दिन बाद प्रारम्भ हो जाती है। पर्वतीय क्षेत्रों में इसकी उपज (10.0–12.5 टन/हेक्टेयर) कन्टेन्डर से ज्यादा होती है। यह किस्म पर्वतीय क्षेत्रों के लिये अधिक उपयुक्त है। यह किस्म मौजैक तथा चूर्णिल आसिता रोग के लिये अवरोधी है।

पेन्सिल पॉड (Pencil pod)

यह किस्म महाराष्ट्र कृषि विभाग द्वारा विकसित की गई हैं। इसकी फलियाँ गोल, लम्बी, गूदेदार, कोमल और मीठी होती है। इसकी औसत उपज 6.0 टन प्रति हेक्टेयर है।

34–ए (34-A)

यह किस्म भी महाराष्ट्र कृषि विभाग द्वारा विकसित की गई हैं। इसकी फलियाँ लम्बी, हरी तथा चौड़ी होती हैं। यह एक अधिक उपज (8.0 टन प्रति हेक्टेयर हरी फली) देने वाली किस्म हैं।

वी0 एल0 बौनी –1 (V.L. Bauni-1)

यह किस्म विवेकानन्द पर्वतीय कृषि अनुसन्धानशाला, अल्मोड़ा (उत्तराखण्ड) से विकसित की गई है। यह जल्दी तैयार होने वाली किस्म है। इसके पौधे बौने (40 सेन्टी मीटर ऊँचे) होते हैं। पौधों का कद छोटा होने के कारण इसे विभिन्न फसलों के साथ भी उगाया जा सकता है। इसकी फलियाँ बड़ी ही आकर्षक होती हैं तथा उपभोक्ता को खरीदने के लिये जल्दी ही पसन्द आ जाती

है। इसकी फलियाँ गूदेदार तथा गोलाकार लिये हुए लम्बी होती हैं। फलियों में प्रोटीन 1.57 प्रतिशत, शर्करा 4.04 प्रतिशत तथा रेशे की मात्रा 1.23 प्रतिशत होती है। इसकी औसत उपज 11.5–12.0 टन प्रति हेक्टेयर है।

वी0 एल0 राजमा–63 (V.L. Rajmah-63)

इस किस्म के पौधे झाड़ीनुमा होते हैं। इसकी फलियाँ 14.5 सेन्टी मीटर लम्बी व चपटी होती हैं। प्रत्येक फली में औसतन 6–7 दाने पाये जाते हैं। यह उत्तर प्रदेश के पहाड़ी इलाकों के लिये बहुत ही उपयुक्त किस्म है। इस किस्म के दाने मध्यम आकार के तथा दाने का छिलका लाल रंग का होता है। इसके 1000 दानों का वजन 297 ग्राम होता है। फलियों में प्रोटीन की मात्रा 26.6 प्रतिशत व राख 4.25 प्रतिशत होती है। यह खाने में बहुत ही अच्छी होती है। इसकी औसत उपज 12.0 टन प्रति हेक्टेयर तक होती है।

अर्का कोमल (Arka Komal)

इस किस्म का विकास भारतीय बागवानी अनुसंधान संस्थान, बैंग्लुरु (कर्नाटक) द्वारा चयन विधि से किया गया है। फलियाँ हरी, लम्बी, सीधी, गूदेदार तथा कोमल होती हैं। फलियाँ 70–75 दिनों में तैयार हो जाती हैं तथा इसकी औसत उपज 20.0–25.0 टन प्रति हेक्टेयर होती है। इसकी भण्डारण क्षमता काफी अच्छी है, जिससे दूर दराज के क्षेत्रों में आसानी से भेजा जा कसता है। इसकी फसल की अवधि 65–70 दिनों की होती है तथा उपज क्षमता 21.9 टन प्रति हेक्टेयर है।

अर्का सुविधा (Arka Subidha)

इस किस्म का विकास भारतीय बागवानी अनुसंधान संस्थान, बेंगलुरु (कनार्टक) द्वारा ब्लू क्रापxकण्टेण्डर के संकरण एवं चयन से किया गया है। इसकी फलियाँ सीधी, हल्की हरी, गूदेदार तथा रेशा रहित होती हैं। इसकी औसत उपज 9.0 टन प्रति हेक्टेयर तक होती है।

अर्का अनुप (Arka Anoop)

इस किस्म का विकास भारतीय बागवानी अनुसंधान संस्थान, बैंग्लूरु (कनार्टक) द्वारा अर्का बोल्ड × अर्का कोमल के संकरण एवं चयन द्वारा किया गया है। इसकी फलियाँ 15–18 सेन्टी मीटर लम्बी, चौड़ी एवं सीधी होती हैं। इसकी औसत उपज क्षमता 20.0 टन प्रति हेक्टेयर है। यह प्रजाति जीवाणु धब्बा (bacterial spot) एवं रस्ट (rust) के प्रति अवरोधी है।

प्रीमिअर (Premier)

यह किस्म स्वीडन से लाई गई है। इसके बीज काले रंग के होते हैं। फलों की तुड़ाई बुआई के 55–60 दिन बाद की जाती है। यह देर से तैयार होने वाली किस्म है। इसकी औसत उपज 7.5–8.0 टन प्रति हेक्टेयर है।

बाउण्टी फुल (Bountiful)

यह किस्म अमेरिका से लायी गयी है। इसमें फलियाँ मुख्य रूप से तने पर गुच्छे में लगती हैं। इसकी उपज क्षमता 10.0–12.0 टन/हेक्टेयर है।

पंत अनुपमा (Pant Anupama)

इस किस्म का विकास गोविन्द बल्लभ पंत कृषि एवं प्रौद्योगिकी विश्वविद्यालय, पंतनगर (उत्तराखण्ड) द्वारा चयन विधि से किया गया है। इसके पौधे सीधे बढ़ने वाले तथा छोटे होते हैं इसकी पहली तुड़ाई बीज बुआई के 55–60 दिन बाद किया जाता है और इसकी उपज क्षमता 9.0 टन/हेक्टेयर है। इसकी फलियाँ चिकनी गोल रेशे रहित मुलायम तथा हरी होती है। यह किस्म कामन मोजैक विषाणु (common mosaic virus) और एंगुलर लीफ स्पाट (angular leaf spot) रोगों के प्रति मध्यम रूप से अवराधी है। इसे पर्वतीय तथा मैदानी दोनों क्षेत्रों में उगाने के लिये अनुमोदित की गयी है।

पन्त बीन–2 (Pant Bean-2)

इस किस्म का विकास गोविन्द बल्लभ पंत कृषि एवं प्रौद्योगिकी विश्वविद्यालय, पंतनगर (उत्तराखण्ड) द्वारा तुर्किश ब्राउन और ''कण्टेण्डर'' के बीच संकरण द्वारा किया गया है। बीज गहरे भूरे रंग के होते हैं। इसमें बुआई के 60 दिन बाद तुड़ाई शुरु हो जाती है तथा बीज के पकने में 130 दिन का समय लगता है। इसकी औसत उपज 10.0 टन/हेक्टेयर है। यह किस्म कामन बीन मोजैक विषाणु रोग के प्रति मध्यम रुप से अवरोधी है, क्योंकि इसका पितृ (तुर्किश ब्राउन) इस रोग का महत्वपूर्ण अवरोधी स्रोत है। इस किस्म को मैदानी और पर्वतीय दोनों क्षेत्रों में उगाने के लिए काफी उपयुक्त हैं। इसको दूर के बाजारों में सफलतापूर्वक भेजा जा सकता है, क्योंकि बोरों में भरने में इसकी फलियाँ टुटती नहीं हैं।

काशी परम (Kashi Param)

यह किस्म भारतीय सब्जी अनुसंधान संस्थान, वाराणसी (उत्तर प्रदेश) द्वारा सन् 2005 में संकरण एवं वंशावली चयन विधि से विकसित की गयी है। इसके पौधे झाड़ीदार होते हैं, जिनसे बुआई के लगभग 65–70 दिनों बाद फलियाँ प्रथम तुड़ाई के लिए तैयार हो जाती हैं। प्रति पौध 12–14 हरी फलियाँ मिलती हैं और फलियाँ हरी, सीधी, चपटी तथा मुलायम होती है। हरी फलियों की उपज लगभग 12.0–14.0 टन प्रति हेक्टेयर होती है। इस किस्म को उत्तर प्रदेश, बिहार एवं नई दिल्ली के क्षेत्रों में खेती के लिये अनुमोदित की गयी है।

स्वर्ण प्रिया (Swarna Priya)

इस किस्म को उद्यानकी एवं कृषि वानकी अनुसंधान केन्द्र, राँची (झारखण्ड) से चयन कर विकसित किया गया है। इसके पौधे झाड़ीनुमा, फलियाँ गोल, गूदेदार व हरी होती हैं। बुआई के लगभग 50–55 दिनों बाद फलियाँ तुड़ाई योग्य हो जाती हैं। फलियों की औसत पैदावार 12.0–15.0 टन प्रति हेक्टेयर होती है।

(ब) चढ़ने वाली किस्में (Pole type varieties)

केन्टुकी वण्डर (Kentucky Wonder)

यह पिछेती व चढ़ने वाली किस्म है, जिसका प्रवेशन (introduction) विदेश से हुआ है। यह

किस्म पर्वतीय क्षेत्रों के लिये उपयुक्त है। इसकी फलियाँ हरी, गूदेदार, बड़ी (20 सेन्टी मीटर) मोटी, मीठी, मुड़ी हुई रेशा रहित और गोल होती है। इसका बीज हल्का भूरा होता है। औसत पैदावार 10.0–12.5 टन प्रति हेक्टेयर होती है।

वी0 एल0 लता बीन–17 (V. L. Lata Bean-17)

यह जमीन पर फैलकर बढ़ने वाली किस्म है। यह बीज बुआई के 70 दिन बाद तोड़ने योग्य हो जाती है। इसकी फलियाँ गोल तथा लम्बी होती है। पत्तियाँ मोटी व हरी होती हैं। इसे पहाड़ी क्षेत्रों में सहारा देकर आसानी से उगाया जा सकता है तथा मक्का के साथ भी मिश्रित खेती के रूप में अपनाया जा सकता है। फलियाँ बीज बुआई के 65–70 दिन बाद तुड़ाई के लिये तैयार हो जाती है। इसकी फलियों में नमी 91 प्रतिशत तथा प्रोटीन की मात्रा 1.86 प्रतिशत होती है। इसकी औसत उपज 12.0 टन प्रति हेक्टेयर होती है।

वी0 एल0 लता बीन–12 (V. L. Lata Bean-12)

यह जमीन पर फैलनें (creeper) वाली किस्म है। यह बीज बुआई के 65–75 दिनों बाद पहली तुड़ाई के योग्य हो जाती है। इसकी फलियाँ गुच्छो में लगती हैं। फली चपटी, गोलाकार तथा मध्यम लम्बाई की होती है। दाने पकने पर चमकीले सफेद रंग के हो जाते हैं। फलियों में प्रोटीन की मात्रा 1.95 प्रतिशत होती है। इसकी औसत उपज 8.5–10.0 टन प्रति हेक्टेयर तक हो जाती है।

फूले सुरेखा (Phule Surekha)

इस किस्म का विकास महात्मा फूले कृषि विद्यापीठ, राहुरी (महाराष्ट्र) द्वारा शुद्ध वंशक्रम चयन विधि से किया गया है। यह अर्द्ध सीमित (semi pole type) बढ़वार करती है जिसकी फलियाँ सीधी, चौड़ी, सामान्यतः 9.25 सेन्टी मीटर लम्बी व 1.07 सेन्टी मीटर चौड़ी होती हैं। इसमें एन्थ्रेकनोज, पत्ती सिकुड़न, बीन एलो माजैक वायरस और उकठा बीमारी का प्रकोप नहीं होता है (मोरे एवं सहयोगी, 2002)।

पूसा हिमलता (Pusa Himlata)

इस किस्म का विकास विशुद्ध पंक्ति चयन विधि द्वारा भारतीय कृषि अनुसंधान संस्थान, नई दिल्ली से किया गया है। यह एक अगेती किस्म है। इसमें पौधे 2.5 मीटर ऊँचे होते हैं। इसकी पहली तुड़ाई बीज बुआई के 60 दिन बाद की जाती है। इसकी औसत उपज प्रति हेक्टेयर 26.3 टन है।

लक्ष्मी (Lakshmi)

इस किस्म का विकास कण्टेण्डर (झाड़ीदार) और स्थानीय किस्म (चढ़ने वाली) के बीच संकरण द्वारा विकसित किया गया है। इसके पौधे मध्यम ऊँचाई के होते हैं। फलियाँ तीन के गुच्छो में लगती हैं। फली 13–14 सेन्टी मीटर लम्बी, हरे रंग की आकर्षक और बिना रेशे की होती है। बीज का रंग

सफेद होता है तथा छिद्र के पास का रंग पीला होता है। यह मध्य पर्वतीय क्षेत्रों के लिए काफी उपयुक्त किस्म हैं। इसमें बीज बुआई के 65–70 दिन बाद तुड़ाई के लिए फलियाँ तैयार हो जाती हैं। इसकी उपज 12.0–14.0 टन प्रति हेक्टेयर होती है। यह किस्म एंगुलर पत्ती धब्बा (angular leaf spot) रोग के प्रति सहिष्णु है।

एस0वी0एम0 1 (S.V. M.-1)

इस किस्म को अंतः प्रजातीय संकरण (inter specific hybridization) विधि से फैसिओलस वल्गेरिस (*Phaseolus vulgaris*) की किस्म 'कण्टेण्डर' × पी0वी0एल0 (फैसिओलस मल्टीफ्लोरस) (*Phaseolus multiflorus*) के संकरण से विकसित किया गया है। इसमें फैसिओलस मल्टीफ्लोरस को इसलिए सम्मिलित किया गया है कि यह एंगुलर लीफ स्पाट रोग के प्रति अवरोधी है। इस किस्म को मध्य पर्वतीय क्षेत्रों में उगाने के लिए अनुमोदित किया गया है। इसके पौधे चढ़ने वाले होते हैं। फलियाँ हरे रंग की, गोल, रेशारहित तथा 13.0–14.0 सेन्टी मीटर लम्बी होती हैं। प्रत्येक फली में 8–10 बीज होता है। बीज भूरे रंग का होता है तथा बीज छिद्र के पास रंग काला होता है। इसमें प्रोटीन 22 प्रतिशत होती है। फसल बुआई के लगभग 65–70 दिन बाद तुड़ाई के लिए तैयार हो जाती है और इसकी उपज क्षमता 10.5–12.5 टन प्रति हेक्टेयर है। यह किस्म फली तथा दाल दोनों उद्देश्यों के लिए उत्तम है।

स्वर्ण लता (Swarna Lata)

इस किस्म को उद्यानकी एवं कृषि वानकी अनुसंधान केन्द्र, राँची (झारखण्ड) से शुद्ध पंक्ति चयन विधि द्वारा विकसित किया गया है। इसके पौधे चढ़ने वाले, फलियाँ गोल, गूदेदार, स्ट्रिंगलेस (stringless) तथा अच्छी गुणवत्तायुक्त की होती है। बुआई के 50–60 दिनों बाद फलियों की तुड़ाई शुरु हो जाती है। हरी फलियों की औसत उपज, 12.0–14.0 टन प्रति हेक्टेयर होती है।

जलवायु

यद्यपि यह ठण्डे मौसम की फसल है, लेकिन कुछ स्तर तक उच्च तापक्रम सहन कर सकती है। इसकी फसल को अत्यधिक गर्मी एवं सर्दी से हानी पहुँचती है। यह मैदानी भागों में जाड़ें और पहाड़ी भागों में बसन्त ऋतु में उगाई जाती है। फराश बीन के लिए 15.0–20.0 डिग्री सेन्टीग्रेड तापमान अनुकूल पाया गया है। औसत तापक्रम 23.0 सेन्टीग्रेट के प्रकाश काल 12 घण्टे का सबसे अच्छा माना जाता है। किसी भी दशा में दिन का तापमान 30.0 डिग्री सेन्टीग्रेड से अधिक नही होना चाहिए (शाह, 2005)। इसकी फसल ठण्डे तथा छायादार स्थानों में सफलता पूर्वक उगाई जा सकती है। इसलिए यह बागों में अन्तः फसल के रूप में उगाने के लिए उपयोगी होती है। फराश बीन की फसल पर तापक्रम के उतार–चढ़ाव का हानिकारक प्रभाव पड़ता है। विशेषतया फूलने के समय ठण्ड एवं पाले से बचाव करना चाहिए। सामान्यतः 35.0 डिग्री सेन्टीग्रेड से अधिक तापमान पर फलियाँ व पुष्प झड़ने लगते हैं।

भूमि और भूमि की तैयारी

इसकी फसल लगभग सभी प्रकार की भूमि, बलुई से चिकनी तक, में उगाई जा सकती है, लेकिन जैविक पदार्थ से भरपूर एवं अच्छी जल निकास वाली बलुई दोमट या दोमट भूमि अधिक उपयोगी होती है। अधिक उपज प्राप्त करने के लिये मृदा का पी0एच0मान 5.5–6.5 के मध्य होना चाहिए। खेत तैयार करने के लिये 2–3 बार गहरी जुताई करनी चाहिए और प्रत्येक जुताई के बाद पाटा चलाकर खेत का समतल कर लेना चाहिए।

पोषक तत्व प्रबंधन

फराश बीन दाल वाली फसल है, इसलिए इसको नत्रजन की अधिक मात्रा की आवश्यकता नहीं होती है। एक अच्छी फसल के लिये 30.0–37.5 टन प्रति हेक्टेयर गोबर की सड़ी खाद खेत की तैयारी करते समय में मिला दें। इसके अतिरिक्त 56.75 किलो ग्राम नाइट्रोजन, 113.50 किलो ग्राम फास्फोरस व 40.0 किलो ग्राम पोटाश प्रति हेक्टेयर के हिसाब से दें। चौधरी (1967) के अनुसार अच्छी फसल के लिए 250.0 किलो ग्राम अमोनियम सल्फेट, 500.0 किलो ग्राम सुपर फास्फेट (सिंगल) और 125.0 किलो ग्राम पोटेशियम सल्फेट प्रति हेक्टेयर की आवश्यकता होती है। पटेल (1968) ने सिफारिस की है कि इसकी फसल के लिए 40.0 टन प्रति हेक्टेयर गोबर की सड़ी खाद तथा 50.0 किलो ग्राम नाइट्रोजन, 62.5 किलो ग्राम फास्फोरस और 62.5 किलो ग्राम पोटाश प्रति हेक्टेयर की आवश्यकता होती है। खड़ी फसल में बुआई के 25–30 दिन बाद 20.0–22.0 किलो ग्राम यूरिया की टापड्रेसिंग (top dressing) सबसे उत्तम पाया गया है। पौधों पर बोरान, कॉपर, मालीब्डेनम, जिंक तथा मैग्निशयम के प्रत्येक की 0.1 प्रतिशत छिड़काव उत्तम पाया गया हैं। बिन्द्रा एवं सहयोगियों (2008) ने शीतोष्ण दशा में परीक्षण से पाया कि खेत में नत्रजन 40 किलोग्राम/हेक्टेयर + राइजोबियम जीवाणु शोधन करने से अधिक बीज उपज प्राप्त होती है।

बीज दर व बीज शोधन

फराश बीन के बीज की मात्रा किस्म के उपर निर्भर करती है। झाड़ीदार किस्मों के लिए लगभग 80.0–90.0 किलो ग्राम प्रति हेक्टेयर तथा फैलने वाली किस्मों के लिए 25.0–30.0 किलो ग्राम प्रति हेक्टेयर बीज की आवश्यकता होती है। फराश बीन के बीज का शोधन कार्बेण्डजिम के 50 डब्ल्यू0पी0 की 2 ग्राम प्रति किलोग्राम सूखे बीज में मिलाकर करना चाहिए। अगर खेत में यह फसल पहली बार ली जा रही है तो राइजोबियम फैसिओली नामक जीवाणु से बीज शोधन अवश्य करना चाहिए। बीज डुबोने व 2 प्रतिशत सिंगल सुपर फास्फेट का बीज पर परत लगाने से बीज उपज ज्यादा होती है (राजा एवं सहयोगी, 2008)।

बुआई का समय

इसकी बुआई मैदानी भागों में अक्टूबर के तीसरे सप्ताह से नवम्बर के दूसरे सप्ताह तक की जाती है। पहाड़ी भागों में मार्च से मई तक इसकी बुआई की जाती है।

बुआई की विधि

झाड़ीदार किस्मों के लिए कतार से कतार की दूरी 60.0–70.0 सेन्टी मीटर तथा पौधे से पौधे की दूरी 15.0–20.0 सेन्टी मीटर रखते हैं। फैलने वाली या चढ़ने वाली किस्मों की बुआई लगभग 90.0 x 7.5 मीटर की दूरी पर की जाती है। इस विधि में एक स्थान पर 1 बीज 3.0–5.0 सेन्टीमीटर की गहराई पर जुताई करके बोये जाते हैं।

सिंचाई

फराश बीन की फसल के लिए अधिक सिंचाई की आवश्यकता नहीं होती है, क्योंकि इसकी जड़ें भूमि की उपरी सतह पर होती हैं। अधिक पानी लगने से जड़ों को हानि पहुँचती है। पहली सिंचाई बुआई के 25–30 दिन बाद अवश्य करें। दूसरी बार फसल पर फूल लगने तथा तिसरी बार फलियों के बढ़ते समय सिंचाइ की जानी चाहिए।

निकाई–गुड़ाई व सहारा देना

फराश बीन की फसल से खरपतवार निकालना आवश्यक होता है। फसल की प्रारम्भिक अवस्था में 2–3 निकाई के साथ गुड़ाई करनी चाहिए। सामान्यतः पहली सिंचाई के उपरान्त 30–35 दिन की फसल में निकाई–गुड़ाई करें। इसी समय विगलन (thinning) द्वारा पौधों की आपस में दूरी सिफारिस (30.0 सेन्टी मीटर x 5.0 सेन्टी मीटर, झाड़ी वाली व 90.0 सेन्टी मीटर x 7.5 सेन्टी मीटर लता वाली) के अनुसार करें। आवश्यकतानुसार दूसरी निकाई–गुड़ाई की जा सकती है। रासायनिक विधि से खरपतवार नियन्त्रण के लिये स्टाम्प की 3.0 किलोग्राम मात्रा को 1000 लीटर पानी में घोल बनाकर बीज बुआई के 48 घन्टे के अन्दर छिड़काव करना चाहिए।

फलियों की तुड़ाई

हरी फलियों की तुड़ाई फूल आने के 2–3 सप्ताह बाद की जानी चाहिए क्योंकि इस अवस्था पर फलियों में बीज छोटे होते हैं। पकी हुई फलियों की तुड़ाई दाने के लिए, जब फलियाँ पीली पड़ जाती हैं, की जाती है। फलियों की तुड़ाई हाथ द्वारा की जाती है। लतादार किस्मों को बाँस या एंगिल आयरन पर पतले रस्सी से सहारा देकर चढ़ाना चाहिए।

फसल चक्र

फराश बीन से अच्छी उपज प्राप्त करने के लिए निम्नलिखित फसल चक्र को अपनाना चाहिए–

1. लोबिया–फराश बीन–करेला
2. लौकी–मूली–फराश बीन
3. चौलाई–फूल गोभी (मध्यकालीन)–फराश बीन
4. करेला–फराश बीन–लोबिया
5. मक्का–मटर–फराश बीन
6. मिर्च–फराश बीन–खीरा

उपज

फराश बीन की पैदावार किस्म के उपर निर्भर करती है। झाड़ीदार किस्मों की औसत पैदावार 8.0–10.0 टन प्रति हेक्टेयर होती है। फैलने वाली किस्मों, जिनको खम्भों पर उगाया जाता है, की औसत पैदावार 12.0–14.0 टन प्रति हेक्टर होती है।

पौध संरक्षण

प्रमुख कीट एवं उनका प्रबन्धन

बीन वीविल (Bean weevil)

यह कीट फसल में फलियों को खाकर नुकसान पहुँचाता है। इसके लार्वी फल के अन्दर छेदकर उपज को प्रभावित करते हैं।

प्रबन्धन

नियंत्रण के लिए मैलाथियान, रोगार या इण्डोसल्फान के 0.1 प्रतिशत घोल का छिड़काव 10–15 दिन के अन्तराल पर करते रहना चाहिए।

बीन एफीड (Bean aphid)

बीन एफीड (*Aphis craccivora*) बहुत छोटा, हरे एवं काले रंग का कीट होता है, जो पौधों के नरम भागों विशेषकर पौधों की पत्तियों से रस चुसता है। यह कीट पौधों में विषाणु रोग भी फैलाता है।

प्रबन्धन

इस कीट की नियंत्रण के लिए निकोटीन सल्फेट (1:600) या लिण्डेन (0.1 प्रतिशत) या पैराथियान (0.025 प्रतिशत) का छिड़काव करना चाहिए। अगर फलियाँ बनना प्रारम्भ नहीं हुई हों तो मैलाथियान 30 ई0सी0 50 प्रतिशत घोल का छिड़काव करना चाहिए (रेड्डी, 1962, रेड्डी, 1968)। छिड़काव से पहले फलियाँ तोड़ लेनी चाहिए तथा छिड़काव के 10 दिन बाद ही अगली तुड़ाई करनी चाहिए। अगर पैराथियान का छिड़काव किया गया हो, तो छिड़काव के 15 दिनों बाद फलियों की तुड़ाई करनी चाहिए। रोगर 30 ई0सी0 या मेटासिस्टाक्स 20 ई0सी0 का भी 10 दिनों के अन्तर पर छिड़काव कर सकते हैं।

फली छेदक (Pod borer)

कभी–कभी यह कीट फराश बीन के लिए काफी विनाशकारी होता है। इसका प्रकोप सामान्य रुप से ठण्ड में अधिक होता है। इसके कैटरपिलर (catterpillar) पहले पत्तियों एवं फलियों पर आक्रमण करते हैं, फिर फलियों में छेद कर अन्दर चले जाते हैं और बढ़ते हुए बीज को खाते हैं।

प्रबन्धन

आक्रमण प्रारम्भ होते ही कैटरपिलर (catterpillar) को हाथ से चुनकर नष्ट कर देना चाहिए। प्रभावी नियंत्रण के लिए रोगर 30 ई0सी0 650 मिली लीटर मात्रा प्रति हेक्टेयर फूल लगने के पहले

तथा फलियाँ लगने पर मैलाथियान 30 ई0सी0 की 860 मिली लीटर मात्रा प्रति हेक्टेयर की दर से छिड़काव करना चाहिए।

जड़गाँठ सूत्रकृमि (Root Knot Nematode)

इस सूत्रकृमि का आक्रमण कुछ किस्मों को छोड़कर सामान्य रुप से सभी पर होता है तथा कभी–कभी अधिक संक्रमित मिट्टी में 50 प्रतिशत फसल नष्ट हो जाती है। प्रभावित पौधों की जड़ों पर गाँठें बन जाती हैं, जो आसानी से अलग नहीं होती हैं। पौधे पीले व कुछ बौने हो जाते हैं।

प्रबन्धन

लम्बी अवधि का फसल चक्र अपनाना चाहिए। रोगी फसल की जड़ों को जहाँ तक सम्भव हो निकालकर जला देना चाहिए। सूत्रकृमि अवरोधी किस्मों को ही लगाना चाहिए। गेंदा की खेती व गर्मी की जुताई से भी कुछ सीमा तक सफलता प्राप्त होती है। रासायनिक विधि से नियंत्रण के लिए मृदा धूमकों जैसे ई0डी0बी0 180.0–250.0 लीटर/हेक्टेयर अथवा नेमागान 12.0 लीटर प्रति हेक्टेयर की दर से मिट्टी की उपचार, फसल बोने के 3 सप्ताह पूर्व करना चाहिए।

प्रमुख रोग एवं उनका प्रबन्धन

एन्थ्रेक्नोज (Anthracnose)

यह रोग कोलेटोट्राइकम लिण्डेमुथिएनम (*Colletotrichum lindemuthianum*) नामक फफूँद के कारण होता है। रोग का सर्वप्रथम लक्षण बीज पत्राधरों पर छोटे–छोटे धब्बों के रुप में दिखाई देती है। इससे तना, पत्तियाँ, पर्णवृन्त एवं फलियाँ प्रारम्भ में छोटी एवं जलासिक्त (water soaked) धब्बों युक्त हो जाती हैं। ये धब्बे धँसे हुए गहरे भूरे रंग से लाल रंग के होते हैं। रोग का प्रकोप कम ठण्ड तथा अधिक नमी या वर्षा के दिनों में अधिक होता है। प्रभावित पौधों की पत्तियाँ मुरझाकर गिर जाती हैं। इतना ही नहीं कमजोर तना वाले पौधे भी गिर जाते हैं। संक्रमित पौधों में फलियों पर पीले से भूरे रंग के धँसे हुए धब्बे बनते हैं।

प्रबन्धन

एन्थेक्नोज के नियंत्रण के लिए उचित फसल चक्र अपनाना चाहिए तथा रोग रहित बीजों को बोना चाहिए। बुआई पूर्व बीजों को 0.25 प्रतिशत सेरासन अथवा केपटान (2.0 ग्राम प्रति किलोग्राम बीज) से उपचारित करना चाहिए (रेड्डी 1962, रेड्डी, 1968)। खड़ी फसल पर बेनलेट या बेविस्टिन (0.1 प्रतिशत) या डाईफोल्टान (0.3 प्रतिशत) का छिड़काव करना चाहिए।

चूर्णिल आसिता (Powdery mildew)

यह रोग एरीसाइफी पोलीगोनी (*E. polygoni*) नामक कवक के कारण होता है। इस रोग का आक्रमण जड़ को छोड़कर सभी भागों में होता है। रोग के लक्षण तनों, पत्तियों एवं फलियों पर सफेद चुर्णिल धब्बों के रुप में दिखाई देते हैं। ये धब्बे बढ़कर आपस में मिल जाते हैं जिसके फलस्वरुप

लगभग सभी पत्तियाँ सफेद चूर्ण से ढक जाती है। रोग की उग्रता में पत्तियाँ पीली होकर गिर जाती हैं। रोग प्रायः पिछेती किस्मों पर ज्यादा आक्रमण करता है क्योंकि इस समय मौसम ज्यादा अनुकूल होता है।

प्रबन्धन

खेत को साफ रखना चाहिए तथा दूसरे परपोषियों को नष्ट कर देना चाहिए। रोग के लक्षण दिखते ही गंधक चूर्ण का 27.0–33.0 किलोग्राम प्रति हेक्टेयर की दर से भुरकाव 10–15 दिन के अन्तर पर करना चाहिए अथवा घुलनशील गंधक का 1.0 किलो ग्राम 500 लीटर पानी में घोलकर छिड़काव करना चाहिए (रेड्डी, 1968)।

रस्ट (Rust)

यह रोग यूरोमाइसिस फेसियोली (Uromyces phaseoli) नामक फफूँद के कारण होता है। रोग का आक्रमण अपेक्षाकृत अधिक आर्द्र जगहों में व्यापक होता है। रोग का लक्षण सर्वप्रथम पत्तियों की निचली सतह पर छोटे–छोटे काले–भूरे रंग के थोड़े उठे हुए धब्बों के रुप में दिखते हैं। प्रभावित पत्तियाँ पीली पड़कर गिरने लगती हैं।

प्रबन्धन

रोग के लक्षण प्रकट होने से पहले ही 25.0–30.0 किलो ग्राम गंधक चूर्ण (sulphur dust) प्रति हेक्टेयर का भुरकाव करना चाहिए। जिनेब या मैनेब 0.2–0.3 प्रतिशत के छिड़काव द्वारा भी रोग नियंत्रित हो जाता है।

बीन मोजेक (Bean mosaic)

फराश बीन में यह रोग विषाणु के द्वारा होता है जो बीज व वाहक जनित रोग है। इस रोग से पौधों की मृत्यु नहीं होती है, लेकिन पत्तियों का कर्बुरण, हरिमाहीनता, पौधों का बौनापन एवं अन्य विकृतियाँ पैदा होना सामान्य लक्षण है। संक्रमित पत्तियाँ स्वस्थ पत्तियों की अपेक्षा अधिक लम्बी एवं सकरी होती हैं। यह विषाणु रस संचरणशील है। प्रकृति में विषाणु का संचारण एफीड की कई जातियों तथा बीज द्वारा होता है।

प्रबन्धन

विषाणु रोग से ग्रसित पौधों को उखाड़ कर नष्ट कर देना चाहिए तथा विषाणु रहित बीजों का ही प्रयोग करना चाहिए। बचाव के लिए कीटनाशी जैसे 0.02 प्रतिशत मेटासिस्टाक्स या डाइमेक्रॉन का 10 दिनों के अन्तर पर छिड़काव रोगवाहक कीट (एफीड) को कम करने में सहायक होते हैं। रोग रोधी किस्मों जैसे– पंत अनुपमा, प्रीमियर, पूसा पार्वती, आई0आई0एच0आर0–220, 909 व पी0डी0आर0–14 को लगाना लाभप्रद हैं।

लोबिया (Cowpea)

वानस्पतिक नाम : विग्ना अन्गुइकुलाटा उपजाति सेस्क्यूपेडलिस (*Vigna unguiculata* (L.) Walp.) sub sp. *sesquipedalis*)

कुल फाबेसी (Fabaceae)

गुणसूत्र संख्या : 2एन= 22

लोबिया को एस्पेरागस बीन (asparagus bean), स्नेक बीन (snake bean) व यार्डलॉग बीन (yard long bean) के नाम से भी जाना जाता है। देश के विभिन्न स्थानीय भाषाओं में लोबिया को अनेकों नामों से पुकारते हैं, जैसे–गुजराती में चोला, मराठी में चोली, बंगाली में बर्बट्टी, तमिल में करामनी, तेलगू में बोब्बेरुलू, मलयालम में कोट्टापाशूरु हिन्दी में लोबिया या बोड़ा इत्यादि। लोबिया (lobiya) संभवत: एक ग्रीक शब्द है, जो लोबोस (lobos) शब्द से बना है, जिसका तात्पर्य पाड (pod) होता है। संस्कृत में इसका तात्पर्य एल्यूरिंग (alluring) से है (कृष्णास्वामी, 1970)। लोबिया एक महत्वपूर्ण पौष्टिक दलहनी सब्जी है, जिसकी खेती पूरे देश में हरी फलियों, बीजों, चारा और हरी खाद प्राप्त करने के लिए खरीफ और जायद में की जाती है। प्रायः किसान लोबिया को मक्का या ज्वार के साथ बोते हैं लेकिन इन फसलों की अपेक्षा लोबिया अधिक सूखा सहन करने की अद्भूत क्षमता रखती है। इसे खेतों के अलावा गृह वाटिका में सफलतापूर्वक उगाया जाता है, जिससे नियमित अन्तराल पर पूरे परिवार के लिए सब्जी मिलती है। आज से 5 साल पूर्व विश्व में इसकी खेती 9.0 मिलियन हेक्टेयर में की जाती थी, जिससे 2.5 मिलियन टन सूखे बीज का उत्पादन होता था लेकिन वर्तमान में खाद्य एवं कृषि संगठन (FAO) के अनुसार विश्व में लगभग 12.76 मिलियन हेक्टेयर क्षेत्रफल में लोबिया की खेती की जाति है, जिससे 7.56 मिलियन टन कुल उपज प्रतिवर्ष प्राप्त होती है। लोबिया की खेती अधिकतर 16 सब–सहारा अफ्रीकी देशों में 70 प्रतिशत लोबिया का उत्पादन किया जाता है। नाइजीरिया और नाइजर मिलकर पूरे विश्व का 49.3 प्रतिशत (5.0 मिलियन हेक्टेयर) लोबिया उत्पादन करते हैं। अफ्रीका के अन्य मुख्य उत्पादक देश वरकीना फासो, घाना, केन्या, उगाण्डा, तन्जानिया, टोगो और सेनेगल है। ब्राजील दूसरा अधिक उत्पादक देश हैं, जहाँ पूरे विश्व का 26.4 प्रतिशत उत्पादन होता है। दक्षिण अमेरिका बेनेजुएला , पेरु, पनामा, अलसल्वाडोर और हैती अन्य लोबिया उत्पादक देश हैं (टोल मास्क्यू एवं सहयोगी, 1971)। एशियाई उत्पादक देशों में भारत, श्रीलंका, बांग्ला देश, म्यामार, चीन, कोरिया, इण्डोनेशिया, नेपाल, पाकिस्तान, फिलिपिन्स, थाइलैण्ड और मलेशिया शामिल हैं। एशियाई देशों में अकेले भारत इसकी खेती हरी फली, बीज, चारे व हरी खाद के लिए व्यापक पैमाने (0.5 मिलियन हेक्टेयर) पर करता है (राँची, 1985)। अत्यधिक लोबिया उत्पादक विकसित देशों में संयुक्त राज्य अमेरिका प्रमुख है, जहाँ इसकी खेती 0.08 मिलियन हेक्टेयर में की जाती है (फेरी, 1985)। वर्तमान में लोबिया की खेती पूरे विश्व में लगभग 22 मिलियन हेक्टेयर में की जाती है।

सारिणी (6.14) विश्व के प्रमुख लोबिया बीज उत्पादक देश

देश	क्षेत्रफल (हेक्टेयर)	उत्पादन (टन)	उत्पादन (किलो ग्राम /हेक्टेयर)
नाइजेरिया	5,050,100	2,389,000	417
नाइजर	3,800,000	350,000	171
ब्राजील	1500,455	491,558	324
माली	512,455	113,000	220
तंजानियाँ	145,00	47,000	317
म्यांमार	105,00	100,000	952
यूगान्डा	64,000	64,000	1000
हैती	55,000	36,500	700
संयुक्त राज्य अमेरिका	40,000	45,000	1000
श्री लंका	15,000	12,130	808
दक्षिण अफ्रीका	13,000	5,800	430
कुल योग	11,299,555	3674,788	324

स्रोतः खाद्य एवं कृषि संगठन, सांख्यिकीय रिपोर्ट, 2011

उद्भव एवं वितरण

लोबिया की खेती प्राचीन दुनिया के उष्ण कटिबन्धीय क्षेत्रों में रहने वाले लोग बहुत पुराने समय से करते आ रहे हैं। इसके उद्भव स्थल के बारे में भिन्न–भिन्न मत हैं। लोबिया का उद्भव स्थल मध्य अफ्रीका है और यहीं से इसका विस्तार दक्षिणी अमेरिका, दक्षिण पूर्व एशिया तथा दक्षिणी यूनाइटेड स्टेट में हुआ। 16वीं शताब्दी में यह वेस्टईडिज तथा 17वीं शताब्दी में अमेरिका पहुँचा। वेवीलोव (1939) के अनुसार इसके उद्भव का मुख्य केन्द्र भारत है और भारतवर्ष में इसकी खेती वैदिक काल से होती आ रही है। थामसन एवं केली (1957) के अनुसार लोबिया का संभावित उत्पत्ति क्षेत्र मध्य अमेरिका माना जाता है। यहाँ से इसका विस्तार मिस्र के रास्ते यूरोप में हुआ। लोबिया का अनुकूलन के बारे में विभिन्न क्षेत्रों जैसे–इथोपिया (वेवीलोव, 1951; साउर, 1952; स्टीले, 1976) मध्य अफ्रीका (पाइपर, 1913) दक्षिणी अफ्रीका (जुकोवसी, 1932) व पश्चिमी अफ्रीका (फेरिस, 1965; रावत, 1975; लुश एवं इवांस, 1981) माने गये हैं। अध्ययन से स्पष्ट होता है कि पूर्वी एवं दक्षिणी अफ्रीका अनुकूलन के प्राथमिक क्षेत्र हैं (बडोइन एवं मैरेकल 1985) तथा पश्चिमी व मध्य अफ्रीका इसका द्वितीयक तथा एशिया महाद्विप इसका तृतीयक विविधता क्षेत्र है। भारतवर्ष में इसकी खेती का वितरण समान रुप से देखा जाता है, लेकिन दक्षिण भारत की अपेक्षा उत्तरी भारत में जहाँ–जहाँ फराश बीन उगायी जाती है, वहाँ अधिक लोकप्रिय है।

वानस्पतिक वितरण

लोबिया फैवेसी कुल के अन्तर्गत आता है। इसका वंश विग्ना (*Vigna*) है। इस वंश के अन्तर्गत लगभग 170 स्पीशीज पायी जाती है, जिनमें 120 अफ्रीका में, 22 भारत में और शेष दक्षिण–पूर्व

एशिया, अमेरिका व आस्ट्रेलिया में पायी जाती है (फेरिश, 1965)। लोबिया एकवर्षीय शाक (annual crop) है। इसकी अधिकांश प्रभेद झाड़ीनुमा होती हैं, लेकिन कुछ प्रभेद लता वाली भी होती हैं। लतावाली किस्मों में फलियाँ 35.0–70.0 सेन्टी मीटर लम्बी होती हैं तथा इसमें बीज दूर–दूर होते हैं। इसको हरी फलियों के लिए सहारा देकर खेती करते हैं। झाड़ीनुमा किस्मों में फलियों की लम्बाई 30.0 सेन्टी मीटर से कम होती है। फलियाँ प्रायः गुच्छे में लगती हैं। वानस्पतिक वृद्धि के अनुसार लोबिया को तीन भागों में बाँटा गया है,

- सीमित बढ़वार (Determinate)
- अर्द्ध सीमित बढ़वार (Semi-determinate)
- असीमित बढ़वार (Indeterminate)

लोबिया में मुसलादार जड़ें पायी जाती हैं, जो मिट्टी में काफी गहराई तक जाती हैं। डेविस एवं सहयोगी (2000) के अनुसार बुआई के आठ सप्ताह बाद इसके जड़ों की लम्बाई 241.3 सेन्टी मीटर पहुँच जाती है। इसके बीजचोल (seed coat) चिकने व झुर्रीदार होते हैं। बीजचोल का रंग विभिन्न प्रजातियों के आधार पर सफेद, दुधिया सफेद, हरा, हल्का पीला, लाल, भूरा और काला होता है। कभी–कभी बीज चोल धब्बेदार, धब्बारहित तथा चकत्तेदार पाये जाते हैं। लोबिया सामान्य रुप से प्रकाश अप्रभावित (photo insensitive) फसल है तथा इसके पुष्पवृन्त 7.0–50.0 सेन्टी मीटर लम्बे, डंठल (peduncle) पर लगते हैं, जो पत्तियों के कक्ष से निकलते हैं। सामान्यतः एक डंठल पर 2–3 फलियाँ लगती हैं और कभी–कभी इनकी संख्या चार या इससे अधिक भी हो सकती हैं। लम्बे डंठल हरी फलियों की तुड़ाई में सहायक होते हैं तथा फलियाँ मृदा के सम्पर्क से दूर रहती हैं, जिससे फलियों में सड़न उत्पन्न नहीं होती है। लोबिया मुख्य रुप से स्वपरागित फसल (self pollinated crop) है (डेविस एवं सहयोगी, 2000)। लोबिया को उसकी वानस्पतिक वृद्धि, फलियों के आकार एवं स्थिति तथा बीजों के बनावट एवं रंग के आधार पर तीन समूहों में विभक्त किया गया है।

1. विग्ना अन्गुईकुलाटा उपजाति अन्गुईकुलाटा (*Vigna unguiculata* (L.) Walp.) sub sp. *unguiculata*): Black eyed cowpea– इसके पौधे प्रायः लतादार तथा कभी–कभी सीधी फलियों वाले होते हैं, जिसकी लम्बाई 20–30 सेन्टी मीटर होती हैं एवं बीज छोटे होते हैं। यह उपजाति प्रायः अफ्रीका में पायी जाती है।
2. विग्ना अन्गुईकुलाटा उपजाति सिलिण्ड्रिका / विग्ना कैटजंग (*Vigna unguiculata* (L.) Walp.) sub sp. *cylindrica*)-Catjang–इसको कैटजंग बीन भी (catjang bean) कहते हैं। इस उपजाति के पौधे प्रायः सीधे एवं छोटी फलियों वाले (7.0–13.0 सेन्टी मीटर) होते हैं। इसके बीज 5–6 मिली मीटर लम्बे व गुर्दे के आकार के होते हैं।
3. विग्ना अन्गुईकुलाटा उपजाति सेस्क्यूपेडलिस (*Vigna unguiculata* (L.) Walp.) sub sp. *sesquipedalis*)–इसके पौधे प्रायः लम्बे तथा चढ़ने वाले, फलियाँ गूदेदार तथा 30.0–90.0 सेन्टी मीटर लम्बी होती हैं। दाने सूखने पर चपटे हो जाते हैं। बीज लगभग 8.0–12.0 मिली मीटर तथा गुर्दे के आकार के होते हैं। यह उपजाति प्रायः इण्डोनेशिया, फिलिपिन्स, श्रीलंका तथा भारत में पायी जाती है (सैम्सन, 1936)।

4. विग्ना अन्गुईकुलाटा उपजाति डेकेन्डीशियाना (*Vigna unguiculata* (L.) Walp.) sub sp. *dekindtiana*) इसके पौधे ओजस्वी व प्रायः सीधी फलियों वाले होते हैं, जिसकी लम्बाई 12-14 सेन्टी मीटर होती हैं एवं बीज छोटे होते हैं। यह उपजाति प्रायः अफ्रीका में पायी जाता हैं।

पोषकीय महत्व

कुपोषण को दूर करने के लिए शाकाहारी भोजन में लोबिया फली का उपयोग बहुत महत्वपूर्ण है। लोबिया की ताजी फलियों में अत्यधिक मिठास व अच्छा स्वाद होता है और इससे अनेक प्रकार के व्यंजन बनाये जा सकते हैं। इसकी फलियों में ''प्रोटीन'' कार्बोहाइड्रेट्स, रेशा, कैरोटीन, विटामिन 'सी' व विटामिन ''बी'' की मात्रा अधिक पाई जाती है। यह एक बहुपयोगी फसल है। इसकी हरी फलियाँ अकेली या अन्य सब्जियों जैस–आलू के साथ सब्जी बनाने में प्रयोग की जाती है। बीज भी अन्य दालों की तरह प्रयोग में लाया जाता है। डेविस एवं सहयोगी (2000) के अनुसार लोबिया के परिपक्व बीज में 24.8 प्रतिशत प्रोटीन, 63.6 प्रतिशत शर्करा, 1.9 प्रतिशत वसा, 6.3 प्रतिशत रेशा, 0.00074 प्रतिशत थाइमिन, 0.00042 प्रतिशत रिबोफ्लेविन और 0.00281 प्रतिशत लाइसिन पाया जाता है। ब्रेसनी एवं सहयोगी (1980) के अनुसार अन्य फसलों की अपेक्षा लोबिया में पायी जाने वाले अमिनो अम्ल में लाइसिन, ल्यूसीन और फेनाइलएलानीन अधिक मात्रा में पाया जाता है। हरी पत्तियों, अपरिपक्व फलियों तथा परिपक्व बीजों में प्रोटीन की मात्रा क्रमशः 3–4 प्रतिशत, 4–5 प्रतिशत तथा 25–30 प्रतिशत पाया जाता है। लोबिया के हरी फलियों में बहुमुल्य पोषक तत्व पाये जाते हैं जो मानव, पशु व मृदा की दृष्टिकोण से उत्तम हैं। लोबिया में पाये जाने वाले पोषक मूल्य को सारिणी में दिया गया है–

सारिणी (6.15) लोबिया में पाये जाने वाले पोषक मूल्य (प्रति 100 ग्राम खाने योग्य भाग में)

पोषक तत्व	मात्रा
नमी	86.6 ग्राम
प्रोटीन	4.3 ग्राम
वसा	0.2 ग्राम
खनिज	0.9 ग्राम
रेशा	2.0 ग्राम
कार्बोहाइड्रेट्स	8.1ग्राम
ऊर्जा	48.0 किलो कैलोरी
कैल्सियम	80 मिली ग्राम
फास्फोरस	74.0 मिली ग्राम
आयरन	2.5 मिली ग्राम
कैरोटीन	564.0 माइक्रोग्राम
थाइमिन	0.07 मिली ग्राम

रिबोफ्लेविन	0.09 मिली ग्राम
नियासिन	0.9 मिली ग्राम
विटामीन 'सी'	14.0 मिली ग्राम
मैग्नीशियम	54.0 मिली ग्राम
पोटैशियम	205 मिली ग्राम
ताँबा	0.87 मिली ग्राम
सोडियम	3.0 मिली ग्राम
मैग्नीज	1.34 मिली ग्राम
जस्ता	4.60 मिली ग्राम
गंधक	165.0 मिली ग्राम

स्रोत: खाद्य एवं कृषि संगठन, सांख्यिकीय रिपोर्ट, 2011

चेवालियर (1964) के अनुसार नियोलिथीक समय (**Neolithic period**) से ही लोग लोबिया को एक मुख्य प्राचीन भोजन के स्रोत के रुप में उगाते आ रहे हैं। सब्जी के लिए इसकी वृद्धि की सभी अवस्थाओं में उपयोग में लाया जा सकता है। इसकी कोमल पत्तियों को अफ्रीका में लोग पालक की तरह हरी सब्जी के रुप में उपयोग करते हैं। हरी तथा अपरिपक्व फलियों (**immature pods**) को सब्जी के रुप में अकेले अथवा कभी–कभी अन्य सब्जियों के साथ मिश्रण के रुप में उपभोग करते हैं। इसके हरे बीजों को उबालकर ताजी सब्जी की तरह या डिब्बाबन्द अथवा शीतगृह में संचित कर उपयोग में लाते हैं, जबकि सूखे परिपक्व बीजों को उबालकर या डिब्बा बन्द करके उपयोग में लाते हैं (डेविस एवं सहयोगी, 2000)। इसके अतिरिक्त लोबिया को मिश्रित सब्जी बनाने, बिस्कुट बनाने के रुप में, शाकीय दूध (**vegetable milk**) बनाने में तथा दलहनी श्वेतसार बनाने में प्रयोग करते हैं। अन्य दलहनी फसलों की तरह लोबिया की जड़ों में बहुत सारे छोटे–छोटे गोल (गाँठ) उभार पाये जाते हैं, जिसके अन्दर राइजोबियम जीवाणु (***Rhizobium* bacteria**) उपस्थिति रहते हैं, जो वायुमण्डलीय नत्रजन को संचित कर पौधों की जड़ों में पहुँचाते हैं। समरफील्ड एवं सहयोगी (1977) के अनुसार लोबिया की जड़ों में पाये जाने वाले राइजोबियम सिम्बीओसीस (**symbiosis**) के माध्यम से 150.0 किलो ग्राम प्रति हेक्टेयर से अधिक नत्रजन प्रदान करता है। इसको मृदा क्षरण रोकने के लिए शीघ्र वृद्धि करने वाले आवरण फसल के रुप में भी उगाते हैं। यह सामान्यतः कुछ सीमा तक सूखे के प्रति प्रतिरोधी है तथा कम उपजाऊ भूमि में अच्छी पैदावार देने के कारण यह सभी परिस्थिति या वातावरण में उगाया जा सकता है।

जलवायु

यह गर्म जलवायु की फसल है जिसे 21.0–35.0 डिग्री सेल्सियस तापमान वाले क्षेत्रों में सफलता पूर्वक उगायी जा सकती है। इसकी खेती वर्ष में दो बार वर्षा (खरीफ) एवं वसन्त ऋतुओं में की जाती है। पाला तथा कम तापक्रम इसके लिए हानिकारक होता है। सामान्यतः 14.0–15.0 डिग्री सेल्सियस से तापमान कम होने पर बीजों का अंकुरण नहीं हो पाता है। वृद्धि एवं विकास के लिए 27.0–35.0 डिग्री सेल्सियस तापक्रम अनुकूल होता है। इसे अधिक एवं लगातार वर्षा से भी

हानि पहुँचती है। इसलिए इसकी खेती सूखे इलाकों में बरानी खेती के रूप में सफलता पूर्वक की जा सकती है। लोबिया को छाया में भी अच्छी प्रकार उगाया जा सकता है। इसलिए इसकी खेती मिश्रित फसल के लिए अधिक उपयुक्त होती है। लोबिया के विभिन्न प्रभेद, भिन्न तापमान व दिन मान के प्रति प्रतिक्रिया करते हैं अतः वर्षाकालीन, ग्रीष्म कालीन व वसन्त कालीन किस्मों का विकास किया गया है (चक्रावर्ती, 1986)।

उन्नतिशील किस्में

लोबिया की अनेक किस्में हैं। प्रमुख उन्नतिशील किस्मों को दो–समूहों में बाँटा जा सकता है।

- झाड़ीनुमा किस्में (Bush type varieties)
- लतायुक्त चढ़ने वाली किस्में (Pole type varieties)

1. झाड़ीनुमा किस्में (Bush type varieties)

काशी श्यामल (Kashi Shyamal or IVCP-1)

इस किस्म का विकास भारतीय सब्जी अनुसंधान संस्थान, वाराणसी (उत्तर प्रदेश) द्वारा सन् 2003 में विकसित किया गया। इसका विकास स्थानीय किस्मों से शुद्ध लाइन चयन कर किया गया है। यह एक अगेती एवं प्रकाश अप्रभावी किस्म है तथा इसकी बुआई अक्टूबर से जनवरी को छोड़कर पूरे वर्ष सफलतापूर्वक की जा सकती है। इसके पौधे सीमित बढ़वार वाले (50.0–60.0 सेन्टी मीटर लम्बे), झाड़ीनुमा तथा सीधे खड़े रहते हैं। इस किस्म में पुष्पन बुआई के 40–45 दिन बाद हो जाता है तथा खाने योग्य हरी फलियाँ बुआई के 50–55 दिन बाद मिलनी शुरु हो जाती हैं। इसकी फलियाँ हरी तथा फलियों का सिरा लाल होता है। फलियाँ मुलायम गूदेदार तथा 25.0–30.0 सेन्टी मीटर लम्बी होती हैं। इसकी फलियाँ 30.0–35.0 सेन्टी मीटर लम्बे डंठल (peduncle) पर लगती हैं जिसमें फलियों की तुड़ाई में आसानी होती है। यह किस्म पीला पर्णदाग रोग के प्रति प्रतिरोधी है। इसकी हरी फलियों की औसत उपज 10.0–12.0 टन प्रति हेक्टेयर तथा फसल अवधि 120–130 दिन है। अखिल भारतीय समन्वित अनुसंधान परियोजना (सब्जी फसल) द्वारा इसको कृषि जलवायु क्षेत्र IV (पंजाब, उत्तर प्रदेश, झारखण्ड एवं बिहार) में उगाने की संस्तुति प्रदान की गयी है।

काशी गौरी (Kashi Gauri or VRCP-2)

इस अगेती किस्म का विकास दो किस्मों के आपसी संकरण (आई0आई0एच0आर0 सेलेक्शन–16 × सेलेक्शन–2–1) से भारतीय सब्जी अनुसंधान संस्थान, वाराणसी (उत्तर प्रदेश) द्वारा सन् 2005 में विकसित किया गया। यह एक प्रकाश अप्रभावी किस्म है, जिसकी बुआई अक्टूबर से जनवरी को छोड़कर पूरे वर्ष सफलतापूर्वक किया जा सकता है। इसके पौधे झाड़ीनुमा एवं सीमित बढ़वार वाले (40–50 सेन्टी मीटर लम्बे) तथा सीधे खड़े रहते हैं। इसमें पुष्प बुआई के 35–38 दिन बाद आ जाते हैं तथा खाने योग्य हरी फलियाँ बुआई के 45–50 दिन बाद मिलनी शुरु हो जाती हैं। इसकी फलियाँ हरी, मुलायम, गूदेदार, पार्चमेंट से मुक्त (free from parchment) तथा 25.0–30.0 सेन्टी मीटर लम्बी होती हैं। सामान्यतः फलियाँ 30.0–35.0 सेन्टी मीटर लम्बे डंठल (peduncle) पर लगती हैं, जो

फलियों की तुड़ाई में सहायक होती हैं। यह किस्म पीला विषाणु, उकठा, जड़ सड़न एवं पर्णदाग रोग के प्रति प्रतिरोधी है। इसकी औसत उपज 11.0–12.0 टन प्रति हेक्टेयर तथा फसल अवधि 120–130 दिन है। उत्तर प्रदेश "राज्य प्रजाति संस्तुति समिति" ने सन् 2005 में सम्पूर्ण उत्तर प्रदेश में खेती के लिए अनुमोदित किया। इसके अलावा इसकी खेती बिहार एवं झारखण्ड में सफलतापूर्वक की जा सकती है।

काशी उन्नति (Kashi Unnali or VRCP-3)

इस किस्म का विकास भारतीय सब्जी अनुसंधान संस्थान, वाराणसी (उत्तर प्रदेश) द्वारा सन् 2007 में वंशावली वरण विधि द्वार विकसित किया गया। यह एक अगेती एवं प्रकाश अप्रभावी किस्म है, जिसकी बुआई अक्टूबर से जनवरी को छोड़कर पूरे वर्ष सफलतापूर्वक की जाती है। इसके पौध ो सीमित बढ़वार वाले, 40.0–45.0 सेन्टी मीटर लम्बे तथा सीधे खड़े होते हैं। इसमें पुष्पन बीज बुआई के 30–34 दिन बाद होती है तथा खाने योग्य हरी फलियाँ बीज बुआई के 40–45 दिन बाद मिलने लगती हैं। इसकी फलियाँ हरी, मुलायम, गूदेदार चर्मपत्र (पार्चमेन्ट) से मुक्त, 30.0–35.0 सेन्टी मीटर लम्बी, 10–12 दानों वाली तथा दानों पर उभार होती है। यह किस्म पीला विषाणु, उकठा, जड़ सड़न एवं पर्णदाग रोगों के प्रति प्रतिरोधी है। इसकी औसत उपज 13.0–16.0 टन प्रति हेक्टेयर तथा फसल अवधि 120–130 दिन है।

काशी कंचन (Kashi Kanchan or VRCP-4)

इस किस्म का विकास भारतीय सब्जी अनुसंधान संस्थान, वाराणसी (उत्तर प्रदेश) द्वारा सन् 2007 में पश्च संकरण एवं चयन विधि द्वारा विकसित किया गया। यह एक प्रकाश अप्रभावी अगेती किस्म है, जिसकी बुआई अक्टूबर से जनवरी को छोड़कर पूरे वर्ष भर सफलतापूर्वक की जाती है। इसके पौधे सीमित बढ़वार वाले, 45.0–50.0 सेन्टी मीटर लम्बे तथा सीधे खड़े होते हैं। इसमें बीज बुआई के 40–45 दिन बाद पुष्पन होता है तथा खाने योग्य फलियाँ बुआई से 50–55 दिन बाद मिलनी शुरु हो जाती है। इसकी फलियाँ गहरी हरी, मुलायम, गूदेदार, चर्मपत्र (पार्चमेंट) से मुक्त तथा 30.0–35.0 सेन्टी मीटर लम्बी होती हैं, जिनमें 14–16 दाने बनते हैं। यह किस्म पीला विषाणु, उकठा, जड़ सड़न एवं पर्णदाग रोगों के प्रति प्रतिरोधी है। इसकी औसत उपज 12.5–17.5 टन प्रति हेक्टेयर है तथा फसल अवधि 130–140 दिन है। यह किस्म उत्तर प्रदेश, बिहार, पंजाब, झारखण्ड, ओड़िशा, आन्ध्र प्रदेश, छत्तीशगढ़, मध्य प्रदेश एवं महाराष्ट्र के लिए अनुमोदित की गयी है।

काशी सुधा (Kashi Sudha or VRCP-5)

इस किस्म का विकास भारतीय सब्जी अनुसंधान संस्थान, वाराणसी (उत्तर प्रदेश) द्वारा सन् 2008 में वंशावली चयन पद्धति द्वारा किया गया। इस किस्म के पौधे झाड़ीनुमा व बौने होते है। बीज बआई के बाद प्रथम तुड़ाई 48–52 दिन में की जाती है। पौधे पर 30–40 सेन्टी मीटर लम्बी व सीधी फलियाँ लगती हैं। इसकी औसत उपज 10.5–13.0 टन प्रति हेक्टेयर होती है। यह किस्म उत्तर प्रदेश, पंजाब, छत्तीसगढ़, ओडिशा, आन्ध्र प्रदेश एवं राजस्थान के लिये अनुमोदित की गयी है।

वी0आर0सी0पी0–6 (VRCP-6)

इस किस्म का विकास काशी उन्नति x काउपी–263 के संकरण द्वारा भारतीय सब्जी अनुसंधान संस्थान, वाराणसी ने सन् 2011 में किया। पौधे सीधे झाड़ीनुमा व बौने होते हैं। फलियाँ हल्की मुडी, सीधी एवं 25–30 सेन्टी मीटर लम्बी होती हैं। इस किस्म की औसत उपज 13.5–18.0 टन प्रति हेक्टेयर है। बीज बुआई के 50–55 दिनों बाद फलियाँ तुड़ाई योग्य हो जाती है। इसमें गोल्डेन मोजैक वायरस का प्रकोप बिल्कुल नही होता हैं। यह किस्म उत्तर प्रदेश, बिहार एवं झारखण्ड के लिये अनुमोदित की गयी है।

पूसा कोमल (Pusa Komal, Sel-1552)

इस किस्म का विकास भारतीय कृषि अनुसंधान संस्थान, नई दिल्ली से, 1983 में चयन द्वारा किया गया है। यह झाड़ीनुमा होती है और बरसात एवं वसन्त मौसमों के लिए अच्छी हैं। इसमें पुष्पन बीज बुआई के 40–45 दिन बाद होता है तथा 20.0–22.0 सेन्टी मीटर लम्बी अच्छी गुणवत्ता वाली हरी फलियाँ लगती हैं। फलियों की तुड़ाई 2–3 दिन बार की जाती है। यह किस्म जीवाणु झुलसा रोग के प्रति अवरोधी है तथा इसकी औसत उपज 10.0 टन प्रति हेक्टेयर है (अज्ञात, 1987)।

पूसा फाल्गुनी (Pusa Phalguni)

इस किस्म को भारतीय कृषि अनुसंधान संस्थान, नई दिल्ली से कनेडियन प्रजाति से चयन करके विकसित किया गया है (पाल एवं सहयोगी, 1956)। यह अन्यन्त प्रचलित बौनी किस्म है। इसकी खेती उत्तर भारत के मैदानी भागों में वसन्त ऋतु में की जाती है। यह अधिक उपज देने वाली किस्म है। इसकी फलियाँ सीधी, लगभग 12 सेन्टी मीटर लम्बी व गहरे हरे रंग की होती हैं। फलियों की तुड़ाई, बीज की बुआई के लगभग 60 दिन बाद प्रारम्भ हो जाती है। इसके पौधों पर मोजैक और सफेद चूर्णील फफूँद (powdery mildew) रोगों का कम प्रकोप होता है। इसकी उपज लगभग 7.0–8.0 टन प्रति हेक्टेयर होती है।

पूसा बरसाती (Pusa Barsati)

इस किस्म को भारतीय कृषि अनुसंधान संस्थान, नई दिल्ली से फिलिपिन्स द्वारा आयातित जननद्रव्य से चयन कर विकसित किया गया है (पाल एवं सहयोगी, 1956)। यह अगेती किस्म है। यह वर्षा ऋतु (जून–जुलाई) में उगाई जाती है। इसमें 2–3 बार फलियाँ लगती है। इस प्रजाति में पुष्पन बीज बुआई के 35 दिन बाद तथा 45 दिन में तुड़ाई योग्य फलियाँ हो जाती हैं। फलियाँ हल्के पीले हरे रंग की व लगभग 25.0 सेन्टी मीटर लम्बी होती हैं। बीज का पिछला भाग बड़ा और लाल रंग का होता है तथा शेष भाग सफेद रंग का होता हैं। इसकी औसत उपज लगभग 8.5 टन प्रति हेक्टेयर होती है।

पूसा दोफसली (Pusa Dofasali)

इस किस्म को भारतीय कृषि अनुसंधान संस्थान, नई दिल्ली से फिलिपिन्स से आयातित जननद्रव्य एवं पूसा फाल्गुनी से संकरण एवं चयन कर विकसित किया गया है। यह बौनी किस्म

है। इसकी खेती दोनों मौसमों, वर्षा एवं वसन्त ऋतु में की जाती है। इसमें पुष्पन बुआई के 45 दिन बाद तथा खाने योग्य हरी फलियाँ 50 दिन बाद मिलनी प्रारम्भ हो जाती है। इसकी फलियाँ लगभग 18.0 सेन्टी मीटर लम्बी तथा हल्के हरे रंग की होती है। यह किस्म पूसा फाल्गुनी किस्म से लगभग एक सप्ताह बाद में तैयार होती है। इसमें कई बार फलियाँ लगती है। इसकी औसत पैदावार लगभग 10.0 टन प्रति हेक्टेयर होती है।

सलेक्शन–263 (Selection-263)

इस किस्म का विकास पंजाब कृषि विष्वविद्यालय, लुधियाना (पंजाब) से स्थानीय जननद्रव्य के चयन से किया गया है। यह गर्मी तथा बरसात दोनों मौसमों में उगाने के लिए उपयुक्त है। इसके पौधे छोटे होते हैं। फलियाँ मध्यम हरी, चपटी तथा मुलायम होती हैं जिनकी लम्बाई 20.0 सेन्टी मीटर के लगभग होती है। यह एक अगेती किस्म है तथा मोजैक व गोल्डन मोजैक रोगों के प्रति अवरोधी हैं। इसकी उपज क्षमता 8.0 टन प्रति हेक्टेयर है। अखिल भारतीय समन्वित अनुसंधान परियोजना (सब्जी फसल) द्वारा सन् 1992 में इसको कृषि जलवायु क्षेत्र IV (पंजाब, उत्तर प्रदेश, झारखण्ड एवं बिहार) में उगाने की संस्तुति प्रदान की गयी है।

अर्का समृद्वि (IIHR-16)

इस किस्म का विकास अर्का गरिमा एवं पूसा कोमल के संकरण द्वारा भारतीय बागवानी अनुसंधान संस्थान, बेंगलुरु द्वारा किया गया है। यह एक प्रकाश अप्रभावी अगेती किस्म है। इसके पौधे सीधे, झाड़ीनुमा तथा 70.0–75.0 सेन्टी मीटर लम्बे होते हैं। इसकी फलियाँ हरी, औसत मोटाई, मुलायम, गूदेदार, चर्मपत्र (पार्चमेन्ट) रहित तथा 15.0–18.0 सेन्टी मीटर लम्बी होती है। इसकी हरी फलियों की औसत पैदावार 10.0–12.5 टन प्रति हेक्टेयर है। अखिल भारतीय समन्वित अनुसंधान परियोजना (सब्जी फसल) द्वारा सन् 1998 में इसको कृषि जलवायु क्षेत्र VI (राजस्थान, गुजरात, हरियाणा एवं दिल्ली) तथा कृषि जलवायु संख्या VII (मध्य प्रदेश तथा महाराष्ट्र) में उगाने की संस्तुति प्रदान की गयी है।

अर्का सुमन (Arka Suman)

इस किस्म का विकास भारतीय बागवानी अनुसंधान संस्थान, बैंगलुरू (कनार्टक) से किया गया है। इस किस्म के पौधे झाड़ीनुमा होते हैं। गर्मी तथा बरसात दोनों मौसम के लिये उपयुक्त है। फलियाँ मोटी तथा मध्यम लम्बाई की होती हैं। इसकी औसत पैदावार 10–15 टन प्रति हेक्टेयर है।

सलेक्शन 2–1 (Selection 2-1)

इस अगेती किस्म का विकास नरेन्द्र देव कृषि एवं प्रौद्योगिकी विश्वविद्यालय, फैजाबाद (उत्तर प्रदेश) से किया गया है। इस किस्म को बरसात में उगाने के लिए सिफारिश की गयी है। इसकी फलियाँ हरी, 25.0–30.0 सेन्टी मीटर लम्बी तथा फलियों में बीज काले रंग के होते हैं। यह किस्म स्यूडोसर्कोस्पोरा क्रुयेन्टा (*Pseudo cercospora cruenta*) तथा जीवाणु रोगों के प्रति सहिष्णु है। अखिल भारतीय समन्वित अनुसंधान परियोजना (सब्जी फसल) द्वारा सन् 1993 में इसको कृषि जलवायु क्षेत्र

संख्या IV (पंजाब, उत्तर प्रदेश, झारखण्ड तथा बिहार) में उगाने की संस्तुति प्रदान की गयी। इसकी औसत उपज 8.0 टन प्रति हेक्टेयर है।

2. लतायुक्त चढ़ने वाली किस्में

इसे समान्यतः एस्परगस बीन या यार्ड लांग बीन के नाम से भी जानते हैं। इसकी फलियाँ 50.0 सेन्टी मीटर से भी ज्यादा लम्बी होती है। पौधे लतानुमा व घुमावदार होते हैं, जिसको सहारा देने की आवश्यकता पड़ती है। उत्तर प्रदेश में इस समूह के किस्मों को ''काला झामड़ा'' के नाम से भी जानते हैं।

अर्का गरिमा (Arka Garima or Sel-61-B)

अर्का गरिमा किस्म का विकास भारतीय बागवानी अनुसंन्धान संस्थान, बैंग्लुरु (कनार्टक) से टी0यू0वी0–762×विग्ना अंगुईकुलाटा उपजाति सेस्क्वेपीडलिस (*Vigna unguiculata* sub. *sesquipedelis*) के पश्च संकरण (back cross) द्वारा किया गया है। यह किस्म वर्षा ऋतु के लिए उत्तम है। गर्मी में लगाने पर फलियों में बीज कम बनते हैं। सामान्यतः पौधे 2.5–3.0 मीटर तक लम्बे, ओजस्वी तथा फैलने वाले होते हैं। पत्तियाँ हल्के हरे रंग की होती हैं तथा फूलों का रंग बैगनी होता है। इसकी फलियाँ 20.0–25.0 सेन्टी मीटर लम्बी, मोटी, गूदेदार एवं हल्के हरे रंग की होती हैं। प्रत्येक फली का औसत वजन 10.0–12.0 ग्राम के बीच होता है। फलियाँ बुआई के 50 दिनों बाद तुड़ाई योग्य हो जाती है। फसल की कुल अवधि लगभग 100 दिन है। इस किस्म की उपज क्षमता 16.0–18.0 टन प्रति हेक्टेयर है। यह किस्म विषाणु रोग के प्रति अवरोधी है। अखिल भारतीय समन्वित अनुसंधान परियोजना (सब्जी फसल) द्वारा सन् 1992 में इसे कृषि जलवायु क्षेत्र संख्या VII (मध्य प्रदेश तथा महाराष्ट्र) तथा कृषि जलवायु क्षेत्र संख्या VIII (कर्नाटक, तमिलनाडु तथा केरल) में उगाने की संस्तुति प्रदान की गयी है।

स्वर्ण श्वेता (Swarna Sweta)

इस किस्म का विकास कृषि वानिकी शोध कार्यक्रम प्लाण्डू, राँची (झारखण्ड) से किया गया है। यह एक लतादार किस्म (pole type) है, जिसकी मुलायम फलियाँ 30.0–35.0 सेन्टी मीटर लम्बी, सीधी, गोल एवं हल्के हरे रंग की होती हैं। फली का औसत वजन 13.0 ग्राम होता है। इसकी फलियाँ बुआई के 55 दिनों बाद तुड़ाई योग्य हो जाती है। इस किस्म की उपज क्षमता 25.0–30.0 टन प्रति हेक्टेयर है। फसल की अवधि 100 दिन की होती है।

स्वर्ण हरिता (Swarna Harita)

इस किस्म का विकास कृषि एवं वानिकी शोध कार्यक्रम प्लाण्डू, राँची (झारखण्ड) से ''राष्ट्रीय कृषि प्रौद्योगिकी परियोजना पादप जैव विविधता का सतत प्रबन्धन'' के अन्तर्गत संग्रहित जनन द्रव्य से चयन कर किया गया है। इसकी फलियाँ 60–70 सेन्टी मीटर लम्बी, सीधी, गोल, गूदेदार एवं गहरे रंग की होती है। फली का औसत वजन 27.0 ग्राम होता है। फलियाँ बुआई के 50 दिनों बाद तुड़ाई योग्य हो जाती हैं। फसल की अवधि लगभग 85 दिन की होती है। इसकी खेती गर्मी एवं वर्षा दोनों मौसमों में कर सकते हैं। इस किस्म की उपज क्षमता 30.0–35.0 टन प्रति हेक्टेयर है।

पूसा ऋतुराज (Pusa Rituraj Sel.-152)

यह किस्म प्रकाश अवधि से प्रभावित नहीं होती है। अतः इसे ग्रीष्म (जायद) और खरीफ दोनों में उगाया जा सकता है। यह किस्म गर्मियों में 45–50 दिन और खरीफ में 40–45 दिन में तैयार हो जाती हैं। इसकी फलियाँ 20.0–24.0 सेन्टी मीटर लम्बी, पतली, कम रेशे वाली और स्वादिष्ट होती हैं। इसकी उपज अन्य किस्मों से अधिक 8.0–8.5 टन प्रति हेक्टेयर तक हो जाती है। इसके बीज भूरे रंग के होते हैं। इस किस्म को हरी फलियों तथा दाल दोनों उद्देश्यों की पूर्ति के लिये उगाया जाता है।

24/8–2 (24/8-2)

यह किस्म दोनों मौसमों (खरीफ एवं वसन्त) में उगाई जा सकती हैं। इसके पौधों में वसन्त ऋतु में 50 दिन में तथा वर्षा ऋतु में 35 दिन में फूल आने लगते हैं। इसकी फलियाँ 18.0 सेन्टी मीटर लम्बी पीले हरे रंग की गूदेदार होती हैं। इसकी औसत उपज 7.0–7.5 टन प्रति हेक्टेयर होती है।

पूसा सावनी (Pusa Sawani, Sel.-5268)

यह एक फैलने वाली किस्म है। यह शीघ्र तैयार हो जाती है और बुआई के 40 दिन बाद फूलने लगती है। सामान्यतः 50 दिन में पहली बार फलियों की तुड़ाई की जा सकती है। फलियाँ हरी और 25.0–30.0 सेन्टी मीटर लम्बी होती है। यह वसन्त और खरीफ में उगाई जाती है। हरी फलियों की पैदावार 4.0–5.0 टन प्रति हेक्टेयर तक हो जाती है।

अर्ली बोल्ड (Early Bold)

यह एक नई किस्म है। यह गर्मियों में उगाई जाती है तथा लगभग 75 दिन में तैयार होती है।

फिलिपाइन्स अगेती (Philipians Ageti)

यह किस्म जवाहर लाल नेहरू कृषि विश्वविद्यालय के क्षेत्रीय अनुसंधान केन्द्र, ग्वालियर (मध्य प्रदेश) द्वारा फिलिपिन्स से आयातित कर विकसित की गई है। इसकी फलियाँ बुआई के लगभग 55–60 दिन बाद पहली तुड़ाई के लिए तैयार हो जाती है। फलियाँ लगभग 26.0 सेन्टी मीटर लम्बी, दूधिया सफेद रंग की तथा बिना रेशे की होती है। प्रत्येक फली में लगभग 17 बीज होते हैं। यह किस्म मध्य प्रदेश में काफी प्रचलित है। इसकी फलियों की उपज 4.8 टन प्रति हेक्टेयर होती है।

एस–203 (S-203)

इस किस्म का विकास "सलेक्सन–2" और "वर्जिनिया" के बीच संकरण के बाद चयन द्वारा किया गया है। इसके पौधे सघन होते हैं और बुआई के 65–70 दिन बाद फलियाँ तुड़ाई के योग्य हो जाती है। यह एक अगेती किस्म है। इसकी औसत उपज 6.8–9.5 टन प्रति हेक्टेयर हैं।

यार्ड लाग बीन (Yard Long Bean)

इस किस्म को उत्तर प्रदेश में सामान्य रुप से गृह वाटिका में उगाया जाता है। इसकी फली की लम्बाई 50.0 सेन्टी मीटर होती है। यह देर से तैयार होती है। इसके पौधे लतानुमा घुमावदार होते हैं, जिसको सहारा देने की आवश्यकता होती है। यह अपेक्षाकृत देर से तैयार होने वाली किस्म है। इसकी औसत उपज 10.0–11.0 टन प्रति हेक्टेयर है।

सी–67–7 (C- 67-7)

यह किस्म कृषि अनुसंधान केन्द्र, जयपुर (राजस्थान) से विकसित की गयी है। इसके पौधे सीधे खड़े होने वाले छोटे आकार के होते हैं। फलियाँ लम्बी और मोटी तथा सुनहरे हरे रंग की होती है। यह किस्म गर्मी के लिए अच्छी होती है। फलियाँ लगभग 60–70 दिन में तैयार होती है। इस किस्म से पूसा फाल्गुनी की अपेक्षा डेढ़ गुना अधिक पैदावार मिलती है।

सलेक्शन–2 (Selection 2 or CO-2)

यह फैलने वाली पछेती किस्म है, जिसकी उत्पादन अवधि 120–130 दिन तक की है। फलियाँ लम्बी, हल्की पीली व कोमल होती हैं। यह एक अच्छी उपज (8.0–10.0 टन प्रति हेक्टेयर) देने वाली किस्म है।

एस–488 (S-488)

इस किस्म की उपज सी–152 की तुलना में 30 प्रतिशत अधिक है तथा इसकी फलियाँ सी–152 की तुलना में अच्छे गुणों वाली होती हैं और अपेक्षाकृत 15 दिन पहले तैयार हो जाती है। यह किस्म जीवाणु झुलसा रोग के प्रति सहनशील है।

भूमि और भूमि की तैयारी

लोबिया किसी भी प्रकार की भूमि में उगाया जा सकता है, लेकिन इसकी अच्छी उपज प्राप्त करने के लिए रेतीली दोमट मिट्टी से भारी दोमट मिट्टी सबसे उपयुक्त पायी गयी है। उपयुक्त मृदा का पी0एच0 मान 6.0–7.5 के मध्य होना चाहिए। अन्य दलहनी फसलों की भाँति इसे क्षारीय और अम्लीय भूमि में नहीं उगाया जा सकता है। भूमि में जल निकास का उत्तम प्रबन्ध होना आवश्यक है, क्योंकि अधिक पानी लगने पर इसकी फसल को ज्यादा नुकसान पहुँचता है। मिट्टी में जैविक पदार्थों की मात्रा अधिक होनी चाहिए। खेत को पहले एक बार मिट्टी पलटने वाले हल से जुताई की जाती है। बाद में 2–3 जुताई कल्टीवेटर से की जाती है। प्रत्येक जुताई के बाद पाटा लगा देना चाहिए, जिससे ढेलें टूट जायें, खेत समतल हो जायें व मिट्टी भुरभुरी हो जायें। ओस–कोया एवं साबोगन (1989) ने परीक्षण से स्पष्ट किया कि लोबिया की कम वृद्धि सबसे गीली मृदा में, अधिकतम वृद्धि गीली मृदा में व उससे कम वृद्धि सूखी मृदा में होती है।

पोषक तत्व प्रबंधन

दलहनी फसल होने के कारण इसे कम खाद व उर्वरकों की आवश्यकता होती है। इसके पौधों की जड़ों में गाँठें बनती हैं, जो वातावरणीय नाइट्रोजन इकठ्ठा करने की क्षमता रखती हैं, लेकिन अच्छी पैदावार लेने के लिए खाद व उर्वरकों का भूमि में मिलाना जरुरी होता है। लोबिया को नाइट्रोजन की थोड़ी मात्रा और फास्फोरस की अधिक मात्रा की आवश्यकता पड़ती है। भूमि की जुताई करते समय खेत में 10.0–15.0 टन प्रति हेक्टेयर की दर से गोबर की सड़ी खाद का प्रयोग करना चाहिए (विक्रान्त एवं सहयोगी, 2005)। भारतीय कृषि अनुसंधान परिषद (1961) द्वारा सिफारिश की गयी है कि 10.0–20.0 किलो ग्राम नाइट्रोजन, 50.0–70.0 किलो ग्राम फास्फोरस व 50.0–70.0 किलो ग्राम पोटाश प्रति हेक्टेयर की दर से खेत में डालें। मेहता (1959) व यावलकर व सहयोगी (1962) के अनुसार लोबिया को 25.0–50.0 टन गोबर की खाद, 40.0–50.0 किलो ग्राम नाइट्रोजन, 60.0–75.0 किलो ग्राम फास्फोरस और 50.0–60.0 किलो ग्राम पोटाश प्रति हेक्टेयर की आवश्यकता होती है। गोबर की खाद खेत की तैयारी करते समय डालकर जुताई की जाती है, जिससे मिट्टी में अच्छी तरह से मिल जाये। नाइट्रोजन की आधी मात्रा और पोटाश की सम्पूर्ण मात्रा को बुआई के पहले मिट्टी में मिला दिया जाता है। शेष आधी नाइट्रोजन की मात्रा बुआई के लगभग 20 दिन बाद फसल में छिटकवा विधि से दी जाती है। चौ0 चरण सिंह हरियाणा कृषि विश्वविद्यालय, हिसार (हरियाणा) द्वारा सिफारिश की गयी है कि इसकी फसल के लिए 10.0–15.0 टन गोबर की खाद, 25.0 किलो ग्राम नाइट्रोजन तथा 40.0 किलो ग्राम फास्फोरस प्रति हेक्टेयर की जरुरत होती है। पोटाश की मात्रा मिट्टी की जाँच के बाद आवश्यकतानुसार खेत में मिलायी जाती है। अधिक नाइट्रोजन युक्त उर्वरक देने से शाकीय वृद्धि ज्यादा होती है और परिणामतः फलियाँ लगने में देर हो जाती है और कभी–कभी बिल्कुल ही नहीं लगती है। अतः नाइट्रोजनधारी उर्वरक देने में सावधानी बरतनी चाहिए। खेत में फास्फोरस की मात्रा बढ़ाने से हरी फलियों की उपज में वृद्धि होती है (कुमार एवं सिंह, 1990, सिंह एवं सहयोगी, 1990)। इसी प्रकार जयराम एवं रमैह (1990) ने स्पष्ट किया कि लोबिया में 26.9 किलोग्राम प्रति हेक्टेयर फास्फोरस से उपज बढ़ती है।

बुआई का समय तथा बीज की मात्रा

लोबिया की फसल दो बार, गर्मी व वर्षा ऋतु में उगाई जाती है। खरीफ की फसल को जून–जुलाई में तथा वसन्त ऋतु वाली फसल को फरवरी मार्च में बोया जाता है। बीज की मात्रा बुआई के समय के अनुसार लगती है। वसन्त ऋतु वाली फसल के लिए लगभग 20.0–25.0 किलो ग्राम था वर्षाकालीन फसल के लिए 15.0–20.0 किलो ग्राम प्रति हेक्टेयर बीज की आवश्कता होती है (चक्रावर्ती, 1986)। लतादर किस्मों के लिए 10.0–12.0 किलो ग्राम प्रति हेक्टेयर बीज की आवष्कता होती है।

बीजोपचार

रसायन से बीजोपचार

लोबिया की फसल को रोगों से बचाने के लिए फफूँदनाशक रसायन से उपचारित करना आवश्यक है। इसके लिए 2.0–3.0 ग्राम कैप्टान (Captan) या थिरम (Thiram) प्रति किलो ग्राम बीज की दर से उपचारित करना चाहिए।

राइजोबियम कल्चर से उपचार

लोबिया से अधिक उपज लेने के लिए बीजों का राइजोबियम कल्चर (*Rhizobium* culture) + 10 प्रतिशत गुड़ से उपचार करना चाहिए। परिक्षणों से पता चला है कि राइजोबियम कल्चर से बीजोपचार करने से 15–30 प्रतिशत अधिक उपज मिल जाती है। इसके साथ–साथ भूमि की उर्वरता एवं मृदा स्वास्थ्य में वृद्धि होती है। इसके लिए कल्चर का 200.0 ग्राम मात्रा एक एकड़ क्षेत्रफल के लिए पर्याप्त रहता है। पहले राइजोबियम कल्चर को 50.0 मिली लीटर पानी में डालकर घोल बनाते हैं। तत्पश्चात बर्तन में आवश्यक बीजों को रखकर इसमें घोल मिला देते हैं। घोल को पूरी तरह से बीज में इस प्रकार मिश्रित करें कि प्रत्येक बीज पर पतली सतह चढ़ जाये। उपचारित बीज को छाया में सुखाकर सायंकाल बुआई करनी चाहिए। अगर कवकनाशी के साथ राइजोबियम कल्चर का प्रयोग करना हो तो पहले कवकनाशी से शोधन करें एवं इसके बाद राइजोबियम से शोधन करें (रामदास एवं शिवप्रकाशम, 1989)।

बुआई की विधि

इसकी बुआई कतारों में की जाती है। कतारों से कतारों की दूरी 45.0–60.0 सेन्टी मीटर तथा पौधों से पौधों की दूरी 20.0–30.0 सेन्टी मीटर रखी जाती है। प्रायः बुआई देशी हल के पीछे करते हैं तथा बाद में उचित दूरी पर पौधों को छोड़ कर अन्य पौधों को कतारों से निकाल दिया जाता है। वर्षा ऋतु वाली फसल को 15.0 सेन्टी मीटर ऊँची मेड़ों पर बनी पक्तियों में और वसन्त ऋतु वाली फसल को समतल क्यारियों में बुआई की जाती है। लतादार किस्मों के लिए कतार से कतार की दूरी 1.0 मीटर एवं पौधों से पौधों की दूरी 60.0 सेन्टी मीटर होनी चाहिए, लेकिन झाड़ीदार किस्मों की आपसी दूरी 40.0 सेन्टी मीटर रखते हैं। बीज की बुआई 2.0–2.5 सेन्टी मीटर गहराई पर करते हैं।

सिंचाई जल प्रबन्धन

बीज बुआई के बाद अंकुरण के लिए आवश्यकतानुसार हल्की सिंचाई करनी चाहिए। सामान्यतः वर्षा ऋतु वाली फसल को सिंचाई की आवश्यकता नहीं पड़ती है, लेकिन वर्षा न हाने पर सिंचाई करना जरुरी है। वसन्त कालीन फसल के लिए सिंचाई की आवश्यकता ज्यादा होती है। फसल को पूरे जीवन काल में लगभग चार से छः सिंचाईयों की जरुरत होती है। गर्मी में खड़ी फसल में आवश्यकतानुसार सप्ताह में एक या दो बार सिंचाई की आवश्यकता पड़ती है। ऋतु में खरीफ अगर नियमित रुप से वर्षा हो तो सिंचाई की आवश्यकता नहीं पड़ती। बरसात में यह ध्यान रहे कि खेत से पानी का निकास अच्छी तरह से हो, जिससे फसल की जड़ों के पास पानी न लगे। पानी की कमी तना की लम्बाई, पोर की संख्या, पत्ती व तना में उपलब्ध शुष्क पदार्थ अनुपात घट जाती है (यलील एवं मन्दुराह, 1990)।

निकाई–गुड़ाई

अच्छी उपज के लिए फसल को अन्तः कृषि क्रियाओं की अधिक आवश्यकता पड़ती है। खरपतवार को नियंत्रित रखने के लिए एक या दो हल्की गुड़ाईयाँ, निकाईयों के बाद की जाती है।

बुआई से 25–30 दिन तक का समय सस्य किया के हिसाब से सबसे क्रॉतिक है। रासायनिक विधि से खरपतवार नियन्त्रण के लिये खरपतवारनाशी एलाक्लोर की 1.0 किलोग्राम मात्रा बीज बुआई पूर्व 1000 लीटर पानी में घोल बनाकर छिड़काव करें या पेन्डामोथिलिन की 1.0 किलोग्राम सक्रिय तत्व को 1000 लीटर पानी में घोल बनाकर बीज बुआई के 2 दिन बाद तक खेत में छिड़काव कर सकते है (होस्मानी एवं होस्मानी, 1984)। उन्होंने यह भी स्पष्ट किया कि लोबिया में ओक्साडायजान की 1.0 किलोग्राम प्रति हेक्टेयर, एलाक्लोर तथा बिट्रोफोन की 2.0 किलोग्राम प्रति हेक्टेयर से खरपतवार पर प्रभावी नियन्त्रण बिना किसी नुकसान का होता है। बलदेव एवं सहयोगी (2004) ने परीक्षण में पाया कि लोबिया में बीज बुआई के 30 व 45 दिन बाद हाथ से निकाई तथा आक्साडायजान एवं पेन्डीमेथिलिन की 1.0 किलोग्राम मात्रा ज्यादा प्रभावी होता है। लोबिया में पलवार से नमी संचयन व तापमान नियन्त्रण में मदद मिलती है (ओसुजी, 1990)।

लतादार फसल को सहारा देना

जैसे–2 पौधे बढ़ने लगते हैं, लगातार लोबिया में पौधो को चढ़ाने के लिए झाड़ी अथवा बाँस की खूटी गाड़कर उसमें तार या सुतली बाँध देनी चाहिए। सहारा देने से लगातार किस्मों से अच्छी उपज व गुणवत्ता युक्त फलियाँ प्राप्त की जा सकती है।

पादप वृद्धि नियामक का उपयोग

लोबिया की अधिक उपज लेने के लिए मैलिक हाइड्राजाइड (MH) नामक पादप वृद्धि नियामक का उपयोग लाभप्रद है। इस रसायन की 15 पी0पी0एम0 मात्रा पौधों में फूल निकलने की अवस्था पर छिड़काव करने से उपज में 35.0 प्रतिशत ता वर्षद्धि हो जाती है।

फलियों की तुड़ाई

लोबिया की अगेती किस्मों में बुआई के 40 दिन बाद तथा पिछेती किस्मों में लगभग 60 दिन में फलियों की तुड़ाई प्रारम्भ हो जाती है। हरी मुलायम फलियों की तुड़ाई उचित समय पर की जाती है। चूँकि फलियाँ जब अधिक दिन की हो जाती है। तब फलियों में रेशा बन जाता है अर्थात कड़ी हो जाती है और उनका बाजार भाव कम हो जाता है। फूल खिलने के 15–20 दिन बाद फलियाँ तुड़ाई योग्य हो जाती है। बुआई के बाद फलियों को आकार रंग एवं, आकृति के आधार पर श्रेणीकरण (grading) करके बाजार में भेजने से उत्पाद का उचित मूल्य प्राप्त होता है।

उपज

इसकी पैदावार अन्य घटकों के अलावा फलियों की तुड़ाई व किस्म पर अधिक निर्भर करती है। पूर्णतः विकसित नर्म, हरी व रेशा रहित फलियाँ ही तोड़ी जानी चाहिए। तुड़ाई कई बार की जाती है, क्योंकि पौधों की वृद्धि के साथ–साथ नई फलियाँ भी लगती रहती हैं। हरी फलियों की औसत उपज लगभग 8.0–10.0 टन प्रति हेक्टेयर होती है।

विपणन व भण्डारण

लोबिया की फलियों को ताजा रखने के लिए उन्हें ठण्डे स्थानों पर रखना चाहिए तथा रात को उन पर पानी छिड़कना चाहिए। हरी फलियों में से सख्त व गंदी फलियाँ छाँटकर शेष को टोकरी या प्लास्टिक के क्रेट में भरकर मण्डी में भेजना चाहिए।

पौध संरक्षण

प्रमुख कीड़े एवं उनका प्रबंधन

फसल को हानि पहुचाने वाले प्रमुख कीड़े इस प्रकार हैं–

तना छेदक (Stem Borer)

तना छेदक (*Ophiomyia phaseoli*) कीड़े के लारवा पौधों की प्रारम्भिक अवस्था में तनों में छेद करते हैं, जिससे पौधे पीले पड़ जाते हैं। इस कीड़े की रोक थाम के लिए रोगर या मैटासिस्टाक्स का 0.1 प्रतिशत घोल बनाकर लगभग 15 दिन के अन्तर पर दो–तीन बार छिड़काव करना चाहिए।

फली छेदक (Pod borer)

फली छेदक (*Adisura sp.*) कीट के हरे रंग के पिल्लू (catterpillar) फलियों में घुस कर कच्चे बीजों को खा जाते हैं।

प्रबन्धन

इसके नियंत्रण के लिए 0.5 मिली लीटर कुईनलफास (एकालक्स) या 0.5 मिली लीटर क्लोरोपाईरिफास प्रति लीटर पानी में या 1.25 मिली लीटर साइपरमेथ्रिन 10.0 लीटर पानी में घोलकर छिड़काव करें। यदि क्षति की मात्रा एक फली प्रति पुष्प वृन्त से ज्यादा हो तो पहला छिड़काव फूलों की कली आने के समय एवं दूसरा छिड़काव फली बढ़ने के समय करना चाहिए। छिड़काव के बाद 7–8 दिन तक फली खाने के लिए नहीं तोड़नी चाहिए। इसके अतिरिक्त जैविक कीटनाशक डेल्फिन (बी0टी0) दवा 1 ग्राम प्रति 1.0 लीटर की दर से पानी में मिलाकर छिड़काव करें।

जैसिड (Jassid)

यह हरे रंग का लगभग 2.0 मिली मीटर लम्बा कीट होता है, जिससे विकसित निम्फ और प्रौढ़ दोनों ही पत्तियों का रस चूसते हैं। फलतः प्रारम्भ में पत्तियाँ पीली पड़ जाती हैं, और बाद में मुड़ जाती हैं। इस कीट के नीम्फ़ (nymph) पंख विहीन होते हैं और पत्तियों की निचली सतहः पर काफी संख्या में पाये जाते हैं।

प्रबन्धन

इस कीट की रोकथाम के लिए 400 मिली लीटर मैलाथियान 50 ई0सी0 को 500 लीटर पानी में मिलाकर प्रति हेक्टेयर फसल पर छिड़काव करना चाहिए। यदि आवश्यकता हो तो अगला छिड़काव 10 दिन के अन्तर पर करें।

एफिड (Aphid)

एफिड (*Aphis crassivora*) बहुत ही छोटा कीड़ा होता है। यह रस चूसता है तथा पत्तियों की निचली सतह तथा कोमल भागों में अधिक पाया जाता है।

प्रबन्धन

इस कीड़े की रोकथाम के लिए 0.1 प्रतिशत नुवाकान के घोल का छिड़काव 15 दिन के अन्तर पर किया जाता है। इसक अलावा बाजार में नीम आधारित कीटनाशक ''वेनगार्ड'' एवं अन्य नामों से मिलती है, जिसका प्रयोग किया जा सकता है। मिथाईल डेमेटान 25 ई0सी0 1.25 मिली लीटर प्रति लीटर पानी में मिलाकर प्रयोग किया जा सकता है।

प्रमुख बीमारियाँ एवं उनका प्रबंधन

लोबिया की फसल को निम्नलिखित बीमारियाँ प्रभावित करती हैं–

एन्थ्रेक्नोज (Anthracnose)

यह रोग 'कोलेक्ट्रोटाइकम लिन्डेमुथिएनम (*Colletotrichum lindemuthianum*) नामक फफूँद के कारण होता है। इसका प्रकोप तनों, पत्तियों और फलियों पर होता है। प्रभावित भाग गहरे भूरे रंग के हो जाते हैं, जिनके किनारे लाल व पीले रंग के प्रतीत होते हैं। प्रभावित तने फट जाते हैं और सड़ जाते हैं। यह एक बीज जनित रोग (**seed born disease**) है।

प्रबंधन

1. स्वस्थ बीज की बुआई करें।
2. सेरेसान के 0.25 प्रतिशत घोल में उपचारित बीज ही बोने के लिए प्रयोग करें।

डाई–बैक (Die back)

यह रोग 'कोलेक्ट्रोटाइकम कैप्सीसी' (*Colletotricum capsici*) नामक फफूँद के कारण होता है। टहनियाँ व शाखाएँ उपर से नीचे की ओर सुखना शुरु हो जाती हैं। सूखे भागों पर छोटे, काले और बिन्दी जैसी संरचना दिखाई पड़ती हैं। प्रभावित फलियाँ सिकुड़ जाती हैं।

प्रबंधन

जैसे ही रोग के लक्षण दिखाई दें, कापर फफूँदनाशक या थिरम का 15 दिन के अन्तर पर 2–3 बार छिड़काव करना चाहिए।

चूर्णिल आसिता (Powdery mildew)

यह रोग 'एरिसाइफी पोलीगोनी' (*Erysiphe polygoni*) नामक फफूँद के कारण होता है। इस रोग का प्रभाव सभी भागों पर पड़ता है। सर्वप्रथम पत्तियों पर सफेद धब्बे दिखाई पड़ते हैं, जो बाद में हरी पत्तियों और तनों पर फैल जाते हैं। अधिक प्रकोप होने पर पत्तियाँ गिर जाती हैं।

प्रबंधन

जैसे ही पौधों पर रोग के लक्षण दिखाई दें तभी 0.5 प्रतिशत घुलनशील गंधक या बेनलेट का छिड़काव करना चाहिए। अधिक प्रकोप होने पर 2.0 ग्राम दवा का 15 दिन के अन्तर पर 2–3 बार छिड़काव करना चाहिए।

शुष्क मूल विगलन (Dry root rot or Ashy stem blight)

यह रोग ''मैक्रोफोमिना फैजियोलिना'' (*Macrophomina phaseolina*) नामक फफूँद के कारण होता है। पत्तियों का पीला होना, रोग का प्रथम लक्षण है। रोग के लक्षण प्रकट होने के कारण एक सप्ताह के अन्दर पौधे सूख जाते हैं।

प्रबंधन

बीज को कैप्टान या थिरम से उपचारित करके बोना चाहिए।

जीवाणु अंगमारी (Bacterial blight)

यह रोग ''जैंथोमोनास विग्नीकोला' (*Xanthomonos vegnicola*) नामक जीवाणु द्वारा होता है। इससे संक्रमित बीज पत्र लाल रंग के एवं सिकुड़ जाते हैं। प्राथमिक पत्तियों के किनारे ऊतकक्षयी हो जाती हैं। रोग की उग्र अवस्था में बीजपत्र, प्राथमिक पत्तियों और पौधों की वर्धीय शाखाओं (vegetative branch) को नष्ट कर देती हैं। यह रोग बीज द्वारा फैलता है।

प्रबंधन

1. रोग रहित बीज की बुआई करनी चाहिए।
2. उचित फसल चक्र अपनाना चाहिए।
3. रोग रोधी किस्में जैसे लोबिया न0 779, 868 और न0 1552 का प्रयोग करना चाहिए।
4. नियंत्रण के लिए फसल पर ब्लाइटाक्स–50 या फाइटोलान 400.0 ग्राम 200.0 लीटर पानी में घोलकर प्रति एकड़ छिड़काव करना चाहिए।

लोबिया पीला मोजैक (Cowpea golden mosaic)

यह एक विषाणु जनित रोग है। इस रोग का प्रकोप लोबिया की प्रायः सभी किस्मों पर होता है। रोगग्रस्त पौधों की पत्तियों पर हल्के हरे धब्बे से निर्मित कुर्बुरण एवं शिरा पट्टन हो जाता है और पौधे बौने रह जाते हैं। पत्तियाँ कम और कुरुप हो जाती हैं। इस रोग का संचारण एफीड यानी माहूँ व सफेद मक्खी द्वारा होता है।

प्रबंधन

1. रोग रहित बीज की बुआई करनी चाहिए।
2. चूँकि यह रोग कीट के द्वारा फैलता है। अतः कीट नियंत्रण के लिए 400.0 मिली लीटर मैलाथियान 50 ई0सी0 को 250 लीटर पानी में मिलाकर प्रति एकड़ भूमि में छिड़काव करें।

सेम
(Indian bean or Lablab bean or Dolichos bean)

वानस्पतिक नाम : सब्जी वाली (Vegetable type) लबलब परप्यूरियस वार0 टिपिकस (*Lablab purpureus* var. *typicus-*)

खेती वाली (Field bean) लबलब परप्यूरियस वार0 लिग्नोसस (*Lablab purpureus* var. *lignosus*)

कुल : फाबेसी (Fabaceae)

गुणसूत्र संख्या : 2एन= 22

सेम फाबेसी कुल का एक अत्यन्त पौष्टिक एवं महत्वपूर्ण सब्जी है।

उद्भव एवं वितरण

सेम की उत्पत्ति स्थान सम्भवतः भारत ही है, क्योंकि इसकी अनेकों जंगली प्रजातियाँ भारत में पायी जाती हैं (चौधरी, 1967)। भारत में सेम के कुछ जंगली पौधे आदि काल से उगते हुए पाये गये हैं, इसलिए इसका जन्म स्थान भारत ही माना जाता है तथा भारत से ही इसका प्रसार चीन,पश्चिमी एशिया और मिश्र में हुआ। दक्षिण भारत में इसकी खेती अधिक प्रचलित है और यह प्रमुख फसलों में आती है, लेकिन उत्तर भारत में इसकी खेती अधिक पैमाने पर नहीं की जाती है। प्रमुख रूप से यह तमिलनाडु, आन्ध्र प्रदेश, मध्य प्रदेश, गुजरात, महाराष्ट्र आदि में अधिक उगाई जाती है। गृह वाटिका में उगाई जाने वाली यह एक प्रमुख सब्जी है, जिसके 1–2 पौध से ही कई महीनों तक परिवार को सब्जी मिलती रहती है।

वानस्पतिक विवरण

सेम बेल वाली सब्जी है। इसक पौधे का स्वभाव लिपटकर चढ़ने का है। पौधा बहुवर्षीय है परन्तु इसे एकवर्षीय फसल के रुप में अधिकतर उगाते हैं। पौधों को छोड़ देने से 2–3 वर्ष तक वानस्पतिक वृद्धि तो अच्छी होती रहती है, परन्तु उपज बहुत कम हो जाती है। यह स्वपरागित फसल (self pollinated crop) है। यह प्रकाश काल से अत्यन्त प्रभावित होती है तथा पुष्पन के लिए छोटे प्रकाश काल की आवश्यकता होती है।

पोषकीय महत्व

इसकी हरी व मुलायम फलियों की सब्जी या भर्ता बनाया जाता है। सब्जी अकेले या किसी अन्य सब्जी जैसे–आलू व बीन्स के साथ मिलाकर बनायी जाती है। इसका सूखा बीज दक्षिणी भारत में दाल के रूप में व नमकीन बनाने हेतु प्रयोग किया जाता है। फलियों से अचार भी बनाया जाता है। इसकी फलियों में प्रोटीन, खनिज तत्व, कार्बोहाइड्रेट्स तथा रेशा प्रचुर मात्रा में पाये जाते है। इनके अतिरिक्त विटामिन्स ''बी'', ''सी'' लोहा, चूना तथा फास्फोरस भी पर्याप्त मात्रा में होते हैं। इसके

परिपक्व बीज में विशेषकर काले रंग वाले बीज में ट्रिप्सिन (tripsin) नामक अवरोधक पदार्थ होता है जो उबालने पर टूट जाता है। साथ ही जल में घुलनशील विषैला पदार्थ साफ हो जाता है। अतः बीजों को उबालकर खाना चाहिए। इसकी फलियों में पाये जाने वाले पोषक तत्वों को सारिणी में दिया गया है–

सारिणी (6.16) सेम में पाये जाने वाले पोषक तत्व (प्रति 100 ग्राम खाने योग्य भाग में)

पोषक तत्व	मात्रा
नमी	86.1 ग्राम
प्रोटीन	3.6 ग्राम
वसा	0.7 ग्राम
खनिज लवण	0.9 ग्राम
रेशा	1.8 ग्राम
कार्बोहाइड्रेट्स	6.7 ग्राम
ऊर्जा	48.0 किलो कैलोरी
कैल्सियम	210 मिली ग्राम
फास्फोरस	68 मिली ग्राम
आयरन	0.83 मिली ग्राम
कैरोटिन	187 माइक्रोग्राम
थाइमिन (विटामिन–1)	0.10 मिली ग्राम
रिबोफ्लेविन (विटामिन–2)	0.06 मिली ग्राम
नियासिन	0.7 मिली ग्राम
विटामिन 'सी'	9.0 मिली ग्राम
मैग्नेशियम	37.0 मिली ग्राम
सोडियम	2.0 मिली ग्राम
पोटैशियम	163.0 मिली ग्राम

स्रोतः गोपालन एवं सहयोगी, 1999

औषधीय जगत में भी इसका महत्व कम नहीं है। इसका प्रयोग कब्ज, त्वचा रोगों, पेट दर्द और बुखार में किया जाता है।

जलवायु

सेम उष्ण आर्द्र जलवायु की फसल है, लेकिन फलियाँ लगते समय तापक्रम कुछ कम होना आवश्यक है। अच्छी फलियाँ 10–25 डिग्री सेल्सियस तापमान पर लगती है। अगर तापक्रम कम नहीं हुआ तो फलियाँ नहीं लगेगीं और वानस्पतिक वृद्धि होती रहेगी । इसका बीज भूमि के कम तापक्रम पर उगता नहीं है। पाला सहन करने की शक्ति इसमें बिल्कुल नहीं होती है। यह सुखा अच्छी तरह सहन कर लेती है। अतः इसकी खेती बरानी रूप में अनेक जगह की जाती है। अधिक वर्षा या जल का लगना फसल के लिए हानिकारक होता है। जिन क्षेत्रों में औसत वार्षिक वर्षा 100–110 सेन्टी मीटर हो, व पाला कम पड़ता हो, वहाँ सेम की खेती सफलतापूर्वक की जा सकती है।

उन्नतिशील किस्में (Improved varieties)

सेम की अनेक स्थानीय किस्में हैं, जो भिन्न–2 भागों में प्रचलित हैं। इसकी किस्मों पर अभी कम अनुसन्धान हुआ है। स्थानीय किस्में लोगों की पसन्द के ऊपर उगाई जाती हैं। जैसे उत्तरी भारत में लोग विशेष रूप से हरी फलियों वाली चौड़ी किस्में पसन्द हैं तो दक्षिणी भारत में हरी या सफेद छोटी फलियों वाली किस्में पसन्द हैं।

इन किस्मों को पौध बढ़वार के आधार पर दो प्रमुख भागों में बाँटा जा सकता है–

1. प्रथम समूह के पौधे झाड़ीदार (bush type) होते हैं।
2. द्वितीय समूह के पौधों का स्वभाव लिपटकर चढ़ने (pole type) वाला होता है।

किस्मों के ऊपर कुछ स्थानों पर शोध कार्य हुए हैं, जिसके फलस्वरूप निम्न किस्मों का विकास हुआ–

पूसा अर्ली प्रोलिफिक (Pusa Early Prolific)

इस किस्म का विकास भारतीय कृषि अनुसंधान सस्थान, नई दिल्ली द्वारा किया गया है। यह एक अगेती एवं अधिक उपज देने वाली किम हैं, जिसकी फलियाँ गुच्छों में लगती है। यह किस्म दोनों मौसमों, वसन्त और वर्षा में उगाई जा सकती है। अगर इसके पौधे पाले से नष्ट न हों तो पूरे साल फलियाँ लगती रहती है। फलियाँ लम्बी, मोटी व हरे रंग की होती है।

रजनी (Rajani)

यह किस्म चन्द्रशेखर आजाद कृषि एवं प्रौद्योगिक विश्वविद्यालय, कल्याणपुर, कानपुर (उत्तर प्रदेश) द्वारा विकसित की गई है। यह एक पिछेती किस्म है, जिसमें बोने के 110–120 दिन बाद फल आते हैं। इसकी फलियाँ हरी, पतली और लम्बी होती है।

लाल सेम (Lal Sem)

चन्द्रशेखर आजाद कृषि एवं प्रौद्योगिकी विश्वविद्यालय, कल्याणपुर, कानपुर (उत्तर प्रदेश) द्वारा विकसित की गई है। यह मध्यम समय में पकने वाली किस्म हैं, इसमें फूल 85–90 दिन बाद आते हैं। फलियाँ लाल तथा चौड़ी होती हैं।

एच0 डी0 1 (HD-1)

यह किस्म चौ0 चरण सिंह हरियाणा कृषि विश्वविद्यालय, हिसार (हरियाणा) द्वारा विकसित की गई है। यह अगेती किस्म है। इसमें फूल बुआई के लगभग 60 दिन बाद ही आने शुरू हो जाते हैं। इसकी फलियाँ मध्यम आकार की हरी होती है इसकी औसत पैदावार 10.0–15.0 टन प्रति हेक्टेयर होती है।

काशी हरितिमा (Kashi Haritima)

इस किस्म का विकास सन् 2010 में शुद्ध वंशक्रम चयन पद्धति से भारतीय सब्जी अनुसंधान संस्थान, वाराणसी (उत्तर प्रदेश) द्वारा किया गया है। इस किस्म के असीमित बढ़वार वाले (pole type) होते है। फलियाँ लम्बी (13.8–14.9 सेन्टीमीटर) व हरी होती हैं। प्रत्येक पौधे पर 250–300 फलियाँ लगती हैं। फलियाँ मुलायम एवं चर्मपत्र (parchment layer) मुक्त होती है। इसकी औसत उपज 35.2–38.0 टन प्रति हेक्टेयर होती है। इस किस्म को सिक्किम, मेघालय, मणिपुर, नागालैण्ड, मिजोरम, त्रिपुरा, अरूणाचल प्रदेश, पंजाब, उत्तर प्रदेश, बिहार, मध्य प्रदेश, महाराष्ट्र, कर्नाटक, तमिलनाडु एवं केरल के लिए संस्तुत की गयी है।

हिसार कीर्ति–18 (HD-18)

यह किस्म चौ० चरण सिंह हरियाणा कृषि विश्वविद्यालय, हिसार (हरियाणा) द्वारा विकसित की गई है। यह अगेती किस्म है। इसमें फूल लगभग 80–90 दिन बाद आते हैं। इसकी फलियाँ हरें रंग की चपटी व लम्बी होती हैं। फलियों में रेशा देर में बनता है, जिससे फलियाँ अधिक दिन तक मुलायम व खाने योग्य बनी रहती हैं। फलियों को सामान्य तापक्रम पर लगभग एक सप्ताह तक भण्डारित किया जा सकता है। इसकी औसत पैदावार 20.0–25.0 टन प्रति हेक्टेयर होती है।

एच० डी०–60 (HD-60)

यह किस्म हरियाणा कृषि विश्वविद्यालय, हिसार (हरियाणा) द्वारा विकसित की गई है। यह भी एक अगेती किस्म हैं। इसकी फलियाँ भी हरी व चौड़ी होती हैं। इससे 25.0–30.0 टन प्रति हेक्टेयर पैदावार मिलती है।

हेब्बल अवारे (Hebbal Avare- 3)

यह किस्म यूनिवर्सिटी ऑफ एग्रीकल्चरल साइन्सेज, हेब्बल, बैंग्लुरु (कनार्टक) द्वारा विकसित की गई है। यह एक अत्यन्त अगेती किस्म हैं। इसक पौधे छोटे, सीधे, झाड़ीदार (60.0–70.0 सेन्टी मीटर) तथा सीमित बढ़वार वाले होते हैं, जिनको सहारे की आवश्यकता नहीं होती है। इस किस्म पर प्रकाश अवधि का कोई प्रभाव नहीं पड़ता। इसे बोने के 40–45 दिन बाद फूल आने शुरू होते हैं, जो सफेद रंग के होते हैं। फसल लगभग 100–120 दिन में पक कर तैयार हो जाती है। इसके दाने अपेक्षाकृत छोटे होते है। प्रत्येक फली में 2–3 बीज बनते हैं। बीज भूरे रंग के, गोल तथा छोटे आकार के होते हैं। इसकी औसत उपज 32.0–40.0 टन प्रति हेक्टेयर होती है।

सी० ओ०–1 (CO-1)

इस किस्म का विकास तमिलनाडु कृषि विश्वविद्यालय, कोयम्बटूर, (तमिलनाडु) से सन् 1980 में विकसित की गई है। इसके पौधों की ऊँचाई 60.0–70.0 सेन्टी मीटर व तने का रंग हरा होता है। फलियाँ चौड़ी व हरी होती है। पकने पर इनका रंग बादामी हो जाता है। बीज मोटा व काले रंग का होता है। इससे 140 दिन में फसल मिल जाती है। इस किस्म की औसत पैदावार 16.0 टन प्रति हेक्टेयर है।

जे0 डी0 एल–45 (J D L-45)

इस किस्म का विकास जवाहर लाल नेहरू कृषि विश्वविद्यालय, जबलपुर (मध्य प्रदेश) से विकसित किया गया है। इस किस्म में लगने वाली फलियाँ अपेक्षाकृत चौड़ी, (4.4–4.8 सेन्टी मीटर), लम्बी (11.0–12.0 सेन्टी मीटर), भारी (15.0–16.0 ग्राम) मुलायम, गूदेदार व सफेद रंग की होती है। इसमें बीज बुआई के 114–118 दिन में फूल आ जाते है तथा 140–145 दिन बाद फलियाँ पहली तुड़ाई योग्य हो जाती हैं। इसकी उपज क्षमता 23.0–28.0 टन प्रति हेक्टर होता है।

सेम की प्रकाश काल संवेदनाहीन उन्नत किस्में जो कि बेमौसमी खेती (गर्मी,एवं वर्षा ऋतु) के लिए उपयुक्त है नीचे दी जा रही है –

सी0 एच0 डी0 बी0 –16 (CHDB-16)

इस किस्म का विकास बागवानी एवं कृषि वानिकी शोध कार्यक्रम, प्लाण्डू, राँची (झारखण्ड) से किया गया है। इसकी फलिया गूदेदार, हरे रंग की चौड़ी (2.55 सेन्टी मीटर) एवं 9.85 सेन्टी मीटर लम्बी होती है। बुआई के 45–50 दिन में इस किस्म में फूल आ जाते हैं तथा 60–65 दिन मे फलियाँ तुड़ाई योग्य हो जाती हैं। इसकी औसत उपज क्षमता 10.0–12.0 टन प्रति हेक्टेयर होती है।

सी0 एच0 डी0 बी0 –69 (CHDB-69)

इस किस्म का विकास बागवानी एवं कृषि वानिकी शोध कार्यक्रम, प्लाण्डू, राँची (झारखण्ड) से किया गया है। इसकी फलियाँ सफेद रंग की चौड़ी 2.55 सेन्टी मीटर एवं 9.79 सेन्टी मीटर लम्बी होती है। बुआई से 55–60 दिन में फूल आ जाते हैं तथा 70–75 दिन में फलियाँ तुड़ाई योग्य हो जाती हैं। इस किस्म की उपज क्षमता 12.0–15.0 टन प्रति हेक्टेयर होती हैं।

अर्का विजय (Arka Vijay)

इस किस्म का विकास भारतीय बागवानी अनुसंधान संस्थान, बैंग्लुरु (कनार्टक) से किया गया है। इस झाड़ीदार किस्म की फलियाँ हल्के हरे रंग की, चौड़ी एवं 7.9 सेन्टी मीटर लम्बी होती है। बीज बुआई के 55–60 दिन में इस किस्म में फूल आ जाते हैं तथा 70–75 दिन में फलियाँ तुड़ाई योग्य हो जाती हैं। इसकी उपज क्षमता 15–17 टन प्रति हेक्टेयर होती हैं।

अर्का जय (Arka jay)

इस किस्म का विकास भारतीय बागवानी अनुसंधान संस्थान, बैंग्लुरु (कनार्टक) से किया गया है। इसके पौधे झाड़ीनुमा होते हैं तथा प्रकाश अवधिकाल के प्रति असंवेदनशील होते हैं। इसकी फलियाँ लम्बी व मुड़ी हुई होती है। इसकी उपज 7.5–8.0 टन प्रति हेक्टेयर होता है।

कोंकण भूषण (Konkan Bhusan)

इस किस्म का विकास कोंकण कृषि विद्यापीठ, दापोली (महाराष्ट्र) से किया गया है। इसके पौधे झाड़ीनुमा तथा 60–65 सेन्टी मीटर ऊँचे होते हैं। पौधों में शाखाएँ तथा तंतुओं का विकास लम्बा

होता है। पत्तियाँ गहरे हरे रंग की तथा चिकनी होती हैं। बुआई के 40–45 दिन बाद इसमें फूल आ जाते हैं तथा फलियाँ 55–60 दिन में तुड़ाई योग्य हो जोती हैं। प्रति पौधा 125–180 फलियाँ प्राप्त होती हैं। फलियों में बीज बड़े और भूरे रंग के होते हैं। यह किस्म मोजैक विषाणु के प्रति अवरोधी है। इसकी औसत उपज क्षमता 8.0–11.0 टन प्रति हेक्टर होती है।

बाल कोंकण–1 (Bal Konkan-1)

इस किस्म का विकास संकरण के द्वारा किया गया है। इसके पौधे छोटे होते हैं। बुआई के 55–60 दिन बाद फूल आना प्रारम्भ होता है। यह किस्म मोजैक विषाणु के प्रति अवरोधी है। इसकी उपज क्षमता 9.0–10.0 टन/हेक्टेयर है और फसल की अवधि 110–115 दिन की होती है।

जवाहर सेम –37 (Jawahar Sem-37)

इस किस्म का विकास जवाहरलाल नेहरु कृषि विश्वविद्यालय, जबलपुर (मध्य प्रदेश) से चयन द्वारा किया गया है। इसके पौधे लतादार प्रकृति के होते हैं। इसके पुष्प बैगनी सफेद रंग के होते हैं और तने का रंग गहरा बैगनी होता है। फलियाँ हरे रंग की होती हैं, जिनका किनारा बैगनी रंग का होता है। फलियाँ 8.0–10.0 सेन्टी मीटर लम्बी तथा 3–6 सेन्टी मीटर चौड़ी होती हैं। प्रत्येक फली में 3–4 दाने पाये जाते हैं। बीज भूरे, काले रंग के तथा मध्यम आकार के अण्डाकार होते हैं। इसके प्रति 100 ग्राम खाने वाले भाग में 3.80 ग्राम प्रोटीन पायी जाती है। इसकी अवधि 130–135 दिन की होती है। इसकी 15.0 टन प्रति हेक्टेयर पैदावार होती है।

जवाहर सेम–79 (Jawahar Sem-79 or JDL-79)

इस किस्म का विकास जवाहरलाल नेहरु कृषि विश्वविद्यालय, जबलपुर (मध्य प्रदेश) से किया गया है। इस किस्म का विकास चयन के द्वारा किया गया है। यह एक देर से (145–160 दिन में) तैयार होती है। इसके तने गहरे हरे रंग के होते हैं और पुष्प असीमित क्रम में आते हैं जिनका रंग बैगनी होता है। फलियाँ आकर्षक सफेद रंग की, 8.0–10.0 सेन्टी मीटर लम्बी, 3.0–4.0 सेन्टी मीटर चौड़ी होती हैं। प्रत्येक फली में 3–4 बीज बनते हैं। बीज अंडाकार, काले इसके प्रति 100.0 ग्राम खाने योग्य भाग में 3.0–5.0 ग्राम प्रोटीन पायी जाती है इसकी उपज क्षमता 17.0–17.5 कु0/हेक्टेयर है। फलियाँ आकर्षक सफेद रंग की होती है।

जवाहर सेम–85 (Jawahar Sem-85 or JDL-85)

इस किस्म का विकास "अट्टेपती ग्रीन" किस्म कें चयन से जवाहरलाल नेहरु कृषि विश्वविद्यालय, जबलपुर (मध्य प्रदेश) से किया गया है। इसके तने गहरे हरे रंग के और पुष्प बैगनी रंग के होते हैं जो असीमित पुष्पक्रम गुच्छों में निकलते हैं। यह मध्य अवधि (190–100 दिन) में तैयार होने वाली किस्म हैं। इसमें फलियाँ 3–4 के गुच्छों में निकलती हैं जिसकी लम्बाई 11.0–12.0 सेन्टी मीटर और चौड़ाई 3.0–4.0 सेन्टी मीटर होती है। फलियाँ चपटी और हरे रंग की होती हैं। बीज सख्त, अण्डाकार, काले रंग के तथा मध्यम आकार के होते हैं। बीज के हाइलम का रंग क्रीमी सफेद होता

है। इसमें फलियाँ पौधे के विभिन्न हिस्सों पर लगती हैं। इसकी प्रति हेक्टेयर पैदावार 14.0–15.0 टन है। यह किस्म उन सभी क्षेत्रों में उगाने के लिए उपयुक्त हैं, जहाँ वर्षा का औसत बहुत कम होता है।

जवाहर सेम–53 (Jawahar Sem- 53 or JDL-53)

इस किस्म का विकास जवाहरलाल नेहरु कृषि विश्वविद्यालय, जबलपुर (मध्य प्रदेश) से किया गया है। यह 75–85 दिन में तैयार हो जाती है। इसका तना गहरे बैगनी रंग का होता है और गाँठों पर रंग गहरा होता है। फलियाँ 8–10 सेन्टी मीटर लम्बी और 3–4 सेन्टी मीटर चौड़ी होती है। प्रत्येक फली में 3–4 बीज होते हैं। बीज आकर्षक सफेद रंग के मध्यम आकार के और अण्डानुमा शक्ल के होते हैं। इसकी पैदावार 14.0–15.0 टन प्रति हेक्टेयर है। इसके प्रति 100 ग्राम खाने योग्य भाग में 3.5 ग्राम प्रोटीन पाई जाती है। यह किस्म उन सभी क्षेत्रों में उगाने के लिए उपयुक्त हैं, जहाँ वर्षा कम होती है तथा नमी का अभाव होता है।

कल्याणपुर टाइप–2 (Kalyanpur Type-2)

इस किस्म का विकास चन्द्रशेखर कृषि एवं प्रौद्योगिकी विश्वविद्यालय शाक–भाजी अनुसंधान केन्द्र, कल्याणपुर, कानपुर से किया गया है। यह किस्म उत्तर प्रदेश के मैदानी क्षेत्रों के लिए उपयुक्त पायी गयी है। इसके तना की लम्बाई 4.0–5.0 मीटर होती हैं। फलियाँ सफेद, चौड़ी, चपटी और रसदार होती हैं। एक गुच्छे में 8–12 फलियाँ लगती है। सब्जी वाली फसल की अवधि 90–100 दिनों की और बीज वाली फसल की 160–165 दिनों की होती है। इसकी फलियों की उपज 16.0–17.0 टन प्रति हेक्टेयर होती है तथा बीज की उपज 3.0–5.0 कु0 प्रति हेक्टेयर प्राप्त होती है।

पूसा सेम–2 (Pusa Sem-2)

इस किस्म का विकास भारतीय कृषि अनुसंधान संस्थान, नई दिल्ली द्वारा किया गया है। इसकी फलियाँ चौड़ी, हरे रंग की, बिना रोयें की तथा 12.0–15.0 सेन्टी मीटर लम्बी होती हैं। बुआई के 95–105 दिन में फूल तथा फलियाँ 120–125 दिन में तैयार हो जाती है। इसकी औसत उपज 22.0–24.0 टन प्रति हेक्टेयर है।

पूसा सेम–3 (Pusa Sem-3)

इस किस्म का विकास भारतीय कृषि अनुसंधान संस्थान, नई दिल्ली द्वारा किया गया है। इसकी फलियाँ काफी चौड़ी, मुलायम, गूदेदार तथा बिना रोयें की होती हैं। इसकी फलियों की लम्बाई 15–16 सेन्टी मीटर होती है। सामान्यतः बुआई के 68–70 दिन में पौधों पर पुष्प आ जाते हैं तथा फलियाँ 90–95 दिन में प्रथम बार तुड़ाई के योग्य हो जाती हैं। इसकी औसत उपज 24.0–29 टन. प्रति हेक्टेयर होती है।

सी–ओ–2 (CO-2)

इस किस्म का विकास तमिलनाडु कृषि विश्वविद्यालय, कोयम्बटूर (तमिलनाडु) से सी–ओ–8 तथा सी–ओ–1 के संकरण द्वारा विकसित किया गया है। इस किस्म को तमिलनाडु में सन् 1984

में खेती के लिये अनुशंसित की गई। इसका पौधा 60 सेन्टी मीटर ऊँचा तथा झानीनुमा सीधा खड़ा रहता है। इसमें 5–6 शाखायें होती हैं। इस किस्म पर दिन की लम्बाई का प्रभाव नहीं पड़ता, अतः साल भर उगाई जा सकती है। पत्तियों का रंग बैंगनी–नीलापन लीये होता है। फूल गुलाबीपन लिये बैगनी होते हैं। फलियाँ चौड़ी व 4 बीज युक्त होती है। बीज का रंग काला होता है।

सी0ओ0जी0बी0–4 (COGB-4)

इस किस्म का विकास तमिलनाडु कृषि विश्वविद्यालय, कोयम्बटूर (तमिलनाडु) से किया गया है। यह एक बौनी किस्म है।

टाइप–125–136 (Type 125-136)

इस किस्म को गुजरात कृषि विश्वविद्यालय (गुजरात) से विकसित किया गया है। इसके पौधे 75–100 सेन्टी मीटर ऊँचे तथा तना और पत्तियाँ हरे रंग की होती हैं। फलियाँ छोटे आकार की (3–4 सेन्टी मीटर) तथा चौड़ी होती हैं। प्रत्येक फली में 3–4 बीज होते हैं। फलियाँ गुच्छों में आती हैं तथा प्रत्येक पौध पर 80–100 फलियाँ लगती हैं। बीज सफेद रंग के होते हैं तथा फसल की अवधि 110–120 दिन की होती है।

भूमि तथा भूमि की तैयारी

सेम की फसल किसी भी प्रकार की भूमि में उगाई जा सकती है। यहाँ तक कि जिस जगह में कोई फसल नहीं होती हो या जो जगह फसल के लिये बेकार हो, वहाँ उसके पौधे उगाये जा सकते हैं। जल एकत्र होना पौधों के लिए हानिकारक है, अतः भूमि में जल के निकास का उत्तम प्रबन्ध होना आवश्यक है। भूमि में जीवांश्म की उपयुक्त मात्रा होनी चाहिए। बलुई दोमट या दोमट भूमि सबसे उत्तम होती है। खेत की 2–3 बार जुताई मिट्टी पलटने वाले हल से और फिर देशी हल से जुताई करनी चाहिए। प्रत्येक जुताई के बाद पाटा लगाना चाहिए, जिससे मिट्टी समतल व भूरभूरी हो जाए।

पोषक तत्व प्रबंधन

सेम दलहनी फसल है। इसलिए इसकी जड़ों में नाइट्रोजन यौगिकीकरण की क्षमता होती है। अतः बुआई के समय राइजोबियम कल्चर (*Rhizobium* culture) लगाने से नाइट्रोजन की अधिक आवश्यकता नहीं पड़ती है, लेकिन अच्छी फसल लेने के लिए खेत की तैयारी करते समय लगभग 10.0 टन गोबर की अच्छी सड़ी खाद मिला दें तथा बुआई के समय 15.0 किलो ग्राम नाइट्रोजन व 40.0 किलोग्राम फास्फोरस खेत में डाल दें। फसल उगने के एक माह बाद 15.0 किलो ग्राम नाइट्रोजन प्रति हेक्टेयर की दर से छिड़काव करके पौधों पर मिट्टी चढ़ा दें। खाद की सन्तुलित मात्रा ही दें, अगर नाइट्रोजन की मात्रा अधिक हो गई है, तब वानस्पतिक वृद्धि अधिक होती है, फलियाँ देर से व कम लगती है।

बुआई का समय एवं बीज की मात्रा

सेम की बुआई का उत्तम समय जुलाई–अगस्त का महीना है। इस मौसम में लगाई गई फसल में फूल अक्टूबर–नवम्बर में आते हैं। फलियाँ 15–20 दिन में खाने योग्य हो जाती हैं। यदि सेम की

बुआई जुलाई से पहले की जाती है, तब भी उसमें फूल अक्टूबर–नवम्बर में ही आते हैं, तत्पश्चात् फलियाँ लगती हैं क्योंकि फूल तथा फलियाँ बनते समय कम तापक्रम होना आवश्यक है। इसलिए सेम की बुआई जुलाई से पहले नहीं करनी चाहिए। बेमौसमी बरसाती फसल के लिए उपरोक्त प्रकाश काल संवेदनहीन किस्मों के बीजों की बुआई मई के पहले सप्ताह में कर देनी चाहिए।

बीज दर

एक हेक्टेयर खेत के लिए लतादार किस्म का लगभग 8.0–10.0 किलोग्राम बीज की आवश्यकता होती है। झाड़ीदार किस्मों की 20.0–25.0 किलोग्राम बीज प्रति हेक्टेयर आवश्यकता पड़ती है। बीज स्वस्थ व शुद्ध होना चाहिए।

बुआई की विधि

इसकी फसल अकेली या मिलवा जैसे–ज्वार के साथ उगाई जाती है। जब ज्वार के साथ सेम लगाई जाती है, तब ज्वार की कतारों के बीच में सेम को भी बोते जाते हैं। सेम ज्वार पर चढ़ कर फूलती–फलती है। अकेली फसल की बुआई के लिए अच्छी प्रकार तैयार खेत में 1.5 मीटर दूरी पर 15–20 सेन्टी मीटर चौड़ी व गहरी नालियाँ बना ली जाती है। इन नालियों के ऊपर एक तरफ 60.0–70.0 सेन्टी मीटर की दूरी पर 2–3 बीज 2.0–2.5 सेन्टी मीटर गहराई पर बो दिये जाते हैं। झाड़ीदार किस्मों के लिए कतार से कतार की दूरी 60.0 सेन्टी मीटर एवं बीज से बीज की दूरी 30 सेन्टी मीटर रखनी चाहिए। बीज उग जाने पर एक पौधा छोड़ कर अन्य को निकाल दिया जाता है।

सधाई या सहारा

लतादार पौधों को सहारे की आवश्यकता होती है। जब पौधे 20.0–30.0 सेन्टी मीटर के हो जायें तो सधाई का कार्य प्रारम्भ कर देना चाहिए। सधाई करने के लिए बाँस या पेड़ की डालियाँ, एंगिल आइरन की छड़ें, सीमेंट की खम्भे आदि का प्रयोग किया जाता है। सधाई के लिए इन खम्भों की ऊँचाई 2.5 मीटर से अधिक नहीं रखना चाहिए। ताकि फलियों की तुड़ाई आसानी से की जा सके। सामान्यतः कृषकों द्वारा प्रत्येक पौधे के साथ एक–एक बाँस लगा दिया जाता है। इन बाँसों पर पौधे चढ़कर फूलते–फलते हैं। आवश्यकता होने पर पौधों को सुतली की सहायता से बाँस को बाँध दिया जाता है जिससे पौधे गिरने न पायें। झाड़ीदार किस्मों की खेती में बाँस के सहारे की आवश्यकता नहीं पड़ती है। कहीं–कहीं इसके पौधे बगीचों में चहार दीवारी के साथ उगाये जाते हैं। गृह वाटिका में तो दिवाल के साथ भी इसे उगाया जा सकता है।

सिंचाई जल प्रबन्धन

बीज के अच्छे अंकुरण के लिए यह ध्यान रखना आवश्यक है कि बीज की बुआई के समय खेत में पर्याप्त मात्रा में नमी हो। बुआई के बाद खेत में एक हल्की सिंचाई करनी चाहिए। वर्षाकाल में इसे सिंचाई की आवश्यकता नहीं होती हैं, लेकिन ध्यान रखना जरूरी होगा कि जड़ों के पास पानी का जमाव न हो। जब फलियाँ विकास करने लगती हैं और नमी की कमी होती है तब सिंचाई की आवश्यकता होती है। इसके लिए 15–20 दिन के अन्तर पर सिंचाई अवश्य करनी चाहिए।

सिंचाई करते रहने से पौधे अगर पाले से बच जायें तो पौधों में मार्च–अप्रैल तक फलियाँ लगती रहती है।

निकाई–गुड़ाई

अच्छी उपज के लिए समय–समय पर निकाई–गुड़ाई करके खरपतवार निकालते रहना चाहिए। फसल की प्रारम्भिक अवस्था में 2–3 बार निकाई–गुडाई की जरूरत पड़ती है। बीज बुआई के 20–25 दिन बाद निकाई–गुड़ाई के साथ पौधों पर मिट्टी भी चढ़ा दी जाती है। जब पौधे बाँस पर चढ़ जाते हैं, तब खरपतवार से फसल को कम नुकसान पहुचता है लेकिन समय–समय पर निकाई–गुड़ाई करके इनको नष्ट कर देना चाहिए।

फलियों की तुड़ाई

फलियों की तुड़ाई अक्टूबर के अन्त से आरम्भ हो जाती है और फरवरी–मार्च तक चलती रहती है। फूल लगने के लगभग 15–20 दिन बाद फलियाँ खाने योग्य हो जाती है। मुलायम अवस्था में ही फलियों की तुड़ाई करें जब कि इनमें रेशे न बन पायें और नहीं बीज बड़े होकर पक पायें। कहीं–कहीं बीज वाली फलियाँ ही सब्जी के लिए पसन्द की जाती है। अगर पाले का असर न हुआ तब तुड़ाई अप्रैल–मई तक चलती रहती है। इस प्रकार 10–15 बार तुड़ाई की जा सकती है। बेमौसमी किस्मों की फलियाँ जुलाई–अगस्त के महीने में बाजार में उपलब्ध हो जाती हैं। फलियों की तुड़ाई सुबह या सायंकाल करनी चाहिए, जिससे उन्हें ताजी अवस्था में बाजार ले जा सके एवं विक्रय मूल्य अधिक मिल सके। तुड़ाई के बाद बहुत छोटी अविकसित, टेढ़ी, रोग एवं कीड़ों से आक्रान्त फलियों को रंग एवं आकार के अनुसार वर्गीकरण करने के बाद बाँस की टोकरी या पटसन की बोरी में भरकर स्थानीय बाजार में ले जाना चाहिए। छँटाई व वर्गीकरण करने से उत्पाद को बेचने एवं उचित दाम पाने में सुबिधा होती है।

उपज

फलियों की पैदावार किस्म, फलियों की तुड़ाई की अवस्था, भूमि की उर्वरा शक्ति आदि के उपर निर्भर करती है। औसत पैदावार 8.0–10.0 टन प्रति हेक्टेयर तक हो जाती हैं।

भण्डारण

सेम की हरी फलियों को 0–1.6 डिग्री सेल्सियस तापमान पर 85–90 प्रतिशत सापेक्ष आर्द्रता पर 2–3 सप्ताह तक रखा जा सकता है।

पौध संरक्षण

प्रमुख कीड़े व उनका प्रबंधन

एफिड (Aphid)

एफिड (*Aphis craccivora* Koch.) छोटा और काले रंग का कीड़ा होता है। इसकी संख्या नई शाखाओं व पत्तियों पर बहुत अधिक पायी जाती है। कीड़े पत्तियों, शाखाओं, पुष्पवृन्तों एवं फलियों से रस चूस कर पौधों को कमजोर बना देते हैं, जिससे पौधों की बढ़वार रुक जाती है और फल कम

व विक्रय योग्य नहीं रहती। इस कीट द्वारा एक विशेष चिपचिपा पदार्थ छोड़ने से पत्तियों पर काले रंग का कवक विकसित होता है, जो प्रकाश संश्लेषण क्रिया में बाधा डालता है।

प्रबंधन

इसकी रोकथाम के लिए मोनोक्रोटोफास दवा के 10 मिली लीटर मात्रा प्रति 20 लीटर पानी में छिड़काव 10–15 दिन के अन्तराल पर करें। इसके अलावा मैलाथियान 50 ई0सी0 की 400 मिली लीटर मात्रा 250 लीटर पानी में मिलाकर प्रति एकड़ की दर से आवश्यकतानुसार छिड़काव की जा सकती है। आवश्यकता पड़ने पर दूसरा छिड़काव 10 दिन के अन्तराल पर पुनः प्रयोग करना चाहिए।

सफेद मक्खी (White fly)

यह छोटा और सफेद रंग का कीड़ा होता है, जिसकी संख्या पत्तियों पर अधिक पाई जाती हैं। यह कीट पत्तियों से रस चूसता है, जिससे स्वस्थ पत्तियाँ तथा पौधे कमजोर होकर पीले पड़ जाते हैं। बीन विषाणु (bean mosaic virus) भी इसी कीट द्वारा फैलता है।

प्रबंधन

इसकी रोकथाम के लिए नूवाक्रान अथवा रोगर दवा की 1.0 मिली लीटर मात्रा प्रति लीटर पानी में मिलाकर छिड़काव करना चाहिए।

फल छेदक (Fruit borer)

यह कीड़ा हल्का पीला–कत्थई रंग का होता है। इस कीड़े के डिम्ब (larva) कत्थई–हरें रंग के होते हैं, ये गिडारें फूलों एवं फलियों में छेद कर देती हैं और अन्दर घूस कर बीज को खाती हैं, जिससे 10–90 प्रतिशत तक हानि होती है। छोटी गिडारें प्रारम्भिक अवस्था में पत्तियों को भी खाती हैं।

प्रबंधन

इसकी रोकथाम के लिए जब भी पहली बार गिड़ारें दिखाई दें, कीटनाशक दवा जैसे–कुइनालफास की 0.5 मिली लीटर मात्रा प्रति लीटर पानी में मिलाकर छिड़काव करना चाहिए। बचाव के लिए छेदयुक्त फलियों को तोड़ कर फेंक दें। छिड़काव के बाद 7–8 दिनों तक फली खाने के लिए नही तोड़ना चाहिए।

बिहार हेयरी केटर पिलर (Bihar hairy catterpillar)

यह गिडार बड़े आकार व भूरे रंग की होती है। इनके शरीर पर बड़े–बड़े बाल या रोयें होते हैं। गिडारें पत्तियों को खाती है। कभी–कभी इसकी संख्या इतनी अधिक बढ़ जाती है कि सारी फसल को नुकासन पहुँचाती हैं। अगर इसकी रोकथाम शुरू से नहीं की गई तब सम्पूर्ण फसल नष्ट होने का भय रहता है। यहाँ तक देखा गया है कि इस गिडार पर दवाओं का असर भी कभी–कभी कम होता है।

प्रबंधन

शुरू में ही 0.05 प्रतिशत क्यूनालफॉस दवा का छिड़काव करें। जैविक कीटनाशक डेल्फिन (बी0टी0) 1.0 ग्राम प्रति लीटर की दर से छिड़काव लाभकारी पाया गया है।

लाल मकड़ी (Red mite)

पत्तियों की निचली सतह पर बहुत छोटे, पीले व लाल रंग के शिशु व प्रौढ़ जाला (web) बनाकर रहते हैं। इनके रस चूसने से पत्तियों पर बारीक सफेद धब्बे बन जाते हैं। पौधा कमजोर हो जाता हैं एवं फूल बनने मे बाधा पड़ती हैं इसका प्रकोप शुष्क मौसम मे ज्यादा होता हैं।

प्रबंधन

नियन्त्रण के लिए केलथेन या डाइकोफाल दवा का 0.5 मिली लीटर मात्रा प्रति लीटर पानी में घोलकर छिड़काव करना चाहिए। नियन्त्रण न होने पर एक छिड़काव पुनः किया जा सकता है।

प्रमुख बिमारियाँ एवं उनका प्रबन्धन

सेम में लगने वाली प्रमुख बिमारियाँ इस प्रकार है–

जड़ व पौध गलन रोग (Root and plant rot)

यह रोग फफूँद द्वारा होता है। इसमें पौधे पीले होकर सुखने लगते हैं। अधिक पानी का रूकना व मिट्टी में अधिक नमी भी इस रोग को फैलाने मे सहायक होते हैं।

प्रबंधन

इसकी रोकथाम के लिए खेत में वर्षा ऋतु में पानी एकत्र न होने दें। बीज को बुआई के पहले फफूँदनाशक दवाओं जैस–ब्रासिकोल, सेरेसन, थीरम की 2.5 ग्राम दवा प्रति किलो ग्राम बीज में मिलाकर उपचारित करना चाहिए।

एन्थ्रेक्नोज (Anthracnose)

एन्थ्रेक्नोज (*Colletotrichum lindemuthianum*) रोग भी फफूँद से होता है। इसका प्रभाव जब हवा में आर्द्रता अधिक होती हों, तो अधिक होता है। इस रोग से प्रभावित फलियों के ऊपर पीले भूरे रंग के धसे हुए अनेक धब्बे बनते हैं, जो बाद में पत्तियाँ और तनों पर भी बन जाते हैं। रोग से ग्रसित पत्तियाँ झड़ जाती हैं व फलियाँ खाने योग्य नहीं होती हैं।

प्रबंधन

इसकी रोकथाम के लिए बुआई के पहले बीज को सेरेसान या मोनोसान से 2.5 दवा प्रति किलोग्राम बीज के हिसाब से उपचारित करें। फसल पर इसका लक्षण दिखाई देते ही डाइथेन जैड–78 या डाइथेन एम–45 के 0.2 प्रतिशत घोल का छिड़काव करें। इसके अलावा नियन्त्रण हेतु

कैप्टाफ या कवच की 2.0 ग्राम/लीटर पानी में घोल बनाकर 10 दिनों के अन्तराल पर छिड़काव करना चाहिए।

चूर्णिल आसिता (Powdery mildew)

यह रोग भी फफूँद द्वारा होता है। इसके प्रभाव से पत्तियों, तनों एवं फलियों पर सफेद रंग के पाउडर जैसा चूर्ण जम जाता है। अधिक प्रकोप होने पर पत्तियाँ गिरने लगती हैं।

प्रबंधन

इसकी रोकथाम के लिए गन्धक के चूर्ण का भुरकाव (20.0 किलो ग्राम प्रति हेक्टेयर की दर से) या घुलनशील गन्धक (0.2 प्रतिशत या 2.0 किलो ग्राम प्रति हेक्टेयर की दर से) का छिड़काव करें। इसके अलावा इसकी रोकथाम कैराथियान या मोरास्टान दवा के 0.1 प्रतिशत घोल के छिड़काव से भी कर सकते हैं।

सर्कोस्फोरा पर्ण दाग (*Cercospora* leaf spot)

इस बीमारी से सेम की पत्तियों पर भूरे मध्यम व लाल रंग के किनारे गोल या कोणीय धब्बे बनते हैं, जो बाद में पूरी पत्ती मे फैल जाते हैं।

प्रबंधन

रोकथाम के लिए डाइथेन एम–45 या ब्लूकापर की 2.0 ग्राम दवा प्रति लीटर पानी में घोलकर 10–15 दिन के अन्तराल पर छिड़काव करना चाहिए।

बीन मौजैक (Bean mosaic)

यह रोग विषाणु (virus) द्वारा होता है। इसमें पत्तियाँ पहले पीली पड़कर मुड़ने लगती है। बाद में सारा पौधा पीला पड़ जाता है। पौधों की बढ़वार रूक जाती है फूल और फलियाँ भी कम लगती है। इसकी रोकथाम करना असम्भव है।

प्रबंधन

रोकथाम के लिए केवल रोगी पौधों को निकाल कर जला दें और सफेद मक्खी (*Bemisia tabaci*) से फसल को बचाने के लिए कीटनाशक दवा जैसे नुवाक्रान की 1.0 मिली लीटर प्रति लीटर पानी में घोल बनाकर छिड़काव करें, क्योंकि यह रोग कीड़ों से ही फैलता है।

□□□

अध्याय 7

भिण्डी

Okra or Lady's Finger

वानस्पतिक नाम : एबलमास्कस इस्कुलेंटस (*Abelmoschus esculentus* (L.) Moench.)

कुल : मालवेसी (Malvaceae)

गुणसूत्र संख्या : 2 एन = 130, 190, 199

भिण्डी भारतवर्ष की एक महत्वपूर्ण सब्जी है, जिसे हरे मुलायम एवं स्वादिष्ट फलियों के लिए उगाया जाता है। इसे अंग्रेजी में लेडीज फिंगर (lady's finger), फ्रेंच में गुम्बो (gumbo), स्पैनिस में क्वीमगुम्बा (quimgumbo), हिन्दी में भिण्डी (bhindi), पंजाबी तथा दोगरी में पिण्डी (pindi) के नाम से जानते हैं।

उद्‌भव एवं वितरण

भिण्डी का जन्म स्थान दक्षिण अफ्रीका का इथोपिया (कन्डोले, 1983 एवं वैवीलोव, 1951) देश या एशिया माना जाता है (थोम्पसन एंव केली, 1957)। 12वीं शताब्दी में इजिप्ट के लोगों ने भिण्डी की खेती प्रारम्भ की। अमेरिका में इसका प्रादुर्भाव 18वीं शताब्दी में गुलाम प्रथा को बढ़ावा देने वालों से हुआ तथा इसके बाद पश्चिमी यूरोप में हुआ। दस्तावेज की अनुपस्थिति में यह कहना मुश्किल है कि भिण्डी की खेती भारत में कब और कैसे प्रारम्भ हुई, लेकिन एक अन्य विचारधारा के अनुसार भिण्डी का मूल स्थान भारत है क्योंकि यहाँ इसकी कुछ स्पीसीज (species) प्राकृतिक रुप में उगते हुए पाये जाते हैं (जेवेन एवं झुकोवस्की, 1975)। भिण्डी की खेती भारत, पाकिस्तान, अफगानिस्तान, इरान, टर्की, युगोस्लाबिया, पूर्वी देश, दक्षिण अमेरिका व संयुक्त राज्य अमेरिका में वृहद्‌ पैमाने पर की जाती है।

सारिणी (7.1) विश्व के प्रमुख भिण्डी उत्पादक देश

देश	क्षेत्रफल (हेक्टेयर)	उत्पादन (टन)	उत्पादकता (टन/हेक्टेयर)
भारत	498000	5784000	11.6
नाईजेरिया	455100	955600	2.1
सुडान	21504	256000	11.9
ईराक	19534	151219	7.7
कोटे डी अवोरे	47000	125000	2.7
पाकिस्तान	14600	113200	7.8
ईजिप्ट	6885	86232	12.5
घाना	21100	82500	3.9
सउदी अरब	4200	55800	13.3
कामेरून	15500	43000	2.8
अन्य	**44528**	**243711**	**5.5**
विश्व + सम्पूर्ण	**1147951**	**7896262**	**6.9**

स्रोतः इण्डियन हार्टीकल्चर डाटाबेस, 2011

विश्व में भिण्डी की सबसे ज्यादा उत्पादन भारतवर्ष ही करता है, जिसका (ताजी भिण्डी) व्यापक पैमाने पर निर्यात (60 प्रतिशत) भारतवर्ष से विश्व के अनेक देशों में किया जाता है। भारतवर्ष में भिण्डी की खेती 0.2 मिलियन हेक्टेयर में की जाती है, जिससे 3.38 मिलियन टन हरी भिण्डी का उत्पादन होता है। भारतवर्ष से 75 .00 करोण रूपये की भिण्डी प्रतिवर्ष मिडिल इस्ट, पश्चिम यूरोप तथा संयुक्त राज्य अमेरिका को निर्यात की जाती है। भारतवर्ष में उत्तर प्रदेश, ओड़िशा, बिहार, आन्ध्र प्रदेश, कर्नाटक, छत्तीसगढ़, असम व पश्चिम बंगाल सबसे ज्यादा भिण्डी उत्पादक राज्य हैं।

सारिणी (7.2) भिण्डी का क्षेत्रफल, उत्पादन एवं उत्पादकता का बढ़ता क्रम

वर्ष	क्षेत्रफल (000, हेक्टेयर)	कुल क्षेत्रफल का प्रतिशत	उत्पादन (000, मैट्रिक टन)	कुल उत्पादन का प्रतिशत	उत्पादकता (000, मैट्रिक टन/हेक्टेयर)
1991–92	222.0	4.0	1886.5	3.2	8.5
2001–02	347.2	5.6	3324.7	3.5	9.6
2002–03	329.2	5.4	3244.5	3.8	9.9
2003–04	353.1	5.6	3631.4	3.9	10.3
2004–05	357.3	5.3	3512.4	3.5	9.8
2005–06	391.8	5.5	3974.6	3.6	10.1
2006–07	396.0	5.2	4070.0	3.5	10.3
2007–08	407.0	5.2	4179.0	3.3	10.3
2008–09	432.0	5.4	4528.0	3.5	10.5
2009–10	452.5	5.7	4803.3	3.6	10.6
2010–11	498.0	5.9	5784.0	3.9	11.6

स्रोतः नेशनल हार्टीकल्चर डाटा बेस, (2010–2011)

सारिणी (7.3) भारतवर्ष के प्रमुख भिण्डी उत्पादक राज्य

क्षेत्रफल (000, हेक्टेयर), उत्पादन (000, मैट्रिक टन), उत्पादकता (मैट्रिक टन/हेक्टेयर)

राज्य	2008–2009			2009–2010			2010–2011		
	क्षेत्र–फल	उत्पा–दन	उत्पा–दकता	क्षेत्र–फल	उत्पा–दन	उत्पा–दकता	क्षेत्र–फल	उत्पा–दन	उत्पा–दकता
आन्ध्र प्रदेश	29.3	439.7	15.0	33.5	502.1	15.0	78.9	1184.2	15.0
पश्चिम बंगाल	72.6	830.9	11.4	73.1	839.3	11.5	74.0	862.1	11.6
बिहार	58.2	743.5	12.8	58.3	766.6	13.2	58.5	788.3	13.5
ओड़िशा	73.3	639.9	8.7	73.9	651.8	8.8	70.0	651.8	9.3
गुजरात	44.9	407.1	9.1	49.5	466.2	9.4	54.5	592.5	10.9
झारखण्ड	29.8	417.2	14.0	29.0	406.0	14.0	30.0	421.7	14.1
छत्तीसगढ़	23.5	207.6	8.8	23.9	217.3	9.1	25.2	249.1	9.9
महाराष्ट्र	25.0	157.5	6.3	27.0	175.5	6.5	19.0	224.0	11.8
आसाम	10.3	129.2	12.5	10.9	149.7	13.8	11.1	147.8	13.4
हरियाणा	—	—	—	—	—	—	18.2	145.3	8.0
उत्तर प्रदेश	10.1	112.2	11.2	11.6	131.2	11.3	—	—	—
अन्य	**54.7**	**443.1**	**8.1**	61.9	**497.5**	**8.0**	**58.8**	**517.3**	**8.8**
सम्पूर्ण	**402.3**	**4088.1**	**10.2**	**452.5**	**4803.2**	**10.6**	**498.3**	**5784.0**	**11.6**

स्रोतः नेशनल हार्टीकल्चर डाटा बेस, (2010–2011)

वानस्पतिक विवरण

भिण्डी की वानस्पतिक विवरण के बारे में स्थिति स्पष्ट करना बहुत ही कठिन है, क्योंकि भिण्डी को पहले वंश हीबिस्कस (*Hibiscus*) के अन्तर्गत रखा गया था। मेडिकस ने सन् 1787 में कैप्सुल (capsule) के बिखण्डन के आधार पर स्वतंत्र रुप से वंश एबलमास्कस (*Abelmoschus*) के अन्तर्गत वर्गीकृत किया, फिर भी इसको वंश हिबिस्कस (*Hibiscus*) से अलग नहीं किया जा सका। इसी सन्दर्भ में स्चुमैन (1890) ने बाह्य दलपुंज (calyx) के झड़ने के आधार पर पुनः वंश एबलमास्कस (*Abelmoschus*) के अन्तर्गत वर्गीकृत किया, लेकिन होचरी टिनर ने सन् 1900 में इसकी कार्यिकीय लक्षण के आधार पर अस्वीकार कर दिया और सन् 1924 में स्वयं बाह्य दलपुंज (calyx) का, दलपुंज (petals) और वर्तीकाग (stigma) नली के साथ–साथ विकसित होने को आधार मानकर एबलमास्कस (*Abelmoschus*) वंश के अन्तर्गत ही स्थापित किया। वर्तमान समय में एबलमास्कस (*Abelmoschus*) के सही स्वरुप को बेट्स ने सन् 1967 में 5 नुकीले बाह्य दलपुंज, जो फूल निकलने के स्थान पर एक जगह जुड़े रहते हैं और बाद में वर्तिकाग्र नली के साथ गिर जाते हैं, के लक्षण के आधार पर हिबिस्कस (*Hibiscus*) से स्वतंत्र रुप से अलग स्थापित किया।

भिण्डी एकवर्षीय (annual) शाकीय पौधा है या कभी–कभी जंगली प्रभेद बहुवर्षीय (perennial), होते हैं, जिसके फूल उभयलिंगी होते हैं। इसमें उर्ध्व वानस्पतिक वृद्धि होती है। इनमें शाखा हो भी

सकती है और नहीं भी हो सकती है। भिण्डी के खाये जाने वाले भाग को फली (pod) या कैप्सुल (capsule) कहा जाता है। फल गहरे या हल्के हरे अथवा कुछ किस्मों में लाल रंग के भी होते हैं। यह देखा गया है कि फल की लम्बाई, व्यास व वजन में सर्वाधिक वृद्धि फूल लगने के 4–6 दिन बाद होती है (सिस्ट्रक एवं सहयोगी, 1960)। प्रायः फल लगने के 5–6 दिन बाद रेशा बनना शुरु हो जाता है तथा 9 दिन बाद रेशे में सर्वाधिक वृद्धि हो जाती है। फलियों को काटने पर चिपचिपा पदार्थ (mucilage) निकलता है। पौधे पर पुष्प प्रत्येक गाँठ से या एकान्तर क्रम में विकसित होते हैं। वंश एबलमास्कस के अन्तर्गत आने वाले विभिन्न प्रजातियों को कोशानुवांशिकीय तथ्यों (cytological evidences) के आधार पर वर्गीकृत करने के लिए एक अन्तर्राष्ट्रीय भिण्डी कार्यशाला (International Workshop on Okra) 8–10 अक्टूबर, 1990 में नई दिल्ली में आयोजित की गयी। इस कार्यशाला में वैज्ञानिकों ने पुराने सभी वर्गीकरणों को ध्यान में रखते हुए भिण्डी को निम्नलिखित वंश क्रमों में वर्गीकृत किया।

सारिणी (7.4) भण्डी के वंश, गुणसूत्र संख्या व बहुगुणता स्तर

वंश (Genus)	गुणसूत्र संख्या 2 एन =	बहुगुणता स्तर (Ploidy Level)
एबलमास्कस क्रिनीटस (*Abelmoschus crinitus*)	?	1 ?
एबलमास्कस एन्गुलोसस (*Abelmoschus angulosus*)	56	1
एबलमास्कस ट्यूबरकुलेटस (*Abelmoschus tuberculatus*)	58	1
एबलमास्कस फिकलनीयस (*Abelmoschus ficulneus*)	72	1
एबलमास्कस मास्चेटस उपप्रजाति मास्चेटस वार0 मास्चेटस (*Abelmoschus moschatus ssp. moschatus* var. *moschatus*)	72	1
एबलमास्कस मास्चेटस उपप्रजाति मास्चेटस वार0 बीटूलिफोलियस (*Abelmoschus moschatus ssp. moschatus* var. *betulifolius*)		
एबलमास्कस मास्चेटस उपप्रजाति बाइकेन्सिस (*Abelmoschus moschatus ssp. biakensis*)		
एबलमास्कस मास्चेटस उपप्रजाति ट्यूबरोसस (*Abelmoschus moschatus ssp. tuberosus*)		
एबलमास्कस मैनिहाट (*Abelmoschus manihot*)	60–68	1
एबलमास्कस टेट्राफाइलस वार0 टेट्राफाइलस (*Abelmoschus tetraphyllus* var. *tetraphyllus*)	130–138	2
एबलमास्कस टेट्राफाइलस वार0 पन्जेन्स (*Abelmoschus tetraphyllus* var. *pungens*)		
एबलमास्कस इस्कुलेंटस (*Abelmoschus esculentus*)	(72)–108–144	2
एबलमास्कस कैली (*Abelmoschus callei*)	185–199	3

सामान्य रुप से उगायी जाने वाली भिण्डी प्रकृति में पालीप्लाइड (polyploid) होती हैं।

बहुगुणता स्तर (Ploidy Level)	1:2एन =56–72
बहुगुणता स्तर (Ploidy Level)	2:2एन =108–144
बहुगुणता स्तर (Ploidy Level)	3:2एन =185–199

उपरोक्त स्पीशीज में एबलमास्कस मास्चेटस उपप्रजाति मास्चेटस वार0 बीटूलिफोलियस (*Abelmoschus moschatus ssp. moschatus* var. *betulifolius*) तथा एबलमास्कस टेट्राफाइलस वार0 टेट्राफाइलस (*Abelmoschus tetraphyllus* var. *tetraphyllus*) पीत शिरा मोजैक विषाणु के प्रति प्रतिरोधी है। भिण्डी में अंतः प्रजाति संकरण सम्भव है। हमारे देश में एबलमास्कस इस्कूलेन्टस (*Abelmoschus esculentus*) × एबलमास्कस मैनिहाट (*Abelmoschus manihot*) के संकरण पर वृहद् शोध ा कार्य हुआ है। भिण्डी में पीत शिरा मोजेक विषाणु प्रतिरोधी किस्मों को विकसित करने के लिए एबलमास्कस मैनीहाट उपप्रजाति मैनीहाट (*Abelmoschus manihot ssp. manihot*) तथा एबलमास्कस मैनीहाट उपप्रजाति टेट्राफाइलस (*Abelmoschus manihot ssp. tetraphyllus*) रोग प्रतिरोधी वंशाणु (genes) को एबलमास्कस इस्कुलेन्टस (*Abelmoschus esculentus*) में स्थानान्तरित किया गया।

पोषकीय महत्व

भिण्डी को इसके हरे, मुलायम व स्वादिष्ट फलों को सब्जी बनाने के अतिरिक्त करी, फ्राइड फूड आदि व्यंजन बनाने के लिये किया जाता है। वर्तमान समय में हरी भिण्डी का उपयोग कैनींग (canning) और फ्रोजेन (frozen) रुप में ज्यादा किया जा रहा है। इसके पके बीज को सुखाकर व भूनकर 'रोस्टेड' (roasted) काफी के विकल्प के रुप में भी उपयोग करते हैं (मार्टिने, 1982)। भिण्डी के सूखे बीज में 18.0–20.0 प्रतिशत तेल तथा 20.0–23.0 प्रतिशत क्रुड प्रोटीन पाया जाता है (बेरी एवं सहयोगी, 1988)। इसकी सुखी फलियाँ एवं सूखे पौधे कागज बनाने के लिए प्रयोग किये जाते हैं। यह पौष्टिक सब्जी है, जिसमें विटामिन ''ए'' तथा ''बी'' की मात्रा अधिक और विटामिन ''सी'' कुछ अल्प मात्रा में पायी जाती है। इसमें प्रोटीन तथा खनिज पदार्थ जैसे कैल्सियम, फास्फोरस एवं लौह तत्व प्रचुर मात्रा में पाये जाते हैं। इसमें फोलिक अम्ल भी पर्याप्त मात्रा में पाया जाता है। औषधी के रुप में यह दिल व दिमांग की कमजोरी से पीड़ित व्यक्तियों के लिए अधिक लाभकारी होती है। इसका सेवन अल्सर तथा बवासीर रोगों में लाभकारी पाया गया है। इसके तने से रेशे भी निकाले जाते हैं। टर्की में भिण्डी की पत्तियों का उपयोग दवा के रुप में शरीर के सूजन को कम करने के लिए किया जाता है। भिण्डी के फलियों में उपस्थित घुलनशील व अघुलनशील रेशा ज्यादा महत्व रखता है। घुलनशील रेशा शरीर में उपस्थित कोलेस्ट्राल को कम करता है, जिससे हृदयाघात कम होता है। अघुलनशील रेशे की उपस्थिति से भोज्य नलियाँ साफ व स्वच्छ रहती हैं और नलियों के अन्दर होने वाले कैंसर से बचाव करता है। कुछ स्थानों में पौधे की जड़ें एवं तना, पानी में भिंगोकर रखते हैं एवं उससे प्राप्त रस का उपयोग गुड़ एवं शक्कर साफ करने में करते हैं। भिण्डी की फलियों में पाये जाने वाले पोषक तत्व को नीचे की सारिणी में दिया गया है–

सारिणी (7.5) भण्डी में पाये जाने वाले पोषक तत्व (प्रति 100 ग्राम खाने योग्य भाग में)

पोषक तत्व	मात्रा
नमी	86.0 ग्राम
कार्बोहाइड्रेट	6.4 ग्राम
प्रोटीन	1.9 ग्राम
वसा	0.2 ग्राम
खनिज लवण	0.7 ग्राम
रेशा	1.2 ग्राम
कैल्सियम	66.0 मि0 ग्राम
फास्फोरस	56.0 मि0 ग्राम
लौह तत्व	0.35 मि0 ग्राम
थायमिन	0.07 मि0 ग्राम
रिबोफ्लेविन	0.10 मि0 ग्राम
नियासिन	0.6 मि0 ग्राम
फोलिक अम्ल	25.3 मि0 ग्राम
विटामिन 'सी'	13.0 मि0 ग्राम
कैरोटीन	52.0 माइक्रोग्राम
ऊर्जा	35.0 कैलोरी

स्रोतः गोपालन एवं सहयोगी, 1999

उन्नतिशील किस्में

भिण्डी की किस्मों को मुख्य रुप से दो समूहों में विभाजित किया जा सकता है।

1. चिकने फल वाली
2. रोयेंदार फल वाली

भिण्डी की किस्मों को फलों पर पाई जाने वाली धारियों के अनुसार तीन भागों में बाँटा जा सकता है–

1. पाँच धारियों वाली किस्में–पूसा सावनी, पूसा मखमली, पंजाब नं. 13, इत्यादि।
2. सात से आठ धारियों वाली किस्में–परकिन्स लांग ग्रीन
3. बिनाधारी वाली गोल किस्में–व्हाइट वेलवेट–जिसके फल लम्बे, पतले, गोलाकार, हरे होते हैं।

भिण्डी की उन्नतिशील किस्मों का विवरण इस प्रकार है–

काशी विभूति (Kashi Vibhuti or VRO-5)

इस किस्म का विकास संकरण (एन0आई0सी0 9303 x आई0सी0 111547) द्वारा भारतीय सब्जी अनुसंधान संस्थान, वाराणसी (उत्तर प्रदेश) द्वारा किया गया है। यह एक बौनी किस्म है, जिसके पौधों की बढ़वार मात्र 60.0–70.0 सेन्टी मीटर तक होता है। इसमें फूल बीज बुआई के 40

दिन बाद व चौथे गाँठ पर आ जाते हैं और फलियाँ बीज बुआई के 63–65 दिन मिल जाती हैं। पौध ों पर गाँठें कम दूरी पर विकसित होती हैं, जिससे यह किस्म अच्छी उपज देती है। वर्षा काल में इस फसल से 15.0 टन तथा ग्रीष्म काल में 12.0 टन प्रति हेक्टेयर तक उपज प्राप्त होती है। यह किस्म पीत शिरा विषाणु रोग (yellow vein mosaic virus or YVMV) व प्रारम्भिक पत्ती मरोण विषाणु रोग (ennation leaf curl virus) से मुक्त है। इसे राष्ट्रीय स्तर पर अखिल भारतीय समन्वित अनुसंधान परियोजना (सब्जी फसल) के माध्यम से सन् 2003 में पहचान की गयी व सन् 2006 में व्यावसायिक खेती के लिए संस्तुत की गयी है। यह किस्म राजस्थान, गुजरात, हरियाणा, उत्तर प्रदेश, बिहार, पश्चिम बंगाल, छत्तीसगढ़, उत्तराखण्ड एवं दिल्ली के लिए अनुमोदित की गयी हैं।

काशी प्रगति (Kashi Pragati or VRO-6)

इस किस्म का विकास संकरण (एन0आई0सी0 9303 x पी0के0 20) व चयन द्वारा भारतीय सब्जी अनुसंधान संस्थान, वाराणसी (उत्तर प्रदेश) किया गया है। इस किस्म के पौधे वर्षाकाल में औसतन 175.0 सेन्टी मीटर व ग्रीष्मकाल में 130.0 सेन्टी मीटर ऊँचे होते हैं। इसमें पौधा लम्बा होने के साथ–साथ गाँठें नजदीक–नजदीक बनती हैं। सामान्यतः प्रथम फूल बरसात में चौथे गाँठ व गर्मी में तीसरी गाँठ पर बीज बुआई के 38–40 दिन बाद बनते हैं व फलियाँ 44–46 दिन बाद प्राप्त होती है। यह किस्म पीत शिरा विषाणु एवं प्रारम्भिक पत्ती मरोड़ विषाणु रोग से मुक्त है। इसमें गर्मी के मौसम में 13.5 टन तथा वर्षा काल में 18.0 टन प्रति हेक्टेयर तक उपज प्राप्त होती है। इसे राष्ट्रीय़ स्तर पर अखिल भारतीय समन्वित अनुसंधान परियोजना (सब्जी फसल) के माध्यम से सन् 2003 में पहचान की गयी एवं सन् 2006 में व्यावसायिक खेती के लिए संस्तुत की गयी है। यह किस्म राजस्थान, गुजरात, हरियाणा, उत्तर प्रदेश, बिहार, पश्चिम बंगाल, छत्तीसगढ़, उत्तराखण्ड एवं दिल्ली के लिए अनुमोदित की गयी है।

काशी सातधारी (Kashi Satdhari or IIVR-10)

इस किस्म का विकास संकरण (परमनी क्रान्ति x आई0सी0 111542) x (आई0आई0वी0 आर0–20) द्वारा भारतीय सब्जी अनुसंधान संस्थान, वाराणसी (उत्तर प्रदेश) द्वारा किया गया है। यह भिण्डी के सातधारी किस्म है। पौधे में फूल बीज बुआई के 42 दिन बाद आ जाते हैं व फलियाँ 50 दिन बाद मिलती है। यह किस्म उत्तर प्रदेश राज्य किस्म चयन समिति द्वारा उत्तर प्रदेश के किसानों के लिए अनुमोदित किया गया है। यह किस्म पीत शिरा विषाणु (YVMV) एवं प्रारम्भिक पत्ती मरोण विषाणु रोग से मुक्त है। वर्षा काल में 15.0 टन प्रति हेक्टेयर तक उपज प्राप्त होती है।

काशी मोहिनी (Kashi Mohini or VRO-3)

भिण्डी की यह किस्म अखिल भारतीय समन्वित अनुसंधान परियोजना (सब्जी फसल) द्वारा खेती के लिए सन् 2001 में चयनित की गयी। यह किस्म गर्मी के दिनों में अधिक तापक्रम होने पर भी अच्छी उपज देती है। बरसात के दिनों में 20.0 टन प्रति हेक्टेयर तक उपज मिल जाती है। यह किस्म पीत शिरा मोजैक विषाणु रोग से अवरोधी है। यह किस्म पीत शीरा विषाणु रोग से मुक्त है।

काशी मंगली (Kashi Mangali or VRO-4)

भिण्डी की यह किस्म अखिल भारतीय समन्वित अनुसंधान परियोजना (सब्जी फसल) द्वारा उत्तर प्रदेश, बिहार, झारखण्ड, छत्तीसगढ़ एवं आन्ध्र प्रदेश हेतु खेती के लिए सन् 2002 में चयनित की गयी। इस किस्म के पौधे लम्बे व पीत शिरा मोजैक विषाणु रोग से अवरोधी है। इसमें फूल चौथे व पाँचवीं गाँठ पर आते हैं और पैदावार 14.0–15.0 टन प्रति हेक्टेयर तक ली जा सकती है।

काशी लीला (Kashi Lila or IIVR-11)

इस किस्म का विकास भारतीय सब्जी अनुसंधान संस्थान, वाराणसी (उत्तर प्रदेश) द्वारा किया गया है। यह किस्म मध्यम लम्बी (110.0-130.0 cm) है। यह किस्म पीत शिरा मोजैक तथा पत्ती मरोड़ विषाणु के प्रति अवरोधी पायी गयी है। इसकी उपज 15.0–17.0 टन प्रति हेक्टेयर है।

शीतला उपहार (DVR-1)

इस संकर किस्म का विकास भारतीय सब्जी अनुसंधान संस्थान, वाराणसी (उत्तर प्रदेश) द्वारा किया गया, जिसे राष्ट्रीय स्तर पर केन्द्रीय किस्म उपचयन समिति द्वारा उत्तर प्रदेश, बिहार, पंजाब, झारखण्ड, मध्य प्रदेश व महाराष्ट्र के लिए व्यावसायिक खेती हेतु अनुमोदित किया गया है। यह किस्म पीत शिरा मोजैक तथा पत्ती मरोड़ विषाणु के प्रति अवरोधी पायी गयी है। यह संकर किस्म परभनी क्रांति से 32.27 प्रतिशत अधिक उपज देती है। इसकी उपज देश में कहीं–कहीं पर 26.6 टन प्रति हेक्टेयर तक ली गयी है।

शीतला ज्योति (Shital Jyoti or DVR-2)

इस संकर किस्म का विकास भारतीय सब्जी अनुसंधान संस्थान, वाराणसी (उत्तर प्रदेश) द्वारा सन् 1998 में किया गया, जिसे राष्ट्रीय स्तर पर केन्द्रीय किस्म उपचयन समिति द्वारा हरियाणा, राजस्थान व गुजरात के लिए व्यावसायिक खेती हेतु अनुमोदित किया गया है। इसके फली की लम्बाई मध्यम व गहरे हरे रंग की होती है। यह संकर किस्म परभनी क्रांति की तुलना में 36 प्रतिशत अधिक उपज देती है। यह किस्म पीत शिरा मोजैक तथा पत्ती मरोड़ विषाणु के प्रति अवरोधी पायी गयी है। इसकी उपज 22.0 टन प्रति हेक्टेयर है।

काशी भैरव (Kashi Bhairav or DVR-3)

इस संकर किस्म का विकास भारतीय सब्जी अनुसंधान संस्थान, वाराणसी (उत्तर प्रदेश) द्वारा सन् 2001 में किया गया है। भिण्डी की यह किस्म अखिल भारतीय समन्वित अनुसंधान परियोजना (सब्जी फसल) द्वारा पूरे देश में खेती हेतु अनुमोदित की गयी है। है। यह किस्म पीत शिरा मोजैक विषाणु रोग से पूर्णतया अवरोधी है। इस किस्म का पौधा मध्यम लम्बाई का होता है। इसका फल मध्यम लम्बा और गहरे हरे रंग का होता है। इसकी उपज 20.0 टन प्रति हेक्टेयर है।

काशी महिमा (Kashi Mahima or DVR-4)

इस संकर किस्म का विकास भारतीय सब्जी अनुसंधान संस्थान, वाराणसी (उत्तर प्रदेश) द्वारा सन् 2001 में किया गया, जिसे अखिल भारतीय समन्वित अनुसंधान परियोजना (सब्जी फसल) द्वारा

उत्तर प्रदेश, बिहार, पंजाब, झारखण्ड, मध्य प्रदेश, महाराष्ट्र, छत्तीसगढ़, ओडिशा व आन्ध्र प्रदेश के लिए व्यावसायिक खेती हेतु अनुमोदित किया गया है। इसकी औसत उपज 17.0 टन प्रति हेक्टेयर है।

काशी क्रान्ती (Kashi Kranti or VRO-22)

इस किस्म का विकास संकरण (वी0आर0ओ0 6X67–10–02) एवं वंशावली चयन पद्धति द्वारा भारतीय सब्जी अनुसंधान संस्थान, वाराणसी (उत्तर प्रदेश) द्वारा किया गया है। मध्यम आकार के पौधों पर पहली बार 45–46 दिनों में फलों की तुड़ाई की जा सकती है। फलियाँ गहरी हरी तथा 8.0–10.0 सेन्टीमीटर लम्बी होती है। इसकी उपज क्षमता 14.0–16.0 टन प्रति हेक्टेयर है। यह पीत शिरा मोजैक विषाणु एवं भिण्डी पर्ण कुन्चन विषाणु के प्रति अवरोधी है।

पूसा मखमली (Pusa Makhmali)

इस किस्म का विकास भारतीय कृषि अनुसंधान संस्थान, नई दिल्ली द्वारा पश्चिम बंगाल से एकत्रित जननद्रव्य से चयन करके किया गया है (सिंह और सिक्का, 1955)। यह अगेती किस्म है, जिसके पौधे सीधे, रोयेंदार व लगभग 180.0–210.0 सेन्टी मीटर ऊँचे होते हैं। पौधों पर शाखाएँ बहुत कम विकसित होती हैं। पत्तियाँ हस्ताकार व रोयेंदार होती हैं, फल मुलायम, 15.0–18.0 सेन्टी मीटर लम्बे, चिकनी 5 धारियों वाले, हल्के हरे रंग तथा ऊपर की तरफ पतले होते हैं। यह किस्म वसन्त ऋतु के लिये अति उत्तम होती है। यह एक अधिक उपज (8.0–10.0 टन हरी फली प्रति हेक्टेयर) देने वाली किस्म है।

हरभजन (Harbhajan)

यह किस्म मुख्यतः परकिंसन लांग ग्रीन से चयनित है, जिसे सैनी एवं उनके सहयोगियों ने डॉ0 हरभजन की स्मृति में नामकरण किया था। यह मुख्य मौसम की किस्म है, जिसके पौधे काफी लम्बे होते हैं। पत्तियाँ चौड़ी तथा मध्यम रुप में पालियों में बँटी होती हैं, जिनकी सतह खुरदुरी व शिरायें उभरी होती हैं। फल काफी लम्बे, पतले, रोयें रहित व हरे रंग के होते हैं, जिन पर सामान्य रुप से 8 धारियाँ होती है। औसत उपज 8.5 टन प्रति हेक्टेयर है।

परकिन्सन लॉग ग्रीन (Parkinson Long Green)

यह एक मध्यम समय में तैयार होने वाली किस्म है, जिसके पौधे बहुत लम्बे होते हैं। फल लम्बे, ऊपर की तरफ पतले, चमकीले हरे तथा चिकने होते हैं। यह किस्म पहाड़ी इलाकों में लगाने के लिए अति उत्तम होती है। औसत उपज 8.0 टन प्रति हेक्टेयर है।

पूसा सावनी (Pusa sawani)

इस किस्म का विकास भारतीय कृषि अनुसंधान संस्थान, नई दिल्ली द्वारा आई0सी0–1542 (पश्चिम बंगाल द्वारा चयनित जननद्रव्य) × पूसा मखमली के आपसी संकरण द्वारा किया गया है। इस किस्म में पहले पित्त शिरा मोजैक रोग (YVMV) का प्रकोप बहुत ही कम होता था, लेकिन वर्तमान समय में यह रोग ज्यादा लगता है। यह प्रचलित किस्म भारत के मैदानी एवं पहाड़ी भागों

में किसी भी मौसम में उगाई जा सकती है। पौधे लम्बे (1.35–1.80 मीटर), पत्तियाँ उपर की तरफ कटावदार (3–5 खण्डों में) व पौधे की आठवीं गाँठ से फल विकसित होते हैं। इस किस्म की पहचान दलपुंज के आधार पर दोनों तरफ बैगनी धब्बा उपस्थित होता है। पौधे के तने, पर्णवृन्त व पत्ती के आधार पर बैगनी वर्णक विकसित होते हैं। इसके फल 12.0–15.0 सेन्टी मीटर लम्बे, 5 धारियों वाले व गहरे हरे रंग के चिकने होते हैं। यह किस्म बीज बुआई के लगभग 55–60 दिन में तैयार हो जाती है। इसकी औसत उपज लगभग 10.5–12.5 टन प्रति हेक्टेयर है। इस किस्म को केन्द्रीय किस्म अनुमोदन समिति द्वारा 1966 में पूरे देश में उगाने की संस्तुति की गयी थी।

सेलेक्शन–1 (Selection-1)

इस किस्म में मोजैक रोग पूसा सावनी की अपेक्षा कम लगता है। इसके पौधे पूसा सावनी की अपेक्षा कुछ छोटे व फैलावदार होते हैं। फलों की औसत लम्बाई 18–20 सेन्टी मीटर होती है तथा उन पर 5 धारियाँ होती है। फल पतले, हरे रंग के रोयेंदार होते हैं। इसकी उपज 10.0–12.0 टन प्रति हेक्टेयर होती है।

लांग फ्रूटेड सेलेक्शन (Long Fruited Selection)

यह किस्म पीत शिरा विषाणु रोग (YVMV) के प्रति प्रतिरोधी है। फलों की लम्बाई 13.5 सेन्टी मीटर होती है। यह किस्म बीज बुआई के लगभग 55 दिन में तैयार होती है।

ड्वार्फ फ्रूटेड सेलेक्शन (Dwarf Fruited Selection)

यह एक अगेती किस्म है। फलों की तुड़ाई बीज बुआई के लगभग 50 दिन बाद प्रारम्भ हो जाती है। फल की लम्बाई 3.0 सेन्टी मीटर होती है।

पूसा ए0–4 (Pusa A-4)

इस किस्म का विकास भारतीय कृषि अनुसंधान संस्थान, नई दिल्ली द्वारा अंतः प्रजाति संकरण से किया गया है। इसकी खेती सुगमतापूर्वक वसन्त व वर्षा ऋतु में की जा सकती है। पत्तियाँ गहरी, हरी होती हैं तथा तने व पर्णवृन्त पर गहरा वर्णक दिखाई देता है। पौधे सीधे व उन पर गाँठों का अन्तर कम होता है। पत्तियाँ चौड़ी व मध्यम कटाव वाली होती हैं। फल पाँच धारी, गहरे हरे, 12.0–15.0 सेन्टी मीटर लम्बे तथा अधिक समय तक रखने योग्य होते हैं। इसकी औसत उपज 10.0–12.0 टन प्रति हेक्टेयर है। यह पीत शिरा विषाणु रोग (YVMV) के प्रति प्रतिरोधी तथा फुदका कीट (jassid) के प्रति सहनशील है।

पंजाब पद्मिनी (Punjab Padmini)

इस किस्म का विकास पंजाब कृषि विश्वविद्यालय, लुधियाना (पंजाब) द्वारा एबलमास्कस इस्कुलेण्टस (रेशमी व पूसा सावनी) व एबलमास्कस मैनीहाट उपप्रजाति मैनीहाट (ई0सी0–31830) के संकरण से किया गया है। यह एक अगेती तथा अधिक उपज देने वाल किस्म है, जो लगभग

45 दिन में तैयार हो जाती है। इसके पौधे लम्बे (1.8–1.0 मीटर) व तना तथा पर्णवृन्त पर बैगनी रंग लिये हुए होते हैं। प्रत्येक पौधे से 4–5 द्वितीयक शाखाएँ विकसित होती हैं। पत्तियाँ चौड़ी, गहरे हरे रंग की, रोयेंदार व 3–5 पालियों वाली होती हैं। इसके फल कोमल, लम्बे, चिकने तथा हल्के हरे रंग के होते हैं। इसके पौधे फैलावदार होते हैं तथा इसकी प्रत्येक गाँठ पर फल लगते हैं। इस किस्म के पौधों में बीज बुआई के 53–54 दिन बाद पहली तुड़ाई की जा सकती है। सामान्यतया फल 6–8वीं गाँठ पर लगना प्रारम्भ करते हैं। प्रत्येक फल की लम्बाई 12.0–15.0 सेन्टी मीटर व 5 धारियों वाली होती हैं। प्रत्येक फल का औसत वजन लगभग 20.0–21.0 ग्राम होता है। फल तैयार होने के 3–4 दिन तक मुलायम बना रहता है। यह किस्म पीत शिरा विषाणु रोग (YVMV) के प्रति अवरोधी है तथा इस पर जैसीड व कपास कीट का प्रकोप कम होता है। यह किस्म उत्तर भारत के मैदानी क्षेत्रों में ग्रीष्म तथा बरसात दोनों मौसमों में उगाने के लिए उपयुक्त है, जबकि दक्षिण भारत में इसे जाड़े के मौसम में सुगमतापूर्वक उगाया जा सकता है। इसकी औसत उपज 11.5–12.5 टन प्रति हेक्टेयर है। इस किस्म को केन्द्रीय किस्म अनुमोदन समिति तथा अखिल भारतीय समन्वित अनुसंधान परियोजना (सब्जी फसल) के तहत पूरे देश में उगाने की संस्तुति की गयी है।

पी0–7 (P-7)

इस किस्म का विकास पंजाब कृषि विश्वविद्यालय, लुधियाना (पंजाब) द्वारा एबलमास्कस मैनीहाट उपप्रजाति मैनीहाट × एबलमास्कस स्कुलेण्टस (पूसा सावनी) के अन्तः संकरण द्वारा किया गया है। इसके पौधे मध्यम बढ़वार (85.0–105.0 सेन्टी मीटर) होते हैं, जिनके तनों में पास–पास गाँठें होती हैं। तने पर जगह–जगह रंगीन धब्बे दिखाई देते हैं। पत्तियाँ पूरी तरह से पालियों में विभक्त होती हैं और उनका किनारा कटा होता है। पत्तियों का डण्ठल काफी रंगीन होता है। फल मध्यम, लम्बे (15.0–20.0 सेन्टी मीटर), हरे मुलायम तथा पाँच धारियों वाले होते हैं। सामान्यतया बीज बुआई के 45–50 दिन बाद पुष्प बनने लगते हैं तथा 54 दिन बाद फलों की पहली तुड़ाई की जा सकती है। यह पीत शिरा मोजैक रोग (YVMV) प्रतिरोधी किस्म है। ग्रीष्म ऋतु में इसकी 5.5–7.0 टन प्रति हेक्टेयर तथा बरसात के मौसम में 9.5–11.0 टन प्रति हेक्टेयर उपज होती है। इसके बीज की उपज 4–8 कुन्तल प्रति हेक्टेयर आँकी गयी है।

पंजाब–8 या ई0एम0एस0–8 (Punjab-8)

इस किस्म का विकास पंजाब कृषि विश्वविद्यालय, लुधियाना (पंजाब) द्वारा भिण्डी की किस्म पूसा सावनी पर ई0एम0एस0 (Ethyl Methane Sulphonate) नामक रसायन की 1.0 प्रतिशत प्रयोग कर उत्परिवर्तन (mutation) द्वारा किया गया है (शर्मा और सिंह, 1989)। इस किस्म को सुगमतापूर्वक वसन्त व वर्षाकाल में उगाया जा सकता है। पौधे 1.5 मीटर लम्बे और तने पर जगह–जगह बैगनी वर्णक मिलते हैं। पत्तियाँ गहरी कटी हुई तथा किनारे पर कम दाँतेंदार होती हैं। फल पतले, लम्बे, गहरे हरे एवं 5 धारियों वाले होते हैं। औसत उपज 14.0 टन प्रति हेक्टेयर होती है। यह किस्म पीत शिरा विषाणु रोग के प्रति ज्यादा प्रतिरोधी है। यह प्रसंस्करण के लिए भी सबसे उपयोगी किस्म है।

अर्का अनामिका (Arka Anamika)

यह किस्म भारतीय बागवानी अनुसंधान संस्थान, बैंग्लुरू (कनार्टक) द्वारा अन्तः प्रजातीय संकरण एबलमास्कस स्कुलेण्टस (आई0आई0एच0आर0–20–31)×एबलमास्कस मैनिहाट उपप्रजाति टेट्राफाइलस से विकसित किया गया है। यह किस्म पहले सेलेक्शन–10 (Sel.-10) के नाम से जानी जाती थी। इसके पौधे मध्यम ऊँचे (100.0 सेन्टी मीटर), सीधे बढ़ने वाले होते हैं, जिनके तने पर कम अन्तराल पर गाँठें लगी होती हैं। तने, पत्तियों के डण्ठल तथा प्रारम्भिक पत्तियों की निचली सतह पर बैगनी रंग के धब्बे पाये जाते हैं। पत्तियाँ हरे रंग की छोटी तथा पालियों में विभक्त होती हैं। पौधे पर 3–4 शाखाएँ नीचे से चौथी व अग्रसर आठवीं गाँठों पर 30 अंश के कोण पर निकलती हैं। पत्तियों व डण्ठल पर कम रोयें पाये जाते हैं। यह एक अगेती किस्म हैं, जिनमें बीज बुआई के 45 दिन बाद फूल आना प्रारम्भ होता है और पहली तुड़ाई बीज बुआई के 55 दिन बाद की जा सकती है। फल मध्यम आकार के, गहरे हरे तथा पाँच धारियों वाले होते हैं। एक पौधे से 20–25 फल मिलते हैं। इसमें पाँचवीं गाँठ पर फल आना प्रारम्भ होता है। इसकी औसत उपज 11.5 टन प्रति हेक्टेयर है। यह पीत शिरा मोजैक (YVMV) विषाणु रोग से पूर्णतया मुक्त है। इसे अखिल भारतीय समन्वित अनुसंधान परियोजना (सब्जी फसल) के तहत् सन् 1990 में पूरे देश में उगाने की संस्तुति की गयी।

अर्का अभय (Arka Abhay-Sel-4)

यह किस्म अर्का अनामिका (Arka Anamika) की सिस्टर लाईन (sister line) है तथा इसका विकास भारतीय बागवानी अनुसंधान संस्थान, बैंग्लुरू (कनार्टक) द्वारा अंतः प्रभेद संकरण एबलमास्कस स्कुलेण्टस (आई0आई0एच0आर0–20–31)×एबलमास्कस टेट्राफाइलस से विकसित किया गया है। पहले इसे सेलेक्शन–4 के नाम से जाना जाता था। पौधे लम्बे (170.0 सेन्टी मीटर) तथा शाखायुक्त होते हैं। कहीं–कहीं पर बैगनी वर्णक मिलते हैं। इस प्रभेद में पत्तियों तथा डण्ठल पर रोयें पाये जाते हैं। बीज बुआई के 40–45 दिन बाद पुष्प आने लगते हैं और 55–60 दिन में पहली तुड़ाई की जा सकती है। फल मध्यम, हरा, पीला, लम्बे, हरे व 5–6 धारियों वाले होते हैं। इसमें फल छेदक कीट का प्रकोप कम होता है तथा यह पीत शिरा विषाणु रोग के प्रति अवरोधी है। इस किस्म को पूरे देश में उगानें की संस्तुति की गयी है। इसकी प्रति हेक्टेयर पैदावार 10.0–11.0 टन प्रति हेक्टेयर है।

अर्का उपहार (Arka Uphar)

इस किस्म का विकास भारतीय बागवानी अनुसंधान संस्थान, बैंगलुरू (कनार्टक) द्वारा किया गया है। इस किस्म के पौधे 90–120 सेन्टी मीटर लम्बे होते हैं। वर्षाकाल में बुआई के 40 दिन बाद पुष्प आना शुरू हो जाता है तथा पहली तुड़ाई बीज बुआई से 45–48 दिन बाद की जा सकती है। इसके फल 5 धारियों वाले होते हैं। इसकी औसत उपज 10.0 टन प्रति हेक्टेयर है।

परभनी क्रान्ति (Parbhani Kranti)

इस किस्म का विकास मराठवाड़ा कृषि विश्वविद्यालय परभनी (महाराष्ट्र) द्वारा अंतः प्रजाति संकरण एबलमास्कस स्कुलेण्टस (पूसा सावनी) × एबलमास्कस मैनिहाट (जापान से उपस्थापित पीत शिरा विषाणु अवरोधी) द्वारा किया गया है। यह पीत शिरा विषाणु रोग प्रतिरोधक किस्म है। इसके

पौधे हरे, लम्बे (170.0–180.0 सेन्टी मीटर) तथा कम शाखाओं वाले होते हैं। पत्तियाँ गहरे हरे रंग की और पूर्ण रुप से पालियों में विभक्त होती हैं। बीज बुआई के 40–45 दिन बाद इसमें फूल आना प्रारम्भ हो जाता है और पहली तुड़ाई बुआई के 55 दिन बाद की जाती है। फल तने की 5–6वीं गाँठ पर लगना प्रारम्भ करते हैं। बाजार लायक फल निषेचन के 7–8 दिन बाद तैयार हो जाती है। फल के डण्ठल कीप के आकार के होते हैं। फल काफी गहरे हरे रंग के, चिकने, मुलायम, पतले तथा पाँच धारियों वाले होते हैं। फल का उपरी सिरा काफी पतला होता है। फल विकसित होने के 2–3 दिन बाद भी मुलायम बने रहते हैं और उसमें सख्त रेशे नहीं बनते। इसकी औसत उपज ग्रीष्म ऋतु में 8.5–9.0 टन तथा बरसात में 12.0–13.0 टन प्रति हेक्टेयर मिलती हैं। बीज की उपज वर्षा काल की फसल से 10.0 कुन्तल तथा ग्रीष्म काल की फसल से 5.0–6.0 कुन्तल प्रति हेक्टेयर मिलती है। इसे केन्द्रीय किस्म अनुमोदन समिति द्वारा सन् 1986 में प्रमाणित किया गया था तथा अखिल भारतीय समन्वित अनुसंधान परियोजना (सब्जी फसल) द्वारा पूरे देश में उगाने की संस्तुति की गयी।

सी0ओ0–1 (CO-1)

इस किस्म को तमिलनाडु कृषि विश्वविद्यालय, कोयम्बटूर (तमिलनाडु) द्वारा हैदराबाद की किस्म रेड वण्डर की विषम संतति (heterozygous population) से एक पौध चयन (single plant selection) विधि द्वारा विकसित किया गया है। इसके पौधे 90.0–120.0 सेन्टी मीटर लम्बे तथा 5–8 शाखाओं वाले होते हैं। इसके पौधों के तने, पत्तियों के डण्ठल तथा मध्य शिरायें सामान्यतः लाल कत्थई रंग के होते हैं। पर्णवृन्त काफी लम्बे होते हैं और सामान्यतः कम रोयेंदार होते हैं। पत्तियाँ हल्के हरे रंग की, मध्यम आकार की तथा 5–7 भागों में विभक्त होती हैं। पहला फल 5वीं गाँठ पर लगता है और प्रत्येक पौधे पर 20 फल लगते हैं, जिनका औसत भार 300.0 ग्राम होता है। फल लम्बे, चिकने, मुलायम, चमकदार तथा 5 धारियों वाले होते हैं। फल गहरे लाल रंग के होते हैं, लेकिन पकने पर लाल रंग समाप्त हो जाता है। यह किस्म पीत शिरा विषाणु रोग के प्रति सहिष्णु है, लेकिन इस पर फल छेदक कीट तथा चुर्णिल आसिता (powdery mildew) बीमारी का काफी प्रकोप होता है। इसे केन्द्रीय किस्म अनुमोदन समिति द्वारा सन् 1978 में प्रमाणित किया गया था। यह किस्म तमिलनाडु में बरसात, ग्रीष्म तथा जाड़ा तीनों मौसम में उगाने के लिए उपयुक्त है।

एम0डी0य0–1 (MDU-1)

यह किस्म पूसा सावनी (Pusa Sawani) का ही इन्डूस्ड म्यूटेन्ट (induced mutant) है, जिसे तमिलनाडु कृषि विश्वविद्यालय, कोयम्बटूर (तमिलनाडु) द्वारा विकसित किया गया है (थण्डापानी एवं सहयोगी, 1978)। इसके पौधे लगभग 75 सेन्टी मीटर लम्बे होते हैं, जिस पर बहुत कम अन्तराल पर गाँठें विकसित होती हैं। प्रत्येक पौधे पर 13 गाँठें होती हैं। पहला फल 4–5वीं गाँठ से निकलता है और 48 दिन में पहली तुड़ाई की जाती है। फल हल्के हरे रंग के, मुलायम, लम्बे व चिकने होते हैं। प्रत्येक फल का वजन लगभग 15.0–20.0 ग्राम होता है और प्रत्येक फल में 45–50 बीज बनते हैं। इसके 1000 बीज का भार 63 ग्राम होता है। इस किस्म को केन्द्रीय किस्म अनुमोदन समिति द्वारा सन् 1985 में संस्तुति की गयी।

गुजरात भिण्डी–1 (Gujrat Bhindi-1)

इस किस्म को गुजरात कृषि विश्वविद्यालय गुजरात द्वारा वर्ष 1963 में भारतीय कृषि अनुसंधान संस्थान, नई दिल्ली द्वारा प्राप्त बल्क सीड (bulk seed) से विशुद्ध पँक्ति चयन विधि (pure line selection) द्वारा विकसित किया गया है। इसके पौधे बरसात में 90.0 सेन्टी मीटर ऊँचे होते हैं, जबकि ग्रीष्म ऋतु में इनकी ऊँचाई 60.0 सेन्टी मीटर तक होती है। पौधे सीधे बढ़ने वाले होते हैं, जिनके ऊपर बैगनी रंग का धब्बा होता है। पत्तियाँ चौड़ी व गहरे हरे रंग की होती हैं, जिनकी शिराओं पर बैगनी रंग के धब्बे होते हैं। इसमें बीज बुआई के 45 दिन बाद फूल आते हैं और पहली तुड़ाई 55–60 दिन बाद की जाती है। फल 4–5वें गाँठ से निकलते हैं। फल 14.0–15.0 सेन्टी मीटर लम्बे, 6.0–7.0 सेन्टी मीटर मोटाई लिए हुए, मुलायम व 5 धारी वाले होते हैं। इसकी औसत उपज 7.0 टन प्रति हेक्टेयर है।

सेलेक्सन–2 (Selection-2)

इस किस्म को (पूसा सावनी × वेस्ट–1) × (पूसा सावनी × आई0सी0–7194) के संकरण से डॉ0 हरभजन सिंह एवं सहयोगी द्वारा पौध उपस्थापन विभाग, भारतीय कृषि अनुसंधान संस्थान, नई दिल्ली से विकसित किया गया है। इसके पौधे 110.0 सेन्टी मीटर ऊँचे होते हैं और इसमें शाखाएँ नहीं आती हैं। फूलों का निचला हिस्सा बैगनी रंग का होता है। फल हरे, 5 धारियों वाले तथा मुलायम होते हैं और फल बुआई के 50 दिन बाद तुड़ाई योग्य हो जाते हैं। इसकी औसत उपज 11.0 टन प्रति हेक्टेयर है। इसे अखिल भारतीय समन्वित अनुसंधान परियोजना (सब्जी फसल) के अन्तर्गत भारत के मैदानी व पर्वतीय क्षेत्रों में उगाने की संस्तुति की गयी है। यह किस्म पीत शिरा विषाणु रोग (YVMV) के प्रति सहिष्णु थी, लेकिन आज कल यह सुग्राही हो गयी है।

हिसार उन्नत (Hisar Unnat)

इस किस्म का विकास चौधरी चरण सिंह हरियाणा कृषि विश्वविद्यालय, हिसार (हरियाणा) द्वारा सेलेक्शन–2–2 × परभनी क्रांति के संकरण से चयन कर किया गया है। इस किस्म को सुगमतापूर्वक वसन्त एवं वर्षाकाल में उगाया जा सकता है। पौधे मध्यम ऊँचे (100.0–110.0 सेन्टी मीटर), कम दूरी पर गाँठें तथा 3–4 शाखायुक्त होते हैं। पत्तियाँ हरी लेकिन कभी–कभी वर्णक युक्त हो जाती हैं। दलपुंज में अन्दर के किनारे पर रंग विकसित होता है। फल हरे, आकर्षक, 5 धारियों वाले तथा 15.0–16.0 सेन्टी मीटर लम्बे होते हैं। यह कम समय में तैयार होने वाली किस्म है, जिसमें बीज बुआई के 40–45 दिन बाद पहली बार फलियों की तुड़ाई की जा सकती है। औसत उपज 10.0 टन प्रति हेक्टेयर है। इसमें पीत शिरा विषाणु रोग का प्रकोप बिल्कुल नहीं होता है।

वर्षा उपहार (Varsha Uphar)

इस किस्म का विकास चौधरी चरण सिंह हरियाणा कृषि विश्वविद्यालय, हिसार (हरियाणा) द्वारा लाम सेलेक्शन–1–2 × परभनी क्रांति के संकरण से चयन कर किया गया है। इस किस्म को सुगमतापूर्वक वसन्त एवं वर्षाकाल में उगाया जा सकता है। पौधे मध्यम लम्बे (90.0–120.0 सेन्टी मीटर) सीधे, कम दूरी पर गाँठें तथा 2–3 शाखायुक्त होते हैं। पत्तियाँ 5 बार कटाव युक्त एवं रंगयुक्त

होती हैं। फल में 5 धारियाँ होती हैं। फल 18.0–20.0 सेन्टी मीटर लम्बा व फल का रंग गहरा हरा होता है। औसत उपज 10.0 टन प्रति हेक्टेयर है। यह किस्म पीत शिरा विषाणु रोग प्रतिरोधी है (धनकर एवं सहयोगी, 1997)। इसे अखिल भारतीय समन्वित अनुसंधान परियोजना (सब्जी फसल) के अन्तर्गत भारत के भौगोलिक क्षेत्र IV व VI क्षेत्र के लिए अनुमोदित किया गया है।

रेड वण्डर

इसके फल लाल होते हैं इसमें मोजैक रोग कम लगता है।

शकरपाली

यह आन्ध्र प्रदेश की एक प्रचलित किस्म है, जिसके फलों पर 5 धारियाँ होती है। फल लम्बे, हल्के हरे रंग के होते हैं।

वैशाली बधु

यह बिहार कृषि विभाग द्वारा सिफारिश की गई है। यह एक पिछेती किस्म है। इसके फलों पर 7 धारियाँ होती हैं।

रेड भिण्डी

यह किस्म दक्षिणी भारत में अधिक प्रचलित है।

संकर भिण्डी नं–6

यह एक संकर किस्म है, जिसे महाराष्ट्र हाइब्रिड सीड कम्पनी (MAHYCO) द्वारा विकसित किया गया है। यह बीज बुआई के 48–50 दिन में फल देने लगती है। फल चिकने, हरे रंग युक्त होते हैं। फल की लम्बाई 10.0–12.0 सेन्टी मीटर होती है। यह 5–6 धारियों वाले होते हैं। पीत शिरा मोजैक वाइरस (YVMV) के प्रति रोधक क्षमता रखती है। इसमें कम से कम 7 बार तुड़ाई की जा सकती हैं। प्रति हेक्टेयर औसत उपज 15.0–20.0 टन तक हो जाती है।

जलवायु

भिण्डी गर्मी की फसल है, इसके लिये धूप युक्त लम्बे दिन मान उपयुक्त रहते हैं। इसकी खेती समुद्रतल से 1825 मीटर की ऊँचाई तक के सभी भागों में की जा सकती है। इसे शीतकाल तथा गर्म जलवायु की आवश्यकता होती है। अधिक गर्मी तथा सूखे इलाकों में पौधों की बढ़वार कम होती है, लेकिन उपज अच्छी मिलती है। भिण्डी के पौधे पाला सहन नहीं कर सकते हैं। परीक्षण में पाया गया कि अधिक तापक्रम के साथ मिट्टी एवं हवा में अधिक नमी रहने से वानस्पतिक वृद्धि अधिक होती है। बीज का जमाव 17.0 डिग्री सेल्सियस से कम तापमान पर नहीं होता है। बीज जमाव के लिए उपयुक्त तापक्रम 25.0–35.0 डिग्री सेल्सियस है। 20.0 डिग्री सेल्सियस पर 17 दिन, 25.0 डिग्री सेल्सियस पर 13 दिन एवं 30.0 डिग्री सेल्सियस तापक्रम पर 7 दिन में बीज जमाव होता है (साइमोनस्मा, 1982)। यह पाला के प्रति संवेदनशील है। अगर थोड़े समय के लिए भी तापक्रम कम होता है, तो भिण्डी का पौधा प्रभावित हो जाता है। अगर तापमान 42.0 डिग्री सेल्सियस से उपर

है, तो फल का बनना बन्द हो जाता है और विकसित फल भी गिरने लगते हैं (चौहान, 1972)। तापमान के उतार–चढ़ाव से पौधों की वृद्धि एवं विकास पर प्रतिकूल प्रभाव पड़ता है। अधिकतम उपज प्राप्त करने के लिए औसत तापक्रम 30.0–35.0 डिग्री सेलिसियस होना चाहिए।

सारिणी (7.6) तापमान के उतार–चढ़ाव से भिण्डी के फल विकास का संबन्ध

तापमान (डिग्री सेल्सियस) औसत (रात+दिन) ± 3.0	फल लम्बाई वृद्धि (पुष्पन के दिन से) अधिकतम वृद्धि दर का समय	अधिकतम खाने योग्य फल का समय	तुड़ाई के दिन	अधिकतम फल लम्बाई के दिन
17.0	12–15	12–9	12–15	19
19.7	9–12	10–15	10–12	15
22.5	6–9	7–13	7–9	13
25.3	5–7	6–10	6–7	10
28.1	4–6	5–8	5–6	8

स्रोतः सिंह एवं सिंह, 2010

भूमि और भूमि की तैयारी

भिण्डी की खेती किसी भी प्रकार की मिट्टी में की जा सकती है, लेकिन जीवांशयुक्त भुरभूरी और उपजाऊ भूमि सबसे अच्छी होती है। इसके लिये बलुई दोमट मिट्टी सबसे उत्तम है। भूमि से जल के निकास का उत्तम प्रबन्ध होना अति आवश्यक है। भिण्डी कुछ हद तक अम्लीय भूमि में उगने की क्षमता रखती है। इके लिए औसत पी0एच0 मान 6.0–6.8 होनी चाहिए। भिण्डी की खेती 6 एम म्होस/सेन्टी मीटर ई0सी0 (6m mhos/cm EC) में की जा सकती है (मलिक एवं सहयोगी, 1981)। खेत की पहले 3–4 बार गहरी जुताई की जाती है तथा प्रत्येक जुताई के बाद पाटा लगाना जरुरी होता है, जिससे कि खेत समतल हो जाये एवं मिट्टी भुरभुरी हो जाये। इसके बाद क्यारियाँ तथा सिंचाई की नालियाँ बना ली जाती है।

बुआई का समय

भिण्डी की फसल पर तापक्रम एवं पाले का प्रभाव पड़ता है। अतः उत्तरी भारत के राज्यों जैसे पंजाब, दिल्ली, राजस्थान, उत्तर प्रदेश तथा मध्य प्रदेश में इसकी बुआई साल में 2 बार वसन्त–ऋतु (फरवरी–मार्च) एवं वर्षा–ऋतु (जून–जुलाई) में की जाती है। भारत के पश्चिमी राज्यों जैसे महाराष्ट्र, गुजरात में इसकी बुआई 3 बार, गर्मी की फसल (मार्च–अप्रैल), खरीफ की फसल (जुलाई) तथा रबी की फसल (मार्च–अप्रैल) की जाती है। दक्षिण भारत के राज्यों जैसे तमिलनाडु, केरल, आन्ध्र प्रदेश व कर्नाटक में ठण्डक न पड़ने व सिंचाई की सुविधा होने पर भिण्डी की एक के बाद एक फसल की बुआई पूरे वर्ष की जा सकती है, लेकिन मुख्य फसल की बुआई जून और नवम्बर में की जाती है। पहाड़ी इलाकों में भिण्डी की बुआई अप्रैल से मई तक की जाती है।

सारिणी (7.7) मौसम के अनुसार भिण्डी की कतार से कतार व पौध से पौध की दूरी

मौसम	दूरी (सेन्टी मीटर) में)	
	कतार	पौध
ग्रीष्मकालीन फसल (अगेती)	30	20
ग्रीष्मकालीन फसल (सामान्य)	45	30
वर्षाकालीन फसल	60	30

बीज की मात्रा

भिण्डी के बीज की मात्रा मौसम व भूमि की दशा पर निर्भर करती है। सामान्यतः गर्मी (वसन्त–ऋतु) में बोई जाने वाली फसल के लिए 20.0–25.0 किलो ग्राम तथा वर्षाकालीन फसल के लिए 8.0–10.0 किलो ग्राम प्रति हेक्टेयर बीज की आवश्यकता होती है। अगर सामान्य से कम तापक्रम हो, तो बीज दर बढ़ा देना चाहिए। अच्छा होगा बीज बुआई के पूर्व हल्के गर्म पानी में 24 घण्टे तक बीज को भिंगोकर रखना चाहिए। ऐसा करने पर बीज का जमाव प्रतिशत बढ़ जाता है।

बुआई की विधि

भिण्डी की बीजाई आमतौर पर दो प्रकार से की जाती है–

1. छिटकवा विधि

इसमें विधि में भिण्डी के बीज को अच्छी प्रकार तैयार किये खेत में छिटक कर बुआई की जाती है। उत्तर भारत के मैदानी भागों में इस विधि से बुआई ग्रीष्मकालीन फसल के लिए की जाती है, लेकिन यह विधि उत्तम नहीं है,क्योंकि इसमें अन्तः कृषि–क्रियाओं के सम्पादन में कठिनाई होती है।

2. कतारों में

(क) समतल क्यारियों में

भिण्डी की बुआई तैयार खेत में कतारें बनाकर की जाती हैं। अच्छी प्रकार तैयार खेत में कतार से कतार की दूरी 30.0 सेन्टी मीटर तथा पौध से पौध की दूरी 13.0–15.0 सेन्टी मीटर रखते हैं। क्यारियाँ बनाते समय ही नालियाँ बना ली जाती हैं। मौसम एवं मृदा संरचना के आधार पर इन क्यारियों की लम्बाई–चौड़ाई सुविधानुसार रखते हैं। यह एक उत्तम विधि है तथा इसमें कृषि–क्रियाएँ सुगमता से की जा सकती हैं। वर्षाकालीन फसल में पौधों की वानस्पतिक वृद्धि ज्यादा होती है। अतः कतार से कतार की दूरी 60.0 सेन्टी मीटर तथा पौध से पौध की दूरी 45.0 सेन्टी मीटर रखते हैं।

(ख) मेड़ों पर

वसन्त कालीन भिण्डी की फसल मेड़ें बनाकर की जाती हैं। इस विधि में 45.0 सेन्टी मीटर की दूरी पर मेड़ें बना ली जाती है तथा इस पर 30.0 सेन्टी मीटर दूरी पर बीज की बुआई करते हैं। ध्यान रहे कि मेड़ों की दिशा पूर्व–पश्चिम हो। यह विधि बरसात के मौसम वाली फसल के लिए अधिक उपयोगी होती है, क्योंकि भिण्डी की जड़ों में पानी लग जाने पर पौधे सूख जाते हैं।

पोषक तत्व प्रबंधन

भिण्डी की अच्छी फसल लेने के लिए यावलकर एवं साथियों (1962) ने सिफारिश की है कि भिण्डी के खेत में गोबर की अच्छी सड़ी खाद 20.0 टन प्रति हेक्टेयर की दर से खेत में अंतिम जुताई के समय मिला देना चाहिए। इसके अतिरिक्त 40.0 किलो ग्राम नत्रजन, 40.0 किलो ग्राम फास्फोरस तथा 20.0 किलो ग्राम पोटाश प्रति हेक्टेयर की दर से प्रयोग करना चाहिए। इसमें नत्रजन की आधी मात्रा तथा फास्फोरस एवं पोटाश की पूरी मात्रा बीज बुआई के पहले तथा नत्रजन की शेष मात्रा खड़ी फसल में प्रयोग करना चाहिए। नन्दपुरी एवं सिंह (1967) ने पंजाब प्रान्त के लिए 150.0–170.0 किलो ग्राम अमोनियम सल्फेट + 150.0 किलो ग्राम सुपर फास्फेट, 50.0 किलो ग्राम पोटेशियम सल्फेट प्रति हेक्टेयर के अतिरिक्त 15.0–20.0 टन प्रति हेक्टेयर गोबर की अच्छी प्रकार सड़ी खाद खेत में डालने की अनुमोदन की है। चौधरी (1967) के अनुसार भिण्डी के खेत की तैयारी करते समय लगभग 30.0 टन प्रति हेक्टेयर गोबर की अच्छी सड़ी खाद भूमि में मिलाना चाहिए तथा 350.0 किलो ग्राम सुपरफास्फेट, 125.0 किलो ग्राम म्यूरेट ऑफ पोटाश और 300.0 किलो ग्राम अमोनियम सल्फेट प्रति हेक्टेयर की दर से बीज बुआई के पहले खेत में डालने से अधिक उपज मिलती है। इसके अलावा 300.0 किलो ग्राम प्रति हेक्टेयर अमोनियम सल्फेट का बीज बुआई के एक माह बाद, खड़ी फसल में छिड़काव करना चाहिए। चौ0 चरण सिंह हरियाणा कृषि विश्वविद्यालय, हिसार (हरियाणा) द्वारा अनुमोदन की गई है कि भिण्डी की अच्छी फसल लेने के लिए खेत की तैयारी के समय 25.0 टन प्रति हेक्टेयर गोबर की अच्छी सड़ी खाद भूमि में मिलाना चाहिए तथा इसके अतिरिक्त 100.0 किलो ग्राम नत्रजन, 50.0 किलो ग्राम फास्फोरस व 50.0 किलो ग्राम पोटाश प्रति हेक्टेयर की दर से प्रयोग करना चाहिए। फास्फोरस, पोटाश की पूरी मात्रा एवं नत्रजन की आधी मात्रा बीज बुआई के पहले खेत में डालना चाहिए एवं नत्रजन की बची हुई शेष मात्रा को लगभग 30 दिन बाद खड़ी फसल में प्रयोग करना चाहिए (गुप्ता एवं राव, 1979)।

सारिणी (7.8) भारतवर्ष के विभिन्न प्रांतो में भिण्डी हेतु संस्तुत उर्वरकों की मात्रा एवं दूरी

प्रान्त	दूरी (सेन्टी मीटर)	पोषक तत्व (किलो ग्राम/हेक्टेयर)			गोबर की खाद (टन/ हेक्टेयर)
		नत्रजन	फास्फोरस	पोटाश	
आंध्र प्रदेश	40.0X20.0	100.0	50.0	50.0	20.30
अरूणाचल प्रदेश	–	120.0	70.0	60.0	20.0
आसाम	45.0X30.0	50.0	50.0	50.0	10.0
बिहार	–	140.0	64.0	75.0	15.0
गुजरात	45.0X30.0	60.0	30.0	–	10.15
हरियाणा	30.60X20.30	100.0	50.0	25.0	25.0
हिमाचल प्रदेश	45.0X15.0	75.0	50.0	50.0	–
जम्मू एवं कश्मीर (ग्रीष्म कालीन फसल)	45.0X25.0	100.0	60.0	50.0	20.0

	60.0 X 30.0	80.0	60.0	60.0	20.0
(वर्षा कालीन फसल)					
कर्नाटक	60.0X30.0	125.0	75.0	62.0	25.0
केरल	60.0X30.0	50.0	8.0	30.0	12.0
मध्य प्रदेश	20.0X15.0	80.0	60.0	60.0	10.0
महाराष्ट्र	75.0X30.0	100.0	50.0	50.0	50.0
ओडिशा	45.60X30.0	112.0	60.0	90.0	–
पंजाब	45.60 X 25.30	90.0	0.0	0.0	25.0
राजस्थान	60.0X45.0	60.0	32.0	30.0	15.0
तमिलनाडु	60.0X20.0	80.0	50.0	30.0	25.0
उत्तर प्रदेश	45.0X30.0	100.0	60.0	60.0	20.0
पश्चिम बंगाल	30.60X30.0	50.0	25.0	25.0	15.0

सिंचाई जल प्रबन्धन

भिण्डी की बुआई उपयुक्त नमी की अवस्था में ही करना चाहिए। बीज बुआई के बाद अगर नमी के कारण बीज का जमाव अच्छी प्रकार से न हो तब उस समय एक हल्की सिंचाई कर देनी चाहिए। वसन्त कालीन फसल में पहली सिंचाई प्रथम सत्य पत्ती एवं वर्षाकालीन फसल में प्रथम सत्य पत्ती फैलने की अवस्था में करना चाहिए। गर्मी के मौसम में सिंचाई 4–5 दिन के अन्तराल पर करते रहना चाहिए या 60 सी0पी0ई0 (CPE) की स्थिति में करना चाहिए (शर्मा, 1970, पाण्डेय एवं सिंह, 1970)। वर्षाकालीन फसल में अगर ज्यादा समय तक सूखा पड़े तो पुष्पन एवं फल लगने के समय सिंचाई अवश्य करना चाहिए। भिण्डी में पुष्पन एवं फल विकास क्रान्तिक अवस्था है। अगर इस दशा में सिंचाई नहीं की जाती है तो 70.0 प्रतिशत कम उपज एवं घटिया गुणवत्ता के फल मिलते हैं। वर्षाकाल में भिण्डी के खेत से पानी निकालते रहना चाहिए अन्यथा जल जमाव की स्थिति में पौधे पीले पड़ने लगते हैं।

निकाई–गुड़ाई

भिण्डी के खेत में समय–समय पर निकाई–गुड़ाई कर खरपतवार निकालते रहना चाहिए। इन खरपतवारों को खुरपी या कुदाली की सहायता से बाहर निकालना चाहिए तथा साथ ही फसल की प्रारम्भिक अवस्था में 2–3 बार गुड़ाई कर मिट्टी चढ़ा देना चाहिए। इससे मिट्टी भुरभुरी हो जाती है तथा भूमि में हवा का प्रवेश हो जाता है, जो पौधो की बढ़वार में सहायक होता है। आधुनिक अनुसंधानों से यह पता चला है कि भिण्डी की फसल में टोक ई0–25 या बासालीन (Basalin) 45 ई0सी0 खरपतवारनाशक दवाओं का प्रयोग, 1.5–2.0 लीटर प्रति हेक्टेयर के हिसाब से करने पर खरपतवार समाप्त हो जाते हैं। खरपतवारनाशी दवा का छिड़काव सावधानीपूर्वक करना आवश्यक होता है क्योंकि ये दवायें जहरीली होती हैं। टोक–ई–25 का छिड़काव बीज बुआई के बाद तथा बीज उगने के पहले जब भूमि में नमी हो उसी समय करना चाहिए। बासालीन (Basalin) 45 ई0सी0 दवा का प्रयोग बुआई के पहले खेत में छिटककर मिट्टी में मिला दी जाती है।

फलियों की तुड़ाई

भिण्डी की फलियाँ पुष्पन के लगभग एक सप्ताह बाद तुड़ाई के योग्य हो जाती हैं। कच्ची, हरी व मुलायम फलियों की ही तुड़ाई करनी चाहिए। ऐसी फलियों का बाजार में मूल्य ज्यादा मिलता है और इन्हें लोग अधिक पसन्द करते हैं। इसलिए फलियों की तुड़ाई 3–5 दिन के अन्तर पर करना आवश्यक होता है। अधिक दिन की फलियाँ हो जाने पर वे कड़ी हो जाती है और सब्जी के योग्य नहीं रहती है तथा बाजार में उचित मूल्य नहीं मिलता है। शोध कार्यो से यह भी पता चला है कि अगर फलियाँ जल्दी–जल्दी तोड़ी जाती है तब पौधों पर फलियाँ अधिक लगती है तथा उपज में वृद्धि होती है। परीक्षण में पाया गया है कि कुछ किस्में पुष्पन के 5–6 दिन बाद 16.0 सेन्टी मीटर के आकार तक वृद्धि करती हैं। अधिकांश किस्मों में पुष्पन के 10–12 दिनों बाद फलियों में रेशे बनने लगते हैं। भिण्डी की फलियों पर हल्के रोयें होते हैं, जो तुड़ाई के समय हाथ एवं शरीर में खुजली उत्पन्न करते हैं। अतः तुड़ाई करते समय दस्ताने का उपयोग करना चाहिए।

उपज

भिण्डी की उपज मौसम, किस्म, भूमि, फलियों की तुड़ाई तथा अन्य कृषि क्रियाओं पर निर्भर करता है। फलियाँ की औसत पैदावार गर्मी के मौसम में लगभग 6.0–7.5 टन प्रति हेक्टेयर तथा बरसात वाली फसल से लगभग 10.0 टन प्रति हेक्टेयर होती है।

तुड़ाई उपरान्त प्रबंधन

भण्डारण करने के लिए खेत से तोड़ी गयी फलियों को तुरन्त ठण्डे एवं छायादार स्थान पर रखना चाहिए। श्रेणीकरण के बाद फलियों को आकार के अनुसार पैकिंग की जाती है। प्रसंस्करण उद्योग एवं ताजे फलों की विक्रय के लिए भिण्डी का आकार 6.0–8.0 सेन्टी मीटर होना चाहिए। स्थानीय बाजार में 10.0–15.0 सेन्टी मीटर लम्बी फलियों को बेचा जा सकता है। सामान्यतः 7.0–10.0 डिग्री सेल्सियस तापक्रम एवं 90–95 प्रतिशत सापेक्ष आर्द्रता पर शीतगृह में 7–10 दिनों तक भण्डारित किया जा सकता है। इस प्रक्रिया से भण्डारित करने से भिण्डी का रंग, संरचना एवं भार में कोई कमी नहीं आती है।

पौध संरक्षण

हानिनकारक कीड़े एवं उनका प्रबनधन

भिण्डी की फसल को अधिक हानि पहुँचाने वाल कीड़े निम्न है–

हरा फुदका (Jassid)

यह छोटे आकार का हरे रंग का कीट (*Amrasca biggutula biggutula*) है, जिसके शिशु और वयस्क दोनों पत्तियों एवं मुलायम भागों से रस चुसते हैं, जिससे पत्तियाँ पीली पड़कर ऊपर की ओर मुड़ जाती हैं तथा किनारे पर झुलस जाती हैं। अन्त में पत्तियाँ सूख जाती हैं। ज्यादा प्रकोप की स्थिति में निस्पत्रण हो जाता है।

प्रबंधन

1. इस कीट की रोकथाम के लिये फसल की प्रारम्भिक अवस्था से ही 0.15 प्रतिशत मैलाथियान या मेटासिस्टाक्स दवा के घोल का छिड़काव करना चाहिए।
2. कार्बेरिल (सेविन डब्ल्यू0पी0) का 10 दिन के अन्तराल पर 2–3 छिड़काव करने से कीट का प्रभावी नियंत्रण होता है। बीज को गाउचो (2.5–3.0 ग्राम / किलो ग्राम बीज) उपचारित करके बुआई करने से कीट का प्रकोप 40–45 दिनों तक नहीं होती है।
3. कानफिडोर का 0.3 मिली लीटर प्रति लीटर पानी में घोल बनाकर फसल में छिड़कने से इस कीट का प्रकोप नहीं होता है।
4. सामान्यतः 4 प्रतिशत नीम की गिरी व 0.5 मिली लीटर इण्डोट्रान (चिपकने वाला पदार्थ) प्रति लीटर पानी के साथ मिलाकर छिड़कने से फुदका कीट का प्रकोप कम हो जाता है।

भिण्डी का लाल मकड़ी (Red spider mite)

भिण्डी का लाल कीट (*Tetranychus cinnabarinus, Tetranychus neocaledonicus* and *Tetranychus urticae*) गर्म व शुष्क वातावरण में फसल से रस चुसकर ज्यादा नुकसान पहुँचाता है। शिशु तथा प्रौढ़ पत्तियों के निचली सतह पर सिल्कनुमा जालदार संरचना से ढकें रहते हैं। इनके रस चूसने से पत्तियों की उपरी सतह पर पीली चित्तियाँ उभर आती हैं और धीरे–धीरे पत्तियाँ लाल होकर सूख जाती हैं।

प्रबंधन

1. इसके नियंत्रण के लिए खेत में गर्मी के मौसम में हमेशा नमी बनाये रखना चाहिए।
2. कर्नल एस0 (डाइकोफाल 18.5 ई0सी0) का 2.5 मिली लीटर प्रति लीटर पानी में घोल बनाकर छिड़काव करना चाहिए।
3. क्वीनालफास 30 ई0सी0 का 1.0 मिली लीटर प्रति लीटर पानी में घोल बनाकर छिड़काव करने से लाल मकड़ी (रेड माइट) का नियंत्रण किया जा सकता है।
4. अगर पत्तियों को पानी के उच्च दबाव से धुलाई की जाये, तो लाल मकड़ी (रेड माइट) स्वतः पौधे से नीचे गिरकर मर जाती हैं।

तना तथा फल छेदक सूंडी (Spotted bollworm)

इस कीट की सुण्डियॉ इरियास वेटेल्ला (*Earias vittella*), जो भूरे एवं काले चित्तीदार होते हैं, तने तथा फलों के अन्दर छेद कर नुकसान करते हैं, जिससे टहनियाँ सूख जाती है तथा पौधे की बढ़वार रुक जाती है। प्रभावित फल सड़ जाते हैं एवं खाने योग्य नहीं होते हैं।

प्रबंधन

- इस कीट की रोकथाम के लिए मुरझायी हुई शाखाओं तथा ग्रसित फलों को एकत्रित करके नष्ट कर देना चाहिए।

- फलों की मुलायम अवस्था में जल्दी–जल्दी तुड़ाई करना चाहिए।
- जहाँ पर कपास की खेती की जा रही हो, उसके आस–पास भिण्डी की खेती नहीं करना चाहिए।
- फसल पर सेविन/हेक्साविन 50 डब्ल्यू0पी0 (कारबेरिल) की 1.25 किलो ग्राम मात्रा प्रति हेक्टेयर या थायोडान 35 ई0सी0 (इण्डोसल्फान) की 875 मिली लीटर प्रति हेक्टेयर या सुमिसीडिन 20 ई0सी0 (फेनवेनरेट) की 250 मिली लीटर मात्रा प्रति हेक्टेयर या कानफिडोर की 0.5 ग्राम मात्रा प्रति लीटर पानी में घोलकर छिड़काव करना चाहिए। उपरोक्त रसायनों का प्रयोग फसल की प्रारम्भिक अवस्था से ही प्रारम्भ करना चाहिए।
- सामान्यतः 4 प्रतिशत नीम की गिरी व 1.0 मिली लीटर प्रति लीटर इण्डोसल्फान पानी के साथ मिलाकर फूल लगते समय छिड़काव करना चाहिए।
- ट्राइकोग्रामा 50,000 अण्डा परजीवी फल लगते समय साप्ताहिक अन्तराल पर खेत में छोड़ने से फल बेधक कीट का प्रकोप कम पाया जाता है। रासायनिक दवाओं के उपयोग के साथ अण्डा परजीवी कीटों को खेत में नहीं छोड़ना चाहिए।
- साइपरमेथ्रीरीन 10 ई0सी0 का 0.5 मिली लीटर प्रति लीटर पानी में घोल बनाकर छिड़काव करने से इस कीट का नियंत्रण सम्भव है।

पत्ती काटने वाला कीट (Leaf eating catterlillar)

भिण्डी में इस कीट का प्रकोप दिन–प्रतिदिन ज्यादा बढ़ता जा रहा है। सामान्यतः कीड़े की सुंड़ियाँ पत्ती के दोनों सतहों पर पायी जाती है, लेकिन छोटी सूँड़ी पत्तियों की निचली सतह पर व बड़ी सूँड़ी उपरी सतह पर रहकर पत्तियों में छेद करती हैं।

प्रबंधन

साइपरमेथ्रिन 0.5 मिली लीटर या पालीट्रिन–सी नामक दवा 0.7 मिली लीटर प्रति लीटर पानी में मिलाकर (वर्षा कालीन भिण्डी फसल में स्टिकर टीपोल 0.5 मिली लीटर) मिलाकर 15 दिनों के अन्तराल पर 2–3 बार छिड़काव करना चाहिए।

सफेद मक्खी (White fly)

सफेद मक्खी (*Bemisia tabaci*) एक ऐसी कीट है, जो फसल से रस चुसकर नुकसान पहुँचाती है तथा शहदयुक्त तरल पदार्थ बाहर निकालती है, जिससे शूटी मोल्ड (shooty mould) विकसित होता है। इस कीट के माध्यम से पीत शिरा विषाणु रोग का संचरण होता है। कीट का सबसे ज्यादा प्रकोप शुष्क मौसम में होता है।

प्रबंधन

1. नियंत्रण के लिए मेटा सिस्टाक्स की 25 ई0सी0 या रोगार की 30 ई0सी0 की 750 मिली लीटर मात्रा प्रति हेक्टेयर की दर से छिड़काव करना चाहिए।

2. कानफिडोर की 0.5 ग्राम मात्रा प्रति लीटर पानी में घोलकर फसल पर छिड़काव करना चाहिए।
3. बीज फसल के लिए फ्यूराडान (कार्बोफ्यूरान) की 1.5 किलो ग्राम सक्रिय तत्व बीज बुआई के समय खेत में प्रयोग करना चाहिए।

प्रमुख रोग एवं उनका प्रबंधन

पीत शिरामोजेक विषाणु रोग (Yellow Vein Mosaic Virus or YVMV)

यह रोग विषाणु से होता है, जो सफेद मक्खी (*Bemisia tabaci*) नामक कीट से फैलता है। इसके प्रकोप से पत्तियों की नसें मोटी, पीली और विकृत हो जाती है। कभी–कभी उग्र रुप धारण करने पर पत्तियाँ एवं फल भी पीले पड़ जाते हैं। पैदावार बहुत कम हो जाती है।

प्रबंधन

1. फसल की प्रारम्भिक अवस्था में, जब पौधों की पत्तियों पर इस रोग का प्रकोप दिखाई दें, ग्रसित पौधों को उखाड़ कर जला देना चाहिए।
2. रोग अवरोधी किस्मों का प्रयोग करना चाहिए।
3. बीज को इमिडाक्लोप्रिड (2.5 ग्राम प्रति किलो ग्राम बीज) से शोधित करके लगाना चाहिए।
4. फसल की प्रारम्भिक अवस्था से ही कीटनाशक दवाओं जैसे–0.15 प्रतिशत थायोडान या मैलाथियान के घोल का छिड़काव करना चाहिए, जिससे इन कीड़ों का आक्रमण फसल पर न हो। छिड़काव बराबर 10 दिन के अन्तर पर करते रहना चाहिए।
5. मेटासिस्टाक्स 1.5 मिली लीटर प्रति लीटर पानी में घोलकर 15 दिन के अन्तराल पर 3 बार छिड़काव करना चाहिए।

भिण्डी का पत्ती मरोड़ एवं डण्ठल का लम्बा होना (Okra Enation Leaf Curl Virus)

इस रोग में पत्ती का डण्ठल अंग्रेजी के एस (S) आकार की हो जाती है। पत्ती की नसों में मोटी–मोटी गाँठें उभार लिये हुए बन जाती हैं। इसके प्रकोप से ग्रसित पत्ती को सूर्य के प्रकाश में देखने पर नसों के बीच मोटी हरे रंग की गाँठें स्पष्ट दिखाई पड़ती हैं। इसकी पत्ती कुछ मोटी व मोमी हो जाती हैं। इससे प्रभावित पौधे सामान्य से कुछ ज्यादा ही हरे दिखाई देते हैं एवं पौधों में फूल नहीं आते हैं। यदि फूल आ भी जाते हैं और फली बन जाती है, तो भी उसमें बीज नहीं बनता है। इस रोग की रोकथाम के लिए विषाणु फैलाने वाले वाहक सफेद मक्खी के नियंत्रण हेतु निम्नलिखित प्रबंध करना चाहिए।

प्रबंधन

1. नियंत्रण के लिए मेटासिस्टाक्स की 25 ई0सी0 या रोगार की 30 ई0सी0 की 750 मिली लीटर मात्रा प्रति हेक्टेयर की दर से छिड़काव करना चाहिए।

2. कानफिडोर की 0.5 ग्राम मात्रा प्रति लीटर पानी में घोलकर फसल पर छिड़काव करना चाहिए।
3. बीज फसल के लिए फ्यूराडान (कार्बोफ्यूरान) की 1.5 किलो ग्राम सक्रिय तत्व (a.i.) बीज बुआई के समय खेत में प्रयोग करना चाहिए।

सूखा व जड़ गलन (Dry and root rot)

यह जमीन में उपस्थित फफूँद (*Fusarium oxysporum* f. sp. *vasinfectum*) से फैलता है। फसल किसी भी अवस्था में प्रभावित हो सकती है। इस बीमारी में रोगी पौधों की जड़ों से पोषक तत्व व पानी का शोषण बन्द हो जाता है, परिणामतः बढ़वार रुक जाती है और बाद में पौधे पीले पड़ जाते हैं। ज्यादा प्रकोप होने की अवस्था में पौधे सूखने लगते हैं।

प्रबंधन

1. ग्रसित पौधों को उखाड़कर खेत से बाहर निकाल देना चाहिए।
2. बीज का उपचार ब्रासिकोल/कार्बेण्डाजीम/मैंकोजेब की 2.5 ग्राम प्रति किलो ग्राम बीज की दर से करना चाहिए।
3. अच्छा होगा फसल लगने वाली मिट्टी का शोधन कापर आक्सीक्लोराइड की 3.0 ग्राम मात्रा प्रति लीटर पानी में डालकर भिंगो दें।

चूर्णिल आसिता (Powdery mildew)

यह रोग इरीसाइफी चिकोरेसिएरम (*Erysiphe cichoracearum*) फफूँद द्वारा फैलता है। इस रोग में पत्तियों पर सफेद चूर्ण जमा हो जाता है, जो बाद में गहरे भूरे रंग का हो जाता है। संक्रमित पत्तियाँ पहले पीली पड़ जाती है और बाद में सिकुड़कर सूख जाती हैं। यह सूखे मौसम व कम तापक्रम होने पर तेजी से फैलता है।

प्रबंधन

इसकी रोकथाम के लिए गन्धक का घोल 2.5 किलो ग्राम प्रति हेक्टेयर की दर से या मौरोसाइड दवा 1.0 लीटर प्रति 625 लीटर पानी में घोल कर छिड़कनी चाहिए। छिड़काव लगभग 10 दिन पर फिर दोहराना चाहिए।

पत्ती धब्बा (Lea spot)

भिण्डी में पत्ती धब्बा बीमारी सर्कोस्पोरा एबलमोसी (*Cercospora ablelmoschi*) और सर्कोस्पोरा मालायंसिसि (*Cercospora malayensisi*) नामक रोग जनक से होता है। सर्कोस्पोरा एबलमोसी (*Cercospora ablelmoschi*) सामान्यतः छोटे भूरे रंग के धब्बा बनाता है, जो बाद में अनियमित व काले रंग का हो जाता है। सर्कोस्पोरा एबलमोसी (*Cercospora ablelmoschi*) नामक रोगजनक भूरा, अनियमित धब्बा पत्तियों की दोनों सतहों पर विकसित करता है। अधिक संक्रमण की अवस्था में दोनों रोग जनकों के कारण पौधे से निष्पत्रण हो जाता है।

प्रबंधन

1. नियंत्रण के लिए फसल पर बावस्टिन की 500.0 ग्राम मात्रा प्रति हेक्टेयर की दर से छिड़काव करना चाहिए।
2. कॉपर आक्सीक्लोराइड की 0.3 प्रतिशत का छिड़काव करने से फसल को रोग मुक्त किया जा सकता है।
3. डाइथेन एम0–45 या डाइथेन जेड0–78 की 0.2 प्रतिशत के छिड़काव से फसल को संक्रमण से बचाया जा सकता है।

जीवाणु पत्ती धब्बा रोग (Bacterial leaf spot)

भिण्डी में जीवाणु पत्ती धब्बा रोग जैन्थोमोनास कम्पेस्ट्रिस (*Xanthomonas campestris*) नामक जीवाणु के कारण होता है। बनने वाले धब्बे बाद में भूरे रंग के हो जाते हैं तथा पत्तियों के किनारे एक क्रम में दिखाई देते हैं। पूर्ण विकसित धब्बा कोणीय एवं अनियमित आकार का हो जाता है। इस रोग का कोई प्रभावी नियंत्रण नहीं है।

वर्टिसिलियम उकठा (*Verticillium* wilt)

भिण्डी में वर्टिसिलियम उकठा वर्टिसिलियम अल्बोएट्रम (*Verticillium alboatrum*) नामक रोग जनक के कारण होता है। इसमें पौधों की पत्तियाँ पीली पड़ जाती है, जो बाद में जली हुई संरचना में बदल जाती है। फलतः पौधा उकठ जाता है।

प्रबंधन

वर्टिसिलियम उकठा बीमारी का नियंत्रण सम्भव नहीं है, लेकिन उकठा रोग जनित खेत में भिण्डी की बुआई नहीं करनी चाहिए। संक्रमित पौधों को उखाड़कर जला देना चाहिए।

सूत्रकृमि (Nematode)

भिण्डी में मेलोयडोगाइन जवानिका (*Meloidogyne javanica*) और मेलोयडोगाइन इनकाग्निटा (*Meloidogyne incognita*) सूत्रकृमि के कारण पौधों की द्वितीयक एवं सहयोगी जड़ों में गाँठें विकसित होती हैं। जिससे 28–90 प्रतिशत तक का नुकसान होता है (भट्टी एवं जैन, 1977 तथ पर्वथा एवं सिंह, 1981)। गाँठों के कारण पौधे पोषक तत्वों का अवशोषण नहीं कर पाते हैं। परिणामतः पौधे कमजोर, बीमार व बौने हो जाते हैं।

प्रबन्धन

1. ग्रीष्म काल में खेत की गहरी जुताई करनी चाहिए।
2. सूत्रकृमि प्रतिरोधी किस्मों को उगाना चाहिए।
3. खेत में 2–10 सेन्टी मीटर की गहराई तक मिथाईल ब्रोमाइड का प्रयोग करना चाहिए।

4. सूत्रकृमि नाशक रसायन जैसे – टेलोन II (100–130 लीटर प्रति हेक्टेयर), टेलोन सी–17 (118–188 लीटर प्रति हेक्टेयर) तथा टेलोन सी–35 (142–222.5 लीटर प्रति हेक्टेयर) का प्रयोग करना चाहिए।
5. भिण्डी बुआई के 10 दिन पूर्व नीम की खली तथा नीम के बीज का पाउडर प्रयोग करे (अबिड एवं सहयोगी, 1995)।

❑❑❑

अध्याय 8

कद्दू वर्गीय सब्जियाँ

Cucurbitaceous Vegetables

सब्जी परिवार में कद्दू वर्गीय सब्जियाँ कुल कुकुरबिटेसी (Cucurbitaceae) के अंतर्गत आती हैं। विश्व में इस कुल के 118 वंशों (genera) और लगभग 825 किस्मयों (species) में से काफी बड़ी संख्या का उपयोग आहार के रूप में किया जाा है (सिंह एवं जोशी, 1993)। भारत वर्ष में 34 वंश और 108 किस्मयाँ उपलब्ध हैं। भारतवर्ष में कद्दू वर्गीय सब्जियों में अनुवांशिक विविधता बहुत ज्यादा है, जिन्हें शीतोष्ण जलवायु से लेकर उपोष्ण एवं उष्ण जलवायु में देखा जा सकता है। इसमें कुछ सब्जियाँ ऐसी हैं, जो बहुवर्षीय प्रकृति (चो–चो, कुन्दरू, परवल) की हैं जबकि ज्यादातर एक वर्षीय (खीरा, ककड़ी, खरबूजा, तरबूज, कुम्हड़, लौकी, नसदार तोरी, चिकनी तोरी, करेला, टिण्डा) हैं। इस वर्ग के अन्तर्गत आने वाली सब्जियाँ कच्चे सलाद के रूप में (खीरा, ककड़ी), पके फल के रूप में (खरबूजा, तरबूज), सब्जी के रूप में (कुम्हड़, लौकी, नसदार तोरी, चिकनी तोरी, करेला, टिण्डा), मिठाई/संरक्षित पदार्थ बनाने के रूप में (पेठा, परवल) उपयोग में लाया जाता है। ग्रीष्म काल में कद्दू वर्गीय सब्जियाँ सबसे ज्यादा बाजार में उपलब्ध रहती हैं। इस समुदाय की सब्जियों का विस्तृत क्षेत्र नदियों के किनारे ग्रीष्म कालीन फसल के रूप में देखा जा सकता है।

सारिणी (8.1) कद्दू वर्गीय सब्जियों के सामान्य नाम, वानस्पतिक नाम एवं गुण सूत्र संख्या

सामान्य नाम	वानस्पतिक नाम	गुणसूत्र संख्या
खीरा (Cucumber)	कुकुमिस सैटाइवस (*Cucumis sativus* L.)	14
खरबूजा (Muskmelon)	कुकुमिस मेलो (*Cucumis melo* L.)	24
ककड़ी (Long melon)	कुकुमिस मेलो वार० यूटीलिसिमस (*Cucumis melo* var. *utilissimus*)	24
फूट (Snap melon)	कुकुमिस मेलो वार० मोमार्डिका (*Cucumis melo* var. *momordica*)	24
सेंद (Mango melon)	कुकुमिस मेलो वार० कल्टस (*Cucumis melo* var. *cultus*)	–
तरबूज (Water melon)	सिट्रलस लैनटस (*Citrullus lanatus* Thunb.)	22
लौकी (Bottle gourd)	लेजिनेरिया साइसेरेरिया (*Lagenaria siceraria Mol. Standl.*)	22
करेला (Bitter gourd)	मोमोर्डिका करंशिया (*Momordica charantia* L.)	22
ककरोल (Sweet gourd)	मोमोर्डिका कोचिनचाइनेन्सिस (*Momordica cochinchinensis* Roxb.)	28
करतोली (Spine gourd)	मोमोर्डिका डाइओका (*Momordica dioica* Roxb.)	28
परवल (Pointed gourd)	ट्राइकोसेन्थस डाइओका (*Trichosanthes dioica*)	24
चिचिण्डा (Snake gourd)	ट्राइकोसेन्थस कुकुमेरिना (*Trichosanthes cucumerina*)	24
नसदार तोरी (Ridge gourd)	लूफा एक्यूटैंगुला (*Luffa acutangula (Roxb.)*L.)	26
चिकनी तोरी (Sponge gourd)	लूफा इजिप्टिका (*Luffa aegyptiaca*)	26
टिण्डा (Round melon or Tinda)	प्रीसिटूलस फिस्टुलोसस (*Praecitrullus fistulosus Pang.*)	24
कुन्दरू (Ivy gourd)	काक्सीनिया इंडिका (*Coccinia indica*)	24
चो–चो (Cho-Cho)	सेचियम इड्यूल (*Sechium edule* (Jack) Sw.)	28
काशीफल (Pumpkin)	कुकुरबीटा मोस्चाटा (*Cucurbita moschata* Duch ex. Poir)	40
विलयती कद्दू (Winter squash)	कुकुरबीटा मैक्सिमा (*Cucurbita mamxima* Duch)	40
चप्पन कद्दू (Summer squash)	कुकुरबीटा पेपो (*Cucurbita pepo* L.)	40
पेठा (Ash or wax gourd)	बेनिनकासा हिस्पिडा (*Benincasa hispida* (Thunb.) Cogn.)	24

कद्दू वर्गीय सब्जियों का कुल सब्जी उत्पादन में 5.6 प्रतिशत भागीदारी है। खाद्य एवं कृषि संगठन ने स्पष्ट किया है कि कद्दू वर्गीय सब्जियाँ 42.9 लाख हेक्टेयर क्षेत्रफल में उत्पादित की जाती हैं, जिसकी उत्पादकता 10.52 टन/हेक्टेयर है। इस कुल की सब्जियों के उगाने का क्षेत्रफल, उत्पादन एवं उत्पादकता विश्व के विभिन्न देशों में इस प्रकार है–

सारिणी (8.2) कद्दू वर्गीय सब्जियों का क्षेत्रफल, उत्पादन एवं उत्पादकता

कद्दू वर्गीय फसल समूह	क्षेत्रफल (हेक्टेयर)	उत्पादन (मैट्रिक टन)	उत्पादकता (टन/हेक्टेयर)
कैन्टालुप एवं खरबूजा			
विश्व	**1297077**	**27179268**	**20.95**
भारत	31500	645000	20.48
चीन	558500	14338000	25.67
टर्की	1155000	1700000	14.78
संयुक्त राज्य अमेरिका	46000	1240000	26.96
खीरा एवं घरकिंस			
विश्व	**2345625**	**39840104**	**16.98**
भारत	18000	120000	6.67
चीन	1502900	25558000	17.01
इरान	65000	1350000	20.77
टर्की	60000	1750000	29.17
कुम्हड़, स्क्वाश एवं गोर्डस्			
विश्व	**1462934**	**18980901**	**12.97**
भारत	360000	3500000	9.72
चीन	303505	5674200	18.70
इरान	50000	900000	18.00
इजिप्ट	39200	710000	18.11
तरबूज			
विश्व	**3431973**	**93099266**	**27.13**
भारत	20000	255000	12.75
चीन	2015500	68300000	33.89
टर्की	140000	4000000	28.57
इरान	90000	1900000	21.11

कद्दू वर्गीय सब्जियों का निर्यात एवं आयात सबसे ज्यादा की जाती है।

सारिणी (8.3) कद्दू वर्गीय सब्जियों का निर्यात एवं आयात

कद्दू वर्गीय फसल	निर्यात (मैट्रिक टन)			आयात (मैट्रिक टन)		
	विश्व	भारत	प्रतिशत भागीदारी	विश्व	भारत	प्रतिशत भागीदारी
कैन्टालुप एवं खरबूजा	1649698	101	0.01	1831147	1220	0.07
खीरा एवं घरकिंस	1615606	24096	1.49	1452608	0	0.00
कुम्हड़, स्क्वाश एवं गोर्डस्	416192	—	—	683761	0	0.00
तरबूज	1694872	3371	0.20	1623298	52	0.00
कुल	**5376368**	**27568**	**0.51**	**5590814**	**1272**	**0.02**

खीरा (Cucumber)

वानस्पतिक नाम : कुकुमिस सैटाइवस (*Cucumis sativus* L.)

कुल : कुकुरबिटेसी (Cucurbitaceae)

गुणसूत्र संख्या : 2 एन = 14

कद्दू वर्गीय सब्जियों में खीरा (*Cucumis sativus* L.) एक ऐसी प्रमुख व्यावसायिक फसल है जिनका उपयोग अनेकों प्रकार से किया जाता है। अगर इसका उत्पादन देखा जाये तो इसकी खेती गृह वाटिका, संरक्षित दशा (ग्रीन हाउस, पाली हाउस आदि) व नदियों के किनारे व्यापक पैमाने पर किया जाता है। खीरा को कुकुम्बर (अंग्रेजी), खीरा (हिन्दी), दोसाकाया (मराठी व बंगाली), वेल्लीरीकाई (तेलगू) तथा ककरी काई (तमिल) कहते हैं। कहीं–कहीं पर इसे सुकासा व आर्या के नाम से भी जना जाता है।

उद्भव एवं वितरण

खीरा मूलतः भारतवर्ष के उत्तर क्षेत्र का वंशज है (डी कन्डोले, 1967 व पर्सग्लोव, 1969)। खीरा की खेती का विवरण व प्रमाण 3000 वर्ष पुराना माना जाता है। इराक में इसकी खेती का प्रचलन ईसा पूर्व 600 वर्ष तथा मेडिटेरैनियन क्षेत्र में 200 वर्ष ईसा पूर्व माना जाता है। खीरा का प्रसार एशिया तथा अफ्रीका के अन्य देशों से होते हुये, इटली व ग्रीस तक हुआ। रोमनवासियों द्वारा खीरा को अन्य यूरोपीय देशों में लाया गया। चीन में इसकी खेती 6वीं शताब्दी में प्रारम्भ हुई। फ्रांस में इसकी खेती किये जाने का प्रमाण 9वीं शताब्दी से प्राप्त होता है। इंग्लैण्ड में खीरे का पुरुःस्थापन (introduction) क्षेत्र के राजा इडवार्ड तर्थ के समय हुआ। सामान्यतया 17वीं शताब्दी में यह फसल इंग्लैण्ड में सामान्य फसल के रुप में जानी व पहचानी गयी। आधुनिक खीरे का विकास जंगली छोटे फल वाली कड़ुवी प्रभेद कुकुमिस हार्डविक्की (*Cucumis hardwickii*) से हुआ है (सिंह एवं राव, 1974)। खीरे की खेती पूरे विश्व में की जाती है। विश्व के अधिकांश देशों में स्लाइसर टाइप (slicer type) के खीरे की खेती ज्यादा की जाती है। विश्व में चीन सबसे अधिक खीरा का उत्पादन (कुल उपज का 51.0 प्रतिशत) करता है। अन्य महत्वपूर्ण उत्पादक देश ईरान, टर्की, संयुक्त राज्य अमेरिका, भारत व रुस हैं। उत्तरी यूरोप तथा जापान में खीरे का अधिकांश उत्पादन संरक्षित दशा में "ग्रीन हाउस" में किया जाता है। "पिकलिंग टाइप" (pickling type) खीरे की खेती भारत के अलावा यूरोप, उत्तरी अमेरिका व जापान में की जाती है। भारतवर्ष में व्यापक पैमाने पर खेती, उत्तर प्रदेश पंजाब, हरियाणा, कर्नाटक, आन्ध्र प्रदेश हिमाचल प्रदेश तथा बिहार में की जाती है। स्लाइसर टाइप खीरे की खेती दक्षिण भारत में कम स्तर पर किया जाता है, जिसका मुख्य उद्देश्य यूरोपीय देशों को केवल निर्यात करना है।

सारिणी (8.4) विश्व में खीरा एवं धरकिन्स का क्षेत्रफल एवं उत्पादन

देश	क्षेत्रफल (10^3 हे0)	उत्पादन (10^3 मिलियन टन)
विश्व	**788.00**	**10,147.00**
अफ्रीका	18.00	263.00
उत्तरी एवं मध्य अमेरिका	98.00	1,104.00
दक्षिणी अमेरिका	3.00	45.00
एशिया	361.00	5,101,00
यूरोप	122.00	2,218.00
ओसीनिया	1.00	16.00
यूनाइटेड स्टेट आफ सोवियत रूस	185.00	1,400.00
अग्रसर देश		
चीन	210.00	2,570.00
यूनाइटेड स्टेट आफ सोवियत रूस	185.00	1,400.00
जापान	26.00	1,150.00
संयुक्त राज्य अमेरिका	79.00	874.00
टर्की	28.00	450.00
निदरलैण्ड्स	2.00	385.00
पोलैण्ड	32.00	232.00
इजिप्ट	15.00	231.00
स्पेन	7.00	210.00
रोमानिया	18.00	202.00

स्रोतः एफ0ए0ओ0, 2011

वानस्पतिक विवरण

खीरा समुदाय में कुल 40 किस्मयाँ है, जिनमें खीरा कुकुमिस सटाइवस (*Cucumis sativus* L.) (कुकुमिस सटाइवस) एवं घरकीन कुकुमिस अन्गुरिया वार0 अन्गुरिया (*Cucumis anguria* var. *anguria*) के कच्चे फलों का महत्व औषधीय एवं पोशकीय दृष्टि से ज्यादा है। खीरा एकवर्षीय लतादार (vine) तथा पर–परागित (cross-pollinated) सब्जी है। इसके पौधे 2.5–3.5 मीटर तक लम्बे होते हैं, जो जमीन पर फैलकर या किसी सहारे पर चढ़कर बढ़ते हैं। पत्तियों की संरचना सरल 3–5 पालियुक्त, हस्ताकार (palmate) होती है, जिनमें 5–7 नसें होती है। सामान्यतया छोटी पत्तियाँ कोणीय, बड़ी और अर्द्धह्रदयाकार तथा बहुखंडों वाली होती है। लता पर 10.0–30.0 सेन्टी मीटर लम्बे सरल प्रतान (tendril) विकसित होते हैं। स्वभावतः खीरा का पौधा उभयलिंगाश्रयी (monoecious) होता है, जिसमें नर व मादा पुष्प एक ही पौधे पर अलग–2 होते हैं। पुष्प पीले रंग के होते हैं। इसके अलावा खीरा में गाइनोसियस (gynoecious), गाइनोमोनोसियस (gynomonoecious), डायोसियस (dioecious), एन्ड्रोसियस (androecious), एन्ड्रोमोनोसियस (andromonoecious) एवं हर्माफ्रोडाइट (hermaphrodite) लिंग भी पाया जाता है। शोध से स्पष्ट हुआ है कि खीरा के पुष्प 12.0 डिग्री सेन्टीग्रेड से कम तापमान पर पुष्पित नहीं होते हैं। परागकोशों का स्फुटन 20.5–21.5 डिग्री सेन्टीग्रेड

तापमान पर 2.30–3.45 बजे प्रारम्भ होता है तथा सुबह 5 बजे तक बन्द हो जाती है। परागकण का निस्कासन 16.0–17.0 डिग्री सेन्टीग्रेड तापमान पर प्रारम्भ होता है। पराग के अंकुरण के लिये अधिकतम तापमान 24.0–25.0 डिग्री सेन्टीग्रेड और न्यूनतम आवश्यक तामपान 22.0 डिग्री सेन्टीग्रेड है। वर्तिकाग्र पुष्प स्फुटन के 12 घंटे पूर्व से लेकर 24 घन्टे बाद तक सुग्राही बनी रहती है। खीरा में परागण मुख्यतः मधुमक्खियों द्वारा होता है। इसमें प्राकृतिक परागण 30–35 प्रतिशत होता है (जेनकिन्स, 1992)। खीरा के एकलिंगाश्रयी प्रभेद (केवल मादा पुष्पन करने वाली किस्म) में परागण के लिए उभयलिंगाश्रयी पौधे लगाये जाते हैं। फल वृन्त 2.0–5.0 सेन्टी मीटर लम्बा होता है।

कुकुमिस वंश (genus-*Cucumis*) के अन्तर्गत कुल 40 किस्मयाँ (species) पायी जाती है, जिनमें 8 भारत की हैं (चक्रवर्ती, 1959)। खीरा (*Cucumis sativus* L.) की किस्मयों (species) को उद्भव एवं फल के आकार के अनुसार निम्न उप–किस्मयों में बाँटा गया है (बोस, 1959)।

- कुकुमिस सटाइवस उप किस्म रिगीडस (*Cucumis sativus* sp. *rigidus*)
- कुकुमिस सटाइवस उप किस्म अगरेस्टीस (*Cucumis sativus* sp. *agrestis*)
- कुकुमिस सटाइवस उप किस्म ग्रासीलिस (*Cucumis sativus* sp. *gracillis*)
- कुकुमिस सटाइवस उप किस्म स्फिरोकारपस (*Cucumis sativus* sp. *sphaerocarpus*) चक्रवर्ती (1982) के अनुसार खीरे की किस्मों को दो वानस्पतिक भागों में बाँटा गया है–
- कुकुमिस सटाइवस किस्म सटाइवस (*Cucumis sativus* fsp. *sativus*)

कुकुमिस सटाइवस किस्म सिक्किमेन्सिन (*Cucumis sativus* fsp. *sikkimensis*)– इस समूह में फल के अन्दर बीजाण्डासन (placenta) की संख्या बहुत कम होती है। इस समूह की सबसे बड़ी पहचान यह है कि लताओं पर पत्तियाँ ज्यादा संख्या में विकसित होती हैं।

खीरा (*Cucumis sativus* L.) की अन्य संबन्धित किस्मयाँ कुकुमिस ट्राइगोनस (*Cucumis trigonus*, 2n=14 *syn. C. callosus*), कुकुमिस हार्डविक्की (*Cucumis hardwickii* 2n=14), कुकुमिस मिलो (*Cucumis melo* 2n=20, 22, 24), कुकुमिस अन्गुरिया (*Cucumis anguria* L. 2n= 22), कुकुमिस मेटुलीफेरस (*Cucumis metuliferus* 2n= 24), कुकुमिस डिस्पैसियस (*Cucumis dispaceus* 2n= 24) व कुकुमिस हिर्सुटस (*Cucumis hirsutus* 2n= 24) हैं। चीन के प्रभेद कुकुमिस सटाइवस वार0 सिस्हंगबानेसिस (Cucumis sativus var. xishungbanesis) के गूदे का रंग नारंगी होता है।

पोषकीय महत्व

विशेष रुप से खीरे का उपयोग सलाद या सैण्डविच के रुप में किया जाता है, लेकिन खीरा की सब्जी व करी भी बनाई जा सकती है। इसके छोटे फलों से अचार बनाया जाता है। खीरा में प्रचुर मात्रा में विटामिन "बी", "सी", कैल्सियम, फास्फोरस व पोटैशियम व अन्य खनिज लवण पाया जाता है। खीरे के फलों में पाया जाने वाला कड़ुवापान (bitterness) इसमें उपस्थिति इल्केलायड "कुकुरबिटेसिन"(cucurbitacin) टेट्रासाइक्लेक ट्राइटरपेन्स के कारण होता है, जो प्रकृति में स्वतंत्र संयुक्त ग्लाइको साइड्स के रुप में होते हैं। खीरे का परागकण भी कभी–2 कड़ुवा/तीखा होता

है जो बिना कड़ुवा फल को परागित कर कड़ुवा/तीखा बना देता है, इसे मेटाजीनिया (metaxenia) का प्रभाव कहा जाता है (सेशाद्री, 1986)। खीरे में बनने वाला सुगन्ध मुख्यतः यौगिको 2, 6 नोनाडाइनाल तथा 2–हेक्सेनाल के कारण होता है। इसमें एस्ट्रीजेन्ट स्वाद (astringent taste) का कारण 2–नोइनाल है। कुछ वाष्पशील यौगिकों (volatile compounds) जैसे इनानओल (inonaol), ट्रान्स–2 नोनेन–1–10 (Trans-2 nonen-1-10), सिस–3 नोनेस (cis-3 nonens) तथा सी–10–15 (C-10-15) जो संतृप्त एल्डिहाइड है, सुगन्ध के लिए जिम्मेदार है (टाकई एवं ओनो, 1939, केम्प एवं सहयोगी, 1974)।

सारिणी (8.5) खीरे में पोषक तत्वों की मात्रा (प्रति 100 ग्राम खाने योग्य भाग में)

पोषक तत्व	मात्रा
पानी	93.3 ग्राम
प्रोटीन	0.4 ग्राम
वसा	0.1 ग्राम
रेशा	0.6 ग्राम
कार्बोहाइड्रेट्स	2.5 ग्राम
ऊर्जा	13 कैलोरी
कैल्सियम	10.0 मिली ग्राम
फास्फोरस	25.0 मिली ग्राम
लौह तत्व	1.5 मिली ग्राम
थायमिन	0.3 मिली ग्राम
नियासिन	0.2 मिली ग्राम
विटामिन 'सी'	7.0 मिली ग्राम

स्रोतः गोपालन एवं सहयोगी, 1999

खीरे की तासीर ठण्डी होती है। वर्तमान समय में खीरे के रस का प्रयोग फेशियल क्रीम, मास्क, क्लीन्जर्स आदि रुप में किया जा रहा है। अगर खीरा की फॉक को त्वचा पर लगाई जाये तो सूजन व खुजलाहट कम हो जाती है। खीरे का रस सिलीकान का प्रमुख स्रोत होने के कारण सौन्दर्य निखारने तथा स्वास्थ्य ठीक रखने के लिए उपयोग की अनुशंसा की जाती है। इसके अलावा खीरे से विभिन्न प्रकार के पेय पदार्थ, व्यंजन ड्रेसिंग्स, सास, सूप आदि तैयार किये जाते हैं। खीरे के बीजों का आयुर्वेदिक औषधियों में महत्वपूर्ण स्थान है। इसके बीजों का तेल मस्तिष्क एवं शरीर के लिये अधिक लाभप्रद होता है।

उन्नतिशील किस्में

फलों के आकार व रंग के अनुसार खीरे की बहुत सी किस्में हैं, जो भारतवर्ष के विभिन्न क्षेत्रों में उगाई जाती हैं।

उपयोग के आधार पर खीरे की किस्मों को दो भागों में बाँटा जाता है।

1. ताजे खाने वाले या स्लाइसर टाइप (Slicer type)

स्लाइसर टाइप के खीरों की लम्बाई सामान्य पिकलिंग टाइप के खीरे से अधिक होती है। इस समूह के फल आकार में बेलनाकार होते हैं। फलों का छिलका मोटा तथा गहरे हरे रंग का होता है।

2. पिकलिंग टाइप (Pickling type)

पिकलिंग टाइप के खीरों के फल छोटे होते हैं और बीज भित्ती भी कम विकसित होती है, जिसके कारण लम्बे समय तक संरक्षित करने के लिए उपयुक्त होते हैं। पिकलिंग खीरे को संरक्षित करने के पूर्व छिलके उतार दिये जोते हैं। इस वर्ग की ऐसी किस्में उपलब्ध हों जिनके फलों के छिलके पतले हो और हल्का रंग हो, अच्छा माना जाता है। पिकलिंग समूह की सबसे प्रसिद्ध किस्म ''बालम खीरा'' है, जिसकी खेती उत्तर प्रदेश के सहारनपुर क्षेत्र में व्यापक पैमाने पर की जाती है।

खीरे की कुछ उन्नतिशील किस्में निम्न हैं–

जपानीज लांग ग्रीन (Japanese Long Green)

यह किस्म भारतीय कृषि अनुसंधान संस्थान नई दिल्ली, क्षेत्रीय अनुसंधान केन्द्र, कटराईं (हिमाचल प्रदेश) द्वारा विकसित की गयी है। यह एक अत्यन्त अगेती किस्म है, जो बीज बुआई के लगभग 40–45 दिन में फल देने लगते हैं। इसके फूल पीले तथा फल गहरे रंग का लम्बा (30.0–35.0 सेन्टी मीटर) होता है। फलों का गूदा हल्का हरा तथा खाने में कुरकुरा होता है। यह अधिक पैदावार देने वाली किस्म है। यह मध्यम और निचली पहाड़ियों के लिए उन्नत किस्म है। इस किस्म की औसत उपज 22.0 टन/हेक्टर होती है।

स्ट्रेट–एट (Straight Eight)

इस किस्म का विकास भारतीय कृषि अनुसंधान संस्थान, नई दिल्ली के क्षेत्रीय अनुसंधान केन्द्र, कटराई (हिमाचल प्रदेश) द्वारा किया गया है। यह भी अगेती किस्म है, जो लगभग 60 दिन में तैयार हो जाती है। इसके फल हल्के पीले, मोटे, मध्यम आकार के सीधे, चिकने, गोलाकार 20.0–25.0 सेन्टी मीटर लम्बे होते हैं। फल का निचला सिरा गोल और थोड़ा उभरा हुआ होता है। यह पर्वतीय क्षेत्रों में उगाने के लिये उन्नत किस्म है।

पूसा संयोग (Pusa Sanyog)

यह किस्म भारतीय कृषि अनुसंधान संस्थान, नई दिल्ली के क्षेत्रीय शोध केन्द्र कटराई (हिमाचल प्रदेश) द्वारा विकसित की गयी है। यह एक अगेती व अधिक उपज देने वाली संकर किस्म है, जिसे जापानीज गाइनोसियस लाइन (gynoecious line) और ग्रीन लौंग नेपल्स (इटेलियन किस्म) के संकरण द्वारा विकसित किया गया है। इसके फल लम्बे (28.0–30.0 सेन्टी मीटर) बेलनाकार, व गहरे हरे रंग के होती है। फलों की सतह पर पीली धारियाँ होती हैं। इस किस्म में बीज बोने के लगभग 50 दिन बाद फलों की तुड़ाई प्रारम्भ हो जाती है।

सोलन सेलेक्सन (Solan Selection)

यह भी अगेती किस्म है। इसके फल लम्बे, मुलायम मीठे तथा कम बीज वाले होते हैं। इस किस्म में फल अधिक लगते हैं।

बइना (Biyana)

यह अधिक उपज देने वाली, मध्यम पिछेती, एवं कठोर किस्म है। इसके फल बेलनाकार गहरे हरे, लम्बे सीधे (लगभग 50.0 सेन्टी मीटर लम्बे) सफेद, पतले काँटें युक्त व छींटेदार होते हैं। गूदा सफेद तथा कुरकुरा होता है। इसमें फल अधिक लगते हैं।

पंजाब न0–1 (Punjab No. 1)

इसके फल मध्यम आकार के लगभग 20.0–25.0 सेन्टी मीटर लम्बे व चिकने होते हैं। फलों का छिलका हरे–सफेद रंग का होता है तथा पकने पर भूरे रंग में बदल जाता है।

प्रिया (Priya)

यह इण्डो–अमेरिकन हाइब्रिड सीड कम्पनी द्वारा तैयार किया गया संकर किस्म है और भारत में व्यावसायिक स्तर पर उपलब्ध है। इसके फल 25.0 सेन्टी मीटर लम्बे व गहरे हरे रंग के होते हैं। यह फफूँद, मोजैक व एन्थ्रेक्नोज के लिए रोगरोधी है।

डी0ए0आर0एल0–1 (D.A.R.L.-1)

यह संकर किस्म कृषि रक्षा अनुसंधान प्रयोगशाला, पिथौरागढ (उत्तराखण्ड) द्वारा विकसित किया गया है। मध्य हिमालय (समुद्रतल से 150.0 मीटर ऊँचाई) क्षेत्र में लगातार 2 वर्ष तक परीक्षण व अखिल भारतीय समन्वित अनुसंधान परियोजना (सब्जी फसल) में अच्छा उपज देने के बाद इस संकर खीरा के बीजों को व्यावयायिक स्तर पर किसानों को दिया जा रहा है। ग्लास हाउस/पालीहाउस तथा सामान्य खेती में इसका परीक्षण करने पर प्रति पौध उपज क्रमशः 4.5–5.0 और 3.0–4.0 किलो ग्राम है। अतः पाली हाउस व ग्लाहाउस में उगाने के लिए यह उत्तम किस्म है।

फूले प्रियंका (Phule Priyanka)

यह संकर किस्म आर0एच0आर0बी0जी0–5 x आर0एच0आर0बी0जी0–4 के आपसी संकरण से एम0पी0के0वी0, राहुरी द्वारा विकसित की गयी है। फल गहरे हरे, सख्त पर काँटेदार संरचना व लम्बाई 20.0 सेन्टीमीटर होती है। इसकी खेती ग्रीष्म एवं वर्षाकाल में किया जा सकता है। इसमें मृदु रोमिल आसिता का प्रकोप नहीं होता है। औसत उपज 28.27 टन प्रति हेक्टेयर है।

स्वर्ण शीतल (Swarna Sheetal)

इस किस्म का विकास हार्टीकल्चर एण्ड एग्रोफारेस्ट्री रिसर्च प्रोग्राम (एच0ए0आर0पी0) राँची (झारखण्ड) द्वारा किया गया है। फल बेलनाकार, लम्बे व प्रत्येक फल का भार 250.0 ग्राम होता है। पौधे पर फल मात्र 60–65 दिन में बनने लगते हैं। फसल का जीवन काल 100–120 दिन का होता हैं। औसत उपज 25.0–30.0 टन प्रति हेक्टेयर होती है।

स्वर्ण पूर्णा (Swarna Poorna)

इस किस्म का विकास हार्टीकल्चर एण्ड एग्रोफारेस्ट्री रिसर्च प्रोग्राम (एच0ए0आर0पी0) राँची (झारखण्ड) द्वारा किया गया है। फल बेलनाकार, लम्बे, गूदा सफेद–हरा तथा प्रत्येक फल का वजन 300.0 ग्राम होता हैं। बीज बुआई के 60–65 दिनों बाद फल बनने लगते हैं। इसकी औसत उपज 30.0–35.0 टन प्रति हेक्टेयर होती है।

स्वर्ण अगेती (Swarna Ageti)

इस किस्म का विकास उत्परिवर्तन विधि द्वारा हार्टीकल्चर एण्ड एग्रोफारेस्ट्री रिसर्च प्रोग्राम (एच0ए0आर0पी0) राँची (झारखण्ड) द्वारा किया गया है। फल बेलनाकार और 200 ग्राम औसत वजन के होते हैं। इसमें फल बीज बुआई के मात्र 40–45 दिनों में बनने लगते हैं। इससे 30.0–32.0 टन प्रति हेक्टेयर उपज मिलती है।

प्वाइनसेट (Poinsette)

यह एक आयातित किस्म है। फलों पर छोटे–छोटे सफेद रोयें पाये जाते हैं। यह किस्म मृदुरोमिल आसिता (downy mildew), चूर्णील आसिता (powdery mildew), एन्थ्रेक्नोज (anthracnose) तथा एंगुलर लीफ स्पाट (angular leaf spot) के प्रति अवरोधी है। इस किस्म में फलों की पहली तुड़ाई बीज बुआई के 60 दिन बाद की जाती है। इसकी औसत उपज 10.0–12.0 टन/हेक्टेयर है।

शीतल (Sheetal)

इस किस्म का विकास कोंकन कृषि विद्यापीठ, डपोली (महाराष्ट्र) द्वारा किया गया है। बेलों की लम्बाई 2.7 मीटर होती है तथा प्रत्येक बेल से लगभग 10 शाखाएँ निकलती हैं। फल हरे रंग के बेलनाकार व मध्यम आकार के होते हैं। इसके फल का औसत वजन 300.0–350.0 ग्राम होता है। इसकी प्रति हेक्टेयर पैदावार 42.1 टन है।

पूना खीरा (Puna Khira)

इस किस्म के फल छोटे से मध्यम आकार और हल्के रंग के होते हैं। परिपक्व फलों का रंग हल्का भूरा होता है। यह मृदुरोमिल आसिता (downy mildew), चूर्णील आसिता (powdery mildew) तथा लीफ स्पाट (leaf spot) के प्रति प्रतिरोधी है। इसकी औसत उपज 13.5 टन प्रति हेक्टेयर है।

सिक्किम खीरा (Sikkim Khira)

यह एक शीतोष्ण किस्म है इसके फल लम्बे और लाल भूरे रंग के होते हैं। इस किस्म के फलों की भण्डारण क्षमता अच्छी है।

कल्याणपुर ग्रीन (Kalyanpur Green)

इस किस्म की बेलों की लम्बाई 2.0–2.5 मीटर होती है। बुआई के 60 दिन बाद फल मिलने लगते हैं। इसकी औसत उपज 15.0–20.0 टन/हेक्टेयर है।

खीरा–90 (Khira-90)

इस किस्म का विकास डा0 यशवन्त सिंह परमार, कृषि एवं वानिकी विश्वविद्यालय, सोलन (हिमाचल प्रदेश) द्वारा किया गया है। इस किस्म के फल अन्य किस्मों की अपेक्षा लम्बा व काफी मोटा, बेलनाकार, कुरकुरा, तथा सख्त गूदों वाला होता है। फलों के सिरों की तरफ वाला भाग थोड़ा पीलापन लिए हुए तथा शेष हरे रंग का होता है, जिस पर सफेद छिटेंदार पट्टियाँ होती हैं।

पंत संकर खीरा–1 (Pant Sankar Khira 1)

इस संकर किस्म का विकास गोविन्द बल्लभ पंत कृषि एवं प्रौद्योगिकी विश्वविद्यालय, पंतनगर (उत्तराखण्ड) द्वारा किया गया है। इसकी लतायें 120.0 सेन्टी मीटर लम्बी होती हैं। फल बेलनाकार एवं 20.0 सेन्टीमीटर लम्बे होते हैं। बीज बुआई के मात्र 50 दिन बाद फलों की तुड़ाई प्रारम्भ हो जाती है। इसकी औसत उपज 20.0 टन प्रति हेक्टेयर है।

पूसा उदय (Pusa uday)

इस किस्म का विकास भारतीय कृषि अनुसंधान संस्थान, नई दिल्ली द्वारा किया गया है। फल हल्के हरे मध्यम आकार (15.0 सेन्टी मीटर लम्बा), धारीदार व मुलायम छिलके वाले होते हैं। इसमें फलों की प्रथम तुड़ाई ग्रीष्म मौसम में 50–55 दिन बाद तथा वर्षा कालीन मौसम में 45–50 दिन बाद की जाती है। प्रत्येक फल का औसत भार 280.0–300.0 ग्राम होता है। औसत उपज 15.0 टन प्रति हेक्टेयर होती है।

पूसा बर्खा (Pusa Barkha)

इस किस्म का विकास भारतीय कृषि अनुसंधान संस्थान, नई दिल्ली द्वारा सन् 2012 में किया गया है। उत्तर भारत के मैदानी भागों में खेती करने के लिये यह सबसे अगेती किस्म है। यह किस्म अधिक आर्द्रता एवं अधिक तापमान को सहन कर लेता है। इस किस्म में मृदुरोमिल आसिता का प्रकोप कम होता है। खरीफ मौसम में इसकी औसत उपज 18.8 टन प्रति हेक्टेयर है।

हिमांगी (Himangi)

हिमांगी किस्म का विकास प्वाइनसेट × कल्यानपुर अगेती के संकरण से महाराणा प्रताप कृषि विद्यापीठ, राहुरी (महाराष्ट्र) द्वारा किया गया है। फल हरे–सफेद, मुलायम तथा रसीले होते हैं। बाजार योग्य फलों की प्राप्ति 100–110 दिनों तक होती है। औसत उपज 17.5 टन/हेक्टेयर है।

बालम खीरा (Balam Khira)

इसके फल छोटे लगभग 10.0–12.0 सेन्टी मीटर लम्बे, मुलायम तथा गहरे हरे रंग के होते हैं। फल के छिलके पर भूरे रंग के काँटे पाये जाते हैं। यह किस्म उत्तर प्रदेश के सहारनपुर जिले में ज्यादा प्रचलित है। यह किस्म यूरोप में उगाई जाने वाली पिकलिंग टाइप के समान है।

ग्रीन हाउस/ग्लास हाउस के लिए उपयुक्त प्रजातियाँ

ग्रीन हाउस/ग्लास हाउस के लिए बीज रहित (parthenocarpic) प्रजातियाँ हसन (Hasan) व सरीग (Sarig) हैं, जो ग्रीष्म तथा वर्षा कालीन मौसम में उगाई जाने के उपयुक्त है। इसके अतिरिक्त मुहसन, सतीश, दिनार, नुन–9729, नुन–3019 तथा कियान शीत मौसम में उगाई जाने के उपयुक्त हैं।

जलवायु

खीरा गर्म जलवायु की फसल है, लेकिन इसकी शीतोष्ण से उष्ण जलवायु में सफलता पूर्वक उगाया जा सकता है। इसलिए इसकी खेती लगभग संसार में सभी जगह की जाती है। इसके पौधों को जाड़े व पाले से हानि पहुचती है, लेकिन यह कम तापक्रम सहन करने की शक्ति रखता है। इसकी अच्छी बढ़वार के लिए 26.5–29.5 डिग्री सेन्टीग्रेड तापक्रम अधिक व प्रतिदिन का तापक्रम 18.0–24.0 डिग्री सेन्टीग्रेड लाभप्रद होता है। रात्रि का तापमान 20.0 डिग्री सेन्टीग्रेड होने पर पौधे तेजी से बढ़ते हैं। इसके बीज कम तापक्रम (11.0 डिग्री सेन्टीग्रेड के नीचे) पर नहीं उगते हैं, व जमाव 27.0 डिग्री सेन्टीग्रेड पर अच्छा होता है। बीज ठंडी मिट्टी में काफी समय तक रह सकता है तथा ज्योंही अनुकूल तापक्रम लगभग 18.0 डिग्री सेन्टीग्रेड से ऊपर होता है, बीजों का अंकुरण सफलतापूर्वक होता है। जब तापमान 32.20 डिग्री सेन्टीग्रेड से ऊपर या 15.60 डिग्री सेन्टीग्रेड से नीचे होता है, पौध की बढ़वार मंद हो जाती है। उचित पौध विकास 80–90 प्रतिशत सापेक्ष आर्द्रता तथा 15.0 डिग्री सेन्टीग्रेड तापमान पर होता है। तापमान के उतार–चढ़ाव का प्रभाव खीरा के लिंग प्रदर्शन पर पड़ता है। सामान्यतः 12.0 डिग्री सेन्टीग्रेड से कम तापमान होने पर पुष्पन नही होता है। उच्च तापमान व लम्बा प्रकाश काल में गाइनोसियस लाइन का प्रभाव अस्थिर हो जाता है। पुष्पन सुबह 2.30–3.45 तक होता है जो लगभग 5.0 बजे तक चलता है। परागकण के जमाव के लिए अधिकतम 24.0–25.0 डिग्री सेन्टीग्रेड तथा न्यूनतम 22.0 डिग्री सेन्टीग्रेड का तापमान चाहिए। खीरा की फसल के लिए अधिक वर्षा व अधिक आर्द्रता हानिकारक होती है तथा इससे बीमारियों तथा कीटों का फसल में प्रकोप बढ़ जाता है। जहाँ प्रकाश व आर्द्रता कम हो, इसके उत्पादन के लिए अच्छा माना जाता है। अधिक तापमान होने पर मादा पुष्प कम विकसित होते हैं। अतः उपज कम हो जाती है। आर्द्र तथा ठण्डा मौसम होने पर मधुमक्खी की क्रियाशीलता कम हो जाती है, जिससे फल धारण कम होती है और उपज घट जाती है।

भूमि तथा भूमि की तैयारी

इसकी खेती बलुई से लेकर चिकनी दोमट में की जा सकती है, लेकिन अगेती फसल के लिए बलुई दोमट भूमि अधिक उपर्युक्त होती हैं। नदियों के किनारे की भूमि अति उत्तम होती है। भूमि में जीवांश की मात्रा प्रचुर होनी चाहिए तथा जल निकास का उत्तम प्रबन्ध होना चाहिए। खीरा अम्लीय भूमि में भी उगाया जा सकता है लेकिन अम्लता की सहनशीलता खीरा के लिए 5.0 पी0एच0 मान है (सैम्भी, 1993)। इसके लिए भूमि का पी–एच0 5.5–6.7 होनी चाहिए। जिस खेत में खीरा लगाना हो, उसकी अच्छी तरह तैयारी की जाती है। पहले 2 जुताईयाँ मिट्टी पलटने वाले हल से

तथा 2–3 जुताईयाँ देशी हल से की जाती है। प्रत्येक जुताई के बाद पाटा लगा देना चाहिए, जिससे ढेले टूट जायें व मिट्टी भूरभूरी व समतल हो जाये। ट्रैक्टर से 2–3 बार गहरी जुताई पर्याप्त होती है। खीरा की फसल खरपतवारनाशी रसायन जैसे एट्राजीन व टाफजीन के प्रति बहुत संवेदनशील है, अतः जिस खेत में खरपतवारनाशी का प्रयोग करना हो, भूमि की तैयारी के एक माह पूर्व खेत में भलि–भाँति डाल देनी चाहिए।

पोषक तत्व प्रबन्धन

खीरा की अच्छी पैदावार के लिए स्वामी (1974) के अनुसार खेत में 25.0–30.0 टन गोबर की अच्छी सड़ी खाद, प्रति हेक्टेयर की दर से खेत की तैयारी करते समय मिला दिया जाता है। इसके अतिरिक्त 250.0 किलो ग्राम अमोनियम सल्फेट, 500.0 किलो ग्राम सुपरफास्फेट और 300.0 किलो ग्राम पोटैशियम सल्फेट प्रति हेक्टेयर की आवश्यकता होती है। सुपर फास्फेट व पोटैशियम सल्फेट की पूर्ण मात्रा खेत की तैयारी करते समय तथा अमोनियम सल्फेट की आधी मात्रा बीज बुआई के 2–3 सप्ताह बाद और बची हुई आधी मात्रा लगभग एक माह बाद दी जाती है। चौधरी (1967) के मतानुसार 25.0–35.0 टन प्रति हेक्टेयर की दर से अच्छी सड़ी जैविक खाद खेत में देना अधिक लाभकारी होती है। अगर जैविक खाद उपलब्ध न हो तो रासायनिक उर्वरकों का प्रयोग किया जाता है। खीरे की 30.0 टन प्रति हेक्टेयर पैदावार के लिए फसल को 55.0 किलो ग्राम नत्रजन, 45.0 किलो ग्राम फास्फोरस और 85.0 किलो ग्राम पोटैशियम प्रति हेक्टेयर भूमि से प्राप्त करने की आवश्यकता होती है। यावल्कर (1955) के अनुसार खीरे के लिए 37.5–50.0 टन प्रति हेक्टेयर गोबर की अच्छी सड़ी खाद भूमि में खेत की तैयारी के समय मिलानी चाहिए। अमोनियम सल्फेट का 1.5–2.0 टन प्रति हेक्टेयर की दर से दो बार छिड़काव करना चाहिए। पहला छिड़काव जब लता फैलने लगे तथा दूसरा छिड़काव जब फल लगने प्रारम्भ हों, तब करना चाहिए। नदियों के किनारे खेती करने के लिये प्रत्येक थाले में 3.0–4.0 किलो ग्राम गोबर की सड़ी खाद, 100.0 ग्राम नीम की खली, 30.0–40.0 ग्राम नत्रजन, 20.0 ग्राम म्यूरेट आफ पोटाश तथा 40.0 ग्राम फास्फोरस देकर पौध रोपण करना अच्छा पाया गया है। खीरा कम अवधि की फसल होने के कारण स्लाइसर टाइप व पिकलिंग टाइप खीरा में उर्वरक तत्व की पूरी मात्रा बीज बुआई या पौध रोपण के समय ही दे दिया जाता है। खेत में कैल्सियम की कमी से पत्तियाँ उपर या नीचे की तरफ मुड़ जाती है, जड़ व तना विकास रूक जाता है (रूद्रावान इसिंगा स्मिल्डे, 1969, होलकाम्ब व हिकमैन, मात्सुमोतो, 1980)।

बीजाई का समय व बीज की मात्रा

खीरे की फसल साल में 2 बार गर्मी व वर्षा ऋतु में ली जाती है। ग्रीष्म कालीन फसल की बुआई जनवरी–फरवरी और वर्षा कालीन फसल की बुआई जून–जुलाई में की जाती है। एक हेक्टेयर की बुआई करने के लिए लगभग 2.5–3.5 किलो ग्राम बीज की आवश्यकता होती है। एक हेक्टेयर क्षेत्रफल में पौध स्थापन 5000–6000 के लगभग होना चाहिए। बीज को अगर कॉपर सल्फेट (0.05 प्रतिशत) या मैग्निशियम सल्फेट (0.1 प्रतिशत) के घोल में एक रात के लिए भिगों दिया जाये, तो जमाव जल्दी व अच्छी प्रकार होता है। बुआई पूर्व अगर बीज को 0.05 प्रतिशत बोरान, जिंक,

मैग्नीज या मालीब्डेनम के 0.05 प्रतिशत से शोधित कर लिया जाये तो हाइपोकोटाइल में वृद्धि होती है। नम बीज को 2.0–3.0 सेन्टी मीटर की गहराई पर बोना उपयुक्त पाया है। पौध रोपण 10.0–12.0 सेन्टी मीटर की गहराई पर लगाना चाहिए।

बीजाई की विधि

इसकी बुआई दो विधियों से की जाती है।

1. टीलों पर बुआई (Sowing on mounds)

इस विधि में कतारों में टीले (mounds) बना लेते हैं तथा उन पर 5–6 बीज लगा दिये जाते हैं। कतारों से कतारों की दूरी लगभग 1.5–2.5 मीटर तथा टीले से टीले की दूरी 45.0–60.0 सेन्टी मीटर रखते हैं। बीज उग जाने पर 2 स्वस्थ पौधों को छोड़कर बाकी सभी को उखाड़ दिया जाता है। यह विधि प्रायः नदियों के किनारे वाली भूमि में अपनाई जाती है।

2. नालियों के किनारों पर बुआई (Sowing on ridges)

इसमें 1.5–2.5 मीटर की दूरी पर नालियाँ बना ली जाती हैं। नालियों के एक अथवा दोनों किनारों पर 45.0–60.0 सेन्टी मीटर की दूरी पर 2–3 बीजों की बुआई कर दी जाती है। नालियों के भध्य दूरी, नालियों के एक ओर या दोनों ओर बुआई करने पर निर्भर करती है। इस विधि में पानी नालियों में ही लगाते हैं। यह एक उत्तम विधि है, क्योंकि इसमें पानी कम लगता है तथा बेलें पानी के सम्पर्क नही आती। इस प्रकार फलों और बेलों को सड़ने से बचाया जा सकता है।

3. गहरे गड्ढों पर बुआई (Deep pit method)

यह पद्धति नदियों के किनारे उपयोग में लायी जाती है। इसके लिए 60–75 सेन्टी मीटर व्यास के गड्ढे 1.0–1.2 मीटर की दूरी पर 1.0 मीटर गहराई पर बनाते है जिसमें 10 किलोग्राम सड़ी गोबर की खाद, 80 ग्राम यूरिया, 100 ग्राम सिंगल सुपर फास्फेट व 70 ग्राम म्यूटेर ऑफ पोटाश डालते हैं।

सिंचाई जल प्रबन्धन

खीरा को ज्यादा नमी की आवश्यकता होती है। अगर वृद्धि काल में पानी की कमी रहती है, तो उपज प्रभावित होती है तथा फलों की गुणवत्ता भी खराब हो जाती है। बुआई करने के बाद, अच्छी प्रकार व जल्दी उगने के लिए अगर भूमि में पर्याप्त मात्रा में, नमी उपलब्ध न हो तो जल्दी–जल्दी सिंचाई की जानी चाहिए। बाद की सिंचाई मौसम के ऊपर निर्भर करती है। वृद्धि, पुष्पन एवं फलन, सिंचाई की प्रमुख क्रान्तिक अवस्था है। ग्रीष्म ऋतु में बोई गई फसल को लगभग 5–6 दिन के अन्तर पर पानी देना चाहिए। वर्षा ऋतु की फसल की सिंचाई आवश्यकता पड़ने पर की जाती है। अध्ययन से स्पष्ट हो गया है कि खीरा को प्रति सप्ताह 2.5 सेन्टी मीटर पानी की आवश्यकता पड़ती है। अगर गर्मी में पुष्पन हो रहा है तो 5.0 सेन्टी मीटर प्रति सप्ताह पानी चाहिए। रोपण के तुरन्त बाद रोपित पौध को व कई दिनों तक हल्का पानी देना आवश्यक है। पौध स्थापन

हो जोने के बाद सप्ताह में एक बार पानी देना उपयुक्त है। वर्षा कालीन फसल में जल निकास ज्यादा आवश्यक है क्योंकि पानी रूकने से पौधे पीले पड़ने लगते हैं और वृद्धि रूक जाती है (बालाकुमास एवं सहयोगी, 1982)। सूखा की स्थिति में केवल नालियों में पानी देना चाहिए। स्पिकलर (sprinkler) से सिंचाई करने पर मधुमक्खी की सक्रियता कम हो जाती है और रोग ज्यादा लगते हैं। इस फसल में ड्रिप सिंचाई सबसे उपयुक्त है।

निकाई–गुड़ाई

फसल को खरपतवारों से बचाये रखने के लिए हाथ से 2–3 बार निकाई की आवश्यकता होती है। खीरा की जड़ें अधिक गहरी नहीं जाती हैं, इसलिए इसकी हल्की निकाई करने के साथ–साथ, गुड़ाई की जाती है। निकाई–गुड़ाई बेल फैलने के पहले ही कर देनी चाहिए, नही तो फैलती बेलों को नुकसान पहुँचने की सम्भावना रहती है। खीरा में रासायनिक विधि से खरपवार नियन्त्रण के लिए ग्लाइफोसेट (Glyphosate) की 1.0 लीटर या फ्लूक्लोरीन (Fluchlorolin) की 1.2 लीटर मात्रा प्रति हेक्टेयर बीज बुआई के 3 दिन पहले प्रयोग करना चाहिए। चूँकि खीरा खरपतवारनाशी रसायन के प्रति ज्यादा संवेदनशील होता है, अतः सही रसायन व उसकी सही मात्रा का प्रयोग आवश्यक है। जमाव पूर्व पेन्डीमेथिलिन (स्टाम्प) 39 ई0सी0 की 3.3 लीटर मात्रा 800 लीटर पानी में मिलाकर प्रति हेक्टेयर प्रयोग करने खरपतवार नियन्त्रण (35–40 दिनों तक) होता है। इसी प्रकार बुआई के 18 दिन पूर्व टफ्लान की 0.8 किलोग्राम सक्रिय तत्व प्रयोग करने से खरपतवार का नियंत्रण होता है तथा उपज में वृद्धि होती हैं (डयाक इन्फो तथ झोवनर, 1986)। अध्ययन में पाया गया है कि अगर फसल की प्रारम्भिक अवस्था में काले रंग की पालीइथीलीन के चादर का पलवार लगाया जाये तो तापमान वृद्धि के साथ–2 नमी संरक्षण तथा उपज ज्यादा होती है।

फलन

खीरे के एक ही पौधे पर नर व मादा फूल अलग–अलग आते हैं। प्रायः नर फूल अधिक होते हैं, लेकिन केवल मादा फूलों में ही फल लगते हैं। अधिक फल तथा पैदावार के लिए मादा फूलों का बनना अति आवश्यक होता है। मादा फूलों की संख्या बढ़ाने के लिए चौधरी (1967) के अनुसार जीब्रेलिक एसिड (GA_3) के (10–25 पी0पी0एम0) का छिड़काव 2–4 पत्ती की अवस्था में करना चाहिए। घोल की सांद्रता अधिक हो जाने पर नर फूलों की संख्या में वृद्धि होती है। इसके अतिरिक्त मैलिक हाइड्राजाइड (MH) 25–100 पी0पी0एम और एल्फा नेप्थैलिन एसिटिक एसिड (NAA) 100 पी0पी0एम0 का छिड़काव दो बार, प्रथम दो पत्तियों की अवस्था में तथा दूसरा जब पौधे चार पत्तियों की अवस्था के होते हैं, करने पर नर फूलों की संख्या में कमी तथा मादा फूलों की संख्या में वृद्धि होती है, जिससे फल अधिक लगते हैं तथा उपज में वृद्धि होती है।

फलों की तुड़ाई

खीरा का फल, परागण के एक सप्ताह बाद बाजार में तोड़कर भेजने योग्य हो जाता है। कच्चे, मुलायम फलों की तुड़ाई 2–4 दिनों के अन्तर पर की जाती है। फलों की तुड़ाई करते समय सावधानी रखनी चाहिए कि बेलों को कोई नुकसान न पहुचें। बड़े आकार के व अधिक पके फलों

की तुड़ाई नही करनी चाहिए। स्लाइसर टाइप खीरे की तुड़ाई 20.0–25.0 सेन्टी मीटर लम्बे होने पर हाथ से तथा पिकलिंग प्रकार के खीरे की तुड़ाई हाथ व मशीन दोनों से 6.0–10.0 सेन्टी मीटर लम्बा होने पर की जाती है। शोध से पता चला कि स्लाइसर खीरा, बीज बुआई के 45–70 दिन बाद तथा पिकलिंग खीरा, 30–35 दिन बाद ही तुड़ाई योग्य हो जाते हैं।

उपज

खीरे की पैदावार किस्म भूमि की उर्वरा शक्ति, मौसम आदि पर निर्भर करती है। स्लाइसर खीरा की औसत पैदावार 26.0–40.0 टन तथा पिकलिंग 15.0–30.0 टन प्रति हेक्टेयर होती है। संकर किस्मों से प्राप्त उपज व आमदनी मुक्त किस्मों से बहुत अधिक है। अगर खीरा के खेत में मधुमक्खी की कालोनी रखी जाये, तो 30.0 प्रतिशत तक ज्यादा उपज मिलती है। पिकलिंग खीरा ज्यादातर गाइनोसियास लिंग (gynoecious sex form) से संकरित कर विकसित किये जाते है, जो बीज रहित फल धारण करते हैं। अतः ऐसी किस्मों में परागण की आवश्यकता नहीं पड़ती है।

खरबूजा (Muskmelon)

वानस्पतिक नाम : कुकुमिस मेलो (*Cucumis melo* L.)
कुल : कुकुरबिटेसी (Cucurbitaceae)
गुणसूत्र संख्या : 2 एन = 24

खरबूजा को स्थानीय भाषा में बेचांगा चिराल, खरबूजा, खरमुज, कस्तुरी खरबूजा, वेला पण्डु, बेलापलम, थाई कुमबेलम, शक्करतोती, कैकारिक, स्वीट मेलन, मेलनगर आदि नमों से जानते हैं। सब्जी जगत में खरबूजा का महत्वपूर्ण स्थान है। खरबूजे की सीधे खाने वाली (dessert types) एवं सब्जी वाली (cooking type or non-dessert types) दोनों प्रकार की किस्में उगाई जाती है। चूँकि अन्य देशों में इसके पके फलों को ही सीधे उपयोग किया जाता है, अतः इसे फलों की श्रेणी में रखा जाता है। पके फलों के "मस्की" (musky) सुगन्ध के कारण इसे "मस्कमेलन" (muskmelon) नाम दिया गया। बस्तुतः "मस्क" पर्सियन शब्द है जो एक "इत्र" है। मेलन (melon) शब्द की उत्पत्ति लैटिन शब्द "मेलोपेपो" (Melopepo) से हुआ है जिसका तात्पर्य सेव के आकार जैसे फल से है। सामान्यतौर पर मस्कमेलन (muskmelon) तथा कैन्टालूप (cantaloup) का एक ही मतलब निकाला जाता है, जबकि दोनों अलग हैं। वस्तुतः सभी कैन्टालूप को मस्कमेलन (muskmelon) कहा जा सकता है, जबकि सभी मस्कमेलन को कैन्टालूप नही। एक ही किस्म संयुक्त राज्य अमेरिका में कैन्टालूप (cantaloup) कही जाती है जबकि भारतवर्ष में मस्कमेलन (muskmelon)। सही स्वरुप के विश्लेषण से पता चलता है कि संयुक्त राज्य अमेरिका में विकसित जालीदार छिलका वाली किस्म जिसको जहाजों में भरकर अन्य देशों में भेजा जाता है, वह भी कैन्टालूप (cantaloupe) नहीं है, लेकिन वान्स्पतिक समूह किस्म कुकुमिस मेलों वार0 रेटीकुलेट्स (*Cucumis melo* var. *reticulatus*) के अन्तर्गत रखा गया है। सत्यता यह है कि यूरोप में उगाई जोन वाली किस्म कुकुमिस मेलों वार0 कैन्टालूपेन्सिस (*Cucumis melo* var. *cantaloupensis*) को ही कैन्टालूप कहते हैं। कैन्टालूप का नामकरण रोम के पास स्थान, जिसे कैन्टालूप्पी कहते हैं, से हुआ है, जहाँ पर इसकी खेती लम्बे समय से चली आ रही थी। कभी–कभी इस फसल को ट्रक या गार्डेन क्राप (truck or garden crop) की संज्ञा देते हैं।

उद्‌भव एवं वितरण

कुछ वैज्ञानिक खरबूजा की उत्पत्ति स्थल उत्तर–पश्चिमी भारत मानते हैं, लेकिन कुछ वैज्ञानिकों का कहना है कि इसका जन्म स्थान परसिया तथा निकटवर्ती स्थान है। खरबूजा की खेती के इतिहास को देखा जाये तो पता चलता है कि इजिप्ट में इसकी खेती 2400 ईसा पूर्व से होती चली आ रही है। एशिया के देशों में खरबूजा की खेती नवीनतम् उपस्थापन के अन्तर्गत आता है। भारतवर्ष में इसका उपस्थापन 14वीं शताब्दी में मुगल शासक द्वारा सेन्ट्रल एशियन क्षेत्र (Central Asian Region) जैसे–उज्बेकिस्तान, इरान, अफगानिस्तान एवं पाकिस्तान के कुछ भागों से हुआ है। क्रिशियन ईरा के प्रारम्भकाल में खरबूजा का प्रादुर्भाव भारतवर्ष द्वारा चीन में हुआ। इटली में खरबूजा

की खेती 14वीं शताब्दी में प्रारम्भ हुई और वह समय था, रोमन इम्पायर के सत्यानाश के बाद का। इसी प्रकार खरबूजा 16वीं शताब्दी में पहली बार इग्लैंण्ड पहुँचा। फ्रान्स में इसकी व्यावसायिक खेती सन् 1629 में प्रारम्भ हुई। कोलम्बस (Columbus) द्वारा किये गये दूसरी समुद्री यात्रा के समय नई दुनिया में खरबूजा के बीज लाये गये। लगभग इसी समय इटली में खरबूजा को सेन्ट्रल एवं उत्तरी यूरोप में स्थापित किया गया है। लगभग 1600 ई0 में खरबूजा की खेती फ्लोरिडा से उत्तरी अमेरिका तथा इंग्लैण्ड में की गयी, लेकिन सन् 1865 के बाद ही संयुक्त राज्य अमेरिका में इसकी व्यावसायकि खेती प्रारम्भ हुई। खरबूजा की खेती सम्पूर्ण भारतवर्ष में की जाती है। इसके प्रमुख उत्पादक राज्य तमिलनाडु, कर्नाटक आदि हैं। पंजाब, उत्तर प्रदेश व राजस्थान में खरबूजा एक प्रमुख नकदी फसल है। विश्व स्तर पर खरबूजा का 57 प्रतिशत से ज्यादा उपज चीन, इरान, टर्की और संयुक्त राज्य अमेरिका से प्राप्त होता है। उपलब्ध आँकड़ों के अनुसार विश्व में 30.3 मिलियन टन खरबूजा का उत्पादन 13.45 लाख हेक्टेयर से प्राप्त होता है (एफ0ए0ओ0 2009)। इसकी औसत उत्पादकता 21.1 टन/हेक्टेयर है। भारतवर्ष में खरबूजा की खेती 28484 हेक्टेयर में होती है जिससे 625414 टन का उत्पादन होती हैं जिसकी उत्पादकता 21.95/हेक्टेयर है (सिंधू, 2002)।

वानस्पतिक विवरण

खरबूजा एकवर्षीय (annuals) फैलने वाला लतादार (viny) पौधा है। इसकी पत्तियाँ बड़ी, कटी (shallow lobed), रोयेंदार तथा लगभग गोल (more or less rounded) होती हैं। सामान्यतया पुष्प पुं–उभयलिंगाश्रयी (andromonoecious) होते हैं। पौधों पर पहले मुख्य तथा द्वितीयक शाखाओं पर, समूह में नर पुष्प विकसित होते हैं। बाद में द्वितीयक शाखाओं पर एकल, उभयलिंगी (hermaphrodite) पुष्प लगते हैं। पुष्प बड़े (large), पीले (yellow) तथा सुगंन्धित (fragrant) होते हैं। पंखुडियाँ रात्रि 9.0–10.0 बजे के बीच तथा उपर की ओर से खुलना शुरु करती हैं। प्रातः 5. 30–6.30 बजे के बीच में पंखुड़ियाँ पूर्णतया खुल जाती हैं। परागकोशों का स्फुटन 21.8–23.0 डिग्री सेन्टीग्रेड तापमान पर होता है। प्रातः 10.0 बजे तक निषेचन की दर उच्च रहती है और उसके बाद निषेचन प्रक्रिया मन्द पड़ जाती है। सायंकाल 6.0 बजे निषेचन लगभग शून्य हो जाता है। वर्तिकाग्र, परागण के समय से दो घन्टा पूर्व से लेकर दो घण्टा बाद तक ग्राही बना रहता है। खरबूजे के फल सामान्यतया गोल, अण्डाकार या दीर्ध वृत्ताकार होते हैं जिसे वानस्पतिक रूप से पेपो (pepo) कहा जाता है।

वानस्पतिक दृष्टिकोण से खरबूजा को निम्न समूहों में विभक्त किया गया है।

कुकुमिस मेलो वार0 रेटीकुलेटस (*Cucumis melo* var. *reticulatus*)

कुकुमिस मेलो वार0 रेटीकुलेटस (*Cucumis melo* var. *reticulatus*), खरबूजा का सबसे महत्वपूर्ण समूह है जिसकी व्यावसायिक खेती विश्व भर में की जाती है। इसके फल का छिलका जालिकावत (netted) व सख्त (thick) होता है। फल का आकार मध्यम तथा गूदे का रंग केसरी, हरा व दूधिया सफेद होता है। अधिकांशतः अमेरिका व भारतीय किस्में इसी समूह में आती हैं, लेकिन सत्य रुप में कैन्टालूप नहीं है।

कुकुमिस मेलों वार. कैन्टालुपेन्सिस (*Cucumis melo* var. *cantaloupensis* 2n+48)

कुकुमिस मेलों वार. कैन्टालुपेन्सिस (*Cucumis melo* var. *cantaloupensis*) समूह में सत्य कैन्टालूप किस्म समाहित है। सम्पूर्ण यूरोप में इसकी खेती की जाती है। फल वार्टी स्केली (worty scaly) व सख्त छिलके (tight rind) वाले होते हैं, लेकिन जालिकावत (netted) नही होते हैं।

कुकुमिस मेलो वार. इनोडोरस (*Cucumis melo* var. *inodorus*)

कुकुमिस मेलो वार. इनोडोरस (*Cucumis melo* var. *inodorus*) समूह के खरबूजे को ''विंटरमेलन'' (winter melion) की संज्ञा दी जाती है, जिसमें हनी ड्यू (Honeydew) कसाबा (Casaba melon) तथा क्रेसाव मेलन (Crenshaw melon) प्रमुख हैं।

हनीडयू मेलन्स (Honeydew melons)

हनीडयू मेलन्स (Honeydew melons) समूह के फल चाँदी जैसे सफेद (silvery white), चिकना (smooth) व गोलाकार होते हैं। इसके प्रत्येक फल का औसत वजन 1.0–2.0 किलो ग्राम होता है। सामान्यतः फल का गूदा हरा या सफेद होता है।

कसाबा मेलन्स (Casaba melons)

इस समूह के फल बहुत बड़े तथा ज्यादा वजन (2.0–3.0 किलो ग्राम) के होते हैं, जो तना छोर की ओर मुड़े होते हैं। फल का गूदा हरा तथा फल का छिलका पीला तथा धारीदार होता है।

क्रेन्साव मेलन्स (Crenshaw melons)

इस समूह के फल बड़े, चिकने तथा गहरे हरे रंग के छिलके वाले होते हैं, जो पकने पर पीले हरे रंग के हो जाते हैं। लौकिक रुप से गूदे हरे रंग के होते हैं, लेकिन व्युत्पत्ति किस्मयों के गूदे केसरी रंग के होते हैं।

इसके अलावा अन्य समूह भी है जो कम उपयोग व महत्व रखते हैं–

कुकुमिस मेलों बार0 मोमोर्डिका (*Cucumis melo* var. *momordica*-snap melon) भारत में खरबूजा के इस समूह को हिन्दी में फूट व अंग्रेजी में स्नैप मेलन (snap melon) के नाम से जानते हैं। फल अण्डाकार से आयताकार होता है और फल का छिलका जगह–जगह से फट जाता हैं या पकने पर स्वतः दो या कई भागों में विभक्त हो जाता है। सामान्यतः छिलका पीला होता है और गूदा सूखा तथा स्वाद हल्का मीठा–खट्टा होता है।

कुकुमिस मेलो वार0 चीटो (*Cucumis melo* var. *chitto*)

इस समूह के खरबूजा को इजिप्ट का चाटे, मैन्गों मेलन, लेमन तथा आरेन्ज मेलन कहते हैं। इसके फल सन्तरे के आकार के एवं छोटे होते हैं।

कुकुमिस मेलो वार0 कोनोमान (*Cucumis* melo var. *conomon*)

इस समूह के खरबूजा को चायनीज व्हाइट कुकुम्बर (Chinese white cucumber) ओरियन्टल पिकलिंग मेलन (oriental pickling melon) तथा स्वीट मेलन (sweet melon) के नाम से जाना जाता है। अनेक आकार–प्रकार वाले चिकने फल बिना रोम के (glabrous) तथा बिना मस्की सुगन्ध के होते हैं।

कुकुमिस मेलो वार0 डुडैन (*Cucumis melo* var. *dudain*)

इस समूह के खरबूजा को फ्रेगरेन्ट मेलन (fragnant melon), पाकेट मेलन (packet melon) व डुडैन मेलन (dudain melon) कहते हैं, जिसे सजावटी उद्देश्य से उगाया जाता है। इसके फल किस्म चिटो समूह से छोटे, भूरे रंग के चमकदार व सुगन्धित होते हैं। कच्चा फल रंग–बिरंगा (variegated) होता है, लेकिन पूर्ण रुपेण पकने पर पीले तथा बाद में सफेद हो जाते हैं।

कुकुमिस मेलो वार0 माकुवा (*Cucumis melo* var. *makuwa*)

इस समूह के खरबूजा को जापानी कैन्टालूप कहा जाता है।

कुकुमिस मेलो वार0 कल्टस (*Cucumis melo* var. *cultus*)

इस समूह के खरबूजा मूलतः भारतीय हैं। प्रारम्भिक अवस्था में फल कडुवा होते हैं तथा पकने पर फल का रंग पीला पड़ जाता है तथा वे डंठल से स्वतः अलग हो जाते हैं। पके फलों से एक विशेष प्रकार की सुगन्ध आती है।

कुकुमिस मेलो वार0 यूटीलिसीमस (*Cucumis melo* var. *utilissimus*)

इसे ककड़ी या लांग मेलन (long melon) कहते हैं, जिसके फल मुलायम तथा धारीदार (ribbed) होते हैं।

पोषकीय महत्व

खरबूजा के कच्चे फलों की स्वादिष्ट सब्जी बनाई जाती है, लेकिन खरबूजा के पके फलों को ताजे खानें के रुप में ज्यादा महत्व है। इसमें कुल ऊर्जा, वसा तथा कोलेस्ट्राल बहुत कम मात्रा में पाया जाता है। कम मिठास वाली किस्मों के गूदे में शर्करा मिश्रित कर पाचक पदार्थ तैयार कर भोजन उपरान्त प्रयोग किया जाता है। इसमें विटामिन 'ए', 'बी' शर्करा तथा खनिज लवण प्रचुर मात्रा में पाया जाता है। हरे व सफेद गूदे वाली किस्मों की तुलना में केसरी रंग की गूदे वाली किस्म में कैरोटिन की मात्रा ज्यादा होती है। खरबूजा में मिठास, ग्लूकोज, फ्रक्टोस, मैनोज आदि शर्करा के कारण होता है। खरबूजा के बीज की गिरी (seed kernel) का उपयोग विभिन्न प्रकार के शीतल पेय पदार्थ तथा मिष्ठान तैयार करने में किया जाता है। बीज में खाने योग्य तेल की मात्रा 40.0–44.0 प्रतिशत होता है। यह पिस्ता व बादाम जैसे ठण्डे शर्बत बनाने में प्रतिस्थायी के रुप में भी प्रयोग किया जाता है। खरबूजा के गूदे को जीरा व शक्कर के साथ मिलाकर "केन्डी" बनाई जाती है। प्रति 100.0 ग्राम खाने योग्य भाग में निम्नलिखित पोषक तत्वों की मात्रा पायी जाती है–

सारिणी (8.6) खरबूजा में पाये जाने वाले पोषक तत्वों की मात्रा (प्रति 100 ग्राम खाने योग्य भाग में)

पोशक तत्व	मात्रा
कार्बोहाइड्रेट्स	3.5 ग्राम
प्रोटीन	0.6 ग्राम
वसा	0.2 ग्राम
कैल्सियम	32.0 मिली ग्राम
फास्फोरस	14.0 मिली ग्राम
लौह तत्व	1.4 मिली ग्राम
कैरोटिन	16.0 मिली ग्राम
विटामिन सी	26.0 मिली ग्राम

स्रोत: गोपालन एवं सहयोगी, 1982

औषधीय जगत् में भी खरबूजा का महत्वपूर्ण स्थान है। ग्रीष्म काल में इसके फल को खाने से प्यास कम लगती है और लू (sun stroke) का प्रभाव नहीं होता है। इसके गूदा का रस बहुत ही स्वास्थ्य वर्धक, शक्ति दायक, मूत्रबर्धक व तासीर में ठण्डा होता है। इसके साथ ही इसका रस चर्म रोग तथा मन्दाग्नि में बहुत लाभदायक होता है। इसका उपयोग उनके लिये भी उपयोगी है जो हृदय रोग विकार से ग्रसित हैं। अधिक बीटा कैरोटिन (β carotene) के कारण इसमें एन्टीकारसिनोजेनिक गुण (anticacinogenic properties) भी सबसे ज्यादा है। जिन्हें उच्च रक्त चाप की बीमारी है, उन्हें इसका प्रयोग करना फायदे मंद है, क्योंकि खरबूजा में सबसे ज्यादा पोटैशियम पाया जाता है। इसकी जड़ों को बमन (उल्टी) कराने व पेट साफ करने वाली औषधी के रुप में प्रयोग किया जाता है।

उन्नतिशील किस्में

हरा मधु (Haramadhu)

यह किस्म पंजाब कृषि विश्वविद्यालय, लुधियाना (पंजाब) द्वारा उत्तर प्रदेश से एकत्रित–कुटाना टाइप के जननद्रव्यों से चयन (selection) कर निकाली गई है (नन्दपुरी एवं सिंह, 1972)। यह किस्म अन्य किस्मों की अपेक्षा कुछ देर से पकती है, लेकिन फल बड़े, हरे गूदे वाले, स्वादिष्ट व अधिक मीठे होते हैं। छिलका पीला तथा गूदा रसदार होता है। इसमें 12.0–15.0 प्रतिशत मिठास होता है। पंजाब, हरियाणा तथा उत्तर प्रदेश में अधिक प्रचलित है। इसमें भण्डारण क्षमता बहुत कम होती है। प्रत्येक फल का औसत भार 1.0 किलो ग्राम होता है। एक हेक्टेयर से लगभग 11.5–20.0 टन उपज प्राप्त होती है। यह किस्म चूर्णील एवं मृदु रोमिल आसिता के प्रति संवेदनशील हैं।

पंजाब सुनहरी (Punjab Sunehari)

यह किस्म भी पंजाब कृषि विश्वविद्यालय, लुधियाना (पंजाब) द्वारा हरा मधु व एडीस्टो (संयुक्त राज्य अमेरिका से उपस्थापित) किस्म के बीच संकरण कर विकसित की गई है। यह मध्य समय पर

पकती है। इसकी एक बेल में लगभग 2–3 फल लगते हैं। फल भूरे रंग के लगभग 800.0 ग्राम वजन के होते हैं। फल की ऊपरी सतह जालीदार होती है। बुआई के लगभग 80 दिन बाद फल तोड़ने योग्य हो जाते हैं। यह किस्म हरा मधु से करीब 12 दिन पहले तैयार होती है। फलों की औसत उपज 16.0 टन प्रति हेक्टेयर होती है। इस किस्म का फल सामान्य तापक्रम पर 3 दिन तक रखा जा सकता है। इसलिए इस किस्म के फलों को दूर के बाजार में भेजा जा सकता है। गूदा केसरी रंग का, मध्यम, रसदार व सुगन्धित होता है। इसमें मिठास 11.0–15.0 प्रतिशत होता है। पकने पर फल पौधे से स्वतः हट जाता है। इसकी भण्डारण क्षमता ज्यादा है और परिवहन के लिए भी उपयुक्त है।

काशी मधु (Kashi Madhu)

इस उन्नतिशील किस्म का विकास भारतीय सब्जी अनुसंधान संस्थान, वाराणसी (उत्तर प्रदेश) द्वारा सन् 2005 में किया गया और सन् 2006 में उत्तर प्रदेश, बिहार, दिल्ली झारखण्ड एवं राजस्थान में खेती के लिए अनुमोदित किया गया। लतायें लम्बी होती हैं। बीज बुआई के 90–92 दिनों बाद फल की तुड़ाई की जा सकती है। औसत उपज 20.0–30.0 टन प्रति हेक्टेयर है।

आर0एम0 43 (RM-43)

इस किस्म का विकास राजस्थान कृषि विश्वविद्यालय, क्षेत्रिय शोध केन्द्र दुर्गापुरा (राजस्थान) द्वारा जननद्रव्यों से चयन कर किया गया है। फलों का औसत वजन 400–600 ग्राम होता है। इसके छिलके सख्त, बीज गुहिका कम, गूदा हरा तथा गूदे में कुल विलेय ठोस की मात्रा 10.0–12.0 प्रतिशत होता है। इसकी औसत उपज 15.0–20.0 टन प्रति हेक्टेयर होता है।

आर0एम0 50 (RM-50)

इस किस्म का विकास राजस्थान कृषि विश्वविद्यालय क्षेत्रीय शोध केन्द्र दुर्गापुरा (राजस्थान) से संकरण (दुर्गापुर मधु x पूसा मधुरस) व चयन कर किया गया जिसे स्टेट सीड वैराइटल इवैल्यूशन कमेटी ने सन् 1999 में खेती के लिए अनुमोदित किया। पौधे 3.0 मीटर तक लम्बे होते हैं तथा चपटे गोल होते है। फल का औसत वजन 700–800 ग्राम तथा इसमे मिठास 13.0–16.0 प्रतिशत होता है। इसकी औसत उपज 15.0–20.0 टन प्रति हेक्टेयर होती है।

पूसा शर्बती (Pusa Sharbati)

यह किस्म भारतीय कृषि अनुसंधान संस्थान, नई दिल्ली द्वारा कुटाना (चूर्णील आसिता रोधी) तथा अमेरिकन कैन्टालूप के संकरण से निकाली गई है। इसका फल अगेती–मध्य समय में पकता है। फल गोल से अण्डाकार, मध्यम आकार के तथा जालीदार (netted) होते हैं। फलों का गूदा मोटा, संतरे के रंग का मीठा व रसदार होता है। मिठास 11.0–12.0 प्रतिशत होता है। एक बेल में 3–4 फल लगते हैं। फल पकने पर आसानी से तना से अलग हो जाते हैं। इसमें चूर्णील आसिता (powdery mildew) बीमारी अपेक्षाकृत कम लगता है। यह किस्म हरिणाणा, पंजाब व दिल्ली में अधिक प्रचलित है। औसत उपज 15.0 टन प्रति हेक्टेयर है।

लखनऊ सफेद (Lucknow Safed)

यह जल्दी पकने वाली किस्म है। इसके फल छोटे आकार के होते हैं। फलों का गूदा सफेद, मीठा व स्वादिष्ट होता है। यह अच्छी किस्म है, लेकिन कम उपज होनें के कारण अधिक प्रचलित नही है।

दुर्गापुर मधु (Durgapur Madhu)

यह किस्म राजस्थान कृषि विश्वविद्यालय, क्षेत्रीय शोध केन्द्र दुर्गापुर (राजस्थान) द्वारा विकसित की गई है। इसके फल मध्य समय पर पकते हैं। फल अण्डाकार तथा हल्के रंग के होते हैं। फलों का गूदा हरे रंग का व अधिक मीठा (कुल विलेय ठोस 13.0–14.0 प्रतिशत) होता है। यह किस्म राजस्थान तथा पंजाब के लिए अधिक उपयुक्त है। इसकी औसत उपज क्षमता 15.0–20.0 टन प्रति हेक्टेयर है। इसे कृषि जलवायु क्षेत्र IV, VI, VII तथा VIII के लिए अनुमोदित किया गया है (भटनागर एवं सिंह, 1968)।

अर्का राजहंस (Arka Rajhans)

यह किस्म भारतीय बागवानी अनुसंधान संस्थान, हिसारगट्टा, बैंग्लुरु (कर्नाटक) द्वारा राजस्थान से एकत्रित जननद्रव्यों से चयन कर विकसित किया गया है। यह मध्य समय में तैयार होने वाली किस्म है। इसके फल मध्यम से बड़े आकार के होते हैं। प्रत्येक फल का वजन 1.00 किलो ग्राम होता है तथा छिलका मटमैला, सफेद महीन व जालीदार होता है। दूरवर्ती बाजार में भेजने के लिए अधिक उपयुक्त है। इसमें चूर्णील आसिता बीमारी नहीं लगती है। इसकी फसल 95–105 दिन में तैयार होती है। औसत उपज 20.0–25.0 टन प्रति हेक्टेयर है।

अर्का जीत (Arka Jeet)

भारतीय बागवानी अनुसंधान संस्थान, हिसारगट्टा, बैंगलुरू (कर्नाटक) द्वारा उत्तर प्रदेश से एकत्रित बाती (Bati) जननद्रव्यों से चयन कर विकसित की गई किस्म है। इसके पौधे बौने होते हैं। यह एक अगेती किस्म है। फल का छिलका धुसर–पीला होता है। इसके फल छोटे, गोल तथा दोनो सिरों पर चपटे होते हैं। फल का गूदा सफेद, मोटा, मध्यम मुलायम, रसदार व बहुत मीठा होता है। इसमें मिठास 13.0–16.0 प्रतिशत होता है। इसमें विटामिन ''सी'' (41.6 ग्राम प्रति 100.0 ग्राम) की प्रचुर मात्रा पाई जाती है। एक पौधे में फलों की संख्या लगभग 4–6 तथा प्रत्येक फल का औसत वजन 600.0 ग्राम तक होती है। औसत उपज 15.0 टन प्रति होक्टेयर होता है।

नरेन्द्र खरबूजा–2 (Narendra Muskmelon-2)

इस किस्म का विकास संकरण (मऊ–5 x हरा मधु) व वंशावली चयन पद्धति से नरेन्द्र देव कृषि एवं प्रौद्योगिकी विश्वविद्यालय, फैजाबाद (उत्तर प्रदेश) द्वारा किया गया तथा सन् 2002 में कृषि जलवायु क्षेत्र IV के लिये अनुमोदित किया गया। इसके फल अण्डाकार गोल तथा 800–1000 ग्राम के होते हैं। फल का सतह चिकना एवं हल्का पीला होता है। गूदा मोटा तथा नारंगी रंग का होता है। फल में कुल विलेय ठोस की मात्रा 10.0–13.0 प्रतिशत होता है। इसकी औसत उपज 15.0–20.0 टन प्रति हेक्टेयर होती है।

पूसा मधुरस (Pusa Madhuras)

यह किस्म भारतीय कृषि अनुसंधान संस्थान, नई दिल्ली द्वारा विकसित की गई है। फल चपटे तथा गोलाकार होते हैं। गूदा नारंगी रंग का तथा सरस होता है, जिसमें अच्छी सुगंध होती है। फल काफी मीठा होता है तथा उसमें घुलनशील शर्करा की मात्रा 12.0–14.0 प्रतिशत होती है। प्रत्येक फल का औसत भार 1.10 किलोग्राम होता है। इसकी औसत उपज 12.0–16.0 टन प्रति हेक्टेयर है। इस किस्म की खेती सफलतापूर्वक उत्तर एवं दक्षिण भारत में की जा सकती है।

पूसा रसराज (Pusa Rasraj)

यह संकर किस्म भारतीय कृषि अनुसंधान संस्थान, नई दिल्ली द्वारा विकसित की गई है। इस किस्म का विकास मोनोसियस लाइन (monoecious line) एम0–3 व दुर्गापुरा मधु के संकरण से किया गया है। प्रत्येक शाखाओं पर 3–4 फल लगते हैं और फल का वजन 1.0 किलो ग्राम होता है। इस किस्म की पहली तुड़ाई, बीज बुआई के 75–80 दिनों बाद की जा सकती है। इसकी औसत पैदावार 25.0 टन प्रति हेक्टेयर होता है। इसकी खेती नदियों के किनारे जलोढ़ मिट्टी में करने के लिए संस्तुत की गयी है।

पंजाब रसीला (Punjab Rasila)

यह किस्म पंजाब कृषि विश्वविद्यालय, लुधियाना (पंजाब) द्वारा विकसित की गई है। फल सामान्यतया गोलाकार एवं हल्का पीले रंग का, गूदा मोटा, सरस तथा सुगंधित होता है। फल का औसत भार 600.0 ग्राम होता है तथा इसमें कुल विलेय ठोस की मात्रा 10.0 प्रतिशत होती है। यह किस्म बीज बुआई के 73 दिन बाद तैयार हो जाती है। चूर्णील आसिता रोग के प्रति अत्यधिक प्रतिरोधी है। इसमें घुलनशील शर्करा की मात्रा 15.0–17.0 प्रतिशत होती है इसकी भण्डारण क्षमता अच्छी है। इसकी औसत उपज 16.0 टन प्रति हेक्टेयर है। इसकी खेती नदियों के किनारे सुगमता पूर्वक की जा सकती है।

पंजाब हाइब्रिड–1 (Punjab Hybrid-1)

इस संकर किस्म का विकास एम0एस0–1 व हरा मधु के संकरण से पंजाब कृषि विश्वविद्यालय, लुधियाना (पंजाब) द्वारा किया गया है। इसके पौधों की लतायें काफी बड़ी होती हैं। फल गोलाकार व हल्के पीले रंग के होते हैं, जिनके ऊपर हल्के रंग की धारियाँ होती हैं। गूदा नारंगी रंग का तथा सरस होता है, जिससे अच्छी सुगन्ध आती है। परीक्षण में यह किस्म चूर्णील आसिता बीमारी के प्रति अवरोधी पायी गयी है। मिठास 12.0 प्रतिशत होता है। पकने पर फल पौधे से स्वतः अलग हो जाते हैं। औसत उपज 12.0–16.0 टन प्रति हेक्टेयर होती है।

एम0एच0वाई0–4 (MHY-4)

इस किस्म का विकास संकरण (दुर्गापुर मधु x हरा मधु) व वंश चयन कर राजस्थान कृषि विश्वविद्यालय, क्षेत्रीय शोध केन्द्र दुर्गापुर, राजस्थान द्वारा किया गया है। इसकी लतायें 2.40 मीटर तक फैलती हैं। फल चपटे गोल तथा फल गूदा हल्का हरा होता है। इसमें कुल विलेय ठोस की मात्रा 10.0–13.0 प्रतिशत होता है। औसत फल भार 700–800 ग्राम का होता है। इसकी उपज क्षमता 15.0–20.0 टन प्रति हेक्टेयर है। यह कृषि जलवायु क्षेत्र VII के लिये अनुमोदित किया गया है।

एम0एच0वाई0–3 (MHY-3)

खरबूजा की एम0एच0वाई0–3 एक मुक्त परागित किस्म है, जिसका विकास, राजस्थान कृषि विश्वविद्यालय, क्षेत्रीय शोध केन्द्र, दुर्गापुर, जयपुर, (राजस्थान) द्वारा दुर्गापुर मधु एवं पूसा मधुरस के आपसी संकरण एवं चयन से किया गया है। इसकी लतायें 2.5–3.0 मीटर लम्बी, ओजयुक्त एवं तेज फैलने वाली होती है। बुआई के 45 दिन बाद फूल बनते हैं और बीज बुआई के 95–100 दिन बाद फल पक जाते हैं। मिठास 13.0–16.0 प्रतिशत पाया जाता है। फलों का औसत वजन 700.0–800.0 ग्राम होता है। औसतन 15.0–20.0 टन प्रति हेक्टेयर उपज प्राप्त होती है (लूथरा एवं यादव, 2004)।

एन0एस0 7455 (NS-7455)

खरबूजा की यह एक अधिक उत्पादक संकर किस्म हैं। फल गोलकार, घना जालीदार संरचना और फल के अन्दर बीज कक्ष कम होता है। फलों को ज्यादा समय तक रखने की क्षमता होती है। जलयान द्वारा बाहर भेजा जा सकता है। फल का गूदा नारंगी तथा रसदार होता है। इसमें कुल विलेय ठोस की मात्रा 13.0–14.0 प्रतिशत होता है।

हिसार मधुर (Hisar Madhur)

चौ0 चरण सिंह हरियाणा कृषि विश्वविद्यालय, हिसार (हरियाणा) द्वारा विकसित यह एक अगेती किस्म है, जिसका विकास पूसा शर्बती तथा 75–84 किस्मों के वाँछित गुणों को समायोजित करके किया गया है। शीघ्र तैयार होने के कारण इस किस्म में मृदु रोमिल आसिता (downy mildew) का असर कम होता है। इसका पौधा फैलने वाला व मध्यम आकार का होता है। फल गोल, 10 धारियाँ युक्त व पीले–लाल रंग के हरी धारियों वाले होते हैं। गूदे का रंग नारंगी होता है। फलों में बीजों की संख्या अपेक्षाकृत कम होती हैं। फलों में कस्तूरी के समान सुगंध होता है। कुल ठोस पदार्थों की मात्रा 8.5 प्रतिशत होती है। यह किस्म 75–80 दिन में पहली बार तुड़ाई योग्य हो जाती है। इसकी औसत पैदावार 10.0 टन प्रति हेक्टेयर है (कल्लू एवं सहयोगी, 1993)।

गुजरात खरबूजा–1 (Gujarat Muskmelon-1)

इस किस्म का विकास साबरकन्था जिला (Sabarkantha district) से एकत्रित जननद्रव्य से चयन कर सन् 1975 में गुजरात में खेती के लिए दी जा रही है। इस किस्म के फल छोटे, स्वादिष्ट तथा हल्के पीले होते हैं। प्रत्येक पौधे पर 5–6 फल लगते हैं। गूदा हल्का हरा तथा 2.1 सेन्टी मीटर मोटा होता है। प्रत्येक फल का भार 982 ग्राम तथा फल व्यास 10.0 सेन्टी मीटर होता है। औसत उपज 11.0–14.0 टन प्रति हेक्टेयर होता है।

गुजरात खरबूजा–2 (Gujarat Muskmelon-2)

इस किस्म का विकास नागपुर (महाराष्ट्र) से एकत्रित जननद्रव्य से चयन कर किया गया है। इसे व्यावसायिक खेती के लिये सन् 1975 में कृषकों को दिया गया। इस किस्म में पुष्पन बीज बुआई के 32 दिनों बाद प्रारम्भ हो जाता है। प्रत्येक फल का औसत वजन 1300 ग्राम व फल व्यास 11.5 सेन्टी मीटर होता है। प्रत्येक पौधे पर 4–5 फल लगते हैं। फल का गूदा नारंगी व 2.6 सेन्टीमीटर मोटा होता है। इसकी औसत उपज 13.0–16.0 टन प्रति हेक्टेयर है।

जलवायु

खरबूजा के लिए ज्यादा प्रकाश, लम्बा दिन मान तथा अधिक तापमान वाली शुष्क जलवायु की आवश्यकता होती है। उपरोक्त मांग को देखते हुए इसकी खेती ग्रीष्म ऋतु में की जाती है। कम स्तर पर इसकी खेती ठण्डे वातावरण वाले कुछ देशों में की जाती है, जहाँ पर लम्बी गर्मी होती है। इसकी बुआई के समय कम तथा बढ़वार के समय अधिक तापक्रम की जरुरत होती है। बीज जमाव के लिये 23.0–25.0 डिग्री सेन्टीग्रेड तापमान की आवश्यकता होती है। बीज का जमाव 10.0 डिग्री सेनटीग्रेड से कम तापमान होने पर नही होता है। खरबूजे की बढ़वार के लिए अनुकूल तापक्रम 30.0–35.0 डिग्री सेन्टीग्रेड के मध्य होती है। अगर तापमान 45.0 डिग्री सेन्टीग्रेड से ज्यादा हो जाता है, तो अस्थायी उकठापन तथा झूलसे फल प्राप्त होते हैं, जिनको ज्यादा दिन तक नही रखा जा सकता है। ठण्डी रात्रि तथा गर्म दिन 35.0–40.0 डिग्री सेन्टीग्रेड तापमान होने पर मिठास बढ़ जाता है। यह फसल पाला–कुहरा सहन नहीं कर सकता है। वायु में अधिक आर्द्रता होने पर बीमारियों (तुलासिता एन्थ्रैक्नोज, विषाणु आदि) के प्रकोप की सम्भावना बढ़ जाती है। फलों के पकने के समय वर्षा हो जाने पर शर्करा की मात्रा कम हो जाती है।

भूमि और भूमि की तैयारी

खरबूजा की खेती चिकनी भूमि को छोड़कर किसी भी प्रकार की भूमि में की जा सकती है, जिसमें जल निकास का उत्तम प्रबन्ध हो। बलुई दोमट या दोमट भूमि इसके लिए उत्तम होती है। जीवांशयुक्त बलुई भूमि में इसकी खेती सफलतापूर्वक की जा सकती है। भूमि में जल निकास का उत्तम प्रबन्ध होना आवश्यक होता है। नदियों के किनारें की रेतीली भूमि में भी इसकी खेती सफलतापूर्वक की जाती है। खरबूजा की खेती के लिए अम्लीय भूमि उपयुक्त नहीं होती है। भूमि की पी0एच0 मान 6.0–6.9 के मध्य होनी चाहिए। क्षारीय मृदा जहाँ लवण ज्यादा हो, वह मृदा खेती के लिए उपयुक्त नही होती है। पहले खेत की 2–3 बार मिट्टी पलटने वाले हल से जुताई की जाती है तथा बाद में दो–तीन बार जुताईयाँ देशी हल, हैरो या कल्टीवेटर से की जाती है, जिससे कि मिट्टी भुरभुरी हो जाये। बाद वाली प्रत्येक जुताई के साथ पाटा लगा देना चाहिए, जिससे भूमि समतल हो जाये व जिससे अच्छी प्रकार सिंचाई की जा सके। दियारा क्षेत्र की मृदा खरबूजा की खेती के लिए सबसे उत्तम है लेकिन मृदा नमी, स्थायी मुर्झान बिन्दु से 10–15 प्रतिशत उपर होना चाहिए।

पोषक तत्व प्रबन्धन

सामान्यतः 1.0 टन खरबूजा की फल प्राप्त करने में फसल द्वारा 2.0 किलो ग्राम नत्रजन, 0.75–1.0 किलो ग्राम फास्फोरस तथा 3.0–4.0 किलो ग्राम पोटाश मृदा से अवशोषित की जाती है। अतः इसकी अच्छी फसल लेने के लिए यावल्कार (1965) के अनुसार लगभग 50.00 टन गोबर की अच्छी प्रकार सड़ी खाद प्रति हेक्टेयर की दर से खेत की तैयारी करते समय भूमि में मिला देनी चाहिए तथा 200.0 किलो ग्राम अमोनियम सल्फेट प्रति हेक्टेयर का फल लगने पर फसल में छिड़काव करना चाहिए। नाथ (1965) के द्वारा राजस्थान की हल्की मिट्टियों में उगाई गई फसल के लिए 20.0 टन गोबर या कूड़े की खाद के अलावा 188.0 किलो ग्राम अमोनियम सल्फेट देने की सिफारिश की गई है। चौ0 चरण सिंह हरियाणा कृषि विश्वविद्यालय, हिसार (हरियाणा) के अनुसार एक हेक्टेयर खरबूजा के लिए 37.5 टन गोबर की अच्छी सड़ी खाद, 50.0 किलो ग्राम फास्फोरस (312.5 किलो

ग्राम सिंगल सुपर फास्फेट), 100.0 किलो ग्राम नाइट्रोजन, (400.0 किलो ग्राम कैल्सियम अमोनियम नाइट्रेट) तथा 50.0 किलो ग्राम पोटाश (83.3 किलो ग्राम म्यूरेट ऑफ पोटाश) की आवश्यकता पड़ती है। गोबर की खाद खेत तैयार करते समय भूमि में मिला देना चाहिए तथा फास्फोरस तथा पोटाश की सम्पूर्ण मात्रा व एक तिहाई नत्रजन युक्त उर्वरक की मात्रा, बीज बुआई के पहले खेत में डालनी चाहिए। नत्रजन वाले उर्वरक की बची हुई मात्रा का फसल में 2 बार, बराबर मात्रा में छिड़काव करना चाहिए। पंजाब कृषि विश्वविद्यालय, लुधियाना (पंजाब) द्वारा सिफारिश की गई है कि एक हेक्टेयर भूमि के लिए लगभग 25.0 टन गोबर की खाद, 125.0 किलो ग्राम नत्रजन (550.0 किलो ग्राम कैल्सियम अमोनियम नाइट्रेट) 62.5 किलो ग्राम फास्फोरस (305 किलो ग्राम सिंगल फास्फेट या यूरिया) तथा 62.5 किलो ग्राम पोटाश (104.2 किलो ग्राम म्यूरेट आफ पोटाश) की आवश्यकता होती है। भातीय सब्जी अनुसंधान संस्थान, वाराणसी (उत्तर प्रदेश) द्वारा सिफारिश की गयी है कि उत्तर–मध्यम भारत के क्षेत्रों में प्रति हेक्टेयर 80.0 किलो ग्राम नत्रजन, 50.0 किलो ग्राम फास्फोरस तथा 60.0 किलो ग्राम पोटाश खरबूजा की फसल में देना चाहिए। इसी प्रकार दक्षिण भारतीय प्रान्तों के लिए भारतीय बागवानी अनुसंधान संस्थान, बैंग्लुरु ने सिफारिश किया है कि प्रति हेक्टेयर 50.0–100.0 किलो ग्राम नत्रजन 60.0 किलो ग्राम फास्फोरस तथा 60.0 किलो ग्राम पोटाश देना आवश्यक है। अगर खेत में पौधों को रोपण किया जा रहा है, तो प्रत्येक गड्ढे में 1.0 किलो ग्राम गोबर की सड़ी खाद, 7.0–8.0 ग्राम यूरिया, 40.0 ग्राम सिंगल सुपर फास्फेट तथा 10.0 किलो ग्राम म्यूरेट आफ पोटाश का प्रयोग ही उत्तम है। इस प्रकार की विधि अपनाने 50.0 प्रतिशत तक उर्वरक की बचत की जा सकती है।

सारिणी (8.7) विभिन्न प्रान्तों के लिये संस्तुत पोषक तत्वो की मात्रा

प्रान्त	**पोषक तत्व (किलोग्राम प्रति हेक्टेयर)**		
	नत्रजन	**फास्फोरस**	**पोटाश**
पंजाब	125	162	62
हरियाणा	50	25	25
जम्मू एण्ड कश्मीर	120	60	60
कर्नाटक	100	75	50
हिमाचल प्रदेश	100	75	50
उत्तर प्रदेश	80	75	50
तमिलनाडु	80	60	30
राजस्थान	80	60	40

स्रोतः टण्डन (1987)

बुआई का समय और बीज की मात्रा

खरबूजा ग्रीष्म कालीन फसल है, इसलिए इसकी बुआई क्षेत्र के तापमान व वातावरण के अन्य घटकों के ऊपर निर्भर करती है। मैदानी भागों में नवम्बर–मार्च तथा पहाड़ी भागों में अप्रैल–मई में इसकी बुआई की जाती है। मैदानी इलकों में जहाँ पर पाले का भय नहीं होता है,

जैसे– पश्चिम बंगाल, बिहार व दक्षिणी भारत, वहाँ इसकी बुआई नवम्बर–दिसम्बर तक कर दी जाती है लेकिन उत्तर मैदानी भागों में जहाँ पाले का भय बना रहता है, इसकी बुआई फरवरी से प्रारम्भ होती है। अगेती फसल लेने के लिए इसकी बुआई दिसम्बर–जनवरी में की जाती है तथा पाले से बचाने का उत्तम प्रबन्ध किया जाता है। इसमें पुआल इत्यादि से नवजात पौधों को ढक दिया जाता है। पंजाब कृषि विश्वविद्यालय, लुधियाना (पंजाब) द्वारा संस्तुत की गई है कि अगेती फसल के पौधे पहले पालीथीन के लिफाफों, जिनका आकार 10.0 सेन्टीमीटर×15.0 सेन्टी मीटर होता है, में तैयार किये जाते हैं तथा बाद में पाले का भय जब समाप्त हो जाता है, तब उनको खेत में लगा दिया जाता है। इस प्रकार लगभग 10–15 दिन पहले ही फल मिलने लगते हैं। नदियो के किनारे अगेती फसल की बुआई नवम्बर के द्वितीय सप्ताह तथा पिछेती फसल की बुआई दिसम्बर के प्रथम सप्ताह में करना चाहिए (डे एवं सहयोगी, 2003)।

बीज दर

खरबूजा की दूर–दूर बुआई की जाती है, अतः बीज कम लगता है, लेकिन मात्रा किस्म व बुआई के मौसम पर निर्भर करता है। एक हेक्टयेर भूमि की बुआई के लिए लगभग 2.0–2.5 किलो ग्राम बीज की आवश्यकता पड़ती है। अंकुरित बीज लगाने पर बीज दर 1.0–1.5 किलो ग्राम प्रति हेक्टेयर लगता है। अच्छे जमाव के लिए बीज को 24 घण्टे तक पानी में भिगों दिया जाता है।

बुआई का तरीका

खरबूजा की बुआई 3 तरीकों से की जाती है–

समतल क्यारियों में

यह तरीका अधिक उपयोगी नहीं है क्योंकि इस तरीके से सम्पूर्ण खेत या क्यारियों की सिंचाई करनी पड़ती है और पानी तथा समय अधिक खर्च होता है। इसके अतिरिक्त पौधों में फल लगते समय सिंचाई करने पर वे पानी में डूब जाते हैं, जिससे फल–गलन रोग लग जाता है और फल सड़ने लगते हैं।

उभरी क्यारियों या नालियों पर

इस विधि में अच्छी तरह तैयार खेत में 60.0 सेन्टी मीटर चौड़ी, 2.5–3.0 मीटर की दूरी पर नालियाँ बना ली जाती हैं। इन नालियों के साथ ही सिंचाई की नालियाँ भी बना ली जाती हैं। नालियों पर दोनों तरफ 60.0–90.0 सेन्टी मीटर की दूरी रखते हुए एक स्थान पर 3–4 बीज लगभग 1.5–2.0 सेन्टी मीटर की गहराई पर मिट्टी में लगा दिये जाते हैं। जब बीज उग जाते हैं तथा पौधे कुछ बड़े हो जाये, तो उनमें से 2 अच्छे स्वस्थ पौधों को छोड़कर अन्य को उखाड़ दिया जाता है। खेत में पर्याप्त नमी न हो तो, हल्की सिंचाई जल्दी–जल्दी करते रहना चाहिए। इससे बीज पूर्ण रुप से उग जाते हैं।

सारिणी (8.8) खरबूजा की विभिन्न किस्मों को लगाने के लिए संस्तुत दूरी

किस्म / संकर	क्षेत्र	दूरी (मी0) कतार x पौध	गड्ढों की संख्या (प्रति हेक्टेयर)
हरा मधु	पंजाब	4.0 x 0.75	3570
पंजाब सुनहरी	पंजाब	3.0 x 0.60	3334
पंजाब हाइब्रिड	पंजाब	3.0 x 0.60	3334
अर्का राजहंस	कर्नाटक	2.4 x 1.00	3572
अर्का जीत	कर्नाटक	20.0 x 1.00	5000
दुर्गापुर मधु	कर्नाटक	3.5 x 0.60	4761

स्रोतः नंदपुरी (1989)

खाईयाँ या ट्रेन्चेज बनाकर

यह विधि नदियों के किनारे वाली भूमि में प्रयोग की जाती है। शुक्ला (1962) के अनुसार 90.0 सेन्टी मीटर दूरी पर 60.0 सेन्टी मीटर चौड़ी और 10.0 सेन्टी मीटर गहरी ट्रेन्चेज (trenches) बना ली जाती हैं। इन ट्रेन्चेज में 90.0 सेन्टी मीटर की दूरी पर टीले (mound) बना लिये जाते हैं। प्रत्येक टीले में 5.0 किलो ग्राम गोबर की अच्छी तरह सड़ी खाद, 50.0 ग्राम सुपरफास्फेट और 100.0 ग्राम नीम की खली मिला दी जाती है तथा 4–5 उगे हुये बीज लगा दिये जाते हैं। लगभग 20 दिन बाद जब पौधे बढ़ जाते हैं तो एक स्वस्थ पौधा छोड़कर अन्य को निकाल दिया जाता है।

पौध रोपण करना

कभी–कभी बीजों को पालीथीन के थैलों (कम्पोस्टः मिट्टीः बालू के मिश्रण 1:1:1 के अनुपात में भरकर) में पौध उगाकर बाद में पौधों को खेत में लगाया जाता है, पौध रोपण के पश्चात् सिंचाई कर दी जाती है जैसा पंजाब कृषि विश्वविद्यालय, लुधियाना (पंजाब) द्वारा सिफारिश की गई है। नायक (वेल्थ आफ अण्डिया) के अनुसार यह विधि मद्रास के कुडड्प्पा जिले में अधिक प्रचलित है। नंदपुरी एवं सिंह (1973) ने स्पष्ट किया है कि नर्सरी पौधों पर 25 पी0पी0एम0 जिंक, आयरन व कापर 50 पी0पी0एम0 मैग्नीज व 20 पी0पी0एम0 बोरान का छिड़काव कर स्वस्थ्य नर्सरी बनाकर रोपण (25–30 दिन के पौधों का) करना उत्तम रहता है।

सिंचाई

खरबूजा ग्रीष्म ऋतु की फसल है, इसलिए इसे जल्दी–जल्दी सिंचाई करने की जरुरत पड़ती है। बुआई के बाद अगर मिट्टी में नमी कम हो तो जल्दी व हल्की सिंचाई करनी चाहिए। इसके बाद 7 दिन के अन्तर पर सिंचाई केवल नालियों में करते रहना चाहिए। फल जब बड़े हो जाते हैं तब फसल की सिंचाई 10–15 दिन के अन्तर पर की जाती है। अगर पौध रोपण किया जा रहा है तब पौधों को नम रखना आवश्यक है। पौध स्थापित हो जाने के बाद 7 दिन के अन्तराल पर ही सिंचाई करनी चाहिए। फल पकते समय तभी सिंचाई करनी चाहिए, जब बहुत आवश्यक हो। फल

पकते समय सिंचाई करने से मिठास कम हो जाता है। अधिक फसल वृद्धि तथा उपज के लिए 0.6–0.8 पी0ई0सी0 (पैन इवापोरेशन कफिसिएन्ट) के स्तर पर पानी देना चाहिए। पूरी फसल काल में 7–11 बार सिंचाई (550 मिली मीटर जल का प्रयोग) करने की आवश्यकता होती है (शेषाद्री, 1986 जैसाल एवं सहयोगी, 1970, 1972, चन्द्र एवं मंगल, 1983)। अगर बूँद–बूँद टपक सिंचाई (drip irrogation) की जाये तो खरबूजा में 40.0 प्रतिशत पानी की बचत होती है और फल की गुणवत्ता भी अच्छी होती है तथा खरपतवार का प्रकोप भी कम होता है।

निकाई–गुड़ाई

खरबूजा के खेत को खरपतवारों से रहित रखना चाहिए। खरपतवारों से फसल पर कीड़ों तथा बीमारियों का प्रकोप अधिक होता है। फसल की प्रारम्भिक अवस्था में 2–3 बार हल्की गुड़ाई करनी चाहिए, जिससे भूमि में वायु संचार के साथ–साथ खरपतवार भी नष्ट हो जायें। बेल जब बड़ी हो जाती है, तब निकाई गुड़ाई करना आसान नहीं होता है। खरबूजा में बीज बुआई के एक माह बाद तक खेत को खरपतवार से पूरी तरह मुक्त होना चाहिए। इसके बाद लता फैलने की वजह से खरपतवार से प्रतिस्पर्धा समाप्त हो जाती है। खरपतवार का नियन्त्रण हाथ से खुरपी द्वारा किया जाता है। पालीइथीलिन पलवार से भी खरपतवार का नियन्त्रण होता है। रासायनिक विधि से खरपतवार नियन्त्रण के लिये राउण्डअप (Round Up) दवा की 1.0 लीटर या फ्लूक्लोरैलिन की 1.2 लीटर मात्रा प्रति हेक्टेयर बीज बुआई के 3 दिन पहले प्रयोग करना चाहिए। सैम्भी एवं रनधावा (1977) ने स्पष्ट किया कि जमाव पूर्व या जमाव उपरान्त प्रयोग होने वाले अधिकतर खरपतवारनाशी खरबूजा के पौधों को नुकसान पहुँचाते हैं। इसी प्रकार सन्धू एवं सहयोगी (1987) ने स्पष्ट किया कि फ्लोक्लोरैलिन का नत्रजन के साथ, मेट्रीब्यूजीन या थयोबेनका खरपतवारनाशी के प्रयोग से नत्रजन फास्फोरस व पोटाश की उपलब्धता कम हो जाती है।

फलों की तुड़ाई

खरबूजा के फल बीज बुआई के लगभग 110–120 दिन में पकने लगते हैं। फल धारण के 30–40 दिन बाद फल पक जाता है। इसके फलों को बेल पर ही पकने देना चाहिए। फल पकने पर उसका रंग पीला या केसरिया हो जाता है और उसमें सुगंध आने लगती है। फलों का पकना, समय, किस्म, तापक्रम इत्यादि पर निर्भर करता है। पकने पर फलों में शर्करा की मात्रा बढ़ जाती है तथा अधिक पकने पर पुनः इसकी मात्रा में कमी आ जाती है। पुरेवाल (1957) ने ठीक प्रकार पके हुए फल के निम्न लक्षण निर्धारित किये हैं–

छिलके नर्म पड़ना

- फल नीचे की ओर से पकता है तथा इसके साथ–साथ छिलके का रंग भी बदल जाता है। छिलके को अगूँठे से दबा कर छिलके के नरम हो जाने का पता आसानी से किया जा सकता है।
- डंठल के नीचे वाले स्थान पर फल मोमिया हो जाता है।

- पके फलों से बादाम जैसी विशिष्ट महक आने लगती है।
- विलग परत का विकास– जिस समय फलों में शर्करा की मात्रा अधिक हो जाती है, उस समय फल के डंठल से जुड़ने के स्थान पर एक विलग परत विकसित हो जाती है। ऐसी दशा में डंठल फल से हल्का से झटका देने पर अलग होने लगता है तथा फलों में दरारें पड़ने लगती हैं। इससे इस बात का पता चलता है कि फल अच्छी तरह पक गये हैं, इस स्थिति को "फुल स्लिप" (**Full slip**) अवस्था कहते हैं। सामान्यतया यह परीक्षण विधि "लखनऊ" और "दुर्गापुर" किस्मों में ज्यादा उपयोगी है।

फलों के रंग से

फलों के रंग को देखकर उनकी पकने व तोड़ने की आवस्था का पता लगाया जा सकता है। जब फलों का रंग पीला हो जाये तो समझना चाहिए कि फल पक गया है। इस समय फल तने से आसानी से अलग किये जा सकते हैं। स्थानीय बाजारों के लिए फल इसी अवस्था में तोड़े जाते हैं। यदि फल तने से अलग न किये जा सके तो इसे हाफ स्लिप (**Half slip**) अवस्था कहा जाता है, जो 2–3 दिन बाद पूरी तरह पक जाते हैं। दूरस्थ बाजारों में भेजने के लिए फलों को इसी अवस्था में तोडा जाता है। फल सुबह के समय ही तोड़े जाते हैं, जिससे फल की गुणवत्ता बनी रहे। फल तोड़ने के तुरन्त बाद छायादार स्थान पर रखना चाहिए, जिससे फलों में तुड़ाई के बाद ज्यादा गर्मी न विकसित हो पाये। किस्म हनीड्यू, कसाबा तथा क्रेन्साव की तुड़ाई तभी करनी चाहिए जब फल हरे से पीला हो जाये। खरबूजा क्लाइमक्ट्रिक फल (**climacteric fruit**) है, जो परिवहन व भण्डारण के समय भी पकता रहता है। अगर फल की बहुत जल्दी तुड़ाई की जाती है तो गुणवत्ता में कमी आ जाती है।

उपज

खरबूजा की पैदावार मुख्यतया किस्म के ऊपर निर्भर करती है। इसकी पैदावार लगभग 15–30 टन प्रति हेक्टेयर होती है। अगर खेत में मधुमक्खी की 6–7 कालोनी प्रति हेक्टेयर लगा दिया जाये तो उपज ज्यादा मिलती है।

भण्डारण

खरबूजे के पूरे पके हुए फल अवस्था (**full slip**) में तोड़ने के बाद अधिक समय तक नहीं रखा जा सकता है, लेकिन अधपके फल अवस्था (**half slip**) को तोड़ने के बाद ठण्डे स्थान पर दो से चार दिन तक रखा जा सकता है। शीत गृह (**cold storage**) में 2.0–4.0 डिग्री सेन्टीग्रेड और 90 प्रतिशत सापेक्ष आर्द्रता पर 2–3 सप्ताह भण्डारण किया जा सकता है। हनीड्यू, कसाबा और क्रेन्साव प्रभेद के फल एक महीने तक 7.0–8.0 डिग्री सेन्टीग्रेड तापमान पर भण्डारित किया जा सकता है। खरबूजा के फल में शीतनुकसान चिलिंग (**chilling**) नुकसान ज्यादा होता है। रसीला किस्म जैसे हरा मधु की भण्डारण क्षमता बहुत कम होती है।

शारदा खरबूजा (Sharda Melon or Afganistan Melon)

वानस्पतिक नाम : कुकुमिस मेलो (*Cucumis melo* L.)
कुल : कुकुरबिटेसी (Cucurbitaceae)
गुणसूत्र संख्या : 2 एन = 24

शारदा खरबूजा सामान्य खरबूजा की मध्य एशियाई प्रभेद है, जो जाड़े के मौसम में उपलब्ध होता है। कुछ वर्ष तक यह फसल अफगानिस्तान तथा उजेबेकिस्तान में ही पैदा होती थी, जहाँ से फलों को आयात कर भारतीय बाजार में सितम्बर–अक्टूबर तथा कहीं–कहीं पर नवम्बर दिस्मबर तक उपभोक्ताओं को प्राप्त होता रहता है। शारदा खरबूजा, सामान्य खरबूजों की अपेक्षा काफी बड़ा, ज्यादा गोला या लम्बोतर व मीठा होता है तथा फल तोड़ने के बाद ज्यादा दिनों तक रखा जा सकता है। इसके अतिरिक्त यह मण्डी में वाँछित गुणों के कारण ज्यादा मूल्य पर बेचा जाता है। सामान्य खरबूजा प्रायः जून के अन्त तक समाप्त हो जाता है, जबकि शारदा खरबूजा अगस्त–सितम्बर से बाजार में आना प्रारम्भ हो जाता है।

उद्‌भव एवं वितरण

शारदा खरबूजा की उत्पत्ति मध्य एशियाई देशों से हुआ है, ऐसा माना जाता है। कुछ शोधकर्ताओं नें स्पष्ट किया है कि शारदा मेलन अफगानिस्तान या उजेबेकिस्तान देश का पौधा है। भारतवर्ष के हिमाचल प्रदेश में किन्नौर जिले में समुद्र तल से 1800.0–2200.0 मीटर की ऊँचाई के क्षेत्रों में इसकी सफल खेती की जा रही है।

उन्नतिशील किस्में

"शारदा खरबूजा" पर बहुत शोध कार्य भारतीय वातावरण में नही किया गया है, जिसके कारण भारतीय वातावरण के प्रति उन्नतशील किस्में विकसित नही हो पाई हैं। उत्पादकों के बीच केवल उपस्थापित किस्में ही खेती के लिये प्रचलित हैं। कुछ आयातित किस्में जिनकी खेती की जा रही है, निम्नलिखित हैं–

सेलेक्शन–1 (Selection-1)

सेलेक्शन–1 एक अगेती किस्म है, जिसके फल छोटे आकार के होते हैं। प्रत्येक फल का औसत भार 1.0 किलो ग्राम तक होता है। प्रति हेक्टेयर औसत उपज 7.5–9.0 टन होता है।

सेलेक्शन–9 (Selection-9)

इस किस्म के फल बड़े आकार के होते हैं। प्रत्येक फल का औसत भार 1.0 किलो ग्राम से अधिक होता है। प्रति हेक्टेयर औसत उपज 9.0–10.0 टन होता है।

भूमि एवं मृदा की तैयारी

शारदा मेलन की खेती बलुई या बलुई दोमट भूमि में सफलतापूर्वक की जा सकती है, लेकिन मृदा में जीवांश की मात्रा अधिक होना चाहिए। अधिक जिवांश की अवस्था में पौधों की वृद्धि एवं विकास ज्यादा होता है तथा फल की गुणवत्ता बेहतर होती है। खेत तैयार करने के लिए 2–3 बार गहरी जुताई तथा प्रत्येक जुताई के बाद 1.5 मीटर की दूरी पर बिस्तर शैय्या (bed) बना ली जाती है तथा बाद में 1.0 मीटर की दूरी पर 30.0 सेन्टी मीटर गहरे गड्ढे तैयार किये जाते हैं।

बीज दर एवं बीज शोधन

एक हेक्टेयर क्षेत्रफल में शारदा खरबूजा बुआई करने के लिए 1.0–1.5 किलो ग्राम बीज की आवश्यकता होती है। अच्छी उपज प्राप्त करने के लिए प्रति किलो ग्राम बीज में 6.0–10.0 ग्राम ट्राइकोडर्मा पाउडर मिलाकर बीज शोधन करना चाहिए। अच्छा होगा कि बीज को 24–48 घण्टे तक नम करके पालीथीन के थैलों में बुआई करें। उग रहें पौधो को पाले तथा ठण्ड से बचाने के लिए प्लास्टिक या पुआल से ढक दें। जमाव के बाद जब पौधे 4–6 पत्ती अवस्था के हो जायें तब मुख्य खेत में मई के महीनें में रोपण कर दें। इससे मुख्य खेत में एक समान पौधे लग जाते हैं तथा फल भी एक समान पकते हैं। ध्यान रहे कि पौध को मिट्टी की पिण्ड सहित रोपण करें और रोपण के बाद तुरन्त हल्की सिंचाई कर दें।

बीज की बुआई

शारदा खरबूजा के बीज की बुआई कतार से कतार 1.5 मीटर की दूरी पर बनी नालियों के उपर गड्ढे 1.0 मीटर की दूरी पर बनाते हैं। इन गड्ढों में 2.5–4.0 सेन्टी मीटर की गहराई पर 3–4 बीज लगाते हैं। अंकुरण हो जाने पर प्रत्येक गड्ढे में केवल एक या दो पौधे ही रखते हैं।

पौषक तत्व प्रबन्धन

शारदा खरबूजा की खेती में पोषक तत्वों का योगदान सबसे ज्यादा है। अगर खेत की अन्तिम तैयारी के समय 20.0–25.0 टन गोबर की सड़ी खाद या वर्मी कम्पोस्ट का उपयोग किया जाता है, तो गुणवत्तायुक्त फल ज्यादा मिलते हैं। प्रत्येक गड्ढे में 5.0 किलो ग्राम गोबर की सड़ी या वर्मी कम्पोस्ट का प्रयोग अच्छा पाया गया है। सामान्य तौर पर एक हेक्टेयर क्षेत्रफल में शारदा खरबूजा की खेती करने के लिये 400.0 किलो ग्राम कैल्शियम अमोनियम नाइट्रेट या यूरिया, 300.0 किलो ग्राम सुपर फास्फेट तथा 90.0 किलोगाम म्यूरेट आफ पोटाश की आवश्यकता पड़ती है। इन आवश्यक तत्वों को गड्ढों में पहले गोबर की सड़ी खाद, सुपर फास्फेट और म्यूरेट आफ पोटाश की कुल मात्रा और कैल्सियम अमोनियम नाइट्रेट या यूरिया की आधी मात्रा प्रयोग करना चाहिए। ध्यान रहे कि सभी तत्वों की मिट्टी में अच्छी तरह मिला दें। इसके बाद गड्ढे भर दे। बची हुई कैल्सियम अमोनियम नाइट्रेट या यूरिया को दो बराबर भागों में बाँटकर एक–एक महीने के अन्तराल में प्रयोग करें।

सस्य क्रियाएँ

बीज बुआई के बाद 15–20 दिन के अन्तराल पर 2–3 बार निकाई करके पौधों की जड़ों के पास हल्की मिट्टी चढ़ा देवें। सिंचाई 5–7 दिन के अन्तराल पर केवल नालियों में ही करना चाहिए। लताओं को जमीन पर ही रहने दें और फूल आने के बाद ज्यादा उथल–पुथल न करें। लताओं एवं फलों को पानी से न भिगोयें।

तुड़ाई

सामान्यतः खरबूजे की तुलना में शारदा खरबूजा की किस्म सेलेक्शन–1 तथा सेलेक्शन–9 के फल बेलों से आसानी से नही टूटते हैं। इनके फलों की तुड़ाई फलों का रंग बदलने (पीला पड़ने) तथा खरबूजा जैसी सुगन्ध आने के आधार पर की जाती है। सामान्यतया बीज बुआई के लगभग 100–110 दिनों के बाद फसल पककर तैयार हो जाती है। प्रत्येक लता पर 2–3 फल लगते हैं।

उपज

शारदा खरबूजा की प्रति हेक्टेयर उपज 25.0–30.0 टन प्राप्त होता है।

तरबूज (Water Melon)

वानस्पतिक नाम : सिट्रलस लेनेटस [(*Citrullus lanatus* (Thunb.) Matsum & Nakai)]

कुल : कुकुरबिटेसी (Cucurbitaceae)

गुणसूत्र संख्या : 2 एन = 22

ग्रीष्म काल की सब्जियों में तरबूज का महत्वपूर्ण स्थान है। इसे देश के विभिन्न भागों में विभिन्न नामों से जाना जाता है, जैसे–तरबूज, कालिंदा, जमाइका (हिन्दी), मतीरा, पानीफल, (राजस्थानी), करीगू, सरकरीगू (गुजराती), तुरमुज (आसामी व बंगाली), कलिंगन या कलिंगाड (मराठी), तारीभुज या तारुभुज (ओड़िशा), पुरचा या कलिंगारा काया (तेलगू), थारुभुजा या पालमपन्ना (तमिल), थान्नीर मथान या माण्डेकी पटक (मलयालम), कलिंगाडी (कन्नड़), चायापाला, कुटटोवोमी (संस्कृत), तन्दूरयसा तरबूज (पंजाबी), आदि। अरबी भाषा में इसे बेलिख या जिची, अंग्रेजी में वाटर मेलन (water melon) तथा जर्मन में इसे वोसोर मालोने कहते हैं।

उद्भव तथा वितरण

तरबूज का मूल स्थान अफ्रीका का कालाहाड़ी रेगिस्तान माना जाता है। इतिहासकारों नें स्पष्ट किया है कि इजिप्ट (Egypt) तथा पश्चिम एशिया (West Asia) में लगभग 2000 ईशा पूर्व (2000 B.C.) से इसकी खेती हो रही है और यही से यह फसल इटली, ग्रीस आदि जगहों पर मेडेटेरेनियन समुद्र से होता हुआ पहुँचा। यूरोप में 16वीं शताब्दी तक तरबूज के बारें में जानकारी नही थी तथा संयुक्त राज्य अमेरिका में यह पहली बार सन् 1629 में उगाया गया। भारतवर्ष में तरबूज का उपस्थापन 4वीं शताब्दी ए0डी0 में हुआ। फर्सा (सन् 1973) ने स्पष्ट किया कि इजिप्ट व भारतवर्ष में तरबूज की खेती प्राचीन काल से चली आ रही है। रुस में तरबूज की खेती हजारों साल से हो रही है। चीन में इसकी उपस्थापन 10वीं शताब्दी ए0डी0 तथा यूरोप में 13वीं शताब्दी में हुआ, ऐसा माना जाता है। वर्तमान समय में अगर तरबूज के वितरण को देखा जाये तो अयनवृत्त (tropical) तथा उप–अयनवृत्त (sub tropical) जलवायु के लगभग 100 में देशों इसकी खेती की जाती है। चीन तरबूज का सबसे बड़ा उत्पादक देश हैं। विश्व के अन्य तरबूज उत्पादक देश टर्की, संयुक्त राज्य अमेरिका, रुस व भारत हैं। चीन, टर्की, इरान तथा संयुक्त राज्य अमेरिका चार अग्रणी देश हैं, जो कुल उपज का 50 प्रतिशत उत्पादन करते हैं। सन् 2001 में विश्व का कुल तरबूज उत्पादन 77.5 मिलियन टन था, जो 3.1 मिलियन हेक्टेयर क्षेत्रफल से प्राप्त हुआ (एफ0ए0ओ0, 2001)। भारतवर्ष में तरबूज की खेती समुद्र तल से 1524 मीटर की ऊँचाई तक किसी भी स्थान पर सफलतापूर्वक उगाया जा सकता है। इस प्रकार तरबूज की खेती प्रमुख फसल के रुप में देश के सभी भागों में की जाती है (मूर्ति, 1963), लेकिन उत्पादन व उत्पादकता के आधार पर मध्य प्रदेश तथा राजस्थान प्रमुख राज्य हैं। भारतवर्ष में तरबूज का क्षेत्रफल, उत्पादन व उत्पादकता क्रमशः 16194 हेक्टेयर, 205884 टन तथा 12.71 टन प्रति हेक्टेयर है।

वानस्पतिक विवरण

वानस्पतिक दृष्टिकोण से आँकलन करने पर पता चलता है कि कभी चारे के लिए उगाई जाने वाली प्रभेद सिट्रलस लेनेटस वार0 सिटरोड्स (*Citrullus lanatus* var. *citrodes*) ही आधुनिकतम तरबूज का जनक है, जिसकी खेती आज भी सोवियत रुस में हो रही है। इसकी संरचना (आकार–प्रकार) अफ्रीकन वंशज पितृ ''सिट्रलस लेनेटस वार0 कैफेर (*Citrullus lanatus* var. *caffer*) से पूर्णतया मिलता जुलता है। व्हाइटेकर (Whitaker, 1933) ने स्पष्ट किया कि तरबूज का संभावित जनक (probable ancestor) सिट्रलस कोलोसिसिन्थोंइड्स (*Citrullus colocynthoides*) है। बाह्य संरचना के आधार पर भारतवर्ष में पाये जाने वाली प्रभेद सिट्रलस कोलोसिन्थ (*Citrullus colocynth*) भी प्रभेद ''वुल्गैरिस'' (*vulgaris*) के समान है, लेकिन फल कड़ुवा तथा बीज छोटे होते हैं। तरबूज एकवर्षीय लता (annual vine) है, जिसकी लम्बाई 30.0 फीट तक होती है, लेकिन बौनी प्रभेद 2.0 फीट तक ही होती है। बौनी प्रभेद का उपयोगी बौनी किस्म प्रजनन में किया जा रहा है (मोहर, 1950)। तना शाकीय तथा दृढ़लोभी (hispid) होती है, जिस पर गहराई तक विभक्त पत्तियाँ विकसित होती हैं। जड़ें सीधी व 60.0 सेन्टी मीटर की गहराई तक जाती हैं। इसका पौधा उभयलिंगाश्रयी (monoecious) प्रकृति का होता है, जिस पर नर व मादा पुष्प शाखाओं पर लगते हैं। सामान्यतया मुख्य तने पर मादा पुष्प पहले तथा बाद में उभयलिंगी विकसित होते हैं। पहले नर पुष्प 4वीं से 12वीं पत्ती कक्ष में खिलते हैं तथा कुछ दिनों के बाद मादा व उभयलिंगी पुष्प खिलतें हैं। अगेती किस्मयों में पर्ण कक्षीय पुष्पन 5वीं से 7वीं से हो जाता है, जबकि देर वाली किस्मयों में पर्ण कक्षीय पुष्पन 25वीं से 30वीं में होता है। सामान्यतया पौधे पर नर व मादा पुष्पों का अनुपात 25:1 का होता है। वसन्त ऋतु की फसल में गर्मी वाली फसल की तुलना में ज्यादा मादा पुष्प बनते हैं। पुष्प सुर्योदय के बाद खिलते हैं और केवल एक दिन तक ही खुले रहते हैं। पंखुड़िया परागण के दिन तक सधन तथा अनखुली रहती है। सामान्यतया पुष्प खुलने के पहले परागकोश का स्फुटन होना प्रारम्भ हो जाता है और 6.30 बजे तक चलता रहता है। परागकण, परागकोश में चिपचिपे समूह में रहते हैं। पुष्पों में परागण 6.0–7.30 बजे के बीच होता है तो वर्तिकाग्र की ग्राह्यता पूरे दिन तक बनी रहती है। उच्च तापमान पर वर्तिका–द्रव सूखने लगता है। परागण क्रिया मधुमक्खी द्वारा सम्पन्न होती है। फल को ''पेपो'' (pepo) कहा जाता है। तरबूज के बीज सफेद, काले व लाल, चपटे तथा चिकने होते हैं (सुटरिया, 1961, बेली, 1964, व पर्सग्लोव, 1977)।

पोषकीय महत्व

तरबूज को इसके पके मीठे व रसीले गूदे के लिये उगाया जाता है। गूदे में ज्यादा पानी का अंश होने के कारण इसका प्रभाव ठण्डा होता है। इसके ताजे रस में नमक और काली मिर्च मिलाकर ठण्डक, स्फूर्तिदायक और स्वादिष्ट पेय पदार्थ बनाया जाता है। तरबूज, अमीर व गरीब सभी लोगों द्वारा पसन्द किया जाने वाला फल है। तरबूज के समान राजस्थान में मिलती जुलती एक प्रभेद है, जिसे ''मतीरा'' (mateera) कहते हैं। वहाँ यह गरीबों का फल माना जाता है। तरबूज के छोटे कच्चे फलों का प्रयोग सब्जी बनाने में किया जाता है। इसमें शर्करा व लौह तत्व पर्याप्त मात्रा में पाया जाता है तथा विटामिन ''ए'' भी अल्प मात्रा में उपलब्ध होता है। गर्मी के दिनों में प्यास बुझाने का

सबसे उत्तम व प्राकृतिक स्रोत है (नंदकर्णी, 1927)। इसके बीजों की गिरी, शर्बत तथा कुछ औषधियों के बनाने में काम आती है। फलों का गूदा पकने पर सूर्ख लाल या पीले रंग का होता है। तरबूज में गहरा गुलाबी व हल्का गुलाबी रंग क्रमशः एन्थोसाइनिन (anthocyanin) व लाइकोपिन (lycopene) के कारण होता है। संयुक्त राज्य अमेरिका में तरबूज की प्रभेद "सिट्रान" (citron) का उपयोग अचार इत्यादि बनाने के लिए किया जाता है। गूदे में प्रोटीन की अधिकता के कारण इसका प्रयोग जेली (jelly) बनाने में भी किया जाता है। तरबूज के बीजों को अन्य अनाजों के साथ पीसकर आटा बनाया जाता है, जिससे पौष्टिक व स्वादिष्ट रोटी बनाई जाती है। इसके बीज में 30.0–40.0 प्रतिशत खाद्य तेल (edible oil) पाया जाता है, जिसका उपयोग शर्बत व ठण्डई बनाने में किया जाता है। ग्रीष्म काल में फलों का छिलका मवेशियों के लिये ज्यादा लाभकारी है। सूखे व अकाल के समय पत्तियाँ व फल सब्जी के रुप में उपयोग की जाती है। नंदकर्णी (1927) ने स्पष्ट किया कि तरबूज का रस बुखार में प्रतिरोधी का काम करता है। मूत्राशय के रोगों जैसे–बिन्दु मूत्रकृच्छ, गोनोरिया आदि में इसे जीरे व चीनी के साथ प्रयोग किया जाता है। तरबूज के रस में कोलस्ट्राल एवं सोडियम की मात्रा बहुत कम होती है। इसमें प्रचुर मात्रा में मैग्नेशियम, फास्फोरस, मैग्नीज व जिंक पाया जाता है। तरबूज में टमाटर के बाद सबसे ज्यादा लाइकोपिन (lycopene) पाया जाता है, जो एक सशक्त प्रतिआक्सीकारक (antioxidant) है (सिंह एवं सहयोगी, 2001)। फलों के छिलके में ज्यादा सिलिकान की मात्रा होने के कारण मधुमेह एवं उच्च रक्तचाप के रोगियों के लिए ज्यादा लाभदायक है। बीज उत्तेजक का कार्य करता है। बीजों को भूनकर भी खाया जाता है। बीज में प्रोटीन की मात्रा 25–32 प्रतिशत होता है। तरबूज में पाये जाने वाले पोषक तत्वों को सारिणी में दिया गया है।

सारिणी (8.9) तरबूज में पाये जाने वाले पोषक तत्वों की मात्रा (100 प्रति ग्राम खाने योग्य भाग में)

पोशक तत्व	मात्रा	
	फल	बीज
नमी (प्रतिशत)	91.5	5.1
ऊर्जा (किलो कैलोरी)	32.0	557.0
प्रोटीन (ग्राम)	0.6	28.3
कुल लिपीड (ग्राम)	0.4	47.4
कार्बोहाइड्रेट्स (ग्राम)	7.2	15.3
कैल्सियम (मिली ग्राम)	8.0	54.0
आयरन (मिली ग्राम)	0.2	7.1
मैग्नेशियम (मिली ग्राम)	11.0	515.0
फास्फोरस (मिली ग्राम)	9.0	755.0
पोटैशियम (मिली ग्राम)	116.0	648.0
सोडियम (मिली ग्राम)	2.0	99.0
जिन्क (मिली ग्राम)	0.1	10.2

कापर (मिली ग्राम)	0.03	0.69
मैग्नीज (मिली ग्राम)	0.04	1.61
सेलेनियम (माइक्रो ग्राम)	0.1	0.0
विटामिन 'सी' (मिली ग्राम)	9.6	0.0
थाइमिन (मिली ग्राम)	0.1	0.19
रिबोफ्लेविन (मिली ग्राम)	0.02	0.15
नियासिन (मिली ग्राम)	0.2	3.55
पैन्थोइक एसीड (मिली ग्राम)	0.2	0.35
विटामिन 'बी–6' (मिली ग्राम)	0.14	0.09
फोलेट (ग्राम)	2.0	58.0
विटामिन 'ए' (आई0यू0)	366.0	0.0
विटामिन 'ई' (मिली ग्राम)	0.15	0.0

स्रोतः यू0एस0डी0ए0, 2003

उन्नतिशील किस्में

असाही यमाटो (Asahi Yamato)

इस किस्म का विकास भारतीय कृषि अनुसंधान संस्थान, नई दिल्ली से जापान द्वारा आयातित जनन द्रव्य से किया गया है। यह मध्य मौसम में उगाई जाने वाली प्रमुख किस्म है। इसके फल लगभग 95–100 दिन में पक जाते हैं। पौधे मध्यम लम्बाई के होते हैं। पत्तियाँ कटी होती हैं। फल बड़े आकार के, पीले रंग के तथा लाल गूदे वाले होते हैं। इसमें बीज छोटे–छोटे होते हैं। फल का औसत वजन 6.0–7.0 किलो ग्राम होता है। इसमें मिठास 9.0–11.0 प्रतिशत होता है। इसकी औसत उपज 20.0–25.0 टन प्रति हेक्टेयर होती है।

सुगर बेबी (Sugar baby)

इस किस्म का विकास भारतीय कृषि अनुसंधान संस्थान, नई दिल्ली द्वारा संयुक्त राज्य अमेरिका से आयातित जनन द्रव्य से किया गया है। यह मध्य मौसम की किस्म है, जो 90–95 दिन में पककर तैयार होती है। फल पकने की अवस्था परागण के 30–35 दिन बाद आती है। एक पौधे में लगभग 3–4 फल लगते हैं। इसके फल छोटे या मध्यम लगभग 3.0–5.0 किलो ग्राम के गहरे हरे रंग के तथा मीठे होते हैं, जिसमें कुल विलेय ठोस 12.0 प्रतिशत होता है। फलों में बीज कम तथा छोटे व भूरे रंग के होते हैं। फलों को लगभग एक सप्ताह तक अच्छी अवस्था में रखा जा सकता है। अतः निर्यात करने के लिये अधिक उपयोगी है। यह एक अधिक उपज देने वाली किस्म है तथा इसकी औसत उपज लगभग 30.0 टन प्रति हेक्टेयर होती है।

पूसा रसाल (Pusa Rasal)

यह स्थानीय किस्म है, जो राजस्थान से लाकर भारतीय कृषि अनुसंधान संस्थान, नई दिल्ली द्वारा विकसित की गई हैं। इसके फल मटमैले हरे रंग के व गूदे गहरे गुलाबी रंग होते हैं।

पूसा बेदाना (Pusa Bedana)

इस त्रिगुणित (triploid) बीज रहित किस्म का विकास [Tetra2 (tetraploid) x Pusa Rasal (diploid)] भारतीय कृषि अनुसंधान संस्थान, नई दिल्ली से किया गया है। इसके पौधों का विकास ओजपूर्ण होता है। फल गहरे हरे रंग के तथा लगभग 5.0–6.0 किलो ग्राम वजन के होते हैं, जिस पर बहुत हल्की धारियाँ होती हैं। एक पौधे से 3–5 फल मिलते हैं। इसका छिलका सख्त, गूदा लाल तथा गूदा में अविकसित बीज पाया जाता है। कुल विलेय ठोस की मात्रा 12.0–13.0 प्रतिशत होती है। इस किस्म को ज्यादा समय तक रखा जा सकता है। फल 115–120 दिन में पककर तैयार होते हैं। प्रति पौध 3–4 फल लगते हैं इस किस्म की औसत उपज 20.0–25.0 टन प्रति हेक्टेयर है।

टेट्रा–2 (Tetra-2)

यह किस्म अमेरिका से मँगाकर यहाँ विकसित की गई है। यह पिछेती किस्म है तथा 120 दिन में तैयार होती है। फल गोल, गहरे हरे, चमकीले गूदे वाले व मध्यम आकार के लगभग 5.0–6.0 किलो ग्राम वजन वाले होते हैं। इस किस्म के बीज चपटे होते हैं।

चार्लेस्टन ग्रे (Chrlestan Grey)

इसके फल लगभग 10.0–12.0 किलो ग्राम वजन वाले, हल्के हरे रंग युक्त व गूदे हल्के लाल रंग वाले होते हैं। फल में मिठास अधिक (कुल ठोस पदार्थ 8–10 प्रतिशत) होता है।

स्पेशल नं0–1 (Special No.1)

इस किस्म को पंजाब कृषि विश्वविद्यालय, लुधियाना (पंजाब) ने पंजाब व हरियाणा क्षेत्र में उगाने की सिफारिश, की है। इसके फल छोटे, गोल व लाल गूदे वाले होते हैं। बीजों का रंग भी लाल होता है। यह एक अगेती किस्म है तथा औसत उपज 30.00 टन प्रति हेक्टेयर देती है।

इम्प्रूव्ड शीपर (Improved Shipper)

यह किस्म अमेरिका से मँगाकर पंजाब कृषि विश्वविद्यालय, लुधियाना (पंजाब) द्वार विकसित की गई है। प्रत्येक बेल में 2–3 फल लगते हैं। फल प्रायः हरे रंग के, गोल, बड़े आकार के व लगभग 6.0–10.0 किलो ग्राम वजन के होते हैं। फलों का गूदा लाल तथा मीठा होता है। इसके बीज भूरे रंग के होते हैं। फल 85–90 दिन में पककर तैयार हो जाते हैं। प्रति हेक्टेयर 32.5 टन उपज प्राप्त होती है।

अर्का ज्योति (Arka jyoti)

यह संकर किस्म भारतीय बागवानी अनुसंधान संस्थान, बैंगलुरु (कर्नाटक) द्वारा विकसित की गई है। यह एक अधिक उपज देने वाली किस्म है। इसके फल गोल मीठे (12–14 प्रतिशत) छोटे और कम बीज वाले होते हैं। फल का वजन 6.00–8.00 किलो ग्राम होता है। फल भण्डारण एवं निर्यात के लिये अधिक उपयोगी होते हैं। फल का गूदा गहरे लाल रंग का व सुगन्धित होता है। बीज बुआई के 90 दिनों बाद फल पकने लगते हैं। उपज 60.0–80.0 टन प्रति हेक्टेयर होती है।

अर्का माणिक (Arka Manik)

यह किस्म भी भारतीय अनुसंधान संस्थान, बैंग्लुरु (कर्नाटक) द्वारा आई0आई0एच0आर0 21 तथा क्रिमसन स्वीट (अमेरिका से उपस्थापित) के संकरण से विकसित हुई है। यह बीज बुआई के 110–115 दिन बाद उपज देने लगती है। इसके फल गोल तथा अण्डाकार होते हैं। फलों पर हल्के हरे रंग की धारियाँ पाई जाती है। इसके फल मीठे (कुल विलेय ठोस पदार्थ 11–14 प्रतिशत) अन्य की अपेक्षाकृत कम बीज युक्त होते हैं। बीजों का आकार छोटा होता है। यह किस्म एन्थ्रेक्नोज, चूर्णिल आसिता तथा तुलासिता रोगों के लिये प्रतिरोधी है। फलों को अधिक समय तक रखा जा सकता है। अतः दूरवर्ती बाजारों में क्रय–विक्रय हेतु भेजने के लिये उपर्युक्त है। इस किस्म की औसत उपज 60.0 टन प्रति हेक्टेयर तक होती है।

दुर्गापुर लाल या आर0 डब्ल्यू–177–3 (RW-177-3)

दुर्गापुर लाल एक मुक्त परागित किस्म है, जिसका विकास राजस्थान कृषि विश्वविद्यालय क्षेत्रीय शोध केन्द्र दुर्गापुर, राजस्थान द्वारा शुगर बेबी एवं के–3566 के आपसी संकरण एवं चयन से किया गया है। फल गोलाकार, गहरा हरा, गहरी धारियाँ व सख्त होते हैं, जिससे दूर के बाजार में भेजने के योग्य होते हैं। इनके फलों का औसत वजन 4.0–5.0 किलो ग्राम होता हैं। फल का गूदा गहरा लाल होता है, जिसमें लगभग 10.0–11.0 प्रतिशत मिठास होता है। औसत उपज 35.0–45.0 टन प्रति हेक्टेयर होता है।

एन0 एस0 295 (NS-295)

इस संकर किस्म का विकास नामधारी सीड्स कम्पनी, बैंग्लुरु (कर्नाटक) द्वारा किया गया है। फल का छिलका हल्का हरा होता है, जिसपर हरी धारियाँ होती है। गूदा गहरा लाल तथा मिठास ज्यादा (कुल विलेय ठोस 12–13 प्रतिशत) होता है। इसके फल ज्यादा दिन तक रखें जा सकते हैं तथा परिवहन के उपयुक्त है। प्रत्येक फल का औसत भार 8.0 किलो ग्राम होता है। इसकी औसत उपज 80.0 टन प्रति हेक्टेयर होती है।

अमृत (Amrit)

यह एक संकर किस्म है। इस किस्म के फल मध्यम आकार के लम्बे व गोलाकार होते हैं। फल का औसत वजन 6.0–8.0 किलो ग्राम तथा इनमें कुल ठोस पदार्थों की मात्रा 10.0–10.5 प्रतिशत होती है। छिलका कालापन लिये हुये गहरा होता है। गूदा गहरा लाल व दानेदार होता है। छिलका मध्यम मोटाई का सख्त होता है। यह किस्म फ्यूजेरियम मुर्झान रोग (*Fusarium* wilt) के प्रति प्रतिरोधक क्षमता रखती है। बुआई के लगभग 95 से 100 दिन में पककर तैयार होती है। औसत उपज 100.0–120.0 टन तक होती है।

संतृप्ती (Santripti)

इस संकर किस्म के फल गोलाकार व मध्यम आकार के होतें हैं। फल का औसत वजन 6.0–8.0 किलो ग्राम तथा इसमें कुल ठोस पदार्थों की मात्रा 9.5–10.0 प्रतिशत तक होती है। छिलके का

रंग सर्वत्र हरा व हल्का काला होता है। गूदा लाल रंग का होता है। यह किस्म फ्यूजेरियम मुर्झान (*Fusarium* wilt) रोग के प्रति सहिष्णु है। बुआई के लगभग 90 दिन में तुड़ाई के योग्य हो जाती है। औसत उपज 100.0–120.0 टन तक होती है।

दुर्गापुरा मीठा (Durgapr Meetha)

यह एक पिछेती किस्म है, जिसका विकास स्थानीय जननद्रव्य से चयन करके राजस्थान कृषि विश्वविद्यालय क्षेत्रीय शोध केन्द्र, दुर्गापुरा, राजस्थान द्वारा किया गया है। बुआई के 125 दिन बाद फल तैयार होते हैं। इसकी बेलें काफी फैलने वाली होती हैं। प्रत्येक फल का औसत वजन 6.8 किलो ग्राम होता है। गूदा लाल रंग का होता है। इसमें घुलनशील शर्करा की मात्रा 9.0–10.0 प्रतिशत होता है। इसकी औसत उपज 40.0–50.0 टन प्रति हेक्टेयर है।

दुर्गापुरा केसर (Durgapur Kesar)

यह एक पिछेती किस्म है जिसके प्रत्येक फल का औसत वजन 4.0–5.0 किलो ग्राम है। इसके फल बड़े आकार के होते हैं। दत्ता (1992) ने बाजार में विक्रय को देखते हुए स्पष्ट किया था कि अधिक गुण वाले छोटे आकार के आइस बाक्स (ice box) तथा कम भार (2–4 किलोग्राम) के तरबूज ज्यादा महत्व रखते हैं।

पी0के0एम0–1 (P.K.M.-1)

इस किस्म का विकास तमिलनाडु कृषि विश्वविद्यालय कोयमबटूर द्वारा किया गया है। फल का रंग गहरा हरा व गूदा गुलाबी लाल होता है। यह किस्म 120–135 दिन में तैयार होती है। इसकी औसत उपज 36.0–38.0 टन प्रति हेक्टेयर होती है।

फूकेन (Fuken)

यह किस्म चौ0 चरण सिंह हरियाणा कृषि विश्वविद्यालय, हिसार (हरियाणा) से चयन कर विकसित की गयी है। यह एन्थ्रेक्नोज रोग के प्रति प्रतिरोधी है।

जलवायु

तरबूज के लिये गर्म जलवायु की आवश्यकता होती है। प्रचुर सूर्य की रोशनी, लम्बी अवधि का दिनमान तथा उच्च तापमान अधिक उपयोगी होता है। फसल की प्रारम्भिक वृद्धि के लिए औसत तापक्रम 25.0 डिग्री सेन्टीग्रेड तथा फल बनने व पकते समय 30.0–35.0 डिग्री सेन्टीग्रेड तक होना चाहिए। तरबूज के बीज 21.0 डिग्री सेन्टीग्रेड से कम तापक्रम पर उगते हैं, लेकिन न्यूनतम तापमान 14.5 डिग्री सेन्टीग्रेड से कम होने पर पौधों को हानि पहुँचाता हैं तथा उनकी बढ़वार रुक जाती है (सैम्भी, 1993)। नम एवं अधिक आर्द्रता वाली जलवायु तरबूज के लिए उपयोगी नहीं होती है, क्योंकि इसमें बीमारियाँ जैसे–तुलासिता, एन्थ्रेक्नोज, विषाणु व कीट (फल मक्खी) अधिक लगते हैं और पैदावार में कमी आती है। फल बनते समय तेज हवा इसके लिए हानिकारक होती है, क्योंकि इससे बेलें टूट जाती हैं तथा फल फट जाते हैं। मेहता (1959) के अनुसार, पकते समय शुष्क मौसम, अच्छी धूप और उच्च तापमान और साथ ही शुष्क हवा का चलना तरबूज के फलों में अधिक मिठास, सुगन्ध और स्वाद के विकास में योगदान देते हैं (सिंह, 1976)। रूडीक एवं पेलेस (1976) ने स्पष्ट

किया कि कम दिन मान (8 घन्टे) तथा दिन का तापमान 27.0 डिग्री सेन्टीग्रेड होने पर मादा पुष्प ज्यादा बनते हैं जबकि दिन का तापमान (16 घन्टे) व 32.0 डिग्री सेन्टीग्रेड तापमान पर मादा पुष्प आना कम या बन्द हो जाता है।

भूमि और उसकी तैयारी

तरबूज की खेती लगभग सभी प्रकार की भूमि, अधिक बलुई दोमट से लेकर चिकनी दोमट तक में सफलतापूर्वक की जा सकती है, लेकिन एक अच्छी फसल के लिए दोमट भूमि सबसे अच्छी मानी जाती है। भूमि में जल निकास का उत्तम प्रबन्ध होना आवश्यक है। इसकी फसल नदी के किनारे वाली भूमि, जो वसन्तकाल में जल्द ही गर्म हो जाती है, में सफलतापूर्वक की जा सकती है। ऐसी मृदा में फल जल्द पक जाते हैं। यहाँ तक कि इसको अम्लीय भूमि में भी उगाया जा सकता है। तरबूज के लिए औसतन 5.5–7.0 पी0एच0 मान लाभदायक होता है। खेत की 2–3 बार अच्छी तरह जुताई करनी चाहिए। प्रत्येक जुताई के बाद पाटा लगाना चाहिए, जिससे ढेले टूट जायें एवं मिट्टी समतल हो जायें।

पोषक तत्व प्रबन्धन

यह एक ऐसी फसल है, जो कम उपजाउ भूमि में भी उगाई जाती है, इस लिए अच्छी पैदावार के लिए खाद और उर्वरक देना आवश्यक है। उपजाऊ भूमि में पोषक तत्वों की अपेक्षाकृत कम आवश्यकता पड़ती है। पूरेवाल (1957) के अनुसार खेत की तैयारी करते समय गोबर की अच्छी सड़ी खाद 25.0 टन प्रति हेक्टेयर के हिसाब से मिट्टी में मिलानी चाहिए और जब फल लगना प्रारम्भ हो जायें तो 1.5–2.0 क्विंटल अमोनियम सल्फेट या यूरिया का फसल में छिड़काव करना चाहिए। इससे फलों के आकार में वृद्धि होती है तथा पैदावार अधिक होती है। भारतीर कृषि अनुसंधान परिषद् नई दिल्ली (1954) के अनुसार तरबूज की फसल में 340.0 किलो ग्राम अमोनियम सल्फेट या यूरिया, 540.0 किलो ग्राम सुपर फास्फेट और 136.0 किलो ग्राम म्यूरेट आफ पोटाश प्रति हेक्टेयर के दर से मिट्टी में मिलानी चाहिए। प्रति वर्ग मीटर 20 ग्राम चूना मिलाना फसल के लिए अधिक लाभकारी होता है। चौधरी (1967) ने सिफारिश किया है कि बलुई भूमि में 30.00–35.00 टन कम्पोस्ट या गोबर की खाद प्रति हेक्टेयर की दर से मिलानी चाहिए। इसके अतिरिक्त 75.0–80.0 किलो ग्राम नत्रजन, 50.0 किलो ग्राम फास्फोरस तथा 50.0 किलो ग्राम पोटाश प्रति हेक्टेयर की दर से देना अधिक लाभप्रद होता है। पंजाब कृषि विश्वविद्यालय, लुधियाना (पंजाब) ने सिफारिश की है कि तरबूज की फसल में 20.0–25.0 टन गोबर की खाद, 62.5 किलो ग्राम नत्रजन, 40.0 किलो ग्राम पोटाश व 80 किलोग्राम फास्फोरस देना चाहिए। इसी प्रकार चौ0 चरण सिंह हरियाणा कृषि विश्वविद्यालय, हिसार (हरियाणा) द्वारा सिफारिश की गई है कि तरबूज के खेत में 25.0 टन गोबर की खाद, 100.0 किलोग्राम नत्रजन, 50.0 किलो ग्राम फास्फोरस और 150.0 किलो ग्राम पोटाश प्रति हेक्टेयर की दर से मिलाना चाहिए। फास्फोरस और पोटाश की पूर्ण मात्रा तथा नत्रजन की आधी मात्रा को बुआई के पहले मिट्टी में मिला दिया जाता है। नत्रजन की शेष आधी मात्रा को दो बार में फसल में छिड़काव किया जाता है। सिंह एंव नाइक (1990) द्वारा केन्द्रीय बागवानी परीक्षण केन्द्र, राँची (झारखण्ड) में किये गये परीक्षणों के आधार पर पठारी क्षेत्रों में तरबूज की खेती हेतु 50.0 किलो ग्राम

नत्रजन तथा 150.0 किलो ग्राम फास्फोरिक अम्ल की प्रति हेक्टेयर की दर से आवश्यकता होती है। भूमि में पोटाश की समुमिचत मात्रा होने के कारण पोटाश उर्वरीकरण का फसल पर सार्थक प्रभाव नहीं पाया गया है। अखिल भारतीय समन्वित अनुसंधान परियोजना (सब्जी फसल) के द्वारा भारत के क्षेत्र–IV (पंजाब, बिहार, व झारखण्ड) के लिए नत्रजन, 100.0 किलो ग्राम, फास्फोरस 60.0 किलो ग्राम तथा पोटाश 60.0 किलो ग्राम प्रति हेक्टेयर प्रयोग करने की अनुशंसा की है जबकि भारतीय बागवानी अनुसंधान संस्थान, बैंग्लुरु (कर्नाटक) ने दक्षिण भारत के लिए 25.0 टन गोबर की सडी खाद, 100.0 किलो ग्राम नत्रजन, 100.0 किलो ग्राम फास्फोरस तथा 25.0 किलो ग्राम पोटाश देने की सिफारिश की है। तरबूज की 2–3 पत्ती की अवस्था में ट्राई आयोडो बेन्जोइक एसीड (TIBA) की 25–50 पी0पी0एम0 या मैलिक हाइड्राजाइड (MH) की 50 पी0पी0एम0 में प्रयोग करने पर मादा पुश्पन ज्यादा होती है, जिससे उपज में वृद्धि होती है।

सारिणी (8.10) तरबूज में पोषक तत्वों का राज्यवार प्रयोग

पोशक तत्व	पोषक तत्वों की मात्रा (किलो ग्राम)		
	नत्रजन	**फास्फोरस**	**पोटाश**
पंजाब	62.0	40.0	40.0
बिहार	50.0	25.0	25.0
हिमाचल प्रदेश	100.0	75.0	50.0
जम्मू व काश्मीर	80.0	60.0	50.0
कर्नाटक	100.0	88.0	100.0
मध्य प्रदेश	100.0	50.0	50.0
ओडिशा	62.0	30.0	100.0
तमिलनाडु	55.0	55.0	55.0
पश्चिम बंगाल	100.0	50.0	70.0
आसाम	68.0	68.0	130.0
राजस्थान	80.0	40.0	40.0

स्रोतः टंडन, 1987

बुआई का समय

तरबूज की बुआई का समय फसल व स्थान के उपर निर्भर करता है। यावल्कर (1965) के अनुसार तरबूज की बुआई का समय निम्न प्रकार है–

फसल के अनुसार

- **अगेती फसल** – मध्य जनवारी से मध्य मार्च
- **मुख्य फसल** – मध्य फरवरी से 10 मार्च तक
- **पिछेती फसल** – मध्य जून

स्थान के अनुसार

- **उत्तर के मैदानी भागों में**—तरबूज की मुख्य फसल की बुआई फरवरी के प्रारम्भ से फरवरी के अन्त तक की जाती है। अगेती फसल की बुआई नवम्बर—दिसम्बर से जनवरी तक की जाती है, लेकिन पाले से बचाव का उत्तम प्रबन्ध होना चाहिए।
- **मध्यम भारत में**—फरवरी के प्रारम्भ से जून तक बुआई करते हैं, लेकिन कुछ क्षेत्रों में बुआई अक्टूबर—नवम्बर में भी की जाती हैं।
- **पहाड़ी क्षेत्रों में**—मध्य फरवरी से मार्च के अन्त तक तथा जुलाई मध्य के बाद।
- **दक्षिण भारत में**—तरबूज की बुआई अक्टूबर—नवम्बर में की जाती है।

बीज दर

तरबूज के बीज की मात्रा बीज के आकार के ऊपर निर्भर करती है। छोटे आकार के बीज की अपेक्षाकृत कम मात्रा, लगभग 2.0—2.5 किलो ग्राम प्रति हेक्टेयर तथा बड़े आकार के बीज की 4.0—5.0 किलो ग्राम मात्रा प्रति हेक्टेयर की आवश्यकता होती है। नर्सरी पालीथीन के थैले (10X15 सेन्टी मीटर) जो 100—200 गेज मोटी हो में कम्पोस्ट, मिट्टी, बालू (1:1:1) के बराबर अनुपात में मिलकर तैयार करें, सामान्यत 20—25 दिन के तैयार पौधों को जिनमे 2—4 पत्ती आ गयी हो, का रोपण सायंकाल करना चाहिए (सैम्भी, 1993)।

बुआई की विधि

कभी—कभी तरबूज को समतल क्यारियों में बिखेरकर बुआई कर देते हैं, लेकिन यह उन्नत ढंग नही है। इसको उन्नत तरीके से टीलों या नालियों में बोया जाता है। टीलों पर तरबूज की बुआई नदी के किनारें वाली भूमि में की जाती है। नालियों पर बुआई की विधि अधिक प्रचलित है। इस विधि में अच्छी प्रकार तैयार खेत को सिंचाई की नालियों व 4.0—6.0 मीटर की दूरी पर 60 सेन्टी मीटर चौड़ी नालियाँ बनायी जाती है। इन नालियों के दोनों ओर 60.0 सेन्टी मीटर की दूरी पर 2. 5—5.0 सेन्टी मीटर गहराई में बीज की बुआई कर दी जाती है। एक स्थान पर 3—4 बीज लगाते हैं तथा बीज उग जाने पर 1 या 2 स्वस्थ पौधों को छोड़कर अन्य को उखाड़ दिया जाता है। बुआई के तुरन्त बाद सिंचाई कर दी जाती है। इसके बाद जल्दी—जल्दी व हल्की सिंचाइयाँ की जाती है, ताकि बीज अच्छी तरह उग जाये। बुआई के पहले बीज को एक रात के लिये इथीफान को 480 मिली ग्राम प्रति लीटर पानी के घोल में भिगों लेना चाहिए, इससे बीज जल्दी उगते हैं (मोरे, 2001)।

सिंचाई

तरबूज की जड़ें बहुत गहराई तक प्रवेश की क्षमता रखती हैं। इसलिये खरबूजा की तुलना में सिंचाई की बारम्बरता कम होती है। अगर उचित नमी की अवस्था में बीज की बुवाई की गयी है तो पहली बार सिंचाई में देर की जा सकती है। अगर कम नमी की अवस्था में बीज बुआई या

पौध रोपण की गयी है, तो बीज का जमाव कम और पौधों की असमान विकास होता है। रोपित फसल की तुरन्त सिंचाई आवश्यक है। फसल की प्रारम्भिक अवस्था में पौधों की अच्छी बढ़वार के लिए जल्दी–जल्दी (लगभग एक सप्ताह के अन्तर पर) सिंचाई की जाती है। क्षेत्र क्षमता से जब 40–50 प्रतिशत मृदा नमी कम हो जाती है तो फसल को नुकसान होता है। जब बेलें बढ़कर अधिक फैल जाती हैं व फल पकने लग जाते हैं, तो लगभग 10–15 दिन के अन्तराल पर सिंचाई की जाती है। जब फल लगते हैं तो सिंचाई रोक दी जाती है अन्यथा फल फटने लगते हैं व मिठास कम हो जाती है।

निकाई–गुड़ाई

अच्छी फसल के लिए खरपतवारों को रोकना आवश्यक होता है। फसल की प्रारम्भिक अवस्था में 2–3 बार निकाई–गुड़ाई की जाती है। फसल की प्रारम्भिक वृद्धि काल में मेड़, नालियों आदि से खरपतवार निकालना आवश्यक है। नत्रजन उर्वरक के प्रयोग के बाद निकाई–गुड़ाई कर मिट्टी चढ़ा देने से फसल की वृद्धि तेज होती है। जब लतायें फैलने लगती हैं तो कतारों के मध्य एवं मेड़ों से खरपतवार निकालना कठिन होता है। परीक्षण से स्पष्ट हुआ है कि पूर्व व पश्च् जमाव खरपतवारनाशी प्रयोग नवोद्भिद पौधों को नुकसान पहुँचाते हैं तथा पौधों की वृद्धि रूक जाती है। फ्लूक्लोरीन की 1.20 किलो ग्राम सक्रिय तत्व (रोपण पूर्व), फ्लूक्लोरीन 0.48 किलो ग्राम, नाइट्रोफोन की 0.50 किलो ग्राम सक्रिय तत्व प्रति हेक्टेयर पूर्व जमाव का प्रयोग तरबूज के खेत से खरपतवार समाप्त करने के लिए प्रयोग किया जा सकता है। रोपण पूर्व अगर आक्सीफ्लूओरफेन (Oxyfluorfen) की 1.12 किलो ग्राम/प्रति हेक्टेयर प्रयोग से पार्चूलाका ओलेरेसिया (*Portulaca oleracea*) अबटीलोन थियोफ्रास्टी (*Abutilon theophrasti*) सिटैरिया ग्लौका (*Setaria glauca)* डीजीटैरिया सानगुईनैलिस (*Digitaria sanguuinalis*) तथा इलूसिन इंडिका (*Elusine indica*) का नियन्त्रण होता है (प्रिटचार्ड व वारेन, 1997)।

फलों की छँटाई या फल विगलन

बड़े और बढ़ियाँ तरबूज लेने के लिये एक बेल पर 3–4 फल छोड़कर बाकी फलों को तोड़ देना चाहिए। इसके अलावा अवाँछित टेढ़े–मेढ़े और खराब फलों को तुरन्त तोड़ दिया जाता है, ताकि अन्य फल अच्छी तरह बढ़ सकें।

फलों की तुड़ाई

सामान्यतः बीज की बुआई से लगभग 3–4 महीना बाद फल तोड़ने योग्य हो जाते हैं। यदि बाजार में मूल्य अच्छा हो तो तुड़ाई पहले भी की जा सकती है। अच्छी तरह पके हुए फलों की ही तुड़ाई करनी चाहिए। फलों की तुड़ाई सुबह के समय की जाती है। प्रायः तरबूज के पके फल जल्दी पहचान में नही आते। इनको पहचानने के लिए आगे दी गई कुछ प्रमुख बातों की जानकारी होनी चाहिए (पुरेवाल 1962)।

प्रतान या टेंड्रिल (Tendril) का सूखना

बेल के जिस टहनी व पत्ती पर तरबूज आता है उसकी दूसरी ओर एक प्रतान विकसित होता है। आमतौर पर प्रतान का सूखना तरबूज की पहचान समझी जाती है, लेकिन कुछ किस्मों में यह पहचान ठीक नहीं निकलती है।

उंगलियों से थपथपाना (Thumped)

तरबूज को अँगुली से बजाकर भी परिपक्वता को आँका जा सकता है। कच्चे तरबूज की आवाज टन–टन होती है और पकने पर धब–धब सी आवाज (dull sound) आती है।

फलों के रंग में परिर्वतन

तरबूज का जमीन से छूने वाला भाग हरा से पीला या सफेद होने लगे तो भी फल पकने के लक्षण हैं।

फलों के दबाने पर

फलों को खुले पंजे से दबाने पर पके फलों से चिट–चिटाहट की आवाज आती है व दबने लगते हैं। किसी–किसी किस्म में तो फल थोड़े से ही दबाव पर फट जाते हैं। अधिक पक जाने पर फलों की मिठास में कमी आ जाती है तथा वे शीघ्र ही वेस्वाद होकर सड़ने लगते हैं।

उपज

तरबूज की पैदावार किस्म के ऊपर निर्भर करती है। इसकी उपज 25.0–30.0 टन प्रति हेक्टेयर होती है। अच्छी फसल होने पर 50.0 टन प्रति हेक्टेयर तक पैदावार हो सकती है।

भण्डारण

पके हुए फलों को ठण्डे छायादार स्थान पर 7–10 दिन के लिए रखा जा सकता है। सामान्यतया 2.2^0–4.4^0 सेन्टीग्रेड तापमान तथा 80–85 प्रतिशत सापेक्ष आर्द्रता पर इसे भण्डारित किया जा सकता है। कम तापमान पर फलों को शीत नुकसान (chilling injury) होता है। जब तरूबज को लम्बे समय तक भण्डारित किया जाता है, तो गूदे में कुरकुरापन (crisp) तथा रंग में परिवर्तन आ जाता है। तरबूज, इथीलीन नामक पादप वृद्धि नियामक के प्रति बहुत संवेदनशील है, अतः इथीलीन निकालने वाले उत्पाद जैसे टमाटर, खरबूजा व केला के साथ या कृत्रिम इथीलीन प्रयोग कर परिवहन में नही भेजना चाहिए।

लौकी (Bottle Gourd or White Flower Gourd)

वानस्पतिक नाम : लेजिनेरीया साइसेरेरिया (मोल0) स्टैण्डल0 (*Lagenaria siceraria* (Mol.) Standl.)
कुल : कुकुरबिटेसी (Cucurbitaceae)
गुणसूत्र संख्या : 2 एन = 22

कद्दू वर्गीय सब्जियों में लौकी अत्यन्त ही प्रचलित सब्जी है। लौकी को घिया, दूधी, लाउ, जातिलाउ, सोराकाया, सोराकायी, भोपला, अलाऊ, हालागुमला, घई, कद्दू आदि नाम से भी जाना जाता है। वैदिक एवं आर्य काल में लौकी को अलाबू नाम से जानते थे। सम्भवतः लौकी को प्रोटोअस्ट्रोलोयडस बहुत उपयोग करते थे।

उद्भव एवं वितरण

इसका जन्म स्थान अफ्रीका एवं भारत माना जाता है। भारतवर्ष में देहरादून (उत्तराखण्ड) जिले के अधिक आर्द्रता वालों वनों और मालबार (करेल का उत्तरी भाग) के तटवर्ती क्षेत्रों में लौकी के पौधों को जंगली रुप में उगते हुए आज भी देखा जा सकता है। प्राचीन भारतीय ग्रंथों में लौकी के उगाये जाने के प्रमाण ईसा पूर्व 2000 से ही मिलते हैं। भारतवर्ष एवं अफ्रीका से लौकी का प्रसार अन्य पश्चिमी देशों में हुआ है। कुछ विद्वानों के अनुसार लौकी को 12000–15000 वर्ष पूर्व नवीन दुनिया (New World) में उपयोग होता रहा है, ऐसा मानते हैं। यह अमेरिका में सबसे पहले स्थापित होने वाली फसल मानी जाती है। यजुर्वेद में इसे पका कर खाने का जिक्र किया गया है। वैसे तो इसका नामकरण बोतल (bottle) के आधार पर किया गया है, जिसका अभिप्राय लम्बे से है। परन्तु इसका आकार गोल, अण्डाकार, लम्बा, गदानुमा, तुमड़ी तथा बेलनाकार होता है। प्राचीन समय में लौकी के फल पकने के बाद अन्दर से बीज सहित गूदे को निकाल कर खोखले में शराब या स्प्रिट रखने के काम में लाया जाता था, इसलिए इसे बोटल गोर्ड की संज्ञा दी गयी है। वंश (Genus-*Lagenaria*) केवल अकेला वंश नहीं है बल्कि इसका वितरण अन्य वंशों के साथ उष्ण कटिबन्धीय क्षेत्रों में देखा जा सकता है। भारतवर्ष में लौकी की खेती प्रायः सभी राज्यों में की जाती है। इसका क्षेत्रफल, उत्पादन व उत्पादकता क्रमशः 116939 हेक्टेयर 1428296 टन व 12.21 टन/हेक्टेयर है।

वानस्पतिक विवरण

लेजिनेरीया साइसेरेरिया (Lagenaria siceraria) की अन्य प्रजाति लेजिनेरीया लयूकान्था (*Lagenaria leucantha*), लेजिनेरीया एब्सीनिका (*Lagenaria abyssinica*) लेजिनेरीया शेरिका (*Lagenaria shaerica*) व लेजिनेरीया ब्रावीफोलिया (*Lagenaria bravifolia*) हैं। लौकी एक लतादार उभयलिंगश्रयी (monoecious) सब्जी है, जिसकी जड़ें शाखायुक्त व सीधी होती हैं। तना मोटा, कोणीय 4.0–10.0 मीटर लम्बा होता है, जिन पर साधारण विभाजित प्रतान (tendril) बनते हैं। पत्तियाँ 3.0–17.0 सेन्टी मीटर व्यास की, हृदयाकार, वृत्ताकार एवं अण्डाकार होती हैं। पर्णवृन्त, 5.0–30.0 सेन्टी मीटर लम्बे और लैमिना (lamina) के जुड़ने के स्थान पर दो ग्रन्थियाँ (glands) होती हैं। पत्तियों के रगड़ने से गन्ध निकलती है। पुष्प उभयलिंगाश्रयी, केन्द्रीयत लगभग 3.0 सेन्टी मीटर व्यास के, बाह्य दलपुंज 1.0–1.5 सेन्टी मीटर लम्बे, दलपुंज 5, स्वतंत्र, सफेद, नर पुष्प 10.0 सेन्टी मीटर व्यास के होते हैं, जबकि मादा पुष्प 8.0–10.0 सेन्टी मीटर व्यास के होते हैं। दोनों प्रकार के पुष्प विभाजित

व सुगन्धित होते हैं। नर व मादा पुष्प दोपहर के बाद पुष्पित होते हैं। पुष्प केवल कुछ घण्टों के लिए पुष्पित होते हैं और परागण क्रिया सम्पन्न होने के 24 घण्टे बाद दलपुंज सूखकर गिर जाते हैं और वार्तिकाग्र की चमक समाप्त हो जाती है। इस प्रकार कहा जाये तो पुष्पन बहुत कम समय की होती है। परागकणों का जमाव लगभग 2.0 घण्टों में पूरा हो जाता है। पूर्ण विकसित फल पेपो (pepo) कहलाता है, जो 10.0–100.0 सेन्टी मीटर तक लम्बा हो सकता है। फल का रंग हल्के हरे से गहरा हरा व दागयुक्त हो सकता है, लेकिन अन्दर का गूदा सफेद होता है। बिना पका फल मुलायम व कोमल बालों से ढका होता है। फल परागण से 7–10 दिनों बाद खाने योग्य हो जाते हैं व परागण के 90 दिनों बाद बीज पूरी तरह से पक जाते हैं। बीज सामान्यतः सफेद या भूरे रंग के होते हैं, जिनकी लम्बाई 1.0–2.0 सेन्टी मीटर व चौड़ाई 8.0 मिली मीटर होता है। बीज में 45.0 प्रतिशत तक तेल होता है। लगभग 1000 बीज का भार 150.0 ग्राम होता है (जोशी एवं गौड़, 1971)। पौधे के द्वितीयक एवं तृतीयक शाखाओं पर मादा पुष्प ज्यादा बनते हैं (चुंग एवं सहयोगी, 1999)।

पोषकीय महत्व

लौकी की सब्जी के अलावा रायता, कोफ्ता, कपूर कन्द, अचार, हलवा, खीर इत्यादि व्यंजन बनाये जाते हैं। लौकी औषधीय गुणों के लिए भी जानी जाती है। यह कब्ज को तो रोकती ही है, साथ ही साथ पेट को साफ करने, खाँसी या बलगम इत्यादि को दूर करने में भी अत्यन्त लाभकारी है। चीनी के साथ मिलाकर लौकी की पत्तियों के रस को पीलिया रोग के उपचार हेतु उपयोग किया जाता है। फल का गूदा कुछ विषों के प्रभाव (बिच्छू डंस व भृंग डंस) को समाप्त करने में सहायक होता है। पुलटिस (pultis) के रुप में लौकी के गूदे का प्रयोग किया जाता है। बुखार व गर्मी का प्रकोप हटाने के लिए लौकी के छोटे फलों को काटकर तलवों और हथेलियों में रगड़ने से काफी आराम मिलता है। इसमें विटामिन के अलावा कैल्सियम प्रचुर मात्रा में पाया जाता है। लौकी में कडुवापन का कारण टेट्रासाइक्लिक ट्रीटेर्पिनाइड क्यूसर्बिटैसिंस तत्व की उपस्थिति है, जिसके सेवन से शरीर में विपरित प्रभाव होने की अशंका बनी रहती है।

सारिणी (8.11) लौकी में पाये जाने वाले पोषक तत्वों की मात्रा (प्रति 100 ग्राम खाने योग्य भाग में)

पोषक तत्व	100 ग्राम खाने योग्य भाग में	पोषक तत्व	100 ग्राम खाने योग्य भाग में
पानी	96.1 ग्राम	पोटैशियम	87.00 मिली ग्राम
वसा	1.0 ग्राम	सल्फर	10.00 मिली ग्राम
रेशा	0.6 ग्राम	थियामिन	0.03 मिली ग्राम
प्रोटीन	0.2 ग्राम	निकोटिनिक अम्ल	0.20 मिली ग्राम
खनिज	0.5 ग्राम	कापर	0.3 मिली ग्राम
कार्बोहाइड्रेट्स	2.5 ग्राम	विटामिन 'ए'	0.00 मिली ग्राम
फास्फोरस	10.0 मिली ग्राम	रीबोफ्लेविन	0.02 मिली ग्राम
कैल्सियम	20.00 मिली ग्राम	विटामिन 'सी'	6.00 मिली ग्राम
लोहा	0.70 मिली ग्राम	ऊर्जा	12 किलो कैलोरी
मैग्नीशियम	5.00 मिली ग्राम		

स्रोतः गोपालन एवं सहयोगी, 1999

दृष्टि दोष में फलों के रस को शहद के साथ मिलाकर लगाना उपयोगी पाया गया है। बीज से प्राप्त तेल सरदर्द में राहत दिलाता है। लौकी का सख्त कवच (खोखला) पानी के बर्तन, सामान रखने तथा वाद्य यन्त्र के लिए प्रयोग किया जाता है।

सारिणी (8.12) लौकी के बीज में पाये जाने वाले विभिन्न एमीनो अम्ल तथा उनकी मात्रा

तत्व	बीज से प्राप्त होने वाले एमीनो अम्ल की मात्रा	
	ग्राम प्रति 100 ग्राम	ग्राम प्रति 160 ग्राम
एस्पार्टिक अम्ल	2.41	7.49
थ्रेकोमाइन	0.85	2.64
सेरीन	1.24	3.85
ग्लूटामिन अम्ल	4.71	14.64
बेलीन	0.83	2.58
ग्लाइसीन	1.44	4.47
एलाइन	1.22	3.79
सिस्टीन	0.49	1.52
वैलीन	1.33	4.13
मेथिओनीन	0.70	2.18
आइसेल्यूसीन	0.99	3.08
ल्यूसीन	1.80	5.59
टायरोसीन	0.80	2.49
फिनायल लैलाइन	1.72	2.24
लइसीन	0.87	2.70
अर्जीनीन	4.77	14.82

स्रोतः गोपलन एवं सहयोगी, 1982

सारिणी (8.13) लौकी के बीज से प्राप्त होने वाले वसा अम्ल तथा उनकी मात्रा

वसा अम्ल	बीज से प्राप्त होने वाले वसा अम्ल की मात्रा (ग्राम)
सी 14:0	0.1
सी 16:0	13.8
सी 16:1	0.1
सी 18:0	6.6
सी 18:1	17.4
सी 18:2	61.4
सी 18:3	0.1
सी 20:0	0.4
सी 10:1	0.1
सी 22:2	—

जलवायु

लौकी की खेती के लिए गर्म एवं आर्द्र जलवायु की आवश्यकता होती है। अतः इसकी फसल जायद तथा खरीफ दोनों ऋतुओं में उगाई जाती है। पाले के प्रति लौकी की फसल अत्यन्त सुग्राही है, फिर भी जाड़े को सहन कर लेने वाली किस्मयाँ उपलब्ध है (राम एवं सहयोगी, 2006)। अधिक वर्षा एवं बादल वाले मौसम में बीमारी एवं कीड़े का प्रकोप ज्यादा होता है। बीज फसल उगाने के लिए वर्षा का मौसम अधिक उपयुक्त रहता है। इस मौसम में अधिक फल लगते हैं और फलों में बीज विकास अच्छा होता है। शुष्क मौसम, प्रकाश की अधिकता एवं उच्च तापक्रम, पौधों में नर फूलों को बढ़ावा देते हैं। निम्न तापक्रम पर फलों का विकास प्रभावित होने से बीज के परिपक्व होने में भी अधिक समय लगता है। बीज अंकुरण के लिए 25.0–28.0 डिग्री सेन्टीग्रेड और पौधों की बढ़वार के लिए क्रमशः रात व दिन का तापमान 18.0–22.0 डिग्री सेन्टीग्रेड व 32.0–38.0 डिग्री सेन्टीग्रेड सर्वोत्तम रहता है। मध्यम जलवायु वाले क्षेत्रों में इसकी खेती पूरे वर्ष की जा सकती है।

उन्नतिशील किस्में

लौकी की निम्नलिखित उन्नतिशील किस्में हैं–

पूसा समर प्रोलिफिक लांग (Pusa Summer Prolific Long)

यह किस्म भारतीय कृषि अनुसंधान संस्थान, नई दिल्ली द्वारा विकसित की गयी है। इसके फल 40.0–50.0 सेन्टीमीटर लम्बे, हरे तथा अधिक उपज देने वाले होते हैं। इसके फलों की प्रथम तुड़ाई बीज बोने के 60 दिन बाद की जा सकती है। यह किस्म गर्मी तथा वर्षा ऋतु के लिए उपयुक्त है। इसकी औसत उपज गर्मी में 22.5 टन तथा बरसात में 45.0 टन प्रति हेक्टेयर होती है।

पूसा समर प्रोलिफिक राउण्ड (Pusa Summer Prolific Round)

लौकी की यह किस्म भारतीय कृषि अनुसंधान संस्थान, नई दिल्ली द्वारा विकसित की गयी है। यह स्थानीय रुप से चयनित किस्म है। इसके फल गोलाकार (15.0–18.0 सेन्टी मीटर लम्बे) एवं हरे होते हैं। फलों की तुड़ाई बीज बोने के 60–65 दिनों बाद प्रारम्भ होती है। यह किस्म ग्रीष्म ऋतु के लिए काफी उपयुक्त है। इसकी औसत पैदावार 50.0 टन प्रति हेक्टेयर होती है।

पूसा नवीन (Pusa Naveen)

लौकी की यह किस्म भारतीय कृषि अनुसंधान संस्थान, नई दिल्ली द्वारा विकसित की गयी है। उत्तर भारत में गर्मी एवं वर्षा दोनों ऋतुओं में उगाये जाने के उपयुक्त है। बीज बुआई के 60 दिनों बाद प्रथम तुड़ाई की जाती है। इसके फल बेलनाकार, चिकने, हरे, सीधे 20.0–25.0 सेन्टी मीटर लम्बे एवं औसतन 800.0–850.0 ग्राम वजन वाले होते हैं। इसकी औसत उपज 40.0–50.0 टन प्रति हेक्टेयर होती है।

अर्का बहार (Arka Bahar)

इस किस्म को भारतीय बागवानी अनुसंधान संस्थान, बैंग्लुरु (कर्नाटक) द्वारा स्थानीय चयन पद्धति द्वारा किया गया है। फल मध्यम आकार के सीधे, हल्के हरे, मुलायम एवं चमकीले होते हैं।

प्रत्येक फल का औसत भार 1.00 किलो ग्राम तक होता है तथा खाने में स्वादिष्ट होते हैं। इस किस्म का जीवन चक्र 120 दिनों में पूरा हो जाता है। इसकी भण्डारण क्षमता बहुत अच्छी है। औसत उपज 35.0–40.0 टन प्रति हेक्टेयर होती है। यह ग्रीष्म तथा वर्षा दोनों मौसम में उगाने के लिए उपयुक्त है। यह निर्यात क लिए उत्तम किस्म मानी जाती है।

पंजाब राउण्ड (Punjab Round)

इस किस्म का विकास पंजाब कृषि विश्वविद्यालय, लुधियाना (पंजाब) से स्थानीय किस्म को सुधार करके किया गया है। फल गोल, मुलायम एवं चमकीले होते हैं। औसत उपज 30.0 टन प्रति हेक्टेयर तक होती है।

पंजाब लाँग (Punjab Long)

इस किस्म को पंजाब कृषि विश्वविद्यालय, लुधियाना (पंजाब) से स्थानीय किस्म को सुधार करके विकसित किया है, जिसकी बेलें काफी लम्बी होती हैं। इसकी पत्तियाँ हरे रंग की होती हैं तथा फल लम्बे, मुलायम एवं आकर्षक होते हैं। इसकी औसत उपज 15.0–20.0 टन प्रति हेक्टेयर होती है। यह किस्म पंजाब, हरियाणा व उत्तर प्रदेश में उगाने हेतु उपयुक्त है।

पंजाब कोमल (Punjab Komal)

इस किस्म का विकास पंजाब कृषि विश्वविद्यालय, लुधियाना (पंजाब) द्वारा एल0सी0–11 (लम्बोतर) x स्थानीय किस्म के बीच संकरण व चयन पद्धति से किया गया है। यह एक अगेती किस्म है, जिसके फल 70 दिनों बाद में तोड़ने योग्य हो जाते हैं। इसके फल मध्यम आकार के, हल्के हरे तथा मुलायम होते हैं। प्रत्येक फल का औसत वजन 600.0–800.0 ग्राम होता है। एक लता पर 10–12 फल लगते हैं। इसकी औसत उपज 50.0 टन प्रति हेक्टेयर होती है। यह खीरा मोजैक तथा चुर्णिल आसिता (powdery mildew) रोग के प्रति प्रतिरोधी है (शर्मा एवं सहयोगी, 1993)।

पूसा सन्देश (Pusa Sandesh)

इस किस्म का विकास, भारतीय कृषि अनुसंधान संस्थान, नई दिल्ली द्वारा किया गया है। पौधे मध्यम बढ़वार वाले और तनों पर गाँठ कम दूरी पर विकसित होते हैं। फल गोलाकार, मध्यम आकार के व लगभग 600.0 ग्राम वजन के होते हैं। गर्मी के मौसम में 60–65 दिनों बाद एवं वर्षा काल में 55–60 दिनों बाद फलों की प्रथम तुड़ाई की जा सकती है। औसत उपज 32.0 टन प्रति हेक्टेयर होता है।

पूसा सन्तुष्टि (Pusa Santushti)

इस किस्म का विकास भारतीय कृषि अनुसंधान संस्थान, नई दिल्ली से सन् 2008 में किया गया। फल नासपाती के आकार (pear shaped) के होते हैं। इसे खरीफ तथा ग्रीष्म दोनों ऋतुओं में सफलतापूर्वक उगाया जा सकता है। यह किस्म कम तापमान (10–12 डिग्री सेन्टीग्रेड) तथा

अधिक तापमान (35–40 डिग्री सेन्टीग्रेड) पर भी फल धारण करता है। बीज बुआई के 55–60 दिनों बाद फल तैयार हो जाते हैं। यह किस्म व्यावसायिक खेती के लिये दिल्ली, पंजाब, उत्तराखण्ड, बिहार, मध्य प्रदेश तथा महाराष्ट्र के लिये अनुमोदित किया गया है। औसत उपज 26.0 टन प्रति हेक्टेयर है।

नरेन्द्र रश्मि (Narendra Rashmi)

इस किस्म का विकास नरेन्द्र देव कृषि एवं प्रौद्योगिकी विश्वविद्यालय, फैजाबाद (उत्तर प्रदेश) द्वारा किया गया है। फल हल्के हरे एवं छोटे (लगभग 30.0 सेन्टी मीटर) होते हैं। फलों का औसत वजन 1.00 किलो ग्राम होता है। औसत उपज 30.0 टन/हेक्टेयर होती है।

काशी गंगा (Kashi Ganga)

इस किस्म का विकास भारतीय सब्जी अनुसंधान संस्थान, वाराणसी (उत्तर प्रदेश) द्वारा आई0सी0–092465 x डी0वी0बी0जी0–15 के आपसी संकरण द्वारा किया गया है। इसके फल मध्यम लम्बे (30.00 सेन्टी मीटर) व फल व्यास 6.90 सेन्टी मीटर होता है। इसकी औसत फल भार 800.0–900.0 ग्राम होता है। प्रति पौधा औसतन 12 फल लगता है। इसकी औसत उत्पादन क्षमता 43.0 टन प्रति हेक्टेयर है। यह किस्म गर्मी एवं वर्षा दोनों मौसम में उगाने के लिए उपयुक्त है। इस किस्म में कद्दू का लाल कीट, चूर्णिल व मृदरोमिल आसिता का प्रकोप कम होता है।

काशी बहार (Kashi Bahar)

इस संकर किस्म का विकास भारतीय सब्जी अनुसंधान संस्थान, वाराणसी द्वारा वी0आर0–4 x वी0आर–104 पित्रों के संकरण से हुआ है। इस किस्म में फल प्रारम्भिक गाँठों से बनने प्रारम्भ होते हैं। फल हल्के हरे, सीधे, 30.0–32.0 सेन्टी मीटर लम्बे, 780.0–850.0 ग्राम वजन वाले तथा 7.89 सेन्टीमीटर फल व्यास वाले होते हैं। इसकी औसत उपज 51.92 टन/हेक्टेयर है। यह संकर किस्म ग्रीष्म व वर्षा दोनों ऋतुओं के लिए उपयुक्त है। इसकी खेती नदियों के किनारे भी सफलतापूर्वक की जा सकती है।

आजाद नूतन (Azad Nutan)

लौकी की आजाद नूतन किस्म का विकास चन्द्रशेखर आजाद कृषि एवं प्रौद्योगिकी विश्वविद्यालय, सब्जी शोध केन्द्र (कल्याणपुर), कानपुर (उत्तर प्रदेश) से किया गया है। इसके पौधे लम्बे होते हैं लेकिन मादा पुष्पों का विकास निचली गाँठों से होता है। फल मध्यम लम्बाई के, मुलायम व आकर्षक होते हैं, जिनके फलों का औसत वजन 1.0–1.5.0 किलो ग्राम होता है। बुआई के 55–60 दिन बाद फल तुड़ाई योग्य हो जाते हैं। इस किस्म की खेती वर्षा, एवं गर्मी दोनों मौसमों में की जा सकती है। इस किस्म को दूर के बाजारों के लिए उपयुक्त है। औसत उपज 38.0 टन प्रति हेक्टेयर है।

कल्याणपुर लाँग ग्रीन (Kalyanpur Long Green)

लौकी की इस किस्म का विकास चन्द्रशेखर आजाद कृषि एवं प्रौद्योगिकी विश्वविद्यालय, सब्जी शोध केन्द्र (कल्याणपुर), कानपुर (उत्तर प्रदेश) से किया गया है। फल लम्बे, लेकिन फल के अन्तिम भाग कुछ पतले होते हैं। औसत उपज 30.0 टन प्रति हेक्टेयर होता है।

सम्राट (Samrat)

लौकी की सम्राट किस्म का विकास स्थानीय जननद्रव्य से चयन कर महाराणा प्रताप कृषि विद्यापीठ, राहुरी (महाराष्ट्र) से किया गया है। फल हरे, 30.0–40.0 सेन्टी मीटर लम्बे व सीधे बेलनाकार होते हैं। औसत उपज 40.0 टन प्रति हेक्टेयर होता है।

पूसा संकर–3 (Pusa Sankar-3)

लौकी की इस संकर किस्म का विकास सब्जी विज्ञान विभाग, भारतीय कृषि अनुसंधान संस्थान, नई दिल्ली द्वारा गया गया है। यह किस्म ग्रीष्म व वर्षा ऋतु के लिये उपयुक्त है। फल सीधे आकर्षक व लम्बे होते हैं। इस किस्म की पहली तुड़ाई बीज बुआई के 55–60 दिन बाद की जा सकती है। प्रत्येक फल का औसत वजन 1.0 किलो ग्राम होता है। ग्रीष्म कालीन फसल से 42.5 टन व वर्षा कालीन फसल से 47.0 टन/हेक्टेयर उपज प्राप्त होती है।

पंत लौकी–3 (Pant Lauki-3)

"पंत लौकी–3" किस्म का विकास गोविन्द बल्लभ पंत कृषि एवं प्रौद्योगिकी विश्वविद्यालय, पंतनगर (उत्तराखण्ड) से किया गया है। फल मोटे, 50.0 सेन्टी मीटर तक लम्बे एवं हल्के हरे रंग के होते हैं। यह पर्वतीय एवं मैदानी क्षेत्रों के लिए उपयुक्त किस्म है। इसकी औसत उपज 35.0 टन प्रति हेक्टेयर है।

पंत संकर लौकी–1 (Pant Lauki-1)

इस संकर किस्म का विकास गोविन्द बल्लभ पन्त कृषि एवं प्रौद्योगिकी विश्वविद्यालय, पंतनगर (उत्तराखण्ड) द्वारा पी0बी0ओ0जी0–22 X पी0बी0ओ0जी0–61 के संकरण से किया गया है। इसके फल 40.00 सेन्टी मीटर लम्बे व हल्के हरे रंग के होते हैं। यह पर्वतीय व मैदानी क्षेत्रों हेतु उपयुक्त किस्म है। इसकी औसत उपज 40.0 टन/हेक्टेयर है।

पंत संकर लौकी–2 (Pant Lauki-2)

इस संकर किस्म का विकास गोविन्द बल्लभ पंत कृषि एवं प्रौद्योगिकी विश्वविद्यालय, पंत नगर (उत्तराखण्ड) द्वारा पी0बी0ओ0जी0–22xपी0बी0ओ0जी0–40 के संकरण द्वारा किया गया है। फल मध्यम आकार के (35.0 सेन्टी मीटर लम्बे) बेलनाकार व हरे होते हैं। यह पर्वतीय व मैदानी दोनों क्षेत्रों के लिए उपयुक्त है। इसकी औसत उपज 40–45 टन/हेक्टेयर है।

पंत लौकी–4 (Pant Lauki-4)

इस किस्म का विकास गोविन्द बल्लभ पंत कृषि एवं प्रौद्योगिकी विश्वविद्यालय पंतनगर (उत्तराखण्ड) द्वारा किया गया है जिसका अनुमोदन उत्तराखण्ड स्टेट बैराइटल रिलिज कमेटी ने 28 जुलाई सन् 2008 को किया। यह मध्यम समय में तैयार होने वाली तथा अधिक उपज (30.0 टन प्रति हेक्टेयर) वाली किस्म हें सामान्यतः फल 40 सेन्टी मीटर लम्बे, हरे, हल्की धारीयुक्त तथा रोयेंदार होते है। यह किस्म उत्तर भारत के मैदानी भागों तथा पर्वतीय क्षेत्रों के लिये उपयुक्त है।

थार समृद्वि (Thar Samridhi)

लौकी की थार समृद्वि किस्म का विकास केन्द्रीय शुष्क बागवानी संस्थान, बीकानेर (राजस्थान) द्वारा बासवारा–1 x गुजरात लोकल–1 के आपसी संकरण में अग्रसारित पीढ़ी से चयन करके किया गया है। इसमें फल एक समान तथा ज्यादा संख्या में लगते हैं। यह अधिक उपज तथा अगेतीपन के लिए उत्तम किस्म है। इसके पौधे मध्यम वृद्वि करने वाले (2.42–3.65 मीटर) तथा प्रत्येक पौधे में शाखाओं की संख्या (5.5–6.2) ज्यादा होती है। इसमें प्रथम नर पुष्प का विकास मात्र 40–43 दिनों में तथा 10–13वें गाँठ पर होती है। इसी प्रकार मादा पुष्प बीज बुआई के 46–49 दिन बाद तथा 12–14वें गाँठ पर होती है। इस किस्म में फलों की प्रथम तुड़ाई बीज बुआई के 50–55 दिन बाद होती है। फल बड़े ही आकर्षक, लम्बोतर तथा 450.0–750.0 ग्राम के होते हैं। फल का गूदा सफेद तथा कसावट युक्त होता है। प्रत्येक पौधे पर 4.83–5.78 किलो ग्राम फल बनते हैं, और प्रति हेक्टेयर 24.0–30.0 टन प्रति हेक्टेयर तक उपज प्राप्त होती है (समाधियां एवं मोरे, 2008)।

सारिणी (8.14) लौकी की थार समृद्वि किस्म के गुणधर्म

गुणधर्म	ग्रीष्म कालीन	वर्षा कालीन
प्रथम नर पुष्प विकास (दिनों में)	43.80	40.50
प्रथम मादा पुष्प विकास (दिनों में)	48.50	46.70
बाजार योग्य फलों की प्रथम तुड़ाई (दिनों में)	58.40	51.50
लता की लम्बाई (मीटर)	2.29–3.75	2.62–3.25
शाखा प्रति पौध	5.20–6.10	5.50–6.20
बाजार योग्य फलों की संख्या प्रति पौध	6.20–8.50	9.80–14.40
बाजार योग्य फलों की औसत उपज प्रति पौध (किलो ग्राम)	3.82–4.15	5.85–7.42
औसत तुड़ाई की संख्या (दिनों में)	50.60	90.100
बुआई का समय	मध्य फरवरी	जुलाई

भूमि एवं भूमि की तैयारी

सामान्यतः लौकी की खेती सभी प्रकार की मिट्टी में की जा सकती है, परन्तु 6.0–7.0 पी0एच0 मान वाली मृदा काफी उपयुक्त मानी जाती है। मिट्टी का पी0एच0 मान 7.5 से अधिक होने पर गर्मी के मौसम में पौधों की बढ़वार पर लवणता का प्रतिकूल प्रभाव पड़ता है (तोमर एवं सिंह, 2006)। जीवांशयुक्त दोमट एवं मटियार दोमट भूमि जिसमें जल धारण क्षमता अधिक होने के साथ–साथ जल निकास का अच्छा प्रबन्ध हो, इसकी अधिकतम उपज प्राप्त की जा सकती है। पथरीली एवं ऐसी भूमि जहाँ पानी लगता हो, इसकी खेती के लिए अच्छी नहीं मानी जाती है। अच्छी प्रकार खेत तैयार करने के लिए पहली जुताई मिट्टी पलटने वाले हल से तथा 2–3 जुताई देशी हल या कल्टीवेटर से करना चाहिए। प्रत्येक जुताई के साथ पाटा अवश्य लगाना चाहिए, ताकि ढेलें इत्यादि टूट जायें और भूमि पूर्णतया समतल हो जाये। बुआई से पहले खेत में घास–फूस एवं खरपतवार निकालकर जला देना चाहिए। यदि लौकी की बुआई नदियों के किनारे वाली भूमि में करनी हो तब उसमें 30.0 सेन्टी मीटर गहराई तक गड्ढे खोद लिये जाते हैं और फिर इन गड्ढों में 5.0–8.0 किलो ग्राम

सड़ी गोबर की खाद या वर्मी कम्पोस्ट, 30.0–40.0 ग्राम म्यूरेट ऑफ पोटाश, 40.0–50.0 ग्राम उपलब्ध फास्फेटिक उर्वरक तथा अल्प मात्रा में जिंक व सल्फर का प्रयोग 100.0 ग्राम की खली के साथ करना चाहिए। उपरोक्त तत्वों को मिट्टी के साथ मिश्रित प्रयोग उत्तम पाया गया है।

पोषक तत्व एवं प्रबन्धन

चूँकि लौकी उथली जड़ वाली फसल है, अतः भूमि की ऊपरी सतह पर जीवांश की मात्रा अधिक होनी चाहिए। खेत में बीज बुआई से 30 दिन पूर्व 20.0 टन अच्छी प्रकार सड़ी गोबर की खाद खेत की अन्तिम जुताई के समय मिट्टी में मिला देनी चाहिए। सामान्य से मध्यम उर्वरता वाले खेत में अतिरिक्त तत्व के रुप में 50.0–60.0 किलो ग्राम नत्रजन (कैल्सियम अमोनियम नाइट्रेट या यूरिया), 40.0 किलो ग्राम फास्फोरस (250.0 किलो ग्राम सिंगल सुपर फास्फेट) तथा 40.0 किलो ग्राम पोटाश (62.5 किलो ग्राम म्यूरेट ऑफ पोटाश) अधिक उपज प्राप्त करने के लिए खेत में देना आवश्यक होता है। नत्रजन की आधी मात्रा फास्फोरस एवं पोटाश की पूरी मात्रा, थालों में बीज बुआई से पहले मिट्टी में मिलाना चाहिए। बची हुई नत्रजन की आधी मात्रा 2 समान भागों में बाँटकर 4–5 पत्ती की अवस्था तथा शेष मात्रा पौधों में फूल बनने के पहले जड़ के पास ट्राप ड्रेसिंग (top dressing) के रुप में देना चाहिए। नत्रजन, उर्वरक (यूरिया) के 1.0 प्रतिशत घोल का पर्णीय छिड़काव भी लाभप्रद होता है।

बुआई का समय

लौकी बुआई मुख्यतः 3 मौसम में उगाई जाती है–

ग्र्ीष्म कालीन फसल

देश के मैदानी क्षेत्रों में ग्रीष्म कालीन फसल के लिए बीजों की बुआई जनवरी से लेकर मार्च महीने तक करते हैं। प्रयोग के तौर पर जब बुआई 17 मार्च को की गयी तब प्रति हेक्टेयर फल (48286) एवं उपज (38.0 टन प्रति हेक्टेयर) प्राप्त हुआ। इस समय बुआई से औसत फल भार 830.0 ग्राम पाया गया, लेकिन देर से बुआई जब 15 जून को किया गया, उस समय प्रति हेक्टेयर फल (25517) तथा उपज (19.7 टन प्रति हेक्टेयर) प्राप्त हुआ। यही नहीं औसत फल भार (700.0 ग्राम) कम हो गया (अलब्हदुहा एवं वजदी, 1988)

वर्षा कालीन फसल

उत्तर भारत में वर्षा कालीन फसल के लिए बीजों की बुआई जून–जुलाई के महीनें में करते हैं, लेकिन बीज फसल की बुआई, जुलाई माह के प्रथम पखवाड़े में करना उत्तम रहता है। इस मौसम में बीज उपज अधिक एवं बीजों का अच्छा विकास होता है। गर्मी के मौसम में बीज उपज कम तथा निम्न गुणवत्ता वाला होता है।

शरद कालीन

शरद कालीन लौकी की बुआई अक्टूबर–नवम्बर के महीने में की जाती है। इस महीने में लगायी गयी फसल को प्रारम्भिक अवस्था में पाले से बचाने हेतु समचित प्रबन्ध की आवश्यकता पड़ती है।

सारिणी (8.15) लौकी की बुआई का समय

क्र.सं.	प्रदेश	बुआई का समय
1.	उत्तर प्रदेश व पंजाब	1. फरवरी–मार्च 2. जून–जुलाई 3. अक्टूबर–नवम्बर
2.	राजस्थान	1. जनवरी से मार्च
3.	बिहार	जनवरी–नवम्बर

बीज दर

सीधी बुआई के लिए सामान्यतः 3.5–4.5 किलो ग्राम बीज 1.0 हेक्टेयर के लिए पर्याप्त होता है, परन्तु पालीथीन के थैलों या नियंत्रित वातावरण युक्त गृहों में प्रो–ट्रे (pro tray) में नर्सरी उत्पादन करने से 2.5 किलो ग्राम बीज ही पर्याप्त है। बुआई से पूर्व एक स्थान पर 2 बीज 5.0–6.0 सेन्टीमीटर की गहराई पर बोनी चाहिए। बीज को फफूँदनाशक दवा की 2.0 ग्राम मात्रा प्रति किलो ग्राम बीज में मिलाकर उपचारित करना चाहिए। ट्राइकोडर्मा (trichoderma) फफूँद की 10.0 ग्राम प्रति किलो ग्राम सूखे बीज में मिलाकर बुआई (थिरम, कैप्टान, बाविस्टिन) करने से उत्तम परिणाम प्राप्त होते हैं।

बुआई की दूरी एवं थाले बनाना

गर्मी के मौसम में नाली से नाली की दूरी 2.5–3.5 मीटर रखते हैं और पौध से पौध की दूरी 60.0–75.0 सेन्टी मीटर और वर्षा ऋतु में नाली से नाली की दूरी 4.00 मीटर व पौध से पौध की दूरी 80.0 सेन्टी मीटर रखना चाहिए। नाली उत्तर–दक्षिण दिशा में बनाने से अधिक उपयुक्त होता है। लौकी की किस्म अर्का बहार का रोपण 300.0 × 45.0 सेन्टी मीटर की आपसी दूरी पर करने से अधिकतम उपज 38.45 टन प्रति हेक्टेयर प्राप्त होता है (शुक्ला एवं सहयोगी, 1987)। बुआई नालियों के मेड़ों पर दोनों तरफ आधी ऊँचाई पर करना चाहिए, जिससे अंकुरण के बाद पौधों की लता नालियों से बाहर समतल क्यारी में फैल जाये। बुआई करने के लिए एक स्थान पर 2–3 बीज 4. 0 सेन्टी मीटर गहराई पर लगाते हैं, लेकिन अर्का बहार किस्म को प्रत्येक थाले में 1 पौध लगाने से ज्यादा उपज मिलती है (शुक्ला, 1987)। पूर्णतया जमाव के 10 दिनों बाद कमजोर एवं पतले पौधों को निकालकर थाले में एक ही पौधों को रखना चाहिए।

बुआई की विधि

लौकी की बोआई 2 विधियों, नालियों या उभरी क्यारियों पर और थालों में की जाती है।

नालियों या उभरी क्यारियों में ·

इस विधि में लम्बी क्यारियाँ लगभग 4.0–6.0 मीटर चौड़ी, बना ली जाती हैं। इन क्यारियों में 2.5–3.0 मीटर की दूरी पर 60.0 सेन्टी मीटर चौड़ी नालियाँ बनाई जाती हैं। इन नालियों के बनाने से, 2.5–3.0 मीटर चौड़ी और 4.0–6.0 मीटर लम्बी उभरी हुई क्यारियाँ बन जाती है। इन नालियों

के दोनों किनारों पर 60.0–90.0 सेन्टी मीटर की दूरी पर एक स्थान पर 3–4 बीजों की बुआई कर दी जाती है और जब पौधें उग जाते हैं, उस समय दो स्वस्थ पौधों को छोड़कर अन्य को उखाड़ दिया जाता है।

थालों में

इस विधि में कतार से कतार की दूरी 2.5 मीटर पर रखकर कतारों में 60.0–90.0 सेन्टी मीटर की दूरी पर 15.0–20.0 सेन्टी मीटर गहरे गड्ढे खोद लिये जाते हैं। इन गड्ढों में गोबर की खाद (5 किलो ग्राम) मिली हुई मिट्टी भर दी जाती है। इन थालों में 4–5 बीजों की बुआई कर दी जाती है। जब पौधे बड़े हो जाते हैं तो 2 अच्छे व स्वस्थ्य पौधों को छोड़कर अन्य को उखाड़ दिया जाता है। यह विधि नदियों के किनारे वाली भूमि में अधिक उपयोगी होती है। लौकी की किस्म अर्का बहार का रोपण 300.0 × 45.0 सेन्टी मीटर की आपसी दूरी करने पर अधिकतम उपज 38.45 टन प्रति हेक्टेयर प्राप्त होता है (शुक्ला एवं सहयोगी, 1987) लेकिन अर्का बहार किस्म को प्रत्येक थाले पर एक पौधे लगाने से ज्यादा उपज मिलती है (शुक्ला, 1987)।

सिंचाई जल प्रबन्धन

सिंचाई की संख्या एवं मात्रा का निर्धारण वर्षा की मात्रा, बारम्बारता एवं भूमि की किस्म द्वारा किया जाता है। बीज की बुआई, खेत में नमी की पर्याप्त मात्रा रहने पर ही करना चाहिए, जिससे बीजों का अंकुरण एवं वृद्धि अच्छी प्रकार हो। लौकी की वर्षा कालीन फसल के लिए 3–4 सिंचाई की आवश्यकता पड़ती है। वर्षा न होने की स्थिति में 10 दिनों के अन्तराल पर सिंचाई करना तथा पौधों में मूरझान की स्थिति नहीं आने देना चाहिए। औसतन गर्मी की फसल को पाँचवें दिन तथा जाड़े की फसल को 10–15 दिनों बाद पानी देना चाहिए। वर्षा के समय खेत से जल निकास की उचित व्यवस्था आवश्यक है अन्यथा पौधे पीले पड़कर मरने लगते हैं।

निकाई–गुड़ाई एवं मिट्टी चढ़ाना

लौकी के खेत में अनेकों प्रकार के खरपतवार उग जाते हैं, जो तेजी से वृद्धि कर मुख्य पौधों को दी गयी पोषक तत्वों का उपयोग कर क्षरण करते हैं। जमाव से लेकर वृद्धि तक खरपतवार, मुख्य फसल को ज्यादा नुकसान पहुँचाते हैं, क्योंकि उपलब्ध पोषक तत्व अधिक संख्या में उपस्थिति खरपतवारों द्वारा शोषित कर लिया जाता है। इससे फसल की वृद्धि रुक जाती है और पौधे अधमरा सा हो जाते हैं। खेत को खरपतवार रहित रखने के लिए 2–3 बार निकाई करना आवश्यक है। जब पौधे का पूर्ण विकास हो जाता है, तो आने वाले खरपतवार दब जाते हैं और फसल को हानि नहीं होती है। प्रारम्भ में निकाई नालियों के किनारे एवं अन्दर करने की आवश्यकता पड़ती है। नालियों के बीच में बेलों के फैलने से पहले रोटावेटर / कल्टीवेटर (rotavator tiller/ cultivator) चलाकर खरपतवार रहित रखना चाहिए। खरपतवार निकालने के बाद 2–3 बार गुड़ाई करके पौधें के पास मिट्टी चढ़ाना चाहिए। इससे पौधें की जड़ों को पोषक तत्व एवं हवा अच्छी प्रकार मिल जाती है और विकास तेजी से होता है।

पादप वृद्धि नियामकों का प्रयोग

नैप्थालीन एसीटीक एसीड (100 पी0पी0एम0), टीबा (75 पी0पी0एम0) एवं जिब्रेलिक एसीड (50 पी0पी0एम0) के संयुक्त रुप से पौधे की 2 पत्ती अवस्था में छिड़काव करने से मुख्य तना की लम्बाई, शाखा की संख्या, गाँठ, पत्तियों की संख्या, फल संख्या, फल भार एवं कुल उपज में काफी वृद्धि पायी गयी है (रहमान एवं करीम, 1977)। लौकी में मैलिक हाइड्राजाइड (MH) की 150 पी0पी0एम0 की 2 पत्ती एवं पुनः 4 पत्ती की अवस्था में छिड़काव करने से मुख्य तने की लम्बाई घट जाती है और उसमें मादा पुष्प जल्दी लगते हैं। इसके अलावा मादा पुष्पों की संख्या का बढ़ना, नरःमादा पुष्पों के अनुपात का घटना एवं फल भार व फल व्यास का बढ़ना पाया गया है। मैलिक हाइड्राजाइड के छिड़काव से प्रति पौध (14.00 किलो ग्राम) व प्रति हेक्टेयर उपज (33.5 टन) मिलती है। इसके बाद इथिफान की 250 पी0पी0एम0 का छिड़काव से प्रति पौध (12.35 किलो ग्राम) एवं प्रति हेक्टेयर (29.37 टन/हेक्टेयर) उपज पायी गयी है (पाँडया एवं दीक्षित, 1997)। लौकी की किस्म पूसा समर प्रोलिफिक लाँग में 2–4 पत्तियों की अवस्था पर प्लेनोफिक्स (नैप्थालीन एसीटीक एसीड) की 50.0 मिली ग्राम प्रति लीटर पानी के घोल का छिड़काव करने से अधिकतम उपज (31. 68 टन/हेक्टेयर) प्राप्त होती है, जबकि दूसरा सबसे फायदेमंद वृद्धि नियामक नाइट्रोफिनोलेट सोडियम नाइट्रोगुआइकाल सोडियम की 0.1 प्रतिशत मात्रा अधिक उपज 31.62 टन/हेक्टेयर) के लिए पायी गयी (शर्मा एवं सहयोगी, 1988)। लौकी की किस्म पूसा समर प्रोलिफिक लाँग पर मैलिक हाइड्राजाइड (MH) 150.0 मिली ग्राम एवं 50.0 मिली ग्राम के 4 सत्य पत्ती एवं पुनः 7 दिन बाद क्रमशः छिड़काव करने से मुख्य तना की वृद्धि एवं शाखाओं की संख्या में वृद्धि होती है। मैलिक हाइड्राजाइड की 50 मिली ग्राम प्रति लीटर पानी में घोल बनाकर प्रयोग करने से नर कम व मादा पुष्प ज्यादा बने तथा फल संख्या प्रति पौध (8.5–13.9) तक बने तथा उपज भी ज्यादा मिले (अरोरा एवं सहयोगी, 1982)।

पौध संरक्षण

प्रमुख रोग एवं उनका प्रबन्धन

चूर्णील असिता (Powdery mildew)

लौकी की रोग व्याधियों में सबसे खतरनाक रोग चूर्णील असिता (powdery mildew) है। फफूँद जनित इस बीमारी के प्रभाव से प्रभावित पत्तियों और तनों पर सफेद चूर्ण विकसित होता है। धीरे–धीरे पत्तियाँ भूरे रंग में बदल जाती है और पौधों की बढ़वार पूरी तरह से रुक जाती है। इस रोग के नियंत्रण के लिए रोगरोधी किस्मों की बुआई के लिए चयन करना चाहिए। फफूँदनाशक दवा बाविस्टिन या कैराथेन (6.0 ग्राम दवा प्रति 10.0 लीटर पानी) का छिड़काव करना चाहिए। यदि रोग का असर दिखाई दे तो दवा का छिड़काव 5–7 दिन के अन्तर पर पुनः करना चाहिए।

एन्थ्रेकनोज (Anthracnose)

एन्थ्रेकनोज बीमारी लौकी की फसल में बहुतायत से दिखाई देती है। प्रभावित पत्तियों पर हल्के लाल रंग के धब्बे बनते हैं और पत्तियाँ कुरुप हो जाती हैं। अधिक प्रकोप की अवस्था में पत्तियाँ

धीरे–धीरे झड़कर जमीन पर गिर जाती हैं इस बीमारी के नियंत्रण के लिए लिए 5–7 दिन के अन्तराल पर डायथेन एम–45 (मैनेब) 0.2 प्रतिशत का प्रयोग करना चाहिए, जिससे 70.46 प्रतिशत नियन्त्रण होता है। एन्थ्रेकनोज नियन्त्रण के लिए डायथेन जेड–78 (जिनेब) की 0.2 प्रतिशत का छिड़काव भी किया जा सकता है। ब्लाइटाक्स–50 (कापर आक्सीक्लोराइड) के छिड़काव से 63.63 प्रतिशत नियन्त्रण होता है (माहेश्वरी एवं गुप्ता, 1992)।

फ्यूजेरियम विल्ट (*Fusarium* wilt)

यह रोग आमतौर पर लौकी में बहुतायत से देश के कुछ क्षेत्रों में देखा जाता है। प्रभावित पत्तियाँ मुरझा जाती हैं या उन पर पीले या भूरे रंग के धब्बे दिखाई देते हैं। धीरे–धीरे पौधे नष्ट जो जाते हैं और फसल–ओज में काफी कमी आ जाती है। रोग नियंत्रण के लिए मिट्‌टी या भूमि शोधन, बीज बुआई से पहले अवश्य कर लेना चाहिए। भूमि शोधन के लिए कैप्टान या हेक्साकैप दवा 0.2-0.3 प्रतिशत दवा का छिड़काव करना चाहिए। यह ध्यान रखना चाहिए कि दवा का छिड़काव करने के 2–3 दिन बाद ही फलों की तुड़ाई करनी चाहिए। अच्छा होगा यदि फलों की तुड़ाई करने के बाद दवा का छिड़काव करें, जिससे फल पुनः तुड़ाई योग्य होते–होते दवा का कोई असर न रह जाये।

मूल ग्रन्थि रोग (Root knot nematode)

लौकी में मूल गन्थि रोग मेलाइडोगाइन इन्कोग्निटा (*Meloidogyne incognita*) या मेलिडोगाइन जावानिका (*Meloidogyne javanica*) के कारण होता है, जिसमें केवल मेलिडोगाइन इन्कोग्निटा से ही 26.44 प्रतिशत तक का नुकसान करता है (नाहर एवं सहयोगी, 1976)। इस रोग के प्रकोप से पौधों की पत्तियाँ पीली पड़ने लगती हैं। जड़ों की खुदाई करने से उन पर छोटी–छोटी गाँठें पायी जाती है। इन गाँठों में सूत्रकृमि पाये जाते हैं, जिनमें मादा सूत्रकृमि की संख्या–6 होती है। गाँठों से डिंभक निकलकर जमीन में क्रियाशील हो जाते हैं। जब पौधों की जड़ें इन सूत्रकृमियों के सम्पक्र में आती हैं, तो छोटी–छोटी ग्रन्थियों के रुप में बदल जाती है। बचाव के लिए फसल चक्र आवश्यक है। नीम की खली के प्रयोग से 56.7 प्रतिशत, सेबूफास से 55.8 प्रतिशत, प्रेसमड से 41.4 प्रतिशत एवं सरसों की खली से 35.5 प्रतिशत की कमी पायी गयी है (पटेल एवं सहयोगी, 1999)। राइजोबैक्ट्रीया (Rhizobacteria) की को0–70 एवं एच0टी0–54 के प्रभेद के प्रयोग से भी मेलाडोगाइन जवानिका का प्रकोप कम होता है (बंसल एव सहयोगी, 1999)। रासायनिक नियंत्रण के लिए नेमागोल का प्रयोग करना चाहिए। बीज शोधन हेतु 1000 पी0पी0एम0 नीम आधारित कीट नाशक इसाजोफास (रगबी–10 जी) के प्रयोग से मेलाइडोगाइन इन्कोग्निटा का प्रकोप कम किया जा सकता है (नाहर एवं सहयोगी, 1996)। लौकी के बीज का शोधन जब कार्बोफ्यूरान या बेनफ्यूराकार्ब की 6.0 प्रतिशत जल घुलनशील से करने पर जड़ग्रन्थि सूत्रकृमि का नियंत्रण होता है एवं उपज भी बढ़ जाती है (डारेकर एवं सहयोगी, 1989)।

प्रमुख कीट एवं उनका प्रबन्धन

लाल भृंग कीट (Red Pumpkin Beetle)

यह कीट पौधों के मुलायम भागों (कपोलों, पत्तियों और तनों) को प्रारम्भिक अवस्था में खाकर नुकसान पहुँचाता है। भूमि में पड़े फलों में भृंग छेद करके उसमें घुस जाते हैं और क्षति पहुँचाते हैं।

यह कीट इतनी तेज गति से पौधों को नुकसान पहुँचाता है कि ध्यान न दिया जाय तो 2–3 दिन में पूरी फसल समाप्त हो जाती है। इस कीट के नियंत्रण के लिए 4 प्रतिशत इण्डोसल्फान पाउडर का छिड़काव करना चाहिए। मैलाथियान (35 ई0सी0) दवा के 0.08 प्रतिशत घोल का डिड़काव करने पर भी कीट की रोकथाम हो जाती है।

फल की मक्खी (Fruit fly)

लौकी के फल को फल–मक्खी (*Dacus cucurbitae* and *Dacus dorsalis*) से काफी नुकसान होता है। फूल लगने के समय ही फल की मक्खी कोमल फलों में अण्डे दे देती है। फल लगने के बाद परिपक्व हो जाते हैं, अण्डे से मैगट निकाल कर, फल को अन्दर ही अन्दर खाते रहते हैं और फलों का सड़ाव शुरु हो जाता है। इस कीट के नियंत्रण के लिए चूँकि यह शुरु में फल के अन्दर पैदा होती है, अतः रोकथाम काफी मुश्किल होती है। यह आवश्यक है कि इनकी रोकथाम के लिए फल बनने के समय ही दवा का छिड़काव करना चाहिए। क्षेत्र के सम्पूर्ण किसानों को एक साथ अपने–अपने खेतों में थायोडान (6.0 मि0लीटर 14.5 लीटर पानी में) घोलकर छिड़काव करना चाहिए या लिंग आकर्षित करने वाली दवा जैसी मिथाइल यूजेनाल का डिड़काव करना चाहिए, जिससे फल मक्खी आने पर वहीं नष्ट हो जाये। मैलाथियान 50 ई0सी0 दवा की एक लीटर मात्रा प्रति 700 लीटर पानी में घोलकर भी छिड़काव कर सकते हैं।

तुड़ाई, उपज एवं भण्डारण

बाजार में बेचने के लिए फल जब कोमल हो तभी तोड़ना चाहिए। पहचान के लिए लौकी की वृद्धि 1/3 से 1/2 भाग तक हो चुकी हो, फल के बीज अर्द्ध विकसित हों और गूदा काफी कसा हो, तोड़ने के लिए उत्तम अवस्था मानी जाती है। जब गूदे फैले हुए और फल की त्वचा कड़ी हो, फल खाने योग्य नहीं रहता है। सामान्यतः लौकी के फूल खिलने के 40–45 दिन बाद तुड़ाई योग्य हो जाता है। फल की तुड़ाई डण्ठल लगी अवस्था में किसी तेज चाकू से करना चाहिए। खाने योग्य लौकी को 5–6 दिनों तक सामान्य तापक्रम पर कमरे में रखा जा सकता हैं, लेकिन कमरा ठण्डा एवं हवादार होना चाहिए। अगर लौकी का बीज बनाना हो तो पके फलों की तुड़ाई दो बार में करनी चाहिए, क्योंकि पहले बने फल अधिक सुखने पर बीज की भौतिक गुणवत्ता को प्रभावित करते हैं। फल पकने पर बीज भूरे रंग के हो जाते हैं, जो तुड़ाई की उपयुक्त अवस्था होती है। सामान्यतः लौकी की औसत उपज 25.0–30.0 टन प्रति हेक्टेयर होती है।

करेला (Bitter Gourd)

वानस्पतिक नाम : मोमोर्डिका करंशिया (*Momordica charantia* L.)
कुल : कुकुरबिटेसी (Cucurbitaceae)
गुणसूत्र संख्या : 2 एन = 22

कद्दू वर्गीय सब्जियों में करेला एक महत्वपूर्ण सब्जी है। भारत में करेले को कैराविल्ला, काकारा, कराथी, तीता, करेली, पक्का, पाकरकाई, वाकरकाई, बाल सैम्पर, आदि नामों से भी जाना जाता है। संयुक्त राज्य अमेरिका में इसे बालसम पीयर (balsam pear) या तीखा खीरा (bitter cucumber) के नाम से सम्बोधित करते हैं। चीन में इसे ला–क्वा (La-Kwa) या चायनीज बीटर मेलन (Chinese bitter melon) कहते हैं।

उद्भव एवं वितरण

करेला को पुरानी दुनिया (Old World) का पौधा समझा जाता है। सम्भवतः इसकी उत्पत्ति उष्ण कटिबंधीय अफ्रीकी और एशियायी देशों में हुई। करेला का उद्भव स्थान इण्डो–वर्मा माना जाता है। यह भारत का पूर्वोत्तर राज्य एवं चीन का दक्षिण भाग, इसका स्थापन स्थल है, क्योंकि आज भी यह जंगली रुप में वहाँ बहुतायत में पाया जाता है (सैन्ड्स, 1928)। करेला की खेती भारत, मलेशिया, चीन, दक्षिण अफ्रीका तथा उत्तर व दक्षिण अमेरिका में व्यापक पैमाने पर किया जाता है। भारत के अधिक उत्पादन करने वाले राज्य क्रमशः उत्तर प्रदेश, बिहार, केरल, कर्नाटक, पश्चिम बंगाल, हरियाणा, राजस्थान, गुजरात एवं महाराष्ट्र हैं। भारतवर्ष में करेले की क्षेत्रफल, उत्पादन एवं उत्पादकता क्रमशः 26004 हेक्टेयर, 162196 टन एवं 6.23 टन प्रति हेक्टेयर है।

वानस्पतिक विवरण

जंगली किस्म मोमोर्डिका करंशिया वार0 एब्रीवीयेटा (*Momordica charantia* var. *abriviata*) (एशिया का मूल वंशज) सम्भवतः करेला का जनक है (डेगेनर, 1947). कुछ लोग मोमोर्डिका ट्युबरोजा (Momordica tuberosa) से इसकी उत्पति मानते हैं जिसमें प्रथम पुँज का सैटेलाइट से समापन तथा 11वें जोड़े में गुणसूत्र का उलट–पलट होना है (वर्धीस, 1973) करेले की लगभग 40 विभिन्न किस्मयाँ हैं, जिनमे खेती के लिए तीन किस्मयाँ क्रमशः करेला–मोमोर्डिका करंशिया (*Momordica charantia*), करतोली–मोमोर्डिका डायोका (*Momordica dioica* Roxb.), एवं ककरोल–मोमोर्डिका कोचिनचाइनेन्सीस (*Momordica cochinchinensis* Roxb.) महत्वपूर्ण है। अन्य किस्मयाँ मोमोर्डिका ट्यूबरोजा (*Momordica tuberosa* Roxb.), मोमोर्डिका कैबरइ (*Momordica cabriei* Roxb.), मोमोर्डिका सबएन्गूलाटा (*Momordica subangulata* Bl.), मोमोर्डिका डेनूडाटा (*Momordica denudata*), मोमोर्डिका मैक्रोफीला (*Momordica macrophylla*) आदि हैं। करेले की जड़ें सीधी व शाखायुक्त होती हैं। तना पतला एवम् पाँच कोणीय होता है। बेलें 3.0–4.0 मीटर लम्बी होती हैं, जिनपर साधारण किन्तु विभाजित प्रतान (tendril) विकसित होते है। पौधे की पत्तियाँ हस्ताकार, 5–9 खण्डयुक्त, 5.0–17.0 सेन्टी मीटर व्यास तथा पर्णवृन्त लम्बे होते हैं। पुष्प उभयलिंगाश्रयी

(Monoecious) होता है, जिनका व्यास लगभग 3.00 सेन्टी मीटर तक होता है। बाह्य दलपुंज की संख्या 5 होती है, जो सामान्यतः विभाजित होते हैं। पुष्प पर 5 पीले रंग की पखुड़ियाँ निकलती हैं, जिनका व्यास 1.5–2.0 सेन्टी मीटर तक होता है। पुष्प में पुकेंसर की संख्या 3 होती है तथा परागकोष आपस में जुड़े होते हैं। वर्तिकाग्र संख्या में 3 व द्विशाखित होते हैं। पुष्प प्रातः 4.30 बजे से खिलना प्रारम्भ करते हैं और प्रातः 5.30 बजे तक पूरे खिल जाते हैं। वातावरणीय तापमान घट जाने पर फूलों के खिलने में विलम्ब भी हो सकता है। परागकोष का स्फुटन 5.0 बजे के बीच होता है। लगभग इसी समय वर्तिकाग्र (stigma) की ग्राह्यता और परागकणों (pollens) की जीवन क्षमता भी अधिक होती है। परागकणों की जीवन क्षमता दोपहर 12.0 बजे तक समाप्त हो जाती है। वर्तिकाग्र (stigma) की ग्राह्यता लम्बे समय तक होती है। नर पुष्प सायंकाल तक झड़ जाते हैं। फल दिर्घायताकार या लगभग गोलाकार व सामान्यतः गहरे हरे, हल्के हरे या सफेद रंग के होते हैं। फल पकने पर नारंगी या पीले रंग के होते हैं। फल प्रायः कंटीले, गुलिकीय, अधिकतर अस्फुटनशील और कम या अधिक बीज युक्त होते हैं। फल का गूदा सफेद रंग का होता है। बीज अण्डाकार, दबे हुए व भूरे तथा धूसर रंग के होते हैं। औसतम 1000 बीजों का वजन 60.0 ग्राम होता है। बीज में तेल की मात्रा 32.0 प्रतिशत तक होती है (देशपाण्डे एवं सहयोगी, 1979)।

पोषकीय महत्व

करेले में विटामिन 'ए' 'बी' (बी–1 तथा बी–2) और 'सी' की अधिकता के साथ–साथ लोहा, कार्बोहाइड्रेट तथा प्रोटीन भी पर्याप्त मात्रा में पायी जाती है। यह एक शक्तिवर्धक सब्जी है, क्योंकि इसमें कैल्सियम, फास्फोरस तथा पोटैशियम भी प्रचुर मात्रा में उपलब्ध होता है (वाइनिंग,1995)। कोमल पत्तियों व तना का साग बनाया जाता है। अपने विशेष औषधीय गुणों के कारण अन्य सब्जियों की अपेक्षा ज्यादा महत्वपूर्ण है। करेले की पत्तियाँ, गूदा और बीज सभी का प्रयोग किया जाता है। इसके फल का प्रयोग पेट की बीमारी से ग्रसित रोगियों को एक अच्छी टानिक का कार्य करता है और हालत सुधारने में रामबाण सिद्ध होती है। कच्चे फल का रस निकालकर जले हुए घावों, छालों, फोड़ों इत्यादि पर प्रयोग करने पर लाभ प्राप्त होती है और चेचक की बीमारी में भी हल्के नमक के साथ प्रयोग करने से शीतलता प्राप्त होती है। यही नहीं करेले के कच्चे फलों का रस मधुमेह (diabetes) के मरीजों को यदि सुचारु रुप से दिया जाये तो रासायनिक विश्लेषण से ज्ञात हुआ कि इसमें सैपोनिन व चैरेन्टीन (charantin) है, जो इन्सूलिन (insulin) के समान है। यह तत्व करेले में ज्यादा होता है जो खून के दबाव (blood pressure) को काफी कम एवं सन्तुलित करता है। रस काफी कडुवा होता है। अतः रस का सेवन कर पाना सम्भव न हो सके तो सब्जियों के रुप में भी प्रयोग करने से काफी राहत मिलती है। इसमें उपस्थिति कडुवाहट मोमार्डसीन (momordicin) के कारण होता है। अगर कटे फलों पर नमक डाल दिया जाये तो कडुवाहट कम हो जाती है। करेले का कडुवाहट पन ही मनुष्य के खून को साफ करने में काफी मदद करता है। अतः खून साफ करने के लिए दवाओं का प्रयोग करने से अच्छा है कि अप्रत्यक्ष से रुप करेले की सब्जियों का प्रयोग करें, ताकि भविष्य में कभी भी इन बीमारियों का आगमन न होने पाए। इसके सेवन से कैन्सर जैसी भयानक बीमारी से छुटकारा मिलता है (जे एवं सहयोगी, 1998)। इसके पौधे से तैयार पाउडर घमौरी एवं फोड़े फुन्सियों, कोढ़ एवं व्रण दशा में प्रयोग करना लाभप्रद होता है। करेले के बीज में 41.0–

45.0 प्रतिशत तक तेल होता है, जिसमें इलियोस्टीरिक अम्ल (63.0–68.0 प्रतिशत) व स्टिरिक अम्ल (22.0–27.0 प्रतिशत) पाया जाता है। करेले के बीज का उपयोग कहीं–कहीं पर मसाले के रुप में भी किया जाता है। शराब तैयार करने में कच्चा माल के रुप में भी प्रयोग किया जाता है। फलों का उपयोग विभिन्न प्रकार के व्यंजनों, कलौंजी, अचार आदि बनाने में किया जाता है। इसके कच्चे फलों को काटकर धूप में सूखाकर बेमौसम प्रयोग होता है, जिनका मनुष्य के मानसिक व शारीरिक विकास में काफी महत्व है। करेले के प्रति 100.0 ग्राम खाने योग्य भाग में निम्नलिखित पोषक तत्वों की प्राप्ति होती है–

सारिणी (8.16) करेले का पोषकीय महत्व (प्रति 100 ग्राम खाने योग्य भाग में)

पोषक तत्व	प्रति 100 ग्राम खाने योग्य भाग में	
	लम्बा करेला	छोटा करेला
नमी	92.4 ग्राम	83.2 ग्राम
वसा	2.0 ग्राम	1.0 ग्राम
प्राटीन	1.6 ग्राम	2.1 ग्राम
रेशा	0.8 ग्राम	4.2 ग्राम
खनिज पदार्थ	0.8 ग्राम	1.4 ग्राम
कार्बोहाइड्रेट्स	4.2 ग्राम	9.8 ग्राम
क्लोरीज	25.0 ग्राम	60.0 ग्राम
कैल्सियम	20.0 मिली ग्राम	50.0 मिली ग्राम
मैगनीशियम	17.0 मिली ग्राम	21.0 मिली ग्राम
फास्फोरस	70.0 मिली ग्राम	140.0 मिली ग्राम
लोहा	7.8 मिली ग्राम	9.4 मिली ग्राम
सोडियम	17.8 मिली ग्राम	2.4 मिली ग्राम
पोटैशियम	152.0 मिली ग्राम	171.0 मिली ग्राम
कापर	0.18 मिली ग्राम	0.19 मिली ग्राम
सल्फर	15.0 मिली ग्राम	21.0 मिली ग्राम
क्लोरिन	8.0 मिली ग्राम	8.0 मिली ग्राम
विटामिन "ए"	210.0 मिली ग्राम	अ.यू.
थियामिन	0.07 मिली ग्राम	0.07 मिली ग्राम
रीबोफ्लोविन	0.09 मिली ग्राम	0.06 मिली ग्राम
निकोटिन अम्ल	0.5 मिली ग्राम	0.4 मिली ग्राम
विटामिन "सी"	88.0 मिली ग्राम	96 मिली ग्राम

स्रोतः गोपालन एवं सहयोगी, 1982

उन्नतिशील किस्में

करेला की अनेकों किस्में हैं जो स्थान, फलों के आकार, मौसम, इत्यादि के नाम से जानी जाती है। करेले की किस्मों को सामान्यतः दो वर्गों में बाँटा जा सकता है–

- प्रथम वर्ग में छोटे आकार वाली (10.0 सेन्टी मीटर तक) किस्में जो प्रायः ग्रीष्म ऋतु में उगाई जाती हैं।
- द्वितीय वर्ग में बड़े आकार वाली (10.0 सेन्टी मीटर से ज्यादा लम्बी) किस्में जो प्रायः वर्षा ऋतु में उगायी जाती है।

यावल्कर (1965) ने मौसम के अनुसार करेले को दो समूहों में विभक्त किया है–

1. **ग्रीष्म कालीन किस्म**–ग्रीष्म कालीन करेले के फल छोटे (8.0–10.0 सेन्टी मीटर लम्बे) होते हैं। पोषकीय विश्लेषण से पता चला है कि छोटे आकार वाले फल पोषण की दृष्टि से बड़े करेले से अच्छा माना जाता है। फलों मे बीज की संख्या ज्यादा होती है।
2. **वर्षा कालीन किस्म**–वर्षा कालीन करेले के फल बहुत बड़े (15.0–20.0 सेन्टी मीटर या ज्यादा) लम्बे होते हैं तथा फलों में बीज की संख्या कम होती है।

कुछ प्रमुख किस्मों का विवरण इस प्रकार हैं:

पूसा दो मौसमी (Pusa Do Mausmi)

यह किस्म भारतीय कृषि अनुसंधान संस्थान, नई दिल्ली से चयन पद्धति द्वारा विकसित की गयी है। बीज बुआई के लगभग 50–55 दिन बाद (वर्षा कालीन) तथा 55–60 दिन बाद (ग्रीष्म कालीन) फल तुड़ाई योग्य हो जाता है। इसके फल गहरे हरे रंग के, मध्यम मोटे, 7–8 धारियों वाले तथा 18.0 सेन्टी मीटर लम्बे होते हैं। औसतन फल भार 100.0–125.0 ग्राम होता है तथा 8–10 फल का वजन 1.00 किलोग्रम हो जाता है। नाम के अनुसार यह किस्म दोनों मौसम (खरीफ व जायद) में उगाई जाती है। इसकी औसत उपज 12.0–15.0 टन प्रति हेक्टर होती है।

पूसा विशेष (Pusa Vishesh)

भारतीय कृषि अनुसंधान संस्थान, नई दिल्ली से उत्तर प्रदेश के स्थानीय जननद्रव्यों से चयन पद्धति द्वारा विकसित करेले की उत्तम किस्म है। इस किस्म के पौधों की बेलें कम बढ़ने वाली होती हैं, जिससे प्रति इकाई क्षेत्र में अधिक पौधों को लगाया जा सकता है। इसके फल मुलायम, हरे, पतले, मध्यम, आकार के तथा खाने में स्वादिष्ट होते हैं। बीज बुआई के 55 दिनों बाद फलों की प्रथम तुड़ाई की जा सकती है। एक फल का औसत वजन 115.0 ग्राम होता है। यह किस्म अचार बनाने तथा सुखाने के लिए भी उत्तम है। यह किस्म मैदानी भागों में ग्रीष्म ऋतु में उगाने के लिए उपयुक्त है। यह किस्म पंजाब, उत्तर प्रदेश, बिहार, झारखण्ड, राजस्थान, गुजरात, हरियाणा, व दिल्ली के उत्पादकों के बीच ज्यादा प्रचलित है। इसकी उपज 15.0–19.0 टन प्रति हेक्टर होती है।

अर्का हरित (Arka Harit)

यह किस्म भारतीय बागवानी अनुसंधान संस्थान, बैंगलुरू (कर्नाटक) द्वारा राजस्थान से एकत्रित जननद्रव्यों से चयन पद्धति द्वारा विकसित की गयी है। इसकी खेती ग्रीष्म व वर्षा काल में सुगमता से की जा सकती है। इस किस्म के फल छोटे, तकुये के आकार वाले, चमकीले, हरे तथा आकर्षक

होते हैं, जिन पर चिकनी धारियाँ होती है। फल मोटे छिलके वाले, अधिक गूदेदार तथा कम बीज वाले होते हैं। इस किस्म के फल 60–70 दिन में बाजार में भेजने योग्य हो जाते हैं। परागण के 12–14 दिन बाद फल तोड़ने लायक हो जाते हैं। फलों में कडुवाहट भी कम होता है। इसकी उपज 12.0–15.0 टन प्रति हेक्टेयर होती है तथा फसल का जीवन काल 100–110 दिनों का होता है (दत्ता एवं नाथ, 1971 व नाथ एवं विजय, 1974)।

पूसा हाइब्रिड–1 (Pusa Hybrid-1)

इस संकर किस्म का विकास भारतीय कृषि अनुसंधान संस्थान, नई दिल्ली द्वारा किया गया है। इस किस्म में प्रथम बार फलों की तुड़ाई बीज बुआई के मात्र 55–60 दिनों बाद प्रारम्भ हो जाता है। इसकी औसत उपज 20.0–25.0 टन प्रति हेक्टेयर है।

पूसा हाइब्रिड–2 (Pusa Hybrid-2)

इस संकर किस्म का विकास भारतीय कृषि अनुसंधान संस्थान, नई दिल्ली द्वारा किया गया है। फल मध्यम आकार एवं हरे रंग के होते हैं। इसकी औसत उपज 20.0–28.0 टन प्रति हेक्टेयर है। यह किस्म अचार बनाने तथा सुखाने के लिये उपयुक्त है। इसे सन् 2007 में पंजाब, उत्तर प्रदेश, बिहार, झारखण्ड, छत्तीसगढ़, ओडिशा, आन्ध्र प्रदेश, राजस्थान, गुजरात, हरियाणा एवं दिल्ली के लिये अनुमोदित किया गया।

कल्यानपुर सोना (Kalyanpur Sona)

इस किस्म का विकास चन्द्रशेखर आजाद कृषि एवं प्रौद्योगिकी विश्वविद्यालय, कल्याणपुर, कानपुर (उत्तर प्रदेश) द्वारा किया गया है। फल मध्यम आकार एवं हरे रंग के होते है। इसकी औसत उपज 12.0–13.0 टन प्रति हेक्टेयर होता है।

हिरकानी (Hirkani)

इस किस्म का विकास एम0पी0के0वी0, राहुरी (महाराष्ट्र) द्वारा चयन पद्धति से किया गया है। फल गहरे हरे रंग के एवं 15.0–20.0 सेन्टीमीटर लम्बे होते हैं। इसकी औसत उपज 13.8 टन प्रति हेक्टेयर है।

फूले ग्रीन (Phule Green)

इस किस्म का विकास एम0पी0के0वी0, राहुरी (महाराष्ट्र) से किया गया है। फल गहरे हरे रंग के एवं 25.0–30.0 सेन्टीमीटर लम्बे होते हैं इस किस्म से लगभग 23.0 टन प्रति हेक्टेयर उपज प्राप्त होती हैं। इस किस्म में मृदु रोमिल आसिता (downy mildew) का प्रकोप कम होता है।

कोयम्बटूर लाँग व्हाइट (Coimbatore Long White)

यह किस्म तमिलनाडु कृषि विश्वविद्यालय, कोयम्बटूर (तमिलनाडु) द्वारा स्थानीय जननद्रव्यों से चयनित की गयी है। इसके फल लम्बे, (60.0 सेन्टी मीटर मीटर तक) मुलायम, सफेद, व वर्षा ऋतु की बुआई के लिए उपयुक्त होते हैं। उपज औसतन 12.0–15.0 टन प्रति हेक्टेयर होती है।

प्रीथी (Preethi or MC-84)

इस किस्म का विकास चयन पद्धति द्वारा कालेज आफ हार्टीकल्चर केरल कृषि विश्वविद्यालय, वेल्लानीकारा (त्रिसुर) ने किया है। इस किस्म के पौधे ओजस्वी तथा अधिक उपज देने वाले होते हैं। फल सफेद रंग के, मध्यम आकार तथा प्रत्येक फल का औसत भार 310 ग्राम होता है। इसकी औसत उपज 14.0–15.0 टन प्रति हेक्टेयर है। यह किस्म मध्य प्रदेश, महाराष्ट्र, कर्नाटक, तमिलनाडु एवं केरल में खेती करने हेतु अनुमोदित की गयी है।

कोयम्बटूर ग्रीन (Coimbatore Green)

इस किस्म का विकास तमिलनाडु कृषि विश्वविद्यालय, कोयम्बटूर (तमिलनाडु) द्वारा चयन पद्धति से किया गया है। फल बहुत लम्बे (60.00 सेन्टीमीटर) होते हैं तथा फलों का रंग गहरा हरा होता है। प्रत्येक फल का औसत वजन 300–400 ग्राम होता है।

को–1 (Co-1)

इस किस्म का विकास तमिलनाडु कृषि विश्वविद्यालय, कोयम्बटूर द्वारा चयन पद्धति से किया गया है। फल 25.0–30.0 सेन्टीमीटर लम्बे होते हैं। इसकी औसत उपज 14.0 टन प्रति हेक्टेयर है।

को–2 (Co-2)

इस किस्म का विकास तमिलनाडु कृषि विश्वविद्यालय, कोयम्बटूर द्वारा चयन पद्धति से किया गया है। यह अगेती किस्म है। फल 35.0–40.0 सेन्टीमीटर लम्बे तथा मोटे होते हैं। इसकी औसत उपज 30.0 टन प्रति हेक्टेयर है।

प्रिया या वी0के0–1 (Priya or VK-1)

यह किस्म केरल कृषि विश्वविद्यालय, वेल्लानिकारा, (त्रिसुर) केरल द्वारा स्थानीय जननद्रव्य से चयन विधि द्वारा विकसित की गयी है। इसके फल काँटेंदार व 40.0 सेन्टी मीटर तक लम्बे होते हैं फलों का रंग हल्का हरा होता है। इस किस्म को दक्षिण भारत के क्षेत्रों में मई–सितम्बर, फरवरी–मई और सितम्बर–जनवरी के समय उगाया जाता है। बीज बुआई के बाद प्रथम तुड़ाई 60 दिन में हो जाती है। यह किस्म अच्छी उपज देने वाली है, क्योंकि प्रत्येक पौधे पर औसतन 50 फल लगते हैं। प्रत्येक फल का वजन 225.0 ग्राम होता है। औसत उपज 25.0–30.0 टन प्रति हेक्टेयर होती है। इस किस्म को दक्षिण भारत के क्षेत्रों में मई–दिसम्बर, फरवरी–मई और सितम्बर–जनवरी के समय उगाया जाता है।

एम0 डी0 यू0 (MDU)

यह किस्म कृषि कालेज, मदुराई से एम0सी0–103 के गामा किरणों (50 के0आर0) के विकिरण द्वारा विकसित की गयी है। इस किस्म के पौधे मध्यम शाखाओं वाले होते हैं, जो बुआई के 60 दिन बाद फूल धारण करते हैं। नर व मादा फूलों का अनुपात 19.67:1 होता है। फल आकार में काफी

लम्बे (40.34 सेन्टी मीटर) और मोटे (17.34 सेन्टी मीटर) होते हैं। प्रत्येक फल का औसत वजन 410.0 ग्राम होता है। इसके फलों में बीज कम होते हैं। इसके प्रत्येक फलों में बीज की संख्या 19.6 होती है। इसकी उपज 32.19 टन प्रति हेक्टेयर है।

पंजाब–14 (Punjab-14)

यह किस्म पंजाब कृषि विश्वविद्यालय, लुधियाना, (पंजाब) से स्थानीय जननद्रव्यों से चयन करके विकसित की गयी है। पौधे छोटे होते हैं। बीज बुआई या पौध रोपण के 45 दिनों के बाद फल खानें योग्य हो जाता है। इसके फलों का रंग हल्का हरा तथा प्रत्येक फल का औसत भार 350.0 ग्राम होता है। इस किस्म की उपज 12.0–14.5 टन प्रति हेक्टेयर होती है। इसको गर्मी एवं बरसात दोनों मौसमों में उगाया जा सकता है। यह किस्म पंजाब, उत्तर प्रदेश, बिहार, झारखण्ड, राजस्थान, गुजरात, हरियाणा व दिल्ली के उत्पादकों के बीच ज्यादा प्रचलित है।

कल्याणपुर बारहमासी (Kalyanpur Barahmasi)

यह किस्म चन्द्रशेखर आजाद एवं कृषि प्रौद्योगिकी विश्वविद्यालय सब्जी अनुसंधान केन्द्र, कल्याणपुर, कानपुर (उत्तर प्रदेश) द्वारा विकसित की गयी है, जो खरीफ मौसम के लिए उपयुक्त है। इसके बेलें गहरे हरे रंग की होती हैं। इस किस्म के फल 30.0–50.0 सेन्टी मीटर लम्बे, हल्के हरे रंग के पतले, सिराओं पर चपटे और नुकीले होते हैं। प्रत्येक फल में 8–10 बीज बनते हैं। इस किस्म पर फल मक्खी और विषाणु मोजेक का प्रकोप कम होता है। बीज बुआई के 65 दिन बाद फल मिलने लगते हैं। इसकी औसत उपज 20.0 टन प्रति हेक्टेयर है। नाम के अनुसार इसकी बेलें पूरे वर्ष हरी बनी रहती हैं और कुछ न कुछ फलत आती रहती है (सिंह, 1979)।

सी–90 (C-90)

यह पंजाब कृषि विश्वविद्यालय, लुधियाना, (पंजाब) द्वारा चयनित की गई है। इसमें अधिक फल लगते हैं। इसके फल लम्बे और हरे होते हैं।

सोलन लांग व्हाइट (Solan Long White)

इस किस्म का चयन सोलन से हुआ है। यह अधिक उपज देने वाल किस्म है। इसके फल लगभग 20.0–25.0 सेन्टी मीटर लम्बे होते हैं। फल 4.0–5.0 सेन्टी मीटर मीटर होते हैं। फलों पर चिकनी उभरी हुई धारियाँ होती है। फल लगभग 65 दिन में तैयार होते हैं। औसत उपज 15.0–17.5 टन प्रति हेक्टेयर होता है।

सोलन हरा (Solan Hara)

यह किस्म भी सोलन से चयनित हुई है। इसके फल लगभग 15.0 सेन्टी मीटर लम्बे और 4.0–5.0 सेन्टी मीटर व्यास के होते हैं। यह अधिक पैदावार देने वाली किस्म है।

पंत करेला–1 (Pant Karela-1)

इस किस्म का विकास गोविन्द बल्लभ पंत कृषि एवं प्रौद्योगिकी विश्वविद्यालय, पंतनगर द्वारा किया गया है। इसके फल 15.0 सेन्टीमीटर लम्बे तथा आगे की तरफ पतले होते हैं। फलो का प्रथम तुड़ाई, बीज बुआई के 55 दिनों बाद की जा सकती है। उपज 15 टन प्रति हेक्टेयर है।

आर0एच0आर0बी0जी0एच0–1 (RHRBGH-1)

इस संकर किस्म का विकास एम0पी0के0वी0 राहुरी द्वारा संकरण पद्धति से किया गया है। फल गहरे हरे तथा 20.0 सेन्टीमीटर लम्बे होते है। इस किस्म की औसत उपज 20.0 टन प्रति हेक्टेयर है। इस पर मृदुरोमिल आसिता का प्रकोप कम होता है।

काशी उर्वशी (DVBTG-1)

इस किस्म का विकास भारतीय सब्जी अनुसंधान संस्थान, वाराणसी (उत्तर प्रदेश) द्वारा संकरण व चयन विधि से किया गया है। इसके फल 15.0–18.0 सेन्टीमीटर लम्बे तथा हरे रंग के होते है। इस किस्म में फलों की प्रथम तुड़ाई बीज बुआई के 48 दिनों बाद की जाती है। इसकी औसत उपज 30.0–32.0 टन प्रति हेक्टेयर है।

जलवायु

करेला उपोष्ण एवं उप–उपोष्ण जलवायु का पौधा है (रेटोस एवं सहयोगी, 1994)। करेले की खेती के लिए लम्बा समय एवं नम जलवायु काफी अच्छा रहता है। बीज कवच कठोर होते हैं, अतः जमाव के लिए थोड़ा ज्यादा तापमान उपयुक्त होता है। कम मृदा तापमान होने पर जमाव नही होता है या देर से होता है। जब तापमान थोड़ा कम हो जाता है, तब भी पौधों की बढ़वार एवं फलत होती रहती है। पौध की बढ़वार के समय 18.0 डिग्री सेन्टीग्रेड तापमान अच्छा रहता है, लेकिन फल वृद्धि एवं विकास के लिए उपयुक्त तापमान 24.0–27.0 डिग्री सेन्टीग्रेड उत्तम माना जाता है। यह फसल पाले के प्रति संवेदनशील है। जब तापमान 16.0 डिग्री सेन्टीग्रेड से कम हो जाता है तो विकास रूक जाता हैं (पीटर, 1998)।

भूमि तथा भूमि की तैयारी

करेले को सभी प्रकार की मिट्टियों में उगाया जा सकता है, लेकिन जीवांशयुक्त बलुई दोमट मिट्टी, रेतीली और कछारी मटियार दोमट मिट्टी इसके लिए सर्वोत्तम होती है (कैन्टवेल एवं सहयोगी, 1996)। फसल की अच्छी वृद्धि और उपज के लिये मृदा का पी0एच0 मान 6.0–7.0 तक होना चाहिए (देसाई एवं मुसमाडे, 1998)। इसकी फसल जीवांशयुक्त और भुरभुरी भूमि में अच्छी होती है। भूमि में जल निकास का उत्तम प्रबन्ध होना चाहिए। हैरो व पाटा चलाकर 3–4 जुताईयाँ करके खेत को तैयार किया जाता है। प्रत्येक जुताई के बाद पाटा लगाना चाहिए, जिससे ढेलें टुट जायें और जमीन समतल हो जाये। खेत की तैयारी के समय 20.0–25.0 टन सड़ी गोबर की खाद देने पर खेत में जलधारण क्षमता में वृद्धि होती है और पौधों की जड़ों के आस–पास अच्छा वातायन रहता है।

पोषक तत्व प्रबन्धन

करेले की अच्छी पैदावार के लिए खेत में 50.0 टन प्रति हेक्टेयर गोबर की सड़ी खाद, खेत की तैयारी करते समय मिलायी जाती है। इसके अलावा 100.0 किलो ग्राम प्रति हेक्टेयर अमोनियम सल्फेट या यूरिया फल लगते समय प्रयोग किया जाता है। देसी और साथियों (1966) के शोध कार्यों के अनुसार इसकी अधिक पैदावार के लिए 56.0 किलो ग्राम नाइट्रोजन और 41.5 किलो ग्राम फास्फोरस प्रति हेक्टेयर अधिक उपयोगी पाया गया। चौधरी (1967) के अनुसार इसे 50.0–60.0 टन गोबर की खाद, 60.0 किलो ग्राम फास्फोरस और 50.0 किलो ग्राम नत्रजन प्रति हेक्टेयर की आवश्यकता होती है। इसकी अच्छी फसल के लिए चौ0 चरण सिंह हरियाणा कृषि विश्वविद्यालय, हिसार (हरियाणा) के अनुसार 50.0 टन गोबर की खाद 100.0 किलो ग्राम नत्रजन, 50.0 किलो ग्राम फास्फोरस और 50.0 किलो ग्राम पोटाश की प्रति हेक्टेयर की दर से जरुरत होती है। पंजाब कृषि विश्वविद्यालय, लुधियाना, (पंजाब) ने 100.0 किलो ग्राम नत्रजन, 50.0 किलोग्राम फास्फोरस और 50.0 किलो ग्राम पोटाश प्रति हेक्टेयर करेले की फसल में देने की सिफारिश की है। अगर खेत में 100.0 ग्राम नीम की खली प्रति गड्ढा प्रयोग किया जाये तो उपज बढ़ जाती है और सूत्रकृमि (nematode) का प्रकोप भी नही होता है। करेला की पूसा विशेष किस्म हेतु 60.0 किलो ग्राम नत्रजन, 60.0 किलो ग्राम फास्फोरस एव 30.0 किलो ग्राम पोटाश की सिफारिश की गई है, जिसमें नत्रजन की आधी मात्रा, फास्फोरस एवं पोटाश की पूरी मात्रा का प्रयोग बुआई के समय तथा शेष नत्रजन की मात्रा खड़ी फसल में 2 बार–पहला जब पौधों में 4–5 पत्तियाँ निकल आये तथा दूसरी बार फूल आने की अवस्था, में प्रयोग करें।

बुआई का समय और बीज दर

करेले की फसल वर्ष में 2 बार उगाई जाती है। मैदानी भागों में ग्रीष्म कालीन फसल की बुआई जनवरी से मार्च तक व वर्षा कालीन फसल की बुआई जून से जुलाई तक की जाती है। पहाड़ी इलाकों में इसकी बुआई मार्च से जून तक की जाती है। करेले के बीज मोटे छिलके वाले व बड़े आकार के होते हैं। अगर इन्हें सुरक्षित स्थान पर रखा जाये तो 5 वर्ष तक अंकुरण शक्ति बनी रहती है। फलों से इसके बीजों को निकाल कर गीले गोबर में लपेट देते हैं, फिर इनको सुखा लेते है। इससे बीज के ऊपर एक पर्त बन जाती है। अच्छी तरह सूख जाने पर इन्हें किसी बर्तन में सुरक्षित स्थान पर रख दिया जाता है। ऐसा करने से अंकुरण जल्दी और अच्छा होता है। एक हेक्टेयर भूमि के लिए लगभग 4.0–5.0 किलो ग्राम बीज पर्याप्त होता है। प्रति हेक्टेयर 6,500–11,000 (रियस एवं सहयोगी, 1994) या 20,000 (हुयसकन्से एवं सहयोगी, 1992) पौध संख्या पर्याप्त होता है।

बुआई की विधि

करेला की बुआई 2 प्रकार से की जाती है–

1. नालियों पर और
2. थालों में।

नालियों पर बुआई

इस विधि में अच्छी तरह तैयार खेत में सिंचाई की नालियाँ और लम्बी क्यारियाँ बना ली जाती हैं। क्यारियाँ की लम्बाई सुविधा के अनुसार रखी जाती है। चौड़ाई 4–6 मीटर के मध्य रखी जाती है। इन क्यारियों में 2.0–2.5 मीटर के फासले पर 60.0 सेन्टी मीटर चौड़ी नालियाँ बनाई जाती हैं। इससे 2.0–2.5 मीटर चौड़ी व उभरी हुई क्यारियाँ बन जाती हैं। नालियों के दोनों किनारों पर 45.0–60.0 सेन्टी मीटर की दूरी पर 3–4 बीज एक स्थान पर बो दिये जाते हैं। बाद में जब बीज उग जाते हैं तब दो अच्छे स्वस्थ पौधों को छोड़कर अन्य को उखाड़ दिया जाता है।

थालों में बुआई

प्रायः यह विधि नदियों के किनारे वाली भूमि में अधिक उपयोगी होती है। इस विधि में 2.0 मीटर की दूरी पर थाले बना लिये जाते हैं। थालों (60X60 सेन्टीमीटर व्यास का 45.0 सेन्टीमीटर गहरा) की पहले खुदाई करते हैं और बाद में गोबर की अच्छी प्रकार सड़ी खाद या वर्मीकम्पोस्ट (5.0 किलो ग्राम) मिट्टी में मिलाकर इन्हें भर दिया जाता है। इन थालों में 4–6 बीज की बुआई की जाती है। उगने पर 2–3 स्वस्थ पौधों को छोड़ कर अन्य को उखाड़ दिया जाता है। प्रयोग में पाया गया कि करेले में 3 पौध प्रति गड्ढा रखने से बीज उपज सबसे ज्यादा प्राप्त होती है। (कुमार एवं सहयोगी, 1995)। करेले के बीज का छिलका मोटा होता है, जो बीज के अंकुरण में बाधक सिद्ध होता है। अतः बीज का अंकुरण अच्छी तरह और शीघ्र प्राप्त करने के लिए बीज को पहले 24 घंटे तक पानी में भिगों दिया जाता है और फिर बाद में गीले कपड़े में बाँधकर गरम स्थान पर बीज का छिलका फटने हेतु रखा जाता है। इसके बाद बीज की खेत में बुआई की जाती है।

पादप वृद्धि नियामकों का प्रयोग

करेले में जिब्रेलिक एसीड (GA_3) की 35 पी0पी0एम0 के छिड़काव से पौधों पर मादा पुष्पन जल्द होता है, जबकि नैप्थालीन एसीटीक एसीड (NAA) की 50 पी0पी0एम के छिडकाव से नर पुष्प जल्द आते हैं। नैप्थालीन एसीटीक एसीड की 50 पी0पी0एम0 एवं बोरान की 4 पी0पी0एम0 के छिड़काव से फल जल्दी पकते हैं, फल ज्यादा लगते हैं और बीज उपज ज्यादा मिलती है (गेदम एवं सहयोगी, 1998)। करेले की किस्म एच0के0–8 में 4–सी0पी0ए0 की 100 पी0पी0एम0 की मात्रा का 2 पत्ती एवं पुनः 15 दिन बाद की अवस्था में छिड़काव करने से लम्बे पौधे विकसित होते हैं। वृद्धि नियामक सी0सी0सी0 (CCC) के प्रयोग से मात्र 48.4 दिनों में मादा पुष्प बनने लगते हैं। इसी प्रकार सी0सी0सी0 की 2.50 पी0पी0एम0 के प्रयोग से प्रति पौध उपज (3123 ग्राम) ज्यादा मिलती है (मंगल एवं सहयोगी, 1990)।

मिश्रित फसल एवं फसल चक्र

कभी–कभी करेला की मिलवा फसल भी लगाई जाती है। यावल्कर (1965) के अनुसार मैदानी भागों में करेला की अगेती फसल प्रायः अरवी के साथ मिश्रित फसल के रुप में उगाई जाती है। करेला के बीज मेड़ों पर बो दिये जाते हैं तथा अरवी सिंचाई की नालियों में लगा दी जाती है। जब करेले के पौधे फैलने लगते हैं, तब उनको बाँस या सूखे वृक्ष की शाखाओं पर चढ़ा दिया जाता है।

इसकी फसल कभी–कभी सूरन की फसल के साथ भी लगाई जाती है, जो अधिक लाभदायक होती है। करेला को निम्न लिखित फसल चक्रों में सफलता पूर्वक उगाया जा सकता है–

सारिणी (8.17) करेला का फसल चक्र

तोरई	बंद गोभी	करेला
भिण्डी	मूली	करेला
बैंगन	मूली	लोबिया
करेला	पालक	टमाटर
लोबिया	आलू	करेला
मूँग	मटर	करेला
मिर्च	राजमा	प्याज

सिंचाई जल प्रबन्धन

ग्रीष्मकालीन फसल को अधिक व जल्दी–जल्दी सिंचाई की आवश्यकता पड़ती है, क्योंकि उस समय तापमान अधिक होता है। फसल की सिंचाई सप्ताह में एक बार अवश्य की जाती है। वर्षा कालीन फसल में सिंचाई की आवश्यकता कम पड़ती है, क्योंकि हवा में आर्द्रता अधिक होती है और वर्षा भी होती रहती है, लेकिन आवश्यकता होने पर सिंचाई भी की जाती है। बीज बुआई के बाद प्रति सप्ताह सिंचाई करना चाहिए (देसाई एवं मुसमाडे, 1998)। इसी प्रकार लारकाम (1991) ने स्पष्ट किया कि वृद्धि काल क्रान्तिक अवस्था है अतः इस समय पर्याप्त पानी देना चाहिए।

पौधों को सहारा देना

करेले के पौधे बड़े मुलायम, रसीले एवं कमजोर होते हैं। अतः वर्षाकाल में पौधे की प्रारम्भिक अवस्था में सहारा देकर मचान या ट्रेलिस (**trellis**) पर चढ़ाना चाहिए। करेले की लताओं को नारियल की पतली रस्सी के सहारे चढ़ा देने से फल जमीन के सम्पर्क से दूर रहते हैं। इससे फलों का आकार एवं रंग अच्छा रहता है तथा पैदावार में 2.0–2.5 गुना वृद्धि हो जाती है तथा फल रोगग्रस्त व कीट ग्रस्त नहीं होते हैं।

निकाई–गुड़ाई

इसकी फसल में अधिक निकाई–गुड़ाई करने की आवश्यकता नहीं पड़ती है, लेकिन प्रारम्भिक अवस्था में पौधों की अच्छी बढ़वार के लिए 1–2 बार निकाई–गुड़ाई करना आवश्यक होता है। इससे खरपतवार भी नष्ट हो जाते हैं तथा मिट्टी में हवा का प्रवेश हो जाता है, जो पौधों की जड़ों के लिए अत्यन्त लाभप्रद होता है। पलवार लगा देने से खरपतवार दब जाते हैं। खरपतवारनाशी जैसे बेन्यूलायड जो प्रेफर 4–ई के नाम से आता है, का प्रयोग बुवाई पूर्व 5.0–6.0 किलो ग्राम प्रति हेक्टेयर (सक्रिय तत्व) करने से खरपतवार मर जाते हैं। इस खरपतवारनाशी को 3.0–5.0 सेन्टी मीटर की गहराई में प्रयोग करना चाहिए।

फलों की तुड़ाई

करेले का फल तेजी से बढ़ता है, अतः फलों की तुड़ाई कच्ची हरी, और मुलायम अवस्था में ही की जाती है। इस अवस्था में तोड़े गये फलों की बाजार में ज्यादा माँग होती है और ज्यादा मूल्य भी मिलता है। पकने पर फलों का रंग हरे से पीला या लाल हो जाता है तथा बीज सख्त हो जाते

हैं। बेलों पर फल अधिक दिनों तक रखने पर फल पकने लगते हैं और बेलों की बाढ़ रुक जाती है तथा फल भी कम लगते हैं। इसलिए 3–4 दिन के अन्तर पर फलों की तुड़ाई करते रहना चाहिए। सामान्यतया बीज बुआई के 50–65 दिन बाद किस्म के अनुसार फल तोड़ने योग्य हो जाते हैं। परागण के 10–15 दिन बाद फल तोड़ने योग्य हो जाते हैं।

पैदावार

करेला की पैदावार किस्म, मौसम इत्यादि पर निर्भर करती है। अच्छी खेती से पैदावार लगभग 20–25 टन प्रति हेक्टर होती है, लेकिन औसत उपज 15–20 टन प्रति हेक्टेयर है।

पौध संरक्षण

प्रमुख बीमारियाँ एवं उनका प्रबन्धन

चुर्णील आसिता (Powdery mildew)

चुर्णील आसिता (powdery mildew) का प्रथम लक्षण पत्तियों और तनों की सतह पर सफेद चुर्ण या धुँधले, धुसर दिखाई देते हैं। कुछ दिनों के बाद वे धब्बे चूर्णयुक्त हो जाते हैं। सफेद चूर्णील पदार्थ अन्त में समूचे पौधे की सतह को ढक लेता है। उग्र आक्रमण के कारण पौधे का असमय ही निष्पत्रण हो जाता है। इसके कारण फलों का आकार छोटा रह जाता है।

प्रबन्धन

फफूँदनाशक दवा जैसे–कैलिक्सीन 0.05 प्रतिशत अर्थात् 0.5 मिली लीटर दवा 1.0 लीटर पानी में घोल बनाकर 7 दिन के अन्तराल पर छिड़काव करें। इस दवा के उपलब्ध न होने पर टोपाज 0. 05 प्रतिशत अर्थात् 1.0 ग्राम दवा एक लीटर पानी में घोल बनाकर 10 दिन के अन्तराल में छिड़काव करें।

मृदुरोमिल आसिता (Downy mildew)

मृदुरोमिल आसिता बीमारी एक फफूँद स्यूडोपेरेनोस्पोर कुबेन्सिस (*Pseudoperenospora cubensis*) से होता है। यह रोग वर्षा ऋतु के उपरान्त जब तापमान 20.0–22.0 सेन्टी ग्रेड होता है, तेजी से फैलता है। उत्तरी भारत में इस रोग का प्रकोप अधिक है। इस रोग के मुख्य लक्षण पत्तियों पर कोणीय धब्बे, जो शिराओं द्वारा सीमित होते हैं, पर होता है। ये पत्ती के रुपरी पृष्ठ पर पीले रंग के होते हैं (फूकन एवं गोगोई, 1995)।

प्रबन्धन

बीजों को मेटलएक्सल नामक कवकनाशी की 3.0 ग्राम दवा प्रति किलो ग्राम बीज की दर से उपचारित करके बोना चाहिए तथा मैकोंजेब 0.25 प्रतिशत घोल का छिड़काव करना चाहिए।

फल विगलन रोग (Fruit rot)

- खेत में उचित जल निकास की व्यवस्था करें।
- फलों को भूमि के स्पर्श से बचाने का प्रयत्न करना चाहिए। भण्डारण एवं परिवहन के समय फलों में चोट लगने से बचावें तथा हवादार एवं खुली जगह पर रखें।

रुक्ष रोग/एन्थ्रेक्नोज (Anthracnose)

पत्तियों पर भूरे अथवा हल्के रंग के धब्बे पाये जाते हैं। पत्तियाँ सिकुड़ कर सूख जाती है। ये धब्बे तनों तथा फलों पर भी पाये जाते हैं।

प्रबन्धन

- बाविस्टिन रसायन की 3.0 ग्राम मात्रा प्रति किलो ग्राम बीज की दर से उपचारित कर बीजों को बोना चाहिए।
- खेत में रोग के लक्षण शुरु होने पर डायथेन एम–45 का 2.5 ग्राम प्रति लीटर पानी अथवा बाविस्टिन 1.0 ग्राम प्रति लीटर पानी का घोल 10 दिन के अन्तराल में छिड़काव करना चाहिए।

मोजैक रोग (Mosaic disease)

यह रोग विशेषकर नई पत्तियों में चितकबरापन और सिकुड़न के रुप में प्रकट होता है। पत्तियाँ छोटी एवं हरी–पीली हो जाती हैं। संक्रमित पौधों की वृद्धि रुक जाती है। इसके आक्रमण से पर्ण और पुष्प छोटे पत्तियों में बदले हुए दिखाई पड़ते हैं। कुछ पुष्प गुच्छों में बदल जाते हैं। ग्रसित पौधा बौना रह जाता है और उसमे फलत बिल्कुल नहीं होता है (दोराईस्वामी एवं सहयोगी, 1998)। इस बीमारी को एफीस गासीपी (*Aphis gossipi*) एवं एफीस माल्वी (*Aphis malvi*) जैसे कीट ज्यादा फैलाते हैं (पुरुसोथामन एवं सहयोगी, 1998)।

प्रबन्धन

इस रोग की रोकथाम के लिए कोई प्रभावी उपाय नहीं है, लेकिन निम्न उपायों के द्वारा इसको काफी कम किया जा सकता है।

- खेत से रोग ग्रस्त पौधों को उखाड़कर कर जला देना चाहिए।
- रोग वाहक कीटों से बचाव करने के लिए मैलाथियान 0.1 प्रतिशत का घोल बनाकर 10 दिन के अन्तराल में 2–3 बार छिड़काव करें।

प्रमुख कीट एवं उनका प्रबन्धन

कद्दू का लाल कीट (Red Pumpkin Beetle)

करेले में इस कीट का प्रकोप कम होता है। प्रौढ़ कीट 5.0–8.0 मिली मीटर लम्बा होता है। कीट के उपर का हिस्सा नारंगी, लाल तथा नीचे का हिस्सा काला होता है और छोटे–छोटे सफेद बालों से ढका रहता है। ये कीड़े जनवरी से मार्च के महीनों में सबसे अधिक सक्रिय होते हैं। खेत में इन कीटों का प्रकोप अक्टूबर के अन्त तक होता है और विभिन्न फसलों को क्षति पहँचाते रहते हैं। इस कीट के प्रौढ़ और इल्ली (grub) पौधों को नुकसान पहुँचाती हैं। फसलों के बीजपत्र अवस्था इन कीटों के आक्रमण के लिए सबसे अनुकूल है। प्रौढ़ कीट विशेषकर मुलायम पत्तियाँ अधिक पसन्द करते हैं। अधिक आक्रमण होने से पौधे पत्ती रहित हो जाते हैं और मर जाते हैं। इल्ली (grub) पौधों के जड़ पर आक्रमण कर हानि पहुँचाती हैं और जमीन में रहती हैं। इल्ली जमीन के सम्पर्क

में आये फलों पर कभी–कभी आक्रमण कर उनमें छेद कर देती है। नये एवं छोटे पौधे आक्रमण के कारण सड़ जाते हैं।

प्रबन्धन

इस कीट को नियन्त्रित करने के लिए मैलाथियान चूर्ण 5 प्रतिशत या कार्बारिल 5 प्रतिशत या 25.0 किलो ग्राम चूर्ण को राख में मिलाकर सुबह पौधों पर बुरकना चाहिए या मैलाथियान 50 ई0सी0 या कार्बरिल 50 प्रतिशत घुलनशील पाउडर की 0.1 प्रतिशत घोल (2.0 ग्राम दवा प्रति लीटर पानी में) 15 दिन के अन्तर पर छिड़काव करना चाहिए। इस फसल में कार्बोफ्यूरान की 1.5 किलो ग्राम सक्रिय तत्व (a.i.) प्रति हेक्टेयर बुआई, लता फैलने एवं पुष्पन के समय प्रयोग करने से 84.3 प्रतिशत कम कीट लगता है, जबकि कार्बोफ्यूरान की 0.75 किलो ग्राम सक्रिय तत्व पौध की नवोद्भिद (seedling) अवस्था में देने पर कम नियन्त्रण पाया जाता है (थोमस एवं जैकेब, 1994)। पुष्पन के समय कार्बोफ्यूरान की 0.5 किलो ग्राम सक्रिय तत्व देने से 81.95 प्रतिशत कीट का नियन्त्रण होता है, ऐसा करने से उपज 2729.67 ग्राम/पौध मिलती है, जिसकी लागत लाभ अनुपात 8.79:1 होता है (थोमस एवं जैकब, 1994)।

फल मक्खी (Fruit fly)

करेले का सबसे नुकसानदायक कीट ुल मक्खी है। जिससे 40–50 प्रतिशत फल खराब हो जाते है। प्रौढ़ फल मक्खी गहरे भूरे रंग की होती है, जिसके सिर पर काले सफेद धब्बे होते हैं। मक्खी की लम्बाई 4.0–6.0 मिली मीटर एवं चौड़ाई 7.0 मिली मीटर होती है। गिडार (maggot) मक्खन के रंग का होता है। पूर्ण विकसित मैगट की लम्बाई 10.0–12.0 मिली मीटर होती है। प्रौढ़ मादा छोटे, मुलायम फलों के छिलके के अन्दर अण्डा देना पसन्द करती है।

प्रबन्धन

फल मक्खी के नियन्त्रण के लिये एक एकड़ फसल में 80–100 स्थानों पर प्रलोभक (1.0 किलोग्राम पका केला, 10 ग्राम फ्यूराडान व 5.0 मिली लीटर सिरका लकड़ी की सहायता से मिलाकर) किसे छिछले बर्तन में रखें। प्रौढ़ आकर्षित होते हैं और प्रलोभक खाकर मर जाते हैं जिससे प्रौढ़ मादा मक्खी द्वारा फल पर अण्डा देना कम हो जाता है। मैलाथियान 50 ई0सी0 का 2.0 मिली लीटर एवं 50 ग्राम गुड़ प्रति लीटर पानी में घोल बनाकर प्रति 25–30 वर्ग मीटर क्षेत्रफल में एक पौधा पर प्रलोभक का छिड़काव करनी चाहिए (राम एवं सहयोगी, 2004)।

सूत्रकृमि (Nematode)

करेले में सूत्रकृमि मेलाइडोगाइन इन्कागनीटा (*Meloidogyne incognita*) का प्रकोप भारतवर्ष के कुछ क्षेत्रों में देखा जाता है, जिससे उपज का नुकासान लगभग 36.72 प्रतिशत तक हो जाता है। पहचान के लिए पहले पत्तियाँ पीली पड़ती है एवं बाद में पूरा पौधा पीला पड़ जाता है। खुदाई करने पर जड़ों में अनेक छोटी–छोटी गाँठे बनी रहती हैं। बचाव के लिए फसल चक्र को अपनाना चाहिए एवं नियन्त्रण के लिए एल्डीकार्ब या कार्बोफ्यूरान का 6.00 किलो ग्राम मात्रा की सक्रिय तत्व प्रति हेक्टेयर खेत में डालना चाहिए। (डारेकर एवं म्हासे, 1988)।

काशीफल या कद्दू (Pumpkin)

वानस्पतिक नाम : कुकुरबिटा मास्चेटा (*Cucurbita moschata* Duch. Ex. Poir.)
कुल : कुकुरबिटेसी (Cucurbitaceae)
गुणसूत्र संख्या : 2 एन = 40

भारत वर्ष के स्थानीय भाषा में काशीफल (Kashiphal) को मीठा कद्दू, लाल कुम्हणा, हल्का कद्दू, सीता फल (Sitaphal), लाल फूल का कद्दू, कदुवा, पीला कोहणा (हिन्दी), सापुरी कुम्मु (बंगाली) पिलुम–कोहालुम (गुजराती), लाल भोपला (मराठी), गुम्मडीकाई (तेलगू), पुआसानी (तमिल), गुमबाला (कन्नड़), दुद्दिनी (कोंकण), दाधीफल (संस्कृत), प्रालाकालू (सींधी)। विदेशों में गाउरे (फ्रेंच), रेडगोर्ड (अंग्रेजी) तथा रियासेनकुरबीस (जर्मन) से जानते हैं। इसे बेकिंग स्क्वास विण्टर, स्क्वाश या फिल पम्पकीन के नाम से भी पुकारा जाता है।

उद्भव एवं वितरण

काशीफल का जुड़ाव मानव समाज से 10,000 वर्षो से है (हवाइटेकर एवं कटलर, 1971)। पुरातत्व विशेषज्ञों ने स्पष्ट किया है कि काशीफल का उत्पत्ति स्थल दक्षिण अमेरिका (South America) है, क्योंकि इसे उत्तरी अमेरिका एवं दक्षिणी अमेरिका में विस्तृत रुप में उगते देखा जा सकता है। मेक्सिको में (4900 ईसा पूर्व) तथा पेरु में (3000 ईसा पूर्व) में इसकी उपलब्धता का वर्णन मिलता है। इस प्रकार सम्भवतः इसकी उत्पत्ति (2000 ईसा पूर्व से 8500 ए0डी0) मध्य मैक्सिको या कोलम्बिया में किसी स्थान पर हुई थी, जहाँ यह अब भी जंगली रुप में उगता हुआ देखा जाता है। इस प्रकार काशीफल का प्रथम उपस्थापन लैटिन अमेरिका में हुआ। अमेरिका में सब्जी के रुप में इसका प्रयोग 2000 वर्ष ईसा पूर्व से किये जाने के प्रमाण प्राप्त है। दक्षिण अमेरिका से भारत में इसका उपस्थापन विदेशी नाविकों तथा गुप्तचरों के द्वारा हुआ। भारत और चीन में इसकी खेती अत्यन्त प्राचीन काल से चली आ रही है। अगर काशीफल के क्षेत्रफल और उत्पादन को देखा जाये तो ओड़िशा का स्थान प्रथम है। इसके बाद आसाम, राजस्थान और पंजाब का स्थान आता है। भारतवर्ष में काशीफल का क्षेत्रफल, उत्पादन एवं उत्पादकता क्रमशः 43137.0 हेक्टेयर, 532779.0 टन, तथा 11.91 टन प्रति हेक्टेयर है (सिद्दू, 2002)।

वानस्पतिक विवरण

वंश कुकरबिटा (genus cucurbita) के अन्तर्गत कुल 27 प्रजातियाँ (species) पायी जाती है। काशीफल की 5 प्रजातियाँ सब्जी के लिये प्रयोग होते हैं–

- Pumpkin-*Cucurbita moschata*
- Summer squash-*Cucurbita pepo*
- Winter squash-*Cucurbita maxima*
- Boucha-Malabar gourd or fig leaf gourd-*Cucurbita ficifolia*)

कुकरबिटा मोस्चारा (cucurbita moschata) अन्य प्रजातियों की तुलना में ज्यादा गर्मी सहन कर सकता है। प्रायः फैलने या सहारे पर चढ़ने वाली एक वर्षीय लता होता है, काशीफल गहरे जड़

विकसित करती हैं जो लगभग 1.2–1.8 मीटर की गहराई तक जाती है। इसका तना अपेक्षाकृत दृढ़ और मोटा होता है। लम्बी पत्ती, साधारण हल्की कटावदार, 5 पालीयुक्त, मुलायम और काफी बड़ी होती है। पत्तियों के सिरों के किनारे सफेद धब्बे (silvery spots) होते हैं। पुष्प उभयलिंगाश्रयी (monoecious) होते हैं और परागण कीटों द्वारा होता है। पुष्पों में परागण प्रातः काल 3:30 बजे आरम्भ होता है और प्रातः 4.0 बजे के बीच अधिकांश पुष्प खिल जाते हैं। पुष्प खिलने के बाद 8–10 घण्टे तक खुले रहते हैं। इसके बाद उनका पीला रंग समाप्त होने लगता है तथा वे मुरझाने लगले हैं। अगर वातावरण में तापमान अधिक है, तो परागण और भी पहले हो सकता है। परागकोशों का स्फुटन रात्रि 9.0 बजे से प्रातः काल 3.0 बजे के बीच होता है। परीक्षण में पाया गया कि रात्रि 11.0 बजे से प्रातः 1.0 बजे के बीच यह अधिकतम होता है। वर्तिकाग्र की ग्राह्यता पूरे दिन होती है। फल आकार में बड़े, गोल और दोनों सिरों पर चपटे होते हैं। फल कच्ची अवस्था में हरे तथा पकने पर पीले–नारंगी हो जाते हैं। फल डण्ठल सख्त, चिकना तथा नालीनुमा होता है एवं फल से जुड़ने वाला भाग फुलने जैसा तथा झुलमुलाती चमक वाला होता है।

पोषकीय महत्व

काशीफल के कच्चे (हरे) और पके दोनों प्रकार के फलों की स्वादिष्ट सब्जी बनाई जाती है। कुछ लोग इसकी शीर्ष बेल और अनखुली कलियों की सब्जी बनाते हैं। काशीफल के फूलों की पकौड़ी बड़ी ही स्वादिष्ट होती है। पोषक तत्वों की दृष्टि से शक्करा तथा अन्य खनिज तत्वों का अच्छा स्रोत है। इसमें विटामिन ''ए'' ''बी'' तथा विटामिन ''सी'' अधिक मात्रा में पाया जाता है। इसके फलों का प्रसंस्करण कर जैम, सास, कैण्डी, मिठाईयाँ तथा हलवा बनाया जाता है। काशीफल में पाये जाने वाले पोषक तत्वों को सारिणी में दिया गया है–

सारिणी (8.18) काशीफल में पाये जाने वाले पोषक तत्व (प्रति 100 ग्राम खाने योग्य भाग में)

पोशक तत्व	मात्रा
नमी	91.6 ग्राम
प्रोटीन	1.0 ग्राम
वसा	0.1 ग्राम
राख	0.8 ग्राम
रेशा	1.1 ग्राम
कार्बोहाइड्रेट्स	6.5 ग्राम
ऊर्जा	26.0 कैलोरी
कैल्सियम	21.0 मिली ग्राम
फास्फोरस	44.0 मिली ग्राम
आयरन	0.8 मिली ग्राम
सोडियम	1.0 मिली ग्राम
पोटैशियम	340.0 मिली ग्राम
विटामिन ''ए''	1600 (अ0 ई0)
थाइमिन	0.05 मिली ग्राम
राइबोफ्लेविन	0.11 मिली ग्राम
नियासिन	0.6 मिली ग्राम
एस्कार्बिक अम्ल	9.0 मिली ग्राम

स्रोतः गोपालन एवं सहयोगी, 1982

काशीफल का औषधीय जगत में भी अधिक महत्व है। इसके फलों का गूदा पुल्टिस (pultis) के रुप में फोड़ा या अल्सर पर बाँधा जाता है। सुखाए हुए गूदे को रक्तस्त्राव के उपचार में प्रयोग करते हैं। पके हुए फल से लगे डण्ठल के भाग को सुखाकर व पानी में घिस कर तैयार लेप को बिच्छू कानखजुरा आदि जहरीले कीड़ों के काटे हुए घावों पर लगाने के लिए एक विशेष दवा के रुप में प्रयोग किया जाता है। इसके बीज को चीनी के साथ मिलाकर फीता–कृमि (tapeworm) से पीड़ित व्यक्तियों को रात में दिये जाते हैं तथा इसके बाद थोड़ा अरण्डी का तेल पिलाया जाता है। आयुर्वेद की दृष्टि से चीनी या शहद के साथ इसके बीजों को एक मूत्रवर्धक औषधि की भाँति गोनोरिया तथा मूत्र रोगों में दिया जाता है। सेन्ट्रल तथा उत्तरी अमेरिका में बच्चों में फीता–कृमि (tapeworm) की समस्या को समाप्त करने के लिए इसका व्यापक रुप से उपयोग किया जाता है। गर्भवती महिलाओं के सम्पूर्ण स्वास्थ्य के लिए यह रामबाण है। फल का गूदा आहार नालिका के सूजन को ठीक करने में भी सहायक है। पत्तियों का रस जले हुए स्थान पर लगाने से घाव जल्द ठीक होता है। काशीफल के बीज में उच्च गुणवत्ता वाले 50 प्रतिशत खाद्य तेल होता है।

उन्नतिशील किस्में

काशीफल की अनकों स्थानीय किस्में हैं जिन्हें फलों के रंग, आकार और गूदे के रंग के अनुसार वर्गीकृत किया जा सकता है। कुछ स्थानीय प्रचलित किस्में लार्ज रेड (Large Red), लार्ज राउण्ड (Large Round), मेलोफ्लैश (Melo flesh) तथा रेड फ्लैश (Red flesh) है। इसकी कुछ उन्नतिशील किस्मों का विवरण नीचे दिया जा रहा है।

अर्का चन्दन (Arka Chandan)

यह किस्म भारतीय बागवानी, अनुसंधान संस्थान, बैंग्लुरु (कर्नाटक) द्वारा विकसित की गई है। यह अधिक उपज देने वाली किस्म है। इस किस्म में फल 2 बार तथा एक पौधे में लगभग 4–5 फल लगते हैं। परागण के लगभग 30–35 दिन बाद फल तुड़ाई के लिए तैयार हो जाते हैं। इसके फल गोल तथा 2.0–3.0 किलो ग्राम वजन के होते हैं। कच्चे फल हल्के हरे रंग के होते हैं तथा उन पर सफेद दाग होते हैं, लेकिन तैयार फलों का रंग हल्का भूरा होता है। फलों का गूदा चमकीला संतरें के रंग का मोटा होता है। फलों के बीच में खाली जगह नहीं पाई जाती है। यह किस्म लगभग 125 दिन में तैयार हो जाती है। इस किस्म का भण्डारण अधिक दिन तक किया जा सकता है। अतः दूरवर्ती बाजार में भेजने हेतु अच्छी है। फलों में कुल विलेय ठोस की मात्रा 8.0–10.0 प्रतिशत होता है। गूदा चमकीला नारंगी रंग का होता है जिसमें विटामिन 'ए' 333 अन्तर्राष्ट्रीय इकाई प्रति 100 ग्राम खाने योग्य गूदे में पाया जाता है। इसकी उपज क्षमता 32 टन प्रति हेक्टेयर है।

सी0ओ0–1 (CO-1)

यह किस्म तमिलनाडु कृषि विष्वविद्यालय, कोयम्बटूर (तमिलनाडु) द्वारा विकसित की गई है। यह एक पिछेती किस्म है तथा लगभग 175 दिनों में तैयार होती है। इसके फल आकर्षक, कुछ बड़े आकार के व लगभग 7.0–8.0 किलो ग्राम वजन के होते हैं। एक पौधे में लगभग 7–9 फल लगते

हैं। फलों का गूदा मोटा लाल रंग का होता है। इसकी औसत उपज 28.0 टन प्रति हेक्टेयर है। फसल का जीवन काल 150–160 दिन का है।

अम्बीली (Ambili)

इस किस्म का विकास केरल कृषि विश्वविद्यालय, वेल्लानीकारा (त्रिसुर) से किया गया है। इसके पौधे ओजस्वी एवं इस पर लगने वाले फल 5.0–6.0 किलोग्राम के होते हैं जिस पर हल्की गड्ढेदार धारी होती है। फूल का गूदा 4.0 सेन्टी मीटर मोटा होता हैं। इसकी औसत उपज 34 टन प्रति हेक्टेयर हैं।

नरेन्द्र अमृत (Narendra Amrit)

इस किस्म का विकास नरेन्द्र देव कृषि एवं प्रौद्योगिकी विश्वविद्यालय, फैजाबाद (उत्तर प्रदेश) से किया गया है। फल का गूदा 5.0 सेन्टीमीटर मोटा एवं नारंगी रंग का होता है। प्रत्येक फल का भार 7–8 किलोग्राम होता है। इसे वर्षाकाल एवं ग्रीष्म काल में खेती के लिए उपयोग किया जा सकता है।

काशी हरित (Kashi Harit or IVPK-226)

इस किस्म का विकास सन् 2005 वंशावली वरण विधि से भारतीय सब्जी अनुसंधान संस्थान, वाराणसी (उत्तर प्रदेश) द्वारा किया गया है। इस किस्म के पौधे छोटे (1.52–2.0 मीटर), पत्तियाँ गहरी हरी होती है जिस पर सफेद धब्बा होता है। फल गोलाकार व 2.5–3.0 किलोग्राम वजन के होते हैं इस किस्म का जीवन काल मात्र 70–75 दिनों का होता है। इसकी औसत उपज 36.0–40.0 टन प्रति हेक्टेयर है। पके फल में बिटा कैरोटिन की मात्रा 3.14 मिली ग्राम प्रति 100 ग्राम खाने योग्य भाग में होता है। इसका अनुमोदन सन् 2006 में उत्तर प्रदेश, मध्य प्रदेश व बिहार के लिए किया गया है।

पूसा हाइब्रिड–1 (Pusa Hybrid-1)

इस संकर किस्म का विकास भारतीय कृषि अनुसंधान संस्थान, नई दिल्ली से किया गया है। फल चपटा गोलाकार व मध्यम आकार का होता है। प्रत्येक फल का वजन 4.75 किलोग्राम होता है। फल का गूदा सुनहरी पीला होता है। इसकी औसत उपज 52.0 टन प्रति हेक्टेयर हैं।

सी0ओ0–2 (CO-2)

यह किस्म तमिलनाडु कृषि विश्वविद्यालय, कोयम्बटूर (तमिलनाडु) से विकसित हुई है। इसके फल आकार में छोटे व लगभग 2.0 किलो ग्राम वजन के होते हैं। गूदे का रंग नारंगी होता है। इसके फल 130–135 दिन में तैयार हो जाते हैं। एक बेल से 10–12 फल प्राप्त होते हैं। इसकी औसत उपज 23.0–25.0 टन प्रति हेक्टेयर है।

पूसा विश्वास (Pusa Vishwas)

यह किस्म भारतीय कृषि अनुसंधान संस्थान, नई दिल्ली से विकसित हुई है। यह लगभग 120 दिन में तैयार हो जाती है। उत्तर भारत के मैदानी भागों में व्यावसायिक खेती के लिए उपयुक्त है। इसके फल मध्यम आकार के होते हैं। फल का औसत वजन 5.0 किलो ग्राम होता है। फल आकर्षक व सुनहरे पीले गूदे युक्त होते हैं। इस किस्म की औसत उपज 30.0 टिन प्रति हेक्टेयर तक हो जाती है।

पूसा विकास (Pusa Vikas)

यह मध्यम या बौनी लता वाली किस्म है, जिसे भारतीय कृषि अनुसंधान संस्थान, नई दिल्ली द्वारा सी0एम0 10 से चयन पद्धति से विकसित की गयी है। इसके फल छोटे और चपटे होते हैं। फल का औसत वजन 2.0 किलो ग्राम होता है। फल का गूदा पीला होता है। इसे उत्तरी भारत के मैदानी क्षेत्रों में वसन्त, गर्मी (फरवरी–मार्च–जून) में उगाने के लिए उपयुक्त है। इसकी औसत उपज 30.0 टन प्रति हेक्टेयर है। फल बीज बुआई के 120 दिन बाद पक जाते है।

सी0एम0–14 (CM-14)

इसकी बेलें फैलने वाली होती हैं। फल चपटे, गोल आकार के और लगभग 6.0 किलो ग्राम वजन के होते हैं। प्रति बेल इसकी औसत उपज 15.38 किलो ग्राम पायी जाती है। इसे दक्षिणी भारत में जनवरी–मार्च और सितम्बर–दिसम्बर माह में उगायी जाती है।

सोलन बादामी (Solan Badami)

इस किस्म का विकास हिमाचल प्रदेश कृषि विश्वविद्यालय, पालमपुर (हिमाचल प्रदेश) से किया गया है। फल का भार 2–4 किलो ग्राम तथा गूदे का रंग सन्तरे जैसा होता है। फल गोलाकार होते है। औसत उपज 42.5–50.0 टन प्रति हेक्टेयर होता है।

जलवायु

काशीफल गर्मी की फसल है, जिसकी वृद्धि एवं विकास के लिये 18.0–24.0 डिग्री सेन्टीग्रेड तापमान की आवश्यकता पड़ती है (नाथ एवं सहयोगी, 1987)। इसके पौधों को पाले से अधिक नुकसान नहीं होता है। इसकी फसल कम गर्म और अधिक नमी वाले भागों में सफलतापूर्वक उगायी जा सकती है। काशीफल की फसल पर छाया का बुरा प्रभाव नहीं पड़ता है, इसलिए इसे दूसरी फसलों के साथ सुगमता से उगाया जा सकता है। इसे बागों में भी उगाया जा सकता है, लेकिन उस स्थिति में बेलों को पेड़ों से अलग जमीन पर ही फैलने देना चाहिए। अत्यधिक ठण्डक (freezing) से पौधा मर जाता है एवं तापमान 16.0 डिग्री सेन्टीग्रेड से कम होने पर पौध वृद्धि मन्द पड़ जाती है। बीज का जमाव 30.0–32.0 डिग्री सेन्टीग्रेड तापमान पर होता है। दिन का तापमान 25.0–30.0 डिग्री सेन्टीग्रेड तथा रात्रि का तापमान 20.0–25.0 डिग्री सेन्टीग्रेड होने पर पौध वृद्धि, पुष्पन व फल धारण अधिक होता है। छोटा दिन मान, कम तापमान व अधिक आर्द्रता पर अधिक उपज मिलती है (कमलनाथन एवं सहयोगी, 1972)।

भूमि और भूमि की तैयारी

काशीफल की फसल हर प्रकार की उपजाऊ भूमि में उगाई जा सकती है। अगेती फसल हल्की मिट्टी में बोने से अच्छी पैदावार होती है। भूमि में जल निकास का उत्तन प्रबन्ध होना चाहिए। खेत की तैयारी 3–4 बार जुताई करके की जा सकती है। इसकी अच्छी वृद्धि एवं विकास के लिए पी0एच0 मान 5.5–7.0 के मध्य होना चाहिए। यह फसल कुछ स्तर तक मृदा अम्लता (5.5 तक पी0एच0 मान) को सहन कर सकता है। काशीफल मृदा लवणता के प्रति काफी संवेदन शील होता है जिससे 50 प्रतिशत उपज में कमी ई0सी0 4.0–6.0 (एम0म्होस / सेन्टीमीटर 25.0 तापमान) पर पाई गयी है।

पोषक तत्व प्रबन्धन

काशीफल के लिए पुरेवाल (1962) के अनुसार 37.5 टन प्रति हेक्टेयर गोबर की अच्छी सड़ी खाद खेत तैयार करते समय डालनी चाहिए। बेल फैलने के समय 100.0 किलो ग्राम प्रति हेक्टेयर की दर से अमोनियम सल्फेट का छिड़काव किया जा सकता है। इससे बेल अच्छी तरह बढ़ती है और फल अधिक लगते हैं। चौधरी (1976) के अनुसार खेत तैयार करते समय प्रति हेक्टेयर लगभग 50.0–60.0 टन गोबर की खाद तथा 50.0 किलो ग्राम नत्रजन और 60.0 किलो ग्राम फास्फेट देना लाभकारी पाया गया है। राजेन्द्रन एवं सहयोगी (1983) ने अधिकतम उपज 74.2 किलोग्राम नत्रजन देने प्राप्त किया जबकि पंजाब में 80.0 किलोग्राम प्रति हेक्टेयर प्रयोग करने से अधिक उपज प्राप्त हुई (सिंह एवं सहयोगी, 1990)।

बुआई का समय और बीज दर

काशीफल को वसन्त कालीन और वर्षा कालीन फसल के रुप में उगाई जाती है। वसन्त कालीन फसल की बुआई जनवरी से मार्च तक और वर्षा कालीन की जून से जुलाई तक की जाती है। पहाड़ी क्षेत्रों में इसकी बुआई मार्च से जून तक की जाती है। एक हेक्टेयर भूमि की बुआई करने के लिए लगभग 6.0–7.0 किलो ग्राम बीज पर्याप्त होता है। काशीफल के बीज को 4 वर्ष तक भण्डारित करके रखा जा सकता है। ग्रीष्म काल में बुआई के पूर्व बीज को 24 घन्टे तक पानी में भिगो कर रखना चाहिए। बीज का जमाव 7–8 दिनों में हो जाता है।

बुआई की विधि

काशीफल की बुआई अन्य कद्दू कुल की सब्जियों की तरह ही दो प्रकार से समतल क्यारियों में थालें बनाकर (sowing pit method or flat bed method) और उभरी हुई क्यारियों में नालियों के दोनों किनारों पर (Souring seeds on ridges) की जाती है। नालियों या थालों के बीच की दूरी 3.0 मीटर और पौधों के मध्य की दूरी 60.0–75.0 सेन्टी मीटर रखी जाती है। एक स्थान पर 3–4 बीजों की बुआई की जाती है। जब पौधे बड़े हो जाते हैं, तब दो स्वस्थ पौधों को छोड़कर अन्य पौधे निकाल दिये जाते हैं। प्रायः इसकी बुआई आलू की मेड़ों पर भी कर देते हैं और बाद में आलू खुदाई कर लेने पर यह फसल विकास करने लगती है। केरल व तमिलनाडु में क्रमशः 4.5X2.0 मीटर एवं 2.5X2.0 मीटर रखते है जबकि पश्चिम बंगाल में 3.4X1.8–2.5 मीटर रखा जाता है। पौध की आपसी दूरी, कुल उपज व फल के आकार पर प्रभाव डालती है (रैनर्स एवं रिग्स, 1999)।

सिंचाई

बुआई के बाद बीज को अच्छी तरह उगने के लिए सिंचाई तुरंत की जाती है, जिससे नमी की कमी न हो। इसके बाद, ग्रीष्म कालीन फसल की सप्ताह में एक बार सिंचाई करनी चाहिए। वर्षा कालीन फसल को अधिक सिंचाई की जरुरत नहीं पड़ती क्योंकि बरसात होती रहती है, लेकिन आवश्यकता पड़ने पर सिंचाई करते रहना चाहिए।

निकाई–गुड़ाई

खेत को 40–45 दिन तक खरपतवार रहित करने के लिए निकाई–गुड़ाई की आवश्यकता पड़ती है। इसलिए फसल की शुरुआत में 2–3 बार निकाई–गुड़ाई की जाती है, जब तक बेलें फैल नहीं जाती है। जमाव पूर्व पेण्डी–मेथेलिन की 1.0 किलोग्राम मात्रा या 3.3 मीटर प्रति हेक्टेयर अथवा एलाक्लोर की 2.5 किलोग्राम प्रति हेक्टेयर या बीज लगाने के पूर्व बेनुसुलाइड की 4.0–6.0 किलोग्राम प्रति हेक्टेयर से खरपतवार समाप्त हो जाते है (खुराना एवं सहयोगी, 1988)।

फलों की तुड़ाई

फलों की तुड़ाई इसकी उपयोगिता पर निर्भर करती है। इसके फल कच्चे और पके दोनों अवस्थाओं में सब्जी बनाने के लिए उपयोग किये जाते हैं। फलों को डंठल सहित तोड़ना उचित रहता है।

पैदावार

यह अधिक उपज देने वाली सब्जी है तथा इसकी पैदावार 20.0–45.0 टन प्रति हेक्टेयर होती है। इसकी औसत उपज लगभग 30.00 टन प्रति हेक्टेयर है।

भण्डारण

कद्दू कुल की सब्जियों में यही एक सब्जी है, जिसको अधिक दिन तक भण्डारित किया जा सकता है। प्रायः इसके पके फलों को खुले हवादार घर में रखते हैं और समय–समय पर देखते रहते हैं ताकि सड़े फलों को अलग किया जा सके। शीत गृह में इसे 10.0–15.0 डिग्री सेंटी ग्रेड तापक्रम तथा 75 प्रतिशत आपेक्षित आर्द्रता पर रखा जा सकता है।

विलायती कद्दू (Winter Squash)

वानस्पतिक नाम : कुकुरबिटा मैक्सिमा (*Cucurbita maxima* Duch.)

कुल : कुकुरबिटेसी (Cucurbitaceae)

गुणसूत्र संख्या : 2 एन = 40

भारतवर्ष में विलायती कद्दू को स्थानीय भाषा में हरा फल, हरा कद्दू, मीठा ककनू तथा विदेशी भाषा में हिम्फो, कटूँन, विण्टर स्क्वाश आदि नामों से सम्बोधित करते हैं। चूँकि विलायती कद्दू के बीज की बुआई वर्षा कालीन मौसम में की जाती है, लेकिन खाने योग्य फल शीतकाल में प्राप्त होते हैं, अतः इसे "विण्टर स्क्वाश" (winter squash) नाम दिया गया है।

उद्भव तथा वितरण

पुरातत्वविदों के अनुसार विलायती कद्दू की उत्पत्ति स्थल दक्षिण अमेरिका है, ऐसा विश्वास किया जाता है। जहाँ तक इस फसल के वितरण का प्रश्न है, तो इसकी खेती विश्व के सभी उष्ण जलवायु वाले मैदानी क्षेत्रों में की जाती है। भौगोलिक वितरण में पाया गया है कि विलायती कद्दू 400.0 मीटर की ऊँचाई तक के पर्वतीय क्षेत्रों में सफलतापूर्वक उगाया जा सकता है।

वानस्पतिक विवरण

विलायती कद्दू एकवर्षीय (annual) सब्जी है, जिसके पौधे लम्बी, द्विशाखी प्रतानों की सहायता से बढ़ते हैं। पौधों का तना मोटा, खाँचेदार (grooved) तथा हरे रंग का होता है। तने पर पत्तियाँ सामान्य से कुछ लम्बी, गहरे हरे रंग की व आकार में हृदयाकार होती है। नर व मादा पुष्प एक ही पौधे पर विकसित हाते हैं। सामान्यतया नर पुष्प पहले विकसित होते हैं तथा मादा पुष्प कुछ दिनों बाद विकसित होती हैं। पौधों पर मादा पुष्प प्रातः काल 6.0–9.0 बजे के मध्य पुष्पित हाते हैं। फल प्रायः हरे, आकार में गोल, लम्बे तथा काफी बड़े होते है। पकने पर फल का रंग पीला हो जाता है।

पोषकीय महत्व

विलायती कददू को कच्ची अवस्था में स्वादिष्ट सब्जी, कोफ्ता तथा रायते के रूप में खाया जाता है। वर्तमान समय में टमाटर के साथ मिलाकर केचप बनाने में ज्यादा प्रयोग किया जा रहा है। विलायती कददू में प्रचुर मात्रा में विटामिन 'ए' कैल्सियम, फास्फोरस तथा अन्य खनिज लवण प्रचुर मात्रा में पाया जाता है। विलायती कद्दू में पाये जाने वाले पोषक तत्वों की मात्रा सारिणी में दी गयी है–

सारिणी (8.19) विलायती कद्दू में पाये जाने वाले पोषक तत्व (प्रति 100 ग्राम खाने योग्य भाग में)

पोशक तत्व	मात्रा
नमी	85.1 ग्राम
प्रोटीन	1.4 ग्राम
वसा	0.3 ग्राम
राख	0.9 ग्राम
रेशा	1.4 ग्राम
कार्बोहाइड्रेट्स	12.4 ग्राम
ऊर्जा	50.0 किलो कैलोरी
कैल्सियम	22.0 मिली ग्राम
फास्फोरस	38.0 मिली ग्राम
लौह तत्व	0.6 ग्राम
सोडियम	1.0 मिली ग्राम
पोटैशियम	369.0 मिली ग्राम
विटामिन 'ए'	3700 (अ ई0)
थाइमिन	0.05 मिली ग्राम
राइबोफलेबिन	0.11 मिली ग्राम
नियासिन	0.6 मिली ग्राम
एस्कार्बिक अम्ल	13.0 मिली ग्राम

स्रोतः गोपालन एवं सहयोगी, 1982

उन्नतिशील किस्में

भारतवर्ष में उगाई जाने वाली ज्यादातर किस्में विदेशों से आयातित है, जिन्हे स्थानीय तौर पर चयन किया गया है। विलायती कद्दू के वर्गीकरण के 2 आधार हैं–

1. प्रथम समूह में फलों के आकार के अनुसार गोल, बड़े फलों वाली किस्में अच्छी मानी जाती हैं, जिसमें पैदावार के साथ–साथ गुणवत्ता अच्छी है, रखी गयी है।
2. द्वितीय समूह में लम्बें फलों वाली किस्मों को स्थान दिया गया है।

तुलनात्मक दृष्टि से गोल किस्मों की उपज क्षमता लम्बी फल वाली से ज्यादा है। अमेरिका में कुछ किस्में जैसे–ग्रीन हबर्ड, ब्लू हबर्ड, गोल्डन हबर्ड, आदि ज्यादा प्रचलित है।

भारतीय वातावरण में विकसित विलायती कद्दू की किस्में इस प्रकार है–

अर्का सूर्यमुखी (Arka Suryamukhi)

"अर्का सूर्यमुखी" किस्म का विकास भारतीय बागवानी अनुसंधान संस्थान, बैंग्लुरु (कर्नाटक) द्वारा स्थानीय जननद्रव्य के संकलन (आई0आई0आर0–79) से चयन कर किया गया है। अखिल भारतीय समन्वित अनुसंधान परियोजना (सब्जी फसल) के अन्तर्गत इसको सन् 1987 में भारत के

भौगोलिक क्षेत्र आठ (zone VIII) में उगाने के लिए अनुमोदित किया गया है। इसके फल आकार में छोटे 1.0–1.5 किलो ग्राम वजन के, गोल, दोनों किनारे पर चपटे तथा गहरे नारंगी रंग के होते हैं, जिनके बीच–बीच में हल्की क्रीम रंग की धारियाँ पायी जाती है। इन धारियों के साथ–साथ उथले खाँचें (grooved) भी पाये जाते हैं। हल्के रंग की धारियाँ पुष्प जैसे लगती हैं। फल में अच्छी सुगन्ध होती है। गूदा नारंगी व पीले रंग का होता है। फल की भण्डारण क्षमता भी काफी अच्छी हैं। इस किस्म के फलों पर फल मक्खी (fruit fly) कीट का प्रकोप बहुत कम होता है। फसल लगभग 100 दिन में पककर तैयार हो जाती है। इसकी औसत उपज 33.9 टन प्रति हेक्टेयर है।

जलवायु

विलायती कद्दू गर्म व नम जलवायु का पौधा है, लेकिन अधिक गर्म व ठण्डक भरी हवा (शीत लहर) इसके लिए हानिकारक हैं। गर्म व शीत लहर की दशा में पौधों पर फल नहीं बनते हैं। गुणवत्तायुक्त एवं अधिक उपज के लिए सामान्यतः 20.0–25.0 डिग्री सेन्टीग्रेड तापमान सबसे उत्तम होता है। अधिक ठण्डक में पौधा पूर्णतया नष्ट हो जाता है। अधिक एवं लगातार होने वाली वर्षा भी इस फसल के लिए हानिकारक है, क्योंकि ऐसे मौसम में पुष्पों का परागण सही ढंग से न होने के कारण फल कम लगते हैं तथा विकसित फल सड़ना शुरू कर देते हैं।

भूमि एवं भूमि की तैयारी

विलायती कद्दू की खेती बलुई से लेकर मटियार भूमि तक सफलतापूर्वक की जा सकती हैं, लेकिन अधिक एवं गुणवत्तायुक्त उपज के लिए दोमट भूमि जिसमें जिवांश की प्रचुर मात्रा हो, सिंचाई व जल निकास की उचित व्यवस्था हो तथा भूमि में किसी तरह की कड़ी परत न हो, सबसे उत्तम समझी जाती है। अगर मृदा का पी0एच0 मान 6.0–7.0 हो तो पौधों की वृद्धि व पैदावार अच्छी होती है। खेत की तैयारी करने के लिए गर्मी के महीने में 1–2 बार गहरी जुताई करना चाहिए तथा बुआई पूर्व 5–6 जुताईयाँ कल्टीवेटर से करते हैं। पाटा लगाकर खेत को समतल करना चाहिए। खेत से पुरानी फसल के अवशेष, जड़ें इत्यादि को निकाल देना चाहिए। खरपतवार ग्रसित खेत में पहले हल्की सिंचाई कर देने से खरपतवार के बीज जम जाते है और गहरी जुताई कर देने से खरपतवार के पौधे खेत में ही सड़कर नष्ट हो जाते हैं।

बीज बुआई का समय

विलायती कद्दू की बुआई खरीफ मौसम में की जाती है। फसल की वृद्धि एवं विकास लगातार होती रहती है, लेकिन शीतकाल के प्रारम्भ में खाने योग्य फल प्राप्त होते हैं। पहाड़ी क्षेत्रों में इस फसल की बुआई 15 अप्रैल से 15 जून तक की जाती है।

बीज दर

विलायती कद्दू के बीजों में यदि 80.0–85.0 प्रतिशत तक अंकुरण है, तो 4.0–5.0 किलो ग्राम बीज एक हेक्टेयर क्षेत्रफल में बुआई के लिए उपयुक्त है। पुराने बीज की बुआई नही करनी चाहिए, पुराने बीजों में बीमारी का संक्रमण ज्यादा होता है।

बुआई की विधि

अच्छी प्रकार तैयार खेत में 3.0 मीटर की दूरी पर 50.0 सेन्टी मीटर चौड़ी नालियाँ बनाया जाता है तथा उनमें 2.0–2.0 मीटर की दूरी पर 30×30×30 सेन्टी मीटर आकार के गड्ढें बनाये जाते हैं। प्रत्येक गड्ढे में 5.0 किलो ग्राम सड़ी गोबर की खाद तथा 100.0 ग्राम नीम की खली तथा अन्य अकार्बनिक पोषण तत्व मिलाकर थाले को तैयार कर लिया जाता है। प्रत्येक थाले में 3–4 बीज, 4.0–5.0 सेन्टी मीटर की गहराई पर बुआई की जाती है। बीज की बुआई के समय जमीन में पर्याप्त नमी होनी चाहिए।

पोषक तत्व प्रबन्धन

विलायती कद्दू पोषक तत्वों के प्रति ज्यादा संवेदनशील है। खेत की तैयारी के समय 20.0–25.0 टन गोबर की सड़ी खाद या कम्पोस्ट का प्रयोग किया जाए तो फसल की वृद्धि अच्छी प्रकार होती है और उपज ज्यादा मिलती है। प्रत्येक गड्ढे या थाले में गोबर की खाद के साथ 50.0 ग्राम यूरिया, 125.0 ग्राम सुपर फास्फेट व 50.0 ग्राम म्यूरेट आफ पोटाश देना चाहिए। जब पौधे 30–35 दिन के हो जाए तो पुनः 25.0 ग्राम यूरिया प्रति थाला, प्रयोग करना चाहिए।

सिंचाई जल प्रबन्धन

विलायती कद्दू की फसल में बहुत कम सिंचाई की आवश्यकता होती है। खरीफ मौसम में वाँछित समय पर वर्षा नहीं हो रही है तो आवश्यकतानुसार हल्की सिंचाई करनी चाहिए। शीतकाल में पुष्पन व फल धारण करते समय 1–2 बार सिंचाई करना उत्तम पाया गया है। ध्यान रहे कि सिंचाई केवल नालियों में व हल्की ही की जानी चाहिए। इससे फसल की वृद्धि एवं फल की गुणवत्ता में सुधार होता है। इसके अलावा हल्की सिंचाई करने से फल तथा लता में लगने वाले वाले रोगों के संक्रमण से भी बचाया जा सकता है। खरीफ मौसम में लगातार वर्षा होने की स्थिति में खेत से उचित जल निकास की व्यवस्था तुरन्त करना चाहिए। इसके लिए प्रत्येक दो कतारों के बीच में एक जल निकास नाली बनाई जाती है, ताकि अतिरिक्त जल खेत से निकल जाये व फसल किसी तरह के कुप्रभाव से भी सुरक्षित रहे।

सस्य प्रबन्धन

विलायती कद्दू की फसल की प्रारम्भिक अवस्था में पौधों की अच्छी वृद्धि के लिए यह आवश्यक है कि फसल को खरपतवार से मुक्त रखा जाये। खरीफ के फसल में 4–5 बार निकाई पर्याप्त होती है, जबकि जायद की फसल के लिए 2–3 निकाई ही पर्याप्त है। रासायनिक विधि से खरपतवार नियन्त्रण के लिए बीज बुआई के 45–50 दिनों के अन्दर दो कतारों के बीच में 0.2 प्रतिशत ग्रैमैक्सोन का घोल छिड़कना चाहिए, लेकिन ध्यान रहे कि घोल का छिड़काव पौधों पर न पड़ने पाये अन्यथा वे भी नष्ट हो जायेगें।

पौधों को सहारा देना

अधिक एवं गुणवत्तायुक्त उपज प्राप्त करने के लिए प्रत्येक पौधों को सहारा देना अति आवश्यक है। कतारों के बीच में बाँस, एंगिल आयरन (angle iron) पर चढ़ाने या जमीन पर अरहर आदि डालने से लताये उन पर फैल जाती है और फल जमीन के सम्पक्र में न आने के कारण सड़ने से बच जाते है।

फलों की तुड़ाई

विलायती कद्दू के फल छोटी व मुलायम अवस्था से लेकर पूर्ण पकने की अवस्था तक किसी भी समय तोड़कर उपयोग में लाया जा सकता है।

उपज एवं विपणन

औसत उपज 15.0–20.0 टन प्रति हेक्टेयर होती है। रोग एवं कीट संक्रमित फल की छटनी कर विपणन के लिए बाजार में भेजा जाता है।

भण्डारण

कच्चे फलों को सामान्य तापक्रम पर 6–8 दिन तक सुरक्षित रखा जा सकता है, लेकिन शीतगृह में 6.0–8.0 डिग्री सेन्टीग्रेड तापमान पर 20–25 दिन तक रखा जा सकता है।

चप्पन कद्दू
(Summer Squash or Vegetable Marrow)

वानस्पतिक नाम : कुकुरबिटा पेपो (*Cucurbita pepo* L.)

कुल : कुकुरबिटेसी (Cucurbitaceae)

गुणसूत्र संख्या : 2 एन = 40

भारतवर्ष में चप्पन कद्दू को स्थानीय भाषा में सफेद कुम्हड़ा, विलायती कद्दू, विलायती कुम्हड़ा, भेला कद्दू तथा विदेशी भाषा में इसे समर स्क्वाश (summer squash), आर्नामेन्टल स्क्वाश, अनोटू, वेजिटेबुल मैरो (vegetable marrow), टेबुल मैरो, जूचीनी (zucchini), म्फगेल्ली स्क्वाश आदि नाम से पुकारा जाता है। स्क्वाश शब्द की उत्पत्ति एक भारतीय शब्द "अस्कूटा–स्क्वाश" से हुआ है, जिसका मतलब कच्चा या बिना पकाये खाये जाने वाले सब्जी से है। वेजिटेबुल मैरो (vegetable marrow), पम्पकीन की तुलना में छोटा होता है और डिब्बे में भरे हुए समान के आकार का होता है। चप्पन कद्दू के फल कम समय में तैयार हो जाती है और मण्डी में कृषकों को अच्छे भाव मिलते है।

उदभव एवं वितरण

चप्पन कद्दू की उत्पत्ति उष्ण कटिबन्धीय अमेरिका से हुई, ऐसा अनुमान लगाया जाता है, क्योंकि वहाँ पर इसकी खेती 10,000 वर्ष से की जा रही है। पुरातत्व विशेषज्ञों के अनुसार मैक्सिको में गुफाओं की खुदाई से इसके बारे में विस्तृत प्रमाण (ईसा पूर्व 7000–5000 वर्ष) प्राप्त हुए हैं। मैक्सिको में चप्पन कद्दू की कुछ जंगली प्रभेद आज भी प्रकृति में उगते हुए देखे जा सकते हैं। संयुक्त राज्य अमेरिका में इतिहासकारों ने चप्पन कद्दू की खेती के बारे में स्पष्ट किया है कि मिसौरी (Missouri) में 4000 ईसा पूर्व तथा मिसीसीपी (Mississippi) में सन् 1400 से इसकी खेती हो रही है। यूरोप में इस महत्वपूर्ण सब्जी का प्रचार–प्रसार नई दुनिया के आविष्कार के बाद हुआ। दक्षिण अमेरिका में इसका उपस्थापन (introduction) वर्तमान काल माना जाता है। ग्रीष्मकालीन सब्जी के रूप में समर स्क्वाश (summer squash) की खेती सम्पूर्ण विश्व में सबसे ज्यादा चीन में होती है। इसके बाद अधिक उत्पादक देश क्रमशः उक्रेन (Ukrain), अफगानिस्तान एवं टर्की है। ये सभी मिलाकर सम्पूर्ण विश्व के उपज का 45 प्रतिशत उत्पादन करते हैं। भारतवर्ष में उत्तर प्रदेश, पंजाब एवं हरियाणा में इसकी खेती ज्यादा होती है। हिमाचल प्रदेश के निचले तथा मध्य क्षेत्रों में नकदी फसल के रूप में उगाया जाता है तथा निचले क्षेत्र में नदियों के किनारे भी इसकी खेती की जाती है। हिमाचल प्रदेश के मध्य क्षेत्रों (कुल्लू घाटी) की यह लोकप्रिय फसल है।

वानस्पतिक वितरण

चप्पन कद्दू का पौधा एकवर्षीय झाड़ीदार (annual bushy) या कम फैलने वाला होता है, जिसके मध्य भाग से चारों ओर पत्तियाँ व फल निकलते हैं या फिर वह एक बहुत कम फैलने वाली

एकवर्षीय लता होती है। झाड़ीदार किस्मों में तना छोटा होता है। फैलने वाली प्रजातियों में केवल 4–5 शाखाएँ विकसित होती हैं। पत्तियाँ आकार में बड़ी, तिकोनी, कड़ी तथा सीधी उठी हुई होती हैं। दलपुँज (crolla) नीचे की ओर घुमावदार न होकर, सीधे खड़े होते हैं। फलः प्रायः बेलनाकार व लम्बे होते हैं। फलों में रंग की आकर्षक विविधता पाई जाती है। विभिन्न किस्मों के फल दुधिया सफेद, पीले, नारंगी, हरे अथवा अनेक प्रकार की धारियों व चित्तियों वाले होते हैं। पुष्प प्रातः काल 5.0–9.0 बजे तक पुष्पित होते हैं।

पोषकीय महत्व

चप्पन कद्दू के मुलायम कच्चे फलों की सब्जी बनाई जाती है। फलों का प्रयोग रायता, कोफ्ता एवं हलुआ बनाने के लिए भी किया जाता है। इसके फलों में विटामिन "सी" प्रचुर मात्रा में पाई जाती है। इसके अलावा चप्पन कद्दू में कैल्सियम, फास्फोरस, प्रोटीन, लोहा तथा कार्बोहाइड्रेट प्रचुर मात्रा में पाया जाता है। बीजों की गिरी (seed kernel) बहुत ही पोषण युक्त होती है अतः इनको भूनकर खाया जाता है या ठण्डई में मिलाकर पोषकीय पेय पदार्थ बनाया जाता है। चप्पन कद्दू में पाये जाने वाले पोषक तत्वों को सारिणी में दिया गया है–

सारिणी (8.20) चप्पन कद्दू में पाये जाने वाले पोषक तत्व (प्रति 100 ग्राम खाने योग्य भाग में)

पोषक तत्व	मात्रा
नमी	94.0 ग्राम
प्रोटीन	1.1 ग्राम
वसा	0.1 ग्राम
राख	0.6 ग्राम
रेशा	0.6 ग्राम
कार्बोहाइड्रेट्स	4.2 ग्राम
ऊर्जा	19 कैलोरी
कैल्सियम	28.0 मिली ग्राम
फास्फोरस	29.0 मिली ग्राम
लोहा	0.4 मिली ग्राम
सोडियम	1.0 मिली ग्राम
पोटैशियम	202.0 मिली ग्राम
विटामिन ए	410.0 मिली ग्राम
थायमिन	0.05 मिली ग्राम
राइबोफ्लेबिन	0.09 मिली ग्राम
नियासिन	1.0 मिली ग्राम
एस्कार्बिक अम्ल	22.0 मिली ग्राम

स्रोतः गोपालन एवं सहयोगी, 1982

उन्नतिशील किस्में

पैटी पैन (Patty Pan)

इसके पौधे झाड़ीनुमा होते हैं। इस किस्म को ग्रीष्म और वर्षा दोनों मौसमों में सफलतापूर्वक उगाई जा सकती है। यह किस्म अमेरिका से मँगाकर भारतीय बागवानी अनुसंधान संस्थान, बैंग्लुरु (कर्नाटक) द्वारा विकसित की गई है। इसके फल मुलायम, सफेद चपटे व आकर्षक होते हैं। इस किस्म में फल शीघ्र (बीज बुआई के 25 दिन बाद) आते हैं तथा अधिक संख्या में लगते है।

यलो समर प्रोलीफिक स्ट्रेट नेक (Yellow Summer Straight Neck)

यह किस्म भी अमेरिका से मंगाकर विकसित की गई है। इसको दोनों मौसमों, ग्रीष्म व वर्षा ऋतु में सफलतापूर्वक उगाया जा सकता है। इसके फल आकर्षक लम्बे, पीले व नरम, होते है। इसमें भी जल्दी और अधिक फल लगते हैं।

अर्ली यलो प्रालीफिक (Early Yellow Prolific)

इस किस्म का विकास भारतीय कृषि अनुसंधान संस्थान, क्षेत्रीय शोध केन्द्र, कटराईं (हिमाचल प्रदेश) द्वारा किया गया है। यह झाड़ीनुमा (bushy) अगेती किस्म है। इसमें बुआई के 55–60 दिन बाद फल मिलना आरम्भ हो जाता है। फल मध्यम आकार के, हल्के पीले रंग के तथा गूदा मुलायम होते है। इसमें फल अधिक लगते हैं।

आस्ट्रेलियन ग्रीन (Australian Green)

यह एक अत्यन्त अगेती (50–55 दिन में फल देने वाली) किस्म है। इसका विकास भारतीय कृषि अनुसंधान संस्थान, क्षेत्रीय शोध केन्द्र, कटराईं (हिमाचल प्रदेश) द्वारा किया गया है। अतः यह एक प्रवेशित (introduced) किस्म है। पौधे झाड़ीनुमा होते है। फल गहरे हरे रंग के, बहुत ही मुलायम तथा लम्बे (20.0–30.0 सेन्टी मीटर) होते हैं। फलों पर सफेद लम्बी धारियाँ होती हैं। यह एक अधिक उपज (15.0–16.0 टन/हेक्टेयर) देने वाली किस्म है।

पूसा अलंकार (Pusa Alankar)

यह संकर किस्म है, जो ई0सी0 207050 और सेलेक्सन–1 के संकरण से भारतीय कृषि अनुसंधान संस्थान, क्षेत्रीय शोध केन्द्र, कटराई (हिमाचल प्रदेश) द्वारा विकसित हुई है। यह एक अगेती तथा अधिक उपज (20.0–30.0 टन प्रति हेक्टेयर) देने वाली किस्म है, जिसमें बीज बुआई के 45–50 दिन बाद फल लगना शुरू हो जाता है। इसके फल गहरे हरे रंग के होते हैं। फलों का गूदा नरम होता है। फलों पर हल्के रंग की धारियाँ पाई जाती है। इस किस्म में लगभग 15–16 बार फलों की तुड़ाई की जा सकती है।

एस0–48 (S-48)

एस0–48 किस्म का चयन पंजाब कृषि विश्वविद्यालय, लुधियाना (पंजाब) द्वारा किया गया है। इसके फल गहरे हरे रंग के होते हैं।

पंजाब चप्पन कद्दू (Punjab Chappan Kadoo)

इस किस्म के पौधे झाड़ीनुमा, फल आकर्षक हरे रंग के एवं प्यालीनुमा आकार के होते हैं। गूदा सफेद मक्खन जैसा होता है। बुआई के 50–55 दिन बाद फल तुड़ाई योग्य हो जाते हैं। इसकी औसत उपज 24.0–30.0 टन प्रति हेक्टेयर है। यह किस्म चूर्णिल आसिता (powdery mildew) और खीरा मोजेक विषाणु (cucumber mosaic virus) के प्रति अवरोधी है।

जलवायु

चप्पन कद्दू एक ऐसी सब्जी है, जो गर्मी तथा जाड़ा दोनों सहन कर सकती है। इसलिए इसकी खेती मुख्य रूप से वसन्त ऋतु में की जाती है। विलायती कद्दू ठण्डक सहन करने के कारण पहाड़ी इलाकों में ही अधिक सफलतापूर्वक उगाया जाता है। अतः इसके लिए पहाड़ी जलवायु उत्तम होता है। हिमाचल प्रदेश में इसे बे–मौसमी नकदी फसल के रूप में लगभग सभी भागों में उगाया जाता है। शुष्क जलवायु क्षेत्रों में सिंचाई की समुचित व्यवस्था होने पर समर स्क्वाश (sunner squash) व विन्टर स्क्वाश (winter squash) की खेती सुगमता पूर्वक की जा सकती है। मेक्सिको में कुछ ऐसी किस्में हैं, जो 2000.0 मीटर की ऊँचाई से ज्यादा क्षेत्रों में सफलतापूर्वक उगाई जा सकती हैं। बीज जमाव के लिये निम्नतम 13.0 डिग्री सेन्टी ग्रेड तापक्रम आवश्यक है। मृदा की स्थिति तथा तापमान की विविधता के कारण बीजों का जमाव 7–10 दिनों में हो जाता है। अगर तापमान कम है, तो काली पालीथीन का पलवार लगा देने से बीज सुगमता से उग आते है। पौधों की सामान्य वृद्धि के लिए 24.0–27.0 डिग्री सेन्टीग्रेड का तापमान आवश्यक हैं। कम तापमान व छोटा दिनमान रहने पर मादा पुष्प ज्यादा संख्या में निकलते हैं और बहुत जल्द बिना बीज वाले फलों (parthenocarpic fruit) का विकास हो जाता है, जिससे उत्पादकों को बाजार में ज्यादा कीमत मिल जाती है। लम्बा दिनमान तथा गर्म वातावरण होने पर नर पुष्प ज्यादा विकसित होते हैं।

भूमि और भूमि की तैयारी

चप्पन कद्दू की खेती किसी भी मृदा में की जा सकती है, लेकिन अधिक उपज के लिए उपजाऊ भूमि जिसमें पानी के निकास का उत्तम प्रबन्ध हो, अच्छी होती है। इसकी खेती 6.0–6. 5 पी0एच0 मान वाली भूमि में भी की जा सकती है। हल्की मृदा में फल जल्दी आते हैं और शीघ्र ही बाजार योग्य हो जाते है। यह अम्लता तथा क्षारीयता दोनों के प्रति संवेदनशील है। सामान्यतः 2–3 बार गहरी जुताई कर पाटा चलाकर मिट्टी समतल व भुरभुरी बनाकर खेत को तैयार कर लिया जाता है। इसके बाद क्यारी बनाते हैं।

पोषक तत्व प्रबन्धन

चप्पन कद्दू की अच्छी पैदावार लेने के लिए 25.0–37.5 टन प्रति हेक्टेयर गोबर की सड़ी खाद या कम्पोस्ट, खेत की तैयारी के समय मिला दिया जाता है। इसके अलावा फसल की प्रारम्भिक अवस्था में 150.0–200.0 किलो ग्राम प्रति हेक्टेयर यूरिया का छिड़काव करना चाहिए। शोध से यह सिद्ध हुआ है कि चप्पन कद्दू की फसल में 111.10 किलो ग्राम नत्रजन, 55.55 किलो ग्राम पोटाश

प्रति हेक्टेयर देना लाभकारी होता है। चौ0 चरण सिंह हरियाणा कृषि विश्वविद्यालय, हिसार (हरियाणा) ने सिफारिश की है कि एक हेक्टेयर खेत के लिए 37.5 टन गोबर की अच्छी सड़ी खाद तथा 100.0 किलो ग्राम नत्रजन, 50.0 किलो ग्राम फास्फोरस और 50.0 किलो ग्राम पोटाश पर्याप्त होता है। आधी नत्रजन तथा पूर्ण पोटाश व फास्फोरस, बीज बुआई या पौध रोपण के पूर्व 15.0 सेन्टी मीटर की गहराई पर कतार में देना चाहिए। बची हुई नत्रजन की मात्रा को 2 भागों में बाँटकर खड़ी फसल पर छिड़काव करनी चाहिए। अधिक नत्रजन के प्रयोग से पौध वृद्धि ज्यादा होती है और फल कम लगने से उपज घट जाती है। अतः अल्प मात्रा व सही मात्रा में ही नत्रजन का उपयोग आवश्यक है।

बुआई का समय तथा बीज दर

ग्रीष्म कालीन फसल की बुआई जनवरी से अप्रैल तक तथा वर्षा कालीन फसल जून–जुलाई में बोई जाती है। अगेती फसल के लिए अक्टूबर–नवम्बर में बुआई की जाती है, लेकिन जाड़े से बचाव के लिए सरकंडे से ढकने की आवश्यकता होती है। एक हेक्टेयर भूमि के लिए 4.0–5.0 किलो ग्राम बीज पर्याप्त होता है। इन फसलों की अगेती फसल लेने के लिए बीज को पालीइथीलीन के थैले में मिट्टी भरकर 2–3 बीज की बुआई करते हैं। बीज को अति शीघ्र अंकुरित होने के लिए थैले को पुआल या प्लास्टिक की चादरों आदि से ढककर, घर के बरामदे में रखा जाता है, ताकि नवोद्भिद पौध (seedlngs) को ठण्ड के प्रकोप से बचाया जा सके। जब पौधे 2–3 पत्ती युक्त हो जायें, तो पौधों को मुख्य खेत में रोपण थैला हटाकर पिण्डयुक्त मिट्टी सहित करते हैं।

बुआई की विधि

चप्पन कद्दू की बुआई नालियों के दोनों ओर 45.0–60.0 सेन्टी मीटर की दूरी पर थाले बनाकर 2.0–3.0 सेन्टी मीटर की गहराई पर की जाती है। नालियों की दूरी 1.0–1.5 मीटर तक रखी जाती है। प्रत्येक थाले में 2–3 बीज बोये जाते हैं। नर्सरी में उगाये गये पौधों को 60.0×10.0 सेन्टी मीटर की दूरी पर की जाती है।

सिंचाई जल प्रबन्धन

बीज की जमाव और अंकुरण के लिए खेत में पर्याप्त नमी का होना अति आवश्यक है। सामान्यतः इसकी सिंचाई लगभग 8 दिन के अन्तर पर की जाती है, क्योंकि यह कम समय की फसल होती है। वर्षा कालीन फसल को कम पानी की जरूरत होती है, जो क्षेत्र की कुल औसत वर्षा पर निर्भर करती है। हल्की मृदा में बार–बार सिंचाई करनी पड़ती है, जबकि भारी मृदा में कम। अगर पुष्प बनने तथा फल धारण के समय खेत में नमी की कमी होती है, तो उपज घट जाती है। अतः खेत में 60.0 प्रतिशत से ज्यादा नमी धारण क्षमता को बरकरार रखना चाहिए। चप्पन कद्दू के लिए कुल जलमाँग 2.5–3.0 सेन्टी मीटर प्रति सप्ताह है।

निकाई–गुड़ाई

चप्पन कद्दू शीघ्र बढ़ने वाली फसल है, अतः खरतवारों को नियंत्रित करने के लिए कई बार निकाई–गुड़ाई आवश्यकता होती है। इसलिए समय–समय पर निकाई तथा 1–2 बार हल्की गुड़ाई

कर मिट्टी चढ़ा देना चाहिए। खेत में काली प्लास्टीक का पलवार लगा देने से खरपतवार कम हो जाते हैं। पलवार लगाने से रोग व कीड़ों का प्रकोप कम होता है और गुणवत्तायुक्त उपज प्राप्त होती है। रासायनिक विधि से खरपतवार नियन्त्रण के लिए बेन्सुलाइड (प्रीफर 4 ई) की 5.0–6.0 किलो ग्राम मात्रा (सक्रिय तत्व) को 3–5 सेन्टी मीटर की गहराई पर प्रयोग करना चाहिए।

फलों की तुड़ाई

किस्मों की विभिन्नता तथा वातावरणीय घटकों के अनुसार चप्पन कद्दू की फसल लगभग 40–60 दिन में तैयार हो जाती है। फल धारण से खाने योग्य फल पकाव के समय में 1 सप्ताह लगता है। मुलायम, आकर्षक व अच्छे आकार वाले फल, जिनमें बीज सख्त न हो, की तुड़ाई 5–6 दिन के अन्तराल पर की जाती है। तुड़ाई करते समय यह सावधानी रखनी चाहिए कि बेलों को कोई नुकसान न पहुँचे। अतः तुड़ाई तेज चाकू से करना चाहिए। फल की कोमलता का निर्धारण फल की चमक, हल्के रंग की उपस्थिति और फल में नाखून का आसानी से प्रवेश होना है। चूँकि फल का विकास तेज गति से होता है, अतः तुड़ाई प्रतिदिन या एक दिन के अन्तराल पर करना चाहिए।

जब फलों का रंग गहरे हरे से हल्का हर पड़ना शुरू हो जाये तो फलों की तुड़ाई करने के लिए उत्तम माना जाता है। फलों की तुड़ाई एक निश्चित अन्तराल पर करते रहना चाहिए, ताकि फल सख्त न हो अन्यथा उनकी बाजार में माँग कम होती है। बीज बुआई के 60–75 दिन बाद फल तोड़ने योग्य हो जाते है। यह कार्य हर 3 दिन बाद करना चाहिए।

उपज

चप्पन कद्दू की औसत उपज 25.0–30.0 टन प्रति हेक्टेयर होती है, लेकिन आधुनिक किस्में 40.0–45.0 टन प्रति हेक्टेयर तक उपज देती हैं। अगर फल को कोमल व छोटी अवस्था में जल्दी–2 तोड़ लिया जाये तो उपज बढ़ जाती है।

भण्डारण

चप्पन कद्दू का भण्डारण ज्यादा दिन तक नही किया जा सकता है, क्योंकि फल बहुत जल्दी खराब हो जाते हैं। इसी कारण फलों को दूर के बाजार में ले जाना सम्भव नही होता है। परिवहन में फलों पर खरोच पड़ जाती है, जिससे बाजार मूल्य घट जाता है। सामान्यतः 5.0–10.0 डिग्री सेन्टीग्रेड तापमान तथा 90.0–95.0 प्रतिशत आर्द्रता पर एक सप्ताह तक भण्डारित किया जा सकता है।

पौध संरक्षण

फसल को हानि पहुँचाने वाले प्रमुख कीट व रोगों का नियंत्रण करना आवश्यक होता है–

प्रमुख कीट एवं उनका प्रबन्धन

लाल भृंग कीट (Red Pumpkin beetle)

पौधों से पत्तियों के निकलने के बाद कोमल पत्तियों को काटते हैं, बाद में यह बड़े पत्तों तथा फूलों को भी नुकसान करते हैं। कभी–कभी इसके प्रकोप से फसल पूरी तरह नष्ट हो जाती है। इसकी रोक थाम के लिए मैलाथियान 0.1 प्रतिशत या रोगार 0.2 प्रतिशत 7–10 दिन के अन्तराल पर छिड़काव करें।

माहूँ (Aphids)

ये कीट पत्तियों का रस चुसते हैं, जिससे पत्तियों पर सफेद धब्बे बन जाते है तथा पौधों की बढ़वार रूक जाती है। इसके नियंत्रण के लिए मैलाथियान (1.0 मिली लीटर/लीटर पानी) का छिड़काव करें।

फल मक्खी (Fruit fly)

फल को छेदकर उसमें अण्डे दे देती हैं तथा फल सड़ने शुरू हो जाते हैं। मैलाथियान/साइथियान (1.0 मिली लीटर/लीटर) या फैनीट्रोथियान/सुमिथियान (1.0 मिली लीटर/लीटर पानी में) घोल बनाकर छिड़काव करने पर फल मक्खी से होने वाले नुकसान को रोका जा सकता है।

प्रमुख रोग एवं उनका प्रबन्धन

चूर्णिल आसिता (Powdery mildew)

इस रोग से पत्तियों तने तथा अन्य रसीले भाग पर सफेद आँटे जैसे चूर्ण बनते हैं तथा फल विकृत हो जाते हैं। उपज कम हो जाती है। इसकी रोक थाम के लिए कैराथेन (1.0 मिली लीटर/लीटर पानी) या बैविस्टिन (2.0 ग्राम/लीटर पानी) में घोल बनाकर 2–3 बार 10–15 दिन के अन्तराल पर छिड़काव करें।

एन्थ्रेक्नोज (Anthracnose)

रोग से पत्तियों व फलों पर धब्बे पड़ जाते हैं, जिससे फल खाने योग्य नही रहते। इसके नियंत्रण के लिए इण्डोफिल एम–45 या हैक्साकेप (2.5 ग्राम/लीटर पानी) के घोल का छिड़काव करें।

मृदुरोमिल आसिता (Downy mildew)

मृदुरोमिल आसिता की रोकथाम के लिए बीज का उपचार बैविस्टिन/कैप्टान (2.5 ग्राम प्रति किलो ग्राम) से करें।

- विषाणु रोग से प्रभावित पौधें, जिनकी पत्तियाँ सुख जाती हैं, उन्हे उखाड़कर नष्ट कर देना चाहिए।

पेठा
(Ash Gourd or Wax Gourd or White Gourd)

वानस्पतिक नाम : बेनिनकासा हिस्पिडा (थुन्ब0) काग्न0
(*Benincasa hispida* (Thunb.) Cogn.) (syn. *Benincasa cerifera* Savi)

कुल : कुकुरबिटेसी (Cucurbitaceae)

गुणसूत्र संख्या : 2 एन = 24

भारतवर्ष में पेठा को चलकुम्हरा (बंगाली); पेठा (हिन्दी एवं पंजाबी); बुदागुम्बोला (कन्नड़); माशालयल (कश्मीरी); कुम्बालान्गा (मलयालम); कोहाला (मराठी); पनिका खारू (उड़िया), पूसिनिकाई (तमिल) व बुडीडा गुम्मादी (तेलगू) के नाम से पुकारते है, कभी–कभी इसे पानी कुम्हड़ा, कल्लियम्मा, एलावन आदि नाम से सम्बोधित करते हैं। विदेशी भाषा में एश गोर्ड (**ash gourd or ash pumpkin or white pumpkin**), वैक्स गोर्ड (**wax gourd**), विण्टर मेलन (**winter melon**), क्रिसमस मेलन (**Christmas melon**) या चायनीज प्रिजर्वींग मेलन (**Chinese preserving melon**) के नाम से जानते हैं।

उद्‌भव एवं वितरण

पेठा का उद्‌भव स्थल मलेशिया (**Malaysia**) माना जाता है, लेकिन कुछ वैज्ञानिकों ने इस फसल की मूल उत्पत्ति स्थल जावा और जापान व एशियाई मूल को भारत बताया है, जहाँ आज भी पेठा जंगली रूप में उगता हुआ पाया जाता है। खेती योग्य प्रजाति की उत्पत्ति दक्षिण पर्व एशिया (**Southeast Asia**) से हुई है। चीन में पेठा की खेती करने का इतिहास 2300 वर्ष पुराना है। भारत वर्ष में इस फसल को जापान व जावा के नाविकों व मिशनरी के लोगों द्वारा लाया गया। एशिया के बाहर के देशों में पेठा की खेती कम पैमाने पर की जाती है। विशेष तौर पर चीन, भारत, श्री लंका, बांग्ला देश, जापान, व दक्षिण पूर्व एशिया के देशों में इसकी खेती की जाती है (साईमन्ड्स, 1976)। बर्मा (**Burma**) व सिलोन (**Ceylon**) में 1500.0 मीटर की ऊँचाई तक इसका पौधा पाया जाता है। भारतवर्ष में इसकी खेती उत्तर प्रदेश, राजस्थान, पंजाब, हरियाणा, आन्ध्र प्रदेश, तमिलनाडु, छत्तीसगढ़, बिहार, झारखण्ड, पश्चिम बंगाल व केरल में की जाती है। उत्तर प्रदेश में आगरा के आस–पास इसकी खेती ज्यादा होती है और फल प्रसंसकरण हेतु भेजा जाता है। पेठा मोनोटिपिक वंशज (*Benincasa*- **monotypic genus**) है, जिसकी मात्र एक प्रजाति 'हिस्पिडा' (***hispida***) की ही खेती की जाती है।

वानस्पतिक विवरण

पेठा एक वर्षीय लतादार (**annual vine**) फसल है, जिसके पौधे लम्बे (2.0–8.0 मीटर) होते हैं। द्विशाखी प्रतानों की सहायता से काफी ऊँचाई पर फैल जाते हैं। सामान्यतया तना मोटा, खाँचेंदार (**grooved**) तथा रोमों (**hair**) से ढका होता है। पत्तियाँ लम्बी, स्वाधार पर गहरी, ह्रदयाकार तथा

सिरे पर नुकिली, गहरी हरी तथा दोनों पृष्ठों पर रोमों से ढकी होती है। पुष्प पत्ती के कक्ष में एकल, नर पुष्प लम्बे तथा मादा पुष्प छोटे पुष्प वृन्तों पर, नर पुष्प में तीन पुंकेसर, मादा पुष्प में मोटी वर्तिका, 3 वर्तिकाग्र में बँटी होती है। फल छोटे, बेलनाकार या गोल सफेद रोमों से ढ़के होते हैं। परिपक्व फल 30.0–40.0 सेन्टी मीटर लम्बे तथा 15.0–20.0 सेन्टी मीटर चौड़े होते हैं। पेठा पर–परागित (cross pollinated) फसल है। परागण मधुमक्खी से होता है (पांडेय एवं सहयोगी, 2011)।

पोषकीय महत्व

पेठा के कच्चे फलों को स्वादिष्ट सब्जी व रायता बनाने के लिए उपयोग किया जाता है। पेठा अपने गूदेदार फलों के लिये पूर्वी पर्वतीय क्षेत्र, आन्ध्र प्रदेश, केरल, तमिलनाडु, कर्नाटक व उत्तर प्रदेश में अधिक प्रसिद्ध है, जिससे प्रमुख मिठाई 'पेठा' बनाया जाता है। उत्तर प्रदेश में आगरे का पेठा बहुत ही मशहूर है। पेठा में विटामिन 'ए' अधिक तथा विटामिन 'बी' और 'सी' कुछ कम मात्रा में पायी जाती है। पेठा में प्रोटीन व पेक्टिन भी ज्यादा मिलता है। पेठा के बीज भूनकर खाया जाता है व बीजों से तेल निकाला जाता है। पेठा में पाये जाने वाले पोषक तत्वों को सारिणी में दिया गया है।

सारिणी (8.21) पेठा में पाये जाने वाले पोषक तत्व (प्रति 100 ग्राम खाने योग्य भाग में)

पोषक तत्व	मात्रा
नमी	96.5 ग्राम
प्रोटीन	0.4 ग्राम
वसा	0.1 ग्राम
खनिज	0.3 ग्राम
रेशा	0.8 ग्राम
कार्बोहाइड्रेट्स	1.9 ग्राम
ऊर्जा	10 कैलोरी
कैल्सियम	30.0 मिली ग्राम
फास्फोरस	20.0 मिली ग्राम
आयरन	0.8 मिली ग्राम
कैरोटिन	0 माइक्रोग्राम
थाइमिन	0.06 मिली ग्राम
रिबोफ्लेविन	0.01 मिली ग्राम
नियासिन	0.4 मिली ग्राम
विटामिन 'सी'	1.0 मिली ग्राम

स्रोतः गोपालन एवं सहयोगी, 2004

पेठा से चीन में अनेकों प्रकार की औषधियाँ तैयार की जाती हैं। यह नाड़ी रोगों के लिए ज्यादा गुणकारी है। इसका तासीर ठण्डा होता है, अतः गर्मियों में इसका सेवन ज्यादा होता है। यह कमजोर तंत्रिका वाले रोगियों के लिए लाभकारी है। इसके रस का सेवन करने से पेप्टिक अल्सर

(peptic ulcer) ठीक हो जाता है (ग्रोवर एवं सहयोगी 2001)। इतना ही नहीं, इसके प्रयोग से 'एपीलेप्सी' नामक बीमारी भी दूर होती है (रमेश एवं सहयोगी, 1989)। सतपुत (1989) ने स्पष्ट किया कि पेठा एक 'स्पोर्ट मेडिसिन' (sport medicine) है, जिसके प्रयोग से माँस पेशियाँ मजबूत होती हैं। मधुमेह रोगियों के लिए यह एक रामवाण औषधि है (चन्द्रशेखर एवं सहयोगी, 1989)। पेठा से तैयार इन्जाइम (enzyme) का उपयोग पनीर बनाने के लिए किया जाता है (एस्कीन और लैण्डमैन, 1975)। पेठा के बीज में कई वसा अम्ल जैसे – पाल्मिटक (10.6 प्रतिशत), स्टियरिक (5.8 प्रतिशत), एराचिडिक (0.13 प्रतिशत), लिनोलेयिक (62.4 प्रतिशत) तथा ओलेपिक (1.0 प्रतिशत) पाया जाता है (पाण्डेय एवं सहयोगी, 2011)।

सारिणी (8.22) पेठा में पाया जाने वाला एमीनो एसीड

एमीनो एसीड	मिली ग्राम प्रति ग्राम नाइट्रोजन
अर्जीनीन	190
हिस्टीडीन	040
लाइसिन	070
ट्रिप्टोफान	030
फिनायल एमीन	160
मेथियोनिन	060
थियोनिन	190
ल्यूसीन	380
अइसोल्यूसीन	380
वैलीन	310

स्रोतः गोपालन एवं सहयोगी, 2004

उन्नतिशील किस्में

इसकी अनेक स्थानीय किस्में हैं–

फलों के रंग के आधार पर 2 प्रमुख समूहों में रखा जा सकता है।

- बैगनी–हरा रंग (Purple-green coloured)
- हरा रंग (Green coloured)

इन्हे फलों के आकार के आधार पर दो प्रमुख समूहों में रखा जा सकता है।

- गोल फलवाली किस्में
- बेलनाकार फल वाली किस्में।

काशी सुरभि (Kashi Surbhi)

इस किस्म का विकास चयन पद्धति द्वारा भारतीय सब्जी अनुसंधान संस्थान, वाराणसी (उत्तर प्रदेश) द्वारा किया गया और वर्ष 2009 में पंजाब, उत्तर प्रदेश, बिहार एवं झारखण्ड में खेती के लिए

अनुमोदित किया गया। इसकी लतायें बड़ी होती है, फल मध्यम, आयताकार एवं सफेद होती है। प्रत्येक फल का वजन 9.5–10.0 किलोग्राम होता है। गूदा सफेद व बीज पंक्तिबद्ध होता है। इसकी उपज 50.0–75.0 टन प्रति हेक्टेयर के बीच होता है।

काशी धवल (Kashi Dhawal or IVAG-502)

इस किस्म का विकास चयन पद्धति द्वारा भारतीय सब्जी अनुसंधान संस्थान, वाराणसी (उत्तर प्रदेश) द्वारा किया गया है। इस किस्म के फल 110 दिन में पक जाते है फल आयताकार (oblong) सफेद तथा प्रत्येक फल का भार 11.0–12.0 किलोग्राम होता है। फल का गूदा सफेद तथा बीज पंक्तिबद्ध होते हैं। यह मिठाई बनाने के लिये उपयुक्त किस्म है। इसकी औसत उपज 57.5–80.0 टन प्रति हेक्टेयर है। इसे वर्ष 2006 में उत्तर प्रदेश, बिहार एवं दिल्ली के लिये अनुमोदित किया गया है।

काशी उज्जवल (Kashi Ujwal or IVAG-90)

इस किस्म का विकास चयन पद्धति से भारतीय सब्जी अनुसंधान संस्थान वाराणसी (उत्तर प्रदेश) द्वारा किया गया। इसके पौधे ज्यादा लम्बे होते हैं। फल आकार में मध्यम, गोलाकार व सफेद होता है। गूदा का रंग सफेद तथा गूदे में बीज पंक्तिबद्ध होता है। यह पेठा बनाने के लिए उपयुक्त किस्म है। इसकी औसत उपज 50.0–80.0 टन प्रति हेक्टेयर है। इसे वर्ष 2006 में पंजाब, बिहार, उत्तर प्रदेश, झारखण्ड, कर्नाटक, तमिलनाडु एवं केरल के लिए अनुमोदित किया गया है।

1. इन्दू (Indu)

इस किस्म का विकास केरल कृषि विश्वविद्यालय, उद्यान महाविद्यालय, वेल्लानीकारा त्रिसुर (केरल) द्वारा स्थानीय जननद्रव्यों के चयन से किया गया है। फल गोलाकार, 24.3 सेन्टी मीटर लम्बे व 23.78 सेन्टी मीटर व्यास के होते हैं। फलों का औसत वजन 13.00 किलो ग्राम व उपज 24.5 टन प्रति हेक्टेयर होता है (गोपाल कृष्णा, 2007)।

2. के0ए0यू0 लोकल (KAU Local)

इस किस्म का विकास केल कृषि विश्वविद्यालय उद्यान महाविद्यालय, वेल्लानीकारा (केरल) द्वारा स्थानीय जननद्रव्यों के चयन से किया गया है, जिसे राज्य स्तरीय प्रजाति अनुमोदन समिति ने संस्तुत की है। फल मध्यम आकार के अण्डाकार, लम्बोंतर व कोमल अवस्था में हरे होते हैं। फल 45.0–55.0 सेन्टी मीटर लम्बे तथा लम्बाई व्यास अनुपात 2:05 होता है।

3. ए0पी0ए0यू0 शक्ति (APAU Shakthi)

इस किस्म का विकास आचार्य एन0जी0 रंगा कृषि विश्वविद्यालय, हैदराबाद (आन्ध्र प्रदेश) से स्थानीय जननद्रव्यों के चयन से किया गया है। फल सीधा (cylindrical) होता है। बीज बुआई के 140–150 दिन बाद फल पक जाते हैं। औसत उपज 30.0–35.0 टन प्रति हेक्टेयर होती है।

4. पी0ए0जी0 3 (PAG-3)

इस किस्म का विकास पंजाब कृषि विश्वविद्यालय, लुधियाना (पंजाब) से स्थानीय जननद्रव्यों के संग्रहण से चयन करके किया गया है। इस किस्म की खेती उत्तर भारत के मैदानी भागों में फरवरी–मार्च एवं मई–जून में किया जाता है। फल आकर्षक व मध्यम आकार के होते हैं। कच्चे फलों पर रोयें होते हैं और पकने पर सफेद मोमिया (wax) पर्त जमा हो जाती है। बीज बुआई के 145 दिनों बाद फल तैयार हो जाते हैं। प्रत्येक फल का औसत वजन 10.0–12.0 किलो ग्राम होता है। औसत उपज 55.0 टन प्रति हेक्टेयर है।

5. कोयम्बटूर–1 (Coimbatore-1)

यह किस्म तमिलनाडु कृषि विश्वविद्यालय, कोयबटूर (तमिलनाडु) द्वारा विकसित की गयी है। पौध ओजस्वी व 4.0 मीटर लम्बे होते हैं। पत्तियाँ गहरी हरी होती हैं। फल हरे, 35.0 सेन्टी मीटर लम्बे, 22.0 सेन्टी मीटर व्यास के और औसतन 6.8 किलो ग्राम वजन के होते हैं तथा उसमें कम बीज होते हैं। यह एक मध्यम अवधि की किस्म है, जिसमें बीज बुआई के 150 दिन बाद फल तैयार हो जाते हैं। इसकी एक बेल पर 6–8 फल लगते हैं और औसत उपज 22.0 टन/हेक्टेयर है।

6. कोयम्बटूर–2 (Coimbatore-2)

इस किस्म का विकास तमिलनाडु कृषि विश्वविद्यालय, कोयबटूर (तमिलनाडु) से किया गया है। यह एक अगेती किस्म है, जिसमें बीज बुआई के 120 दिन बाद फल तैयार होते हैं। इसके फल गोलाकार (round) व लगभग 2.0–3.0 किलो ग्राम वजन के होते हैं। फल का गूदा हरा होता है। इसकी उपज 34.4 टन/हेक्टेयर होती है (सुन्दरराजन व मूथू किशनन, 1982)।

7. एस–1 (S-1)

इस किस्म के फल मध्यम आकार के होते हैं। पंजाब में उगाने के लिए इसको अनुमोदित किया गया है।

8. मुदलियार–5 (Mudaliar-5)

इसके फल बड़े, हल्के रंग के होते हैं तथा इसे तमिलनाडु में उगाने के लिए अनुमोदित किया गया है।

एम0एच0–2 (MH-2)

इस संकर किस्म का विकास महिको हाइब्रिड सीड कम्पनी द्वारा किया गया है। इसके पौध औजस्वी एवं फल चौकोर (oblong) होता है। प्रत्येक फल का वजन 4–6 किलोग्राम होता है।

जलवायु

पेठा गर्म मौसम, लम्बे दिनमान व मध्यम आर्द्रता वाली सब्जी है, इसलिए इसकी खेती मैदानी भागों और पहाड़ों के निचले भागों में सफलता पूर्वक की जाती है। अच्छी तरह पौध विकसित होने

के लिए 24.0–30.0 डिग्री सेल्सियस तापमान की आवश्यकता पड़ती है (नाथ एवं सहयोगी,1987)। छोटे दिनमान, कम रात्रि का तापमान व आर्द्रता पर मादा पुष्पों का विकास तेजी से होता है (कमलनाथन व सहयोगी, 1972), जबकि लम्बे दिनमान व अधिक तापमान पर नर पुष्प तेजी से विकसित होते हैं। पेठा पाले (frost) के प्रति ज्यादा सहिष्णु है, इसलिए इसकी खेती ऐसे क्षेत्र में करनी चाहिए, जहाँ पर लगभग 120–135 दिन तक पाले का प्रकोप न पड़े। अधिक लम्बे दिनमान व अधिक तापमान की वजह से पौधों पर पुष्पन देर से होता है, लेकिन औसत आर्द्रता व वर्षा का कोई ज्यादा प्रभाव नही पड़ता है।

पूसा उज्जवल (Pusa Ujwal)

इस किस्म का विकास भारतीय कृषि अनुसंधान संस्थान, नई दिल्ली द्वारा चयन पद्धति से किया गया है। लतायें बड़ी व रोयेंदार होती है। फल लम्बोतर, फल का व छिलका हरा होता है। फल का आकार व लम्बाई 23.0–50.0 सेन्टी मीटर, व व्यास 55.0 सेन्टी मीटर होता है। प्रत्येक फल का औसत वजन 7.0 किलोग्राम होता है। इसे वर्ष 2007 में अखिल भारतीय समन्वित अनुसंधान परियोजना (सब्जी फसल) द्वारा कृषि जलवायु क्षेत्र VIII के लिए पहचान की गयी। इसकी औसत उपज 48.51 टन प्रति हेक्टेयर है।

भूमि और भूमि की तैयारी

पेठा के लिए जीवांशयुक्त व उत्तम जल निकास वाली बलुई दोमट से लेकर चिकनी दोमट मृदा होनी चाहिए। हल्की संरचना वाली ऐसी मिट्टी जो गर्म हो जाये (वसन्त ऋतु में) अगेती फसल के लिए उत्तम मानी जाती है। इसके लिए मृदा का पी0एच0 मान 6.0–7.0 उत्तम रहता है, लेकिन इसकी खेती 5.0–7.5 पी0एच0 मान तक आसानी से की जा सकती है। सामान्यतः 15.5–33.5 डिग्री सेन्टीग्रेड मृदा तापमान तक खेती की जाती है, लेकिन 21.1 डिग्री सेन्टीग्रेड उत्तम रहता है। मृदा में जल धारण क्षमता 10.0–15.0 प्रतिशत उपम्लानि बिन्दु के उपर होना चाहिए।

पोषक तत्व प्रबंधन

पेठे की फसल के लिए अधिक खाद की आवश्यकता नहीं पड़ती है, लेकिन अच्छी फसल व उपज के लिए हरियाणा कृषि विश्वविद्यालय, (हिसार) के अनुसार 20.0–25.0 टन प्रति हेक्टेयर वर्मी कम्पोस्ट या गोबर की सड़ी खाद, 100.0 किलो ग्राम नत्रजन एवं 50.0 किलो ग्राम फास्फोरस देना चाहिए। यावलकर (1965) के अनुसार इसके लिए 12.5 टन प्रति हेक्टेयर गोबर की खाद देनी चाहिए तथा 150.0 किलो ग्राम अमोनियम सल्फेट या यूरिया का प्रति हेक्टेयर की दर से प्रयोग करना चाहिए। नाथ एवं सहयोगियों न स्पष्ट किया कि खेत में 22.0–23.0 टन वर्मी कम्पोस्ट या गोबर की सडी खाद प्रति हेक्टेयर देना चाहिए। सिंह एवं जोशी (1993) ने बताया कि पेठा की खेती करते समय 15.0–17.5 टन गोबर की सड़ी खाद एवं 48 किलोग्राम फास्फोरस व 301 किलोग्राम पोटाश देना चाहिए। कानन (1988) ने पाया कि लौह तत्व की कमी से पेठा की उपज घटती है।

बुआई का समय तथा बीज दर

पेठे की बुआई पहली बार जून–जुलाई में प्रमुख फसल के रूप में और दूसरी बार फरवरी–मार्च में अगेती फसल के रूप में की जाती है। लगभग 5.0 किलो ग्राम बीज एक हेक्टेयर भूमि के लिए काफी होता है। नदियों के किनारे पेठा की बुआई फरवरी–मार्च के महीने में की जाती है। दक्षिण भारत में जहाँ ठण्डक कम रहती है, इसकी बुआई सितम्बर से दिसम्बर तक की जाती है।

बुआई की विधि

पेठे की बुआई भी थालों में या नालियों के दोनों किनारों पर की जाती है। लगभग 2.5–3.0 मीटर की दूरी पर 60.0 सेन्टी मीटर चौड़ी नालियाँ व थाले बना ली जाती हैं। इसके दोनों किनारों पर 60.0–90.0 सेन्टी मीटर की दूरी पर 3–4 बीजों की बुआई कर दी जाती है। बीज उगने के बाद दो स्वस्थ पौधों को छोड़कर बाकी पौधों को निकाल दिया जाता है। थालों की दूरी भी 2.5–3.0 मीटर ही रखी जाती है। इन थालों में सड़ी खाद मिला दी जाती है।

सिंचाई जल प्रबन्धन

बरसात वाली फसल होने के कारण अधिक सिंचाई की आवश्यकता नही पड़ती है, लेकिन वर्षा न होने पर सिंचाई की जा सकती है। ग्रीष्म कालीन फसल की सिंचाई 7–10 दिन के अन्तर पर करते हैं। फल के पकते समय पानी की बहुत आवश्यकता होने पर ही देना चाहिए। फल पकते समय ज्यादा पानी देने से फल की गुणवत्ता कम हो जाती है और कभी–कभी फल सड़ जाते हैं। सिंचाई केवल नालियों में ही करना अच्छा रहता है। मेनन एवं मारीकुट्टी (1993) ने स्पष्ट किया कि पानी उपभोग क्षमता 18.75 किलोग्राम पोटाश तथा 50 प्रतिशत सी0पी0ई0 या 37.5 किलोग्राम पोटाश व 25 प्रतिशत सी0पी0ई0 पर होता है।

निकाई–गुड़ाई

खरपतवारों को नष्ट करने के लिए 2–3 बार निकाई–गुड़ाई करनी चाहिए। जब बेलें फैल जायें, उस समय निकाई–गुड़ाई नहीं करनी चाहिए, क्योंकि इससे बेलों को नुकसान पहुँच सकता है। फलों को भूमि के स्पर्श से बचाने हेतु मचान बनाने का प्रयत्न करना चाहिए।

फलों की तुड़ाई

इसके फल लगभग 120–150 दिन में तुड़ाई के लिए तैयार हो जाते हैं। फलों के पक जाने पर ही तोड़ना चाहिए। पकने पर फलों का रंग हल्का सफेद हो जाता है, डंठल (सुख) जाते हैं व फलों का वजन कुछ कम हो जाता है। फल के अन्दर पानी की मात्रा भी कम हो जाती है। सब्जी बनाने के लिए मुलायम फलों की तुड़ाई की जाती है, जो फल धारण (**fruit set**) से 7–10 दिन बाद की जाती है।

पैदावार

इसकी अच्छी पैदावार लगभग 40.0–55.0 टन प्रति हेक्टेयर तक होती हैं तथा औसत पैदावार 35.0–40.0 टन प्रति हेक्टेयर होती है।

भण्डारण एवं परिवहन

भण्डारण एवं परिवहन के समय फलों में चोट लगने से बचाऐं तथा हवादार एवं खुली जगह पर रखें। इससे फलों को कई माह तक रखा जा सकता है। अगर तोड़े हुए फलों के डंठल (टूटने) के स्थान पर मोम लगा दिया जाए तो यह भण्डारण में लाभकारी होता है। सामान्यतया 13.0–15.0 डिग्री सेन्टीग्रेड तापमान तथा 70.0–75.0 प्रतिशत सापेक्ष आर्द्रता पर 6 महीने तक भण्डारित किया जा सकता है।

पौध संरक्षण

प्रमुख रोग एवं उनका प्रबन्धन

मोजैक विषाणु रोग

यह रोग विशेषकर नई पत्तियों में चितकबरापन और सिकुड़न के रूप में प्रकट होता है। पत्तियाँ छोटी एवं हरी–पीली हो जाती है। संक्रमित पौधे की वृद्धि रूक जाती हैं। इसके संक्रमण से पर्णवृन्त छोटे और पुष्प भी छोटे–2 पत्तियों में बदले हुए दिखाई पड़ते है। कुछ पुष्प गुच्छों में बदल जाते हैं। ग्रसित पौधा बौना रह जाता है और उसमें फलत बिल्कुल नहीं होता है।

प्रबन्धन

एक एकड़ फसल के लिए 10–12 स्थानों पर प्रलोभक (bait) (1.0 किलोग्राम केला + 5.0 मिली लीटर सिरका लकड़ी की सहायता से मिलाकर किसी छिछले बर्तन में 10 मीटर की दूरी पर रखें) रखने पर प्रौढ़ आकर्षित होते हैं और प्रलोभक खाकर मर जाते हैं। मैलाथियान 50 ई0सी0 का 0.05 प्रतिशत घोल (1.0 मिली लीटर प्रति लीटर पानी में) या सेवीमॉल 0.05 प्रतिशत घोल 01 (1.0 मिली लीटर प्रति लीटर पानी में) छिड़काव करना चाहिए।

टिण्डा (Squash Melon or Round Melon)

वानस्पतिक नाम : प्रीसिट्रूलस फिस्टुलोसस (*Praecitrullus fistulosus* Pang.) या सिट्रूलस लेनेटस वार० फिस्टुलोसस (*Citrullus lanatus* var. *fistulosus* L.)

कुल : कुकुरबिटेसी (Cucurbitaceae)

गुणसूत्र संख्या : 2 एन = 24

टिण्डा को स्थानीय भाषा में दिल पसन्द, धेम्सा, टिण्डू, टेन्डसी, टैण्डू, टेण्डस तथा अंग्रजी भाषा में राउण्ड मेलन, इण्डियन स्क्वाश (Indian squash) या स्क्वाश मेलन (Squash melon) के नाम से जाना एवं पहचाना जाता है।

उत्पत्ति एवं वितरण

टिण्डा का उत्पत्ति स्थल प्राथमिक रुप से भारत वर्ष का उत्तरी प्रान्त माना जाता है, जहाँ से इसका प्रचार प्रसार विश्व के अन्य उष्ण कटिबन्धीय देशों में हुआ। भारत एवं पाकिस्तान में टिण्डा की खेती व्यावसायिक स्तर सब्जियों के लिए की जाती है। भारत में विशेषकर पंजाब, हरियाणा, दिल्ली, राजस्थान, पश्चिमी उत्तर प्रदेश, बिहार, मध्य प्रदेश, महाराष्ट्र, आन्ध्र प्रदेश एवं गुजरात में इसकी खेती सफलतापूर्वक की जाती है। पंजाब, उत्तर प्रदेश, महाराष्ट्र तथा राजस्थान में यह गर्मियों की एक प्रमुख सब्जी है। उत्तर प्रदेश के अलीगढ़ तथा बुलन्दशहर जिलों में इसकी खेती बहुतायत से की जाती है।

वानस्पतिक विवरण

प्रारम्भ में टिण्डा को मूलतः तरबूज की एक उप किस्म सिट्रुलस वुल्गेरिस (*Citrullus vulgaris*) कहते थे। बाद के वर्षों में इसे सिट्रुलस लेनेट्स (*Citrullus lanatuss*) की संज्ञा दी गयी, लेकिन वर्तमान में इसे एक अलग वानस्पतिक प्रभेद प्रीसिट्रलस फिस्टुलोसस पाँग (*Praecitrullus fistulosus* Pang.) के नाम से जाना जाता है (त्रिवेदी एवं राय, 1970 तथा दत्ता एवं नाथ, 1970)। टिण्डा एकवर्षीय (annual), शाकीय व लतादार पौधा है। इसकी पत्तियाँ गहरे या हल्के हरे रंग की रोयेंदार होती हैं, जिस पर सामान्यतः नर व मादा पुष्प अलग–अलग गाँठों पर विकसित होते हैं। प्रकृति में कभी–कभी कुछ किस्मयों में एन्ड्रोमोनोसियस (andromonoecious) पुष्प (एक ही पौधे पर पूर्ण एवं नर पुष्प) अलग–अलग जगहों पर विकसित होते हैं। पुष्प आकार में छोटे कम, घेराव वाले और अकेला (solitary) विन्यास के होते हैं। पौधे पर नर व मादा पुष्पों का अनुपात 9:1–22:1 का होता है। सामान्यतः नर पुष्प पहले आते हैं व मादा पुष्प बाद में (7वीं गाँठ के बाद) विकसित होते हैं। पुष्पन सुबह 6:00–8:00 बजे तथा परागकणों का निर्गमन पुष्प खिलने के एक घण्टे पूर्व ही प्रारम्भ हो जाता है तथा सुबह 7:00 बजे तक जारी रहता है। पौधों में परागण 6:00–12:30 बजे के बीच होता है। वर्तिकाग्र की ग्राह्यता पुष्पन के 2 घण्टे पूर्व व 3 घण्टे बाद तक होती है। ज्यों–ज्यों दिन का समय व घण्टे बढ़ता जाता है, वर्तिकाग्र पर उपस्थित चिपचिपा द्रव, अधिक तापमान के कारण सूखने लगता

है और दिन में 2.0 बजे तक पूर्णतया समाप्त हो जाता है। अधिकतम फल विकास, परागण के पहले घण्टे के दौरान ही होता है। टिण्डा में परागण मधुमक्खी के द्वारा होता है (चड्ढ़ा एवं सहयोगी, 1993)। फल गोलाकार, हल्का चपटा व रोयेंदार या चिकने होते हैं।

पोषकीय महतत्व

टिण्डा के कच्चे मुलायम फलों का उपयोग सब्जी के लिए किया जाता है। कभी–कभी इसे उबालकर या तलकर भी प्रयोग किया जाता है। टिण्डा के कच्चे फलों से परवल के समान अकेले या अन्य सब्जियों या दालों जैसे चना, मंसूर, मूंग आदि के साथ मिलाकर बनाई जाती है। इसमें विटामिन 'ए' प्रचुर मात्रा में पाया जाता है। इसके अलावा इसमें कार्बोहाइड्रेट्स तथा विटामिन 'सी' भी ज्यादा मिलता है। इससे सूप, अचार मुरब्बा एवं कैन्डी भी तैयार की जाती है। बीज के छिलके को निकालकर भूनते हैं तथा स्वादिष्ट खाद्य पदार्थ का निर्माण करते हैं। टिण्डे के प्रति 100 ग्राम खाने योग्य भाग में निम्नलिखित अवयव पाये जाते हैं।

सारिणी (8.23) टिण्डा का पोषक मूल्य (प्रति 100 ग्राम खाने योग्य भाग में)

पोशक तत्व	मात्रा
पानी	93.5 ग्राम
रेशा	1.0 ग्राम
प्रोटीन	1.4 ग्राम
वसा	0.4 ग्राम
कार्बोहाइड्रेट	3.4 ग्राम
कैल्सियम	25.0 मिली ग्राम
फास्फोरस	24.0 मिली ग्राम
लौह तत्व	0.9 मिली ग्राम
विटामिन 'ए'	13 अ0ई0
थायमिन	0.04 मिली ग्राम
राइबोफ्लेविन	0.08 मिली ग्राम
नियासिन	0.03 मिली ग्राम
विटामिन 'सी'	18.0 मिली ग्राम

स्रोतः गोपालन एवं सहयोगी, 2004, बोस एवं सोम, 1986

पोषकीय गुणों के अतिरिक्त टिण्डा में औषधीय गुण भी पाया जाता है। पानी की अधिकता से तासीर ठण्डा होता है, अतः इसके उपभोग से सूखी खाँसी समाप्त हो जाती है तथा रक्त का संचार शरीर में तेज गति से होने लगता है (नादकर्णी, 1927)।

उन्नतिशील किस्में

इसकी उन्नतिशील किस्में निम्नलिखित है–

अर्का टिण्डा (Arka Tinda)

इस किस्म का विकास टी–3 x टी–8–2 के संकरण व वंशावली विधि (pedigree method) एवं चयन प्रक्रिया (selection process) द्वारा भारतीय बागवानी अनुसंधान संस्थान, बैंगलुरु (कर्नाटक) से किया गया है। यह एक अगेती किस्म है, जिसके फलों की पहली तुड़ाई मात्र 52–55 दिन में हो जाती है। इसके फल गोल एवं हल्के हरे रंग के होते हैं। फलों पर मुलायम रोयें पाये जाते हैं। फल परागण के 5–6 दिन बाद तुड़ाई योग्य हो जाते हैं। इस किस्म से पूरे जीवन काल (80–90 दिन) में 8–10 तुड़ाई की जाती है। इसकी औसत उपज 20.0–25.0 टन प्रति हेक्टेयर होती है। यह उच्च तापमान पर भी अधिक उपज देती है। फल मक्खी कीट के प्रति रोधक क्षमता के कारण ज्यादा क्षेत्रों में उगाई जाती है (नाथ एवं दत्ता, 1971)।

एस–48 (S-48)

इस किस्म का विकास स्थानीय जननद्रव्यों से चयन करके पंजाब कृषि विश्वविद्यालय, लुधियाना (पंजाब) द्वारा किया गया है। इसकी बेलें लगभग 1.0 मीटर लम्बी होती हैं तथा ज्यादा कटी व हल्की हरी होती हैं। औसतन 8–10 फल लगते हैं। फल मध्यम आकार के, मोटे, चपटे तथा हल्के हरे रंग के होते हैं। फल का गूदा सफेद, मुलायम व कम बीज वाले होते हैं। प्रत्येक फल का औसत वजन 50.0 ग्राम होता है। बीज बुआई के 60 दिन बाद फल मिलने लगते हैं। प्रति हेक्टेयर औसत उपज 25.0 टन प्राप्त होती है।

हिसार सेलेक्शन–1 (Hisar Selection-1)

इस किस्म का विकास चौधरी चरन सिंह, हरियाणा कृषि विश्वविद्यालय, हिसार (हरियाणा) से किया गया है। इस किस्म के पौधे ज्यादा फैलने वाले होते हैं। फल मध्यम आकार के एवं हरे रंग के होते हैं। बीज रोपण के 50–58 दिन बाद फल निकलने लगते हैं। इसकी औसत उपज क्षमता 23.0–24.0 टन प्रति हेक्टेयर है।

बिकानेरी ग्रीन (Bikaneri Green)

इस किस्म का विकास राजस्थान कृषि विश्वविद्यालय, बिकानेर (राजस्थान) द्वारा जननद्रव्यों से चयन करके किया गया है। पौधे गहरे हरे रंग के होते हैं। सामान्यतः 5वीं गाँठ से फल बनने लगते हैं। फल गोल, हरे रंग के एवं मुलायम होते हैं। औसत उपज क्षमता 15.00–17.00 टन प्रति हेक्टेयर है (सिंह एवं जोशी, 1993)।

अन्नामलाई टिण्डा (Annamalai Tinda)

यह किस्म तमिलनाडु द्वारा जारी की गयी है, जिसके पौधे काफी ओजस्वी होते हैं। पत्तियाँ चौड़ी एवं गहरे हरे रंग की होती हैं। फल हल्के हरे एवं मध्यम आकार के होते हैं। बीज पकने के समय फल कुछ चपटे हो जाते हैं। इस किस्म की औसत उपज 21.0 टन प्रति हेक्टेयर होती है।

जलवायु

टिण्डा की खेती उष्ण (20.0–35.0 डिग्री सेन्टी ग्रेड) एवं औसत आर्द्रता में सफलतापूर्वक की जा सकती है। इसके बीज का जमाव 27.0–30.0 डिग्री सेन्टी ग्रेड के मध्य अच्छी प्रकार होता है। पौधे की वृद्धि के लिए 25.0–30.0 डिग्री सेन्टी ग्रेड का तापमान अच्छा है। सामान्यतया 30.0–35.0 डिग्री सेन्टी ग्रेड के बीच फलों की धारण क्षमता अधिक होती है, क्योंकि इस तापमान पर परागकणों का जमाव अच्छा होता है। कम तापमान (20.0 डिग्री सेन्टी ग्रेड के नीचे) वाले क्षेत्रों में इसकी खेती करना सम्भव नहीं है। यह कम आर्द्रता को सहन करने की क्षमता रखता है। अतः 900.0–1300.0 मिली लीटर वार्षिक वर्षा अति उत्तम है। उच्च तापमान पर मादा पुष्पों का विकास अच्छा होता है, लेकिन वर्तिकाग्र की ग्राह्यता कम होने के कारण ज्यादा उपज नहीं मिल पाती है।

भूमि एवं भूमि की तैयारी

टिण्डा की खेती विभिन्न प्रकार की भूमि में की जाती है, लेकिन दोमट या बलुई दोमट मिट्टी जिसमें जीवांश ज्यादा हो, इसकी खेती के लिए ज्यादा उपयुक्त रहती है। जल जमाव वाले मिट्टी में इसकी खेती करना सम्भव नहीं है। अतः जल निकास, एक प्राथमिक घटक माना जाता है। ऐसी मृदा जिसका पी0एच0 मान 6.5–7.5 के बीच हो, इसकी खेती के लिए उत्तम रहती है। खेती की तैयारी गहरी जुताई कर की जानी चाहिए जिससे खेत में भुरभुरापन व जल धारण क्षमता ज्यादा हो सके। इसके लिए पहली जुताई मिट्टी पलटने वाले हल से तथा बाद की 2–3 जुताईयाँ कल्टीवेटर से करना चाहिए। पानी कम या अधिक न लगे, इसके लिए खेत को समतल कर लेना चाहिए।

बुआई का समय

उत्तर भारत में ग्रीष्म कालीन फसल हेतु बुआई फरवरी–मार्च व वर्षा कालीन फसल की बुआई जून–जुलाई में की जाती है। नदियों के किनारे टिण्डा की बुआई नवम्बर के महीने में किया जाता है। पश्चिम व दक्षिण भारत के क्षेत्रों में वसन्तकालीन बुआई दिसम्बर–जनवरी तथा वर्षा कालीन फसल की बुआई जून–जुलाई तथा अगस्त में की जाती है। उत्तर भारत के निचले पहाणी क्षेत्रों में बुआई मई–जून से जुलाई तक की जाती है। पश्चिमोत्तर भारत में ग्रीष्म कालीन फसल की बुआई दिसम्बर–जनवरी एवं वर्षा कालीन फसल की बुआई जुलाई–अगस्त में की जाती है। मृदा तापमान कम होने की दशा में अंकुरित बीज का प्रयोग बुआई के लिए उत्तम होता है, जिससे खेत में एक समान फसल की वृद्धि एवं विकास होती है।

बीज दर

सामान्यतः प्रति हेक्टेयर 3.5 किलो ग्राम बीज की आवश्यकता पड़ती है। कार्बेन्डाजिम की 2.0 ग्राम दवा प्रति किलो ग्राम बीज में मिलाकर शोधन करने से टिण्डा में बीज जनित रोगों से छुटकारा मिलती है (शाकीर एवं सहयोगी, 1994)।

बुआई की विधि

सामान्य दशा में तैयार खेत में 1.5–2.0 मीटर की दूरी पर 30.0–40.0 सेन्टी मीटर चौड़ी तथा 15.0–20.0 सेन्टी मीटर गहरी नालियाँ बना लेते हैं। नालियों के दोनों किनारों पर 60.0–90.0 सेन्टी

मीटर की दूरी पर 2.0 सेन्टी मीटर की गइराई पर 2–3 बीजों की बुआई करते हैं। बीजों से अंकुर निकल आने पर आवश्यकतानुसार 2 पौध को छोड़कर अन्य की छँटाई कर दी जाती है। प्रति हेक्टेयर 2000–25000 पौध की आवश्यकता पड़ती है। वर्षा कालीन फसल की बुआई उठी क्यारियों में करना उत्तम है, जबकि समतल क्यारियों तथा गड्ढों में बुआई ग्रीष्म कालीन फसल के लिए ठीक है। बुआई का विस्तृत विवरण इस प्रकार है–

समतल क्यारियों में

टिण्डा की बुआई कभी–कभी समतल क्यारियों में 1.5–2.0 मीटर दूर कतारों में 45.0–60.0 सेन्टी मीटर की दूरी पर थाले बनाकर की जाती है। यह विधि उत्तम नहीं है, क्योंकि इसमें अधिक पानी की आवश्यकता होती है तथा सिंचाई में समय भी अधिक लगता है व फल भी अधिक सड़ते हैं। बुआई में अपेक्षाकृत समय की बचत होती है।

उभरी क्यारियों में

इस विधि में, अच्छी प्रकार तैयार भूमि में लगभग 6.0–8.0 मीटर लम्बाई–चौड़ाई की क्यारियाँ और साथ ही सिंचाई की नालियाँ भी बनाई जाती हैं। पुनः इन क्यारियों में 2.0–2.5 मीटर की दूरी पर 60.0 सेन्टी मीटर चौड़ी नालियाँ बनायी जाती हैं। इन नालियों के बनाने से उभरी हुई क्यारियाँ स्वतः तैयार हो जाती हैं, जिनके दोनों किनारों पर 45.0–60.0 सेन्टी मीटर दूरी पर 3–4 बीजों की बुआई 1.5–2.0 सेन्टी मीटर गहराई पर की जाती है। बाद में पौधे उग जाने पर 2 स्वस्थ पौधों को छोड़ कर अन्य पौधों को निकाल दिया जाता है। टिण्डा के बीज का उगना तापक्रम के ऊपर निर्भर करता है। यावल्कर (1965) के अनुसार इसके बीज का अंकुरण बुआई के 5–14 दिन बाद में होता है। टिण्डा के बीज की अंकुरण शक्ति लगभग 3 साल तक बनी रहती है।

पोषक तत्व प्रबन्धन

साधारणतया खेत की तैयारी के समय 20.0–25.0 टन प्रति हेक्टेयर की दर से सड़ी गोबर की खाद या वर्मी कम्पोस्ट देना लाभप्रद रहता है। अधिक उपज प्राप्त करने के लिए नत्रजन 80.0–100.0 किलो ग्राम, फास्फोरस–140.0 किलो ग्राम तथा पोटाश 40.0 किलो ग्राम प्रति हेक्टेयर खेत में डालना चाहिए। फास्फोरस व पोटाश की पूरी मात्रा तथा नत्रजन की 1/3 मात्रा बीज बुआई के समय भूमि में मिला देना चाहिए तथा शेष नत्रजन की मात्रा को 2 बराबर भागों में बाँटकर टाप ड्रेसिंग (top dressing) के रुप में प्रथम बार बुआई के 25–30 दिन बाद व दूसरी बार पौधों पर पुष्प बनने के समय देना चाहिए। मध्यम–भारी मृदा में नत्रजन 75.0 किलोग्राम, फास्फोरस 50.0 किलो ग्राम तथा पोटाश–100.0 किलो ग्राम प्रति हेक्टेयर प्रयोग करने से अधिक उपज प्राप्त होती है। महाकाल एवं सहयोगी, (1977), देशी और सहयोगी (1964) तथा देशी व नन्दपुरी (1966) के परीक्षणों से यह सिद्ध हुआ है कि इसकी अच्छी पैदावार के लिए 50.0 किलो ग्राम नत्रजन, 28.0 किलो ग्राम फास्फोरस तथा 28.0 किलो ग्राम पोटाश का उपयोग लाभकारी है। इसी प्रकार नाथ (1965) ने स्पष्ट किया कि खेत की तैयारी के समय 22.6 टन प्रति हेक्टेयर गोबर की खाद तथा बाद में 188.0 किलो

ग्राम अमोनियम सल्फेट प्रयोग करने की सिकारिश की है। अमोनियम सल्फेट की आधी मात्रा बेल बढ़ने के समय और आधी मात्रा फल लगने के समय देना चाहिए। हरियाणा कृषि विश्वविद्यालय, हिसार (हरियाणा) ने सिफारिश की है कि टिण्डा की अच्छी फसल लेने के लिए 37.5 टन गोबर की अच्छी सड़ी खाद प्रथम जुताई के समय खेत में देना चाहिए। इसके अलावा फसल को 100.0 किलो ग्राम नत्रजन 50.0 किलो ग्राम फास्फोरस और 50.0 किलो ग्राम पोटाश प्रति हेक्टेयर की आवश्यकता होती है।

सस्य क्रियाएँ एवं खरपतवार नियंत्रण

टिण्डा की खेती में खरपतवार नियंत्रण व पौधों की जड़ों के पास मिट्टी चढ़ाना एक महत्वपूर्ण प्रक्रिया है, जिससे कुल उपज प्रभावित होती है। सामान्यतः 2–3 बार खुरपी की सहायता से निकाई करके 30–35 दिनों तक खेत को खरपतवार रहित कर देना चाहिए, जिसमें पहली बार निकाई बीज बुआई के 15–20 दिन बाद और दूसरी व तिसरी बार आवश्यकतानुसार करनी चाहिए। खरपतवारनाशी के प्रयोग से भी टिण्डा में खरपतवार नियंत्रण किया जा सकता है। चुनिन्दा खरपतवारनाशी जैसे नाइट्रोफेन की 1.25 लीटर (सेयम्भी एवं रनधावा, 1977) तथा एलाक्लोर की 2.5 लीटर या पेण्डिमेथेलिन की 1.00 किलो ग्राम मात्रा (खुराना एवं सहयोगी, 1988) प्रति हेक्टेयर की दर से प्रयोग किया जा सकता है। अगर अच्छी प्रकार गुड़ाई करके मिट्टी चढ़ा दिया जाये तो उपज काफी बढ़ जाती है।

पलवार (Mulch)

धान की पुआल, गेहूँ का भूसा, गन्ने की पत्तियाँ, खोई, जंगली खरपतवार, जूट मैट आदि से पलवार लगाने से टिण्डा के खेत में नमी व तापमान पूरी तरह से संतुलित हो जाता है, जिससे 16.0–60.0 प्रतिशत तक कुल उपज व गुणवत्ता में वृद्धि होती है। यही नहीं पलवार के उपयोग से 2–3 सप्ताह पहले से पुष्पन व फल प्रारम्भ हो जाता है। प्रति पौध फलों की संख्या व फल भार में भी वृद्धि होती है।

सहरा देना

वर्षा कालीन फसल को एंगिल आयरन के बीच तार डालकर पौधों को सहारा देकर चढ़ाना चाहिए।

पादप वृद्धि नियामक

पादप वृद्धि नियामक के रुप में मैलिक हाइड्राजाइड (MH) की 50 पी0पी0एम0 की छिड़काव 2–4 पत्ती की अवस्था में करने से टिण्डा में मादा पुष्पन ज्यादा होती है व 50.0–60.0 प्रतिशत उपज ज्यादा मिलती है (सिद्धू एवं सहयोगी, 1981)।

सिंचाई जल प्रबन्धन

टिण्डा का बीज–कवच (seed coat) काफी कठोर होता है, अतः पर्याप्त नमी की अवस्था में ही बीज की बुआई करनी चाहिए। सामान्यतः जमाव प्रक्रिया 10–12 दिन में पूरी हो जाती है। अगर

खेत में नमी की कमी हो तो बीज बुआई के तुरन्त बाद हल्की सिंचाई करनी चाहिए। पहली बार सिंचाई बीज जमाव के 15–20 दिन बाद करनी चाहिए। बाद की सिंचाई 5–10 दिन के अन्तराल पर आवश्यकतानुसार करना चाहिए। वर्षा कालीन फसल में सिंचाई की आवश्यकता कम या नहीं पड़ती है, बल्कि जल निकास आवश्यक हो जाता है। ध्यान देना चाहिए कि किसी भी दशा में खेत में 12 घण्टे से ज्यादा देर तक पानी नहीं रुकना चाहिए। जब लतायें फैल जायें और पुष्पन प्रारम्भ हो रहा हो तो एक बार हल्की सिंचाई पूरे खेत की करने से सूक्ष्म वातावरण बन जाता है, जिससे ज्यादा स्वस्थ्य फल बनते हैं। इसके बाद फल ग्राह्यता व फल विकास के समय खेत में प्रचुर नमी रखना चाहिए।

तुड़ाई उपज

लताओं की वृद्धि के साथ–साथ ही उन पर फूल आने लगते हैं, लेकिन इन पर लगने वाले प्रारम्भिक छोटे फलों को तोड़ देना चाहिए, नहीं तो बेलों की बढ़वार तथा अगले फल लगने में काफी देर हो जाती है। दूसरी बार लगने वाले फलों को बढ़ने दिया जाता है। कोमल, हरे व रोयेंदार फलों की अवस्था में ही तोड़ दिया जाता है। फलों की तुड़ाई करने के लिए फलों की डण्ठल को किसी धारदार तेज चाकू से काटना चाहिए, जिससे पौधों को नुकसान न हो। सामान्यतः बीज बुआई के 45–50 दिन बाद फलों की तुड़ाई शुरु कर देना चाहिए। टिण्डा की अच्छी फसल से 10.0–15.0 टन उपज प्रति हेक्टेयर प्राप्त होती है।

भण्डारण

आवश्यकतानुसार फलों को छायादार स्थान पर 2–3 दिन तक किसी टोकरी में रखकर भण्डारित किया जा सकता है। इस दौरान फलों पर बीच–बीच में पानी का छिड़काव करना जरुरी होता है। सामान्यतः 4.0–6.0 डिग्री सेल्सियस तापमान वाले प्रशीतन गृहों में टिण्डा को 15 दिनों तक सुरक्षित अवस्था में भण्डारित किया जा सकता है।

नसदार तोरी या आरा तोरी
(Ridge Gourd or Ribbed Gourd)

वानस्पतिक नाम : लूफा अक्यूटेन्गुला (*Luffa acutangula* L.(Roxb.)

कुल : कुकुरबिटेसी (Cucurbitaceae)

गुणसूत्र संख्या : 2 एन = 26

नसदार तोरी, कद्दू वर्गीय सब्जियों में अपना महत्वपूर्ण स्थान रखता है। इसको अंग्रेजी में रिब्ड गोर्ड (**ribbed gourd**), रिज गोर्ड (**ridged gourd**) व ऐन्गील्ड लूफा (**angled luffa**) के नाम से जानते हैं। भारत वर्ष में इसे मौंगी तोरई, झिगो तोरई, तुरी, घोसालता, जनही बीरा, जुनजी, धरनागावा, पीचाकाम, पी चंगा, परिकम कायी, दोरका विदर्भा आदि नामों पुकारते हैं।

उद्भव एवं वितरण

यावल्कर (1965) के अनुसार नसदार तोरी के के बारे में कुछ निश्चित नहीं कहा जा सकता है। जंगली पौधों की उपलब्धता के आधार पर भारत, सूडान द्वीप व जावा जन्म स्थान माना जता है। नसदार तोरी भारतीय मूल का पौधा है, जिसकी अनेकों जंगली किस्मयाँ आज भी उत्तर–पश्चिम भारत में बहुतायत से मिलती है। भारत में इसका प्रसार दक्षिण पूर्व एशिया तथा केरेवियन द्वीप में हुआ। यह फसल मलेशिया, श्रीलंका, जापान एवं ब्राजील में काफी महत्वपूर्ण है। इसकी खेती अमेरिका एवं यूरोप में भी अधिक मात्रा में की जाती है, लेकिन पश्चिमी देशों में नहीं उगाई जाती है चौधरी (1967)। भारतवर्ष के लगभग सभी राज्यों में इसकी खेती की जाती है। भारतवर्ष में इस फसल के प्रमुख उत्पादक राज्य तमिलनाडु, कर्नाटक, गुजरात, महाराष्ट्र, पश्चिम बंगाल, आसाम, पंजाब, हरियाणा, राजस्थन, मध्य प्रदेश व पश्चिम उत्तर प्रदेश हैं। इस फसल का क्षेत्रफल, उत्पादन एवं उत्पादकता क्रमशः 73273 हेक्टेयर, 6,85,224 टन एवं 15.85 टन प्रति हेक्टेयर है।

वानस्पतिक विवरण

नसदार तोरी में एकलिंगाश्रयी, उभयलिंगाश्रयी, जायांगी, जायांगी–उभयलिंगाश्रयी, पुमंगलिंगाश्रयी द्विलींगी आदि लिंग–भेद पाये जाते हैं। नसदार तोरी की मूसलाकार जड़ें काफी गहराई से पानी शोषण करती हैं। तने पंचकोणीय व लगभग 10.0 मीटर तक लम्बी होती हैं। प्रतान तीन भागों में शाखित होता है। पत्तियाँ अण्डाकार, पालियुक्त, हल्का पीला, हरी, सतह खुरदरा, अग्रभाग नुकीला, पर्णवृन्त के अग्रभाग में ग्रन्थि का अभाव तथा रगड़ने पर तेज गन्ध निकलता है। पुष्प एकल या पुमंग गुच्छे में बाह्य दलपुंज के साथ विकसित होते हैं। उपर की अवस्था में 5 पालियुक्त होते हैं। संख्या में दलपुंज 5 व पुंकेसर 3 होते हैं। परागकोश बाहर की तरफ निकला हुआ, संयुक्त व अंग्रेजी के एस (S) के आकार का होता है। जायॉगी पुष्प में बाह्य दलपुंज नलिका निम्नतर रुप (inferior) में अण्डाशय के उपर विकसित होता है। अण्डाशय अधोवर्ती, लम्बवत् व वर्तिकाग्र 3 भागों में बँटे होते

हैं। सामान्यतः पुष्प दोपहर के बाद (5.0–8.0 बजे तक) खिलते हैं व पूरी रात्रि तक खिले रहते हैं। वर्तिकाग्र फूल खिलने से 6 घण्टे पहले से लेकर खिलने के 84 घण्टे बाद तक ग्राही बनी रहती है। फल गदाकार, नसदार (लगभग 10 नसें), आकार में 15.0–60.0 सेन्टी मीटर लम्बी व 5.0–12.0 सेन्टी मीटर व्यास की होती हैं तथा सतह खुरदुरी होती है। बीज काले रंग की, चपटी व बीज सतह धसी व खुरदरी होती है। बीज 11.0–13.0 मिली मीटर लम्बे व 8.0 मिली मीटर चौड़े होते हैं।

पोषकीय महत्व

कोमल व मुलायम फलियों को सब्जी के रुप में उपयोग किया जाता है, लेकिन कहीं–कहीं पर इसके कच्चे फल का सेवन सलाद या केवल नमक व काली मिर्च मिलाकर खाते हैं। सब्जी के अलावा इसके सूखे फल के रेशे को बर्तन साफ करने, जूते के तलवे तथा घरेलू उपयोग में फिल्टर के रुप में प्रयोग किया जाता है। लोगों का मानना है कि काली तोरी में पोषक तत्वों की कमी होती है, लेकिन ऐसा नहीं है, जिन लोगों को कम उर्जा वाले भोज्य पदार्थ की संस्तुति की जाती है, उनके लिए नसदार तोरी ही एक सब्जी है, जो पूरक के रुप में उपयोग की जा सकती है। इसके 100.0 ग्राम खाने योग्य भाग में पाये जाने वाले पोषक तत्व इस प्रकार है।

सारिणी (8.24) नसदार तोरी में पाये जाने वाले पोषक तत्व (प्रति 100 ग्राम खाने योग्य भाग में)

पोशक तत्व	मात्रा
नमी	95.2 ग्राम
वसा	0.1 ग्राम
रेशा	0.5 ग्राम
कैल्सियम	40.0 मिली ग्राम
फास्फोरस	40.0 मिली ग्राम
आक्जैलिक अम्ल	27.0 मिली ग्राम
पोटैशियम	50.0 मिली ग्राम
सल्फर	13.0 मिली ग्राम
विटामिन ''ए''	56 आइयू0
रीबोफ्लोबिन	0.01 मिली ग्राम
विटामिन ''सी''	5.0 मिली ग्राम
प्रोटीन	0.5 ग्राम
खनिज	0.3 ग्राम
कार्बोहाइड्रेट्स	3.0 ग्राम
मैगनीषियम	11.0 मिली ग्राम
लोहा	1.6 मिली ग्राम
सोडियम	2.9 मिली ग्राम
कापर	0.16 मिली ग्राम
क्लोरिन	7.0 मिली ग्राम
थियामिन	0.07 मिली ग्राम
निकोटिनिक अम्ल	0.2 मिली ग्राम

स्रोतः बोस एवं सोम, 1986

नसदार तोरी के बीज में 18.3–24.3 प्रतिशत तक तेल पाया जाता है और उसके बीज में प्रोटीन 18.00–25.00 प्रतिशत तक होता है, जिसका उपयोग औषधीय रुप में किया जाता है।

जलवायु

नसदार तोरी के लिए गर्म एवं शुष्क जलवायु उत्तम मानी जाती है (नाथ एवं सहयोगी, 2002) तथा नम मौसम में खूब फूलती–फलती है। इसकी खेती के लिए औसतन 20.0–35.0 डिग्री सेन्टी ग्रेड तापक्रम की आवश्यकता होती है लेकिन फसल की बढ़वार व फल की उचित विकास 25.0–27.0 डिग्री सेन्टी ग्रेड तापमान पर बहुत अच्छा होता है (नाथ एवं सहयोगी, 1987)। बीज के जमाव के लिए 20.0–34.0 डिग्री सेन्टी ग्रेड तापमान उत्तम माना जाता है। कम तापमान पर बीज का जमाव कम व देर से होता है, जिससे फसल की प्रारम्भिक विकास कम हो जाती है। सामान्यतया लम्बे दिनमान तथा अधिक तापमान में नर पुष्प का विकास बहुत ज्यादा होता है। भारत में इसकी खेती के लिए पश्चिम बंगाल, ओड़िशा, चेन्नई, केरल व मैसूर की जलवायु अधिक उपयोगी है। अत्यधिक वर्षा के कारण पौधों पर कीड़ों तथा बीमारियों का संक्रमण ज्यादा होता है।

उन्नतिशील किस्में

नसदार तोरी की उन्नतिशील किस्में निम्नलिखित हैं–

पूसा नसदार (Pusa Nasdar)

यह किस्म भारतीय कृषि अनुसंधान संस्थान, नई दिल्ली द्वारा मध्य प्रदेश से एकत्रित स्थानीय जननद्रव्यों से चयन कर विकसित की गयी है। यह मध्यम से अगेती किस्म है। बीज बुआई के 60 दिन बाद फूल आने प्रारम्भ हो जाते हैं। फल हल्का हरा और उस पर नसें उभरी होती हैं। फलों की सतह खुरदरी होती है। गूदा पूरी तरह विकसित, सफेद से हरा रंग का और हल्का सुगन्धित होता है। इसके फल 15.0–20.0 सेन्टी मीटर लम्बे होते हैं। इसकी औसत उपज 30.0–35.0 टन प्रति हेक्टेयर होती है। यह किस्म गर्मी एवं बरसात दोनों ऋतुओं के लिए उपयुक्त है।

पूसा नूतन (Pusa Nutan)

इस किस्म का विकास भारतीय कृषि अनुसंधान संस्थान, नई दिल्ली द्वारा सन् 2011 में किया गया है। फल हरे, सीधे, लम्बें (25–30 सेन्टी मीटर) तथा प्रत्येक फल का औसत भार 105 ग्राम होता है। इसकी औसत उपज 18.5 टन प्रति हेक्टेयर होता है। इस किस्म में लूफा यलो मोजैक वायरस के प्रति प्रक्षेत्र सहनशीलता होती है। यह किस्म दिल्ली के आस–पास उगाने के लिये उत्तम है।

कोयम्बटूर–1 (Coimbatore-1)

यह किस्म तमिलनाडु कृषि विश्वविद्यालय, कोयम्बटूर (तमिलनाडु) द्वारा विकसित की गयी है। यह मध्यम ओज तथा अधिक वानस्पतिक वृद्धि करने वाली किस्म है। इस किस्म की पहली तुड़ाई बीज बुआई के 55 दिन बाद की जा सकती है। इसके प्रत्येक बेल पर 10–12 फल लगते हैं। एक फल का औसत वजन 300.0 ग्राम होता है। फल नसदार 60.0–75.0 सेन्टी मीटर लम्बे, मोटे (3.0 सेन्टी मीटर व्यास), हल्के, हरे व काफी आकर्षक होते हैं। इस प्रकार प्रत्येक बेल से 3.0–

4.0 किलो ग्राम फल मिल जाते हैं। इसकी औसत उपज 14.15 टन प्रति हेक्टेयर तक होती है। पूरे फसल की अवधि 125 दिन होती है।

कोयम्बटूर–2 (Coimbatore-2)

यह किस्म तमिलनाडु कृषि विश्वविद्यालय, कोयम्बटूर (तमिलनाडु) से शुद्ध वंशक्रम द्वारा विकसित की गयी है। फल हल्के हरे रंग के और उस पर 11 हल्की नसें या उभार की कतार पायी जाती है। फल काफी लम्बे होते हैं। प्रत्येक फल का औसत भार 350.0–380.0 ग्राम तक होता है, जिसमें बीज कम मात्रा में बनते हैं। फसल का जीवन काल 110 दिन का होता है और 70 दिनों में पहली बार फल की तुड़ाई की जा सकती है। इस किस्म की औसत उपज 25.0–27.8 टन प्रति हेक्टेयर है।

पी0 के0 एम0–1 (P.K.M. 1)

यह किस्म उद्यान अनुसंधान केन्द्र, पेरियाकुलम द्वारा उत्परिवर्तन (mutation) से विकसित की गयी है। यह जून–जुलाई और दिसम्बर–जनवरी की खेती के लिए उत्तम पायी गयी है। इस किस्म का जीवन चक्र 160 दिनों का होता है। फल काफी गहरे हरे रंग के और औसतन 300.0 ग्राम तक के होते हैं। इसकी उपज 28.0–30.0 टन प्रति हेक्टेयर होती है।

पंजाब सदाबहार (Punjasb Sadabahar)

यह किस्म पंजाब कृषि विश्वविद्यालय, लुधियाना (पंजाब) द्वारा विकसित की गया है। इस किस्म के पौधे मध्यम आकार और गहरे हरे रंग के पत्तियों वाले होते हैं। फल पतले, लम्बे, धारीदार, मुलायम तथा थोड़े मुड़े हुए होते हैं। इसकी बुआई मई–जुलाई तक की जा सकती है। इसकी औसत उपज 10.0–12.0 टन प्रति हेक्टेयर होती है।

कल्यानपुर धारीदार (Kalyanpur Dharidar)

इस किस्म का चयन चन्द्रखेशर आजाद कृषि एवं प्रौद्योगिकी विश्वविद्यालय शाक भाजी अनुसंधान केन्द्र, कल्याणपुर, कानपुर (उत्तर प्रदेश) से किया गया है। इस किस्म पर स्पष्ट धारियाँ होती हैं। फल हल्के हरे रंग के तथा गूदेदार होते हैं। यह किस्म बहुत ही अगेती है। पौधों की बेलें कम फैलने वाली तथा बेलों पर मादा पुष्पों की संख्या ज्यादा लगती है। फल की धारियों के बीच की सतह खुरदुरा नहीं होता है। इसकी औसत उपज 40.0 टन प्रति हेक्टेयर होती है।

आई0आई0एच0आर0–8 (IIHR-8)

इस किस्म को कर्नाटक के स्थानीय संकलन से विशुद्ध वंशक्रम वरण द्वारा भारतीय बागवानी अनुसंधान संस्थान, बैंग्लुरु (कर्नाटक) से विकसित की गयी है। इसके फल बहुत ही आकर्षक व फल का आकार 30.0 × 20.0 सेन्टी मीटर (लम्बाई × मोटाई) व प्रत्येक फल का औसत वजन 100.0 ग्राम होता है। प्रत्येक लता पर लगभग 40–45 फल लगते हैं। फल 15–16वीं गाँठ पर लगते हैं तथा इसमें पहली तुड़ाई बीज बुआई के 55 दिन बाद की जा सकती है। इसकी उपज 43.0 टन प्रति हेक्टेयर है। इस किस्म पर मृदुरोमिल आसिता (downy mildew) का प्रकोप कम होता है।

अर्का सुमीत (Arka Sumit)

इस किस्म को अगेती किस्म 'आई0आई0एच0आर0–45 × आई0आई0एच0आर0–45 (लम्बे फल वाली किस्म) के आपसी संकरण द्वारा, भारतीय बागवानी अनुसंधान संस्थान, बैंग्लुरु (कर्नाटक) से विकसित किया गया है। इसकी बेल मध्यम बढ़वार वाली (4.5 मीटर) होती है। इसमें प्रथम मादा पुष्प 15वीं गाँठ पर लगता है और प्रत्येक लता पर 13–15 फल लगते हैं। पहली तुड़ाई बीज बुआई के 52वें दिन बाद मिलती है। फल हल्के हरे रंग के बेलनाकार 55 सेन्टी मीटर लम्बे, 2.5 सेन्टी मीटर मोटे और कम बीज वाले होते हैं। प्रत्येक फल का वजन लगभग 380.0 ग्राम होता है और प्रत्येक लता पर 13–15 फल लगते हैं (दत्ता, 1996)। औसत उपज 50.0 टन प्रति हेक्टेयर है।

अर्का सुजात (Arka Sujat)

इस किस्म को मध्यम आकार के फल वाली अगेती किस्म 'आई0आई0एच0आर0 54× आई0आई0एच0आर0–18 (लम्बे फल वाली किस्म) के संकरण के उपरान्त चयन द्वारा भारतीय बागवानी अनुसंधान संस्थान, बैंगलुरू (कर्नाटक) से विकसित किया गया है। इसमें दोनों पित्रों के वाँछित गुणों का समावेश है। इसके बेले मध्यम बढ़वार वाली (5.5 मीटर लम्बी) होती हैं। इसमें पहले मादा पुष्प 13–15वीं गाँठ पर आता है। फल हल्के हरे रंग के तथा बेलनाकार होते हैं और प्रत्येक फल का औसत वजन 350 ग्राम तथा 50–65 सेन्टी मीटर लम्बा होता है। इस पर मृदु रोमिल आसिता (downy mildew) रोग का प्रभाव कम होता है (दत्ता, 1996)। औसत उपज 52.5 टन प्रति हेक्टेयर होता है।

दिप्थी (Deepthi)

नसदार तोरी की "दिप्थी" किस्म का विकास केरल कृषि विश्वविद्यालय, वेल्लानीकारा (केरल) द्वारा स्थानीय जननद्रव्यों से एकल पौध चयन पद्धति से किया गया है। फल हरे रंग के व आकर्षक होते हैं। फल किनारे पर नुकीला (शुण्डाकृति), 23.0 सेन्टी मीटर लम्बा और 15.0 सेन्टी मीटर व्यास वाला होता है, जिसकी सतह खुरदरी होती है। बीज बुआई के 53 दिन बाद फलों की प्रथम तुड़ाई की जा सकती है। प्रत्येक फल का औसत वजन 165.0 ग्राम होता है। इस किस्म में मृदुरोमिल आसिता (downy mildew) एवं विषाणु कुंचन बीमारी के प्रति रोग प्रतिरोधी है।

स्वर्ण मंजरी या सी0एच0आर0जी0–1 (Swarna Manjari or CHRG-1)

इसके फल पतले व लम्बें होते हैं। यह अधिक उपज देने वाली किस्म है। इसमें चूर्णिल आसिता (powdery mildew) व मृदुरोमिल आसिता (downy mildew) का प्रकोप बहुत कम होता है।

कोंकन हरिता (Konkan Harita)

यह किस्म कोंकन कृषि विद्यापीठ, डपोली (महाराष्ट्र) द्वारा चयन पद्धति से विकसित की गयी है। बीज बुआई के 45 दिन बाद फलों की प्रथम तुड़ाई की जा सकती है। फल हरे और 35.0–45 सेन्टी मीटर लम्बे होते हैं।

सतपुतिया (Satputia)

यह बिहार की स्थानीय किस्म है। इसमें उभयलिंगाश्रयी (hermaphrodite) पुष्प आते हैं। यह गुच्छों में फल देती है, लेकिन फल छोटे होते हैं। इसका स्वाद अच्छा एवं सुगन्धित होता है। फल का आकार, गोला या हल्का अण्डाकार होता है।

भूमि एवं भूमि की तैयारी

नसदार तोरी की खेती हर प्रकार की भूमि में की जा सकती है। परन्तु अच्छी पैदावार के लिए दोमट भूमि जिसमें पर्याप्त मात्रा में जीवांश हो, श्रेष्ठ रहती है। मिट्टी का पी0एच0 मान 6.0–7.0 के बीच अच्छा माना जाता है। इसकी थोड़ी बहुत खेती नदी के किनारे या कछारों में भी अच्छी प्रकार से की जा सकती है। खेत में पहली फसल के सभी अवशेष निकाल कर जला देना चाहिए ताकि दीमक तथा अन्य कीटों का प्रकोप न हो। खेत की पहली जुताई मिट्टी पलटने वाले हल से करना चाहिए। तत्पश्चात् 3–4 बार देशी हल से जुताई करके पाटा लगा देना चाहिए जिससे भूमि समतल एवं मिट्टी भुरभुरी तथा उसमें नमी धारण करने की क्षमता बनी रहे। भूमि की उर्वरता एवं अधिक उपज के लिए खेत की अन्तिम जुताई के समय अच्छी प्रकार सड़ी हुई गोबर की खाद या कम्पोस्ट अवश्य डालकर उसे मिट्टी में मिला देना चाहिए।

बुआई का समय

ऋतुओं के आधार पर इसकी बुआई निम्नलिखित समय में की जाती है।

1. ग्रीष्म कालीन फसल

ग्रीष्मकालीन फसल की बुआई जनवरी महीने से ही प्रारम्भ हो जाती है और अप्रैल तक चलता रहता है, क्योंकि यह देखा गया है कि तापमान 40.0–50.0 डिग्री सेन्टीग्रेड तक होने पर भी जमाव पर कोई प्रभाव नहीं पड़ता है और अंकुरण शत–प्रतिशत होता है, लेकिन इसके लिए मिट्टी में बराबर नमी बनी रहनी चाहिए।

2. वर्षा कालीन फसल

वर्षा कालीन फसल की बुआई जून से प्रारम्भ हो जाती है और अगस्त तक चलता रहता है। वर्षा कालीन नसदार तोरी की खेती मुख्य फसल मानी जाती है। नसदार तोरी की अगेती फसल के लिए बीज की बुआई नवम्बर महीने में की जाती है।

बीज दर

एक हेक्टेयर क्षेत्रफल की बुआई के लिए 5.00 किलो ग्राम बीज पर्याप्त होता है।

बुआई की दूरी एवं विधि

नाली से नाली या कतार से कतार की दूरी 75.0 सेन्टी मीटर पर चौड़ी नालियाँ बना लेते हैं। नालियों पर 60.0 सेन्टी मीटर की दूरी पर थाले बना लेना चाहिए। इस प्रकार तैयार किये गये थाले में 2 बीज 3.0 सेन्टी मीटर की गहराई पर बुआई करना चाहिए।

पोषक तत्व प्रबन्धन

नसदार तोरी की फसल अधिक समय तक खेत में रहती है, इसलिए 20.0–25.0 टन अच्छी प्रकार सड़ी हुई गोबर की खाद या कम्पोस्ट, खेत तैयार करते समय मिट्टी में मिला देना चाहिए। इसके अतिरिक्त खेत में नत्रजन 30.0–35.0 किलो ग्राम, फास्फोरस 25.0–30.0 किलो ग्राम तथा पोटाश 25.0–30.0 किलो ग्राम तत्व के रुप में देना चाहिए। फास्फोरस एवं पोटाश की पूरी मात्रा तथा नत्रजन की आधी मात्रा बीज की बुआई करते समय तथा बची हुई नत्रजन की आधी मात्रा बीज बुआई के 30–45 दिन बाद टाप ड्रेसिंग (top dressing) के रुप में जड़ों के पास देना चाहिए। नसदार तोरी के फसल में नत्रजन शोषण क्षमता एवं अधिकतम उपज (संस्तुत मात्रा की 50 प्रतिशत उर्वरक एवं 10.0 टन वर्मी कम्पोस्ट/हेक्टेयर देने से प्राप्त होती है (श्रीनिवास एवं सहयोगी, 2000)।

नसदार तोरी की किस्म 'पूसा नसदार' में 50 पी0पी0एम0 इथरेल (इथीफान) का 4 पत्तियों की अवस्था में छिड़काव करने से फलों की संख्या/पौध (36) बढ़ जाती है। इसी प्रकार पोषक तत्व के रुप में बोरान एवं मालीब्डेनम की तुलना में पोटैशियम नाइट्रेट का 250 पी0पी0एम0 प्रयोग करने से भी फलों की संख्या बढ़ जाती है (कुमार एवं राव, 1988)।

सिंचाई जल प्रबन्धन

नसदार तोरी की वर्षा कालीन फसल के लिए पानी की आवश्यकता नहीं पड़ती है। ग्रीष्म कालीन फसल की खेती सिंचाई पर ही निर्भर करती है। अतः अच्छी उपज के लिए 5–6 दिन पर सिंचाई करते रहना चाहिए।

सस्य क्रियाएँ एवं खरपतवार नियंत्रण

निकाई करके पौधों के पास से खरपतवार को निकाल देना चाहिए। मिट्टी को भुरभुरा बनाए रखने के लिए समय–समय पर गुड़ाई करते रहना चाहिए। थाले पर 1–2 बार मिट्टी भी चढ़ा देना चाहिए। नसदार तोरी की किस्म पूसा नसदार को 2.0×4.0 मीटर की क्यारी में 9 पौध/क्यारी रखने और प्रारम्भ के 6 शाखाओं को काट देने से पौधे लम्बे होते हैं और आगे–चलकर द्वितीयक शाखाएँ ज्यादा बनती है और इस पर मादा पुष्प जल्दी आते हैं और ज्यादा फल प्राप्त होता है। वर्षा कालीन फसल में इस प्रकार कर्तन से ज्यादा, लेकिन गर्मी वाली फसल में उपज कम मिलती है (अरोरा एवं मलिक 1989)।

पादप वृद्धि नियामकों का प्रयोग

नसदार तोरी मे जिब्रेलिक एसीड की 25.0 मिली ग्राम/लीटर पानी में डालकर छिड़काव करने से मुख्य तने में वृद्धि होती है, जबकि इथरेल (इथीफान) की 100.0 मिली ग्राम/लीटर पानी में डालकर छिड़काव करने से पौधें पर शाखाएँ ज्यादा बनती हैं। जिब्रेलिक एसीड 5.0 मिली ग्राम/लीटर या 25.0 मिली ग्राम मैलिक हाइड्राज्याइड (MH) की या 150.0 मिली ग्राम या 100.0 मिली ग्राम टीबा (TIBA) प्रति लीटर पानी में घोल बनाकर छिड़काव करने से मादा पुष्प ज्यादा बनते हैं। वर्षा ऋतु में इथरेल की 100.0 मिली ग्राम प्रति लीटर पानी में घोलकर डालने से मादा पुष्प निचली गाँठों से बनना प्रारम्भ करते हैं और फल प्रति पौध, फल भार, अगेतीपन एवं कुल उपज में भी वृद्धि होती है (अरोरा एवं सहयोगी, 1987)।

तुड़ाई एवं उपज

फलों की छोटी अवस्था में ही तुड़ाई करते रहना चाहिए, क्योंकि फल बड़े हो जाने पर गुणों में कमी आ जाती है। सामान्यतः 55 दिनों बाद फल तोड़ने योग्य हो जाते हैं, जो परागण के 5–7 दिनों बाद हो जाता है। फसल के पूरे जीवन काल में लगभग 8 बार तुड़ाई की जा सकती है। फलों की तुड़ाई 4–5 दिन के अन्तराल पर करना चाहिए। नसदार तोरी की औसत उपज 20.0–25.0 टन प्रति हेक्टेयर होती है।

भण्डारण

नसदार तोरी की किस्म एच0आर0जी0–14 के कोमल फलों की तुड़ाई के बाद 10.0 व 50.0 मिली ग्राम प्रति लीटर पानी के घोल में डुबोकर 0.5 डिग्री सेन्टीग्रेड तापमान पर रखने पर 9 दिनों तक दैहिक भार का नुकसान नहीं पाया गया। इसी प्रकार ब्यूटारिक एसीड (बी0ए0) के 50.0 मिली ग्राम प्रति लीटर के घोल में डूबोकर रखने से सबसे अच्छे एवं गुणवत्ता युक्त फल प्राप्त हुए (कुमार एवं सहयोगी, 1988)।

पौध संरक्षण

प्रमुख बीमारियाँ एवं उनका नियन्त्रण

फल विगलन (Fruit rot)

यह रोग पिथियम (Pythium) फ्यूजेरियम (*Fusarium*), राइजोक्टोनिया (*Rhizoctonia*) और फाइटोपथोरा (*Phytophthora*) जाति के फफूँद से जमीन के सम्पक्र वाले फलों पर होता है। कभी–कभी स्केलेरोशियम रोल्फसाई और ओजोनियम प्रजाति के फफूँद भी मृत जीवी के रुप में सड़े हुए फलों पर पाये जाते हैं। पहले रोगी फलों का छिलका नरम, गहरे हरे रंग का, जल सिक्त व विगलित होता है, जिन पर फफूँद के रूई समान जाल विकसित हो जाते हैं। प्रकोप वर्षा ऋतु में ज्यादा होता है। बचाव के लिए फलों को भूमि के सम्पर्क से दूर रखना चाहिए। अतः इस समुदाय के फसलों में लताओं को समुचित सहारा देने की व्यवस्था की जानी चाहिए या फल बनते समय जमीन पर सुखी घास आदि बिछा देनी चाहिए। नियंत्रण हेतु डाइथेन एम–45 नामक फफूँदनाशी का 0.25 प्रतिशत घोल बनाकर एक सप्ताह के अन्तराल पर छिड़काव करना चाहिए।

मृदुरोमिल आसिता (Downy mildew)

यह रोग स्यूडोपेरोनोस्पोरा क्यूबेन्सिस (*Pseudoperonspora cubensis* Rosto.) नामक फफूँद से होता है। अधिक आर्द्रता होने पर पहले पीले धब्बे बनते हैं, जो बाद में बादामी रंग के हो जाते हैं। कालान्तर में नील–रोहित रंग की मृदुरोमिल वृद्धि प्रकट होती है। अंततः रोगग्रस्त पत्तियाँ सूख जाती है और पौधे कमजोर पड़ जाते हैं। फल नहीं बनते हैं या बनते हैं तो खाने योग्य नहीं रहते। नियंत्रण के लिए ब्लाइटाक्स (Blitox) की 0.25 प्रतिशत घोल बनाकर 15 दिन के अन्तराल पर छिड़काव करना चाहिए।

चूर्णील आसिता (Powdery mildew)

चूर्णिल आसिता एरिसाइफी सिकोरेसियेरम (*Erysiphe cichoracearum*) और स्फीरोथिका फयूलिजेना (*Sphaerotheca fuliginea*) नामक फफूँद से होता है, जो कद्दू वर्गीय सब्जियों की पत्तियों एवं फल को ज्यादा नुकसान पहुँचाता है। पहले यह पत्तियों और तनों पर सफेद या धूंधले धूसर, सूक्ष्म आभायुक्त धब्बों के रुप में प्रकट होते हैं व बाद में यह श्वेत चूर्णील पदार्थ समूचे परपोषी की सतह को ढक लेता है फिर पत्तियाँ सूखना शुरु कर देती है। बचाव के लिए जल निकास की उचित व्यवस्था करें। रोकथाम के लिए गन्धक घोल 250.0 ग्राम प्रति 10.0 लीटर पानी में घोलकर छिड़काव करना चाहिए या कैराथेन (Karathane) नामक फफूँदनाशी की 0.05 प्रतिशत घोल बनाकर 15–15 दिन के अन्तर से छिड़काव करनी चाहिए।

एन्थ्रेकनोज (Anthracnose)

एन्थ्रेकनोज नामक बीमारी कोलेटोट्राइकम लेजीनेरियम (*Collectotrichum lagenarium*) द्वारा उत्पन्न होता है। नसदार तोरी के फलों को ज्यादा प्रभावित करता है। पहले फलों पर हल्के धसे हुए या दरारयुक्त धब्बे प्रकट होते हैं, जो बाद में काले धब्बों का रुप ले लेते हैं। पत्तों के पृष्ठ भाग पर अण्डाकार या बेड़ौल दाग उत्पन्न हो सकते हैं। नई पत्तियाँ संक्रमण के प्रति अत्यधिक सुग्राही होती है। नियंत्रण के लिए डाइथेन एम0–45 का 0.25 प्रतिशत घोल बनाकर छिड़काव करनी चाहिए। बचाव के लिए फसल में जब निकास की उचित व्यवस्था की जानी चाहिए जिससे आर्द्रता न बढ़ने पाए और रोगग्रस्त फसल से बीज नहीं लिया जाना चाहिए।

मूल ग्रन्थि (Root Gall)

मूल ग्रन्थि रोग मेलाइड़ोगाइन जावानिका (*Meloidogyne javanica*), मेलाइडोगाइन इंकोग्निटा (*Meloidogyne incognita*) और मेलाइडोगाइन आरिनेरिया (*Meloidogyne arenaria*) सूत्रकृमि (nematodes) से होता है। लगातार उसी भूमि में कद्दू वर्गीय फसल लेते रहने से इसका प्रसार व्यापक रुप से होता है। पहचान के लिए पौधों की पत्तियाँ पीली पड़कर झुलसने लगती है, तने का रंग पीला पड जाता है और जड़ों की खुदाई करने पर उन पर विभिन्न प्रकार की छोटी–छोटी गाँठें (knots) पायी जाती है। इन गाँठों के अन्दर गोल कृमि की मादाएँ ज्यादा संख्या में पायी जाती है। गाँठों से डिंभक निकलकर जमीन में क्रियाशील हो जाते हैं। जब पौधों की जड़ें डिंभक के सम्पर्क में आती हैं, तो ग्रन्थियों के रुप में बदल जाती है।

प्रबन्धन

बचाव के लिए फसल चक्र का ध्यान रखें और रोग–रोधी किस्मों को उगाएँ। नियंत्रण के लिए नेमागोल या मिथाइल ब्रोमाइड या सोडियम मिथाइलडाइथायोकार्बामेट (Nemagol or Methyl Bromide or Sodium Methyldithiocarbamate) की 15.0–25.0 लीटर / हेक्टेयर का प्रयोग करना चाहिए।

प्रमुख कीट एवं उनका प्रबन्धन

नसदार तोरी को हानि पहुँचाने वाले मुख्य कीटों की पहचान एवं उनके नियंत्रण के तरीके निम्नलिखित हैं–

कद्दू का लाल कीट (Red pumpkin beetle)

कद्दू के लाल कीट (*Aulacophora foveicollis*) चमकीले होते हैं, जिनके शरीर के ऊपर के हिस्से लाल एवं नीचे के हिस्से का रंग काला होता है। इसकी सुड़ियाँ क्रीमी रंग की होती है। सुड़ियाँ जमीन के नीचे रहती है और पौधों की जड़ों एवं तनों में छेदकर नुकसान करती है। भृंग छोटे पौधों की कोमल पत्तियों में छेद करके उन्हें खा जाती हैं, जिससे पौधे पत्ती रहित हो जाते हैं और अन्त में मर जाते हैं।

प्रबन्धन

नियंत्रण के लिए प्रौढ़ कीटों को सुबह एकत्रित करके मार देना चाहिए। क्षेत्रफल के अनुसार सेविन पाउडर (कार्बेरिल) व राख बराबर मात्रा में मिलाकर 6.85 किलो ग्राम/हेक्टेयर बुरकाव करना चाहिए या 5.0 ग्राम क्लोरोपाइरिफास 20 ई0सी0 को थोड़ी सी राख में मिलाकर पौधों की जड़ों के पास मिट्टी में मिला दें।

फल मक्खी (Fruit fly)

लाल भूरे रंग वाली फल मक्खी (*Dacus cucurbitae & Dacus dorsalis*), जिसके सिर पर काले एवं सफेद रंग के धब्बे होते हैं, मटमैले सफेद रंग के मैगट (maggots) को जन्म देती है। मादा फल मक्खी फलों की बाह्य त्वचा में एक स्थान पर एक छेद करके अण्डे देती है। इस तरह प्रत्येक फल में 3–5 छेद करती है। अण्डे देने के बाद मादा उस छेद को हल्के भूरे लसदार पदार्थ से ढक देती हैं। अण्डों से 3–5 दिन में सुड़ियाँ विकसित होकर फलों के अन्दर ही अन्दर गूदे को खाकर नष्ट कर देती है। क्षतिग्रस्त फल, कीट के अण्डा देने के स्थान से टेढ़ा हो जाता है, जो आसानी से पहचाना जा सकता है।

प्रबन्धन

प्रौढ़ कीटों को मारने के लिए 2.0 लीटर पानी में 500.0 ग्राम गुड़ या शीरा, 20.0 मिली ग्राम मैलाथियान 50 ई0सी0 तथा 50.0 मिली लीटर डाइजिनान 20 ई0सी0 मिलाकर खेत में जगह–जगह उथले बर्तन में रख देना चाहिए, जिससे प्रलोभक (bait) खाकर फल मक्खी मर जाती हैं। इसके नियंत्रण के लिए फल मक्खी ट्रैप (fruit fly trap) के साथ मिथाइल यूंजीनाल की 3.0 मिली लीटर/ट्रैप और 0.05 प्रतिशत डाइक्लोरोवास के प्रयोग से सबसे सार्थक व लाभकारी नियंत्रण पाया गया है।

जैसिड (Jassid)

हल्के हरे व पीले रंग वाले शिशु एवं प्रौढ़ दोनों ही पौधों की पत्तियों से द्रव पदार्थ (plant sap) चूस लेते हैं, जिससे पत्तियाँ पीली पड़ने के बाद लाल–भूरे रंग की होकर सूख जाती हैं। पौधे की वृद्धि एवं विकास रुक जाती है, फूल व फल कम बनते हैं व फल अविकसित रह जाते हैं।

प्रबन्धन

नियंत्रण के लिए इण्डोसल्फान 35 ई0सी0 का 1.5 मिली लीटर प्रति लीटर पानी में घोलकर छिड़काव करना चाहिए।

लीफ माइनर

वयस्क कीट 3.0 मिली मीटर लम्बाई युक्त काली व पीली धारियों वाले होते हैं। इनके लारवा पत्तियों में सुरंग बनाकर खाते हैं, जिसकी वजह से पत्तियाँ सुखकर गिरने लगती हैं।

प्रबन्धन

इसकी रोकथाम के लिए 0.05 प्रतिशत इण्डोसल्फान का छिड़काव लाभप्रद है।

चिकनी तोरी या घिया तोरी
(Smooth Gourd or Sponge Gourd)

वानस्पतिक नाम : लूफा सिलेन्डरीका या लूफा इजिप्टिका (*Luffa cylindrica* (L.) Roem. or *Luffa aegyptiaca*)

कुल : कुकुरबिटेसी (Cucurbitaceae)

गुणसूत्र संख्या : 2 एन = 26

खीरा वर्गीय सब्जियों में चिकनी तोरी की खेती प्रायः गावों में घर–घर होती है। इस सब्जी फसल को धिया तोरी (ghia tori), काली तोरई, गिलकी, तुरईया, नोमिया, नेनुआ, धन्डाल, जिन्गी, रामतोरी (ram tori) नूनी बीड़ा, पटोला, ढुन्डुल, तराडा, भोल, राजकोसा ताकी, कायी घेवड़ा आदि के नाम से जानते हैं।

उद्‌भव एवं वितरण

चिकनी तोरी का उत्पत्ति स्थाल दक्षिणी एशिया, सम्भवतः भारतवर्ष है। कुछ शोधकर्त्ताओं के अनुसार यह भी अनुमान लगाया जाता है कि इसका जन्म स्थान अफ्रीका व आस्ट्रेलिया है। इस फसल को भारत, वर्मा और श्री लंका में जंगली पौधों के रुप में उगते हुए आज भी देखा जा सकता है (यावल्कर 1965)। चौधरी (1967) के अनुसार इसकी सही उत्पत्ति के बारे में कुछ कहना मुश्किल है। यह सब्जी भारत के हर राज्यों में बहुतायत रुप में उगायी जाती है। यहीं नहीं इसकी खेती भारत के अलावा चीन, यूरोप एवं अमेरिका, ब्राजील, मैक्सिको आदि देशों में विस्तृत क्षेत्रफल में की जाती है। भारत वर्ष में इस फसल का क्षेत्रफल, उत्पादन एवं उत्पादकता क्रमशः 73273.0 हेक्टेयर, 685224.0 टन तथा 9.35 टन प्रति हेक्टेयर है। भारत वर्ष में अधिक उत्पादन करने वाले राज्य आन्ध्र प्रदेश तमिलनाडु कर्नाटाक, गुजरात, महाराष्ट्र, आसाम, पश्चिम बंगाल, उत्तर प्रदेश, व पंजाब हैं।

वानस्पतिक विवरण

चिकनी तोरी एकवर्षीय लतादार (annual vine) सब्जी है। जड़ें मुसलाकार व सीधी होती हैं। तना पाँच कोणीय व 10.0 मीटर तक लम्बी होती हैं। तने पर हल्के रोम होते हैं। प्रतान (tendril) शाखित होते हैं। पत्तियाँ 5–7 पालियुक्त होती है। पत्तियाँ सामान्यतः अण्डाकार से ह्दयाकार, गहरे हरे रंग की व खुरदरी होती हैं। इनका आकार 6.0–25.0 सेन्टी मीटर × 8.0–27.0 सेन्टी मीटर होता है। पर्णवृन्त 5.0–10.0 सेन्टी मीटर लम्बे होते हैं। पुष्प मोनोसियस (monoecious), पीले रंग के कभी–कभी काले धब्बे या धारियों से युक्त बेलनाकार तथा चिकनी सतह वाले पुंकेसर व वर्तिकाग्र होते हैं तथा सामान्यतः एक ही जगह से विकसित होते हैं। जायाँगी पुष्प विन्यास एकल होता है। पुमंग गुच्छे में बाह्य दलपुंज के साथ विकसित होते हैं। बाह्य दलपुंज लट्‌टू के आकार के पाँच,

शाखित एवं त्रिकोणीय होती हैं। दलपुंज पाँच व मुक्त होते हैं। एक नर पुष्प गुच्छे में एक बार खिलता है। पुंकेसर भी संख्या में पाँच व मुक्त होते हैं। अण्डाशय अधोवर्ती, वर्तिकाग्र द्विपालिकायुक्त व संख्या में 3 होते हैं। फल बेलनाकार, गहरे हरे से हल्के हरे तथा हल्के पीले रंग के, भीतरी भाग रेशेदार, सुखने पर स्पंजी व अनेक बीज (काले या सफेद, चिकने) युक्त होते हैं। धिया तोरी के फूल प्रातःकाल 2.0–6.0 बजे तक खिलते हैं। परागण और परागकण के स्फुटिक होने की प्रक्रिया तापमान व आर्द्रता पर निर्भर है। परागकण जाड़ों में 2–3 दिन तक तथा गर्मियों में 1.0–1.5 दिन तक जीवन क्षम बने रहते हैं। वर्तिकाग्र फूल खिलने से 10 घण्टा पहले और 120 घण्टा बाद तक ग्राही बने रहते हैं।

पोषकीय महत्व

जब फल काफी मुलायम एवं कोमल होता है, सब्जी के लिए उपयोग में लाया जाता है। कहीं–कहीं पर खीरे जैसे सलाद के रुप में उपयोग होता है। इसके सूखे हुए फल के स्पंजयुक्त छिलके को बर्तनों के साफ करने, जूते के तलवे बनाने एवं कारखानों में उत्पादित पदार्थ की पैकिंग करने के लिए किया जाता है। कहीं–कहीं पर इसके बीजों से तेल निकाला जाता है। फल में अधिक मात्रा में पानी होने के कारण इसकी तासीर ठण्डी होती है। यह अन्य खनिज तत्वों के साथ आयरन और कैरोटीन का भी अच्छा स्त्रोत है। इस सब्जी में विटामिन 'सी' भी प्रचुर मात्रा में पाया जाता है। इसमें पाये जाने वाले पोषक तत्वों को सारिणी में दिया गया है–

सारिणी (8.25) चिकनी तोरी में पाये जाने वाले पोषक तत्व (प्रति 100 ग्राम योग्य भाग में)

पोशक तत्व	मात्रा
नमी	93.2 ग्राम
प्रोटीन	1.2 ग्राम
वसा	0.2 ग्राम
खनिज	0.5 ग्राम
रेशा	2.0 ग्राम
कार्बोहाइड्रेट	2.9 ग्राम
ऊर्जा	18.0 किलो कैलोरी
कैल्सियम	36.0 मिली ग्राम
फास्फोरस	19.0 मिली ग्राम
आयरन	1.1 मिली ग्राम
कैरोटीन	120.0 माइक्रो ग्राम
थाइमिन	0.02 मिली ग्राम
रिबोफ्लेविन	0.06 मिली ग्राम
नियासिन	0.04 मिली ग्राम

स्रोतः गोपालन एवं सहयोगी, 1999, बोस एवं सोम, 1986

उन्नतिशील किस्में

अच्छी उपज के लिए निम्नलिखित किस्मयों को उगाना चाहिए।

काशी दिव्या (Kashi Divya)

इस किस्म का विकास भारतीय सब्जी अनुसंधान संस्थान, वाराणसी (उत्तर प्रदेश) द्वारा वर्ष 2010 में वी0आर0एस0जी–101 x वी0आर0एस0जी–111 के संकरण द्वारा वंशावली विधि से चयन करके की गयी है और क्षेत्र–4 (पंजाब, उत्तर प्रदेश, बिहार एवं झारखण्ड) के लिये अनुमोदित की गयी है। इसके फल मध्यम आकार के (19.0–20.0 सेन्टी मीटर लम्बे), सीधे, हल्के हरे तथा सफेद गूदे वाले होते हैं। इस किस्म में फलत 48 दिनों में प्रारम्भ हो जाती है और पौधे की 8–9वीं गाँठ पर फल बनने प्रारम्भ हो जाते हैं। जमीन पर फैलाकर खेती करने पर, इस किस्म की औसत उपज 20.0 टन प्रति हेक्टेयर होती है, जबकि मचान बनाकर खेती करने पर 30.0 टन प्रति हेक्टेयर तक उपज प्राप्त की जा सकती है। इसमें चुर्णिल, मृदुल आसिता तथा एंथ्रैक्नोज नामक बीमारी नही लगती है (भारद्वाज, 2010)।

पूसा चिकनी (Pusa Chikni)

इस किस्म का विकास भारतीय कृषि अनुसंधान संस्थान, पूसा नई दिल्ली द्वारा स्थानीय जननद्रव्यों से चयन करके किया गया है। यह चिकनी तोरी की अगेती किस्म है, जिसमें बीज बुआई के 45 दिन बाद फल आना प्रारम्भ होते हैं। पुष्प बनने के पूर्व तने व पत्तियों की बढ़वार अधिक नहीं होती है। इसके फल चिकने, गहरे हरे रंग के व बेलनाकार होते हैं। एक बेल पर 15.0–20.0 फल लगते हैं। फल 18.0–20.0 सेन्टी मीटर लम्बे तथा 2.5–3.5 सेन्टी मीटर व्यास के होते हैं। एक गाँठ पर एक ही फल लगता है। यह गर्मी एवं वर्षा दोनों ऋतुओं में आसानी से उगाई जा सकती है। इसकी औसत उपज 20.0–25.0 टन प्रति हेक्टेयर है।

पूसा सुप्रिया (Pusa Supriya)

इस किस्म का विकास पूसा चिकनी किस्म से चयनकर भारतीय कृषि अनुसंधान संस्थान, नई दिल्ली से किया गया है। यह एक अगेती किस्म है, जिसकी खेती गर्मी एवं वर्षा दोनों मौसमों में की जा सकती है। फल हल्के पीले रंग के सीधे व थोड़े मुड़े, लेकिन फल अन्तिम छोर पर नुकीला और मध्यम लम्बाई (15.0–20.0 सेन्टी मीटर) के होते हैं। बीज बुआई के बाद फलों की प्रथम तुड़ाई 50–55 दिन बाद होती है। प्रत्येक फल का औसत भार 90.0–100.0 ग्राम होता है। प्रति हेक्टेयर औसत उपज ग्रीष्म काल में 9.0–10.0 टन है तथा वर्षा काल में 12.0–14.0 टन होती है।

कल्याणपुर चिकनी (Kalyanpur Chikni)

इस किस्म का विकास चन्द्रशेखर आजाद कृषि एवं प्रौद्योगिकी विश्वविद्यालय शाक भाजी अनुसंधान केन्द्र, कल्यानपुर, कानपुर (उत्तर प्रदेश) से चयन पद्धति द्वारा किया गया है। यह अन्य किस्मों की अपेक्षा थोड़ी अगेती है। फल मध्यम आकार के, पतले एवं गूदेदार होते हैं। फलों पर हल्की धारियाँ बनती है। पौधों पर फल ज्यादा दिन तक रह जाने के बाद भी मुलायम बने रहते हैं। इसकी औसत उपज 35.0–40.0 टन प्रति हेक्टेयर होती है।

कोयम्बटूर–1 (Coimbatore-1)

इस किस्म का विकास तमिलनाडु कृषि विश्वविद्यालय, कोयम्बटूर, (तमिलनाडु) द्वारा किया गया है।

पूसा स्नेहा (Pusa Sneha)

पूजा स्नेहा' किस्म का विकास भारतीय कृषि अनुसंधान संस्थान, नई दिल्ली द्वारा ''पूसा चिकनी'' किस्म से चयन करके किया गया है। फल गहरे हरे, 20.0–25.0 सेन्टी मीटर लम्बे व सीधे होते हैं। इसकी खेती ग्रीष्म व वर्षा ऋतु, दोनों में सुगमतापूर्वक की जा सकती है। बीज बुआई के बाद फलों की प्रथम तुड़ाई ग्रीष्म काल में 50–55 दिनों बाद तथा वर्षा ऋतु में 40–45 दिनों बाद की जा सकती है। प्रत्येक फल का औसत भार 120.0 ग्राम होता है। औसत उपज 11.5–12.0 टन प्रति हेक्टेयर होता है।

पी0एस0जी0–9 (PSG-9)

''पी0एस0जी–9'' किस्म का विकास पंजाब कृषि विश्वविद्यालय, लुधियाना (पंजाब) द्वारा स्थानीय जनन द्रव्यों से चयन कर किया गया है। इसके फल चिकने, सीधे, लम्बे (15.0–18.0 सेन्टी मीटर) व गहरे हरे रंग के होते हैं। बीज बुआई के 60 दिनों बाद फल मिलने लगते हैं। औसत उपज 16.5 टन प्रति हेक्टेयर होता है। उत्तर भारत के मैदानी क्षेत्रों में फरवरी–मार्च में बुआई के लिए सबसे उपयुक्त है।

एम0एस0जी0एच0–1 (MSGH-1)

एम0एस0जी0एच0–1 किस्म का विकास महिको बीज कम्पनी, जालना (MAHYCO, Jalana) द्वारा किया गया है। फल पतले, बेलनाकार, 20.0–25.0 सेन्टी मीटर लम्बा, चिकना तथा छिलका चमकदार होता है। बीज बुआई के बाद फलों की पहली तुड़ाई 40–45 दिनों में की जाती है। प्रत्येक फल का औसत भार 100.0–120.0 ग्राम होता है। औसत उपज 18 टन प्रति हेक्टेयर है।

सोलन लॉंग ग्रीन (Solan Long Green)

इस किस्म का विकास वाई0 एस0 परमार चूनीवर्सिटक ऑफ एग्रीकल्चर एण्ड फारेस्ट्री, सोलन (हिमाचल प्रदेश) से किया गया है। यह सबसे अगेती किस्म है, जिनके फल बीज बुआई के मात्र 35 दिन बाद प्राप्त होने लगते हैं। औसत उपज 12 टन प्रति हेक्टेयर है।

राजेन्द्र नेनुआ–1 (Rajendra Nenua-1)

''राजेन्द्र नेनुआ–1'' किस्म का विकास, बिहार कृषि महाविद्यालय, साबौर (बिहार) से किया गया है। फल लम्बे, हरे–सफेद, चिकने व मोटे होते हैं। पौधे के 5वीं–6वीं गाँठ पर मादा पुष्प विकसित होने लगते हैं। इसकी खेती जाड़े (कम तापमान पर) व वर्षा ऋतु में सफलतापूर्वक की जा सकती है। यह किस्म फल मक्खी (fruit fly) व फल सड़न (fruit rot) के प्रति अवरोधी है। इस किस्म से औसतन 25.0 टन प्रति हेक्टेयर उपज मिलती है।

पंत तोरई–1 (Pant Torai-1)

इस किस्म का विकास गोविन्द बल्लभ पंत कृषि एवं प्रौद्योगिकी विश्वविद्यालय पंतनगर (उत्तराखण्ड) द्वारा सन् 1999 में किया गया। इस किस्म को उत्तर प्रदेश स्टेट वैराइटी रिलीज कमेटी द्वारा व्यावसायिक खेती के लिये अनुमोदित किया गया है। पौधे 5.0 मीटर लम्बे एवं ओजस्वी होते हैं। बीज बुआई के 65 दिनों बाद पहली बार फलियों की तुड़ाई की जा सकती है। वर्षाकालीन खेती के लिये उत्तम किस्म है। औसत उपज 10.0 टन प्रति हेक्टेयर है।

जलवायु एवं मृदा

चिकनी तोरी उष्ण मौसम की सब्जी फसल है, लेकिन इसकी खेती ग्रीष्म एवं वर्षा ऋतु में बहुतायत से की जाती है। जब वातावरण की आर्द्रता ज्यादा हो जाती है, इसकी उपज बढ़ जाती है। चिकनी तोरी की खेती किसी भी प्रकार की मिट्टी में की जा सकती है लेकिन अच्छी जल निकास वाली बलुई दोमट उत्तम मानी जाती है। जब मृदा में जीवांश की प्रचुरता होती है, तब उपज काफी अच्छी मिलती है। सामान्यतः इसकी खेती औसत उर्वरता वाले खेत में की जाती है।

बुआई एवं बीज दर

एक हेक्टेयर क्षेत्रफल की बुआई के लिए 3.0–4.0 किलो ग्राम बीज की आवश्यकता होती है। चिकनी तोरी को बोने के पहले खेत की 3–4 बार अच्छी जुताई करके मिट्टी को हल्की एवं भुर–भुरी कर लेनी चाहिए। उन्नत तरीके से इसकी खेती के लिए नालियाँ एवं थालों को उचित दूरी पर बनाना चाहिए। इसके लिए नालियाँ 2.5–3.0 मीटर की दूरी पर 25.0–30.0 सेन्टी मीटर गहरी बनानी चाहिए। ध्यान रहे कि नालियों की चौड़ाई 40.0–45.0 सेन्टी मीटर से कम न हो। इन्हीं बनी हुई नालियों पर 50.0–60.0 सेन्टी मीटर की दूरी पर थाले बनाना चाहिए।

- **ग्रीष्म कालीन बुआई**–ग्रीष्म कालीन बुआई फरवरी–मार्च तक की जाती है।
- **वर्षा कालीन बुआई**–इस ऋतु की बुआई जून–जुलाई में की जाती है।

अच्छी प्रकार तैयार किये गये थालों में 2–3 बीज की बुआई करते हैं। बीजों को 2.5–3.0 सेन्टी मीटर की गहराई पर बुआई करनी चाहिए। अच्छे अंकुरण के लिए बीजों को 12 घण्टे तक पानी में भिगों लेना चाहिए। बीजों को नाली के अन्दर के किनारों की ओर बोना चाहिए।

पोषक तत्व प्रबन्धन

खेत की जुताई करने के पहले 35.0–40.0 टन प्रति हेक्टेयर गोबर की अच्छी प्रकार सड़ी हुई खाद या कम्पोस्ट खेत में डालना चाहिए। खेत की अन्तिम जुताई के समय बी0एच0सी0–5 प्रतिशत धूल (powder) प्रति हेक्टेयर की दर से मिट्टी में मिला देनी चाहिए। ऐसा करने से खेत में उपस्थित दीमक व अन्य कीड़े–मकोड़े मर जाते हैं। अच्छी उपज प्राप्त करने के लिए 30.0–40.0 किलो ग्राम नत्रजन, 25–30 किलो ग्राम फास्फोरस तथा 25.0–30.0 किलो ग्राम पोटाश प्रति हेक्टेयर तत्व के रुप में देना चाहिए। नत्रजन की आधी मात्रा व फास्फोरस तथा पोटाश की पूरी मात्रा खेत की अन्तिम

जुताई के समय भूमि में अच्छी तरह मिला देना चाहिए। बची हुई नत्रजन की आधी मात्रा को तीन बराबर भागों में बाँटकर बुआई के बाद 20, 40 व 60 दिन के अन्तर पर टाप ड्रेसिंग (**top dressing**) के रुप में फसल को देना चाहिए। चिकनी तोरी की किस्म पूसा चिकनी में 50.0 किलो ग्राम नत्रजन तथा 20.0 किलो ग्राम फास्फोरस को संयुक्त रुप से देने पर गर्मी व वर्षा ऋतु में क्रमशः 43.2 और 12.2 कुन्तल/हेक्टेयर अधिक उपज प्राप्त होती है। खेत में 50.0 किलो ग्राम नत्रजन एवं 20.0 किलो ग्राम फास्फोरस संयुक्त रुप से देने पर अगेती, अधिक फल संख्या एवं फल भार मिलता है। नत्रजन की 25.0 किलो ग्राम एवं फास्फोरस की 40.0 किलो ग्राम मात्रा प्रति हेक्टेयर प्रयोग करने से गर्मी की फसल से प्राप्त फलों में शुष्क पदार्थ बढ़ जाती है (सतीश एवं सहयोगी, 1988)। नत्रजन की 50.0 किलो ग्राम एवं फास्फोरस की 20.0 किलो ग्राम मात्रा संयुक्त रुप से प्रयोग करने पर गर्मी व वर्षा के मौसम में क्रमशः 15.1 एवं 21.8 मादा पुष्प संख्या प्रति पौधे बढ़ जाती है (अरोरा एवं सहयोगी, 1989)।

पादप वृद्धि नियामकों का प्रयोग

चिकनी तोरी की 2–4 पत्ती वाली फसल अवस्था में इथरेल (इथीकस) की 100 पी0पी0एम0 का छिड़काव किया गया, इससे कुल उपज प्रति पौधे (2.39 किलो ग्राम) अधिक पायी गयी (अरोरा एंव सहयोगी, 1989)। चिकनी तोरी की किस्म 'पूसा चिकनी' में मैलिक हाइड्राजाइड की 400 पी0पी0एम0 मात्रा का 2 पत्ती की अवस्था में छिड़काव करने से शाखाओं में वृद्धि होती है। इथरेल की 250 पी0पी0एम0 का पत्ती की अवस्था पर छिड़काव से मादा पुष्प एवं कुल उपज अधिकतम प्राप्त होती है (दूबे, 1983)। चिकनी तोरी में साइकोसील (Cycocel) नामक वृद्धि नियामक की 250.0 मिली ग्राम प्रति लीटर पानी के घोल में बीज को शोधित करने से प्रति पौधे (1171.0 ग्राम) उपज प्राप्त होती है (अरोरा एवं सहयोगी, 1989)।

सस्य क्रियाएँ एवं खरपतवार नियंत्रण

फसल से अच्छी उपज के लिए, खरपतवार नियंत्रण व निकाई–गुड़ाई अति आवश्यक है। बीज बुआई से 20–25 दिन बाद पहली निकाई–गुड़ाई की जाती है तथा प्रत्येक थाले में 1–2 स्वस्थ पौधों को छोड़कर शेष पौधों को निकाल देते हैं। इसी समय पौधों के अच्छे विकास के लिए जड़ों के पास मिट्टी में नत्रजन की थोड़ी सी मात्रा मिलाकर चढ़ा देनी चाहिए। जब पौधों में लताएँ बनने लगे तो पौधों के पास लकड़ी या बाँस का मचान बनाकर चढ़ा देना चाहिए, जिससे फल साफ व लम्बे बनते हैं। अगर फसल को जाली से ढक कर खेती की जाती है, तो विषाणु रोग फैलाने वाले कीट कम होने के कारण रोग कम लगता है (जू जींग एवं सहयोगी, 2000)।

सिंचाई जल प्रबन्धन

वर्षा कालीन फसल में ज्यादा सिंचाई की आवश्यकता नहीं होती है। वर्षा के अभाव में 8–10 दिन के अन्तर पर फसल में सिंचाई की आवश्यकता होती है। ग्रीष्म कालीन फसल में अच्छी पैदावार लेने के लिए 5–6 दिनों के अन्तर से सिंचाई करना अति आवश्यक है। अध्ययन में यह पाया गया है कि जब जड़ों के पास नाली बनाकर सिंचाई की गयी तो मात्र 20.0–40.0 प्रतिशत विषाणु रोग

का प्रकोप देखा गया, जबकि इस तकनीक का प्रयोग न करने से 65.0–80.0 प्रतिशत इस रोग का प्रकोप होता है (जू जींग एवं सहयोगी, 2000)।

तुड़ाई, उपज एवं भण्डारण

फलों की तुड़ाई पर विशेष ध्यान देना चाहिए। फलों की तुड़ाई में थोड़ी भी देर होने पर फलों के गुणों में कमी आ जाती है और फसल का वास्तविक लाभ नही मिल पाता है। फलों की छोटी एवं कोमल अवस्था में तुड़ाई करते रहने से फल लगने की प्रक्रिया काफी दिनों तक चलती रहती है। फलतः उपज व लाभ अधिक होता है। चिकनी तोरी की औसत उपज 20.0–25.0 टन प्रति हेक्टेयर होती है।

पौध संरक्षण

प्रमुख बीमारियाँ एवं उनका प्रबन्धन

फल विगलन (Fruit rot)

यह रोग पिथियम फ्यूजेरियम, राइजोक्टोनिया और फाइटोपथोरा जाति के फफूँद से जमीन के सम्पर्क वाले फलों पर होता है। कभी–कभी स्केलेरोशियम रोल्फसाई और ओजोनियम प्रजाति के फफूँद भी मृत जीवों के रुप में सड़े हुए फलों पर पाये जाते हैं। पहले रोगी फलों का छिलका नरम, गहरे हरे रंग का, जल सिक्त व विगलित होता हैं, जिन पर रुई के समान फफूँद जाल विकसित हो जाते हैं। प्रकोप वर्षा ऋतु में ज्यादा होता है। बचाव के लिए फलों को भूमि के सम्पर्क से दूर रखना चाहिए। अतः लताओं को समुचित सहारा देने की व्यवस्था की जानी चाहिए या फल बनते समय जमीन पर सुखी घास आदि बिछा देनी चाहिए। नियंत्रण हेतु डाईथेन एम–45 नामक फफूँदनाशी का 0.25 प्रतिशत घोल बनाकर एक सप्ताह के अन्तराल पर छिड़काव करना चाहिए।

मृदुरोमिल आसिता (Downy mildew)

यह रोग स्यूडोपेरनोस्पोरा क्यूबेन्सिस (*Pseudopernospora cubebensis*) नामक फफूँद से होता है। अधिक आर्द्रता होने पर पहले पीले धब्बे बनते हैं, जो बाद में बादामी रंग के हो जाते हैं। कालान्तर में नील रोहित रंग की मृदु रोमिल वृद्धि प्रकट होती है। अंततः रोगग्रस्त पत्तियाँ सूख जाती है और पौधा कमजोर पड़ जाता है। पौधों पर फल नहीं बनते हैं और बने फल, खाने योग्य नहीं रहते। नियंत्रण के लिए ब्लाइटाक्स की 0.25 प्रतिशत घोल बनाकर 15 दिन के अन्तराल पर छिड़काव करना चाहिए।

चूर्णील आसिता (Powdery mildew)

चूर्णील फफूँद रोग एरिसाइफी सिकोरेसियेरम और स्फीरोथिका फ्यूलिजेना नामक फफूँद से होता है। चिकनी तोरी की पत्तियों एवं फल को ज्यादा नुकसान पहुँचाता है। पहले यह पत्तियों और तनों पर सफेद या धूंधले धूसर सूक्ष्म आभायुक्त धब्बों के रुप में प्रकट होते हैं और बाद में यह श्वेत चूर्णील पदार्थ समूचे परपोषी को ढक लेता है, फिर पत्तियाँ सूखना शुरु कर देती हैं। रोकथाम के लिए गन्धक की घोल 250.0 ग्राम प्रति 10.0 लीटर पानी में घोलकर छिड़काव करना चाहिए या

कैराथेन नामक फफूँदनाशी की 0.05 प्रतिशत घोल बनाकर 15–15 दिन के अन्तर से छिड़काव करनी चाहिए। जल निकास की उचित व्यवस्था करें।

एन्थ्रकनोज (Anthracnose)

एन्थ्रकनोज नामक बीमारी कोलिटोट्राइकम लेजीनेरियम द्वारा उत्पन्न होता है। यह रोग चिकनी तोरी के फलों को ज्यादा प्रभावित करता है। पहले फलों पर हल्के धसे या दरारयुक्त धब्बे प्रकट होते हैं, जो बाद में काले धब्बों का रुप ले लेते हैं। पत्तियों के पृष्ठ भाग पर अण्डाकार या बेड़ौल दाग उत्पन्न होते हैं। नई पत्तियाँ इस संक्रमण के प्रति अत्यधिक सुग्राही होती हैं। नियंत्रण के लिए डाइथेन एम–45 का 0.25 प्रतिशत घोल बनाकर छिड़काव करनी चाहिए। बचाव के लिए फसल में जल निकास की उचित व्यवस्था की जानी चाहिए जिससे आर्द्रता न बढ़ने पाए और रोगग्रस्त फसल से बीज नहीं लिया जाना चाहिए।

मूल ग्रन्थि रोग (Root Gall)

मूल ग्रन्थि रोग मेलाइड़ोगाइन जावनिका, मेलाईडोगाइन इंकोग्निटा और मेलाइडोगाइन आरिनेरिया सूत्रकृमि से होता है। लगातार उसी भूमि में खीरा वर्गीय फसल लेते रहने से इसका प्रसार व्यापक रुप से होता है। पहचान के लिए पौधों की पत्तियाँ पीली पड़ कर सूखने लगती हैं, तने का रंग पीला पड़ जाता है और जड़ों की खुदाई करने पर उन पर विभिन्न प्रकार की छोटी–छोटी गाँठें पायी जाती हैं। इन गाँठों के अन्दर गोल कृमि की मादाएँ ज्यादा संख्या में पायी जाती है। अण्डों से डिंभक निकलकर जमीन में क्रियाशील हो जाते हैं। जब पौधों की जड़ें इनके सम्पर्क में आती हैं, तो ग्रन्थियों (knots) के रुप में बदल जाती है। बचाव के लिए फसल चक्र का ध्यान रखें और रोग–रोधी किस्मों को उगाएं। नियंत्रण के लिए नेमागोल का प्रयोग करना चाहिए।

प्रमुख कीट एवं उनका प्रबन्धन

इस वर्ग की सब्जियों को हानि पहुँचाने वाले मुख्य कीटों की पहचान एवं उनके नियंत्रण के तरीके निम्नलिखित हैं–

कद्दू का लाल कीट (Red Pumpkin Beetel)

चमकीले कीट के शरीर के ऊपर के हिस्से लाल एवं नीचे के हिस्से का रंग काला होता है। इसकी सुड़ियाँ क्रीमी रंग की होती हैं। सुड़ियाँ जमीन के नीचे रहती हैं और पौधों की जड़ों एवं तनों में छेद कर देती है, जिससे पौधे मर जाते हैं। जमीन के सम्पर्क में लगने वाले फलों में छेदकर नुकसान करती हैं। भृंग छोटे पौधों की कोमल पत्तियों में छेद करके उन्हें खा जाती हैं, जिससे पौधे पत्ती रहित हो जाते हैं और अन्त में मर जाते हैं। नियंत्रण के लिए प्रौढ़ कीटों को सुबह एकत्रित करके मार देना चाहिए। पाउडर (कार्वेरिल) व राख बराबर मात्रा में मिलाकर बुरकाव करना चाहिए।

फल मक्खी (Fruit fly)

लाल भूरे रंग वाली मक्खी (जिसके सिर पर काले एवं सफेद रंग के धब्बे होते हैं) मटमैला सफेद रंग के मैगट को जन्म देती है। मादा फल मक्खी फलों की बाह्य त्वचा में एक स्थान पर एक छेद

करके अण्डे देती है, इस तरह प्रत्येक फल में 3–5 छेद करती है। अण्डे देने के बाद मादा उस छेद को हल्के भूरे लसदार पदार्थ से ढक देती है। अण्डों से 3–5 दिन में सुड़ियाँ विकसित होकर फलों के अन्दर ही अन्दर गूदे को खाकर नष्ट कर देती हैं। क्षतिग्रस्त फल, इस कीट के अण्डा देने के स्थान से टेढ़ा हो जाता है, जो आसानी से पहचाना जा सकता है। प्रौढ़ कीटों को मारने के लिए 2.0 लीटर पानी में 500.0 ग्राम गुड़ या शीरा, 20.0 मिली लीटर मैलाथियाना 50 ई0सी0 तथा 50.0 मिली लीटर डाइजिनान 20 ई0सी0 मिलाकर खेत में जगह–जगह उथले बर्तन में रख देना चाहिए।

जैसिड (Jassid)

हल्के हरे व पीले रंग वाले शिशु एवं प्रौढ़ दोनों ही पौधों की पत्तियों से द्रव पदार्थ चूस लेते हैं, जिससे पत्तियाँ पीली पड़ने के बाद लाल–भूरे रंग की होकर सूख जाती हैं। पौधों की वृद्धि एवं विकास रुक जाती है, फूल व फल कम बनते हैं व अविकसित रह जाते हैं। नियंत्रण के लिए इण्डोसल्फान 35 ई0सी0 का 1.5 मिली लीटर प्रति लीटर पानी में घोलकर छिड़काव करना चाहिए।

लीफ माइनर (Leaf minor)

वयस्क कीट 3 मिली मीटर लम्बाई युक्त काली व पीली धारियों वाले होते हैं। इनके लारवा पत्तियों में सुरंग बनाकर खाते हैं जिसकी वजह से पत्तियाँ सुखकर गिरने लगती है। इसकी रोकथाम के लिए 0.05 प्रतिशत इण्डोसल्फान का छिड़काव लाभप्रद है।

परवल (Pointed Gourd)

वानस्पतिक नाम : ट्राइकोसेन्थस डाइयोका (*Trichosanthes dioica* Roxb.)
कुल : कुकुरबिटेसी (Cucurbitaceae)
गुणसूत्र संख्या : 2 एन = 22

परवल कद्दू वर्गीय सब्जियों में सबसे महत्वपूर्ण सब्जी मानी जाती है। इसकी उपलब्धता फरवरी से प्रारम्भ होकर दिसम्बर तक बाजार में होती है। इसे देश के विभिन्न भागों में विभिन्न नामों जैसे परवल, पलवल, पटर, परोरा या परमल के नाम से जानते है। निर्यात की दृष्टि से परवल एक महत्वपूर्ण सब्जी है।

उद्भव एवं वितरण

परवल उष्ण कटिबन्धीय, बहुवर्षीय एवं एकलिंगाश्रयी (Dioecious) पौधा है। इसके उद्भव स्थल के बारे में सही–सही बताना मुश्किल है। अनेकों वैज्ञानिक एवं भूगर्भवेत्ता स्पष्ट करते है कि परवल का वास्तविक उद्भव स्थल भारतीय उपमहाद्वीप या इण्डो मलयान क्षेत्र है (शेषाद्री, 1986)। इसकी खेती की जाने वाली किस्मयों में विविधता आसाम–बंगाल क्षेत्र में ज्यादा होती है जो स्पष्ट करता है कि इसकी उत्पत्ति भारत में हुई हैं। इसके अलावा इसकी जंगली प्रभेद सम्पूर्ण उत्तर भारत में आज भी उगते हुए देखे जा सकते है (चौधरी, 1979)। अगर किस्मयों के वितरण को देखा जाये तो विश्व में वंश ट्राइकोसेन्थस के अन्तर्गत 44 स्पीशीज पाई जाती हैं, जबकि इस संख्या में 22 स्पीशीज अकेले भारत में मिलती है (चक्रवर्ती, 1982)। सभी किस्मयों का वितरण पश्चिमी समुद्र तटीय क्षेत्र के मालाबार कोस्ट तथा पूर्वी घाट से होते हुये उत्तर पूर्व क्षेत्र में देखने को मिलता है। पौधे लगभग 1500.0 मीटर की ऊँचाई तक उगते हुये देखे जा सकते है। परवल की एक जंगली प्रभेद ट्राइकोसेन्थस ब्रैक्टीऐटा (*Trichosanthes bracteata* Roxb.) पूर्वी भारत में पाया जाता है जो कम स्तर पर दक्षिण हिमालय के क्षेत्र में 1500.0 की उँचाई पर मिलता है। इसकी एक प्रभेद ट्राइकोसेन्थस कोरडेटा (*Trichosanthes dioica* Roxb.) प्रायद्वीप क्षेत्र, उत्तर पूर्व मैदानी भागों तथा पहाड़ी क्षेत्रों में उगते हुये पाया जाता है। उत्तर पूर्व भागों में ट्राइकोसेन्थस स्पीशीज (*Trichosanthes* species) की ट्राइकोसेन्थस कुकुमेरिना (*Trichosanthes cucumerina*), ट्राइकोसेन्थस जापोनिका (*Trichosanthes japonica*) एवं ट्राइकोसेन्थस मल्टीलोबा (*Trichosanthes multiloba*) पाया जाता है। परवल की खेती उत्तर प्रदेश, बिहार, पश्चिम बंगाल तथा आसाम में बड़े पैमाने पर किया जाता है, जबकि ओडिशा, मध्य प्रदेश, महाराष्ट्र, आन्ध्र प्रदेश, तमिलनाडु और गुजरात में कम स्तर पर किया जाता है। इस फसल को वर्तमान समय में हैदराबाद एवं बेंगलूरू में उपस्थापित किया गया है। उत्तर प्रदेश एवं बिहार के मैदानी भागों में परवल की खेती सिंचित दशा में की जाती है जबकि नदियों के किनारे बिहार एवं पश्चिम बंगाल में की जाती है, जहाँ यह पूर्णतया वर्षा आधारित है।

वानस्पतिक विवरण

परवल का पौध लतादार (पौधे की लम्बाई 6–8 मीटर) होता है जिसे एक बार लगाने के बाद उसी स्थान पर कई वर्षो तक पुष्पन एवं फलत करता है। इसकी जड़ें कन्दील एवं लम्बी होती है।

जड़ें एवं तना दोनों नये पौधे को जन्म देने की क्षमता रखती हैं। इसकी लताये पेंसिल के आकार की गहरी हरे कुछ कोड़ीय लिये हुए होती है। तने पर पत्तियाँ हृदयाकार रूप में लगती है। यह एक लिंगाश्रयी पौधा होने के कारण इसके नर एवं मादा पुष्प अलग–अलग पौधे पर लगते हैं। इसके नर व मादा पुष्प अलग–अलग प्रकार के होते हैं। इसमें शाखित प्रतान विकसित होते हैं। पत्तियों के कक्ष से नर व मादा पुष्प विकसित होते है। मादा पुष्प में 1–5 अण्डज (सामान्यत 3 तक) विकसित होते हैं। इसके पुष्प नलिकाकार व सफेद रंग के होते हैं, जिसमें प्रथम पुष्पन कलिका निकलने से 16–19 घण्टे बाद होता है। जबकि मादा पुष्प 10–14 घण्टे बाद निकलते हैं। अगर तापमान कम है तो पुष्पों का विकास 8–9 घण्टे देर से होता है। परवल के नर व मादा पुष्प सुबह 7–9 बजे तक खिलते हैं। परागकण का प्रसारण पुष्प खिलने से ही प्रारम्भ हो जाता है। इसके परागकण गोले तथा 39.0–78.0 माइक्रान व्यास के होते हैं। वर्तीकाग्र 14 घण्टे तक उर्वर क्षम्य होती है, जिसमें 40.0–70.0 प्रतिशत फल धारण करते हैं (सिंह एंव सहयोगी, 1989)। फल अण्डाकार, चिकना, 5.0–12.0 सेन्टी मीटर लम्बा तथा 2.0–6.0 सेन्टी मीटर व्यास के होते हैं। फल पर कभी–कभी धारियाँ बनती हैं। फल को पेपो (pepo) कहा जाता है। और खाने वाला भाग पेरीकार्प तथा मिजोकार्प का संयुक्त भाग होता है। बीज गोलाकार होता है जिसे ग्लोबोज (globose) कहा जाता है।

पोषकीय महत्व

परवल अतयन्त ही सुपाच्य, पौष्टिक, स्वास्थ्यवर्धक एवं औषधीय गुणों से भरपूर एक लोकप्रिय सब्जी है। यह शीतल, पित्तनाशक, हृदय एवं मूत्र सम्बन्धी रोगों में काफी लाभदायक है। इसका प्रयोग मुख्य रूप से सब्जी, अचार और मिठाई बनाने के लिए किया जाता है। इसमें विटामिन, कार्बोहाइड्रेट तथा प्रोटीन अधिक मात्रा में पायी जाती है।

सारिणी (8.26) परवल में पाये जाने वाले पोषक तत्व (प्रति 100 ग्राम खाने योग्य भाग में)

पोशक तत्व	100 ग्राम खाने योग्य भाग में
पानी	92.0 ग्राम
रेशा	3.0 ग्राम
प्रोटीन	1.3 ग्राम
वसा	0.3 ग्राम
कार्बोहाइड्रेट्स	2.2 ग्राम
खनिज	0.5 ग्राम
कैल्सियम	30.0 मिली ग्राम
मैग्नेशियम	9.0 मिली ग्राम
आयरन	1.7 मिली ग्राम
फास्फोरस	40.0 मिली ग्राम
पोटैशियम	83.0 मिली ग्राम
विटामिन ए	255.0 आई0
राईबोफ्लेविन	0.06 मिली ग्राम

नियासिन	0.5 मिली ग्राम
विटामिन "सी"	29.00 मिली ग्राम
कैरोटिन	156.0 माइक्रो ग्राम
विटामिन बी–1	0.07 मिली ग्राम
विटामिन–2	0.08 मिली ग्राम
थियामिन	0.07 मिली ग्राम
ऊर्जा	72.90 कैलोरी

स्रोतः गोपालन एवं सहयोगी, 1999, बोस एवं सोम, 1986, हाजरा एवं सोम, 1999

उन्नतिशील किस्में

परवल की अनेको स्थानीय किस्में क्षेत्र विशेष में उगाई जाती हैं। सिंह (1989) ने इसकी किस्मों के आकार प्रकार के आधार पर निम्नलिखित 4 वर्गो में बाँटा है–

वर्ग 1– इस वर्ग में वे किस्में आती हैं जिसके फल 10.0–13.0 सेन्टी मीटर लम्बे व गहरे हरे रंग के होते हैं। इस समूह के फलों के उपर पट्टी पड़ी होती है।

वर्ग–2 इस समूह के किस्मयों की फलों की लम्बाई 10.0–16.0 सेन्टी मीटर होती है। छिलके गहरे हरे रंग के और उसपर हल्की सी पीले रंग की पट्टी पड़ी होती है।

वर्ग–3 इस समूह के किस्मयों की फलों की लम्बाई 5.0–8.0 सेन्टी मीटर होती है। छिलके गहरे हरे रंग के और उस पर हल्की सी पीले रंग की पट्टी पड़ी होती है।

वर्ग–4 इस समूह के किस्मयों की फलों की लम्बाई कम होती है। छिलके गहरे हरे रंग के और दोनों किनारा नुकीला होता है।

इसकी स्थानीय किस्में जैसे– डंण्डाली, कल्यानी, गुली, बिहार सरीफ, सोपारी सफेदा, निमिया और संतोखिया के नाम से किसानों द्वारा उगायी जाती है। इसकी उन्नतिशील किस्में विभिन्न शोध संस्थानों एवं कृषि विश्वविद्यालयों से विकसित की गयी हैं, जिनका विवरण नीचे किया गया है।

काशी अलंकार (Kashi Alankar) काशी अलंकार किस्म का विकास भारतीय सब्जी अनुसंधान संस्थान, वाराणसी (उत्तर प्रदेश) से किया गया है। इसके फल लम्बे मुलायम एवं हल्के हरे रंग के होते है। फलों में बीज की मात्रा कम एवं गूदा ज्यादा होता है। औसत उपज 30.0 टन प्रति हेक्टेयर है। यह किस्म मिठाई बनाने के लिए भी उपयुक्त है। यह किस्म बिहार, उत्तर प्रदेश, ओडिशा एवं पश्चिम बंगाल में ज्यादा प्रचलित है।

स्वर्ण अलौकिक (Swarna Alaukik) इस किस्म का विकास हार्टीकल्चर एण्ड एग्रो फारेस्ट्री रिसर्च प्रोग्राम राँची (झारखण्ड) से किया गया है। इसके फल हल्के हरे रंग के और नीचे की तरफ नुकीले होते है। फलों की लम्बाई 5.0–80 सेन्टी मीटर, ठोस पतले छिलके वाले तथा मुलायम होते है। यह किस्म भी मिठाई बनाने के लिए उपयुक्त है। मचान पर खेती करने से इसकी औसत उपज 23.0–28.0 टन प्रति हेक्टेयर होता है।

स्वर्ण रेखा (Swarna Rekha) यह ओज पूर्ण किस्म है जिसका विकास हार्टीकल्चर एण्ड एग्रो फारेस्ट्री रिसर्च प्रोग्राम राँची (झारखण्ड) से किया गया है। इसके फल हल्के हरे सफेद, पट्टीदार, 8.0–10.0 सेन्टी मीटर लम्बे व दोनों किनारे पर नुकीले होते है। इसकी औसत उपज 20.0–23.0 टन प्रति हेक्टेयर है। यह किस्म बिहार, उत्तर प्रदेश, ओडिशा एवं पश्चिम बंगाल में ज्यादा प्रचलित है।

सी0एच0ई0एस0 संकर–1 (CHES Hybrid-1) परवल की यह पहली संकर किस्म है जिसके फल ठोस हरे पट्टीदार एवं 30.0--35.0 ग्राम वजन के होते है। इसकी औसत उपज 28.0–32.0 टन प्रति हेक्टेयर है। इस संकर किस्म में फल मक्खी का प्रकोप नहीं होता है।

सी0एच0ई0एस0 संकर–2 (CHES-Hybrid-2) यह संकर किस्म अधिक उत्पादक (30.0–40.0 टन प्रति हेक्टेयर) है। इसके फल पट्टीदार हरे रंग के एवं प्रत्येक फल का भार 25.0–30.0 ग्राम का होता है।

राजेन्द्र परवल 1 (Rajendra Parwal-1) इस किस्म का विकास राजेन्द्र कृषि विश्वविद्यालय, साबौर (बिहार) से किया गया है। इसके फल बड़े एवं पट्टीदार हरे रंग के होते है। इसकी औसत उपज 14.0–15.0 टन प्रति हेक्टेयर है।

राजेन्द्र परवल 2 (Rajendra Parwal-2) इस किस्म का विकास राजेन्द्र कृषि विश्वविद्यालय, साबौर (बिहार) से किया गया है। इसके फल बड़े गहरे हरे रंग के तथा सफेद पट्टीदार होते हैं। इसकी खेती बिहार एवं उत्तर प्रदेश के मैदानी एवं नदियों के किनारे की जा सकती है। इसकी औसत उपज 15.0–17.0 टन प्रति हेक्टेयर है।

फैजाबाद परवल–1 (Faizabad Parwal-1) परवल की इस किस्म का विकास नरेन्द्र देव कृषि एवं प्रौद्योगिकी विश्वविद्यालय फैजाबाद (उत्तर प्रदेश) से किया गया हैं। इसके फल आकर्षक एवं हरे रंग के होते है। इसकी खेती उत्तर प्रदेश एवं बिहार में की जाती है। इसकी औसत उपज 15.0–17.0 टन प्रति हेक्टेयर है।

फैजाबाद परवल–3 (Faizabad Parwal-3) परवल की इस किस्म का विकास नरेन्द्र देव कृषि एवं प्रौद्योगिकी विश्वविद्यालय, फैजाबाद (उत्तर प्रदेश) से किया गया है। इसके फल तकुआनुमा हरे रंग के तथा कम पट्टीदार होते है। इसकी औसत उपज 12.5–15.0 टन प्रति हेक्टेयर है। यह पूर्वी एवं पश्चिमी उत्तर प्रदेश में खेती के लिए संस्तुत की गयी है।

फैजाबाद परवल–4 (Faizabad Parwal-4) परवल की इस किस्म का विकास नरेन्द्र देव कृषि एवं प्रौद्योगिकी विश्वविद्यालय, फैजाबाद से किया गया है। इसके फल हल्के हरे तकुआनुमा तथा किनारे पर पतले होते है। यह मचान बनाकर खेती करने के उत्तम है। इसकी औसत उपज 10.0–15.0 टन प्रति हेक्टेयर है।

काशी जागृति (Kashi Jagriti) इस किस्म का विकास भारतीय सब्जी अनुसंधान संस्थान, वाराणसी (उत्तर प्रदेश) से किया गया है। इस किस्म के फलों में बीज नहीं बनता और लगाते समय नर पौधों की आवश्यकता नहीं होती है। फल मध्यम आकार के एवं किनारे की तरफ हल्का धारीदार होता है। औसत उपज 8–10 टन प्रति हेक्टेयर है। इसके स्थायित्व हेतु शोधकार्य चल रहा है।

डी0वी0आर0 पी0जी0–2 इस किस्म का विकास भारतीय सब्जी अनुसंधान संस्थान, वाराणसी (उत्तर प्रदेश) से किया गया है। इस किस्म के फलों में हल्की धारियाँ पाई जाती है। फल मोटे व पतले छिलके वाले होते हैं। फलों में गूदा की मात्रा ज्यादा एवं बीज कम होता है। यह किस्म दूर के बाजारों में बेचने के लिए उत्तम है। इसकी औसत उपज 31.0 टन प्रति हेक्टेयर है।

जलवायु

परवल की खेती के लिए सामान्यतः गर्म एवं आर्द जलवायु उपयुक्त होती है। इसकी खेती सफलता पूर्वक उन क्षेत्रों में की जाती है। जहाँ औसत तापमान 25.0–35.0 डिग्री सेन्टीग्रेड होता है। ऐसे क्षेत्र जिनमें औसत वार्षिक वर्षा 100.0–110.0 सेन्टी मीटर तथा पाले का प्रकोप नहीं होता हो इसकी खेती के लिए उत्तम मानी जाती है। सामान्यत 32.0–40.0 डिग्री सेन्टीग्रेड तापमान पर पौधों का वर्धीय विकास उत्तम होता है। अगर तापमान 5.0 डिग्री सेन्टीग्रेड से नीचे आ जाता है तो पौधों का विकास प्रभावित होता है। इसलिए ज्यादा ठंडक पड़ने पर पौधें का उपरी भाग सुख जाता है और पौधा सुप्तावस्था (dormancy) में चला जाता है। जब तापमान फरवरी के महीने में बढ़ता है तो पौधें में वृद्धि व विकास होने लगती है। पौधें में फलत फरवरी–मार्च से लेकर अक्टूबर–नवम्बर तक चलता रहता है। यह फसल कम पानी में वृद्धि कर सकती है लेकिन जलमग्न अवस्था में सड़ कर समाप्त हो जाती है। पश्चिम बंगाल व आसाम में जल निकास की व्यवस्था कर इसकी खेती ढलुआ जगह पर की जाती है।

भूमि एवं भूमि की तैयारी

परलव एक बहुवर्षीय सब्जी है जिसे एक स्थान पर लगाने पर 3–4 वर्षों तक लगातार पड़ा रहता है अतः मृदीय संरचना एवं उर्वरता का प्रभाव इसकी उपज पर पड़ता है। अतः ऐसी मृदा जिसकी संरचना बलुई दोमट तथा कार्बनिक पदार्थों से धनी हो, उत्तम हैं। इसकी खेती के लिए लवणीय, क्षारीय एवं अम्लीय मृदा इसकी खेती के लिए उत्तम नहीं है। मृदा का पी0एच0 मान 6.0–6.5 तक उत्तम है। इसकी खेती नदियों के किनारे बहुतायत से की जाती है। जहाँ पर मृदा उर्वरता ज्यादा होती है। खेत तैयार करने के लिए मई–जून के महीने में 2–3 बार गहरी जुताई कर पाटा चलाना चाहिए। जुताई करने के बाद खेत में उपलब्ध खरपतवार/पौधों के अवशेष आदि को निकाल देना चाहिए। पुनः जून–जुलाई के महीने में 2–3 बार गहरी जुताई हैरो या कल्टीवेटर से करनी चाहिए। खेत की अन्तिम जुताई के समय 20.0–25.0 टन प्रति हेक्टेयर गोबर की सड़ी खाद या वर्मी कम्पोस्ट मिला देना चाहिए।

पौध प्रसारण

परवल का पौध प्रसारण बीज, जड़ कर्तन, लता कर्तन, तथा सूक्ष्म पौध प्रसारण विधि से करते हैं।

1. **बीज द्वारा प्रसारण**–बीज द्वारा पौध प्रसारण परवल में नहीं किया जाता है। यह सत्य है कि परवल के बीज में जमाव क्षमता अच्छी होती है लेकिन समस्या यह है कि बीज द्वारा तैयार

पौधों में नर एवं मादा का पहचान अगेती अवस्था में करना सम्भव नहीं है। अगर बीज द्वारा तैयार पौधों को लगाया जाये तो केवल पुष्पन के समय ही पहचान सम्भव है। इसके अलावा बीज द्वारा तैयार पौधे देर से पुष्पन एवं फलत करते हैं।

2. **जड़ कर्तन द्वारा प्रसारण**–जड़ कर्तन द्वारा प्रसारण अधिकतर किसानों द्वारा अपनाया जाता है। इस विधि में एक वर्ष पुरानी तना की लताओं से विकसित जड़ें खेत में जगह–जगह स्वतः तैयार होती हैं जिसे किसान खुदाई कर वाँछित दूरी पर खेत में लगाते हैं। इस विधि की सबसे अच्छी बात यह है कि पौधे ओज पूर्ण होते हैं और जल्द जमाव कर अगेती फलत करते हैं। लेकिन समस्या यह है कि जड़ों के द्वारा अनेकों प्रकार के रोग एवं सूत्रकृमि मुख्य खेत में पहुँच जाते हैं जिससे 1–2 वर्ष में ही पौधें पीले पड़ कर सड़ने लगते हैं और उपज कम होने लगती है। अतः यह व्यावसायिक प्रसारण विधि नहीं है।

3. **तना कर्तन द्वारा प्रसारण**– परवल की यह प्रसारण विधि व्यावसायिक रूप से अपनायी जाती है। इस प्रकार प्रसारण करने के लिए 60.0–90.0 सेन्टी मीटर लम्बे तने जिसमें 10–15 गाँठें हो उत्तम मानी जाती है। इस प्रकार से पौध प्रसारण अक्टूबर के महीने में बड़े पैमाने पर किया जाता है (पंडित, 1997)। शितोष्ण जलवायु वाले क्षेत्रों में एकवर्षीय पूर्णतया पकी तना को लेकर जाड़े के मौसम में पौध तैयार कर लगाते है। प्रथम वर्ष खेत की तैयारी के समय खेत में 2.0 मीटर की दूरी पर नाली बना लेते है। बनी हुई नाली पर एक मीटर की दूरी पर परवल लगाने के लिए 15.0 सेन्टी मीटर ऊँची बेड सामान्यत 3.0 मीटर की दुरी रखते हुए बनायी जाती है। इन मेड़ों पर 60.0–80.0 सेन्टी मीटर की दूरी पर पौधे स्थापित किये जाते हैं। मेड़ों पर गड्ढे 40.0 x 40.0 x 40.0 सेन्टीमीटर आकार के गड्ढे बनाते है।

4. **पौधशाला में परवल के पौध तैयार कर रोपण करना**–कभी–कभी पौधशाला में परवल के पौध तैयार किये जाते है इसके लिए पालीथीन की 15.0 x 10.0 सेन्टीमीटर आकार के 100 गेज मोटी थैलियाँ उपयोग में लायी जाती है। इन थैलियों में मिट्टी, बालू, एंव सड़ी गोबर की खाद/वर्मी कम्पोस्ट 1:1:1 के अनुपात में मिलाकर मिश्रण भरा जाता है। इसमें मात्र 15.0 सेन्टी मीटर लम्बे तने ही लगाये जाते हैं। जिसमें 4–5 गाँठें हों। पौधों में जमाव 30 दिन के अन्दर प्रारम्भ हो जाता है और 45 दिन के अन्दर जड़ें विकसित हो जाती हैं। थैलियाँ भरते समय ध्यान रखना चाहिए कि उसमें 4–5 छिद्र थैली के नीचे एवं बाहरी दीवारों पर करना चाहिए जिससे अतिरिक्त पानी देने पर आसानी से बाहर निकल जाये। इस प्रकार 2–3 महीने में लगाने योग्य पौध तैयार हो जाते हैं (नाथ एवं सहयोगी, 1987)। इस विधि द्वारा तैयार पौधा का रोपण करने से मुख्य खेत में शत प्रतिशत पौध स्थापित की जा सकती है।

5. **ऊतक द्वारा सूक्ष्म प्रसारण**– वर्तमान समय में परवल के पौधे प्रयोगशाला में तैयार किये जा रहे हैं जिसमें नर एवं मादा पौध अलग–अलग होते हैं। इस विधि द्वारा तैयार पौध उत्तम गुणवत्ता के होते हैं। इसमें पौध प्रसारण का दर (75–95 प्रतिशत) बहुत ज्यादा है। परीक्षण में पाया गया है कि इस विधि द्वारा तैयार पौधे अधिक उपज देते हैं और पौधों में रोग का प्रकोप नहीं होता है।

नर एव मादा पौधों का अनुपात

परवल का पौध एक लिंगाश्रयी (नर एवं मादा पुष्प अलग–अलग पौधे पर) होते हैं। जब खेत में नर मादा पौधों का अनुपात सही नही होता है तो मादा पुष्प बिना परागण के हल्के पीले अन्त में भूरे रंग के होकर गीर जाते हैं जिससे उपज प्रभावित होती है। यह सही है कि खेत में नर पौध से उपज की प्राप्ति नहीं होती है लेकिन बिना परागण के मादा से ही उपज लेना असम्भव है। अतः खेत में नर व मादा पौधों का अनुपात 1:10 का होना चाहिए (मौर्या एवं सहयोगी, 1985)। नर एवं मादा पौध की पहचान तना एकत्रित करते समय पुष्प देखकर करना चाहिए।

पौध रोपण

परवल लगाने का उत्तम समय मृघा नक्षत्र है, जो 15 अगस्त के आस पास होता है। नदियों के किनारे दियारा में परवल लगाने का समय अक्टूबर–नवम्बर का महीना (जब बाढ़ समाप्त हो जाये) अच्छा माना जाता है। दियारा क्षेत्र में प्रत्येक वर्ष नयी फसल लगानी पड़ती है, क्योंकि बाढ़ से फसल नष्ट हो जाती है। सामान्यतः पौध रोपण के लिए 60.0–70.0 सेन्टी मीटर लम्बे तने का चुनाव एक साल पुरानी पौध से करके पत्तियों को निकाल देते हैं। इसके बाद अंग्रेजी के अंक 8 की आकृति में मोड़ देते हैं। इसके मुड़े हुए बीच वाले भाग को पहले से तैयार थाले में लगा देते हैं। दूसरी विधि से तने को रिंग बनाकर मिट्टी के अन्दर दबा देते हैं। इस प्रकार एक हेक्टेयर क्षेत्रफल में 2500 पौधे/कलमें लगती हैं। पालीथीन में तैयार पौध लगाने का उचित समय फरवरी का महीना होता है। तैयार पौध की पालीथीन हटाकर पिण्ड सहित बने हुए गड्ढे में लगाकर मिट्टी से चारों तरफ दबा देते हैं। पौध लगाने के बाद 3–4 दिन तक हल्की सिंचाई करते हैं, जिससे पौध स्थापित हो सकें। परवल की जड़ों का प्रयोग लगाने के लिए भी करते हैं। इन जड़ों को लगाने का समय अक्टूबर–नवम्बर या फरवरी है।

पोषक तत्व प्रबंधन

परवल में खाद एवं उर्वरक का प्रयोग खेत की तैयारी के समय करते हैं। मेड़ों पर गड्ढे 40.0 x 40.0 x 40.0 सेन्टी मीटर आकार के गड्ढे बनाते हैं। प्रत्येक गड्ढे में 4.0–6.0 किलो ग्राम गोबर की सड़ी खाद या कम्पोस्ट, 100.0 ग्राम यूरिया, 125.0 ग्राम डी0ए0पी0, 75.0 ग्राम म्यूर आफ पोटाश, 100 ग्राम नीम की खली तथा 5.0 ग्राम फ्यूराडान मिलाकर भर देते हैं। पुनः अप्रैल व जुलाई के महीने में गुड़ाई करने के बाद प्रत्येक पौधें को लगभग 100.0 ग्राम यूरिया देकर मिट्टी चढ़ा देते हैं। इसी प्रकार खाद एवं उर्वरकों की व्यवस्था दूसरे तथा तीसरे वर्ष फलत लेने के लिए भी करते हैं। सामान्यतः 150.0 किलो ग्राम नत्रजन, 60.0 किलो ग्राम फास्फोरस एवं 40.0 किलो ग्राम पोटैशियम देने की अनुशंसा की गई है। दास एवं सहयोगी (1987) ने नत्रजनः फास्फोरसः पोटैशियम की 90:60:40 के अनुपात में देने की अनुशंसा की है।

सारिणी (8.27) परवल में संस्तुत पोषक तत्व

खाद (टन प्रति हेक्टेयर)	नत्रजन (किलो ग्राम प्रति हेक्टेयर)	फास्फोरस (किलो ग्राम प्रति हेक्टेयर)	पोटैशियम (किलो ग्राम प्रति हेक्टेयर)	सन्दर्भ
20.0–25.0	60.0–80.0	40.0	40.0–45.0	शेषाद्री, 1986
20.0–25.0	40.0	40.0	40.0	नाथ एवं सुब्रामनियम, 1972
20.0–25.0	90.0	60.0	60.0	मोरे एवं सिन्दे, 2001

सिंचाई जल प्रबन्धन

परवल के कर्तनों के अच्छी प्रकार स्थापित होने एवं विकास हेतु लता लगाने के तुरंत बाद थालों के पास हल्का पानी देना चाहिए। इस प्रकार पानी देने की प्रक्रिया लगातार कई दिनों तक करना चाहिए। इससे जड़ें जल्दी निकल आती हैं। सामान्यतः गर्मी के महीनों (मार्च से जून) को छोड़कर अन्य महीनों में पानी की आवश्यकता नहीं पड़ती है। गर्मी के दिन में जब पौधों पर कल्ले विकसित होते हैं, उस समय पानी की ज्यादा आवश्यकता पड़ती है। इस प्रकार इन महीनों में 7–8 दिन के अंतराल पर सिंचाई करते रहना चाहिए। पुष्पन एवं फलन के समय खेत में उचित नमी रहने पर फल धारण क्षमता बढ़ जाती हैं। पाले से बचाने के लिए खेत को नम रखना चाहिए। परवल से अधिक उपज के लिए खेत में जल निकास का उचित प्रबन्ध होना चाहिए। परवल की लतायें, जल जमाव के कारण शीघ्र ही सड़कर नष्ट हो जाती हैं। प्रयोगों में यह पाया गया है कि जल निकास की अच्छी व्यवस्था न होने के कारण जब पानी बार–बार खेत में रूकता है तो फूल झड़ने लगते है और विकसित हो रहे फल पीले होकर गीर जाते है।

निकाई, गुड़ाई एवं खरपतवार प्रबन्धन

परवल खरपतवार के प्रति अधिक संवेदनशील है। प्रायः गर्मी की सिंचाई के बाद और वर्षा ऋतु में खरपतवार ज्यादा उग आते हैं। लताओं की रोपण करने के बाद से फल लगने की अवधि तक आवश्यकतानुसार 5–7 निकाई गुड़ाई करके खेत को खरपतवार से मुक्त रखना चाहिए। जमीन पर फैलाई गयी फसल में जब फलत हो रही हो तो हाथ से खरपतवार 4–5 बार निकालना चाहिए। निकाई गुड़ाई करके थालों पर मिट्टी चढ़ा देने से पौधों की लतायें तेजी से विकसित होती हैं। रसायनिक विधि से खरपतवार नियंत्रण के लिए स्टाम्प 3.3 लीटर मात्रा को 1000 लीटर पानी में घोलकर प्रति हेक्टेयर की दर से पौध लगाने के दो दिन पूर्व छिड़काव करना चाहिए। इससे विस्तृत क्षेत्र में तथा कम लागत से खरपतवार नियंत्रण किया जा सकता है।

फल की तुड़ाई एवं उपज

मैदानी क्षेत्रों में मार्च–अप्रैल के महीनों में फल आना शुरू हो जाते हैं जबकि नदियों के किनारे दियारा में लगाये गये पौधों पर फल फरवरी में ही आने लगते हैं। पौधों पर फल लगने के 15–16

दिन बाद पुर्ण विकसित हरे फलों की तुड़ाई करनी चाहिए। समय से फलों की तुड़ाई करते रहने से फल अधिक संख्या में लगते रहते हैं। फलों की तुड़ाई 2–3 दिन के अंतराल पर करते रहने से फल कोमल व गुणवत्तायुक्त प्राप्त होते हैं। पहले वर्ष औसत उपज 12.5 टन तथा दूसरे वर्ष से 25–30 टन प्रति हेक्टेयर प्राप्त होते हैं।

पौध संरक्षण

प्रमुख कीट एवं उनका प्रबन्धन

कद्दू का लाल कीड़ा (Red Pumpkin Beetle)

इस कीट का प्रकोप परवल के कल्ले प्रस्फुटित होते ही आरम्भ होता है। यह कीट कलमों की नयी कोमल पत्तियों को खाकर पौधों को क्षति पहुँचाता है, जिसके फलस्वरुप पौधे आरम्भ में ही कमजोर हो जाते हैं। बचाव के लिए कार्बेरिल (50.0 प्रतिशत घुलनशील पाउडर) की 2.0 ग्राम मात्रा प्रति लीटर की दर से पानी में घोलकर 15 दिन के अन्तराल पर 2–3 बार छिड़काव करना चाहिए।

थ्रीप्स (Thrips)

थ्रीप्स छोटे व पंखहीन सफेद रंग के कीट होते हैं, जो पत्तियों रस चुसकर फसल को कमजोर कर देते हैं। अधिक प्रकोप होने पर पत्तियों पर पीले रंग के धब्बे दिखाई देते हैं। बचाव के लिए मोनोक्रोटोफास (35 ई0सी0) की 1.5 मिली लीटर मात्रा को प्रति लीटर की दर से पानी में घोलकर 15–20 दिन के अन्तराल पर 2–3 बार छिड़काव करें।

फल मक्खी (Fruit fly)

यह मक्खी विकासशील कोमल फलों के छिलके के नीचे अण्डे देती है, जिसमें डिम्ब (larva) फल के अन्दर बढ़कर फलों को खाकर नष्ट कर देते हैं। बचाव के लिए 0.3 प्रतिशत डाइजोनान (3.0 मिली लीटर दवा प्रति 10.0 लीटर पानी में घोलकर) या 0.05 प्रतिशत इण्डोसल्फान (1.5 मिली लीटर दवा प्रति 1.0 लीटर पानी में घोलकर) का छिड़काव करें। कीट को आकर्षित करके भी मारा जा सकता है। इसके लिए मैलाथियान (50 ई0सी0) की 20.0 मिली लीटर मात्रा + 200.0 ग्राम गुड़ को 20.0 लीटर पानी में घोलकर छिड़काव करने से कीट आकर्षित होते हैं और चूसकर भर जाते हैं। इस दवा का छिड़काव 1.0 हेक्टेयर में 200–300 पौधे पर ही करते हैं।

तना छेदक (Stem borer)

यह कीट पौधों के मुख्य तने पर छेद बनाकर अन्दर चला जाता है और अन्दर सुरंग बनाकर पौधों की खाद्य आपूर्ति बन्द कर देता है जिससे पौधा का शिखर सूख जाता है। इससे बचाव के लिए 10.0–15.0 ग्राम फ्यूराडान 3 जी0 का दाना प्रत्येक पौधे के जड़ के पास 30–40 दिन के अन्तराल पर 2 बार डालते हैं। फ्यूराडान का प्रयोग फल लगने के समय नही करते हैं।

प्रमुख रोग एवं उनका प्रबन्धन

एन्थ्रेक्नोज (Anthracnose)

यह एक फफूँद जनित रोग है। प्रारम्भ में रोग से प्रभावित पौधों की पत्तियों पर छोटे–छोटे पीले धब्बे दिखाई देते हैं जो बाद में भूरे या काले रंग के हो जाते हैं। इस रोग से बचाव के लिए मैंकोजेब की 2.0–3.0 ग्राम मात्रा प्रति लीटर की दर से घोल बनाकर छिड़काव करें। यदि रोग का प्रभाव अधिक हो तो 10–15 दिन के अन्तराल पर 2–3 बार छिड़काव किया जा सकता है।

चूर्णिल आसिता (Powdery mildew)

यह भी फफूँद जनित रोग है। इस रोग से प्रभावित फसल की प्रारम्भिक पत्तियों की सतह पर गोल सफेद पाउडर जैसे धब्बे बनते हैं, जो आकार व संख्या में तेजी से बढ़ते हैं और कभी–कभी पूर्ण रुप से पत्ती को ढक लेते हैं। इस रोग से बचाव के लिए 0.06 प्रतिशत केराथेन नामक फफूँदनाशक दवा का छिड़काव करना चाहिए। यह ध्यान रहे कि छिड़काव के पहले खाने योग्य फलों की तुड़ाई कर लें। इसके अलावा कैलिक्सीन 1.0 मिली लीटर दवा प्रति लीटर की दर से पानी में घोलकर 7 दिन के अन्तराल पर 1–2 छिड़काव किया जा सकता है। टोपाल 1.0 मिली लीटर दवा 4 लीटर पानी में घोलकर 10 दिन के अन्तराल पर 1–2 छिड़काव किया जा सकता है।

फल का पीला पड़ना

प्रायः ऐसा देखा जाता है कि परवल का फल लगते ही पीला हो जाता है जो पका जैसा दिखाई देता है और बाद में पौधे से टूट कर गिर जाता है। इसका दो प्रमुख कारण हैं–

- नर फूल की कमी के कारण परागण व गर्भाधान क्रिया का न होना। ऐसी दशा में नर व मादा पौधों को 1:10 अनुपात में लगा कर फल का पीला होना रेाका जा सकता है। इसके अलावा यह भी सावधानी रखनी चाहिए कि फूल आने के समय किसी प्रकार के कीटनाशी दवा का प्रयोग दिन के समय न करें अन्यथा परागण करने वाली मधुमक्खियों के मरने का डर रहता है। यदि कीटनाशी का प्रयोग करना ही पड़े तो सायंकाल करें।
- फल मक्खी द्वारा विकसित हो रहे कोमल फलों का क्षतिग्रस्त होने से पीले पउ़ जाते हैं। इसके लिए फल मक्खी का नियंत्रण करें। नियन्त्रण के लिए मैलाथियान (50 ई0सी0) की 20.0 मिली लीटर मात्रा + 200.0 ग्राम गुड़ को 20.0 लीटर पानी में घोलकर छिड़काव करने से कीट आकर्षित होते हैं और खाकर मार जाते हैं। इस दवा का छिड़काव 1.0 हेक्टेयर में 200–300 पौधे पर ही करते हैं।

कुन्दरु (Ivy Gourd)

वानस्पतिक नाम : काक्सीनिया कोर्डिफोलिया (*Coccinia cordifolia* (L.) Voigt.) (*Coccinia grandis* (L.) Voigt.) or (*Coccinia grandis* (L.) Voigt.) Syn. *Coccinia indica*)

कुल : कुकुरबिटेसी (Cucurbitaceae)

गुणसूत्र संख्या : 2 एन = 24

कुन्दरु को स्थानीय भाषा में कुन्दू, माऊ, भटियालू, मेरु, कुंदरु, कुंदस, अचारुफल, भलाऊ, कुन्दरी आदि नामों से जाना जाता है। अंग्रेजी भाषा में स्कारलेट फ्रूटेड गोर्ड (scarlet fruited gourd) या लिटिल गोर्ड (little gourd) के नाम से जानते हैं।

उद्‌भव एवं वितरण

कुन्दरु भारतीय मूल का एक महत्वपूर्ण पौधा है। यह फसल बर्मा, पाकिस्तान, अफ्रीका एवं दक्षिण पूर्व एशिया के देशों में बहुलता से मिलता है। इसके पौधे आज भी भारतवर्ष में अनेक स्थानों पर जंगली पौधों के रुप में उगते हुए देखे जा सकते हैं। इसकी खेती मुख्य रुप से छत्तीसगढ़, केरल, मध्य प्रदेश, गुजरात, उत्तर प्रदेश, बिहार, झारखण्ड आदि राज्यों में व्यापक पैमाने पर की जाती है। इसके अलावा इसकी खेती महाराष्ट्र, ओडिशा, कर्नाटक, आन्ध्र प्रदेश, पश्चिम बंगाल, आसाम और तमिलनाडु आदि राज्यों में व्यावसायिक स्तर पर होती है। विश्व स्तर पर इसकी खेती भारत के अलावा थाइलैण्ड, मलेशिया व इण्डोनेशिया में व्यापक पैमाने पर की जाती है।

वानस्पतिक विवरण

प्रकृति में कुन्दरु की कुल 35 किस्मयाँ उपलब्ध हैं। इन सम्बन्धित किस्मयों में काक्सीनिया इंडिका (*Coccinia indica*) काक्सीनिया हिस्टेला (*Coccinia histella*) तथा काक्सीनिया सेसिलीफोलिया (*Coccinia sesilifolia*) काफी महत्वपूर्ण है। कुंदरु के नर (22 ए0+ एक्स वाई) तथा (22 ए0 + एक्स एक्स) अलग–अलग होते हैं। इसकी एक त्रिगुणित किस्म (33 ए0 + एक्स एक्स वाई) भी प्रकृति में उपलब्ध है। एकलिंगाश्रयी (नर व मादा पुष्प अलग–अलग पौधे पर बनते हैं) के अलावा कुंदरु की गाइनोडायोसियस (मादा एवं हर्माफ्रोडाइट) लिंग भी पाया जाता है। इस अर्द्ध बहुवर्षीय लतादार सब्जी के पौधे लगभग 20.0 मीटर की लम्बाई तक बढ़ती है। इसकी जड़ें कन्दिल, तना हरा व नसदार होता है। बाद में बढ़कर तना सफेद व मोटा हो जाता है। इसका प्रतान (tendrils) प्रत्येक गाँठों से विकसित होता है और सामान्य होता है। पत्तियाँ साधारण एकान्तर, हृदयाकार, व 3.0–12.0 सेन्टी मीटर × 3.0–15.0 सेन्टी मीटर आकार की होती हैं तथा पत्तियों में 3–5 तक कटाव होता है। पुष्प सफेद रंग के घण्टाकार होते हैं। नर पुष्प का विन्यास कक्षस्थ तथा लम्बाई 0.7–7.00 सेन्टी मीटर व नालिकावत (3.0–7.0 सेन्टी मीटर लम्बा) होता है। दलपुँज की संख्या 5 होती है, जो एक क्रम में लगे होते हैं। मादा पुष्प का विन्यास कक्षस्थ होता है। अण्डाशय लम्बवत व 1.5 सेन्टी मीटर लम्बा होता है। वर्तिकाग्र (stigma) 3 भागों में विभाजित होती है। फूल प्रायः सुबह पुष्पित होते हैं। यह

देखा गया है कि नर पुष्प की तुलना में मादा पुष्प कुछ दिन पहले से ही पुष्पित होने लगते हैं। वर्तिकाग्र, फूल खिलने के 8–10 घण्टे पहले से लेकर 35–40 घण्टे बाद तक ग्राही बना रहता है। फल एकल, चिकना, गोलाकार, छोटे, धारीदार, दोनों सिरों पर नुकीले तथा लम्बे (6.0 सेन्टी मीटर) होते हैं। इसका व्यास 2.5–5.00 सेन्टी मीटर होता है। कुछ किस्मों के कच्चे फलों का रंग गहरा हरा तथा उन पर सफेद गहरी धारियाँ होती हैं। पौधे पर फल बिना परागण के विकसित हो सकते हैं। पके हुए फल गहरे लाल रंग के हो जाते हैं।

पोषकीय महत्व

कुन्दरु एक स्वास्थ्यवर्धक, पौष्टिक एवं लोकप्रिय सब्जी है। यह दक्षिण भारत में बहुत ही प्रसिद्ध है। इसके कच्चे फल में विटामिन ''ए'' एवं ''सी'' प्रचुर मात्रा में पायी जाती है। अतः पोषक तत्व की दृष्टि से इस सब्जी का विशेष महत्व है। इसके फलों में पर्याप्त मात्रा में खाद्य रेशा और प्रोटीन पाया जाता है। इसके फल कैरोटिन व फोलिक अम्ल के अच्छे स्रोत हैं। कद्दू वर्गीय कुल की सब्जियों में यह सबसे स्वादिष्ट एवं पाचनशील सब्जी मानी जाती है। इसकी कुछ किस्मों को सलाद के रुप में प्रयोग किया जाता है और कुछ को अचार के रुप में। इसके फल को मिठाई तथा चटनी बनाने के लिए भी उपयोग किया जाता है। आयुर्वेदिक ग्रंथों के अनुसार कुन्दरु रुचिकर, अग्नि प्रदीपक, तिक्त, गरम तथा वात कफ और पित्तनाशक है। इसका फल कुष्ठ, खाँसी, प्रमेह, श्वांस, ज्वर, लाल स्त्राव, अरुचि एवं हृदय शूल में लाभकारी है (सिंह, 1990)। इसकी पत्तियों का प्रयोग क्षय, हिचकी व बवासिर में लाभप्रद है। इसकी पत्तियों से साग बनायी जा सकती है, जिसमें विटामिन ''ए'' की मात्रा 8000–18000 आइ0यू0 प्रति 100 पत्ती भार में पाया जाता है। इसके 100 ग्राम खाने योग्य भाग में निम्नलिखित पोषक तत्व पाये जाते हैं–

सारिणी (8.28) कुन्दरु में पाये जाने वाले पोषक तत्व (प्रति 100 ग्राम खाने योग्य भाग में)

पोषक तत्व	मात्रा
पानी	93.5 ग्राम
प्रोटीन	1.3 ग्राम
वसा	0.1 ग्राम
रेशा	1.6 ग्राम
कार्बोहाइड्रेट्स	3.1 ग्राम
कैल्सियम	40.0 मिली ग्राम
आयरन	1.4 मिली ग्राम
फास्फोरस	30.0 मिली ग्राम
कैरोटिन	156.0 माइक्रो ग्राम
विटामिन बी–1	0.07 मिली ग्राम
नियासिन	0.07 मिली ग्राम
विटामिन–2	0.08 मिली ग्राम
थियामिन	0.07 मिली ग्राम
विटामिन ''सी''	15.00 मिली ग्राम
ऊर्जा	72.90 कैलोरी

स्रोतः गोपालन एवं सहयोगी, 1999

फलों का चिप्स काटकर सूखा लेने पर लम्बे समय तक सब्जी के रुप में उपयोग किया जा सकता है।

उन्नतिशील किस्में

अधिक प्रचलित न होने के कारण कुन्दरु की उन्नतिशील किस्मों की कमी है। केवल स्थानीय किस्मों (कायिक चयन से विकसित) ही क्षेत्र विशेष में प्रचलित हैं। जिसकी खेती किसान काफी समय से करते चले आ रहे हैं। किसी किस्म का फल हल्का हरा, तो किसी किस्म का गहरा हरा होता है।

स्वाद के अनुसार कुन्दरु के स्थानीय किस्मों को दो भागों में बाँटा गया है–

1. मीठा कुन्दरु,
2. कडुवा कुन्दरु

इनके आकार प्रकार के आधार पर 2 भागों में बाँटा जा सकता है–

1. अण्डाकार कुन्दरु,
2. लम्बा कुन्दरु

दक्षिण भारत के तमिलनाडु, आन्ध्र प्रदेश और कर्नाटक में बहुत छोटे, पतले व हरे रंग के फल पाये जाते हैं, जिस पर लम्बवत सफेद धारियाँ होती हैं। पश्चिम भारत के राज्यों में मध्यम आकार के 5.0 सेन्टी मीटर लम्बे व पतले फल पाये जाते हैं। कहीं–कहीं पर फल गहरे हरे या हल्के हरे रंग के होते हैं, जिस पर बिखरे हुए लम्बवत सफेद धारियाँ होती हैं। बिहार राज्य के क्षेत्रों में 5.0 सेन्टी मीटर लम्बे फल पाये जाते हैं, जो काफी मोटे होते हैं।

कुन्दरु की जननद्रव्य से कुछ चयनित किस्में इस प्रकार है (राम एवं पण्डेय, 1998) –

- **वी0आर0के0–20**–यह किस्म अगेती है। प्रत्येक फल का औसत वजन 20.0 ग्राम है इसकी औसत उपज क्षमता 30.0–35.0 टन/हेक्टेयर है।
- **वी0आर0के0–31**–इसके प्रत्येक फल का वजन 25.0–30.0 ग्राम है। औसत उपज 32.5–35.0 टन/हेक्टेयर होता है।
- **वी0आर0के0–35**–इसमें फल बहुत अधिक होती है। प्रत्येक फल का वजन 15.0–18.0 ग्राम होता है। फलों की लम्बाई 5.0 सेन्टी मीटर होती है। औसत उपज 25.0 टन/हेक्टेयर है।
- **वी0आर0के0–37**–इस किस्म के फल गोलाकार होते हैं। इस किस्म का औसत उपज 35.00–40.00 टन/हेक्टेयर है।

सुलभा (Sulbha)

सुलभा किस्म का विकास केरल कृषि विश्वविद्यालय, वेल्लानीकारा, (केरल) द्वारा स्थानीय जननद्रव्यों से चयन कर किया गया है। इसमें फल बिना परागण के विकसित होते हैं। पौध रोपण के बाद पहली बार तुड़ाई 45–50 दिनों बाद की जाती है। फल लगभग 5.9 सेन्टी मीटर लम्बे, बेलनाकार, व हल्के हरे पीले रंग के होते हैं, जिस पर लगातार धारी होती है। यह सलाद, अचार व सब्जी के लिए उपयुक्त है। प्रत्येक फल का औसत भार 18.0 ग्राम तथा प्रति वर्ष प्रति पौध औसत उपज 19.0–20.0 किलो ग्राम प्राप्त होता है।

जलवायु

कुन्दरु की खेती के लिए गर्म और आर्द्र जलवायु की आवश्यकता पड़ती है। इसकी खेती छायादार स्थान में नहीं की जा सकती है। कुन्दरु की सफल खेती के लिए औसत वार्षिक वर्षा 100.0 सेन्टी मीटर तथा इष्टतम तापमान 35.0–38.0 डिग्री सेन्टीग्रेड के आस–पास आवश्यक है। जहाँ पाले का प्रकोप कम हो और सिंचाई की अच्छी सुविधा हो, इसकी खेती आसानी से की जा सकती है। पाले के प्रकोप से इसके फूल व फलों को काफी नुकसान पहुँचता है तथा अधिक ठण्डे मौसम (नवम्बर–दिसम्बर) में इसकी लताएँ और पत्तियाँ सूख जाती हैं, परन्तु ठण्ड समाप्त होते ही (फरवरी–मार्च) इनमें नयी पत्तियाँ आना शुरु हो जाती हैं। इसमें भारी वर्षा को सहन करने की पर्याप्त क्षमता होती है। बीजों का अंकुरण 30.0–32.0 डिग्री सेन्टीग्रेड तापमान पर सबसे उत्तम होता है।

भूमि व भूमि की तैयारी

कुन्दरु की अच्छी खेती के लिए उपयुक्त जल निकास वाली गहरी दोमट मिट्टी जिसमें जल धारण क्षमता हो तथा जल निकास में सहायक हो, उपयुक्त मानी जाती है। वैसे यह फसल अम्लीय और क्षारीय दोनों दशाओं के प्रति संवेदनशील है। अतः अधिक उपज प्राप्त करने के लिए ऐसी मिट्टी का चुनाव करना चाहिए, जिसका पी0एच0 मान 5.8–6.8 हो। अगर मिट्टी हल्की प्रकृति की है, तो इसमें गोबर की सड़ी खाद मिलाकर खेती योग्य बनाया जा सकता है। कुन्दरु की खेती के लिए खेत को अच्छी प्रकार से तैयार करने की आवश्यकता पड़ती है क्योंकि एक बार लगाया गया पौधा कई वर्षों तक फल देता रहता है। अतः मई–जून के महीनें में खेत को 2–3 बार जुताई कर पाटा लगा देना चाहिए। इसी समय गोबर की अच्छी तरह सड़ी हुई 10.0–15.0 टन खाद प्रति हेक्टेयर की दर से खेत में मिला देना चाहिए। जुलाई के महीने में खेत को दो बार पुनः जुताई कर पाटा लगाना चाहिए, जिससे जमीन खूब भुरभुरी एवं समतल हो जाये। खेत को थोड़ा ढलाव ही रखते हैं, जिससे अधिक पानी शीघ्र खेत से बाहर निकाल जाये।

प्रवर्धन/रोपण तकनीक

कुन्दरु का प्रसारण बीज से भी किया जा सकता है, लेकिन इसका व्यावसायिक प्रवर्धन तना कर्तन द्वारा ही किया जाता है। इसके लिए सामान्यतः जुलाई के महीने में 4–5 माह या एक वर्ष पुरानी लताओं की 5–7 गाँठों वाली, 15.0–20.0 सेन्टी मीटर लम्बी तथा 0.5–0.75 सेन्टी मीटर मोटाई वाली कर्तन या कलमें काट ली जाती हैं। इन कर्तनों को जमीन पर बनी क्यारियों में या गोबर

की सड़ी हुई खाद तथा मिट्टी की बराबर मात्रा में मिलाकर भरे हुए पालीथीन के थैलों में लगा देते हैं। पालीथीन के थैलों का आकार 15.0 सेन्टी मीटर लम्बा व 10.0 सेन्टी मीटर व्यास का होना चाहिए। अगर जमीन पर कर्तनों का प्रसारण करना हो तो क्यारियों को सतह से 22.5 सेन्टी मीटर ऊँचा रखना उत्तम रहता है। इन कलमों की समय से सिंचाई तथा देखभाल करते रहने से, रोपण के लगभग 50–60 दिन बाद कलमों में अच्छी तरह से जड़ें विकसित हो जाती हैं और स्वस्थ्य कल्ले निकल आते हैं। चूँकि जुलाई–अगस्त के महीने में कुन्दरु पूर्ण फलन की अवस्था में होता है, इसलिए कर्तन मुश्किल से मिलती है या मुख्य पौधे से कर्तन लेना आर्थिक तौर पर लाभदायक नहीं होता है। इस स्थिति में नवम्बर–दिसम्बर में जब कुन्दरु की कटाई–छँटाई की जाती है, तब रोपण के लिए तने की कर्तन पर्याप्त मात्रा में उपलब्ध रहती है। अतः कटाई–छँटाई के बाद प्राप्त कर्तन को उपरोक्त विधि द्वारा लगाकर अधिक सफलता पूर्वक कुन्दरु के पौधे प्राप्त किये जा सकते हैं। इस प्रकार से थैलों में तैयार पौधों को 2 दिन पूर्व पानी देकर गीला कर लें। तेज चाकू से पालीथीन काट देते हैं और इसे हटाकर मिट्टी सहित पिंड का मुख्य खेत में रोपण करना चाहिए।

कुन्दरु की पौध लगाने के लिए खेत में पौधे से पौधे एवं कतार से कतार 3.0 मीटर की दूरी 30.0×30.0×30.0 सेन्टी मीटर आकार के गड्ढे ग्रीष्म ऋतु में खोद लेने चाहिए। इन गड्ढों में 2.0–3.0 किलो ग्राम अच्छी प्रकार सड़ी गोबर की खाद 50.0 ग्राम यूरिया, 200.0 ग्राम सिंगल सुपर फास्फेट तथा 100.0 ग्राम म्यूरेट आफ पोटाश, 250.0 ग्राम नीम की खली प्रति गड्ढे की दर से अच्छी तरह मिट्टी व बालू में मिलाकर 10.0 सेन्टी मीटर की ऊँचाई तक भर देना चाहिए, जिससे पौधों के जड़ों के पास पानी न रुक सके। वर्षा ऋतु के प्रारम्भ (जुलाई) होते ही कलिकायुक्त विकसित कलमों को इन गड्ढों में रोपण कर देना चाहिए। अगर ग्रीष्मकाल में रोपण करना है तो फरवरी का महीना सबसे उपयुक्त है लेकिन दक्षिण भारत में कुन्दरु का रोपण मई–जून या सितम्बर–अक्टूबर में किया जाता है। अच्छी तरह फल विकसित होने के लिए खेत में 10.0 प्रतिशत नर पौधों का रोपण करना आवष्यक है।

पोषक तत्व प्रबन्धन

खाद एवं उर्वरकों का प्रयोग भूमि के प्रकार तथा उसमें उपलब्ध पोषक तत्वों पर निर्भर करता है। खेत की अन्तिम जुताई के समय गोबर की अच्छी तरह सड़ी हुई 15.0–20.0 टन खाद प्रति हेक्टेयर की दर से खेत में मिला देना चाहिए। प्रथम वर्ष में रोपित, कुन्दरु की एक हेक्टेयर क्षेत्रफल के लिए, 170.0 किलो ग्राम, यूरिया, 250.0 किलो ग्राम सिंगल सुपर फास्फेट तथा 100.0 किलो ग्राम म्यूरेट ऑफ पोटाश की आवश्यकता होती है। पौध रोपण से पूर्व गड्ढे बनाते समय यूरिया की आधी मात्रा, सिंगल सुपर फास्फेट तथा पोटाश की पूरी मात्रा देना चाहिए। यूरिया की शेष आधी मात्रा को दो बराबर भागों में बाँटकर क्रमशः जब पौधों की बढ़वार शुरु हो जाये तथा फूल आने पर पौधों की जड़ों के पास चारों तरफ देना चाहिए। कटाई–छँटाई के तुरन्त बाद कुन्दरु की फसल के लिए 90.0 ग्राम यूरिया, 280.0 ग्राम सिंगल सुपर फास्फेट तथा 100.0 ग्राम म्यूरेट ऑफ पोटाश प्रति पौध की आवश्यकता पड़ती है। सिंगल सुपर फास्फेट तथा म्युरेट ऑफ पोटाश की आधी मात्रा एवं यूरिया की एक चौथाई मात्रा कटाई–छँटाई के तुरन्त बाद जड़ों से 6.0 सेन्टी मीटर की दूरी पर गड्ढा

खुदाई देनी चाहिए, बची हुई सिंगल सुपर फास्फेट व म्यूरेट ऑफ पोटाश की आधी मात्रा एवं यूरिया की एक चौथाई मात्रा वर्षा ऋतु के प्रारम्भ में जड़ों के चारों तरफ हल्की खुदाई करके डाल देनी चाहिए। इसी समय अच्छी प्रकार सड़ी हुई 10.0 किलो ग्राम गोबर की खाद जड़ों के पास देना चाहिए। शेष यूरिया की मात्रा (10.0–12.0 ग्राम) प्रत्येक बार फल तोड़ने के बाद जड़ों के पास देना चाहिए। तीसरे और चौथे वर्ष ली जाने वाली फसल के लिए 80.0 ग्राम यूरिया, 225.0 ग्राम सिंगल सुपर फास्फेट तथा 40.0 ग्राम म्यूरेट ऑफ पोटाश प्रति गड्ढा प्रति वर्ष देना चाहिए।

सस्य क्रियाएँ

पौधों की अच्छी वृद्धि और फलत के लिए समय से निकाई–गुड़ाई करके खेत से खरपतवारों को निकालते रहना चाहिए। गुड़ाई करने के बाद 20.0 ग्राम यूरिया प्रत्येक थाले के आस–पास देकर मिट्टी चढ़ा देने से पौधों की वानस्पतिक वृद्धि अच्छी होती है, जिसके फलस्वरुप उपज भी अधिक मिलती है। अच्छी पैदावार के लिए 40.0 ग्राम यूरिया को 30 दिन के अन्तराल पर जून–जुलाई में टाप ड्रेसिंग (top dressing) के रुप में देते हैं। यही मात्रा प्रत्येक बार फल तोड़ने के बाद भी प्रयोग करना चाहिए।

पौधों को सहारा देना व कटाई–छँटाई

बेल वाली फसल होने के कारण कुन्दरु की खेती मण्डप या मचान बनाकर या जमीन पर फैलाकर की जाती है। जमीन पर फैलाकर खेती करने से उपज एवं गुणवत्ता दोनों कम हो जाती है। मचान बनाने के लिए 2.0 मीटर ऊँचाई के सीमेन्ट के खम्भे जिनका निचला भाग 12.5 सेन्टी मीटर चौड़ा हो, उपयोग किया जाता है। इन खम्भों को 3.0 मीटर कतार से कतार व पौध से पौध की दूरी पर 45.0 सेन्टी मीटर गहरा गाड़ते हैं। मचान के चारों कोनों के खम्भें को 2–2 अतिरिक्त खम्भे को तिरछा लगाकर सहारा दिया जाता है। इसके अलावा हर कोने में लगभग 1.0 घन मीटर के आकार का गड्ढा खोदकर उसमें बड़ा सा पत्थर रख देते हैं। इस पत्थर में दो सूत मोटा तार लपेट कर उस तार का एक सिरा कोने वाले खम्भे पर बने हुक पर लगा देते हैं। खम्भे बनाते समय यह ध्यान रखते हैं कि हर खम्भे के शीर्ष में 30.0–45.0 सेन्टी मीटर लम्बी लोहे की छड़ बीचो बीच इस तरह लगा देते हैं कि उसका 15.0 सेन्टी मीटर हिस्सा खम्भे के उपर रहे। यदि कोने पर सीमेण्ट की जगह लोहे के खम्भे का उपयोग करें तो दो सूत मोटा तार जिसका एक सिरा खम्भें तथा दूसरा पत्थर से लपेटा हुआ हो, उसके बीच में नट बोल्ट लगाकर ऐसी व्यवस्था कर सकते हैं कि हर साल मण्डप के तारों को आसानी से उपयोग हेतु कसा जा सके, क्योंकि बेल तथा उस पर लगे फल के वजन से तार अधिक झुक जाते हैं। तार लगाते समय यह ध्यान रखना चाहिए कि मचान के सारे खम्भों को एक दूसरे से जोड़ने के लिए 8 गेज मोटी तार की आवश्यकता होगी। मचान के पूरे क्षेत्र में 30.0 सेन्टी मीटर की दूरी पर 18 गेज मोटे तारों का जाल फैलाया जाता है। इस तरह बड़े पैमाने पर कुन्दरु की खेती करने के लिए मचान की रचना की जाती है। प्रारम्भ में पौधों को मचान पर चढ़ाने के लिए बाँस या लकड़ी का सहारा लेते हैं और बाद में लताओं को प्लास्टिक की रस्सी, सुतली या नारियल की रस्सी से हल्का बाँधकर मण्डप पर चढ़ाते जाते हैं। मचान पर पौधों को चढ़ाने से फलत

अच्छी होती है तथा फल लम्बे और चमकदार होते हैं तथा तुड़ाई में भी सुविधा होती है। कुन्दरु की बेलों को मचान पर चढ़ाने हेतु मुख्य तने से निकलने वाली तना को समय–समय पर काटते रहना चाहिए ताकि मचान पर बेल पहुँचने तक तना मजबूत हो जाये। इसके अतिरिक्त नवम्बर से जनवरी के बीच तापमान कम रहता है, इसी समय बेलों को खम्भों के शीर्ष पर 45.0–60.0 सेन्टी मीटर लम्बी 2 या 3 शाखाएं छोड़कर शेष शाखाओं को मुख्य शाखाओं के पास से तेज चाकू से काट देते हैं। इस कटाई के बाद मचान का भार पूरी तरह कम हो जाता है, इसलिए इस समय ढीले पड़े मचान के तारों को कसने का काम करना चाहिए। कुन्दरु की बेलों को चढ़ाने के लिए मचान/मण्डप तैयार करने का खर्च 45000–60,000 रुपये प्रति एकड़ तक आता है।

सिंचाई जल प्रबन्धन

सिंचाई भूमि की किस्म और मौसम पर निर्भर करती है। सामान्यतः गर्मी में 3 दिनों के अन्तराल पर तथा शीत ऋतु में 15 दिनों के अन्तराल पर सिंचाई आवश्यक होती है। इस बहुवर्षीय फसल के लिए सिंचाई एवं उर्वरक साथ–साथ ड्रिप पद्धति से देने से पानी की 50.0 प्रतिशत तक बचत होती है तथा इससे खरपतवार की बढ़वार बहुत कम होती है।

फसल की देख–रेख

खेत में जल निकास की उत्तम व्यवस्था करना आवश्यक है। वर्षा ऋतु में लगातार वर्षा हो रही हो, तो खेत में ऐसा कार्य न करें जिससे पौधों की जड़ों को नुकसान हो। बाकी समय निकाई एवं गुड़ाई समय–समय पर करते रहें, ताकि खरपतवार के कारण पौधों की बढ़वार में कोई बाधा न पहुँचे एवं जड़ों को आवश्यक हवा भी मिल सके। इस फसल में हानिकारक कीट एवं रोगों का प्रकोप आमतौर पर नहीं होता है, लेकिन कभी–कभी बुकनी या पाउडरी मिल्ड्यू (**powdery mildew**) का प्रकोप होता है। इसके लिए 0.06 प्रतिशत केराथेन नामक फफूँदनाशक दवा का छिड़काव करना चाहिए। छिड़काव के पहले फलों की तुड़ाई करनी आवश्यक है। अच्छी पैदावार के लिए नत्रजन की आधी मात्रा 30 दिन के अंतराल में जून–जुलाई में देनी उपयुक्त होगी।

तुड़ाई, उपज एवं भण्डारण

पहले वर्ष रोपित पौधों में मार्च–अप्रैल के महीने में फल आना शुरु हो जाता है और मई से उपज मिलने लगती है और नवम्बर तक फलों की तुड़ाई आसानी से की जा सकती है। इस प्रकार कुन्दरु एक ऐसी फसल है, जिसमें वर्ष के 8–10 महीनों तक लगातार उपज मिलती है लेकिन उपज का अधिकांश भाग जुलाई से सितम्बर तक प्राप्त होती है। पूर्ण रुप से विकसित फलों की तुड़ाई समय से सप्ताह में 2–3 बार हरी अवस्था में ही करनी चाहिए, अन्यथा देर से तुड़ाई करने पर फल सख्त हो जाते हैं और उनका रंग पीला पड़ने लगता है। पहले वर्ष इस फसल की औसत उपज 20.0 टन/हेक्टेयर तक प्राप्त होती है, जो दूसरे व तीसरे वर्ष में 40.0 टन प्रति हेक्टेयर तक हो जाती है। मचान बनाकर खेती करने से 100.0–130.0 टन/हेक्टेयर तक उपज प्राप्त की जा सकती है।

पौध संरक्षण

प्रमुख रोग एवं उनका प्रबन्धन

एन्थ्रेक्नोज (Anthracnose)

यह एक फफूँद जनित रोग है। प्रारम्भ में रोग से प्रभावित पौधों की पत्तियों पर छोटे–छोटे पीले धब्बे दिखाई देते हैं जो बाद में भूरे या काले रंग के हो जाते हैं। इस रोग से बचाव के लिए मैंकोजेब की 2.0–3.0 ग्राम मात्रा प्रति लीटर की दर से घोल बनाकर छिड़काव करें। यदि रोग का प्रभाव अधिक हो तो 10–15 दिन के अन्तराल पर 2–3 बाद छिड़काव किया जा सकता है।

चूर्णिल आसिता (Powdery mildew)

यह भी फफूँद जनित रोग है। इस रोग से प्रभावित फसल की प्रारम्भिक पत्तियों की सतह पर गोल सफेद पाउडर जैसे धब्बे पड़ते हैं, जो आकार व संख्या में तेजी से बढ़ते हैं और कभी–कभी पूर्ण रुप से पत्ती को ढक लेते हैं। इस रोग से बचाव के लिए 0.06 प्रतिशत केराथेन नामक फफूँदनाशक दवा का छिड़काव करना चाहिए। यह ध्यान रहे कि छिड़काव के पहले खाने योग्य फलों की तुड़ाई कर लें।

प्रमुख कीट एवं उनका प्रबन्धन

कद्दू का लाल कीड़ा (Red Pumpkin Beetle)

इस कीट का प्रकोप कुन्दरु के कल्ले प्रस्फुटित होते ही आरम्भ होता है। यह कीट कलमों की नयी कोमल पत्तियों को खाकर पौधों को क्षति पहुँचाता है, जिसके फलस्वरुप पौधे आरम्भ में ही कमजोर हो जाते हैं। बचाव के लिए कार्बेरिल (50.0 प्रतिशत घुलनशील पाउडर) की 2.0 ग्राम मात्रा प्रति लीटर की दर से पानी में घोलकर 15 दिन के अन्तराल पर 2–3 बार छिड़काव करना चाहिए।

थ्रीप्स (Thrips)

थ्रीप्स छोटे व पंखहीन सफेद रंग के कीट होते हैं, जो पत्तियों के रस चुसकर फसल को कमजोर कर देते हैं। अधिक प्रकोप होने पर पत्तियों पर पीले रंग के धब्बे दिखाई देते हैं। बचाव के लिए मोनोक्रोटोफास (35 ई0सी0) की 1.5 मिली लीटर मात्रा को प्रति लीटर की दर से पानी में घोलकर 15–20 दिन के अन्तराल पर 2–3 बार छिड़काव करें।

□□□

लेखक के विषय में

डॉ0 डी. आर. भारद्वाज, भारतीय सब्जी अनुसंधान संस्थान, वाराणसी (उ0प्र0) में प्रधान वैज्ञानिक (सब्जी फसल सुधार) के पद पर कार्यरत हैं। ये सन् 1991 बैच के ए0आर0एस0 सांइटिस्ट हैं। इन्होंने कृषि विज्ञान संस्थान, काशी हिन्दू विश्वविद्यालय, वाराणसी से उद्यान विज्ञान विषय में एम0एस0सी0 (उद्यान) एवं पी0एच0डी0 (उद्यान) की उपाधि ग्रहण की हैं। एक प्रजनक के रूप में इन्होंने सब्जी के अनेकों उन्नतिशील किस्मों जैसे काशी गंगा व काशी बहार–संकर (लौकी), काशी उर्वशी (करेला) काशी अलंकार (परवल) व काशी दिव्या (चिकनी तोरई) को विकसित किया है। इसके अलावा मूल्यवान सब्जी जननद्रव्यों का मूल्याँकन कर करेला की गाइनोसियस लाइन (जी0 वाई 263), परवल की बीज रहित प्रभेद (आई0आई0वी0आर0पी0.जी0–105) चिकनी तोरई की गुच्छेदार फलत करने वाली प्रभेद (वी0आर0एस0जी0–521) तथा उष्ण कटिबन्धीय गाजर की नर बन्ध्य लाइन (सी0एम0एस0 'ए' एवं 'बी' लाइन) की खोज की है जिसे राष्ट्रीय पादप अनुवांशिक संसाधन ब्यूरो, नई दिल्ली ने 'नोवेल जेनेटिक स्टाक' घोषित कर पंजीकृत किया है तथा इन्हें 'राष्ट्रीय जीन बैंक' में रखा गया है। पहचान की गयी उपरोक्त जननद्रव्यों का उपयोग शोध एवं नवीन प्रजातियों के विकास में किया जा रहा है। इन्होंने 80 से अधिक शोध पत्र, 20 प्रचलित लेख 70 से अधिक तकनीकी सारांश तथा 35 विभिन्न वैज्ञानिक पुस्तकों में अध्याय लिखे हैं। इनका शोध का क्षेत्र सब्जियों का जननद्रव्य एकत्रीकरण व मूल्यांकन, कद्दू वर्गीय सब्जियों की उन्नतिशील प्रजातियों एवं संकरों का विकास करना है जो रोगों के प्रति प्रतिरोधी एवं परिवर्तित जलवायु में अधिक उपज प्रदान कर सकें।